Das

Buch der Erfindungen, Gewerbe und Industrien.

III.

Achte neugestaltete Auflage.

Pracht-Ausgabe.

Das

Buch der Erfindungen, Gewerbe

und

Industrien.

Rundschau auf allen Gebieten der gewerblichen Arbeit.

In Verbindung mit

Professor Dr. C. Birnbaum, Ingenieur Sz. Flemming, Professor G. Gayer, Dr. Fr. Heincke, Dr. G. Heppe, Professor Dr. A. Kirchhoff, Oberlehrer E. Krause, Carl Lorck, Fr. Luckenbacher, Baurath Dr. O. Mothes, Professor Dr. H. Nitsche, Dr. K. Persecke, Emil Schallopp, Hermann Schnauß, Ingenieur Th. Schwartze, Redakteur Dr. Franz Stolze, A. Werner, Ulr. Wilcke, Professor Dr. Moritz Willkomm, Jul. Zöllner u. a.

herausgegeben von

Professor F. Reuleaux.

Dritter Band.

Die Gewinnung der Rohstoffe

aus dem Innern der Erde, von der Erdoberfläche sowie aus dem Wasser.

Achte umgearbeitete und stark vermehrte Auflage.

Mit vielen Ton- und Titelbildern, nebst mehreren Tausend Text-Illustrationen.

Nach Originalzeichnungen
von L. Burger, O. Mothes, G. Rehlender, Albert Richter u. a.

Springer-Verlag Berlin Heidelberg GmbH

1885.

Das Buch der Erfindungen. 8. Aufl. III. Bd. Leipzig: Verlag von Otto Spamer.

Die

Gewinnung der Rohstoffe

aus

dem Innern der Erde, von der Erdoberfläche sowie aus dem Wasser.

Inhalt:

Achte umgearbeitete und bedeutend erweiterte Auflage.

Unter Mitwirkung von

Dr. Fr. Heincke, E. Krause, Dr. H. Nitsche, Dr. K. Persecke, Dr. M. Willkomm, J. Zöllner.

herausgegeben von

Professor F. Reuleaux.

Mit sieben Tonbildern, 436 in den Text gedruckten Illustrationen sowie einem Titelbilde.

Anfangs- und Abteilungsbilder gezeichnet von Ludwig Burger.

Springer-Verlag Berlin Heidelberg GmbH

1885.

ISBN 978-3-662-33679-3 ISBN 978-3-662-34077-6 (eBook)
DOI 10.1007/978-3-662-34077-6

Inhaltsverzeichnis

zu dem

Buch der Erfindungen, Gewerbe und Industrien.

Achte Auflage.

Dritter Band.

Gewinnung der Rohstoffe von der Erdoberfläche.

Das Wasser und seine Schätze.

Tonbilder,

welche an den nachstehend bezeichneten Stellen in den Text einzuheften sind.

Dritter Band.
Gewinnung der Rohstoffe
aus dem Erdinnern,
von der Erdoberfläche
und
aus dem Wasser.

Wie alles sich zum Ganzen webt,
Eins in dem andern wirkt und lebt!
Wie Himmelskräfte auf und nieder steigen
Und sich die gold'nen Eimer reichen!
Mit segenduftenden Schwingen
Vom Himmel durch die Erde dringen,
Harmonisch all das All durchklingen!

Goethe, Faust.

Einleitung.

ie ganze uns umgebende Natur bildet eine wohlgegliederte Kette, in welcher ein Glied das andre unterstützt und hält, ohne daß es dient, denn jedes trägt und wird getragen in gleicher Weise. Wie das eine vermittelt, so stehen sie alle in gegenseitiger Abhängigkeit, aber doch ist auch jedes ein Ring für sich, fertig und schön.

Der glänzende Kristall, ein strahlender Edelstein, die duftende Blume wie die süße Frucht, der flatternde Falter, die süß schlagende Nachtigall, sie alle leben ein Leben für andre.

Noch mehr, sie sterben den Tod für die andern. Aus einer untergehenden Form entwickelt sich eine andre; durch Zerstörung erhält sich die Welt.

Der menschliche Körper stirbt vom Tage seiner Geburt an. Du drückst einem treu scheidenden Freunde die Hand, aber wenn er wiederkommt, ist er nicht mehr derselbe. Es sehen andre Augen dich an, eine andre Zunge ruft deinen Namen, und Haar und Haut, Fuß und Hand, selbst das Herz ist ein andres.

Das Blut nimmt fortwährend neue Stoffe auf und führt diese den körperlichen Organen zu, in denen sie zu Muskelsubstanz, zu Knochenmasse, zu Sehnen und Bändern verarbeitet werden; dafür aber scheiden aus den Muskeln und Knochen, aus den Sehnen und Bändern anderseits Stoffteilchen aus. Das Absterbende wird durch neu dazu Kommendes ersetzt. Vom Blute aus erneut sich der Körper ohne Unterlaß, wie er ohne Unterlaß von außen abstirbt. Der Stoff ist in ihm in einer ewigen Bewegung, und eine solche Bewegung herrscht in der ganzen Natur.

Wir können ihr nachspüren, wir vermögen die wandernden Teilchen weit zu verfolgen und sie wieder zu erkennen; aber da, wo sich selbständige, gesetzmäßige Formen bilden, wird das Gebiet dunkel.

Wenn es uns hier auch noch eine Zeitlang erlaubt bleibt, die *Gesetze* zu erkennen, nach welchen die Umbildung geschieht, so bleiben uns doch die *Ursachen* verhüllt.

Warum sich aus der Lösung von Kochsalz, die wir verdunsten lassen, das feste Salz gerade in würfelförmigen Kristallen ausscheidet, oder warum der Bergkristall nur in sechsseitigen Säulen und Pyramiden, der Diamant nur in abgerundeten Oktaedern vorkommt, das zu erkennen reicht unsre Wissenschaft noch nicht hin.

Wir können Vermutungen aus der Beschaffenheit der Atome ziehen. Wir dürfen uns die einzelnen Moleküle mit nach gewissen Seiten hin verschieden stark sich äußernden anziehenden und abstoßenden Kräften ausgerüstet denken, die sie veranlassen, sich in gesetzmäßiger Weise nebeneinander zu lagern, und die diesen kleinsten Teilchen eine Elementarform geben, welche ausgebildeter im Kristall zu Tage tritt. Denn in ihm haben sich jene schon geformten Moleküle nur in großer Zahl vereinigt, demselben Gesetze der gegenseitigen Anziehung folgend, welches die elementaren Atome zuerst zu einer räumlichen Gruppe vereinigte. Wir vermögen die Gleichheit der Form aus der Übereinstimmung der chemischen Zusammensetzung abzuleiten. Anderseits gestattet das verschiedenartige Verhalten, welches unter Umständen ein und derselbe chemische Körper zeigen kann, daß wir uns besondere Vorstellungen von der Art und Weise machen, wie die Molekularkräfte in mehr als einer Lage zum Gleichgewichte kommen. Kurz, wir dürfen auf die Art der Ortsveränderungen schließen, welche die Atome beim Eingehen oder Aufgeben ihrer Verbindungen erleiden.

Allein es sind dies Vorstellungen, die vielleicht, weil sich nichts Widersprechendes bis jetzt gefunden hat, einen hohen Grad von Wahrscheinlichkeit beanspruchen dürfen. — Wissen liegt denselben wohl zu Grunde, aber sie selbst sind kein Wissen.

Und noch befangener stehen wir an der Grenze der organischen Gebilde.

Zelle reiht sich an Zelle und es entstehen die tausend und aber tausend Pflanzenformen, die eine Geburt und einen regelmäßigen Tod haben.

Ein Bergkristall kann Jahrtausende aufbewahrt bleiben, ohne daß er sich verändert. In der Pflanze wirken unausgesetzt Kräfte, die ihr Bestehen an eine fest bestimmte Zeit knüpfen. Wir nennen sie kurzweg Lebenskraft, ohne mit diesem Namen einen klaren Begriff verbinden zu können. Noch auffälliger tritt dieselbe in dem Organismus des Tieres auf und sie wird so lange ein ungelöstes Rätsel für uns sein, solange wir die Kluft zwischen Körper und Geist nicht mit unserm Wissen auszufüllen vermögen.

Unmerklich belebt sich der Stoff und merklich tritt er wieder in das Reich des Unbelebten zurück, um den großen Kreislauf von neuem zu beginnen.

Pulvis es! Staub bist du und zu Staube sollst du werden!

Der entseelte Körper, wenn die Reihe der Zersetzungen innerhalb seines Organismus geschlossen ist, verwandelt sich in dieselbe Kohlensäure, welche in dem Luftkreise enthalten ist; der von ihm ausgehende Wasserdampf mischt sich ununterscheidbar in den Nebel der Wolken, und die kalkigen oder salpetrigen Bestandteile, in welche sich Knochen und Muskeln verwandeln, bilden ebensolche Kristalle wie der Kalk oder Salpeter, den wir aus dem Innern der Erde graben. Und umgekehrt wird andre Kohlensäure und andrer Wasserdampf der Atmosphäre Teil an dem buntwimmelnden Leben nehmen. Aus dem Ammoniak werden grünende Wiesen, und die Gesteinsbestandteile der Gebirge nehmen Teil an der Zusammensetzung von Fleisch und Blut. Denn die Menge des Stoffes der uns umgebenden Natur, sie läßt sich nicht vermehren und vermindern. Nur andre Formen kann sie annehmen durch die verschieden darauf einwirkenden Kräfte.

An den hohen Felsrücken der Gebirge schlagen sich die Wasserdämpfe der Atmosphäre als Tau und Nebel nieder. Sie vereinigen sich zu Tropfen und rollen durch die Gewalt der Schwere den tiefer gelegenen Punkten zu. Auf ihrem Wege aber nagen und fressen sie an ihrer Unterlage. Sie nehmen die löslichen Bestandteile auf und schaffen sich so das Bett, bis sie im langen Laufe der Zeit ein geräumiges Thal erweitert und ganze Gesteinsschichten wieder zerstört haben. Die feinen, ungelösten Sand- und Schlammteilchen aber setzen sie in den Niederungen ab als einen passenden Boden für das keimende Saatkorn. Durch die Wurzeln nimmt die Pflanze ihre Nahrung auf, die nur aus den unorganischen Stoffen der Gesteinsunterlage, des Wassers oder der Luft besteht, wie wir solche auch in unsern Laboratorien herzustellen vermögen. Sie verwandelt dieselben in Holzsubstanz, in Farbstoffe, in Zucker und wohlriechende Öle, Stärkemehl und nahrhaften Kleber, und bereitet dem Tiere die Möglichkeit seiner Existenz. Denn das Tier vermag nicht die Salze des Bodens oder Luft und Wasser allein als Nahrungsstoff zu sich zu nehmen, sondern zu seiner Erhaltung und Entwickelung können nur die im Innern der Pflanze bereits umgearbeiteten Stoffe dienen.

Das Pflanzenreich lebt vom unorganischen Reiche der Gesteine, von Luft und Wasser; seinerseits dient es wiederum dem Tierreiche zur Nahrung; der Mensch aber, das unersättliche Geschöpf der Natur, zieht alles, Pflanze und Tier, Stein und Luft, in den Bereich seiner Genüsse, die sich allmählich in Bedürfnisse verwandelt haben.

In welcher Form auch der Stoff auf der Erde erscheint, das nie gestillte Verlangen des Menschen weiß ihm eine nutzbare Seite abzugewinnen, und was besonders brauchbare Eigenschaften für ihn hat, das strengt er sich an mit allen seinen Kräften zu erlangen. Die in seiner Nähe wildwachsenden Früchte der Bäume und Gesträucher genügen ihm bald nicht mehr zur Nahrung, er holt aus weiter Ferne neue Keime, die er durch Anbau und Pflege an seinen Wohnort zu fesseln sucht. Um den Ertrag des Bodens zu erhöhen, lockert er ihn und führt den Wurzeln vermehrte Nahrung durch Dünger zu. Aber er vermag doch nichts selbst zu schaffen.

Er kann die Bedingungen des glücklichen Gedeihens erleichtern und die Natur zum rascheren Wachstum, zum schnelleren Produzieren veranlassen, allein er muß sie ihre Wege wandeln lassen. Kein Glied der Kette, durch die sich der Stoff bewegt, kann er herausnehmen. Fleisch und Pelz sucht er von den Tieren des Waldes, den Honig von der Biene. Will er seine Bedürfnisse sich erzeugen, so muß er immer den Boden bearbeiten, am Anfange beginnen und Gras und Körnerfrüchte zu ernten suchen.

Der feste Körper der Erde ist die unversiegbare Schatzkammer, der lockere Ackerboden aber die Wechselbank, an welcher die starren Massen in brauchbare Formen umgeprägt werden. Zwar erschleichen sich die Kräfte der Natur den Eingang in jenen kolossalen Speicher und entführen atomenweise den unterirdischen Reichtum; der Mensch mit seinen groben Werkzeugen vermag nicht durch die feinen Ritzen zu dringen, durch welche sich Luft und Wasser einen Weg bahnen. Und doch gelüstet es ihn, die Ketten zu sprengen und den gefesselten Plutus zu befreien. Weil ihm die Zeit nicht beisteht, wie jenen langsam wirkenden Zerstörern, so führt er gewaltige Kräfte auf seinen Raubzügen gegen die Natur mit sich. Er erforscht ihre Schwächen und zugänglichen Seiten und setzt das eigne Leben an den Gewinn. Schale und Kern verwendet er; mit jedem neuen Funde wächst bei ihm ein neues Bedürfnis.

Die Festigkeit der Gesteine, ihre Dauerhaftigkeit oder die Schönheit ihres Gefüges und ihrer Zeichnung sucht er für die Errichtung seiner Wohnung. Salzige und süße Quellen erbohrt er zu seiner Nahrung. Nach Erzen und edlen Gesteinen durchwühlt er den inneren Bau, um sich zu schmücken oder Waffen und Geräte sich darzustellen; ja, die Gräber der Vorwelt zerstört er, die Schriften, in denen die Überreste lange vor uns verschwundener Epochen in kohlenreichen Pflanzenmumien sich erhalten haben, sich als Erben der Vergangenheit betrachtend, dem jene Reste willkommene Brennmaterialien abgeben. Mit Meißel und Hammer gräbt er sich tiefer und tiefer, überall spähend, wo das Flimmern eines Erzteilchens, ein Kohlenstrich oder ein glänzender Kristall ihm Beute verheißen könnten.

Die dem Erdinnern entrissenen Stoffe aber zerstreuen sich, sobald sie das Licht der Sonne erblicken. In den verschiedensten Gestalten werden sie hinausgeworfen unter die rastlos flutende Menge. Sie verfallen den auflösenden Kräften, durchstürmen das Leben und finden erst wieder eine kurze Ruhe, wenn sie sich in den Spalten und Rissen der alten Gebirge als zackige Kristalle aufs neue ansetzen dürfen.

Und wie den festen Bau der Gebirge, so durchforscht der Mensch auch das Wasserreich. Das freundliche Element, das ihm Leben schafft, das seinen Boden erfrischt und den Pflanzen ihre Nahrung zuführt, er zwingt es, seine Schiffe zu tragen, seine Mühlen zu treiben. Wo es ihm nur nützen kann, da hängt er Räder und Schaufeln an seine Kraft. Er beschränkt seinen freien Lauf und engt die Grenzen der Meere ein, um für Felder und Gebäude den Raum sich zu vergrößern.

Selbst die geheimnisvoll stille Tiefe hält ihn nicht zurück. Jene kristallenen Räume, in denen die edle Blutkoralle emporwächst und die Perle sich bildet, wo kein Sturm, kein Geräusch hinabdringt, abenteuerliche Pflanzenformen, riesige Muscheln und vielgestaltete Korallen das Gebiet der Wassergöttinnen bezeichnen, in welchem Tier- und Pflanzenreich in unmerkbaren Übergängen sich vereinen, da hinab läßt er seine Netze und Angelhaken oder sich selbst im verschlossenen Taucherapparat, und was er findet, nimmt er mit.

Auf dem weiten Spiegel der Gewässer treibt er Fischfang, und wie der Wald im Innern des festen Landes den Urbewohnern die erste Nahrung gewährte, so ist es an den Küsten die See mit ihren Produkten, welche der Menschheit den nötigen Unterhalt schafft.

Jäger und Fischer betreiben dieselben Geschäfte. Es sind die ersten, die der Mensch überhaupt zu betreiben von seinen natürlichen Trieben gezwungen wird. Erst allmählich mildert sich der rohe Sinn, und durch das Stadium der bloßen Beraubung der Natur, aus dem Zustande der Jäger und Fischervölker geht die Menschheit über zu dem gesitteteren Leben der Hirten und Ackerbauer. Die Ertragsfähigkeit der Felder und der zu Herden vereinigten Tiere wird gepflegt, und nur der Bergbau, die Ausbeutung der Erz- und Gesteinsschätze ist nicht auf Säen und Ernten gegründet.

Es ist Zweck, den Stoff zu veredeln; er ist das Material, an dem sich Geist und Kraft und Phantasie üben. So edel ein Gestein, so reich ein Erz ist, es ist nutzlos, wenn nicht die menschliche Arbeit es bildet und formt. Während die Produkte des Pflanzen- und Tierreichs ohne weiteres teils auf Nahrung oder als Gewürz oder Heilmittel, oder zur Kleidung benutzt werden können, macht erst die darauf gewendete Mühe, die Arbeit, die Mineralprodukte wertvoll, ausgenommen etwa: die Seltenheit gibt einem Vorkommnis einen eingebildeten Taxwert, wie ein besonders großer Diamant dadurch unbezahlbar wird, daß er der einzige seiner Art ist.

Aber auf der andern Seite sind eben deshalb die Erzeugnisse des festen Erdgerippes, Steine und Erze, von der hervorragendsten Bedeutung, weil sie sich der mannigfachsten Verwendung fähig und günstig zeigen.

Sie fordern den Menschen heraus mit ihren verschiedenartigen Eigenschaften, auf deren Verwendung zu sinnen, und entwickeln immer neue, während sie bearbeitet werden. Aus dem rohen Behauen der Gesteine bilden sich feinere Bearbeitungsweisen heraus, Schleifen, Polieren, Gravieren, welche Veranlassung zu Erfindung neuer Werkzeuge werden und nicht nur die Geschicklichkeit der Hände erhöhen, sondern das Auge verfeinern und das Gefühl für das Schöne veredeln. Schmelzen und Gießen lernt der Mensch in der Behandlung der Metalle, und unser chemisches Wissen — Inbegriff und Fundament unsres materiellen Wohlbefindens — wurzelt in den Erfahrungen, die unsre Vorfahren in der Gewinnung von Kupfer und Eisen mittels des Feuers aus ihren Erzen machten. Fels und Gesteine sind der Schemel unsrer Füße.

Und darum und weil aus ihnen der Stoff sich erst losmachen muß, der uns später im Reiche der Pflanzen und Tiere als liebliche Blüte, als erfrischende Frucht oder als strahlendes Gefieder entzückt, weil sie die Grundlagen unsrer Welt, die Grundmasse aller Kreaturen sind, darum geziemt es sich, daß wir mit ihrer Betrachtung und der Art und Weise ihrer Gewinnung zum Zwecke unsres Nutzens diesen Band beginnen, der uns zeigen soll, wie weit der Mensch seine Herrschaft über alle Reiche der Natur ausgedehnt und die Welt seinen Bedürfnissen unterworfen hat.

Willst du, daß wir mit hinein
In das Haus dich bauen,
Laß es dir gefallen, Stein,
Daß wir dich behauen.

Rückert.

Die nutzbaren Gesteine und der Steinbrecher.

Einleitung. Bildungsgeschichte der Erde. Erste feste Kruste. Gestein und Mineral. Plutonische, sedimentäre und metamorphosierte Gesteine. Die geologischen Formationen. Wirtschaftliche Bedeutung der Steine. Der Steinbrecher. Werkzeuge und Arbeiten. Gezäh. Die Bohrmaschine im Tunnel des Mont Cenis. Gotthardtunnel. Steinbruchsbetrieb. Die nutzbaren Gesteine. Granit. Syenit. Diorit. Erratische Blöcke. Porphyr. Melaphyr. Basalt. Traß. Puzzuolane — Kalkstein. Marmor. Onyx. Zement. Die lithographischen Schiefer von Solenhofen. Die Marmorbrüche von Carrara. Gips. Alabaster. Serpentinsteinindustrie in Zöblitz. — Schiefer. Dachschiefer. Brüche in Thüringen und Wales. Sandsteine u. s. w.

Die wundervollen Entdeckungen, welche die Astronomie in den letzten Jahren mit Hilfe des Spektroskops gemacht hat, haben die Ansichten über die Entstehung und Entwickelung der Gestirne in einer ganz unerwarteten Weise abgerundet, und die Schlüsse, welche man aus den spektroskopischen Beobachtungen an der Sonne, den Kometen, Nebelflecken und an den näher liegenden Planeten ziehen darf, bestätigen auf das schönste eine Theorie, welche sich vordem nur durch irdische Erscheinungen begründen konnte.

Man hatte längst schon für die Erde einen vormals feurigflüssigen Zustand angenommen, welchem ein gasförmiger aller Stoffe vorausgegangen sein sollte, und wir haben im II. Bande dieses Werkes schon, gelegentlich der Besprechung der Rolle, welche die Wärme im Haushalte der Natur spielt, den Gegenstand flüchtig gestreift. Für den Planeten, den wir bewohnen, hatte man in seiner physikalischen Natur zahlreiche Erscheinungen beobachtet, welche diese Annahme nicht nur als zulässig erscheinen ließen, sondern welche dieselbe sogar gebieterisch forderten. Auf die übrigen Weltkörper aber hatten diese Schlüsse nur die Gültigkeit, welche überhaupt Schlüssen aus Analogie zusteht, denn mit Ausnahme der beobachteten Abplattung an mehreren Planeten, der verschiedenen Monde und besonders der wundervollen Ringbildung um den Saturn waren fast keine Erscheinungen für die stoffliche Natur jener Weltkörper zu deuten. Das Spektroskop jedoch hat unsre Sinne bis auf das Allersubtilste verschärft, so daß wir auf Gebieten völlig neue Beobachtungen und Messungen anstellen können, welche früher für uns ganz ausdruckslos waren. Wir können unterscheiden, ob eine leuchtende Wolke eine Anhäufung von einzelnen festen Körpern ist, wie der Körnerregen etwa, den der Landmann beim Worfeln des Getreides über die Tenne verbreitet, oder ob sie einen gasartigen Charakter hat; ob in ihrem Innern ein dichterer Kern befindlich und ob dieser mit eignem Lichte strahlt oder mit reflektiertem; und bei einem hellleuchtenden Sterne, ob derselbe mit einer Atmosphäre umgeben ist oder nicht, ob der Kern eine feste Oberfläche hat, oder ob er von Wasser bedeckt ist; ja, das nicht allein, manche Beobachtungen scheinen sogar darüber Aufschluß geben zu wollen, ob die Oberfläche eisiger oder steiniger Natur ist und ob kristallinische Gesteine oder derbe, thonige die äußere Kruste bilden.

Wenn nun auch manche derartige Folgerungen in bezug auf ihre Beweiskraft noch mit Vorsicht aufzunehmen sind, so dürfen wir uns doch durch die geistreiche Kombination, die zu ihnen geführt hat, reizen lassen.

Es bleiben neben ihnen viele andre, die mehr Wahrscheinlichkeit für sich beanspruchen dürfen, und wo sie sich in Übereinstimmung erweisen mit demjenigen Bilde, welches wir uns nach irdischen Erscheinungen von der Entstehung unsrer Erde machen müssen, da gewinnen sie eine erhöhte Bedeutung für uns, wenn sie Bestätigung solcher Ansichten geben, welche wir auf ganz andern Gebieten und durch ganz andre Methoden erlangt haben. Genug, der Beweis für den einst glühendflüssigen Zustand unsrer Erde hat durch die verschiedenen Phasen, in denen sich uns zahlreiche Himmelskörper zur Beobachtung darbieten, von den ersten Stadien der Bildung an durch alle Zustände, welche wir für die Erde als vergangen auch voraussetzen — jener Beweis hat dadurch neue und ganz wesentliche Stützen erhalten.

Bildungsgeschichte der Erde. Wir schließen aus der Ausbauchung rings um den Äquator, daß schon damals, als sich noch keine feste Rinde um den jungen Planeten gelegt hatte, dieser mit großer Geschwindigkeit sich um seine Achse drehte. Wenn wir den Saturn mit seinem Ringe betrachten, so sehen wir in dieser merkwürdigen Gestaltung die noch weitergehende Wirkung der Zentrifugalkraft. Bei dem genannten Planeten war dieselbe infolge einer rascheren Drehung um die eigne Achse so heftig, daß sie nicht bloß eine Ansammlung größerer Massen in der Zone des Äquators verursachte, sondern es riß sich, wie Getreidekörner von dem kreisenden Mühlsteine entfliehen, die höchste Schicht der Äquatorzone los und vollbrachte ihre eigne Umdrehung zwar in derselben Weise, aber mit der ursprünglichen Masse durch nichts weiter zusammenhängend, als durch das mächtige Band der gegenseitigen Anziehung, welches das gesamte Sonnensystem zu einem Ganzen vereinigt hält. Es ist dieser Beweis für den früheren glühendflüssigen Zustand der Planeten ganz besonders zu beachten, weil in ihm die Erklärung einer großen Anzahl derjenigen Erscheinungen mit liegt, welche Geologie und Geognosie zu ihrem Ausgangspunkte machen müssen.

Damals also war die Eigentemperatur der Erde eine ungleich höhere als heute; sie verminderte sich aber von Tag zu Tag, denn durch Ausstrahlung in den kalten Weltraum ging der Erde Wärme verloren, welche ihr durch den Zufluß von der Sonne bei weitem nicht ersetzt wurde. Und wenn auch für uns ganz undenkbare Zeiträume vergangen sein müssen, ehe der kolossale Tropfen durch den Wärmeverlust allmählich seine veränderte Beschaffenheit angenommen hat, so ist nichtsdestoweniger der Verlauf kein andrer gewesen, als wir ihn bei jedem Lavastrom, der flüssig aus dem Krater hervorbricht, beobachten können. Wie dieser von der Oberfläche herein zuerst seine Wärme verliert und, wenn die Temperatur nicht mehr hinreicht, seine ganze Masse geschmolzen zu erhalten, von der Oberfläche herein allmählich aus dem flüssigen in den festen Zustand übergeht, so muß sich auch die Erdkugel verhalten haben. Ihre äußere Oberfläche ist zuerst erstarrt, die Rinde wurde fest, sie hörte auf zu glühen, zu leuchten, man würde sie von andern Himmelskörpern nicht mehr haben wahrnehmen können, wenn sie nicht von der Sonne erborgtes Licht zurückgestrahlt hätte. Mit der Zeit schritt die Erstarrung fort; die Erdkruste wurde dicker und dicker, und in denjenigen Gesteinen, die wir, weil sie allen andern und entschieden späteren untergelagert sind, **Urgesteine** nennen, glauben wir heute noch die Masse vor uns zu sehen, aus welcher sich damals die ersten festen Schollen bildeten. Diese Urgesteine sind ausgezeichnet durch ihre kristallinische Struktur und durch ihren großen Gehalt an Kieselsäureverbindungen: es sind, wie die geognostische Terminologie sie nennt, **kristallinische Silikatgesteine**.

Denn wir müssen hier schon bemerken, daß wir uns die erste Bildung der festen Gesteine nicht als eine gleichmäßige Erstarrung zu denken haben, als deren Folge sich eine durchweg gleichartige Masse, wie etwa das Glas, ergibt, sondern es bildeten sich beim Festerwerden schon gewisse Verbindungen, zu denen die einzelnen Bestandteile durch ihre chemische Anziehung zusammentraten, und das Ganze ergab schließlich ein Gemenge, in welchem jene chemischen Körper gesondert als mehr oder weniger große und ausgebildete Kristalle innerhalb der unkristallisierbaren oder nicht zu bestimmter Individualisierung gelangten Masse nebeneinander lagen. Diese einzelnen, chemisch besonders charakterisierten Verbindungen nennt man **Mineralien** zum Unterschiede von **Gestein**, unter welchem Begriff man die feste Masse des Erdkörpers überhaupt versteht und welche in der Regel ein Gemenge von Mineralien darstellt.

Anderseits ist freilich auch der Annahme Raum gelassen, daß die Gesteine im Laufe der Zeit Veränderungen erlitten haben, welche ihre innere Natur nicht unberührt ließen, und wenn wir sagten: wir glauben in den sogenannten Urgesteinen die ältesten Erstarrungsprodukte noch in ihrer ursprünglichen Form und Beschaffenheit vor uns zu sehen, so haben wir eben dieser Annahme ihre Bedeutung nicht absprechen wollen.

Um den noch jungen Erdkörper war eine dichte Atmosphäre gelagert, welche nicht nur die Luft enthielt, sondern worin sich auch noch alles Wasser in luftförmiger Gestalt befand, welches heute unsre Flüsse und Meere erfüllt, das damals aber und noch lange Zeit nur als Dunst und Dampf zwischen der oberflächlich immer noch mächtig heißen Erdkugel und dem kalten Weltraum existieren konnte. Ein gewaltsamer Kreislauf zwischen Verdunsten in den niederen Schichten dieser mit Dampf und Kohlensäure geschwängerten Atmosphäre und Verdichtung in den kalten höheren Regionen mußte sich entspinnen, der allmählich bis auf den festen Boden hinabreichte, als dieser endlich ohnehin eine Temperatur angenommen hatte, welche unter der des Siedepunktes des Wassers lag. Von da an konnte sich das Wasser als flüssiger Körper auf der Erde niederschlagen und seine rastlose Wanderung beginnen, der zufolge es sich an den höchsten, kältesten Spitzen verdichtet, im rieselnden Laufe den niedriger gelegenen Punkten zueilt, um von hier aus wieder als Dampf in die Atmosphäre aufzusteigen. Denn wenn auch Berge und Thäler auf der jungen Erde noch nicht in den heutigen Größenverhältnissen vorhanden waren, so müssen Niveauungleichheiten schon in den frühsten Perioden sich gebildet haben; sehen wir doch auf jeder Eisfläche die Einwirkungen des wasserkräuselnden Windes. Außerdem lag auch in der Reaktion des flüssigen Erdinnern gegen die Erdoberfläche ein nie rastender Antrieb zu Umgestaltungen.

Während des Laufes nun, den das Wasser über die Oberfläche der Erde machte, begann es auch schon die zersetzende Macht auszuüben, die ihm eine Gewalt über alles gibt, was lösliche Bestandteile enthält. Durch die herrschende hohe Temperatur wurde diese Macht bedeutend verstärkt, und der hohe Gehalt der Atmosphäre an Kohlensäure, zu der sich vielleicht auch noch andre auflösende gasartige Stoffe gesellen mochten, arbeitete in gleicher Weise auf Veränderung der erst zusammengetretenen chemischen Verbindungen wieder hin. Weiterhin brachen aus dem Innern der Erde von Zeit zu Zeit noch glühendflüssige Massen durch die feste Rinde hervor, von verschiedenartiger Beschaffenheit vielleicht, jedenfalls aber von einem Hitzegrade, der in Gemeinschaft mit den andern schon genannten Faktoren seine verändernde Wirkung auf die benachbarten Massen so lange ausüben mußte, bis er erkaltet war.

So waren immer, ganz besonders energisch aber in der Jugendzeit unsres Planeten, die physikalischen und chemischen Kräfte in Wirkung und Gegenwirkung, zeitweilig in ihrem Verlaufe gestört, nie aber ganz unterbrochen, ließen sie auch die Materie, an deren Atomen sie ja einzig und allein Angriff nahmen, nie zu völliger Ruhe kommen. Und so unscheinbar manche dieser Kräfte auftreten, so gering uns der Effekt vorkommen mag, den sie auf einmal hervorbringen, so Gewaltiges vermögen sie zu leisten, wenn sie unausgesetzt, durch lange

Zeiten hindurch thätig sind. Ob wir daher in den Gesteinen, welche allen aufgelagerten Schichten zur Unterlage dienen und die wir also als diejenigen ansehen dürfen, welche zuerst auf der Erde zur Erstarrung gelangten — ob wir in ihnen noch die ursprüngliche Beschaffenheit der ersten festen Kruste vor Augen haben — diese Frage ist kaum mit Ja zu beantworten.

Die Urbestandteile der Erde, die Stoffe, aus denen sich die Felsarten zusammensetzten, sind nicht von unwandelbarer Beständigkeit. Aus den festen Banden machen sie sich unter Umständen wieder los und begeben sich auf die Wanderschaft. Sie verlassen frühere Verbindungen, um neue einzugehen, zu denen sie einen stärkeren Trieb fühlen, und jede ihrer Vereinigungen besteht immer nur unter der stillschweigend von beiden Seiten angenommenen Klausel: „solange wir nichts Besseres finden".

Der an der Felswand herabrieselnde Wassertropfen nimmt nur eine Spur löslichen Salzes aus seiner harten Unterlage mit, so wenig, daß es selbst der Chemiker nicht nachzuweisen vermag. Aber der nächste Tropfen thut dasselbe, der folgende wieder, und endlich rutscht auch ein festes Teilchen, das durch Fortführung seiner lösbaren Genossen den Halt verloren, mit zu Thale. Es bildet sich eine Rinne, in der das silberne Fädchen rinnt, sie erweitert und vertieft sich — und wenn wir jetzt wilde Thalschluchten durchwandern und sehen, wie sich ein Strom durch viele tausend Fuß hohe Bergzüge sein Bett gegraben hat, so können wir zurückdenken an das erste Tröpfchen, welches die Aushöhlung begann.

Die vom Wasser aufgelösten Bestandteile der Gesteine, die Salze, Alkalien und Säuren, dringen mit ihrem flüssigen Beförderer in die Poren der festen Gesteine, sie verbreiten sich in die Tiefe und Weite, und wo sie Gelegenheit zu neuen stärkeren Verbindungen finden, da bleiben sie haften, indem sie aus dem gelösten wieder in einen unlöslichen Zustand übergehen. Auf Spalten und Rissen scheiden sie sich oft als schön kristallisierte Mineralien, als Drusen und Erzgänge, oder in gediegenem Zustande aus. In der inneren Masse der Gesteine aber bewirken sie Umwandlungen der chemischen Natur, welche, ebenso wie sie bei Fortführung gewisser Bestandteile die Masse vermindern und zu Schwindungen Veranlassung werden, denen wir in vielen Fällen wohl die Erdbeben zuzuschreiben haben, so umgekehrt bei Zuführung neuer Stoffe die Masse vermehren. Diese quillt infolgedessen auf, erhebt sich und erhebt die über ihr ruhenden Schichten mit, sprengt dieselben wohl gar, richtet sie auf und verwirft sie und mag dadurch nicht selten zum Kern hoher Gebirge geworden sein. Einwirkungen unterirdischer Wärme, von unten herauf dringender Dämpfe u. s. w. treten hinzu und vollbringen in Millionen von Jahren vielleicht Werke, deren allmähliches Fortschreiten in der kurzen Spanne Zeit, die wir zu überblicken vermögen, nicht kontrolliert werden kann.

Solcher Art umgewandelte oder metamorphosierte Felsarten sind von der Forschung in steigender Zahl nachgewiesen worden, und es ist sehr wahrscheinlich, daß die sogenannten Urgesteine ihre jetzige Beschaffenheit ebenfalls erst im Laufe der Zeit und auf dem Wege der Metamorphose erlangt haben.

Diejenigen Stoffe endlich, welche sich nicht im Wasser aufzulösen vermochten, wie die kieseligen Sandkörner, die Thonerdeverbindungen u. dgl., entgingen deshalb nicht etwa den oft abgeschlagenen, aber immer wiederholten Angriffen. Solange ihnen noch ein ziemliches Gewicht zu Hilfe kam, konnten sie einen eingenommenen Platz schon eher behaupten, aber dem unausgesetzten Stoßen und Drängen gelang es doch einmal, das Körnchen zu verrücken, und die geneigte Fläche des Bodens unterstützte das Wasser so weit, daß endlich der frühere Gipfel des stolzen Felsenhornes sich beschämt und abgeschabt im Thale finden mußte. Oder die Reise ging noch weiter mit dem Flusse bis hinein in das Meer, und hier erst setzten sich die festeren Teile entweder als Anschwemmungen an der Küste nieder und bildeten, indem sie sich übereinander anhäuften und allmählich den Spiegel des Wassers erreichten, neue Ländergebiete, die an den Mündungen großer Flüsse sehr bedeutende Dimensionen annehmen konnten (Flußdelta); oder die feinsten Schlammteilchen hielten sich noch länger schwebend in dem flüssigen Elemente und setzten sich erst entfernt von den Küsten langsam ab, horizontale Schichten bildend, die allmählich erhärteten oder zu Gesteinen wurden, welche wir ihrer Entstehungsweise wegen Absatz- oder Sedimentgesteine nennen. Mancher Leichnam, manches leere Gehäuse von Meeresbewohnern fand darin sein Grab, und der

Steinbrecher fördert den Abdruck davon oder den versteinerten Körper, nachdem derselbe Millionen von Jahren geruht hat, wieder an das Licht, wo er dem forschenden Geologen zu einem wichtigen Fingerzeige wird, um aus seiner Art und Beschaffenheit das Alter der Schicht, in der er sich fand, und die geologische Periode, in der diese zum Absatz gelangte, zu bestimmen. Denn mittlerweile hatte auf der Erde organisches Leben sich entwickelt. Pflanzen= und Tierformen hatten ihr Entstehen, ihre Vervollkommnung, ihre Abscheidung in Arten gefunden. Eine immer formenreichere Vegetation und Fauna belebte den Boden, der vor diesem nur ein Kampfplatz für Festes und Flüssiges, Dampf und Nebel und Glut gewesen war, und unter den herrschenden Verhältnissen war das Wachstum der Pflanzen ein ebenso üppiges in weit nördlich gelegenen Breiten, als es jetzt nur noch unter den Tropen ist. Mächtige Schichten von Kohle lagern unter der Oberfläche — sie sind die Überreste jener Pflanzenreiche, welche ihre Endschaft häufig durch irgend eine hereinbrechende Flut fanden, die sie unter Gerölle und Schlamm begrub.

Bei dem noch lange nicht abgespielten, nicht einmal beruhigten Bildungsprozeß der Erde blieben aber diese geschichteten Sedimentgesteine nicht etwa in ihrer ruhigen Lage. Sie waren derselben Metamorphose infolge physikalischer und chemischer Einwirkungen ausgesetzt, die wir kurz vorher besprochen haben. Weiterhin werden die anfänglich wagerecht ausgebreiteten Schichten durch Schwinden ihrer Unterlage gesenkt und gebogen, durch Aufquellen derselben zerbrochen, in Stücke zerrissen, zum Teil auch hoch emporgehoben, während andre Teile in die Tiefe sanken, rauh durch die Einwirkung vulkanischer Thätigkeiten in der allerverschiedensten Weise zusammengeknickt oder gestaucht. Den gewaltigen Kräften unterlagen die mächtigen Felsschichten wie dünne Papierblätter, welche die Hand eines Kindes zerknittert. Es erhielten dadurch die Absatzgesteine eine besondere Architektur, eine Anordnung in Falten, Mulden, Stücken, Dome, es entstanden neue Gebirgszüge und Ebenen, See= und Meerbecken.

Formationen. Die verschiedenen geologischen Perioden kann man nach den während ihrer Dauer gelebt habenden und aus Versteinerungen und Abdrücken genau bestimmbaren Tier= und Pflanzenformen der Zeit ihres Bestehens nach ordnen und ihre zeitliche Aufeinanderfolge festsetzen. Die Zweifel, welche bisweilen vorhanden sind, ob eine Schicht, deren Lagerung man nur unvollkommen beobachten kann, eine jüngere oder eine ältere Bildung ist, als andre an andern Teilen der Erde unter ähnlichen Verhältnissen auftretende — bestehen nur so lange, als es noch nicht gelungen ist, eine genügende Anzahl von charakteristischen, dieser Schicht eigentümlichen Tier= und Pflanzenarten nachzuweisen. Ist dies gelungen, so ist damit dies Gestein in die chronologische Reihenfolge eingereiht. Obwohl nun die organischen Formen der einzelnen Schichten nach oben= und untenhin ineinander übergehen, so unterscheidet die heutige Geologie doch nach besonders großartigen Umwälzungen, welche auf der Erde nacheinander stattgefunden und welche die Verhältnisse in ganz ungewöhnlicher, epochebildender Weise umgestaltet haben, gewisse geologische Perioden, welche sie durch die innerhalb derselben Zeit zum Absatz gelangten Sedimentgesteine und durch die aus dem Innern der Erde während derselben Zeit hervorgebrochenen vulkanischen Gesteine charakterisiert. Betrachten wir die feste Erdrinde in einem Durchschnitt, welcher alle seit der ersten Erstarrungskruste und auf derselben zur Bildung gelangten Gesteinsbedeckungen der Zeit nach geordnet übereinander zeigt, so sagt uns der Geologe, daß die untersten Schichten die Urgebirge oder die primitive oder Urformation heißen. Es sind dies diejenigen Gesteine, welche allem Anschein nach zuerst zur Erstarrung gelangten, und sie treten als Gneis, Glimmerschiefer, Urkalk und Dolomit, Quarzfels u. s. w. auf. Sie bilden zwar die untersten Schichten, aber nicht die zu unterst liegenden Gesteine überhaupt, denn unter ihnen liegen noch Gesteine, wie Granit, Syenit, Grünstein, Melaphyr, Porphyr u. dergl.; da aber dieselben ebensowohl auch durch die Schichten jener Urgesteine hindurchbrechen und sich selbst noch über viel neueren Bildungen als aus dem Innern heraufgedrungene geschmolzene Massen ausgebreitet haben, so sind sie jedenfalls noch in feurigflüssigem Zustande gewesen, als jene schon erstarrt waren, und unter Berücksichtigung dieses Umstandes hat auch der Granit seine Führerschaft in der Reihe der Gesteine aufgeben müssen. Außer von diesen ihrem Ursprung nach plutonische genannten Gesteinen werden die ältesten Schichten auch noch von viel jüngeren vulkanischen Bildungen, wie

Phonolith, Basalt, Lava, Obsidian u. s. w., durchbrochen, und diese erscheinen als Gänge, Einlagerungen u. s. w. zwischen ihnen, als Auflagerungen in Kuppen, Decken u. s. w. über ihnen.

Die Urformation, deren Gesteine den Charakter kristallinischer Schiefergesteine tragen, zeigt noch keinerlei Spuren organischen Lebens; ihre Schichten sind frei von Versteinerungen und Abdrücken pflanzlicher oder tierischer Formen.

Diese treten erst in der folgenden Formation — in der paläozoischen — auf und bilden das unterscheidende Merk- oder Formationsmal. Zur Bildung der Gesteine dieser Formation hat das Wasser mit geholfen, es sind die ältesten Sedimentgesteine von sandstein-, thonschiefer- und kalksteinartiger Natur. Die paläozoische Formation gliedert man aber weiterhin in die silurische Formation, in die devonische Formation, welche man früher zusammen die Übergangs- oder Grauwackenformation nannte, in die Steinkohlenformation und in die permische Formation.

Die Übergangsformation enthält in ihren untersten Schichten (welche man als silurische Formation von den oberen Schichten oder der devonischen Formation unterscheidet) vorzugsweise Thonschiefer, Grauwacke und Sandstein; in den oberen treten dazu noch Kalksteinablagerungen, Dolomit und Konglomerate, welche aus der Zusammenschwemmung größerer Gesteinsbruchstücke entstanden sind. Die Granite durchbrechen auch noch diese Formation, sie sind also zum Teil wenigstens jünger als dieselbe, und selbstverständlich gilt dies auch von den späteren vulkanischen Bildungen.

Die Steinkohlenformation hat ihren Namen von den mächtigen Steinkohlenablagerungen, die sich zwischen den Schichten kalkiger und thoniger Schiefergesteine in ihr finden und die ihr eine so hervorragend volkswirtschaftliche Bedeutung geben. Über der Steinkohlenformation lagert die permische Formation, deren unterstes Glied, das Rotliegende, Sandstein, Konglomerat, Porphyrbrocken, Kalkstein und Thonstein bilden, während das obere, der Zechstein, namentlich durch bituminöse Mergelschichten ausgezeichnet ist und in Deutschland, im Mansfeldischen, das bekannte Kupferschieferflötz führt, auf welchem trotz seines geringen Gehaltes ein sehr ergiebiger Bergbau betrieben wird.

Die sekundäre oder mesozoische Formation, welche über der primären lagert, enthält drei Hauptabteilungen, die Trias-, die Jura- und die Kreideformation. Die erstere hat ihren Namen von den drei in ihr zur Ausbildung gekommenen Gliedern: der Buntsandsteinformation, der Muschelkalkformation und der Keuperformation erhalten. Sie ist vorzüglich ausgezeichnet durch die kalkigen Gesteine: Dolomit, Mergel, Kalk, Anhydrit, Gips, welche ihre Schichten bilden, und durch das Steinsalz, welches in ihr auftritt und welches auch für die jüngeren Glieder dieser Formation, den Buntsandstein und namentlich den Keuper, charakteristisch ist.

Die Juraformation zerfällt in den Lias oder unteren Jura: Kalkstein, Schieferthon, Mergel, Sandstein; in den mittleren und in den oberen Jura, welche fast dieselben Gesteine, nur durch die organischen Einschlüsse als jüngere Bildungen gekennzeichnet, enthalten. Die organischen Überreste lassen diese drei Unterabteilungen als Meeresbildungen ansehen. In diesem Schichtensystem treffen wir auch auf eine Reihe von Süßwasserbildungen, die mit dem Namen Wealdenformation bezeichnet worden sind.

Die Kreideformation, die jüngste der mesozoischen Formationen überhaupt, ist benannt worden nach der eigentümlichen Kalksteinvarietät, welche in England und Frankreich, wo sie zuerst studiert wurde, deren oberstes Glied bildet. In Deutschland ist das vorwiegende Gestein der Kreideformation der Quadersandstein, außerdem aber kommen noch vor Kalksteine, Mergel, Thon und Schieferthon u. s. w., und diese verschiedenen Schichten treten unter sich wieder mit einer Regelmäßigkeit der Aufeinanderfolge auf, welche nach den eingeschlossenen organischen Uberresten es dem Geologen gestattet, mehrere Unterabteilungen der Kreideformation (untere Kreide, unterer Grünsand, Gault, obere Kreide, oberer Grünsand, weiße Kreide) abzugrenzen.

Mit der Kreideformation endigt diejenige Periode, welche wir die Urzeit der Erde nennen können. Die organischen Formen derselben sind für uns vollständig ausgestorben, kein Glied ihrer Tier- und Pflanzenwelt ragt bis in unsre Zeit hinein. Anders ist es mit der folgenden Abteilung, mit der känozoischen oder tertiären Periode, deren organische

Welt in ihren jüngeren Bildungen schon viele noch in der Jetztwelt lebende Spezies aufzuweisen hat. Je nachdem die jetzt ausgestorbenen Formen in den verschiedenen Schichten der tertiären Formation vorwalten — und es braucht nicht besonders erwähnt zu werden, daß dies in engem Zusammenhange steht mit dem Alter der Schichten — ist die Formation überhaupt in eine eocäne oder ältere Tertiärformation, in eine oligocäne oder untermittlere, in eine miocäne oder obermittlere und in eine pliocäne oder neuere Tertiärformation eingeteilt worden.

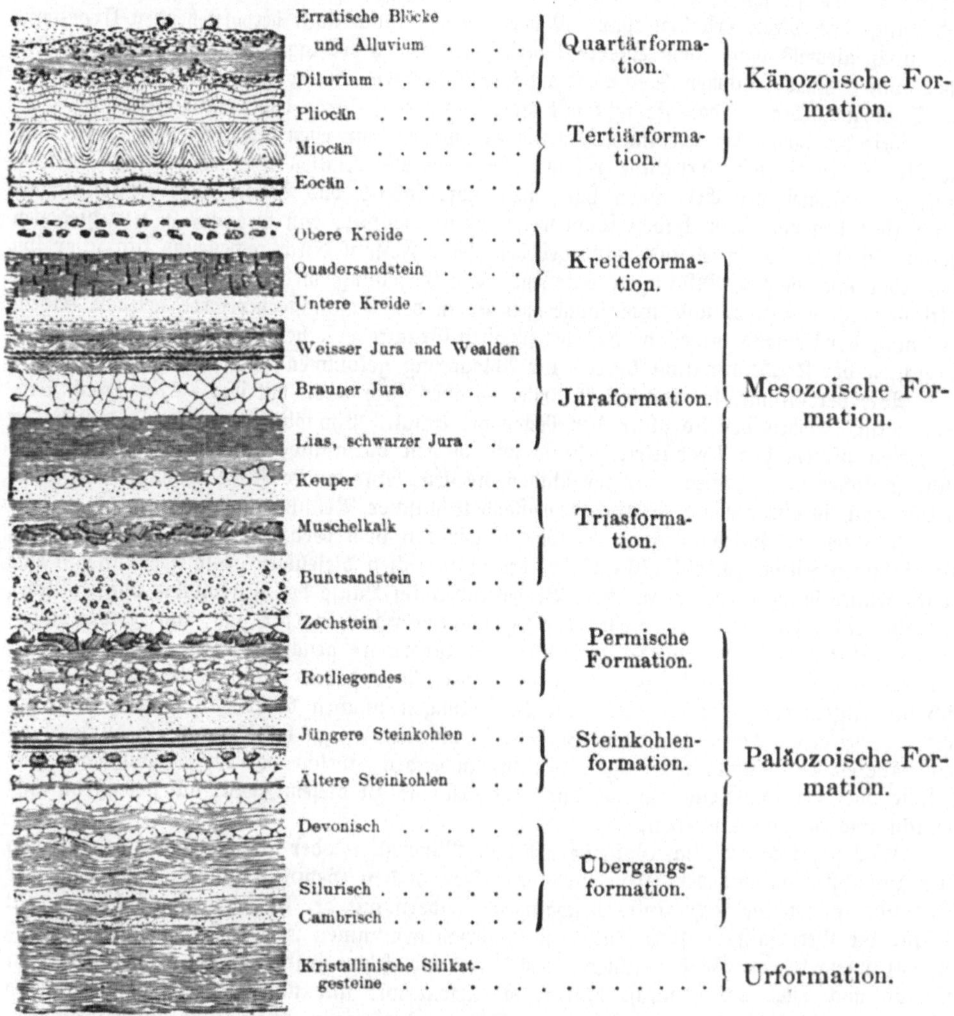

Fig. 4. Übersicht der Gesteinsformationen.

Die Gesteine der tertiären Formation sind Konglomerate, Gerölle, Sandsteine, Schiefer, Thone, Mergel und Kalkmassen. Es gehört hierher der Nummulitenkalkstein und der Nummulitensandstein, der Enkrinitensandstein, die Braunkohle, der Süßwasserkalk mit Gips und Mühlsteinquarz, der Molassesandstein, der Nagelfluh u. s. w.

Die quartäre Formation endlich oder das Diluvium, aus Geschieben und Anschwemmungen aller Art bestehend, und die allerneuesten Bildungen, welche jetzt noch im Fortschreiten begriffen sind und die man als Alluvium bezeichnet, bilden die oberste Bedeckung der Erdkruste. Sie können nur in einzelnen wenigen ihrer Glieder den eigentlichen Gesteinen noch zugezählt werden.

In Fig. 4 geben wir eine schematische Übersicht über diese Formationen. Man darf sich aber nicht denken, daß dieselben überall in ganzer Vollzahl übereinander liegen. An manchen Punkten der Erdoberfläche fehlen sie alle, das Urgestein steht nackt hervor; an andern ist auf diesem bloß die älteste oder einige der ältesten Sedimentformationen abgelagert, die andern fehlen. Wieder an andern Punkten lagert auf dem Urgestein eine der Schichten, welche erst in jüngerer Zeit zum Absatze gelangten, und die früheren sind nicht vorhanden. Diese Unregelmäßigkeiten in der Reihenfolge wurden veranlaßt, je nachdem ein Stück der Erdfeste früher oder später, längere oder kürzere Zeit über die allgemeine Wasserbedeckung, das Meer, erhoben war. Manche der jetzt noch nackt hervorstehenden Urgesteine sind noch niemals von einem Meere bedeckt gewesen, andre lagen anfangs trocken, sanken aber später hinab, nahmen Sediment auf ihre Schultern und wurden endlich abermals in die Höhe geschoben, so daß sie jetzt mit ihrer Last als Gebirge das Land zieren.

Mit der Reihe der Sedimentformationen, welche wir eben betrachtet haben, ist aber die Reihe der die feste Erdrinde zusammensetzenden Materialien nicht erschöpft. Die plutonische Thätigkeit des Erdinnern hörte nicht auf, sobald das Wasser seine umgestaltende Thätigkeit begann. Wir haben schon weiter oben erwähnt, daß Granite, zu verschiedenen Zeiten unter dem alten Grund emporgehoben, seine Fesseln durchbrachen und sich über ihn und über noch jüngere Bildungen ergossen. Die Erhebung vieler Gebirge hat in solchen Aktionen ihren Grund, und wie lange Zeit sie in der Geschichte der Erde gespielt haben, das mag der Umstand beweisen, daß die jüngsten Granite erst hervorgequollen sind, als die Schichten der Kreideformation bereits zur Ablagerung gekommen waren.

Wie der Granit, so machten es später — aber auch schon mit ihm — der Grünstein, Serpentin, Gabbro, der Porphyr, der Melaphyr, Basalt, Phonolith u. s. w., und wir haben in diesen plutonischen Produkten, ebenso wie in den vulkanischen Laven, den Obsidianen und ähnlichen Erzeugnissen feuriger Bildungsweisen, eine andre Reihe wichtiger Gesteine, welche auch in ausgedehnter Weise Gegenstand technischer Benutzung geworden sind.

Wollten wir systematisieren, so könnten wir mit dem Geognosten auch aus der Zahl der Sedimentgesteine sowohl als aus der der plutonischen diejenigen ausscheiden und in eine dritte Klasse bringen, welche in ihrer Beschaffenheit im Laufe der Zeit infolge physikalischer und chemischer Einwirkungen mehr oder weniger verändert worden sind, innere Metamorphosen erlitten haben und metamorphosierte Gesteine genannt werden. Und weiterhin würden wir auch noch auf solche Gesteine stoßen, über deren eigentliche Entstehungsweise sich die Wissenschaft keinerlei bestimmte Vorstellungen machen kann. Allein es genügt für unsre Zwecke, auf die allgemeinen Verhältnisse hingewiesen zu haben, und wir dürfen uns der näheren Betrachtung derjenigen Gesteine zuwenden, welche von der Technik, der Industrie oder der Kunst eine Verwendung erfahren und zu diesem Zwecke auf der Erde aufgesucht und gewonnen werden.

Wir sagen ausdrücklich Gesteine und nicht Mineralien oder Fossilien, denn wir wollen uns zunächst nicht mit der Gewinnung einzelner in den Gebirgen zufällig vorkommender Bestandteile, wie die Erze sind, beschäftigen, sondern mit der Gebirgsmasse selbst, soweit sie für die Bedürfnisse unsrer Kultur in Anspruch genommen werden kann. Und daß dies in sehr weitgehender Weise geschieht, das haben wir schon früher gesehen, und wenn wir es uns noch nicht klar gemacht hätten, so dürften wir nur unsre Augen um uns gehen lassen, um in tausenderlei verschiedenen Formen diejenigen Materialien wiederzufinden, welche die Substanz unsrer Gebirge in ihrer großen Masse ausmachen.

Wirtschaftliche Bedeutung der Gesteine. Die Erzeugnisse der Steinbrecherarbeit, die Bruchsteine, erfahren durch die öffentliche Stimme in der Regel nicht diejenige Wertschätzung, welche den Erzen, den Salzen und Kohlen zu teil wird, deren Gewinnung Sache des Bergbaues ist. Nichtsdestoweniger sind jene für das Bestehen der menschlichen Gesellschaft und für deren Entwickelung von einer nicht minder hervorragenden Bedeutung wie diese. Nicht allein, daß dem Bildhauer das Material fehlen würde, durch welches er die Gebilde seiner Phantasie verkörpert, auch die Baukunst würde nur eine sehr beschränkte Ausbildung erfahren haben. Das Zelt und die Blockhütte wären die hauptsächlichsten Formen unsrer Gebäude geblieben und die Vereinigung der Menschen in Städten würde nur da ihren veredelnden Einfluß haben gewinnen können, wo die Beschaffenheit des Bodens die Herstellung von Backsteinen und Ziegeln ermöglicht und in diesen einen Ersatz für das natürliche Baumaterial, den Stein, geboten hätte. Stehen also auch die Steine dem Scheine nach andern Naturerzeugnissen nach — ihrem inneren Werte, ihrer Bedeutung für die Kultur nach müssen wir sie jenen gleichstellen.

Der Sprachgebrauch nennt die Steine Materialien, Rohmaterialien, und wir können sie nach der Verwendung, die sie erfahren, einteilen in solche, die in dem Zustande, wie sie der Natur abgewonnen werden, sofort zur Verwendung kommen, Bruchsteine der verschiedensten Art, Quadersteine, Sandsteine, Schiefer u. s. w., in dekorative Steine, welche zur Erzielung einer schöneren Wirkung oberflächlich geschliffen und poliert werden, und zu den mehr künstlerischen Zwecken Verwendung finden, wie der Marmor, Granit, Porphyr, der Alabaster, Serpentin u. s. w., und endlich in solche, welche einer besonderen Zubereitung bedürfen, durch die sie in ihrer Masse und in ihren Eigenschaften verändert werden. Der Kalk z. B., aus dem man den Mörtel darstellt, muß gebrannt werden, ebenso der Gips: der Lehm, den man zu Ziegeln verarbeitet und der an dieser Stelle immerhin mit genannt werden darf, erfährt eine noch weitläufigere Behandlung.

Die leichte Art, durch Formsteine, welche aus bildsamem Thon oder Lehm hergestellt werden, künstlerische Wirkungen zu erreichen, hat uns verführt, die edleren Gesteine, welche von den Alten vorzugsweise zum Schmuck ihrer Bauwerke verwandt wurden, zu vernachlässigen, und wir müssen gestehen, daß bei uns die Verarbeitung der festen Silikatgesteine, wie des Porphyr, des Granit, des Basalt u. s. w., nicht mehr jene Stufe einnimmt, welche in früheren Zeiten so bewundernswürdige Werke hervorgebracht hat.

Die Alten, in der Baukunst wie in so vielen andern Dingen unsre Vorbilder, hatten sehr zeitig gelernt, die festesten Felsarten zu bezwingen — freilich dürfen wir dabei nur an das Ergebnis, an das fertige Werk, nicht aber an die Mittel denken, an den Aufwand von Kraft und Mühe, welche zusammen zu dessen Hervorbringung nötig gewesen waren. Aber man betrachte die Statuen, die Obelisken, die kolossalen Vasen und Wannen, die Sarkophage, oft aus Monolithen von riesigen Dimensionen errichtet, die Pyramiden, aus riesigen Steinwürfeln aufgetürmt, und man wird gestehen müssen, daß die Neuzeit sehr wenig hervorgebracht hat, was jenen an die Seite gestellt werden kann, und nichts, was in dieser Hinsicht die hervorragendsten Werke des Altertums übertroffen hätte. War doch die Kunst, den Porphyr zu schleifen und zu polieren, bis in das 14. Jahrhundert gar nicht mehr geübt worden, bis sie, unter den ersten Mediceern, durch den Florentiner Peruzzi wieder erfunden wurde. Seit dieser Epoche datiert sich auch die Erfindung jener Mosaik, welche man die „Arbeit in harten Steinen“ nennt.

Von der Natur der Gesteine, welche in einem Lande vorkommen, ist die Art der Architektur abhängig, die sich daselbst ausgebildet hat, als die noch schwerfälligen Verkehrsmittel einen Austausch der verschiedenen Produkte im heutigen Sinne entfernt nicht gestatteten. Wie viele Tausende von Menschen stellte Hiram dem König Salomo allein, um die für den Tempelbau nötigen Zedern auf dem Libanon zu fällen und zu transportieren! Für gewöhnliche Bauzwecke konnte an die Aufstellung solcher Mittel zur Herbeischaffung fremder Materialien durchaus nicht gedacht werden; man mußte dasjenige verwenden, was sich in der Nähe fand, und nach den Eigenschaften desselben mußte sich die Formgebung richten. Ägypten ist das Land des Granits, des Syenits u. s. w.; — das schwierig zu formende Material ist Ursache der massiven Bauweise mit ihren glatt anstrebenden Flächen, die man mit dem Meißel mühsam bearbeiten und durch Abschleifen allenfalls glätten und polieren konnte; leichtere Ornamentik aber konnte nicht in Versuchung kommen, sich geltend zu machen. Griechenland und Italien haben den Marmor. Bei Rom findet man die Puzzolani und den leicht zu bearbeitenden Travertin. Was war natürlicher, als daß die beiden Materialien, deren eines einen vortrefflichen Mörtel hergab, das andre in jede Form mit Bequemlichkeit zu bringen war, mancherlei Konstruktionen und namentlich die Gewölbkonstruktion erfinden ließen — während Griechenland mit seinem so soliden, prächtigen Materiale den Pfeiler und die Säule ausbildete. Wir würden nicht an den Wunderwerken der gotischen Baukunst uns erheben können, wenn die Erdrinde nur von starrem, hartem Granit gebildet wäre und nicht bildsame Gesteine trüge, aus denen die kunstreiche Hand des Steinmetzen ihre kühnen und doch so zierlichen Gebilde zu schlagen vermöchte. Die phantastischen Bauzieraten der

Alhambra und des gesamten maurischen Stils sind an das Vorkommen des Kalktuffs und des Gipses gebunden, und ohne den edlen Marmor hätte die griechische Bildhauerkunst nie die hohe Blüte erreicht, vor deren Werken wir selbst in ihrem verstümmelten Zustande noch bewundernd stehen. Genua ist noch die Stadt aus Marmor, und sie dankt dies den nahegelegenen Brüchen von Carrara; Paris ist aus dem bildsamen Süßwasserkalk aufgebaut, den man in seiner Nähe bricht und der jeder graziösen Laune des Meißels nachgibt; London steht auf Lehm und ist eine Stadt aus Backsteinen.

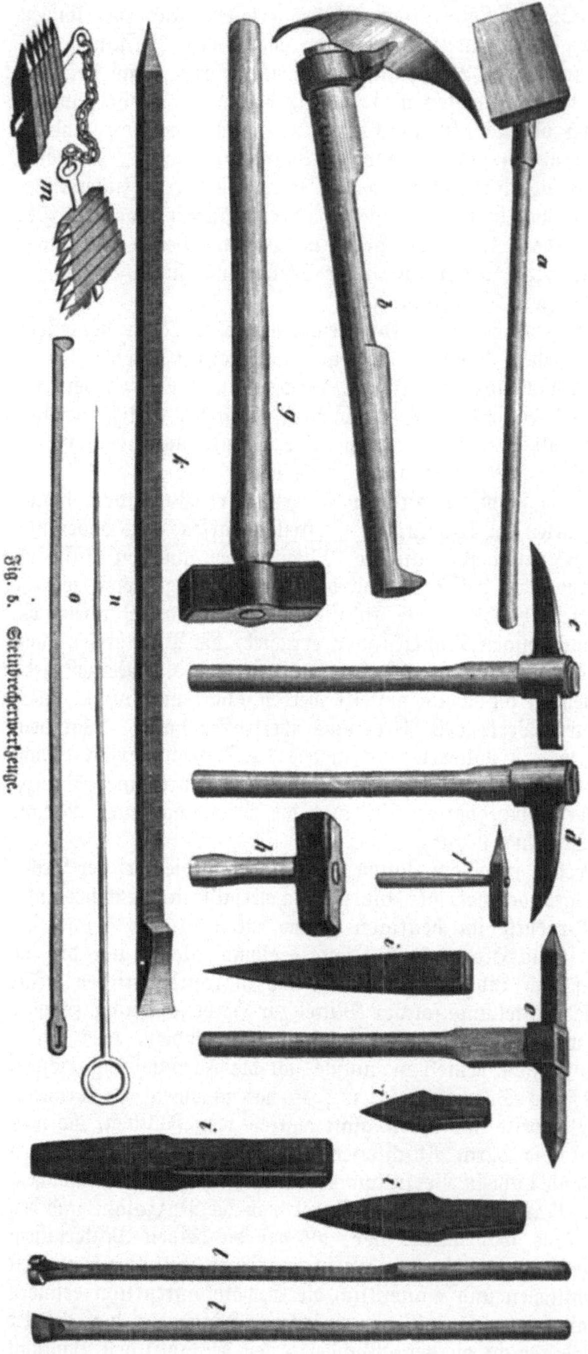

Fig. 8. Steinbrecherwerkzeuge.

Werkzeuge und Arbeiten des Steinbrechers. In einzelnen Fällen liegen die nutzbaren Gesteine so zu Tage, daß ihre Gewinnung nur geringe Mühe macht, allein dies hat doch nicht immer statt. Ja in der Regel werden auch da, wo das Gestein in festen Massen zu Tage ansteht, mehr oder weniger schwierige Arbeiten des Lostrennens, Abräumens u. s. w. notwendig, welche je nach der Natur des Gesteines sehr verschiedenartig sein können und verschiedene Verfahren hervorgerufen haben. Die dabei dienenden Werkzeuge sind seit undenklichen Zeiten von ziemlich gleicher Einrichtung. Die Indier, Ägypter, Hellenen und alten Germanen schon benutzten spitze oder breitschneidige Meißel, teils an Stielen befestigt als Zweispitze, Haue, teils lose als Meißel und Keil, dazu schwere Hämmer und Brechstangen. Erst in verhältnismäßig neuerer Zeit, seit dem 14. Jahrhundert christlicher Zeitrechnung, kam dazu noch der Steinbohrer zur Einbohrung von tiefen, engen Löchern, welche, teilweise mit Pulver gefüllt, beim Zersprengen der Felsen förderlich sind. In allerjüngster Zeit hat man sogar den Diamant zum Ausbohren der Sprenglöcher angewandt. Diejenigen Völker, welchen Eisen und Stahl unbekannt war, wie die alten Ägypter, die Kelten, mehrere asiatische und amerikanische Völkerschaften, bedienten sich des Kupfers und der Bronze zu ihren Steinbearbeitungswerkzeugen, und es ist in hohem Grade zu bewundern, wie sie damit so scharfe und zierliche Figuren selbst in den festesten Granit und Porphyr zu graben verstanden haben. — Heutzutage stehen auch für die Lostrennung und Bearbeitung der Gesteine ganz andre Hilfsmittel und Werkzeuge zur Verfügung als früher; indessen sind manche der üblichen Instrumente anderseits auch so einfacher und dabei so zweckmäßiger Natur, daß sie im Verlaufe der Jahrtausende keine wesentliche Umänderung erlitten haben und sie heute noch genau denselben Zwecken dienen wie vor Erbauung der Pyramiden.

Wir erwähnen von dem Arbeitszeug des Steinbrechers, das mit dem Gezäh des Bergmanns im allgemeinen ganz übereinstimmt, die hauptsächlichsten Stücke, indem wir uns auf die Abbildung Fig. 5 beziehen.

Fig. 6. Arbeiten mit dem Schrämspieß.

Da sind zuerst für die Wegschaffung des lockeren Erdreichs, Schlammes oder kleiner Steintrümmer verschiedenartig gestaltete Schaufeln und Krätzer in Gebrauch, von denen uns in a und b zwei Formen dargestellt sind; dazu kommen noch Spaten und ähnliche Bodenbearbeitungswerkzeuge, welche, wie Schaufeln, Hacken u. s. w., hinlänglich bekannt sind. Zum Angriff gegen das feste Gestein dient die Keilhaue oder Bickel, die in mannigfachen Formen und Größen vorkommt (c d e) und mit beiden Händen geführt wird. Sie besteht aus einem schweren, spitzen, eisernen Keile, welcher an einem langen Stiele befestigt ist und durch wiederholte kräftige Schwünge an einem bestimmten Punkte, dem Örtchen, in das Gestein eingetrieben wird. Das Örtchen wird vorher gewöhnlich erst mit leiseren Schlägen bis auf eine gewisse Tiefe ausgearbeitet, so daß der Keil mit voller Wucht tief in das Gestein eindringt, hier Halt gewinnt und seine Wirkung durch den langen Hebel des Stieles verstärkt werden kann. Der Schrämhammer ist von verwandter Art, er wird mit einer Hand regiert und hat eine der Spitze entgegengesetzte Verlängerung mit flacher Bahn. Er kann infolgedessen sowohl als Spitzhammer wie auch als Fäustel dienen. Der Schrämspieß (k) leistet beim Abstoßen, beim Lostrennen von Wänden, beim Einschneiden von Kerben u. s. w. Dienste. In manchen Gegenden wird derselbe so gehandhabt wie es Fig. 6 zeigt. Neben diesen keilartigen Werkzeugen sind auch die bekannten Breithauen oder Radehauen in Anwendung. Es geht aus der Natur des bis jetzt betrachteten Gezähes hervor, daß dasselbe seine hauptsächliche Anwendung auf sogenanntes mildes Gestein, Schiefer und dergleichen, finden wird. In der That erstreckt sich die Keilhauarbeit, wie sie von den

Bergleuten genannt wird, auch vorzugsweise auf die Herstellung eines Einschnittes von einer gewissen Tiefe, des Schrames, welcher das zu gewinnende Stück auf einer Seite von der Hauptmasse ablöst. Die vollständige Trennung kann durch Wiederholung dieser Operation an andern Seiten geschehen, oder aber es finden andre Verfahren statt, welche wir im Verlaufe noch kennen lernen werden. Im Kohlenbergbau, bei welchem man es mit weicheren Gesteinen zu thun hat, wendet man auch Schrämmaschinen an, die wir an geeigneter Stelle kennen lernen werden.

Festeren Gesteinen beizukommen, solchen, welche die bergmännische Sprache gebrech oder gepräge nennt, bedarf es der Schlägel- und Eisenarbeit. In dem gewöhnlichen Steinbruchsbetriebe, wo es hauptsächlich auf Lostrennung großer Stücke ankommt, kommt dieselbe zwar nicht in dem Grade in Anwendung, wie im engeren Bereiche des Erzbergbaues, der sehr häufig bei Herausarbeitung der erzführenden Gesteinstöcke Schlägel und Eisen ausschließlich benutzt; immerhin aber wollen wir die dabei gebräuchlichen Werkzeuge hier gleich mit besprechen, uns ein späteres Zurückkommen hierauf ersparend.

Das sogenannte Eisen ist ein bisweilen an einem durchgesteckten Stiel befestigter stählerner oder wenigstens an beiden Enden gut verstählter Spitzkeil (f). Die der Spitze gegenüberliegende Fläche heißt die Bahn, auf sie fallen die mittels des Fäustels, Handfäustels, eines Hammers, der mit der rechten Hand geführt wird, während die linke das Eisen hält, ausgeübten Schläge, infolge deren die darunter liegenden Gesteinsteilchen aus ihrem Zusammenhange gebracht werden. Dem kleinen Handfäustel h entgegengesetzt ist der große Treibefäustel g. Den letzteren stellt man wohl auch aus Gußeisen her, während der erstere, wenn er nicht von Stahl ist, wenigstens eine gut verstählte Bahn hat. Das harte Gestein, in welchem die Keile arbeiten, nutzt aber ihre Schärfe sehr bald ab; deshalb hat der Steinbrecher deren auch immer eine größere Anzahl bei sich, die er in gutgeschärftem Zustande, an den Eisenriemen (m) gereiht, mit zur Stelle bringt. Sie sind in den meisten Fällen nicht an einem besonderen Stiel befestigt, sondern werden während der Arbeit mit der linken Hand gehalten.

Fig. 7. Herstellung eines Bohrlochs.

Mittels dieser Werkzeuge werden nun vorzüglich auch die Schlitze oder Schrämen hergestellt, in welche, wenn sie eine gewisse Tiefe erlangt haben, eine Reihe Keile eingesetzt und durch abwechselnd auf sie geführte Schläge niedergetrieben werden, so daß endlich das Felsstück dadurch von seiner Unterlage abgesprengt wird. Solcher Keile sind in i i verschiedene abgebildet; l l sind Bohrer zum Ausarbeiten der Sprenglöcher, n ist die Räumnadel und o der Kratzer, ebenfalls Werkzeuge, die bei der Sprengarbeit in Thätigkeit gesetzt werden.

Nachdem der die meisten Felsmassen bedeckende erdige und steinige Schutt, die durch Witterungseinflüsse aus dem festen Fels entstandene Zersetzungsmasse, mittels Bickel, Schaufel und Karre abgeräumt ist, erkennt der Steinbrecher die Struktur des Gebirges, welches er in Angriff nehmen will, vor sich. Nach der besonderen Beschaffenheit derselben wird er seine besonderen Maßregeln treffen, um die gegenstehende Masse in größere oder kleinere Stücke zu teilen. Die Festigkeit des Gesteins ist neben der natürlichen Zerklüftung maßgebend für die Wahl des Verfahrens und der Werkzeuge. Die meisten Gesteine, welche dem Steinbruchsbetriebe unterliegen, zeigen von Natur schon eine Schichtung, oder doch eine Spaltung, nach welcher die Trennung leicht erfolgt. Auf diesen Umstand wird Rücksicht genommen, und der Steinbruch so angelegt, daß die Gewalt der eignen Schwere bei dem Hereinbrechen der abgetrennten Stücke helfend wirkt. Bei solchen Gesteinen ist die Schrämarbeit, mittels welcher durch Schräme, Kerben in geeigneten Abständen das zu gewinnende Stück von der Felsmasse losgearbeitet wird, besonders häufig in Anwendung. Sie wird unterstützt durch das Eintreiben von Keilen. In entsprechender Entfernung voneinander werden diese in die vorgearbeiteten Schräme eingesetzt, und wenn sie von Eisen sind, durch Schläge immer weiter hineingetrieben, bis die Zerreißung in der Richtung ihrer Verteilung erfolgt. Anstatt der eisernen Keile wendet man auch hölzerne an, oder man sucht denselben Effekt durch konische Schrauben zu erreichen.

Der Steinbrecher bohrt zu diesem Behufe in Abständen von 10 cm etwa 30 mm weite Bohrlöcher 30—60 cm tief in einer Reihe nebeneinander in den zu sprengenden Fels, füllt sie mit stark ausgetrockneten, abgedrehten Holzcylindern, welche noch gespalten und durch Keile angetrieben werden. Alsdann benetzt er sie alle, und die durch das begierig aufgesogene Wasser aufquellenden Holzstücke zerreißen den Stein in der vorgeschriebenen Linie. Solche Bohrlöcher können auch mit in der Mitte durchbohrten Holzcylindern ausgesetzt werden, in welche kegelförmige, aus Stahl angefertigte Schrauben mittels langer Hebel allmählich eingeschraubt werden. Die konische Schraube wirkt auseinander sprengend, ganz ähnlich wie der durch Hammerschläge eingetriebene Steinkeil. In vielen Fällen aber ist der Widerstand des Gesteins gegen derartige Mittel zu groß — es bleibt nichts übrig als „Schießen".

Fig. 8. Besetzung des Bohrlochs.

Das Felssprengen mittels Pulvers oder ähnlich wirkender Explosivkörper erfordert folgende Vorarbeiten. Den meißelförmigen, an der Schärfe verstählten, oben aber weich gelassenen eisernen Bergbohrer setzt der Steinbrecher an den Fels und treibt ihn unter beständigem Umdrehen mittels starker Schläge des Handfäustels ein. Dadurch wird der Fels in Sand und Staub verwandelt, es entsteht ein rundes Loch von der Weite, welche der Dicke des Bohrers entspricht. Um den Gesteinsstaub vom Boden dieses Loches zu entfernen, hält man letzteres beständig mit Wasser gefüllt, und um das heftige Umherspritzen des schlammigen Wassers zu verhüten, wird um den eingebrachten Bohrer eine Scheibe von Werg oder auch von Leder gelegt. Der Bohrstaub (Bohrmehl) mischt sich mit dem Wasser zu einem Schlamme, welcher allmählich an Steifigkeit zunimmt und endlich mittels des Kratzers entfernt werden muß. In weicheren Felsarten wird das Bohrloch zuweilen durch bloßes Aufstoßen und Drehen eines schweren, langen Meißelbohrers hervorgebracht, oder, wenn es von unten nach oben in überhängenden Fels angelegt werden soll, mittels einer der gewöhnlichen Wagenwinde ähnlichen Vorrichtung, auf deren Schuh der mittels eines Hebels immerwährend umgedrehte Bohrer sitzt, gewissermaßen eingedreht. Bei festem Fels aber können nur Bohrer und Fäustel dienen, welche auch zuweilen von zwei Personen dergestalt gehandhabt werden, daß die eine mit beiden Händen einen schweren Fäustel führt, während die andre den Bohrer im Loche festhält und dreht. Dieses zweimännische Bohren erfordert viel Geschick und Übung, damit der Fäustel die Hände des den Bohrer Drehenden nicht zerschmettere. Sobald das Bohrloch auf die Tiefe von 60—120 cm fertig ist, wird der Schlamm daraus entfernt, die zurückgebliebene Feuchtigkeit mit Werg ausgewischt und die Pulverladung gegeben. Das Pulver steckt in einer aus dünnem Blech oder aus geöltem Papier verfertigten Patrone, welche es nicht gänzlich ausfüllt. Das obere Patronenende ist vielmehr durch zwei, etwa 2—3 cm voneinander entfernt bleibende, mitten durchbohrte Holzscheiben geschlossen, damit das entzündete Pulver die eingeschlossene Luft ausdehnen und mit zum Sprengen benutzen kann. Die Patrone wird mittels der kupfernen Raumnadel an deren Spitze gespießt, in das Bohrloch eingeführt, darauf der obere Teil des Loches mit Hilfe des Stampfers mit Thon oder kieselfreiem Kalkstein, unter Vermeidung aller feuerreißenden Kiesel oder Feldspatgesteine, fest verschlossen. Nach Entfernung der Raumnadel schiebt der Arbeiter in das durch sie im Verschlusse ausgesparte Loch den Zünder, eine aus Halmen oder gewundenen Papierstreifen gebildete, mit einer Zündmasse gefüllte Röhre, bis in das Pulver hinein, und legt oben die Lunte an. Letztere muß langsam glimmen und dem Arbeiter Zeit lassen, sich an einem schützenden Orte, wo er vor den durch den Schuß fortgeschleuderten Steinmassen sicher ist, zu verbergen. Mit lautem Krachen entladet sich der Schuß endlich, und das Gestein wird durch die entwickelten Pulvergase zerbrochen und losgerissen.

Geschickte Steinbrecher wissen die Pulverladung gerade so stark zu geben, daß die abzusprengende Felsmasse nur eben gelöst, aber keineswegs fortgeschleudert wird; sie helfen dann später mit dem Brecheisen und der Keilhaue nach. Anstatt der Zünder hat man in neuerer Zeit sehr oft, und namentlich beim Felssprengen unter Wasser sowie bei Vertiefung von Flußbetten und Hafeneingängen im Meere, jedoch auch in ausgedehnten Steinbrüchen, worin oft viele Bohrlöcher gleichzeitig abgebrannt werden sollen, zur Entzündung des Pulversatzes die Elektrizität angewandt. Mit der Patrone oder in das von der Raumnadel gelassene Loch werden zu dem Behufe die beiden isolierten Poldrähte einer starken Bunsenschen Batterie eingeführt. Diese Drähte stehen unter sich durch einen dünnen Platindraht in Verbindung, welcher bis in den Pulversatz reicht und der sofort ins Glühen kommt, wenn die Batterie geschlossen wird und der Strom den Draht durchläuft. Denselben Strom kann man zur Entzündung beliebig vieler hintereinander in der Leitung liegender Sprenglöcher benutzen.

Solche Vorrichtungen dienten, um bei der Eisenbahnanlage bei Dover durch die steilen Kreideklippen des Shakespearefelsens Raum zu gewinnen. Enge, stollenartige Galerien wurden in den Fels eingehauen, in dessen Mitte eine Pulverkammer für viele Hundert Zentner Pulver angelegt, diese mit einer galvanischen Batterie in Verbindung gebracht und, nachdem die als Bohrloch dienenden langen Galerien vermauert worden waren, die Pulverladung entzündet. Die Operation gelang so vollständig, daß die zu entfernende Felspartie mit dumpfem Krachen sich in Bewegung setzte und in das Meer stürzte, dessen Brandung jetzt schäumend an ihren Trümmern emporstäubt. Die großartigste Sprengung aber ist zur Verherrlichung der hundertjährigen Feier der Unabhängigkeitserklärung der Vereinigten Staaten von Nordamerika vorgenommen worden. Schon 1859 nämlich hatte man in der Bucht von New York bei Hallats Point an den dort vorhandenen unterseeischen Felsen, welche für die Fahrt von und nach New York an Long-Island vorbei hinderlich sind, Minierarbeiten begonnen, um diese Hindernisse zu beseitigen. Die unterminierte Fläche war 21 Acres groß, die Minengänge waren 2500 m lang, hatten eine durchschnittliche Breite von 4 und eine Höhe von $2^1/_2$—$6^1/_2$ m. Als Sprengmaterial diente Nitroglycerin. Die einzelnen Minen waren durch Röhren miteinander in Verbindung gesetzt. Das Meer ist an dieser Stelle zur Zeit der Flut nur etwa 6 Faden tief.

In neuerer Zeit hat man, besonders durch die großartigen Tunnelanlagen der Eisenbahnen veranlaßt, den Bohrarbeiten zum Behufe der Lostrennung von Gesteinsmassen eine ganz vorzügliche Aufmerksamkeit zugewandt und das langsame Ausarbeiten der Sprenglöcher namentlich, durch welches die Dauer der ganzen Arbeit bedingt war, zu umgehen und dafür schneller zum Ziele führende Verfahren anzuwenden gesucht. Von welcher Wichtigkeit die Abkürzung der Ausführung bei Unternehmungen, welche auf den großen öffentlichen Verkehr sich beziehen und in denen oft außerordentlich hohe Summen angelegt sind, sein kann, beweist die Durchbohrung der gewaltigen Bergstöcke des Mont Cenis und des Gotthard. Die überraschend schnelle Durchführung und Beendigung der erforderlichen umfassenden Arbeiten ist freilich nur durch Erfindung ganz neuer Maschinen und durch Anwendung vordem unbekannter Methoden möglich geworden.

Das Bohren mit der Hand wäre da, wo Längen von 12—15 km, also von jeder Seite her 6—8 km zu durchbohren waren, ein viel zu langsam wirkendes Mittel gewesen. Man hat deshalb die schon vor vielen Jahren projektierten Alpenbahnen, welche durch die Städte der Zentralkette geführt werden sollten, liegen gelassen. Der Durchbruch des Mont Cenis war bereits im Jahre 1832 Gegenstand der Prüfung gewesen; es sollte eine Straße, nicht eine Eisenbahn hindurchgeführt werden. Der sardinische Deputierte Martinet entwarf 1844 den Plan zu einem Straßentunnel durch den Montblanc, aber „man denkt nicht daran, dieses Projekt auszuführen", fügte er hinzu, „weil selbst in dem Falle, wenn man auf jeder Seite 10 Mineurs ansetzte, die Ausführungszeit auf 53 Jahre berechnet werden mußte." Trotzdem wurde das Mont Cenisprojekt ernstlich ins Auge gefaßt, als auf der Turin-Genuabahn vier große Tunnel, von denen der eine beinahe 5 km mißt, ausgeführt worden waren. Der Tunnel wurde in Angriff genommen, und man rückte schon anfänglich, als nur noch mit der Hand gebohrt wurde, rascher vor, als angenommen war. Da konstruierte das Bedürfnis sich die Bohrmaschinen, welche, mittels komprimierter Luft getrieben, die Herstellung der Sprenglöcher besorgten, und zwar, weil sie nicht von der Kraft des menschlichen Armes abhängig waren, mit ungemeiner Geschwindigkeit.

Fig. 9. Handhabung der Bohrmaschine am Mont Cenistunnel.

Schon im Jahre 1855 (30. Juli) war dem Thomas Barlett eine Bohrmaschine patentiert worden und zu gleicher Zeit von Colladon in Genf eine Maschine zur Herstellung und Verwendung komprimierter Luft erfunden. Beide Maschinen wurden dann von den Ingenieuren Grandis, Grattoni und Sommeiler dergestalt kombiniert und verbessert, daß man die komprimierte Luft auf eine große Entfernung leiten, den Bohrmaschinen die nötige Arbeitskraft und den Arbeitern frische Luft zuführen konnte.

Die ersten Bohrmaschinen solcher Art, welche in der Maschinenfabrik von Dubois und François in Seraing gebaut worden waren, wurden auf der italienischen Seite, wo die Tunnelmündung bei dem Dörfchen Bardonèche zu Tage geht, in Betrieb gesetzt. Die von den Alpen hinabstürzenden Wässer, welche weiter unten das Flüßchen Bardonèche bilden, wurden in großen, hochgelegenen Weihern gesammelt und von da durch starke eiserne Röhren dem eigentlichen Kompressionsapparate zugeführt. Derselbe bestand aus zehn dampfkesselförmigen Apparaten, deren jeder mit einer 50 m hohen vertikalen Röhre von 60 cm Durchmesser verbunden war. In diese Röhren wurde das Wasser aus dem Hauptrohre geleitet und gleichzeitig erfolgte der Luftzutritt durch den Ventilapparat in den Behälter dergestalt, daß der letztere alle Luft mit aufnehmen mußte, welche das Wasser aus der Röhre verdrängte. Der Druck der hohen Wassersäulen bewirkte eine entsprechende Verdichtung der Luft, welche in diesem Zustande durch lange Röhren (20—25 cm weit) den Bohrmaschinen im Innern des Tunnels zugeführt wurde und hier durch ihr gewaltsames Ausströmen nicht nur wie der Dampf in der Dampfmaschine die Arbeit verrichtete, sondern auch von dem Sprengorte her einen lebhaften Luftzug nach außenhin unterhielt, welcher die durch Pulvergase und das Atmen der Arbeiter untauglich gewordene Luft durch frische ersetzte.

Wir sehen in Fig. 9, wie aus großen horizontalen Cylindern, welche als Luftbehälter dienen, bewegliche Schläuche nach den Arbeitsmaschinen führen, deren Räderwerk durch die ausströmende Luft in Bewegung gesetzt wird. Die Umdrehung des Getriebes wird auf vier stählerne Bohrer übertragen, deren im ganzen acht thätig waren (unsre Zeichnung gibt nur die Ansicht der einen Hälfte) und treibt diesen einen Meter langen, nach allen Richtungen hin führbaren Bohrer mit Druck und Drehung stoßweise in das Gestein. In jeder Minute führte ein Bohrer 200 Schläge aus. Man bohrte in solcher Art auf die Fläche von 6 qm in der Mitte vier Löcher von 7 cm Weite und 60 cm Länge, außerdem noch 70—80 Löcher von derselben Länge, aber nur halb so weit. In etwa sechs Stunden waren die Löcher fertig; das Bohren selbst dauerte nur halb so lange, das Umstellen, Auswechseln der Arbeitsstähle und andre Nebenarbeiten nahmen aber viel Zeit in Anspruch. Hierauf wurde das Gestell, welches die Bohrmaschine trug, und ebenso das mit den Luftcylindern auf Rollen etwa 100 m weit aus dem Stollen zurückgeschoben, der Sprengraum von den Arbeitern und Maschinen durch einen Vorsatz von starken Bohlen abgetrennt, damit beim Schießen kein Schaden geschehe. Das Schießen selbst war das gewöhnliche mit Pulver und Zünder. Es wurden aber mit dem Satze nur die äußeren engeren Löcher geladen, die vier weiteren in der Mitte dienten nur dazu, das Zerreißen der Felsmassen zu erleichtern. Das Abräumen und Entfernen des losgesprengten Gesteins auf Schienen und mittels Ochsenkarren dauerte ebenfalls sechs Stunden, so daß während 24 Stunden nur zweimal geschossen werden konnte.

Trotzdem ist die Riesenarbeit schließlich in bei weitem kürzerer Zeit vollendet worden, als anfänglich angenommen worden war, und dies hat die Ausführung ähnlicher Arbeiten von noch großartigerer Ausdehnung unternehmen lassen. An der Durchbohrung des St. Gotthards, dessen Tunnel von Göschenen 1109 m über dem Meere nach Airolo zu eine Länge von beinahe 15 km (genau 14 944 m) hat, ist 7½ Jahre gearbeitet worden, acht Jahre Bauzeit waren angenommen worden, vom 4. Juni 1872 bis 27. Februar 1880, wo der Durchschlag des Richtstollens stattfand. Ungünstige geologische Verhältnisse, namentlich das Einbrechen großer Wassermassen auf der Südseite, hatten die Beendigung noch auf unvorhergesehene Weise hintangehalten.

Bei dem Gotthardunternehmen waren anfänglich auf jeder Tunnelseite 5 Luftverdichtungsapparate, jeder zu acht Cylindern, aufgestellt. Schon 1874 erhielt eine jede derselben einen Ergänzungscylinder, und 1877 kamen auf jeder Seite noch zwei Kompressoren zu zwei Cylindern hinzu. Die Turbinen, durch Bergwässer getrieben, arbeiteten jede mit 325 Pferdestärken und vermochten in der Minute 5 cbm Luft, auf 8 Atmosphären Druck verdichtet, zu beschaffen. Außer den bereits vorhandenen Luftbehältern waren noch zwei Reservebehälter von 100 cbm Inhalt aufgestellt, in welchen Luft von 14 Atmosphären Druck angesammelt wurde. Auf der Nordseite wurde das Wasser der Reuß mit 80 m Gefälle, auf der Südseite das Wasser der Tremola verwendet.

Am Haupttunnel arbeiteten im Jahre 1880 im Dezember 2781, im Juni 3405 Mann; innerhalb des Tunnels durchschnittlich 850 Mann und 52 Pferde.

Die Temperatur betrug 29—31° C. Beleuchtet wurde durch 830 Lampen. Der Tagesverbrauch an Dynamit waren 360 kg, zu dessen Herstellung eine Dynamitfabrik bei Iselten am Vierwaldstätter See angelegt war. Die Gesteine, innerhalb deren die Arbeiter sich bewegten, bestanden vorwiegend aus gneisartigen, welche aus Schichten von Hornblendegesteinen, Serpentin und quarzreichem Glimmerschiefer unterbrochen werden.

Eine noch größere Länge, 18 507 m, wird der Simplontunnel erhalten, der bei Brieg auf Schweizer Seite in einer Höhe von 711 m einsetzen und auf der italienischen Seite bei Iselle in 687 m Höhe ausgehen soll.

Dagegen würde der dem Simplontunnel als Konkurrent gegenübergestellte Montblanctunnel, von Chamonix bis Courmayeur gehend, eine Länge von 19 270 m erreichen.

Eine wesentliche Verbesserung dieses Systems ist in der Konstruktion der Ferraixschen Bohrmaschine bemerkbar. Das Gewicht derselben beträgt nur 180 kg gegenüber 260 kg der älteren Konstruktionen, sie macht bei 6 Atmosphären Druck und 30 Schlägen ein 6 cm tiefes Bohrloch in der Minute, sechs dergleichen Maschinen waren auf einem Bohrschlitten vereinigt im Gesamtgewicht von 5000 kg.

Fig. 10. Bohrmaschine für den Gotthardtunnel.

Gegenüber den durch komprimierte Luft in Bewegung gesetzten Bohrmaschinen ist bei neueren Bauten eine zweite Art in Anwendung gekommen, deren Arbeitsleistung, durch Wasserdruck hervorgerufen, nicht durch Stoß, sondern durch Zerbröckelung des Gesteins mittels eines Kronenbohrers wirkt. Dieses ausgezeichnete System ist deutscher Erfindung und rührt von dem Ingenieur Brand her. Es läßt in seiner Wirkung die Dubois-Françoisschen Maschinen weit hinter sich, weil es die Arbeit des Zerreibens des Gesteins erspart. Im Arlbergtunnel hat es die vorzüglichsten Dienste geleistet und sich neuerdings bei dem Bau des Tunnels der am 1. August 1884 dem Betrieb übergebenen Eisenbahnlinie Ritschenhausen-Suhl-Erfurt durch den Porphyrgebirgsstock des Thüringer Waldes wieder bewährt. Voraus ging diesem System noch das Perretsche, bei welchem zwar auch ein Kronenbohrer, aber auf Zermalmung des Gesteins in Bohrmehl wirkt. Der Bohrer ist zu diesem Zwecke mit schwarzen Diamanten besetzt. Er ist 3 m lang, 10 cm stark, wird ebenfalls durch Wasserkraft in eine drehende Bewegung gebracht und schneidet eine cylinderförmige Rinne um einen stehenbleibenden Kern, welcher später weggebrochen wird. Auf jedem Bohrschlitten befinden sich 7—8 Bohrer. Die Reinigung der Bohrer erfolgt ebenfalls durch Wasser, für die Ventilation der Arbeitsstrecke müssen besondere Luftpressen und Röhrenleitungen angebracht werden. In welcher Art die Luftverdichtungsmaschinen beim Mont Cenistunnelbau angelegt waren, haben wir bereits früher kennen gelernt. (Vgl. S. 161 des zweiten Bandes.) Kehren wir aber in unsre gewöhnlichen Steinbrüche zurück, wo die Arbeit weniger auf Massenbewältigung als auf Herausarbeitung brauchbarer Stücke, weniger auf Zerstörung als auf Gewinnung gerichtet ist.

Geschieht in vielen Fällen die Herausarbeitung der Gesteine von der Oberfläche herein (Tagebau), so wird in andern wieder, namentlich da, wo sich in mächtigen Felslagern verhältnismäßig dünne Bänke zur Gewinnung eignen, ein förmlicher Bergbau (unterirdischer Steinbruch) darauf betrieben. Dicht über der brauchbaren Felslage geht der Steinbrecher mit geräumigen kellerartigen Eingrabungen in den Berg hinein und nimmt mittels Brechstange, Keil und Pulver die unter ihm anstehenden Bausteine Lage nach Lage allmählich heraus. Zum Tragen der Decke bleiben Felspfeiler stehen, und endlich gewinnt ein solcher unterirdischer Steinbruch das Ansehen eines hochgewölbten vielsäuligen Domes. Eine Vorstellung von dieser Abbauart kann man sich in dem berühmten unterirdischen Steinbruche im Petersberg bei Mastricht verschaffen, wo dieselbe zur höchsten Ausbildung gekommen ist.

Schon die Römer holten aus diesen Brüchen die sogenannten Sandsteine, Tuffkreide, für ihre Bauzwecke, und noch heutzutage findet hier ein lebhafter Betrieb statt. Bei Trier an der Mosel sind solche Steinbruchsbaue auch in neuerer Zeit mehrfach eröffnet worden, sie lieferten besonders auch große Werkstücke zum Kölner Dom, da sich das Material für die feinsten Steinmetz- und Bildhauerarbeiten eignet.

In alter Zeit betrieb man viele Steinbrüche unterirdisch, teils um die Abraumkosten zu ersparen, teils auch, weil man aus Mangel an Transportmitteln für das schwere Material gezwungen war, naheliegende, einmal eröffnete Brüche soviel wie möglich auszunutzen.

Die Katakomben, welche den ersten Christen in Italien als Schutzstätten ihrer Versammlungen dienten, in denen heimlicherweise der Gottesdienst gefeiert, die Märtyrer begraben wurden, und aus denen, nachdem das Christentum als Religion anerkannt worden war, sich prachtvolle Kirchen gestalteten, waren ursprünglich ebenfalls unterirdische Steinbrüche. Die großartigsten finden sich bei Rom im vulkanischen Tuff und führen den Namen der Katakomben des heiligen Sebastian. In einer Länge von ungefähr zwei Stunden Weges ziehen sich die künstlichen Höhlen unter der Erde fort, mit Galerien, die eine Höhe von 4—6 m und eine ebenso große Breite haben. Förmliche Gassen laufen nach rechts und links von dem Hauptgewölbe ab; sie enthalten zahlreiche Seitennischen, oft mehrfach übereinander, und stehen unter sich in Verbindung. Auch im übrigen Italien, vorzüglich bei Neapel, auf den Inseln und in andern Ländern findet man Katakomben, die fast überall eine gleiche Verwendung zu Begräbnisplätzen oder Kirchenräumen gefunden haben. Neueren Ursprungs sind die Pariser Katakomben; sie sind ebenfalls aus Steinbrüchen entstanden und nahmen 1786 die Gebeine auf, welche man auf mehreren Gottesäckern, weil diese die Umgegend verpesteten, ausgegraben hatte.

Die Labyrinthe von Syrakus und Kreta und die Tempel von Elephante sind andre bekannte Beispiele unterirdischer Steinbruchsarbeiten; Ägypten hat in seinen ausgedehnten Grabhöhlen, Persien in den unterirdischen Palästen am See Wan, Griechenland in den Marmorsteinbrüchen von Paros und Tinos Skylakia ähnliche, später nur zu andern Zwecken benutzte unterirdische Steinbrüche, wie auch deren noch im Mittelalter in vielen Gegenden Deutschlands, namentlich auf zur Mörtelbereitung taugliche Kalksteine, in Betrieb gesetzt wurden.

Traß, Puzzolane, Gips und Dachschiefergesteine, welche sich öfters nur in verhältnismäßig dünnen Schichten und oft in sehr steil gegen die Bergflächen geneigten Lagern finden, werden zur Ersparung der Abraumkosten gewöhnlich durch Bergbau ausgebeutet; dabei müssen einzelne Lagerstücke als Sicherheitspfeiler stehen gelassen werden, wodurch allerdings ein Teil des brauchbaren Gesteins verloren geht. In einigen Dachschieferbrüchen des Thüringer Waldes hat der abzuräumende unbrauchbare Thonschiefer eine so große Dicke, daß erst allemal der dritte Kubikmeter des losgesprengten und fortgeschafften Gesteins als verkäufliche Ware (Dachschiefer) anzusehen ist. Nur die gute Qualität dieses Schiefers — man kann aus jedem Kubikmeter 150—160 qm Dachschiefer spalten — erlaubt es, so große Unkosten auf die Freilegung der Lager zu verwenden. Gestalten sich solche Verhältnisse noch ungünstiger, dann bleibt eben nichts übrig als einen unterirdischen Betrieb zu eröffnen. Am Rhein, an der Mosel, Lahr und Dill, an der Agger, Ruhr und Lenne wird der Dachschiefer nur durch Bergbau gewonnen. Manche Gruben lieferten schon in grauer Vorzeit das Dachbedeckungsmaterial für Kirchen und Privathäuser; solche sind ihrem Alter entsprechend von beträchtlicher Ausdehnung; weil aber die zur Instandsetzung von Abfuhrgängen, Stollen und Einbrucharbeiten ausgebrochenen unbrauchbaren Thonschiefermassen zur Kostenersparnis immer wieder in die schon abgebauten Räume verfüllt (versetzt) werden, so ist ihr Umfang selten zu übersehen.

Fig. 11. In den römischen Katakomben.

Es dürfte indessen für die Darstellung unsres Gegenstandes zweckmäßig sein, wenn wir eine Übersicht über die hauptsächlichsten der nutzbaren Gesteine vornehmen und mit der Besprechung ihres Vorkommens und ihrer Eigenschaften zugleich der auf ihre mannigfache Verwendung gerichteten Gewinnungsweisen gedenken.

Die nutzbaren Gesteine und ihre Gewinnung. Wie aus dem bisher Mitgeteilten hervorgeht, sind die verschiedenen, die feste Erdrinde zusammensetzenden Gesteine von einer verschiedenen Entstehungsart, infolgedessen von ungleichem Alter und auch, was für den Zweck ihrer Betrachtung an dieser Stelle wichtig ist, von verschiedenen Eigenschaften. Je nach der Art dieser Eigenschaften, Schönheit der Farbe und Zeichnung, harte Widerstandsfähigkeit gegen die Einflüsse der Atmosphäre, chemische Zusammensetzung, Struktur, Schieferung u. s. w., werden sie je für gewisse Verwendungen geeignet sein und die einen als Bausteine, die andern als Kunstmaterial, zur Verarbeitung auf Rohmaterialien, wie Mörtel, Gips, Zement, Farbstoffen, Salz, Strontian u. s. w., oder wieder andre Schieferplatten zu Tafeln und Griffeln benutzt werden.

Die Häufigkeit des Vorkommens wird auch ein Gestein von edlen Eigenschaften am Orte seiner Gewinnung zu gewöhnlicheren Zwecken gebrauchen lassen; in der Nähe der Marmorbrüche baut man Viehställe aus Stücken, die in der Ferne vom Bildhauer mit hohen Summen bezahlt werden würden. Es ist daher auch eine Unterscheidung und Einteilung in Baumaterial oder Kunstmaterial oder Rohmaterial für Fabrikationszwecke nicht streng durchzuführen und wir werden in dem Folgenden an eine solche uns auch nicht binden.

Als Bausteine werden unter Umständen alle Gesteine benutzt, die sich in der Nähe finden, mit Ausnahme der zu schwer zu bearbeitenden oder solchen, die keine genügende Dauerhaftigkeit besitzen, in erster Reihe von den sogenannten massigen und eruptiven, d. h. nicht geschichteten, sedimentären Gesteinen, Granit, Porphyr, Syenit, Marmor, Grünstein, Diorit und Diabas, Gabbro, Basalt und Melaphyr, Phonolith, Quarzfels, Trachyt, Lava, Tuff, dann von sedimentären Gesteinen die Sandsteine und Kalksteine, Kreidesinter und Tuffe, endlich Dolomit.

Die durch schöne Färbung, Zeichnung und Politurfähigkeit hervorstechenden werden zu Kunstzwecken verarbeitet, vor allen Dingen Marmor, Porphyr, Syenit, Grünstein, Gabbro, Serpentin, Alabaster u. s. w., während Basalt, Melaphyr, Porphyr, Grünstein, auch Phonolith ihrer Gleichmäßigkeit wegen als gutes Straßen- und Pflastermaterial dienen.

Durch ihre gleichmäßigen Absonderungsverhältnisse eignen sich manche Gesteine zur Herstellung von Platten, Tafeln, Griffeln u. s. w. Der Dachschiefer, Griffelschiefer, der Lithographiekalkstein von Solenhofen sind die bekanntesten in dieser Beziehung. Der Topfstein ist, wenn er frisch gebrochen ist, weich genug, um, wie sein Name ausdrückt, noch zu Geschirren verarbeitet zu werden. Ihren chemischen Eigenschaften aber verdanken die Kalksteine ihre Verwendung zu Mörtel und Zement, die Gipse, der Mergel, der Strontianit, der Phosphorit und unzählige andre vereinzelt vorkommende Gesteine ihren mannigfachen Gebrauch in den verschiedensten Zweigen der Industrie oder Ökonomie.

Wir wollen nur die hervorragendsten davon einer kurzen Betrachtung unterwerfen, bei welchen wir die wissenschaftliche petrographische und geologische Bedeutung ganz außer acht lassen.

Merkwürdig ist es, daß all die verschiedenartigen Gesteine von einer verhältnismäßig kleinen Anzahl von Mineralien zusammengesetzt werden. Immer kehren dieselben scharf charakterisierten Verbindungen wieder, bald in dieser, bald in jener Art miteinander vergesellschaftet und vereinzelt noch zufällig zu ihnen geratene Bestandteile mitführend, und jene Hauptgemengteile finden sich auch immer nur in geringer Zahl 3—4, selten mehr zu einem bestimmten Gesteine miteinander vereinigt. In diesem Umstande liegt aber der Grund, daß aus einer gar nicht großen Zahl von Mineralien sich durch wechselndes Zusammentreten einiger weniger doch zahlreicher Verschiedenheiten ihrer Gemenge zahlreiche Gesteine herausbilden können.

Die hauptsächlichsten der gesteinbildenden Mineralien sind: Feldspat in seinen verschiedenen Varietäten, Quarz, zweierlei Glimmer, Hornblende, Augit; in zweiter Linie Naphalin, Leuzit, Granat, Serpentin, Olivin, an die sich endlich noch eine kleine Zahl von viel seltener vorkommenden Mineralien anschließen, die nur ganz bestimmte Gesteine auszeichnen, wie Diallag, Hypersthen, Turmalin u. dgl. Der Granit, der im gewöhnlichen Leben als Urgestein angesehene weitverbreitete Bestandteil der Erdkruste, besteht aus den drei zuerst genannten Bestandteilen. Er stellt ein mehr oder weniger feinkörniges Gemenge von Quarz, Feldspat und Glimmer dar, in welchem in der Regel die mehr oder weniger lebhaft gefärbten und auf den Bruchflächen glänzenden Feldspatkristalle eine das Aussehen bestimmende Rolle spielen. Der Quarz ist meist von unscheinbarer weißgraulicher oder bräunlicher Farbe, der Feldspat aber mitunter sehr entschieden rot; der Glimmer tritt in stark glänzenden schwarzen oder dunkelbraunen Blättchen auf. Wo der Granit vorkommt, da bildet er ungeschichtete Massen von großer Mächtigkeit, Stöcke oder Lagen, in denen sich zwar eine Absonderung in gewissen Richtungen bemerklich macht, die aber nichts mit der Schieferung gemein hat.

Allem Anschein nach ist nämlich der Granit wenigstens in den meisten Fällen ein sogenanntes eruptives Gestein, das sich einst im flüssigen Schmelzzustande, wenn auch nicht gerade in glasartiger Schmelzung, wie die Laven, befunden hat. Infolge dieser seiner teigartigen Beschaffenheit hat er bei seinem Hervorquellen aus der Tiefe Risse und Spalten in der schon vorhandenen festen Decke ausgefüllt und tritt demzufolge in Form von Gängen auf, weiterhin aber, an die Erdoberfläche gelangt, breitete er sich auf derselben aus in Gestalt von Decken, aus denen plattenförmige Bänke sich absonderten, die infolge der von den Rändern einwirkenden Verwitterung zu wollsackähnlichen Blöcken sich umgestalteten, welche in granitischen Regionen die Oberfläche oft weithin bedecken.

Fig. 12. Erratischer Granitblock zu Monthey (Wallis). Nach einer Zeichnung von Collomb.

Diese gestatten die Gewinnung des Granits sehr leicht und in solchen Gegenden hantiert weniger der Steinbrecher als gleich der Steinmetz.

Das gleichmäßige Gefüge des Granits sowie die Widerstandsfähigkeit seiner Bestandteile machen ihn zu einem ausgezeichneten Baumaterial, das besonders zu Treppenstufen, Trottoirplatten u. s. w. benutzt wird. Die schön gefärbten grobkörnigen Varietäten eignen sich zu mehr künstlerischer Verwendung, da das Gestein eine sehr schöne Politur annimmt.

Die erste Bearbeitung des Granits, die roheste Formgebung, erfolgt durch allmähliches Eintreiben von eisernen Keilen, auch von hölzernen Keilen, die durch Benetzen zum Aufquellen gebracht werden, oder durch allmähliches Anziehen von konischen Schrauben in vorher eingesetzten Holzfuttern, welche in kurzen Abständen voneinander zum Eingreifen gebracht werden und den Block in der Richtung ihrer Anordnung zersprengen. Weiterhin vollenden Meißel, Schleif- und Polierapparate die Arbeit.

Dieselben Mineralien, welche den Granit zusammensetzen, bilden auch den Gneis, der sich von jenem aber durch seine Struktur sehr wesentlich unterscheidet, denn dadurch, daß die

Glimmerblättchen in ihm alle einander parallel gelagert sind, erlangt das Gestein eine sehr deutliche Schieferung, die es in Platten spalten läßt.

Dem Aussehen nach steht dem Granit der Syenit viel näher, es fehlt ihm zwar der Quarz und statt des Glimmers erscheint in ihm die Hornblende neben dem Feldspat, aber die körnige Ausbildung ist eine ganz ähnliche. Durch die Hornblende wird die Farbe ins dunkle Grüne und Schwärzliche gezogen; feinkörnige, gleichmäßige Varietäten sind ein geschätztes Material für ornamentale Zwecke. Der Name Syenit stammt von der alten Stadt Syene, dem heutigen Assuan, an der Grenze von Ägypten und Nubien.

Fig. 13.
Altägyptische Kolossalstatue aus Diorit.

Der Diorit führt ebenfalls Hornblende als einen Hauptbestandteil, der Feldspat, der mit dieser zusammen darin vorkommt, ist ein andrer als im Syenit. Letzterer tritt auch oft so zurück, daß das Gestein ein ganz dunkles, ernstes Aussehen gewinnt. Es ist ziemlich schwierig zu bearbeiten, hat aber eine ungemeine Dauerhaftigkeit. Die Schwierigkeit der Bearbeitung hat deshalb auch die alten Ägypter nicht zurückgeschreckt, dieses Gestein zu statuarischen Kunstzwecken zu verwenden.

Die Figur 13 gibt uns eine Ansicht von einem solchen Werke altägyptischer Bildhauerkunst. Sie soll den König Schafra, den Chephren des Herodot oder den Chambryes des Diodorus von Sizilien darstellen, den vierten Fürsten der vierten Dynastie, der zu seinem Grabmal die kleinere der Pyramiden von Gizeh aufführen ließ; die Statue würde demzufolge, da dieser König in die Zeit von 2500—2300 vor Christo fällt, ein Alter von mehr als 4000 Jahren für sich in Anspruch nehmen können. Gefunden wurde sie von dem um die ägyptischen Ausgrabungen sehr verdienten Mariette auf dem Grunde eines Brunnens, in welchem sie nebst einer andern aus Basalt gebildeten Statue desselben Königs lag.

Im gewöhnlichen Sprachgebrauch heißt der Diorit häufig Grünstein. Derselbe Name bezeichnet aber auch noch ein andres Gestein, welches wir von dem Diorit unterscheiden müssen, da es eine andre mineralogische Zusammensetzung hat. Es ist dies der Diabas, der nicht aus Feldspat und Hornblende, sondern aus Feldspat und Augit besteht, welch letzterer Bestandteil aber ebenfalls eine dunkelgrüne Färbung besitzt. Noch nennen wir den Gabbro, der sich durch ein sehr schön schillerndes Mineral, den Diallag, welches ihn mit Feldspat zusammensetzt, auszeichnet und hierdurch mitunter ein wahrer Schmuckstein sein kann. Eine seiner Varietäten, der Smaragdit-Gabbro, wurde seines schönen Aussehens wegen in der prachtliebenden Zeit der Mediceer aus Corsica herbeigeschafft und zu Platten verarbeitet, welche man zur Benutzung für Wandbekleidungen schliff und polierte, obschon die bedeutende Härte dieses Gesteins seine Bearbeitung sehr erschwerte.

Den Graniten, Dioriten, Diabasen und den andern Gesteinen von körniger Beschaffenheit entsprechen nun in bezug auf ihre Zusammensetzung aus denselben Mineralien eine Anzahl von Gesteinen, welche mit dem Namen Porphyre bezeichnet werden. Dieselben unterscheiden sich aber von jenen erstgenannten dadurch, daß diese Bestandteile darin nicht in einem gewissermaßen gleichberechtigten Nebeneinander auftreten, sondern eine feldspatreiche Grundmasse umschließt die Kristallindividuen jener Bestandteile, so daß dieselben vereinzelt und dadurch oft sehr schön nach allen Seiten hin ausgebildet erscheinen. Fig. 14 zeigt das Aussehen dieser Gesteine. Je nachdem ein oder das andre Mineral vorzugsweise auftritt, haben die Porphyre verschiedene Farbe, Zeichnung und demgemäß auch Namen. Vorherrschend sind rote Färbungen, durch beigemengtes Eisenoxyd bewirkt, doch auch grüne (Dioritporphyr) und graue bis schwarze Gesteine dieser Art kommen vor, welch letztere ihrem Aussehen den Namen Melaphyre verdanken. Der Melaphyr ist das Muttergestein schöner Amethyst-, Achat-, Karneol- und Calcedonmandeln, welche der Steinschleiferei ein gesuchtes Material bieten. Um diese zu gewinnen, wurde er daher, früher mehr als jetzt, wo Brasilien und Madagaskar jene Halbedelsteine in schöneren Exemplaren und billiger liefern, im Steinbruchsbetriebe abgebaut. In seinen dichten Varietäten wird er zum Pflastern, in seinen blasigen Arten zu Hochbauten benutzt und ist in diesen Beziehungen für manche Gegenden Deutschlands (Darmstadt, Nahegegend, Thüringen) sehr wichtig. Die berühmte Obersteiner Achatindustrie beruhte, bevor die überseeischen Bezugsquellen zur Lieferung des notwendigen Materials herbeigezogen worden waren, ausschließlich auf dem Vorkommen des Achates u. s. w. in den dortigen Melaphyren.

Der Thonporphyr oder Thonsteinporphyr wird seiner thonigen Grundmasse wegen, die eine schöne Politur nicht zuläßt, nur als Baustein zu Thürstöcken u. s. w. und gewöhnlichen Steinmetzarbeiten verwandt. Der härtere Feldsteinporphyr, Felsitporphyr, dagegen, dessen Grundmasse feldspatig und hart ist, der Dioritporphyr, mit dunkler, hornblendereicher Grundmasse, und ähnliche stehen zu Kunstzwecken in hoher Achtung; denn sie nehmen bei ihrer schönen Farbe und Zeichnung eine vortreffliche Politur an.

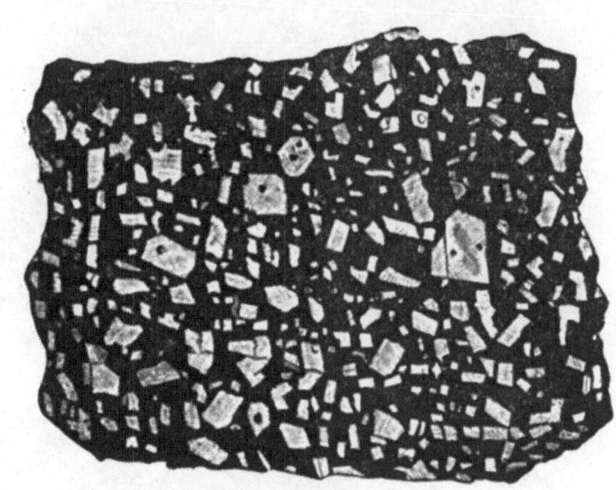

Fig. 14. Diabasporphyr.

Die gerühmten Eigenschaften ließen den Porphyr schon bei den Alten in bevorzugten Gebrauch kommen, obwohl wir keineswegs glauben dürfen, daß mit demselben Namen auch immer dasselbe Gestein, das wir darunter verstehen, gemeint gewesen ist. Der Verde antico der italienischen Künstler ist ein Grünsteinporphyr (Diabasporphyr), der in seiner grünen Grundmasse dunkle Augit- und weiße Feldspatkristalle eingestreut zeigt; der ebenfalls hochgeschätzte porfido rosso-antico enthält in schön roter Grundmasse größere Kristalle von Feldspat und kleinere von Hornblende. Sehr schöne Porphyre kommen auch in Rußland, namentlich im Ural, vor und finden als Säulenschäfte und zu Wandverkleidungen in den farbenreichen byzantinischen Prachtbauten vielfache Verwendung.

Besonders schöne Porphyre sind uns auch aus Schweden und Norwegen zugekommen, auf einem Wege, den wir heute freilich nicht mehr benutzen können, um uns mit einem für unsre Kunstindustrie sonst sehr wertvollen Material zu versorgen. Solche Blöcke, oft bis zu beträchtlicher Größe, finden sich nämlich über die ganze norddeutsche Ebene verstreut, und ihre Masse stimmt durchaus mit gleichartigen Gesteinen, die sich auf der skandinavischen Halbinsel und in gleicher Art sonst nirgends finden. Sie stammen daher ohne Zweifel aus dem skandinavischen Norden und ihr Transport von dort bis an den Fuß des Erzgebirges und bis nach Schlesien hinein kann nur auf dem Rücken von Gletschern geschehen sein, welche vom Norden her vorrückend dies Gebiet der norddeutschen Ebene vereisten, bei ihrem Abschmelzen aber die aus der Heimat mitgebrachten Lasten dem deutschen Boden überließen. Wanderblöcke oder erratische Blöcke ist daher auch ein bezeichnender Name für diese Findlinge, deren Beförderungsweise wir tagtäglich bei den heutigen Gletschern noch beobachten können.

Wir sehen die von den Felsgraten herabgestürzten Gesteinsmassen mit dem Eisstrome vorwärts rücken, wobei nicht selten durch den Schutz gegen die Sonne, welchen der Steinblock dem darunter liegenden Eise gewährt, sich die Erscheinung der sogenannten **Gletschertische** herausbildet; vgl. Fig. 15.

Selbstverständlich hat sich diese eigenartige Wanderung nicht auf die schwedischen Porphyre allein beschränkt; wir finden vielmehr mit ihnen alle die nordischen Gesteine, welche dem Gebiete des großen Gletscherzuges angehörten, ebenso wie wir in der Schweiz die Gesteine der Zentralalpen weit nach Süden und Norden verschleppt sehen; nach Norden hat der Rhonegletscher bis auf die Höhen des Jura Felsblöcke aus den Walliser Alpen transportiert.

Den Porphyren durch seine vulkanische Entstehungsweise nahestehend, aber nicht mehr in allen Varietäten durch so deutlich ausgeschiedene Kristalle charakterisiert, auch später erst zum Ausbruch gelangt, ist der **Phonolith** oder Klingstein als ein Material, welches in den Gegenden seines Vorkommens, namentlich wegen seiner Fähigkeit, in großen und verhältnismäßig dünnen Platten zu spalten, gebrochen wird.

Fig. 15. Transport von Felsblöcken auf dem Aargletscher. Nach einer Zeichnung von Collomb.

Der **Trachyt** ist ein vulkanisches Gestein, welches fast allein aus Feldspat besteht. Er ist weiß, perlgrau, rötlich, dicht, porös oder porphyrartig, d. h. es stecken in ihm einzelne Kristalle verschiedener Mineralien wie in einem Teige. Zu Platten und Quadern spaltbar, wird er vielfach zu baulichen Zwecken benutzt; die älteren Teile des Kölner Domes sind daraus aufgeführt. Er läßt sich gut bearbeiten, mit Säge und Meißel schneiden und schaben und ist außergewöhnlich wetterfest.

Besonders wichtig aber ist seines ausgebreiteten Vorkommens wegen der **Basalt**, ein Gestein, dessen natürliche Absonderung die Gewinnung brauchbarer Stücke sehr erleichtert. Der Basalt, welcher schwärzlichgrau bis schwarz, dicht, bisweilen blasig, von Kalkspat und Olivineinschlüssen weiß und grün gefleckt erscheint und in bald senkrecht stehenden, bald geneigt liegenden mehrseitigen Säulen abgesondert, hier und da verschiedenartig gegliedert und in Kugeln zerfallend vorkommt, ist ganz ersichtlich aus dem geschmolzenen feurigflüssigen Zustande erstarrt und fest geworden. Dabei hat er sein Volumen vermindert, und die dadurch entstandenen Klüfte schieden die Masse gewöhnlich in die schon erwähnten Säulenformen, bisweilen aber auch sonderten sich die zuerst erhärteten Schichten als einzelne konzentrische Schalen ab, die nach innen zu ein immer dichteres Gefüge bekommen. Die Säulen des Basaltes sind bisweilen gekrümmt, gewöhnlich aber ganz gerade und fünf-, sechs- oder siebenseitig; oft erscheinen sie mehr als 3 m lang ganz und mit so ebenen, regelmäßigen Seiten, daß sie als Pfosten und Einfriedigungen, Treppenstufen u. s. w. verwendbar werden. Diese regelmäßige Säulenbildung gibt den Basaltsteinbrüchen oft ein sehr malerisches Aussehen, und wo sie von selbst zu Tage tritt, ist sie oft die Ursache der wunderbarsten Szenerie. Bekannt sind in dieser Beziehung die Insel Staffa, der Basaltberg Detonata in Siebenbürgen, der Schloßberg von Stolpen u. a. Wenn der Basalt in dickeren Säulen vorkommt, ist er oft noch durch die Verwitterung in sphäroidische, schalige Stücke geteilt, welche durch ihre perlschnurartige, reihenweise Anordnung einen merkwürdigen Anblick gewähren und den Steinbrüchen oft sehr sonderbare Namen eingetragen haben. Diese Teilstücke, von ihren stark zersetzten, mürben, zuweilen ganz lehmartigen Schalen befreit, durch scharfe, schwere Spalthämmer in würfelförmige Stücke zerschlagen, geben ein gesuchtes und vorzüglich gutes Pflastermaterial. Solche Steine werden in der Oberlausitz bei Zittau, bei Fauerbach und Niedermörlen in der Wetterau, am Vogelsberge, bei Gundernhausen und Rosdorf, in der Nähe von Darmstadt, bei Runkel und Linz am Rheine sowie an andern Orten Deutschlands gewonnen. Die Abfälle dienen zum Beschottern der Landstraßen, wofür der harte Stein ein ausgezeichnetes Material ist.

Fig. 16. Basaltbildungen der Cyklopeninsel.

Der Basalt ist als eine ruhig geschmolzene Lava zu betrachten; seine chemische Natur, die Übereinstimmung mit jetzt noch aus dem Innern der Erde hervorbrechenden geschmolzenen Laven, seine Struktur und Lagerung, der Umstand, daß man sehr oft die senkrechten Kanäle deutlich nachweisen kann, in denen er an die Oberfläche gelangte, weiterhin aber auch noch die mancherlei Übergänge in andre Gesteine, welche geradezu als geschmolzene Gläser angesehen werden können, setzen dies außer allen Zweifel.

Eine blasige Abänderung des Basaltes (der Lungstein, die sogenannte Niedermendiger Lava) von grauer bis brauner Farbe, feinblasig bis schwammig, leicht, aber fest und zähe, im feuchten Zustande fast mit dem Messer zu bearbeiten, bildet einen Teil des nordwestlichen Vogelberges, bei Lich, Gießen, Grünberg und der Eifel bei Niedermendig. Aus dieser Lava werden Quadern zu Hochbauten und zierlichen Steinmetzarbeiten, Mühlsteine, Tröge und viele andre Gegenstände bearbeitet.

Niedermendig. Die vulkanischen Gesteine, welche wir bisher kennen gelernt haben, werden gewöhnlich in offenen Steinbrüchen, wie der im gegliederten Säulenbasalt bei Fauerbach in der Wetterau angelegte, mittels Brechstange und Bickel gebrochen. Nur ausnahmsweise wird zum Bergbau geschritten. Der Steinbrecher in der Eifel aber hat seit Jahrtausenden sein Gewerbe gerade in solcher Weise betrieben. Römische Legionen, welche am Rhein und in Trier ihre Lagerstätten hatten, vor ihnen Germanen und noch früher die keltischen Volksstämme, deren Existenz wir nur aus ihren über den deutschen Boden zerstreuten Grabhügeln kennen, gewannen bei Niedermendig schon ihre Mühlsteine, wovon Bruchstücke, ja ganze Handmühlen sich in jenen Gräbern vorgefunden haben.

Der Mühlsteinbrecher gräbt und bricht einen engen Schacht durch die obere, in Säulen zersprungene und weniger brauchbare Felsdecke bis in die blasige Mühlsteinlava herab. Dann weitet er denselben aus und legt die gute Schicht frei. Aus dieser meißelt er nun ein möglichst großes rundes Stück einer Scheibe los, hebt sie mit der Brechstange von ihrer Unterlage ab und bearbeitet sie weiter bis zur verlangten Form und Größe. Die fertigen Steine werden mittels Haspel und Seil durch den Schacht an die Oberfläche gezogen.

Die Gesteinsmasse ist — wie viele der aus vulkanischen Ausbruchsöffnungen geflossenen Gesteine — nicht durchgängig von gleicher Beschaffenheit und daher auch nicht durchgängig für gleiche Verwendung geeignet. Es erklärt sich die größere und geringere Dichtigkeit, die Zerspaltung in einzelne Blöcke und die Zerreißung in Schollen durch die Art der Abkühlung. Zuerst war alles in einem glühend geschmolzenen Zustande und verhielt sich wie ein mehr oder weniger steifer Teig. Die unteren Teile des Lavastromes erkalteten unter der ganzen Last der auf ihnen ruhenden Masse, sie konnten also nicht in kleinere Stücke zerspringen; die oberen Teile aber fielen bei der Abkühlung, mit welcher eine Volumenverminderung verbunden war, in Schollen und Scherben auseinander, während die mittleren, langsam erstarrend, gewissermaßen kristallisierend in senkrechte Säulen sich trennten, aus denen die Verwitterung im Laufe der Zeit zuweilen Kugeln oder Sphäroide formte. Die unter der obersten, in Schollen zersprungenen Lavadecke liegende Masse, in welcher sich während des Erkaltens kleine Gasbläschen entweder infolge der Feuchtigkeit des Bodens oder chemischer Umwandlungen entwickelten, welche die Veranlassung zu der porösen Beschaffenheit wurden, ist von einer großen Härte. Die einzelnen Mineralbestandteile hatten Zeit, sich gehörig auszubilden, und die scharfen Kanten der herauswachsenden Kristalle, verbunden mit den kleinen Blasenräumen und den glasig scharfen Rändern der Grundmasse, sind für die Zerreibung der Getreidekörner bei Mühlsteinen gerade von besonderer Wirkung. Diese Lage gibt auch die besten Mühlsteine.

Bei den Laven dürfen wir zugleich des **Traß** und der **Puzzolane** gedenken. Beide sind erdige Substanzen, welche aus der Verwitterung von Lava oder vulkanischer Asche entstanden und so viel kieselsaure Thonerde und Alkalien entstanden, daß sie, mit Ätzkalk gemischt, höchst wasserdichte Zemente geben. Bei Andernach und Brohl am Rhein wird der Traß, eine gelblichgraue, Bimssteinstückchen enthaltende, vom Wasser fortgespülte und dann wieder abgelagerte vulkanische Asche, gegraben und weithin rheinauf- und rheinabwärts versendet. In größter Menge aber liegt ein ähnliches Gestein, gelblichgraulich bis weiß, in der Nähe von Neapel und Puzzuoli. Es ist die Puzzolane, in welcher schon die Römer und Griechen Tausende von Metern, halbe Wegstunden weit, in den Fels hineinreichende hohe Grotten, die jetzt zum Teil als Tunnels für Chausseen dienen (Piedigrotta im Pausilippo), eingehauen haben, um das Material alsbald auf Seeschiffen weiter zu schaffen. Der leichte, gut zu bearbeitende und wetterbeständige Stein ward, vermischt mit Kalk, unter andern in den kolossalen Thermen des Caracalla bei Rom zur Herstellung der Gewölbe benutzt, welche fast über 30 m Spannweite hatten, jetzt aber, von Barbarenhand zerschlagen, nur noch teilweise dem Wetter trotzen. Die Umgegend von Rom liefert noch eine rotbraune vulkanische Asche von außerordentlicher Güte, welche in neuerer Zeit von französischen Unternehmern in großen Quantiäten in den Handel gebracht wird. Es ist dies die zum Romanzement verwendete römische Puzzolane, welche in den Leuzitlaven bei Rom (Ponte molle, Monte Porzia, Frascati) sich häufig findet und den Wasser- und Hochbauten der Alten so große Dauerhaftigkeit gegeben hat.

Nachdem wir solchergestalt die eruptiven Gesteine abgehandelt haben, erübrigen für unsre Besprechung einige andre, und unter ihnen für Kunst und Industrie sehr wichtige, welche wir ihrem Ursprunge nach nicht mit jenen vergleichen können. Der Mehrzahl nach sind diejenigen Gesteine, welche wir im Sinne haben, sogenannte Sedimentgesteine, wie sie durch Absatz aus Wasser sich gebildet haben; indessen werden wir auch auf das eine oder das andre stoßen, für welches wir eine gleiche Entstehungsweise nicht voraussetzen können. Nichtsdestoweniger sei es uns erlaubt, dasselbe an geeigneter Stelle, wo es vielleicht seiner Verwendung nach Erwähnung finden darf, mit anzuführen. Bei den verschiedenartigen Gesichtspunkten, von welchen aus wir hier die nutzbaren Gesteine zu betrachten haben, mußten wir ja ohnedies von vornherein darauf verzichten, sie wissenschaftlich zu ordnen.

Kalkstein. Der wichtigste aller Steine, welche zu Bauzwecken gebrochen werden, ist ohne Zweifel der Kalkstein, aus Kalkerde und Kohlensäure bestehend, denen aber gewöhnlich noch etwas Thonerde oder andre erdige Bestandteile beigemengt sind. Durch diese Beimengungen wird zum Teil die Verwendung des Gesteins bedingt, welche in ihrem Umfange hinlänglich bekannt ist. Zu Mörtel wählt man den reinsten Kalk, der mindestens 98 Prozent kohlensaure Kalkerde enthält; zu Wasserkalk und Zement nimmt man solchen, welcher 10—12 Prozent Thon- und Kieselerde und etwas Alkali enthält.

Fig. 17. Offener Steinbruch im Süßwasserkalkstein in der Umgegend von Paris.

Zu Pflaster und Plattsteinen dienen dichte, feste, kieselige Kalksteine, zu Werkstücken für Hochbauten gern die feinporösen, Bittererde enthaltenden, weil diese der Witterung großen Widerstand entgegensetzen und sich meistens leicht schneiden und behauen lassen. Der kristallinische weiße sowie der bunt gefärbte, geäderte oder sonstwie gezeichnete Marmor ist für die Skulptur, Bijouterie, Ornamentik u. s. w. unersetzlich.

Der Kalkstein ist sehr weit verbreitet; infolge seiner Eigenschaft, sich in geringer Menge im Wasser aufzulösen, hat er in allen geologischen Epochen zur Bildung der abgesetzten Schichten der Masse nach ganz wesentlich mit beigetragen. Wir begegnen ihm deswegen in der Natur in sehr verschiedenen Formen.

Wir unterscheiden sie am besten als: körniger Kalkstein (Marmor) von kristallinischem Gefüge und meist hellen Farben, ziemlicher Härte und in einzelnen Varietäten durchscheinend. Der körnige Kalkstein wurde früher als Urkalk angesehen, jetzt ist aber nachgewiesen, daß er auch oft und gerade in seinen schönsten Varietäten, wie zu Carrara, durch Metamorphose aus späteren Bildungen der Kreide- und Juraperiode entstanden ist.

Dichter oder gemeiner Kalkstein, welchem die ausgeprägte kristallinische Struktur des vorigen mangelt, häufig von Adern und Drusen von Kalkspatkristallen durchzogen, in den verschiedensten Farben und oft mit sehr schöner Zeichnung. Die meisten bunten, geflammten und geäderten Marmore sind hierher gehörig. Östers enthält der dichte Kalkstein Kohle oder Bitumen, Überreste der bei seiner Bildung untergegangenen Tier- und Pflanzenwelt, und die häufig auftretenden dunklen grauen und schwarzen Varietäten haben darin den Grund ihrer Farbe.

Kalksinter kommt als kristallinischer oder faseriger Absatz, als Stalaktiten u. dgl. in Höhlen vor und hat sich auch vor Zeiten schon in ähnlicher Weise in solchen gebildet und dieselben ausgefüllt, so daß er an Gebirgen auch in Stöcken eingelagert erscheint. Die gefärbten Varietäten werden als Kalkalabaster zu Ornamenten verarbeitet.

Onyxmarmor ist ein Kalksinter von durchscheinend weißlicher, aber partienweise grünlich, gelblich, gelbbraun u. s. w. gefärbter Grundmasse, die auch mit bunten Bändern achatartig durchzogen für Bijouterien ein ausgezeichnet schönes Material liefert. Er kommt in der Provinz Oran bei Ain Lekbalek in Algier vor und wird in Paris vielfach zu Kunstgegenständen, namentlich zur Darstellung von Gewändern für Bronze- oder Marmorfiguren, verarbeitet. Es bestehen daselbst großartige Etablissements, in denen das schöne Material seine künstlerische Vollendung erfährt. In Ägypten finden sich ähnliche Gesteine, Bei Beni Souef und Syout zwei Steinbrüche, die schon im Altertume berühmt waren.

Der Travertin ist auch ein Kalksinter, der sich durch Ablagerung um Pflanzenstengel u. dgl. gebildet hat, infolgedessen sehr porös ist und auf dem Querschnitt lauter regellos nebeneinander liegende Röhrendurchschnitte zeigt. Die Felsen von Tivoli bei Rom bestehen aus solchem Gestein, das jedoch auch dicht, z. B. in den altrömischen Wasserleitungen, vorkommt und dann als Baustein gebrochen wird. Ähnlich ist der Kalktuff, welcher vielfach zu Gartendekorationen in Anwendung kommt.

Der Süßwasserkalkstein ist dicht, bisweilen erdig, selten schieferig und von hellen Farben. Er bildet in der Umgegend von Paris und anderwärts weithin sich erstreckende Ablagerungen, die durch ihre horizontale Schichtenlagerung ein sehr bequemes Abbauen unterirdisch gestatten, indem die in den weichen Stein getriebenen Stollen in demselben Niveau sich straßenartig nach allen Richtungen weiterführen lassen. Die Berge von Orleans und Paris sind in dieser Weise oft meilenweit durchfahren und haben in ihren verzweigten Labyrinthen während des letzten Krieges häufig die Besitztümer der geflüchteten Bewohner zu bergen gehabt. Die ganze bewegliche Habe von Chelles — einer wohlhabenden Stadt in unmittelbarer Nähe von Paris mit etwa 6000 Einwohnern — hatten diese auch in einen derartigen unterirdischen Steinbruch vermauert, als sie von den Franctireurs im Sommer 1870 gezwungen worden waren, nach Paris zu gehen, um sich dort belagern zu lassen. Allerdings gereichte diese Bergung den Eigentümern nicht zu großem Segen, denn unsre Soldaten, die das Versteck bald auffanden, hatten nichts Eiligeres zu thun, als sich ihre öden Quartiere mit den entdeckten Möbeln, Betten u. s. w., so gut es anging, wieder auszustatten, bei welchem Geschäft denn freilich manches beschädigt, jedenfalls aber alles verschleppt worden ist. Der Süßwasserkalk ist frisch gebrochen sehr leicht zu bearbeiten, an der Luft erhärtet er; seine schichtenförmige Lagerung erlaubt das Herausarbeiten großer regelmäßiger Blöcke und Platten, und durch diese Eigenschaften ist er ein Baumaterial, ohne welches die monumentale Pracht des napoleonischen Paris kaum möglich geworden wäre.

An den Küsten Siziliens und Unteritaliens findet sich ein ähnlicher gelblichweißer, aus kleinen Muscheln und Kalkkörnchen bestehender poröser Kalkstein, der so weich ist, daß er sich mit Säge und Meißel gleichgut bearbeiten läßt; trotzdem haben sich die aus ihm schon fast vor 4000 Jahren ausgeführten Tempel und andre Bauwerke der Hellenen bis heutigen Tages erhalten. Die Leichtigkeit, womit dieses Gestein sich dem Willen des Steinmetzen und Bildhauers fügt, und die Festigkeit, welche es an der Luft annimmt, haben ohne Zweifel vieles zu dem reich geschmückten Stile der alten Baumeister beigetragen, denn auch die sarazenischen, normannischen, deutschen, französischen und spanischen Herrscher, welche nach und nach Sizilien und Unteritalien im Besitz hatten, ließen diesen Kalkstein oft zu ihren Prachtbauten verwenden. Die Kalksteine vom Petersberge bei Mastricht ähneln den unteritalienischen und sizilischen, sind aber ihres höheren Thongehaltes wegen weniger luftbeständig. In Deutschland finden sich feinporöse, aus Tausenden kleiner Muschelschalen zusammengekittete gelbliche und schwärzliche Kalksteine einer weit jüngeren Bildungsepoche

(Tertiärformation) am Rheinstrom bei Mainz und Oppenheim, welche als vorzügliche Bausteine weit versendet werden.

Der Kalk kommt in der Natur noch in nutzbarer Form vor als Schieferkalkstein von sehr verschiedenen und oft sehr lebhaften Farben, die ihn, bisweilen mit schöner Zeichnung versehen, als Marmor (Campaner Marmor bei Bagnères, Marmor von Zwickau) Verwendung finden lassen. Ferner ist die der Industrie überaus wichtige Kreide nichts andres als ein aus den kalkigen Schalen von Polythalamien oder Foraminiferen zusammengesetztes Gestein, welches auf der Insel Rügen, auf den dänischen Inseln, in England, Irland, bei Paris, an vielen Orten in Italien, in Nordafrika, Kleinasien u. s. w. vorkommt. Und endlich finden sich Kalkgesteine von verschiedenen und oft wertvollen Eigenschaften in allen Formationen, bald den Sandsteinen, bald den Schiefern, bald kristallinischen Gesteinen sich nähernd.

Fig. 18. Steinbruch im lithographischen Schiefer von Solenhofen.

Wir erwähnen davon nur die lithographischen Schiefer des bayrischen Jurakalkes. Diese Solenhofener Steine sind ein dichter, höchst feinkörniger, hellgelber oder graulicher Kalkstein, welcher in 15—30 cm dicken Platten einer mächtigen, dünnplattigen Abteilung der bayrischen Juraformation eingelagert ist. Das Gestein ist in seiner ausgezeichnetsten Qualität bisher einzig und allein in den bayrischen Donaugegenden bei Solenhofen und Pappenheim gefunden worden. Die durch den Steinbruch entblößten, in Fig. 18 abgebildeten Felswände bestehen aus unzähligen dünneren und dickeren Lagen, welche wie die Blätter eines Buches übereinander geschichtet sind. Auf diesen Blättern hat die Erdgeschichte ihre Denkwürdigkeiten unvergänglich eingegraben, indem sie Skelette und Abdrücke von Vögeln, fliegenden und kriechenden Amphibien, Fischen, Fliegen, Käfern, Krebsen, Seesternen, Muscheln, Korallen und von Pflanzen verschiedener Art darin einlegte und bis auf unsre Zeiten aufbewahrte. Wir vermögen daran die allmähliche Entwickelung der organischen Wesen auf der Erde zu studieren.

Aber nur ein geringer Teil der Platten ist für den Lithographen brauchbar. Diese Schichten sind dicker, ganz ohne Schieferung und liegen in verschiedenen Höhen zwischen den dünnspaltenden verteilt. Etwa nur ein Fünfzehnteil der Felsmasse läßt sich als Lithographieplatten verwenden, ein andres Fünfzehnteil wird zu 12 mm dicken, etwa $^1/_{10}$ qm großen Plättchen gespalten und behauen; es liefert Dachplatten. Wieder ein andrer Teil der Schichten wird in dicken Blöcken losgebrochen, welche sich aber durch Hammerschläge leicht in Platten von 12 mm Dicke trennen, die geschliffen und verschiedenartig bearbeitet als Fußbodenbelege, Fensterfutter u. dergl. vielfache Anwendung finden. Die Stücke besitzen eine gelbliche Färbung, sind wenig politurfähig und deshalb nur für ordinäre Steintische geeignet. Die gewonnene Quantität beträgt vier Fünfzehnteile der anstehenden Felsmasse. Der Rest oder drei Fünfteile des Gesteins sind unbrauchbar und werden als Schutt beiseite geworfen. Daher erklären sich die ungeheuren Schutthalden, welche wie Festungswälle die Gegend durchziehen. Zur Gewinnung des lithographischen Steins werden auf den Steinbrüchen bei Solenhofen und Pappenheim an 2000 Arbeiter beschäftigt und außerdem mehrere Dampfmaschinen zum Betriebe der Säge- und Schleifwerke benutzt. Die für die Lithographen wertvollsten Steine sind die blauen; da sie aber nur in verhältnismäßig geringer Menge vorkommen, so werden sie im Handel gewissermaßen nur als Prämie bei größeren Bestellungen auf die weniger geschätzten, aber häufiger vorkommenden gelben Steine verabfolgt. Übrigens steigen auch die Preise der letzteren von Jahr zu Jahr.

Dünnspaltende Kalkplatten, denen gleichend, welche den lithographischen Stein begleiten, werden auch in Württemberg und im Juragebirge gewonnen, aber nirgends noch hat sich die eigentümliche Mischung von Kalk und Thon gefunden, welche Senefelder bei der Erfindung der Steinschreibekunst so wesentlich unterstützte.

Von denjenigen Gesteinen, in welchen der Kalk in Verbindung mit andern Stoffen auftritt, ist besonders der Dolomit der Massenhaftigkeit seines Vorkommens wegen wichtig. Aus kohlensaurem Kalk und kohlensaurer Magnesia bestehend, bildet er feinporöse, dichte Gesteinsmassen der älteren Formationen, welche im südlichen Tirol sowie auch an vielen Orten in Deutschland (Corbach, an der Diemel und Eder, bei Limburg an der Lahn u. s. w.) verbreitet sind. Zahlreiche alte Kirchen und Dome sind hier aus dem in quaderförmigen Stücken brechenden Dolomit aufgebaut worden, und die bewahrte Zierlichkeit der Skulpturen beweist die Dauerhaftigkeit des Materials.

Natürliche Kalksteine, welche einen gewissen Gehalt von Thonerde besitzen, sind als Zemente für die Technik wichtig geworden. Wir werden im IV. Bande dieses Werkes Gelegenheit finden, näher auf diesen Gegenstand einzugehen, und begnügen uns daher an dieser Stelle mit einer kurzen Erwähnung.

Der Zement, der jetzt zu den Wasserbauten in ungeheuren Massen verbraucht wird, findet sich in richtiger Zusammensetzung nur an wenig Orten natürlich gebildet. Die Kalklager, welche die passenden Gesteine liefern, gehören meist der Liasformation an, und sie werden da, wo sie auftreten, auf das eifrigste ausgebeutet. In Frankreich ist es vorzüglich die Gegend von Grenoble, die wegen der dortigen Zementbrüche eine große Berühmtheit erlangt hat. Aus dem Gange, von dem Fig. 19 eine Ansicht gibt, wurden in einem einzigen Monat für die Kanalbauten auf der Landenge von Suez 6000 Zentner des kostbaren Materials gebrochen. Die alten Römer haben übrigens bei ihren Bauten schon zementartige Mörtel angewandt.

So wertvoll und wichtig aber auch namentlich für die chemische Industrie solche Kalkgesteine sind, so wird unser vor der Hand mehr ästhetisches Interesse doch in ungleich höherem Grade angeregt von denjenigen Gliedern der großen Familie, welche durch ihre Schönheit die Künste, die Skulptur sowohl als Baukunst und Bijouterie, herausfordern, sich ihrer zu bedienen. Wir wenden uns daher zurück zu dem Marmor, der von jeher den Künstlern diente, die Bilder der Götter darzustellen und deren Tempel zu bauen.

Der Marmor kommt in seinen schönsten Varietäten in Griechenland (Paros) und Oberitalien (Carrara) vor. Die jahrtausendelang verschüttet gewesenen Steinbrüche, aus denen die alten Griechen ihr schönes Kunstmaterial gewannen, sind durch die Anstrengungen des deutschen Gelehrten Siegel, welcher im Auftrage König Ottos Griechenland bereiste, wieder aufgefunden und in Gang gesetzt worden. Solange in Griechenland eine einigermaßen geordnete Regierung bestand, lieferten die Brüche prachtvolle Blöcke nach allen Erdteilen. Die jetzigen Zustände des bedauernswerten Landes freilich werden der Fortführung der angefangenen Arbeiten kaum günstig sein. Außer dem schönen, rein weißen Statuenmarmor, wie er auf Paros und im Pentelikon vorkommt, hat Siegel auch jene berühmten antiken roten und grünen Marmorarten wieder in den Handel gebracht, welche von den Alten bei ihren Bauwerken mit großer Vorliebe angebracht wurden, in späterer Zeit aber nur aus den Ruinen Italiens gewonnen und daher, in dünne Platten zersägt, nur mit Sparsamkeit verwendet werden konnten. Die von ihm in der Maina bei Tynos Skylakia wieder aufgenommenen alten Brüche lieferten die Säulen und Ornamente der neuen St. Paulskirche zu Rom. Das Gestein ist prachtvoll rot, purpur- bis zinnoberrot, von heller und dunkler Farbe, grün, weiß, rot und schwarz geädert und sehr politurfähig. Er gehört zu den schönsten Bausteinen und gestattet eine überaus wirkungsvolle Anwendung zu Säulen und Wandverkleidungen, Mosaiken u. s. w.

Fig. 19. Zementbruch in der Gegend von Grenoble.

Der Hauptsitz der italienischen Marmorindustrie ist in Toscana, woselbst im Territorium von Carrara im Jahre 1865 546 Marmorbrüche existierten, in denen drei verschiedene Sorten gewonnen wurden: weißer Statuenmarmor, le blanc clair und le blanc turquin. Die Marmorindustrie von Carrara beschäftigt $^{1}/_{7}$ der Bevölkerung, gegen 2300 Personen.

Von 1863—65 wurden von hier 126928 Tonnen exportiert.

Außer in Carrara sind sehr schöne Marmorarten liefernde Brüche in Massa, die leider so hoch liegen, daß der Transport sehr mühsam ist. Serravezza zwischen Massa und Carrara hat gegen 100 Steinbrüche und liefert mit 2000 Arbeitern jährlich circa 20000 Tonnen. Indessen begeben wir uns selbst nach dem berühmtesten aller Steinbrüche.

Serravezza, Massa und Carrara. Auf der Eisenbahn von Livorno nach Florenz gelangt man, nachdem man Pisa und das von den Wellen des Tyrrhenischen Meeres geküßte Pietra Santa berührt hat, nach der Station Viareggio. Das ist der Punkt, von dem aus man, um die berühmten Marmorbrüche zu besuchen, zuerst nach der kleinen Stadt Serravezza sich begibt, welche fast mitten in dem Bezirk liegt, dessen Mineralschätze Toscanas Reichtum sind. Serravezza liegt zweien der bekanntesten Marmorbrüche gegenüber, dem Monte Altissimo, wo Michelangelo unter Leo X. vor mehr als drei Jahrhunderten Marmorbrüche eröffnen ließ, die, in der Zwischenzeit verlassen, erst seit ungefähr 40 Jahren wieder in Betrieb genommen worden sind, und Carrara, welches seit 2000 Jahren schon Marmor für die kostbarsten Werke der Architektur und Bildhauerkunst liefert.

Serravezza hat seinen Namen von zwei kleinen Flüssen, der Serra und der Vezza, welche aus dem Gebirge herabkommen und sich bei der Stadt vereinigen, um unter dem Namen Versilia die fruchtbare Ebene von Pietra Santa zu bewässern. Verfolgt man den Lauf eines dieser Bäche, so erblickt man an den Abhängen der das Thal bildenden Höhenzüge überall die etagenförmig übereinander angelegten Marmorbrüche, von weitem schon erkennbar durch die langen Böschungen von Abfallstücken, welche von der Sohle des Bruchs bis in das Thal hinunterreichen und durch ihre rein weiße Farbe an Schneestürze erinnern. Kommt man aber näher, so ergänzt sich der Eindruck durch das eintönige Geräusch der Hammerschläge, welches wie Schneeflocken die ganze Luft erfüllt. Das Kreischen der Schneidewerke, welche die im Bruch aus dem Gröbsten zugearbeiteten Wände in Quadern sägen, das Knirschen der „frulloni", horizontale Mühlwerke, auf denen Marmorquadern auf einer Seite geschliffen und poliert werden, wird hörbar. Die Sägen, welche den Marmor zerteilen, sind nicht wie die bei der Holzbearbeitung gebräuchlichen mit Zähnen versehen, es sind glatte Stahlblätter, und das angreifende Mittel ist scharfer Quarzsand, welcher zugestreut und durch fortwährend zufließendes Wasser unter die Sägeblätter geführt wird.

Außer den Etablissements, welche auf die Ausbeutung der Marmorlager Bezug haben und zu denen Schmieden für Herrichtung des Werkzeugs, Pulvermühlen und mannigfache andre Werkstätten gehören, sind aber hier und in den benachbarten Thälern noch zahlreiche Industrien in Thätigkeit. Bottnio z. B. ist seiner Blei- und Silberwerke wegen bekannt; bei Cordoso werden Schiefer gebrochen, die sowohl zum Dachdecken als ihrer Feuerbeständigkeit wegen zum Bau der Schmelzöfen in ganz Toscana gebraucht werden, und die zahlreichen Ochsenkarren, welche den Schiefer zu Thale führen und sich mit den Karren kreuzen, auf denen der Ruhm zukünftiger Phydiasse, Michelangelos oder Rietschels verfrachtet wird, beweisen, daß jenes unscheinbare Gestein wirtschaftlich ein ebenbürtiger Genosse des edlen Statuenmarmors für die hiesige Gegend ist.

Die Thäler der Serra und Vezza sind sehr eng, so daß die Sonne nur wenig in ihnen verweilt. Überall ist der Horizont abgeschlossen. An den Abhängen kleben einzelne ärmliche kleine Ortschaften, welche von Steinbrechern und Bergleuten bewohnt sind. Unten noch einige Weingärten und Wiesen, Eichenwaldungen und Kastanien, weiter hinauf repräsentieren Buchen und Heidekraut die Vegetation. Orangen und Oliven, Getreide und Mais reichen nicht bis hierher, sie sind die Zierden der Ebene, welche von Serravezza bis zum Meere ihre Reichtümer entfaltet.

Wenn man das Thal der Vezza hinaufschreitet, so gelangt man zuerst zu den Steinbrüchen von Costa, welche rechts vom Wege gelegen sind und wo der Marmor alle Farbenüancen vom Weiß bis Blau in einfachen Tönen sowohl als gestreift und gefleckt durchläuft. Je nach dieser seiner Färbung unterscheidet man bianco chiaro, bianco ordinario, bardiglio comune, bardiglio fiorito. Nur der Statuenmarmor kommt hier nicht vor. In diesem letzteren ist der kohlensaure Kalk fast chemisch rein und kristallinisch. Die gefärbten Varietäten dagegen enthalten Beimengungen von Kohlenstoff, dessen reichlicheres oder geringeres Vorhandensein die Dunkelheit der Farbe bedingt. Trotz dieses Gehaltes an Bitumen, der jedenfalls aus den Überresten vorweltlicher Pflanzen und Tiere sich herschreibt, hat man doch in dem Marmor von Serravezza und Carrara noch keine Versteinerungen angetroffen. Ihrem Alter nach werden diese Gesteine von den Geologen den Jurakalken zugezählt. Früher glaubte man den kristallinischen Kalksteinen ein weit höheres Alter zuschreiben zu müssen, jetzt hat man viele derselben als gleichalterig mit manchen gewöhnlichen dichten Kalksteinen erkannt.

Von den Steinbrüchen von Costa weitergehend, erreicht man auf dem immer steiler ansteigenden Pfade die kleinen Ortschaften Ruosina und gelangt, hoch hoben zur Linken Retignano und Stazzema erblickend, nach Rondone, wo die letzten Brüche sind.

Fig. 20. Marmorbruch von Basajone am Monte Altissimo.

Weite Aushöhlungen auf beiden Seiten des Weges zeigen die immensen Ausbeutungen an, die hier stattgefunden haben, und die umfangreichen Schutthalden, die sich von hier in die Tiefe ziehen, lassen auf das Alter des Betriebes einen Schluß machen.

Der Marmor, welcher hier gewonnen wird, zeigt auf seiner Bruchfläche ein ganz eigentümliches Aussehen, es ist der sogenannte Breccienmarmor oder Marmorbreccie, gebildet aus Bruchstücken, Geröllen und Schiebestücken der verschiedensten Form und Farbe, wie sie bei Eintritt zerstörender Revolutionen die älteren Marmorschichten geliefert haben, und durch ein zementartiges Bindemittel miteinander verkittet. Ein einziges Bruchstück von Handgröße stellt oft eine ganze Musterkarte aller in der Gegend vorkommender Marmorarten dar, und da die Masse, in welcher die einzelnen ganz verschiedenartigen Beiträge eingekittet liegen, von brauner bis roter Färbung ist, so kann man sich vorstellen, daß dieser Breccienmarmor, zu Säulen, Wandverkleidungen u. dergl. verarbeitet, wenn er geschliffen ist und durch Polieren den schönen Glanz, den er annehmen kann, erhalten hat, eine vortreffliche Wirkung hervorbringt. Er ist auch seit alten Zeiten als Dekorationsmittel hochgeschätzt worden, und der von Rondone oder, wie er in der Kunst gewöhnlich genannt wird, der Serravezzamarmor, wird am höchsten gehalten. Die schönste Varietät ist der pfirsichblütenfarbene, außerdem aber kommen besonders weiße, rote und violette Farben vor.

In Toscana heißt der Breccienmarmor „mischio“, gemischter, oder „affricano“, nach einer Marmorart, welche früher von den Römern in Afrika gewonnen und vorzüglich zu Säulen verarbeitet wurde. Das Mittelalter und namentlich die Kunst der Renaissance hat seine Verwendung ganz besonders gepflegt, und man trifft in den italienischen Kirchen und Palästen überall auf Steinhauerarbeiten, welche aus ihm hergestellt worden sind. Bei seiner Schönheit hat er aber den Fehler, den Einwirkungen der Atmosphäre keinen sehr kräftigen Widerstand entgegensetzen zu können und im Freien bald zu verwittern; er eignet sich deshalb besonders nur zur Verzierung innerer Räume.

Die Steinbrüche von **Rondone** ziehen sich weit in den Berg hinein, und das Geräusch der Sägen, das Klingen der Hammerschläge auf den Meißeln, der trübe Glanz der Lampen, das emsige Treiben der Arbeiter, von denen ein Teil an der Lostrennung der Wände beschäftigt ist, ein andrer die gewonnenen Blöcke im Rohen zurichtet, während ein ununterbrochener Zug von Frauen und Mädchen sich durch die Karren und Werkstücke windet und den losgearbeiteten Abfall in Körben auf den Köpfen ins Freie trägt, um ihn auf die Halde zu schütten — dann und wann der dumpfe Knall einer Sprengmine, das alles macht auf den Besucher einen eigentümlichen Eindruck.

Außer diesem kostbaren Marmor aber und außer den schon erwähnten gewöhnlicheren Sorten, von denen der weiße namentlich zu Kaminen, Badebassins, Brunneneinfassungen, Möbelbelegen, der gewöhnliche blaue für Parkettböden, Vasen und Balustraden, der blaue geäderte „fiorito“ zu Ornamentationszwecken, Säulen, Konsolen u. s. w. verarbeitet wird, kommt aber in der Gegend von Serravezza auch der edle Statuenmarmor vor.

Ja, es soll derselbe sogar noch schöner als der von Carrara sein, namentlich sich durch ein sehr homogenes Gefüge auszeichnen und die kristallinische Eigenschaft, wegen derer die Mineralogen ihn Sacharoid nennen, in hohem Grade besitzen. Die Farbe ist ein reines, aber nicht hartes Weiß, und er läßt sich unter dem Meißel leicht bearbeiten.

An dem südlichen Abhange des Monte Altissimo befinden sich die Brüche des Statuenmarmors, die so hoch oben an dem 1800 m hohen und sehr steilen Berge gelegen sind, daß man sie nur mit Mühe erreichen kann und für den Transport der gewonnenen Blöcke kein andres Mittel hat, als dieselben hinabzustürzen. An den Wänden des Berges sind von Entfernung zu Entfernung Mauerungen errichtet, Bastionen, wie sie hier genannt werden, und angebrachte Plattformen erlauben den Steinbrechern das Arbeiten.

Der Marmor, der hier nicht in weit ausgedehnten Schichten lagert, sondern in mächtigen Stöcken vorkommt, welche auf viele Jahrhunderte noch die Ausbeutung gestatten, tritt in dichtem Kalkstein auf, und zwar in einer Weise, die in vielen Punkten mit dem, was die Geognosten ein gangartiges Vorkommen nennen, eine große Übereinstimmung zeigt. Die Brüche liegen in der Höhe, wo der Paß aus dem Thale der Serra in das Thal der Vezza überführt, und hier ist auch der Bruch von **Trambiserra**, in welchem Michelangelo gearbeitet haben soll. Der Bruch von **Vasojone** wurde im Jahre 1821 eröffnet. Die

Höhe, in welcher diese Brüche sich ausdehnen, bietet eine wundervolle Fernsicht, man sieht bei heiterem Himmel Corsica und Sardinien, die Inseln des Toscanischen Archipels, Monte Christo, Pianosa, die Insel Elba, das Meer von Massa und Carrara, den Golf von Spezzia, den Meerbusen von Genua, die Hyèrischen Inseln, die Häfen von Toulon und Marseille, ja bis an die spanischen Küsten soll die klare Luft den Blick tragen.

Aus dieser Höhe wurden die Marmorstücke herabgefördert, welche zum inneren Ausbau der Isaakskirche bis nach St. Petersburg geschafft wurden. Der Marmor des Altissimo hatte in der Konkurrenz, welche für diesen Prachtbau im Jahre 1842 vom Kaiser von Rußland veranstaltet worden war, den carrarischen Marmor besiegt, und innerhalb eines Zeitraumes von drei Jahren lieferten die vereinigten Brüche von Falcovasa, Pola und Viucarella fast 2000 cbm des reinsten Statuenmarmors. Die Brüche von Falcovasa liefern die reinste Qualität, aber — wie die Steinbrecher sagen, le madre natura li ha portato troppo alto — die Mutter Natur hat sie zu hoch gelegt.

Dieser Umstand fällt gerade bei dem Statuenmarmor um so mehr ins Gewicht, als es sich hier in der Regel um sehr große Blöcke handelt, deren Beförderung an sich schon die größten Schwierigkeiten macht. So hatte der Block, aus dem die Statue des Dante für Florenz gemeißelt worden ist, allein ein Gewicht von 80 000 kg oder 1600 Zentnern. Da aus den so hoch gelegenen Steinbrüchen der Transport solcher Monolithen auf Wagen gar nicht ausführbar ist, so hilft man sich, indem man sie auf einer durch Bruchstücke möglichst gleichmäßig hergestellten schiefen Ebene, auf der eine Lage starker und zur Verminderung der Reibung mit Seife bestrichener Pfosten ruht, mittels untergelegter Rollen herabgleiten läßt. Die schwere Masse wird in ihrer Fortbewegung regiert durch starke Seile, welche um Pfosten am Rande der Bahn geschlungen werden und welche die Arbeiter nach Bedürfnis nachlassen oder anziehen. Eine große Anzahl Arbeiter, die, bevor der Marmorblock seine Reise antritt, gewissenhaft ihr Gebet verrichten, begleiten ihn, um sofort Hand anzulegen, wenn es not hat. Der Hafen, aus welchem die Steine verschifft werden, heißt Porto de' Marmi.

Hier liegen Unmassen von Marmorblöcken auf dem Sande am Ufer, die im Strahle der Sonne durch ihre weiße Farbe das Auge blenden, von der verschiedensten Größe und Gestalt, denn um die Schwierigkeiten des Transports nicht zu sehr zu steigern, gibt man den großen, zu monumentalen Zwecken bestimmten Stücken schon in den Brüchen aus dem Rohen die annähernde Form. Jeder Eigentümer hat seine besondere Marke, die den Steinen eingehauen oder aufgezeichnet ist. Einzelne gefärbte Qualitäten sind darunter verstreut, so der Portor mit braunen und goldgelben Adern auf schwarzem Grunde, welcher aus dem Golf von Spezzia kommt, der grüne genuesische, der Clonuto, eine dunkelrot und grüne Marmorbreccie von der Riviera, endlich der Griotte genannte, welcher seiner kirschroten Farbe den Namen verdankt.

Diese verschiedenen fremden Marmore sind hierher gebracht worden, um in den großen Schneidewerken von Serravezza bearbeitet zu werden, da zur Anlegung derartiger Werkstätten nicht überall in der Nähe der Brüche die nötige Wasserkraft vorhanden ist. Von hier aus geht dann alles als italienischer Marmor weiter, wenn er auch, wie der Griotte, der in Languedoc gebrochen wird, ursprünglich gar nicht von hier stammt.

Weiterhin am Ufer des Meeres liegt Massa mit seiner offenen Reede des heiligen Joseph, wo die in den benachbarten Steinbrüchen gewonnenen Marmore verladen werden. Massa, Serravezza und Carrara, das sind die drei Marmorquellen par excellence. Massa selbst ist eine überaus reizend gelegene hübsche Stadt, welche außer den mit der Marmorgewinnung verbundenen Etablissements, die man schon in Serravezza kennen gelernt hat, noch Ateliers höherer Art in großer Anzahl besitzt, und zwar nicht bloß solche, welche den Marmor etwa zu den für Parkettböden gesuchten kleinen geschliffenen Täfelchen verarbeiten, sondern solche, aus denen Werke der höheren Steinmetzarbeit, Säulen, Konsolen, Balustraden, reich ornamentierte Kamine und dergleichen hervorgehen. Ja, es leben Bildhauer von Renommee, welche ihre Werke hier ausführen und zahlreiche Schüler um sich versammeln. Und in der Umgegend ist das Leben ebenso geräuschvoll als um Serravezza, denn die Straße, die sich nach den Steinbrüchen hinzieht, ist belebt von den Ochsenfuhrwerken, welche die schweren Massen dem Hafen zuführen, und in der Luft klingt eben derselbe Ton der

Meißel und Sägen, wenn man sich den Steinbrüchen nähert, die in dem von dem Flüßchen Frigido durchrauschten Thale gelegen sind.

Eine noch großartigere Industrie zeigt aber das ebenfalls am Ufer gelegene Carrara selbst — und sie dreht sich ebenfalls um nichts andres als den Marmor, dessen Gewinnung die Stadt, civitas Carrariae, die Stadt der Steinbrüche, den Namen verdankt. In Carrara ist eine Akademie der Bildhauer, aus welcher schon berühmte Meister hervorgegangen sind, und außer einheimischen Künstlern haben der Venezianer Canova und der Däne Thorwaldsen ihr angehört. Es wird aber wenig Bildhauer von Bedeutung seit der Zeit der Renaissance gegeben haben, welche nicht wenigstens einmal die Stadt besucht haben, um das kostbare Material, dessen sie bedürfen, auszuwählen. Neben den Schöpfungen des Genies, die man hier unter dem Meißel entstehen sehen kann, werden eine Menge Bildwerke, Statuen, Büsten, Reliefs u. s. w. erzeugt, die, wenn sie auch nur Nachahmungen sind und fast fabrikmäßig hergestellt werden, dennoch nicht eines gewissen Kunstwertes ermangeln und immerhin das dem Italiener angeborne feine Gefühl für Plastik verraten. Man kann den ganzen Olymp hier zentnerweise kaufen und findet Herkules-, Dianen-, Bacchus- und Antinousstatuen in allen Größen, in allen möglichen Auffassungen und nach allen berühmten Künstlern, die sich durch diese Vorwürfe einen Namen gemacht haben — der unzähligen Venusnachbildungen nicht zu gedenken. Die Akademie von Carrara hat eine reichhaltige Sammlung aller antiken und modernen namhaften Skulpturen in Gipsabgüssen. Hier erhält die carrarische Jugend ihre ersten Unterweisungen, und diejenigen, welche Talent zeigen, werden späterhin unterstützt, um ihre Studien in Rom zu vollenden. Denn in Carrara ist fast jeder Mensch ein Mann des Meißels, und wer nicht Schöpfungen des eignen Genies hervorzubringen vermag, der arbeitet in Nachahmungen; und wem das Geheimnis der menschlichen Gestalt nicht aufgegangen ist, der bringt Ornamentik hervor oder er liefert Steinmetzarbeit oder bricht wenigstens das Material dazu aus dem höher gelegenen Gebirge. Außer Marmorarbeitern sieht man fast nur noch Ochsentreiber in diesen Thälern.

Die Ausbeutung der carrarischen Marmorbrüche datiert aus uralten Zeiten — die Etrusker schon versorgten sich aus dieser Gegend. Durch oft wiederholte Invasionen barbarischer Völker aber kamen die Steinbrüche zeitweilig in Verfall, wie das Bedürfnis nach ihren Erzeugnissen zuzeiten unterdrückt wurde. Seit dem 11. Jahrhundert jedoch, wo namentlich Pisa für seine Prachtbauten, den Dom, den hängenden Turm, das Baptisterium und den Campo Santo, carrarischen Marmor in großen Massen bezog, hat ihre Bearbeitung keine Unterbrechung mehr erlitten. Späterhin ward Frankreich, Paris und Versailles ein guter Kunde. Die Steine gingen damals die Rhone hinauf und erreichten Paris durch Vermittelung der Saone, auf welche man in Lyon überging, und der Kanäle, welche die Verbindung mit der Seine herstellten. Diese Reise soll bisweilen zwei Jahre gedauert haben. Heute fährt man durch die Meerenge von Gibraltar, und über Rouen dauert der Transport nur zwei Monate.

Die Hauptniederlagen des carrarischen Marmors befinden sich zu Genua, Livorno und Marseille, wohin die Steine verschifft werden. In der zuletzt genannten Stadt gibt es große Etablissements, in welchen der Stein bearbeitet, gesägt und poliert wird, und man verarbeitet daselbst auch noch Marmor aus dem mittägigen Frankreich, Languedoc, Marmor aus den Brüchen von Tholonet bei Aix, den geäderten Onyxmarmor aus Algier, den schwarzen Lütticher Marmor u. s. w. zu Pendulen, Vasen, Kaminen, Kandelabern und dergleichen Gegenständen, welche teils hier, teils in Paris gewöhnlich noch eine weitere Armierung durch Bronze oder Edelmetalle erhalten.

Gips und Alabaster stehen zu den Kalksteinen insofern in naher Beziehung, als sie ebenfalls die Kalkerde als basischen Bestandteil enthalten.

Der Gips ist schwefelsaure Kalkerde, mit Wasser innigst verbunden. Er ist weiß bis grau, feinerdig bis körnig und faserig, durchscheinend bis undurchsichtig. Der wasserhelle Gips hat den Namen Marienglas bekommen; sehr weißer und reiner, körniger und dichter Gips heißt Alabaster. Das Gestein kommt lagenweise zwischen andern Schichten vor, bildet aber zuweilen ganze Berge für sich allein. Es ist der beständige Begleiter des Steinsalzes. Weil der Gips im Wasser ziemlich auflöslich ist, so wird er als Baustein selten angewendet, aber die Eigenschaft, durch Glühen das Wasser zu verlieren und später, damit benetzt, es wieder begierig anzuziehen und damit zu erhärten, macht ihn fähig zur Herstellung von Stukkatur, Estrich, Tünche, Pseudomarmor, zu Abgüssen und Gipsfiguren und vielen andern Dingen. Ungeglüht ist der Gips ein beliebtes Düngemittel.

Der Alabaster diente im Altertume zu vielfachen Verwendungen des Luxus, und namentlich war er in Ägypten beliebt, wo man nicht nur Vasen und Gefäße für Salben und Schminke vorzugsweise gern daraus herstellte, sondern wo er auch zur Bekleidung der Wände von Bauwerken beliebt war. Die leichte Bearbeitung, welche er gestattet, forderte zur Anbringung von Ziselierung und Skulpturen heraus, und die Mauern vieler ägyptischer Tempel waren mit Alabasterplatten bekleidet, in denen Szenen der Jagd, Fischerei u. s. w. eingegraben waren. Die Griechen hielten den Alabaster besonders zur Aufbewahrung von Essenzen und Parfüms geeignet, stellten deshalb die dazu bestimmten Gefäße gern aus diesem Steine her und übertrugen schließlich den Namen Alabaster auf die Salbengefäße im allgemeinen.

Fig. 21. Erratischer Block aus Serpentin am Südabhange des Monte Rosa. Nach Collomb.

Die heutige Alabasterindustrie wird vorzüglich in Italien betrieben, und namentlich ist es Florenz, welches den Reisenden zierliche Artikel dieser Art in reichster Auswahl bietet.

Serpentin. Obwohl nicht seiner mineralogischen Natur nach, wohl aber seiner Verwendung nach können wir dem Marmor, dem Onyxmarmor und dem Alabaster den Serpentin an die Seite stellen, denn er ist wie jene mehr ein Kunst- als ein Baumaterial.

Der Serpentin ist insofern ein eigentümliches Gestein, als er meist aus wasserhaltigen Magnesiasilikaten besteht. Die Hauptmasse bildet das gleichnamige Mineral, welches in seiner reinsten Ausbildung als edler Serpentin sich durch seine schöne grüne Färbung zu mannigfachem Gebrauch für die Kunstindustrie geeignet erweist. Daneben kommen aber eine große Anzahl andrer Mineralien mit darin vor, unter denen besonders Asbest, Granaten, Eisenkies, Magneteisenerz, Glimmer, Bronzit und Talg hervorzuheben sind, weil sie dem Gestein oft besonders charakteristische Zeichnung oder Färbung verleihen. Der uralische Serpentin führt auch Platin.

Das Serpentingestein, über dessen Entstehungsart die Gelehrten noch sehr in Zweifel sind und das vielfach für eine Umwandlungsform einer andern Gebirgsart, des Gabbro, gehalten wird, ist eine milde, glanzlose Masse von dunklen, meist grünen, doch auch roten, braunen, grauen Farbentönen, die oft sehr schöne Zeichnungen bewirken. Trotz seiner geringen Härte, die es in frisch gebrochenem Zustande mit Leichtigkeit auf der Drehbank behandeln läßt, nimmt es unter geeigneter Bearbeitung eine sehr schöne Politur an, und da es an der Luft allmählich erhärtet, so erlaubt es eine sehr wirkungsvolle Verwendung sowohl bei Luxusbauten als auch in kleinerem Maßstabe zu den verschiedenartigsten Gegenständen des täglichen Gebrauchs.

Der Serpentin ist ein sehr verbreitetes Gestein und wird an vielen Orten gewonnen. Besonders schöne Varietäten kommen vor im Ural, in Norwegen (Snarum), England, Pennsylvanien, Frankreich, Epinal in den Vogesen, am Monte Razzo bei Genua, in Sachsen bei Waldheim und Zöblitz u. s. w. Am südlichen Fuße des Monte Rosa liegt ein gewaltig großer erratischer Block aus Serpentin (s. Fig. 21), dessen Unterlage, ein durch Gletscherschliff abgeglättetes und fast poliertes Gestein, genugsam die Art illustriert, auf welche dieser Gast hierher transportiert worden ist.

Als Baustein wird der Serpentin namentlich seiner Feuerbeständigkeit wegen geschätzt und da, wo er in entsprechenden Quantitäten gebrochen werden kann, zu Ofengestellen, Herd- und Brandmauern gern verwendet. In den Vogesen bei Remiremont wird oder wurde — denn neuerdings ist in der Verarbeitung des Magnesit für die Fabrikation der kohlensauren Wasser eine sehr bedeutende Konkurrenz erwachsen — der Serpentin zur Darstellung des Bittersalzes — schwefelsaurer Magnesia — im großen benutzt. Eigentümlich aber ist für dieses Gestein seine Verarbeitung auf der Drehbank, und sind die Hauptproduktionsorte gedrehter Serpentinsteingegenstände Epinal in den Vogesen und vor allen Dingen das weit und breit deswegen bekannte Zöblitz in Sachsen.

Versetzen wir uns ins sächsische Erzgebirge und steigen aus dem reizenden Thale von Olbernhau aufwärts gen Marienberg, so erreichen wir auf der waldumsäumten Hochebene ein freundliches Städtchen, Zöblitz. Rechts der Straße erhebt sich ein langgezogener Bergrücken mit spärlichem Laubgebüsche, an dessen Nordseite ein silberheller Gebirgsbach dahinfließt. Dieser auffallende Gebirgsstock, wie ein riesiger Sarg in die höherliegenden Bergketten eingesenkt, besteht ganz aus Serpentin, der übrigens in Sachsen nichts Seltenes ist; aber der Zöblitzer hat vor allen Arten die Eigenschaft, daß er sich auf der Drehbank gut bearbeiten läßt und fast alle die bekannten Gerätschaften und Kunstgegenstände liefert, die in alle Welt versandt werden. Seine eigentümliche Milde und Weichheit macht ihn zu solcher Verwendung besonders geschickt. In Zöblitz bestand seit länger als 300 Jahren eine eigne Innung von Serpentinsteindrechslern, gewöhnlich 40 Meister und 20 Gesellen nebst Lehrlingen zählend. Die ältesten Nachrichten, welche man darüber aufgefunden hat, besagen, daß schon 1546 diese Industrie hier betrieben wurde, wenn auch nicht in der Ausdehnung wie heute, und nicht nach besonders rationellen Methoden. Der Abbau des Gesteins erfolgte sogar bis in die letzten Jahre nur raubbauartig. Unter der Regierung des prachtliebenden Königs von Polen, Augusts des Starken, scheint man der Serpentinindustrie von Staats wegen Aufmerksamkeit zugewendet zu haben, und z. B. in der katholischen Hofkirche hat neben den reichen Marmorarbeiten auch der Serpentin vielfache Verwendung zur Verkleidung der Altäre, Decken und Galerien gefunden.

Im Jahre 1862 erwarb eine Aktiengesellschaft sämtliche Serpentinsteinareale, und der Abbau sowie die Bearbeitung wurde von jetzt ab auf rationellere Weise betrieben. Die Brüche sind jetzt regelrecht bewirtschaftet und man gewinnt das Gestein nicht mehr bloß über Tage, sondern auch in unterirdischen Bauen. Auf durch Wasser- und Dampfkraft bewegten Drehbänken, Hobel- und Schneidewerken, Schleif- und Poliermühlen erhalten die gewonnenen Massen Form und Politur, so daß nicht nur die Produktionsfähigkeit der Masse nach, sondern ganz wesentlich auch nach der künstlerischen Seite der Vollendung beträchtlich gewachsen ist.

Der Lagerung nach liegt obenauf der spröde Kammstein, in der Mitte ein hellgrüner oder bläulicher Lawezstein, unten aber der wahre, meist dunkelgrüne gemeine Serpentin, insgemein gemischt mit Asbest, Magneteisenstein und Granaten, die man ausklaubt und statt Schmirgels zum Polieren benutzt. Die Erzeugnisse, welche man aus Serpentin herstellt, sind sehr verschiedenartiger Natur und bewegen sich ihrer Größe nach innerhalb sehr weiter Grenzen, von kleinen Knöpfen an bis zu großen baulichen Werkstücken, Säulen, Kaminen, Wand- und Thürverkleidungen, Grabmonumenten u. dergl. Namentlich aber werden in neuerer Zeit die Vasen, Konsolen, Lampengefäße und ähnliche Gegenstände der Kunstindustrie aus Serpentin mit Vorliebe genommen, und der althergebrachte Wärmstein kann seine Familienglieder im elegantesten Salon antreffen, wenn er irgendwie Gelegenheit finden sollte, sich dorthin zu verlieren; vielleicht nur daß eine sorgfältigere Erziehung ihnen höheren Schliff und feinere Form gegeben hat.

Von den übrigen Gesteinsfamilien, welche durch ihr weitverbreitetes Vorkommen wegen der besonderen Verwendbarkeit ihrer einzelnen Glieder besonders zur Anlage von Steinbrüchen aufmuntern, sind die des Schiefers und des Sandsteins die hervorragendsten.

Fig. 22. Dachschieferbruch am Lehesten.

Schiefer und Sandstein sind beides sehr allgemeine Begriffe, denn sie begreifen in ihrem weitesten Umfange Gebilde sehr verschiedenartiger Natur und weit auseinander liegender Entstehungszeiten in sich. Das Gemeinsame aber haben sie, daß sie sich beide unter Wasser, aus den zu Boden gefallenen festen und ungelösten Bestandteilen, welches dasselbe mit sich führte, gebildet haben. Waren diese Bestandteile thoniger Natur, so entstanden Schiefer, waren es einzelne und vorzugsweise quarzige Körner, so entstanden Sandsteine. Den Schiefern wie den Sandsteinen ist deshalb auch eine ursprüngliche horizontale Lagerung eigentümlich, welche freilich infolge geologischer Einwirkungen nicht überall dieselbe geblieben ist.

Schiefer finden wir schon in den ältesten, den Urgesteinen zunächst auflagernden Formationen. Das Material zu ihnen haben die ersten Erstarrungsprodukte der jungen Erde geliefert; von da an ist die auflösende und fortführende Gewalt des Wassers ein Faktor geblieben, welcher die Schieferbildung immer und immer wieder eingeleitet hat. Es sind aber von uns hier hauptsächlich jene ältesten Bildungen in Betracht zu ziehen, von welchen der Dach- oder Tafelschiefer für das bürgerliche Leben besonders wichtige Modifikationen sind.

Der Tafelschiefer, ein leicht und glatt spaltender Thonschiefer, dient überall zu Rechen- und Schreibtafeln, auf welche mit langspaltigem Thonschiefer, den Griffeln, geschrieben werden kann. Geringere Sorten geben als Dachschiefer eine leichte und dauerhafte Dachbedeckung. Dicker spaltende Abänderungen werden als Tisch- und Fußbodenplatten und zu vielen andern Zwecken angewendet. Eine besonders schöne Schieferart, die sich ihrer regelmäßigen Zeichnung wegen zu dekorativen Zwecken sehr verwendbar zeigt und in dünnen Platten geschliffen werden kann, ist der sogenannte Frucht- oder Ährenschiefer aus der Gegend von Rochlitz und Waldenburg in Sachsen. Durch die Einwirkung glühender Gesteinsmassen der Nachbarschaft haben sich einzelne Partien kristallähnlich in der Grundmasse abgesondert, und diese sind mit ihrer schwarzen Farbe die Ursache der schönen Zeichnung.

Der Abbau geschieht, wie wir weiter oben schon gelegentlich erwähnt haben, an manchen Orten durch unterirdischen Betrieb. In den offenen Dachschieferbrüchen, Tagebrüchen, muß der Betrieb ganz anders als in diesen Bergbauen geleitet werden.

Nachdem der Steinbrecher die Richtung des Einfallens des Dachschieferflötzes genau untersucht hat, berechnet er, auf welche Tiefe in den Berg hinein, ohne auf Grundwasser zu stoßen, gearbeitet werden kann. Wir haben in unsrer Abbildung von den Lehestener Schieferbrüchen in Thüringen (s. Fig. 22) einen solchen Fall als Muster angenommen. Die in der Zeichnung etwas heller gelassene Dachschieferlage bildet über 20 m dick ein mehrfach gewundenes Band, eine sogenannte Muldenfalte, dessen beide an die Oberfläche des Berges gelangende Seiten nach rechts ziemlich steil einfallen (wenn man im Bruche mit dem Gesicht nach Norden gekehrt steht, ist das Einfallen links, d. h. gegen Westen). Man hat die Absicht, diese Mulde bis auf ihre tiefste Stelle abzubauen, was um so leichter geschehen kann, als ihr tiefster Punkt nicht unter den Wasserlauf des nächsten Thales hinabreicht und durch einen von diesem Wasserlaufe in den Berg hineingetriebenen Stollen also das sich in dem Steinbruche ansammelnde Wasser immer fortfließen muß.

Aus dem Neigungswinkel der Dachschieferlage und der senkrechten Entfernung zwischen dem Stollenboden (der Stollensohle) und dem Punkte, an welchem die Dachschieferlage am Bergabhange zum Vorschein kommt, läßt sich die Linie der vorderen senkrechten Steinbruchswand, der sogenannten Schrämwand, bemessen. Diese Schrämwand legt der Steinbrecher mit dem Verlaufe des Dachschieferflötzes an der Bergoberfläche parallel und in solcher Entfernung davon, daß sie, senkrecht niedergehauen, das am meisten vorgeschobene untere Ende des Flötzes gerade trifft. Aller zwischen der Schrämwand und dem Dachschieferlager anstehende unbrauchbare Thonschiefer, in unsrer Zeichnung soweit der Tannenwald steht, wird nun entfernt; der Schiefer wird abgeraumt. Die auf der Schrämwand aufgestellte Maschine in unsrer Zeichnung, eine durch Pferde in Gang gesetzte Winde oder ein Pferdegöpel, dient zum Heraufwinden der losgesprengten Gesteinsmassen, welche an einem geeigneten Punkte zu einer Halde aufgeschüttet werden. Zu Lehesten, wo der Dachschieferbruch schon seit Jahrhunderten mit mehreren Hundert Arbeitern betrieben wird, gewannen die Schutthalden im Laufe der Zeit das Aussehen von Bergen; ihre Oberfläche ist von Schienenwegen durchkreuzt, die zur bequemeren Fortschaffung des Schuttes und der geförderten Gesteine dienen. Sobald der Abraum bis an den Dachschiefer gelangt ist, wird dieser selbst in Abbau genommen.

Man räumt immer nur so viel ab, als in einer Campagne gefördert werden kann, und hält das für spätere Gewinnung übrig bleibende Lager mit einer mindestens 1—1½ m starken Decke des darüberlagernden Gesteines geschützt, weil Sonne, Wind und Frost die Qualität des Steines sonst beeinträchtigen würden. Um die Loslösung des Schieferflötzes zu beschleunigen und dieselbe durch möglichst viele Hände gleichzeitig bewirken lassen zu können, wird dessen schiefe Fläche in Stuffen (Strossen) von 2½—3 m Höhe eingeteilt und darauf von der Seite her auf möglichst vielen Strossen gleichzeitig der Schiefer mittels Eisen- und Holzkeilen abgelöst oder auch mittels Pulver gesprengt. Das Ablösen durch Keile ist dem Sprengen vorzuziehen, weil es die Schiefermasse weniger zersplittert. Die losgebrochenen Stücke werden darauf durch den Pferdegöpel nach oben gefördert und gelangen in die Spalthütte. Sollen große Platten für Gerbereien, Tischplatten, Firmenschilde, Grabmonumente, Billards, Fußbodenbelege u. s. w. hergestellt werden, so läßt man die Platten entsprechend dick, bringt sie durch Sägen und Behauen in die verlangte Form und schabt sie glatt. Gewöhnlich aber wird der geförderte Schiefer mittels eiserner Meißel in dünne Tafeln zerlegt, auf welche durch blecherne Schablonen die dem Dachschiefer zu gebende sechseckige, achteckige, viereckige oder anders gestaltete Form vorgerissen wird. Große Platten lassen sich dann mittels des Spitzhammers in kleinere zerteilen, und diese werden auf einer Schieferschere, einer an einem Holzklotze befestigten starken, mit langem Hebelarme versehenen Schere, nach Art der Blechscheren, auf den vorgezeichneten Linien glatt beschnitten.

Wenn der Abbau des Dachschieferlagers einigermaßen nach der Tiefe fortgeschritten ist, so beginnt der hinter ihm gelegene Thonschiefer sein Liegendes, wie der Steinbrecher sagt, sich abzulösen, wodurch für die im Steinbruch Arbeitenden große Gefahren entstehen; nicht selten sind schon die Arbeiter zerschmettert und verschüttet worden. Das Liegende wird deshalb von den Aufsehern öfters untersucht, und sobald sich losgezogene Stücke finden, werden sie durch neues Abraumen entfernt. Dazu müssen zuweilen die Arbeiter an starken Seilen tief hinabgelassen werden, welche mit Bohrer und Schrämspieß die schiefe Wand bearbeiten. Auf unsrer Abbildung befindet sich ein bohrender Steinbrecher links am Liegenden in einer solchen Position.

Fig. 23. Schieferbruch von Penrhyn in Wales.

Nächst Lehesten ist die Umgegend von Gräfenthal in Thüringen mit vorzüglichen Dachschieferlagern gesegnet. Hier kommen auch die zu Schreibtafeln und Griffeln tauglichen Steine vor, welche in vielen Fabriken mit Rähmchen versehen und durch Sonneberger Händler in alle Welt verkauft werden. Die Dachschieferbrüche bei Goslar am Harze wetteifern an Großartigkeit mit denen zu Lehesten und Gräfenthal; auch sie liefern ein ganz vorzügliches Dachdeckungsmaterial, welches wie das des Thüringer Waldes und des Rheinischen Gebirges sich durch Dünnspaltigkeit und große Festigkeit auszeichnet. Überhaupt fehlt es dem deutschen Boden nicht an Dachschiefer, und es ist hauptsächlich dem Umstande beizumessen, daß der Seetransport billiger als der über Land durch Eisenbahnen zu bewirkende ist, wenn Norddeutschland zum großen Teil mit englischem Schiefer versorgt wird. Übrigens sind die englischen Schiefer von vortrefflicher Beschaffenheit.

Die großartigen Schieferbrüche in Wales übertreffen an Umfang die deutschen Brüche. Die Schieferlagen derselben eignen sich außer zu dem eigentlichen Dachschiefer zu Platten aller Art und kommen zugesägt und geschliffen in den Handel. Im Schieferbruche von Penrhyn, einem der größten in Wales, von welchem wir in Fig. 23 eine Abbildung geben, sind 2200 Arbeiter beschäftigt und liefern täglich 200—300 Tonnen fertigen Schiefer.

Der Bruch bildet einen ungeheuren Halbkreis; er ist 200 m breit und 900 m lang. Auch hier wird der Schiefer in Stufen gegraben, aber diese Stufen oder Stockwerke sind 12-18 m hoch und die ganze Höhe der elf Etagen, aus denen der Bruch besteht, beträgt gegen 180 m.

Jede Etage hat ihren besonderen Schienenweg, dessen Gesamtlänge mehr als 8000 m für den ganzen Bruch beträgt. Die Steine werden gesprengt und hierzu jährlich 3000 bis 4000 kg Pulver oder entsprechende Mengen Dynamit verwendet. Das Sprengen wird alle Stunden durch ein Hornsignal angezeigt, und dann gehen 30—50 Schüsse auf einmal los. Ein zweites Signal ruft die Arbeiter zurück. Fünfzig Schiffe nehmen beständig die Schieferladungen der Wagen auf, die auf einer besonderen Eisenbahn zum Hafen fahren. Der Reinertrag beträgt jährlich gegen 390 000 Mark.

Auf der Pariser Weltausstellung von 1867 sah man Schieferplatten von 9 m Länge und Breite und nur wenig über 1 cm Dicke. Solche Riesenplatten kann nur ein Schieferlager liefern, dessen Schichtung durch Lagerungsstörungen wenig gelitten hat. Die deutschen Dachschieferlager sind, wie Fig. 22 wahrnehmen läßt, gewöhnlich gefaltet und, durch die im Erdinnern wirkenden Kräfte gehoben, vielfach zerrissen; dennoch liefern auch sie, z. B. die Brüche von Kirchberg bei Gräfenthal, ebene Platten bis zu 6 m Länge und 2—3 m Breite bei nur 5—6 cm Dicke. Sehr bedeutende Schieferbrüche hat auch Frankreich in der Gegend von Angers, und werden hier sowohl Dachschiefer als auch Platten für Billardtische u. s. w. von bedeutender Größe gebrochen.

Der Sandstein ist, wie schon erwähnt, ein der Hauptsache nach aus feineren und gröberen Kieselkörnchen oder Sand bestehendes Gestein, in welchem sich Thon, Eisenoxyd, Kalk und selbst Kieselerde in die zwischen jenen Körnchen verbleibenden Räume gelegt und sie dadurch fest aneinander gekittet haben. Er hat verschiedene graue, gelbliche, rote, oft auch grünliche Farben, selten ist er ganz weiß. Bisweilen wechseln mehrere Farben streifenweise in einem Stücke ab, wodurch das Gestein geflammt, gebändert oder geadert erscheint. Die festeren Sandsteine kommen häufig zwischen Schieferthon eingelagert vor und sind dann in der Regel in dickere und dünnere Bänke geteilt, die wiederum oft durch senkrechte Klüfte in prismatische Stücke oder Quader zerfallen; gewisse Sandsteine oder Kreideformationen haben wegen dieser Eigenschaft geradezu den Namen Quadersandstein erhalten. Je größer der Umfang dieser Stücke, desto wertvoller der Stein. Guter Sandstein muß dem Froste genügend widerstehen, er darf nicht auffrieren und splittern, er muß sich, ohne zu zerspringen, glatt bearbeiten und sogar schleifen lassen, er darf die aus Luft angezogene Feuchtigkeit nicht lange festhalten. Die rauhkörnigen Sandsteine liefern Mühl- und Schleifsteine; manche thonige Abänderungen, welche zum Bauen ganz unbrauchbar sind, dienen als feuerfeste Steine für Eisenschmelzöfen und werden wie Schleif- und Mühlsteine weit versendet. Sandsteine von vorzüglicher Güte besitzen die Moselgegenden von Trier, die Elbgegenden von Pirna und die malerischen Felstheater von Adersbach und Weckelsdorf. Hier geben die mannigfachen Zerklüftungen, welche die Quadersandsteine nach allen Richtungen hin durchschneiden und in denen das herabrieselnde Wasser seine auswaschende und zernagende Thätigkeit wirken lassen konnte, der Gegend das Aussehen überaus malerischer Landschaften, die durch die silberklaren Quellen einen wunderbaren Reiz erhalten.

Wer hätte niemals von der Sächsischen Schweiz gehört, von den lieblichen Bergen und den kühlen Thälern, von ihren romantischen Hügeln und Schluchten! Wenn man von Pillnitz über Lohmen durch den Uttewalder Grund mit seinen 60—80 m hohen, schauerlich überragenden Felsen geht und endlich auf den Vorsprung der Bastei hinaustritt, liegen die Überreste einer weiten, Hunderte von Metern dicken Sandsteindecke vor den erstaunten Blicken. Nur die höchsten Höhen der Berge des Königsteins, des Liliensteins, Papststeins und andrer, die sämtlich in einer Horizontalebene liegen, bezeichnen noch die ursprüngliche Oberfläche der Sandsteindecke, in welche eine große Zahl von Bächen und Flüßchen sich immer mehr erweiternde Thäler gegraben haben, und wo der geschwungene Lauf der Elbe die Punkte bezeichnet, an denen die Wässer des inneren Böhmens zuerst sich ihren Weg nach dem Norden bahnen konnten.

Die Sandsteinbrüche in der Sächsischen Schweiz, namentlich die bei Pirna, Lohmen, Liebethal, Cotta, sind von großem Umfange. Der Fels ist von der Natur in große Platten und prismatische Stücke zerlegt; festere Schichten und Bänke wechseln mit weicheren ab. Nachdem in den letzten 400 Jahren die vorderen Böschungen hinweggebrochen sind, steht eine etwa 40 m hohe Felswand vor uns, welche in treppenförmige Stufen eingeteilt wurde, damit den höher gelegenen Felsstücken leichter beizukommen ist.

Fig. 24. Schieferbruch in Angers.

Unter den festeren zu Baustein, Mühlstein, Schleifstein, Bildwerken u. s. w. tauglichen Bänken werden die weicheren Unterlagen möglichst tief herausgenommen, wobei der Fels auf Holzstücke, sogenannte Steifen oder Bolzen, gestützt wird: man arbeitet unter dem Felsen oder haut einen Schram, wie der Steinbrecher sagt. Auf der oberen Fläche der Felsbank haben andre Hände inzwischen schon Bohrlöcher zur Sprengung mit Pulver oder zur Spaltung mit Holzkeilen eingetieft, diese werden nun in Wirkung gesetzt, um den Fels vom Berge loszulösen, damit er abrutschen und in die Tiefe sinken könne. Oft lösen die Pirnaer Steinbrecher auf diese Weise sehr umfangreiche Felsstücke auf einmal. In solchen Fällen werden die am Steinbruch vorüberführenden Wege gesperrt, ja selbst an der im tiefen Thale dahinrauschenden Elbe Posten ausgestellt, um die Schiffe so lange aufzuhalten, bis der Felssturz beendigt sein wird, denn es könnten sich einzelne Quadern, fortspringend, den Bergabhang hinabwälzen und Schaden bringen. Die herabgebrochenen Stücke werden darauf sortiert, rauh behauen und teils zu Lande, meistens aber zu Schiffe versendet.

Wer aber die Naturwunder der Quadersandsteinformation im engsten Rahmen zusammengedrängt schauen will, der wandere hin zur Weckelsdorfer Felsenstadt im Böhmischen Riesengebirge. Scheinbar gegen alle Gesetze der Schwerkraft, so phantastisch geformt und auf- und übereinander gestapelt, weitläufig gewundene Straßen bildend, oder wie zu einem abenteuerlichen Walde, in denen Steine die Bäume bilden, ordnen sich hier die Felsen und bauen eine förmliche Gnomenstadt von den wunderbarsten Formen. Ähnliche Felsbildungen treffen wir in der Oberlausitz bei Johnsdorf, wo in dem dasigen Quadersandstein früher vortreffliche Mühlsteine gebrochen wurden, die ihre ausgezeichnete Härte der Erhitzung verdankten, welche ein glühend flüssig durch das Gestein gebrochener Basaltgang während seiner allmählichen Erkaltung auf die anstehenden Partien ausgeübt hat. Um Mühlsteine von durchgängig gleicher Härte und von gleichem Korne zu erhalten, welche sich nicht ungleich abnutzen, werden die einzelnen gebrochenen Stücke vorsichtig auf ihre Eigenschaften an allen Punkten geprüft, die gleichmäßigen Steine in die passende Form gebracht, aus den ungleichförmigen dagegen werden die minder guten Stellen herausgesägt und durch besseres Material ergänzt, die Fugen vergipst und der fertige Stein wird, um ein Zerreißen zu verhindern, schließlich durch einen heiß umgelegten Eisenreifen gefaßt.

In solcher Weise werden jetzt fast alle Mühlsteine zusammengesetzt, und es bietet dies Verfahren den Vorteil, kleinere Stücke geeigneten Materials verwenden und daraus Steine von sehr großem Umfange herstellen zu können, während früher, wo die Steine aus einem Stücke gemacht wurden, die größten Sorten unverhältnismäßig im Preise stiegen, da tadelfreie Gesteinsstücke von großen Dimensionen zu den seltenen Vorkommnissen gehören. Die berühmten französischen Mühlsteine kommen aus der Gegend von La Ferté sous Jouarre (Departement Oise), und vielen unsrer Soldaten wird es noch in Erinnerung sein, daß sie daselbst zahlreiche Werkstätten angetroffen haben, in denen ein eigentümlich gefleckter, poröser, aber darum nicht minder harter und scharfkantiger Stein verarbeitet wurde. Das ist das Material für die Mühlsteine, welches früher mehr als jetzt auch nach Deutschland seinen Weg fand, ein Quarzgestein, dem Süßwasserquarz, Quartzmeulière, zugehörig. Auffällig sind in demselben die röhrenartigen Höhlungen, welche bisweilen mit Chalcedon ausgekleidet sind. Die besten Stücke dieses nicht nur in der Gegend von La Ferté sous Jouarre, sondern noch an vielen Stellen des Pariser Beckens brechenden Gesteins werden sorgfältig ausgesucht und in der Weise bearbeitet und miteinander verkittet, daß immer ein achtseitiges Mittelstück den Kern bildet, welcher die Achse trägt, und an dessen acht Seiten acht entsprechende Bogenstücke angesetzt werden, die schließlich ein eiserner Reifen zusammenfaßt. In der genannten Stadt nun ist der Hauptsitz dieser Mühlsteinfabrikation.

Fig. 25. Aus dem Quadersandsteingebirge.

Des Menschen Seele gleicht dem Wasser,
Vom Himmel kommt es, zum Himmel steigt es,
Und wieder nieder zur Erde muß es,
Ewig wechselnd.

Goethe.

Der Erdbohrer und die artesischen Brunnen.

Einleitung. Formation der geschichteten Gesteine. Sättel und Mulden. Quellenbildung infolge des hydrostatischen Druckes. Theorie der artesischen Brunnen. Ihre Herstellung. Der Erdbohrer, seine Einrichtung und Anwendung. Meißel-, Kronen- und Ringbohrer. Der Kindsche Freifallbohrer. Verrohren des Bohrlochs. Verunglückung der Bohrarbeiten. Seilbohren. Interessante Bohrarbeiten. Passy. Die Nauheimer Sprudel. Der artesische Brunnen zu Passy, ein Werk des Ingenieurs Kind.

Wer von uns würde, wenn wir es nicht aus den Erfahrungen der Naturforscher und durch die Ergebnisse ihrer seit Jahrhunderten mit rastloser Anstrengung fortgesetzten Arbeiten wüßten — wer von uns würde dafür halten, daß die Alpen, daß die Kordilleren Südamerikas, welche den Chimborazo tragen, einst unter Wasser gestanden? Und doch breiteten sich über jene Erdteile, die jetzt ewiger Schnee bedeckt, einst die Wogen, denn man findet in den Gesteinen bis über 3000 m hoch noch die Überreste und Abdrücke von Muscheln und andern Meeresbewohnern. Die wunderlichen Ammonshörner, an vielen Punkten der Alpen in großer Zahl sich findend, erzählen, daß Berge, wie der St. Gotthard, in früherer Zeit eben und glatt und der Grund der See waren. Ja, es gibt nur wenige Punkte der heutigen Festländer, die ihre Rücken stets über den Spiegel des Wassers erhoben haben. Der Böhmerwald, das Erzgebirge, das Riesengebirge sind solche, die uns am nächsten liegen.

Den bei weitem größten Teil der Erde überziehen geschichtete Steine, und oft, wo heute der Meiler des Kohlenbrenners raucht, oder wo sich uns eine entzückende Fernsicht eröffnet und fruchtbare Felder unsern Blick erfreuen, ist das Becken eines früheren großen Meeres, in welchem abenteuerlich gestaltete Ungeheuer sich ihre Beute erjagten. Der Aufbau der Formationen ist, wie wir schon im vorigen Kapitel gesehen haben, im allgemeinen einfach und bisweilen noch ungestört die Lage der Schichten, wie zur Zeit ihrer Entstehung. Oft aber ist diese ursprünglich gleichmäßige Lagerung durch gewaltsame Einwirkungen gestört; nicht nur daß die Schichten geneigt und mehr oder weniger aufgerichtet sind, so sind sie oft gefaltet und bilden dann eine Reihe von Sätteln und Mulden (s. Fig. 27), oder in prismatische Stücke zerbrochen (Grabengebirge, s. Fig. 28) und sonst noch in mannigfach verschiedener Weise defiguriert. Diese Störungen in dem Parallelismus der Schichten und namentlich die Muldenbildung derselben ist eine der wichtigsten Vorbedingungen für das Bestehen des organischen Lebens in seiner jetzigen Ausbreitung über die trockene Erdoberfläche, denn es ist davon ganz besonders mit abhängig die unterirdische Wasserbewegung, die natürliche Berieselung, die Quellenbildung.

Fig. 27. Gefaltete Gebirgsschichten. Mulden und Sättel.

Bei der Betrachtung der Gesteinsformationen haben wir in den darin auftretenden Felsarten: Kalkstein, Sandstein, Thon und Schiefer, Sand, Granit u. s. w., Gesteine von sehr verschiedenen Eigenschaften kennen gelernt. Manche dieser Gesteine sind fest zusammenhängend, ohne Zwischenräume, und für das Wasser undurchdringlich, wie Thon, manche Schiefer; andre wieder sind in ihrer Masse zerklüftet und von Hohlräumen aderartig durchzogen, wie manche Kalksteine; noch andre, Sandsteine oder gar Sandlager, Grus, Gerölle, die nur aus einer Anhäufung einzelner größerer oder kleinerer Bruchstücke bestehen, bilden für den Durchgang des Wassers sehr geringe, oft so gut wie gar keine Hindernisse. In der Natur nun wechseln fast überall, wo aus dem Wasser ausgeschiedene, sogenannte Sedimentgesteine abgelagert sind, dergleichen **wasserlässige** oder **wasserführende** mit **wasserdichten** Schichten ab, und die von Tage eindringenden Wässer, Regen, Tau u. s. w., durchziehen nicht die ganze Masse der festen Unterlage, sondern sie sammeln sich in der einen und der andern Schicht an, in welcher sie durch die, jene nach oben und nach untenhin begrenzenden wasserdichten Schichten zusammengehalten werden. Und wenn nun die Schichten geneigt liegen oder gebogen, so bilden die wasserdichten Schichten, Thon und Thonschiefer gewissermaßen Röhrenleitungen und unterirdische Wasserbassins, durch deren Vermittelung die Quellen entstehen.

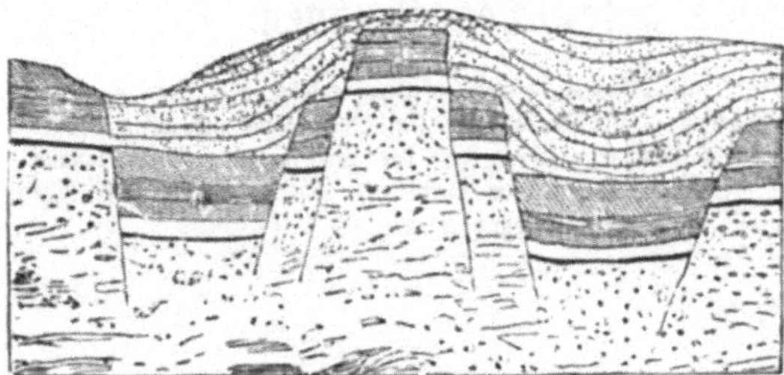

Fig. 28. Grabengebirge.

Wenn in Fig. 29 die untere, in der Zeichnung nicht schraffierte Schicht eine wasserdichte, z. B. Thon ist, der sich nach einer Seite neigt, und darüber eine dicke Lage, ein Berg, aus wasserdurchlassendem Kalk- oder Sandstein liegt, so wird das in letzteren wie in einen Schwamm eingedrungene Tau- und Regenwasser, nachdem es durch die Poren des Gesteins hinabgesickert ist, von dem dichten Thone zurückgehalten werden, und es kann dem Zuge der Schwere nur folgen, wenn es auf der Oberfläche der Thonschicht hinunterfließt, dann aber muß es da, wo dieselbe das Freie erreicht, an der tiefsten Stelle bei a wieder zu Tage treten: es quillt hervor, bildet eine **Quelle**. Nach diesem Prinzip entstehen alle Quellen, mag nun der Lauf, den das Wasser nimmt, so einfach sein wie in dem betrachteten Beispiele, oder dasselbe gezwungen worden sein, einem noch so vielfach gewundenen Schichtenverlauf zu folgen, immerhin ist es zuerst an einem höher gelegenen Punkte auf die wasserdichte Schicht aufgetroffen und auf dieser bis zum Punkte seines Austritts hinabgeflossen.

Die Quelle fließt um so reichlicher, je größer die auffsaugende Oberfläche der wasserführenden Schicht ist; sie fließt um so andauernder und regelmäßiger, je mächtiger die Schicht ist, je mehr dieselbe von den eindringenden Tagewässern aufnehmen kann. Denn es ist natürlich, daß, wenn das poröse Gestein mit Wasser erfüllt ist, jedes weiter zufließende Quantum gleich an der Oberfläche herabrinnen und für die Quelle verloren sein wird. Im Kalk- und Sandsteingebirge kommen Quellen vor, die bei ihrem Austritte alsbald Mühlwerke zu treiben im stande sind.

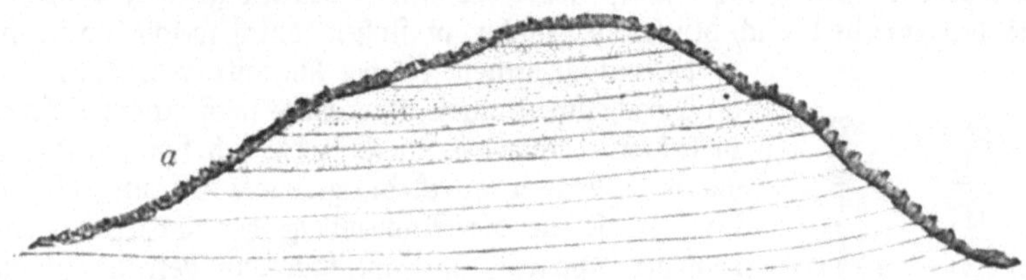

Fig. 29. Quellenbildung an der Grenze wasserdichter Schichten.

Sind nun aber die Schichten in eine Falte gelegt, wie es Fig. 30 zeigt, so daß die Wasser aufnehmende Schicht a zwischen zwei wasserdichten b und c eingeschlossen ist, so wird das auf dem höchsten Punkte rechts bei A aufgenommene Wasser an der niedrigeren Stelle links bei B' hervorfließen, in der Tiefe des zwischen beiden Punkten befindlichen Thales aber kein Quell hervorbrechen können, solange die obere Schicht b auch wirklich wasserdicht ist, d. h. einen vollständigen Abschluß herstellt. Die Anlage eines Brunnens selbst kann nur mittels eines durch die wasserdichte obere Schicht bis auf die Wasser führende Schicht a hinabreichenden Senkschachtes bewerkstelligt werden. Durchbohrt man nämlich die obere wasserdichte Schicht mittels einer Röhre PQ bis in die wasserführende a hinein, so wird das Wasser durch den Druck, den es von den Wassermassen in den beiden Schenkeln AQ und B'Q erleidet, in der Röhre PQ emporsteigen. Und zwar hat es das Bestreben, sich in derselben so hoch zu stellen, daß es mit dem Wasserspiegel B' in gleiches Niveau kommt. Wenn die wasserführende Schicht höher hinauf angefüllt ist, als der Ausgang der Röhre bei P liegt, und also bei P noch auf das ausfließende Wasser ein Druck ausgeübt wird, der von der Niveaudifferenz PB' abhängt, so kann der Ausfluß so heftig geschehen, daß das Wasser als ein springbrunnenartiger Strahl sich über den Boden erhebt. In unserm durch die Abbildung ausgedrückten speziellen Falle kann dieser sogar noch etwas über die Höhenlinie B'B hinausgehen, weil ein ziemlich bedeutender Druck noch außerdem von dem Stück AB des rechten Muldenschenkels austritt.

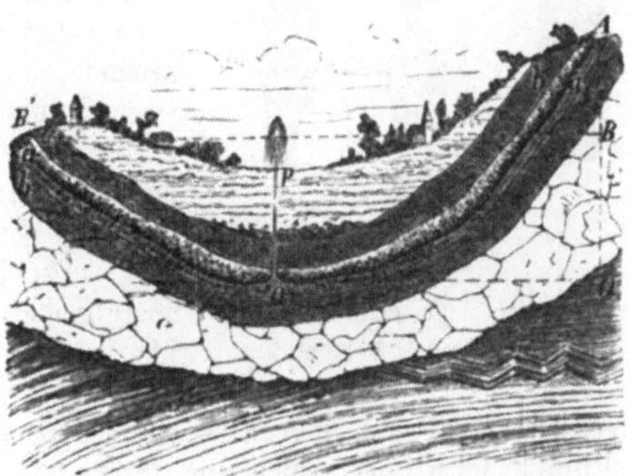

Fig. 30. Theorie des artesischen Brunnens.

Die Röhren, welche man bis auf die wasserführende Schicht hinabzuführen hat, stellt man mittels des **Erdbohrers** her, und man kennt das Verfahren, wie der Bohrbrunnen auf der Oase des Jupiter Ammon, der jetzigen Siwah, bezeugt, schon seit sehr langer Zeit. Auch die Chinesen haben schon seit dem grauesten Altertume durch Bohrungen die Wasseradern der Erde geöffnet.

In Europa sind die **Bohrbrunnen** ebenfalls schon frühzeitig durch Bergleute und namentlich auch auf Salinen zur Förderung von Salzsole in Anwendung gewesen. Eines der ältesten bekannten Bohrlöcher nach Süßwasser ist das um das Jahr 1200 in Calais angelegte. In Frankreich nannte man sie von der Provinz Artois, wo sie, wie es scheint, frühzeitig schon häufig im Gebrauche waren, artesische Brunnen, eine Bezeichnung, welche sich auch in Deutschland hier und da Geltung verschafft hat, obgleich die Sache selbst bei uns bereits früher und vor dem Dreißigjährigen Kriege bestanden hat, wie z. B. der in einem Bohrloche gefaßte Salzbrunnen bei Soden=Salmünster im Hanauischen bezeugt, der, während jenes Religionskrieges verschüttet, erst 1833 wieder aufgedeckt worden ist.

Der **Erdbohrer** dient nicht nur zur Erbohrung von künstlichen Quellen, sondern auch seit langer Zeit zur Untersuchung der Schichten, und namentlich ist er schon viele Jahrhunderte lang bei der Aufsuchung von Erz= und Kohlenlagern, Steinsalzvorkommen u. s. w. angewendet worden. In gleicher Weise ward er öfters von Bergleuten benutzt, um Öffnungen aus den Gruben nach der Erdoberfläche zu stoßen, durch welche dann frische Luft in die unterirdischen Gänge hineinströmen konnte, oder um bei Schachtabteufungen unterwärts nach einem tieferen Stollen zu bohren, damit das im Schachte sich sammelnde, die Arbeit hindernde Wasser durch die gemachte Öffnung abziehen könne, kurz, er ist für die Ausbeutung der Erdrinde ein überaus wichtiger Apparat, mit welchem uns betraut zu machen von hohem Interesse sein muß.

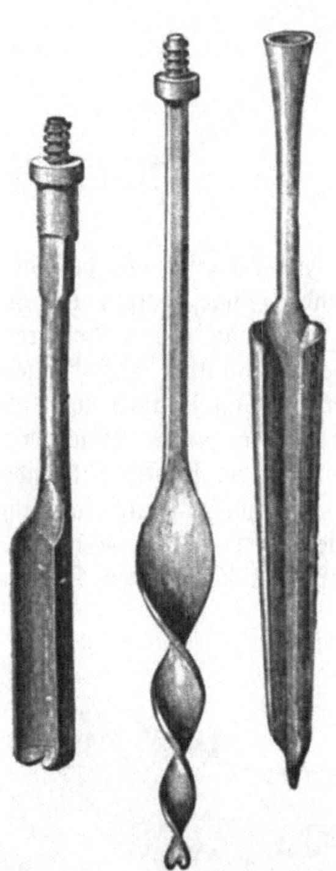

Fig. 31. Fig. 32. Fig. 33.
Erdbohrer für weiche Bodenmassen.

Der älteste und einfachste Bohrer, dessen man sich wohl zur Untersuchung von Baugrund und noch manchmal Töpfer zur Aufsuchung von Thon bedienen, bestand in einer aus Eisenblech gebogenen Tute, welche wie eine Schippe (s. Fig. 33) an einem sehr langen hölzernen Stiel befestigt war. Dieses einfache Instrument gebrauchen die sibirischen Goldsucher heute noch zur Aufsuchung von Goldsand. Es ist für tiefere Bohrungen nicht anwendbar. Zu solchen wählte man schon frühzeitig stärkere Vorrichtungen. Der eigentliche Bohrer sitzt bei diesen nicht an einen hölzernen Stiel, sondern an eisernen Stangen, dem Bohrgestänge, welche sich in 3—6 m langen Stücken aneinander schrauben lassen. Jede Bohrstange hat an dem einen, dem unteren Ende ein starkes Schraubengewinde, an dem andern eine Schraubenmutter, welche in jenes Gewinde paßt, so daß mittels derselben die einzelnen Stangen miteinander verbunden werden können. Über der unteren Schraube ist die Stange vierkantig zugefeilt, damit sie von dem Schraubenschlüssel gefaßt und festgehalten werden kann. In ihrem mittleren Teile ist sie rund, gegen das obere Ende aber verdickt sie sich wieder zu einem nach unten scharfeckigen wulstigen Ansatze (Gestämme), mittels dessen sie durch eine untergeschobene zweizinkige eiserne Gabel, die Fangschere, am oberen Ende des Bohrlochs festgestellt werden kann. Über diesem Ansatze wird sie wiederum vierkantig zur Anfassung und Handhabung mittels des Schraubenschlüssels und zuletzt endigt sie in eine Schraube, welche genau in die Schraubenmutter der nächsten Stange paßt. Aus solchen Stücken läßt sich nun ein beliebig langes Bohrgestänge zusammenfügen, welches immer mehr verlängert wird, je tiefer die Bohrung hinabreicht.

An das obere Ende des Gestänges wird ein kurzes Eisenstück geschraubt, welches in seiner Mitte von einem etwa 3 cm weiten runden Loche quer durchbohrt ist, um in dasselbe eine lange hölzerne Handhabe, den Krückel, zu stecken. Am Krückel regiert der Bohrmeister das Gestänge, an ihm arbeiten die Bohrleute, wenn das Werkzeug zum Einbohren in Thon und Sand dienen muß.

Bei Bohrungen in festem Gestein aber muß man zu einem Verfahren greifen, bei welchem der Bohrer abwechselnd gehoben und fallen gelassen wird und durch sein Gewicht die Unterlage zertrümmert. Über dem Krückel ist dann noch eine weitere Einrichtung angebracht. Das ganze Gestänge hängt nämlich an einem Hebelarme, dem Schwengel, welcher auf und nieder gehen kann und durch seinen Hub den Bohrer in die Höhe zieht. Der Hub wird nie sehr hoch genommen, weil sonst das Instrument leicht zerbricht. Es ist übrigens auch hierbei ein Krückel nötig, mittels dessen das Gestänge gedreht wird, damit der Bohrmeißel nicht immer auf dieselbe Stelle schlägt. Da aber dessen Handhabung nicht so viel Kraft erfordert als beim Einbohren in weiches Gestein, so genügt in der Regel ein Mann, um ihn zu dirigieren. Beim Ausziehen oder Einlassen wird der Schwengel abgelegt und das Gestänge durch einen an einem starken Seile befestigten Haken gehoben oder eingesenkt.

Diese Anordnung, bei welcher das ganze Gestänge mit dem Bohrer herabfällt, ist jedoch nur für geringe Tiefen noch in Anwendung, weil bei größerer Länge der Stangen die Gefahr des Bruches sehr nahe tritt. Man bedient sich daher in diesen Fällen jetzt fast ausschließlich der Freifallbohrer, bei denen der Bohrer nach jedem Hube ausgelöst wird und allein durch sein Eigengewicht wirkt. Wir kommen später auf diese Einrichtung zu sprechen.

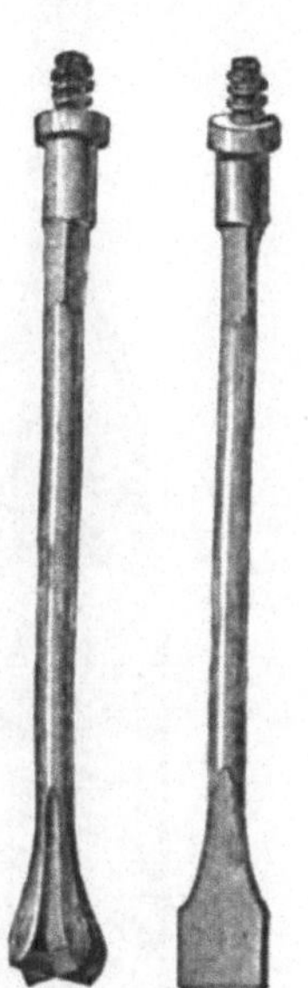

Fig. 34. Bohrmeißel und Kronenbohrer.

Das eigentliche Bohrinstrument hat je nach dem Zwecke und Gesteine verschiedene und sehr abweichende Formen. Zum Bohren durch Lehm, Thon und Sand dient, wie schon erwähnt wurde, eine aus starkem Eisenblech gebogene Tute von verschiedener sowohl konischer als cylindrischer Gestalt, welche an ihrem unteren Ende in eine kurze, gebogene Schnecke nach Art der Bohrer für Holzröhren ausläuft (s. Fig. 31 und 32). Diese an das Gestänge festgeschraubte Bohrtute faßt, wenn sie unter starkem Drucke umgedreht wird, die weicheren Schichten auf und muß von Zeit zu Zeit durch Ausziehen des Gestänges und Entfernen der Bohrmasse gereinigt werden. Sobald aber festere Felsarten, in welche die Schnecke an der Bohrtute nicht mehr eingreift, durchgearbeitet werden sollen, so wird an die Stelle der letzteren ein Bohrmeißel gesetzt. Der aus Stahl geschmiedete Meißel hat unten eine Schneide von der Breite, welche dem Durchmesser des Bohrlochs entspricht, oben eine starke Schraube, um damit an das Bohrgestänge befestigt zu werden. Man gebraucht ihn, indem man das Bohrgestänge abwechselnd aufhebt und fallen läßt, beim nächsten Aufheben aber immer ein weniges dreht, so daß des Meißels Schneide allmählich alle Punkte des Bohrlochbodens (der Bohrlochsohle, oder, wie der Bergmann sagt, vor Ort [altdeutsch = Spitze, Ende] des Bohrlochs) berührt. Dadurch wird, wie beim Bohren mit dem Steinmeißel behufs der Sprengung mit Pulver, allmählich ein rundes Loch in den Fels eingearbeitet. Wenn der zu durchbrechende Fels ungleich harte Stellen hat, so klemmt sich der Meißel, indem er in die weicheren tiefer als in die härteren eindringt, leicht fest; man bedient sich in solchen Fällen anstatt seiner eines Bohrers, welcher aus zwei sich unter rechtem Winkel kreuzenden Schneiden besteht, des Kronenbohrers. Beide Formen sind in den Figuren bei 32 dargestellt. Während des Bohrens mit dem Meißel- oder Kronenbohrer wird das Loch bis auf eine gewisse Höhe immer voll Wasser gehalten, mit welchem sich das losgestoßene Gestein mischen kann und wodurch es vor Ort entfernt wird. Mit der Zeit aber sammelt sich daselbst dennoch ein zäher Schlamm an, der das Eindringen des Meißels hemmt. Zu dessen Entfernung dient der Bohrlöffel. Nachdem der Bohrer ausgezogen ist, wird der Löffel, ein runder Blechcylinder, mit einem Boden, der wie ein bewegliches Saugpumpen-Klappenventil eingerichtet ist, an einem langen Seile von Aloebast oder dünnem Eisendraht eingelassen und unten mehrmals rasch auf und ab bewegt. Er saugt durch das Ventil, wie ein Pumpenventil das Wasser, den Schlamm in sich ein, und weil sich die Klappe unter dem Drucke des Eingesogenen schließt und zur Hälfte auf eine kleine Leiste legt, so kann, wenn der Löffel, um entleert zu werden, aufgezogen wird, der Schlamm nach unten nicht entweichen. Von diesem Bohrmehl oder Bohrschlamm nimmt der Bohrmeister Proben und hebt sie sorgfältig auf, da er aus ihrer Beschaffenheit allein Auskunft über die Natur der durchsunkenen Schichten erlangen kann.

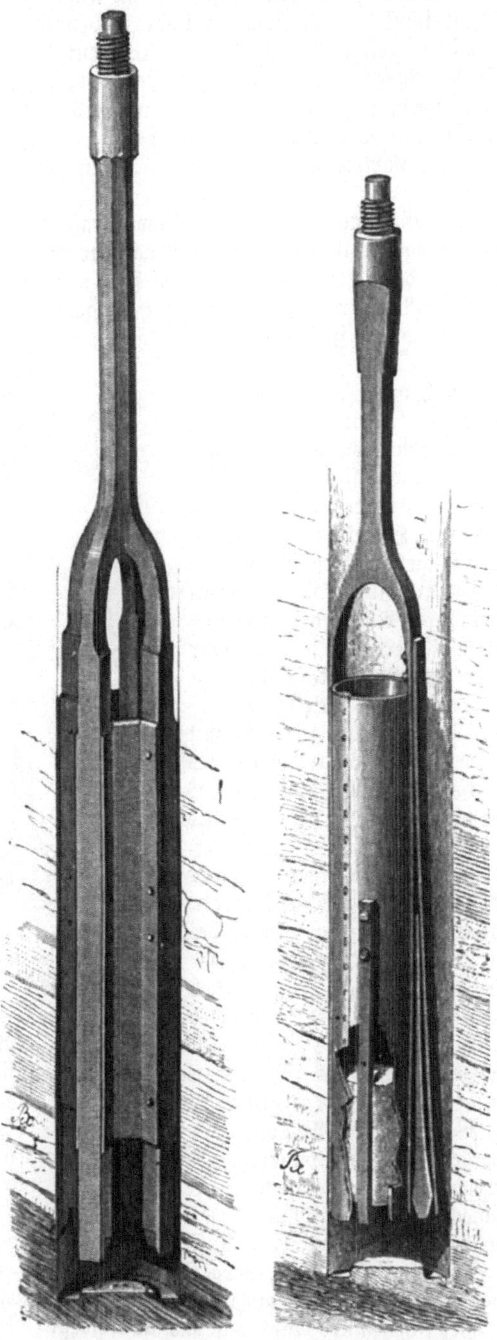

Fig. 35. Ringbohrer.

Fig. 36. Abbrechen des Steinkerns mit der Keilzange.

Es ist aber leicht einzusehen, daß ein solches Bohrmehl nur sehr unvollkommene Aufschlüsse zu geben im stande sein wird. Man wird aus demselben zwar ungefähr ersehen können, ob das Gestein thoniger oder kristallinischer Natur ist, ob Erzteile darin enthalten sind oder Salz oder Kohle und andre dergleichen allgemeine, wenn auch immerhin sehr wichtige Thatsachen. Doch gibt es noch eine beträchtliche Reihe andrer wichtiger Fragen, z. B. welcher Periode die Schicht angehört, ob letztere oberhalb eines gesuchten Steinkohlenflötzes liegt oder ob sie nur unter demselben vorkommen kann, woraus sich häufig erst schließen läßt, ob man noch weiter hinabzugehen hat, um den gewünschten Effekt zu erreichen oder nicht; fernerhin welcher Art das Fallen der Schichten ist (von großer Wichtigkeit für die Anlage der weiteren Arbeiten, andrer Bohrlöcher, Schächte u. s. w.), diese und viele andre Fragen, die nur zu beantworten sein würden, wenn man ein genügend großes Gesteinsstück aus der Tiefe des Bohrlochs herausbringen könnte, diese kann das Bohrmehl nicht beantworten. In vielen Fällen wird es uns selbst über die Natur des Gesteins in Zweifel lassen, da der Bohrer vorzüglich bei sehr harten Gesteinen oft nicht einmal Splitter absprengt, groß genug, um uns darüber zu belehren. Um hinlänglich große Gesteinsstücke heraus zu arbeiten, hat Ingenieur Kind dem Bohrer eine Ringform gegeben, indem man an ein ringförmiges, hochcylindrisches Eisenstück unten sechs bis acht schmale Meißel radial eingeschraubt hat (vgl. Fig. 35). Wenn mit diesem Ringbohrer gemeißelt wird, was übrigens genau so stattfindet wie mit jedem andern Bohrer, so bleibt in der Bohrlochsmitte eine runde Säule stehen, welche, nachdem sie die genügende Höhe erreicht hat, mit der sogenannten Keilzange abgebrochen und herausgenommen werden kann. Wie dies geschieht, leuchtet aus der Betrachtung der Fig. 36 ein, welche uns zeigt, daß bei dem dargestellten Verfahren durch einen Keil, der beim

Aufstoßen des Bohrgestänges sich zwischen die äußere Bohrwand und die starke Eisenhülse, die sich über den ausgearbeiteten Steinkern wegschiebt, klemmt, dieser letztere gewaltsam zur Seite gedrängt und dadurch abgebrochen wird. Jener Keil hält den Cylinder auch fest und bringt ihn als einen Zeugen aus der Unterwelt mit nach oben, wo er wie ein abgefangener Soldat des Feindes nach allen Richtungen ins Verhör genommen wird. Wir bilden ein solches Stück in Fig. 37 ab, welches bei Seiring, Departement Mosel, von Kind heraufgeholt wurde. Geschieht das Abbrechen mit gehöriger Vorsicht, so gibt die Säule dem Geognosten genauen Aufschluß über die Architektur der Schichten in der Tiefe, woraus sich dann die Mittel ergeben, die ferneren Arbeiten in rationeller Weise vorzunehmen. Die von Kind erfundene Vorrichtung gestattet also, ohne Schacht, und ohne daß sich der Beobachter an Ort und Stelle begibt, tief in das Dunkel der Erde hinabzusehen.

Fig. 37. Steinkern aus dem Thonschiefer mit Pflanzenabdrücken.

Neuerdings hat man die Stahlschneide des Meißels durch Diamanten ersetzt. Der Bohrer wirkt nicht mehr durch sein fallendes Gewicht, sondern durch eine Drehung, an welcher das ganze Gestänge teilnimmt, und während welcher ein Kranz von vorstehenden Diamantstücken das Gestein bearbeitet. Man benutzt dazu allerdings nicht die als Edelstein im höchsten Werte stehende wasserhelle Varietät des Diamants, sondern den aus Brasilien zu uns kommenden „schwarzen Diamant", der kein so schönes Farbenspiel wie jener zeigt, vielmehr fast oder ganz undurchsichtig ist und durch seine Farbe schon mehr an den Graphit erinnert. Er kristallisiert nicht und kommt in unregelmäßigen Stücken vor, die zwar durchgängig von gleicher chemischer Beschaffenheit sind, an der Oberfläche jedoch eine größere Härte zeigen als im Innern. Für die Benutzung zur Gesteinsbohrung ist daher eine zweckmäßige Auswahl der Stücke von Wichtigkeit, denn wenn von ihm auch nicht ein Karat mit 250 oder 300 Mark bezahlt wird, wie bei einem alten indischen Brillant, so ist doch dieser schwarze Diamant immerhin noch ein sehr kostspieliges Material, dessen mehr oder weniger sparsame Verwendung auf die Bohrkosten einen sehr merkbaren Einfluß ausüben kann. Die Befestigung der Diamantbrocken in dem Bohrkranze ist ebenfalls eine Sache, der die größte Sorgfalt zugewendet werden muß. Da das ganze Gestänge an der rotierenden Bewegung des Bohrkranzes teilnimmt, so ist es nicht thunlich, es mit seinem ganzen Gewicht auf diesen letzteren drücken zu lassen; die Schonung des Materials schon verlangt eher eine raschere Drehung unter geringem Druck als eine langsamere bei starkem Druck. Man muß das Gestänge also durch ein Gegengewicht entlasten, welches oberirdisch über eine Rolle hinweg mit jenem verbunden ist, und das man in demselben Maße wachsen läßt, wie bei zunehmender Tiefe sich das Gewicht der arbeitenden Teile vermehrt. Hat man nun einen Bohrkern, der hier ebenso herausgearbeitet wird wie bei dem Ringbohrer mit Stahlmeißelkranz, so muß er abgebrochen und herausgenommen werden. Man hat solche Bohrkerne bis zu 3 m Länge erhalten, und es ist überhaupt, außer von der Natur des Gesteins, ob dasselbe zusammenhängend ist oder nicht, die Länge des Kernes, den man isolieren kann, nur abhängig von der Länge, die man der hohlen Tute geben darf, die ja schließlich in eine Mittelstange übergehen muß.

Die Diamantfelsbohrung wird von einer englischen Gesellschaft ausgeübt, welche auf dem Kontinente schon eine große Zahl gelungener Aufschlüsse bewirkt hat. Der Hauptvorteil dieser Manier scheint in der Raschheit zu bestehen, mit der große Tiefen erreicht werden. So ist zu Rheinfelden vom 14. August bis 15. Oktober ein Bohrloch durch Gesteine der permischen Formation bis in die Urgebirgsformation 1422 engl. Fuß tief hinabgetrieben worden. Andre bedeutende Bohrungen hat sie in Schlesien (Liebau), wo unter sehr ungünstigen Umständen in zwei Monaten 1232 Fuß absolute Tiefe erreicht wurden, in Böhmen und anderwärts ausgeführt. Für Schachtbohrungen wird das Verfahren dahin angewandt, daß man auf der Umgrenzungslinie des Schachtes eine Anzahl enger Bohrlöcher ziemlich nahe aneinander niedertreibt, welche, unter sich in Verbindung gesetzt, einen mächtigen Gesteinskern isolieren, der, je höher er wird, um so leichter sich abbrechen läßt, und der dann nur auf geeignete Weise emporgezogen zu werden braucht.

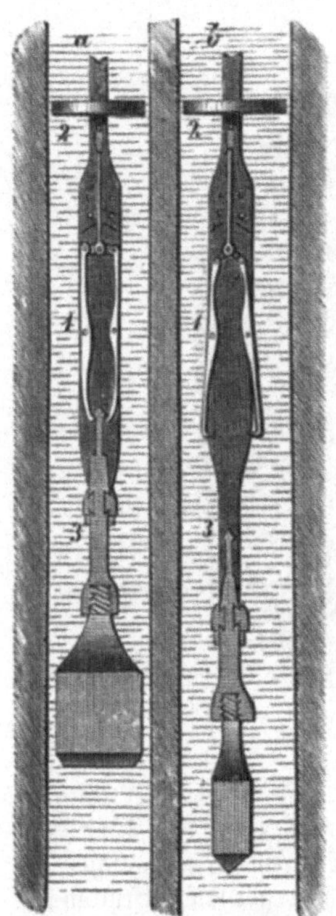

Fig. 38. Kinds Freifallbohrer; a von vorn, b von der Seite.

Mit den gewöhnlichen Werkzeugen können Bohrlöcher zwar von verhältnismäßig geringer Weite, aber doch bis auf große Tiefen hinabgestoßen werden. Man hat Bohrbrunnen auf diese Weise hergestellt, welche 600 m tief waren und noch mehr. Aber bei den engen Röhren macht die Auskleidung große Schwierigkeiten, und weite Schächte mit den gewöhnlichen Meißelbohrern, die fest an dem Gestänge angebracht sind, auszuarbeiten, ist aus vielerlei Gründen so gut wie unausführbar.

Es liegt in der Natur der Sache, daß die Schwierigkeiten des Bohrens mit der zunehmenden Tiefe, welche man erreicht, wachsen. Abgesehen von den eben angeführten Übelständen, welche im Bohrloche selbst gefährlich werden, ist es aber namentlich das wachsende Gewicht des Bohrgestänges, welches sich nicht nur mit der Gesamtlänge der anzuschraubenden Gestänge vermehrt, sondern auch dadurch besonders vergrößert wird, daß, weil diese ganze Last gehoben werden muß und beim Niederfallen aufeinander staucht, für sehr weit in die Tiefe gehende Bohrungen stärkere Gestänge angewendet werden müssen als für weniger tiefe. Um dies zu vermeiden, erfand der schon früher von uns erwähnte Ingenieur Kind, ein Deutscher von Geburt, das nach ihm benannte Freifallinstrument oder die Rutschschere, welches nur ein schwaches Gestänge verlangt, dessen unterer Teil eine solche Einrichtung hat, daß der Bohrer sich ablöst und allein niederfällt, sobald dies Gestänge auf eine gewisse Höhe gehoben ist. Mit dem wieder niedergeführten Gestänge läßt sich dann der Bohrer fassen und aufs neue in die Höhe heben. Fig. 38 gewährt davon eine Vorstellung. Die Einrichtung ist folgende. Um das Gestänge herum liegt unten eine runde Scheibe, welche sich, in der Zeichnung von der Seite gesehen, als eine Platte (2) darstellt, so groß, als die Weite des Bohrlochs es gestattet. Die Scheibe läßt sich auf und ab schieben; an ihr hängt eine dünne, mit zwei horizontalen Hebelchen verbundene Drahtstange, welche ihrerseits zwei lange, unten mit ankerartigen Haken versehene, senkrechte Hebel (1) bewegen. Die Ankerhaken der langen Hebel fassen unten einen Knopf, der das obere Ende einer starken, vierkantigen Eisenstange bildet, welche zwischen Schienen läuft.

Fig. 39. Die Arbeit am Krückel.

An ihrem unteren Ende trägt sie den Bohrmeißel angeschraubt. Die Abbildung a zeigt den Apparat geschlossen, der Bohrer ist gefaßt und gehoben. Die Abbildung b stellt ihn geöffnet dar. Wenn die Scheibe nämlich in die Höhe gehoben wird, so werden dadurch die horizontalen Hebelchen ebenfalls in die Höhe gezogen. Infolgedessen bewegen sich die oberen Arme der senkrechten Hebel nach innen, deren untere Arme samt den daran befestigten Ankerhaken öffnen sich nach außen und machen den Bohrer frei, der infolge seines Gewichts niederfällt. Weil aber das Leitungsstück mit dem Kopfe zwischen den Schienen läuft, die mit dem Gestänge fest zusammenhängen, so braucht man nur den Fangapparat abwärts zu schieben, und der Bohrer wird von den Ankerhaken gefaßt und aufwärts gehoben. Die Scheibe, welche die Bewegung der Hebel hervorruft, schwimmt in dem das Bohrloch erfüllenden Wasser. Sobald der Hub vollendet ist, stößt der Schwengel, womit die Bohrleute das Gestänge bewegen, an eine starke Holzfeder, und die dadurch hervorgerufene Erschütterung verursacht, daß das Gestänge etwas zurückfedert, die Scheibe sich rasch mit zu senken aber vom Wasser verhindert wird. Diese geringe Verschiebung der Scheibe genügt, um die Ankerzange zu öffnen. Dem freifallenden Bohrer kann man, um ihn recht wirksam zu machen, eine bedeutende Schwere geben, welche durch zwischen ihn und das Freifallinstrument geschraubte Eisenstücke von 5—10 Zentner Gewicht nach Belieben geändert werden kann. Dieses Zwischenstück wird der **Bohrklotz** genannt. Beim Bohren wird der Meißel nach jedem Schlage versetzt, und bedient man sich sowohl des gewöhnlichen Meißels als auch des Kronenbohrers.

Seit Anwendung des Freifallinstruments hat das Bohrgestänge nur noch den Zweck, dasselbe zu regieren, es konnte deshalb anstatt aus Eisen aus dem viel leichteren und zähen Eschenholze oder Hickoryholz dargestellt werden. Die Bohrstangen, bis zu 20 m und darüber lang, bestehen denn auch aus solchem Holze und werden mittels Bolzen aneinander befestigt. Um so lange Bohrstangen bequem aus dem Bohrloche nehmen zu können, muß über dasselbe ein hoher Turm, der **Bohrturm**, gebaut werden.

Die Fig. 39 führt uns in einen solchen Bohrturm ein; wir befinden uns zu gleicher Erde, wo der mittels eiserner Kammräder und einer Däumlingswelle durch eine im Hintergrunde sichtbare Dampfmaschine in Bewegung gesetzte Schwengel mit dem daranhängenden Bohrgestänge uns zuerst auffällt. An dem Krückel arbeitet ein Bohrmann, der zugleich das Nachrücken des Gestänges mittels der an dem oberen Halsstück sitzenden starken eisernen Schraube zu besorgen hat. Denn um das immerhin mühsame Herausnehmen des Gestänges nicht zu oft wiederholen zu müssen und Stangen von wenigstens einigen Meter Länge einführen zu können, muß dem Bohrer einiger Spielraum gegeben werden können, innerhalb dessen er seine Arbeit verrichten kann. Einmal läßt sich dies wohl schon durch die Stellung des Schwengels einrichten, den man mehr oder weniger hoch über den Boden heben lassen kann, aber immerhin würde dies allein nicht genügen, und durch die vielen Verschraubstücke, die man bei so kurzen Stangen anbringen müßte, nicht nur das ganze Gestänge sehr schwer, sondern auch in seiner Festigkeit sehr beeinträchtigt werden. Deshalb versieht man das Halsstück mit einer starken, 1—1½ m langen Schraube, welche zu Anfange, wenn eine neue Stange eingesetzt worden ist und der Schwengel seine höchste Lage einnimmt, ganz zurückgeschraubt ist, später aber, wenn das Bohrloch wieder um eine Stangenlänge tiefer geführt worden ist, sich aus der Mutter herausgeschraubt hat. Der Schwengel hat dann zugleich seine tiefste Lage und kann erst wieder höher gestellt werden, wenn das Gestänge durch Einfügen eines neuen Stückes verlängert wird. Von Zeit zu Zeit werden diese kürzeren Einsatzstücke dann gegen jene längeren Bohrstangen ausgewechselt. Die zur Verlängerung des Gestänges dienenden Holzstücke werden in der Regel niemals aufgestellt, sondern, damit sie sich nicht verziehen, an hoch oben im Turme angebrachte Haken senkrecht aufgehängt. Einen übersichtlichen Einblick in die vollständige innere Einrichtung eines Bohrturmes gibt uns Fig. 40. Sie stellt das Bohrgebäude von Passy dar, in welchem eines der großartigsten Bohrunternehmen von dem schon oft genannten Ingenieur Kind glücklich zu Ende geführt wurde, nachdem die französischen Techniker an der Ausführbarkeit des Werkes überhaupt verzweifelt hatten.

Die Szene zeigt uns das Bohrwerk in voller Arbeit. Die Maschinenleute müssen immer auf ihren Posten sein. Der leitende Ingenieur, stets bereit, jedem die betreffende Anweisung zu geben, überwacht vorzüglich die Thätigkeit der beiden Arbeiter, welche am Krückel die Drehung des Meißels bewirken.

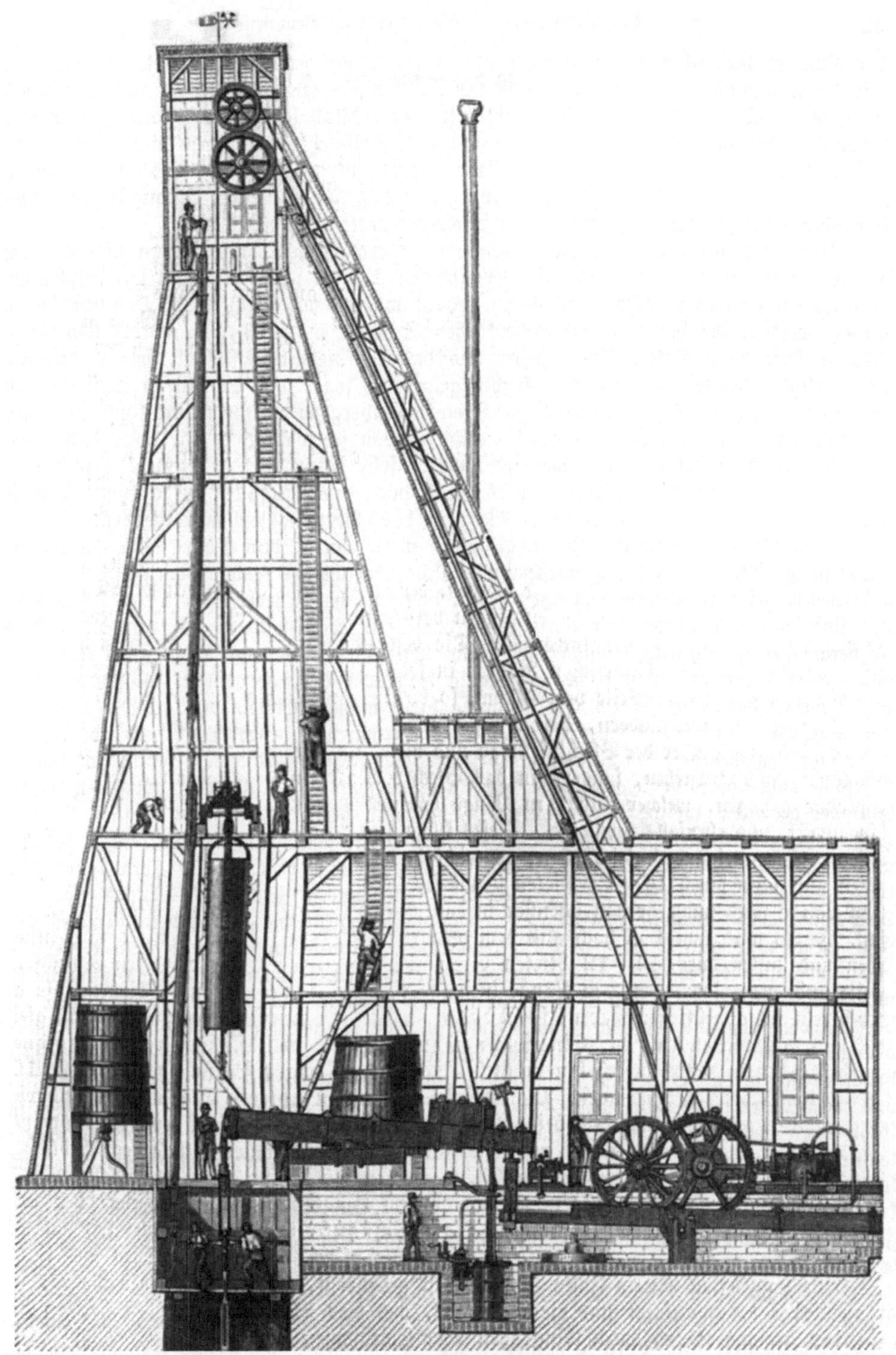

Fig. 40. Bohrturm zu Passy.

Der Turm muß so hoch sein, daß die einzelnen Stücke des Gestänges weit genug über den Boden emporgezogen werden können, um sie einzeln abschrauben zu können, wenn das Bohrloch geräumt werden soll. Links steht ein solches Verlängerungsstück; in der Mitte an dem über die Rollen gehenden Seile hängt der Räumapparat. Rechts sehen wir die Dampfmaschine, welche mittels des Schwengels den Bohrer hebt und ebenso das Räderwerk und die Rollen in Bewegung setzt, die, durch lange Riemenläufe miteinander verbunden, das Gestänge emporziehen, oder den Bohrlöffel, der in Form eines langen Cylinders von oben herabhängt, in die Tiefe lassen, um den Schlamm des losgearbeiteten Gesteins aus dem Bohrloch zu entfernen. Die Art und Weise der Reinigung sowie die Einrichtung des Bohrlöffels betrachten wir weiter unten noch besonders.

Kind hat mit Bohrern, welche den vorher erwähnten Kronenbohrern ähnlich, aber anstatt mit 2 mit 20 und mehr auf einer eisernen Scheibe festgeschraubten Meißelschneiden versehen und dem entsprechend viel stärker gebaut waren, auch durch starke Dampfmaschinen bewegt werden, bei Forbach und Gelsenkirchen Schächte bis zu $3{,}_{75}$ m Weite und bis zu 300 m Tiefe durch festen Fels gebohrt und dadurch die Vortrefflichkeit seiner Apparate unwiderleglich bewiesen. Bei Gelsenkirchen gelang es sogar, den Schacht so wasserdicht zu zementieren, daß er als Förderschacht beim Steinkohlenbergbau in Anwendung kommen konnte, und es hat dieses sinnreiche Verfahren für den Bergbau jedenfalls noch eine hohe Bedeutung.

Ein jedes Bohrloch muß, wenn es nicht in sehr festem oder horizontal geschichtetem Gesteine steht, verrohrt werden, um es gegen das Zusammenfallen zu schützen; d. h. es müssen metallene Rohre von passender Weite in dasselbe hineingeschoben werden.

Sehr häufig verunglücken die Bohrlöcher, weil man oft dem Rohre eine mangelhafte Einrichtung gibt. Die allerschlechtesten sind solche, welche aus trichterförmigen, ineinander gesteckten Rohrstücken zusammengesetzt werden, denn sie haben verschieden weite Durchmesser und sind innen und außen mit Vorsprüngen versehen. Man sollte sie nie anwenden, denn sie veranlassen gewöhnlich Unglücksfälle. Die beste Verrohrung wird aus zwei ineinander gesteckten, vollkommen cylindrischen Röhren in folgender Weise dargestellt. Nehmen wir an, das Bohrloch habe eine Weite von 50 cm, so biegt man Blechtafeln von etwa 5 mm Dicke und 2 m Höhe zu Cylindern, deren äußerer Durchmesser (dessen Dicke) 49 cm beträgt, schärft die Längsränder der Blechtafeln ab und nietet sie fest aneinander, jedoch so, daß die Nietköpfe nicht überstehen, sondern in das Blech versenkt sind. Alsdann wird ein zweiter Cylinder gebogen, welcher nur 1 m Länge hat und genau in den 2 m langen weiteren hineinpaßt, und ebenfalls vernietet. Dieses kurze Rohr schiebt man in das lange, bis ihre unteren Enden einander gleichstehen; es reicht dann bis zu dessen Mitte herauf und wird unten und oben durch 10—12 Nieten damit fest verbunden. Ein zweites enges Rohr von 2 m Länge wird nunmehr von obenher in das weite gesteckt, bis es auf dem kürzeren aufsitzt. Jenes wird nun 1 m hoch aus dem weiteren hervorstehen und muß damit ebenfalls oben und unten durch 10—12 Nieten vereinigt werden. Nunmehr werden abwechselnd weite und enge Rohre von 2 m Länge ineinander befestigt, und wenn die Röhrenköpfe auf der Drehbank abgeschliffen waren, so ist das Bohrrohr innen und außen glatt, überall gleich dick und vollkommen senkrecht. Eine solche Röhre läßt sich, weil sie Spielraum hat, bequem durch Drehen in das Bohrloch hineinschieben und bei gehöriger Vorsicht gelingt es, sie 100 und mehr Meter hinabzubringen. Man rüstet sie an ihrem unteren Ende mit einem scharfen stählernen Schuh aus, damit sie beim Niedergehen kleine Unebenheiten der Bohrlochswände leichter abschneiden kann. Oben wird sie durch Aufsetzung neuer Stücke nach Bedürfnis leicht verlängert, die hier angesetzten Stücke werden mit Hilfe eines cylindrischen Nietkolbens immer vorsichtig festgenietet. Vor dem Hinabfallen schützt sie eine oben umgelegte, aus starken Balken zusammengefügte Schraubenzwinge, welche sich auf das Gerüst der Bohrlochshängebank auflegt. Die Bohrlochshängebank wird aus einem 4—6 m langen, in unserm Falle 50 cm weit gebohrten, starken, hölzernen Rohre, der Bohrdeichel, und einem um diese gelegten, aus vier Balken bestehenden horizontalen Gevier gezimmert und durch Eingraben oder Einrammen in die weiche Erdoberfläche im Bohrschachte versenkt.

War wie bei dem gewählten Beispiel das Bohrloch anfangs 50 cm weit, so beträgt sein Durchmesser, nachdem das Bohrrohr eingesenkt worden ist, nur noch 50 cm weniger zweimal 5 und 10 = 20 mm, also nur 48 cm. Es können nunmehr nur noch Instrumente von 48 cm Weite eingeführt werden und unterhalb des unteren Endes der Bohrröhre wird die Fortsetzung des Bohrlochs also auch nur 48 cm Weite bekommen. Ist man aber willens, das Rohr noch tiefer einzuschieben — und man kann dies, solange es sich noch im Bohrloche drehen läßt und nicht durch von der Seite her angelegtes lockeres Gestein festgeklemmt worden ist — so muß man das Bohrloch unterhalb der Röhre wieder um 2 cm erweitern. Dazu wird der Erweiterungsbohrer oder Ausreiber angewendet. An einer eisernen Stange werden schaufelförmig gebogene, vorn verstählte und mit Zähnen besetzte handlange Eisenstücke dergestalt befestigt, daß sie sich beim Heraufziehen zusammenlegen, beim Hinunterstoßen aber ausbreiten und, sich gegen die engere Bohrlochswand stützend, an dieser reiben und kratzen. Ein trockenes Seil hält die Reiber gespannt, eingeschobene hölzerne Keile geben ihnen eine solche Stellung, daß sie durch das engere Bohrrohr eingeführt werden können. Sobald das Instrument mittels der angeschraubten Bohrstange auf der Bohrlochsohle angekommen ist, wird es durch einen starken Stoß von den Holzkeilen befreit. Die trockenen Stricke saugen Wasser an und verkürzen sich dadurch, sie sperren nun die Reiber flügelartig aus, und indem die Bohrleute das Gestänge in drehender Bewegung auf- und abstoßen, schaben oder feilen sie die Bohrlochswände ab, wodurch der Durchmesser allmählich vergrößert wird.

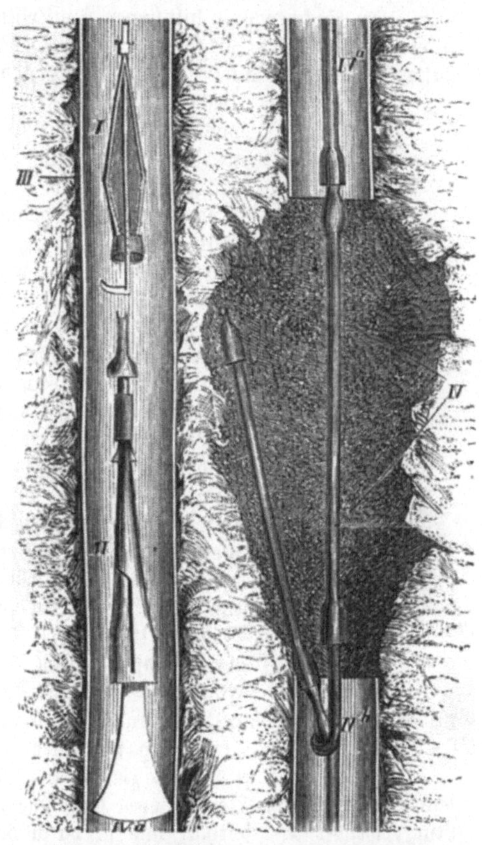

Fig. 41. I. Fangschere. II. Fabianscher Freifallbohrer. IVb. Glückshaken oder Krätzer, an einem besonderen Gestänge. IVa in das Bohrloch geführt, um das abgebrochene Bohrgestänge zu fassen. III. Durch Röhren geschütztes Bohrloch. IV. Bohrloch, welches an der unverrohrten Stelle durch Nachfall erweitert ist.

Zur Ausführung der Bohrarbeit können nur ruhige, besonnene, erfahrene Leute verwendet werden. Jede Unvorsichtigkeit und Übereilung straft sich alsbald, und öfters sind aus kleinen Ursachen schon Schäden entstanden, welche bei mehr Überlegung leicht zu vermeiden gewesen wären, aber, verschlimmert durch zweckwidrige Anordnungen, viele Tausend Mark Ausgaben oder gar das Aufgeben der kostspieligen Anlage veranlaßten. Wenn Schäden am Bohrzeuge, Brüche u. s. w. vorkommen, so legen die zu deren Überwältigung angewendeten Mittel ganz besonders Zeugnis von dem durchdringenden Verstande des Bohrmeisters ab.

Vor allen Dingen muß der Bohrmeister besorgt sein, daß das Bohrloch immer gehörig durch eingeschobene Rohre gesichert bleibt, denn wird dies versäumt, verläßt er sich darauf, daß die Bohrlochwände in bröckeligem Gesteine sich selbst halten, so erfolgt leicht, was wir in Fig. 41 auf der rechten Seite bei IV sehen. Unterhalb der im Loche steckenden Bohrröhre hat sich das Gestein nicht selbst getragen. Es brach herein, wodurch eine Weitung entstanden ist. Das herabgefallene Gestein, der Nachfall, legte sich in tiefere Bohrlochsteile und verschüttete den darin arbeitenden Bohrer. Als die Bohrleute nun mit Hebel und Winde dessen Befreiung zu bewirken suchten, zerbrach die Bohrstange und legte sich, weil der Bruch zufällig an der entstandenen Weitung erfolgte, in diese herein. Der Bohrmeister, dem die Tiefe des Bohrlochs und die Länge des Gestänges immer genau bekannt ist, weil er darüber Buch zu führen hat, versucht nun wohl zuerst mit einem flintenkrätzerähnlichen, hakenartig gebogenen und an einem starken Eisengestänge II^a befestigten Instrumente, dem Glückshaken IV^b, sein Glück, indem er ihn in das Bohrloch einführt und so lange behutsam darin hin und her dreht, bis er den Bruch erfaßt hat. In dem Falle, den unsre Abbildung versinnlicht, ist dies geschehen; bei IV^{b} hat der Haken gefaßt. Sobald er aber aufgezogen werden soll, stemmt sich das abgebrochene Gestängstück in die Nachfallweiterung, der Glückshaken kann also hier nicht viel ausrichten, und der Bohrmeister wird ihn wieder abdrehen und herauszuziehen versuchen. Bei dieser Gelegenheit schwenkt er ihn etwas hin und her und findet dadurch, daß sich das Bohrloch durch Nachfall erweitert habe. Um jedoch ein möglichst genaues Bild von den Zuständen an der Unglückstätte zu erlangen, aus dem er zuerst die zu ergreifenden Maßregeln kennen lernen kann, bereitet er sich einen Holzcylinder zur Darstellung eines Abdruckes vor, indem er ihn an seiner unteren Fläche mit einem Säckchen voll bildsamen Fensterkittes (Öl mit feingemahlener Kreide) ausstattet. Diesen Cylinder läßt er langsam bis zu der Bruchstelle, wo vorher der Glückshaken gefaßt hatte, herab, drückt auf, zieht ihn hervor und erkennt aus den im weichen Kitt eingedrückten Unebenheiten die Form und Art des Bruches. In unserm Falle muß das Abfeilen des in die Weitung umgebogenen Gestängestücks versucht werden; dazu formt sich der Bohrmeister eine stählerne, feilenartige Säge, durch deren Drehung sich das Gestänge zerreiben läßt. Nach unsäglicher Mühe gelingt dies; das schiefe Stück des Bohrgestänges fällt herab, stellt sich im Bohrloche aufrecht und kann nun mittels einer Zange oder Fangschere I, oft auch mit dem Glückshaken gehoben und beseitigt werden. Darauf sucht man mit der Fangglocke (s. Fig. 42 B), deren unterer Teil trompetenartig erweitert und mit Schraubengängen ausgerüstet ist, das noch feststeckende Gestängestück festzufassen und durch Drehen ein Glied desselben nach dem andern abzuschrauben. Ist von dem Gestänge auf diese Weise alles herausgeholt und die Glocke auf dem nachgefallenen Gestein tief unten im Bohrloche angekommen, so bringt man den Löffel (s. Fig. 42 A) ein, saugt den Nachfall ab, lockert ihn mit einem eingeführten Spieße, löffelt abermals und kann im glücklichsten Falle so wieder frei werden, d. h. die Hindernisse, welche sich dem Tieferbohren entgegenstellten, überwinden. Einen andern Unglücksfall zeigt uns Fig. 41, wo in dem verrohrten Bohrloch III das Gestänge an dem Fabianschen Freifallbohrer II zerbrochen und die Fangschere I eingeführt worden ist, um den Bohrer wieder heraufzuholen. Diese Fangschere gibt sich, auf dem Bruche angelangt, federnd auseinander, und es gilt die Kunst, sie so zu dirigieren, daß die Haken, von denen in der Zeichnung nur einer sichtbar ist, sich unter einen Wulst oder Vorsprung, z. B. ein Gestämme des Gestängebruchs, anlegen und das Bruchstück beim Heraufziehen mitnehmen. Oberhalb der Zangenhaken befindet sich ein Ring, welcher jene festhält und sie durch die darüber liegende Schraube noch weiter andrücken kann. Bisweilen helfen aber alle diese Vorkehrungen nichts; nach langen fruchtlosen Versuchen muß der Ingenieur sich gestehen, daß er das abgebrochene Bohrgestänge im Zusammenhange nicht wieder zu Tage fördern kann. Dann freilich bleibt ihm als letztes Mittel nur noch die Zerstörung der widerspenstigen Stücke, um sie wenigstens stückchenweise aus dem Bohrloche zu entfernen. Es kann vorkommen, daß er durch Anwendung eines frischen Meißelbohrers und durch Weiterbohren, als hätte er unter dem neu eingeführten Bohrer Gestein — freilich ein sehr hartes, denn es besteht aus purem Eisen und im Bohrer selbst aus Stahl — seinen Zweck erreicht und die Sohle des Bohrlochs wieder freilegen kann. In vielen Fällen aber wird auch das immerhin gefährliche Experiment, welches leicht zu neuen Bohrerbrüchen Veranlassung werden kann, nichts helfen, und dann bleibt nichts übrig, als eine Auflösung der Eisen- und Stahlteile mit Hilfe von Säuren, mit welchen vorsichtig das Bohrloch so weit angefüllt wird, als die Bruchstücke es erfüllen.

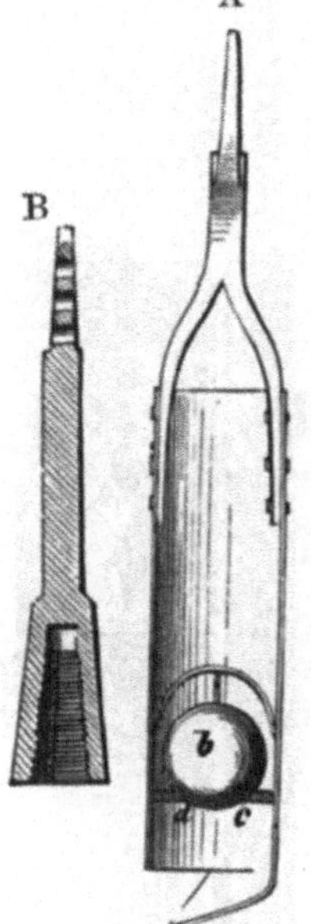

Fig. 42. A Bohrlöffel mit Kugelventil b, c, d. B Fangglocke.

Während des Bohrlochabteufens muß der Bohrmeister jede Veränderung im Gestein genau beobachten, alle Bohrmehle sammeln und darüber Buch führen. Oft aber muß er auch mittels eigentümlicher Instrumente das etwa in der Tiefe zuströmende Wasser ganz unten an den Quellen schöpfen und dessen Mineral- oder Salzgehalt untersuchen, die Thermometerstände (Temperaturen) der Tiefenpunkte des Bohrlochs messen und andre Beobachtungen anstellen, wozu ein zuverlässiger und erfahrener Mann gehört.

In neuerer Zeit ist ein von den Chinesen schon seit dem grauen Altertume geübtes Bohrverfahren auch bei uns in Anwendung gekommen: es ist das Bohren mit dem Seil. In mürben, aber nicht leicht nachfallenden, horizontal geschichteten Felsarten, wie in Mergel, Schieferthon und lockerem Sandstein, kann mit einer schweren Bohrkeule, die an ihrem unteren Ende viele kleine Meißelschneiden hat, gebohrt werden, indem man sie mittels eines starken Taues oder eisernen Seiles aufhebt und dann plötzlich fallen läßt. Die Scheibe, auf welcher die Meißel befestigt sind, muß durchbohrt sein, damit der Bohrschmand nach oben entweichen kann. Über den Löchern können Löffel mit Ventilen angebracht werden, welche den Schmand, so oft der Bohrer fällt, in sich aufnehmen. Das Bohren fördert bei Gebrauch eines solchen Apparates sehr rasch, weil das beim Aus- und Einlassen des Gestänges notwendige zeitraubende Abschrauben erspart wird. Für Gestein von ungleicher Härte oder für solches, welches abwechselnd aus weichen und harten, steil geneigt stehenden Schichten besteht, die gleichzeitig vor Ort des Bohrlochs eintreffen, ist jedoch der Seilbohrer nicht geeignet. Hier ist die Wirkung des Freifallbohrers bis jetzt unübertroffen.

In gutartigem, leicht zerbrechlichem Gestein, welches ohne Bohrröhre steht, können mit dem Freifallinstrument in 24 Stunden 4—5 m abgebohrt werden, bei großer Tiefe aber nimmt die Leistung ab, weil das Ausziehen und Einlassen des Bohrers viel Zeit beansprucht. Beim Seilbohren wird diese erspart und es fördert daher etwas rascher, hat aber den Nachteil, daß das Bohrmehl nicht vollständig genug aufgesammelt und nie ein fester Gesteincylinder herausgebohrt werden kann.

Interessante Bohrarbeiten. Es ist wohl nicht besonders hervorzuheben, daß der Erdbohrer, je mehr seine Einrichtung und Handhabung vervollkommnet und damit seine Anwendbarkeit erweitert wurde, auch um so mehr Eingang fand, teils um über die Natur der zu durchsuchenden Gebirgsschichten Auskunft zu erteilen, teils um direkt den Zugang zu den in der Tiefe gelegenen ausbeutungswürdigen Schätzen zu vermitteln. Eine Reihe sehr interessanter und durch ihre Ergebnisse wichtiger Bohrarbeiten sind solcher Art im Laufe der Zeit ausgeführt worden, von denen wir nur einige wenige zur Illustrierung des bisher Gesagten für unsre Schilderung herausgreifen wollen.

Bleiben wir zunächst bei der Anwendung des Erdbohrers zur Herstellung von Bohrlöchern für artesische Brunnen stehen, so haben wir der eingangs unsrer Darstellung gegebenen Theorie insofern eine Erweiterung zu geben, als wir darin wohl die hydrostatischen Verhältnisse, welche bei der Anlage artesischer Brunnen vorausgesetzt werden müssen, in Betracht gezogen, jedoch die andern ausnahmsweise wohl auch vorkommenden Fälle außer acht gelassen haben, in welchen der die Wassersäule emportreibende Druck von einer andern Ursache als von dem Druck einer mindestens gleichhohen Wassersäule ausgeht. Eine solche andre Ursache kann namentlich in vulkanischen Gegenden zur Mitwirkung gelangen, wo die von Tage in das zerklüftete Gestein tief eindringenden Wasser je tiefer um so höhere Temperaturen annehmen, infolge derselben aber und infolge der Natur der Gesteine den Auslaugeprozeß in sehr energischer Weise unterhalten und außer löslichen Salzen besonders Kohlensäure aus den Felsmassen aufnehmen. Die Spannung, welche dieses Gas, das sich in der Wärme nur mit Widerstreben und unter großem Drucke dem Wasser einverleiben läßt, sofort ausübt, wenn es Gelegenheit hat, sich frei zu machen, kann das Wasser hoch emportreiben, und das Verhalten einer etwas erwärmten und dann geöffneten Flasche mit Sodawasser gibt ein sprechendes Beispiel dafür, in welcher Weise auch bei den Bohrbrunnen der Druck hochgespannter Gase beim Freiwerden derselben wirken kann. Es können sogar Fälle eintreten, wo die plötzlich erfolgende Eruption nicht ungefährlich bleibt.

In Nauheim bohrte man auf Salzsole und trieb nacheinander vier Bohrlöcher nieder. Um den Schichtenbau der mittels des Bergbohrers durchsunkenen Gesteine, durch welchen der Verlauf der Unternehmung eine wesentliche Beeinflussung erlitt, deutlich zur Anschauung zu bringen, geben wir in Fig. 43 einen Vertikaldurchschnitt nach der Linie, in welcher die Bohrlöcher liegen.

Das Bohrloch, welches am weitesten links steht und ohne Buchstabenbezeichnung geblieben ist, reicht oben durch Sand und Geröll (1) etwa 37 m tief, tritt dann in devonischen Thonschiefer (3) und Grauwackenschichten (2). Es lieferte bei 207 m Tiefe keine Salzsole und ward deshalb nicht weiter fortgesetzt. Das ihm folgende **a** ist nur 36 m tief, steht ganz in Sand und Geröll, trifft aber auf eine in einem Winkel von 72° geneigt stehende dünne Sandsteinschicht, in welcher sich warme, gasreiche Salzsole befindet. Diese Salzsole stieg von sich selbst nicht in der Bohrröhre aufwärts, als aber eine Pumpe eingehängt und eine kurze Zeit damit gesaugt worden war, entwickelte sich aus ihr so viel kohlensaures Gas, daß nun eine schäumende, 20° warme Salzquelle zum Vorschein kam und $^1/_3$ m hoch oben übersprang. Diese Quelle, welche der kleine Sprudel genannt wird, liefert das kohlensaure Gas zu warmen Gasbädern für Gichtkranke und für eine Fabrik künstlicher Mineralwässer. Später stieß man das Bohrloch b nieder. Es steht obenher ebenfalls in Sand und Geröll 40 m tief, dann folgt aber fester, schwarzer Marmor (4), der Massenkalk der devonischen Formation. Das Bohrloch erreicht bei 174 m Tiefe die Sandsteinschicht mit der warmen Salzsole; aus ihm springt schäumend ein perlender, schneeweißer Strahl 2 m hoch, der große Sprudel. Diese prächtige Quelle versorgt die Bäder zu Nauheim mit 28° warmem gasreichen Salzwasser. Endlich ward das Bohrloch c ebenfalls durch Sand, Geröll und Marmor abgestoßen; es erreichte bei 194 m Tiefe den soleführenden Sandstein und gab, nachdem ebenfalls einige Minuten darin gepumpt worden war, die 16 m hoch springende Friedrich-Wilhelms-Quelle, deren Wasser 30° warm und am salzreichsten ist, so daß es für den Salinenbetrieb sich gut eignet.

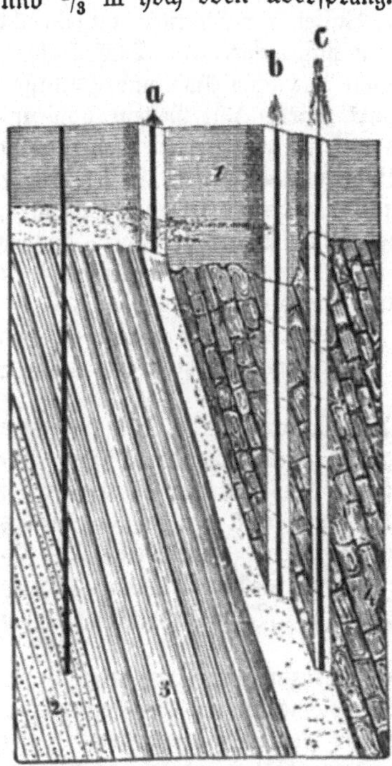

Fig. 43. Bohrlöcher zu Nauheim.

Die drei Bohrquellen entspringen auf einer und derselben, in 72° geneigten Sandsteinschicht in kurzen Entfernungen von 9—63 m voneinander entfernt, und dennoch hat eine jede einen andern Salzgehalt, eine andre Sprunghöhe und andre Wärmegrade. Die am tiefsten heraussteigende

Friedrich-Wilhelms-Quelle hat	5	Prozent Salz,	30°	Wärme und springt	16 m hoch,
der alte Sprudel hat	$3^1/_2$	" "	28°	" " "	$^1/_2$ " "
der kleine Sprudel hat	$2^1/_2$	" "	20°	" " "	$^1/_3$ " "

Diese Thatsache ist insofern von höchstem Interesse, als sie uns beweist, daß die Sprunghöhe eines Bohrbrunnens auch von andern Umständen als bloß dem Drucke eines anderseitigen Wasserschenkels abhängen kann, und zweitens, daß, je tiefer das Wasser aus der Erde heraufkommt, um so höher seine Temperatur ist.

Dieser Wahrnehmung begegnen wir in fast allen Bohrbrunnen sowohl als in den tief unter die Erdoberfläche hinabgehenden Bergwerken, und sie hat ihren Grund in der noch nicht vollständig erfolgten Auskühlung unsrer Erdkugel, welche nach ihrem Mittelpunkte zu höchst wahrscheinlich noch einen feurig geschmolzenen Kern umschließt.

Je mehr sich also die wasserführenden Schichten dem heißen Herde der Erde nähern, um so mehr werden sie sich dann erhitzen; je tiefer daher die Bohrbrunnen abgeteuft werden, eine um so höhere Temperatur hat man naturgemäß von dem aufspringenden Wasserstrahle zu erwarten.

Die nach dem Innern der Erde hin zunehmende Temperatur ist, wie es scheint, auch die Ursache der ungleichen Sprunghöhe, welche die drei Sprudel haben. Das Wasser enthält nämlich Kohlensäure aufgelöst, wie der Schaumwein oder das Selterwasser die fixe Luft aufgelöst enthalten. Nun ist es aber eine Thatsache, daß heißes Wasser und ebenso salzhaltiges die Kohlensäure wenig oder gar nicht oder nur unter sehr starkem Drucke festzuhalten vermag. Die Quellen werden aber, je tiefer, um so reicher an Salzgehalt; denn in die obersten, dem Erdboden zunächst liegenden Partien der Sandsteinschicht sickern die wässerigen Niederschläge aus der Atmosphäre, Tau und Regenwasser, und verdünnen die Salzlösung, während sie in die Tiefe viel langsamer hinabkommen. Es wird sich also zwar das Wasser je tiefer hinab in der porösen Sandsteinschicht noch mit Kohlensäure sättigen, aber der Sättigungsgrad wird ein ganz verschiedener sein, und zwar ist er abhängig von dem gegenseitigen Verhältnis, in welchem die Temperatur und der Druck zu einander stehen. Starker Druck ist der Kohlensäureaufnahme günstig, denn er preßt das Gas in das Wasser hinein, die Hitze dagegen wirkt in befreiendem Sinne, und es wird immer die Frage sein, welcher von beiden Faktoren das Übergewicht erlangt.

Wenn z. B. dem Wasser in der Tiefe durch ein Bohrloch der Ausweg gestattet wird, so hört an dieser Stelle die bannende Kraft des Druckes auf, die Hitze jagt die Kohlensäure aus und diese treibt, indem sie sich mit dem Wasser zu Schaum mischt, wie sie den Champagner als Schaum durch den Flaschenhals treibt, die Salzsole aus dem Bohrloch hinaus.

Nehmen wir bei den Nauheimer Sprudeln an, daß die verschieden starken Salzlösungen sich in der Tiefe unter Einwirkung des wachsenden Druckes mit je gleichviel Kohlensäure sättigen, daß etwa in den Kubikmeter von jeder Sole 2 cbm Kohlensäure gepreßt würden, so würden bei der Aufhebung des Druckes aus dem Wasser der Friedrich-Wilhelms-Quelle mehr als $1^3/_4$ cbm Gas entweichen oder aus jedem Meter Sole mehr als $2^3/_4$ m Schaum werden. Der alte Sprudel würde aus jedem Kubikmeter nur $2^1/_2$ und der kleine Sprudel gar nur 2 cbm Schaum geben; dem Rest der Kohlensäure gestattet die geringere Hitze des Wassers und die geringere Sättigung mit Salz in dem Wasser zu verbleiben.

Die Bohrröhren begrenzen diese Schaummassen. Wo die größte Volumenzunahme stattfindet, wo aus einem gewissen Quantum Sole die größte Schaummenge entsteht, da wird die schnellste Bewegung eintreten, der Schaum wird am höchsten in die Luft geschleudert werden. Da, wo die geringste Volumenzunahme erfolgt, wird auch das Schaumwasser mit der geringsten Geschwindigkeit entweichen und am wenigsten hoch springen können.

Die Nauheimer Sprudel geben täglich 3 Millionen Liter Salzwasser und mehr als 5 Millionen Liter kohlensaures Gas. Das Salzwasser enthält so viele feste erdige Stoffe aufgelöst, daß das, was sie täglich mit an die Oberfläche bringen, getrocknet einen Würfel von 92 Zentner Schwere geben würde.

Der Riesensprudel zu Kissingen ist den Nauheimer Sprudeln an die Seite zu setzen. Sein Schaumstrahl besitzt jedoch eine geringere Wärme, obgleich er 628 m tief aus der Erde entspringt. Das Bohrloch, welchem er seine Entstehung verdankt, erreichte bei dieser Tiefe eine Steinsalzschicht. Er springt 28 m hoch, man verhütet aber seinen immerwährenden Ausfluß, wie man auch die Friedrich-Wilhelms-Quelle zu Nauheim nur zeitweise in ihrer ganzen Kraft ausströmen läßt, um andre nahe Mineralquellen ihres Kohlensäuregehaltes nicht zu berauben.

An diese Brunnen schließt sich der aus einem nur 157 m tiefen Bohrloch springende, 28° warme Sprudel zu Bad Sooden am Taunus an; auch zu Orb im Spessart bestand früher eine ähnliche Quelle.

Der Salz- und Badebrunnen zu Bad Oeynhausen bei Rehme im Weserlande ist 697 m tief und wird nur von dem 716 m tiefen zu Mondorf an der Mosel übertroffen. Der letztere hat aber kaum ein beachtungswertes Ergebnis geliefert, während der zu Rehme die Veranlassung zur Gründung eines berühmten Heilbades ward.

Bohrlöcher zur Erlangung von selbst springenden Süßwasserbrunnen sind im allgemeinen Seltenheiten, da ihre Anlage durch eigentümlichen Bau der Erdschichten bedingt wird. Das Bohrloch zu Grenelle bei Paris ist in dieser Beziehung berühmt geworden, weil es der französischen Hauptstadt täglich etwa eine Million Liter Wasser lieferte. Dieser Brunnen verlor seine frühere Ergiebigkeit, nachdem der artesische Brunnen von Passy bei Paris erbohrt war, welcher jetzt täglich 4 Millionen Liter Wasser auswirft.

In den trockenen Ebenen der Provinz Algier haben die französischen Geologen Punkte aufgefunden, welche sich zur Anlage von artesischen Brunnen eignen. Die daselbst niedergestoßenen Bohrlöcher geben glücklicherweise kein Salzwasser und können deshalb zur Bewässerung und Befruchtung jenes durch Klima und Lage begünstigten Erdstrichs dienen. Was sich hier die Wissenschaft als einen Triumph zuschreiben kann, das müssen wir auch bei dem großartigen Bohrunternehmen zu Passy der Umsicht und dem Genie des die Arbeit leitenden Ingenieurs zuerkennen.

Paris litt an einem empfindlichen Wassermangel; die prachtvolle Seinestadt mußte sich zum großen Teil mit dem zur Not filtrierten Wasser des schmutzigen Flusses begnügen. Um den Bewohnern also das notwendige Lebensmittel zu verschaffen, hatte man schon den Plan gefaßt, mehrere neue Brunnen zu bohren von 20—30 cm Durchmesser, ganz wie der von Grenelle war, als sich der deutsche Ingenieur Kind erbot, der Stadt einen artesischen Brunnen von noch nicht dagewesenen Dimensionen zu graben. Das Bohrloch sollte im tiefsten Punkt noch einen Durchmesser von circa $^2/_3$ m haben und in 24 Stunden 6000 cbm Wasser zu einer Höhe von 25 m über den höchsten Punkt im Bois de Boulogne liefern. Die Kosten sollten 350000 Frank nicht übersteigen und ein bis zwei Jahre zur Ausführung genügen. Der unternehmende Ingenieur war des Gelingens seines Unternehmens so sicher, daß er in den Kontrakt die Bedingung aufnehmen ließ, daß, im Fall die geforderte Summe nicht ganz verausgabt würde, die Stadt und er selbst sich in das Ersparte teilen sollten.

Ehe man eine Entscheidung traf, legte man sich die Fragen vor: 1. ob man einen neuen Brunnen bohren könne, ohne dem von Grenelle zu schaden; 2. ob die Entfernung zwischen Grenelle und Passy eine genügende wäre, und endlich 3. ob die Vergrößerung des Durchmessers der Bohrrohre auch das hervorströmende Wasserquantum in entsprechender Weise vergrößern würde.

Je mehr die betreffende Kommission über die beiden ersten Punkte einig war, um so geteilter waren die Meinungen über den letzten Punkt. Die meisten Ingenieure hielten dafür, daß das von Kind versprochene Wasserquantum viel zu hoch gegriffen sei, und glaubten, daß der größere Durchmesser nur die Kosten vergrößere; im Grunde sei es aber gleich, ob das Bohrloch $^1/_2$ oder 2 m im Durchmesser habe: man werde nie mehr oder weniger Wasser erzielen als zu Grenelle. Der Magistrat und die städtische Behörden jedoch gaben bei diesen Meinungsverschiedenheiten der Gelehrten ihr Urteil dahin ab, daß nur die Erfahrung in diesem Punkte entscheiden könne, daß es aber gerade Paris zukomme, eine solche Erfahrung zu machen, und sollte es auch nur zum Frommen der Wissenschaft sein; denn wenn die Stadt Paris vor einem so kostbaren Experiment zurückschrecke, welche andre Stadt oder Gesellschaft sollte dann je den Mut zu einem ähnlichen Unternehmen haben? Das war ein Ausspruch, welcher eine hohe und würdige Anschauung verrät, wie sie bei großen Unternehmungen in Frankreich nicht selten ist, und die wir gegenüber den kleinlichen Gesinnungen, die infolge des letzten Krieges bei den Franzosen Platz gegriffen zu haben scheinen, nicht vergessen dürfen, da sie viel Versöhnendes in sich hat.

Am 23. Dezember 1854 übergab man daher die Arbeit dem Ingenieur Kind und bezeichnete als den Ort der Ausführung die Ecke der Avenue de St. Cloud und der Rue du Petit Parc in der Vorstadt Passy. Es wurde sogleich mit dem Werke begonnen, und alles ging vortrefflich von statten. Am 31. März 1857 hatte man das Bohrloch schon bis zu einer Tiefe von 537 m getrieben, das Hervorbrechen des Wassers mußte jeden Tag erwartet werden — da ward plötzlich, circa 32 m unter der Erdoberfläche, ein Rohr aus starkem Eisenblech, womit diese Strecke ausgekleidet war, von der umgebenden Thonmasse zerquetscht und dadurch natürlich jede weitere Fortsetzung der Arbeiten abgeschnitten, bis das Hindernis beseitigt war. Das dauerte aber beinahe drei volle Jahre. Das Übereinkommen mit Herrn Kind wurde in dieser Zeit aufgelöst, und die Stadt Paris führte auf eigne Rechnung und Verantwortlichkeit, aber unter fernerer Leitung Kinds, das schwierige Werk weiter.

Es wurde jetzt von oben ein zweiter, größerer Schacht niederzutreiben begonnen, und zwar bis zu einer Tiefe von 48 m, um die gefahrbringenden Schichten der Tertiärformation zu durchschneiden und auf den festen Kalkstein zu kommen. Der Schacht wurde teils mit Gußeisen und innerem Mauerwerk, teils mit Eisenblech ausgefüttert; zwei Drittel der Höhe erhielten einen Durchmesser von 3, das übrige von $2^3/_4$ m. Es war dies eine langwierige und gefährliche Arbeit: gußeiserne Röhren von 4 cm Stärke im Eisen zersplitterten unter dem seitlichen Druck der beweglichen Thonschichten wie Fensterscheiben, und mehr als einmal wollten die Arbeiter nicht mehr ans Werk gehen. Am 13. Dezember 1859 endlich war es gelungen, das ursprüngliche Bohrloch von 537 m Tiefe wieder frei zu machen, und man konnte nun mit der Vertiefung weiter fortschreiten. Leider aber gab es bald wieder neue, unvorhergesehene Hindernisse. Der ganze Brunnen sollte mit einer Auszimmerung aus starkem, mit Eisen fest zusammengefügtem Holzwerk versehen werden, die als ein Ganzes hinuntergesenkt werden mußte. Am unteren Ende der Holzverkleidung von 75 cm Durchmesser hatte man ein Rohr aus Bronze befestigt, von welchem 2 m im Holze steckten und 12 m frei waren; dieser letztere Teil war durchlöchert, um, sobald man die wasserführende Schicht erreicht hätte, das Wasser einzulassen. Bis zu einer Tiefe von 550 m hatte man das Röhrensystem glücklich hinabgebracht, ohne noch das Wasser zu erreichen, da bleibt es aber fest sitzen und ist durch keine Gewalt mehr vor- noch rückwärts zu bewegen. Es blieb nun nichts andres übrig, als ein zweites Rohr von geringerem Durchmesser durch das erste, welches sich festgesetzt hatte, durchzuschieben und damit auf den wasserführenden Grünsand vorzudringen zu suchen. Man wählte dazu ein Rohr von Eisenblech, 7 dcm im Durchmesser, 2 cm Blechstärke und von 53 m Länge, dessen unterer Teil ebenfalls durchlöchert war; dies Röhrenstück wog mit den Stangen zum Hinablassen gegen 600 Zentner. Das Wagnis gelang; in der Tiefe von 580 m stieß man auf ein Thonlager und am 24. September 1861 mittags in einer Tiefe von 587 m endlich auf das Wasser, das nun sogleich in einer Menge, welche schließlich die vorausberechnete noch weit übertraf, hervorbrach. Das Wasserquantum betrug schon in den ersten 24 Stunden 6300 cbm, stieg aber am folgenden Tage auf fast 11000 cbm, und beträgt jetzt durchschnittlich täglich 8000 cbm oder 8 Millionen Liter. Das Wasser ist chemisch sehr rein; es führt nur $^1/_3$ Prozent an mineralischen Bestandteilen, Sand und Thon mit sich, wovon der Sand sehr schnell absetzt. Seine Temperatur ist 28° C., d. h. genau dieselbe wie die des Brunnens von Grenelle. Es dient jetzt zur Versorgung des Bois de Boulogne, da es zum Trinken nicht benutzt werden kann.

Fig. 44. Ingenieur M. Kind.

Die Thatsache, daß mit der zunehmenden Tiefe auch die Temperatur steigt, ist eine für die Theorien der Geologie äußerst wichtige; denn sie läßt uns Schlüsse machen auf die physikalische Beschaffenheit des Erdinnern überhaupt, welche für die Praxis so fruchtbar gewordene Wissenschaft der Geognosie zu Fundamentalbegriffen geworden sind. Schon früher hatte man durch Beobachtungen in tiefen Bergwerken die Thatsache selbst erkannt, ihre Gesetzmäßigkeit aber ist erst durch die Erscheinungen außer Zweifel gesetzt worden, welche in den mit Hilfe des Erdbohrers hergestellten Bohrlöchern studiert werden konnten.

In einem Bohrbrunnen bei Rüdersdorf, in der Nähe von Berlin, fand man bei 120 m Tiefe eine Temperatur von $17,_{12}$° C., bei 160 m schon $17,_{75}$° C., bei 200 m war die Wärme $19,_{75}$° C. und bei 280 m $23,_{5}$° C.; auf eine Tiefe von 160 m also betrug die Wärmezunahme mehr als 6° C. Ganz analoge Verhältnisse wurden in den Pariser Bohrbrunnen beobachtet, denn es betrug in dem von Grenelle, welcher in allen Verhältnissen mit dem von Passy große Übereinstimmung zeigt, bei 290 m Tiefe die Temperatur $22,_{2}$° C., bei 400 m 24° C., bei 490 m $26,_{4}$° C. und bei 530 m gegen $27,_{7}$° C. — Suchen wir daraus durch Rechnung zu finden, wie tief man in die Schichten der Erde hinabsteigen müßte, um eine Temperaturzunahme von 1° C. zu empfinden, so werden wir in beiden Fällen das gleiche Resultat erhalten; in der Gegend von Rüdersdorf beträgt die geothermische Tiefenstufe (so nennt die Wissenschaft jenen Abstand) 30 m, in der Gegend von Paris dagegen 31 m. Und diese Zahlen stimmen auch für andre Punkte der Erde mit merkwürdiger Genauigkeit. Bei Neusalzwerk in Westfalen wurde ein Bohrloch niedergetrieben, welches bei 180 m $19,_{6}$° C., bei 400 m etwas über 27° C., bei 620 m $31,_{4}$° C. und bei 686 m $33,_{5}$° C. zeigte. Daraus geht hervor, daß darin ebenfalls die Temperatur bei je 30 m hinab um 1° stieg; für manche dagegen zeigen sich Abweichungen, die aber nur die Größe der Ziffer, nicht die Thatsache selbst alterieren, daß die Temperatur nach der Tiefe zu immer mehr und wahrscheinlich bis zu dem Grade zunimmt, wo die Erdmasse noch geschmolzen ist.

Fügen wir diesen ganz wunderbaren Erfolgen noch hinzu, daß man bisweilen hochgelegene feuchte Gegenden, die durch wasserdichte Schichten sumpfig gemacht werden, entwässern kann, indem man die abdichtende Decke mittels eines bis in eine wasseraufnehmende Schicht geführten Bohrlochs durchstößt, so wird man den Erdbohrer einen der nützlichsten Apparate und die Kunst und Wissenschaft, ihn richtig anzuwenden, eine der segensreichsten Errungenschaften des menschlichen Geistes nennen müssen.

Es ist ein kluger Bote in die verschlossene Welt der Gesteine, ein Hammer in der Hand des Forschers, der die absperrenden Thore aufsprengt und unsern Blicken die Einsicht in die Natur und die Schätze des Erdinnern ermöglicht.

Anwendung der Elektrizität beim Tunnelbau.

Das Buch der Erfindungen. 8. Aufl. III. Bd. Leipzig Verlag von Otto Spamer.

Arbeiten im Bergwerk.

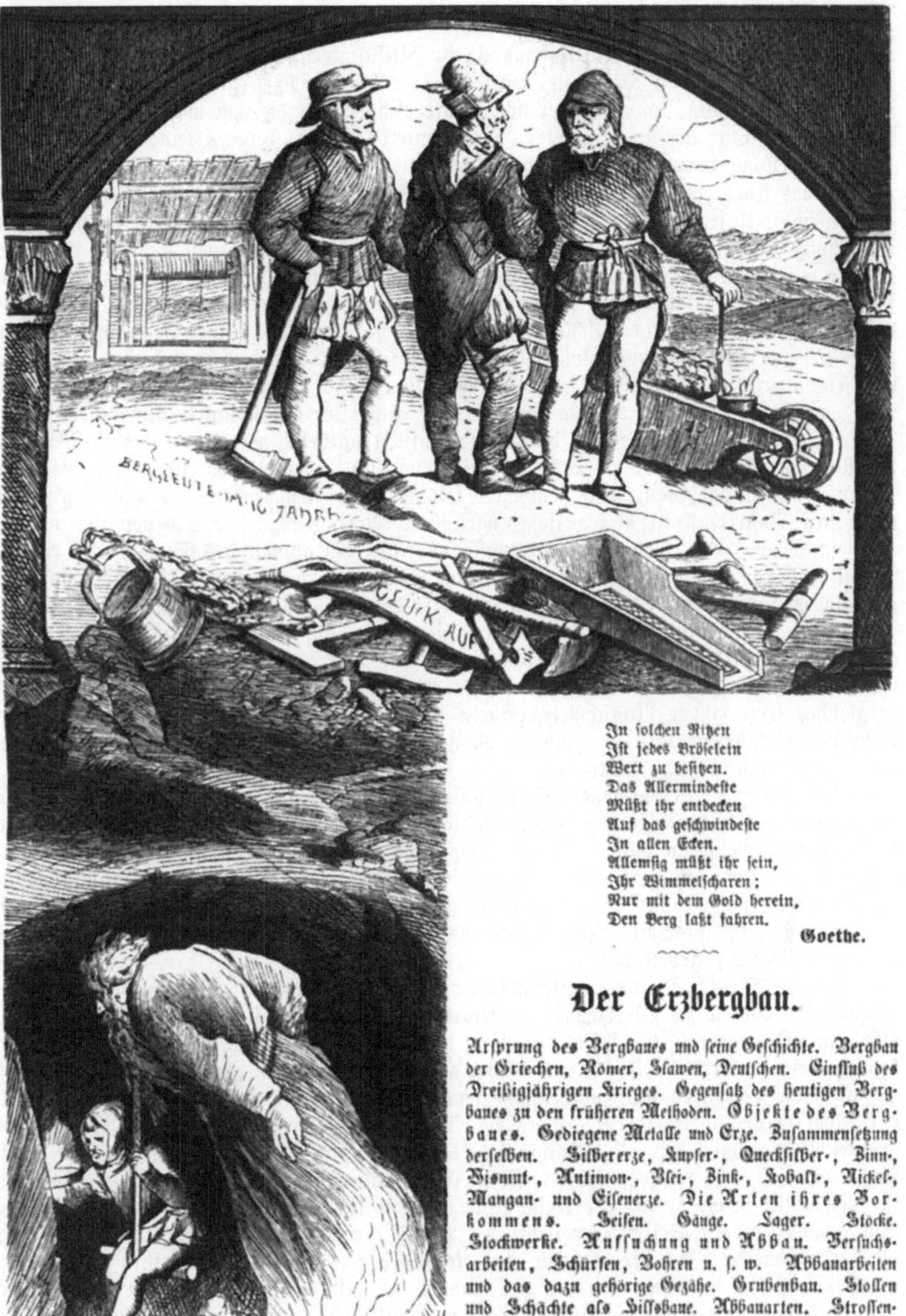

In solchen Ritzen
Ist jedes Bröselein
Wert zu besitzen.
Das Allermindeste
Müßt ihr entdecken
Auf das geschwindeste
In allen Ecken.
Allemsig müßt ihr sein,
Ihr Wimmelscharen;
Nur mit dem Gold herein,
Den Berg laßt fahren.

Goethe.

Der Erzbergbau.

Ursprung des Bergbaues und seine Geschichte. Bergbau der Griechen, Romer, Slawen, Deutschen. Einfluß des Dreißigjährigen Krieges. Gegensatz des heutigen Bergbaues zu den früheren Methoden. Objekte des Bergbaues. Gediegene Metalle und Erze. Zusammensetzung derselben. Silbererze, Kupfer-, Quecksilber-, Zinn-, Wismut-, Antimon-, Blei-, Zink-, Kobalt-, Nickel-, Mangan- und Eisenerze. Die Arten ihres Vorkommens. Seifen. Gänge. Lager. Stöcke. Stockwerke. Aufsuchung und Abbau. Versuchsarbeiten, Schürfen, Bohren u. s. w. Abbauarbeiten und das dazu gehörige Gezähe. Grubenbau. Stollen und Schächte als Hilfsbaue. Abbauarten. Strossenbau, Förste-, Quer-, Strebe-, Pfeilerbau u. s. w. Fahrung und Förderung. Ventilation. Die Maschine oder Kunst.

Solange der Mensch mit der Befriedigung seiner Bedürfnisse allein auf die Oberfläche der Erde, auf die Erzeugnisse des Tier- und Pflanzenreichs angewiesen war, solange er nicht vermochte, die Tiefe sich zu öffnen und ihre Schätze in seinem Nutzen zu verwenden, solange mußte sein Zustand ein in Hilflosigkeit beschränkter bleiben. Werkzeuge und Waffen, die beiden Momente, durch die er allein zunächst seine geistige Überlegenheit wirksam machen kann, durch die er sich die Herrschaft über die ihm ungleich stärker gegenüberstehende Natur erringen mußte, blieben unvollkommen, bevor Steine und Metalle zu ihrer Herstellung verwendet wurden. Wir können uns davon sehr wohl Begriffe machen, obschon aus jener ersten Zeit der menschlichen Entwickelung keinerlei Überlieferungen übrblieben sind. Unsre älteste Geschichte beginnt mit einer Periode, in welcher wenigstens die Benutzung der Steine schon stattfand; wir unterscheiden allenfalls noch Epochen mehr oder minder vorgeschrittener Zurichtung derselben, weiter zurück jedoch, als bis zur rohen Zuschärfung des Feuersteins, um diesem eine Schneide zu geben oder eine Spitze, können wir die Geschichte des Menschengeschlechts nicht verfolgen. Wenn wir aber in dieser schon vorgeschritteneren Zeit die menschlichen Zustände als überaus kümmerliche erkennen, so werden wir jene ältere Vergangenheit, in welcher der Mensch sich dieser primitiven Hilfsmittel noch nicht einmal bedienen konnte, als eine Zeit der äußersten Hilfslosigkeit annehmen müssen.

Gebrauch und Bearbeitung der Steine mußten natürlich der Kenntnis und Benutzung der Metalle um so länger vorausgehen, als jene sich, überall verbreitet, dem Bedürfnis sofort erkennbar darboten, diese aber ihres selteneren Vorkommens wegen und wegen ihres versteckten Auftretens in den verschiedenartigsten Verbindungen, aus denen sie nur auf mühseligem und verwickeltem Wege darzustellen sind, ein absichtliches Suchen und eine auf vielfältige Erfahrung gegründete Behandlungsweise voraussetzten. Es darf wohl angenommen werden, daß es zuerst die gediegen in der Natur vorkommenden Metalle gewesen sein müssen, welche die Aufmerksamkeit der Menschen auf sich zogen und zur Benutzung aufforderten. Zufällig gemachte Beobachtungen, daß aus gewissen Mineralien Metalle entstanden, wenn sie zugleich mit Kohlen im Feuer verbrannten, haben später darauf geführt, dergleichen Erze einem Ausschmelzverfahren zu unterwerfen, das sich allmählich immer mehr vervollkommnete und in demselben Maße mehr und verschiedenartige Erze verarbeiten und neue Metalle kennen lehrte.

Den gediegen vorkommenden Edelmetallen folgten die aus ihren Erzen leicht reduzierbaren Metalle: Kupfer, Zinn und Blei, in die Verbrauchssphäre des Menschen. Das Eisen, dessen Darstellung schon einen zusammengesetzteren Betrieb verlangt, trat wahrscheinlich erst später hinzu. Die wichtige Rolle, welche es sofort als Hauptmaterial für die mannigfachsten Werkzeuge übernahm, war vor seinem Bekanntwerden der Bronze zugefallen, jener bekannten Verbindung von Kupfer und Zinn, deren ausschließliche Verwendung dem betreffenden Zeitalter den Namen gegeben hat.

Als die Menschen einmal gelernt hatten, die Bronze aus den Kupfer- und Zinnerzen darzustellen und sie zu Werkzeugen zu verarbeiten, mußte die Kultur rascheste Förderung erfahren. Jetzt waren die Mittel gegeben, die Erze, auf deren zufällig verstreutes Vorkommen auf der Erdoberfläche man bisher angewiesen war, im Innern der Gebirge aufzusuchen, ihren Spuren nachzugehen und immer größere Mengen davon zu gewinnen. In der That wurde schon in der Bronzezeit ein lebhafter Bergbau betrieben. Mit der zunehmenden Benutzung der Metalle aber ging der menschliche Fortschritt Hand in Hand. Nicht Gold und Silber — sondern Kupfer, Zinn, Eisen haben die Menschheit gehoben, sie gaben ihr die Mittel in die Hand zur Aufschließung der natürlichen Schatzkammern, den Meißel und Hammer, die den Felsen zermalmen, den Pflug, der den Boden lockert, die Sichel, welche die Ähren schneidet; die Bearbeitung der Rohstoffe in den Gewerben, ihre Behandlung durch die Künste hat nur durch die genannten Metalle in der geschehenen Art möglich werden können; die Wissenschaften endlich, namentlich diejenigen, welche sich auf die Erkenntnis der Natur beziehen, sind nicht nur durch die ihnen eigentümlichen Hilfsmittel der Beobachtung, nicht allein in der Herstellung der Apparate und Instrumente von den Metallen abhängig, die Geschichte der Physik, der Chemie, der Medizin, und dann abhängig wieder andre Wissenschaften, wie Mineralogie, Geognosie, Bergbau und Maschinenkunde, in manchen ihrer wichtigsten Perioden sind sie nur einzelne Kapitel in der Geschichte der Metalle.

Die Gewinnung der Metalle aus ihren natürlichen Lagerstätten muß daher unser höchstes Interesse in Anspruch nehmen, und es ist der Zweck der folgenden Darstellungen, einen Überblick über das Gebiet derjenigen menschlichen Thätigkeit zu geben, welche sich mit der Herbeischaffung der Rohstoffe aus dem Innern der Erde beschäftigt. Erze und Metalle werden für uns Ausgangspunkte sein; in dem erweiterten Sinne aber, in welchem wir den Begriff Bergbau aufzufassen haben, werden wir uns in dem folgenden auch mit der Gewinnung der fossilen Brennstoffe, des Steinsalzes, der Edelsteine u. s. w. einigermaßen zu befassen haben.

Geschichte des Bergbaues. Aus dem bisher Gesagten geht hervor, daß die Geschichte des Bergbaues weiter hinaufreichen muß als jede geschriebene Überlieferung. Im Altai und in manchen Gegenden des Ural sind in alten, nur wenig tief in die Erde eindringenden Erzgruben hier und da Werkzeuge aus Kupfer aufgefunden worden, ein Beweis, daß alsbald nach Anwendung dieses Metalls auch auf Gewinnung seiner Erze Bedacht genommen wurde. Diese Arbeiten werden den Tschuden, einem untergegangenen Volke, zugeschrieben, in dessen Grabhügeln ebenfalls Stein- und Kupfergerät nebst Goldschmuck die Totenurnen umgeben. Bis weit nach Norden, jenseit Perm, hat das bergbautreibende Tschudenvolk seine Spuren in Halden und Pingenzügen hinterlassen, und solche wurden, seit Peter der Große den vielleicht Jahrtausende ruhenden Bergbau im Ural und Altai wieder aufnehmen ließ, sehr oft die Wegzeiger zu bedeutenden und reichen Erzlagerstätten, wie z. B. am Schlangenberge im Altai und bei Bogoslowsk im Ural. Man fand, daß die Tschuden und andre der zuerst bergbautreibenden Völker nur das in sehr weichem Gesteine und in Verwitterungsschalen vorgekommene Erz gewonnen hatten; feste Felsmassen vermochten sie nicht zu durchbrechen.

Die Phöniker und Ägypter bereiteten ihre Bronze wahrscheinlich aus zinkblendereichen Kupferkiesen, welche sich an vielen Orten auf Gängen und Lagern finden, und trieben Handel mit solcherlei Gegenständen. Daher mögen denn auch die zierlichen Bronzearbeiten, denen zuweilen sogar durch Kobalt blau gefärbte Glasflüsse beigefügt sind, in die Grabstätten der damals Deutschland bewohnenden Kelten gekommen sein.

Die Ureinwohner Amerikas kannten außer Gold und Silber nur Kupfer. Dagegen haben andre Völker wieder schon sehr früh neben den Steingeräten eiserne benutzt. Die afrikanischen Neger stellen sich das Eisen auf eine sehr einfache Weise dar, die auch in manchen Teilen Indiens üblich ist und bei den alten Germanen ebenfalls in Anwendung gewesen zu sein scheint. Die Schmelzöfen sind nur etwa 1 m hohe, enge ummauerte Behälter, welche mit Holzkohlen gefüllt und oben mit dem Eisenerze (Eisenglanz, Magneteisensand und Brauneisenstein) in fast schlackenfreien Stücken belegt werden. Mittels eines Blasebalgs von Tierhäuten wird in solche Öfen ein starker Luftstrom von unten eingetrieben, auf solche Weise die zur Schmelzung und Reduktion erforderliche Hitze hervorgebracht, und dadurch werden die Kohlen befähigt, aus dem Eisenerze den Sauerstoff abzuscheiden.

Über die deutschen Gebirgsländer sind unzählige Eisenschlackenhalden zerstreut, ein Beweis, daß die eben geschilderte Schmiedeeisendarstellung daselbst seit langer Zeit in Übung gewesen ist. Die deutsche Sage erzählt vieles von den Waldschmieden; Siegfried schmiedete sich in einer solchen sein Schwert. Fragen wir den Sprachforscher, so wird er uns sagen, daß die germanischen Stämme von jeher ein ihnen eigentümliches Wort für das Eisen hatten, das in England durch den deutschen Stamm der Angelsachsen eingeführt und sich auch dort eingebürgert hat. Es ist das altgermanische ison oder iron, ganz verschieden von dem bretonischen Worte fer (lateinisch ferrum) und dem griechischen sideros. Für die Bezeichnung Kupfer aber soll ein gälischer Name (Copar, Coppar) gebräuchlich, der Ursprung sein, nicht mit dem griechischen chalkos kyprios oder dem lateinischen aes cyprium verwandt. Auch das die Metallmischung aus Kupfer und Zink bezeichnende Wort Messing ist kein deutsches, wie auch das Wort Bronze nicht deutschen Ursprungs ist. Zinn wird aus dem Chinesischen (tin) abgeleitet.

Nomadisierende und häufig wandernde Völker können keinen eigentlichen Bergbau treiben, sie wühlen nur gelegentlich in der Erdoberfläche nach Metall und Erz, wie die ersten kalifornischen und australischen Goldgräber dies noch vor wenigen Jahrzehnten thaten. Von der Natur werden sie dann insofern unterstützt, als die fortgesetzten felszerbröckelnden Wirkungen der Atmosphärilien diejenigen Gesteine zerstört haben, welche das Gold an geringe Spuren von Schwefel oder Arsenik gebunden eingesprengt enthielten. Das Leichtere, Erdige wurde hinweggespült, die das Gold einschließenden Schwefel- und Arsenmetalle oxydiert und aufgelöst, so daß das edle, diesen zersetzenden Kräften am meisten widerstehende Metall in Form feinster Stäubchen, seltener durch chemische und elektrische Zusammenziehung zu größeren Knollen vereinigt, in dem Grus und Sande zerstreut liegen blieb. Dennoch beträgt der Goldgehalt dieser auf dem uralten Felsgesteine zurückgebliebenen Sand- und Geröllager (den Goldseifen) in Sibirien kaum 1 kg in 30000 Zentnern Sandmasse. An Bachufern und wo kleine Wasserfälle den Schlämmprozeß weiter fortgesetzt haben, findet sich hier und da ein etwas größerer Goldreichtum. Es scheint, als ob das Gold überhaupt an der Erdoberfläche oder in nicht großer Tiefe unter derselben in reichster Menge angesammelt sei. In den Gruben bei Beresow in Sibirien verliert sich das Gold schon 20—30 m tief unter Tage gänzlich. Ähnliches bezüglich des Vorkommens darf von Silber und Kupfer gelten. Die reichen Erzlager am Rammelsberge bei Goslar am Harze scharrte das Jagdpferd Heinrichs des Finklers auf, die Silbergänge bei Joachimsthal im böhmischen Erzgebirge wurden entdeckt, als der Sturm eine Tanne umgestürzt hatte, an deren Wurzeln astartige Massen gediegenen Silbers hingen. Anderwärts graste eine arme Magd im Urwalde und schnitt mit ihrer Hippe nebst dem Grase und Kraute auch aus der Erde hervorstehende Silberfäden (drahtförmiges gediegenes Silber) ab. Ein Hirt stört mit seinem Stabe in dem von ihm angefachten Feuer und siehe, sein Stab ist verzinnt. Er hatte die Feuerstelle über einem Zinnsteinlager angelegt, das leicht reduzierbare Erz verwandelte sich in Metall.

In Gegenden, welche noch von keinem bergbautreibenden Volke besucht wurden, sind derartige Erscheinungen auch jetzt noch gewöhnlich; mauerartige Erhöhungen mit Silberdendriten (baumförmigen Silberstücken) sind in den mexikanischen und peruanischen Gebirgsländern auch von den einwandernden Spaniern gefunden worden, es waren dies durch Verwitterung entblößte Silbergänge. Der Reichtum der Oberfläche hat aber begreiflicherweise in den seit langer Zeit von Kulturvölkern bewohnten Ländern längst seine Verwendung gefunden; man mußte tiefer graben, um neue Schätze zu erlangen; so entwickelte sich der eigentliche Bergbau.

Schon von den Ägyptern und Phönikern ist derselbe betrieben worden, und von Karthago aus mag er sich unter den im Mittelmeere wohnenden Völkern verbreitet haben. Zu jenen Zeiten schon scheint in England auf Zinn gebaut worden zu sein, welches die Phöniker ja nebst dem Bernstein aus dem Norden holten, hier aber andre Fundstätten nicht zu existieren. Mehr noch als die Griechen wußte das praktische Volk der Römer Vorteile aus der Ausbeutung der unterirdischen Erzlagerstätten zu ziehen, zu welcher sie mit ihrer bekannten unmenschlichen Rücksichtslosigkeit die in den ununterbrochenen Kriegen zu Sklaven gemachten Gefangenen verwendeten. Auch Verbrecher wurden in die Bergwerke geschickt, und wenn wir erfahren, daß diese Verurteilung der Todesstrafe gleich geachtet wurde, so werden wir das Los der römischen Bergleute nicht sehr beneidenswert finden. In solcher Art wurden Bergwerke in Spanien, Frankreich, England, in Ungarn, Galizien, auch vielfach in Deutschland angelegt und betrieben.

Am häufigsten wohl war die Gewinnung der Erze ein bloßer Raubbau; doch stammen aus der Römerzeit anderseits auch schon Einrichtungen, welche bedeutende Fortschritte zu einem rationellen Betriebe bezeichnen. So hatte man Wasserhebemaschinen, man sorgte durch Ventilation für die Erneuerung verdorbener Luft; das Feuersetzen scheint schon damals in Anwendung gewesen zu sein, wie ja auch die Schriftsteller von Hannibal erzählen, daß er bei seinem Übergange über die Alpen zur Beseitigung der Gesteine Feuer und Essig gebraucht habe. Gold gewannen die Römer in Ägypten, sehr viel in Spanien und auch in Gallien wurde auf dieses edle Metall gebaut; Silber und Blei holten sie aus Gallien, was ihnen auch Kupfer und Zink für die Bronze lieferte; Zinngruben waren in England und Cornwall; Quecksilber fand sich in Spanien, und für Eisenerze waren die Insel Elba und Schlesien berühmte Fundorte.

In Deutschland hatten, wie eben erwähnt, die Römer gleichfalls schon Bergbau. Bei Ems an der Lahn sind dessen Spuren noch zu bemerken. Es sind niedrige, gerade nur das aus Kupfer-, Zink- und silberhaltigen Bleierzen gemischte Lager umfassende, sogenannte Krummhälsestrecken, welche auch jetzt noch auf den Kupferschieferlagern von Mansfeld und Richelsdorf sowie auf schwachen Steinkohlenflötzen bei Minden u. s. w. im Gebrauche sind. Der Arbeiter muß, auf der Seite liegend, in dem nur 60 cm hohen Bau seine Thätigkeit entwickeln, denn die Herstellung höherer Abbaustrecken würde durch die Gesteingewinnung und Verzimmerung zu kostspielig ausfallen. Auch bei Wiesloch am Schwarzwalde und im Böhmerwalde sind alte römische Bergwerke; doch scheint es, als ob bei uns die Römer mit dem Bergbau nicht viel Glück gehabt hätten.

Unter den fränkischen Königen hatte der Bergwerksbetrieb, den vordem jeder ganz frei auf seinem Grund und Boden ausüben konnte, jedenfalls schon eine wirtschaftliche Bedeutung, da jene die Belehnung als ein ihnen zukommendes Recht beanspruchten. Schon Karl der Große erläßt ein Mandat für die Hüttenleute über die Scheidung des Silbers vom Blei. Andre noch vorhandene Dokumente kommen aus nicht viel jüngerer Zeit, so z. B. eine Belehnung, welche der Abt von Corvey auf Salzbergbau erhielt, aus dem Jahre 833. Aber die folgenden Jahrhunderte waren mit ihren völkerbewegenden Unruhen der Entwickelung des Bergbaues, der mehr als jede andre Beschäftigung stabile Verhältnisse verlangt, nicht besonders günstig. Zwar wurde im Jahre 920 der Bergbau im Rammelsberge bei der deutschen Kaiserstadt Goslar im Harze eröffnet, und es ist derselbe bis heute fortgeführt worden. Aber erst im 12. Jahrhundert geschah ein wirklicher Aufschwung.

Vielfach waren es damals und noch späterhin Italiener, namentlich Venezianer, welche nach Deutschland kamen, um Gold und Silber zu gewinnen. Diese wandernden Bergleute erwarteten immer, große Reichtümer zu finden und umgaben sich deshalb mit mancherlei Geheimnis; sie trugen meistens Mönchskleider, die damalige Tracht der Reisenden, und suchten die wenig zahlreiche Bevölkerung des Landes durch schauerliche Erzählungen über Berggeister und deren Treiben zu schrecken, um ungestört ihre Beschäftigung treiben zu können. Die Bergmönche, Kobolde, Rübezahl, der Berggeist des Riesengebirges und der wilde Mann des Harzes sind wahrscheinlich mit ihre Erfindungen. An der Schneekoppe des Riesengebirges wurden vor wenigen Jahren die von Italienern auf Silbererz betriebenen Gruben aufgefunden, in einer derselben lagen noch Werkzeuge.

Gleichzeitig aber befaßten sich die Tschechen, die Bewohner Böhmens, denen man für die damalige Zeit wertvolle Kulturbestrebungen nachrühmen kann, mit dem Bergbau. Sie betrieben ihn anfangs im Böhmerwaldgebirge zwischen Budweis, Reichenstein bis Mies. Jene Gegenden lieferten Silber, Gold, Edelsteine, Blei, Kupfer und Zinn in Massen, und repräsentierten gewissermaßen den metallreichen Ural oder das Kalifornien unsres Jahrhunderts.

Am Harze hat sich im Laufe der Jahrhunderte der Bergbau weit ausgedehnt, großartige Teich- und Wasserleitungsanlagen bedecken das Gebirge, dessen Glieder durch tiefe Schachte, Stollen und Feldörter durchschnitten sind. Überall Leben auf den Gruben, den Wäschen, den Hütten; im Walde der Holzfäller und Köhler rühriges Treiben. Das die Musik, namentlich die Harfe, liebende Bergmannsvolk des Oberharzes unterscheidet sich durch sein Äußeres, seine Sitte und Sprache von den Umwohnern des Flachlandes und hat bis heute noch Reste seiner tschechischen Abstammung aufzuweisen.

Schon in sehr früher Zeit, besonders aber als die reichsten Erzlagerstätten des Böhmerwaldgebirges erschöpft waren, siedelten Bergleute nach dem Erzgebirge über; es entstanden die Bergstädte Prießnitz, Schlaggenwald, Joachimsthal, Annaberg, Graslitz, Falkenau, Zinnwald und Graupen bei Teplitz, von denen manche ihren Ursprung wohl bereits aus dem 12. Jahrhundert datieren dürfen. Alle blühten rasch auf und die Bergstadt Joachimsthal hatte bereits in zwei Jahrzehnten eine Bevölkerung von 20000 Seelen; sie münzte um 1500 schon die Silberstücke aus, nach welchen die Thaler (tschechisch tolary) heute noch den Namen haben. Die Grundherren und Landesfürsten gewährten dem Bergbau besondere Rechte, sie erließen zur Eigentumsfeststellung besondere Gesetze, das Bergrecht, und zogen dadurch fremde Unternehmer herbei. Namentlich beteiligten sich sächsische Ritter und Bergleute, Nürnberger und Augsburger Kaufherren an solchen Unternehmungen. Die Namen der Burggrafen von Meißen, Herren von Plauen, Lobkowitz von Bilin, der Grafen Schlick, derer von Rosenberg, von Schönberg, des Hans Sturm von Nürnberg und des Christoph Pflug von Rabenstein knüpften sich an die durch besondere Bergfreiheiten ausgezeichneten Zinn- und Silberwerke dieses Landes. Die Fugger von Augsburg besaßen in ganz Deutschland Kupferbergwerke. In Thüringen, Mansfeld, Hessen, Tirol,

Ungarn, auch in Schweden haben damals deutsche Bergleute viele Gruben eröffnet und in lebhaftem Betriebe erhalten.

In England waren es vorzüglich die Distrikte von Cornwallis, wo die alten Kupfer- und Zinnbergwerke ausgebeutet wurden; in Derbyshire und Cumberland mit ihren Bleilagerstätten, in Staffordshire und Wales wegen der guten Eisenerze, blühte der Bergbau.

Im übrigen jedoch war die Gewinnung von Edelmetallen in erster Reihe die Basis der bergmännischen Thätigkeit. Für Eisen und Kohlen, welche heutzutage den Schwerpunkt derselben ausmachen, war damals, wenn überhaupt, so doch nur geringes Bedürfnis vorhanden. Nun sollte man glauben, daß die Entdeckung Amerikas mit seinen überreichen Gold- und Silbergruben die europäische Produktion in ihrer Entwickelung hätte einigermaßen behindern müssen. Dies war jedoch keineswegs der Fall, die goldene Zeit des europäischen Bergbaues dauerte bis zum Dreißigjährigen Kriege. Einmal waren mit der Belebung, welche im 15. Jahrhundert der Welthandel erfuhr, neue und bei weitem größere Bedürfnisse nach Zahlungsmitteln erwachsen, als früher bestanden, dann aber auch wurde der Vorteil, welchen die amerikanischen Gruben in der Reichhaltigkeit ihrer Erze unbestritten hatten, aufgewogen durch vielfache und rationelle Verbesserungen, die bei uns allmählich im Arbeitsbetriebe gemacht wurden. Wir brauchen bloß die Anwendung des Schießpulvers, welche im 14. Jahrhundert in Deutschland aufgekommen war, besonders aber die Einführung der Amalgamation zu erwähnen, um damit auf zwei der förderndsten Faktoren aufmerksam zu machen. Dabei aber hatte das ganze Maschinenwesen auch eine heilsame Umgestaltung erfahren und die Kenntnis der Mineralien nahm einen wissenschaftlichen Charakter an. Georg Agricola, aus Glauchau gebürtig, muß nach diesen Richtungen hin als ein bahnbrechender Geist genannt werden.

Der Dreißigjährige Krieg jedoch, wie er alles erstickte und verkümmerte, hat auch auf den Bergbau nachteilig eingewirkt, und erst der Aufschwung, welchen die letzten hundert Jahre in allen Naturwissenschaften nahmen, hat seine unglückseligen Folgen verwischt.

Im sächsischen Erzgebirge betrug z. B. der Gewinn der Freiberger Gruben in den Jahren 1691—95 zwischen 7800—27300 Mark; von da an wuchs er zwar 1708 von 37200 auf 60000 Mark, 1717 war die Ausbeute etwas über 84000 Mark, und es ist darin ein allmähliches Steigen nicht zu verkennen. Immerhin aber sind dies für so ausgedehnte Werke nur sehr bescheidene Erträge.

In wirklich hoher Blüte stand der europäische Bergbau in jener Zeit nur in Spanien, welches namentlich seine Quecksilbergruben in regem Betriebe halten mußte, um für die Silbergewinnung in Peru und Mexiko, bei welcher man die leicht auszuführende Amalgamation in Anwendung gebracht hatte, das nötige Quecksilber zu beschaffen. Bei der noch ziemlich rohen Ausführung, welche das Verfahren daselbst fand und welche sich mit der Wiedergewinnung des eingearbeiteten Quecksilbers wenig zu schaffen machte, wurden ungeheure Quantitäten davon verbraucht. Spanien führte damals sogar auch Eisen nach England aus. Neben Spanien waren Schweden und Norwegen hervorragende Lieferanten von Metallen. Das schwedische Eisen genoß schon hohen Ruhm. Auch Rußland schwang sich empor. Peter der Große berief sächsische Bergleute. In Sibirien, am Ural und Altai wurden reiche Erzlagerstätten entdeckt, und außer Kupfer und Eisen gewann man hier auch beträchtliche Quantitäten edler Metalle.

Der Bergbau hatte räumlich zwar eine große Ausdehnung allmählich erlangt, doch war die innere Ausbildung nicht in gleicher Weise fortgeschritten. Wie schon gesagt wurde, hing dies hauptsächlich damit zusammen, daß die Pflanzstätte richtiger Erkenntnis, Deutschland, noch tief unter den Nachwirkungen des fürchterlichen Krieges litt. Die Hilfswissenschaften, welche Agricola schon als unentbehrlich für den Bergmann bezeichnet, Physik, Chemie, Mechanik (er fügt auch Rechtskunde hinzu und Philosophie, damit er den Ursprung und die Natur aller unterirdischen Vorkommnisse genau würdige), wurden von Phantasten und Charlatanen gehütet; Geognosie und Mineralogie lagen noch in den ersten Windeln. Es wurde besser, als in die Naturwissenschaften Methode kam, als aus der Alchimie endlich eine wissenschaftliche Chemie wurde. Durch die Darstellung derselben hauptsächlich hervorgerufen, erstreckte sie ihre Aufmerksamkeit in erster Reihe auf die Metalle; sie lehrte vorteilhaftere Methoden der Scheidung aus den Erzen kennen und ließ die Verarbeitung mancher Erze mit Nutzen unternehmen, welche man früher für wertlos gehalten hatte. Bei dem mehr und mehr versiegenden Reichtum an reichen Erzen war dies für den Bergbau überhaupt eine Lebensfrage.

Der heutige Bergbau zieht in seinen Bereich nicht nur die Aufsuchung und Gewinnung der edlen Metalle, sondern die der nutzbaren Mineralien im allgemeinen, und die Zahl derselben ist durch ihre genaue Erforschung durch die Chemie eine immer größere geworden. Erze, an deren Verarbeitung man früher nicht denken konnte, werden jetzt emsig aufgesucht; wegen ihrer Armut von unsern Vorfahren verlassene Baue lohnen den verbesserten Methoden oft noch den Betrieb; ja selbst die Halden, auf welche in früheren Zeiten die tauben und für wertlos angesehenen Steine verstürzt wurden, erfahren oft noch eine Aufbereitung. Vor allen Dingen sind es aber zwei Vorkommnisse, welche im Laufe des letzten Jahrhunderts dem Bergbau im großen und ganzen einen andern Charakter gegeben haben: das des Eisens und das der Kohle.

Wurde auch früher auf Eisenerze gebaut, so stand der Verbrauch dieses Metalles doch nicht entfernt im Verhältnis zu demjenigen, welchen das Jahrhundert der Dampfmaschinen und Eisenbahnen eingeleitet hat. Der Kohlenbergbau steht im engen Zusammenhange mit dem Brennmaterialkonsum durch die Dampfmaschine. Und wenn die alten Bergleute ihre Erfahrungen, ihre Einrichtungen und Methoden ausschließlich dem Erzbergbau verdankten, so hat zur Ausbildung der neueren Bergbauwissenschaften der Kohlenbergbau das Wesentlichste beigetragen. Er steht jetzt in vorderster Reihe, und wir werden Gelegenheit nehmen, in einem besonderen Artikel uns mit ihm zu beschäftigen. Vor der Hand aber wollen wir uns dem ältesten Zweige dieser ehrwürdigen Thätigkeit, dem Erzbergbau, zuwenden und in einer kurzen Aufzählung diejenigen Erze die Revue passieren lassen, welche vorzugsweise Objekte seiner Unternehmungen sind. Manche Mineralien, deren Metallgehalt ihres seltenen Vorkommens wegen nur nebenbei Gegenstand der bergmännischen Aufmerksamkeit ist, werden wir auch nur anführungsweise erwähnen, und es wird gerechtfertigt erscheinen, wenn wir solche, die ausschließlich ein nur wissenschaftliches Interesse beanspruchen können, ganz und gar übergehen.

Gediegene Metalle und Erze. Wir beginnen mit den Edelmetallen, welche gediegen, rein oder in Legierungen vorkommen. Von ihnen findet sich das Gold teils in haarförmigen, moosartigen Teilchen, teils auch in Form kleiner Schüppchen, Körner, die in seltenen Fällen zu Klumpen werden, und kleiner Kristalle in seiner ursprünglichen Lagerstätte, auf Gängen, Lagern oder eingesprengt in dem Gebirgsgesteine; anderseits aber auch als Goldstaub oder Goldsand in den aus der Zerstörung jener Gesteine zurückgebliebenen sandigen Überresten, oft zusammengeschwemmt auf sekundärer Lagerstätte. Der Sand vieler Flüsse führt Gold, und die Goldfelder Kaliforniens, am Ural, in Victoria und in Afrika, die alten Goldseifen im Böhmerwald, an den Ufern der Donau u. s. w. sind solche aus der Verwitterung ursprünglich fester Gesteine übrig gebliebene Ansammlungen. — Unter ganz entsprechenden Verhältnissen findet sich das Platin körnerartig im Diluvialsande an den östlichen Abhängen des Ural, in Südamerika (Brasilien), Kalifornien u. s. w.; jedoch ist sein Vorkommen ein selteneres, und nur an wenigen Orten werden darauf besondere Gewinnungsarbeiten betrieben. Das gilt noch mehr von seinen Begleitern, dem Platin-Iridium, Osmiridium, Osmium und Palladium, welche in geringen Mengen nur neben dem Platin gewonnen werden.

Das gediegene Silber ist schon häufiger und kommt bisweilen auf Gängen in ziemlich großen Massen vor. Man hat in den Gruben von Kongsberg in Norwegen 1834 z. B. eine Masse von 7½ Zentnern und vor langer Zeit auf der Grube St. Georg bei St. Johann-Georgenstadt im sächsischen Erzgebirge sogar einmal eine solche von 100 Zentnern Gewicht aufgefunden. Der Harz, Mexiko, Chile, Peru, Kalifornien u. s. w. sind bekannte Fundorte. Im älteren Gebirgsgestein eingewachsen erscheint es öfters kristallisiert, häufiger aber in zähnigen Formen, haarartig oder baumförmig, gestrickt, in Platten, derb oder als Anflug.

Quecksilber findet sich als Tropfen, die in den Poren des Gesteins oft als langgezogene und wie geflossene Massen erscheinen, bei Idria in Krain, in Spanien (Almaden), auch in Kalifornien, Australien und Peru. Häufig enthält es Silber oder Gold aufgelöst, und diese Amalgame sind sehr leicht zu verarbeiten; allerdings sind sie so selten, daß ihre Gewinnung nur nebenbei mit erfolgt.

Außer den edlen Metallen kommt auch das Kupfer gediegen vor und bildet, wo es in größeren Massen auftritt, oft sehr schöne Kristalle, sonst aber findet es sich gewöhnlich in Gestalt von verästelten Zweigen und Blechen. An dem Oberen See in Nordamerika, wo es am häufigsten auftritt und allein den Bergbau lohnen würde, ist eine gediegene Kupfermasse von 12 m Länge, 5 m Breite und $0,_6$ m Dicke gefunden worden; dieser einzige Fund betrug nahezu 6000 Zentner. Das gediegene Wismut ist sogar das einzige Mineral, aus welchem das in der Medizin vielfach verwendete Metall gewonnen wird. Es findet sich im sächsischen Erzgebirge und in geringeren Mengen in Cornwallis und Devonshire. Von den übrigen Metallen ist dagegen nur das gediegene Arsenik noch für den Bergmann wichtig.

Erze, d. h. Verbindungen mit andern Stoffen, welche an sich nicht mehr eine rein metallische Natur haben, kommen der Natur der Sache nach von einem Metall um so weniger vor, je geringer dessen chemische Verwandtschaft zu andern Körpern ist, oder, wie der Sprachgebrauch ausdrückt, je edler es ist. Eigentliche Gold- und Platinerze gibt es nicht. Erst das Silber zeigt genügende Anziehung, um seinen Verbindungen mit Sauerstoff, Schwefel, Tellur, Selen, Arsen, den hauptsächlichsten Erzbildnern, diejenige Beständigkeit zu geben, welche sie vor allzu raschen Zersetzungen durch Luft und Wasser und mancherlei sonstige chemische Einwirkungen schützt. Die Sprache des Bergmanns hat den verschiedenen Erzen schon sehr zeitig Namen gegeben, die, auf zufällige äußere Erscheinungen sich stützend, mit der inneren chemischen Natur nicht gerade immer viel zu thun haben. Indessen hat die neuere Wissenschaft der Mineralogie, dem althergebrachten Gebrauche Rechnung tragend, häufig diese alten Benennungen aufgenommen, und aus den Kiesen, Blenden, Glanzen u. s. w., welche vordem nur einzelnen Mineralien zukamen, Gruppen gebildet von festem chemischen Charakter, welcher bestimmt wurde durch die hervorragendsten Glieder, die man oft von alters her als verwandt anzusehen gewohnt war.

Von Silbererzen ist das Glaserz oder der Silberglanz, auch Schwarzgüldigerz genannt, aus 87 Prozent Silber und 13 Prozent Schwefel bestehend, das reichhaltigste. Die alten berühmten Baue des sächsischen Erzgebirges, die von Schemnitz, Kremnitz, Kongsberg und auch viele in Mexiko verdanken seinem Vorkommen große Ausbeuten; ihm folgt Antimonsilber mit 77 Prozent Silber und 23 Prozent Antimon, dessen Silbergehalt in manchen Varietäten, die am Andreasberge im Harz vorkommen, auch bis auf 86 Prozent steigen kann; der Melanglanz oder das Sprödglaserz besteht aus $68,_5$ Silber, $15,_3$ Antimon und $16,_2$ Schwefel; der Eugenglanz, Polybasit, aus 64 bis über 72 Silber und dem Rest Antimon oder Arsen; Kupfersilberglanz ist ein Schwefelsilber mit Schwefelkupfer, mit 53 Prozent Silber; das Tellursilber, welches am Altai und in Siebenbürgen gefunden wird, enthält 62 Prozent Silber, der Rest Tellur und Spuren von Blei, Eisen und Schwefel. Das Hornsilber oder das Silberhornerz, ein natürliches Chlorsilber, mit 75 Silber und 25 Chlor, gehört ebenfalls zu der Aristokratie der Silbererze, an deren Fundorten sich die ältesten Bergstädte gründeten. Mit seinem unscheinbaren Aussehen erinnert es kaum an seinen inneren Gehalt; vielmehr deutet das Rotgüldigerz seine edle Natur durch eine oft sehr prachtvolle Erscheinung in schönen, glänzenden, dunkelroten Kristallen an. Es enthält im reinen Zustande gegen 60 Silber, $22,_3$ Antimon und $17,_7$ Schwefel. Wenn das Erz statt des Antimons Arsenik enthält ($65,_4$ Silber, $15,_2$ Arsen und $19,_4$ Schwefel), so ist seine Farbe heller, kochenillerot und durchscheinend. Der Bergmann nennt es lichtes Rotgüldigerz, der Mineralog Arsensilberblende. Beide Varietäten, die Antimon- sowie die Arsensilberblende, kommen ziemlich häufig vor und sind für die Silbergewinnung von wesentlicher Bedeutung. Außer Rotgüldigerz gibt es noch Weißgüldigerz oder Silberfahlerz, dessen Silbergehalt bis auf nahe an 32 Prozent steigen kann, und Graugüldigerz oder Schwarzerz, dessen Silbergehalt zwar sehr gering ist, indem er nur wenige Prozent beträgt, das aber immerhin, zumal sein Hauptbestandteil Kupfer ist, als ein sehr wertvolles Erz angesehen wird.

Mit dem Namen Güldigerze bezeichneten die alten Bergleute diejenigen Erze, deren Verarbeitung bei den damaligen noch sehr unvollkommenen Ausbringungsmethoden einen reichen Ertrag gaben, Erze, die etwas galten. Der Name ist geblieben, obwohl für das Berg- und Hüttenwesen andre und viel weniger gehaltreiche Erze sich durch ihr massenhaftes Vorkommen mitunter in nicht minder hohe Bedeutung zu bringen gewußt haben; wir nennen von solchen nur die silberhaltigen Bleiglanze und den Kupferschiefer, auf den im Mansfeldischen gebaut wird.

Als Silbererze von geringerem Gehalt werden auch noch zahlreiche Blei-, Kupfer-, Arsenik-, Antimon- u. s. w. Erze verarbeitet, denn wie in der ganzen Natur, so kommt das Silber namentlich verbreitet in sehr vielen Mineralien vor, und wenn es auch nicht allemal aus denselben direkt gewonnen wird, so dienen doch häufig die bei der Verarbeitung übriggebliebenen Rückstände noch zu einem schließlichen Silberausbringen.

Von Kupfererzen sind für den Bergbau wichtig das Rotkupfererz, ein natürlich gebildetes Kupferoxydul, welches bis über 88 Prozent reines Kupfer enthalten kann; es kommt in vorzüglich schönen Kristallen am Ural und Altai, sonst aber noch an verschiedenen Orten vor. Wenn es mit Eisenoxydhydrat vermengt ist, führt es den Namen Ziegelerz. Seine Verarbeitung auf Kupfermetall ist eine sehr leichte.

Der Malachit ist kohlensaures Kupferoxyd mit einem Wassergehalt von 8 Prozent. Er findet sich sehr verbreitet, in den schönsten und größten Massen aber in Sibirien, wo die Demidoffschen Gruben bei Nishnij-Tagilsk die ausgezeichnetsten, auch als Schmucksteine in hohem Werte stehenden Stücke liefern. Es gibt dichte, erdige, kristallinische, blätterige und faserige Varietäten. Seine Farbe ist ein ausgezeichnetes, gewöhnlich durch zierliche Änderung unterbrochenes Grün, welches das Mineral auch als Malerfarbe verwendbar erscheinen läßt.

Verwandt in chemischer Beziehung und oft in Malachit übergehend ist die Kupferlasur, ein in schön blauen Kristallen vorkommendes Kupfererz, welches ebenfalls kohlensaures Kupferoxyd, daneben aber auch noch Kupferoxydhydrat enthält. Es gibt beim Verhütten gegen 55 Prozent reines Metall.

Die genannten Erze kommen aber im ganzen nur in geringer Menge auf der Erde vor und liefern trotz ihrer Reichhaltigkeit und leichten Verhüttung zu der allgemeinen Kupferproduktion nur einen verhälnismäßig geringen Beitrag. Anders ist es mit denjenigen Erzen, in welchen das Kupfer an Schwefel gebunden ist: Kupferglanz und Kupferkies.

Der Kupferglanz ist einfach Schwefelkupfer, bisweilen etwas Eisen enthaltend; er gehört zu den reichsten Kupfererzen, denn er enthält nahe an 80 Prozent Kupfer. Im Erzgebirge, Thüringen, Cornwall, Sibirien, Norwegen und in Nordamerika wird auf ihn gearbeitet. Als Kupfersilberglanz mit einem Anteil Schwefelsilber verbunden, haben wir das natürliche Schwefelkupfer schon unter den Silbererzen kennen gelernt. Mit Schwefeleisen dagegen bildet es diejenige Verbindung, welche für die Kupfergewinnung die höchste Bedeutung erlangt hat, da aus ihr bei weitem der größte Teil alles Kupfers dargestellt wird: den Kupferkies. Derselbe kommt an sehr vielen Orten der Erde (Erzgebirge, Mansfeld, Harz, Thüringen, Cornwall, Falun u. s. w.) vor als ein kristallisiertes Erz, doch auch derb und eingesprengt von schönem goldgelben und metallischen Ansehen, oft in bunten Farben schillernd; in seiner Gesellschaft findet sich gewöhnlich das Buntkupfererz, das, von ähnlicher Zusammensetzung, demselben Verhüttungsprozeß unterworfen wird.

Die Fahlerze sind Schwefelverbindungen sehr verschiedener Metalle; das Kupfer spielt quantitativ in ihnen die Hauptrolle; sie können jedoch als Silbererze für die Ausbeute einen höheren Wert erhalten, denn es kommt vor, daß der Silbergehalt in ihnen bis zu 31 Prozent steigt. In Südamerika, Copiasso, Santa Rosa in Chile und Bolivia findet sich neben andern Kupfererzen der Atakamit (Kupferoxyd und Kupferchlorid) in großen Massen; außerdem aber ist die Zahl der Mineralien, welche das für unsre Kultur so wichtig gewordene Metall enthalten, noch eine sehr große. Mit Schwefelantimon kommt das Kupfer im Kupferantimonglanz vor, auch im Antimonkupferglanz, in welchem noch Schwefelblei und Arsenik mit in die Gesellschaft eingetreten sind; mit Schwefelwismut im Kupferwismuterz, mit Schwefelzinn im Zinnkupfererz u. s. w. Eine ganz eigentümliche Vermengung aber haben gewisse Schwefelkupfererze, Kupferglanz, Buntkupfererz, Kupferkies in dem Mansfelder Kupferschiefer erfahren, einem der Zechsteinformation angehörigen mergeligen Schiefer, welcher von denselben förmlich durchdrungen ist. Bei der

Verhüttung müssen infolgedessen zwar sehr gewaltige Gesteinsmassen in Arbeit genommen werden, immerhin aber ist, wie die hohe Rente beweist, welche die Mansfelder Kuxe ihren Inhabern geben, die Ausbeute eine sehr lohnende, vorzüglich dadurch, daß ein geringer Silbergehalt sich findet, welcher bei 1—2 Zentner Kupfer auf 50 Zentner Kupferschiefer bis 40 g beträgt.

Von Quecksilbererzen ist besonders der natürlich vorkommende Zinnober zu erwähnen. Die Flüchtigkeit seiner beiden Bestandteile, Quecksilber und Schwefel, gestattet eine sehr leichte Verarbeitung. Als Fundorte haben Ruf Moschellandsberg in Rheinbayern, Idria, Almaden in Spanien und Neu-Almaden bei St. José in Kalifornien, wo das wertvolle Mineral wohl in größter Menge gewonnen wird.

Das einzige Zinnerz, aus welchem das Zinn hüttenmännisch im großen dargestellt wird, ist das allgemein Zinnerz oder Zinnstein genannte natürliche Zinnoxyd, mit $78,_6$ Zinn und $21,_4$ Sauerstoff. Er findet sich in einzelnen zu Körnern (Zinngraupen) abgerundeten Kristallen (Zwillinge) in den Seifen, wird aber auch aus dem Muttergestein gewonnen, in welchem er sich sowohl in derbem als kristallisierbarem Zustande findet. Es sind verhältnismäßig wenig Orte der Erde, wo dieses Erz vorkommt; Cornwall und Galicien in Spanien sind von alters her berühmt; außerdem findet es sich bei Altenberg und Zinnwald im sächsischen Erzgebirge, bei Schlaggenwald und Graupen in Böhmen und in reichlicher Menge in Bolivia, dessen Erzreichtum leider noch nicht die entsprechende Verwertung hat finden können.

Von dem Wismut wissen wir bereits, daß es nur in gediegenem Zustande auf dem Wege des Bergbaues gewonnen wird; es gibt zwar eine Reihe von Erzen, welche unter ihren Bestandteilen auch Wismut enthalten, man kann sie aber, weil sie in der Hauptsache auf andre Metalle verarbeitet werden, nicht eigentlich Wismuterze nennen; solche sind z. B. das Wismutfahlerz, der Wismutocker, das Nadelerz, der Wismutkobalt- und der Wismutnickelkies u. s. w. Auch das Antimon hat nur ein einziges Erz, welches genügend davon darbietet, so daß Bergbau darauf betrieben wird. Es ist dies das Grauspießglaserz oder der Antimonglanz, Schwefelantimon mit $71,_9$ Antimon und $28,_1$ Schwefel, welches im Erzgebirge, im Harz, Ungarn und Italien gebrochen wird.

Von Bleierzen steht für die Bleigewinnung der Bleiglanz (Schwefelblei mit $86,_{57}$ Prozent Blei) im Vordergrunde. Es gehört unter die häufigsten Erze und tritt in den verschiedenartigsten Gesteinsformationen auf. Häufig enthält derselbe einen geringen Anteil ($0,_{01}$—$0,_{03}$ Prozent) Schwefelsilber, das, so wenig es auch erscheint, seinen Wert doch wesentlich erhöht, denn es gestattet die Verarbeitung auf Silber und deckt dann allein einen nicht unbeträchtlichen Teil der Verhüttungskosten. Der Bleiglanz ist ein schönes bleigraues, aber in hohem Metallglanze strahlendes Erz, das vorzugsweise gern in Würfeln kristallisiert und beim Zerbrechen in Stücke mit lauter Würfelflächen spaltet. Von geringerer Wichtigkeit sind das Weißbleierz (kohlensaures Bleioxyd), das Grünbleierz (Chlorblei mit Arsenblei, gewöhnlich auch Phosphorsäure enthaltend), das Gelbbleierz, molybdänsaures, und das Rotbleierz, chromsaures Bleioxyd.

Als Zinkerz war in früheren Zeiten nur der Galmei (kohlensaures Zinkoxyd) in Verwendung. Aus ihm wurde das von alters her bekannte Messing mit dargestellt. Auch jetzt ist er, wo er in hinreichender Menge wie in Oberschlesien, bei Aachen, in Rheinpreußen und Belgien vorkommt, noch ein sehr geschätztes Material, doch hat man neuerdings auch die viel häufigere Zinkblende (Schwefelzink mit geringen Beimengungen andrer Schwefelmetalle) für die Zinkgewinnung nutzbar machen gelernt. Das Kieselzinkerz (kieselsaures Zinkoxyd mit $53,_7$ Prozent Zink) spielt dagegen eine sehr bescheidene Rolle, und dem Rotzinkerz (mit Mangan- und Eisenoxyd gefärbtem Zinkoxyd), welches in New Jersey in sehr reichhaltigen Lagern vorkommen soll, steht vielleicht in der Zukunft ein Einfluß auf die für die Technik der Neuzeit überaus wichtige Zinkgewinnung bevor.

Weniger für metallurgische Zwecke als für Zwecke der Glas- und Porzellanfabrikation und einige andre technisch-chemische Verwendungen sind die Kobalt-, Nickel-, Chrom-, Uran- und Manganerze von Wichtigkeit. Sie gehören zu den selteneren Vorkommnissen, und Bergbau darauf findet sich nur an wenig Orten der Erde. Das sächsische Erzgebirge, Schweden und der Harz stehen darunter in erster Reihe.

Kobalt und Nickel kommen fast immer zusammen vor: der Speißkobalt, ein gelblich silberweißes Erz, häufig schön glänzende Kristalle bildend, welches in den älteren Formationen in der Gesellschaft der Silber- und Kupfererze auftritt, besteht aus Kobalt (gewöhnlich mit etwas Nickel) und Arsen; der Glanzkobalt aus Schwefelkobalt und Arsenkobalt. Der letztere wird besonders in Schweden und Norwegen gewonnen, der erstere dagegen ist häufig im sächsischen Erzgebirge, außerdem aber auch in Ungarn und in Cornwall. Der Nickelgewinnung wegen wird auf Kupfernickel oder Rotnickelkies gebaut, ein rötliches Erz, welches trotz seines Namens keine Spur von Kupfer, sondern nur Arsenik ($56,_4$) und Nickel ($43,_6$) enthält; ferner auf Nickelglanz, eine Verbindung von Schwefelnickel, Nickelarsenik und Schwefeleisen, Weißnickelkies u. s. w.

Das Chromeisenerz, eine natürliche Verbindung von Chromoxyd, Thonerde und Eisenoxydul, hat ein verhältnismäßig seltenes Vorkommen, und daraus bestimmt sich auch der hohe Preis, in welchem Chrompräparate, die einzig aus diesem Mineral hergestellt werden können, stehen. Das Chromeisenerz findet sich in Norwegen, Schlesien und Steiermark, an mehreren Punkten Nordamerikas, im Ural u. s. w., wo es fast überall auf Lagern im Serpentin auftritt. Noch seltener sind die Uranerze, zur Bereitung des in der Porzellanmalerei und in der Glasfabrikation als Farbstoff gebrauchten Uranoxyds. Die reichhaltigsten davon sind das Uranpecherz oder die Pechblende und der Uranocker. Wie aus dem Namen hervorgeht, ist ersteres von schwarzer Farbe; als Fundort ist das Erzgebirge, namentlich die Gegend um Johann-Georgenstadt und Joachimsthal, bekannt. Wir könnten dem Uran noch das verwandte Wolfram anschließen, welches in dem Erze gleichen Namens und in dem Wolframbleierz vorzüglich enthalten ist; allein dieses Metall hat bisher nur eine einzige Verwendung als Zusatz zu dem Stahl (Wolframstahl) gefunden, so daß seine Erze, welche überdies auch ziemlich selten sind, nur ausnahmsweise Gegenstand bergmännischer Aufsuchung wurden. Sie kommen im Erzgebirge (bei Zinnwald), im Harz, auch in England, Frankreich und Nordamerika vor.

Eigentlich nicht als Erze zur Darstellung des Reinmetalls, sondern lediglich als Mineralien und der Eigenschaften wegen, die sie in diesem natürlichen Zustande haben, werden von den Manganerzen der Braunstein oder Pyrolusit, das natürliche Mangansuperoxyd, aufgesucht, und in den meisten Fällen seiner Verwendung würde es gerechtfertigt sein, wenn man ihn eher ein Sauerstofferz als ein Manganerz nennen wollte. Der Mangangehalt kommt nur für einzelne Zwecke der Porzellanmalerei oder der Glasfabrikation in Betracht, und deshalb sind die übrigen Manganerze, als: Manganspat, Mangankiesel, Crednerit, Manganglanz u. s. w., für den Bergbau nur von untergeordneter Bedeutung. Der Braunstein aber hat für viele technisch-chemische Gewerbe, vorzüglich zur Chlor- und Chlorkalkbereitung, eine hohe Wichtigkeit; er wird in größter Menge im Nassauischen gewonnen und stellt meist derbe und erdige Massen von schwarzgrauer bis schwarzer Farbe vor, in welchen häufig kleine, nadelförmige Kristalle zerstreut liegen.

Wenden wir uns jetzt noch zu den wichtigsten Erzen, welche überhaupt gegraben werden, zu den Eisenerzen, so haben wir eine ziemliche Anzahl zu betrachten, die alle, je nachdem sie in genügender Menge vorkommen, durch Bergbau gewonnen werden. Davon sind zuerst zu nennen der Magneteisenstein, häufig kristallisiert, meist aber derb in gewaltigen Lagermassen auftretend, von eisenschwarzer Farbe mit Metallglanz und oft mit der zunächst an ihm beobachteten Eigenschaft, das Eisen anzuziehen, welche nach ihm Magnetismus genannt worden ist. Er besteht aus Eisenoxydoxydul, ist in der Regel sehr rein und deshalb zur Darstellung guter Eisensorten geeignet. In ausgezeichneter Qualität findet sich das Magneteisenerz namentlich in Schweden und Norwegen, auch in Rußland, wo es das hauptsächlichste Rohmaterial für die Eisengewinnung ist. In andern Ländern kommt es zwar auch häufig, aber doch nicht, mit Ausnahme von Mexiko, in so großer Menge vor, um dieselbe Bedeutung für die Eisenproduktion beanspruchen zu dürfen, wie dort. Indes ist neuerlich bei Pirna in Sachsen ein mächtiges Lager des schönsten Erzes aufgethan worden. Eisenglanz und Roteisenstein sind beide von gleicher Zusammensetzung, denn sie bestehen aus Eisenoxyd, welches in erstgenanntem Erze gewöhnlich ganz rein, in letzterem dagegen oft mit Mergel und Thon gemengt erscheint. Der Eisenglanz zeigt häufig, wie in den reichen Lagerstätten der Insel Elba, sehr schöne Kristalle; das Roteisenerz ist derb, oder die Tendenz zu kristallisieren hat nur ein faseriges Gefüge bewirken können. Eine schöne und hochgeschätzte Varietät desselben ist der sogenannte **Glaskopf** oder **Blutstein**, welcher auch von Maurern als Schreibstift auf Steinen, zum Polieren u. s. w. gebraucht und neuerdings vielfach zu Schmuckgegenständen verarbeitet wird. Der Eisenbergbau in Sachsen sowie der auf dem Harz und an der Lahn (Nassau) hat fast ausschließlich die Gewinnung dieses Erzes zum Zweck.

Der **Brauneisenstein** mit dem **Gelbeisenstein**, ersterer mit Lehm und Thon gemischt, auch unter dem Namen **Bohnerz** oder **Linsenerz**, letzterer als **Raseneisenerz** vorkommend, sind Eisenoxydhydrat und, wie alle Umstände beweisen, keine ursprünglichen Bildungen, sondern aus solchen erst durch Zersetzung entstanden. Und zwar dürfte der Brauneisenstein aus dem verwitterten Spateisenstein, Schwefel- oder Magnetkies sich gebildet, der Raseneisenstein aber, dessen Bildung wir täglich noch vor unsern Augen vor sich gehen sehen, sich aus eisenhaltigen Wässern abgesetzt haben. Letzterer heißt deswegen und wegen seines oberirdischen Vorkommens auch **Sumpf-** oder **Wiesenerz**. Der Brauneisenstein kommt in älteren Formationen vor, so im rheinischen Übergangsgebirge, in Steiermark, Kärnten, Oberschlesien, Böhmen, in England, den Pyrenäen, Spanien, Sibirien, Nord- und Südamerika; das Wiesenerz besonders in den Moor- und Heidegegenden des nördlichen Deutschland, Holland, Dänemark, Schweden u. s. w. Ein vortreffliches Eisenmittel ist ferner der **Spateisenstein** oder der **Sphärosiderit**, welcher sowohl kristallisiert als auch in derben, bisweilen faserigen Varietäten vorkommt, welche letztere gewöhnlich mit Thon verunreinigt sind. Die einfache Zusammensetzung als kohlensaures Eisenoxydul läßt eine sehr leichte Verarbeitung auf gutes Eisen zu, und daher sind die Lagerstätten, wo Spateisenstein oder Sphärosiderit in großen Massen vorkommt, willkommene Veranlassungen zu vorteilhaftem Eisenhüttenbetriebe. Die reichhaltigsten Lager, welche auf Spateisenstein abgebaut werden, sind zu Eisenerz in Steiermark und zu Hüttenberg in Kärnten. Das **Blackband**, ein neben den Steinkohlen vorkommender schwarzer Eisenstein, auf welchen in England, Belgien und Westfalen großartige Hüttenanlagen errichtet worden sind, ist ebenfalls ein Eisenkarbonat.

Den Eisenerzen dürfen wir — wenn auch derselbe nicht auf metallisches Eisen verarbeitet wird — dennoch den **Schwefelkies** anschließen, weil derselbe unter seinen Bestandteilen außer dem Eisen nur noch Schwefel zählt. Es ist natürliches Doppelschwefeleisen und wegen seines häufigen Vorkommens und seines schönen goldgelben metallischen Aussehens, das schon häufig den Glauben an wertvolle Funde erweckt hat, allgemein bekannt. Man verarbeitet dies Mineral gewöhnlich auf Eisenvitriol und auf Schwefel, und in dieser letzteren Eigenschaft bildet es auch einen wichtigen Rohstoff für die Schwefelsäurefabrikation. Die schönsten Schwefelkieskristalle kommen von der Insel Elba; übrigens ist er ein Begleiter fast aller Erze und erscheint auch in nicht unbeträchtlichen Mengen in jüngeren Formationen, namentlich den Stein- und Braunkohlen eingelagert.

Solchergestalt hätten wir uns eine Übersicht über die hauptsächlichsten Erze verschafft. Neben ihnen existieren noch zahlreiche nutzbare Mineralien, auf die wohl auch Bergbau betrieben wird, so daß wir mit den angeführten Naturprodukten die Objekte der bergmännischen Thätigkeit keineswegs für erschöpft ansehen dürfen. An gelegener Stelle werden wir auf manche derselben noch zu sprechen kommen. Jetzt haben wir es ausschließlich mit den Erzen im engeren Sinne des Wortes zu thun und suchen uns vor allen Dingen darüber Aufklärung zu verschaffen, in welcher Art und unter was für Verhältnissen der Verteilung dieselben im Innern der Gebirge eingeschaltet sind. Denn darauf muß, wie wir schon jetzt begreifen, der Bergbau seine eigentümlichen Verfahren begründen.

Entstehung der Erze. Wie die Erze in den Gesteinen entstanden, d. h. wie die einzelnen Bestandteile sich zu der bestimmten Verbindung zusammengefunden haben, darüber können wir in vielen Fällen nur Vermutungen aufstellen. Wir können zwar die Umwandlung von Schwefelkies in Brauneisenstein, die von Kupferkies, Rotkupfererz u. dergl. in Atakamit, die von Kupferlasur in Malachit oder den Absatz von Raseneisenstein aus eisenhaltigen Wässern beobachten und hervorrufen. Dies alles sind aber sehr einfache Umsetzungen, welche noch dazu das Vorhandensein eines Erzes, das schon dieselben metallischen Stoffe enthält, voraussetzen. Woher dieses Erz gekommen und wie es sich in dem erzführenden Gestein ausgeschieden hat, das läßt sich nur selten nachweisen. Wahrscheinlich waren die metallischen Bestandteile den Gesteinsmassen schon beigemengt, als dieselben sich noch im glühendflüssigen Zustande befanden. Für gewisse Metalle wenigstens ist eine ungemeine Verbreitung nachgewiesen, welche meist nur der Menge nach so gering ist, daß sie es zu selbständiger, sichtbarer Mineralbildung nicht bringt. Aber der Glimmer, die Hornblende, die Feldspate u. s. w. können in ihrer Zusammensetzung die verschiedenartigsten Metalle mit aufnehmen, und wahrscheinlich ist dies auch, wenngleich in verhältnismäßig geringer Menge, von Anfang an der Fall gewesen. Hiernach haben die Gesteine sogleich bei ihrer Festwerdung diejenigen Stoffe enthalten, welche später als Erze sich daraus wieder absonderten. In vielen Fällen sind die schweren Metalle sogar von Haus aus in großer Menge in mineralische Verbindungen eingegangen, wie das Eisen beweist, welches ein wesentlicher Bestandteil vieler ganz allgemein verbreiteter Mineralien ist. Mitunter allerdings wird auch ihre Zufuhr erst später, nachdem die oberirdischen Verhältnisse schon eine dauernde Festigkeit erfahren hatten, erfolgt sein. Es erscheint dies begreiflich, wenn wir uns der Thatsache erinnern, daß in der stofflichen Welt etwas absolut Festes nicht existiert. Selbst in den Gesteinen, welche dem stählernen Bohrer kaum den Eintritt gestatten, in dem festesten Granit oder Porphyr, dürfen wir die einzelnen Stoffteilchen nicht in einer unwandelbaren Ruhe nebeneinander gelagert annehmen. Die mikroskopischen Untersuchungen der neuesten Zeit haben gezeigt, daß alle Felsarten von zahllosen Poren durchzogen sind, in denen Flüssigkeiten ihr auflösendes und den Übergang der Stoffe vermittelndes Spiel treiben. Wir nennen kurzweg eine Klasse von Anziehungen Elektrizität, eine andre Magnetismus, eine dritte chemische Verwandtschaft — in welcher Weise aber dieselben ausgleichend und von Atom zu Atom in Beziehung stehend, aus einer Hand in die andre gehend durch den ganzen Erdkörper hindurch wirken, davon können wir uns kaum eine sinnliche Vorstellung machen. Daß aber diese Wirkung existiert, das zeigen nicht nur die in den metamorphosierten Gesteinen zu Tage liegenden Resultate derselben; auch in den Ansammlungen der gediegenen Metalle treten Erscheinungen auf, welche die überraschendste Ähnlichkeit haben mit denjenigen Metallabscheidungen, die der elektrische Strom in den galvanoplastischen Apparaten hervorbringt. Sobald wir wissen, daß das festeste Gestein nicht undurchdringlich ist, werden wir genug Kräfte voraussetzen dürfen, welche zu Wanderungen veranlassen. Ist dies jetzt noch der Fall, um wieviel mehr zu Zeiten, wo noch ganz andre Wärmeverhältnisse auf und in unsrer Erde bestanden und jene verändernden Kräfte ihren Einfluß in ungleich stärkerem Grade geltend machten.

Mit den auflösenden Flüssigkeiten wanderten die spärlichen Metallteilchen, um an gewissen Stellen sich zusammen zu lagern und hier eine selbständige Rolle als Erze zu spielen.

Es ist deshalb auch keine Zufälligkeit, daß diejenigen Formationen, in denen der Stoffwechsel am längsten thätig gewesen ist, die ältesten Formationen der kristallinischen Schiefergesteine und die ersten Sedimentgesteine, die silurische, devonische, die Steinkohlen- und die permische Formation, die reichsten Lagerstätten umschließen und daß die Fundorte der edlen Metalle und Edelsteine vorzugsweise an diese oder die aus ihnen herrührenden Schuttmassen, die Seifen, gebunden sind. Mit der Zeit wird vielleicht auch in den jüngeren Formationen jener Anreicherungsprozeß ähnliche Resultate bewirken. Jetzt enthält die Triasformation hauptsächlich Steinsalz, daneben aber reiche Lager von Eisenerzen, welche, wie wir bereits gesehen haben, auch in den noch weiter nach oben liegenden Bildungen vorkommen. Streng genommen ist mit Ausnahme der jüngeren rein vulkanischen Gesteine, Basalt, Phonolith, Lava u. s. w., keines ganz leer von Erzen.

Die **Art des Vorkommens der Erze** ist eine sehr verschiedene; bald füllen sie mehr oder weniger weit nach Breite und Tiefe sich erstreckende Spaltungsräume mit annähernd parallelen Wänden aus und heißen dann Gänge; bald sind sie als Lager und Flötze den Gesteinen eingeschichtet, als plattenförmige Einlagerungen, welche mit dem umgebenden Schichtensystem in bezug auf die Richtung der Ausbreitung, das Fallen und Streichen, übereinstimmen, wie es die Stein- und Braunkohlen in ausgezeichneter Weise verdeutlichen; bald endlich treten sie als Stöcke auf: das sind Erzmassen von ganz unregelmäßiger Gestalt, linsenförmig, verästelt und in die einschließenden Gesteine eingreifend, manchmal mit einer bestimmt ausgesprochenen Richtung des Streichens und Fallens, häufig aber ganz ohne eine solche. Einzelne Punkte, an welchen sich Erze in besonders reichlicher Menge angesammelt haben, heißen auch Nester; sie kommen in Gängen sowohl als in Stöcken vor, man darf aber nicht glauben, daß diese Partien durchweg aus Erzmasse bestehen, vielmehr sind auch hier andre Mineralien mit den rein metallischen vermengt, oder letztere treten nur als besonders häufige Einsprenglinge im Gesteine auf. Die Seifen endlich sind sekundäre Bildungen, aus den Überresten verwitterter Urgesteine entstanden, in denen diejenigen Erzbestandteile, welche den Einflüssen des Wassers und der Atmosphäre entgingen, mit verblieben sind und sich infolge eines natürlichen Schlämmprozesses kraft ihres höheren spezifischen Gewichts in gewissen Schichten reichlicher zusammengefunden haben, als sie vordem in derselben Menge festen Gesteins enthalten waren.

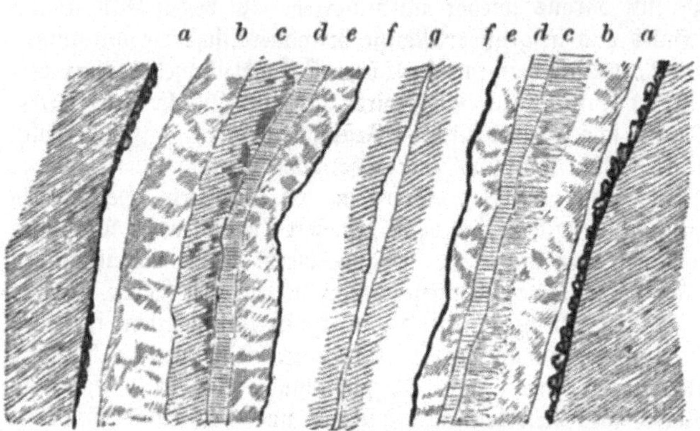

Fig. 46. Vertikaldurchschnitt eines Ganges.

Betrachten wir, indem wir die Fig. 46 und 47 zu Grunde legen, die Gänge als die interessanteste und häufigste Art des Vorkommens etwas näher, so können wir uns ihre Entstehung, wenn wir an der Idee festhalten, daß sie überhaupt sich auf Klüften, Spaltungsräumen, die im Innern der Gesteine durch gewaltsame Zerreißung entstanden, gebildet haben, auf verschiedene Weise deuten. Es konnten von der Oberfläche her an den Wänden der Kluft herab mineralische Gewässer in die Tiefe sickern, aus denen sich die mineralischen und metallischen Bestandteile absetzten und Schicht auf Schicht bildeten, welche nach der Mitte zu allmählich den Raum ausfüllten. Oder die Gangausfüllung kann von untenher durch Sublimation mineralischer Stoffe oder durch Auftrieb glühend geschmolzener Massen entstanden sein; endlich auch können verschiedene dieser Bildungsweisen nacheinander teilgenommen haben. Obgleich die letzten beiden Möglichkeiten nicht ganz ausgeschlossen sind, so weist doch die bei weitem größte Mehrzahl der Fälle darauf hin, daß, wie schon angegeben worden, das Wasser die Zuführung besorgt hat. Wenn wir Gangstücke von entsprechendem Umfange betrachten, oder noch besser uns gleich den Durchschnitt eines großen Ganges ansehen, so finden wir denselben von sehr verschiedenen Bildungen erfüllt. In unsrer Abbildung Fig. 46 sind die verschiedenartigen Ausfüllungsmassen durch verschiedene Schraffierung voneinander abgegrenzt; die gleichartigen und gleichzeitig zum Absatz gelangten liegen symmetrisch von der Mitte aus zu beiden Seiten. aa die ersten an den gewöhnlich durch Abschleifung aneinander spiegelglatt gewordenen Zerreißungsflächen des Muttergesteins abgelagerten Schichten heißen die Saalbänder des Ganges, sie sind in der Regel thoniger oder erziger Natur; darauf folgen Flußspat, Blende, Kalkspat, Schwerspat, Quarz, Strahlkies und andre Mineralien in wechselnder Anordnung, Erznester umschließend und auf der innersten, bisweilen noch nicht geschlossenen Spalte (g) schöne kristallene Drusen zeigend. Oft finden sich auch innerhalb der Gänge eingebettet Bruchstücke des

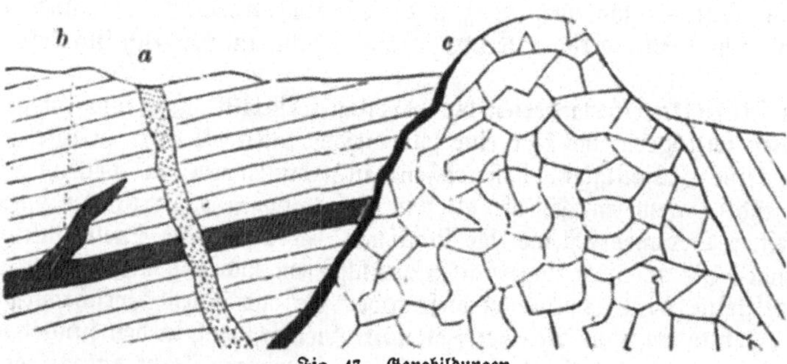

Fig. 47. Gangbildungen.

Muttergesteins, welche bei der Zerklüftung desselben losgerissen und an dem Herabfallen durch Verengerung der Spalte gehindert worden sind. Derartiges schwebendes Gestein hat ebenfalls Saalbänder von ganz derselben Beschaffenheit wie der Gang selbst. — Außer den gewöhnlichen Gängen a, deren Klüfte sich durch Zerreißung der Gebirgsmasse gebildet haben, gibt es noch sogenannte Lagergänge b, welche durch Einlagerung zwischen den Schichten der Gesteine entstanden sind, die letzteren um ihre Mächtigkeit verdrängt haben, häufig auch durch Ausläufer in die Schichten selbst einbrechen; und endlich noch Kontaktgänge c auf Klüften, die von unten hereinbrechende Gesteine gebildet haben; in Fig. 47 sind diese drei verschiedenen Arten nebeneinander abgebildet. Zu bemerken ist noch, daß die Gänge nicht immer ihren ursprünglichen, stetigen Verlauf behalten haben, sondern, da sie den späteren Störungen des Gebirges in gleicher Weise wie dieses selbst mit ausgesetzt waren, auch dieselben Verwerfungen, Verquetschungen, Biegungen und sonstige Lagenänderungen zeigen, die wir dort antreffen.

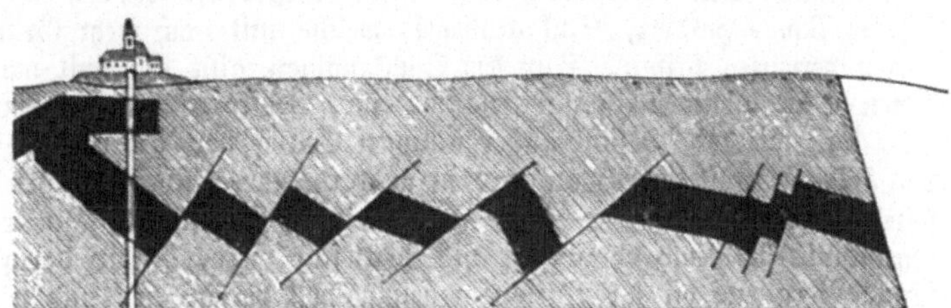

Fig. 48. Kohlenlager bei Vieille-Pompe mit Verwerfungen.

Die Lager und Flötze sind ursprünglich mehr oder weniger in horizontaler Lage zum Absatz gekommen und späterhin erst von den jetzt darüber liegenden Schichten bedeckt worden. Ihre Ausbreitung ist daher eigentlich eine wagerechte, wenngleich mannigfaltige Veränderungen: Biegungen in Sättel, Mulden und Wellen, Knickungen, Stauchungen, Zerreißungen, Verwerfungen, Aufrichtungen, sogar Überkippungen im Verlaufe der späteren geologischen Perioden, stattgefunden und die anfängliche Richtung gestört haben, so daß ungestörte Lager jetzt nur noch ausnahmsweise vorkommen. Die Sedimentformationen der Steinkohlen- und Juraperiode liefern dazu die ausgezeichnetsten Belege, von denen die Fig. 48 und 49 einige Anschauungen geben.

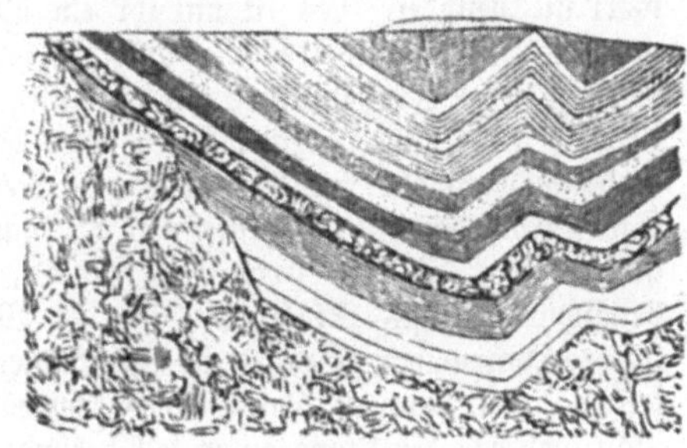

Fig. 49. Kohlenlager von Brassac, muldenförmig und geknickt.

Die Stöcke zeigen von Haus aus keine so regelmäßige Architektur wie die Gänge und Lager. Sie sind von ganz unregelmäßigem nieren- oder linsenförmigen Querschnitt, welcher nach den Seiten zu in schwächeren Partien ausläuft, häufig aber auch nach oben und unten sich in das Nebengestein verzweigt (Fig. 50). Die Stockwerke endlich heißen Anhäufungen von Gängen oder ähnlichen Spaltenausfüllungen, die sich innerhalb eines von der Hauptgebirgsmasse in der Regel verschiedenen Gesteins wiederholen und dem letzteren den Charakter eines großen Stockes geben. Bei dem Steinsalz werden wir Gelegenheit haben, für diese Art von Lagerstätten Beispiele zu finden.

Fig. 50. Stockdurchschnitt.

Aufsuchung und Abbau. Gewöhnlich leiten äußere Anzeichen auf das Vorhandensein von Lagerstätten hin, indem dieselben entweder zu Tage ausgehen oder durch abgelöste

Bruchstücke, Fundstufen, sich zu erkennen geben. Oft auch hat man für die Aufsuchung von Lagerstätten Anhalt in der Benennung von Bergen, Thälern, Flüssen oder Ortschaften, welche auf früher betriebenen, aber wieder aufgegebenen Bergbau oder wenigstens auf einzelne Funde hindeuten können. Solche Namen sind z. B. Zusammensetzungen mit Gruben, Hütten (Kutten), Seifen, Schlacken, Hammer, Schmiede u. s. w., ebenso mit Erz oder Metallbenennungen in den verschiedenen Namen: Goldberg, Eisenberg, Zinnwald, Goldlautern, Goldcronach, Silberberg und dergleichen. Außer den Namen finden sich häufig auch verlassene Baue, Halden, Schlackenhügel, welche mit noch mehr Grund das Vorkommen von Erzen vermuten lassen. Für den Sachkundigen gibt es somit mancherlei Umstände, aus denen er die lohnende Inangriffnahme eines Gebirges schließen kann.

Daß mit der Aussicht auf reichlichen Ertrag von jeher viel Schwindel getrieben und von Betrügern oft der Abbau nur in andrer Leute Taschen am gewinnbringendsten gehalten wurde, das ist leider eine nicht zu bestreitende Thatsache. Zu den hauptsächlichsten Aufregungsmitteln diente vorzüglich die Wünschelrute, hinter deren vorgeblichen Anzeichen schlaue Bergleute oft ihr Wissen geheimnisvoll verbargen, und welche noch öfter von gewissenlosen benutzt wurden, um die leicht erregbare Hoffnung zu erwecken.

Die Wünschelrute ist eine gabelförmig gespaltene Haselzwiesel oder auch ein gebogener dünner Stab, eine Rute, die in beiden Händen nach aufwärts getragen wird und die durch zuckende Bewegungen zu erkennen geben soll, ob ihr Träger sich in der Nähe von Erz- oder Wasseradern, oder auch in der Nähe andrer Gegenstände, deren Finden gerade wünschenswert ist, befindet. Es ist mit ihr ein ähnlicher Unfug wie mit dem Tischrücken getrieben worden, denn sie sollte im stande sein, auf alles nur Mögliche zu antworten. Die Bereitung dieses Zauberstabes geschah unter besonderen geheimnisvollen Beobachtungen. Die kräftigsten Wünschelruten mußten unter dem Beten des Rutensegens nachts 12 Uhr in der Johannisnacht oder in der Nacht zum Neujahr und womöglich nackend geschnitten werden. Sie wurden förmlich getauft und mit Namen versehen; eine kräftige Rute war besonders hochgehalten. Ihr Gebrauch ist sehr alt, und wenn auch nicht, wie die Rutengänger selbst behaupten, Mosis Stab, mit dem er Wasser aus dem Felsen der Wüste geschlagen, ein solches Instrument gewesen ist, so kannten doch schon die alten Römer den Gebrauch derselben. Seit dem 15. Jahrhundert wurde sie in Deutschland häufig zu Rate gezogen, allein nicht bloß von den Bergleuten selbst, sondern häufig von Schatzgräbern und, wie uns erzählt wird, ganz besonders auch von den frommen Landsknechten und dem Soldatenvolk des Dreißigjährigen Krieges, welches nach einem Chronikenschreiber „mit den beschworenen Zauberruten fast alles Geld, so sich unter Dach befunden, ausgelochert und manchem armen Mann dadurch wehe gethan und betrübet.“ Damals glaubten nicht nur die gewöhnlichen, sondern auch die höher stehenden Bergleute steif und fest an ihre Wirksamkeit.

Mit der Wünschelrute wird aber nur den Leuten das Geld aus der Tasche geholt, und es bedienen sich jetzt ihrer nur noch solche, denen man sie auf den Rücken zu schmecken geben sollte. Freilich entdecken die Rutengänger z. B. oft Wasser, allein dazu brauchten sie den Firlefanz nicht. Gewöhnlich wissen sie, weil sie als alte Bergleute sich eine gute Beurteilung der Erdschichten in ihrem Berufe angeeignet haben, wo Wasser zu finden ist, schon durch eine oberflächliche Betrachtung der Bodenverhältnisse, und sie lassen ihre Rute nur schlagen, um sich allein im Besitz geheimnisvoller Künste zu zeigen. Die Erfahrungen der Geognosie, Kompaß, Hammer und Erdbohrer sind bessere Bürgen für das Gelingen einer bergmännischen Unternehmung als alle Rutengänger zusammengenommen.

Hat man eine Lagerstätte durch das Ausgehende oder sonstwie angedeutet gefunden, so geht man ihr nach und sucht sie zu entblößen. Ist der Gangstock oder das Lager gefunden, so sucht man sein Streichen, Fallen und seine Mächtigkeit zu ermitteln durch Schürfen, wobei die Erde in senkrechter Richtung geöffnet wird, oder indem man ihm mit Röschen, grubenartigen Vertiefungen, auf größere Länge geführt, nachgeht. Um das Unterirdische auszuforschen, wendet man den Erdbohrer an, dessen Bedeutung wir schon kennen gelernt haben.

Ist das Lager wirklich bauwürdig, so geht es an die Vorarbeiten zum Abbau. Bei zu Tage ausgehenden Lagerstätten wird durch die gewöhnliche Füllarbeit die obenauf liegende Dammerde, Seifengebirge, Sand, Grus u. s. w. beseitigt, auch das Lager selbst, wenn es, wie Braunkohlen oder Seifen, aus leicht zu bewältigenden Massen besteht, in solcher Weise abgebaut. Für die Arbeit in das festere Gestein sind je nach dem Zusammenhalt, der Schichtung oder Zerklüftung, der Härte u. s. w. verschiedene Verfahren und Werkzeuge in Gebrauch, welche wir der Hauptsache nach schon bei den Steinbrecherarbeiten kennen gelernt haben. Wir können um so eher auf jene Stelle verweisen, als wir dort das Gezähe, wie der Bergmann seine Werkzeuge nennt, gleich in derjenigen Vollständigkeit behandelt haben, welche auch die der Hauptsache nach mehr dem reinen Bergbau angehörenden Hilfsmittel in ihren Bereich gezogen hat. Füllarbeit, Keilhauerarbeit, die Arbeit mit Schlegel und Eisen, Bohren und Sprengen kommen hier wie dort vor, vielleicht ist nur das veraltete Feuersetzen eine Gewinnungsmethode, welche zufällig in entlegenen, holzreichen Grubendistrikten vorzugsweise noch von Bergleuten angewendet wird.

Da der Bergbau bei den unterirdischen Aushöhlungen, welche das Suchen nach und das Abbauen von nutzbaren Mineralien bewirkt, nie die Rücksicht auf die Sicherheit außer acht lassen und nie vergessen darf, daß die Last des Gebirges einbrechen und schreckliche Verschüttungen hervorbringen kann, wenn ihr nicht die gehörigen Stützen gelassen oder gegeben werden, so hat alles mit ängstlicher Planmäßigkeit zu erfolgen.

Fig. 51. Das Schürfen. Nach Heuchlers Werk „Die Bergknappen".

Die Bergarbeiter, welche mit der Hand, beim Erzbergbau vorzugsweise mit Schlegel und Eisen, die Lostrennung verhältnismäßig kleiner Gesteinsstücke bewirken, heißen Häuer und ihre Arbeit die Häuerarbeit (s. Fig. 52). Die Stelle des Gesteins, wo gearbeitet wird, heißt in der Sprache des Bergmanns das Ort, daher Häuer vor Ort.

Das Sprengen muß nach einer gewissen Ordnung geschehen. Der hinterste Häuer schießt den sogenannten Steinbruch, die andern die folgenden Abteilungen nach. Der „Ganghäuer" überwacht die Anlage der Bohrlöcher, damit nicht dem gebohrten Loche zu viel oder zu wenig (Gestein) vorgegeben wird, und in ersterem Falle die Ladung zum Bohrloche herausgeht, ohne loszusprengen. Im Innern der Bergwerke handhabt aber der Bergmann, wozu ihn schon der beschränkte Raum nötigt, den Bohrer fast immer allein. Er setzt das Bohreisen, deren er viele von verschiedener Länge und Form, als Meißel-, Kreuz- und Kolbenbohrer, nacheinander gebraucht, auf das feste Gestein und führt mit dem Schlegel kurze, kräftige Schläge. Bald splittert das Gestein, und indem der Berghäuer seinen Bohrer fleißig dreht, entsteht eine kreisrunde Vertiefung oder Zubrüstung, endlich ein Loch, das er immer tiefer macht, je nach der Größe des Steins, welchen er absprengen will.

Ist das Bohrloch tief genug, etwa 50—60 cm, und 2—3 cm weit, so reinigt er es, füllt es mit der gehörigen Menge Pulver, ungefähr $1/3$ seiner Tiefe, setzt die Raumnadel ein, bringt oben auf die Ladung einen Pfropf von Papier, oder besser, er steckt in das Loch eine fertige Patrone mit dem entsprechenden Pulversatz und verrammelt den Raum über dem Pulver fest mit getrocknetem Lehm mittels eines eisernen Stabes, des Stampfers. Damit in der Verrammelung oder dem Besatz noch eine Öffnung bleibt, durch welche das ganz unten befindliche Sprengpulver entzündet werden kann, wird die Patrone an die 50—60 cm lange kupferne Raumnadel gespießt, nachdem dieselbe durch ein enges Schilfrohr hindurch geschoben worden, welches deren Berührung mit dem Gestein verhindert; sie bleibt im Bohrloche, bis dieses ganz zugerammelt ist. Die Schilfumhüllung schützt vor dem Feuerreißen, d. h. vor einer freiwilligen Entzündung. In die entstehende kleine Röhre durch den Besatz wird der Zünder gesteckt, ein mit Pulver gefülltes Schilfröhrchen, oder ein Sicherheitszünder, eine Hanfschnur mit Pulverbrei.

Fig. 62. Arbeiten vor Ort. Nach Heuchlers Werk „Die Bergknappen".

Am vorderen Ende des Zünders ist ein Stückchen starker Schwefelfaden, das Schwefelmännchen, angeklebt, welches angezündet wird. Ist dies bewerkstelligt, so flieht der Arbeiter so schnell als möglich in sicheres Versteck — wenige Sekunden noch und man hört einen dumpfdröhnenden Knall, das Ort ist mit Pulverdampf gefüllt. Kaum aber hat sich derselbe verzogen, so zeigt sich die Wirkung der wenigen Lot Pulver. Steinklumpen und Brocken liegen umher, und ein paar Stunden haben hingereicht, um eine Arbeit zu vollbringen, die vor Anwendung des Pulvers wochenlange harte Arbeit erfordert hätte. Jährlich werden bei der Sprengarbeit in Freiberg im Durchschnitt 3000 Zentner Pulver oder neuerdings wohl eine entsprechende Menge Dynamit gebraucht, da gegen 2 Millionen Bohrlöcher weggethan werden.

In den schwedischen Eisengruben, von denen viele sogenannte Tagebaue sind, brennt man zu gewissen Tageszeiten — in Dannemora zu Mittag, wenn die Arbeiter sich zur Ruhestunde hinauf begeben — ganze Batterien auf einmal los. Besondere Glocken geben Warnungszeichen; nach kurzer Stille bricht plötzlich aus den Tiefen ein furchtbarer Donner hervor, der lange nachhallt und in den Felsklüften hundertfältige Echos wachruft. Zuckende Blitze erleuchten das unterirdische Gebiet; es folgt Schlag auf Schlag gleich Kanonensalven, während einiger Minuten zittert der Boden, die nächste Umgebung schwankt wie bei Erdbeben; Gesteins- und Erzstücke fliegen aus schwarzen Rauchwolken empor; krachendes Geräusch verkündet das Einstürzen der Felsmassen in den Tiefen.

In der Neuzeit hat man das Handbohren hier und da auch beim Bergbau durch das Maschinenbohren ersetzt. Unsre Abbildung, Fig. 53, stellt eine mittels Handbetrieb arbeitende Bohrmaschine dar. Auf der Welle der beiden Schwungräder b sitzen Hebedaumen c, welche den Block f abwechselnd heben und loslassen. Beim Heben komprimiert ein mit dem Block fest verbundener Kolben die über ihm im Cylinder g befindliche Luft. Sobald der Block von dem Daumen losgelassen ist, wirft die zusammengepreßte Luft den unten an der Stange i (welche durch den Kolben luftdicht, aber verstellbar hindurchgeführt ist) angesetzten Bohrer mit Gewalt gegen das Gestein und arbeitet das Sprengloch auf diese Weise aus. Es liegt aber in der Art des Bergbaues, daß die Maschine kaum zu allgemeiner Einführung gelangen wird, und in sehr vielen Fällen wird die althergebrachte Handarbeit durch sie gar nicht ersetzt werden können.

Fig. 53. Handbohrmaschine von Jordan.

Älter als die Sprengarbeit ist die Methode des Feuersetzens, die sehr teuer und selbst da, wo sie bei pöltzigem, sehr festem Gestein als letztes Mittel noch in Anwendung war, z. B. in norwegischen Bergwerken, zu Altenberg und Felsöbanya, im Rammelsberg bei Goslar, jetzt wohl verlassen ist. Der Zweck derselben ist, den Berg, wie der Bergmann das Gestein nennt, zu trennen, indem durch die heftige Hitze ungleiche Ausdehnung der Felsmasse und dadurch die Lostrennung einzelner Stücke bewirkt wird; außerdem auch verflüchtigt die Glut das Wasser, welches in etwa schon vorhandenen Zwischenräumen enthalten ist, und die sich entwickelnden Dämpfe führen die Zerreißung weiter. Man hat für das Feuersetzen Vorrichtungen, breite Roste, welche oben und an den beiden Seiten mit starken Blechtafeln dachförmig überbaut sind, damit die Hitze zusammengehalten und auf eine Stelle hingeleitet werden kann. An der Vorder- und Hinterseite ist dieser Feuerherd offen und es kann immer die erforderliche Luft zur Flamme treten. Die Feuerung selbst geschieht mit Holz, welches auf dem Roste aufgeschichtet und entzündet wird. Gewöhnlich setzen die Häuer Sonnabend mittags solche Feuer und lassen sie Sonntags ausbrennen, so daß am Montag ihre Arbeit mit Schlägel und Eisen wieder beginnen kann, weil hinreichender Berg für eine Woche durchgebrannt ist. Das Feuersetzen gewährt einen phantastisch schönen Anblick, da oft 10—12 Feuer auf einer Strecke in verschiedener Höhe in Flammen stehen, jedes mindestens von einer Klafter Holz genährt. Mit ihren Gluten erfüllen sie den ganzen Raum, feuerzüngelnd an die Förste leckend und immer heftiger auflohend, je mehr die halbnackten Bergleute, gleich Feuergeistern, hinter eigentümlich ausschreitenden Schatten die Flammen schüren, bis sie selbst endlich, vom Rauch vertrieben, die Strecken verlassen müssen und die Gluthaufen für sich verglühen.

In beschränkterer Weise wird auch das Wasser angewandt, um die erzführenden Gesteine zu brechen. Es ist dies freilich nur da möglich, wo entweder zeitweilig eintretende große Kälte das in Ritzen und Spalten eingegossene Wasser rasch gefrieren macht, oder wo die Erze in einem lehmigen oder sandigen Mittel eingebettet liegen, wie in den Seifen und sonstigen alluvialen Anschwemmungen, in welchen sich die Goldfelder finden (s. Tonbild).

Grubenbau, Stollen und Schächte. Je nachdem nun das Vorkommen der nutzbaren Mineralien verschieden ist, so ist es auch die Art und Weise, der Lagerstätte anzukommen, die Grube zu betreiben. Grube heißt im allgemeinen ein unterirdischer Bau.

Liegt das Berggut, das man abbauen will, nicht merklich tief unter der Erdoberfläche, wie dies z. B. bei Schiefer-, Sandstein-, Kalk-, auch Eisensteinbrüchen (auf Rasen- und Wiesenerz) vorkommt, so baut man unter offenem Himmel, „zu Tage“ ab. In diesem Falle wird nur das deckende Erdreich, der fruchtbare Boden, weggeräumt, und die weitere Arbeit geschieht in ganz gewöhnlicher Weise mit Keilen, mittels Sprengens u. s. w. Große Tagebaue sind auf den mächtigen Eisensteinlagern bei Kladno in Böhmen, im Ural, in Schweden, auf vielen nassauischen und rheinischen Eisen- und einigen Kupferbergwerken, auf den Bleigruben in der Eifel, auf den reichen Galmei- und Bleigruben bei Scharlei, Tarnowitz in Oberschlesien und Altenberg bei Aachen.

Fig. 54. Ein Stollenmundloch. Nach Heuchlers Werk „Die Bergknappen“.

Indessen ist der Tagebau, obwohl die natürlichste Art, nur selten anwendbar, da nur wenige Mineralien so dicht unter der Oberfläche liegen, daß man sie auf diese leichte Art erreichen kann. Im Gegenteil muß gewöhnlich tief in das Innere eingedrungen werden, um an den Ort zu kommen, wo die eigentliche Ertragsarbeit beginnen kann.

Liegt die Lagerstätte nun so, daß man sie durch einen wagerechten oder ein wenig ansteigenden Gang erreichen kann, so treibt man einen solchen, einen sogenannten Stollen vom Tage in das Innere des Berges hinein, wo er sich dann in mehrere Abbaue (Strecken) oder in einzelne Abteilungen (Flügel) teilen kann. Das am Abhange des Berges Ausgehende des Stollens heißt das Stollenmundloch. Die Stollen dienen sowohl zur Kommunikation für die Bergleute als auch zur Ableitung der Grubenwässer. Durch das Tragwerk sind dieselben daher meist in zwei getrennte Räume geschieden: der untere, die Wassersaige genannt, zur Wetterung und Wasserabführung dienend, während in dem oberen gegangen, gefahren und gefördert wird. Man unterscheidet bei den Stollen Such- und Tage- sowie Erb- und Revierstollen. Erstere treibt man ein, um von dem Abhange des Gebirges aus die Lagerstätte zu erreichen; sie bringen auf kurze Entfernungen geringe, die letzteren, welche meist zur Wasserabführung angelegt werden, auf große Längen, bedeutende Teufen ein. Dadurch, daß die Erbstollen die Gewässer der benachbarten

Baue aufnehmen, genießen sie gewisse Rechte und schreibt sich ihr Name davon her. Die Länge der Stollen ist sehr verschieden, sie steigt von wenigen Lachtern bis zu vielen Tausenden. Im Freiberger Reviere hat der tiefe Fürstenstollen mit seinen nach allen Hauptgruben abgehenden Örtern allein eine Länge von einigen 20 Stunden. Durch den Georgsstollen am Harze, welcher, 1777 begonnen, in 22 Jahren von der Bergstadt Grund bis in die Grube Karolina bei Klausthal getrieben wurde, eine Länge von mehr als 5 Stunden hat und 300 m Teufe einbringt, wurden mit einem Male auf dem Rosenhofer Zuge 15 Wasserkünste, mehrere Schächte und viele Kunstsätze abgeworfen und dadurch große Ersparnis erzielt. Eine ebenso großartige Anlage ist der Kaiser Joseph II.-Erbstollen zu Schemnitz, der, im Jahre 1782 bei Zsarnowitz unweit Voznitz im Granthale angeschlagen, alle Schemnitzer Grubenwerke zum Behuf der Wasserlösung unterfahrend, eine Länge von 16 230 m erreicht und dem tiefsten Amaliaschachte eine Teufe von 540 m verleiht. In Altenberg fährt man auf dem dort befindlichen Zwitterstocksstollen an und in der nächsten Stadt, Geising, wieder aus. Am Rathausberge bei Gastein geht der berühmte, 3300 m lange Christophsstollen durch den ganzen Berg hindurch. Sehr bemerkenswert ist noch der neue Rothschönberger Stollen unter Freiberg, dessen Länge ziemlich 40 km beträgt. Obgleich an acht verschiedenen Punkten gleichzeitig von sogenannten Lichtlöchern (Schächten) aus begonnen, so ist er doch, trotzdem schon seit 1843 an ihm gearbeitet worden, noch nicht vollendet. Er wird gegen 15 km lang und für den Freiberger Bergbau von größtem Nutzen sein, da er viel tiefer liegt als die jetzigen Stollen und alle Grubenwasser abzuzapfen vermag. Seine Mündung (das Mundloch) liegt im Triebischthale, unfern Meißen.

Fig. 55. Gemauerte Abzugsstollen mit Tragwerk.

Die Decke einer Strecke oder eines Stollens nennt man Förste oder First, den Boden die Sohle, die Seiten Ulmen; das Ende der Strecke heißt Ort (alter Ausdruck für Spitze, Ende, Endigung), daher der Ausdruck „vor Ort“.

Sehr wenige Gesteine besitzen die zusammenhängende Struktur und eine so gleichmäßige Festigkeit, daß man die Stollen nur einfach auszuarbeiten brauchte. Man wird dem Herabfallen und Verdrücken vielmehr immer durch vermauerte Wölbungen u. s. w. zu begegnen haben. Kurze Strecken stützt man auch durch Verzimmerung, und die Mauerung wie die Zimmerung bilden einen sehr wichtigen Teil der bergmännischen Thätigkeit.

Fig. 56. Gemauerte Förderstrecke.

Außer diesen horizontalen Gängen treffen wir in den Bergwerken senkrechte oder wenig geneigte Aufgänge nach dem Tageslicht, sogenannte Schächte oder Schachte, brunnenartige Öffnungen mit rechtwinkelig vierseitigem Querschnitt, gleich der Feueresse, oder aber auch von kreisrundem oder elliptischem Querschnitt. Je nach dem Gebrauch belegt man die Schächte mit den Namen Untersuchungs-, Kommunikations-, Wetter-, Förder-, Zieh- oder Treibe-, Kunst-, Stangen-, Hänge-, Tageschächte und Lichtlöcher. Der Wetterschacht hat bloß für Ventilation zu sorgen, im Kunstschacht geht das Gestänge der Pumpwerke beim Erzbergbau, in der Regel Wassersäulenmaschinen, welche die Kunst genannt werden, und die Wettermaschine.

Gewöhnlich dienen solche Schächte nicht dazu, daß ihnen selbst die gut zu machenden Erze entnommen werden sollen, sondern man baut sie, entweder um die Arbeiter vor Ort zu bringen, und dann sind sie Fahrschächte, oder um die Erze darin an die Oberfläche der Erde zu schaffen, und dann nennt man sie **Förderschächte**; oft aber werden auch Schächte über Stollen und Strecken abgeteuft, in welchen der Luftwechsel nicht anders herzustellen ist, und solche Schächte nennt man **Wetter- oder Luftschächte**, auch Lichtlöcher.

Fig. 57. Verzimmerte Strecke.

Andre Schächte endlich dienen auch zur Förderung der Grubenwasser aus dem Tiefsten und heißen **Wasser- oder Maschinenschächte**. Sehr oft erfüllt auch ein Schacht doppelte Zwecke, namentlich sind die Fahrschächte fast immer auch Förderschächte. Ist ein Schacht zugleich Kunst-, Fahr- und Förderschacht, so wird er **Hauptschacht** genannt.

Fig. 58. Ein Hauptschacht mit Verzimmerung.

Beim Schachtabteufen muß die Regel festgehalten werden, daß die Richtung in die Tiefe genau senkrecht bleibt (**saigerer oder Richtschacht**); ein Schacht, der dieser Bedingung nicht entspricht, heißt in seine Stöße **verzogen** (donlegig); behält der Schacht in ganzer Teufe nicht ein und dasselbe Streichen, so nennt man ihn windflügelig. Bei Wasserhaltungs- und Förderungsschächten üben beide Unregelmäßigkeiten große Nachteile. Große Schachtanlagen findet man im sächsischen Erzgebirge, am Harz, in England und Belgien. Der Silbersegner Richtschacht z. B. ist seiner Länge nach in die gewöhnlichen Abteilungen, den Treibe-, Fahr- und Maschinenschacht, geteilt. Der Förderschacht hat 4 m, der Maschinenschacht, in welchem doppelte Wassersäulenmaschinen stehen, nach Erfordernis 3—6 m Länge bei 2 m Normalweite. Seine Teufe beträgt gegen 330 m.

Da das Gestein, durch welches die Schächte getrieben werden, nicht immer fest genug ist, um sich selbst zu halten, oft auch die Schichten desselben so steil einschießen, daß sie ein

Verquetschen der Schachtwände von der Seite her bewirken würden, so muß man auf künstliche Weise für die Sicherung sorgen. Man mauert die Schächte aus oder stützt ihre Wände durch Verzimmerung. Wie kunstvoll und geschickt solche Schächte durch Zimmerarbeit hergestellt werden, zeigen uns die Fig. 58 und 59, welche zugleich die Fahrten, Förderungs- und Wasserhaltungsgestänge klar veranschaulichen.

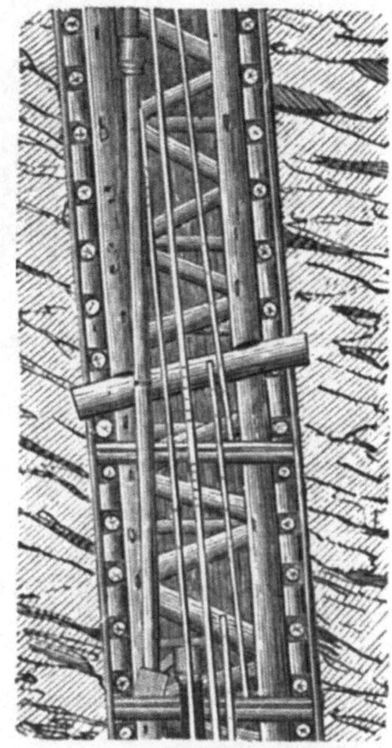

Fig. 59. Verzimmerter Schacht im Harz.

Vom Ingenieur Pötsch ist eine neue Art des Abteufens im „fließenden Gebirge" erfunden worden. Sie besteht im wesentlichen darin, daß eine wasserführende Erdschicht durch Absenken von Röhren, in welche eine unter dem Gefrierpunkt des Wassers erkaltete Lauge eingeführt wird, in ein Froststück umgewandelt wird, innerhalb dessen der Aushub des Bodens trocken bewerkstelligt werden kann. Zu diesem Zwecke wird ein System von etwa 200 mm weiten Röhren durch das fließende Gebirge bis in die darunter befindliche feste Schicht gesenkt. Der untere, nach innen konische Teil dieser Röhren wird durch einen getriebenen Holzpflock und darüber gebrachte Zement- und Teerlagen wasserdicht geschlossen. Alsdann wird in jede dieser Röhren eine 30 mm weite, unten offene Röhre hineingelassen und in diese von obenher die Kältelauge eingeführt. Letztere strömt aus der unteren Mündung der Röhre in den zwischen beiden Röhren befindlichen ringförmigen Zwischenraum und steigt in demselben wiederum in die Höhe, entzieht auf diesem Wege dem umgebenden Erdreich die Wärme und bringt dasselbe zum Gefrieren. Das Röhrensystem ist oben durch eine Fall- und Steigeröhre so mit der die Kältelauge fabrizierenden Eismaschine verbunden, daß die heruntergedrückte und wieder emporsteigende Lauge durch das Steigerohr wieder in die Eismaschine gelangt. Fig. 61 und 62 stellen das Kopf- und das Fußende der Röhren dar. In der Grube „Zentrum" bei Königs-Wusterhausen wurde nach diesem Verfahren eine Abteufung unternommen. Der Schacht war schon bis zu dem $4{,}_5$ m tief liegenden Grundwasserspiegel in gewöhnlicher Weise mit 48 qm Querschnitt abgeteuft worden. Die von da ab zu durchfahrenden Schichten bestanden oben im wesentlichen aus sandigem Thon, auf welchem eine mächtige Schicht scharfer Sand, grober Kies, Quarzsand, Seesand und dann das 30 m unter der Terrainoberfläche liegende Braunkohlenflötz folgte. Bis zu diesem hinunter wurden nun 16 eiserne Röhren von 1 m Abstand um den Schacht herum mittels Bohrer eingetrieben. Diese Arbeit

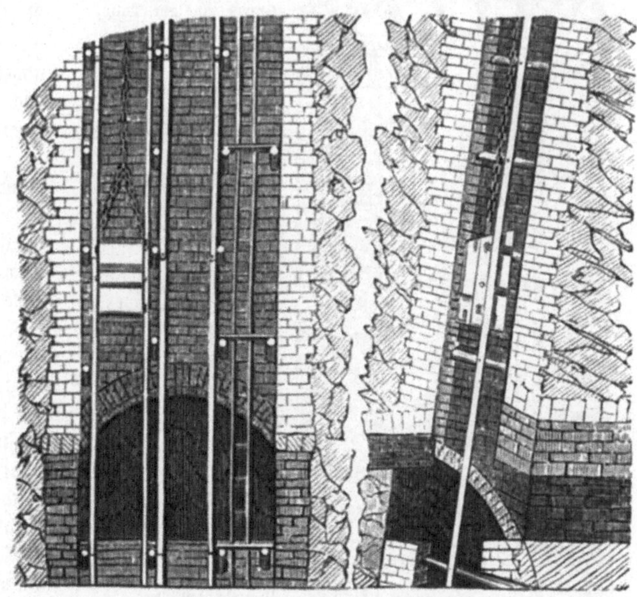

Fig. 60. Gemauerte Schachte im Harz.

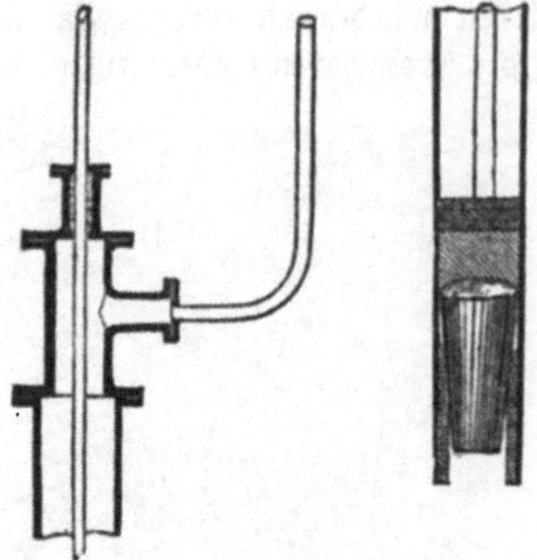

Fig. 61 u. 62. Kopf- und Fußende der Gefrierröhren.

war in fünf Wochen vollendet. In ca. 50 Tagen war die von den Röhren durchsetzte Bodenmasse von ca. 80 qm Querschnitt und 25,5 m Höhe, also 2000 cbm Inhalt, vollständig gefroren.

Fig. 63 und 64 veranschaulichen die Ausführungsweise im Grundriß und Vertikaldurchschnitt. Vorläufig bietet die Lösung des gefrorenen Bodens insofern noch Schwierigkeiten, als derselbe nur mittels Schlegel, Eisen und Keilhaue angegriffen werden kann. Es ist anzunehmen, daß hierfür noch Abhilfe geschaffen und das Verfahren auch in dieser Beziehung vervollkommnet wird. Jedenfalls kann man aber schon heute diese Erfindung als eine wichtige bezeichnen.

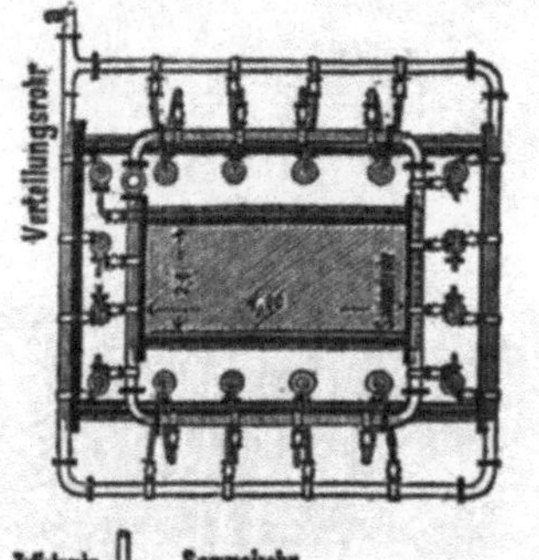

Abbau. Stollen und Schächte sind, wenn sie zur Aufsuchung oder Untersuchung der Lagerstätte dienen, Versuchsbaue, in allen andern Fällen jedoch Hilfsbaue. Verschieden davon sind die Abbaue; sie sind der eigentliche Zweck des Bergbaues, und ihre Anlage und Ausführung ist abhängig von der Natur der durch sie auszubeutenden Lagerstätte. Es wird nicht notwendig sein, erst hervorzuheben, wie auf wenig mächtige, aber sich weit in die Breite und in die Tiefe hinziehende Gänge oder Gangsysteme eine ganz andre Abbaumethode Platz zu greifen haben wird, als auf mächtige Stöcke oder Lager.

Fig. 63 und 64.
Grundriß und Durchschnitt des Schachtes auf der Grube „Zentrum".

Läßt sich auch eine strenge Einteilung und Klassifizierung der verschiedenen Abbaumethoden nicht durchführen, da die verschiedenen Verfahren häufig ineinander übergehen oder durch die Umstände abgeändert werden, so läßt sich doch im allgemeinen Folgendes darüber sagen.

Auf Gängen richtet der Bergmann Strossen-, Firsten- und Querbaue, auf Lagern Strebe-, Pfeiler-, Stoß-, Würfel-, auf Stöcken Bruch- und Stockwerksbaue vor.

Der Strossenbau geht auf die Herausarbeitung einer Gangmasse zwischen zwei Strecken. Unter der Sohle der oberen Strecke beginnen zwei Häuer die ganze Masse bis auf Lachtertiefe herauszuschlagen. Sobald sie einige Lachter söhlig (wagerecht) fortgerückt sind, folgen ihnen zwei andre Häuer, welche ganz in derselben Weise im Rücken der vorigen das Gestein herausarbeiten. Nach hinlänglich weiter Vorrückung wird auch die dritte, vierte u. s. w.

Strosse begonnen. Dadurch bekommt der Bau das Ansehen einer großartigen Treppe. Die neben den Erzen und Pochgängen fallenden tauben Mittel (nutzlose Steinstücke oder Berge) werden auf über den Köpfen der Arbeiter angebrachten Kasten verstürzt, d. h. rücklings geschüttet.

Fig. 65 zeigt uns das Innere eines in solcher Art im Abbau begriffenen Erzlagers, und zwar sehen wir in der unterhalb des horizontalen Stollens gelegenen Partie schon eine beträchtliche Anzahl der verzeichneten Quartiere strossenartig von oben nach unten abgebaut; in der oberen Hälfte dagegen schreitet der Abbau umgekehrt von unten nach oben.

Aus dem tauben Gestein entsteht in diesem Falle eine förmliche Halde, welche zwischen sich und dem anstehenden festen Gestein häufig nur einen geringen Raum läßt, in welchem die Bergleute arbeiten.

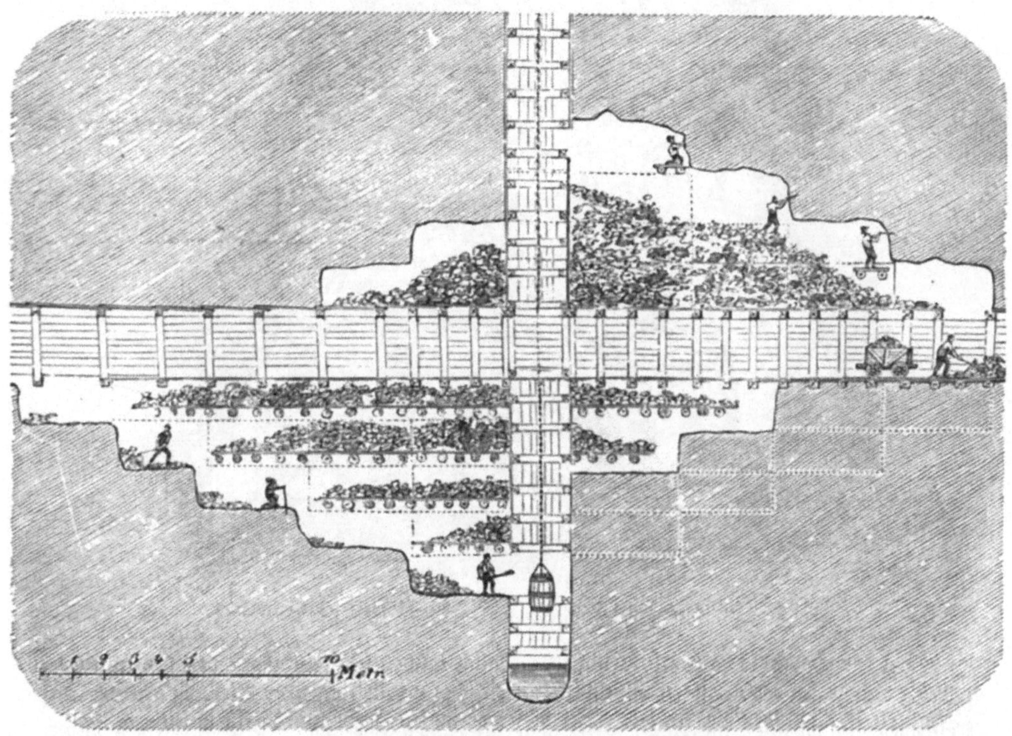

Fig. 65. Strossen- und Firstenbau mit Zimmerung in Schacht und Strecken.

Es ist diese Art der sogenannte Firstenbau oder Förstenbau, der sich vom vorigen nur dadurch auszeichnet, daß das Erzmittel eben von unten nach oben angegriffen und herausgehauen wird; er hat das Ansehen einer Treppe von der Kehrseite. Die Staffeln werden ebenfalls von Lachter zu Lachter abgeteilt, heißen aber Förstenstöße. Zur Sicherung dieser Räume verwendet man nicht allein Zimmerung und Mauerung, sondern läßt wohl auch unten eine Bergfeste stehen, welche die darüber lastenden Massen säulenartig zu tragen hat. Auf der linken Seite ist der Firstenbau eben erst in Angriff genommen, während rechts vom Schacht bereits vier Firstenstöße herausgearbeitet sind.

Beim Querbau wird zuerst auf dem Liegenden der Lagerstätte eine Strecke getrieben, welche mit dem Förderschacht in Verbindung steht: die Förderstrecke. Von dieser aus baut man ab rechtwinkelig nach dem Hangenden zu, in ganz analoger Weise, wie bei dem Firsten- oder Strossenbau, nur daß man die Strossen nicht von oben nach unten, sondern der Quere treibt: Querstrossen. Das taube Mittel, den toten Mann, verstürzt man zur Seite. Mit wenig Abänderungen könnte daher Fig. 65, welche den Vertikaldurchschnitt eines

Strossenbaues darstellt, den Horizontaldurchschnitt eines Querbaues illustriren, nur müßte dann der Schacht als eine horizontal verlaufende Strecke angesehen werden. Man teilt übrigens bei dem Querbau das auszuarbeitende Quartier der Lagermasse oder das Bergmittel in lauter lachterhohe Stöcke, die man nacheinander in Angriff nimmt und in derselben Weise abbaut.

Der Strebebau, in der Regel auf Lagern und Flötzen von geringer Mächtigkeit angewandt, wie im Mansfeldischen auf Kupferschiefer oder an vielen Orten auf Steinkohlen, richtet eigentlich auch liegende Strossen her. Denn es werden die einzelnen Quartiere, in welche das Arbeitsfeld geteilt ist und welche Streben heißen, in horizontaler Richtung söhlig umfahren und die leeren Berge sofort hinter den Arbeitern verstürzt.

Fig. 66. Ein Firstenbau im Innern. Nach Heuchlers Werk „Die Bergknappen".

Da der Ersparnis halber sowenig wie möglich taubes Gestein abgebaut wird, so müssen hier die Häuer bei der geringen Mächtigkeit der Flötze oft in liegender Stellung arbeiten, mit Keilhauen u. s. w. über die Achsel. Bei dieser geringen Höhe würde ein unzeitiges Niedergehen des hangenden Gesteins für den Arbeiter von den schrecklichsten Folgen sein; nichtsdestoweniger aber sind gerade diejenigen Gesteine, in denen vorzugsweise solche Krummhälsestrecken (wie der Strebebau von alters her auch noch heißt) angelegt werden, ganz besonders geneigt, einzugehen. Um dieses zu vermeiden, stützt der Bergmann das Hangende mittels hölzerner Stempel.

Krummhalsstreckenbau wurde schon von den Alten betrieben, denen in dem Schießpulver noch der mächtigste Bundesgenosse für Bewältigung des Gesteins fehlte und die daher gezwungen waren, möglichst sparsam abzubauen. In der Gegend von Ems ist man auf solche alte römische Baue gestoßen.

Der Pfeilerbau erfordert, daß erst eine Grundstrecke getrieben und 2—5 Lachter unter derselben die Sumpfstrecke zum Wassersammeln angelegt, von ersterer aus Bremsberge (geneigte Fahrbahnen) oder Diagonalen ausgelängt und als Strecken bis zu einer künstlichen Grenze durchgeführt werden; dann nimmt man die äußersten Enden zuerst in Angriff und läßt regelmäßig Pfeiler dazwischen stehen zur Stützung des Hangenden, welche aber schließlich, wenn die Natur des Gesteins ein gleichmäßiges und langsames Niedergehen garantiert, auch noch von hinten nach vorn zu ausgenommen werden.

Fig. 67. Markscheider bei der Grubenaufnahme.

Beim Stoßbau wird vom Schacht aus von 20 zu 20 m eine wagerechte Strecke zu beiden Seiten ausgelängt mit 2 m Höhe. Ist die Strecke weit genug vorgerückt, so wird ein neuer Streifen von 2 m Höhe angegriffen, die fallenden Berge werden verstürzt und die Förderung geht darüber weg wie beim Firstenbau. Am unzweckmäßigsten ist der Würfelbau, weil durch die stehenbleibenden Würfel die Hälfte des Materials unbenutzt bleibt, dabei verloren oder „zu Bruche“ geht. Die letztgenannten drei Methoden werden besonders bei dem Steinkohlenbau in Anwendung gebracht.

Stockwerksbau wird auf großen Erznieren betrieben, indem man vom Hauptschacht in verschiedenen Sohlen Strecken oder Längenörter nach allen Richtungen anlegt, die Mittel durch Eisenarbeit, Sprengen und Feuersetzen hereinnimmt, in großartiger Richtung söhlig fortgeht, neue Stöße aufsuchend. Innerhalb derselben können dann jedoch auch wieder andre Abbaumethoden statthaben, wenn die Ausdehnung und der Verlauf jener es gestattet. Wenn Teile dieser weiten Baue zu Bruche gehen, was infolge mangelhafter Stützung wohl bisweilen entstehen kann, so wirkt die Last der einstürzenden Gesteine dem Bergmann mitunter in unfreiwilliger Weise durch Lostrennung und Lockerung der Massen vor. Indem man aus dem Einsturz gewinnt, was zu gewinnen ist, betreibt man den Bruchbau, ein außerordentlich leichtes, allerdings aber völlig unrationelles Verfahren, das man gleichwohl bisweilen absichtlich vorbereitet.

Ausbau. Viele von den Gebirgsmassen stehen von selbst so, daß man alle Baue in ihnen vornehmen kann, ohne Stützen und Ausbaue zu bedürfen. Aber es gibt Fälle, wo die größte Vorsicht nötig ist, damit Menschenleben und Gruben nicht zu Grunde gehen. Um zerklüftetes und gepräges Gestein vor dem Hereingehen zu sichern, wendet man daher je nach Umständen Zimmerung, Bergversatz oder Mauerung an.

Die Zimmerlinge bedienen sich einfacher Werkzeuge: des Kaukamms, Treibefäustels und der Stollensäge. Im allgemeinen zerfällt der Ausbau mit Holz in Strecken- und Schachtzimmerung; bei ersterer sind als besondere Arten die Firsten-, Thürstock- und Getriebezimmerung hervorzuheben; letztere dient nicht allein zur Unterstützung des Gesteins, sondern ist auch erforderlich, um Fahrung und Befestigung der verschiedenen Maschinenteile herzustellen, was durch Einsetzen von Gevieren, Tragstempeln, Jöchern, Bolzen und sogenannter hängender Zimmerung geschieht. In die gezimmerten Schächte wird beständig Wasser geleitet, welches die Zimmerung feucht erhält und ihr eine längere Dauer gibt. Unter Bergversatz versteht man die Ausfüllung der hohlen Räume mit vorrätigem tauben Gestein oder Bergen, welche dadurch, daß sie sich ineinander setzen, fest wie Mauern werden.

Fig. 68. Eiserner Grubenausbau.

Überraschend für denjenigen, welcher zum erstenmal ein größeres Bergwerk befährt, sind aber die Maurerarbeiten, welche er dort häufig zu beobachten Gelegenheit findet. Von einer Kühnheit der Zeichnung und Sauberkeit der Ausführung, wie sie sind, lassen sie die Vermutung kaum aufkommen, daß sie der Festigkeit wegen aufgeführt sind. Obwohl teurer als Zimmerung, sichern sie doch die Räume besser und halten auf ewige Zeiten aus.

Die Mauerung in der Grube ist bei weitem schwerer als über Tage; bei Strecken bildet sie gewöhnlich flach gekrümmte Bogen, in Schachtstößen und Stollen ist sie am zweckmäßigsten elliptisch. Auf hinlänglich festem Gestein werden in den langen Schachtstößen und Füllortsöffnungen einzelne Tragebögen, am liebsten aus Granit, eingebracht, verklammert, mit Ziegelbögen überspannt, darauf die Mauerung teils aus harten Ziegeln, teils aus Bruchsteinen bis zu der sie stützenden Decke, der Hängebank, ausgeführt. Eine ganz eigentümliche Art der Mauerung zeigt die sogenannte Senkmauer, mittels welcher man die ausgehauenen Räume von oben nach unten befestigt, indem die Bergmaurer einen Raum zwischen zwei eichenen Kränzen ausmauern und dadurch einen Cylinder von Steinen bilden, der sich um so tiefer senkt, je mehr Lager von Steinen oben aufgemauert werden.

Neuerdings wird mitunter auch der Grubenausbau mittels Eisen bewerkstelligt, was namentlich in Deutschland an manchen Orten geschieht. Es werden hierzu die verschiedensten Profileisen verwendet. Fig. 68 zeigt z. B. eine Strecke in sehr brüchigem Gestein, von elliptischem Querschnitt, welche mit ovalen Rahmen aus I-Eisen versehen ist. Dieselben bestehen aus zwei, durch Laschen miteinander verbundenen Teilen. Die Räume zwischen den einzelnen Rahmen werden mit Bohlen überdeckt und dahinter die Berge, das nicht erzhaltige Gestein, verstürzt.

Es ist eine der ersten Verpflichtungen der Bergbeamten, darauf zu sehen, daß die Grubenräume allerwärts hinlänglich gegen den Einsturz und die Arbeiter vor dem Verschütten gesichert, mithin alle Abbaue tüchtig verzimmert, versetzt und gemauert sind. Daher ist eine Rücksichtnahme auf die in andern Teilen des Berges vorhandenen, in Ausführung befindlichen oder projektierten Baue ganz besonders notwendig. Es müssen Vermessungen und Verzeichnungen vorgenommen, Risse und Pläne angefertigt werden, welche über die Lage jedes Punktes Auskunft geben können, und damit beschäftigt sich eine besondere Klasse von Beamten, die Markscheider.

Fig. 69. Leiterfahrt.

Fig. 70. Wendelbahn.

Die Markscheidekunst arbeitet in ihrem unterirdischen Bereiche ganz nach denselben Methoden wie die oberirdische Feldmeßkunst. Da ihr aber für die Richtigkeit ihrer Ausführungen nicht die bequemen Kontrollmittel zu Diensten stehen, welche diese bei dem freien Überblick über ein großes Terrain sich verschaffen kann, so muß sie mit um so größerer Sorgfalt und Genauigkeit verfahren. Sie bedient sich wie der Seemann in ihrer sternenleeren Nacht des Kompasses als erster Richtschnur. Nach seinen Angaben trägt sie den in seiner Ausdehnung und seinen Winkeln genau gemessenen Verlauf der neuen Strecken, Stollen und Schächte in ihre Zeichnungen ein und vollendet so das Bild des durchlöcherten Berges in dem Maße, wie die Arbeiten innerhalb desselben fortschreiten. In neuerer Zeit hat jedoch der Gebrauch des Kompasses, wenn auch nicht für die gewöhnlichen, so doch für die höheren Aufgaben der Markscheidekunst einige Einschränkung erfahren, indem der Theodolith neben ihm in ausgedehntere Anwendung gekommen ist. Der Umstand, daß die Magnetnadel durch die Nähe großer Eisenmassen (und wie wir wissen, auch durch Magneteisenerz) Ablenkung in ihrer Richtung erfährt, und Lager der letzteren in vielen Gebirgen vorausgesetzt werden können, noch mehr aber die Thatsache, daß die Richtung der Magnetnadel periodischen Schwankungen unterworfen ist, lassen das auch gerechtfertigt erscheinen.

Jede größere Grube muß nun einen möglichst genauen Plan anfertigen, welcher allein die maßgebende Unterlage sein kann, wenn es sich darum handelt, neue Baue in Angriff zu nehmen, und welcher auch mit dem oberirdischen Grubenfelde in Übereinstimmung stehen muß.

Zur Orientierung in den verschiedenen Räumen eines Bergwerks sind in den Strecken an gewissen Stellen Marken in die Felswand eingeschlagen; außerdem aber haben die Baue sowohl im ganzen als in ihren einzelnen Teilen Namen.

Es ist merkwürdig, welchen Scharfsinn die Alten oft schon bei Anlegung ihrer Bergwerke gezeigt haben, obwohl ihnen die Arbeit viel schwieriger war und auch die rationellen Methoden der Vermessung u. s. w. nicht in dem Grade zu Gebote standen als heutzutage. Ihre Schächte, Stollen und Strecken sind daher in der Regel eng, und nur da, wo die Erze angestanden haben, sind weite Räume durch deren Abbau entstanden. Doch trifft man an einzelnen Stellen auch auf bequeme und sogar elegant hergestellte Hilfsbaue. Im Banat

Fig. 71. Einfahrt auf einer Rutsche.

trifft man auf altrömische Baue, welche elliptische Schächte und Stollenmundlöcher haben; in einer römischen Grube in Wales haben die Strecken eine Höhe von über 2 m.

In Cour majeur in Piemont sind auf Gängen die Strecken im Zickzack getrieben, so daß sie sich in den Spitzen vereinigen, wo allemal ein runder, saigerer (senkrechter) Schacht darauf trifft; zwischen den Strecken sind Pfeiler stehen gelassen. In Rio tinto in Spanien sind an einigen Stellen die ebenfalls römischen Baue ungeheuer weit und hoch, an andern wieder so eng, daß selbst ein schmächtiger Mensch kaum hindurch kann. Es gibt daselbst Räume von 40 m Länge und mehr als 30 m Höhe, kuppelförmig ausgehauen, ferner eine Menge sich kreuzender Strecken, zum Teil geneigt, bis 300 m lang.

Fig. 72. Förderung in schottischen Bergwerken.

Im ganzen charakterisiert sich der alte Bergbau durch zahlreiche enge und weniger tiefe Schächte, die wiederholt abgesetzt werden mußten, um bedeutende Teufen einzubringen, und ebenso waren die Strecken auf das äußerste eng und niedrig, oft in ihrer Richtung durch die Natur des Gesteins bedingt, da man von der ursprünglichen Richtung gern abging, wenn eine mildere Gesteinsart ein leichteres Arbeiten gestattete. Findet man doch noch in sächsischen Bergwerken Schächte von solcher Enge, daß man in ihnen schon durch Anstemmen der Knice und Ellbogen fortkommen kann.

Die neuere Bergbaukunst, der die Bewältigung der Gesteinsmassen durch Sprengen geringere Schwierigkeiten macht, richtet ihr Augenmerk dagegen auf möglichst weite Schächte und Strecken, den doppelten Vorteil günstigerer Ventilation und schnellerer Fahrung nicht aus dem Auge verlierend

Fahrung und Förderung, was bezeichnen diese beiden Ausdrücke, die in der bergmännischen Sprache eine so große Rolle spielen?

Unter Fahren versteht man die Fortbewegung von Menschen in Bergwerken; der Bergmann fährt in den Schacht ein, er durchfährt die Strecken und fährt wieder aus, wenn seine Schicht, seine Arbeitszeit, beendet ist. Das Gestein, Erze u. dgl. wird gefördert. — Das Fahren geschieht auf sehr verschiedenartige Weise. In vielen Gruben dienen dazu Leitern, welche nach Art von Fig. 69 in den Schacht hinabführen, in andern wieder schraubenförmige Wendelbahnen nach dem Prinzip, wie es Fig. 70 veranschaulicht. Die letzteren sind besonders in Belgien wieder in Anwendung gekommen, wo man sie aus Eisen herstellt und ihnen eine Steigung von 60—70° gibt, so daß sie sich den Leitern nähern. Die sogenannten Treppenschächte sind jedoch damit nicht zu verwechseln, da bei diesen die Stufen in das feste Gestein gehauen, wohl auch gemauert oder aus Holz hergestellt, aber immer so angebracht sind, daß die Stufen nur aus der Wandung heraustreten, das Innere des Schachtes aber zur Förderung frei bleibt. Geneigte Gesenke befährt man auch auf Rutschen, das sind zwei nebeneinander liegende und ganz glatt gehobelte Bäume, auf die sich der Einfahrende setzt und die unten, um das Aufstauchen zu vermeiden, in eine aufwärts gerichtete Krümmung verlaufen.

Fig. 73. Einfahrt auf der Tonne in einem französischen Kohlenwerk.

An der Wand zur Seite läuft neben der Bahn ein starkes Seil hinab, an das man sich zur Verminderung der Geschwindigkeit mittels eines starken Lederhandschuhs hält. Derartige Einfahrten findet man namentlich in Salzbergwerken, wie in Gastein, Wieliczka (s. Fig. 71).

Ist auch die letztere Art des Einfahrens eine sehr bequeme, so ist das Ausfahren auf dieselbe Weise doch nicht zu vollbringen, und gerade dies ist bei der Befahrung sehr tiefer Strecken so zeit- und kräfteraubend, daß man für ältere Bergleute namentlich gezwungen ist, die Leiter- und Treppenfahrten durch etwas andres zu ersetzen. Das nächstliegende und deshalb früher auch benutzte Auskunftsmittel ist, die Kraft, welche das Fördern der Erze besorgt, auch zur Heraufwindung der Menschen mit zu benutzen, zumal die durch Gewohnheit sorglos gewordenen Bergleute ohnedies überall darauf kommen, die leer in die Tiefe gehenden Tonnen zur raschen Einfahrt zu benutzen, indem sie sich in dieselben oder auf deren Ränder stellen und mit den Händen an dem Seile sich festhalten. Man hat deswegen besondere Fahrtonnen hier und da angewandt, namentlich in Belgien, Schweden 2c., in denen die Bergarbeiter auch wieder im Schachte emporgewunden werden; in andern Gegenden, wiewohl seltener, ist das Fahren auf dem Knebel noch in Gebrauch, bei welchem ein an dem Seile befestigtes Holzstück den Sitz vertritt. Allein diese Fahrmittel sind so überaus gefährlich, daß in neuerer Zeit überall ihre Abschaffung betrieben wird. Denn nicht nur, daß ein Reißen des Seiles für alle daran Hängenden verderblich werden muß, weil sie den Sturz durch die ganze Tiefe des Förderschachtes erfahren, so können auch Zufälligkeiten, wie das Herabfallen von Gestein oder Gezähstücken von oben, für Fahrende von den schlimmsten Folgen sein. Von diesen Gesichtspunkten aus hat man neuerdings der Idee erfolgreiche Beachtung geschenkt, das auf- und abgehende Gestänge für Beförderung der Menschen einzurichten, indem man an zwei nebeneinander befindlichen bis zum tiefsten Punkt des Schachtes reichenden Stangen, welche, in regelmäßigen Abständen von 60 cm mit Trittbrettern und entsprechenden Griffen versehen, sich abwechselnd auf und ab bewegen.

Fig. 74. Der deutsche Hund.

Fig. 75. Grubenhaspel.

Der Arbeiter tritt auf das Trittbrett des einen Gestänges und hält sich am zugehörigen Griff fest, wird vom aufwärts gehenden Gestänge um ein Gewisses emporgehoben, tritt dann rasch auf das gegenüber befindliche Trittbrett des andern Gestänges über, faßt den Griff daran und wird abermals emporgehoben 2c. Um Unglücksfällen durch Herabstürzen vorzubeugen und das Ausweichen entgegenkommenden Bergleuten gegenüber, welche die Fahrkunst zum Hinabsteigen benutzen, zu ermöglichen, sind von sechs zu sechs Lachtern sogenannte Bühnen oder Ruhebühnen angebracht, horizontale Böden von Brettern, abwechselnd auf der einen und auf der andern Seite des Gestänges derart, daß sie der Fahrende zu benutzen und auf jeder derselben auszusteigen gezwungen ist.

Das Verdienst, diese Fahrkünste eingeführt zu haben, gebührt dem Bergmeister Dörell zu Zellerfeld, welcher diesen Gedanken 1833 zur Ausführung brachte und die schon vorhandenen Gestänge der Wasserkünste zu dieser Fahrkunst benutzte.

Die **Förderung** ist insofern verschieden, als es sich bei ihr darum handeln kann, die losgearbeiteten Massen auf mehr oder weniger horizontalen Wegen (Streckenförderung) von den Örtern nach dem Förderschacht, oder aber in diesem letzteren vertikal aus dem Innern nach der Oberfläche zu bewegen (Schachtförderung). In ihren primitivsten Methoden kommen freilich beide überein, da bei denselben die Tragkraft des Menschen der Faktor ist. In manchen Fällen macht auch die besondere Natur der Baue andre Verfahren unanwendbar. Die Erze müssen in Körben auf dem Rücken transportiert werden, und in vielen Gruben, namentlich in Südamerika, besorgen Menschen die beschwerlichste aller Arbeiten.

Da jedoch, wo der Bergbau sich über die rohe Stufe des Raubbaues erhoben hat und nach rationellen Prinzipien betrieben wird, sind auch die mechanischen Hilfsmittel so viel nur immer möglich herbeigezogen, um die Förderung rasch, billig und sicher zu machen. Denn von ihrer Leistung hängt der Fortgang und Umfang der Gewinnungsarbeiten wesentlich ab. Nicht die Mächtigkeit eines Kohlenflötzes, nicht die Zahl der Häuer allein bestimmt beispielsweise die Lieferung eines Kohlenwerkes, sondern in erster Reihe die Ausdehnung der Förderung, der Umfang und die Anlage der Wege (Strecken und Schächte) und die Ausgiebigkeit der Förderkräfte.

Fig. 76. Das Füllort. Nach Heuchlers Werk „Die Bergknappen".

Die Streckenförderung geschieht fast durchgängig in Karren, deren Räder auf Schienen laufen und welche von Menschen geschoben werden. Die Eisenbahnen haben ihren Ursprung in solchen Schienenleitungen, welche in England in der ersten Hälfte des vorigen Jahrhunderts in Eisen ausgeführt wurden. In Kohlenwerken ist auch die Fortbewegung durch Lokomotiven versucht worden, hat aber soviel Übelstände im Gefolge gehabt, daß von ihrer allgemeinen Einführung abgesehen wurde. Zweckmäßiger stellt sich hier noch der Transport mittels Seil- oder Kettenzügen durch stehende Dampfmaschinen, wenn die Lufthaltung solche gestattet. Die am Ende der Strecke oder am Ausgang des Stollens aufgestellte Dampfmaschine treibt eine horizontale, um eine Achse drehbare Trommel, um welche ein Seil oder eine Kette ohne Ende geschlungen ist und am andern Ende der Strecke ebenfalls um eine lose Trommel läuft. Das Seil ist an der Stollendecke auf Rollen geführt und wird mit den zu befördernden Wagen gekuppelt. Es wird so die eine Seilhälfte für die Hinfahrt, die andre Hälfte zur Rückbewegung benutzt. Diese sogenannte Schwebekettenförderung kommt beim Stein- wie beim Kohlenbergbau mehr und mehr in Anwendung; für den Erzbergbau haben derartige Transportmethoden zur Zeit nur geringe Bedeutung, und eher wird vielleicht noch die Elektrizität einmal an der altüblichen Weise rütteln.

Die Förderkarren heißen Hunde; der Arbeiter, welcher sie schiebt, heißt Schlepper, führt hier und da auch den wohlklingenden Namen Hundejunge oder Hundestößer. Er bringt die Erzmittel bis an den Förderschacht, wo sie am Füllort in Tonnen oder Körbe umgeladen, durch den Anschläger an das Förderseil angehängt und durch die Fördermaschine nach oben gewunden werden. Hier und da werden die Karren auch auf geneigten Bahnen (sogenannten Bremsbergen) der Wirkung ihrer eignen Schwere überlassen, welche sie nach dem tiefer gelegenen Füllort treibt. An andern Orten gibt es förmlich eine unterirdische Schiffahrt, so wird z. B. auf dem Rosenhöfer Zuge bei Klausthal eine Strecke von 4 km Länge mit Förderschiffen befahren.

Fig. 77. Fahrstuhl mit Fangvorrichtung.

Je nach Umständen geschieht das Aufwinden mittels der Haspel, bei welcher sich das Förderseil um eine von den Haspelziehern in Umdrehung gesetzte horizontale Welle aufwickelt, oder mittels des Pferdegöpels. Bei diesem erfolgt die Aufwickelung um eine senkrechte Trommel in horizontalen Ringen, und wird die Überleitung aus der senkrechten Schachtrichtung des Seiles in die horizontale durch Leitrollen bewirkt. An dem Förderseile hängen gewöhnlich zwei Tonnen, so daß eine leere an dem sich abwickelnden Ende in die Tiefe geht, während die gefüllte emporsteigt. Die bewegende Kraft, Menschen-, Pferde- oder Maschinenkraft, arbeitet am Ausgange des Schachtes.

Da die Schächte oft sehr beträchtliche Tiefen erreichen und zu dem Gewicht der Tonnen auch noch die Eigenschwere des Seiles sich addiert, so ist es begreiflich, welch hohe Anforderungen an dessen Festigkeit gemacht werden. Im Harz sind zuerst die widerstandsfähigen Drahtseile angewandt worden, welche jetzt in ganz allgemeinem Gebrauch stehen. Nichtsdestoweniger kommen Unglücksfälle durch Seilbruch oder Zerreißen vor; die schweren Massen stürzen in die Tiefen und können namentlich in den Fällen, wo der Förderschacht zugleich Fahrschacht für die Mannschaft ist, schreckliches Unheil anrichten. Um dieses zu vermeiden, hat man Fangvorrichtungen eingeführt, welche die fallende Masse aufhalten. Es sind dies Apparate mit federnden Sperrklinken, welche beim Aufwärtsgehen an der aus Balken gezimmerten Führung schleifen, beim Fallen der Fördergefäße aber sich mit ihrer Schneide in dieselbe einstemmen und, durch das Gewicht der nach unten ziehenden Masse sich immer tiefer eindrängend, diese in der Schwebe halten und am Hinabstürzen verhindern. Die Fig. 77 und 78 zeigen einen Fahrstuhl mit solcher Fangvorrichtung, welche in Fig. 77 müßig, in Fig. 78 aber in Thätigkeit gesetzt worden ist. Hier sind gleich die Karren auf einen sogenannten Fahrstuhl gesetzt worden, was insofern von großem Vorteil ist, als das Umfüllen am Füllort dabei wegfällt und die Tageförderung von der Schachtmündung nach der Scheidebank bei Erzen oder bei andern Mineralien nach dem Verladungsplatze mittels eines und desselben Vehikels erfolgen kann.

Anstatt der Seilförderung hat man neuerdings auch Maschinen in Anwendung gebracht, welche analog der Fahrkunst durch zwei wechselweise auf und ab gehende Gestänge die Fördergefäße ruckweise emporheben und namentlich da erhebliche Vorteile versprechen, wo es sich um Herausschaffung möglichst großer Massen, wie im Kohlenbau, handelt.

Ventilation. Fahrung und Förderung sowie die ganze Grubenarbeit ist aber nur ermöglicht, wenn die Bedingungen erfüllt sind, unter denen die Arbeiter überhaupt zu existieren vermögen. Vor allen Dingen gehört dazu atembare Luft und Entfernung derjenigen Gase, welche für die Lungen schädlich sind. In Kohlenbergwerken entwickeln sich solche gefährliche Wetter, Schwaden, von selber und haben bei ihrer explosiven Natur schon häufig durch Entzündung die schrecklichsten Unglücksfälle herbeigeführt. Im Erzbergbau können sie zwar auch aus dem Gestein hervordringen, wäre dies aber auch nicht der Fall, so würde schon der gleichzeitige Aufenthalt vieler atmenden Menschen und brennenden Lichter die beste Luft allmählich desjenigen Sauerstoffgehaltes berauben, der zum Atmen unbedingt notwendig ist.

Fig. 78. Fahrstuhl nach erfolgtem Seilbruch.

Es ist daher von höchster Wichtigkeit, auf gute Wetter zu halten und die Betriebsräume zu lüften. Wir sehen auch, daß besondere Wetterschächte hier und da abgesenkt sind, welche frische Luft in die Strecken führen; dies allein reicht aber keineswegs hin, da die bösen Wetter zu schwer sind und sich mit der atmosphärischen Luft nicht sogleich vereinigen würden, wenn man nicht einen Luftzug vermittelte. Dies geschieht vermöge gewisser Durchschläge und Zwischengänge, die man zeitweise durch dichtschließende Thüren absperrt, so daß alle Luft auf bestimmten Wegen und langem Umzug jeden Raum durchstreichen muß. Der Wetterschacht würde aber seinen Zweck keineswegs vollständig erfüllen, wenn man nicht die aus dem Schacht kommende Luft leichter zu machen suchte, so daß sie von selbst das Bestreben hat, aufwärts zu steigen, und wo nötig sogenannte Blenden und Lotten anbrächte. Zu diesem Zweck ist der Schacht geteilt; die einstreichende Luft geht in der einen Hälfte abwärts, in der andern hingegen wird in einem unten befindlichen Ofen ein Feuer unterhalten, durch welches die Luft ausgedehnt wird und aus dem Schachte streicht. Zu bestimmten Jahreszeiten müssen sogar Maschinen aufgestellt werden, welche die verdorbenen Wetter saugen und dafür gute einblasen. Das geschieht durch Wettertrommeln, Flagriermaschinen und Wettersätze, welche nach verschiedenen Prinzipien ausgeführt werden und entweder wie gewöhnliche Pumpwerke wirken oder durch Zentrifugalkraft, ähnlich wie wir es schon im zweiten Bande bei Gelegenheit der Besprechung der atmosphärischen Eisenbahn gesehen haben. Je tiefer die Grubenbaue werden, um so notwendiger werden die Lüftungsmaschinen, weshalb solche z. B. in England, wo man die Kohlenfelder bereits auf enorme Tiefe abgetrieben hat, die Regel bilden. — Oft ist der Wetterwechsel auch ein natürlicher, durch den verschiedenen Druck hervorgebracht, welchen die Luft auf zwei oder mehrere in verschiedener Höhe des Berges ausgehende und im Innern miteinander in Verbindung stehende Stollen ausübt, und man sucht einen solchen gern durch besondere Anlage der Stollen zu erreichen. Auch hilft das Aufsetzen von Türmen, das Auftakeln des Schachtes, bis zu einem gewissen Grade für Hervorbringung solcher Niveauunterschiede u. s. w.

Fig. 79. Grubenlampe (Blende).

Neben den Wettern sind die Wasser zu bewältigen. Es können große Gefahren entstehen, wenn die an den Schachtwänden herablaufenden Tagewässer, oder die aus den Klüften hervorbrechenden Grundwässer keinen Ausweg finden und sich in den Gruben anstauen; sie müssen herausgeschafft, gewältigt, besonders durch Kunstgezeuge (Maschinen, welche Pumpen bewegen) auf die Stollen oder aus dem Sumpfbecken gleich zu Tage gehoben werden. Kleine Mengen staut der Knappe in Vorgesümpfe und pfitzt sie durch Kannen in Kübel. Die Einrichtung der Pumpen, Kunstsätze, ist gewöhnlich die einer Saug- oder Hubpumpe; doch werden auch mehrfach gußeiserne Druckpumpen angewendet. Von den bewegenden Maschinen sind oberschlächtige Wasserräder von 12—15 m Höhe, Kunsträder, unterirdisch aufgehangen, die gewöhnlichsten; an der Wasserradwelle stecken zwei große Krummzapfen, welche entweder unmittelbar oder durch Vermittelung eines Kunstkreuzes das Gestänge anheben, an welches die Pumpen angeschlossen sind. Jeder Umgang des Rades oder Anhub der Sätze signalisiert sich über Tage durch einen Schlag an ein Glöckchen, und das Aufhören dieses Zeichens würde auf einen Unfall an dem Kunstgezeuge schließen lassen. Turbinen und Dampfgezeuge zeigen im wesentlichen die bekannte Einrichtung, sind indessen durch Zwischengeschirre und Vorgelege von den gebräuchlichen unterschieden und verlangen jederzeit eine Umsetzung der bewegenden Kraft, da der schnelle Gang nicht von dem Gezeuge geteilt werden kann. Großartig erscheint das Spiel eines Wassersäulengezeuges, wo das Pumpengestänge durch die Kolbenstange der Wassersäulenmaschine aufgehoben wird. Das Prinzip dieser Maschine haben wir im zweiten Bande dieses Werkes erläutert. Es tritt Betriebswasser von oben durch eine lange Röhrenfahrt in den unteren Teil eines Cylinders und treibt den darin befindlichen Kolben, an dessen Stange die Pumpengestänge befestigt sind, aufwärts, worauf dann durch eine verschieden einzurichtende Steuerung der Wasserzutritt abgeschnitten und dem Wasser im Cylinder, Treibcylinder, ein Ausweg

Fig. 80. Grubenlampe.

eröffnet wird, was natürlich das Niedergehen des Kolbens zur Folge hat. Früher bestanden als Transmissionen für die Kraft die Feldgestänge, welche oft stundenweit reichten, jetzt aber fast ganz außer Anwendung gekommen sind. — Fehlt das Wasser oben, so sammelt es sich unten oft in unheilvoller Weise an. Denn wenn die Hebewerke nicht genug Aufschlagwasser für ihren Betrieb haben, so können sie ihre Arbeit nicht verrichten, und es wachsen die Grundwässer in der Grube oft dergestalt an, daß ganze Strecken sich damit unterfüllen und aus Wassermangel von oben ersaufen müssen. Wasser gibt aber in den Bergen nicht nur die billigste Bewegungskraft, sondern ist auch beim Wasch- und Satzprozeß unerläßlich. Die Wasserzuleitungsvorrichtungen sind daher oft sehr großartige Anlagen, und besonders bekannt sind in dieser Beziehung die Sammelanlagen des Freiberger Reviers. Stundenweit hat man die Bäche des Gebirgs herbeigeführt und Teiche bis zu 462000 qm Oberfläche und 2 Mill. cbm Inhalt angelegt. Gegen 1200 Wasserräder werden von diesen Aufschlagswässern bewegt, und um dies zu ermöglichen, ist ein Dritteil der Kunsträder tief unter Tage aufgehängt und fällt der Abfluß des einen Rades als Aufschlag dem andern zu. Die Grube „Zentrum“ bei Aachen hat sechs Kunsträder und vier Dampfmaschinen nötig, um eine Wassermasse von nahe an 20000 cbm täglich zu heben. In England waren die Zinnbergwerke von Cornwallis dergestalt ersoffen, daß deren

Fig. 81. Grubenlampe, im Harz gebräuchlich.

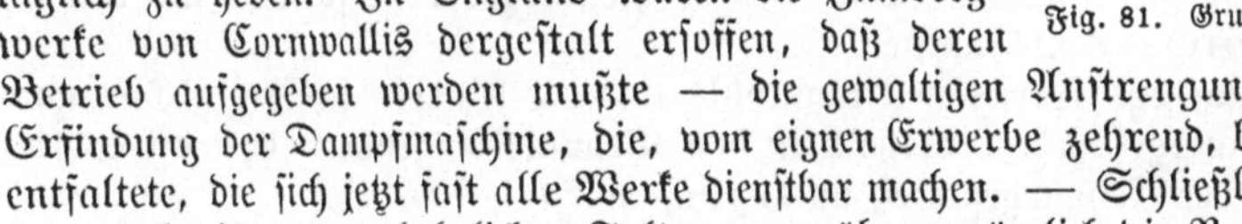

Betrieb aufgegeben werden mußte — die gewaltigen Anstrengungen führten damals zur Erfindung der Dampfmaschine, die, vom eignen Erwerbe zehrend, bald jene ungeheure Kraft entfaltete, die sich jetzt fast alle Werke dienstbar machen. — Schließlich haben wir beim Bergbau noch einen unentbehrlichen Faktor zu erwähnen, nämlich die Beleuchtung, oder, wie der Bergmann in seiner Sprache sich ausdrückt,

Das Geleuchte. In den seltensten Fällen wird das Tageslicht benutzt werden können, um die Arbeiten auszuführen; sobald dieselben unterirdisch werden, verschwindet der Unterschied von Tag und Nacht. Der Bergmann bindet sich deshalb in seiner Arbeitszeit nur so weit an den Wechsel von Morgen und Abend, als eine gleichmäßige Einteilung der Arbeitszeiten in die wöchentlichen Abrechnungsperioden etwa nötig erscheinen läßt. Er arbeitet nicht tageweise, sondern schichtweise. Jede Schicht dauert acht Stunden; indem er nun abwechselnd eine Schicht arbeitet, die andre ruht, kann er sich aller zwei Tage, nach Abzug der zum Schlafen nötigen zwei Ruheschichten, einmal acht Stunden lang wieder des hellen Sonnenlichts an der Oberfläche der Erde freuen.

In seinem unterirdischen Arbeitsbezirke aber herrscht ewige Nacht, die er durch künstliche Mittel erhellen muß. Daß dies nicht in allen Wegen mit denselben Hilfsmitteln ausführbar sein wird, welche die Technik für die Beleuchtung über der Erde an die Hand gibt, liegt in der Natur der Sache, denn das Licht des Bergmanns muß nicht nur so billig wie irgend möglich sein, es muß auch sich leicht handhaben, von einem Ort zum andern transportieren, nach jeder Richtung hin verwenden lassen und nirgends den Arbeiter behindern. Diesen Anforderungen entspricht die Lampe immer noch am besten; sie wird aber für die hier in Betracht kommenden speziellen Zwecke mancherlei Abänderungen erfahren müssen, welche sie von den sonst gebräuchlichen Einrichtungen unterscheidet. Hier und da sind auch Lichter oder Kerzen in Gebrauch, aus billigen Talgsorten angefertigt und mit

Fig. 82. Älteste Form der Davyschen Sicherheitslampe.

baumwollenem Docht versehen, welche wie die Lampen in einer inwendig mit Blech verkleideten Blende getragen werden. Allein im ganzen ist Öl oder Fischthran ein bequemeres und in den meisten Fällen auch billigeres Leuchtmaterial. Die Lampen haben je nach den Gegenden, der Kleidung, der Art des Abbaues, ja selbst nach der Natur des Gesteins, in welchem gearbeitet wird, eine sehr verschiedene Form. An manchen Orten trägt sie der Bergmann beim Fahren mittels eines Hakens in der linken Hand, an andern befestigt er sie am Gürtel, wieder an andern am Hut; vor Ort steckt er sie mit ihrer eisernen Spitze an geeigneter Stelle in dem Gestein oder in der Zimmerung fest. Wir wollen uns aber nicht dabei aufhalten, alle die verschiedenen Arten zu beschreiben, welche für die Zwecke des Bergmanns bis jetzt erfunden worden sind; besser als durch Worte werden hier die Vorstellungen durch Abbildungen erregt werden, und wir verweisen deshalb auf die Figuren 79—82.

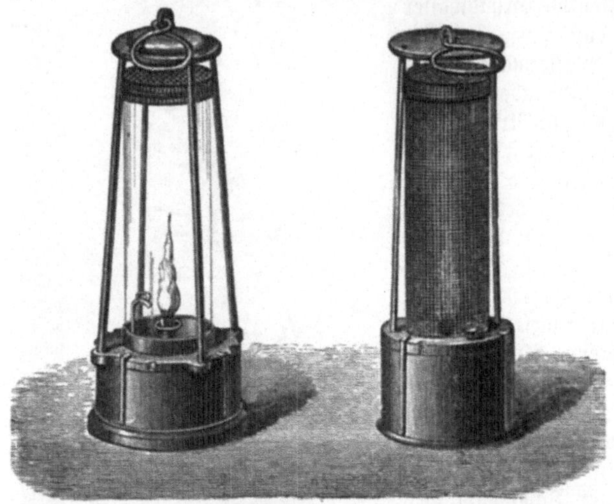

Fig. 83 und 84. Englische Konstruktionen der Sicherheitslampe.

Nur einer besonderen Lampe müssen wir uns eingehender zuwenden, weil sie ganz speziell für die Zwecke des Kohlenbergbaues erfunden worden ist, das ist die Davysche Sicherheitslampe.

Bei der Umwandlung des Torfes in Braunkohle und der letzteren in Steinkohle wird Kohlensäure und Wasser ausgeschieden, weshalb in den Braunkohlengruben sehr oft kohlensaures Gas die Luft für den Atmungsprozeß untauglich macht.

Verbesserte Sicherheitslampe:
Fig. 85 nach Meuseler; Fig. 86 nach Dubrulle; Fig. 87 mit Petroleum zu brennen.

Wenn die Steinkohle aber weiter in Anthracit und Graphit übergeht, trennt sich auch brennbares Kohlenwasserstoffgas von ihr, welches man häufig mit einem pfeifenden oder raschelnden Tone aus Klüftchen und Spältchen hervorbrechen hören kann. Dieses Gas entzündet sich leicht und ist, mit Sauerstoff der Atmosphäre beigemengt, explodierend. Die vielen Unglücksfälle, welche früher so häufig in den englischen, belgischen und französischen Kohlengruben vorfielen und oft in einem einzigen Augenblicke Hunderte von Menschenleben vernichteten, wurden durch solche Gasexplosionen (schlagende Wetter) veranlaßt. Entzündet flammt die Luft plötzlich in ihrer ganzen Masse; durch die Erschütterung der Explosion werden die Strecken und Schächte zugeworfen, die Gruben verschüttet.

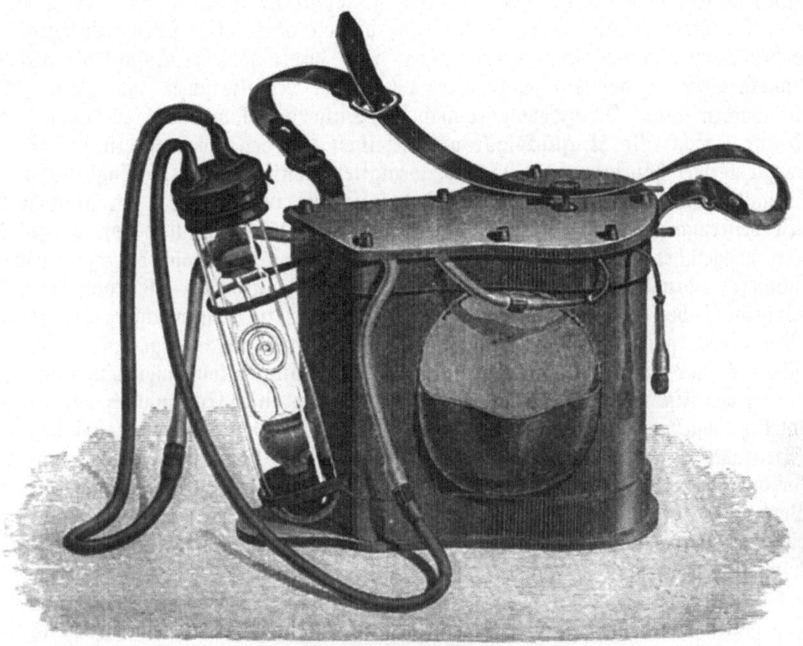

Fig. 88. Elektrische Grubenlampe.

Die Zerstörung ist gewöhnlich so gewaltig, daß nur geringe Hoffnungen bleiben, von den unglücklichen Begrabenen die etwa noch am Leben Befindlichen zu retten. Jede gewöhnliche Leuchte aber mußte die Knallluft entzünden und die Explosion hervorbringen. Hier ist die von dem englischen Physiker Humphrey Davy erfundene Sicherheitslampe ein unschätzbares Geschenk, das die Wissenschaft der Praxis gemacht hat.

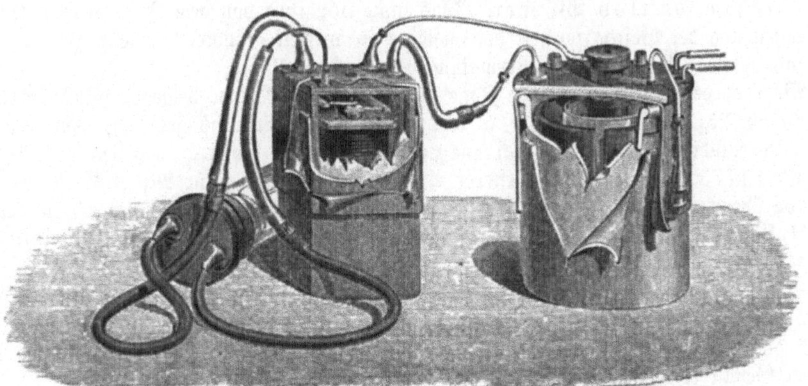

Fig. 89. Anordnung der Elemente der elektrischen Grubenlampe.

Sie besteht aus einer gewöhnlichen Lampe, welche mit einem Cylinder aus sehr feinem Kupferdrahtgewebe umgeben ist, der Licht zum Arbeiten durchdringen läßt.

Das Metallgewebe verteilt die Hitze so rasch, daß, wenn auch die Flamme in den Bereich des schädlichen Gases kommt, außenhin dasselbe nicht so weit erwärmt werden kann, als nötig wäre, um es zu entzünden. Die Gase können daher nur so weit brennen, als sie ins Innere des Drahtgehäuses eindringen, und diese Entzündungen sind ungefährlich, da sie sich durch den Draht nicht nach außen fortsetzen können.

Es versteht sich von selbst, daß in solcher Luft der Aufenthalt auch für den Menschen unmöglich wird, und die Davysche Vorrichtung, wenn sie in Wirksamkeit tritt, nur als ein Warner, keineswegs aber mehr als Geleuchte dienen darf. Ein starker Luftzug könnte die Spitze der Lampenflamme doch herausziehen, und dann hört die Schutzkraft auf. Das ist die schwache Seite an der Sache, zu deren praktischer Abhilfe schon eine Menge Vorschläge gemacht worden sind. Trotzdem aber auch die Sicherheitslampe noch Mängel hat, so darf man dennoch nicht alle Unglücksfälle auf dieselben schieben; vielmehr ist die Sorglosigkeit der Bergleute viel häufiger daran schuld, wenigstens entstehen die in England vorkommenden Ereignisse der Art fast immer aus Fahrlässigkeit in einer oder der andern Richtung.

Verbesserungen der Davyschen Sicherheitslampe sind namentlich von Engländern und Belgiern ausgeführt worden; wir können uns hier ersparen, auf die oft unwesentlichen Abweichungen einzugehen, da sich dieselben aus den Figuren 85—87 von selbst ergeben. Das Prinzip ist bei allen das von dem ersten Erfinder in Anwendung gebrachte.

Von einem ganz andern Gesichtspunkte aber ist man ausgegangen, als man das elektrische Licht zur Grubenbeleuchtung vorschlug und Lampen konstruierte, welche etwa in der Anordnung von Fig. 88 und 89 allerdings die Gefahr einer Entzündung der äußeren Luft fast gänzlich umgehen, bei der Kostspieligkeit ihrer Herstellung aber und bei der Subtilität ihrer Behandlung für den gewöhnlichen Bergarbeiter kaum in Frage kommen können. Nichtsdestoweniger können sie zur vorläufigen Untersuchung der Grubenräume durch Beamte von Wert sein. Diese Art und Weise ihrer Einrichtung wird nach dem, was im zweiten Bande dieses Werkes über das elektrische Licht gesagt worden ist, leicht von selbst aus der Abbildung klar werden.

So hätten wir denn den Bergbau in den allgemeinen Zügen seines Wesens betrachtet. Wir haben gesehen, wie Mineralogie, Geognosie, Geologie, Physik und Chemie, im Verein mit Mechanik und Maschinenkunde, die Wege gezeigt haben, auf denen die Erlangung der unorganischen Reichtümer möglich wird. Haben sich die Erfahrungen auch sehr langsam im Verlaufe der Jahrhunderte entwickelt und sind auch ganz allmählich nur die alten Irrtümer und Vorurteile einer abgeschlossenen Thätigkeit, wie der Bergbau ist, vor dem Lichte einer rationellen Erkenntnis zerronnen, so treten uns doch beim Zurückblick auf die Geschichte einzelne Namen und Charaktere entgegen, die wie eherne Merkzeichen plötzliche, bedeutungsvolle Abschnitte ankünden. Und ein deutscher Name ist es, der unter allen schönen Klang hat: Abraham Gottlob Werner. Was man vor ihm von dem Innern der Erde, von dem Wesen und der Beschaffenheit der Gesteine zu wissen glaubte, war ein grund- und zusammenhangloses Gebäude von Vermutungen und Hypothesen.

Werner, dessen charaktervolle Züge uns die diesem Bande beigegebene Porträtgruppe zeigt, ist am 25. September 1750 zu Wehrau in der Oberlausitz geboren. Er machte von 1769 seine Studien an der Bergakademie zu Freiberg und später an der Universität Leipzig. Im Jahre 1775 wurde ihm an ersterer Anstalt der Lehrstuhl für Mineralogie und Bergbaukunde übertragen, den er bis zu seinem Tode inne hatte, und es datiert von da an der hohe Aufschwung, welchen Freiberg in wissenschaftlicher Hinsicht nahm und infolgedessen die dortige Bergakademie sich zur Lehrmeisterin aller Erdteile erhob.

Sind auch Werners Ansichten im Laufe der Zeit manchen Änderungen unterlegen und hat die Zukunft auch andre Blicke eröffnet, als wohin er den Weg zu lichten vermeinte, so sind es doch die von ihm gelegten Keime, aus welchem Geognosie und Geologie in ihrer heutigen Gestalt erwuchsen.

Eine große Zahl bedeutender Schüler, unter denen das strahlende Doppelgestirn Alexander von Humboldt und Leopold von Buch obenan steht, führten das Gebäude aus, wozu der Meister den Grundstein gelegt hatte.

Unter unsres Hammers Schlägen
Quillt der Erde reicher Segen
Aus der Felsenkluft hervor.
Was wir in dem Schacht gewonnen,
Steigt zum reinen Glanz der Sonnen,
Zu des Tages Licht empor.
Herrlich lohnt sich unser Streben,
Bringet eine gold'ne Welt
Und des Demants Pracht zu Tage,
Die in finst'rer Tiefe schwellt.

Th. Körner.

Bergleute und Bergwerke.

Das Leben des Bergmanns. Sprache und Tracht. Beamte. Bergämter u. s. w. Bergwerke im Harz. Eisenerz in Steiermark. Schwedische Bergwerke in Falun. Nordmark. Die Botallakmine in Cornwall. Im Ural. Die Demidowschen Kupfergruben. Das Graphitbergwerk von Batugol in Sibirien. Das spanische Amerika. Peru. Cerro de Pasco. Die Silbermine von Potosi. Chile und Mexiko. Erzreichtum Kaliforniens. — Statistisches über die Metallproduktion der Erde.

Das abgeschlossene Leben in den von den Mittelpunkten und den Hauptadern des großen Verkehrs entlegenen Gebirgen, die gefahrvolle Beschäftigung in den unterirdischen Räumen, die Notwendigkeit, sich in dem harten Kampfe mit der Natur enge an die Kameraden anzuschließen, um gemeinsam um so leichter die Beschwerden und Gefahren ihres Berufes zu bestehen, hat überall den Charakter der Menschen, welche sich mit der Gewinnung der Mineralschätze aus dem Erdinnern beschäftigen, in einer ganz besonderen Weise gemodelt, und wo der Bergbau in einer Gegend seit langen Zeiten heimisch ist, da unterscheiden sich die ihm Angehörigen von der umliegenden Bevölkerung ganz wesentlich. Ernste, stille, abgeschlossene Naturen, gewohnt, die Gefahr plötzlich an sich herantreten zu sehen und in solchen Momenten sofort mit Kaltblütigkeit die Umstände zur eignen und der Gefährten Rettung benutzen zu müssen, in jedem Augenblick daran erinnert, daß die Kraft des Einzelmenschen verschwindet gegen die Äußerungen der Naturgewalten, und dadurch von wahrer Demut erfüllt, ebenso aber auch gehoben durch das Bewußtsein der Erfolge, welche vor ihren Augen menschlicher Verstand, Ausdauer und weise Vereinigung scheinbar geringer Kräfte erreichen, auf gegenseitige Unterstützung angewiesen, stets zur Hilfe bereit und stets auch der Hilfe bedürftig, die doch oft nicht ausreicht, das Schreckliche abzuwenden, ergeben in das Unvermeidliche, vorsichtig das Gegenwärtige prüfend, den kleinen Kreis, den das Grubenlicht erhellt, um so genauer beobachtend und dadurch Einblicke in das innere Wesen der Natur gewinnend, welche auf dem breiten Markte des Lebens vergeblich gesucht werden, das darüber hinaus im Dunkel Liegende mit kräftiger Phantasie ausbildend und mit eignen Gestalten erfüllend, zu denen das Leben über Tage ihm keine Vorbilder liefern kann — so ist der Bergmann also mäßig, ernst, treu, gottesfürchtig, kindlich und stark, an dem Gewohnten festhangend und von der wechselnden Mode der Zeit wenig berührt.

Unter der Oberfläche der Erde hört der Wechsel, den über derselben das Auf- und Untergehen der Sonne bewirkt, auf. Die Zeiteinteilung wird davon unabhängig für die Arbeit, ununterbrochen geht dieselbe fort. Der Bergmann rechnet nicht nach Tagewerken, für ihn ist auch die Nacht nicht die Zeit der Ruhe. Wir haben bereits in dem vorigen Abschnitt unter dem Kapitel vom „Geleuchte" diese bergmännische Zeiteinteilung besprochen, welche den Wechsel von Arbeit und Erhohlung beziehentlich Schlaf nach Schichten von je achtstündiger Dauer berechnet. Wenn man nun des Bergmanns tägliche Arbeitsthätigkeit im Verhältnis zur täglichen Arbeitszeit bei andern Gewerken schätzen will, so hat bei den jetzt bestehenden Einrichtungen der Bergmann täglich zwölf Stunden Ruhe, zwölf Stunden lang muß er sein mühevolles Werk fördern. Und wenn Tage und Nächte für alle andern durchschnittlich gleiche Länge hätten, für ihn würde doch der helle Tag durchschnittlich nur vier Stunden haben, zwanzig Stunden dauert jahraus jahrein seine Nacht, weil er auch abwechselnd einen Teil der Tagesstunden zum Schlafen verwenden muß.

Das kann auf den Charakter nicht ohne Einfluß bleiben. Wo auch immer Bergleute wohnen, sie werden stets eine von den übrigen Bewohnern der Gegend sie scharf unterscheidende Lebensart beibehalten. Sie bilden Gemeinden für sich, die ihre eigne Tageseinteilung nach den zu befahrenden Schichten, ihre eigne Kleidung, eigne Verfassung, ja sogar eine eigne Sprache haben. Ihre Rangordnung ist nicht minder merkwürdig.

In alten Anschauungen wurzelt der Name **Knappe**, den sich der eigentliche Bergarbeiter, welcher das Aushauen der nutzbaren Mineralien besorgt, der **Häuer**, heute noch beilegt; **Knappschaft** heißt der Verband der Arbeiter einer Grube oder eines gewissen Reviers; Hilfsarbeiter sind die **Knechte**, denen das Fördern, Wasserziehen u. s. w. obliegt, und die **Jungen**, früher zusammen das **Grubengesinde** genannt; zu Vorgesetzten hat er **Steiger**, **Markscheider**, **Schichtmeister**, **Bergmeister** und **Berghauptleute**. In Sachsen, welches durch seine Bergakademie zu Freiberg für die Ausbildung des Erzbergbaues auf der ganzen Erde maßgebend geworden ist, ist neuerdings die Charge eines Berghauptmanns als solche nicht mehr besetzt worden.

Der Bergmann steigt nicht in den Schacht, er **fährt** ein, er begeht nicht die Strecken, er **durchfährt** sie. Das Gestein, worin gearbeitet wird, ist ihm allgemein **Berg** oder **Gebirge**; es ist **arm** oder **reich**, je nachdem es wenig oder viel Erz enthält; **taub** ist das Gebirge, wenn es keine Erze führt. Das vorzugsweise reiche Erz nennt er **edel**. Die Richtung der Schichten eines Gebirges nach der Windrose nennt er das **Streichen**, die Neigung gegen den Horizont das **Fallen** derselben; das **Liegende** ist die Unterlage einer Schicht oder einer Lagerstätte, das **Hangende** oder das **Dach** die über derselben befindliche Decke. Ein Schacht wird nicht hergestellt, er wird nach der Bergmannssprache **abgeteuft**, und ein Gang, der in die unerforschte Tiefe hinabgeht, ohne Anzeichen, daß er aufhört, **setzt in ewige Teufe hinab**; **söhlig** (von Sohle) ist wagerecht, **saiger** im Gegensatz dazu senkrecht. So hat der Bergbau für jeden seiner Begriffe auch seinen eigentümlichen, von ihm selbst und immer höchst bezeichnend gebildeten Ausdruck. Freilich erscheint der modernen Umgangssprache die Sprache des Bergmanns oft fremd und unverständlich, meist aber nur deshalb, weil jene sich in ihren Formen von den ursprünglichen Wurzeln der Worte mehr und mehr entfernt und den Zusammenhang nicht mehr ersichtlich bewahrt hat, der zwischen mancher allmählich übertragenen Bedeutung und dem ersten ihr zukommenden Sinne besteht. Der Bergmann ist beständiger gewesen, und so wenig gefügig, so starr auch sein Sprachschatz erscheinen mag, so ausdrucksvoll ist er.

Der beste Beweis dafür ist, daß viele seiner Beziehungen sogar in die internationale Sprache der Wissenschaft und erst aus dieser wieder in die Sprache des weiteren Lebens übergegangen sind. Letten, Löß, Zechstein, Rotliegendes, Talk, Spat, Blende, Kies, Wacke, Flötz sind solche Namen, denen wir noch zahlreiche andre beifügen könnten; leiten doch selbst einige Metalle, wie Kobalt und Nickel, ihre heutigen Namen aus der wenig schmeichelhaften Benennung (Kobold und Nickel) her, womit die alten Bergleute diese silberähnlichen, aber eben darum, weil sie eine nutzbare Verwendung noch nicht gefunden hatten, täuschenden Erze beehrten.

Fig. 91. Bergparade in Freiberg.

Wie die Sprache, so ist auch die Tracht der Bergleute eine eigentümliche, die sich in denjenigen Distrikten, welche dem ältesten Zweige des Bergbaues, dem Erzbergbau, angehören, auch meistens treu ihrer jahrhundertealten Geschichte erhalten hat. Der Kohlenbergbau, der gegenwärtig eine bei weitem größere Zahl von Arbeitskräften beschäftigt als jener, hat mit seinen mehr dem Fabrikbetriebe sich nähernden Einrichtungen die Überlieferungen weniger heilig gehalten. In den Bergwerksgegenden aber des Harzes, um Freiberg, in Belgien u. s. w. finden wir jene stabilen Trachtenunterschiede, durch welche sich der Bergmann wie im Berufe so auch im gewöhnlichen Leben auszeichnet. Am festesten hat auch hier der deutsche Bergmann an seiner Gewohnheit gehalten, und aus den Abbildungen, die wir zur Erläuterung geben, wird das Gesagte sich bestätigen, wenn der Leser einen Vergleich machen will zwischen den Trachten, wie sie heute noch im Freiberger Bergbezirk üblich, und denjenigen, die vor mehreren hundert Jahren im Gebrauch waren. Solcher alten Trachten zeigen verschiedene die Anfangsbilder auf Seite 71 und 111; andre, besonders aus dem Kreise der hüttenmännischen Thätigkeit, finden sich im IV. Bande dieses Werkes. Die gewöhnliche Tracht der deutschen Bergleute geht aus vielen unsrer Abbildungen hervor, auf denen bergmännische Thätigkeiten dargestellt sind. Unsre Abbildung, nach einer Darstellung des Freiberger Professors Heuchler (in dem schon früher von uns citierten, das Leben der Bergleute überaus anschaulich abbildenden Werke „Die Bergknappen") gezeichnet, zeigt uns die Galatracht der Bergleute. Im Vordergrunde befindet sich der Oberberghauptmann zu Pferde, in seiner Umgebung die verschiedenen Chargen, durch besondere Abzeichen in der Uniform kenntlich. Das Gros der Bergleute wird von verschiedenen Beamten als Zugkommandanten geführt. Die Hüttenleute tragen als charakteristisches Merkmal anstatt des Kasketts einen Hut und bei festlichen Gelegenheiten weiße Hemden, durch die sie von den in Schwarz gekleideten Häuern sehr malerisch abstechen.

Fig. 92. Bergleute im spanischen Amerika im Festkleide.

Der Bergbau mit seinen poesievollen Überlieferungen hat auch seine eignen Feste. Die Schutzheilige der Bergleute ist die heilige Anna, von welcher Annaberg den Namen hat. Die Bergleute verehren in ihr die Mutter des Silbers, und in einigen Bergstädten Böhmens, wo die alten Bergwerksgebräuche sich in ursprünglicher Frische erhalten haben, wird der St. Annentag feierlich begangen, in andern der des heiligen Procop. Den letzteren feiern namentlich die Bergleute von Gutwasser, Birkenberg und Pilsen. Die Messe wird mit Musik gehalten, die gesamte Bergknappschaft in ihrer Feiertagstracht wohnt ihr bei und zieht dann in Prozession, wie sie gekommen, auf ihren Sammelplatz zurück, worauf ein Festmahl und Tanz den Tag beschließen. Früher, charakteristischer noch als jetzt, wo ein allgemeines Nivellement sich auch in den Lustbarkeiten bemerklich macht, waren in den erzgebirgischen Distrikten die sogenannten Bergbiere, Festtage, an denen sämtliche einer Grube Angehörige sich auf einem schön gelegenen Punkte versammelten und in fröhlicher Gemeinschaft bei Musik und Tanz den Tag verbrachten.

Weil es dem Einzelnen meist schwer fällt, die oft sehr kostspieligen Bergbauanlagen zu bestreiten, und weil sich nicht immer die Erwartungen auf reichen Gewinn erfüllen, die Anlagekosten somit verloren gehen, so schlossen sich gewöhnlich mehrere Bergbaulustige zu einer Gesellschaft, der „Gewerkschaft“, aneinander, um das Risiko zu verteilen. Die Gewerkschaften verteilten die ihnen vom Landesherrn beliehenen Grubenfelder in Anteile, „Kuxe“ genannt, von denen sie immer einige für die Kirche und den Landesherrn, mitunter auch für die Schule oder ein Hospital frei bauten. Bei dem sächsischen und davon abgeleitet auch bei manchem andern Bergbau war die Zahl der Kuxe, in welche der Gesamtbesitz an einer Grube geteilt wurde, 128.

Fig. 93. Arbeiten am Rammelsberge.

Betrieb und Verwaltung nicht nur, sondern auch die Begleichung von Streitigkeiten machte die Bestellung eigner Beamten und Aufsichtsbehörden: Bergämtern mit Bergrichtern und Schreibern, notwendig, für welche das Bergrecht maßgebend ist.

In der neueren Zeit löst sich der Bergmannsstand vielfältig in den übrigen Massen der Bevölkerung auf. Die Gewerbefreiheit zerbricht die Schranken, welche ihn bisher abgetrennt hielten; der durch Eisenbahnen erleichterte Verkehr bringt ihn rascher mit der Welt in Verbindung, die Gesetzgebung wird auch seine jahrhundertealten Vorrechte auflösen, wo es noch nicht geschehen. Der Bergbau wird ein Gewerbe, dem sich jeder widmen kann, und, wie schon längst in England, Frankreich, Rußland und Polen, werden auch in Deutschland allmählich die Besonderheiten des Bergmannsstandes aufhören. An vielen Gruben, Wäschen und Hütten arbeiten jetzt schon Frauen neben den Männern. Die Bergämter sind in vielen Staaten beseitigt, die Ausbeutung der unterirdischen Schätze wird nur noch von den Bau- oder Domänenbehörden polizeilich überwacht, damit aus diesem Betriebe keine Nachteile für die Umwohnenden entspringen können. Man kann nicht sagen, daß der Bergbau durch diese Veränderung an nationalökonomischer Bedeutung verloren habe, vielmehr ist er eine reichlicher fließende Quelle des Reichtums der Länder geworden. Tausende von Dampfmaschinen unterstützen jetzt den Fleiß des Bergmanns, und wenn wir auf die Tage zurücksehen, in denen 1722 ein hessischer Major Weber, ein österreichischer Ingenieur und der Engländer Isaak Potter die vom Marburger Professor Papinius ausgegangene Erfindung der Dampfmaschine zu Königsberg bei Schemnitz in Ungarn zuerst zum Wasserheben anwandten und in Hennig Calvörs Beschreibung des Oberharzer Bergbaues die starken Bedenken lesen, welche die Harzer Bergämter gegen die Möglichkeit der Anwendung dieser Feuermaschine erhoben, so erstaunen wir über den innerhalb eines Jahrhunderts gemachten Fortschritt.

Bergwerke. Wenden wir uns von den Bergleuten zu den Bergwerken, so haben wir Gelegenheit, uns die schönsten in fast unmittelbarer Nähe anzusehen. Es mag wohl sein, daß es in Mexiko oder in Chile Gruben gibt, die dem Beschauer romantischer vorkommen, deren Befahrung gefährlicher, wohl auch solche, deren Reichtum großartiger sich darstellt.

Fig. 94. Der Abrahamschacht von Himmelfahrt-Fundgrube bei Freiberg.

Aber das beweist nichts. Ein bestimmter Zweck — und das ist bei einem Bergwerk nicht nur die Herausarbeitung eines möglichst lohnenden Tages- oder Jahresertrags, sondern die Ausbeutung der ganzen wertvollen Lagerstätte — soll erreicht werden, und dasjenige Bergwerk wird für den Fachmann das bewundernswürdigste sein, in welchem jener Zweck mit den einfachsten und billigsten Mitteln erreicht wird, ohne daß dabei jene Rücksichten außer acht gelassen werden, die auf die Sicherheit und das Wohlbefinden der Arbeiter zu nehmen sind. Bergwerke, welche nach solch rationellen Plänen angelegt sind, werden vielleicht oft der großartigen Hallen und Höhlungen, der gefährlichen Schluchten und Klüfte, der malerisch hervorstarrenden Felsbildungen entbehren, durch welche die Phantasie der Besucher in manchen andern Gruben erregt wird, dafür aber gewähren sie Sicherheit und eine Regelmäßigkeit des Betriebes, welche auch bei oft sehr wenig reichen Erzen einen gewissen gleichmäßigen Ertrag garantiert, und dadurch zur wirtschaftlichen Grundlage für die Arbeitsverhältnisse sonst unbewohnbarer Gegenden werden kann.

Zu den sehenswertesten Bergwerken der ganzen Welt aber sind die im sächsischen Erzgebirge im Freiberger Reviere zu rechnen. Sie zeichnen sich aus durch große

Tiefe, weite Ausdehnung, eine bedeutende Anzahl vortrefflicher Maschinen aller Art, die sinnreichste und sorgfältigste Ansammlung und Verwendung des Wassers und seiner Kraft. Alle Nationen der Welt senden darum auch ihre Bergingenieure auf die Bergakademie zu Freiberg, um sie durch Lehre und Praxis ausbilden zu lassen.

In diesem seit vielen Jahrhunderten blühenden Bergwerksbezirke haben Scharfsinn und Not alle Mittel aufgesucht, die Erzgewinnung zu erleichtern und wohlfeil zu machen; leider aber scheinen auch hier die Erzanbrüche jetzt mehr und mehr zu versiegen, und die Zeit wird vielleicht nicht mehr fern sein, wo die meisten der altberühmten Gruben ausgebaut und verlassen liegen werden.

Ein ähnliches Geschick steht auch dem Oberharzer Bergbau bevor, der an Großartigkeit mit dem erzgebirgischen wetteifert.

Fig. 95. Falun über Tage. Nach einer Originalzeichnung von O. Winkler.

Die Schächte haben hier zum Teil ganz enorme Tiefen erreicht, und auf unterirdischen Kanälen gehen Schiffe in größeren Tiefen, als in welcher der Meeresspiegel liegt. Auch die Harzer Bergwerke dienten Jahrhunderte hindurch den Nationen der Erde als Musteranstalten. Um den Andreasberg waren früher 100 Gruben in Betrieb, jetzt wird nur noch auf sieben Gruben gearbeitet. Unter diesen ist die Grube „Samson“ die tiefste des Harzes, denn sie geht nahe an 900 m unter die Oberfläche hinab. Wer kennt nicht die Namen Klausthal und Zellerfeld, wo schon im 11. Jahrhundert der Bergbau im Gange war? Unter der erstgenannten Stadt wurde in den Jahren 1777—99 der großartige Georgsstollen 300 m tief angelegt, der die Wasser aus den Gruben abzuführen hat und erst bei Grund zu Tage tritt. Wer hätte nicht von Goslar gehört, jener Bergstadt, die durch die Schätze des nahegelegenen Rammelsberges (schon unter Otto dem Großen 968 aufgeschlossen) zu hoher Blüte gelangte, so daß wiederholt die Kaiser daselbst ihre Residenz nahmen?

Von den schon zur Römerzeit betriebenen Bergbauten im Nassauischen haben wir bereits gelegentlich gesprochen. Österreich und Ungarn, an unterirdischen Schätzen besonders reich, haben in ihren gebirgigen Provinzen zahlreiche und berühmte Bergwerke aufzuweisen.

Im Salzburgischen hat man (bei Hallstadt) in alten Bauten Bronzegeräte und Werkzeuge gefunden, welche bezeugen, daß vor 2000 Jahren schon von römischen Bergleuten dort in der Tiefe gearbeitet wurde.

Einer der interessantesten Bergorte Europas ist das schon erwähnte Eisenerz in Steiermark, wo ebenfalls schon seit dem ersten Jahrhundert unsrer Zeitrechnung auf Erze gegraben wurde. Es liegt am Fuße des Erzberges, einer Alpe, welche mächtige Spateisensteinlager von größter Reinheit einschließt. Die ganze Mächtigkeit der Erzlager schwankt zwischen 90 und 280 m, sie beginnen bei Radmerz und enden bei Admont. Die Lager sind Eigentum von etwa 20 Hüttenwerken zu Eisenerz und Vordernberg. Große Steinbrüche, tiefe Stollen und Gruben sind allerwärts in dem Erzfelde angelegt; Eisenbahnen, kunstvoll durch schiefe Ebenen, Hebe- und Senkvorrichtungen ausgestattet, führen aus den tiefen, engen Schlünden auf den Alpenstock hinauf. Viele Tausende von Menschen brechen und Pferde schaffen den reinen Stahlstein bergab, der dann, in Sensen und andre Schneidewerkzeuge umgewandelt, in die weite Welt wandert. Die Erzgewinnung beläuft sich am Erzgebirge allein auf jährlich 1 Million Zentner Erz, daraus werden über 260000 Zentner Roheisen gewonnen — Arbeiten, welche zwischen 5- und 6000 Berg- und Hüttenleute beschäftigen.

Fig. 96. Der Stöten. Falun.

Bleiburg in Illyrien besitzt im benachbarten Bleiberge die größten Bleibergwerke Österreichs, welche jährlich über 40000 Zentner des gefürchteten Kriegsmaterials liefern. Die Gruben gehen bis auf 1250 m Seehöhe hinauf, und die ganze Masse des Berges und das Fundament des Thales sind so von ihnen durchwühlt, daß ein rüstiger Fußgänger mehrere Wochen lang Tag und Nacht würde wandern müssen, wenn er sie alle durchschreiten wollte.

In Schweden gehört das alte Kupferbergwerk Falun in Dalekarlien unbedingt zu den berühmtesten Bergwerken der Welt. Es ist indessen bald seiner Erschöpfung nahe. Unter Gustav Adolfs Regierung lieferte dasselbe noch 3464000 Zentner, unter Karl XI. nur 2732000 Zentner, jetzt noch etwas über 1 Million Zentner jährlich. Die Grube ist eine sogenannte offene Pinge. Die Arbeiten werden in einer Tiefe von 400 m betrieben; man steigt auf schrägen Gängen hinab. Den Haupteingang bildet eine tiefe Schlucht, der Stöten genannt, die wohl 200 m breit und 70 m tief ist und im Jahre 1687 durch einen Erdsturz entstand. Schon seit längerer Zeit hatten mehrere unvorsichtig abgetriebene Stollen an dieser Stelle einzustürzen gedroht, und der Bergmeister beschloß, die Arbeiten hier einzustellen; da aber nach einigen Tagen kein Einsturz erfolgte, brachen die leicht erregbaren Bergleute, die keine Arbeit hatten, in Aufruhr aus und stellten sich zur Arbeit mit Gewalt wieder ein; aber in dem Augenblicke, wo sie den Stollen betraten, ging derselbe zusammen, und eine Anzahl Arbeiter büßte ihre Auflehnung gegen die Befehle ihrer Vorgesetzten mit dem Leben.

Die durch den früheren nachlässigen Betrieb herbeigeführten Einstürze gähnen dem Beschauer als finstere Schlünde an den Eingängen entgegen. Man gelangt zu den Stollen auf einer an der Seite der Schlucht eingehauenen Treppe bis etwa 50 m vom Boden, dann aber werden die hölzernen Treppen sehr steil und man findet nur noch einzelne Anhaltepunkte. Die Bergleute machen diesen Weg gewöhnlich in Tonnen, deren Dauben 8 cm dick und mit starken eisernen Reifen und Platten beschlagen sind.

Fig. 97. Eisenbergwerk Nordmark.

Diese Tonnen werden von den großen Auslegern der Hebezeuge oben an der Schlucht herabgelassen, und oft genug müssen die Bergleute dieselbe mit den Händen von den Felsen ablenken, an denen sie sonst zerschellen würden. Nichtsdestoweniger sieht man sehr häufig die Frauen dieser Arbeiter aufrecht auf dem Rande der Fahrzeuge stehen, den Arm um das Seil geschlungen, und ganz ruhig strickend die Hinabfahrt in den Schlund machen. So groß ist die Macht der Gewohnheit; sie läßt die Gefahren vergessen, eben weil sie täglich und stündlich wiederkehren. — Von oben gesehen nehmen sich die Knappen tief unten wie Mäuse aus, die den Berg unterwühlen. Ungefähr auf der Mitte der Fahrt sind zwei große

Höhlen im Felsen, der alte und der neue Saal. Als König Gustav III. den ersteren besuchte, schrieb er mit Kreide an den Felsen: Gustav III. d. 20. September 1788. Diese Worte sind danach treu in den Felsen eingehauen worden — ein eigentümliches Autograph!

Im Jahre 1719 machte man in diesem Bergwerke, dessen Wasser gleich denen der meisten Bergwerke Schwedens sehr vitriolhaltig ist, einen merkwürdigen Fund. Als man eine Strecke wieder aufnahm, die seit Menschengedenken nicht befahren worden war, fand man in einer Tiefe von 125 m den Leichnam eines jungen Mannes, der durch die Vitriollösung und die Erdsalze versteinert erschien, dessen Äußeres aber so vollkommen erhalten war, daß man seine Gesichtszüge deutlich unterscheiden konnte und in ihnen den im Jahre 1670 verschwundenen Bergmann Mat Israelson erkannte. Die Poesie hat diese Thatsache, welche allerdings viel Ergreifendes hat, vielfach in ihren Darstellungen verwandt.

Ein Erdsturz hat auch im Jahre 1833 die Arbeiten in Falun für einige Zeit unterbrochen, indem die Wände des Haupteinganges sich plötzlich lösten und mit fürchterlichem Krachen in das Innere stürzten, dasselbe gänzlich verschüttend. Glücklicherweise geschah dieser Unfall an einem Sonntage, wo die Gruben alle leer waren, so daß kein Menschenleben verloren ging. Das Bergwerk wird durch eine Aktiengesellschaft betrieben. Das Erz ist ein unreiner Kupferkies von sehr wechselndem Metallgehalt. Beigemengt sind außer Schwefel und Arsen namentlich Blei, Eisen und Zink, welche durch Röst- und Schmelzprozesse von dem Kupfer getrennt werden.

Ist Falun durch seine Kupfererzproduktion berühmt, so glänzt **Danemora** durch seine reichen Magneteisengruben. Danemora liegt bekanntlich in der Provinz **Upland**; das Bergwerk besteht aus mehreren offenen Gruben oder Pingen, deren ansehnlichste eine Aushöhlung von 160 m Tiefe ist, in der man die Knappen bei Fackelschein tief unten arbeiten sieht. Das Erz wird in großen Körben durch ein Räderwerk heraufgezogen, welches durch Pferde in Bewegung gesetzt wird. Man unterhält eine ziemliche Anzahl dieser Tiere im tiefen Schachte, die meistens nie wieder an die Außenwelt gelangen. Schweden ist wegen seines Magneteisens berühmt, das in den Gruben von Danemora in ungeheurer Masse gewonnen wird, und dem nur wenig andre, namentlich steierische und russische Eisenerze, an Güte gleichkommen, so daß viele europäische Länder sich desselben zu ihrer Stahlerzeugung bedienen. Die Provinz **Wärmland** besitzt die reichsten Eisengruben; ihre Hauptstadt, Philippsstadt, liegt mitten in den Bergwerken, von denen das von **Nordmark** (s. Fig. 97) eines der bedeutendsten ist. Im Jahre 1871 wurden in ganz Schweden 15215590 schwed. Zentner (646778300 kg) Bergerz und 370784 schwed. Zentner See- und Rasenerze gewonnen. Kupfer, welches außer in Falun besonders zu Åtvidaberg gefördert wird, wurden 1871 im ganzen Lande 33426 schwed. Zentner (1420860 kg) geschmolzen.

Norwegen förderte im Jahre 1870:

Kupfererze	in 27	Gruben	944000	Zollzentner
Eisenerze	„ 16	„	390000	„
Nickelerze	„ 10	„	88000	„
Schwefelkies	„ 14	„	986000	„
Silbererze	„ 7	„	44000	„
Kobalterze	„ 2	„	64000	„

Der Bergbau wird jetzt in Schweden ebenfalls auf viel rationellere Art betrieben als früher, und wenngleich hier und da noch an dem Alten gehangen werden mag, so ist ein Bergwerk eben eine andre Sache als viele Etablissements, welche sich leicht auf veränderte Weise in Betrieb nehmen lassen. Und dann darf man auch nicht vergessen, daß manchmal etwas wie Nichtachtung und Verschwendung aussieht, was im Grunde sehr richtige Ökonomie sein kann. Wenn wir in Deutschland mit allen Maschinenkräften ausgerüstet für alle Gewinnungsmethoden durch den hohen Wert der geförderten Erze schadlos gehalten werden, wenn wir noch den geringsten Erzspuren nachgehen und sie aus dem Muttergesteine herausziehen, so lohnt das eben unter unsern Verhältnissen. In Ländern wie Schweden, wo ein analoger Betrieb viel teurer sein und durch das Plus des Ertrages sich nicht immer ausgleichen würde, gilt ein andrer Maßstab. Wir haben früher im sächsischen Erzgebirge auch die Nickelerze auf die Halden verstürzt, jetzt lohnt es sich, sie da wieder zur Aufarbeitung hervorzusuchen. Das, was daraus gemarktet werden kann, bestimmt die darauf zu verwendende Arbeit. Mit welcher Mühe wird den oft nur spärlich auftretenden Erzen in Ländern wie

Deutschland, Belgien, England nachgegangen, mit welcher ängstlich rechnenden Sorgfalt werden ihre metallischen Bestandteile dem Gesteine dann entzogen! Nicht allein auf den Gebirgen des Festlandes, sogar unter dem Meere sucht der Mensch sie auf. Ein Beispiel eines solchen Bergbaues bietet das Botallak-Bergwerk in Cornwall, dessen an felsiger Meeresküste liegender Eingang auf Fig. 98 dargestellt ist.

Fig. 98. Botallak-Bergwerk in Cornwall.

Wenn man, an der Südwestküste Englands reisend, das allen Schiffern dieser Meere wohlbekannte Vorgebirge Landsend erreicht hat, so sieht man vor sich im Norden die prachtvolle Whitesandbucht mit ihrem schimmernden, glatten Sandgestade gleich einem großen Halbmond sich hinstrecken. Es ist die Stelle, auf welcher einst Adelstan von den Scillyinseln, dann Stephan von Frankreich aus, nach diesem König Johann von Irland und zuletzt Perkin Warbeck bei seinem tollkühnen Griff nach der Krone Englands den britischen Boden betraten. Auf der andern Seite des gegen 90 m hohen Kaps Cornwall aber befindet sich eine Sehenswürdigkeit, die nicht weniger eines Besuches wert ist: eben die genannte Botallakmine, ein Bau von 130 m Tiefe, zwar kaum ein Achtel so tief als die Schächte bei St. Andreasberg am Harze, in allen seinen Einzelheiten aber dennoch höchst merkwürdig. Die Mine bietet mit ihrem rauchenden Dampfschornstein, ihren mächtigen Holzgerüsten, ihren geschäftig aus- und einfahrenden Bergleuten und Maultieren, ihren Zechenhäusern, mit ihren knarrenden Rädern und klirrenden Ketten, ihrem Dampfpumpwerk, welches Ströme unterirdischer Wasser heraufbefördert, und ihrer ganzen Einrichtung an sich einen wunderbaren Anblick, ist aber dadurch besonders interessant, daß die Grube tief hinab unter den Grund des Meeres geht, das über ihren Strecken seine Wogen wälzt.

Man muß schwindelfrei und sicheren Fußes sein, um sich auf der schlüpfrigen, unebenen Leiter, welche das einzige Mittel ist, um in die Grube hinab zu gelangen, in die schwarze Nacht des mächtigen Schachtes hinunter zu wagen. Unten aber trifft man auf lange Strecken und Galerien, an deren Wänden beim Scheine des Grubenlichts wertvolle Kupfererze flimmern, und Karren, gefüllt mit dem gebrochenen Gestein, rollen über die Bohlenwege. In der metallisch glänzenden Felsendecke ist nicht eine Spalte, die nicht den geheimnisvollen rauschenden Ton widerhallte, welchen die hoch über dem Haupte des Besuchers sich brechende Meeresbrandung hervorbringt, ein außerordentlich majestätisches Tosen, welches, wenn ein Sturm die Wogen bewegt, so unbeschreiblich grausenhaft wird, daß die Arbeiter dann häufig sich nach oben flüchten. Der Besucher muß einen aus Flanell gefertigten Bergmannsanzug anlegen, ehe er hinabsteigt, damit ihm der Wechsel der Temperatur nicht schadet, wenn er aus der schwülen Atmosphäre, die in dem Schachte herrscht, zurückkehrt. An seinem Hute wird vorn eine Laterne befestigt; auf diese Art sind ihm beim Steigen die Hände freigelassen. Die Bergleute arbeiten in der Regel acht von den 24 Stunden des Tages, gewöhnlich auf Kontrakt, bisweilen für einen Anteil an der Ausbeute. Ihr Lohn beträgt 40—50 Schilling den Monat. Das Thermometer steht in der Grube oft auf 30° C., und die Arbeit ist, wenn man bedenkt, daß den aus dieser Hitze Herauskommenden im Winter scharfe, kalte Winde, erkältende Nebel und Schneewetter empfangen, in hohem Grade nachteilig für die Gesundheit. Selten bleibt einer der Bergleute nach dem 50. Jahre vom Rheumatismus verschont, und viele sterben lange vor dieser Zeit an Schwindsucht und andern Lungenkrankheiten. Indes gibt es auch Beispiele von langer Lebensdauer unter den Grubenarbeitern.

Im Jahre 1854 waren in diesem mächtigen Bergwerke und dem, was dazu gehört, nicht weniger als 28000 Menschen beschäftigt. Die Mühe, die auf den Bau verwendet werden muß, ist unglaublich. Zwanzig Mann konnten täglich nur etwa 5—10 cm der Galerien und Stollen, welche sich jetzt über mehrere englische Meilen unter der Erde hinstrecken, dem Felsen abgewinnen. Eine der Gruben hat jetzt eine Länge von 560 m, eine andre gab täglich 200 Tonnen (à 20 Zentner) Erz.

Die hier befindlichen Gänge erstrecken sich bis über 125 m unter den Meeresspiegel hinab. Das Erz besteht aus verschiedenartigen Kupferverbindungen, oft in sehr schönen, baumähnlich angeschossenen Stufen. Die Klippen sind Hornblendegesteine, welche mit Thonschiefer abwechseln; sie enthalten eine Menge seltener Mineralien, z. B. Skorodit, Wismutglanz, Kobaltblüte, Bluteisenstein, Granaten, Axinit u. s. w.

Die aufsichtführenden Betriebsbeamten dieses größten Bergwerks des erzreichen Cornwall führen den Titel „Kapitän" und werden, je nachdem ihre Grube in die Tiefe geht oder sich mehr an der Oberfläche hält, als „underground" und „grass captain" unterschieden. Über diesen Leuten, welche etwa unsern Obersteigern entsprechen, steht ein höherer Beamter; der Zahlmeister hat den Titel „bursar".

Nicht weniger sehenswert sind die Außenwerke dieser Kupferminen. Sie zeigen in eigentümlicher Vereinigung die Schöpfungen des erfindungsreichen Menschengeistes mit der Erhabenheit der Natur. Düstere Abgründe von Schiefergestein, welche selbst dem Ozean als unüberwindliches Hindernis entgegentraten, werden hier durch die Operationen des Bergmanns aufgebrochen und sind mit seinen komplizierten Maschinen bedeckt. Die auf schroffer Klippe über der See aufgestellte sogenannte Crown-Engine wurde über eine 65 m tiefe Wand nach der Stelle hinabgelassen, wo sie jetzt den Arbeiter in den Stand setzt, unter das Bett des Ozeans hinabzusteigen.

Wenden wir uns nun nach dem Ural, wo der geregelte Bergbau erst unter Zar Peter dem Großen begann, nachdem dieser Monarch im Jahre 1700 die Sachsen Fritzsche, Herold und Henning und später den Hessen Cancrin zu dessen Leitung berufen hatte. Einer der ersten Russen, welche sich beim Bergbau im Ural thätig zeigten, war ein leibeigner Schmied, Nikita Demidow mit Namen, der Stammvater des durch den Bergbau so reich gewordenen fürstlichen Geschlechts. Die Hauptstadt der Demidowschen Besitzungen ist Nishnij Tagilsk, sie ist erst am Anfange dieses Jahrhunderts gegründet, eine fabrikreiche Stadt mit großen Plätzen, breiten Straßen und weiten Kaufhallen, von 25000 Einwohnern bevölkert. Goldkuppeln der Kirchen überragen glänzend das Häusermeer, eherne Standbilder schmücken die Plätze, Lokomotiven eilen von Fabrik zu Fabrik, Dampfsboote durchschneiden die ausgedehnten Seen, an deren Ufern sich die Stadt ausdehnt, und welche geschaffen wurden, indem die Thäler des Tagil und eines seiner Seitenflüsse künstlich abgedämmt wurden. Inmitten der Stadt rauchen die Öfen und Schlöte der ausgedehnten Eisenhütten und Maschinenfabriken am Fuße eines Felsens, von dessen Warte man den besten Überblick über die Stadt und den bewaldeten Ural genießt. Man sieht hier die nackten schwarzen Felsen der Magneteisenberge Wissokaja Gora und Lebaschka und die hohen Halden der Kupfermalachitgrube am Wissokaja Gora nebst der großen Kupferhütte auf einen Blick. Im Hintergrunde liegt die Hütte Tschernostotinsk, an einem eine Quadratmeile großen künstlichen See, die Goldwäsche Serlbränsk, welche wöchentlich 1 Pud (= 16 kg) Gold liefert, und die Berge bei Wisimotkinsk, woran auf europäischer Seite des Ural die berühmten Platingruben des Ural liegen, auch noch die Chromeisensteingruben und die Chromfabrik von Tagilsk sowie im Osten die waldigen Hügel, an deren Fuße die Hütten und Walzwerke von Salda betrieben werden, während im Süden die Kuppeln der Bergstadt Newjansk in der Sonne glänzen. Der Eisensteinbergbau im Wissokaja Gora wird wie ein Steinbruch betrieben: eine gewaltige Öffnung ist in den Berg gebrochen, aus welcher sechs große Hüttenwerke ihr Erz holen.

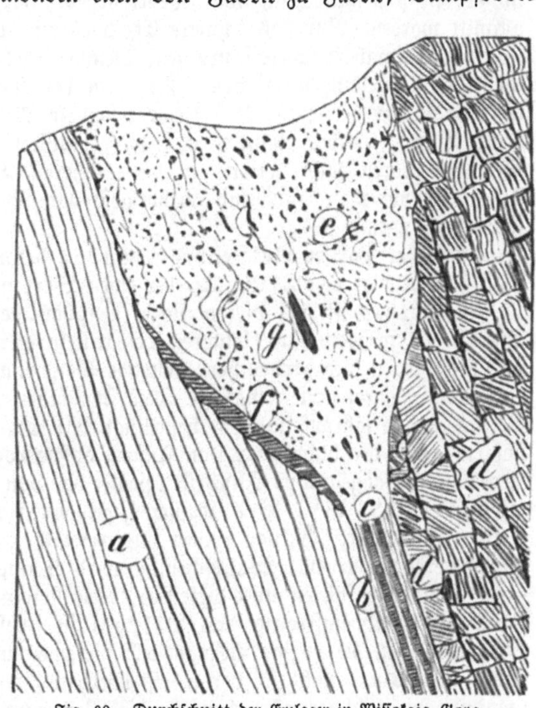

Fig. 99. Durchschnitt der Erzlager in Wissokaja Gora.

Tausende von Menschen brechen nur in dem kurzen Sommer den schwarzen magnetischen Fels; aber sie dürften noch Jahrtausende in gleicher Weise thätig sein, bevor sie die weit ausgedehnte Hügelreihe gänzlich erschöpfen.

Die Ausbeute dieser Werke beläuft sich jährlich auf ungefähr 19 Millionen Zentner Erz, wovon 72 Prozent eisenhaltig.

In der Nähe liegt die Kupfergrube, auf einem durch Verwitterung angereicherten Lager angelegt, von welchem wir in Fig. 99 einen Durchschnitt geben.

Das durch a bezeichnete Gestein ist Kalk mit Versteinerungen der Silurformation, auf dessen östlich einfallende Schichten bei b eine schwache Bank Thonschiefer mit zwei dünnen Schwefelkieslagern c folgt. Das Dioritgestein d bedeckt diese Thonschieferschicht. In einer Tiefe von 200 m erreichte man das Schwefelkieslager c und fand darin durch die Hüttenprobe 1—3 Prozent Kupfer.

16*

Über diesem kupferhaltigen Schwefeleisen ist im Kalk und Diorit eine trichterförmige, weite Vertiefung e ausgefressen, welche später sich gänzlich mit Thon ausfüllte, dem Brauneisenstein, Magneteisenstein, Malachit, Kupferrot, gediegen Kupfer, Kupferlasur, Kieselkupfer, Hornstein und Chalcedon beigemengt sind. Bei f ist der Kalkstein dick überzogen mit einer aus Gips und schaumigem Malachit gebildeten Rinde, welche uns belehrt, daß der Malachit aus der Einwirkung des kohlensauren Kalkes auf den aus der Zersetzung des kupferhaltigen Schwefelkieses hervorgegangenen Kupfervitriol entstand. Wir werden durch dieses Vorkommen zu der Ansicht geführt, daß die gesamte Thon- und Erzmasse, in einer durch die Kieszersetzung ausgenagten Höhle angesammelt, der Rückstand der bei der Gesteinsverwitterung übrig gebliebenen kupferhaltigen Schwefelkiese sein dürfte. Wahrscheinlich waren die Gesteine a, b, c und d hier ehemals noch mehrere Hundert, vielleicht tausend Fuß höher, sie sind allmählich vom Wetter abgebröckelt und von Regen- und Schneefluten fortgespült worden. Nur das schwere Erz blieb wie auf einem Waschherde zurück, säuerte sich und nagte durch Schwefelsäure jene Weitung aus, worin dann die Kupfererze mancherlei chemische Umsetzungen erlitten. Bei g in der fortgesetzten Linie der Schwefelkieslager c fand man das berühmte 600 Zentner schwere Malachitstück, aus welchem so viele kunstvolle Vasen, Tische, Säulen u. s. w. geschliffen worden sind. Stücke von 10 Zentner Schwere waren nicht selten, in den größeren Tiefen aber kommen solche von $1^1/_2$ bis 5 kg Gewicht nur dann und wann noch vor; das meiste Erz ist dem Thone in feinen Körnchen zugemengt.

Auf der Pariser Ausstellung von 1867 befand sich aus dieser Grube ein Malachitblock im Gewicht von 2100 kg, der einen Wert von 75000 Frank hatte.

Seit 1814 ist auf diesem Lager Bergbau betrieben worden. Ein großer Teil des überall von größeren und kleineren Erzpartikeln durchsprengten Thones ist herausgenommen. Die Höhlungen sind zerbrochen, mächtige Wassermassen sammeln sich in den weiten Gruben und werden durch drei gewaltige Dampfmaschinen wieder herausgepumpt. Hunderte von Menschen sind jahraus jahrein beschäftigt, das Erz zu hauen, zu säubern und zur Hütte zu liefern. Der Reichtum war von Anfang außerordentlich groß, denn eine am Giebel des Zechenhauses angebrachte Inschrift besagte, das von 1814 bis Schluß 1859 auf dieser Grube allein $103\,868\,923^1/_2$ Pud Kupfererz gewonnen worden seien, woraus 3670830 Pud oder $1\,200\,361^1/_2$ Zentner reines Kupfermetall im Werte von wenigstens 120 Millionen Mark bereitet wurden. Wahrscheinlich wird er aber auch bald erschöpft sein.

Von selbst führen uns diese Bergwerke hinein nach Sibirien, wo eines der interessantesten Bergwerke unstreitig das Batugol ist, welches, seit Ende der vierziger Jahre in Betrieb gesetzt, die einzige Bezugsquelle für einen unentbehrlich gewordenen Stoff ist. Nicht Gold ist dies und nicht Silber, es ist überhaupt kein Erz, aber ein Stoff, durch seine Verwendung vielleicht segensreicher für die Welt geworden als jedes der genannten Metalle für sich, obwohl es wenig über 200 Jahre nur sind, daß er in das Kulturgetriebe eingetreten ist. Es ist der Graphit, der hier 1847 von einem Franzosen, Alibert, entdeckt wurde. Die Minen sind im Besitz des ursprünglichen Entdeckers, der dieselben von der russischen Regierung erworben hat; die gesamte Ausbeute daraus gelangt an das berühmte Bleistifthaus Faber in Nürnberg. Fig. 100 gibt eine Ansicht dieser Grube, die in bezug auf Ausdehnung, Maschinen u. dergl. gewiß mit keinem nur irgendwie nennenswerten Bergwerk in die Schranken treten kann und doch in der kurzen Zeit seit ihrer Eröffnung zu größerem Ruhme gelangt ist als die Mehrzahl aller andern. Und wenn wir weiter wandern wollen um die Erde, so können wir fast überall, wo die Kultur Fuß gefaßt hat, auch die Spuren des Bergbaues erblicken. Asien und Afrika liefern schon in den ältesten geschichtlichen Zeiten nicht nur Gold aus den Anschwemmungen des Alluviums, im Innern ihrer Gebirge arbeiteten schon der Bronzemeißel und Keil und Hammer, als die Phöniker die Küsten des Mittelmeeres befuhren. Italien hat großartige Bergwerke aus alten Zeiten, nicht minder Spanien.

Die interessantesten Verhältnisse aber treffen wir heute noch in jenen mittelalterlichen Goldländern der Erde, deren Schätze die gierigen Entdecker Amerikas berauschten und Zustände herbeiführten, welche zu den bedauernswürdigsten gehören, von denen die Geschichte der Menschheit zu berichten hat. — Der ganze amerikanische Kontinent ist überaus reich an

Erzen, und namentlich ist es die Westküste von dem 40. Breitengrade südlich bis über den 45. nördlich vom Äquator — also in einer Ausdehnung von beinahe 100 Breitengraden, wo sich in einer fast ununterbrochenen Zone die kostbarsten Erze finden.

Fig. 100. Graphitbergwerk Batugol in Sibirien.

Wer denkt nicht an die Schätze, welche die Gefährten des Cortes und Pizarro den unglücklichen Bewohnern Mexikos und des Inkareiches abgepreßt haben? — die Silberflotte führte unglaubliche Mengen edler Metalle nach Europa hinüber, und doch war dies ein verschwindender Teil der Reichtümer, welche die Erde dort umschlossen hatte und jetzt noch umschließt, ohne alle wirtschaftliche Absicht, fast zufällig nur und dann von den Eingebornen gewonnen.

Selbst heute noch stehen in Amerika einer rationellen Ausbeutung die größten Schwierigkeiten entgegen, die Vereinigten Staaten aber, namentlich Kalifornien durch seine ausnehmend günstige Lage und die im letzten Jahrzehnt durch ihre enorme Produktion an Edelmetallen in den Vordergrund getretenen Staaten Colorado, Nevada, Arizona haben vermocht, die Hilfsmittel, welche Wissenschaft und Technik gewähren, zu ausgiebiger Anwendung zu bringen. Die politische Verfassung ist darauf nicht ohne großen Einfluß gewesen, und es rächen sich in den von den Spaniern kolonisierten Ländern die alten Institutionen heute noch in schrecklicher Weise.

In Peru ist es vorzüglich die Gegend um Pasco, welche durch hohen Mineralreichtum sich auszeichnet.

Cerro de Pasco liegt auf dem Breitengrade von Lima auf einem Hochplateau der Anden, fast 4500 m über dem Meere. Hier befinden sich die reichen Silberminen, vielleicht die reichsten der Erde, aber die Gegend ist heute weit davon entfernt, die früheren Bevölkerungsverhältnisse zu zeigen. Wie die übrigen spanischen Republiken, wie Mexiko und Bolivia, so ist auch Peru von schrecklichen Bürgerkriegen verheert worden, und der traurige Einfluß auf die Ausbeutung der fast unerschöpflich scheinenden Mineralschätze ist nicht ausgeblieben. Ein großer Teil der Gruben ist ersoffen, und man arbeitet bei vielen jetzt die Halden auf, auf welche in früheren Zeiten die damals für zu arm gehaltenen Erze verstürzt wurden. Namentlich haben Engländer mit Hilfe deutscher Hüttenleute sich diese Erwerbsart einträglich zu machen gewußt.

Die Reise von Lima nach Pasco ist sehr beschwerlich. Durch die Anden entweder zu Fuß oder auf dem Rücken von Maultieren oder von Indianern getragen, gilt es die beträchtliche Höhe zu erreichen, welcher in unsern Alpen nur die selten bestiegenen Gipfel, wie die Jungfrau, das Matterhorn, der Monte Rosa u. dergl., ebenbürtig sind. Die verdünnte Luft, welche hier oben herrscht, ist zwar durchaus nicht in dem Grade lebenswidrig, wie man gewöhnlich annimmt, indessen scheinen doch manche Gesundheitszustände von ihr beeinflußt zu sein, und namentlich eine besondere Krankheitsform, welche im spanischen Amerika auftritt, die Sorocha, und welche die Indianer den Ausdünstungen der Antimongänge in den Anden zuschreiben, dürfte ihre Grundursache allerdings in dem verminderten Druck der Atmosphäre und in der geringeren Sauerstoffzufuhr haben, welche die Lungen erfahren. Das ist jedenfalls sicher, daß die Vegetation hier oben eine überaus spärliche ist. Einige wenige dürre Gräser wachsen hier, und wenn nicht der Glanz der schneebedeckten Gipfel und das wechselnde Schattenspiel der Wolken einige Abwechselung in das Gemälde brächte, so würde der Eindruck ein verzweifelt trostloser sein. Von den 15000 Einwohnern, von denen die Stadt Cerro bewohnt ist, sind bei weitem der größte Teil selbst Bergleute, der Rest hängt wenigstens von dem Bergbau ab.

Berühmt durch seine Quecksilbergruben ist weiterhin Huanca Velica, ebenfalls in rauher Gebirgsgegend und 3600 m über dem Meere gelegen; außerdem aber finden sich in der Nähe reiche Gold- und Silbererze, zu deren Gewinnung eine große Menge von Gruben in Betrieb gehalten werden. Sillacasa, Lucañas und weiter Huanca jaya, Saceta Rosa und andre sind solche Bergwerksmittelpunkte, von denen aus ein großer Teil aller Edelmetalle den Weg über die Erde genommen hat.

Nicht minder reich als Peru an edlen Erzen ist Bolivia. Dort liegt die seit Jahrhunderten berühmte Mine von Potosi, die in der Zeit von 1545—1803 für fast 4500 Millionen Mark Silber geliefert hat. Die ungemein zahlreichen Erzgänge setzen hier im Thonschiefer auf und führen außer Glas- und Rotgüldigerz meistenteils gediegen Silber. Die Mine befindet sich auf einem 5000 m hohen Bergrücken, dem Cerro de Potosi, wo sie ganz zufällig aufgefunden ward. Ein armer Indianer, Hualpa, verfolgte, wie die in solchen Fällen allerdings nicht immer ganz zuverlässige Geschichte erzählt, am Bergabhange ein Wild. Aber das Tier war zu flüchtig, und Hualpa, der im Laufe ausglitt, griff nach einem Bäumchen, um sich daran zu halten. Statt den Fallenden zu stützen, brach es samt den Wurzeln aus der Erde.

Fig. 101. Die Hochebene von Cerro de Pasco in Peru.

Der Verdruß des Getäuschten ward jedoch bald vergütet, als er in das entstandene Loch blickte; ein Klumpen gediegenes Silber lag vor ihm und noch kleinere Stücke desselben staken zwischen den Baumwurzeln. Froh trug er den gefundenen Schatz heim, die Umgebung des Bäumchens wurde ihm die Quelle eines nie geahnten Wohlstandes. Aber das Auge des Neides wacht. Einer von Hualpas Nachbarn erforschte unter dem Scheine treuer Freundschaft sein Geheimnis und forderte halben Anteil. Als ihm Hualpa nicht die Mittel angab, wie er das Silber reinige, verriet der falsche Freund die Fundgrube den Spaniern, und so hatten nun beide nichts mehr, denn die Spanier nahmen 1545 die Mine in Besitz.

In kurzer Zeit entstand am Fuße des Berges eine Stadt, in welcher sich 10000 Spanier ansiedelten, in deren Dienste 60000 arme Indianer jetzt das edle Metall für sie zu Tage fördern mußten. Ackerbau konnten sie allerdings nicht treiben, denn auch hier wie in andern Gebirgsgegenden erschien der Boden dürftig und kahl. In der That, es scheint, als könne die Mutter Erde, wenn sie in ihrem Schoße dem Menschen köstliches Metall bereitet, nicht zugleich auf ihrer Oberfläche ihm auch goldene Früchte, die Fülle der Pflanzenwelt, darbieten.

Leider ward der Bergbau in Potosi keineswegs mit Verstand betrieben. Man baute auf den Raub, indem man das Metall auf möglichst leichte Weise zu gewinnen strebte, unbedacht, ob die Sache so auch für die Zukunft Bestand haben könne. Kein Schacht ist tiefer als 70 m abgesenkt worden, aber es bestehen mehr als 300 Schächte. Viele derselben sind unter Wasser gesetzt; es fehlt an Maschinen, diese Wasser zu bewältigen, so daß man sich vielfach selbst mit Abgangserzen begnügt, welche in 50 Zentnern Erz kaum 190 bis 250 g Silber enthalten. Alle hüttenmännischen Arbeiten, Rösten, Amalgamieren und Raffinieren, sind in den Händen unwissender Leute und werden nachlässig betrieben; ungeheure Massen Quecksilber werden verschwendet, und trotzdem wird noch kaum die Hälfte des in dem Erze enthaltenen Silbers gewonnen. Das Anfahren, Losarbeiten und Herausschaffen geschieht auf die leichtfertigste Art. Wie weit durch europäische Arbeiter die verfahrene Sache wieder gut gemacht und durch Überlegung, Geschick und Ausdauer der Fluch in Segen verwandelt werden kann, das wird die Zukunft lehren.

Ganz in der Nähe von Potosi wurde im Jahre 1660 auch die Mine von Laycacota entdeckt, in welcher das gediegene Silber so mächtig war, daß man es mit Meißeln bearbeiten konnte. Der Besitzer dieser Mine war so freigebig, daß er seinen Landsleuten aus Europa wöchentlich einige Tage bewilligte, wo sie für sich selbst Silber gewinnen konnten. Diese Freigebigkeit hatte einen schlechten Erfolg, denn bald entstand Streit unter den Suchenden. Von Worten kam es zu Schlägen, man griff sogar zu den Waffen; der edelmütige Salcedo aber, ursprünglicher Eigentümer der Mine, machte sich Gewissensvorwürfe, daß er dieses Unglück, dem er nicht mehr wehren konnte, unbedachtsam herbeigeführt habe; er ward tiefsinnig und erhenkte sich.

In Bolivia sind die metallischen Schätze nicht nur im Innern der Berge versteckt, sie liegen auch offen an der Oberfläche. An manchen Stellen, wie im Thale des Tipuam, eines der Nebenflüsse des Amazonenstromes, wird Gold gewaschen, ebenso kommen Zinn, Kupfer u. s. w. im Alluvialsande vor.

Haben wir Peru und Bolivia erwähnt, so dürfen wir Chile nicht vergessen, ein Land, das durch seine unterirdischen Schätze allein schon zu den reichsten der Erde gehören könnte, wenn auch das glückliche Klima und der fruchtbare Boden diese günstige Vorbedingung wirtschaftlichen Wohlbefindens nicht noch vermehrten. Und doch steht das Land weit hinter andern zurück, deren Reichtum nur in der Arbeitsfähigkeit ihrer Bewohner besteht. Chile hat vorzüglich Gold, Silber und Kupfer; und Copiapo, St. Antonio, Huasco, Coquimbo und San Felipe sind Mittelpunkte der bergmännischen Thätigkeit. Die Kupfergruben ziehen sich in einem Streifen parallel der Küste von der Wüste von Atakama herab bis Coquimbo. In denselben Distrikten findet sich der goldführende Sand, der an vielen Stellen verwaschen, auch anstehende Golderze, auf welche Bergbau unterhalten wird. Die Silbergruben liegen in der Regel weiter dem Lande zu, im Innern der Gebirge.

Die Arbeit in denselben ist höchst beschwerlich, weil weder für Fahrung, noch für Förderung auskömmliche Vorkehrungen getroffen sind. Viele Bergwerke sind durch die sinnlose Art, in welcher jahrhundertelang der Abbau stattgefunden hat, auch in einen Zustand versetzt worden, daß es jetzt für sie schon zu spät ist, um eine Änderung eintreten zu lassen. Lebte in dem alten spanischen Amerika nicht eine unglückliche Menschenrasse, an Mühen und Entbehrungen aller Art gewöhnt, ohne Bedürfnisse, freilich auch ohne energisches Streben, so würden sich Zustände, wie sie vielfach in den dasigen Grubendistrikten vorhanden sind, nicht halten können.

Fig 102. Erzträger aus den Minen von Cerro de Pasco.

Die armen eingebornen Arbeiter, welche die Erze auf ihrem Rücken aus den schlecht gangbaren Gruben fördern müssen, erhalten ein Minimum an Bezahlung, das in keinem Vergleich mit dem Lohne steht, welchen der neben ihnen beschäftigte englische oder deutsche Bergmann bekommt. Allerdings steht auch die Leistung in ähnlichem Verhältnis.

Die Erze werden zum Teil im Lande selbst verhüttet, zum Teil aber auch gehen sie nach Europa, wo sie zu Gute gemacht werden. Die reicheren Gold- und Silbererze können dabei wohl die kostspielige, aber rasche Tour über die Landenge von Panama vertragen, für die Kupfererze aber besteht nur der Weg um das Kap Horn.

Noch unglücklichere Verhältnisse als in Südamerika, wo wenigstens in der Neuzeit von Europa aus viel für einen vernünftigen Bergbau geschehen ist, finden wir in Mexiko, demjenigen Lande, welches bis vor Entdeckung der großen Goldfelder in Kalifornien, Afrika und Australien allein den bei weitem größten Teil der Edelmetalle in den Verkehr gebracht hat. In der Sonora, zwischen Chihuahua und dem Golfe von Kalifornien, findet sich Gold, Silber und Quecksilber in reichster Menge — in Chihuahua selbst wird auf Silber gebaut — aber neben den politischen Zuständen des bedauernswürdigen Landes, welche industriellen Unternehmungen keine Garantie und keinen Schutz gewähren können, sind es hier noch die räuberischen und grausamen Indianerstämme, aufgereizt durch ununterbrochene Kriege, durch Ungerechtigkeiten und Schlechtigkeiten, von den verwilderten Weißen gegen sie ausgeübt, und besonders die Komanchen und Apachen, welche die geordnete Ausbeutung der Gruben fast unmöglich machen.

Die Gruben von Chihuahua sind seit sehr langer Zeit in Betrieb. Die Arbeit wird von Eingebornen verrichtet. Natürlich sind auch hier alle Einrichtungen sehr primitiver Natur. Rohe Baumstämme, in welche Stufen eingehauen sind, dienen an vielen Stellen als einziges Mittel, um in die Tiefe der Schächte hinabzukommen. Der Tenatero — so heißt der Arbeiter, welcher die Erze aus dem Bergwerk herausträgt — steigt acht- bis zehnmal in einer Runde und ohne auszuruhen die Leiterfahrt, von denen es manche bis zu 1800 Stufen gibt.

Es muß aber auch erwähnt werden, daß großartige und gut angelegte Baue in den mexikanischen Bergwerken nicht gänzlich fehlen.

Aber was ist das alles jetzt gegen die Ausbeutung, welche die Erzlagerstätten in Kalifornien erfahren. Von den Silberadern der Sierra Nevada ist die reichste der 1859 entdeckte Camstockgang bei Virginia City. Derselbe ist 10—15 m, an manchen Punkten bis 70 m mächtig und 3 englische Meilen lang. Er produzierte 1866 für $16\frac{1}{2}$ Millionen Dollar Silber und Gold, in den ersten fünf Betriebsjahren 1862—66 aber einen Wert von 64 Millionen Dollar aus $1\frac{1}{2}$ Millionen Tonnen Erz. Die Erze bestehen aus Schwefelsilber und gediegenem Silber mit geringen Beimengungen von Antimonglanz, Bleiglanz, Schwefelkies und Kupfererzen und sind mehr oder weniger goldhaltig. Die übrigen Minen Nevadas sind der Reihenfolge ihrer Entdeckung nach: die Esmeraldamine (1860), etwas über 100 Meilen südöstlich von Virginia City; die Humboldtminen, 160 Meilen nordöstlich; das Silbergebirge, 60 Meilen südlich, der Peavinedistrikt, 30 Meilen nördlich, und die Reese-River-Minen, deren jede mehrere Distrikte wieder umfaßt. Ausgedehnte Distrikte bei Kalifornien, entlang der Sierra Nevada, sind ebenfalls sehr silberreich.

In Colorado sind die Minen des Negorydistriktes hervorzuheben, welche eine Fläche von etwa 300 englischen Quadratmeilen goldführender Gebirge umfassen. Das Nevadaterritorium zählte 1860 nur 6857 Einwohner, Ende 1863 aber schon 60000, wovon beinahe 20000 in Virginia City. Innerhalb vier Jahren waren 5 Millionen Dollar für Errichtung von Quarzmühlen und Reduktionswerken, ebensoviel für Eröffnung der Minen, und dreimal soviel für andre Einrichtungen und Anlagen ausgegeben worden. Den Frachtverkehr zwischen der Pacificküste und dem Territorium vermittelten 1866 gegen 3000 Gespanne neben zahlreichen Eisenbahnzügen. Die Deutschen hatten anfangs an der Minenausbeutung verhältnismäßig geringen Anteil.

Statistisches. Welche Wertsummen durch den Erzbergbau in den Verkehr eingeführt werden, das zeigt ein Blick auf die statistischen Zusammenstellungen. Wir wollen nur aus den offiziellen Angaben, die gelegentlich der Pariser Weltausstellung gemacht worden sind, anführen, daß im Zollverein im Jahre 1865 aus 4769 Gruben durch 204340 Arbeiter 646997590 Zentner im Werte von 188764044 Mark am Ursprungsorte gefördert wurden, ein Quantum, wozu Preußen allein dem Werte nach 75 Prozent beitrug. Während in diesem Lande von 1835—44 der jährliche Ertrag des Erzbergbaues noch nicht 21 Millionen Mark betrug, hatte es 1865 die Höhe von 144 Millionen Mark überschritten. — Österreich hatte 1865 für $26\frac{1}{2}$ Millionen Gulden, Spanien für 17 Millionen Escudos (à 2 Mark 10 Pf.) erzeugt. Natürlich stellen sich die Beträge höher, wenn man nicht den bloßen Erzwert, sondern den Wert der fertigen Berg- und Hüttenprodukte annimmt, wie aus der folgenden Tabelle hervorgeht, welche die Berg- und Hüttenwerksproduktion einiger Länder für das Jahr 1861 nach Dr. A. Huyssen vergleichen läßt. In dem genannten Jahre hatte an Berg- und Hüttenprodukten produziert:

Großbritannien für	712614411	Mark
Vereinigte Staaten von Nordamerika inkl. Kalifornien	660000000	„
Frankreich gegen	240000000	„
Preußen	171857076	„
Zollverein exkl. Preußen	62094615	„
Österreich	89904675	„
Belgien	120000000	„

Edelmetalle, Gold und Silber, wurden zusammengenommen auf der ganzen Erde in den Jahren 1851—82 produziert:

Gold 5922951 kg im Werte von 16526,7 Millionen Mark
Silber 48660000 „ „ „ „ 8759,2 „ „

Die Produktion in diesen 32 Jahren übersteigt hinsichtlich des Goldes bereits in beträchtlichem Maße die Gesamtausbeute während der 358, seit Entdeckung Amerikas vorangegangenen Jahre (1493—1850), da während dieses langen mehrhundertjährigen Zeitraumes doch die gesamte Produktion nur 4697000 kg (Wert 13104 Millionen Mark) erreicht hat. Rücksichtlich des Silbers verhält es sich zur Zeit noch umgekehrt; die Gesamtausbeute dieses Edelmetalls während der genannten Periode von 1493—1850 wird auf 149508000 kg (Wert 26911 Millionen Mark) geschätzt.

Vor der Entdeckung Amerikas war die Ausbeute an Edelmetallen auf der Erde eine verhältnismäßig sehr geringe, aber selbst als die Schätze der Neuen Welt von den Europäern in Angriff genommen worden waren, flossen gegen die Summen von heute immerhin nur unbedeutende Mengen an Gold und Silber uns zu. Nach den Untersuchungen Soetbeers betrug die durchschnittliche Edelmetallproduktion in den ersten 28 Jahren nach jenem Ereignis (die Werte in Millionen Mark angegeben) pro Jahr:

an Gold nicht mehr als 5805 kg im Werte von 16,182 Millionen Mark,
an Silber „ „ „ 37000 „ „ „ „ 24,642 „ „

in den Jahren 1601—20 pro Jahr:

an Gold 8530 kg im Werte von 23,771,
an Silber 422900 „ „ „ „ 76,122,

zu Ende des 17. Jahrhunderts:

10700 kg im Werte von 30,034,
341900 „ „ „ „ 61,542,

in den Jahren 1701—20 pro Jahr:

an Gold 12820 kg im Werte von 35,768,
an Silber 355600 „ „ „ „ 64,008,

zu Ende des 18. Jahrhunderts:

17790 kg im Werte von 49,634,
879060 „ „ „ „ 158,231,

in den Jahren 1801—20 pro Jahr:

an Gold 17778 kg im Werte von 49,600 Millionen Mark,
an Silber 894150 „ „ „ „ 160,947 „ „

in den Jahren 1851—55 nach Entdeckung der kalifornischen und australischen Goldfelder pro Jahr:

an Gold 197515 kg im Werte von 551,067 Millionen Mark,
an Silber 886715 „ „ „ „ 710,586 „ „

in den weiteren fünf Jahren 1856—60 pro Jahr:

an Gold 206058 kg im Werte von 574,901 Millionen Mark,
an Silber 904990 „ „ „ „ 162,898 „ „

Mit den letzten Ergebnissen hatte die Produktion an Gold überhaupt ihren Höhepunkt erreicht; sie sinkt dann wieder im folgenden Jahrzehnt (1861—70) und wird in den Jahren 1871—75 durch die Silbergewinnung stetig überragt. Um diese Zeit bewegt sich die Goldausbeute pro Jahr in der Höhe von 171000 kg (Wert 476 Mill. Mark), während die Silbergewinnung eine Menge von nahezu 2 Mill. kg (Wert 354½ Mill. Mark) erreicht. In der neuesten Zeit, insbesondere während der Jahre 1876—82, stellt sich der Jahresertrag betreffs des Goldes auf 166700 kg (Wert 465 Mill. Mark) und betreffs des Silbers auf mehr als 2½ Mill. kg (Wert 454 Mill. Mark). Dieser zunehmende Unterschied zwischen der Produktion in beiden Edelmetallen erklärt sich hauptsächlich aus dem Rückgange der Goldgewinnung in Kalifornien wie Australien, während die geringe Ausbeute der neu entdeckten Goldländer im südlichen Afrika (Transvaalien u. s. w.) für eine Deckung des

Ausfalls nicht in Betracht kommt. — Die gesamte Goldausbeute Kaliforniens von 1848 bis 1883 betrug immerhin die enorme Summe von mehr als 5000 Millionen Mark an Wert, die der Kolonie Viktoria in Australien von 1851—82 über 6000 Millionen Mark.

Richten wir den Blick aus diesen märchenhaften Regionen nochmals in die uns umgebenden Verhältnisse, so werden wir freilich eingestehen müssen, daß wir den Vergleich in bezug auf die Edelmetalle mit den überseeischen Ländern nicht aushalten. Die schon erwähnte Produktion des Zollvereins im Jahre 1866 ergab nur:

31 629	Tonnen	Gold und Silbererze,	146	Tonnen	Antimonerze,
269	„	Quecksilbererze,	25 473	„	Manganerze,
171 070	„	Bleierze,	15 072	„	Alaunerze,
151 636	„	Kupfererze,	40 226	„	Vitriolerze,
335 348	„	Zinkerze,	815	„	Graphit,
156	„	Zinnerze,	803	„	Asphalt,
1 219	„	Kobalterze,	7 412	„	Flußspat,
1 925	„	Arsenikerze,			

dafür aber

1 013 413 Tonnen Eisenerze,
21 794 705 „ Steinkohlen,
1 013 413 „ Braunkohlen.

Im Jahre 1870 betrug dagegen die Erzproduktion Deutschlands (Kohlen und Salz also nicht eingerechnet) ohne Elsaß-Lothringen über $3^4/_5$ Millionen Tonnen von fast 60 Millionen Mark Wert. Auf die Eisenerze entfällt hiervon der überwiegende Betrag von mehr als $2^9/_{10}$ Millionen Tonnen, auf die Zinkerze entfallen 300 000 Tonnen, auf Bleierze mehr als 100 000 Tonnen, auf Kupfererze über 200 000 Tonnen. Der Gesamtwert aller geförderten Montanprodukte ausschließlich des Salzes hatte sich von 1861—70 gerade verdoppelt, von etwas über 120 Millionen Mark auf mehr als 240 Millionen. Die gesamte Bergwerks-, Hütten- und Salzwerksproduktion hatte sich von 600 Millionen Mark im Jahre 1867 auf mehr als 750 Millionen Mark im Jahre 1871 erhöht.

Noch höher steigt, wenigstens bei einzelnen wichtigen Produkten, insbesondere beim Eisenerz, die Ausbeute während der folgenden Jahrzehnte, und sie erreicht während der ersten Jahre des neunten Jahrzehnts die in nachfolgender Übersicht angegebenen Mengen und Werte.

Arten der Erze	Produktion in Tonnen à 1000 kg			Werte in Tausenden von Mark		
	1881	1882	1883	1881	1882	1883
Eisenerze	7 600 801	8 263 254	8 756 617	36 361	39 182	39 319
Zinkerze	659 531	694 711	677 794	9 594	11 912	8 890
Bleierze	164 771	177 656	169 754	19 240	20 621	18 091
Kupfererze	523 697	566 509	613 211	14 330	14 721	16 069
Silber- und Golderze	26 787	22 977	25 302	4 275	4 331	4 400
Zinnerze	164	158	139	230	219	152
Manganerze	13 642	6 735	6 488	471	266	215
Schwefelkies	125 057	158 419	149 251	1 279	1 806	1 360

Von den Bergbau treibenden Ländern sind außer Amerika (Vereinigte Staaten, Mexiko, Bolivia) und außer Großbritannien vorzüglich zwei ihrer unerschöpflichen Erzschätze wegen noch von Interesse für uns, Rußland und Spanien. Sind dieselben auch der Natur der Verhältnisse entsprechend ganz ungleichmäßig ausgebeutet, so zeigen die Produktionsziffern, welche trotzdem erreicht werden, um so augenfälliger den Reichtum an, welchen die Erde dort unter der Oberfläche birgt.

Das Buch der Erfindungen. 8. Aufl. III. Bd. Leipzig: Verlag von Otto Spamer.

Hinablassen der Pferde in den Schacht.

Was im Strahl der Sonn' erwuchs zu grüner Pracht
Und verschüttet ward ins starre Grab der Erde,
Wird heraufgeholt aus tausendjähr'ger Nacht,
Daß es wieder uns zu Licht und Wärme werde.

Die Gewinnung der fossilen Brennstoffe.

Die Bestandteile der organischen Welt. Untergang der Pflanzen und Entstehung der fossilen Brennstoffe. Moor- und Torfbildung. Die Braunkohlen und Steinkohlen bezeichnen Stadien weiter fortgeschrittener Zersetzung. Was für Pflanzenfamilien haben zu diesen verschiedenen Bildungen hauptsächlich beigetragen? Vorkommen und Lagerungsverhältnisse der Formationen. Die Gewinnung der fossilen Brennstoffe. Torfstich. Braunkohlengruben. Steinkohlenwerke. Die Abbauarten. Produktionsziffern. Schlagende Wetter und Grubenbrände. Erdöl. Vorkommen und Gewinnung des Petroleums in Amerika, Rußland, Galizien, Deutschland.

Eine nur geringe Zahl von Elementarstoffen ist es, durch deren verschiedenartiges Zusammentreten die mannigfaltigen Formen des organischen Lebens entstehen. Während wir im Reich der Gesteine einige sechzig Urbestandteile nachweisen können und doch nur eine verhältnismäßig kleine Anzahl von Mineralien aus ihnen gebildet sehen, welche unter allen Klimaten auf der höchsten Höhe über dem Meere und in dem tiefsten Innern der Erdeingeweide immer in denselben Formen und mit denselben Eigenschaften und Kräften dem Forscher wieder entgegentreten — so ist die ganze grüne Pflanzendecke der Erde und nicht minder das fast unbegrenzt scheinende Reich der Tiere mit seinen unzähligen Formen und Verschiedenheiten aus wenig mehr als vier Grundstoffen aufgebaut: Kohlenstoff, Wasserstoff, Sauerstoff und Stickstoff.

In den Früchten tropischer Palmen wie in den zarten Fäden der Moose, welche wir unter der Schneedecke der Polarländer sammeln, begegnen wir diesen vier Elementen; aus ihnen bestehen die feinsten und kompliziertesten Organe des menschlichen Körpers, aber auch die niedrig stehenden Würmer, die plumpen Weichtiere, bilden aus ihnen ihre Werkzeuge.

Wie dieselben wenigen Glassplitter in dem Kaleidoskop eine unendliche Reihe von Bildern bewirken, an denen sich unser Auge ergötzt und nichts Schöpferisches dazu hilft,

Anderwärts aber kann auch auf feuchten Stellen eines schattigen Waldes eine Moosdecke anwachsen, welche, indem sie dicker wird, die Waldbäume zerstört. Dann gewinnt das Moos die Oberhand und schwillt, indem es oben stets neue Blättchen entwickelt, endlich zu einem flachen Hügel an, der im Innern durch die überaus hygroskopische Beschaffenheit seiner Pflanzenstoffe oft eine breiartige Masse bildet, die nur durch die mehr oder weniger mächtige filzartige Decke in ihrer Form zusammengehalten wird. Zuweilen platzt ein solches Hochmoor auf und ergießt seinen schlammigen Inhalt über die nächste Gegend, es entstehen Schlammströme, welche in Irland, Schottland, Rußland zuweilen arge Verheerungen anrichten und, unwiderstehlich wie Lavaströme, die tieferen Bodenstellen bedecken und alle Vegetation vernichten. Am 25. Juni 1821 fanden bei Tulamore und am 17. September 1835 in der Grafschaft Antrim in Irland Moosbrüche statt; der letztere hatte innerhalb vier Wochen eine Fläche von 100 m breit und 2 km lang etwa 10 m dick mit Moder bedeckt. Auch in Holstein, Ungarn und Rußland sind solche Ereignisse nicht selten. Selbst die als Brennmaterial benutzte Moia der südamerikanischen Vulkanhochgebirge möchte nichts andres als aus hochgelegenen Torfmooren ausgebrochener Schlamm sein und mit eigentlich vulkanischen Ereignissen kaum in Zusammenhang gebracht werden können. Wenn schwere Tiere, Hirsche, Ochsen, Schweine u. dergl., die schwankende Decke der Torfmoore betreten, so sinken sie leicht unter; man findet deshalb in irischen, deutschen und russischen Mooren Skelette vom Riesenhirsch, Elk, Elen, Hirsch, Auerochsen, sogar vom Mammut, welche durch die gerbstoffhaltigen Bestandteile der Torfpflanzen oft merkwürdig gut erhalten worden sind.

Aus Torflagern, die auf die eine oder die andre Weise sich gebildet haben, sind nun, wie es scheint, sehr häufig die Braunkohlen entstanden. Die Pflanzensubstanz ist bei ihnen noch weiter verwest, sie sind daher reicher an Kohlenstoff, ärmer an Wasser- und Sauerstoff geworden. Die Braunkohle steht in bezug auf den Grad der Zersetzung, welche die organische Substanz erleidet, in der Mitte zwischen dem jüngeren Torf und der älteren Steinkohle, welche letztere, immer mehr und mehr Wasser- und Sauerstoff verlierend, endlich zu Anthrazit wird. Im Tulaschen Gouvernement Rußlands befinden sich Pflanzenlager aus den frühsten Zeiten der Erdentwickelung (zwischen der devonischen und der eigentlichen Steinkohlenformation eingelagert), welche zum Teil noch Torf, zum Teil Braunkohle, zum Teil schon Steinkohle sind. Die Pflanzen, aus denen diese Kohlenstoffanhäufungen entstanden, bezeugen aber, daß wirkliche Torflager aus jenen fernen Epochen vor uns liegen und daß außerdem die Steinkohle daraus erst durch allmähliche Verwesung entstanden ist.

Die Braunkohlenlager enthalten, genau wie die Torflager, entweder in ihrer Unterlage Wurzeln und Stammstücke von Bäumen, sie sind dann als Hochmoortorf gewachsen, oder die oft sehr platt gewordenen Baumstämme liegen, wie bei überwachsenen Tiefmoortorfen, in dem oberen Teile der Lager zusammengedrängt. Man braucht jedoch nicht in allen Fällen für die Braunkohle, noch auch für die Steinkohle, die Torfbildung als ein notwendiges Vorstadium vorauszusetzen. Es sind ebensowohl auch Braunkohlenlager bekannt, ja dieselben dürften sogar die Mehrzahl bilden, welche in ihrer ganzen Mächtigkeit aus Holzpflanzen bestehen und bis auf das Liegende hinab die Überreste starker Baumstämme und zwar ausschließlich solcher zeigen. Von dieser Beschaffenheit sind z. B. die Braunkohlen der sächsischen Lausitz und viele in den benachbarten böhmischen Distrikten. Bei diesen Pflanzenresten hat zwar eine analoge Zersetzung der organischen Substanz, durch Moderung oder Verwesung, vielleicht unter Mitwirkung von Wasser, Wärme und hohem Druck, stattgefunden, aber nicht auf der Stelle ihres ursprünglichen Wachstums. Vielmehr darf sehr häufig angenommen werden, daß hier infolge großer Zusammenschwemmungen das Material weiter Länderstrecken auf verhältnismäßig kleinem Raume sich anhäufte.

Die Braunkohlenlager haben in der Regel eine verhältnismäßig nur unbedeutende Ausdehnung; zwar besitzen sie oft eine bedeutende Dicke (Mächtigkeit), schwanken darin aber auf kurze Erstreckungen, spalten auf und verdrücken sich nicht selten gänzlich.

In der Wetterau dehnen sich Braunkohlenlager über eine Fläche von mehr als 220 qkm aus, sie bilden mehrere kleine, nebeneinander liegende Bassins, von denen das eine bei Dorheim (Friedberg) fast ganz abgebaut ist, so daß dessen Form und Gestalt, genau bekannt, zur Erläuterung der Lagerungsverhältnisse dienen kann.

Das Dorheimer Braunkohlenflötz bildet eine 690 m lange, 80—120 m breite Ablagerung, deren Begrenzung vielgestaltig ausgezackt ist. Die Ränder des Flötzes haben eine Dicke von 25 m, der mittlere Teil desselben ist dagegen nur 6—10 m dick. Die das Lager bedeckende Thonschicht, 15—30 m dick, enthält hier und da Flußschnecken, ein Beweis, daß nach der Anwachsung des Kohlenflötzes ein Fluß oder Bach das Terrain bespült hat.

Nr. 105. Cycadae (Noeggerathia lactuca?) aus der Steinkohlenflora.

An einer andern Stelle, bei Dornassenheim und Weckesheim, liegen drei Braunkohlenflötze durch Thonschichten getrennt übereinander, woraus man schließen muß, daß Anhäufungen der pflanzlichen Massen wiederholt von schlammigen Anspülungen überschüttet worden sind. Solche und ähnliche Verhältnisse wiederholen sich häufig.

Die Braunkohlen schließen zuweilen Überreste von urweltlichen Tieren ein, welche wie die Fische und Mollusken entweder in den Wässern gelebt haben, durch welche die auf der Kohle lagernden Sedimentschichten abgesetzt wurden, oder aber wie gewisse, jetzt ausgestorbene Säugetiere, von denen man die Knochen in der Braukohlenformation findet,

Bewohner der Wälder gewesen sind, die zur Bildung der Braunkohlen das Material geliefert haben, und die, in den alten Moor eingebrochen, mit diesem alle Stadien seiner Zersetzung durchgemacht haben.

Früchte und Blattreste von Laub- und Nadelholz sind im allgemeinen nicht selten, doch gehören sie meist längst untergegangenen Pflanzenarten an und liefern die sichersten Merkmale zur Altersbezeichnung der Formation. Überall da, wo wir fossilen Kohlenablagerungen begegnen, finden wir in Abdrücken und Versteinerungen jene Pflanzenformen mehr oder weniger zahlreich erhalten, denen diese Lager ihren Ursprung verdanken. Je älter die Formation ist, um so mehr weichen die ihr zugehörigen Pflanzen und Tiere von den heutigen Organismen ab, welche an der Oberfläche das Leben bilden.

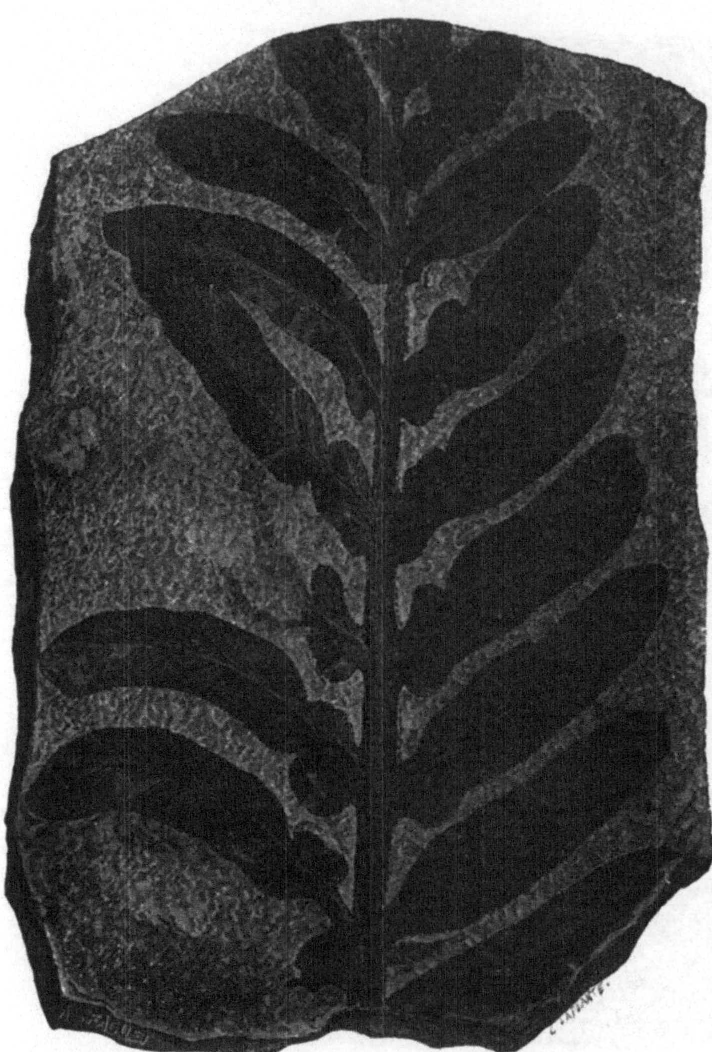

Fig. 106. Odontopteris aus den Steinkohlengruben von Saarbrücken.

In vielen der älteren Braunkohlenlager finden wir mitten in Deutschland und weiter nach Norden die tieferen Schichten aus Ahorn oder dem Zimtlorbeer u. s. w. ähnlichen Bäumen, aus Farnen und andern Pflanzenfamilien zusammengesetzt, die jetzt nur in tropischen Gegenden noch vorkommen. Die Braunkohlen gehören der Tertiärformation an, welche sich von den vorhergegangenen durch einen großen Formenreichtum der Pflanzen- und Tierwelt auszeichnete, und sie steht mit der Jetztzeit insofern noch in einem ersichtlichen Zusammenhange, da in ihr Spezies der Flora und Fauna schon auftraten, welche auch jetzt noch auf der Erde leben. Diejenigen Formationen, welche älter sind als die Tertiärformation, wie die des Quadersandsteins, des Jura u. s. f., zeigen nur solche Spezies, welche jetzt nicht mehr angetroffen werden, und weitergehend beweisen uns die Pflanzenreste der Steinkohlenperiode, daß damals, als sie grünten und blühten, die Erde ganz andre Vegetationsverhältnisse besaß, daß eine durchgängig viel höhere Wärme, größere Feuchtigkeit und reichlicherer Kohlensäuregehalt der Luft die Hervorbringung von Formen, die wir jetzt gar nicht mehr, und zwar in einer Üppigkeit ermöglichten, wie wir sie heute selbst in einem Urwalde nicht mehr annähernd finden.

„Unsre dichteste, üppigste Waldung“ — sagt eine Beschreibung des Steinkohlengebirges in Appels Darstellungen: „Aus der Natur“ — „würde, zu Steinkohle zusammengepreßt, nur ein Kohlenflötz von etwa einem halben Zoll Mächtigkeit bilden, und 500 Generationen würden erst ein 6 m starkes Flötz liefern, zu ihrem Wachstum aber wohl 50000 Jahre bedürfen. Um mit unsern Wäldern und Bäumen Hunderte von Flötzen übereinander zu lagern, wären also Zeiträume von vielen Millionen Jahren erforderlich. Das feuchte und warme Klima der niedrigen Inseln des Urozeans beförderte aber ungemein das Wachstum der Sigillarien, Kalamiten und Farnwälder, so daß wir nach der Wachstumszeit unsrer Waldbäume die Zeitdauer der Kohlenepoche nicht bemessen dürfen.“

Denn wenn vorhin entwickelt worden ist, in welcher Weise aus pflanzlichen Gebilden, wenn die leichteren gasigen Bestandteile allmählich entweichen, kohlenstoffreichere Rudimente übrig bleiben, welche zu Torfbildungen Veranlassung geben können, und wenn wir gesagt haben, daß dieser Torf in Braunkohle übergehen und die Braunkohle selbst infolge weiterer Zersetzung zu Steinkohle werden kann, so darf daraus keinesfalls geschlossen werden, daß alle Steinkohle vorher notwendig einmal Braunkohle gewesen ist, noch weniger aber, daß diejenige Verkohlungsstufe, aus welcher unsre jetzigen Steinkohlen hervorgegangen sind, übereinstimmend gewesen sei mit dem, was wir heutzutage als Braunkohle bezeichnen.

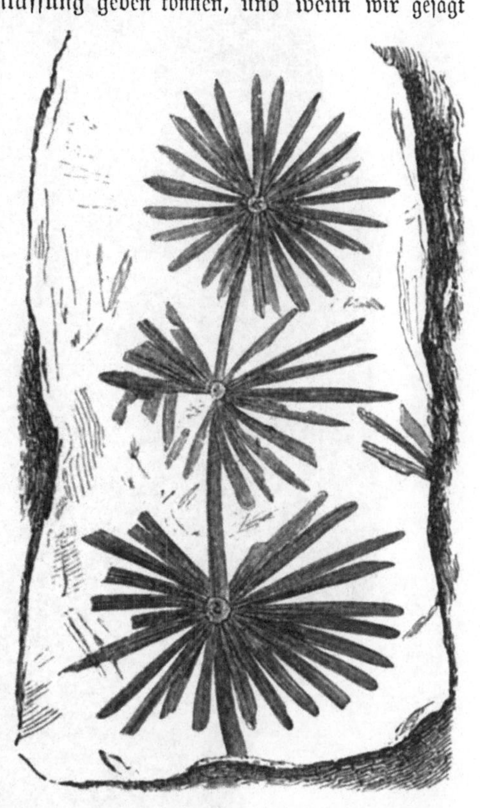

Fig. 107. Annularia longifolia aus der Steinkohlenflora.

Die Braunkohle ist das Produkt einer besonderen geologischen Periode, aus Pflanzen und unter Umständen entstanden, die eben jener Periode eigentümlich waren. Manche Braunkohle hat schon eine weitergehende Zersetzung erlitten, so daß sie in ihren Eigenschaften der Steinkohle sich nähert oder gar ihr gleichkommt; sie mag Pechkohle oder dergleichen geworden sein, aber wirkliche Steinkohle ist sie deshalb auch nicht, denn diese gehört, ihrem Ursprunge nach, einer viel früheren Periode der Erdbildung an und ist aus ganz andern Pflanzen entstanden. Der Vorgang der Bildung der Steinkohlenlager, in seinem chemischen Verlaufe im großen ganzen mit der Torf- und Braunkohlenbildung übereinstimmend, muß doch ein bei weitem rapiderer und, in bezug auf das Material, welches er verarbeitet hat, ganz eigentümlicher gewesen sein.

Professor Göppert in Breslau hat nachgewiesen, daß nicht Farne, obgleich diese in den Arten der Neuroptern, Odontoptern, Lepidodendren u. s. w. auch sehr zahlreich auftreten, sondern in erster Reihe Sigillarien in Verbindung mit den zu ihnen gehörenden Stigmarien, dann Koniferen, und zwar Walchien, Araukarien mit Kalamiten, riesigen Schachtelhalmen, und Noeggerathien die Hauptmasse der Steinkohle gebildet haben. In den Fig. 105—108 geben wir einige Darstellungen solcher charakteristischer Steinkohlenpflanzen, und Fig. 112 zeigt uns eine ideale Zusammenstellung der hauptsächlichsten zu einem Bilde, welches uns eine Vorstellung von dem landschaftlichen Charakter der Steinkohlenflora zu geben im stande ist. Überaus häufig finden wir die deutlichen Abdrücke jener untergegangenen Formen in den bedeckenden Thonschieferschichten, deren vormals weiches Material die zartesten Eindrücke aufzunehmen geeignet war.

Die Steinkohlen sind innerhalb derselben Formation von verschiedener Beschaffenheit. Wie in jüngeren Gesteinsschichten sich Kohlen aus Pflanzenüberresten, welche der eigentlichen

Steinkohlenperiode nicht mehr angehören, dennoch infolge gewisser, den Zersetzungsprozeß beeinflussender Faktoren, großer Druck, hohe Temperatur u. s. w. gebildet haben, welche auf den ersten Blick als vollständig übereinstimmend mit denen erscheinen, die in der Gegend von Zwickau oder Saarbrücken gegraben werden, so sind doch in jener früheren Epoche und seither die Umstände, welche auf die Umwandlung einwirkten, nicht überall die gleichen gewesen; an manchen Orten finden wir sehr alte Kohlenlager, welche in ihrer Beschaffenheit ebensoviel Verwandtschaft mit Braunkohlen als mit Steinkohlen zeigen.

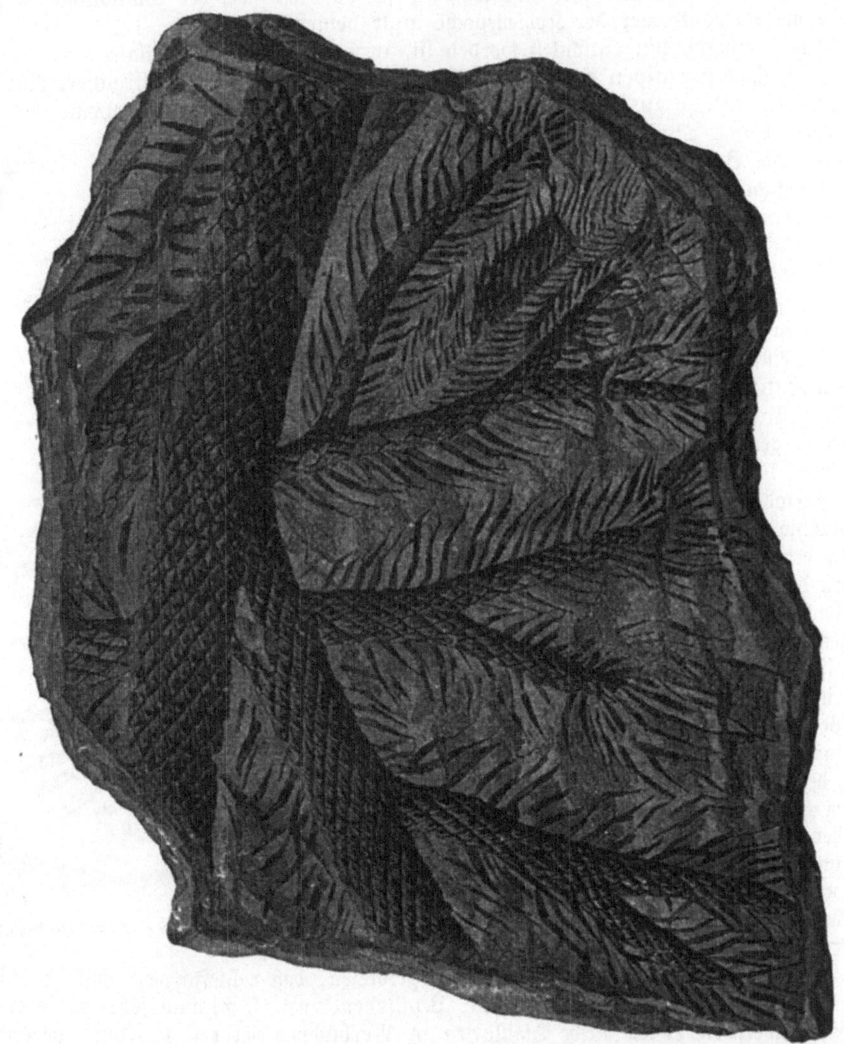

Fig. 108. Lepidodendron gracile aus den Kohlengruben von Eschweiler.

Im großen ganzen werden wir annehmen dürfen, daß der innere Zersetzungsprozeß, dessen Produkt die fossilen Kohlen sind, wesentlich auf eine immer reinere Darstellung des Kohlenstoffs hinarbeitete und noch hinarbeitet, denn er ist auch jetzt noch nicht beendet. Je nachdem er nun vorgeschritten und je nachdem andre Wirkungen vielleicht mit ihm im Spiele gewesen sind, sind die Kohlen verschieden. Zwischen dem Torf, der Moderkohle, wie sie in den Alluvialschichten liegt, und dem Anthrazit, einem fast ganz reinen Kohlenstoffe, gibt es als Zwischenstufen nicht nur Braunkohlen und Steinkohlen kurzweg, sondern eine große Anzahl von verschiedenen Arten derselben.

Der Anthrazit in seiner ausgeprägtesten Form, wie er sich z. B. in Rhode-Island in Nordamerika findet, hat seinen Bitumengehalt, seine flüchtigen Bestandteile fast gänzlich verloren, er besteht fast aus reinem Kohlenstoff mit sehr wenig Sauerstoff und Wasserstoff, verbrennt daher auch mit schwacher Flamme und hinterläßt wenig Asche. Von eisenschwarzer Farbe, hat er eine ziemliche Härte, etwa wie der Kalkspat, und einen ausgezeichnet muscheligen Bruch.

Fig. 109. Sigillarienstämme in den Kohlengruben von St. Etienne, an der Stätte ihres ursprünglichen Wachstums noch aufrechtstehend.

Obwohl als Heizmaterial von großem Wert, ist er für die Gasfabriken doch nicht zu verwenden, eben weil die Zersetzung der wasserstoffhaltigen Verbindungen schon so weit beendet ist, daß durch die Destillation in den Retorten aus ihm sich keine gasartigen Produkte mehr heraustreiben lassen. Er stimmt schon mit dem Residuum bei der Gasfabrikation, mit den Koks, in seiner chemischen Zusammensetzung überein.

Die eigentliche Steinkohle oder die Schwarzkohle ist ihren äußeren Eigenschaften nach allgemein bekannt: samtschwarz oder pechschwarz, durch verschiedene Grade des Glanzes, bis in graue Nüancen übergehend, zuweilen bunt angelaufen, von meist muscheligem, doch auch schieferigem Bruche, geringerer Härte, leicht mit rauchender Flamme verbrennend und dabei in manchen Varietäten sich erweichend und aufblähend, in andern wieder zusammensinternd, ist sie von allen unsern Lesern schon beobachtet worden. Der Techniker, der die Kohle verwendet, und der Bergmann, der sie ihm liefert, unterscheiden besonders: Pechkohle, Grobkohle, Kännelkohle, Rußkohle, Schieferkohle u. dergl., für uns hat jedoch diese Einteilung vor der Hand kein weiteres Interesse. Wir werden darauf zurückkommen, wenn wir von der Verwendung der Steinkohlen sprechen, und wird uns namentlich das Kapitel von der Gasfabrikation dazu Gelegenheit geben.

In manchen Ländern, wie z. B. in Rußland, Schlesien und Böhmen, liegen die Steinkohlen älterer Formation noch fast in derselben Lage, in welcher sie in Torfmooren anwuchsen. In andern Gegenden wiederum erkennt man deutlich, daß ihr Material zusammengeschwemmt wurde. Bei Kladno, Radnitz, Pilsen u. s. w. in Böhmen bedecken sie die Schichten der Silurformation in einer Mächtigkeit von 3—12 m, finden sich aber vorzugsweise an dem Nordgehänge in flachen Mulden, während das Südgehänge nur verkieseltes Holz und Farnabdrücke birgt. Aus dieser Eigentümlichkeit scheint hervorzugehen, daß auch hier schon in frühen Zeiten die Nordgehänge flachen Hügellandes, wo die Schatten länger weilten, von Torfmooren bedeckt waren, während die Südgehänge der Thäler trocken und ohne die Pflanzenentwickelung blieben, welche die Steinkohlen hervorbrachten. In Oberschlesien lagern meistens mehrere Steinkohlenflötze, getrennt durch Sandstein und Schieferthon, übereinander; die Lagerung findet in flachen Mulden statt. Auch hier erinnert der Bau und die Verteilung von strukturloser Moderkohle und Holzresten häufig an die Braunkohlen- und Torfbildungen.

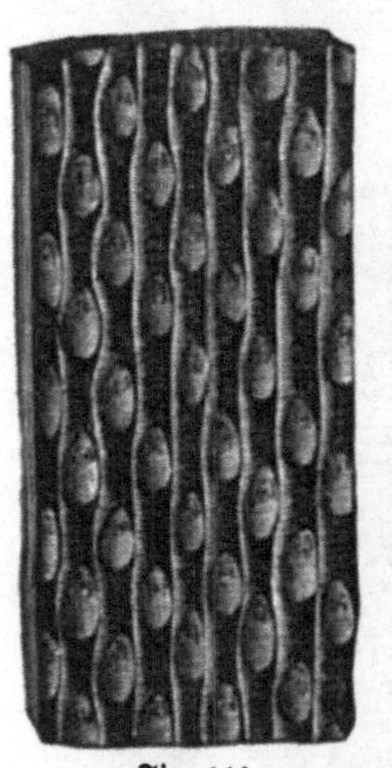

Fig. 110. Fig. 111.
Stammstückchen von Sigillaria Groesseri aus der Steinkohlenflora.

In solchen Lagerstätten hat man bisweilen Überreste von Pflanzen unter Umständen gefunden, welche mit Sicherheit annehmen ließen, daß die Grabstätte auch die Wiege der kohlebildenden Gewächse gewesen sei. Man fand die Wurzelstöcke noch senkrecht in dem Boden sitzen und mit ihren Ausläufern noch in demselben Erdreich, dem sie die zu ihrem Wachstum nötige Nahrung früher entzogen hatten. Ja, ganze, noch aufrecht stehende Stämme hat man wieder ausgegraben, welche in ihren Strünken sich Festigkeit genug bewahrt hatten, um dem Umsturz durch Fäulnis zu entgehen. Die schönsten Beispiele dieser Art lieferten die Kohlengruben von Saint Etienne in Frankreich, wie es die nach einer Photographie hergestellte Abbildung Fig. 109 anschaulich zeigt.

In den verschiedenen Becken sind die Kohlenflötze auch in bezug auf ihre Mächtigkeit, ihre Ausdehnung, Zahl und ihren Verlauf sehr verschieden. Es ist selten, daß nur ein einziges Flötz vorkommt; meist sind, durch Schieferthon, Sandsteine u. dergl. voneinander geschieden, mehrere und oft eine sehr große Zahl zu einem Schichtensystem miteinander verbunden. Ja, es sind Becken bekannt, in denen 100 und mehr Flötze übereinander auftreten. In Lancashire z. B. beträgt die Zahl der Flötze 120, im mittelrheinischen Becken 164, in Südrußland am Donetz sind gar 225 Flötze bekannt, welche zusammen eine Mächtigkeit von 130 m haben. Die ganz schwachen Flötze, deren Mächtigkeit oft nur wenig Zentimeter, ja selbst nur Millimeter beträgt, heißen Kohlenschmitze oder Säume; sie folgen einander oft so rasch, daß der Querschnitt des Gebirges wie in großartiger Weise liniiert aussieht; denn die Regelmäßigkeit der horizontalen Ausdehnung ist oft sehr groß, wie an mehreren Flötzen im Saarbrückener Becken beobachtet werden kann. Das High Mainflötz in Northumberland erstreckt sich über einen Raum von 80, das Low Mainflötz über 200 englische Quadratmeilen; das Pittsburger Flötz durch Pennsylvanien, Ohio und Virginien bei 225 Meilen Länge und 100 Meilen größter Breite über eine Fläche von 770840 qkm (14000 Quadratmeilen). Und auf diese ungeheure Ausdehnung behält das letztgenannte Flötz seine Mächtigkeit von 3 m gleichmäßig bei.

In manchen Gegenden jedoch wurden die Kohlenflötze durch Bodenschwankungen, Hebungen und Senkungen in ihrer ursprünglichen Lagerung mehr oder weniger gestört.

Fig. 112. Ideale Landschaft aus der Steinkohlenzeit.

Die Kohlenflötze an der Ruhr, Worm und in Belgien, die meisten in England, die an der Saar, im Schwarzwald, in den Vogesen und im südlichen Frankreich sind in dieser Beziehung merkwürdig. Sehr oft ist dadurch der Zusammenhang zwischen den Teilen der Kohlenflötze aufgehoben, sie sind in Stücke zerrissen oder die Schichten sind hin und her gebogen, geknickt und verschoben. In kaum einer andern Formation kommen solche Störungen der Schichten vor wie in der Steinkohlenformation; und besonders merkwürdig sind die Sprünge und Verwerfungen derselben, durch welche natürlich die Kohlenflötze ebenfalls in ihrem stetigen Verlauf unterbrochen werden. Nicht nur, daß, wie es sehr häufig vorkommt, sich die quer durchgerissenen Flötzteile nur wenige Zentimeter voneinander nach oben und unten entfernt haben — es machen manche Flötze sogar Sprünge um Hunderte von Metern. Diese Sprünge und Verwerfungen setzen dem Abbau sehr große Schwierigkeiten entgegen, da es oft nicht leicht ist, den verworfenen Flötzteil wieder zu erreichen.

Übrigens ist keine Sedimentformation ganz ohne Kohlenlager, dieselben kommen aber als auf dem Festlande entstandene Bildungen immer nur vereinzelt vor, während die kohlenleeren Meeresabsätze der Formationen eine weit größere Verbreitung haben und deswegen sich auch nicht alle Formationen durch einen gleichhohen Kohlenreichtum auszeichnen. Die in dieser Beziehung am besten ausgestatteten Formationen haben in specie den Namen Kohlenformation oder Steinkohlenformation und Braunkohlenformation erhalten. Die letztere hat als Ganzes, als geologisches Glied, bei weitem nicht die Mächtigkeit wie die erstere. In den älteren Gesteinen hat die Kohle oft schon die Form des Graphits angenommen, besonders wenn die Felsarten in den kristallinischen Zustand übergegangen sind, wie in den Gneis-, Glimmerschiefer- und Marmorschichten Böhmens. Zuweilen aber sind auch, obgleich Gneis zwischen die Kohlen eingeschoben ist und die Pflanzenabdrücke in Feldspatgesteine eingehüllt sind, wie bei Offenburg im Schwarzwalde und Thann im Elsaß, die Steinkohlen noch ziemlich reich an Wasser- und Sauerstoff und selbst dem Anthrazit fernstehend.

Die Steinkohlenformation in specie hat ihren Namen zwar von dem Reichtum an Kohlenflötzen, die in ihr von sehr verschiedenem Alter auftreten. Man darf aber aus diesem Namen nicht schließen, daß alle ihre Ablagerungen kohlenführend wären. Denn obwohl sie das ganze nördliche Rußland, ganz Irland, einen großen Teil von England, Belgien, Deutschland bis in die Alpen (nahezu 80000 Quadratmeilen) bedeckt, sind davon doch nur etwa 700 Quadratmeilen steinkohlenführende Bassins, deren Kohlenschichten, zusammengelegt, kaum 200 Quadratmeilen Fläche umfassen.

In den jüngeren Formationen ist in Europa besonders die Juraformation kohlenführend. Die Steinkohlen am Dnjester und Wesergebirge, in Ungarn bei Fünfkirchen, im Kaukasus bei Tiflis gehören dieser Formation an. Auch in Amerika und Indien sind Liaskohlen bekannt. In der noch später niedergeschlagenen Kreideformation Mährens und Österreichs beginnt die Braunkohle, welche in der sogenannten Tertiärformation Europas überall verbreitet ist, wo Süßwasser- und Landbildungen sich anlegen konnten, in den durch Meerwasser bewirkten Tertiärschichten aber gänzlich fehlt.

Die Gewinnung der fossilen Brennstoffe. Über die Torfgewinnung ist wenig zu sagen, sie ist unsern Lesern wohl hinreichend bekannt. Die an der Oberfläche der Erde befindlichen Lager werden von obenherein abgestochen und die weiche, oft plastische Masse, welche wohl noch Stengel und Holzteile der Pflanzen enthält, wird in Ziegel geformt und getrocknet. Ein Bergbau wird auf Torf nicht betrieben. Überhaupt ist zur Zeit der Wert der Torflager noch nicht in der Weise gewürdigt, welche dies in ungeheuren Massen auf der Erde vorhandene Brennmaterial verdient, und welche ihm auch zu teil werden würde, wenn die fortschreitende Ausbeutung der Kohlenlager die Befürchtung der Erschöpfung näher legen sollte, als es jetzt den Anschein hat.

Die Gewinnung der Braunkohlen geschieht da, wo dieselben nicht tief unter Sand und Thon begraben liegen, oft durch Tagebau, indem nach Abräumung der erdigen Decke die Kohlenmasse ausgestochen wird. In großem Umfange wird dieser Abbau in der Gegend von Großallmerode in Hessen, Halle, Bitterfeld, Weißenfels, in manchen Gegenden Sachsens, z. B. bei Zittau, Wurzen, ferner bei Aussig, Teplitz, Bilin, Karlsbad, Falkenau in Böhmen u. s. w. betrieben. Die Kohlen liegen schon unter 5—10 m dicken Sandmassen oft selbst 10—20 m dick. Im Sand begrabene Baumstämme liegen oben, zuweilen finden sich in der Kohle unzählige abgeplattete Holzstücke, die Hauptmasse aber besteht häufig aus nichts weiter als aus Moderkohle, die oft, zu steinharten glänzenden Massen verdichtet, als Pech- und Glanzkohle erscheint und ihren Eigenschaften nach mit der Steinkohle sehr nahe übereinstimmt.

Ein solcher Tagebau erscheint wie ein gewöhnlicher Steinbruch. Wo er tiefer in die Erde eindringt, muß das darin sich ansammelnde Wasser entweder durch Stollen abgeleitet oder durch Dampfmaschinen herausgepumpt werden. Auf manchen Gruben der Art werden trotz der mangelhaften Einrichtungen, welche mit solchen Tagebauen verbunden zu sein pflegen, enorme Massen von Braunkohlen gefördert. Dieselben werden teils als Brennstoffe verkauft, teils zur Paraffin- und Photogenfabrikation verwendet, doch sind nicht alle Kohlen für die Darstellung der letztgenannten Produkte geeignet. Es gehört dazu ein besonderes Stadium der Zersetzung, in welchem sich namentlich die Kohlen der preußischen Provinz Sachsen, Weißenfelser Gegend, auch manche böhmische Kohlen befinden. Andre wieder geben bei der trockenen Destillation gar keine oder nur so geringe Ausbeute an öligen Produkten, daß man sie ausschließlich nur als Feuerungsmaterial verwerten kann. Selbst die geeignetsten Braunkohlen liefern aber der Quantität nach immerhin nur so geringe Mengen an Paraffin und Photogen, daß sich deren Bereitung nur an solchen Stellen lohnen wird, an denen die Gewinnung der Kohlen sehr leicht und wohlfeil wird.

Die böhmischen Braunkohlen, welche für Norddeutschland als Brennmaterial noch eine große Rolle zu spielen berechtigt sind, wurden früher fast durchgängig durch offenen Tagebau oder durch Anlage flacher Schächte gewonnen. Wo der Grundeigentümer zu dem Abbau der Kohlen berechtigt war, wühlte er sich oft nur einen kreisrunden, brunnenartigen Schacht, der leicht mit Reisholz, Brettern und Reifen verbaut wurde, bis auf die Kohlen herab, und nahm von diesen so viel heraus, als er vor Zusammenbruch des Schachtes erreichen konnte. Bei dieser höchst ungeregelten Art, die Kohle zu gewinnen, wurde natürlich viel verloren; es blieben überall Reste der Lager in der Erde zurück, die dann, wenn sich die obere Erdschicht an den ausgebauten Stellen gesenkt hatte und den Zutritt von Luft und Feuchtigkeit gestattete, häufig durch Selbstentzündung in Brand gerieten. Die böhmischen Bauern lieferten aber in der Umgegend von Aussig, Teplitz und Bilin auf diese Weise die Kohlen so billig, daß der Zentner bis an das Elbufer auf nur wenige Kreuzer zu stehen kam und daß deshalb dieser geschätzte Brennstoff bis Prag stromaufwärts und bis Magdeburg und Berlin stromabwärts auch mit Vorteil Verwendung finden konnte. In der Neuzeit hat sich das Verhältnis wesentlich geändert. Durch Zusammenlegung und zentralisierte Bewirtschaftung ist ein rationeller Abbau in bergmännischer Weise durchgeführt worden, der, durch entsprechend entwickelte Eisenbahnlinien unterstützt, die Produktion in ganz enormer Weise gesteigert und von Zufälligkeiten unabhängig gemacht hat. Die böhmischen Kohlenflötze besitzen oft eine bedeutende Dicke.

In den Bergwerken bei Dorheim in der Wetterau oder am Habichtswalde und Meißner in Kurhessen, wo die Mächtigkeit der Kohlenflötze 10—30 m erreicht, wird zuerst ein Schacht durchgeteuft und mit Wasserpumpen und Fördermaschine ausgestattet. Von diesem Schachte aus werden dann zuerst in der oberen Abteilung des Flötzes horizontale Richt-, Grund- und Förderstrecken nach allen Weltgegenden ausgehauen (getrieben), welche endlich wieder mit senkrechten Schächten im Zusammenhange stehen. Diese letzteren dienen als Wetter- und Förderschächte, um den sich aus der Kohle entwickelnden Ausdünstungen leichteren Ausgang zu verschaffen, und bewirken in der Grube eine Luftzirkulation (Wetterwechsel). Die Grundstrecken werden gewöhnlich mit Eisenschienen belegt, auf denen die Karren (Hunde) laufen; von ihnen zweigt man rechtwinkelig Nebenstrecken ab, welche das abzubauende Flötz in einzelne große Quadrate teilen. Die Quartiere werden nacheinander ausgehauen, wobei die Decke durch untergestellte Stempel und Stützen gegen das Einbrechen gesichert werden muß. Nach dem Abbau eines Pfeilers schlägt man das Stützenholz soviel als möglich heraus, läßt die Decke herabbrechen und schreitet zum Abbau des nächsten Quadrates. Nach Verlauf eines halben oder ganzen Jahres hat sich das hereingebrochene Dachgestein fest und geschlossen auf den noch stehenden Teil des Kohlenflötzes gelegt. Vom Hauptmaschinenschachte aus wird nun die zweite, tiefere Grundstrecke getrieben, welche abermals von der Grenze des Flötzes aus den Abbau eines zweiten Stockwerkes unmittelbar unter dem ersten einleitet. Später wird die dritte, vierte, fünfte und sechste Grund- und Abbaustrecke immer tiefer hinabgehend angelegt und das ganze Flötz so allmählich gewonnen. Natürlich entsteht durch das immer tiefere Einsinken des Dachgesteins endlich an der Oberfläche eine Senkung, welche sich, wenn das Dach wasserdichter Thon ist, oft zu einem Teiche gestaltet.

Dieser Bruchbau findet bisweilen auch bei mächtigen Steinkohlenflötzen Anwendung. — Liegen die Steinkohlenflötze steil geneigt gegen den Horizont, wie z. B. die Pechkohle liefernden bei Leoben (Münzenberg), oder die bei Hering in den Alpen, so wird der Firstenabbau eingeführt. Man treibt den Schacht zur Förderung und Wasserhaltung in die Tiefe, richtet auf dem Lager Feldörter (Grundstrecken) aus und baut, indem man von unten nach oben den zwischen je zwei Feldörtern anstehenden Kohlenpfeiler heraushaut, von unten nach oben ab. Wenn zwei und mehrere Braunkohlenflötze übereinander liegen, so muß, sei nun Bruch- oder Firstenbau anwendbar, immer zuerst das oberste Flötz abgebaut werden. Wollte man mit dem tieferen beginnen, so müßte das obere beim Zusammenbruch der Abbaustrecken zerbröckeln und wertlos werden.

Steinkohlen werden nur selten durch Tagebau gewonnen; in Polen, Oberschlesien und im südlichen Frankreich sowie an einzelnen wenigen Punkten der Ruhrgegenden sind solche Steinbruchbaue angelegt, sie erlauben aber immer nur die Gewinnung geringer Kohlenmengen. Weil die Steinkohlenflötze infolge ihrer Bildung in früheren geologischen Perioden gewöhnlich tief unter der Oberfläche liegen und sich immer mehrere übereinander befinden, so ist zu deren Abbau der Bergwerksbetrieb unerläßlich. Großartige Kohlenbergwerke befinden sich in Rheinpreußen, Westfalen, Saarbrücken, bei Zwickau in Sachsen, in Oberschlesien, Mähren und Böhmen; außer Deutschland in England, Belgien und im südlichen Frankreich, und es zeigt uns Fig. 113 in idealer Zusammenstellung das Innere eines solchen Betriebes mit seinen mannigfaltigen Einzelheiten, wie wir sie im Laufe dieser Darstellung noch kennen lernen werden. Wir wollen uns zu diesem Behuf in einigen der hervorragendsten Kohlengruben etwas genauer umsehen und werden dabei am besten Gelegenheit haben, mit den hier und da auftretenden Eigentümlichkeiten uns bekannt zu machen.

Wir dürfen dabei freilich nicht nach solchen Kohlenbergwerken uns begeben, wie sie in der Türkei, in Kleinasien betrieben werden, wo man erzählt, daß der oberste Bergbeamte bei dem Besuche einer Grube die als Stütze für die Decke stehen gelassenen Pfeiler bemerkte, die seiner Ansicht nach vergessen worden waren, und voller Entrüstung deren sofortige Ausbringung befahl — ohne Widerspruch. Selbst die Chinesen, welche sonst in allen praktischen Dingen sich durch die jahrhundertelange Übung in der Regel eine zweckmäßige Gewohnheit angeeignet haben, stehen im Kohlenbergbau auf einer sehr tiefen Stufe. Es fehlen ihnen die wissenschaftlichen Grundlagen, welche die Geognosie gibt, und die mechanischen Hilfsmittel, die wir der Physik und unserm Maschinenwesen verdanken. Ja, sogar in Europa, wo doch der Kohlenbergbau seine systematische Ausbildung erfahren hat, finden wir hier und da noch Einrichtungen, welche an die allerprimitivsten Abbaumethoden erinnern. Im südlichen Frankreich, in der Provence an den Mündungen der Rhone, schleppt man die Kohlen noch auf dem Rücken aus den Gruben, ebenso wie in manchen schottischen Bergwerken, wo die beschwerliche Arbeit noch dazu von Frauen verrichtet wird.

Ein Steinkohlenbergwerk ist in seiner Anlage mit einem Erzbergwerk nur bis auf einen gewissen Grad zu vergleichen. Man baut Schächte und Stollen zur Förderung und Fahrung und zur Bewältigung des Wassers, Strecken und Abbauörter werden wohl in ähnlicher Weise angelegt, der Abbau auch unter gewissen Verhältnissen nach übereinstimmenden Methoden vorgenommen — aber dennoch gibt die eigentümliche Natur der Kohlenlagerstätten, von der der meisten Erzlager verschieden, ganz andre Vorbedingungen, welche von vornherein auch ganz andre Maßnahmen bewirken. Vor allen Dingen ist durch die bergmännische Voruntersuchung die Natur der Lagerstätte, ihr flötzartiger Charakter und die mutmaßlich auf größere Entfernung sich erstreckende Gleichmäßigkeit fast zweifellos gemacht. Daraufhin wird die Anlage der Schächte, die Art und Weise des Abbaues und alles damit Zusammenhängende weniger von Zufälligkeiten abhängig als beim Erzbergbau, der bei dem gangartigen Auftreten der Erze ein fortwährender Suchbau bleibt. Wie ein oberirdisches Bauwerk, wie ein Dom, läßt sich ein Steinkohlenbergwerk in seiner Ausführung vorher bestimmen und auf dem Plane ausführen, ehe der erste Spatenstich geschieht. Das ist beim Erzbergbau nur in seltenen Fällen möglich. Zwar kommen Zufälligkeiten, welche den ursprünglichen Plan ganz verändern können, auch im Kohlenbergbau vor — Verwerfungen der Flötze, Auskeilungen, Verschwinden derselben u. s. w. — aber es ist aus ihnen dann immer eine neue Regel zu ziehen.

Dann macht die Natur der hier in Betracht kommenden Gebirgsschichten, welche lange nicht die Tragfähigkeit der erzführenden Urgesteine haben, andre Sicherheitsbaue notwendig, die auch durch die lagenweise Abarbeitung schon bedingt werden; die sich fortwährend entwickelnden Gase verlangen sorgfältige Abführungsvorrichtungen, wenn sie nicht als Explosivgase wie als Atmungsluft gleich gefährlich werden sollen u. s. w.

Vor allen Dingen aber stellen die ungeheuren Massen, um welche es sich bei der Förderung der „schwarzen Diamanten" handelt, an das Maschinenwesen und an die Förderungskräfte Anforderungen, welche nicht in Vergleich zu stellen sind mit den Bedürfnissen, die in dieser Beziehung der Erzbergbau — mit Ausnahme des Eisenerzbergbaues — macht. Seit der Kohlenbergbau begonnen hat, seine heutige volkswirtschaftliche Bedeutung zu erlangen, ist er daher auch in vieler Beziehung die Schule für den Bergbau überhaupt geworden.

Fig. 113. Idealer Durchschnitt einer Steinkohlengrube.

Er hat übrigens eine sehr weit zurückgehende Geschichte, und Belgien, das heute noch mit seinen Werken in erster Reihe aller Kohlen produzierenden Länder steht, darf den Ruhm beanspruchen, die Wiege dieses Riesen gewesen zu sein. Hier haben wahrscheinlich schon im 12. Jahrhundert Kohlengruben in regelmäßigem Betriebe gestanden.

Die Kohlen selbst und ihre Brennbarkeit waren schon viel früher bekannt, allein man fühlte noch nicht das Bedürfnis, ihre Gewinnung zu betreiben, und selbst in England scheint noch lange Zeit vergangen zu sein, ehe man dem jenseit des Kanals gegebenen Beispiele folgte. Noch im 14. Jahrhundert fand es der Magistrat in London angemessen, eine Verordnung zu erlassen, durch welche das Brennen von Steinkohlen auf das strengste verboten wurde. Im Jahre 1719 gab Strachey die erste Beschreibung der englischen Kohlenwerke, und 1778 Withchurch eine wissenschaftliche Bearbeitung, in welcher er das Steinkohlengebirge als eine selbständige Formation hinstellte. In Deutschland waren ihm hierin jedoch bereits mehr als zwanzig Jahre früher der Bergrath Lehmann (1756) und Füchsel (1761) vorausgegangen, welche bereits die Unterabteilungen der Steinkohlenformation bestimmt hatten.

Höchst interessant, um sich eine Vorstellung von einem Kohlenwerk zu machen, ist ein Besuch der Gruben bei Kladno in Böhmen. Daselbst liegt ein 12 m dickes Steinkohlenflötz zwischen weißem Sandstein eingelagert mit einer geringen Neigung einfallend, am steilen Abhange eines Kieselschieferfelsens, welcher, wie eine kleine Halbinsel aus dem Kohlenbassin hervorragend, die große Kladnoer Eisenhütte trägt. Links und rechts neben den ausgedehnten Hüttenanlagen senken sich die Kohlenschächte bis 250 m tief nieder; wir lassen uns auf einer an starken Drahtseilen hängenden, zwischen senkrechten Schienen gleitenden Förderbühne durch die mächtige Dampfmaschine hinabtragen. Am unteren Schachtende betreten wir einen hochgewölbten Raum, das Füllort, von welchem strahlenförmig die schienenbelegten Hauptförderstrecken ausgehen. Dicht neben dem Füllort befindet sich die Bergschmiede; hier werden bei Lampenlicht die Arbeitsgeräte der Bergleute repariert und geschärft. Die Schmiede grenzt an den Kesselofen, worin der Dampf für viele Dampfmaschinen erzeugt wird, welche, an verschiedenen Stellen der Grube fixiert, die Kohlenförderung besorgen. Der Gedanke, die Dampfkraft in den Tiefen anzuwenden, ist höchst fruchtbar. Die zur Dampferzeugung nötigen Kohlen sind unten gleich zur Hand, der Schornstein zur Vermittelung eines starken Zuges und rascher Wärmeentbindung ist im Schachte selbst gegeben. Indem aber die durch den Schacht ausströmenden Verbrennungsprodukte die Luftsäule desselben erwärmen, befördern sie den Luftzug in der Grube in solcher Weise, daß sich nirgends schlagende Wetter (brennbares, heftige Explosionen hervorbringendes Gas) ansammeln können. In vielen Gängen der Grube herrscht ein wahrer Sturmwind, welcher durch eingehängte Thüren gemäßigt werden muß. Die kleinen, in der Tiefe thätigen Fördermaschinen bekommen den nötigen Dampf durch lange Rohrleitungen zugeführt, sie ziehen schwere Kohlenlasten auf den in die Tiefe der Mulde reichenden Querstrecken herauf und geben sie auf die horizontal nach dem Hauptförderschachte hinführenden Schienenwege ab.

Die Kohlengewinnung geschieht auf diesen Gruben mittels des Bruchbaues; die eigentümlichen Lagerungsverhältnisse unterstützen dies. Das Kohlenflötz besteht nämlich aus drei Lagen von 3—5 m Dicke, welche durch 30—90 cm dicke Sandsteinbänke voneinander getrennt sind. Zuerst wird der obere Flötzteil bis auf die oberste Sandsteinbank herausgenommen, und nachdem das Hangende niedergegangen und sich fest aufgelegt hat, greift man das zweite Flötzstück zwischen der oberen und unteren Sandsteinbank an und nimmt zuletzt das dritte, tiefste Kohlenflötz heraus. An einzelnen Stellen des Bassins sind die drei Kohlenflötze durch mächtigere Zwischenmittel von Sandstein getrennt und verlieren sich allmählich, so daß der gegen Süden gekehrte Muldenabhang nicht von Steinkohle bedeckt erscheint.

Auf den flachen, nur wenig verworfenen Kohlenflötzen in Oberschlesien wendet man ebenfalls den Bruch- oder Pfeilerbau an, indem man jedoch immer ein ganzes Flötz auf einmal herausnimmt, was bei der 3—4 m betragenden Mächtigkeit auch ganz zweckmäßig ist. — Schwache Kohlenflötze werden durch ganz niedrige Strecken durchfahren und mittels Krummhälsebaues, welchen wir schon beim Erzbergbau kennen lernten, gewonnen. Denn da beim Steinkohlenbergbau billige Arbeit durchaus geboten ist, so werden alle unnützen Ausgaben möglichst vermieden und die Strecken immer nur so hoch gemacht, als das Kohlenlager dick ist. Der Bau auf diesen schwachen Lagern ist oft sehr beschwerlich und erfordert große körperliche Gewandtheit.

Fig. 114 und 115 geben uns eine Vorstellung von der Art der Arbeit und Förderung, wie solche in Krummhälsestrecken stattfindet. Die Wagen werden in der Regel von Knaben, welche noch nicht das 16. Jahr zurückgelegt haben, geschoben.

In Westfalen und am Unterrhein hat sich in den letzten zwanzig Jahren ein Kohlenbergbau entwickelt, welcher an Großartigkeit sich den englischen Werken dieser Art ebenbürtig vergleichen läßt, zumal er auch mit der Eisenindustrie eng verschwistert ist.

Tausende von hohen Maschinenschloten ragen dort in die Luft, Eisenbahnschienen durchweben das Land und liefern die Steinkohlen in Menge auf die Hauptschienen ab, die sie nach der Elbe, nach der Weser, nach dem Rheine transportieren. Die Ruhrkohlen (die westfälisch-rheinländischen) wetteifern aber auch an Güte mit den besten; sie treten in allen Qualitäten von der anthrazitischen schwer brennenden Sand- und Sinterkohle bis zur backenden und lange Gasflammen ausstoßenden Koks- und Gaskohle auf. Die Flötze sind zahlreich, der Abbau meist nicht sehr schwierig, so daß der Preis der Kohle an der Grube selbst je nach Qualität ein sehr billiger ist. Durch diese Billigkeit und die mittels Eisenbahnen und Schiffahrt möglich gewordene leichte und wohlfeile Verführbarkeit des Stoffes über Land wurden die Ruhrkohlen bis Nürnberg und Berlin, Amsterdam und Hamburg ein beliebtes Brennmaterial. Sie unterstützen Hunderttausende von Arbeitern, teils indem sie als Schmelzmaterial bei Metallarbeiten dienen, teils indem sie den Dampf erzeugen, welcher die Spindel und das Weberschiffchen, die Tuchschere, die Drehbank und Säge, den Dampfhammer, die Stabeisen- und Blechwalze und ebensowohl den Rammblock bei Wasserbauten nebst unzähligen andern Maschinen in Bewegung setzen, als sie für Gasbereitung Anwendung finden und Arbeitssäle, Kaufhallen und Straßen erleuchten.

Fig. 114. Arbeiten in den Krummhälsestrecken.

In der Umgegend von Dortmund, Bochum, Essen, Ruhrort verbirgt sich die Steinkohlenformation unter den Kreidemergeln, während sie bei Witten, Steele und sonst an der Ruhr frei zu Tage tritt. An letzteren Punkten ist die Ausbeutung mit geringeren Schwierigkeiten verknüpft als an ersteren.

Fig. 115. Fortschieben der Karren in den Krummhälsestrecken.

Die einzelnen Flötze liefern gewöhnlich verschiedene Kohlensorten, von denen die einen als Gaskohlen, die andern zu Koks oder als Flammkohlen Verwendung finden. Wo die Flötze flach liegen, baut man wie in Oberschlesien und Böhmen durch Quadratbau; wo sie steiler geneigt stehen, treibt man quer durch die Quadrate Förderstrecken und schafft die Kohlen mittels eigentümlicher Vorrichtungen, der Bremsberge, dahin. Die Bremsberge sind schiefe Ebenen, auf denen die gefüllten Förderwagen bergab rollen und durch ihr Gewicht die leeren bergan ziehen. Man baut die Kohlen, indem man am Liegenden die Flötze mehrere Meter tief unterschrämt, die dadurch abgelöste Bank endlich oben loskeilt oder durch Pulver lossprengt und sie auf diese Weise in möglichst großen Stücken erhält. Diese Stücke werden samt dem gefallenen Kohlenklein in Wagen geladen und oft durch Pferde, häufiger durch Menschenhand auf das Füllort gefahren.

Die Förderung durch Pferde geschieht in großartigster Weise in den bekannten französischen Werken von Creuzot, wo die Tiere, einmal in den Schacht hinabgelassen, das Tageslicht selten wieder erblicken; denn macht schon das Anfahren dieser Hilfsarbeiter große Schwierigkeiten (s. das Tonbild), so würden dieselben beim Ausfahren nicht geringer sein. Man darf aber nicht glauben, daß der unterirdische Aufenthalt auf das Wohlbefinden der Pferde einen nachteiligen Einfluß übt, im Gegenteil scheinen diese sich sehr gut darein zu finden, wie ihre Lebensdauer beweist, die in der Regel eine längere ist als die oben auf der Erde. Die Gleichmäßigkeit der Arbeit, Nahrung und aller sonstigen Verhältnisse, besonders der Temperatur, scheint dazu wesentlich mit beizutragen. Auch in Staffordshire in England werden Pferde zur Streckenförderung vielfach benutzt.

Fig. 116. Pferdestall in den Gruben von Creuzot.

In den Kohlenwerken, wo unglaubliche Massen durch die Schächte zu Tage gefördert werden, würde das Aufziehen in Tonnen nicht ausreichen. Das Umfüllen schon aus den Karren in die Förderungskübel würde viel zu viel Zeit und Arbeit in Anspruch nehmen. Man bedient sich daher der schon früher erwähnten Förderstühle und Fördermaschinen. Der Fördermaschine, wie uns Fig. 117 eine solche zeigt, ist überall die Einrichtung gegeben, daß sie sechs solcher Wagen (Hunde) aufnehmen kann; sie liefert die Kohle ohne vorhergehende Umladung an die Erdoberfläche, wo sie entweder über ein hohes, steil aufgerichtetes Sieb (ein Rätter) geworfen und in mehrere verschieden grobe Sorten getrennt oder alsbald in die Eisenbahnwagen verladen wird. Manche Schächte sind im stande, täglich 10 000 Zentner Kohlen zu fördern. Im Jahre 1862 sind aus dem westfälischen Steinkohlenreviere gegen 80 Millionen Zentner Kohlen gewonnen worden.

Auch die Saargegend ist außerordentlich reich an Steinkohlenflötzen, welche auf einer sehr kleinen Fläche zwischen St. Ingbert und Saarbrücken zusammengedrängt liegen. Man glaubt über hundert Flötze übereinander zu kennen. Im Jahre 1862 lieferte das Revier (Preußen und Bayern) an 50 Millionen Zentner Kohle.

Das oberschlesische Kohlenbassin hat 1862 etwa 66 Millionen Zentner Steinkohlen in den Verkehr gebracht, während das Königreich Sachsen aus dem Plauenschen Grunde und der Chemnitz-Zwickauer Gegend nur etwa 23 Millionen Zentner, Böhmen, Mähren und Österreichisch Schlesien etwa 36 Millionen Zentner förderten.

Fig. 117. Verladen der Hunde auf den Förderstuhl.

Die bei Osnabrück, am Harze, im Schwarzwalde und im Limburgischen bebauten Steinkohlenflötze ergaben eine jährliche Förderung von $1^1/_2$—2 Millionen Zentner, so daß Deutschland aus der eigentlichen Steinkohlenformation vor mehr als zwanzig Jahren schon enorme Quantitäten Kohlen entnahm. Seitdem hat sich die Produktion noch wesentlich gesteigert;

1865 hatte der Zollverein allein 435 894 109 Zentner Steinkohlen und 135 161 139 Zentner Braunkohlen gefördert, zusammen also fast 600 Millionen Zentner. Preußen hatte sich an dieser Produktion mit mehr als 5/7 beteiligt, denn auf seine Kohlenwerke entfiel ein Ertrag von 372 Mill. Zentner Steinkohle und über 100 Mill. Zentner Braunkohle. Die Zunahme der Ausbeute in diesem Lande allein geben folgende Ziffern 1785: 2 500 000 Zentner; 1857: 188 Mill. Zentner; 1862: 262 Mill. Zentner; 1867: 372 Mill. Zentner. Österreich lieferte in demselben Jahre 50 658 667 Wiener Zentner Steinkohlen und 39 989 655 Zentner Braunkohlen.

Belgien besitzt reiche Steinkohlenlager, welche, unweit Aachen, bei Eschweiler aus Deutschland in seine Grenzen eintretend, sich über Verviers und Lüttich bis Tournay fortziehen und eine Förderung 1855 von 8 409 330 Tonnen 1860 von 9 601 895 Tonnen, 1864 von 11 158 336 Tonnen gestatteten. In nachstehender Tabelle geben wir eine Zusammenstellung (nach Neumann Spallart) der

Kohlenausbeute der wichtigsten Länder vom Jahre 1860—1882
(in Millionen Tonnen zu 10 metr. Ztr.).

	1860	1866	1872	1873	1874	1875	1876	1877	1878	1879	1880	1882
Großbritannien .	85,4	103,1	125,5	129,0	127,1	133,9	135,4	136,8	134,8	135,8	149,3	158,8
Deutschland . .	12,3	28,2	42,3	46,1	46,4	47,8	49,5	48,2	50,5	53,5	59,2	70,2
Ver. St. v. Amerika	15,2	22,1	45,7	51,3	48,6	48,3	49,8	55,2	52,9	63,8	70,3	88,2
Frankreich . . .	8,3	12,3	15,9	17,5	17,0	16,9	17,0	16,8	16,9	17,1	19,4	20,6
Belgien	9,6	12,8	15,6	15,8	14,7	15,0	14,3	13,7	14,9	15,4	16,9	17,5
Österreich-Ungarn	3,5	4,9	10,4	11,9	12,3	12,8	13,4	13,6	13,9	14,9	16,0	18,0
	134,3	183,4	255,4	271,6	266,1	274,7	279,4	284,3	283,9	300,5	331,1	373,5

Außer den genannten Ländern produzierten Anfangs der achtziger Jahre das übrige Europa zusammen noch gegen 4 Millionen Tonnen und die übrigen Erdteile (Nordamerika abgerechnet) zusammen gegen 8 Millionen Tonnen, so daß die gesamte Kohlenproduktion der Erde auf nahezu 343, jetzt 1884 auf rund 400 Millionen Tonnen sich beziffert.

Die riesigen Entnahmen haben die Frage nahegelegt, wie lange wohl der Kohlenvorrat der Erde überhaupt noch bei gleichem Bedarf wie jetzt ausreichen könne. Für die ganze Erde ist die Antwort nicht zu geben, weil die Erforschung aller vorhandenen Kohlenfelder bezüglich ihrer Mächtigkeit und Ausdehnung noch zu unvollständig ist. In England dagegen sind die Verhältnisse genauer bekannt, und wenn man annimmt, daß über eine Tiefe von 1300 m hinab der Abbau nach jetzigem Maßstabe nicht mehr ausführbar ist, so berechnet man das Quantum der noch vorhandenen disponiblen Steinkohlen in runder Ziffer auf 8000 Millionen Tonnen. Indessen erstrecken sich die Kohlenfelder Großbritanniens und Irlands nur über einen Flächenraum von 9000 engl. Quadratmeilen, während die Vereinigten Staaten wenigstens 200 000 Quadratmeilen, Zentral- und Südamerika gegen 5000, die britisch-amerikanischen Provinzen 20 000, Frankreich 1800, Deutschland 3600, Belgien und Spanien je 900, Rußland und die Türkei 8000, China gegen 200 000, Australien 15 000 Quadratmeilen Kohlenbecken hat. Das gibt zusammen schon 464 200 Quadratmeilen; in diesem Komplex aber ist Ostindien und das übrige Innerasien außer China und Sibirien noch nicht mit inbegriffen. Die Furcht also, daß es uns jemals an dem fossilen Brennmaterial fehlen könnte, braucht demnach nicht aufzusteigen.

Schlagende Wetter. Wir haben schon ausgesprochen, daß die Natur, indem sie die vorweltlichen Pflanzen begrub, einen Prozeß einleitete, welcher auf Reindarstellung des Kohlenstoffs durch Entbindung der gasartigen Bestandteile hinarbeitet, und daß dieser Prozeß auch gegenwärtig noch in den meisten Kohlenlagern fortdauert. Der französische Chemiker Regnault hat unterschiedliche Steinkohlen der chemischen Analyse unterworfen und gefunden, daß z. B.

		Kohlenstoff	Wasserstoff	Sauerstoff u. Stickstoff	Aschebestandteile
Backkohle	bei	81,71—89,50	4,83—5,66	4,29— 9,12	1,00— 5,23
Sinterkohle	„	75,38—82,72	4,79—5,29	9,02—11,75	0,28—11,86
Sandkohle	„	63,28—76,84	4,35—5,79	13,17—17,91	0,89—19,20

an solchen gasförmigen Bestandteilen 23,7 Prozent und im Minimum noch 17,52 Prozent enthielt. Die Zersetzung ist jedenfalls bei der Backkohle weiter vorgeschritten als bei der

Sandkohle. Sie braucht bei beiden noch nicht beendet zu sein und ist es auch nicht, denn in jedem Kohlenwerke entweichen den Flötzen noch fortwährend Gase, welche ihren Ursprung nirgends anderswo haben können als in jenen Stoffen, die vordem die Kohlenpflanzen mit zusammensetzten, und die in langsamer Zersetzung sich kraft ihrer gasförmigen Natur von dem trägen Kohlenstoff wieder trennen oder wenigstens nur in geringem Grade vermögen, ihn zum Mitgehen zu bewegen, und wir werden der Vermutung Raum geben dürfen, daß auch die Sandkohle im Laufe der Zeit noch mehr und mehr sich ihrer gasartigen Bestandteile entledigen und so lange fortfahren wird, sauerstoff-, wasserstoff- und stickstoffhaltige Gase auszustoßen, als sie solche überhaupt noch enthält. Wie schon gesagt, geht mit diesen Gasen auch ein Anteil Kohlenstoff mit fort, indem er mit dem Wasserstoff ein brennbares Gas, das sogenannte Sumpfgas, bildet, dessen übermäßiges Auftreten in den Kohlenwerken zu den gefährlichsten Ereignissen gehört.

Einmal ist das Gas für die Lunge durchaus unatembar und also im höchsten Grade giftig für Menschen und Tiere, die in einer solchen Atmosphäre leben sollen, und dann ist es überaus brennbar, ja, mit atmosphärischer Luft gemischt geradezu von einer fürchterlichen Explosivkraft. Ein solches Gemenge äußert sich, entzündet, ganz wie das Knallgas aus reinem Wasserstoff und Sauerstoff, und da nun die Bedingnisse seiner Entstehung sowohl als die seiner Entzündung durch die Grubenlampen überall in den Kohlenwerken gegeben sind, so leuchtet ein, daß diesem Feinde gegenüber die größte Vorsicht angezeigt ist. Von ihrer Wirkung haben diese Grubengase den Namen schlagende Wetter erhalten.

Wir haben von dem Sicherheitsapparate schon gesprochen, den Davy erfunden hat, um der unfreiwilligen Entzündung schlagender Wetter durch die Grubenlampen vorzubeugen. Leider aber sind die Bergleute in vielen Fällen gerade durch die ausgezeichnete Wirkung der Sicherheitslampen so sorglos gemacht worden, daß ihnen der Gedanke an die Gefährlichkeit jener Gase ganz abhanden gekommen schien und die gräßlichsten Unglücksfälle durch puren Leichtsinn schon hervorgerufen worden sind. Ende Juni 1839 ereignete sich in der St. Hildagrube bei Southfields eine Explosion, durch welche über 60 Arbeiter ums Leben kamen. Ein andres entsetzliches Unglück begab sich am 20. Februar 1857 zu Lundhill im Kohlenbezirk von Sheffield. Die Explosion erfolgte nach 12 Uhr mittags, doch vor 4 Uhr war an keine Rettung zu denken; zwölf brave Männer drangen endlich 250 m weit ins Innere, bis sie an das in Flammen stehende Kohlenfeld stießen; es gelang ihnen, 19 Menschen bei Bewußtsein hervorzuziehen, doch mußten sie eiligst zurückweichen. Man ließ alle Zugänge verstopfen und den Luftzug absperren. In einigen Tagen erst konnte man die Gebeine von 180 Arbeitern ausgraben. Das traurigste durch Explosion der Grubengase herbeigeführte Ereignis ist aber das vom 2. August 1869, wobei im Plauenschen Grunde bei Dresden 279 Kohlenbergleute ihr Leben verloren. Es war an einem Montag, schwüle Gewitterluft und niedriger Barometerstand hatten den Austritt der Gase am Tage vorher, wo die Grube nicht befahren worden war, und deren Ansammlung begünstigt. Von 400 Arbeitern fuhren früh 4 Uhr 279 an, unter der Führung von vier Steigern und zwei Obersteigern. Eine Viertelstunde später erfolgte die furchtbare Explosion. Dem Segen-Gottesschachte entstieg eine dichte Rauchsäule unter so starkem Luftdruck, daß über Tage eine starke eiserne Thür zerschmettert und das Dach des Hauptgebäudes beschädigt wurde, und wenige Minuten später mußten die aus einem zweiten Schachte hervorbrechenden Dampfwolken die entsetzliche Ahnung erwecken, daß ein allgemeines Gewitter sämtliche Strecken durchrast und allen Arbeitern den Tod gebracht habe. Leider bestätigte sich dies auch — nur vier junge Bergarbeiter von allen hatten das Leben gerettet. Durch ihre Beschäftigung in die Nähe des Schachtes geführt, waren sie durch die Explosion gegen die Schachtwand geworfen worden, in der Todesangst auf die Fahrkunst gesprungen, und hatten das Zeichen zur Auffahrt geben können, ehe der Schacht mit dem Nachschwaden sich gefüllt hatte. Die ausströmenden Gase schnitten auch auf der Tagesstrecke lange Zeit jeden Zugang und jede Möglichkeit eines unmittelbaren Hilfsversuchs ab. Was unter Tage war, blieb seinem Schicksal verfallen, und das war der Tod. Wir wollen uns mit einer breiteren Schilderung solcher Explosionen nicht aufhalten, die Zeitungen erwähnen traurigerweise nur allzuoft noch neue Fälle der Art, welche nur die alte Wahrheit von der Gedankenlosigkeit der Menge dem Gewohnten gegenüber bestätigen.

Wo die Ventilation der Gruben gehörig bewirkt ist, entweder durch große Dampfluftpumpen oder noch besser, wie in Kladno, durch Wetteröfen unterstützt, und die Arbeiter aufmerksam auf ihre Lampe achten, kann jetzt eine Wetterexplosion nicht leicht eintreten.

Grubenbrände. Daß ein so brennbares Material wie die Kohlen auch durch verschiedenartige Einwirkungen auf ihrer unterirdischen Lagerstätte in Brand geraten könne, bedarf wohl keiner besonderen Hervorhebung. Aber nicht nur daß unvorsichtiges Gebaren mit Feuer und Licht seitens der Bergleute, oder Explosionen der schlagenden Wetter solche Entzündungen hervorrufen können, dieselben können auch von selbst entstehen durch bis zu großer Hitze gesteigerte chemische Thätigkeit, z. B. durch Zersetzung von Schwefelkiesen. Eine solche Zersetzung kann in der Regel nur statthaben unter Mitwirkung der atmosphärischen Luft; tritt sie also in einem Kohlenfelde ein, so sind ihre Nebenumstände häufig auch derart, daß das Fortbrennen durch Sauerstoffzutritt unterhalten wird. Wenn nun auch derselbe nicht reichlich genug erfolgt, um ein Brennen mit heller Flamme zu gestatten, so setzt doch die entwickelte Hitze die noch unverbrannten Kohlen in den Stand, das Fortglimmen um so leichter aufzunehmen und den Brand zu unterhalten und weiter zu führen. Gewöhnlich brechen Grubenbrände in angebauten Feldern aus, wo Kohlenschutt angehäuft ist, teilen sich aber dann auch den noch unverritzten Lagern mit und nehmen oft große Ausdehnung an. Fortwährend aufsteigende Rauchsäulen, Wärme des Erdbodens, Erdfälle und Einsenkungen des Bodens in die ausgebrannten Örter zeigen über Tage die Thatsache an. Unter der Oberfläche aber macht sich die Wirkung in der Veränderung der benachbarten Gesteine, Verschlackung und Frittung bemerklich. Solche Kohlenbrandgesteine finden sich an vielen Orten.

Bekannt sind die großen Brände auf den Steinkohlenflötzen bei Königshütte und Zaberschе in Oberschlesien. Heiße Dämpfe treten aus den Spalten des Dachgesteins, zugeleitete Wasserbäche werden zersetzt und entweichen als Dampf und heiße Quellen. Der Brand des Flötzes ist dadurch nicht zu löschen; man umdämmt brennende Flötze mit Thon und schneidet ihnen den Luftzutritt soviel wie möglich ab, allein es gelingt nur selten, dem Umsichgreifen zu steuern.

Bei Planitz in der Nähe von Zwickau brennt seit 3—400 Jahren ein kostbares Flötz heute noch! Trotz aller Löschversuche, ja selbst ungeachtet mehrmaligen Verschüttens des Schachtes und aufgedämmter unterirdischer Teiche geht doch der Brand immer weiter, jetzt in einer Tiefe von über 62 m unter der Oberfläche; sein Dasein verrät die Temperatur des Bodens und stellenweise entsteigender Qualm, bisweilen wie Chlor in einer Schnellbleiche riechend. Der Wärme wegen bleibt im Winter der Schnee nicht liegen. In verhältnismäßig geringer Tiefe schon steigt die Hitze so bedeutend, daß Eier darin hart werden. Wohl ist allmählich ein Schatz von vielen Millionen an Wert hier ausgebrannt, aber die Wärme ist doch nicht ganz unbenutzt verloren gegangen. Der verstorbene Dr. A. Geitner, berühmt durch zahlreiche Erfindungen im Gebiete der Chemie, der Farbenfabrikation, der künstlichen Mineralwässerbereitung sowie durch erste Erzeugung des Argentan, kam auf die Idee, diese Erdbrände zu Anlegung künstlicher Treibgärten zu benutzen, und erreichte diesen Zweck auf die befriedigendste Art.

Auch bei Duttweiler in der bayrischen Pfalz hat ein Erdbrand ein 4 m dickes Steinkohlenflötz ergriffen und schon seit vielen Jahrhunderten, vielleicht Jahrtausenden an ihm gezehrt. Der brennende Berg raucht wie ein Vulkan, aus den Felsspalten treten die Dämpfe aus, welche Schwefel, Salmiak und allerlei andre Salze sublimieren. Die Glut hat den Schieferthon gebrannt, gerötet; schwefelsaure Thonerde und Vitriol entstanden durch Zersetzung und wurden früher zur Bereitung von Alaun und Eisenvitriol benutzt.

Braunkohlenlager geraten ebenfalls sehr oft in Brand; das böhmische Mittelgebirge (Aussig, Teplitz, Bilin u. s. w.) sowie die Umgegend des Meißner- und Habichtswaldes in Hessen haben viele Beispiele aufzuweisen. Zuweilen sind die Kohlenflötze schon gänzlich ausgebrannt, ihre ehemaligen Dachgesteine wurden dabei zu festen, harten Schlacken (Erdschlacken) oder jaspisartigen Gesteinen, bisweilen mit Pflanzenabdrücken (Porzellanjaspis).

Es ist nicht unwahrscheinlich, daß manche warme Quellen, wie z. B. die zu Ems, aus Erdbränden hergeleitet werden müssen; jedenfalls aber sind manche Ausströmungen von brennbarer Luft die Folge solcher in größerer Tiefe vor sich gehenden Ereignisse.

Die durch die Verbrennung erzeugte Wärme vermag sehr wohl die benachbarten und darüber lagernden Gesteine umzuwandeln, namentlich aber die darin enthaltenen flüchtigen oder zersetzbaren Bestandteile und dadurch Ausströmungen mannigfach verschiedener Produkte an der Oberfläche zu bewirken. —

Das Petroleum ist ebenfalls ein, und zwar das wirtschaftlich wichtigste Produkt solcher innerhalb der Erdschichten vorgehenden Umsetzung durch Erhitzung. Jedoch sind es hier nicht entzündete Kohlenlager, welche die Destillation bewirken, vielmehr können wir nur die zwar langsam, aber stetig wirkende innere Erdwärme als deren Ursache ansehen, und betreffs des Rohmaterials, aus denen sich das Petroleum erzeugt hat, können wir noch kein sicheres Bild uns machen. Es darf aber mit Bestimmtheit angenommen werden, daß ebenfalls die Reste von den Gesteinsschichten begrabener organischer Wesen es sind, aus deren durch Wärme bewirkten Umwandlung die flüchtigen Kohlenwasserstoffverbindungen entstanden, die wir Petroleum nennen und die in der letzten Zeit eine so große Bedeutung erlangt haben.

Das Petroleum ist schon lange bekannt, in den alten Apotheken spielte es als oleum petrae (Steinöl oder Bergöl) eine Rolle und diese Bezeichnung hat der Stoff behalten. Das auf sumpfigen Wiesen, auf der Oberfläche stehender Tümpel in manchen Gegenden sich abscheidende braungrüne, dickflüssige Öl von durchdringendem Geruche war seit alters her als Heilmittel besonders für das Vieh benutzt worden; eine weitere Verwendung konnte es jedoch so lange nicht finden, als seine Gewinnung nur eine mehr zufällige und die Ausbeute daher eine geringe blieb.

In der Alten sowohl wie in der Neuen Welt gibt es solche Gegenden, in denen Öl aus der Erde schwitzt. Deutschland hat solche in Holstein: Heide; Hannover: Allerthal, zwischen Braunschweig und Hannover bei Werden, Wieze, Peine, Edemissen, Ölsburg, Vorstadt Linden; im Taunusgebirge; im Elsaß bei Bechelbronn und Schwabeweiler; in Bayern am Tegernsee. In Österreich sind es Galizien, die Bukowina; in Ungarn die südlichen Abhänge der Karpathen, ebenso Kroatien, die Militärgrenze und Siebenbürgen. In der Schweiz: Neuchatel; England: Coalebrookdale-Newcastle; Frankreich: die Abhänge der Sevennen bei Herault; Italien, Griechenland, Rumänien; Rußland: die Krim. Im asiatischen Rußland sind der Kaukasus, die Halbinsel Baku, die Ostseite des Kaspischen Meeres, die Wolganiederungen, Sibirien reich an Öl. Ebenso findet sich dasselbe in der asiatischen Türkei, in Persien, Hinterindien, auf den Sundainseln, in China und Japan. Livingstone hat in Zentralafrika Petroleum entdeckt und Amerika führt solches nicht nur in den Vereinigten Staaten: Pennsylvanien, Ohio, Indiana, Illinois, Michigan, Westvirginien, Texas, Kentucky, Tennessee, Missouri, Kansas, Nevada, Kalifornien, in Oregon, Colorado und Montana, sondern ebenfalls im britischen Nordamerika, in Mexiko, auf den großen und kleinen Antillen (Cuba), Trinidad, Barbados, wie auch in Ecuador, Peru, Bolivia, in der Argentinischen Republik und Brasilien. Selbst Australien bleibt nicht zurück. In diesen Gegenden sind die Aufschlüsse, wenn solche überhaupt schon stattgefunden haben, meist erst gemacht worden, nachdem die Ausbeutung der amerikanischen Öllager vorangegangen war.

Eine alte Geschichte haben eigentlich nur die Vorkommen auf der Halbinsel Baku und im Kaukasus; namentlich das erstere ist durch die von ihm genährten „ewigen oder heiligen Feuer", welche, Gegenstand religiöser Verehrung, den in der Nähe zur Ausübung des Feuerkultus erbauten hindostanischen Klöstern lange Zeit zu sehr beträchtlichen Einnahmen verholfen haben. Direkt durch den Verkauf der Naphtha, dem flüchtigsten der Erdöle, haben übrigens die persischen Schahs ebenfalls jahrhundertelang ihre Vorteile gesucht, wie ein vor kurzem in einer der Naphthagruben unweit Baku gefundener Stein beweist, dessen arabische Inschrift erzählt, daß jene Quelle bereits im Jahre 1003 der Hedschra entdeckt und von Allah Jahr den Seids zur Benutzung abgetreten wurde. Die tatarischen Chans traten die ergiebigsten Naphthaquellen schon 1812 an die russische Kronsexpedition von Transkaukasien ab. Bis 1834 und dann wieder von 1850—73 wurden dieselben von Pächtern in der Zwischenzeit für Rechnung der Regierung ausgebeutet. Die Gewinnung betrug durchschnittlich gegen 350000 Pud = 116666 Zentner mit einem Einkommen von 75—86000 Rubel, das unter dem Pachtsystem sich wesentlich höher bezifferte. Anfang der siebziger Jahre wurde die Verpachtung aufgegeben, die der Krone gehörigen Quellen wurden verkauft und die damit verknüpfte Industrie der freien Konkurrenz überlassen.

Die russische Petroleumzone umfaßt aber nicht bloß die Umgebung von Baku, die ganze Halbinsel Apscheron, die Insel Tscheleken und die Provinz Daghestan gehören ebenfalls zu ihr, ja es ist anzunehmen, daß ihre Grenze gegen Norden erst in der Nähe der Stadt Kasan liegt, dann längs der Wolga über Ssimbirsk, Ssamara, Astrachan den Kaspisee einschließend und unterhalb Baku am südlichen Ufer auf persisches Gebiet übertretend sich bis Arabistan ausdehnt.

Die Geschichte des Petroleums hat, wie schon hervorgehoben worden ist, ihre bedeutungsvolle Periode erst begonnen, als die Vorkommen in den Vereinigten Staaten durch die Reichhaltigkeit der erbohrten Quellen eine rationelle Gewinnungsmethode hervorriefen und dadurch solche Mengen dieses Produktes in den Handel kamen, daß dasselbe die Konkurrenz als Beleuchtungsmaterial mit den seither gebräuchlichen Leuchtstoffen aufnehmen und sich zu einem allgemeinen Verbrauchsartikel aufschwingen konnte. Das Vorkommen selbst war ebenso wie anderwärts auch an vielen Punkten Amerikas seit lange bekannt und in geringem Maße ausgebeutet. Anfangs dieses Jahrhunderts wurde daselbst die Gallone ($3,_{78}$ l) noch mit 16 Dollar bezahlt, zu welchem Preise das Petroleum als Heilmittel Verwendung fand; und noch in den fünfziger Jahren konnte die Mineralölindustrie aus Erdpech von Trinidad und schottischer Bogheadkohle sich gegenüber dem schon bekannten Petroleum in den Vereinigten Staaten aufthun und mit Erfolg arbeiten. Da kam Georg Bissel auf den Gedanken, die unterirdischen Öladern durch artesische Brunnenbohrung anzuzapfen. Der erste Versuch im Juni 1859 mißlang und brachte nichts als Gespött ein; die zweite Bohrung dagegen hatte bereits Erfolg, indem das Bohrloch über 62 Zentner per Tag lieferte. Damit war der Impuls zu einem unbeschreiblichen Petroleumfieber gegeben, das sich in den verwegensten Landspekulationen, Bohrunternehmungen, Prozessen, Lotterien u. dgl. äußerte.

Man kaufte für schweres Geld von dem Landeigentümer das Recht, ein Bohrloch von 10 cm im Durchmesser abteufen zu dürfen — viele solcher Versuche waren umsonst, andre glückten, und es ereigneten sich Fälle, in denen die Unternehmer in wenig Monaten zu Millionären wurden. Mitten unter unergiebigen Bohrlöchern schoß zuweilen das Öl aus dem einen in alles überflutendem Strahle. Der Preis des Erdöls betrug in der Zeit der ersten Gewinnung 40—45 Cent die amerikanische Gallone; er stieg aber, als sich die Ergiebigkeit der zahlreichen Quellen etwas verminderte, auf 70 Cent.

Im Sommer 1860 erhielt die Petroleumindustrie einen ganz fabelhaften Aufschwung dadurch wieder, daß einer der „Bohrer" tiefer ging, als man bisher versucht hatte und solcherart eine stetig fließende Quelle erhielt, aus welcher die unterirdisch gespannten Gase das Öl in ungeheuren Massen hervordrängten. Hatte man bei den früheren Brunnen zur Förderung Pumpwerke anlegen müssen, so langten jetzt mitunter die Gefäße nicht aus für die ohne Unterlaß hervorquellenden Ölmassen. Mit dem Öl strömten brennbare Gase aus, die an vielen Orten zu Heizungs- und Beleuchtungszwecken erfolgreiche Verwendung fanden. Einzelne solcher mit Ölauswurf verbundenen Gasbrunnen waren intermittierend, sie setzen aus und kündigen jede neue Eruption durch ein Hervorsprudeln von Gasblasen an, dabei werfen sie dann den Ölstrahl oft bis 33 m hoch während der Dauer mehrerer Minuten. Lady Hauterwell lieferte solcher Art anfänglich 3000 Barrels Öl per Tag. Ehe ein Jahr verflossen war, befanden sich 2000 Ölbrunnen in Betrieb — in so rapider Weise bemächtigte sich das Kapital der neuen Erscheinung; und 1867 bestanden 380 Gesellschaften zu Petroleumgewinnung, deren einzelne mit 5, 10 und noch mehr Millionen Dollar begründet gewesen sein sollen. Der Umstand, daß das Petroleum in den Handel kam, als Baumwolle gerade sehr daniederlag, begünstigte seine lebhafte Aufnahme. Im Jahre 1861 hatte die Ausfuhr noch nicht viel über 1 Million Gallonen (56000 Zentner) betragen, 1866 hatte sie sich auf $67,_{5}$ Millionen Gallonen erhoben und man taxierte sie von 1868 an auf über 100 Millionen, indem man die Produktion überhaupt zu 120 Millionen annahm.

Die Abbildung Fig. 118 gibt eine Ansicht der Ölquellen zu Oil Creek in Pennsylvanien in den ersten Jahren ihres Betriebes. Wir sehen zwei solcher erbohrten Brunnen, die, wie die Namen Woodfordwell und Phillipswell andeuten, zwei verschiedenen Besitzern gehören, durch hohe Gerüste bezeichnet. Die Ergiebigkeit der letzteren Quelle war ganz enorm. Der wöchentliche Ertrag betrug viele Jahre lang an 3000 Fässer, welche entweder an Ort und Stelle raffiniert oder sogleich verpackt und direkt nach Europa in den Handel gebracht wurden. Das ausströmende Öl ist ungemein flüchtig. Die ganze Gegend ist von dem penetrantesten Geruch erfüllt und, was noch bei weitem gefährlicher, bei der geringsten Annäherung einer brennenden Flamme entzündet sich das flüchtige Öl und es sind schon die gräßlichsten Unglücksfälle durch solche Brände vorgekommen.

Die Ölregion Pennsylvaniens, wo zuerst die Petroleumindustrie sich entwickelte, ist ein im Verhältnis schmales, circa 97 km langes Terrain, einen Flächenraum von etwa 8064 qkm umfassend. Das Öl findet sich in schmalen Einlagerungen von feinkörnigem und mächtigeren von grobkörnigem Quarzsandstein und Quarzkonglomeraten mit thonigem und kieseligem Bindemittel, dem sogenannten Ölsande, welche der paläozoischen Formation angehören und in Schiefern und Schieferthonen auftreten. Diese Ölsande kommen in verschiedenen Horizonten vor und bilden gewöhnlich ausgedehntere Linsen, welche sich nach allen Seiten auskeilen. In der über den ölführenden Schichten lagernden Steinkohlenformation kommt kein Petroleum vor; in größeren Tiefen jedoch, 200—333 m unter den eigentlichen Ölsanden, sind noch namhafte Quantitäten von Petroleum nachgewiesen worden.

Fig. 118. Erdölquelle in Pennsylvanien.

Das amerikanische Petroleum hat nun auch die übrigen Fundorte in einem andern wirtschaftlichen Lichte erscheinen lassen. Zwar ist nirgends eine der amerikanischen auch nur entfernt zu vergleichende Energie entwickelt worden und die Unzulänglichkeit der aufgewandten Mittel ist oft genug die Ursache gewesen, daß die Erfolge nicht lohnend genug gewesen sind, indessen ist es für viele Gegenden nur eine Frage der Zeit, die dort lagernden Ölschätze zu heben.

Zuerst waren es die Petroleumvorkommnisse in Galizien, welche in den vierziger Jahren die Aufmerksamkeit auf sich zogen. Als bald darauf die Verarbeitung bituminöser Schiefer und gewisser Kohlensorten auf Paraffin und sogenannte Mineralöle sich zu einem sehr lebhaften Industriezweige entwickelt und zu einer entsprechenden Umgestaltung unsrer Beleuchtungsapparate geführt hatte, fing man hier an, das rohe Bergöl für die häuslichen Bedürfnisse zu raffinieren und daraufhin die Petroleumproduktion zu erweitern. Allein eben mit einer Zaghaftigkeit und in so beschränktem Maße, daß die Sache über das lokale Interesse nicht hinauskommen konnte. Im Jahre 1854 wurde der Wiener Markt erst mit 300 Zentnern Petroleum beschickt — ein lächerliches Faktum nach sechsjährigen Bemühungen, wenn man dagegen den Riesenaufschwung betrachtet, den später die amerikanische Petroleumindustrie in der gleichen Zahl von Wochen nahm. Das Öl wurde in Schächten gewonnen und 1859, als der erste Ölbrunnen bei Titusville in Pennsylvanien erbohrt war, betrug die Gesamtproduktion Galiziens erst wenig über 1000 Zentner.

Durch Aufnahme der Bohrarbeit, bessere Raffinierung und Verwertung der Abfälle kam endlich mehr Leben in die galizische Ölgewinnung. Der ebendaselbst vorkommende Ozokerit oder Erdwachs, ein sozusagen festes Petroleum, wurde Gegenstand bergmännischer Ausbeutung, und gegenwärtig kann man wohl die Gesamterzeugung an beiden Produkten auf 1 Million Zentner im Werte von 6—8 Millionen österr. Gulden annehmen.

Die Ölzone, welche hierbei in Betracht kommt, lehnt sich an die Nord- und Ostabhänge der Karpathen und umschließt, als westlicher Teil bis Jaslo als ostgalizisches Ölterrain ungefähr bis Dobronil in Ausbeutung begriffen, mit ihren Fortsetzungen bis in die Bukowina hinein ein streifenförmiges Terrain, welches in seinen Endpunkten etwa durch Bielitz einerseits und südlich durch Wama anderseits begrenzt wird und das dem Verlaufe des großen Gebirgszuges in einer durchschnittlichen Breite von 20—30 km folgt. Auf der andern Seite der Karpathen weniger bedeutend beginnen die Petroleumfundorte im Liptauer Komitat und erstrecken sich ungefähr bis in die Gegend von Nagy Szigeth. Auf Galizien entfallen im ganzen von diesem Karpathenterrain gegen 14620 qkm, ein Terrain, welches für lange Zeit den Ölbedarf zu decken im stande sein wird.

In Deutschland sind es namentlich zwei Gebiete, welche ölproduzierend hervorgetreten sind. Seit langer Zeit, wie der Name Bechelbronn beweist, werden im Elsaß asphalthaltige Kalksteine gewonnen, welche teils als solche in gemahlenem Zustande zur Straßenherstellung verwendet, teils auf reinen Asphalt, Asphaltmastix sowie auch durch Destillation auf Leuchtöl und Schmieröl verarbeitet werden. Nebenher gewann man aus daselbst gleichzeitig mit auftretenden petroleumhaltigen Sanden durch Behandlung mit kochendem Wasser etwas Erdöl, dasselbe stellt sich jedoch in seinen Gestehungskosten dem amerikanischen Öle gegenüber zu hoch und ist seine Gewinnung deshalb in letzter Zeit sehr eingeschränkt worden.

Ungleich wichtiger als dieses Ölterrain scheint oder schien das andre werden zu wollen, welches, im Nordwesten Deutschlands gelegen, durch die Endpunkte Heide im Holsteinschen, Itzehoe, Hamburg, Lüneburg, Helmstedt, Schöningen, Hildesheim, Rehburg, Verden, Stade, Brunsbüttel begrenzt ist. Betreffs dieses Gebietes erwähnt schon Agricola die Gewinnung des natürlich aus dem Erdboden fließenden Bergtheers und Bergöls, das sich auf stehenden Gewässern sammelte und von diesen abgeschöpft wurde. Zu diesem Zwecke künstlich angelegte Pfützen, sogenannte Teerkulen, sind bis heute noch zahlreiche im Betrieb. Andre Abbauversuche sind neuerdings zwar hier und da gemacht worden, einige Schächte abgeteuft, vereinzelt auch Bohrlöcher bis auf größere Tiefen niedergebracht und aus diesen mehr oder weniger auch Ölmengen gewonnen worden, allein diese Unternehmungen konnten bei der dominierenden Rolle des amerikanischen Öls ein allgemeines Interesse im Anfange nicht wachrufen. Im Jahre 1879 aber, nachdem die 1873 gegründete Bremer Gesellschaft mit einzelnen ihrer Bohrbrunnen recht erhebliche Resultate erzielt hatte und nun die Sache auch von andern Unternehmern in Angriff genommen worden war, erst als da ein Bohrloch plötzlich ein ganz erstaunliches Ölquantum zu Tage förderte und bald darauf andre nicht minder ergiebige Adern angezapft wurden, da wurde alle versäumte Begeisterung mit einem Male rege. Die vordem wertlosen Felder der Lüneburger Heide wurden den Besitzern zu immer steigenden Summen abgekauft. Es entstanden Aktiengesellschaften für Landerwerb, für Ölgewinnung, für Raffinierung, für Ausführung der Bohrarbeiten. Ein neuer Ort mußte an der Stelle der glücklichen Funde, um die sich Bohrturm an Bohrturm reihte, gegründet werden, der den Namen Ölheim erhielt. Die Aktien stiegen und stiegen und stiegen; es war ein Leben freudigst erregter Hoffnungen, das an amerikanische Verhältnisse gemahnen mochte, bis plötzlich die schillernde Blase zusammenfiel und ebenso ungerechtfertigt vielleicht sich eine Entmutigung einstellte, wie vorher der Enthusiasmus sich ungerechtfertigt hatte aufbauschen lassen.

Daß die in Rede stehende Gegend ölreich ist, das hat die Erfahrung zur Genüge bestätigt. Es sind eine große Zahl sehr ergiebiger Quellen erbohrt worden, einzelne mit einer Produktion von 50—60 Zentnern, mehrere mit einer Lieferung von 20—30 Zentnern täglich;

manche Bohrung ist freilich fehlgeschlagen, indessen in Amerika ist das nicht anders gewesen. Die unproduktive Spekulation aber, welche ohne Mühe jeden möglichen Gewinn gleich im voraus abschöpfen möchte, hat durch marktschreierische Reklame die ganze Industrie im Keime schwer geschädigt.

Treten in Amerika die Ölfunde in den paläozoischen Formationen (Silur und Devon) auf, so sind betreffs ihres geologischen Horizontes die europäischen Vorkommnisse von jenen wesentlich verschieden, indem in dem großen Ölterrain des nordwestlichen Deutschlands schon die Triasgruppe: Buntsandstein, Muschelkalk, Keuper, kein Öl mehr zu führen scheint.

Fig. 119. Ölheim in der Lüneburger Heide.

Dasselbe tritt vielmehr erst nach obenhin in den auf der Grenze zwischen Keuper und Lias gelegenen Bonebedschichten auf und kommt in sehr verschiedener quantitativer Verteilung in den diesen aufgelagerten jüngeren Schichten mit Einschluß der diluvialen Sande vor. Im Elsaß sind die Verhältnisse analoge, die ölführenden Schichten gehören hier den oligocänen und miocänen Tertiärablagerungen an. In Galizien sind die Formationen des Karpathensandsteins, eines Gliedes der Kreideformation und die eocänen Schichten der Tertiärformation durch das Vorkommen von Petroleum gekennzeichnet. Überall also viel jüngere Bildungen als diejenigen sind, welche in Amerika das Petroleum führen.

Nun lassen aber die eigenartigen Verhältnisse dieser jüngeren Formationen einerseits kaum die Annahme zu, daß sich innerhalb ihrer Glieder das Petroleum, welches wir immer als ein Umbildungsprodukt organischer Überreste und zwar höchstwahrscheinlich tierischen Ursprungs ansehen müssen, könne gebildet haben, weil diese Formationen an derartigen

Lebewesen im übrigen sich als zu arm erweisen, anderseits deuten die Umstände, unter denen das Petroleum hier auftritt, darauf hin, daß es sich auf sekundärer Lagerstätte befindet, auf die es durch ein infolge von Faltungen, Stauchungen und Zerberstungen der Gesteinsschichten entstandenes Spaltensystem gelangt ist; und deswegen ist es wahrscheinlich, daß auch bei uns der eigentliche Ursprungsort des Erdöls tiefer zu suchen ist als in denjenigen Schichten, auf die bis jetzt sich die Gewinnung immer beschränkt hat.

Aus den älteren Formationen, deren Versteinerungen und Abdrücke auf eine gleichzeitige Tierwelt fleisch- und fettreicher Arten schließen läßt, wird das im Laufe der Zeit durch Miteinwirkung der Erdwärme entstandene Erdöl vermittelst des Druckes der zugleich mitgebildeten Gase in höhere Etagen gepreßt worden sein, die hier vorgefundenen Spalten ausgefüllt und sich in den porösen Gesteinen, Kalken, Sandsteinen und Sanden verbreitet haben, in denen es entweder als flüssiges Petroleum verblieb oder unter Zutritt atmosphärischer Luft in Asphalt, Erdpech, Bitumen sich umwandelte.

Der Asphalt ist durch Oxydation umgewandeltes und harzartig gewordenes Erdöl; seine Entstehung läßt sich überall beobachten, wo Petroleum aus der Erde quillt. Auf der Insel Martinique gibt es eine Quelle, welche Erdöl aus dem Boden sickern läßt. Bei der herrschenden hohen Temperatur verdunsten dessen flüchtigere Bestandteile sehr rasch, während die übrig bleibenden Sauerstoff aufnehmen und sich in Asphalt verwandeln, der sich am Rande absetzt und mit der Zeit den Wall eines kleinen Sees gebildet hat. Das Tote Meer in Palästina wirft Asphalt aus und in allen Petroleumgebieten finden sich Sand- und Erdschichten, welche zu beträchtlichem Teile aus Asphalt bestehen und darauf verarbeitet werden können. Ganze Schichtenkomplexe, die Asphaltkalke, bituminöse Schiefer, Ölschiefer u. s. w. werden auf Asphalt und andre Hydrokarbüre verarbeitet.

Ein eigentümliches Produkt dieser Art, welches die Natur selbst aus dem Erdöl zubereitet haben mag, ist das Ozokerit oder das Erdwachs. Eine braune, in reinerer Form gelbliche, wachsartige Substanz, die ebenso wie das Petroleum aus nichts weiter als aus Kohlenstoff und Wasserstoff besteht, und demgemäß ein vortreffliches Leuchtmaterial abgibt, welches seiner wachsähnlichen Beschaffenheit wegen auch in andrer Beziehung als Surrogat für das Bienenwachs Verwendung findet (Ceresin). Sein massenweises Vorkommen beschränkt sich auf Galizien, namentlich Boryslaw (Dwiniacz, Starunia). Hier wird seit Anfang der sechziger Jahre ein lebhafter Bergbau allerdings in rohester Raubbaumanier auf die Gewinnung betrieben. Von dem anhaftenden erdigen Bestandteile wird das geförderte rohe Erdwachs durch Umschmelzen befreit, die flüssige klare Substanz dann in gußeiserne Formen gegossen, aus denen es in stumpfkonischen Blöcken von etwa 1 Zentner Gewicht in den Handel kommt.

Fig. 120. Ostufer des Toten Meeres.

— — „Doch über alles preis' ich den gekörnten Schnee,
Die erst' und letzte Würze jedes Wohlgeschmacks,
Das reine Salz, dem jede Tafel huldigt."

Goethe.

Die Gewinnung der Salze.

Bedeutung des Salzes. Seine Verbreitung in der Natur. Quellsalz. Meersalz. Steinsalz. Entstehung der Salzquellen und Steinsalzlager. Der Eltonsee und die Salzlagerbildung in Kara-Bogas. Erbohrung der Salzlager in Deutschland. Gewinnung des Salzes aus dem Meere. Salinen, Gradierwerke und Siedehäuser. Bergbau auf Steinsalz. Salzbergwerk von Wieliczka. Die Staßfurter Werke und Verwertung der Abraumsalze. Ausbeutung der Salzlager durch Sinkwerke: der Dürrenberg bei Hallein; durch Bohrlöcher. Borax und Borsäure. Vorkommen in Kalifornien, Italien. Gewinnung in den Maremmen Toscanas.

Ja, über alles zu preisen ist das Salz. Und nicht nur, wie der Altmeister Goethe in den oben angeführten Worten sagt, als erst' und letzte Würze jedes Wohlgeschmacks, nicht als eine Leckerei, sondern als ein ebenso notwendiges Nahrungsmittel, wie es Brot und Fleisch sind, als eine der wesentlichsten Grundlagen der chemischen Technik und damit als eine Stütze der ganzen modernen Industrie, die uns mit den unzähligen Gegenständen des Luxus und des täglichen Bedürfnisses umgibt.

Wenn wir unsre Speisen mit Salz würzen, genügen wir nicht etwa bloß einem angenehmen Kitzel — wir erfüllen eine unumgehbare Forderung des ganzen Lebensprozesses. Unser Blut enthält Salz; zum Aufbau unsrer Knochen ist es erforderlich; um den Stoffwechsel, die Verdauung möglich zu machen, muß es dem Magensafte beigemengt werden. Wir empfinden deshalb einen Hunger nach Salz, wenn dasselbe nicht mehr in genügender Weise im Körper enthalten ist, und es gewährt uns einen köstlichen Reiz, dieses Bedürfnis befriedigen zu können; von allen Entbehrungen, die unsre Soldaten im letzten französischen Kriege ausgehalten haben, war nach allgemeinem Geständnis der Salzmangel die allergrößte. Darum schmeckt uns auch der „gekörnte Schnee" so gut. „Salz und Brot macht Wangen rot".

Ohne Salz würden sie nicht nur welken, der Mensch würde verhungern, wenn er gar kein Salz, im Fleisch, im Wasser, in den Früchten, in seinen Getränken keins genösse, er würde den Salzhunger sterben, ein Fall, der allerdings nicht so leicht vorkommen kann, da dieses Nahrungsmittel infolge seiner Notwendigkeit für den lebenden Organismus in der Natur auch ungemein verbreitet ist. Gierig läuft das Wild unsrer leider immer lichter werdenden Wälder nach der Salzlecke, dem Kamel der Wüste ist ein Stückchen Steinsalz die liebste Leckerei, und die unbändigen Büffel kommen scharenweise aus den grünen Wäldern an die salzigen Ufer des Missouri, wo ihnen der Jäger auflauert.

Ist das Kochsalz für Menschen und die höheren Tiere ein wichtiges Nahrungsmittel, so wirkt es auf eine große Anzahl von niederen Tieren sowie auf viele Pflanzen als ein rasch tötendes und zerstörendes Gift. Eine Landschnecke, mit Salz bestreut, stirbt bald, ein Frosch geht in Salzwasser alsbald zu Grunde, die Blätter vieler Kräuter verschrumpfen, wenn diese damit begossen werden, und Gras und alle Getreidearten gehen davon ein. Dagegen gibt es aber auch eine große Anzahl von Pflanzen und Tieren, welche ausschließlich im Salzwasser leben und gedeihen, und denen das Süßwasser den Tod bringt.

Wer kennt nicht die zahlreichen Anwendungen des Salzes zum Aufbewahren von Fleisch und Gemüse, zum Einpökeln, zum Düngen, ganz besonders aber zur Herstellung der Soda, auf welcher die Fabrikation der Seife und des Glases beruht? Nicht der mächtigste Fürst, nicht der ärmste Bettler kann des unscheinbaren Stoffes entbehren — es ist so notwendig wie die Luft; und doch verteuert zu unsäglichem Schaden der Viehzucht, der Industrie, des körperlichen Wohlbefindens seiner Bewohner fast jeder Staat dieses Elementarbedürfnis durch die beschwerendsten Steuern!

Seine Verbreitung in der Natur ist, wie wir schon erwähnt haben, eine sehr große, und sie gestattet daher eine vielfältige Gewinnungsart. Obwohl wir es nun vor der Hand eigentlich nur mit der Gewinnung der Rohprodukte aus dem Innern der Erde zu thun haben, fühlen wir uns doch genötigt, um die Einheit des Gegenstandes nicht zu verletzen, jetzt schon das Salz in seiner aufgelösten Form als Sole und im Meereswasser, bezüglich die Gewinnung aus beiden mit zu betrachten, wenngleich wir erst später die Gewinnung der Rohstoffe aus dem Wasser zum Gegenstande unsrer Darstellung machen.

Das Salz, gewöhnlich Kochsalz genannt, ist die Verbindung eines sehr leichten Metalles, Natrium, mit einer eigentümlichen giftigen Gasart, dem Chlor. Das Chlornatrium — so heißt in der Sprache der Chemiker das Kochsalz — wird vom Wasser aufgelöst, und zwar in dem Maße, daß 100 Teile Wasser 27—28 Teile davon aufnehmen. Im reinsten Zustande ist es weiß, durchsichtig wie Eis und kristallisiert in Würfeln. Das natürlich vorkommende Steinsalz wird oft in Kristallen von mehreren Zentnern Schwere gebrochen. Dagegen bildet das aus dem Meere oder den Solen durch Verdunstung gewonnene Salz kleine weiße (undurchsichtige), vierseitige Trichterchen. Die Ursache dieser eigentümlichen Kristallgruppierung werden wir beim Salzsieden näher kennen lernen.

Seit den ältesten Zeiten haben die Menschen Salz gewonnen. Dem deutschen Boden entspringen unzählige salzhaltige Quellen, die schon von den Ureinwohnern benutzt worden sind. Bei Bad Nauheim in der Wetterau fanden sich die Reste ausgedehnter alter Salinen, wahrscheinlich von einem keltischen Volksstamme herrührend. Jene Werke, aus allerlei thönernen Kochkesseln, Röhrenleitungen und steinernen und bronzenen Geräten bestehend, lagen 3—6 m tiefer als der jetzige Boden und waren von Erdlagern bedeckt, worin germanische und römische Überreste, Waffen und Begräbnisstätten gefunden wurden. Die Darstellung des Salzes war bei den Germanen anfangs sehr einfach und roh, sie schütteten das Solwasser auf Haufen glühender Kohlen und erhielten dadurch schwarze, unreine, salzige Krusten, die sie zum Würzen ihrer Speisen gebrauchten. Die Römer dagegen, welche vor fast zwei Jahrtausenden in Deutschland wohnten, bezogen das Salz aus den Meersalinen Italiens und Südgalliens; sie kochten in Deutschland kein solches. Die Salzquellen waren den Alten heilig, man umgab sie deshalb mit Befestigungen wie bei Nauheim, von denen wir noch jetzt Überreste finden.

Vorkommen des Salzes. Das Meer, welches über $^2/_3$ der Oberfläche des Erdkörpers bedeckt, ist überall salzig; allein der Salzgehalt ist nicht in allen Meeren gleichgroß: während manche ganz besonders salzreich sind, sind andre dies wieder weniger. Namentlich haben die Küstenstriche, an denen Ströme einmünden, süßeres Wasser. Ein sehr belehrendes Bild von diesen Zuständen gibt das Mittelmeer. Das Schwarze Meer ist kaum salzig, es ist ein Bassin, welches große Wasserströme aus Mittel- und Osteuropa aufnimmt und zur Verdunstung bringt. Weil nicht alles zuströmende Wasser verdunsten kann, wird ein Teil durch die Meerenge von Konstantinopel und den Hellespont in das eigentliche Mittelmeer geliefert und dessen Wasser an den Küsten Kleinasiens und Griechenlands dadurch ausgesüßt. Auch an der Nilmündung ist das Meerwasser verdünnt, nicht weniger da, wo Etsch und Po in den Golf von Venedig münden und wo die großen Ströme Frankreichs und Spaniens bei Marseille und Tortosa ihre Wasser zuführen. Dagegen sind die Küsten flußarmer Striche, wie in Syrien, Nordafrika, Sizilien, Dalmatien, Unteritalien, sowie manche Küstenstriche von Frankreich und Spanien von sehr salziger Flut umgeben. Das Meerwasser enthält bei Barletta in Apulien z. B. $4^1/_2$ Prozent Kochsalz, bei Trapani auf der Westspitze Siziliens sogar 5 Prozent. Man darf daraus im allgemeinen schließen, daß die Wasser der Meere nicht überall die gleiche Zusammensetzung besitzen, im Durchschnitt aber wird man dem Ozean einen Kochsalzgehalt von $3^1/_2$ Prozent zugestehen können. Die ältesten Muschel- und Korallenreste, welche wir in den untersten Meeresabsätzen finden, bezeugen, daß in den frühsten Zeiten der Ozean schon in ähnlicher Weise salzig war wie heute.

Fast alle Gesteine enthalten Salzteile; diese werden bei der Verwitterung von dem Wasser ausgewaschen, und die Flüsse führen die gelösten Stoffe in das Meer. Danach müßte dessen Salzgehalt sich eigentlich immer mehr vergrößern, weil nur reines Wasser aus dem Ozean verdunstet, alles hinzuströmende aber aus der festen Erdrinde Salzteile mitbringt. Doch ist der Zufluß zur Masse des Ozeans unbedeutend.

Alle aus dem Meerwasser abgesetzten Gesteine, namentlich aber alle Küstenbildungen (Dünen), sind salzhaltig, weil das salzige Meerwasser vom Winde weithin über sie getrieben wird. Werden solche Gesteinsablagerungen durch lange fortgesetzte Bodenhebung allmählich vom Meere entfernt, so laugt das auf sie fallende Regenwasser den aufgenommenen Salzgehalt wieder aus und kann damit Salzquellen bilden. Unter gewissen Verhältnissen, namentlich wo Senkungen des Bodens die Entstehung von Binnenseen ohne Abfluß in das Meer veranlaßten, bringen die Quellen ihren Salzgehalt in jene Mulden, und weil aus diesen nur reines Wasser verdunsten kann, so werden diese Wasserbecken immer salzreicher, so daß sie endlich Steinsalz abzusetzen vermögen.

Sehr belehrende Beispiele über die vielen Steinsalzlagern zu Grunde liegenden Vorgänge weist die sibirische Steppe zwischen dem Kaspisee und dem Altai auf. In den Eltonsee (Altin-Nor), einen ziemlich ausgedehnten Landsee, liefern mehrere Flüßchen ihr schwach salziges Wasser ab; da der See aber keinen Abfluß hat, so konzentriert sich sein Wasser durch Verdunstung dergestalt, daß schließlich eine Lösung entstanden ist, aus der sich das Salz zu einer dünngeschichteten Ablagerung niedergeschlagen hat, welche bereits eine Dicke von mehr als 100 m erlangt hat. Die Flüsse nahmen das Salz aus dem von ihnen durchflossenen und viele hundert Quadratmeilen großen Gebiete; der von der Natur eingerichtete Apparat konzentriert somit den höchst geringfügigen Salzgehalt einer ausgedehnten Landfläche auf einem verhältnismäßig kleinen Raume. Solcher Art finden wir in allen Weltteilen Steinsalzlager, fern vom Meere, mitten zwischen Ablagerungen, die durch die von ihnen eingehüllten Pflanzen- und Tierreste als solche bezeichnet sind, an deren Bildung sich das Meer nicht beteiligt hat. Die ungeheuren Salzanhäufungen, welche in Siebenbürgen, Ungarn und Galizien, in Unteritalien, in Spanien der Tertiärformation eigentümlich sind, liegen ebenfalls mit Schichten verknüpft, die durch ihre Einschlüsse als Landbildungen charakterisiert sind, woraus gefolgert werden darf, daß das Steinsalz dort auf dieselbe Weise entstanden sein möchte als im Eltonsee. Anderseits aber ist das Steinsalz auch solchen Schichten eingebettet, die als vollkommene Meeresbildungen charakterisiert sind, so daß wir eine zweifache Entstehungsweise für die Salzlager annehmen können: einmal aus salzhaltigen Gesteinen durch Auslaugung, das andre Mal durch Meeresaustrocknung; für beide wird aber immerhin das Meer in letzter Instanz das Material geliefert haben.

Am schönsten zeigt die Bildung von Salzlagern der Kaspische See da, wo er an seiner Ostseite in die Nebenabteilung Kara-Bogas übergeht. In diesen Nebensee führt ein Kanal von nur 100 m Breite und $1{,}_6$ m Tiefe. Die austrocknenden Ostwinde, welche über den

Kara-Bogas streifen, verdunsten sein Wasser so rasch, daß in dem Kanal eine fortwährende lebhafte Strömung herrscht, um die Niveaudifferenz auszugleichen. Auf diese Weise wird aus dem großen Kaspischen See ununterbrochen Salzlösung fortgeführt, deren Salzgehalt nur in dem Becken des Kara-Bogas zum Absatz kommen kann, und nach der Wassermenge, welche täglich den Kanal passiert, läßt sich berechnen, daß täglich 60 000 Zentner neues Salz auf dem Boden jener großen Abdampfpfanne abgeschieden werden. Das macht im Jahre das Quantum von 22 Millionen Zentnern.

In älteren Formationen aber lagert das Steinsalz, abwechselnd mit Gips, oft in außerordentlicher Mächtigkeit; nicht selten befinden sich zehn und mehrere Lager von 10 bis 15 m Dicke übereinander. Es kommt so vor in der Formation des Muschelkalkes in den Alpen, in Schwaben, Thüringen, Lothringen, im Zechstein bei Erfurt, Staßfurt, Salzungen, Kissingen und bei Illitschkaja Saßtschitza in Rußland.

Von Oberösterreich zieht sich ein Steinsalzlager, im Alpenkalkstein eingebettet, bis nach Steiermark und durch das Salzkammergut bis nach Bayern hinein. Die Salzwerke von Ischl, Hallein, Hallstadt, Außen, Berchtesgaden, Rosenheim, Reichenhall, Traunstein u. s. w. sind alle mit seiner Ausbeutung beschäftigt. Dasselbe ist so lange bekannt, daß schon Attila eine Saline bei Reichenhall zerstört haben soll. Die galizischen Steinsalzlager von Wieliczka und Bochnia sind bekannt, und wir kommen noch besonders auf sie zu sprechen. — In Württemberg ist ein bedeutendes Steinsalzvorkommen aufgeschlossen worden, dessen Ausdehnung am Neckar, am Kocher, bei Wimpfen u. s. w. nachgewiesen ist und das auch die Schweiz, welche bisher nur geringe Salzproduktion betreiben konnte, veranlaßte, Bohrungen nach Salz anzustellen. Es wurde denn infolge derselben zuerst in Baselland bei Muttenz in einer Tiefe von 340 m ein nachhaltiges Steinsalzlager entdeckt, später wurden auch im Aargau deren gefunden.

Durch solche Erfolge veranlaßt, stellte man auch in Norddeutschland Bohrungen an, und es haben sich viele Landstriche in dieser Beziehung sehr fruchtbar erwiesen. In dem Becken zwischen dem Harz und dem Alvenslebener Höhenzuge ließen zahlreiche Salzquellen schon lange auf beträchtliche unterirdische Salzlager schließen, und die durch die geognostische Beschaffenheit der ganzen Gegend unterstützte Vermutung bestätigte sich auf das glänzendste, als man nach dem glücklichen Erfolge der süddeutschen Bohrungen hier an ähnliche Unternehmungen ging. Bei Schöningen wurde in einer Tiefe von fast 450 m ein Steinsalzlager von 11 m Mächtigkeit erbohrt, zu Elmen bei Salze ein andres und gelegentlich der in neuerer Zeit vielfach angestellten Bohrungen auf Petroleum ist man im nordwestlichen Deutschland wiederholt auf Salzlager gestoßen, deren Aufdeckung aber bei der bestehenden großen Salzproduktion zur Zeit keine besondere wirtschaftliche Wichtigkeit hat. Die großartigsten Erfolge aber ergaben die Bohrarbeiten bei Staßfurt im südöstlichen Teile des Magdeburg-Halberstädtischen Beckens, wo schon im 12. Jahrhundert ein Salzwerk betrieben worden sein soll. Hier fand man in einer Tiefe von etwa 260 m das Salzlager, dessen Mächtigkeit bis jetzt noch gar nicht erschlossen ist, obwohl man seitdem schon über 560 m mit dem Bohrer hinabgegangen ist, also bereits über 300 m im Steinsalz. Das Lager hat eine beträchtliche Seitenausdehnung, denn es wurde auch auf dem anhaltischen Gebiete aufgeschlossen, woselbst es schon bei 170 m Tiefe auftritt. In seiner obersten Lage ist es gegen 40 m mächtig, dann kommt eine 14 m dicke Thonschicht, darauf wieder Steinsalz, das auch hier bei 320 m Tiefe, soweit man überhaupt bohrte, noch nicht durchsunken war.

Das Lager von Staßfurt ist ganz besonders interessant und wirtschaftlich von ungeheurem Werte durch die besondere Lagerung seiner verschiedenen Salzmineralien, welche beweisen, daß das ganze Becken vordem den Wasserrest eines großen abgesperrten Teiles desjenigen Meeres enthielt, von welchem die heutige Ost- und Nordsee die geographischen Überbleibsel sind. Es liegen nämlich die verschiedenen Salze, aus denen das ganze Lager besteht, Steinsalz, Kali- und Magnesiaverbindung genau in der Reihenfolge übereinander geschichtet, in welcher sie auf Grund ihrer verschiedenen Löslichkeit in Wasser nacheinander zum Absatz kommen mußten, und ebenso, wie sie sich gruppieren würden, wenn wir eine hinreichende Menge Meereswasser, aus der Nordsee oder aus dem Mittelländischen Meere oder irgend sonstwo geschöpft, in einem großen Bottich zur allmählichen Verdunstung bringen wollten.

Man hat nun nach dem Lager auch preußischerseits weiter geforscht und mit dem vorauszusehenden glücklichen Erfolge. Im Januar 1869 hatte man zu Sperenberg bei Berlin eine Tiefe von 300 m erbohrt und dabei das Steinsalzlager bereits in einer Mächtigkeit von über 200 m durchsunken. In derselben Zeit erbohrte man in dem Gipsbruche bei Segeberg ein Steinsalzlager, auf welches schon unter dänischer Herrschaft Bohrversuche angestellt worden waren, jedoch ohne Erfolg, da man die Arbeit an einer ungeeigneten Stelle angefangen und in der Tiefe von 120 m aufgegeben hatte. Über dem Steinsalz liegt hier ein sehr fester, wasserfreier Gips, Anhydrit, den man bei der späteren Bohrung in einem Abstande von 145 m unter der Oberfläche erreichte und nach dessen Durchsinkung der Bohrer in reinem Steinsalz vorwärts ging.

Ein andres wichtiges Vorkommen ist das bei Inowrazlaw im Regierungsbezirk Bromberg. Aus diesem Magazin werden nun auch die nordöstlichen Provinzen Deutschlands mit inländischem Salz versorgt, das vordem durch den weiten Transport zu teuer wurde, weshalb dort ausnahmsweise Einfuhr fremder Salze gestattet war.

Fig. 122. Steinsalzlager von Cardona.

Bisweilen tritt das Steinsalz in großen Felspartien zu Tage, wie an manchen Stellen Siziliens, und eine der interessantesten Steinsalzbildungen in weitgehenden Felsenschichten, wo das Salz im Bau der Erdrinde die Rolle eines Gesteins wie der Granit oder Schiefer spielt, zeigt uns Fig. 122, welche die Steinsalzlager im Thale von Cardona in den Pyrenäen darstellt.

Sehr oft trifft man in den muldenförmig gebogenen Schichten verschiedener Formationen stärkeres oder schwächeres Salzwasser, Salzsole, an, welches nichts andres ist, als die aus den (die Mulden zusammensetzenden) Gesteinen ausgelaugte, in der Tiefe konzentrierte, salzige Erdfeuchtigkeit. Weil von oben immer ungesalzenes Regenwasser, Tau u. s. w. zuströmt, so finden wir in jenen muldenförmigen Bassins gewöhnlich nach obenhin süßes Wasser, dann schwächere, nach der Tiefe hin stets mehr und mehr an Salzgehalt zunehmende Sole. Aus solchen Solbassins pumpt man die reichere Flüssigkeit unten weg und versiedet sie zu Salz. Man unterbricht die Arbeit, wenn die ärmere, zur Siedung nicht mehr verwendbare Sole sich von oben niedergesenkt hat.

Nicht selten entspringen Salzquellen in solchen Gebieten, welche nicht immer das Vorhandensein von eigentlichen Steinsalzlagern voraussetzen lassen. Die Salzquellen enthalten meistens nur 1—5 Prozent Salz aufgelöst, manche liefern aber, weil sie stark ausfließen, dennoch sehr viel Salz aus der Tiefe, wie z. B. die warmen Solsprudel zu Nauheim, deren oben bei Besprechung des Erdbohrers gedacht wurde. Viele Salzquellen nehmen mit der Zeit im Gehalte ab, weil entweder die im Gestein eingesprengten oder eingelagerten Salzmassen allmählich gänzlich ausgelaugt oder weil die Solbassins erschöpft wurden.

Es muß schließlich noch einiger andrer Vorkommen des Salzes gedacht werden, obgleich sie für die Kochsalzgewinnung ganz ohne Wert sind. Die Kochsalzauflösungen, welche sich im Boden und in den Felsarten bilden, werden bisweilen durch die Haarröhrchenkraft der lockeren Erdschichten nach der Oberfläche gehoben, wo dann, wenn das Wasser verdunstet, das Salz ausblüht oder effloresziert. In sehr trockenen Landschaften, wie die des mittleren Asiens, Arabiens, Tibets, der afrikanischen Wüsten, der Prärien und Llanos Amerikas, des Innern Australiens u. s. w., entstanden durch Effloreszenz Salzsteppen, d. h. der Boden bedeckte sich auf weite Erstreckungen hin mit Salzkörnchen und ward, weil die wenigsten Pflanzen das Kochsalz ertragen können, zur Wüste. Wenn man aus fruchtbaren Landstrichen in solche Salzsteppen eintritt, gewahrt man sehr bald die allmähliche Verkümmerung der Pflanzen, der Arten werden immer weniger, bis allein noch die salzliebenden Salsolaarten und der Queller (Salicornia) übrig sind; endlich wird alles eine nackte, durch Salzkristalle wie mit Schnee bedeckte, weiße Ebene. Wenn solche Salzsteppen in späteren Erdentwickelungsepochen wieder von Flüssen durchschnitten werden, so können sie, ihres Salzgehaltes beraubt, wieder fruchtbaren Boden erhalten, wie die von der Nordsee abgesetzten Marschen, anfangs wegen ihres Salzgehaltes unfruchtbar, allmählich durch Auslaugung den herrlichsten Boden erlangten, auf welchem ohne Düngung ein Jahrhundert hindurch Korn gebaut werden kann.

Die Vulkane, welche höchst wahrscheinlich durch Meerwasser in ihrer Thätigkeit unterstützt werden und deshalb häufig Chlor ausstoßen, lassen zuweilen, jedoch im ganzen höchst selten, auch Kochsalz verdampfen. Diese Kochsalzdestillation erfolgt, wenn der Vulkan die Zerlegung der ihm durch das Meer zugeführten Stoffe in Natrium und Chlor nicht zu vollenden im stande ist, oder das Meerwasser in Regionen des vulkanischen Gebietes eindrang, in denen die Hitze nur zur Verflüchtigung des Salzes ausreichte. Das letztere häuft sich dann an der Erdoberfläche in Spalten und Klüften an, aus denen es von der umwohnenden Bevölkerung gesammelt wird. Die Erscheinung ist aber sehr zufällig und tritt im ganzen nur höchst selten ein, so daß sie für den Salzkonsum im ganzen von einer wirtschaftlichen Bedeutung nirgends werden kann.

Gewinnung des Seesalzes. Die bei der Salzgewinnung eingehaltenen Verfahrungsweisen sind ebenso mannigfaltig, als es das Naturvorkommen ist. Während man das Steppensalz durch gewöhnliche Aufsammlung gewinnt, ist für das Steinsalz in der Regel ein vollständiger Bergwerksbetrieb nötig, der sich dadurch noch kompliziert, daß man die Herausarbeitung nicht allerorts mit Bergwerkzeugen vornimmt, sondern häufig einzelne Strecken, Kammern, durch Wasser auslaugt und die so erhaltene Sole erst weiter verarbeitet. Zur Beschaffung natürlicher Sole werden Bohrlöcher und Sinkwerke angelegt, durch Gradierung und Sieden wird sodann der Salzgehalt von dem Wasser getrennt; auch aus dem Meerwasser gewinnt man das Salz, und zwar durch die Verdampfung, welche die Sonnenwärme veranlaßt.

Das letzte Verfahren ist jedenfalls das einfachste und billigste, es eignet sich jedoch nur für warme Küstenländer, namentlich für die Küstenländer des an Salz reichen Mittelmeeres und die Bahamainseln im Golf von Mexiko.

Zur Anlage einer Seesaline wählt man eine flache Küste, deren Boden aus wasserdichten Thonschichten besteht, möglichst entfernt von der Mündung der Bäche und Flüsse. Hat das Meer hohe Flutwelle, so müssen die zur Füllung der Weiher oder Bassins nötigen Schluchten und Kanäle danach eingerichtet werden. Am besten eignet sich eine Lokalität, an welcher die Flutwelle nicht zu hoch steigt, und deshalb ist das Mittelländische Meer recht eigentlich zur Seesalzbereitung bestimmt. Es hat sehr salziges Wasser und steigt bei Flut nur 50—60 cm.

In der Nähe von Trapani und auf der ausgedehnten Fläche von dieser Stadt bis nach Marsala treiben die Sizilianer ihre Seesalinen, denen sie folgende in Fig. 123 bildlich dargestellte Einrichtung geben.

Von dem im Bilde nach links liegenden Meere her führt der Kanal, an dessen Ufern wir im Vordergrunde stehen, das bei der Flut steigende Meerwasser in einen ausgedehnten Sammelweiher. Dieser 6—10 m breite Zuführungskanal ist am Meere durch eine thorförmige Schleuse geschlossen, die von der Flutwelle geöffnet wird. Das Meer dringt ein, erfüllt den Kanal und diesen Sammelweiher. Sobald Ebbe eintritt, verschließt das aus dem Kanale zurücktretende Wasser die Schleuse wieder, das von der Flut zugeführte bleibt somit zurück. Bei anhaltenden Landwinden wird die Flutwelle aufgehalten, alsdann kommt mitunter 3—4 Tage kein neuer Zufluß in den Weiher; es ist deshalb ratsam, denselben möglichst umfangreich zu machen. An dem Sammelweiher hängt der Klärweiher, dessen Ufer aus Thon gebildet sind und dessen Tiefe über 2 m beträgt; hier läßt das Meerwasser mit fortgerissenen Sand, Muscheln und dergleichen fallen. (Die nachstehende Abbildung umfaßt keinen solchen.) Wo Salinen im großen betrieben werden, wie bei Barletto am Adriatischen Meere, erreichen die Klärweiher die Dimensionen von Landseen, und da, wo sich der Betrieb, wie bei Trapani, in mehreren Händen befindet, liegen oft viele Salinen um einen großen gemeinsamen Klärweiher herum. Von hier wird das Wasser mittels 10—12 cm unter seinem Wasserspiegel vertiefter Kanälchen in die Anreicherungsweiher geleitet.

Fig. 123. Seesaline am Mittelmeer.

Es sind dies große, unregelmäßig geformte Teiche von $1\,^1/_3$—2 m Tiefe, von denen einer in der Mitte unsrer Abbildung sich präsentiert, während eine ganze Kette andrer nach rechts sich ausdehnen wird. Sobald die Flutwelle steigt, hebt sie das Wasser aus dem Klärweiher über die flachen Dammeinschnitte (Kanälchen) in die Anreicherungsweiher, bei eintretender Ebbe aber sinkt der Spiegel des Klärweihers unter den Boden der Kanäle, und nun hat das in den Anreicherungsweihern zurückgebliebene Wasser Zeit zu verdampfen.

Die heiße Sonne des Südens, die trockenen Winde, welche von den brennenden Wüstenflächen Afrikas herüberkommen, lecken das Wasser begierig weg, die Meersole nimmt an Salzgehalt so zu, daß sie in 50 kg bald 13 und 14 kg enthält. Während dieser Anreicherung scheidet sich der weniger lösliche Gips, welcher außer Kochsalz und Magnesiasalzen auch im Meerwasser enthalten ist, in Menge aus und bedeckt den Boden der Weiher als weißes Pulver, so daß er von Zeit zu Zeit entfernt werden muß. Sobald die Sole 27prozentig geworden ist, schöpft man sie in die Kristallisationsweiher über, was entweder mittels einer durch Menschen bewegten archimedischen Wasserschraube oder durch an Windmühlen hängende Pumpen oder durch Schöpfwerke geschieht, die ein Maultier oder ein Ochse in Bewegung setzt.

Die Kristallisationsweiher (italienisch Campi, Felder) liegen 30—60 cm höher als die Anreicherungsweiher und stehen nicht mit diesen, wohl aber unter sich durch Kanälchen und Schützen in Verbindung. Sie sind 60—90 m lang und breit mit gemauerten Wänden 30—45 cm tief angelegt und treten auf unsrer Abbildung wie die Beete eines Gartens hervor, weshalb man die Seesalinen wohl auch Salzgärten genannt hat. Jeden Morgen wird soviel angereicherte Sole in die Kristallisationsweiher gepumpt, daß ihr Wasserspiegel um 15—18 cm steigt; denn soviel Wasser kann die Sonne täglich verdunsten. Dabei scheidet sich nun das Salz in unzählige Würfelchen ab, welche anfänglich oben schwimmen, bald aber zu Boden sinken und daselbst eine weiße, halbdurchsichtige eisartige Salzmasse darstellen, in welcher sich nicht selten die prachtvollsten Kristallisationen entwickeln. Wenn nach drei bis sechs Monaten diese Salzlage den Weiher bis zum Rande erfüllt, beginnt die Salzernte, d. h. es wird dann das Salz mit Beilen ausgehauen und an das Ufer der Kristallisationsweiher auf pyramidale Haufen gestürzt, wie der im Vordergrunde unsres Bildes. Diese Haufen werden mit Ziegeln, mit Rohr oder mit einer dünnen Thondecke belegt und bleiben einige Zeit, oft ein Jahr und länger, in Ruhe, um die im Seesalze anfänglich eingeschlossene Bittersalzmutterlauge ablaufen zu lassen. Da das Chlormagnesium, aus welchem dieselbe hauptsächlich besteht, überaus löslich ist, so daß es schon an der Luft zerfließt, so genügt der geringe Feuchtigkeitsgehalt der dortigen Gegenden, um die Auslaugung so weit zu führen, daß wenigstens ein genießbares, wenn auch noch nicht sehr feines Salz hergestellt wird. Ein feineres Salz wird durch eine weitere Raffination erhalten, womit sich namentlich die Holländer beschäftigten. Durch eine sorgsame Behandlung kann auch schon an der Saline ein sehr reines, weißes und feinkörniges Salz erhalten werden, das dem Siedesalze fast ganz und gar entspricht. Es wird für Tafelsalz und zum Pökeln der Fische fein gemahlen, für andre Zwecke aber vom Haufen weg in Fässer oder Säcke verpackt und so in den Handel gebracht.

Der Sammelweiher wird womöglich am weitesten in das Land verlegt, man gibt ihm eine über zehnmal größere Flächenausdehnung, als die aus ihm versorgten Kristallisationsweiher haben sollen. An seiner gegen das Meer gekehrten Seite befinden sich die Anreicherungsweiher, deren Flächeninhalt fünf- bis sechsmal so groß als der der Kristallisationsweiher gewählt wird. Die letzteren verlegt man in die Nähe der Küste, um den Transport des fertigen Produktes zu erleichtern.

Die Meersalzsaline bei Barletta am Adriatischen Meere hat in ihren Weihern folgende Ausdehnung:

Sammelweiher . .	=	891 ha
Anreicherungsweiher	=	297 „
Kristallisationsweiher	=	52 „
Zusammen	=	1240 ha oder $^1/_4$ Quadratmeile.

Diese Saline ist im stande, bei gutem, trockenem Sommerwetter aus dem $4^1/_2$ Prozent Salz enthaltenden Meerwasser jährlich 810000 Zentner Salz zu produzieren, gewöhnlich liefert sie aber nur 350000 Zentner; die bei der Erzeugung eines Zentners im gewöhnlichen Betriebe erwachsenden Unkosten betragen nur 24 Pfennige.

Die Salinen zwischen Trapani und Marsala auf Sizilien haben noch günstigere klimatische Verhältnisse; daselbst werden jährlich zwei Salzernten gemacht, d. h. die Weiher werden zweimal entleert. Während zu Barletta auf einen Hektar (= $3,_{917}$ preuß. Morgen) Anreicherungs- und Kristallisationsweiher jährlich nur 50000 kg Salz fallen, erzeugt die gleiche Fläche in Sizilien 350000 kg. Das Wasser ist hier allerdings salzreicher als bei Barletta, namentlich aber ist die Luft an Siziliens Westküste trockener und wärmer, befördert also die Verdunstung noch rascher. Trapani, der Seeplatz, von welchem das sizilianische Salz nach England, Nordamerika, Spanien, Rußland, Norwegen, Schweden, Holland, Preußen, Dänemark u. s. w. verschifft wird, führt jährlich davon über 3 Millionen Zollzentner aus. Der Zollzentner Salz wird dort für nur 20 Pfennige verkauft, kostet aber den Produzenten kaum 15 Pfennige.

Die südfranzösischen und spanischen Seesalinen haben, soweit sie am Mittelmeere liegen, ungefähr gleiche Einrichtung mit den eben geschilderten. Eine sehr bemerkenswerte Anlage dieser Art ist die einen Teil der Fabrik für Soda, Chlorkalk, chlorsaures Kalium sowie

Aluminium bildende Meersaline von Giraud, welche der Gesellschaft A. R. Pechiney & Co. gehört. Die eigentliche Verdampfungsfläche, welche aus den Lagunen der Camargue gespeist wird, umfaßt 1500 ha. Eine Dampfpumpe hebt der geringen Fluthöhe wegen das schon in einem abgeschlossenen Rhonearme etwas konzentrierte Meerwasser in ein größeres Reservoir, aus dem es in die eigentlichen Verdunstungsbehälter, deren Boden eine undurchlässige thonige Beschaffenheit hat, abfließt. Dieselben bilden ein nach der Mitte zu etwas abfallendes System von konzentrischen, untereinander zusammenhängenden Abteilungen, welche sich in den Mittelraum, die Küwette, in ganz allmählichem Abfluß ergießen. Ein Kubikmeter Seewasser ist hier auf 102 l konzentriert, zu welchem Prozeß das Wasser 150 Tage vom Mai an durchschnittlich braucht. Mehr noch als durch Sonnenwärme wird die Schnelligkeit der Verdampfung durch den Mistral befördert, unter dessen Herrschaft oft täglich 1 cm Wassertiefe verdunstet, d. h. auf 1500 ha 150000 cbm Wasser.

Fig. 124. Salzträgerinnen in den Salzgärten an der Küste des Mittelmeeres.

Aus der sogenannten Küwette fließt die konzentrierte (25° B.) Sole nach den Salzbeeten, flache mit Thonboden versehene Behälter, welche sie in einer Schicht von 10 cm Tiefe passiert und wobei sie sich von 25° B. auf 27° B. anreichert. Die Ausscheidung des Salzes erfolgt bei 25,6° B., und zwar setzt sich hierbei das reinste Produkt ab. Im Durchschnitt kann man bei guter Jahreszeit täglich auf die Abscheidung einer Schicht Salz von 1 mm Dicke rechnen; 1 ha liefert in der Regel bis zu Ende der Betriebszeit eine Salzmenge im Gewicht von über 800 Tonnen, die gesamten 60 ha somit etwa 50000 Tonnen, wozu bis zur Ernte eine Bedienung von zwei Arbeitern hinreicht. Eine ungleich größere Menge enthalten noch die Mutterlaugen, deren Weiterverarbeitung Sache einer großartigen Fabrikation ist.

Am Atlantischen Ozean aber, wo die Fluten höher steigen, gibt man den Schützen, welche an dem die Meereswellen in die Sammelweiher lenkenden Kanale liegen, eine festere Konstruktion und öffnet sie mittels Rad und Kurbel. Die Behälter werden daselbst häufig gemauert und viel fester konstruiert, damit sie etwaigen Springfluten widerstehen können.

Die Seesalzgewinnung der Mittelmeerstaaten Österreich, Italien, Frankreich und Spanien ist sehr beträchtlich; sie erreicht die Höhe der aus Salzquellen und Steinsalzbergwerken in Europa erfolgenden Produktion vollkommen, würde aber noch ungleich höher sein und alle europäischen Völker mit ihrem Bedarf versehen können, wenn das Salzgewerbe und der Salzhandel überall freigegeben wären.

In Deutschland und Frankreich, wo die Salzsteuer sehr hoch und dadurch der Salzhandel erschwert ist, verbraucht der Kopf der Bevölkerung nur 7—8 kg jährlich; in England, wo dieses Gewerbe und der Salzhandel früher in gleicher Lage war, wurde damals ebenfalls nur so viel verbraucht, während nach Freigabe desselben jetzt jährlich auf den Kopf nahe an 25 kg kommen. Diese Quantität wird nicht gegessen, aber sie dient zur Soda-, Chlor-, Seifen- und Glasfabrikation, in der Roh- und Stabeisendarstellung und in vielen andern Gewerben, welche in Deutschland und Frankreich zu ihrem Schaden des billigen Salzes noch entbehren müssen.

Die in den Kristallisationsweihern der Meersalinen zurückgebliebenen sehr konzentrierten Flüssigkeiten (Mutterlaugen) enthalten noch Chlorkalium, Chlornatrium, Chlormagnesium sowie auch Brom- und Jodsalze, welche in neuerer Zeit auf sehr verschiedenartige Weise, vorzüglich zu pharmazeutischen, technischen und photographischen Zwecken gewonnen werden.

Die Salzgewinnung an den Binnenseen Rußlands und Sibiriens, namentlich aber im Eltonsee in der Kirgisensteppe, findet in der Weise statt, daß im Sommer während der regenfreien Zeit das im See zu Boden gefallene Salz samt den sich auf seiner Oberfläche abscheidenden Salzkrusten durch Arbeiter herausgeschaufelt wird. Der See hat nur 60 bis 125 cm Tiefe; die Arbeiter, mit langen Stiefeln ausgerüstet, schreiten in ihn hinein, hacken und schaufeln das Salz in Haufen zusammen und transportieren es auf Kähnen an das Ufer, wo es trocknet. Hier ist beständig Salzernte; der See ist den Kristallisationsbehältern der italienischen Meersalinen zu vergleichen; er hat jährlich schon an 2 Millionen Zentner Salz geliefert, könnte aber bei besseren Verbindungswegen nach der Wolga das ganze russische Reich wohlfeil versorgen.

Die **Darstellung des Kochsalzes aus Salzquellen oder Sole** ist bei weitem kostspieliger als die aus Meerwasser, weil in den Ländern, wo sie noch ausgeführt wird, das Brennmaterial immer teurer wird. Die Siedesalzwerke können sich nur noch in solchen Staaten halten, in welchen Salzgewinnung und Salzhandel Monopol der Regierung sind, denn in solchen wird gemeiniglich auf den höheren Darstellungspreis keine Rücksicht genommen, weil der Verkaufspreis beliebig gesteigert werden kann und keiner Konjunktur ausgesetzt ist. In Staaten, wo nur der Salzhandel noch Monopol der Regierung ist, sind die Siedesalzsalinen eingegangen, weil die Finanzverwaltung einen größeren Vorteil darin findet, das im Lande gebrauchte Salz möglichst wohlfeil von außen hereinzuziehen.

Wenn die Salzquellen wie gewöhnlich nur wenig Kochsalz enthalten (meistens haben 100 kg zwischen 2—10 kg) und außerdem noch verhältnismäßig viel andre Bestandteile, Gips, Kalk und Eisen damit verbunden sind, so werden sie vor dem Versieden gradiert. Die Quellen selbst befinden sich entweder in tiefen, unter hohen Türmen angebrachten Brunnen, oder es sind freispringende Bohrlochsquellen, wie die Solsprudel zu Bad Nauheim, von welchen wir weiter oben schon gesprochen. Wenn das Wasser tief unter dem Erdboden geschöpft werden muß, so muß es durch irgend eine mechanische Kraft, gewöhnlich Wasserkraft und Kunstgestänge, auf die Zinne eines Brunnenturms gehoben und in einem daselbst angebrachten Bassin angesammelt werden. Man sieht in Dürrenberg von den am Wasser (der Saale) liegenden Gebäuden, den Radstuben, die Kunststangen ausgehen und in die untere Etage des Brunnenturmes eintreten. Die Einrichtung solcher Kunstgestänge ist dieselbe wie bei den Wasserkunstwerken der Bergwerke; man verläßt aber jetzt diese schwerfällige Methode mehr und mehr und wendet sich der Dampfmaschine zu. Aus dem oberen Bassin des Brunnen- oder Kunstturmes wird die Sole durch Röhren auf den First der Gradierhäuser geleitet.

Ein Gradierhaus ist ein aus starken Tannenbalken errichtetes schmales, aber langes Gerüst von 10—12 m Höhe, dessen Konstruktion die Abbildung Fig. 125 verdeutlicht. Das Gerüst und die sich kreuzenden Streben, welche wir vorn rechts sehen, stehen in einem auf Mauern ruhenden, wasserdicht aus guten Doppelbohlen hergestellten Bassin K. Zwischen den Pfosten und Streben des Gerüstes wird die Gradierwand L in folgender Weise angebracht: Der offene Raum zwischen je zwei Gerüsten wird durch senkrechte Wandruten in mehrere Unterabteilungen zerlegt, die durch horizontale Balkenlagen in verschiedene Gefache geteilt werden. In der Zeichnung sind diese Gestelle auf beiden Seiten sichtbar. Alsdann werden die Gefache mit Schlehbuschholz (den Dornen) wie bei L ausgefüllt. Die in Bündel verbundenen Dornen werden sorgfältig eingelegt und endlich an beiden Seiten beschnitten. Auf dem First des Hauses liegt eine breite, beiderseits mit Hähnchen versehene Solleitung. Das aus den Hähnchen rinnende Salzwasser fällt auf die Dornenwand, zersplittert an derselben und tropft von Dorn zu Dorn. Hierdurch bietet es dem die Gradierwand treffenden Winde möglichst viel Oberfläche dar, die Verdunstung des Wassers kann somit rasch und möglichst vorteilhaft erfolgen. In dem unteren Behälter K sammelt sich die gradierte Sole wieder an, sie enthält mehr Salz als die oben in der Solleitung stehende, während sich an den Dornen die ihr anfangs beigemischten erdigen Bestandteile Gips, Kalk und Eisen als sogenannter Dornstein angehängt haben.

Die Sole ist somit in zweifacher Hinsicht verbessert. Ist sie noch zu salzarm, so wird sie abermals auf ein andres Gradierhaus (einen andern Fall) gepumpt, fällt nochmals herab, und dieses Aufpumpen wird womöglich so lange fortgesetzt, bis das im Bassin K angekommene Salzwasser 27 Prozent Kochsalz enthält, d. h. bis es vollständig damit gesättigt ist und das letztere sich aus ihm abzuscheiden beginnt.

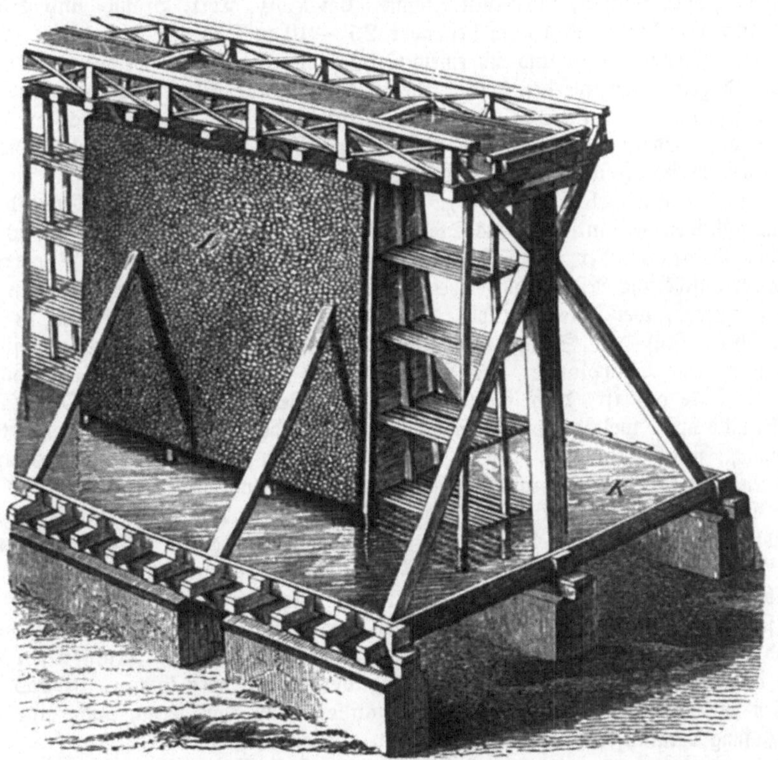

Fig. 125. Gradierhaus.

Weil die zu gradierende Sole auf derjenigen Seitenfläche der Gradierwand zugeleitet werden muß, welche der Windrichtung direkt ausgesetzt ist, so müssen bei jeder Windveränderung die sämtlichen Solhähnchen geschlossen oder geöffnet werden, was bei ausgedehnten Gradierwerken viel Zeit beansprucht. Geschieht diese Solstellung nicht rasch, so treibt der Wind unter Umständen viel Sole vom Gradierhause fort, welche dann die umliegenden Felder weithin unfruchtbar macht. Man hat deshalb die Geschwindstellung (nach dem Erfinder die Henschelsche genannt) angewendet. In der Mitte des Firstes des Gradierhauses befindet sich die offene Solleitung, wie in unsrer Abbildung; sie steht von 125 zu 125 m durch Röhrenstücke, welche mittels eines Schützenpfropfes geschlossen werden können, mit zwei Solleitungsröhren in Verbindung, die beiderseits der Dornwand entlang liegen und in denen die Solhähnchen stecken. Wird ein Schützenpfropf geöffnet oder geschlossen, so werden im Augenblick mehrere Hundert Solhähnchen naß oder trocken gestellt. Um die in dem Behälter K angelangte, sehr angereicherte Sole gegen den verdünnenden Regen zu schützen, werden bei den letzten Gradierfällen Bedachungen von Bohlen angewendet, welche eine solche Einrichtung haben, daß man entweder die über sie rinnende Sole in den Behälter eintreten oder bei Regenwetter, wo die Gradierung ohnehin eingestellt wird, sie seitlich abrinnen lassen kann.

Manche Salinen haben sehr ausgedehnte Gradiergebäude, wie z. B. die Nauheimer, deren von der Main-Weser-Eisenbahn durchschnittene Gradierwerke über 50 000 qm Dornenwand besitzen, die Kissinger in Bayern, die Schönebecker bei Magdeburg, deren Gradierfläche an 25 000 qm mißt. In Nauheim wird das Salzwasser acht- bis zehnmal, oft noch häufiger, wieder aufgepumpt, ehe es siedewürdig herabfällt; natürlich ist die Ausdehnung der ersten Fälle bedeutender als die der letzten, weil die Menge der Sole durch Verdunstung immer mehr abnimmt.

Die angereicherte Sole wird nunmehr in großen bedachten Behältern aufbewahrt und von hier aus in die Siedehäuser oder Koten geleitet. Das Salzkochen oder Sieden geschieht in großen flachen, blechernen Pfannen bei Holz, Torf, Braun- und Steinkohlen. Die Pfannen sind höchstens 45 cm tief, aber 25—30 m lang und 8 m breit. Sie stehen über Feuerungskanälen und sind mit einem Schwadenfange bedeckt, welcher mittels Klappen geöffnet und geschlossen werden kann. Die in die Pfanne gelassene Sole wird rasch zum Sieden erhitzt und, wenn sie von der Gradierung noch nicht auf den höchsten Punkt angereichert kam, sondern z. B. nur 15—20 Prozent Salz enthielt, eingekocht. Diese Arbeit geschieht bei starkem Feuer und wird das Stören genannt. Dabei scheidet sich Schaum und Unreinigkeit ab, welche von Zeit zu Zeit oben abgeschöpft werden. Sobald die Sole Salz auszuscheiden beginnt, wird das Stören eingestellt und es beginnt nun bei schwächerem Feuer das Soggen oder die Salzkristallisation. Wo die Sole keinen Pfannenstein, d. h. schwer auflösliche Niederschläge, beim Stören absetzt, wird das Soggen in derselben Pfanne fortgesetzt; wenn sie aber solche Unreinigkeiten fallen läßt, zapft man sie in Soggpfannen über. Auf den Salinen bei Halle an der Saale hat man deshalb für je drei Soggpfannen eine Störpfanne; das Stören währt 5, das Soggen 15 Stunden lang. Sobald die Sole gar ist, d. h. Salz fallen läßt, scheiden sich auf ihrer Oberfläche kleine Würfelkristalle aus, welche schwimmend bis zum Rande ihrer nach oben gekehrten Fläche untergetaucht sind. Rundum hängen sich alsbald an diese Kristallisationspunkte neue Würfelchen, wodurch ein quadratisches, sich immer mehr und mehr vergrößerndes und nach obenhin sich pyramidal erweiterndes Schiffchen entsteht. Das trichterförmige Schiffchen sinkt endlich, sobald es durch das sich ihm auch unten anhängende Salz zu Boden gerissen wird. Diese dem Kochsalz eigentümliche Kristallisation ist, wie schon erwähnt, von der Kristallbildung des Steinsalzes verschieden. Zwar nicht der Form der Kristalle nach, denn immer sind dieselben regelmäßige Würfel, aber der Ausbildung und Anordnung nach; denn während bei dem aus der Sole sich ausscheidenden Kochsalze jene Trichterchen entstehen, die wir in unserm Speisesalz häufig noch ganz deutlich erkennen können, ist das Steinsalz in großen Würfeln kristallisiert. Unter Umständen kann man jedoch auch eine gesättigte Kochsalzlösung veranlassen, in Steinsalzwürfeln zu kristallisieren.

Das erste aus der garen Sole kristallisierende Salz ist das beste und reinste, es wird mit Krücken an den Pfannenbord gezogen, ausgehoben und in hohe, spitze Körbe zum Trocknen abgegeben. Das Feuer wird unter der Pfanne etwas gesteigert, weil die noch mit andern Salzen gesättigte Mutterlauge immer schwerer zum Sieden gebracht werden kann und somit das Wasser und das Kochsalz erst bei höherer Hitze sich voneinander trennen lassen. Wenn reines Wasser bei 100 Grad der Thermometerskala siedet, so kocht reiche Salzsole erst bei 106 Grad, die Mutterlauge aber oft erst bei 120—125 Grad. Auch der zweite Kochsalzausfall wird angezogen und getrocknet, endlich vielleicht noch ein dritter Salzzug gemacht, alsdann aber die nun fast kochsalzfreie Mutterlauge zur Glaubersalz-, Magnesia-, Kali- und Chlorcalcium-, Brom- und Jodfabrikation abgegeben. Die späteren Salzauszüge sind immer unreiner als der erste.

Das bei starker Hitze getrocknete Salz wird darauf in den Handel gebracht. Berücksichtigt man die durch die Gradierung und Siedung erwachsenen Unkosten, so leuchtet ein, daß diese Art der Salzgewinnung sehr teuer sein muß. Bei den bestgeleiteten Fabriken der Art kostet denn auch der Zollzentner Salz im Durchschnitt 3—9 Mark, je nach dem größeren oder geringeren Gehalte der Solquellen, das heißt bis vierzigmal mehr als der Zentner Seesalz und auch bedeutend mehr als das bergmännisch gewonnene Steinsalz.

Die Gewinnung des Steinsalzes erfolgt auf verschiedene Weise, entweder durch Bergbau oder durch Auslaugung mittels Sinkwerke und darauf folgende Versiedung, oder durch Auslaugung mittels Bohrlöchern und Versiedung. In jedem Falle findet hierbei die Gradierung nicht statt, da man bei der Bereitung von künstlicher Sole in Sinkwerken oder in Bohrlöchern es immer in der Hand hat, dieselbe vollständig konzentriert herzustellen.

Salzbergbau. Betrachten wir zuerst die Salzgewinnung durch Bergbau, so haben wir auf das bei dem Steinsalz besonders häufig zu beachtende Vorkommen in Nestern und Stöcken, gewöhnlich durch gestörte Lagerung, Verquetschung der Flötze und dergleichen hervorgerufen, aufmerksam zu machen. Die berühmten Gruben von Wieliczka in Galizien geben dafür ausgezeichnete Belege, wie aus der Betrachtung von Fig. 126 hervorgeht, die einen Vertikaldurchschnitt durch die dortige Lagerstätte zeigt.

Fig. 126. Durchschnitt des Steinsalzbergwerks Wieliczka.

Zu unterst liegen Sandstein und Thon mit Gips; der Gips ist in der Abbildung punktiert, der Thon dunkelwellig schraffiert; in dem letzteren befinden sich Scheiben weißen Salzes. Darüber liegt das Steinsalz in mächtiger Lage (heller schraffiert), aber verunreinigt durch Thon und Gips, mit einzelnen großen kristallreinen (weiß gelassenen) Salzscheiben. Bedeckt wird das Salz von Thon, Gips und Mergel und den darüber gelagerten jüngeren Bildungen.

Das Salzlager befindet sich unmittelbar unter der 6000 Einwohner zählenden Stadt Wieliczka, hat eine Länge von Ost nach West von 3300 m, von Nord nach Süd von 1200 m und eine Dicke von 400 m. Der Bergbau wird in sieben Etagen betrieben, von denen die erste circa 60 m unter der Erdoberfläche beginnt. Diese sieben Etagen oder Horizonte heißen: 1. Danielowicz $63,_2$ m; 2. Ludovica (oder Kunigunde) $27,_5$ m; 3. Kaiser Franz $17,_5$ m; 4. Albrecht $27,_4$ m; 5. Rittinger 42 m; 6. Haus Österreich $28,_5$ m; 7. Tiefster Regis 36 m. Jedes Stockwerk besteht aus einem Labyrinthe von Gängen und Höhlen, ganz in Salz ausgehauen und durch Schächte, Leitern und Treppen verbunden.

Die Abbildung Fig. 128 läßt uns eine lebhafte Anschauung von diesem großartigsten aller Salzbergwerke und seinen verschiedenen Räumen gewinnen. Etagen bauen sich über Etagen, freilich durch dicke Zwischenmittel nach oben und unten voneinander geschieden, welche dem Baue die wichtige Festigkeit verleihen. Immerhin aber muß man mit dem Ausbrechen sehr vorsichtig sein, damit nicht die Stockwerke ineinander stürzen, und ganz besonderes Augenmerk ist darauf zu richten, daß nicht Wassereinbrüche erfolgen. — Wir sehen die verschiedenen Förderungsarten; zu den bewegenden Kräften werden Pferde hier unten gehalten, welche, obwohl nur alle 14 Tage an das Licht kommend, doch sich eines ausgezeichneten Wohlseins erfreuen. Die Losarbeitung der Steinsalzblöcke geschieht mittels Pickel und Beil und durch das sogenannte Schlitzen, das wir in Staßfurt noch kennen lernen werden. Die rohe Formgebung der reineren Stücke für den Handel wird gleich mit vorgenommen. Nach Rußland wird das Steinsalz in Form großer Blöcke, welche Tonnengestalt haben, verkauft; in den einzelnen Räumen sehen wir deren viele, teils schon fertig bearbeitet zum Verladen, teils noch in Behandlung. An andern Orten finden wir die abfallenden kleinen Stücke in hölzerne Fässer verpackt und bis zur Abfuhr in Magazinen aufgestellt. Alles Baumaterial ist Steinsalz, nur der Schacht und einzelne Pfeiler wurden aus Holz konstruiert. Die tiefere dritte Etage besitzt, wie die zweite, ihren besonderen Pferdestall; in ihr findet eine lebhafte Salzgewinnung statt. Die Grube ist da, wo gearbeitet wird, durch an die Wand befestigte Ampeln und Kandelaber erleuchtet.

Dreizehn Tageschächte führen hinab, zwei davon sind in der Stadt selbst; einer ist für die Beamten, einer für die Mannschaft als Fahrschacht bestimmt; einer dient zum Rauchfang für die unterirdische Schmiede, vier allein sind für die Wasserbeförderung u. s. w. Von den aus der Stadt hinabführenden Schächten hat der über 60 m tiefe Franziscek oder Lezan eine Wendeltreppe von 470 eichenen Stufen; der Hauptschacht Danielowicz ist noch um etwas tiefer und dient vorzugsweise als Förderschacht; der Janinaschacht ist ein schräglaufender Stufenschacht, in welchem eine gut angelegte Treppe in verschiedenen Absätzen in die Tiefe führt. Die Stufen sind teils aus Salz gehauen und mit Holz eingefaßt, teils ganz aus Holz. Wadda-Gora ist der Kunstschacht.

Nach erlangter Erlaubnis des Bergamts kann man entweder durch den Lezanschacht auf Stufen oder im Danielowicz am Grubenseil anfahren, was jedoch jetzt auch bei den Bergleuten nicht mehr so in Gebrauch ist wie früher, da bei solchen Fahrten leicht Unglück vorkommen kann. Allerdings ist die Art der Beförderung romantisch genug. In ein langes, weißes Grubenkleid gehüllt und mit grüner Schachtkappe bedeckt, tritt man dort an das starke Förderseil, das an seinem Ende stark verknotete Hängesitze hat, auf denen man Platz nimmt, während man das Seil mit dem Arm umfaßt. Auf mehreren solchen Sitzbänken kann bequem eine Gesellschaft von 20—25 Personen auf einmal hinabgelassen werden. Zwei oder mehrere Grubenleute fahren voran und halten, mit Lichtern versehen, das Seil fortwährend in senkrechter Richtung; auf diese Art wird die Fahrt von 30 Klaftern in wenigen Minuten vollbracht, man ist auf der Sohle des ersten Stockwerks, von wo man auf 2000 in Salz gehauenen Stufen in die tieferen Stockwerke gelangt. Gleich im ersten Stockwerk nahe dem Fahrschacht nimmt die Antonskapelle die Aufmerksamkeit in Anspruch. Sie ist ganz in Salzstein gehauen. Heiligenbildsäulen, Pfeiler, Kanzel, Gewölbe und eine große Menge von Ornamenten sind aus diesem Stoff. Sonst las ein eigens angestellter Priester täglich mehreremal Messe, jetzt ist nur an Kirchenfesten noch Gottesdienst. In demselben Stockwerk befindet sich die Kammer Lertow, bestehend aus einem gedielten Saal, einer Orchestergalerie, Säulen und einem Kronleuchter von 6 m Umfang, aus dem reinsten Kristallsalz. Bei hohen Besuchen wurde hier öfters die Tafel serviert und getanzt. Alle diese aus Salz gefertigten Kunstwerke erscheinen selbst bei hellster Beleuchtung dunkelfarbig, weil das klare Steinsalz den ihm unterliegenden dunklen Hintergrund durchscheinen läßt. Nur wenn Licht hinter ein Bildwerk gebracht wird, erscheint solches in seiner ganzen Schönheit, durchsichtig, wie aus Eis bestehend.

Obschon das ganze Werk sehr trocken liegt, so sickert doch durch die Erdschichten zwischen den einzelnen Stockwerken Wasser von oben herein, welches, in Bassins geleitet, kleine Seen bildet, die in den Kammern Rosetti und Przykos liegen. Sie enthalten Salzsole, sind, wie die Abbildung verdeutlicht, schön und kunstvoll gefaßt, werden mit flachen Schiffen befahren und befinden sich über 160 m unter der Erdoberfläche. Die Abbaue sind über 330 m tief niedergerückt und liegen fast 100 m unter dem Meeresspiegel. Mitten durch die weiten Abbauräume geht eine Art Heerstraße, auf welcher eine Menge Wagen hin und her fahren, um das Salz von den Füllörtern nach dem Hauptförderschacht zu schaffen. Diese Straße wird nie leer, singend ziehen die Fuhrleute neben ihrer salzigen Ladung einher. Mehr als hundert Pferde werden zu diesem Zwecke gehalten; diese Tiere verlieren durch den feinen Salzstaub häufig ihre Sehkraft; dessenungeachtet wissen sie blindlings den gewohnten Weg zu finden.

Fig. 127. Einfahrt auf dem Seile in das Salzbergwerk Wieliczka.

In der Kammer Clemens erhebt sich ein zugespitztes Monument, zum Andenken an den Besuch Kaiser Franz' I. von Österreich im Jahre 1817 errichtet, wobei zugleich der eben erst in Betrieb genommenen Strecke der Name „Kammer Kaiser Franz" gegeben wurde. Kammer bedeutet nämlich hier jeden großen, durch regelrechten Betrieb entstandenen Raum, der kein Stollen ist, und bisweilen sind es wahre Riesenräume. Einen angenehmen

Eindruck verursachen die Mosaikbilder aus durchsichtigem bunten Steinsalze, z. B. mehrere Fenster und der kolossale kaiserliche Doppeladler im Tanzsaale.

Die Werkzeuge der Bergleute bestehen aus Keilhauen, Hämmern und Meißeln, mit denen große Cylinder oder Quader abgetrennt werden; noch größere Stücke aber werden mittels Pulver gesprengt. Das Wegthun eines solchen Schusses, bei dem oft drei bis sechs Bohrlöcher besetzt sind, erregt durch hundertfältigen Widerhall den Eindruck eines starken Gewitters. Die größeren Massen werden in kleine Stücke geschlagen und zu Tage gefördert, die klarsten und schönsten wohl auch zu allerlei Kunstgerät verarbeitet. Die Anzahl der Bewohner dieser unterirdischen Stadt beläuft sich auf 500, welche schichtweise von acht zu acht Stunden einander in der Arbeit ablösen.

Wie groß der Reichtum dieser Gruben ist, beweisen Rechnungen, vermöge welcher seit ihrer Entdeckung bis zum Jahre 1812 an 550 Millionen Zentner Steinsalz gewonnen wurden. Das jährliche Erzeugnis hob sich mehr und mehr und stieg durch eine den Bergleuten zugesagte Vergütung sogar auf 1700000 Zentner.

Aber dieses unterirdische Reich hat auch bereits manche Wandlungen erfahren. Dort haben mehrmals Feuersbrünste gewütet und sogar Kriegsscharen arg gehaust, indessen sind auch freundliche Erinnerungen zurückgeblieben; bald waren es fürstliche Besuche, bald haben Musikaufführungen die erhabenen Hallen durchklungen, oder es haben kirchliche Feste stattgefunden, ja der russische Feldherr Suworow hatte einst drei Tage hier unten sein Hauptquartier aufgeschlagen. Das alles erzählt ein Gedenkbuch.

Eine der beunruhigendsten Katastrophen hat das Salzwerk aber aus dem Ende des Jahres 1868 zu verzeichnen, nämlich den großen Einbruch von süßem Wasser, der am 19. November stattfand. Die Erfolge der Staßfurter Salzwerke hatten auch in Galizien die Begierde nach Kalisalzen erregt. Man forschte mit Eifer nach denselben und versäumte darüber die nötige Vorsicht. Indem man den Querschlag „Kloski“ verfolgte, welcher im Hangenden des Salzgebirges angelegt war, hoffte man auf die Abraumsalze zu stoßen. Die an Ort und Stelle befindlichen Geologen sprachen ihre Bedenken gegen dies Vorgehen aus, leider wurden die Warnungen nicht berücksichtigt. Wahrscheinlich hatte man den absperrenden Sandstein geritzt, denn am 19. November spritzte in einem breiten, schrägen Strahle zuerst süßes Wasser durch, dessen Menge rasch wuchs, ehe man noch ernstlich daran gedacht hatte, wirksame Schutzvorrichtungen anzubringen. Bald war dies gar nicht mehr möglich, denn schon am dritten Tage betrug der Zufluß $1^2/_3$ cbm in der Minute, und er steigerte sich fortwährend. Jetzt kam die Angst — das Bergwerk ist verloren. Es wurden rasch Dämme aufgemauert, um das Wasser abzusperren, aber umsonst, das feindliche Element unterwusch ihr lösbares Fundament — die Pumpen reichten nicht aus, es blieb nichts übrig, als die Wässer in die Tiefe zu leiten. Hier hatte man bei der ungeheuren Ausdehnung des Werkes allerdings viel Platz, und da das Wasser nur so lange Salz auflöst, als es nicht damit gesättigt ist, zu dieser Sättigung aber die massenhaft in Bauen umherliegenden Salzabfälle rasch beitrugen, so gewann man wieder Vertrauen, zumal der Zufluß, der allerdings im Maximum 4 cbm pro Minute betragen hatte, allmählich sich verminderte und auf $1^1/_3$, 1, ja im Dezember schon auf $^5/_6$ cbm herabging. Nichtsdestoweniger waren große Anstrengungen nötig, des Feindes Herr zu werden. Es wurden gewaltige Dampfpumpwerke aufgestellt, und in kurzer Zeit war denn, wenn auch nicht alles Wasser wieder herausgeschafft, so doch das Niveau so weit tiefer gelegt, daß der Zufluß von Süßwasser abgeschnitten werden konnte; damit war jede weitere Befürchtung beseitigt, und die Förderung konnte in demselben Umfange wieder stattfinden wie vorher.

Ebenfalls höchst merkwürdig sind die Lager der Stadt **Bochnia**, 35 km von Krakau. Auch hier dehnen sich die Salzwerke in vier ungeheuren Stockwerken unter der Stadt und deren Umkreis hinaus, die jährliche Ausbeute beläuft sich auf 250000 Zentner und die Stücke kommen 2—10 Zentner schwer in den Handel. Nahe bei der Kirche befindet sich der 75 m tiefe Einfahrschacht. Das erste Stockwerk, 800 m lang und 60 m breit, dient jetzt als Pferdestallung; das zweite liegt gegen 120 m tiefer, ist 2600 m lang, 100 m breit und enthält eine vollständige Kirche; wieder 95 m tiefer befindet sich das dritte, 2000 m lange, und noch 40 m tiefer liegt das vierte und kleinste, welches Süßwasserbassins enthält.

Fig. 128. Aus dem Salzbergwerk Wieliczka.

Steinsalzbergwerke von ähnlicher Großartigkeit wie die eben beschriebenen hat auch Unteritalien in der Nähe von Castrovillari, im Gebirge Altomonte bei Lungro, aufzuweisen; Spanien und Rußland sind bereits erwähnt; Deutsch-Lothringen aber verdient noch wegen seines bedeutenden Salzbergbaues bei Dieuze genannt zu werden, ebenso Siebenbürgen und Ungarn. In Deutschland sind die Steinsalzbergwerke von Wilhelmshall und Jagstfeld in Württemberg, von Stetten im Hohenzollernschen, ganz besonders aber von Staßfurt bei Magdeburg zu nennen. Im Württembergischen steht das Steinsalz 20—30 m dick an; die Schächte bis zu ihm hinab mußten durch Thon und Gips tief unter den Neckarfluß abgeteuft werden, was nur mit Hilfe sehr kräftiger Dampfmaschinen möglich war. Bei weitem interessanter, sowohl wegen seiner geognostischen Beschaffenheit wie wegen seiner Ergiebigkeit, ist das Staßfurter Werk, dessen Produkte für die verschiedensten Zweige der chemischen Technik von höchster Bedeutung sind, so daß eine eingehendere Betrachtung desselben hier wohl am Platze sein dürfte. Wir benutzen dazu einen eingehenden Bericht von H. Stöß, den dieser gelegentlich der Pariser Ausstellung von 1867 veröffentlicht hat.

Bereits am 3. April 1833 begannen die Bohrungen nach Salz in der Nähe von Staßfurt; im Juni 1843 stieß man auf die ersten salzführenden Schichten in einer Tiefe von 163 m; das Steinsalz erreichte man bei 320 m Tiefe und hatte im Jahre 1851 bei einer Gesamttiefe von 630 m dessen ganze Mächtigkeit noch nicht durchsunken. Die schon 1843 aus dem Bohrloch quellenden Solen zeigten trotz ihrer großen Sättigung (spezifisches Gewicht $1,_2$ bis zu $1,_3$ in größerer Tiefe) doch eine für die Kochsalzgewinnung gar nicht geeignete Zusammensetzung, denn die Hälfte ihres Salzgehaltes bestand aus Chlormagnesium, und je tiefer man hinabging, um so ungünstiger wurde das Verhältnis, so daß bei einem spezifischen Gewichte von $1,_3$ der Gehalt an Kochsalz nur $5,_6$ Prozent betrug, dagegen der an Chlormagnesium bis auf $19,_4$ Prozent gestiegen war und sich außerdem noch 4 Prozent schwefelsaure Magnesia und $2,_{24}$ Prozent Chlorkalium in Lösung zeigten. Der Chemiker Marchand sprach es damals schon aus, der Grund dieser Erscheinung möge darin liegen, daß zu oberst des Salzlagers leichtlösliche Magnesiasalze und darunter erst das schwerer lösliche Steinsalz abgelagert sei, daß also die von oben herabdringenden Wasser sich schon, noch ehe sie auf das Steinsalz gekommen seien, mit Magnesiasalzen geschwängert hätten und bei weiterem Eindringen von dem Steinsalz nur wenig mehr aufzunehmen vermöchten.

Auf diese von allen Fachmännern acceptierte Erklärung ließ die preußische Regierung Ende 1851 und Anfang 1852 den Bau zweier Schächte ins Werk setzen. In 260 m Tiefe kamen diese auf die ersten, aber, wie es damals schien, unbrauchbaren Salzschichten, denn dieselben bestätigten allerdings die Ansicht von Marchand, indem sie vorzugsweise aus jenen leichtlöslichen Salzen bestanden, die sich schon in der Sole gefunden hatten. Man ging aber tiefer, und bei 340 m Tiefe wurde das reine Steinsalzlager angehauen, dessen Mächtigkeit durch die Bohrung schon konstatiert war.

Dieses glückliche Ergebnis veranlaßte auch die anhaltische Regierung, im Jahre 1858 auf ihrem nahe bei Staßfurt grenzenden Gebiete zwei Schächte niederzutreiben, unter glücklicheren Verhältnissen insofern, als daselbst das Steinsalzlager ansteigt und seine obersten Schichten kaum 160 m unter Tage liegen. Das Staßfurter Salzlager läßt sich in vier Etagen einteilen. Die unterste Etage ist das reine Steinsalzflötz, welches nur durch schwache, $0,_5$ cm starke Anhydritschnüre in einzelne Bänke gesondert ist. Diese Bänke sind 2—15 cm stark und in ihrer Salzmasse von vollkommener Reinheit, meist wasserhell, und liefern pulverisiert ein schneeweißes Speisesalz. Zusammengenommen beträgt die Mächtigkeit dieser Anhydritregion 212 m. Über ihr liegt die Polyhalitregion in einer Mächtigkeit von 60 m. Das Steinsalz ist in derselben zwar etwas zurückgetreten, denn obwohl die Hauptmasse des Gebirges noch aus Chlornatrium besteht, haben sich demselben doch schon nicht unbeträchtliche Mengen andrer Salze, namentlich schwefelsaures Kali und schwefelsaure Magnesia, beigemengt, welche je weiter nach oben um so reichlicher auftreten. Die zweite Region hat ihren Namen von dem ihr eigentümlichen Minerale, dem Polyhalit, welcher aus schwefelsaurem Kalk, schwefelsanrem Kali und schwefelsaurer Magnesia besteht und den Anhydrit der untersten Region vertritt, insofern zu demselben (schwefelsaurer Kalk) nur die entsprechenden Salze des Kali und der Magnesia hinzugetreten sind. Die dritte Region, die Kieseritregion, 55 m mächtig, ist charakterisiert durch einen nach obenhin immer mehr wachsenden Gehalt von Chlormagnesium. Der schwefelhaltige Kalk des Anhydrit und Polyhalit hat aufgehört, seine Stelle nimmt die schwefelsaure Magnesia ein, welche in dem Kieserit genannten Minerale mit dem Wassergehalte vorkommt, den sie bei 100 Grad getrocknet zeigt. Endlich die oberste Abteilung, die Carnallitregion. Sie ist etwas über 40 m mächtig. Das Chlornatrium, welches in den unter ihr lagernden Abteilungen immer mehr sich zurückgezogen hatte, nimmt nur noch mit etwa 25 Prozent an der Zusammensetzung der Gesamtmasse teil, 16 Prozent ungefähr trägt der Kieserit, 4 Prozent das Chlormagnesium bei. Die Hauptmasse aber, 55 Prozent, bildet der Carnallit, ein Doppelsalz aus Chlorkalium und Chlormagnesium, welches durch seinen Kaligehalt der ganzen Fundstätte ihre Bedeutung gegeben hat. Der Carnallit ist eigentlich wasserhell, von kristallinischem Bruch, in der Regel jedoch sind ihm äußerst zarte Schuppen von Eisenglimmer (Eisenrahm, wasserfreies Eisenoxyd) beigemengt, und obwohl nur in überaus geringer Menge, so genügen sie bei der Durchsichtigkeit des Carnallits doch, um denselben ganz entschieden zu färben. Man findet alle Farbennüancen, vom zartesten Rosa bis zum dunkelsten Braun, vertreten, und dieser Umstand ist Veranlassung zu dem Namen „bunte Schichten" geworden, welchen man dieser Region auch gegeben hat. Wegen des durch die Magnesiasalze bedingten Geschmackes heißen sie auch bittere Schichten, allgemeiner aber Abraumsalze, weil sie fortgeräumt werden mußten, um zu dem tiefer gelegenen, früher hauptsächlich ins Auge gefaßten Steinsalze zu dringen.

Außer den genannten Leitbestandteilen kommen in den Salzlagern von Staßfurt noch mancherlei andre Mineralien: Sylvin, Tachydrit, Boracit, Kainit u. s. w. vor, in äußerst geringen Mengen sind auch die seltenen Alkalimetalle Rubidium, Cäsium, Thallium in diesen oder ähnlich gelagerten Abraumsalzen nachgewiesen worden — alle diese Bestandteile sind aber für die Technik entweder von gar keiner oder doch nur untergeordneter Bedeutung, da sie ihrer Quantität nach nur verschwindende Bruchteile im Ganzen ausmachen. Wenn man für dieses, für alle Schichten des Salzlagers zusammengenommen, die Zusammensetzung berechnet, so erhält man, seine Mächtigkeit zu 370 m angenommen:

Steinsalz	305 m
Anhydrit	11 „
Polyhalit	4 „
Kieserit	16 „
Carnallit	30 „
Chlormagnesiumhydrat	4 „

und wenn man diese Salze in ihre Bestandteile zerlegt, so drückt sich die prozentische Zusammensetzung des Staßfurter Salzlagers durch folgende Ziffern aus:

Chlornatrium	$85,_{82}$
schwefelsaurer Kalk	$4,_{88}$
schwefelsaure Magnesia	$4,_{70}$
schwefelsaures Kali	$4,_{40}$
Chlormagnesium	$2,_{53}$
Chlorkalium	$1,_{67}$.

Vergleicht man nun mit diesen Verhältniszahlen diejenigen, welche bei der Seesalzgewinnung für genau dieselben Salze sich ergeben, so wird man die größte Übereinstimmung gewahren und daraus zunächst für das Staßfurter Lager mit Sicherheit schließen können, daß dasselbe aus der Eintrocknung eines Meeres entstanden ist. Weitergehend wird man eine entsprechende Bildungsweise aber auch für andre Steinsalzlager annehmen dürfen, selbst wenn bei ihnen die ganze Sippe der Meerwassersalze nicht immer in ihrer Totalität vorhanden wäre wie hier.

Den Abbau des Steinsalzlagers begann man im Jahre 1857. Er ist sehr leicht, da das Lager hinreichende Festigkeit hat und kein Wasserzudrang stattfindet. Man räumt einfach das Salz in einer Breite von $8,_5$ m und in einer Höhe von 6 m weg, worauf man einen sogenannten Abbau- oder Sicherheitspfeiler von 6—7 m Breite stehen läßt. In den verschiedenen Etagen stehen diese Sicherheitspfeiler übereinander. Die Lostrennung der Salzblöcke erfolgt durch Sprengen. Von dem First aus, wo der Einbruch in den

Salzstock erfolgt, schlitzt man zuvor denselben in der ganzen Breite des Orts, d. h. man bringt durch Wasser, welches man an beiden Enden und in der Mitte auf ihn wirken läßt, Einschnitte hervor, welche der Sprengkraft des Pulvers vorarbeiten. Das Schlitzen ist ein in Salzbergwerken häufig angewendetes Verfahren. In Staßfurt kann dasselbe, der dem Steinsalze eingelagerten Polyhalitschnüre wegen, nicht mit der Regelmäßigkeit betrieben werden wie anderwärts. Das dazu nötige Wasser kommt aus den Vorwärmern der Dampfkessel und wird durch eine Röhrenleitung, deren letzte Ausläufer aus Guttaperchaschläuchen bestehen, im ganzen Werke herumgeführt. Die Förderung geschieht in eisernen Karren, welche auf Schienen laufen.

Von einer weiteren Besprechung der Gewinnungsweise, die nach dem gewöhnlichen Verfahren des Bergbaues erfolgt, absehend, wollen wir nur mit einigen Worten noch der Verwendung der Abraumsalze gedenken, da auf ihr jene großartigen chemischen Fabriken beruhen, welche Staßfurt in der kürzesten Zeit hochberühmt gemacht haben.

Die Verarbeitung der Abraumsalze datiert erst aus dem Jahre 1861, wo die erste Fabrik von Dr. Frank zu diesem Behufe errichtet wurde, der kurz darauf die großartige Anlage von Vorster und Grüneberg folgte. Beide und ebenso die nach diesen zahlreich entstandenen Fabriken, von denen freilich mehrere der Konkurrenz wieder erlagen oder von größeren Anlagen aufgenommen wurden, basierten auf das Kalivorkommen in den Abraumsalzen. Ähnliche Verhältnisse wie in Staßfurt herrschen in den benachbarten anhaltischen Salzwerken (Leopoldshall), deren Ergiebigkeit hinter jenen nicht zurücksteht.

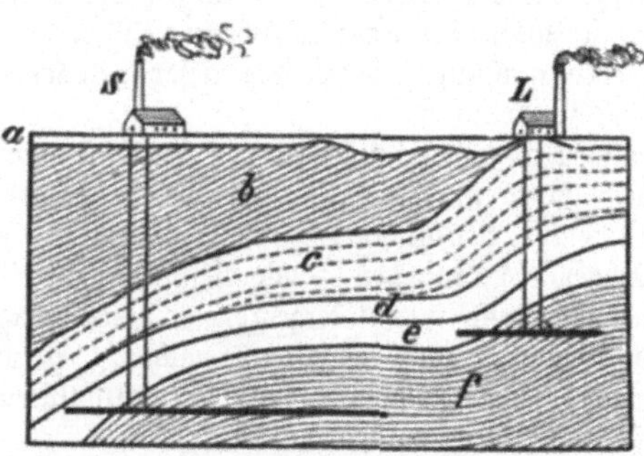

Fig. 129. Profil der Stein- und Abraumsalzlagerstätte von Staßfurt. Nach Bischof.
a Diluvium und Braunkohle. b Bunter Sandstein. c Gips der oberen Zechsteingruppe. d Salzthon. e Abraumsalz. f Steinsalz. S Schacht zu Staßfurt. L Schacht zu Leopoldshall.

Welche bedeutende Rolle die Alkalien in der Technik überhaupt spielen, darauf hinzuweisen ist hier überflüssig; genug, daß Glasmacherei, Töpferei, Seifenfabrikation, die Schießpulverbereitung, die Färberei und andre Industriezweige ihrer nicht entraten können, abgesehen von den fast unzähligen Fällen, in denen die Alkalien als chemische Mittelglieder, als Überträger in Anwendung sind. Natron und Kali sind deshalb zwei sehr gesuchte Stoffe. Zu mancherlei Zwecken ist es gleichgültig, welcher von beiden angewandt wird, und da man in dem häufig in der Natur vorkommenden Kochsalze ein sehr bequemes Rohmaterial für die Sodabereitung hat, so ist der Alkalibedarf, nachdem man die künstliche Sodabereitung gelernt hatte, in allen diesen Fällen mit Leichtigkeit gedeckt worden. Zu gewissen Zwecken aber, wie zur Fabrikation des böhmischen Kristallglases, zur Pulverfabrikation, für die Ackerdüngung u. s. w., kann das Kali nicht durch das Natron ersetzt werden, und da jenes sich in der Natur nicht in der Weise wie das Steinsalz findet, so war man vor 1860 lediglich auf die aus der Einäscherung von Pflanzen dargestellte Pottasche angewiesen. Selbstverständlich, daß man eifrigst sich bestrebte, neue Bezugsquellen des wichtigen Stoffes aufzufinden. Man versuchte ihn aus leicht zersetzbaren Feldspatgesteinen herauszuziehen, die Melasse aus der Rübenzuckerbereitung, ja selbst der Wollschweiß mußte seinen Kaligehalt hergeben — von Jahr zu Jahr wurde das Mißverhältnis zwischen Produktion und Konsum empfindlicher. Da zeigten die Staßfurter Abraumsalze plötzlich einen vorher ungeahnten Reichtum, der nur durch entsprechende Umwandlung für das gesteigerte Bedürfnis gerecht gemacht zu werden brauchte. Das ist geschehen, und es ist namentlich Dr. Grüneberg, welcher durch die von ihm erfundenen Verfahren diesen Zweig der chemischen Technik emporgebracht hat. Der Rübenbau für die Zuckerindustrie ist durch die billigen Kalisalze in ein ganz neues Stadium getreten.

Wir wissen aus dem Vorhergehenden, daß die Abraumsalze der Hauptsache nach Carnallit, Kochsalz und Kieserit enthalten. Die verschiedene Löslichkeit derselben erlaubt jedoch eine Trennung insoweit, daß zunächst Chlorkalium, ferner ein Doppelsalz von schwefelsaurem Kali mit schwefelsaurer Magnesia und endlich Chlormagnesium voneinander geschieden werden. Die ersten beiden Salze sind die eigentlich wertvollen Produkte, denn aus dem Chlorkalium stellt man, nachdem es gereinigt worden ist, ein sehr reines kohlensaures Kali her, ferner aber dient dasselbe zur Umwandlung des Chili-(Natron-)Salpeters, der zur Schießpulverfabrikation untauglich ist, in Kalisalpeter; das schwefelsaure Doppelsalz von Kali und Magnesia aber ist ein sehr wertvolles Düngemittel. Das Chlormagnesium hat noch keine entsprechende Verwendung gefunden, man verarbeitet aber die Mutterlauge, in der es enthalten ist, noch weiter auf Brom, von welchem in der Photographie und Farbentechnik gebrauchten Stoffe sie geringe Mengen enthält. Außer den genannten Stoffen werden die Abraumsalze noch verarbeitet auf schwefelsaures Kali, schwefelsaure Magnesia (Bittersalz), schwefelsaures Natron (Glaubersalz) und endlich Borax und Borsäure (aus dem vorkommenden Boracit).

Fig. 130. Kalidüngsalzfabrik Leopoldshütte vom Schacht Leopoldshall.

Sinkwerke. Die Salzgewinnung durch Sinkwerke ist im oberösterreichischen Salzkammergute bei Hallstadt, Ischl und Ebensee, im steiermärkischen Salzkammergute bei Aussee, im salzburgischen Salzkammergute bei Hallein, endlich im Unter-Innthal Tirols bei Hall üblich. Bei dem österreichischen Städtchen Hallein besteht der Dürrenberg aus Gips und Mergel, worin Steinsalz in kleineren oder größeren Stücken zerstreut liegt. Das gesamte Salzgebirge ist gegen 510 m hoch, 3000 m lang und 1350 m breit. Es sind Schächte darin angelegt, welche mit Stollen und weiten Kammern in Verbindung stehen. In diese Kammern wird durch die Schächte Wasser geleitet, nachdem ihr Eingang vorher verdämmt worden ist, so daß das Wasser bis an ihre Decken heraustritt. Das Wasser löst das in der Decke eingesprengte Steinsalz, Gips und Mergel lösen sich los und legen sich auf den Boden der Kammer, wodurch mit der Zeit eine siedewürdige Sole entsteht. Diese Sole wird von starken Maschinen ausgepumpt und in die Salzsiedehäuser geleitet, wo sie wie auf den Salzkoten der gewöhnlichen Salinen behandelt wird.

Wir wollen den Dürrenberg im Innern besehen. Das Einfahren geschieht in einem geneigten (tonlägigen) Schachte, worin ein glatter Baum als Rutschbahn dient (s. Fig. 71). Die rechte, in einen gepolsterten Handschuh gesteckte Hand erfaßt ein neben dem Fahrbaum herlaufendes Seil; zum Sitze nehmen wir ein Lederkissen und flugs rutschen wir in die Tiefe, wo wir, auf einem dicken Heubündel angekommen, absteigen. Unser Weg führt bald durch enge Gänge, bald durch hohe Wölbungen; wir sehen Bergleute wie in Bochnia arbeiten, hören die Pumpengestänge knarren, über und unter uns rauschen Gewässer und kalte Tropfen fallen auf uns herab. Jetzt sind wir am dritten Schacht angelangt, wo das Grubenlicht eines herauffahrenden Knappen uns dessen steile Tiefe gewahren läßt — noch einmal geht's pfeilschnell in die Tiefe 40 Klaftern hinunter, dann aber halten wir vor einem unbeschreiblich schönen Gemache in Form einer Rotunde, dessen Wände von daran sitzenden Salzdrusen funkeln und dessen Decke einen prachtvollen Kronleuchter, aus Salzkristallen zusammengesetzt, trägt. Nachdem wir eine merkwürdige Sammlung von buntgefärbten Steinsalzstücken und von Werkzeugen, mit denen die Römer und alten Deutschen hier arbeiteten, besehen haben, schicken wir uns an, eine Seefahrt zu machen. Unser Führer öffnet eine Thür. Vor uns thut sich ein weiter und hochgewölbter Raum auf; darin erglänzt ein weiter Wasserspiegel, vielfach die Lichter widerstrahlend. Unser Schiff wird von unsichtbaren Händen an Seilen gezogen, und so erreichen wir das jenseitige Ufer des Sees (im Salzberge bei Ischl liegen zwölf solcher Salzteiche übereinander), der natürlich nicht zum Vergnügen der Besucher oder von der Natur, sondern im Interesse des Bergbaues angelegt und ein eben nicht benutztes Sinkwerk ist. Sind wir in diese dunklen, großen ausgewaschenen Höhlungen auf Fahrledern gerutscht, so reiten wir auf einem Hunde wieder hinaus. Was das für ein Ding ist, weiß der Leser bereits.

Auch zu Berchtesgaden in Bayern befinden sich ausgedehnte Sinkwerke, und die Beschreibung des Dürrenberges oder eines andern hier gelegenen Salzwerkes würde auch auf die Gruben von Berchtesgaden passen. Das daselbst ausgelaugte Salzwasser wird mittels großartiger Wasserhebemaschinen (neun Wassersäulen- und fünf Radkunstmaschinen) über Reichenhall nach Rosenheim geleitet. Die Röhrenfahrt überschreitet 14 Berge, welche zusammen 1176 m Höhe haben, und ist 15 Stunden lang. Zu Reichenhall und Rosenheim ist Brennmaterial (Holz) billig, während es bei Berchtesgaden fehlt, deshalb wird die Sole zum Versieden so weit fortgeführt; ihr Transport kostet aber immer noch weniger als derjenige des Brennmaterials und des fertigen Salzes. Indessen würden jetzt derartige Solleitungen nicht mehr angelegt werden.

Bohrlöcher. Die Erschöpfung der Steinsalzlager durch Bohrlöcher endlich ist vorzugsweise bei Salzungen, Arnsberg und andern Salinen in Thüringen, bei Wimpfen am Neckar, bei Bex in der Schweiz und in vielen ungarischen Salinen in Anwendung.

Wenn die Lagerung des Steinsalzes durch Bohrversuche genau ausgemittelt ist, so wird ein 25—30 cm weites Bohrloch bis in das Salz abgeteuft, mit einem hölzernen Rohre gut ausgefüttert und mit einer kupfernen Druckpumpe versehen, welche auf dem tiefsten Punkte desselben wirkt. In dem zwischen der Pumpe und dem hölzernen Rohre befindlichen Spielraume wird gewöhnliches Wasser in die Tiefe geführt. Dieses löst unten Salz auf, sättigt sich damit und kann nun mittels der Druckpumpe an die Oberfläche gehoben werden. Die Auslaugung wird so geleitet, daß möglichst alles Salz gewonnen und die Sole immer 27prozentig gefördert wird. Ihre Versiedung geschieht dann wie auf einer gewöhnlichen Saline in Pfannen. Durch die Auslaugearbeit entstehen aber nach Jahren Erdfälle, indem das Hangende (das Deckengestein) der aufgelösten Salzmassen einbricht. Von Zeit zu Zeit müssen deshalb die Bohrlöcher erneuert und verlegt werden.

In England werden große Salinen betrieben, um die in der Nähe abgebauten, sehr schlechten Steinkohlen angemessen zu verwerten. Die Salzquellen entspringen der Steinkohlenformation oder werden durch Bohrlöcher aus steinsalzführenden Schichten gewonnen. Die Siedevorrichtungen sind denen auf deutschen Salinen ganz gleich. Man bereitet sowohl ungetrocknetes Salz für die Sodafabriken als auch die reineren Sorten für Tafel und Küche.

Zuletzt sei noch einer eigentümlichen Salzgewinnung bei Zwickau in Sachsen gedacht. Die Grubenwasser des Steinkohlenbergwerks Bürgerschaft enthalten 4—5 Prozent Salz. Um dieses zu benutzen, ließ der erfinderische Chemiker Fikentscher sie in weite gemauerte Behälter pumpen, über welche die Flammen aus vielen Steinkohlenkoksöfen hinziehen. Dadurch wird die Sole allerdings geschwärzt, aber sie wird auch angereichert und kann, nachdem sie sich geklärt hat, in Soggpfannen, welche ebenfalls vom Feuer der Koksöfen erhitzt werden, zur Versiedung kommen. Auf diese Weise wird das Salz sehr billig dargestellt, der Zentner kostet nur 20—40 Pfennige, und kann mit Vorteil zur Soda- und Chlorbereitung verwendet werden.

Die gesamte Salzgewinnnng im deutschen Zollgebiet bezog sich im Jahre 1878/79 auf 78 Etablissements mit 12141142 Zentner. Abgesetzt wurden in derselben Zeit von den deutschen Salzwerken und Salinen 12423442 Zentner im deutschen Zollgebiete, und zwar

Kristallsalz	1150520	Zentner	Pfannenstein	62864	Zentner
Andres Steinsalz	2665427	„	Andre Salzabfälle	86266	„
Siedesalz	8433167	„	Sole	1725	„
Viehsalzleckstein	23464	„	Mutterlauge	9	„

Eingeführt aus dem Auslande wurden 840786 Zentner. Innerhalb des deutschen Zollgebietes wurden von dem Gesamtquantum verbraucht:

Zu Speisezwecken	6716578	Zentner
Zur Viehfütterung	1815251	„
Zur Düngung	59227	„
In Soda- und Glaubersalzfabriken	1783816	„
In chemischen Fabriken und Färbereien	208660	„
Zur Seifen- und Kerzenfabrikation	104872	„
In der Lederindustrie	103381	„
In der Metallwarenindustrie	64254	„
In der Glas- und Thonwarenindustrie	50616	„
Sonstige Verwendungen in der Technik	22059	„

Ein Zentner kostete im Durchschnitt 3 Mark zu produzieren; am billigsten war es in Baden und Württemberg, am teuersten in Bayern. Österreich stellt jährlich über 7 Millionen Zentner Sied-, Stein- und Meersalz dar; Frankreich über 8 Millionen, Italien etwa 5 Millionen, Portugal und Spanien etwa 11 Millionen, England 9 Millionen, die Schweiz $^1/_2$ Million, Rußland 8 Millionen Zentner, so daß die Gesamtproduktion Europas jährlich einige sechzig Millionen Zentner dieses Stoffes beträgt.

Borax und Borsäure. Die Gewinnung der Salze gibt uns Gelegenheit, die Gewinnung eines andern interessanten Körpers, der Borsäure, zu betrachten, deren Anwendung, eine sehr vielseitige, in den letzten Jahrzehnten ganz ungemein gesteigert worden ist. Aus der Borsäure stellt man den Borax, zweifach borsaures Natron, dar, dessen Eigenschaft, in geschmolzenem Zustande Metalloxyde zu lösen und mit denselben durchsichtige, gefärbte Gläser zu bilden, ihn in der Chemie zur Erkennung und Unterscheidung der Metalle, in der Glasfabrikation namentlich zur Erzeugung der künstlichen Edelsteine, als Glasur oder wenigstens als Zusatz zu solcher für gewisse Thonwaren, als Flußmittel bei der Ausscheidung vieler Metalle u. s. w. in massenhaften Verbrauch gebracht hat. Man benutzt sein Verhalten zu organischen Körpern für die Herstellung von Firnis und Leim, zum Entschälen der Seide statt der Seife, in der Zeugdruckerei zur Fixierung der Mordants u. s. w.

Der Borax kommt natürlich gebildet vor, namentlich in den Wassern einiger Hochgebirgsseen von Indien, China, Tibet (See Teschu-Lumba), auf Ceylon, in Bolivia u. s. w., und die bei Verdunstung solchen Wassers sich abscheidenden Kristalle sind seit langer Zeit als Tinkal in den Handel gebracht worden. In größter Menge aber scheint der Borax sich in Kalifornien, auf einer nördlich von San Francisco gelegenen, etwa 150 km von der Stadt entfernten Halbinsel zu finden. Dort liegt im Napathale ein See von je nach der Trockenheit des Jahres wechselnder Ausdehnung, der Borax-Lake oder Kaysa, inmitten vulkanischen Terrains. Im Jahre 1863 betrug die Länge desselben 1300 m, die Breite 600 m, die durchschnittliche Tiefe etwa 1 m. In sehr trockenen Jahren trocknet er gänzlich ein. In dem Wasser dieses Sees wurde 1856 von Veatsch der Boraxgehalt nachgewiesen und späterhin auch auf dem Grunde eine sehr mächtige Ablagerung von festem Borax angetroffen. Das Wasser selbst ist so gehaltreich, daß 1863 aus einem Quantum von 13 Gallonen $^1/_2$ kg kristallisierter Borax abgeschieden wurde. Nichtsdestoweniger ist die Ausbeutung der auf dem Grunde liegenden Schicht weit lohnender. Sie enthält den wertvollen Stoff teils gemischt mit einem bläulichen Schlamme, teils mit demselben abwechselnd geschichtet. Die Masse bildet ein Haufwerk von sehr kleinen Kristallen, doch finden sich auch einzelne größere Kristalle bis zu 6—8 cm, welche so rein sind, daß sie ohne weiteres Verwendung finden können. — Um diese Schicht abzubauen, werden eiserne Senkkästen in den See eingesenkt, das Wasser ausgepumpt und der Boden ausgegraben; auf solche Weise sollen täglich 1500 kg roher Borax gewonnen werden. Wahrscheinlich ließe sich aber diese Ziffer noch beträchtlich erhöhen, denn das Lager soll nahezu unerschöpflich sein.

Die Borsäure kommt, außer in dem natürlichen Borax, auch in einigen andern Verbindungen, z. B. in borsaurem Kalk (Boracit) und dergleichen, vor und ist mit diesen in geringem Prozentsatz, in manchen Gesteinen, Serpentin beispielsweise, sonst auch im Meerwasser enthalten. Die Borsäure ist in der Hitze flüchtig, und diese ihre Eigenschaft veranlaßt ein ganz merkwürdiges Vorkommen. In den Fumarolen gewisser vulkanischer Gegenden nämlich ist sie mit andern flüchtigen Stoffen enthalten und kann aus denselben gewonnen werden. Berühmt in dieser Beziehung sind die Maremmen von Toscana, öde, fast vegetationslose Landstriche, von vulkanischen Gesteinen bedeckt, zwischen denen verstreut Dampfstrahlen aus dem Boden hervorbrechen, welche durch ihren Gehalt an salzigen und ätzenden Stoffen jedes Pflanzenleben ertöten; denn außer Wasser- und Borsäuredämpfen hauchen die ununterbrochen thätigen Soffioni noch Dämpfe von Salmiak, Schwefelwasserstoff, Kohlensäure, Stickstoff, Chloreisen, Salzsäure wie auch von freiem Chlor aus.

Wo ein solcher aus dem Innern herausführender Dampfkanal zu Tage tritt, da verdichtet sich ein Teil dieser Bestandteile, besonders das Wasser, und es bildet sich ein Sumpf, eine kleine Lagune, deren Wasser eine mehr oder minder gesättigte Lösung jener verschiedenartigen Salze darstellt, und die ganze Gegend ist mit derartigen Lagunen bedeckt.

Fig. 131. Die Gegend von Monte Cerboli vor 1778.

Die Soffioni, früher Ursachen der Verödung, sind aber im Laufe der letzten hundert Jahre Quellen des Reichtums für das Land geworden, einzig durch ihren Gehalt an Borsäure, die man daraus abscheidet und sowohl für sich als in Borax übergeführt verbraucht.

Die Existenz der Borsäure in den Lagunen Toscanas wurde durch Malcagni und Peter Höffer im Jahre 1776 dargethan. Die Entwickelung der bald darauf sich gründenden Industrie zerfällt in vier Perioden. Zuerst wurde zwar die Gewinnung der Borsäure wiederholt begonnen, jedoch, wie es scheint, aus Mangel an Kapital und Umsicht immer wieder ausgesetzt. Das dauerte etwa 40 Jahre. Von dem Jahre 1818 an aber legte der französische Graf Larderel seine nach ihm benannten Fabriken am Monte Cerboli an und kondensierte die borsäurehaltigen Wasser mittels künstlicher Wärme. Die Kosten dieser Ausbringungsmethode waren natürlich viel zu bedeutend, so daß ein Gewinn bei dem Unternehmen nicht bleiben konnte und die Produktion sich immer nur in sehr engen Grenzen bewegte. Sie überschritt nie das Quantum von 90 Tonnen jährlich. — Erst als man anfing die natürliche Wärme zur Konzentration der Borsäurelösung zu benutzen, nahm dieser Industriezweig einen wirklichen Aufschwung. Die Hitze der Soffioni, jener kleinen

Kraterröhren, welche in das Innere hinabreichen und denen die heißen, borsäurehaltigen Dämpfe entströmen, ersparte das kostspielige Brennmaterial und machte die Arbeit lohnend, so daß im Jahre 1839 schon 717333, 1846 dagegen 1 Million, 1855 aber $1^1/_3$ und 1857 $1^2/_3$ Million kg Borsäure abgeschieden wurden. — Die letzte Vervollkommnung gab aber eine Idee des Florentiner Professors Garreri, welcher die Anlage künstlicher Soffioni vorschlug. Dieselben bestehen in weiter nichts als in Bohrlöchern, welche tief genug in den borsäurehaltigen Grund hinabgetrieben werden, und sind artesische Brunnen, um deren Mündung dann, wenn sie zu liefern beginnen, eine Lagune gebildet wird. Die erste Einrichtung dieser Art erfolgte durch Mauteri in der Fabrik von Durval, und sie ergab bereits im ersten Jahre (1854) einen Ertrag von 60000 kg Borsäure.

Die Soffioni, diese eigentümlichen Dampfvulkane, führen außer Borsäuredämpfen auch noch andre Stoffe aus dem Innern der Erde empor, z. B. Sulfate von Kali, Natron, Lithion, Ammoniak, Rubidium, Kalk, Magnesia, Thonerde, Eisenoxyd, selbst organische Substanzen, und dies zusammen in solcher Menge, daß die Soffioni in der Umgegend von Travale innerhalb 24 Stunden nicht weniger als 5000 kg Salz, darunter 150 kg Borsäure, ausgeben.

132. Die Gegend am Monte Cerboli, das heutige Larderello.

In der Gemeinde Massa-Marittima liegt der Monterotondosee, dessen Wasser ebenfalls borsäurehaltig ist, aber früher, da alles atmosphärische Niederschlagswasser seiner Grenzen in ihn hineinfloß, zu schwach war, um die Versiedung zu gestatten. Es hielt nur etwa $^1/_{2000}$ an Borsäure. Dieser See ist circa $7^1/_2$ ha groß, sein Wasser ist warm. Aus dem benachbarten Terrain treten hier und da schwache Dampfströme hervor, die, in gewöhnlicher Weise benutzt, auch keine irgendwie erhebliche Borsäureproduktion veranlassen konnten. Man half sich daher, indem man zunächst den See mit einem Graben umzog, welcher die Wässer aufnahm, die früher in den See flossen und zur Verdünnung der Lösung beitrugen. Infolge davon stieg der Gehalt des Wassers an Borsäure in nicht zu langer Zeit bis auf $^2/_{1000}$, also auf das Vierfache des früheren Prozentsatzes. Dann aber legte man Bohrlöcher (50—60 m tief) an und benutzte die denselben in Menge entströmenden heißen Dämpfe zum Abdampfen des Wassers. Diese Dämpfe enthalten, wie schon gesagt, selbst einen nicht unbeträchtlichen Gehalt an Borsäure, welche man zu gleicher Zeit mit abscheidet, während man die Heizkraft der Dämpfe verwendet.

Mittels dieser Verfahren steigerte sich die Produktion an Borsäure von 65000 kg im Jahre 1854 auf 150000 kg das Jahr darauf.

In dieser Gegend wurden nun die künstlichen Soffioni des Professors Garreri zahlreich angelegt. Im Jahre 1862 hatte Durval bereits 18 derselben erbohrt, welche, durchschnittlich von gleicher Tiefe, jährlich allein über 200 000 kg Borsäure liefern. Unsre Fig. 133 gibt den Durchschnitt einer solchen künstlichen Fumarole, deren Dampf beim Austritt gefaßt und nach Belieben weiter geleitet wird.

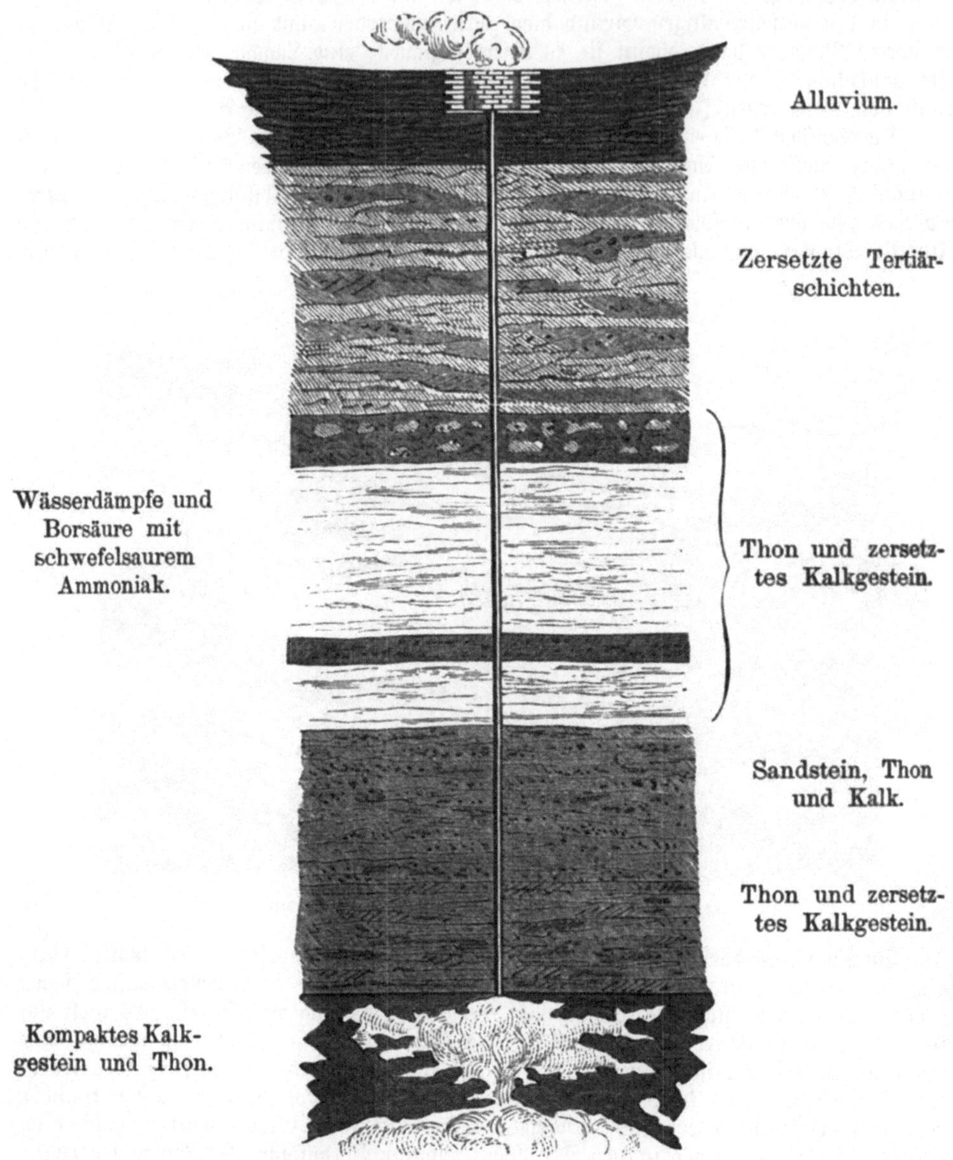

Fig. 133. Durchschnitt der Soffione Carlo.

In den letzten Jahren ist auch der Boraxkalk, der sich in Chile findet, für die Gewinnung des Salzes bedeutend geworden. Dieser geht meist über Liverpool ein, so daß die Engländer die Vorhand haben; sie sind aber gegenwärtig auch Generalpächter der gesamten toscanischen Produktion, und durch beide Umstände in der Lage, den Markt dieses Artikels völlig zu beherrschen.

Der beste Edelstein ist, der selbst alle schneidet
Die andern und den Schnitt von keinem andern leidet.
Das beste Menschenherz ist aber, das da litte
Selbst lieber jeden Schnitt, als daß es andre schnitte.

Rückert.

Die Edelsteine.

Kennzeichen. Edelsteine und Halbedelsteine. Vorkommen derselben. Diamant. Zusammensetzung. Künstliche Diamanten aus Bor. Die bekannten größten Diamanten der Welt. Diamantenfelder in Brasilien und im Kapsande. Gewinnungsweise. Diamantenpreise. Korund. Rubin. Saphir. Spinell. Zirkon. Smaragd. Die Smaragde von Santa Fe de Bogota. Beryll. Aquamarin. Topas. Turmalin. Granat. Chrysolith. Türkis. Opal. Lasurstein. Malachit. Flußspat. Adular. Labrador. Rhodonit u. s. w. Der Bernstein und die Bernsteinfischerei. Bergkristall. Der Fund am Tiefengletscher in der Schweiz. Amethyst. Achat u. s. w. — Schleifen und Bohren der Edelsteine.

Die Edelsteine liefern den überzeugendsten Beweis von der Macht des Scheins. Wir meiden die schwarze und schwärzende Kohle, verachten den schmutzigen Thon und wandern achtlos über die Kiesel des trockenen Baches dahin. Aber das Feuer des Diamanten, der Glanz von Saphir und Rubin und das Farbenspiel des Topases und Smaragdes entzückt und blendet uns. Und doch ist der Diamant nichts als kristallisierte Kohle; Saphir und Rubin sind kristallisierter Thon, und Topas wie Smaragd sind bloße gefärbte Verbindungen von unscheinbaren Erden mit Kiesel.

Ein Stück Steinkohle hat für gewisse Zwecke sogar einen weit höheren Wert als der Diamant; mit dem gewöhnlichen Kalkstein, welcher ganze mächtige Gebirgsmassen zusammensetzt, vermögen wir mehr zu leisten als mit Topas und Granat, deren Kalkgehalt nur mit Mühe daraus zu gewinnen sein würde. Das Nützlichkeitsprinzip ist es also nicht oder nur in geringem Maße, welches uns die Edelsteine wertvoll erscheinen läßt.

Die Vorliebe für die Edelsteine ist trotzdem nichts Zufälliges und Willkürliches, sie ist tief im Wesen des Menschen begründet. Der Mensch haßt von Natur das Dunkel und hat einen Abscheu vor der Finsternis; er freut sich, wenn er „atmet im rosigen Licht“. Diese Freude am Licht zieht ihn zu den Edelsteinen hin, die das Licht gleichsam konzentrieren und vervielfachen, weshalb man sie in früherer Zeit für Speicher und Vorratskammern des Lichtes hielt. Wenigstens berichtet uns der Talmud, daß Noah kein andres Licht in seiner Arche hatte als das Licht der mitgenommenen Edelsteine, welche den großen dunklen Kasten trefflich erhellten, und wir Deutsche haben ja auch das Märchen von dem Karfunkel, dessen Strahlen unterirdische Höhlen mit Licht erfüllen. Neuere wissenschaftliche Beobachtungen haben gezeigt, daß der alten Sage etwas Wahrheit zu Grunde liegt. Ein 92karätiger Diamant von herrlichem Wasser wurde eine Stunde lang der Sonnenbeleuchtung ausgesetzt; er behielt danach länger als 20 Minuten die Eigenschaft, im dunklen Zimmer zu leuchten und ein Stück weißen Papiers bis zu Ende der genannten Zeit sichtbar zu machen. Weniger stark trat die Erscheinung ein, wenn das Beleuchten elektrisch geschehen war. Deutliche Phosphoreszenz zeigte er auch, wenn er mit einem Flanelllappen kurze Zeit gerieben war.

Wie der große Mineralog Hauy die Kristalle als Blumen des anorganischen Reiches auffaßt, könnte man die Edelsteine für Blumen des Lichtes halten. Darauf deutet schon der Name „Gemmen“, abgeleitet von gemma, d. i. Knospe, wie anderseits die Benennung „Juwelen“ von dem italienischen gioia, d. i. Freude, treffend den Eindruck bezeichnet, den die Edelsteine auf uns machen. Sie sind Freudenspender und Erheiterer. Darum gelten sie auch als Sinnbilder alles Großen und Herrlichen. In der „Offenbarung Johannis“ erscheint das neue Jerusalem, die strahlende Kirche der Zukunft, als ein Prachtgebäude, dessen Mauern aus Jaspis bestehen und eine Grundlage aus allen Arten von Edelsteinen haben, während jede der zwölf Thüren eine einzige Perle ist.

Alles, was das Mittelalter Herrliches kannte und ahnte, gipfelte sich in dem Begriff eines Edelsteins, den man den Lapis philosophorum oder „Stein der Weisen“ nannte. In den Meinungen der unklaren Köpfe, die ja überhaupt nur an seine Existenz glaubten, bestand er trotz seiner wunderbaren Wirkungen aus den gemeinsten Elementen; es war ein Stein, wie Ben Jonson satirisch in seinem „Alchimist“ sagt, „der kein Stein ist; ein Geist, eine Seele, ein Körper; er wurde gelöst, wenn man ihn löste; er koagulierte, wenn man ihn koagulierte, und flog, wenn man ihn fliegen ließ.“

Wie die Edelsteine nicht nur als Sinnbilder für Macht und Reichtum galten, sondern in dem Besitz derselben in früheren Zeiten oder in Ländern ohne entwickelten Verkehr häufig geradezu der Reichtum bestand, so spielten sie auch im Leben und im Tode der Reichen und Mächtigen von jeher eine bedeutsame und manchmal verhängnisvolle Rolle. Wir werden die Geschichte einzelner, besonders wertvoller Steine im Verlauf dieser Darstellung noch erfahren und das Gesagte bestätigt finden. Als Cäsar vor dem Übergange über den Rubikon seine Truppen anredete, hielt er dabei zugleich den kleinen Finger der linken Hand in die Höhe, indem er feierlich erklärte, daß er sogar sein kostbarstes Kleinod, den Demantring an seinem Finger, denen opfern würde, die seine Sache mannhaft verteidigten. Diejenigen Soldaten, welche in größerer Entfernung standen, konnten das Funkeln des Ringes sehen, jedoch nicht die Worte des Redners vernehmen. Sie schlossen aber aus seiner Gebärde, daß er ihnen allen die Würde eines römischen Ritters verspräche, ein Irrtum, welcher nicht wenig zum Erfolge Cäsars mitgewirkt haben mag.

Die Edelsteine im großen ganzen haben eigentümliche Eigenschaften, durch deren Vereinigung sie uns wertvoll werden. Farbe, Glanz, Durchsichtigkeit, Härte, Politurfähigkeit und das Vermögen, das Licht zu brechen, in seine einzelnen farbigen Strahlen zu zerlegen — sie zusammen lassen uns Gefallen an diesen Produkten der Natur finden, und die Seltenheit des Vorkommens erhöht den Preis. Derjenige Stein, in welchem sich die genannten Eigenschaften im höchsten Grade finden, wird uns als der schönste erscheinen: er wird edel im vollen Sinne des Wortes sein, während das Auftreten einer oder der andern Qualität allein ein Mineral noch nicht zu einem Edelsteine macht.

Man unterscheidet daher auch bei den kostbaren Steinen *wirkliche Edelsteine* und *Halbedelsteine*, indem man zu den ersteren den Diamant, Rubin, Saphir, Chrysoberyll, Spinell, Zirkon, Smaragd, Beryll, Topas, Turmalin, Granat, Pyrop, edlen Opal, Cordierit, Chrysolith und Türkis rechnet, zu den letzteren dagegen die Glieder der Quarzfamilie, Amethyst, Bergkristall, Aventurin, Katzenauge, Rosenquarz, Chalcedon, Karneol,

Achat, Heliotrop, Jaspis, Feueropal, sodann den Chrysopras, Kaschalong, Vesuvian, Pistazit, Cyanit, Adular, Amazonenstein, Labrador, Lasurstein und Flußspat, Bernstein, Malachit, Gagat u. s. w. zählt. Da aber die Schönheit der einzelnen Stücke der einzige Wertmesser ist und eine mineralogisch wissenschaftliche Grenzlinie zwischen diesen beiden Gruppen nicht zu ziehen ist, so legt die Praxis des Juwelenhandels und die Liebhaberei des Publikums auch keinen allzugroßen Wert auf die Unterscheidung. Der Aquamarin ist ein Edelstein, und der hochgeschätzte Smaragd, dessen Preis bisweilen den des Diamanten übersteigt, gehört in seine Familie, denn beides sind Berylle, aber trotzdem sind die gewöhnlichen Berylle bisweilen billiger als gute Amethyste.

Allen Edelsteinen voran steht der Diamant; er besitzt die größte Härte, die ihm die höchste Politur geben und bewahren läßt, er ist der durchsichtigste Körper, und obwohl farblos, bricht er das Licht doch so, daß seine verschiedenen Flächen in tausendfach verschiedenem Farbenspiel erglänzen. Dazu ist er der seltenste Stein. Ihm zunächst steht an Härte der Rubin und Saphir (Korund), die wohl an Farbenschönheit ihrerseits mit dem Smaragd die ersten Stellen einnehmen.

Man hat in neuerer Zeit die meisten Edelsteine durch Glasflüsse nachzuahmen versucht und ist in dieser Kunst zu einem Grade der Vollkommenheit gelangt, daß sich bei einer bloß oberflächlichen Prüfung oft Kenner durch die **künstlichen Edelsteine** täuschen lassen. Allein immer nur sind einzelne Eigenschaften in gewünschter Schönheit erzielt worden, vorzüglich die Durchsichtigkeit und die schöne Färbung. Die lichtbrechende Kraft des Diamanten und die große Härte hat man durch solche Imitationen noch nicht erreichen können. Dagegen ist es nicht unmöglich, daß man auf naturgemäßem Wege, indem man solche Methoden einschlägt, wie die Natur selbst bei der Erzeugung der Edelsteine befolgt hat, auch dahin kommen kann, die echten Edelsteine, wie sie zum Schmuck gesucht werden, darzustellen. Das Problem an sich ist bereits gelöst. Es ist in den Laboratorien deutscher und französischer Chemiker schon eine große Zahl verschiedener Mineralien aus ihren chemischen Urbestandteilen und mit all ihren natürlichen Eigenschaften und ihren Kristallformen hervorgebracht worden; nur hat man sie noch nicht in genügend großen Exemplaren zu erzeugen vermocht, um ihnen eine praktische Verwendbarkeit zu sichern.

Die Stoffe, aus welchen die Edelsteine bestehen, sind — wie schon erwähnt wurde — durchaus nicht etwa besonders kostbare oder seltene: Thonerde, Kiesel, Fluor, Beryllerde, Zirkonerde u. s. w. kommen massenhaft in der Natur vor, ja sie bilden eigentlich den Hauptkern des ganzen Erdkörpers, und ebenso sind die Metalloxyde, denen die Edelsteine meistenteils ihre Farbe verdanken, keine Seltenheiten. Eisen, Chromoxyd, Kobalt, Nickel, Kupfer ꝛc. sind für wenige Groschen in genügender Menge zu kaufen, um ganze Fuder Edelsteine zu färben. Die Schwierigkeit der Fabrikation künstlicher Edelsteine lag also allein in dem Wie. Zuerst war es der echte Korund, welcher von Gaudin durch Schmelzen von reiner Thonerde vor dem Knallgasgebläse dargestellt wurde; Rubin und Saphir unterscheiden sich von dem Korund nur durch die Farbe, und es gelang daher ihr Hervorbringen auf gleiche Weise. Auf einem neuen Wege, indem die betreffenden Stoffe in geschmolzenen Auflösungen einander genähert wurden, gelang es Ebelmen 1847, Kristalle von Spinell in allen Farben, Chrysoberylle, Chrysolithe, Korunde u. s. w. zu erzeugen, deren Kristalle bis 4, ja 6 mm Länge besaßen; Daubré, St. Claire Deville und Caron endlich kamen durch neue scharfsinnige Verfahrungsarten dahin, Topas, Turmalin, Granat, Vesuvian, Smaragd, Zirkon, grünen Korund, Staurolith und andre Mineralien beliebig kristallisieren zu lassen. Ja, sie bewirkten sogar die Entstehung einer Anzahl kristallisierter Verbindungen, die man in der Natur noch nicht aufgefunden hat, denen zu begegnen aber Wahrscheinlichkeit vorhanden ist u. s. w. Im vierten Bande dieses Werkes ist darüber Näheres enthalten.

Die **Fundorte der Edelsteine** sind nicht an ein bestimmtes Klima gebunden. Man glaubte früher, nur der heiße Süden vermöchte so lebhafte Farben, so sprühende Strahlen in den Steinen hervorzurufen. Jetzt hat man aber auch im Ural die prachtvollsten Edelsteine gefunden, und wenn der Norden mehr durchforscht wäre, würde seine Ergiebigkeit in dieser Beziehung noch mehr hervortreten.

Meist finden sich die Edelsteine in jenen tiefliegenden Gesteinen, welche wir als Urgebirge der Erde anzusehen pflegen. Gneis, Glimmerschiefer, Granit, Syenit sind die

Lagerstätten, aus denen die Einflüsse der Atmosphäre die verwitterbaren Bestandteile auswaschen und fortschwemmen, während die widerstandsfähigen, harten Edelsteinkristalle nicht angegriffen werden, höchstens ihre scharfkantige Form durch das Fortrollen einbüßen und dann als rundliche Geröllstücke im Sande liegen bleiben. Es sind daher jene Gegenden, in denen die Verwitterung der Felsrücken am raschesten vorschreitet, auch am reichsten mit den sogenannten Seifen, Grus- und Sandlagern versehen, in denen Gold, Platin und Edelsteine häufig miteinander vergesellschaftet sich finden, und die Gewinnung der Edelsteine ist dadurch dort leichter als da, wo dieselben noch im festen Gesteine inne sitzen. Auf Ceylon, in Ostindien, Brasilien, in den Goldfeldern Australiens sowie in Kalifornien wurden bisher die meisten Edelsteine gewonnen; aber alle sind in Schatten gestellt durch die jüngst in Südafrika entdeckten reichen Diamantfelder. Die Methode ist durchgängig dieselbe, die des Schlämmens oder Waschens, welche auch bei uns am Rheine, im Böhmerwalde und an andern Orten seit undenklichen Zeiten zur Gewinnung des Goldes in Anwendung war. — Betrachten wir die Edelsteine nach dem Grade ihrer Würdigkeit, so müssen wir unsre Augen zuerst auf den Diamant lenken.

Diamant. Seiner ausgezeichneten Eigenschaften wegen ist er schon seit den ältesten Zeiten bekannt und sein Name ist von fast allen Völkern, die ihn besonders benannt haben, von der hervorragendsten dieser Eigenschaften, der Härte, abgeleitet worden. Die altindische Sprache nennt ihn Azira (den Unzerstörbaren) oder Lohadshit (den Metallbesieger); Perser, Araber und Kurden legen ihm den Namen almas oder elmas bei, wahrscheinlich nach der Benennung der Griechen adamas, der Unbezähmbare, welcher Klang sich auch in dem syrischen Namen adomos und in dem kurdischen adamand wiederfindet, ebenso wie in dem deutschen Namen Diamant und in den Bezeichnungen der übrigen modernen Sprachen.

Der Diamant ist der härteste Körper, er ritzt den härtesten Stahl und kann daher auch nur mit seinem eignen Pulver geschliffen werden. Er ist ziemlich schwer, denn sein spezifisches Gewicht ist dreimal größer als das des Wassers. Im reinsten Zustande ist er ganz farblos und im höchsten Grade durchsichtig. In den lebhaftesten Farben strahlen seine Flächen das eingedrungene Licht zurück, einem Stücke des gestirnten Himmels vergleichbar funkeln und blitzen die aus großen und kleinen Diamanten zusammengesetzten Juwelenstücke, welche die Schatzkammern des Winterpalastes zu Petersburg, des Kreml in Moskau, des Grünen Gewölbes in Dresden u. s w. einschließen.

Die chemische Zusammensetzung des Diamanten ist sehr einfach: er besteht aus reinem Kohlenstoff und ist wie dieser verbrennlich. Lavoisier und Davy waren die ersten, welche das kostbare Experiment, den Diamant im Brennpunkte eines großen Brennspiegels zu verbrennen, ausführten; sie sammelten das entweichende Gas, untersuchten dasselbe und fanden es aus derselben Kohlensäure bestehend, welche aus unsern Öfen fortgeht, wenn wir in denselben Holz oder Kohlen verbrannt haben. Newton hatte aber schon lange vorher — wegen der großen lichtzerstreuenden Kraft — vermutet, daß der Diamant unter die brennbaren Körper zu zählen sein möchte. Durch Reiben wird der Stein in hohem Grade elektrisch, er leitet aber die Elektrizität nicht, und dieser Umstand ist auch das Hindernis, welches seiner Abscheidung aus flüssigen Kohlenstoffverbindungen durch den galvanischen Strom entgegensteht. Die wiederholt auf diesem Wege versuchte Diamantendarstellung hat daher zu keinem Resultate geführt Dagegen hat Wöhler ein Verfahren entdeckt, aus dem Bor — einem Elementarbestandteile der Borsäure, der auch in andrer Beziehung schon große Ähnlichkeit mit dem Kohlenstoff hat — Kristalle darzustellen, welche sowohl in bezug auf Härte als auch auf Durchsichtigkeit und Lichtbrechung den Diamanten an die Seite gestellt werden können. Die Borsäure läßt sich mittels Aluminium reduzieren, und das dabei sich ausscheidende Bor hat die Eigenschaft, sich in dem geschmolzenen Aluminium aufzulösen, aus dem erkaltenden aber sich in Kristallen wieder abzuscheiden. Es scheidet sich zwar nicht reines Bor ab, sondern eine Verbindung, welche etwas Aluminium enthält. Diese Kristalle sind nun den natürlichen Diamanten in allen Eigenschaften völlig gleich, nur ist ihre Kristallform nicht die des Diamanten (eines Oktaeders oder eines Achtundvierzigflächners, vgl. Fig. 135 Form 1), sondern sie bilden tetragonale Säulen oder Platten. Wöhler und Deville, welche wiederholt dergleichen Diamanten hergestellt haben, erhielten diese bald in granatroten, bald in honiggelben, in reinstem Zustande jedoch auch vollkommen wasserhellen

Kristallen. Sie bilden sich auf ähnliche Weise in dem geschmolzenen Aluminium aus dem reduzierten Bor, wie sich der Graphit in dem schmelzenden Gußeisen aus dessen überschüssigem Kohlenstoffgehalt kristallinisch ausscheidet. Und der Graphit steht dem Diamant in manchen seiner Eigenschaften ja auch schon nahe. Wie die natürlichen Diamanten entstanden sind, weiß man zur Zeit noch nicht, obwohl es keineswegs an Hypothesen fehlt, welche diese Frage erledigen möchten.

Vor dem Jahre 1728, wo auch in Brasilien deren schon aufgefunden wurden, kamen Diamanten nur aus Indien nach Europa; auch die alten Griechen und Römer erhielten sie über Persien aus Ostindien. Ob den Hebräern der Diamant bekannt war, ist ungewiß; der in dem Brusttuche (Koschen) des Hohenpriesters vorhandene sechste Stein Johalom, den Luther als Diamant bezeichnet, soll nach der Meinung unsrer Sprachforscher Kaschalong gewesen sein. In Ostindien sind schon in hohem Altertume Diamantwäschen betrieben worden; die reichen Lager befinden sich im Dekhan, in der Umgegend von Golkonda, in Bengalen und auf der Insel Borneo. Die ersten Diamantminen, welche in Brasilien entdeckt wurden, lagen in der Provinz von Minas Geraes in der Gegend von Tejuco. Jetzt hat man auch in andern Gegenden und namentlich in der Provinz Bahia den kostbaren Stein gefunden, die Art der Gewinnung ist überall dieselbe, wie in Minas Geraes.

Fig. 135. Kristallformen der Edelsteine.
1 Diamant. 2 Korund 3 Zirkon. 4 Topas. 5 Smaragd. 6 Beryll. 7 Turmalin. 8 Hyazinth. 9 Amethyst. 10 Granat. 11 Bergkristall. 12 Amazonensteine.

Die brasilianische Regierung hat die Gewinnung der Diamanten und den Handel damit lange Zeit monopolisiert; neuerdings aber darf jedermann gegen eine Abgabe auf Diamanten waschen lassen, und auch der Handel damit ist frei. In Nachstehendem sind noch die früheren Zustände geschildert.

Der 8450 qkm große Diamantenbezirk war völlig abgesperrt für Einheimische wie für Fremde und hatte seine eigne Verwaltung, an deren Spitze der Generalintendant, ihm zur Seite der Kronfiskal stand. Die Gewalt des Intendanten war beinahe unbegrenzt; despotisch regierte er über den Bezirk; er war oberster Richter und Präsident der Administrationsjunta. Die bewaffnete Macht mußte ihm unbedingt gehorchen; er ernannte die Beamten und setzte sie ab; auf bloße Vermutung hin konnte er die angesehensten Personen verbannen oder ins Gefängnis werfen; fehlte es an Geld, so konnte er Papiergeld machen; ohne seine Erlaubnis durfte niemand, selbst nicht der Provinzstatthalter, in den Bezirk kommen. Unter dem obersten Verwalter des technischen Betriebes standen 8—10 Unteradministratoren; jeder befehligte eine Truppe von 200 Schwarzen mit mehreren Aufsehern. Diese Neger arbeiteten vom

Morgen bis Abend, nur über Mittag ward ihnen zwei Stunden Ruhe gegönnt. Sie wurden gewöhnlich von Privatleuten gemietet und verstanden die gerade nicht seltene Kunst, immer auch einiges für sich beiseite zu schaffen. Von 1772—75 arbeiteten gegen 5000 Mann in den Wäschen von Minas Geraes.

Das Auswaschen des gesammelten Gerölls geschah in Waschhäusern oder vielmehr in offenen Schuppen. Die innere schiefe Fläche war durch sechs hohe Bretter in 24 oder 48 Waschherde geteilt, deren jeder ein wenig geneigt, 146 cm lang und 46 cm breit war. Am Kopfe derselben lief ein verdecktes Gerinne, welches für jeden Herd zwei runde Öffnungen für den Wasserabfluß hatte. In jeder dieser Kanoas arbeitete ein Neger und für je acht Neger war ein Aufseher bestellt. Jeden Diamant, den der Neger fand, übergab er sogleich dem Aufseher, der dann alle den Tag über gesammelten Steine dem Administrator überlieferte. Hatte ein Neger das freilich seltene Glück, einen über $17\frac{1}{2}$ Karat wiegenden Diamanten zu finden, so wurde er mit Blumen geschmückt in Prozession zum Administrator geführt, erhielt neue Kleider und — die Freiheit, für einen 8—10karatigen Diamanten bekam er höchstens neue Kleider, für kleinere Messer oder dergleichen, für noch kleinere — gar nichts.

Fig. 186. Diamantenwäscher am Vaalstrom.

Eine andre Waschart ist die mittels Bateas (Kutschkasten oder Wiege); sie findet aber nur an Orten statt, wo keine dauernden Servicas eingerichtet sind. Jeden Monat schickt man die gefundenen Diamanten nach Tejuco, wo man sie wiegt, sortiert, in seidene Beutel thut und dann zu Ende jedes Jahres unter starker Bedeckung nach Rio Janeiro sendet. Bis jetzt rechnet man, daß alle Diamantenbezirke Brasiliens zusammen zwischen 11 und 12 Millionen Karat im Werte von mehr als 360 Millionen Mark ergeben haben. Dieses Gewicht ist ungefähr so viel wie 52 Zentner. Die durchschnittliche Ausbeute war in den Jahren 1850 und 1851 gegen 300000 Karat, sank jedoch gleich darauf wieder sehr herab. Die Diamanten von Rio de Janeiro aus den Wäschereien von Bagagem und Cuyba heißen brut mina, Bahia liefert viel von einer um 10—20 Prozent niedriger im Preise stehenden Sorte, brut sincora

Diamanten scheinen fast überall vorzukommen, wo sich Goldsand findet, wenigstens hat sich in der Neuzeit nicht nur die Provinz Viktoria in Australien, sondern auch das Land der Kapkolonie bei Hope Town am Vaalfluß als ein sehr ergiebiges Dimantenfeld erwiesen. Es scheint merkwürdig, daß die Entdeckung neuer Lagerstätten immer durch die Funde ganz besonders großer Steine eingeleitet wird, und doch ist es ganz natürlich, daß die Achtlosigkeit der Ansiedler die kleinen Edelsteine jahrelang übersieht, wenn danach nicht besonders gesucht wird, und erst solche Stücke, die ihrer Größe wegen nicht übersehen werden können, wenn sie wiederholt gefunden werden, die Aufmerksamkeit auf eine genauere Erforschung des Bodens lenken, in deren Verlauf dann auch die kleineren Steine bemerkt werden. Aus der Provinz Viktoria z. B., wo man die ersten Diamanten im Jahre 1864 gefunden hatte, waren 1867 in Paris Steine von ziemlicher Größe, einer sogar von 17 Karat ausgestellt, und doch hatte man im Distrikt von Beechworth vor 1865 im ganzen nur 40, und später in dem Bergwerksdistrikt Wollshed nur noch 15 Stück gefunden. Aus den Diamantfeldern am Kap kamen anfänglich auch vorzugsweise nur größere Steine in den Handel. In Wien waren 1873 die größten der in Afrika gefundenen Diamanten teils in Gipsmodellen (wie der Stewart, der roh $288^3/_8$ Karat wog), teils in natura zu sehen, wie der 180 Karat schwere Stern von Südafrika, dessen Besitzes sich die Gräfin Dudley erfreut. Da es nicht mehr zweifelhaft ist, daß die reichen Funde, welche an letzterer Stelle gemacht werden, andauernd genug bleiben, um einen bedeutenden Einfluß auf die Preise der Diamanten zu gewinnen, berichten doch neuerdings die Zeitungen wieder über den Fund eines Diamanten von 475 Karat Gewicht, so sei es gestattet, dieses zuletzt entdeckten und auch in wissenschaftlicher Beziehung höchst interessanten Vorkommens etwas ausführlicher zu gedenken.

Fig. 137. Diamantenfelder in Südafrika.

Die afrikanischen Diamantenfelder liegen in der Oranje- und in der Transvaalrepublik, nördlich vom Kaplande, und bildeten sich, indem alte holländische Kolonisten, unzufrieden mit den von der englischen Regierung auferlegten Steuern, den Kaffern das Land wegnahmen und einen neuen Staat gründeten. So entstand auch Natal, und die Usurpatoren hielten sich als entschlossene Männer und treffliche Schützen, trotz ihrer geringen Zahl. Lange Zeit kümmerte sich die englische Regierung um diese Länder gar nicht, höchstens daß sie die Kolonisten, die Boers, bedrückte und in den Kämpfen derselben gegen die Kaffern die Partei der letzteren nahm. Als jedoch Ende der sechziger Jahre die Diamantenfunde von sich reden machten und die fruchtbaren Ländereien der Zielpunkt zahlreicher Einwanderer wurden, da versuchten die Engländer ihren Einfluß zu verstärken. Die Rücksichtslosigkeit gegen die Boers, mit der auch dies wieder geschah, führte jetzt aber zu einem energischen Kriege, der mit einem völligen Losreißen der Boerenstaaten endigte; seitdem bilden diese ihre eigne freie Regierung.

Der Diamantendistrikt erstreckt sich über 20—30 deutsche Meilen und ist nach einer Schilderung im „Ausland“ voller kleiner Hügel, Kophes genannt, welche sich als ganz besonders ergiebig erwiesen haben. Die einzelnen Flecke, wo die Ansiedler graben, heißen

Claims. Da Claim sich an Claim befindet, weil das Terrain schon sehr teuer geworden, so müssen die Steine, die aus dem Erdreich ausgewaschen werden, häufig in der Grube selbst aufgeschichtet werden. Es wird selten tiefer als 3—4 m gegraben, bei reichlich 1 m Breite und 2,5 m Länge. Ist die Grube nicht ergiebig, so nimmt sich der Gräber einen andern Platz, für 10 Schilling erhält er das Recht dazu von der Obrigkeit. Gewöhnlich arbeiten mehrere Personen, 3—5 in Gesellschaft, und mieten sich zur Unterstützung Schwarze, denen sie 1½ Pfd. Sterl. monatlich zahlen, wogegen diese verpflichtet sind, alles abzuliefern, was sie finden. Der Unternehmer schießt gewöhnlich etwa 50—100 Pfund zusammen, wofür Maulesel, Proviant, Karren und Zelte angeschafft werden, und seine Genossen machen sich verbindlich, für 6—8 Monate zusammen zu arbeiten. Nach Ablauf dieser Zeit ist es jedem erlaubt, zu thun und zu lassen, was ihm beliebt.

Nachdem der Grund von großen Steinen gereinigt ist, wird der Kies und Sand auf Karren nach dem Flusse hinuntergeführt. Durch eine Wiege werden die großen Kiesel abgesondert und der Rest, aus feinem Sand und kleinen Steinchen bestehend, wird angefeuchtet und auf einem Tisch ausgebreitet. An dem Tische sitzt der Sortierer, welcher eine Sekunde über den Tisch hinsieht und im nächsten Augenblick, falls er nichts entdeckt, alles mit einem eisenbeschlagenen Stück Holz hinabstreicht.

Es wird angenommen, daß die Felder etwa 10000 Gräbern für hundert Jahre genügende Arbeit geben würden. Die Funde wurden (bis Ende November 1870) zu 1 Million Pfd. Sterl. veranschlagt. Einzelne von diesen Gräbern waren damals schon reiche Leute, denn es sind merkwürdigerweise sehr viel große Steine gefunden worden, so daß sich der Ertrag durchaus nicht gleichmäßig verteilt. Aber die Arbeit ist sehr hart und die Enttäuschungen bleiben ebenfalls nicht aus. Es macht viele Mühe, die Ladungen Sand an den Fluß zu bringen, da Wege nicht existieren. Während das eine Rad der Karre über einen Hügel geht, hängt das andre über einer 4 m tiefen Grube und muß durch Hebebäume unterstützt werden, denn, wie gesagt, Claim befindet sich neben Claim.

Seither haben sich die anfänglichen Berichte nicht nur bestätigt, die Erwartungen sind sogar immer noch übertroffen worden durch die in der That überraschenden Diamantsendungen, welche von der neuen Fundstätte in den Handel gekommen sind.

Die Diamantenproduktion des Ural ist nicht von Bedeutung. Was bisher auf der ganzen Erde an Diamanten gewonnen worden ist, wird auf ungefähr 90 Zentner veranschlagt, welche Annahme jedoch, angesichts des enormen Diamantenreichtums des östlichen Asiens, viel zu gering erscheint.

Der rohe Diamant ist sofort durch seine Form zu erkennen, welche fast immer die eines Oktaeders oder eines Achtundvierzigflächners mit abgerundeten Flächen ist und sich dadurch in manchen Exemplaren der Kugelgestalt nähert. Die Oberfläche ist von einem ganz eigentümlichen Glanze, der nur bei wenigen Mineralien und bei keinem in solchem Grade vorkommt. Durch die geringen Rauheiten ist die Oberfläche nicht immer vollkommen durchsichtig, vielmehr gelblich gefärbt, und um sich von der Güte des Steins zu überzeugen, muß derselbe zu diesem Zwecke wenigstens auf zwei einander gegenüberliegenden Flächen angeschliffen werden.

Nur wenige Diamanten sind ganz rein, von reinem Wasser; die Kristalle schließen nicht selten allerlei Unreinigkeiten ein, welche von manchen ohne Grund für Aschenbestandteile der Vegetabilien gehalten werden, aus deren Verdichtung der Diamant hervorgegangen sein soll. Dadurch sind viele schwärzlich, bläulich, gelblich, grünlich, rötlich, voller Flecke oder undurchsichtiger Stellen und Risse. Die klaren und hellen Steine sind meist von geringer Größe und der Preis steigert sich mit dem Gewichte in ungewöhnlicher Weise.

Über den Preis der Diamanten läßt sich etwas Feststehendes nicht angeben. Er wird durch die Seltenheit des Vorkommens und durch die Mode, den Luxus und auch durch politische Verhältnisse bedingt. Da Edelsteine leicht zu transportieren sind, so erscheinen sie als ein geeignetes Mittel, um in ihnen in Zeiten politischer Umwälzungen Vermögen anzulegen und zu verbergen, und namentlich kommt dieser Gesichtspunkt in den autokratisch regierten Ländern Ostasiens in Betracht. Trotzdem, daß daselbst die meisten Edelsteine (mit Ausnahme jetzt des Diamanten) gefunden werden, sind dort die Preise in der Regel höher als bei uns.

In Europa haben die Diamantpreise große Schwankungen gezeigt und ist namentlich die Entdeckung großer Fundstätten darauf von erheblichem Einflusse gewesen; eine Periode des Rückganges im Werte war z. B. die Entdeckung der brasilischen Diamantdistrikte vor anderthalbhundert Jahren, und wiederum scheinen neuerdings die afrikanischen Funde eine solche einleiten zu wollen. Doch bleiben alte indische Steine, welche allerdings bei weitem die schönsten sind, immer hoch im Preise.

Das Gewicht der Diamanten wird nach Karat (= 1/12 Lot oder 212 mg) bestimmt, und der Preis eines solchen bildet die Einheit für die Wertschätzung größerer und kleinerer Steine. Es wird in der Regel angenommen, daß der Preis größerer Steine (Brillanten) im Quadrate der Zahl der Karate wächst, so daß ein Brillant von 2 Karat viermal, einer von 3 Karat neunmal, einer von 7 Karat 49mal soviel wert ist als einer von 1 Karat.

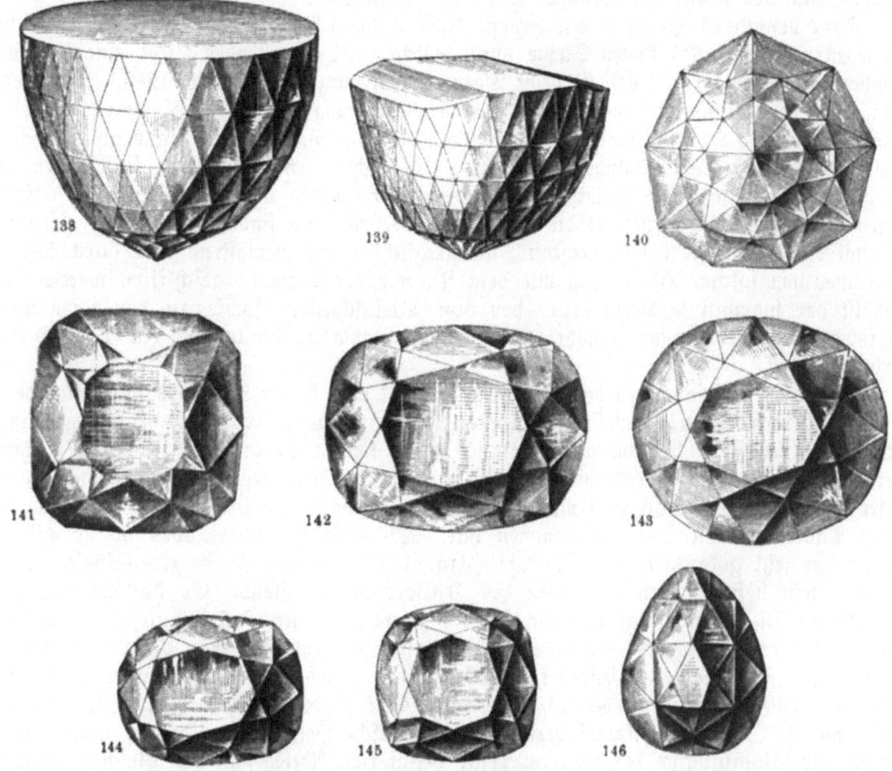

Fig. 138—146. Die größten und berühmtesten Diamanten der Welt.

Doch erleidet diese Regel sehr vielfältige Modifikationen, je nach der Schönheit der Steine nicht nur, sondern auch nach der Menge der größeren Steine, die zu Zeiten im Handel sind, und nach der Absatzfähigkeit, die dieselben haben.

Im Jahre 1871 z. B. wurde in Petersburg ein Brillant reinsten Wassers mit 300 Rubel, in London mit 35 Pfd. Sterl. bezahlt. Ein Stein von 30 Karat würde danach 8000—10000 Pfd. Sterl. mindestens gekostet haben. Infolge der in Afrika gemachten Funde sind 1872 Steine von 30 Karat in London zu 3000 Pfd. Sterl. angeboten worden. Mitte des 16. Jahrhunderts wurde der Karatstein, wie Benvenuto Cellini berichtet, mit 100 Goldthalern bezahlt; 1609 (nach Boetius de Boot) mit 130 italienischen Dukaten; hundert Jahre später in Holland und Hamburg nur mit 80 Gulden; 1750 dagegen wieder mit 360 Mark, während die Kommission zur Schätzung der französischen Krondiamanten 1795 einen Mittelwert von 120 Mark für den Karat annahm. Von da an sind die Preise stetig gestiegen, 1830 zahlte man 180; 1850 schon 300; 1860 gar 360 und 1870 zwischen 450 und 600 Mark. Gegenwärtig sind die Diamantpreise wieder ganz erheblich zurückgegangen. Die afrikanischen Steine namentlich stehen ziemlich niedrig in der Wertschätzung und die großen Quantitäten, welche davon auf den Markt gebracht werden, bestimmen die niedrigen Preise. Dagegen sind die freilich im Handel nur noch selten vorkommenden alten indischen Steine sehr teuer geworden, so daß sie mit jenen eigentlich gar nicht in Vergleich gesetzt werden können.

Kleinere Steine sind selbstverständlich viel billiger, und wenn man erwägt, daß Rosetten bis zu 500, ja sogar bis 800 und 1000 auf das Karat geschliffen werden, so ist es erklärlich, daß da der Materialwert seinen preisbestimmenden Einfluß verliert.

Die farbezeigenden Steine stehen, vorzüglich die gelben, niedriger im Preise als die wasserhellen; besonders schöne farbige Steine werden dagegen manchmal viel höher bezahlt als diese. Die schönsten und kostbarsten sind ein prachtvoll grüner im Dresdener Grünen Gewölbe und der blaue des Bankiers Hope in Amsterdam.

Ganz besonders haben in den letzten Jahren die schwarzen Diamanten viel von sich reden gemacht. Es kamen Steine vor, welche im durchfallenden Licht eine so dunkelgraubraune Farbe zeigen, daß sie beim Daraufsehen ganz schwarz erscheinen. Nichtsdestoweniger ist der Glanz und die Licht- und Farbenbrechung ebenso lebhaft wie bei wasserhellen Steinen, und man kann sich vorstellen, daß die Wirkung derartiger gutgeschliffener Steine einen ganz eigentümlichen Reiz hat. Die schwarzen Diamanten sind daher auch mit großer Vorliebe als Schmucksteine aufgenommen worden und stehen in reinen Exemplaren noch höher im Preise als die farblosen. Neben ihnen findet sich noch eine schwarze Varietät des kristallisierten Kohlenstoffs, undurchsichtig oder wenigstens nur durchscheinend, dabei aber von solcher Härte, daß mit dem Pulver der Diamant geschliffen werden kann. Das ist der sogenannte Karbonat, der von Steinschleifern sowie zu den schon früher besprochenen Felsbohrungen benutzt wird und in Bahia in Stücken bis zu 1 kg Gewicht vorkommen soll.

Die größten Diamanten der Welt sind, soweit man davon Kenntnis hat, folgende.

Der Großmogul, nach seinem früheren Besitzer genannt. Er ist als Rosette geschliffen, von reinstem Wasser, hat nur an der Basis einen kleinen Sprung und wiegt 279 Karat. Der berühmte Reisende Tavernier schätzte seinen Wert auf gegen 12 Millionen Frank. Unsre Abbildung Fig. 138 zeigt uns seine Form und natürliche Größe nach der Zeichnung, welche Tavernier von ihm aufgenommen hat. Ob er noch existiert oder ob er mit dem größten der jetzt gekannten, dem Orloff (Fig. 139), identisch ist, ist zweifelhaft. Dieser letztere Stein befindet sich im Besitze des Kaisers von Rußland. Er hat 21 mm Höhe und 32 mm Dicke und wiegt 193 Karat. Er zierte den Thron des Schah Nadir und kam nach dessen Ermordung in die Hände eines awasischen Räubers. Von diesem erkaufte ihn zu Bagdad der Armenier Schafras für 5000 Piaster, und aus dessen Händen gelangte er 1772 für 450000 Rubel oder $1\frac{1}{2}$ Million Mark in den Besitz der russischen Kaiserin Katharina II. Der den Ankauf vermittelnde russische Hofjuwelier Lazaref ward geadelt und ist der Stammvater des im Ural reich begüterten Adelsgeschlechts gleichen Namens. Der Diamant des Großherzogs von Toscana (Fig. 140) wiegt 139 Karat, ist $38_{,75}$ mm im Durchmesser und 25 mm hoch. Gegenwärtig im Besitze der österreichischen Krone. Der vierte (Fig. 141), ebenfalls wie alle übrigen in natürlicher Größe abgebildete Diamant ist der „Regent“ oder „Pitt-Diamant“, so genannt, weil ihn Thomas Pitt 1705 zu Malakka, und zwar für 291000 Mark, kaufte. Er kam unter Ludwig XV. in den französischen Schatz und Napoleon I. trug ihn an seinem Degengriff.

Der größte aller in Brasilien gefundenen Diamanten ist der „Stern des Südens“ (Fig. 142); im rohen Zustande wog er 254 Karat, das Schleifen aber hat sein Gewicht bis auf $125\frac{1}{2}$ Karat vermindert. Er wurde 1853 gefunden. Wie er auf der Pariser Ausstellung von 1855, so war der Kohinur (Fig. 143) auf der ersten Londoner Ausstellung der Gegenstand der lebhaftesten Wünsche. Er ist 35 mm lang, 29 mm breit und 19 mm dick. Dieser Stein befand sich zuletzt im Besitze von Rundschit Singh, und an ihn knüpft sich eine lange, lange Geschichte voll tragischer Ereignisse. Auch von ihm glaubt man, daß er identisch mit dem Steine des Großmoguls gewesen sei. Die ersten sicheren Nachrichten datieren für uns aus der Zeit des Schah Nadir, welcher Besitzer auch dieses Steines war. Die Engländer erbeuteten den „Berg des Lichts“ (dies bedeutet sein Name),

Das Buch der Erfindungen. 8. Aufl. III. Bd. Leipzig: Verlag von Otto Spamer.

Diamanten-Transport in Brasilien.

als sie das Land der Sikhs eroberten. Damals war er noch roh, seine jetzige Form hat er erst im Jahre 1853 in der berühmten Diamantschleiferei von Coster in Amsterdam erhalten. Ursprünglich wog er 186 Karat, jetzt wiegt er nur noch 106,5 Karat. Ihm dürfte der berühmte blaue Diamant in der Sammlung des Bankiers Hope in Amsterdam der Größe nach folgen. Dieser Stein wiegt 44,5 Karat; seiner prachtvollen blauen Farbe wegen ist er ganz unschätzbar. Der Diamant „Impératrice Eugenie" (Fig. 144) wiegt 51 Karat; der „Pigott" oder Lotteriediamant — so genannt, weil er als Wertgegenstand für 600000 Mark von Graf Pigott, der ihn mit aus Ostindien gebracht hatte, ausgespielt wurde — hat 82,25 Karat und befindet sich im Besitz des Paschas von Ägypten. Der „Polarstern" (Fig. 145) im russischen Kronschatz ist 40 Karat, der „Sancy" (Fig. 146) im französischen Schatz, 33 Karat schwer. Der Schah von Persien soll in seinem fabelhaften Juwelenschatze einen tafelförmigen Diamanten besitzen, den Darir-e-nur (Meer des Lichts), dessen Dimensionen der österreichische Postrath Riederer, welcher im Dezember 1875 den Palast zu Teheran besichtigte, zu 60 mm Länge und 30—40 mm Breite angibt. Ein andrer, etwa halb so groß, war durch sein Feuer und seine Farbe, ein prachtvolles Rosenrot, ausgezeichnet. Des Stewart und des Sterns von Südafrika haben wir schon gedacht.

Außer zu Schmucksteinen wird der Diamant und das Pulver davon seiner Härte wegen von Steinschleifern und Glasern, von den Lithographen und andern gebraucht, um mit seiner Hilfe harte Körper zu schleifen oder zu gravieren.

Korund, Rubin, Saphir. Ein dem Diamant an Härte nahestehender Edelstein ist der Korund, welcher aus reiner Thonerde besteht und in Form von sechsseitigen Säulen kristallisiert (siehe Fig. 135, Form 2). Dem Minerale sind mancherlei Färbungen eigen, wonach es von den Juwelieren unter verschiedenen Benennungen aufgeführt wird. Rubin ist hellroter Korund, Balais blaßroter, orientalischer Smaragd grüner, orientalischer Topas gelber, der Sternsaphir hellblauer, der Saphir ein rein himmelblauer, der Wassersaphir ein wasserheller Korund.

Dieser geschätzte Edelstein ist in allen seinen Farbenänderungen den orientalischen Völkern längst bekannt. Er findet sich in den Diamant- und Goldsanden Indiens und Ceylons und hieß im Orient Jakut oder Jakinth, woraus die Griechen Hyakinthos machten. Nach der Färbung ward ein entsprechendes Beiwort beigefügt. Im Altertume bezeichnete das Wort Saphir eine blaue Gemme, welche wir jetzt Lasurstein nennen; neuere Mineralogen haben einem von dem Korund verschiedenen Minerale, dem Zirkon, den Namen Hyazinth beigelegt.

Der Korund wird nur vom Diamant geritzt; er selbst ritzt außer den Diamant alle Edelsteine, weshalb unreine Stücke, namentlich aber der in China häufige blätterige Korund oder Diamantspat und der auf Naxos und in Spanien als Felsart vorkommende unreine körnige Korund oder Schmirgel, zum Schleifen und Polieren vielfach in Anwendung kommen. Er wiegt fast viermal soviel als ein gleicher Raumteil Wasser.

Dieser Edelstein findet sich eingewachsen in metamorphosierten kalkreichen Felsarten, ebenso im Gneis und Granit auf Ceylon und im Staate New Jersey in Nordamerika, auch im Basalte bei Niedermendig am Rhein und bei Le Puy in Frankreich, endlich lose im Sande mit andern Edelsteinen, wie bei Hohenstein in Sachsen, in Böhmen, vorzugsweise aber in China, Siam und auf Ceylon, wo er beim Goldwaschen gefunden wird. Sehr schöne Saphire sind auch in der Provinz Viktoria in Australien gefunden worden. Die Rubine kommen meist nur in kleinen Stücken vor, sie stehen daher in großen Exemplaren höher im Preis als selbst der Diamant.

Der **Spinell** ist ein aus Thon- und Talkerde zusammengesetztes Mineral von grüner, blauroter, roter oder hellgelber Färbung, starkem Glanze und großer Härte. Er wird in kleinen, oft zu zwei miteinander verwachsenen Oktaedern (Zwillingskristalle, Form 8 der Fig. 135) kristallisiert im Goldsande Ceylons und Ostindiens gefunden, ist weniger schwer und hart als der Korund, wird aber, obgleich er in andrer Kristallform erscheint, von den Juwelieren häufig mit diesem verwechselt. Den rotblauen Spinell bezeichnen die Juweliere als Almandinrubin, den gelben als orientalischen Topas, den blutroten als Goutte de sang (Blutstropfen), den rosenroten als Balais, den rein dunkelroten als Rubinspinell. Der grüne Spinell ist von schmutziger Färbung und wird, wie der schwarze,

Pleonast oder Ceylanit, nur selten als Schmuckstein verwendet. Der Name Spinell ist erst im Mittelalter aufgekommen und wird von spinula (das Spitzchen) abgeleitet; die Alten rechneten den Spinell wohl auch mit zu dem Jakinth.

Ein aus Thonerde und Beryllerde gemischter, den Spinell an Härte übertreffender, goldgrün schimmernder und schillernder, aber nicht sehr stark glänzender Edelstein ist der Chrysoberyll, welcher in Geschiebform dem Gold- und Edelsteinsande Ceylons beigemengt ist. Er war den Römern vielleicht bekannt, wenigstens paßt die Schilderung ganz auf ihn, welche Plinius von einem Hermeos genannten Edelsteine gibt, der den Löwenstatuen als Auge eingesetzt wurde.

Der **Zirkon** hat eine tiefrote Farbe, welche nicht selten in das Gelbrote übergeht. In diesem Falle wird das Mineral jetzt Hyazinth genannt. Es ist ein nicht sehr harter, aber sehr stark glänzender, feuriger Edelstein, welcher Zirkonerde, Kieselerde und Thonerde enthält. Der Name Zirkon stammt aus indischer Wurzel. Auf Ceylon, wo der Stein sehr häufig und von großer Schönheit gefunden wird, heißt er Cerkon.

Große gelblichrote Zirkone oder Hyazinthe dienen als Ringsteine, die grauen und wasserhellen werden aber häufig als Einfassungen und Garnierungen anstatt des Diamanten benutzt, dem sie an farbenzerstreuender Kraft nahekommen. Durch Glühen verwandeln die Juweliere oft rote und gelbe Zirkone in wasserhelle. Seine Kristalle zeigen die mit 3 bezeichnete Form der Fig. 135. Der Zirkon nimmt in Norwegen an der Zusammensetzung von Felsarten teil und bildet daselbst den Zirkonsyenit. Die darin eingesprengten Steine sind jedoch für den Juwelier wertlos.

Smaragd, Beryll. Der Smaragd, welcher in sechsseitigen Säulen (s. Fig. 135, Form 5) gewöhnlich von tief grasgrüner, leuchtender Färbung, bisweilen bläulich- oder gelblichgrün vorkommt, findet sich im Glimmerschiefer von Peru, im Tunkathale und im Ural, bei Jekaterinburg, Miask und Nertschinks sowie in Ägypten (bei der ehemaligen Stadt Berenice) und im Heubachthale der Salzburger Alpen, in Indien jedoch nicht; alle sogenannten indischen Smaragde der Juweliere sind grüne Diamanten, Chrysolithe oder Turmaline. Die Spanier entdeckten schon im Jahre 1555 Smaragde in den Bergwerken von Musso bei Santa Fe de Bogota (Republik Columbia). Der Edelstein kommt daselbst in einem der Kreideformation angehörigen und durch beigemengtes Bitumen schwarz gefärbten Kalksteine vor. Das Muttergestein der ägyptischen Fundstätten, welche der französische Reisende Cailliaud wieder entdeckt hat, ist Glimmerschiefer, und darin stimmen die Salzburger Smaragde sowie die von Mursinsk am Ural, welche ebenfalls im Glimmerschiefer auftreten, mit den ägyptischen überein.

Die schönste Gruppe natürlicher Smaragde, welche wohl je gesehen worden ist, war 1867 in Paris aus den Smaragdgruben von Santa Fe, welche gegenwärtig für Rechnung eines französischen Hauses ausgebeutet werden, ausgestellt, ein Felsstück jenes schwärzlichen Kreidekalkes, welches mehr als 50 in schönen sechsseitigen Prismen ausgebildete Smaragde aufgewachsen zeigte. Die drei größten hatten 6 cm in der Länge und über 3 cm im Durchmesser, und selbst die kleinsten, deren es übrigens nur wenige gab, waren noch $1\frac{1}{2}$—2 cm lang. Dergleichen Exemplare gehören zu den seltensten Vorkommnissen, und die beregte Gruppe war insofern allerdings nicht ganz echt, als das Muttergestein nicht aus einem einzigen, von Natur zusammenhängenden Stücke bestand, sondern aus einzelnen Teilen, welche die nach und nach gefundenen Prachtkristalle trugen und künstlich, aber überaus täuschend zu einem Ganzen zusammengefügt worden waren.

Der echte Smaragd besteht aus Beryllerde, Kieselerde und Thonerde, ist weicher als die meisten andern Edelsteine und nicht selten unklar und zersprungen oder durch eingewachsene Glimmerblättchen getrübt. Er findet sich aber auch in großen, prachtvollen Kristallen und wird zu Ringsteinen und dergleichen geschliffen. Woher die schöne grüne Farbe kommt, ist noch unentschieden. Man hat sie allgemein für die Folge einer Chrombeimischung gehalten, allein da sie in vielen Steinen beim Glühen sich verliert, was Chromfarbe nicht thun würde, so ist die Ansicht, daß organische Beimengungen die Färbung bedingen, wohl nicht für alle Fälle von der Hand zu weisen.

Die Griechen und Römer liebten den Stein sehr und legten ihm den nach dem äthiopischen Worte Zmaragd gebildeten Namen Smaragdos bei. Wahrscheinlich aber war das, was die Römer zum Unterschiede vom echten ägyptischen Smaragd als skythischen bezeichneten, nicht der uralische echte Smaragd, sondern wohl ein grüner Flußspat oder der im Kirgisensande vorkommende grasgrüne Dioptas oder Kupfersmaragd, ein zwar stark glänzender, aber sehr weicher Stein. Der edle Smaragd ist auf Gängen und in Drusen dem Glimmerschiefer eingewachsen; er wird durch Bergbau gewonnen. Die russischen Steingräber treiben in den Schichten, welche sie als smaragdführend kennen, Steinbrüche, und finden dabei nicht allein Smaragd, sondern auch Berylle, Turmaline und Topase, Rauchtopase, Amethyste, Bergkristalle und andre Schmucksteine. In neuerer Zeit hat man auch in Steiermark 2000 m hoch über dem Meere Smaragdgruben eröffnet, und die daraus gewonnenen Steine sollen viel Anerkennung gefunden haben. Im ganzen ist der steirische wie der Salzburger Smaragd etwas unrein.

Sehr viele Smaragde kamen auch nach der Entdeckung des tropischen Amerikas nach Europa. Unter der Beute, welche Fernando Cortez von der Eroberung Mexikos heimbrachte, befanden sich fünf Smaragde, die man damals auf 100000 Kronen schätzte. Diese Juwelen brachten ihren Besitzer in Ungnade bei Hofe. Denn, wie man sagt, soll die Gemahlin Karls V. an den herrlich gearbeiteten Steinen so großes Wohlgefallen gefunden haben, daß sie dieselben zu besitzen wünschte. Indessen hatte der Eroberer Mexikos eine Braut, welcher auch nach dem gelüstete, was die Bewunderung und den Neid des Hofes erregte, und indem Cortez ihrem Verlangen willfahrte, verscherzte er die Gunst der Kaiserin.

Der größte Smaragd befindet sich im russischen Mineralienkabinett, wenn wir, wie wohl erwiesen ist, die zahlreichen aus dem Morgenlande stammenden und für Smaragde ausgegebenen Kirchengefäße, wie das Sacro Catino in Genua, unter die künstlichen Glasprodukte oder zu dem Flußspat zählen. Jener ist ein sibirischer Kristall von 18 cm Länge, nach einer Richtung $10,_4$ mm, nach der andern $12,_{23}$ cm dick, und wiegt mehr als $2^1/_2$ kg. Einen andern von 2000 Karat Gewicht erhielt Alexander von Humboldt vom Kaiser von Rußland zum Geschenk.

Ein dem Smaragd in der chemischen Mischung gleichstehendes, ebenfalls in sechsseitigen gestreiften Säulen kristallisierendes Mineral ist der **Beryll** oder Aquamarin (s. Fig. 135, Form 6), ein blaugrüner, meergrüner, hellgrüner, blauer oder gelber Stein, von geringerer Härte als der Smaragd. Der Beryll ist nicht selten, gewöhnlich aber ist er undurchsichtig und dann als Schmuckstein nicht verwendbar. Die durchsichtige Art findet sich in der Umgegend von Mursinsk und Nertschinsk in Sibirien, nicht in Indien, wohl aber in Mittelamerika und in Ägypten. Die in Ägypten betriebenen Gruben waren bereits den Griechen und Römern bekannt und wurden wahrscheinlich von Phönikern schon ausgebeutet. Der Name Beryll kommt schon bei den Äthiopiern, Griechen und Römern vor. Weil sich die dicken Säulen des Steins mit Leichtigkeit in dünne sechsseitige Tafeln spalten lassen, welche ihrer angenehmen grünlichen Farbe wegen das Auge gegen die blendenden Sonnenstrahlen schützen, verfertigten die Griechen und Römer Augengläser daraus. Auf diese übertrug man den Namen Beryll, woraus dann wahrscheinlich unser Wort „Brille“ hervorgegangen ist, obgleich wir dieses Instrument aus Glas schleifen.

Es kommen Beryllkristalle von einem Meter Dicke und Länge vor. Die undurchsichtige Art ist ein gar nicht so seltenes Mineral und findet sich in hübschen Kristallen auch in Deutschland, z. B. bei Bodenmais in Bayern. In Rußland werden die schöneren zu mancherlei kleinen Schmucksachen, Petschaften u. dgl. verarbeitet. Der helldurchsichtige, meergrüne Aquamarin aber liefert Material zu Ringsteinen.

Topas. Ein andrer geschätzter Edelstein, welcher in dem sonst so reichen Ostindien und Ceylon nicht vorkommt, ist der **Topas**. Dieser hellgelbe, seltener rötliche, bläuliche oder wasserhelle, in vierseitigen oder sechs- und achtseitigen Säulen mit vielflächigen Enden kristallisierende Stein (s. Fig. 135, Form 4) ist sehr hart, dem Korund ähnlich, stark glänzend und gewöhnlich sehr klar. Er enthält Kieselerde, Fluor und Thonerde. Man findet ihn eingewachsen im Gneise, so am Schneckensteine bei Schöneck im sächsischen Vogtlande, wo ihn 1727 der Tuchweber Kraut aus Auerbach entdeckt hat. In dem aus Glimmer, Feldspat, Quarz, Turmalin und Topasmasse bestehenden Fels sitzen Drusen und Klüfte voll der schönsten und reinsten hellgoldgelben Kristalle. Sie sind selten länger als 12 mm, doch fanden sich auch einige größere, selbst einer von fast 50 g Schwere. Im Ural, bei

Mursinsk und Miask, kommen die größten und schönsten Topase von reinstem Goldgelb, auch von hellen rötlichen und bläulichen Farben sowie wasserhell und farblos vor; man hat Stücke von 5—15 cm Länge und Breite daselbst gefunden, welche Zierden der Museen in Petersburg und Berlin bilden und von hohem Werte sind. Diesen uralischen Topas werden die Alten gekannt, aber wahrscheinlich mit dem Smaragd und Korund vereinigt haben. Was die Ägypter, Griechen und Römer topaz nannten, war, wie neuere Forschungen ergeben haben, gelber Flußspat von der Nilinsel Topazin, welcher, wie mancher Flußspat, die Eigenschaft hat, im Dunkeln zu leuchten, nachdem er eine Zeitlang den Sonnenstrahlen ausgesetzt war. Die Edelsteine, welche die Juweliere orientalische und indische Topase nennen, sind vorher schon bezeichnet worden. In Brasilien kommt bei Villa Rica ein sehr dunkel weingelb gefärbter Topas vor, welcher durch Glühen blutrot wird. Er findet sich in dem Goldsande beim Goldwaschen. Auch bei Miask im Ural liegen Topase mit Amethysten, Beryllen, Smaragden, Bergkristallen und Turmalinen im Goldsande. Wenn derselbe über flachgeneigte Ebenen (Waschherde) geschlemmt wird, so scheiden sich jene Steine nach Maßgabe ihrer Schwere aus, man erkennt die nassen und dadurch glänzend werdenden grünen, gelblichen, roten und weißen Edelsteine unter den übrigen trüben Gesteinsmassen und liest sie aus.

Der **Turmalin**, in sechsseitigen Säulen (s. Fig. 135, Form 7) mit drei- und sechsflächiger Zuschärfung kristallisierend, ist durch seine elektrischen Eigenschaften bekannt. Durch Erwärmen erlangen nämlich seine Kristalle die Eigentümlichkeit, leichte Körper an sich zu ziehen, nach einiger Zeit aber dieselben wieder fortzustoßen. Der Turmalin besteht aus Thon-, Kiesel- und Lithionerde, Bor, Kali, Natron und Eisen. Die gewöhnliche Farbe ist braun oder schwarz, und so kommt er unter dem Namen Schörl sehr häufig im Granit und in umgewandelten Gesteinen vor. Es gibt aber auch schön gefärbte Varietäten, welche als Schmucksteine verwendet werden; diese sind entweder bald pfirsichblütrot, wie der Siberit, mit Topas, Chrysoberyll und Smaragd bei Miask vorkommend, bald blau oder grün, wie die indischen und südamerikanischen Kristalle. Die indischen Smaragde der Juwelenhändler sind meistens grüne Turmaline. Der Name ist orientalischen Ursprungs; die Hindu nennen ihn Turnamal, die Araber Turmala, woraus „Turmalin" der neueren Mineralogen entstanden ist. Oft besitzt ein und derselbe Kristall dieses Steins mehrere Farben, und es wird besonders die rote sibirische Abart teuer bezahlt.

Granat. Die unter der Bezeichnung Karfunkel oder Granaten, Pyrope bekannten Steine bestehen aus Thonerde, Kieselerde, etwas Kalk, Eisen, Talk, Chrom und Mangan, sie kristallisieren in Rhombendodekaedern (s. Fig. 135, Form 10) und verwandten Kristallen, körnerähnlich isoliert, daher der Name Granat. Sie besitzen eine dunkelrote, ins Blaue fallende, oder mehr blutrote, zum Gelblichen hinneigende Färbung. Der Pyrop ist namentlich von letzterer Färbung; er wird im böhmischen Mittelgebirge bei Podsedlitz, Trziblitz, Meronitz und in der Gegend von Gitschin aus dem Schuttlande gewaschen und teils in Böhmen selbst (von wo der Edelstein den Namen böhmischer Granat erhalten hat), vorzüglich in Turnau, mehr aber im Schwarzwalde geschliffen und in den Handel gebracht. Große Stücke sind ziemlich selten, und die größten guten Steine erreichen noch nicht den Durchmesser einer Haselnuß. Die kleineren Körner dagegen sind ungemein häufig, allein die Arbeiter, welche sie suchen, verdienen damit kaum soviel, um den dringendsten Hunger zu stillen, und nur die Hoffnung, einmal einen ansehnlichen Stein zu gewinnen, gibt ihnen wie den Lotteriespielern den Mut, ihre Beschäftigung fortzusetzen.

Der Karfunkel ist ein dunkelroter Granat, welcher geschliffen wie eine glühende Kohle leuchtet. Die alten Hebräer, die Äthiopier und Ägypter bezeichneten ihn mit Worten ihrer Sprache, welche soviel als glühende Kohle bedeuten; auch die Griechen nannten ihn Anthrax, Kohle, was die Römer in Carbunculus, gleich Köhlchen (von Carbo, die Kohle), übersetzten. Aus Carbunculus entstand im Mittelalter die deutsche Bezeichnung „Karfunkel". Der Granat gehört zu den am häufigsten vorkommenden Steinen; er ward schon in den frühsten Zeiten bearbeitet und ist heute noch ein beliebter und nicht teurer Schmuckstein. Manche Abänderungen sind grün, sie heißen Stachelbeersteine oder Grossulare; mit ihnen wird oft der ebenfalls grüne Vesuvian verwechselt. Andre sind schwarz, wie der römische Melanit. Braune, undurchsichtige Granaten werden pulverisiert und als

Schleifpulver angewendet. Wo das Mineral als Hauptbestandteil von Felsarten (Granatfels) vorkommt, wird es sogar bisweilen bei der Eisenfabrikation als Flußmittel benutzt.

Chrysolith. Unter Chrysolith wird in der Mineralogie ein ölgrünes, glasglänzendes, aus Talkerde und Kieselerde bestehendes Mineral verstanden, welches sich in manchen älteren Lavaarten findet und auch Olivin und Peridot genannt wird. Der echte Chrysolith ist ziemlich weich, oliven- bis pistaziengrün und durchsichtig. Er findet sich nicht häufig, namentlich aber als Geschiebe in Ägypten, Syrien und Indien.

Türkis. Der Türkis ist ein hellblauer oder grünlichblauer, undurchsichtiger weicher Stein, welcher jedoch einen hohen Glanz annimmt und schon in den ältesten Zeiten als Schmuckstein berühmt war. Er findet sich besonders schön bei Nischapur in Ostpersien, besteht aus wasserhaltiger phosphorsaurer Thonerde und wurde auch in geschichteten Gesteinen (im Kieselschiefer) bei Steine und Domsdorf in Schlesien, Ölsnitz bei Reichenbach und Plauen in Sachsen aufgefunden. Eine Lagerstätte von Türkisen, welche, wie tiefe von Menschenhand hergestellte Gruben und die mit Basreliefs und Hieroglyphen bedeckten Felswände beweisen, schon im hohen Altertume in Betrieb gewesen sein muß, hat neuerdings (1865) der Franzose Petiteau wieder erforscht und in Ausbeutung genommen. Sie liegt an den Ufern des Roten Meeres, fünf Tagereisen von der Spitze von Akaba, dem Ende der Halbinsel Sinai, und die Türkise finden sich hier in einem Sandstein, welcher mit Pulver gesprengt werden muß.

Der Türkis kommt in Stücken von sehr verschiedener Größe vor und heißt bei den Persern firuzeh, bei den Kurden und Türken pirusa, ferozeh und peruse. Im Chaldäischen wird er durch den Namen torkei oder torkeja bezeichnet. Daher stammt der mittelalterliche Name turcois oder Türkis, der mit Türken nichts zu thun hat. Die alten Griechen bezeichneten den Türkis nach seiner meergrünen Färbung mit dem Worte Kalleinos, woraus die Römer Callais und neuere Mineralogen Kalait gemacht haben.

Sehr gewöhnlich werden unechte oder Zahntürkise in den Handel gebracht. Es sind dies Knochen und namentlich Zahnstücke vom Mammut, welche sich in den sibirischen Kupfererzlagern finden und von Kupfermalachit und Lasur sowie von phosphorsaurem Kupfer durchdrungen sind. Diese Metallbeimischung gibt ihnen die dem Türkis ähnliche Farbe, welche sich jedoch an der trockenen Luft nicht hält, sondern bald unangenehm grün wird. Die Bucharen ahmen diesen Zahntürkis nach, indem sie die in der Steppe eben nicht seltenen Mammutzähne blau zu färben wissen.

Opal. Sehr gesucht und auch den ältesten Völkern schon bekannt ist ein besonders in Ungarn bei Czerwenitza zwischen Eperies und Kaschau auf schmalen Klüftchen im Trachyte vorkommender Kiesel, der in mannigfaltigen Farben lebhaft spielende, milchweiße, edle Opal, welcher im Mittelalter der „Waise" hieß. Dieser Stein ist wasserhaltige Kieselerde, seine Härte ist gering, seine Gestalt kugelig und traubig. Er ist milchweiß, im Innern zersprungen und deshalb in bunten Farben spielend; am geschätztesten sind die in feurigem Rot und Grün spielenden Varietäten, häufiger sind die gelb und blau schillernden. Man gräbt ihn aus dem Trachytkonglomerate Ungarns, in Indien fehlt er gänzlich. Geringere Stücke finden sich aber auch anderwärts, z. B. im Basalte des v. Bethmannschen Gartenparkes auf dem linken Mainufer bei Frankfurt. Der Edelopal ist bei den Orientalen sehr beliebt, sie bezogen ihn von jeher aus Ungarn, verkaufen ihn aber wohl wieder nach Europa, woher die Bezeichnung orientalischer Opal entstanden sein mag. Die deutsche Kaiserkrone, durch einen seltenen, großen Opal ausgezeichnet, erhielt von ihm selbst den Namen der „Waise", welche Bezeichnung Walter von der Vogelweide in seinem politischen Liede an Kaiser Philipp gebraucht:

O weh dir, deutsche Zunge,
Wie steht deine Ordenunge,
Daß die Mück' ihren König hat
Und daß deine Ehre also zergaht.
Bekehre dich, bekehre,
Die Zirkel (der kleinen Fürsten Kronen) sind zu hehre,
Die armen Könige drängen dich,
Philipp, setz' den Waisen auf,
Und heiß' sie treten hinter dich!

Der Glas- und Feueropal sind zwei Kiesel, welche ganz wasserhell und entweder farblos oder gelblich, goldgelb bis rot erscheinen. Sie finden sich besonders schön in Mexiko, in Europa bei Hanau, in der Rhön, in Böhmen u. s. w. Unter Halbopal werden matte, milchweiße, oft schwarz, gelb und braun gebänderte, seltener grüne Steine begriffen, die, vielfach im Basalte vorkommend, zu Dosen und Broschen verschliffen werden.

Schließen wir mit diesem letzten, dem Geschlechte des Quarzes angehörenden Mineral die Klasse der Edelsteine, so bleibt noch eine große Zahl gefärbter Steine, die ihrer Schönheit wegen zu Schmuckgegenständen mannigfache Verwendung finden, die Halbedelsteine. Wir wollen die hauptsächlichsten davon einer kurzen Betrachtung unterwerfen und beginnen mit dem Lasurstein.

Lasurstein. Ein schöner orientalischer Schmuckstein, der von tief himmelblauer Farbe, aber undurchsichtig ist und eine hohe Politurfähigkeit besitzt. Er findet sich, mit Kalkspat und Schwefelkies gemischt, von helleren und dunkleren Nüancen, durch goldgelben Schwefelkies wie mit Goldplättchen punktiert, in Persien, in der Kirgisensteppe und am Baikalsee in Sibirien. Seine himmelblaue Färbung verschaffte ihm bei den Arabern den Namen Zumelazuli (von Azul, der Himmel), woraus der Name Lapis lazuli und daraus Lasur entstand. Die Griechen bezeichneten ihn nach den Chaldäern, von denen sie ihn erhandelten, als Saphir, woher auch die Hebräer und Griechen ihn und nicht den blauen Korund so benannten. Der Stein wird im Orient mannigfach bearbeitet und als Amulett getragen, in Rußland schleift man aus größeren Stücken sogar Gefäße, ja im Winterpalaste und in der Isaakskirche zu Petersburg bestehen ganze Säulen, Wandverkleidungen und andre Bauverzierungen aus diesem seltenen Minerale.

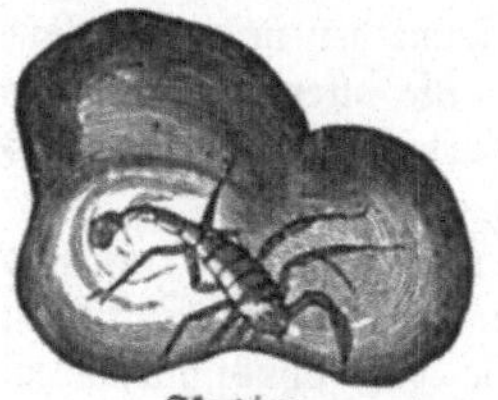
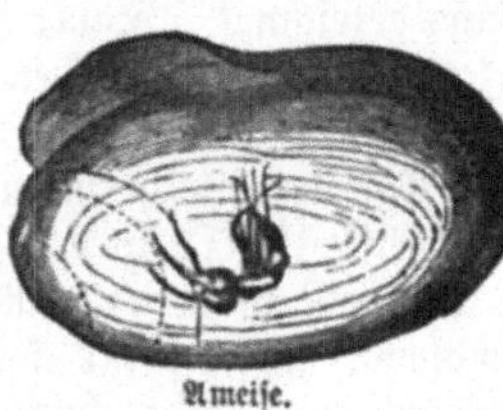

Skorpion. Ameise.

Fig. 147 und 148. Bernsteineinschlüsse.

Kleine Bruchstücke werden seit langer Zeit gemahlen und geschlämmt und liefern die herrliche blaue Farbe, welche Ultramarin genannt wird. Das künstlich dargestellte Ultramarin enthält zwar dieselben Bestandteile — Thon, Kiesel, Schwefel, Natrium, Eisen — erreicht aber doch nur selten die Reinheit und den Glanz des natürlichen.

Malachit. Der Malachit, ein grünes, faseriges, seidenglänzendes, kohlensaures Kupferoxyd, ist weich, ziemlich politurfähig und dient ebenfalls schon seit Jahrtausenden als Schmuckstein, namentlich aber auch zur Verfertigung von Gefäßen und architektonischen Zieraten. Der Name ist von Molochites abgeleitet, womit die Römer einen grünen Schmuckstein bezeichnet haben. Die Griechen nannten ihn Kalchosmaragdos, die Römer Pseudosmaragdus. Er findet sich von besonderer Schönheit und in sehr großen Stücken bei Nishnij Tagilsk und Gumeschewsk im Ural, in Griechenland, auf Borneo und in Australien.

Flußspat. Der Flußspat, Fluorcalcium, ein weicher, fett- bis glasglänzender, durchsichtiger Stein, welcher in Würfeln kristallisiert und in blauen, grünen und gelben Farben vorkommt. Er findet sich in Derbyshire, im Thüringer Walde, im Erzgebirge und anderwärts ziemlich häufig und wird vorzugsweise als Flußmittel beim Metallschmelzen sowie zur Bereitung der Flußsäure zum Glasätzen gebraucht. Auch zu Gefäßen, kleinen Figuren und Zieraten läßt er sich verarbeiten. Wie wir oben schon erwähnten, wurde eine gelbe Abänderung, die vorzugsweise in Ägypten vorkam, von den Alten Topas genannt.

Adular, Labrador. Edler Adular und Labrador sind zwei Mineralien, welche aus Thon-, Kiesel- und Kalkerde nebst Natron und Kali bestehen; sie werden nicht selten als Schmucksteine und zu Gefäßen, Dosen u. s. w. geschliffen. Der Adular, auch Mondstein genannt, war den Alten schon bekannt, auch sie benannten ihn nach dem milden, mondscheinartigen Lichte, in welchem er schimmert. Er kristallisiert in schiefen Säulenformen, die gewöhnlich, wie es Form 12 unsrer Fig. 135 zeigt, zu zweien miteinander verwachsen sind, sogenannte Zwillinge bilden. Er ist oft wasserhell, durchsichtig, von mittlerem Glanze, spielt aber in rötlichen und bläulichen Farben. Der Labrador, welcher aus dem hohen Norden Grönlands und von der Küste Labrador zu uns kommt, findet sich in Geschieben von rundlicher Gestalt, welche, in gewissen Richtungen angeschliffen, ein blätteriges Gefüge besitzen, in welchem ein leuchtendes und lebhaftes Farbenspiel von Purpurrot, Blau, Gelb und Grün auftritt. Ein grüner Labrador wird vom Amazonenstrome Südamerikas in den Handel gebracht; es ist der als Amazonenstein bekannte Gemmenstein. Die alten Ägypter erhielten einen ähnlichen, grünlich schillernden Feldspat aus Sibirien, wo er in ausgezeichneter Schönheit vorkommt. Sie benutzten ihn zu allerlei Zieraten, welche man noch in den Mumiengräbern findet.

Ein sehr schönes Mineral, welches ebenfalls zu Gefäßen verarbeitet wird und nur im Ural in großen Stücken vorkommt, ist der Rhodonit, ein pfirsichblüt- bis rosenroter, undurchsichtiger, oft heller und dunkler geaderter Stein, dessen Bestandteile Kohlensäure und Manganoxydul sind. Die Steinschleifer zu Jekaterinburg in Sibirien verfertigen daraus sehr zierliche Gefäße, von denen die Paläste Petersburgs mehrere von außerordentlicher Größe aufweisen.

Bernstein. Der Bernstein, welcher seit vielen Jahrtausenden am Ostseestrande gewonnen wird und schon von den Phönikern, Ägyptern, Karthagern, Griechen und Römern gegen allerlei Waffen, Bronzegerät und Geld von den Bewohnern jener Küsten eingetauscht wurde, ist ein in der Erde verändertes Baumharz. Er hat verschiedene abgestufte gelbe Farben und wechselt von wolkigem Weiß bis zu durchsichtigem Gelb.

Fig. 149. Bernsteingräberei zwischen Rauschen und Lapöhnen.

Durch Reibung wird er elektrisch und zieht leichte Gegenstände an. Die Perser nennen ihn deshalb den Spreuraubenden, Kahruba. Bei den Griechen hieß er Harpax, der Geizhals, bei den ehemaligen Bewohnern der Ostküste hieß er Glas oder Gles. Die Phöniker, welche ihn von dorther holten und die am Mittelmeere wohnenden Völkerschaften damit versorgten, gaben ihm den Namen Electro, woraus die Griechen Elektron machten. Dieses Wort wurde für die neueren Sprachen die Wurzel zur Benennung jener Naturkraft (Elektrizität), welche schon von Thales, einem der sieben griechischen Weisen, am Bernstein beobachtet wurde. Der deutsche Name „Bernstein" bedeutet soviel als Brennstein und hat seine Begründung in der Brennbarkeit des Minerals. Nicht selten umschließt der Bernstein kleine Blättchen von Nadelholzbäumen, wodurch es wahrscheinlich wird, daß er von einer untergegangenen Tannenart, der sogenannten Bernsteintanne, abstammt und den Bäumen etwa in der Weise entrann, wie das Harz den heutigen Kiefern. Gelegentlich blieben auch Ameisen, Spinnen und Mücken auf diesem klebrigen Baumausflusse hängen, die nun in der klaren, durchsichtigen Masse eingeschlossen liegen. Der schönste Bernstein wird an der Ostsee gewonnen, wo ihn das Meer auswirft oder wo er aus den Sanddünen ausgegraben wird. Am häufigsten findet er sich nach heftigen Nordstürmen, welche ihn an das Land tragen oder, indem sie die Dünen unterwühlen und einreißen, ihn bloßlegen. Die Abbildung Fig. 149 stellt eine Bernsteingräberei bei Lapöhnen dar. Die Bernsteinfischer sammeln ihn am Strande, sie fahren aber auch hinaus in das Meer, um ihn am Boden zu entdecken, wo sie ihn mit Stangen loslösen und mit Schleppnetzen heraufziehen; oder aber sie graben ihn aus dem Sande und Thone der Küstenstriche. Im Kurischen Haff wird seit 1862 der Seeboden durch Dampfbagger aufgegraben, um jene Schicht „blauer Erde", in welcher der Bernstein liegt, hervorzuholen. Die ursprüngliche Heimat des Bernsteins hat weiter im Norden gelegen, wo ausgedehnte Waldungen der Bernsteinfichte wahrscheinlich durch eine Senkung des festen Landes vom Meere überflutet und die widerständigeren Harzstücke, nachdem das Holz verwest war, von den Wogen losgespült und an ihre jetzige Lagerstätte geschwemmt wurden. Der Staat zieht aus dieser Dampfbaggerei eine jährliche Pachtsumme von 70—90000 Mark. Der Haupthandel mit Bernstein wird von Königsberg und Danzig betrieben, wo sich ausgedehnte Bernsteindrechseleien befinden; die jährliche Gewinnung schwankt zwischen 2600 und 3000 Zentner. Der Preis ist je nach Größe und Schönheit der Stücke sehr verschieden. Außer in der Ostsee kommt Bernstein in geringer Menge an vielen Orten, unter andern in der Nähe von Catania auf Sizilien vor; derselbe ist aber nur von geringer Schönheit und nicht zu weiterer Bearbeitung geeignet.

Fig. 150. Bergkristalle aus dem Funde am Tiefengletscher, im Museum zu Bern.

Die kleineren Stücke und Abfälle von den Schleifereien dienen zur Firnisbereitung und zu Räucherwerk. Sie werden seit undenklichen Zeiten zu diesem Zwecke benutzt. Solche kleine Bernsteinstücke hießen bei den alten Ägyptern und Hebräern Sakal und werden noch von den jetzigen Bernsteinhändlern Sakon genannt. Größere Stücke verarbeitet man vorzugsweise zu Rosenkränzen, Halsketten und Pfeifenmundstücken, und wird vorzüglich nach der Türkei ein lebhafter Handel damit getrieben. Die beste Sorte ist der milchweiße.

Sehr häufig und in den mannigfaltigsten Formen werden diejenigen Mineralien zu Schmucksachen verwendet, welche der Quarz- oder Kieselerdefamilie angehören und von denen Bergkristall, Rauchtopas, Amethyst, Opal, Sarder oder Karneol, Rosenquarz, Onyx oder Kaschalong und Chalcedon, Achat und Heliotrop die bekanntesten sind. Den kostbaren Opal haben wir schon weiter oben betrachtet.

Bergkristall ist die reinste Form der Kieselerde. Er kristallisiert in sechsseitigen Säulen mit sechsfacher Zuspitzung, wie es in der Abbildung Fig. 135 die Form 11 zeigt, ist wasserhell, lebhaft glänzend, oft das Licht in bunten Farben zurückstrahlend, und ziemlich hart. Er findet sich bisweilen in sehr großen Stücken, welche namentlich von Künstlern der Renaissance zu kostbaren geschnittenen Gefäßen verarbeitet wurden, und von denen das Grüne Gewölbe in Dresden einige Prachtexemplare besitzt. Kleinere Steine werden zu Ringsteinen, Halsbändern und andern Schmuckstücken geschliffen und vermögen bei Kerzenlicht wohl den Diamant nachzuahmen. Aus mittelgroßen Kristallen, welche nicht selten allerlei farbige Mineralien eingeschlossen halten, werden Petschafte, Messerstiele u. s. w. gemacht. Hierin zeichnen sich besonders die Schleifereien zu Jekaterinburg, Petersburg und Oberstein aus. Die schönsten Kristalle liefern der Ural, das Gotthardgebirge, überhaupt die Urgebirge der Schweizer Alpen. Den interessantesten Fund machte man hier im Jahre 1869 am Tiefengletscher, wo der Führer Peter Sulzer und sein Sohn hoch oben an einer senkrechten Granitwand schon vorher ein mächtiges Quarzband mit einigen dunklen Öffnungen entdeckten, welche Kristallausbeute versprachen. Damals jedoch hatten die beiden Strahler — wie in der Schweiz die Kristallsucher genannt werden — das Gestein nicht näher untersuchen können.

Fig. 151. Bergkristalle aus dem Funde am Tiefengletscher, im Museum zu Bern.

Mit großer Anstrengung wurde die Höhe erklommen, und nachdem einige aus den Felslöchern vereinzelt herausgeholte schwarze Bergkristalle, die man fälschlicherweise Rauchtopas nennt, obwohl der Quarz mit dem Topas durchaus nichts gemein hat, die Arbeit lohnend erscheinen ließen, wurden Sprenglöcher an geeigneten Stellen eingetrieben. Es gelang denn auch, nachdem die ersten Entdecker sich mit Verstärkung versehen hatten, endlich eine Höhle aufzuschließen, in welcher die wundervollsten Kristallexemplare haufenweise übereinander lagen, in Chloritsand eingebettet, der zur Erhaltung ihrer Kanten und Flächen hauptsächlich beigetragen hatte; die großen Stücke mußten, in Säcke gewickelt, an Seilen über die Felswand einzeln heruntergelassen und mit unsäglicher Anstrengung nach der Grimsel geschleppt werden.

Da sich die Fundstätte auf Urner Boden befand, so machte Uri, als die Kunde sich verbreitete, Einspruch, und die Berner Entdecker mußten schleunigst zu bergen suchen, was möglich war. Alles, was in Guttannen Arme und Beine hatte, zog mit Schaufeln, Picken, Seilen, Räfen, Hämmern aus, um den von den Bernern gefundenen Schatz auch den Bernern zu erhalten. Anfang September wurde in Zeit von acht Tagen die ganze Höhle geräumt, d. h. die beinahe unglaubliche Masse von 200 Zentnern Kristallen herausgeschafft, auf den Gletscher geworfen, die größeren an Seilen hinuntergelassen, unten auf Schlitten und Räfen verladen und über den sehr zerklüfteten Gletscher und dessen steinige Moränen nach der Furkastraße, von da nach Oberwald und später nach Guttannen geschafft, wo die Steine sortiert und geschätzt wurden. Es ergab sich, daß an guten Kabinettsstücken so viel vorhanden war, daß alle Museen Europas, wenigstens die hauptsächlichsten, mit Morionen (Rauchquarz) von nie gesehenen Dimensionen und nie geahnter Spiegelflächenschönheit versehen werden konnten. Stücke von 1—2 Zentner Schwere und darüber waren in großer Zahl vorhanden. Die besten sind für das Museum in Bern erworben worden. Es sind: der Großvater, 133 kg schwer, 69 cm hoch und von 122 cm Umfang, die Perle des ganzen Fundes; der König, 128 kg, Höhe 87, Umfang 100 cm; Karl der Dicke, 105 kg, 68 cm hoch und an seiner Basis 110 cm im Umfang; der Zweispitz Fellenberg, 67 kg, eine an beiden Enden vollkommen ausgebildete Doppelpyramide, 82 cm lang und 71 cm im mittleren Umfang; die Zwillinge, 63 kg, der Präsident, 32 kg schwer, u. s. w.

In der Neuzeit kommen sehr schöne Bergkristalle vielfach aus Madagaskar und aus Brasilien. Letztere eignen sich vorzugsweise zur Darstellung von gefärbten Steinen, welche in der Weise bereitet werden, daß man den geschliffenen Bergkristall stark erhitzt und alsdann in eine rot, gelb oder blau gefärbte Flüssigkeit wirft. Der Stein erhält dabei Risse, welche sich mit dem Pigment füllen. Hierdurch lassen sich Opal, Citrin, Rosenquarz u. a. nachahmen.

Schon die Alten kannten den Bergkristall als Schmuckstein. Bei den Chaldäern hieß er Krystallon, woraus die Griechen und Römer Krystallos und wir das Wort Kristall ableiteten, womit alle regelmäßig geformten Mineralgestalten, namentlich aber der Quarz (Bergkristall), bezeichnet werden.

Der Rauchtopas ist durch beigemischte Kohle gelblichgrau oder rauchbraun gefärbter Bergkristall, welcher in besonderer Schönheit am Ural vorkommt und zu allerlei kleinen Kunstwerken Verwendung findet.

Auch der Amethyst gehört zu den Bergkristallen; er ist durch Manganoxyd violblau gefärbt. Nicht selten sind einzelne Amethystkristalle auf den Spitzen oder an den Seiten von Bergkristallen wie Knäufe festgewachsen. Die Abbildung Fig. 135 auf Seite 191 enthält unter Form 9 einen solchen Zepterkristall, welcher aus Miask im Ural stammt. Gewöhnlich kleidet der Amethyst Drusen aus, wobei dann die Kristalle dicht aneinander schließend festgewachsen sind. Ceylon, Ostindien und der Ural lieferten schon den Alten diesen zu Ringsteinen und Ketten vielfach benutzten Stein; in neuerer Zeit werden schöne Drusen aus Brasilien bezogen. Der Name Amethyst ist griechischen Ursprungs. Man glaubte, der Stein habe die Kraft, seinen Träger vor Trunkenheit zu schützen, und nannte ihn daher Amethystos.

Dem Amethyste nahe verwandt, jedoch von Rosenfarbe, ist der nur selten in Kristallen vorkommende Rosenquarz, welcher sich sehr schön bei Rabenstein in Bayern vorfindet und wahrscheinlich durch Titansäure gefärbt ist. Eine durch Eisenoxyd braun gefärbte Quarzart heißt Sinopel, eine durch Eisenoxydhydrat gefärbte Citrin, beide sind nicht selten und dienen in schönen Stücken zu Ring- und Schmucksteinen.

An diese kristallisierten Quarze oder Bergkristalle schließen sich diejenigen, in denen die Kieselsäure amorph, ohne gesetzmäßige Gestaltung auftritt, Chalcedon, Karneol, Kascha-long u. s. w. Der Karneol oder Sard ist ein unkristallisierter roter Quarz, welcher beim Durchsehen blutrot, beim Daraufsehen dunkel bis schwarzrot erscheint, eine sehr hohe Politur annimmt und seit den ältesten Zeiten zu geschnittenen Steinen, namentlich Petschaften, Siegelringen u. dergl., benutzt wird. Dieser Stein wird je nach seiner Farbe geschätzt. Die eben bezeichnete ist die gesuchteste, während hellere Steine weniger beliebt sind. Die besten, feinsten Sarden liefert das östliche Asien, wo sie bei Baroach am Nerbuddaflusse, bei Kompurwunge und Ratampur in Guzerate als runde Geschiebe vorkommen. Sie werden mehrere Jahre lang an der Sonne stark ausgetrocknet und darauf mit angezündetem Ziegenmist gebrannt, wodurch sie die satte Färbung erlangen. Auch brasilianische und deutsche, welche sich teils als Ausfüllung von Blasenräumen, als sogenannte Geoden im Melaphyr, teils als Lager im Rotliegenden der Dyasformation finden, werden durch Brennen feuriger gefärbt. Der Name Karneol ist den oft herzförmigen, im Melaphyr eingewachsenen Mandeln des roten Quarzes beigelegt worden und leitet sich nicht von der Fleischfarbe, sondern von dem mittelalterlichen Worte Cornelius ab, welches Herzstein bedeutet.

Der Kaschalong, dessen Name kalmückischen Ursprungs ist (von kasch, schön, und dscholon, Stein), war schon Moses und den Hebräern bekannt, welche den Stein joholon nannten. Er ist ebenfalls unkristallisierte Kieselerde, halbdurchsichtig wie Horn, milchweiß, rötlich, dunkelbraun bis schwarz gefärbt. Zuweilen liegen auch Einschlüsse von Mangandendriten und moosähnliche Zeichnungen in dem Gesteine, die nach dem Schleifen als schwarze oder grüne Figuren hervortreten (Moosachat, Mochasteine); nicht selten auch besteht der Stein aus abwechselnden Lagen von weiß, rot und schwarz gefärbtem Material. Er findet sich am schönsten im Altai und in den Kirgisensteppen, indessen auch in Brasilien, von wo sehr viele bezogen werden, in der Bucharei, in Kleinasien, Ungarn, Deutschland, namentlich in der Nähe von Basaltbergen und selbst als Kieselsinter an heißen Quellen, wie am Geiser auf Island.

Der zweifarbige heißt Onyx, der dreifarbige Sardonyx. Beide wurden bei den Griechen und Römern zu den herrlichsten Werken der Steinschneidekunst benutzt, indem man die verschiedenen Lagen in der Weise verwendete, daß man die Figuren aus den oft weniger als 1 mm dicken weißen Lagen erhaben herausarbeitete, die über den weißen liegenden farbigen Schichten zu den Haaren, Gewändern und Zieraten stehen ließ, während die unter der weißen Lage befindliche dunkelfarbige Schicht den Grund bildete. In Italien blüht die Genossenschaft solcher Künstler, welche diese Art der Schleiferei verstehen, jetzt noch. Die erhaben geschliffenen Onyxe heißen Kameen, die mit vertieft eingravierten Figuren Intaglien. Häufig werden zu den billigeren Kameen auch verschieden gefärbte und ihrer Weichheit wegen leichter zu bearbeitende Muschelschalen verwendet.

Fig. 152. Achatgeode.

Achat. Wenn Chalcedon, eine bläuliche Kaschalongabänderung, Karneol, Bergkristall, Amethyst, Rosenquarz und Onyx in dünnen Lagen miteinander abwechseln, namentlich wenn sie, wie in der Fig. 152, konzentrisch oder zickzackförmig in- und umeinander gebogen sind, wird das Gebilde gewöhnlich mit der Benennung Achat bezeichnet, abgeleitet von dem armenischen Worte Akat. Der Achat findet sich im Porphyr und Melaphyr. Er entstand offenbar, indem in Hohlräume des Gesteins Auflösungen von Kieselerde und andern Stoffen eindrangen und an den Wänden höchst dünne Lagen absetzten. Dadurch wurden die abwechselnden, verschiedenfarbigen Schichten gebildet. Nicht selten ist die Druse noch hohl und dann mit Bergkristall, Amethyst und allerlei andern Mineralien besetzt; häufiger aber ist sie voll, eine Geode oder Mandel. Schöne Achate kommen bei Oberstein an der Nahe vor, wo sich in der Verarbeitung derselben zu den bekannten Achatwaren ein bedeutender Industriezweig entwickelt hat, der jedoch sein Rohmaterial jetzt weniger aus dem benachbarten Gebirge als aus Brasilien und Madagaskar bezieht, wo die schönsten Achate, Chalcedone und verwandte Gesteine in den Geröllen vorkommen und von wo sie als Ballast mit nach Europa gebracht werden. Die Steinschleifer verwenden den Achat zu Broschen, Dosen, Schalen u. dergl. und wissen seine Färbung künstlich zu verändern.

Ein dunkelgrüner, sehr geschätzter Quarz von hoher Politurfähigkeit, welcher wie der Sarder zu Siegelringen verarbeitet wird, ist die aus dem Orient (Bucharei) kommende grüne Plasma, auch Heliotrop genannt, wenn nämlich in dem grünen Grunde rote Punkte eingestreut sind. Eine mehr hellfarbige Abänderung heißt Prasem. Das sogenannte Katzenauge ist ein faseriger Quarz, durch grünes kieselsaures Eisen oder feine Nädelchen von Strahlstein gefärbt; auf runden Schliffflächen zeigt sich infolgedessen ein wandelnder Schiller, dem das Mineral seinen Namen verdankt. In der Neuzeit als Modestein, gegen den bösen Blick, sehr in Aufnahme gekommen, hat sich sein Preis bedeutend erhöht; während eine gelbbräunliche Varietät mit viel lebhafterem Schiller, das sogenannte Tigerauge, äußerst billig geworden ist, da es aus Südafrika in großen Quantitäten im letzten Jahre eingeführt worden ist.

Der Chrysopras ist eine apfelgrüne Kaschalongart, welche bei Kosemütz in Schlesien gefunden wird und durch Nickeloxyd gefärbt ist. Man benutzt diesen Stein, welcher die Farbe leicht verliert, früher mehr als jetzt, besonders zu Dosen, doch auch zu Ringsteinen und Broschen.

Der Jaspis, eine aus Kieselerde, Thonerde und verschiedenen farbigen Metalloxyden bestehende Felsart, welche am schönsten in Ägypten und bei Werchuralsk im Uralgebirge vorkommt und grün, gelb, rot und schwarz gestreift und gebändert ist, wird zu Tischplatten, Vasen und Bauornamenten kunstreich geschliffen; seltener dient er zu kleinen Gegenständen, als Rosenkranzperlen, Briefbeschwerern u. dergl.

Außer den eben besprochenen Mineralien werden hin und wieder auch noch Lava, Serpentin, Nephrit, Alabaster nnd Marmor zu Schmucksachen, zierlichen Gefäßen und Zimmerverzierungen verarbeitet.

Der Nephrit ist ein fester, undurchsichtiger Stein, von angenehm hell ölgrüner Farbe. Er kommt vorzugsweise in China vor, wird aber nur selten bei uns verarbeitet, obwohl er, wie die Pariser Ausstellung von 1867 lehrte, in Verbindung mit Rubinen und Diamanten eine sehr gute Wirkung zu machen vermag. In China macht man daraus Schalen und Bildwerke, in früheren Zeiten lieferte er das Material für kostbare Steinäxte, welche bisweilen in den Gräbern von Häuptlingen gefunden werden.

Ebenfalls von geringer Verwendung ist der edle Serpentin, der aber seiner Weichheit wegen zu den Edelsteinen nicht mehr gerechnet werden kann und schon zu den Gesteinen überleitet, welche wir bereits früher in dem ersten Kapitel dieses Bandes besprochen haben.

Das Schleifen und Bohren der Edelsteine. Um die Schönheit der im Vorhergehenden betrachteten Mineralien in das rechte Licht zu heben, hat man, wie wir im Verlaufe schon gesehen haben, mannigfache Veränderungen mit ihnen vorgenommen. Sei es, daß man die mit dem Edelsteine verwachsenen Gesteine zu entfernen suchte, daß man ihm eine passende Form gab, seine von den Einflüssen der Natur rauh und unscheinbar gewordenen Flächen glättete, um seine Durchsichtigkeit und sein Farbenspiel zur Wirkung zu bringen, oder ihn durch Glühen und chemische Behandlung in seiner Farbe zu verändern suchte. Die wichtigste Bearbeitung der Edelsteine bleibt, weil sie sich auf alle ausdehnt und am meisten zur Hebung der angenehmen natürlichen Eigenschaften beiträgt, das Schleifen.

Die Edelsteinschleiferei geschieht entweder aus freier Hand oder mit der Maschine. Diejenigen Teile des rohen Steins, welche über die durch den Schliff zu erlangenden Flächen herausstehen, werden teils abgerieben, teils aber auch mittels Schmirgelscheiben förmlich abgeschnitten, wie das Rundholz durch eine Zirkelsäge (rotierende Säge) in kantige Stücke geformt wird.

Es hat sich eine ausgedehnte Industrie auf die Bearbeitung der Halbedelsteine gegründet, die namentlich in Oberstein und Idar an der Nahe ihren Sitz hat.

Die zur gewöhnlichen Schleiferei von Quarz, Achat und ordinären Steinen dienenden Maschinen sind große cylindrische Sandsteine (Schleifsteine), welche durch Wasserräder in sehr rasch kreisende Bewegung gesetzt werden. Die Steine tauchen mit dem unteren Teile in Wasser und sind mit einem starken hölzernen Mantel umgeben, welcher nur an einigen Stellen dem Arbeiter Zutritt gestattet. Dieser Mantel soll durch die Zentrifugalkraft etwa zerspringende Schleifsteine zurückhalten, welche sonst leicht die Arbeiter beschädigen könnten. Der Arbeiter befestigt den zu schleifenden Stein in eine hölzerne Zange (Kluppe) und drückt ihn fest gegen die Seiten- oder die Randfläche des Schleifsteins, je nachdem er eine ebene oder gerundete Form schleifen will. Er legt sich dabei der Länge nach auf ein bankartiges Gerüst und benutzt seine Körperschwere als Belastung. Die beschwerliche Lage, worin sich der Arbeiter viele Stunden hindurch befindet, der feine Steinstaub, welchen er beständig einatmet, zerstören seine Gesundheit schnell. Besser sind die Vorrichtungen, bei denen die Steine mittels Schraube und Gestell (Sousporte) gegen den Schleifstein gepreßt werden.

Die rauhgeschliffenen Steine erhalten Politur, indem sie auf einer drehbankähnlichen Maschine an einer schnell kreisenden, mit Schmirgel bestreuten Kupferscheibe weiter geglättet werden. Diese Schleifbank kann durch Einsetzen gewisser Vorrichtungen auch zum Zersägen von Edelsteinen sowie zum Einschleifen von Vertiefungen dienen; endlich verwandelt man sie durch Anbringung eines aus einem Diamantsplitter geformten Bohrers leicht in eine Steinbohrmaschine zum Granat- und Perlenbohren. Die Handbohrer, wie sie im Schwarzwalde zum Durchbohren der Granaten angewendet werden, sind nach demselben Prinzip wie unsre Trillbohrer hergestellt.

Fig. 153. Schleifen des Kohinur.

Der eigentliche Edelsteinschnitt sucht die schöne Wirkung, welche die Edelsteine durch Farbe, Glanz und Lichtbrechung machen, dadurch zu erhöhen, daß er ihnen die geeignete Form und Zurichtung ihrer Oberfläche gibt. Er verfährt deshalb auch, weil es bei ihm nicht auf die Hervorbringung einer besonders in die Augen fallenden Fläche allein abgesehen ist, nach gewissen Prinzipien, die in jedem besondern Falle die Natur des kostbaren Materials berücksichtigen müssen und für farbige und weniger durchsichtige Steine andre Formen verlangen als für solche, deren Hauptreizmittel in der großen lichtbrechenden Kraft beruht. Es ist nicht zu viel gesagt, wenn man behauptet, daß durch die Kunst des Brillantschnittes erst die Schönheit des Diamantes wirklich entdeckt worden ist.

Das Diamantenschleifen ist eine sehr verantwortungsvolle Arbeit, denn leicht kann ein unersetzbarer Stein durch Unaufmerksamkeit oder Ungeschicklichkeit beim Schleifen seinen Wert zum größten Teile einbüßen. Der Kohinur wurde das erste Mal auf Befehl des Schah Zehan von einem gewissen Hortensio Borgio geschliffen. Der Stein soll damals 793 Karat gewogen haben. Bei diesem Unternehmen wurde aber nicht viel profitiert, denn der Diamant erhielt die bekannte ungünstige Form, welche er noch 1852 in der Londoner Ausstellung hatte, und er war außerdem um mehr als drei Viertel seiner Größe gekommen. Als Schah Zehan den Edelstein wieder erblickte, erklärte er nicht nur den Steinschneider des ausbedungenen Lohnes für verlustig, sondern er legte ihm auch noch wegen seiner Ungeschicklichkeit eine Strafe von 1000 Rupien auf.

Je nach der Art des Edelsteins, je nach seiner Farbe, Durchsichtigkeit und Härte hat man also beim Schleifen verschiedene Gesichtspunkte festzuhalten. Ein gefärbter Stein läßt seine Färbung am besten bei einem rundlichen Schliff erscheinen; ein Stein dagegen, der durch sein Lichtzerstreuungsvermögen, durch seine prismatischen Fähigkeiten wirken soll, wird am günstigsten sich zeigen, wenn er von ebenen Flächen umgrenzt ist. In früheren Zeiten begnügte man sich damit, die natürlichen Flächen der Kristalle zu glätten, und erst allmählich gelangte man dahin, die feineren Formen aufzufinden, welche die Schönheit der Edelsteine am meisten zu erhöhen im stande waren. Erst von dieser Zeit an wurden die ungefärbten Steine den gefärbten vorgezogen. Da man überall einen Erfinder annehmen möchte, an dessen Namen sich die Ursprünge einer oder der andern Kunst knüpfen, so schreibt man Ludwig von Berguen die Erfindung des vollkommenen Steinschnittes zu, die sich in der Erfindung der Brillantform gipfelt, und nennt als ihre Zeit das Jahr 1475. Seit dieser Zeit aber hat sich, wie man durch Vergleiche früher geschnittener Steine mit den jetzigen Leistungen der Kunst leicht erkennen kann, diese letztere noch sehr vervollkommt. Und vorzüglich hilft ihr die genauere mineralogische Kenntnis der Edelsteine, welche seit früher sehr zugenommen hat. Das innere Gefüge, die nach verschiedenen Richtungen verschiedene Spaltbarkeit, Härte und Elastizitätsverhältnisse werden in Betracht gezogen und auf Grund dieser mit den rohen Steinen Operationen des Spaltens, Zersägens, Zerbrechens vorgenommen, aus denen der Stein schon ziemlich in seiner gewünschten Form hervorgeht, und die, weil sie immer die höchste Materialersparnis im Auge haben, fast wichtiger sind als das endliche Schleifen und Polieren selbst.

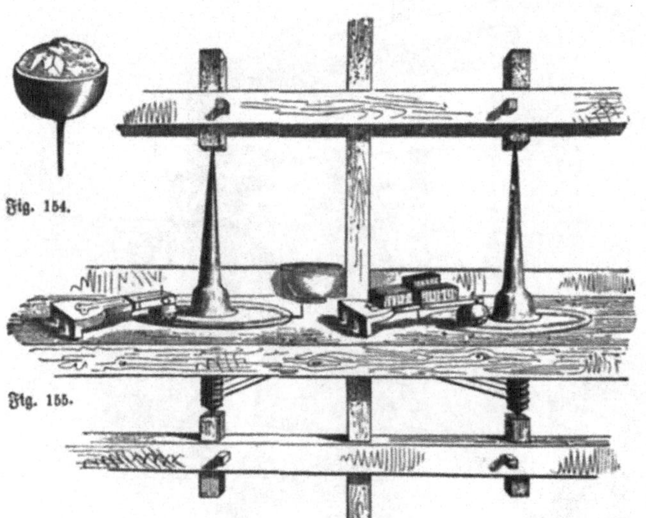

Fig. 154. Fig. 155.

Fig. 154. Befestigen des Steines in der Dogge. Fig. 155. Schleifscheiben und Gabel.

Edelsteine werden fast überall geschliffen. Die bedeutendsten Diamantschleifereien aber bestehen in London, Antwerpen und Amsterdam, und in letzterer Stadt lebt bei weitem mehr als der dritte Teil der dort ansässigen Juden direkt oder indirekt von dem Schliff der Edelsteine oder von dem Edelsteinhandel. Die Diamantschneidekompanie setzt durch Dampfmaschinen von beinahe 100 Pferdestärken 438 Schleifmühlen in Bewegung und beschäftigt dadurch gegen 1000 Arbeiter. Außerdem bestehen daselbst noch mehrere Privatschneidereien, die bedeutendste von allen ist die des Herrn Coster. Sie hat die beiden größten Diamanten, welche in der Neuzeit zum Schliff kamen, den Kohinur und den Stern des Südens, geschliffen. Fig. 153 zeigt die Maschine in Thätigkeit, an welcher der Kohinur seine jetzige herrliche Gestalt erlangte.

Die erste Arbeit, welche mit dem rohen Diamant vorgenommen wird, ist das Spalten. Der Stein ist nämlich parallel den Flächen seiner natürlichen Kristallform, also parallel den Oktaederflächen, ziemlich leicht spaltbar, wenn er zuvor an der Oberfläche geritzt worden ist. Das kann nur mit der Hand geschehen, da eine besondere Geschicklichkeit des Arbeiters dazu erforderlich ist. Der Diamant wird also behufs dieser Operation zunächst in eine Harzmasse fest eingekittet, welche aus einem Gemenge von Mastix und feinem Sande besteht und in der Hitze einer Weingeistflamme weich gemacht wird. In diese Masse, welche sich in einer hohlen, auf einem Holzgriff sitzenden messingenen Halbkugel befindet, wird der Stein eingedrückt, so daß die betreffende Fläche, zu welcher senkrecht eine Spaltungsrichtung im Kristall vorhanden ist, nach außen gekehrt ist. Der Arbeiter nimmt nun die Hülse mit dem Diamant und drückt sie gegen eine kleine Gabel, welche neben einem vor ihm befindlichen Kästchen mit durchlöchertem flachen Boden angebracht ist. In der rechten Hand hält er einen ganz ähnlich gefaßten, scharfkantigen Diamant als Spaltungsstück, welches er so lange gegen den zu spaltenden Diamanten reibt, bis auf diesem eine scharfkantige Kerbe entstanden ist. Hierauf stellt er den letzteren mit seiner Fassung in einen am Rande des Tisches befestigten und mit einer Öffnung versehenen Bleiklotz und setzt in die Kerbe ein kleines scharfes Messer, auf dessen Rücken er in der Spaltrichtung so lange Schläge mit einem Eisenstabe führt, bis die Fläche abgespalten ist. In dieser Weise beseitigt er alle fehlerhaften äußeren Partien und gibt dem Steine schon ungefähr seine Formen.

Nachdem der Edelstein durch Spalten ungefähr die gewünschte Form erlangt hat, wird er in derselben vollendet, und zwar dadurch, daß durch fortgesetztes Aneinanderreiben zweier Diamanten Reibflächen auf beiden sich bilden. Diese Arbeit erfordert sehr viel Geschick, da es bei ihr darauf ankommt, durch eine streng mathematische Verteilung der einzelnen Flächen, welche weiterhin nur noch zu polieren sind, eine vollständig regelmäßige Form herzustellen.

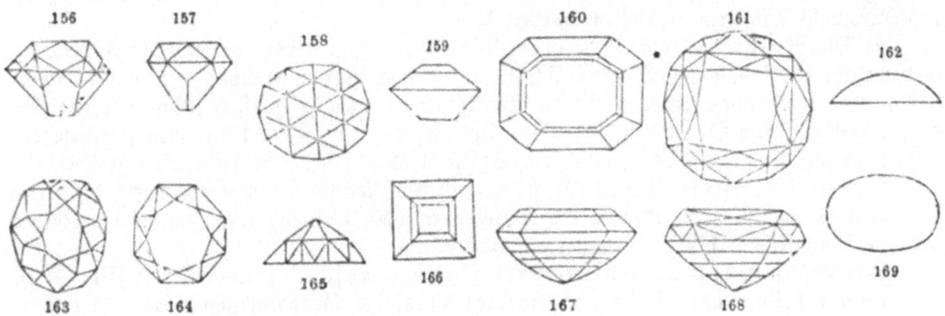

Fig. 156—169. Die gebräuchlichsten Formen des Edelsteinschnittes.

Die Steine werden zu diesem Behufe wieder in ganz ähnliche Fassungen wie beim Spalten, in die Doggen, eingekittet, nur haben diese der größeren Kraft wegen, welche bei dem Formen ausgeübt wird, stärkere Handgriffe. — Das Polieren endlich, welchem der Stein zuletzt unterworfen wird, geschieht, nachdem man denselben in seine Fassung mittels einer Legierung von Blei und Zinn befestigt hat, die über einem kleinen Lämpchen erweicht wird. Er muß darin so stehen, daß die zu polierende Fläche senkrecht gegen die Achse der Scheibe ist. Dann wird er in einem eisernen Gestell von gabelartiger Form so befestigt, daß er seine Lage während der Arbeit nicht verändern kann. Das Gestell erblicken wir deutlicher in Fig. 155; es ist von starkem Eisen und wird außerdem noch entweder mit der bloßen Hand oder durch Auflegen von Gewichten gegen die rotierende Schleifscheibe niedergedrückt. Diese Scheiben drehen sich in horizontaler Ebene, sie sind entweder von schwach gekörntem Gußeisen oder weichem Stahl, damit sie das mit Öl angeriebene Diamantpulver halten. Ihre Größe ist ungefähr $0{,}_4$ m im Durchmesser; auf der Oberfläche haben sie mehrere konzentrische Ringe von verschiedener Dicke für die größeren und kleineren Diamanten. Der Diamantstaub, das einzige Poliermittel, wurde früher vorzugsweise aus den beim Spalten und Schleifen abfallenden Teilen hergestellt. Jetzt wird vielfach der schwarze Diamant, das Karbonat, verwendet. Das ganz feine Pulver wird mit etwas Mandelöl angerieben und mit einem feinen Pinsel aufgetragen. Die ganz kleinen Facetten, welche man beim Schleifen nicht herstellen kann, werden erst beim Polieren mit angebracht. Je nach der Lage der Facetten wird die Dogge in der Gabel befestigt, welche dazu eine Verschiebung und Neigung der ersteren gestatten muß.

Die gebräuchlichsten Formen des Edelsteinschnittes kommen darin miteinander überein, daß sie eine Zone des größten Durchmessers haben, die Rundiste, den Gürtel oder das Rondell, den breitesten Teil oder Rand, an welchem der Stein gefaßt wird. Das, was über diesem Rande nach oben liegt, heißt der Oberteil, Oberkörper, die Krone oder der Pavillon, er ist sichtbar; das, was darunter liegt und also von der Fassung verdeckt wird, heißt der Unterteil, Unterkörper, die Cülasse. Das richtige Verhältnis des Oberteils zum Unterteil sowie des Durchmessers der Rundiste ist für die Form maßgebend.

Diese Hauptformen sind 1) der Brillant; er eignet sich am besten für diejenigen Steine, welche, wie der Diamant, von Natur eine oktaedrische Form haben, weil am wenigsten Material verloren geht und durchsichtige Steine die schönste Lichtwirkung zeigen. Der Oberteil hat $^1/_3$, der Unterteil $^2/_3$ der ganzen Höhe des Steins. Die oberste Fläche, der Rundiste parallel, heißt die Tafel, sie hat $^4/_9$ von dem Durchmesser der Rundiste, während die unterste Fläche nur $^1/_5$ von dem Durchmesser der Tafel hat. Je nach der Zahl der Facetten ist der Brillant dreifaches Gut, wenn der Oberkörper, wie es Fig. 156 zeigt, von einer dreifachen Reihe Facetten, 16 dreiseitigen und 8 vierseitigen, eingeschlossen wird; zweifacher Brillant oder zweifaches Gut, wenn er, wie Fig. 157, nur von zwei Reihen dreiseitiger Facetten am Oberkörper begrenzt wird.

Große Steine werden auch mit noch mehr Facetten am Oberteil versehen, immer aber muß in der Zahl derselben die Acht aufgehen; Brillanten sollen zuerst auf Veranlassung des Kardinals Mazarin geschlossen worden sein.

2) Die Rosettenform, Rose oder Rautenstein (Fig. 158), deren erste Anfertigung in das Jahr 1520 fallen soll, erhebt sich in Form einer Pyramide über der breiten Grundfläche. Sie wird angewendet, wenn die Brillantform einen zu großen Materialverlust bedingen würde. Die Grundfläche ist teils elliptisch; die zur Spitze führenden Facetten, der Zahl nach 24, sind meist dreiseitig. Die Spitze wird von sechs Sternfacetten gebildet.

3) Der Tafelstein (Fig. 159) wird bei sehr flachen Steinen angewendet, welche man dann häufig bloß zur Bildung der Tafel verwendet, während man den übrigen Körper aus einem ähnlichen, billigeren Materiale herstellt.

Das sind mit dem Capuchonschnitt oder dem muscheligen Schnitt (Fig. 162), der aber nur bei farbigen Steinen angewendet wird, die Grundformen. Aus ihrer Vermischung können aber eine große Zahl zusammengesetzter Gestalten abgeleitet werden, wie wir an den Formen Fig. 160 und 161 sehen, welche den sogenannten Puppenschnitt darstellen. Derselbe besteht aus Oberteil, Rundiste und Unterteil, die Facetten sind meist, und am Unterkörper immer, längliche Vierecke, die mit der Rundiste parallel laufen. Diese Steine werden nie so dick wie die Brillanten und eignen sich diese Formen deswegen besonders für die gefärbten Steine. Dunkle und trübe Steine schleift man nach dem muscheligen oder mugeligen Schnitt, und zwar so, daß man die Grundfläche noch besonders aushöhlt.

Eine andre Art der Edelsteinbearbeitung ist die schon früher erwähnte des Gravierens und der Ausarbeitung vertiefter oder erhabener Bildwerke, wie sie von den Wappenschneidern der Petschaftsteine geübt wird; auf ihre Technik einzugehen ist aber hier nicht der Ort. Sie bedient sich im wesentlichen auch des Diamantpulvers oder des Schmirgels, welcher auf kleine, an einer rasch rotierenden Achse befestigte Scheibchen an deren Rande aufgetragen wird und dadurch diese in eine feine Schneide verwandelt, welche ähnlich wie eine Rotationssäge wirkt. Dadurch, daß man allmählich immer kleinere und zuletzt fast mikroskopische Scheibchen anwendet, gelingt es, jene wunderbar feinen Zeichnungen auszuarbeiten, die wir namentlich an alten Kunstwerken bewundern. Trotz der enorm vorgeschrittenen mechanischen Hilfsmittel, die unsern Steinschneidern zu Gebote stehen, bleiben die Werke der neueren Zeit im großen ganzen doch weit hinter den uns aus dem Altertum überlieferten zurück und nur ganz vereinzelte Leistungen von heute können den letzteren an die Seite gestellt werden.

Der Grundbesitz ist das edelste Gut,
Wie die Erd' in Gottes Händen ruht;
Ob Stürme schnauben, ob Feinde toben,
Der Grund bleibt unten, der Himmel oben.

Rückert.

Gewinnung der Rohstoffe von der Erdoberfläche.

Bedeutung der Landwirtschaft für die Kultur. Statistische Nachweise. Geschichtliches. Ursprung der Kulturpflanzen und Haustiere. Der Ackerbau im Altertum. Seine Entwickelung bis in die neueste Zeit. Thomasius. Schubart. Thaer und Justus von Liebig. Die englische Landwirtschaft gegenüber der deutschen. — Der Ackerboden. Seine Entstehung aus den Gesteinen. Angestammter und angeschwemmter Boden. Zusammensetzung. Bodenarten. Wie soll der Boden beschaffen sein? Die Bearbeitung des Bodens. Urbarmachen. Rajolen. Entwässerung und Bewässerung. Die wirtschaftliche Bedeutung der Drainierung.

Die Bodenproduktion. Als der Häuptling der Missisars sein Volk immer mehr zurückgehen und die „Blaßgesichter“ immer mehr auf den Jagdgründen, welche seinen Vorfahren ungeteilt gehört hatten, sich ausbreiten und festsetzen sah, da versammelte er die Seinen um sich und hielt ihnen folgende, durch den Franzosen Crèvecoeur uns überlieferte Ansprache: „Seht ihr nicht, daß die Weißen von Körnern, wir aber von Fleisch leben? daß das Fleisch mehr als 30 Monden braucht, um heranzuwachsen, und oft selten ist?

daß jedes jener wunderbaren Körner, die sie in die Erde streuen, ihnen mehr als hundertfältig zurückgibt? daß das Fleisch, wovon wir leben, vier Beine hat zum Fortlaufen, wir aber deren nur zwei besitzen, um es zu haschen? daß die Körner da, wo die weißen Männer sie hinsäen, bleiben und wachsen? daß der Winter, der für uns die Zeit unsrer mühsamen Jagden, ihnen die Zeit der Ruhe ist? Darum haben sie viele Kinder und leben länger als wir. Ich sage also jedem, der mich hören will, bevor die Zedern unsres Dorfes vor Alter werden abgestorben sein und die Ahornbäume des Thales aufhören, uns Zucker zu geben, wird das Geschlecht der kleinen Kornsäer das Geschlecht der Fleischesser vertilgt haben, insofern die Jäger sich nicht entschließen, zu säen."

Niemand kann treffender den Unterschied in der Art und Weise der Bodenbenutzung schildern, als es jener Indianerhäuptling gethan, welcher sich vollständig darüber klar war, daß sein Volk, wenn es nur die Tiere des Waldes jagte und vom Boden die Früchte, die es fand, nahm, ohne wieder zu säen und das Feld zu bearbeiten, zu Grunde gehen und denen Platz machen müßte, welche nicht nur zu ernten, sondern auch zu arbeiten entschlossen waren. Nicht in der geistigen Überlegenheit, nicht in der der Feuerwaffen sah er die Ursache des Übergewichts der Europäer, er hatte richtig erkannt, daß die stille, friedliche Arbeit es ist, welche die dauernde Macht gibt, daß der Mensch hienieden im Schweiße seines Angesichts sein Brot essen und sich erwerben muß.

„Der Zweck der thätigen Menschengilde
Ist die Urbarmachung der Welt,
Ob du pflügest des Geistes Gefilde
Oder bestellest das Ackerfeld."

singt mit Recht der Dichter.

In jahrtausendelanger Arbeit haben die in der Natur thätigen Kräfte aus starrem Gestein und Fels den Boden, welcher jetzt zum größten Teil die äußerste Schicht der Erde darstellt, zu bilden verstanden. Dieselben Kräfte sind es, welche ihn befähigen, Pflanzen hervorzubringen, und welche auch heute noch unaufhörlich thätig sind, um wieder Boden zu bilden und Pflanzen zu erzeugen. Da, wo der Mensch nicht eingreift, bedeckt in der Regel bald dichter Wald die ganze Bodenoberfläche und können nur Tiere die Bedingungen des Daseins finden; die einen leben von den Erzeugnissen des Bodens und dienen dann ihrerseits wieder andern Tieren zur Nahrung. Wo der Baumwuchs fehlt, bedeckt endloser Graswuchs den Boden (Prärien), anderwärts das Wasser, und wieder an andern Orten bietet sich dem Blick nur wüstes Geröll oder Sand oder Schnee und Eis, oder unfruchtbares Land. Erst der Mensch übernimmt die Umgestaltung des Bodens, seine Umwandlung in dauernd tragfähige Gefilde, er lichtet den Wald, dämmt das Wasser ein, trocknet den Sumpf aus, bewaldet und befruchtet die Steppe, und nur die Schnee- und Eisregion begrenzt seine Thätigkeit, hier nur noch der Jagd und etwa dem Fischfang Aussicht auf Erfolg bietend.

Lange Zeit hindurch bildeten diese, sowie heute noch in einigen Gegenden, die ausschließliche Beschäftigung der Menschen; da, wo sie nicht mehr ausgiebig genug waren, lernte man bald in den Haustieren getreue Bundesgenossen des Menschen im Kampfe um das Dasein kennen; der Jäger wird, anfangs noch mit den Waffen in der Hand, zum Hirten, welcher von Ort zu Ort wandert, um seinen Herden die Nahrung zu sichern und sich vor Not zu schützen.

In den mittelasiatischen Steppen haben sich die nomadisierenden Hirtenvölker bis in unsre Zeit erhalten; aber auch in Europa finden sich noch solche, deren ganzer Besitz in ihren Herden besteht und welche von Ort zu Ort wandern, in die Ebenen im Winter, in die Gebirge im Sommer, wenn dort das Gras vertrocknet und die Quellen versiegen (Spanien, Italien, Schweiz), oder für immer im steppenartigen Flachlande bleiben (Ungarn, Südrußland, Nord- und Südamerika, Australien).

Mit dem Ergreifen fester Wohnsitze und dem Übergang zur eigentlichen Bodenbewirtschaftung — Ackerbau, Forstwirtschaft, Gartenbau — beginnt für jedes Volk der Anfang seiner Kultur; die fortschreitende Entwickelung bedingt die Sicherheit vor Nahrungssorgen. Bald zwingt die Verschiedenartigkeit der Produkte zum Austausch, der Handel entwickelt sich und schließlich die Teilung der Arbeit, die Grundlage der modernen Industrie und unsrer gesamten Entwickelung überhaupt. Jeder trägt das Seine dazu bei, um mit sich selbst auch die Gesamtheit zu fördern; jeder verwertet seine Anlagen nur noch in der Richtung, wozu Neigung und Geschick ihn befähigen, und ist doch sicher, daß er sich alle ihm notwendigen Bedürfnisse jederzeit zu verschaffen vermag.

Die Bodenproduktion wird nun erst recht die Grundlage jeder menschlichen Thätigkeit; sie liefert die Nahrungsmittel und die Rohstoffe, jene zum Unterhalt der Menschen und der nützlichen Tiere, diese zur Umwandlung in höherwertige Güter, zur Verarbeitung in den Gewerben und in der Industrie.

Aufgabe der Bodenproduktion muß es nun sein, diese Materialien in ausgiebiger Menge zu liefern und zu dem Zweck die Mutter Erde selbst, den Boden, zu erhöhter Tragfähigkeit zu bringen und in solcher zu erhalten. Immer kleiner wird die dem einzelnen zu Gebote stehende Bodenfläche, immer größer ihr Erzeugnis. Keine andern Werte können sich mit denen der Bodenproduktion bei entwickelten Völkern messen. Man nimmt an, daß ein Jäger zu seinem Lebensunterhalt, im Durchschnitt gerechnet, ein Jagdgebiet von mindestens 1200—1500 ha braucht; ein Hirt kann mit dem ihm nötigen Viehstande auf 120—150 ha den Unterhalt finden; ein Landmann in einfachster Form des Ackerbaues wird unter 12 bis 15 ha nicht zu bestehen vermögen, in der Form modernen Hochbetriebs aber schon auf 1—2 ha, während der Handelsgärtner mit $^1/_4$—$^1/_2$ ha reichlich seinen Lebensunterhalt zu finden vermag und als Blumenzüchter mit Treibhaus und andern Hilfsmitteln sogar bei günstiger Lage auf noch kleinerer Fläche volle Thätigkeit findet, ebenso wie auch der Landwirt als bloßer Züchter gut lohnender Handelspflanzen — Tabak, Hopfen, Weinrebe u. dgl. — noch unter obiges Maß heruntergehen kann.

Ermöglicht wird das nur durch vermehrte Anwendung von Arbeit und Kapital; der Jäger trägt sein Hab und Gut in seinen oft selbst gefertigten Waffen und etwa noch Kochgeschirr u. dgl. mit sich; der Hirt bedarf schon des Zeltes mit dessen Einrichtungen, der Gerätschaften zur Verarbeitung der tierischen Produkte, der Geräte zur Fortschaffung der Werkzeuge. Der Ackerbauer bedarf des Hauses und der Stallungen für das Vieh, der Vorratsräume und Vorräte, Ackergerätschaften u. dgl. mehr; je höher die Landwirtschaft sich entwickelt, um so komplizierter und kostspieliger werden diese, um so mehr muß auch der Grund und Boden selbst durch Arbeit und Kapital in seinem Werte gesteigert werden; die moderne Landwirtschaft kennzeichnet die rauchende Esse der Dampfmaschine und eine Fülle von Gegenständen aller Art. Der Forstmann betreibt bloß die Pflanzenbewirtschaftung und rechnet mit dem mächtigen Faktor Zeit; er kann den Kräften der Natur das Wesentlichste überlassen und trägt nur Sorge für geregelte Benutzung des Waldes, im entwickelten Betrieb für Wurzelrodung und regelrechte Anpflanzung. Der Landwirt lernt bald die Naturkräfte unterstützen durch Bearbeitung und Düngung, regelrechte Fruchtfolge und wechselnden Anbau; er zieht Pflanzen, züchtet oder hält Vieh verschiedener Art und muß die Kunst verstehen, Viehzucht und Ackerbau in richtiger, für die örtlichen Verhältnisse passender Ausdehnung miteinander zu verbinden; er wird Produzent und Konsument in einer Person und verkehrt als Handelsmann mit andern; der hochentwickelte Betrieb der Neuzeit kennt ihn nur noch als Industriellen, welcher auch schon an die erste Umwandlung der Produkte denkt und auch darin seine Aufgabe sucht.

Der Gärtner ist wieder nur Pflanzenzüchter, aber nur mit Hilfe von abermals gesteigerter Verwendung von Arbeit und Kapital: er arbeitet nur auf Grundstücken von höchstem Werte, mag er nun den Boden schon im verbesserten Zustand erworben oder selbst erst in solchen gebracht haben. Er regelt mittels Treibbauten und Gewächshäusern für seine Pflanzen sogar auch die klimatischen Verhältnisse und muß durch künstliche Düngung und Bearbeitung es verstehen, sich von Fruchtfolge und dem Wechsel im Anbau unabhängig zu machen.

Statistisches. Die Statistik für Bodenproduktion ist leider nicht so entwickelt, daß zuverlässige Angaben über deren Werte für die einzelnen Länder gegeben werden könnten. Nur aus Österreich liegen vollständigere Angaben aus der Neuzeit vor.

Der Wert der Waldungen wird zu 1400 Millionen österreichische Gulden, der des Ackerbaues, der Wiesen u. s. w. zu 10600 Millionen österreichische Gulden angegeben; der Ackerbau stellt im Viehstand 1200 Millionen dar, im sogenannten stehenden Betriebskapital 2000 Millionen, im umlaufenden 1000 Millionen, mit Grund und Boden zusammen

14 800 Millionen österreichische Gulden oder fast 30 000 Millionen Mark. Das Jahreserzeugnis berechnet sich auf 1600 Millionen österreichische Gulden für Boden- und 550 Millionen für tierische Erzeugnisse, das der Waldungen auf 68 Millionen, zusammen also auf 2218 Millionen österreichische Gulden oder fast 4500 Millionen Mark.

Englands landwirtschaftlicher Jahresertrag wird auf 147 Millionen Pfd. Sterling an Bodenerzeugnissen und 316 Millionen an tierischen Produkten, zusammen also zu 463 Millionen Pfd. Sterling, d. i. über 9000 Millionen Mark, angegeben. — Für das Königreich Sachsen berechnet sich der Wert des landwirtschaftlichen Grundbesitzes zu $2271,_9$ Millionen Mark, der der übrigen in der Landwirtschaft repräsentierten Vermögensobjekte zu mindestens 600 Millionen Mark, das Ganze also zu 2850 Millionen Mark. — Für ganz Deutschland kann das Jahreserzeugnis wohl über 8000 Millionen Mark geschätzt werden.

England erzeugt in seinen tierischen Produkten an Wert das Dreifache von dem der eigentlichen Bodenerzeugnisse; in Österreich ist das Verhältnis beinahe das umgekehrte. Österreich führt Getreide in Menge aus, England zeigt eine von Jahr zu Jahr steigende, gewaltige Einfuhr, jenes Land eine im ganzen noch wenig entwickelte, dieses die entwickeltste Landwirtschaft der Welt, getragen und gehoben durch die großartige Industrie, welche die Mittel liefern muß, um alljährlich Hunderte von Zentnern Lebensmittel aller Art vom Auslande beziehen zu können.

In England überwiegt mehr als anderwärts die Viehzucht; man rechnet dort ein sogenanntes Stück Großvieh zu 500 kg lebendem Gewicht auf je $0,_{75}$ — 1 ha landwirtschaftlich benutztes Areal, während in Deutschland im Durchschnitt ein Stück Großvieh erst auf 2 — $2,_5$ ha kommt und in Österreich auf $2,_3$ — 3 ha. Unter Großvieh versteht man aber ein ausgewachsenes Stück Rindvieh, und bei der Reduktion auf Großvieh rechnet man im Durchschnitt 10 Schafe oder 3 Schweine oder 3 Stück Jungvieh gleich einem Stück Großvieh. In England verwendet man pro Hektar und Jahr, die gesamte landwirtschaftlich benutzte Fläche zusammengerechnet, bis 12 Mark und mehr für Handelsdünger, in Deutschland kaum bis 2 Mark; dort rechnet man an sogenanntem Betriebskapital, d. i. an dem außer dem Wert von Grund und Boden und Gebäulichkeiten notwendigen Kapital, noch bis zu 1200 Mark pro Hektar und mehr, in Deutschland erst etwa 600—900, in Österreich kaum bis 600 Mark.

Im Deutschen Reiche waren 1878 vorhanden:

Ackerland, Gartenland, Weinberge . . .	26133516 ha
Wiesen und Weiden	10510411 „
Forstland	13838856 „
Haus- und Hofräume, Wege	3394109 „

Es wurden von den wichtigsten Nährfrüchten für Menschen und Vieh

	angebaut:	geerntet:
Roggen	5927210 ha	6390407 Tonnen (zu 1000 kg)
Weizen	1821387 „	2553447 „
Spelz	382827 „	458358 „
Gerste	1632411 „	2256355 „
Kartoffeln	2765547 „	18069332 „
Hafer	3744201 „	4508056 „
Wiesenheu	5916472 „	17776125 „

Am 10. Januar 1883 wurden gezählt Stück:

Pferde	3522316,	wovon	$7,_7$,
Rindvieh	15785322,	„	$34,_5$,
Schafe	19185362,	„	$41,_9$,
Schweine	9205791,	„	$20,_1$,
Ziegen	2639994,	„	$5,_8$ auf 100 Einwohner kamen.

Es haben hierbei seit 10. Januar 1873 die Pferde um 5 %, Rindvieh um $0,_{05}$ %, Schweine um 29 %, Ziegen um 14 % zugenommen, die Schafe dagegen haben sich um 23 % vermindert (Statist. Jahrb. 1884).

Geschichtliche Entwickelung des Ackerbaues. Ehe die Landwirtschaft ihren heutigen Höhepunkt, wie er sich wenigstens in England und bei uns in den Rheingegenden, der Provinz Sachsen und dem Königreich Sachsen zeigt, erreichen konnte, mußte sie mannigfache Entwickelungsstufen durchlaufen und oft genug infolge politischer Wirren, besonders in lange dauernden Kriegen, die erreichten Fortschritte wieder verloren gehen sehen. Noch heute steht die gesamte Entwickelung hinter der andrer Gewerbe zurück; die Landwirtschaft, mit welcher das Werden aller Kulturvölker beginnt, bleibt bald stabil und findet erst dann wieder allseitigere Würdigung und Förderung, wenn Kunst, Wissenschaft, Gewerbe, Industrie, Handel und Verkehr bis zu gewisser Vollkommenheit gebracht worden sind und nun gebieterisch höhere Leistungen auch von der Bodenproduktion verlangt werden müssen.

Auch in bezug auf den Ackerbau ist ohne Zweifel in Asien der Ursprung zu finden; im ideellen Bilde zeigt uns die Bibel, für uns die wertvollste Urkunde aus alter Zeit, daß Kain die Viehzucht, Abel den Ackerbau betrieben hatte, oder vielmehr jener als Jäger und Hirt, dieser als Landmann sich auszubilden suchte; Noah ist als Weinbauer ausdrücklich genannt, während die Nachfolger dem Hirtenleben sich widmeten und erst in ziemlich später Zeit das Volk der Hebräer in Palästina zu regelrechtem Ackerbau überging.

Uralt ist der Betrieb der Landwirtschaft in China und Ostindien; die im Sanskrit geschriebenen Bücher berichten von Weizen, Hanf und andern Pflanzen; aus China weiß man, daß Weizen und Reis um das Jahr 2822 v. Chr. durch den Kaiser Chingnong dorthin aus Indien eingeführt wurden.

Ursprung der Kulturpflanzen und Haustiere. Nimmt man an, daß Pflanzen und Tiere da, wo sie noch heute wild vorkommen, ursprünglich zu Hause sind, dann haben wir die Mehrzahl unsrer Kulturpflanzen und Haustiere als aus Vorder- und Mittelasien stammend zu bezeichnen. Der Mais, die Kartoffel und der Tabak sind aus Amerika zu uns gekommen und haben sich von dort aus nach allen Weltteilen hin verbreitet; ebendaher kommt auch der Truthahn, während Pferd und Rind, jetzt dort zu Millionen wild vorkommend, erst durch die Spanier eingeführt wurden. Roggen und Buchweizen wurden erst gegen die Zeiten der Völkerwanderung von Osten her nach Europa gebracht, der Hafer dagegen, den alten Völkern gänzlich unbekannt, ist ursprünglich in unsern nordischen Gebirgen zu Hause.

Die Hülsenfrüchte und die Mehrzahl der Futterpflanzen waren schon den Griechen bekannt und wurden fleißig angebaut; die Gesamtheit der zur Gattung Brassica gehörenden Ölsamereien wird erst nach und nach angebaut, nachdem man die an den englisch-französischen Seeküsten wild wachsende Pflanze in ihrem Gebrauchswerte erkannt hatte und aus derselben lohnendere Abarten ziehen konnte; ähnlich die Runkel, welche erst etwa seit 1700 vom Meeresstrande in die Kulturfelder versetzt wurde, und jetzt als Futter- und Zuckerrunkel bekannt ist. Beide sind in vielen Abarten gebaut und stellen gewissermaßen einen ganz andern Ursprung dar.

Gering ist bei der so großen Artenzahl im Pflanzen- und Tierreich die Gruppe der eigentlichen Kulturpflanzen und die der Haustiere; viele Pflanzen sind erst nach und nach als brauchbar erkannt worden, und noch findet sich von Zeit zu Zeit da oder dort ein zum Anbau Erfolg verheißendes Gewächs; die wichtigsten Pflanzen jedoch hat der Mensch schon ziemlich frühzeitig kennen gelernt und von Jahrhundert zu Jahrhundert in fast gleicher Weise angebaut. Reis, Mais, Weizen und Roggen bilden im großen unsre pflanzlichen Nahrungsmittel; Gerste, Hafer, Kartoffeln, Buchweizen, Hirse, Hülsenfrüchte, Datteln u. dgl. mehr spielen eine untergeordnetere Rolle, sie sind mehr nur als Nahrungsmittel für bestimmt begrenzte Gegenden zu bezeichnen und nicht wie jene selbst über verschiedene Weltteile verbreitet.

Rind, Pferd, Esel, Schaf, Schwein, Ziege und verschiedenes Federvieh bilden im großen die Gruppe der eigentlichen Haustiere, soweit solche landwirtschaftlich in Betracht kommen; von Natur aus und durch Mitwirkung des Menschen haben sie sich nach allen Gegenden hin verbreitet, zum Teil mit wesentlichen Veränderungen. Kamel, Lama und Renntier treten für bestimmte Gegenden ergänzend hinzu; Hund und Katze, Frettchen, Kaninchen und etwa das Meerschweinchen vollenden die Gruppe der als Haustiere gebräuchlichen Gebilde aus der Klasse der Säugetiere; alle andern Tiere haben jedoch sich bis jetzt nicht als Zuchtvieh einbürgern können, und nur der Elefant wird noch als brauchbares Lasttier eingefangen und gezähmt, nicht selbst gezüchtet.

Die in der Neuzeit gemachten Ausgrabungen von Pfahlbauten u. dgl. aber haben wesentlich Neues nicht geliefert, wohl aber manches auf ältere Zeiten, als bisher angenommen wurde, zurückgeführt. Die wichtigeren Kulturpflanzen hat der Mensch oft in sehr großer Zahl von Abarten zu vervielfältigen, doch aber in allen diesen nur wenig umzugestalten vermocht; die Haustiere sind jetzt ebenfalls in vielen Abarten vorhanden, aber zum Teil wenigstens in wesentlich vervollkommneten Formen, vom Standpunkte der Brauchbarkeit und Leistungsfähigkeit aus betrachtet. Während der Züchter bei den Pflanzen in nur bescheidenerem Grade das ursprüngliche Naturprodukt veredelt, namentlich in allen in das Gebiet der Gärtnerei einschlagenden Kulturpflanzen, bei Gemüsen aller Art und dem Obst, hat er auf dem Gebiete der Viehzucht Großes zu schaffen vermocht.

Fig. 171. Bodenbearbeitung in Ägypten.

Die Landwirtschaft im Altertum. Die ältesten zuverlässigen Nachrichten über Landwirtschaft besitzen wir aus Ägypten; hier diente ein kunstvolles, über das ganze Land verbreitetes Bewässerungssystem zur sorgsamsten Ausnutzung der im fruchtbaren Nilschlamm durch die Natur alljährlich gebotenen Pflanzennahrung. Weizen und Gerste waren die Hauptfrüchte, von welchen die Körner geerntet wurden, während man das Stroh verbrannte. Eine der heutigen ähnliche Sichel, ein sehr einfacher Pflug, eine Art von Eggen und andre Geräte finden sich zum Teil heute dort noch im Gebrauch, zum Teil sind sie uns auf Münzen und Denkmälern in Abbildung überliefert worden; darunter war auch schon das Schöpfrad zum Heben des Wassers.

Die Viehzucht war vernachlässigt; das Pferd, von auswärts eingeführt, wird, etwa von 1800 v. Chr. an, schon zum Reiten und am Wagen gebraucht; Pharao besaß schon eine stattliche Reiterei. Die hohe Belastung des Grund und Bodens seit dem jüdischen Minister Joseph, die im Kastengeist gipfelnde Verfassung mit dem Übergewicht der Priester und des Adels, der Krieger, welche Gewerbe und Ackerbau verachteten, verhinderten jeden Fortschritt und erhielten jahrhundertelang die primitive Art der Bebauung.

Griechenland, von der Natur minder begünstigt, hatte schon frühzeitig geregelten Ackerbau und bedeutende Viehzucht, besonders in Epirus und Makedonien, für welche selbst schon der Kunstfutterbau sorgsam betrieben wurde. Die aus Agypten entlehnte Bewässerung wurde hier durch Entwässerung, Drainage, ergänzt; regelrechte Düngung und

Bodenverbesserung durch Mergel und Kalk waren schon im Gebrauch. Die Agrarverfassung jedoch war nicht die beste, und als später die Handelsinteressen überwogen und Griechenland fast nur noch auf die Einfuhr angewiesen war, konnte selbst die sorgsamste Bewirtschaftung den Verfall der Landwirtschaft nicht mehr aufhalten.

Im Gegensatz zu Ägypten war aber in den besten Zeiten Griechenlands Ackerbau und Viehzucht hoch geehrt, und hier fanden sich auch die ersten Schriftsteller über Landwirtschaft. Sie zählten das Landleben und den Landbau zu den schönsten Genüssen und Beschäftigungen; alles, was mit ihm zusammenhing, hatte Anknüpfungspunkte an die Götterlehre, die ja nichts andres war als eine dichterische Darstellung der Natur. Demeter war die Göttin des Ackerbaues und der Fruchtbarkeit; sie lehrte dem Phytalos die Zucht des Feigenbaumes, dem Celeus den Weizenbau und dem Triptolemos den Bau sämtlicher Getreidearten. Ihr wurde die Erfindung des Pfluges und der Sichel zugeschrieben, und ihr zu Ehren wurden Tempel erbaut und Feste gefeiert. Poseidon lehrte den Griechen nach der Mythe das Zäumen der Rosse und das Graben der Brunnen, Hestia das Hauswesen und den Gebrauch der Lampe, Artemis die Jagd, Bakchos den Weinbau, Pallas das Weben und die Zucht des Ölbaumes, Hephästos die Kunst des Eisenschmiedens, Pan den Waldbau und die Viehzucht, Hermes den Handel, Priapos den Gartenbau und das Veredeln der Obstbäume, und die Lemoniaden pflegten und schützten die Wiesen.

Fig. 172. Anwendung des Pfluges im alten Griechenland.

Sklaverei, übermäßige Anhäufung des Grundbesitzes in den Händen von wenigen, sinnlose Entwaldungen der Berghänge, Überhandnehmen des Luxus und der politischen Parteikämpfe bildeten hier, wie später in Rom, die wesentlichsten Ursachen zum Ruin der Landwirtschaft und somit des Staates. Die Blütezeit der Reiche in Vorderasien — Babylon, Ninive, Judäa, Persien, Phönikien, Phrygien, Syrien — war auch gekennzeichnet durch sorgsamen Anbau, und besonders die Niederungen am Euphrat zeigten eine schon hohe Blüte der Kultur, von welcher wir noch die Spuren in den untergegangenen Denkmälern aus jener Zeit wiedererkennen.

Bei den Juden war die Agrargesetzgebung eine sehr viel bessere als anderwärts; Vorsorge gegen zu große Anhäufung von Grundeigentum in einer Hand, Aufmunterung zu Urbarmachungen durch zeitweise Befreiung von Abgaben, die Einrichtung der Hypothek u. dgl., sowie eine geregelte Verwaltung der Krondomänen finden sich hier zuerst.

Ein vollendetes Bild hoch entwickelter Landwirtschaft zeigt sich zur Blütezeit von Rom; hervorgegangen aus der jahrhundertelangen sorgsamen Pflege als Ausfluß der Achtung, welche alle diesem Gewerbe zollten. Wie die Verfassung der Griechen das Schöne, so begünstigte die der Römer das Nützliche. Die Gesetzgebung sicherte den Besitz und behütete die Sitte, die Religion leitete die Handlungen des Volks, und die Liebe zum Ruhme und Vaterlande ging mit der Liebe zur Natur und der Sehnsucht nach den Freuden des Landlebens Hand in Hand. Edle Bürger, wie Cincinnatus, verließen den Pflug, wenn das Vaterland rief, kehrten aber mit weiser Mäßigung zu ihm zurück, wenn es gerettet war. Marcus Portius Cato schrieb mitten im Drange politischer Wirren über Landbau und stellte die Erhaltung des väterlichen Erbguts als Bedingung eines rechtlichen Mannes auf. Virgilius Maro sang seine „Georgica", andre Dichter priesen die Seligkeit des Landlebens, und viele Tribunen und Edle strebten nach dem Ruhme eines guten Landwirts und Hausvaters. Zahlreiche Schriftsteller schrieben über die Landwirtschaft, und vollständige Anleitungen oder Lehrbücher wurden schon frühzeitig ediert (Varro, Columella, Paladius, Plinius Secundus u. s. w.). Die Bearbeitung des Bodens war ausgezeichnet; die Düngung vollständiger als vielfach noch heute bei uns, und hochgeehrt, wie schon daraus hervorgeht, daß die Römer den Stercutius, als Erfinder des Gebrauchs des Stalldüngers, unter die Zahl ihrer Götter versetzten. Ihnen war schon die Fruchtwechselwirtschaft bekannt, von der man glaubte, sie sei eine Erfindung der Neuzeit; denn man wechselte Gemüse, Gespinstpflanzen und Futterkräuter (Legumina) mit Halmfrüchten (Frumentum). Plinius berichtet von dem günstigen Einfluß der Bohnen auf das Gedeihen des nachfolgenden Weizens, der hohen Verdienste mehrerer Adelsgeschlechter um die Einführung des Anbaues von Blattfrüchten, was ihnen die Beinamen Lentuli, Fabii, Pisones, Cicerones eintrug.

Alle drei Reiche der Natur mußten ihr Kontingent dazu liefern; alle Arten von Abfällen wurden sorglichst gesammelt und als Dünger verwertet; in den großen Kolumbarien hielt man Tausende von Vögeln, nicht nur um sie zu mästen, sondern auch um ihren Dünger zu sammeln (Guano); die Lupine wurde als Düngungspflanze besonders gebaut, Asche aller Art fleißig verwendet. Gute Geräte unterstützten die Bearbeitung, welche besonders beim Brachfelde sehr sorgsam war; die Bewässerung war vortrefflich, und zum Entwässern bediente man sich schon einer Art von aus Flach- und Hohlziegeln hergestellter Drains, d. h. verdeckter Abzugskanäle; Ernte- und Dreschmaschinen waren schon im Gebrauch. Die Feldeinteilung war geregelt, die Verwaltung der Güter musterhaft und bis ins Kleinste geordnet. Großartig waren die Gärten für Zuchtvieh aller Art, und selbst die Tiere des Meeres wußte man im Binnenlande zu züchten. In der Kaiserzeit beginnt allmählich die Periode des übertriebenen Luxus; großartige Parkanlagen, Ziergärten u. dgl. verdrängten die Ackerfelder, kostspielige Bauten verschlangen Millionen. Der Grundbesitz häufte sich in den Händen weniger, deren Bedürfnisse immer größere Summen verschlangen, so daß zum Betrieb der Landwirtschaft kein Kapital mehr vorhanden war. Die Ländereien wurden nur verpachtet, um möglichst hohe augenblickliche Renten zu ziehen, die Bedrückung der Arbeiter (Sklaven) führte zu blutigen Aufständen, das Land verarmte mehr und mehr, zumal die Wucherpolitik der Großen die Einfuhr von Getreide begünstigte, um am Handel große Summen zu gewinnen.

Blutige Kriege vollendeten dann die Zerstörung und hinterließen verödete, zum Teil heute noch nicht wieder bebaute Gefilde, da ihnen durch Ausraubung des Bodens und Entwaldung der Höhen die Bedingungen zum gedeihlichen Wachstum entzogen worden waren. Nur noch in den Werken ihrer Schriftsteller lebte das Bild des ehemals so schönen Betriebs mit seinen stattlichen Gehöften, gut gepflegten Gärten, Weinbergen und Obstanlagen, schönen Stallungen voll ausgezeichneten Viehes, Fischteichen aller Art, gut unterhaltenen Wiesen und Feldern, geregelter Hauswirtschaft, sorgsam betriebener Molkerei, Kellerei, Bienenzucht, Forstwirtschaft u. s. w.

Die ehemals so arbeitsamen, streng erzogenen und genügsamen Römer hatten einem Geschlecht weichen müssen, von welchem Sallertius sagt, daß es „weder ein Erbgut bewahren, noch es ertragen konnte, daß es von andern besessen werde", ein Geschlecht, welches, durch sinnlose Verschwendung und habgierige Politik geistig und körperlich ruiniert, den von Norden einbrechenden Horden zur leichten Beute werden mußte.

Die Entwickelung der Landwirtschaft bis in die neueste Zeit. Nach den Zeiten der Völkerwanderung waren es die Klöster, in welchen die nicht untergegangenen Schriften der Römer aufbewahrt und fleißig studiert wurden, und von ihnen aus verbreitete sich allerwärts hin allmählich wieder eine blühende Landwirtschaft nach römischen Vorschriften, welche freilich nicht immer den klimatischen Verhältnissen entsprechen konnten.

Germanier, Gallier und Briten hatten zu der Zeit, als die Römer mit ihnen bekannt wurden, einen nur wenig entwickelten Ackerbau. Jagd und Kriegszüge beschäftigten den Mann; den Frauen und Sklaven lag die Feld- und Hausarbeit ob. Hafer, Gerste und Lein waren die Hauptfrüchte; die Viehbestände bildeten den Hauptwert, weil leichter in

Sicherheit zu bringen; die Chauken wurden als Pferdezüchter gerühmt. Den Pflug, den Weizen, die Rebe und andres brachten die Römer an den Rhein, damit zugleich ihre Betriebseinrichtung und Bestellungsart der Felder, zum Teil heute noch zu finden (Zweifelderwirtschaft, ursprünglich mit dem Wechsel zwischen Brache und Weizen, später mit Mais und Weizen, Getreide und Futterpflanzen u. dgl.).

Als die Franken zur Herrschaft kamen, begann die Landwirtschaft sich wieder zu heben, besonders erweckt Karl der Große unsre Bewunderung durch seine genauen Vorschriften über die Verwaltung der königlichen Meierhöfe, wenn schon die für das große Gebiet seines Weltreichs erlassenen Vorschriften zur gesetzlichen Regelung der Preise der Produkte das Verkennen der Grundbedingungen des Handels bekunden. Im allgemeinen aber waren die ersten Jahrhunderte nicht dazu angethan, die friedlichen Beschäftigungen des Landmanns gedeihen zu lassen; das Lehnswesen und die zunehmende Macht des Klerus thaten ein Übriges, um das Aufkommen eines eigentlichen Bauernstandes zu verhindern. Leibeigenschaft, Dienstbarkeiten aller Art, Fronen, Zehnten, Hutungsrechte, Lehngelder, Zinsen und dergleichen Lasten mehr dienten nur zur Stärkung der Macht des Adels und des Klerus und führten oft zu gewaltsamen Empörungen, welchen dann um so tiefere Knechtschaft folgte. Selbst als mit der Gründung der Städte die Ansiedelung freier Männer in deren Bannkreis begünstigt und zur Zeit der Kreuzzüge jedem Teilnehmer die Freiheit zugesichert wurde, so daß nun der Mangel an Arbeitskräften zur Gewähr größerer Freiheiten führte und gegen Ende des 15. Jahrhunderts die Leibeigenschaft fast ganz wieder aufgehoben war, konnte sich dieser glückliche Zustand nicht lange halten, und nur in der Nähe der Klöster wie im Bereich der Städte fand sich ein geregelter Betrieb mit lohnendem Erfolge, welchen freilich oft genug wieder Fehde und Bruderkrieg raubte.

In dieser ganzen Zeit blühte nur in Spanien unter der Herrschaft der betriebsamen, Künste und Wissenschaften ehrenden und pflegenden Mauren die Bodenproduktion in einer die höchste Höhe der römischen Zeit überstrahlenden Weise. Das ganze Land glich einem Garten; Mangel kannte die zahlreiche Bevölkerung nicht, Getreide wuchs im Überfluß, Obst- und Weinbau standen im Flor, die Bewässerung war vortrefflich und führte zur Gründung der ersten Genossenschaften, deren Einrichtungen bis auf heute sich erhalten haben. Ihre Wollzucht und Wollmanufaktur waren berühmt. Die christlichen Spanier haben leider das schöne Land, nachdem sie es völlig erobert hatten, verfallen lassen. Die Inquisition entfaltete ihre furchtbare Macht. Fleiß, Industrie und Gewerbe, die Mittel, den einzelnen kräftig und frei zu machen, wurden vernachlässigt, und als durch die Entdeckung Amerikas die Goldgier erregt wurde und ungeheure Schätze in das Land kamen, ging Spaniens Produktion an der Anhäufung des toten Mammons zu Grunde und vermochte niemals mehr, trotz des vortrefflichen Bodens und des herrlichen Klimas, sich wieder zu heben. Nur in der Zucht feiner Wollen behauptete das Land bis zu unserm Jahrhundert den Vorrang; von da ab hat auch diese keine Bedeutung mehr erlangen können, und zwar war es zuerst Deutschland, welches die Zucht edler Wollschafe mit Erfolg betrieb.

In Italien beginnt mit der geistigen Wiedergeburt des Landes zur Zeit der Herrschaft der kleinen Republiken auch für die Landwirtschaft eine Zeit der Blüte, welche sich besonders in der Lombardei durch die Begründung des später so hoch entwickelten und mit Recht gegenwärtig bewunderten Kanalisations- oder Bewässerungssystems verewigt hat. Noch gibt es nirgends eine bessere Gesetzgebung über Benutzung, Zu- und Ableitung des Wassers, ebenfalls ein Erbteil jener Glanzperiode, welche leider rasch in den Verfall überging, als auch hier die Inquisition zur Herrschaft gelangte.

Die Niederlande und England boten günstigere Bedingungen zur erfreulicheren Entwickelung der gesamten Produktion und damit auch für den Aufschwung der Landwirtschaft, welche bald Lieblingsbeschäftigung der energischen und ausdauernd schaffenden Bevölkerung wurde, begünstigt durch freie Verfassungen und gerechte Gesetzgebung. In beiden Ländern mußten zwar erst harte Kämpfe im Innern und nach außen ausgefochten werden, ehe die Freiheit der Bewegung errungen und befestigt war; dann aber auch ging der Fortschritt unaufhaltsam, und diese Länder wurden und blieben tonangebend für alle andern. Der Kampf mit dem Meere lehrte frühzeitig die Wasserbaukunst, großartige Dammbauten begünstigten die Trockenlegung weiter fruchtbarer Gründe, ein über das ganze Land verbreitetes

Netz von Kanälen erleichterte den Handel und zugleich die Ent- und Bewässerung und die Fruchtbarkeit der Wiesen die Viehzucht, welche schon frühzeitig zu hoher Blüte sich entwickelte; der ausgedehnte Welthandel kam auch der Landwirtschaft zu gute und vollendete bald den Umschwung von der einfachsten bis zur ausgebildetsten Bewirtschaftung. Auch diese beiden Länder führen bald mehr Getreide ein als sie produzieren, aber sie gehen dadurch wirtschaftlich nicht zurück, sondern im Gegenteil höherer Vervollkommnung entgegen. Die Viehzucht erlangt das Übergewicht und unterstützt nun wieder den Ackerbau, welcher mehr und bessere Produkte als vordem liefern kann. Von England aus kommen die verbesserten Bewirtschaftungssysteme, die verbesserten Fruchtfolgen, die vorzüglichen Geräte der Neuzeit, die Drillkultur, die vernunftgemäße Düngung der Felder, die Einführung der Dampfkraft in die Landwirtschaft, bis zur glücklichen Durchführung der Dampfpflugbearbeitung des Bodens, die Drainage oder Entwässerung, die Tiefkultur, die Zucht hochgezogener Rassen mit großartigen Leistungen, die zweckmäßigere und einfachere Bauart der Gehöfte, das Übereinkommen der großen Grundbesitzer mit ihren Pächtern, die umsichtige Agrargesetzgebung (nicht ohne mancherlei harte Kämpfe gegen Sonderinteressen zur Durchführung gebracht) und andres mehr zu Nutz und Frommen der Landwirtschaft.

Die übrigen Länder Europas konnten dieser Entwickelung nicht folgen, denn erst in der Neuzeit findet das Bessere von dort nach und nach Eingang, soweit Lage, Boden, Klima, politische und soziale Verhältnisse es gestatten. Die Reformation hatte auch bei uns in Deutschland bessere Zustände anbahnen helfen; die Aufhebung der Klöster brachte deren Güter in den Verkehr, machte Bürgerlichen die Erwerbung oder Pachtung möglich und lieferte die Mittel zur Gründung von Schulen, von wo aus die Schätze der Litteratur bald zum Gemeingut wurden, begünstigt durch die Buchdruckerkunst; Schriften über Landwirtschaft werden wieder gelesen und neue verfaßt. Der Bauer wird freier, selbst nach den Bauernkriegen. Vorübergehend wurden freilich durch den Dreißigjährigen Krieg unsre Fluren arg verwüstet. Hunderte von Dörfern waren zerstört, und herrenlos lagen die ehemals schönen Gehöfte, weil sie nicht einmal die Lasten mehr zu tragen vermochten.

Die Gründung der vielen souveränen Gewalthaber und deren dem französischen Hofe nachgeahmte Verschwendungssucht sowie der Übergang zu den stehenden Heeren führten jedoch bald zur Notwendigkeit geordneterer Finanzverwaltung und für diese zur Errichtung von Lehrstühlen für Kameralwissenschaft an den deutschen Universitäten. Von da ab beginnt die freie Forschung auch auf diesen Gebieten, das Lossagen von den bis dahin noch befolgten Vorschriften der römischen Schriftsteller, der Kampf gegen die Vorrechte des Adels, Leibeigenschaft, Trift- und Hutgerechtigkeiten, Fronen, Robot, Zehnt und dergleichen.

Thomasius und Schubart, geadelt als Edler von Kleefeld durch Joseph II., eröffneten den Kampf, von Stein mit A. Thaer schloß denselben in schwerer Zeit durch seine geniale Agrargesetzgebung, welche zum guten Teil die Wiedergeburt unsres Vaterlandes, die Befreiung von Napoleons Herrschaft, mit erringen half. Joseph II. und Maria Theresia, Friedrich der Große und andre Fürsten halfen den Kampf fördern, und viele hervorragende Gelehrte widmeten ihm ihre Kräfte so lange, bis ein wirklich freier Bauernstand geschaffen war.

Schubart führte den Kunstfutterbau und die Stallfütterung ein, in beiden das Mittel bietend, die Hutgerechtsame zu entbehren. Bis dahin war im Innern des Kontinents allgemein diejenige Bewirtschaftung üblich, bei welcher man auf den Äckern nur Getreide baute und daneben Wiesen und Weiden zur Futtergewinnung hatte. Alles Vieh ernährte sich im Sommer nur auf der Weide, mochte das Wald-, Wiesen- oder natürliche Hut sein oder magere Feldweide auf den Äckern.

Diese waren meistens in drei Felder oder Fluren geteilt: 1) das Brachfeld, welches gar nicht bestellt, sondern nur sorgsam bearbeitet und gedüngt wurde und in den Zwischenzeiten von einer zur andern Bearbeitung Kräuter aller Art hervorbrachte, welche dem Vieh zur Nahrung dienten; 2) das Winterfeld zum Anbau von Roggen und Weizen, welche im Herbst gesäet wurden und nach der Ernte im kommenden August und Juli eine Stoppelhut gaben; 3) das Sommerfeld für Gerste und Hafer. Diese Betriebsweise, als Dreifelderwirtschaft bekannt und noch heute in manchen Dorfgemeinden in der Flureinteilung verewigt, hieß eine verbesserte, wenn abwechselnd auch einmal Öl= und Hülsenfrüchte im Brachfelde gebaut wurden. Schubart lehrte Klee, Runkeln und dergleichen Pflanzen mit in den Kreislauf nehmen, wozu später noch die Kartoffeln kamen, die Brache beschränken, die Fütterung sicher stellen durch Beschränkung des Weideganges für Rindvieh in weniger dazu geeigneten Gegenden, ein Fortschritt von großer Tragweite, maßgebend für unsre ganze heutige Entwickelung. Im Norden, an den Seeküsten und im Gebirge hatte man an Stelle dieser „Körnerwirtschaften" (denn es gab auch Zwei=, Vier=, Fünffeldersysteme) die sogenannten „Koppel= oder Schlagwirtschaften", bei welchen es zwar auch einige Wiesen für Winterfutter gab, das gesamte übrige Land aber abwechselnd eine Reihe von Jahren nur Getreide trug und dann ebenso lange oder länger dem Graswuchs überlassen blieb und zur Weide diente. Diese Systeme finden sich heute noch, nur mit dem Unterschied, daß an die Stelle der natürlichen Berasung nach Aberntung der letzten Halmfrucht die künstliche Kleegrassaat tritt, Ölfrüchte, Kartoffeln, Rüben und andre mit in diesen Umlauf aufgenommen sind und die Winterfütterung der Tiere nicht bloß auf Heu, Stroh und Kaff beschränkt bleibt.

Von England aus verbreitete sich gegen Ende des vorigen Jahrhunderts die Wechselwirtschaft, bei welcher die Wiesen noch mehr beschränkt werden, selbst oft ganz fehlen, und das gesamte Gebiet abwechselnd mit Halmfrüchten, Futterpflanzen, Hülsenfrüchten, Handelsgewächsen und Hackfrüchten bebaut wird. Da endlich, wo alle Bedingungen zusammentreffen, bindet man sich an gar keine bestimmte Folge mehr, sondern hält alle Felder in solchem Kulturzustande, daß man alljährlich auf ihnen die Früchte bauen kann, welche die Wirtschaft gerade bedarf, oder welche unter den herrschenden Preisverhältnissen die höchsten Gelderträge versprechen. In Deutschlands Süden und im Binnenlande sind die verbesserten Körnerwirtschaften in mannigfachster Abänderung vorherrschend, vielfach mit thunlichster Annäherung an das Prinzip der Wechselwirtschaft. Sie haben sich verbreitet, nachdem A. Thaer, „der Vater der deutschen Landwirtschaft", in seiner „Einleitung in die Kenntnis der englischen Landwirtschaft" mit dem Hochbetrieb Englands, und N. v. Schwerz durch die „Belgische Landwirtschaft" mit dem intensiven Betrieb der Niederländer bekannt gemacht und beide im Verein mit J. v. Burger in Österreich durch ihre vortrefflichen Lehrbücher den Sinn für rationelle Landwirtschaft erweckt hatten. An ihre Namen knüpft sich die Errichtung besonderer landwirtschaftlicher Lehranstalten in Verbindung mit Musterwirtschaften, in welchen Hochbetrieb gezeigt und erläutert wurde. — Man ist davon heute mehr zurückgekommen und meint, daß Theorie und Praxis getrennt gelehrt werden müssen. Die technische Ausbildung wird eine viel gründlichere, wenn dieselbe in praktischen Wirtschaften ausschließlich und allein von praktischen Lehrmeistern übernommen wird; anderseits sollen die Grund= und Fachwissenschaften zum besseren Verständnis für Natur und Wirtschaft von tüchtigen Lehrkräften in wirklichen Schulen gelehrt und gleichzeitig die allgemeine Bildung gefördert werden. Je nach dem Umfange der Ausbildung werden unterschieden Ackerbauschulen, Landwirtschaftsschulen, landwirtschaftliche Universitätsinstitute.

Die Einführung spanischer Wollschafe, zuerst nach Sachsen, begeisterte in den bald erlangten großartigen Erfolgen zur Hebung der Viehzucht überhaupt und legte den Grund zur nachmals so berühmt gewordenen deutschen Schafzucht, welche bis vor wenigen Jahren den gesamten Wollhandel beherrschte und die Wissenschaft der Wollkunde mit besonderer Terminologie hervorrief (Leipziger Kongreß).

Die Kartoffel, für den Menschen eher eine Verschlechterung als Verbesserung seiner vordem mehr aus Hülsenfrüchten gemischten Nahrung bedingend, führte zur nachmals großartig entwickelten Spiritusfabrikation, welche den Wert entlegener Güter außerordentlich steigerte und in den Rückständen Futterstoffe lieferte, welche die Viehmast im großen betreiben ließen. Die Zuckerrübe brachte für einzelne Gegenden (Magdeburg besonders) noch großartigere Umwandlungen hervor und verdrängte allmählich, trotz der hohen Besteuerung, den Kolonialzucker so gut wie ganz. Bierbrauereien, Stärkefabriken, Ölschlägereien und verbesserte Mühlen wurden vielfach mit landwirtschaftlichem Betrieb verbunden und sicherten stets in ihren Rückständen wertvolle Futterstoffe, welche die Stallfütterung immer lohnender machten.

Gehoben und getragen wurden alle diese Verbesserungen durch die erstaunlichen Fortschritte und Entdeckungen in den Naturwissenschaften, durch die Vervollkommnung der

Technik, die Gründung des Zollvereins, die Erweiterungen des Verkehrsnetzes durch Dampfschiffe und Eisenbahnen, und durch den zunehmenden Bedarf an Handelspflanzen aller Art: Zuckerrüben, Tabak, Hopfen u. dgl.

An den Namen J. v. Liebig knüpft sich in der Neuzeit ein besseres Verständnis für die Naturwissenschaften als Grundlage für einen rationellen Betrieb der Landwirtschaft, sie dankt ihm und seiner Schule die „Naturgesetze des Feldbaues", Klarheit über das Leben und die Ernährung der Pflanzen, Einsicht in die Physiologie der Tiere, Sicherheit in der Technik, die Errichtung agrikulturchemischer Versuchsstationen, die Verbreitung des Handels mit künstlichen Dungmitteln. Hunderte von Schiffen bringen aus allen Weltteilen Guano, Knochenpräparate, bearbeitetes phosphorsäurehaltiges Gestein, Chilisalpeter aus Amerika, Fischguano aus dem Norden; Kalisalze liefern uns die Salzwerke von Staßfurt. Vor allem aber führte v. Liebigs Auftreten zur höheren Würdigung der Landwirtschaft auch auf den Universitäten, welche jetzt mehr und mehr auch dieser eine Stätte gegründet haben.

Ein Aufschwung auf dem Gebiete der Tierzucht datiert erst aus neuerer Zeit, nachdem uns die Engländer gezeigt haben, wie durch zweckmäßige Auswahl die Leistungen der nach bestimmten Grundsätzen gezüchteten Tiere gesteigert werden können. Insbesondere waren es Settegast und v. Nathusius, welche uns die Beziehungen der Gestalt zu den tierischen Leistungen, die Steigerung und Erhaltung derselben zum Verständnis brachten. Mit dem Rückgange der Wollproduktion, welche sich mehr auf extensive Betriebsverhältnisse beschränkt, nahm insbesondere die Milchwirtschaft einen raschen Aufschwung, worüber später Näheres mitgeteilt wird.

Auf der andern Seite hat die mächtige Entfaltung des wirtschaftlichen Lebens der Völker auch die Landwirtschaft gefördert. Die französische Revolution brachte die freie Verfügbarkeit über den Boden, die nachfolgende Zeit deren weise Anwendung, Freizügigkeit, Gewerbefreiheit, die Genossenschaft in zahllosen Formen, Spar- und Vorschußvereine, Hypothekenbanken und Kreditinstitute, bessere Durchführung der Prinzipien des Freihandels, billige Frachtsätze und andres mehr, zunächst freilich nicht ohne störende Übergangsperioden und mancherlei Gefahren, welche aber alle unter richtiger Würdigung der Verhältnisse zu vermeiden und zum Segen umzuwandeln sind. Auch die Überflutung unsrer Märkte mit fremdem Getreide muß zur Wohlfahrt werden und hat schon in der großartigen Preissteigerung für alle Produkte der Tierzucht ihr Korrektiv gefunden. Nicht mehr drohen zu billige und zu hohe Preise; der Handel mit den Produkten der Landwirtschaft ist Welthandel geworden und bedingt stabilere Preise.

Gesetzgebung, Wissenschaft, Kunst, Handel, Technik und Industrie haben das Ihrige gethan oder doch vorbereitet, um die Bodenproduktion sich mächtig und frei entfalten zu lassen; die Gewerbtreibenden selbst haben durch großartige Leistungen den Erwartungen, zum Teil wenigstens, schon entsprochen.

Die Landwirtschaft ist nach diesen Reformationen der Mittelpunkt der gesamten Volkswirtschaft geworden und eine klare Auffassung der Elemente derselben ist daher in der Gegenwart um so wichtiger, je mehr durch die raschere Strömung der Kräfte und Geister die Anforderungen an höhere Bildung und bürgerliche Wohlfahrt gesteigert worden sind. Nur durch eine entsprechende Intelligenz kann das Gleichgewicht zwischen Stand und Leben vermittelt, der fundierte Besitz, die Sitte und die Sittlichkeit gewahrt, die Ehre und Würde des landwirtschaftlichen Gewerbes erhalten und jene maßvolle Bildung verbreitet werden, welche weder hinter dem Stande zurückbleibt, noch darüber hinausgeht.

Große, mittlere und kleine Güter, Eigentum und Pachtung stehen jedem nach seinen Kräften zu Gebote, höhere, mittlere und niedere Schulen sichern jedem das Maß der ihm nötigen Ausbildung, eine zahlreiche Litteratur bietet allen Belehrung und hält sie auf der Höhe ihrer Zeit; ein weitverzweigtes Netz von Vereinen mit dem Gipfelpunkt eines Landeskulturrathes am Sitze der Reichsregierung wacht über die Interessen des Standes.

Gestützt auf diese Betrachtungen, reichen wir dem Leser die Hand mit der Bitte, uns auf einer Wanderung durch einige Gebiete der Landwirtschaft zu begleiten, um die Erzeugung, Gewinnung und Veredelung ihrer wesentlichsten Rohprodukte kennen zu lernen.

Der Ackerboden.

Entstehung und Zusammensetzung der Ackererde. Aller Boden ist entstanden aus der Verwitterung der Gebirge. Die Sonnenstrahlen erwärmen das Gestein und dehnen seine Bestandteile in ungleichem Grade aus; Risse und Sprünge entstehen, in welche die feuchten Niederschläge eindringen; die Frostkälte bildet Eis, dessen sprengende Kraft den Spalt erweitert; das Wasser löst einzelne Bestandteile auf, bahnt sich einen Weg durch das Gestein, lockert und unterhöhlt seinen Zusammenhalt. Moose und Flechten siedeln sich auf jedem noch so kleinen Vorsprung der steilen Felswand an, wachsen und vergehen und bilden einen Standort für höher organisierte Pflanzen, deren Samen Wind oder Vögel in die junge Bodenschicht tragen und deren Wurzeln in die Gesteinsspalten eindringen, diese erweitern und Wasser und Luft in die Tiefe leiten. Der Sauerstoff und die Kohlensäure der Luft zersetzen das Gestein, welches auf die Dauer den vereinten Anstrengungen der mechanischen und chemischen Kräfte nicht zu widerstehen vermag. Große und kleine Trümmergebilde lösen sich ab, andre mit sich reißend; Lawinen, Stürme, Gletscher in ihrem unaufhaltsamen Vordringen zertrümmern in höherem Grade; der Trümmerschutt rollt in die Tiefe und wird hier von der Gewalt des Wassers fortgeführt, abgerundet und abgeschliffen, gelöst und gepulvert, um anderwärts als Schlamm und Schutt abgelagert zu werden. So entstand und entsteht noch der Boden, entweder als Verwitterungsschicht seines Muttergesteins, dieses bedeckend, *angestammter Boden*, in der Regel steinig, grob, gleichartig gemengt, oder als Ablagerungsschicht aus wässerigen Niederschlägen — *angeschwemmter Boden*, feingeschlämmten, fruchtbarsten Boden oder Gerölle, Kies- oder Sandanhäufung darstellend (Deltabildungen).

Die Lava der feuerspeienden Berge erstarrt nach und nach und unterliegt dann gleichfalls der Verwitterung; hier wie dort siedeln sich zuerst Moose, Flechten, Algen und Luftpflanzen an, deren Untergang den ersten Humus bildet und allmählich größeren Pflanzen die Bedingungen des Daseins gibt.

Bringt heute eine Eruption einen nackten Bergkegel aus dem Grunde des Meeres herauf, Stromboli z. B., so bedeckt er sich schon nach wenigen Jahren mit grünender Pflanzenerde und ist bald von Wald gekrönt; und wo die Thätigkeit der Korallentiere ein Atoll, d. i. einen ringförmigen Wall, vollendet hat, da trocknet bald das Salzwasser im Innern aus und ein ähnlicher Vorgang trägt zur Bildung eines fruchtbaren Gefildes bei.

Boden ist ursprünglich nur Gebirgsschutt, mineralisches Gebilde, welches aber im Verlauf der Zeiten mit untergegangenen Pflanzen- und Tierresten sich bedeckte und vermischte; *Ackerboden* ist schon Umwandlungsprodukt, ein zum Standorte von Pflanzen bereits präparierter Boden, dazu geeignet gemacht durch die Naturkräfte selbst und durch das Eingreifen des Menschen. Abgesehen von den für die Pflanze nicht in Betracht kommenden Metallen, sind es nur wenige chemische Grundstoffe, welche alle unsre Gesteine zusammensetzen, also auch den Boden bilden und in den Pflanzen und Tieren sich wiederfinden. Ein *fruchtbarer* Boden muß günstige chemische und physikalische Eigenschaften zeigen. Die ersteren sind bedingt von dem Nährstoffvorrat, von dem Gehalt an Phosphorsäure, Schwefelsäure, Salpetersäure (Ammoniak), Kali, Kalk, Magnesia, Eisen und Wasser, welch letzteres als Nahrungs- und Transportmittel dient. Die physikalischen Eigenschaften, welche den passendsten Lockerheits- und Feuchtigkeitszustand herstellen, werden bedingt von dem Gehalt des Bodens an Thon, Sand, Kalk und Humus. Diese vier Hauptbestandteile sind, jeder für sich allein, nicht fähig, die Kulturpflanzen zur vollständigen Entwickelung zu bringen, erst aus einem Gemisch derselben bilden sich fruchtbare Bodenarten.

Siebt und schlämmt man den Boden, um ihn mechanisch zu zerlegen, so zerfällt er in *Feinerde*, welche man abschlämmen kann, und in mehr oder minder groben Schutt, welcher zurückbleibt, *Bodenskelett*. Das Skelett hat man zerlegt in *Grobkies*, *Mittelkies*, *Feinkies* und *Streusand*, die *Feinerde* in *Feinsand* mit *Beimengungen* und *thonige Feinerde*; diese ist es, welche die eigentliche Pflanzennahrung enthält und durch ihre Eigenschaften das Leben der Pflanzen ermöglicht; die andern Bestandteile sind Lockerungsmaterial, Verdünnungsmittel, notwendig, um der Luft den Zutritt zu gestatten und die Zersetzungs- und Umwandlungsprozesse im Boden zu ermöglichen. Überwiegt das Skelett, so hat man die Gruppe der Geröll-, Kies- und Sandbodenarten, überwiegt die Feinerde, die der Thon- und Lehmfelder; in jenen den Typus der Lockerheit, in diesen den der Gebundenheit vor Augen. Diese wie jene erlangen ihren Wert für die Kultur unter dem Einfluß ihrer Lage und dem des herrschenden Klimas.

Bodenarten. Der Landwirt beurteilt den Boden nach der Brauchbarkeit für seine Zwecke und unterscheidet zunächst wegen des Widerstandes, welcher sich ihm bei der Bearbeitung entgegenstellt, zwischen leichtem und schwerem Boden; mit dem Gewicht hat aber diese Bezeichnung nichts zu thun; jener wiegt sogar durchschnittlich mehr als dieser.

Thonboden heißt jeder Boden mit überwiegender Feinerde, mit mindestens 50 Prozent „Thon", d. i. ein Gemenge von kieselsaurer Thonerde, mit kieselsauren Alkalien und Erden: Kali, Natron, Kalk, Bittererde, und entstanden aus der Verwitterung feldspatiger Gesteine, wie Thonschiefer, kristallinischer Schiefer, Gneis, Granit, Porphyr, Trachyt, Basalt u. s. w., mit Skelettgebilden, Gesteinstrümmern und Sand vermengt und verschieden gefärbt durch Eisen, Mangan, organische Reste u. dergl. mehr. Sandboden entsteht durch die Verwitterung quarzführender Gesteine und der Sandsteine, oder durch Niederschlag aus Flüssen und ist gemengt mit Thon, Kalk, Kies und organischen Resten; der reine Sand muß mindestens 85 Prozent betragen. Lehmboden ist angeschwemmter Thonboden, vermischt mit Sandboden, zusammengesetzt aus 20—50 Prozent Thon und 50—70 Prozent Sand. Kalkboden bildet sich aus der Verwitterung von Kalkgebirgen und Sandsteinen mit kalkigem Bindemittel; er ist vermischt mit Sand, Thon, Bittererde, phosphorsaurem Kalk, Gips, Eisen- und Manganverbindungen; der Kalkgehalt muß 60 Prozent übersteigen und kann bis 80 Prozent betragen; ihm nahe verwandt ist der Mergelboden mit 20 bis 60 Prozent Kalk und größerem Thongehalt. Humusboden ist solcher, in welchem die verweste und verwesende Pflanzensubstanz, der Humus, in höherem Grade als gewöhnlich, also mit über 5 Prozent, vertreten ist.

Alle diese Bodenarten bilden zahlreiche Übergänge ineinander.

Der Thonboden zieht begierig die Feuchtigkeit an und hält sie lange zurück; seine Bestandteile sind dicht aneinander gelagert und gestatten der Luft und den Wurzeln der Pflanzen nur schwierig das Eindringen, um so weniger, wenn bei Nässe der Boden zuschlämmt und bei darauf folgendem Sonnenschein erhärtet. Er erwärmt sich nur langsam und erkaltet rasch. An Werkzeugen, den Hufen der Zugtiere und den Sohlen der Menschen haftet er leicht an und sein Zusammenhang bildet stets bei der Bearbeitung Schollen von mehr oder minder festem Gefüge und glänzenden Schnittflächen. Höchst wertvoll wird er dadurch, daß sein Hauptbestand, die Feinerde, vorzugsweise der Träger aller wichtigen Verbrauchsthätigkeiten, durch welche allein die Pflanzen sich erhalten können, ist — d. h. sowohl im trockenen Sommer die Wasserdünste der Atmosphäre, als auch zu jeder Zeit die düngenden Gase verdichtet und aus den im Boden kreisenden Lösungen die wichtigsten Nährstoffe, Kali, Ammoniak, Phosphorsäure, zurückhält, und andre, Kalk, Natron, Bittererde u. dgl., im Austausch dagegen abgibt; jene bleiben daher stets in der Ackerkrume zurück, diese folgen der Bewegung des Wassers in die Tiefe und werden schließlich alljährlich zu Millionen von Zentnern in dem großen Weltmeere abgelagert. Das Meerwasser ist reich an diesen, arm an jenen Stoffen. Schwierig dagegen ist die Bearbeitung des Thonbodens, und zumal dann, wenn der günstige Zeitpunkt dazu verfehlt wurde.

Der Sandboden verhält sich fast in jeder Beziehung entgegengesetzt dem Thonboden; seiner leichten Bearbeitbarkeit als Vorzug steht die starke Erwärmung, die rasche Austrocknung, die Durchlässigkeit für Meteorwasser, das Fehlen der Verbrauchskraft, die Lockerheit der Bestandteile und die rasche Verflüchtigung der demselben einverleibten Düngstoffe entgegen, so daß hier die Kunst des Bewirtschafters hauptsächlich die Bildung, die Beschattung, die öfters zu wiederholende Düngung in kleineren Gaben und die frühzeitige Saat bei feuchter Witterung im Auge zu behalten hat. Flüssiger Dünger aller Art, besonders Kloakendünger, bringt bei zweckmäßiger Benutzung die besten Erfolge.

Der Kalkboden steht in bezug auf Austrocknung, Bearbeitung, Wasser- und Düngerbedarf dem Sandboden sehr nahe; er erweicht sich bei Regengüssen, trocknet aber rasch wieder ab. Er ist stets warm und im Frühjahr am ersten mit Grün bedeckt.

Feinhülsigkeit und Mehlreichtum der Körner, Wohlgeschmack des Obstes, Geist des Weines, Pracht der Blüten, Würzhaftigkeit der Kräuter und Üppigkeit aller Futterpflanzen kennzeichnen den guten Kalkboden, während Überwiegen des Kalkgehalts, wie z. B. beim Kreideboden, bei nicht genügender Befeuchtung das Bild fast gänzlicher Unfruchtbarkeit bietet. Der Kalk bildet das beste Verbesserungsmittel der thonreichen Bodenarten, Thon und Humus dagegen das des Kalkbodens, welcher bei reichem Bestand an Thon in die Gruppe der **Mergelbodenarten** übergeht.

Der **Humus** ist das Korrektiv für alle Bodenarten und ohne ihn eine fruchtbare Acker- oder Gartenerde nicht denkbar. Als verweste und verwesende Pflanzenreste enthält er alle zur Ernährung der Gewächse nötigen Stoffe und liefert ihnen diese im fortschreitenden Zersetzungsprozeß im Maße des Bedarfs in aufnehmbarster Form; nicht der Humus als solcher, sondern nur die Zersetzungsprodukte desselben bilden Pflanzennahrung. Künstlich vermehrt man dessen Masse durch Ansaat starker, blattreicher, tiefwurzelnder Pflanzen und durch Unterackern derselben (Gründüngung). Im kleinen kann jeder sich Humus und dadurch vortreffliche Blumenerde schaffen, wenn er alle Arten pflanzlicher Abfälle übereinander schichtet und zeitweise befeuchtet. Im Boden gewinnt der Humus seine wichtigsten Eigenschaften dadurch, daß er die Feuchtigkeit begierig anzieht und lange zurückhält, schwammartig sich vollsaugend; im Walde bildet die Laubdecke den großen Wasserbehälter, aus welchem die Quellen nachhaltig gespeist werden. Ohne Humus und Wald stürzen die Regengüsse in gefährlichen Strömen die Berghänge herunter und richten großartige Überschwemmungen an, nach welchen die Flußbetten wieder austrocknen und die Quellen versiegen. Der Humus erwärmt sich rasch und bildet Wärme durch seine Zersetzungsprozesse; er selbst wirkt aber als schlechter Wärmeleiter schützend gegen die Sonne und verhindert die Ausstrahlung der unteren Schichten. Seine schwammige Masse hält den bündigen Boden locker und den losen Boden im Zusammenhalt; aus der Luft zieht er die nützlichen Gase an, aus den wässerigen Lösungen saugt er die zugeführten Nährstoffe auf und vermittelt deren Übergang in die tieferen Schichten. Seine Zersetzung beschleunigt den Verwitterungsprozeß des Bodenbestandes. In der Summe seiner Wirkungen ist er unersetzbar. **Humusboden** dagegen, in welchem es an Skelett und Feinerde fehlt, bildet bei mangelnder Feuchtigkeit als **trockener** oder **Heidehumus** Bodenarten von zu losem Zusammenhang und bei stehendem Wasser als **saurer Humus** nur für saure geringwertige Gräser und schlechtere Kräuter einen gedeihlichen Standort. **Milder** oder **Waldhumus** von der Beschaffenheit, wie man ihn in hohlen Baumstämmen und gutem Laubwalde findet, bildet allein den Inbegriff der höchsten Fruchtbarkeit.

Nur selten ist der Boden von Haus aus schon entsprechend gemischt:

Nicht zu kalt und nicht zu warm,
Nicht zu reich und nicht zu arm,
Nicht zu trocken, nicht zu feucht,
Nicht zu schwer und nicht zu leicht,
Keines Herr und keines Knecht,
Kurz gesagt: gerade recht.

In der Regel aber zeigt der Boden nach einer oder der andern Richtung hin, vom Standpunkte der Pflanzenkultur aus betrachtet, Mängel, welche entweder zur Verbesserung oder zu höchst sorgsamer Bearbeitung und Düngung zwingen oder dem Menschen Beschränkungen im Anbau insofern auferlegen, als er nicht alle, dem herrschenden Klima entsprechenden Pflanzen in beliebiger Weise anzubauen vermag.

Lage und Klima bedingen die Größe dieser Mängel und erweisen sich einflußreicher, als die Mischung der Bestandteile an sich. In feuchter Lage und regenreichen Gegenden, in Niederungen und am Nordabhange der Berge werden die sandigen und kalkigen, auf der Höhe, an der Sonnenseite, im trockenen Klima die thonigen und humusreichen Bodenarten im allgemeinen den Vorzug verdienen.

In bezug auf den Verkehrswert im Handel und Wandel kommt auch noch die räumliche Lage in Betracht; in der Nähe der Städte, in volkreichen Gegenden, im Gebiete guter Verkehrswege ergibt Boden von gleicher Beschaffenheit und Brauchbarkeit einen ungleich höheren Preis, weil er begehrter ist als da, wo die Verwertung der Erträge schwieriger bleibt. Für den einzelnen gewinnt auch noch die Lage seiner Grundstücke zum Wirtschaftshofe eine hohe Bedeutung; am zweckmäßigsten wird dieser im Mittelpunkte der Ackerländereien, welche den größten Arbeitsaufwand beanspruchen, angelegt, weil so die tierischen und menschlichen Arbeitskräfte am besten ausgenutzt werden. Die zentrale Lage resp. das System der Einzelhöfe, wie wir solche in Belgien, im Nordwesten Deutschlands und der Schweiz finden, erleichtert auch die Übersicht und Aufsicht und läßt eine gleichmäßige Behandlung der Felder zu, während bei seitlicher Lage des Hofes wie im Dorfsystem die entfernteren Felder oft extensiver bewirtschaftet werden. Das Dorfsystem bot insbesondere früher große Vorzüge vor dem System der Einzelhöfe; gegen Überfälle, Einbrüche, Verbrechen kann rechtzeitig eingeschritten werden, Hirten, Wächter werden gemeinschaftlich benutzt, der Gemeinsinn erstarkt besser. Auch schafft die gegenseitige Überwachung ein oft heilsames Sittengericht. — Vom Hofe am weitesten entfernt kann der Wald liegen, weil er den geringsten Arbeitsaufwand verursacht; der Gärtner, der Wein- und Obstzüchter müssen dagegen in unmittelbarer Nähe ihres Bezirkes wohnen; Wiesen können weiter entfernt als Acker sein, und von diesen müssen diejenigen, welche zum Anbau von Handelspflanzen und Hackfrüchten dienen sollen, näher liegen als das Getreide- und Futterland.

Unter den Bestandteilen des Bodens, welche mehr als Beimengungen erscheinen oder zum mindesten doch in nur geringer Menge als Sand, Thon, Kalk, Humus vorhanden sind, müssen die Phosphate als die wichtigsten betrachtet werden. Auch diese kommen durch Verwitterung der Gebirge in die Krume, aber nur in kleineren Mengen, da sie in den Gesteinen spärlicher vorhanden sind; manchen Gebirgsarten fehlen sie fast ganz, andre sind sehr reich daran. Sie stellen diejenigen Bestandteile dar, welche beim gewöhnlichen Betrieb der Landwirtschaft am ehesten mit den zu Markte gebrachten Erzeugnissen verkauft werden, für welche also ein Ersatz durch Handelsdünger gegeben werden muß (Knochenmehl, Knochenpräparate, Superphosphate und dergleichen mehr). Eisenverbindungen, ebenfalls durch Verwitterung in den Boden kommend, geben die roten und rotbraunen Färbungen, heller, wenn sie von Mangan begleitet sind; im Übermaße und besonders bei Nässe wirken sie schädlich auf die Pflanzenwelt. Immerhin aber gehört auch das Eisen zu den wirklichen Nahrungsmitteln der Pflanzen und in der Gesamtkette der so wichtigen Verbrauchsthätigkeiten spielt das Eisenoxydhydrat eine große Rolle. Nächst der Phosphorsäure verarmt der Boden am leichtesten bei nicht sorgsamem Ersatze an Kali, welches hauptsächlich durch feldspathaltiges Gestein in die Krume kommt. Da das Kali zugleich in der Industrie vielfache Verwendung findet, so können in der Regel nur solche kalihaltige Stoffe als Dünger angewendet werden, welche dort nicht als brauchbar sich erweisen. Überaus wichtig sind in dieser Beziehung neuerdings die Staßfurter Abraumsalze geworden. Der Schwefel findet sich in der Ackererde in der Form von schwefelsauren Verbindungen, unter welchen der Gips ein bekanntes Düngemittel bildet.

In bezug auf die Lagerung des Bodens unterscheidet man Krume und Untergrund. Die Krume ist die oberste Schicht, soweit der Einfluß der Atmosphärilien geht und der Boden der Bearbeitung unterliegt. Was darunter liegt, heißt Untergrund; dessen Mächtigkeit geht bis auf das feste Grundgebirge als den Träger des Bodens. Oft ist die ganze Bodenschicht nur wenige Zentimeter tief, an andern Orten lagern über dem Gesteine Hunderte von Metern Bodenmaterial, selten gleichmäßig gemischt, in der Regel aber aus verschiedenen Schichten gebildet.

Im norddeutschen Flachlande kann man z. B. unter der eigentlichen Ackererde finden: Sand, Kiesgerölle, Flußlehm, Torf, Thon, Lehm, Lehmmergel, Wiesenkalk, Wiesenerz und darunter noch Schichten von Formsand, Thon und Braunkohlen, Bildungen, von welchen einige für den Pflanzenbau so gut wie wertlos, andre sehr wertvoll sind. Der Landwirt berücksichtigt den Boden in der Regel nur in etwa Metertiefe und bearbeitet ihn selten mehr als einen halben Meter, in der Regel nicht über 30 cm tief.

Am wertvollsten ist für ihn ein gleichartiger Untergrund oder ein solcher, welcher die Krume in ihren Eigenschaften ergänzt und verbessert; z. B. Thon oder Lehm unter sandiger Krume oder Sand unter thoniger Krume. Zur Untersuchung des Untergrundes dient der Erdbohrer, mittels dessen man im stande ist, von Zentimeter zu Zentimeter das Bodenmaterial heraufzuholen.

Als **besten, fruchtbarsten Boden**, sogenannten Weizenboden erster Klasse, kann man einen reichen, tiefen, milden Thonboden bezeichnen, welcher warm, an Nährstoffen reich, im günstigen Kulturzustande und leicht bestellbar ist. Feinerde und Skelett (die gröberen Bodenbestandteile) sind im erwünschten Verhältnis vorhanden und damit auch der günstigste Lockerheits- und Feuchtigkeitszustand, die erste Bedingung für die Aufnahme von Pflanzennahrung und Ausbreitung der Wurzeln. Die Ackerkrume ist mindestens 25 cm tief, der Untergrund im richtigen Grade durchlassend und bis zu einer Tiefe von 1 m namentlich in seinem physikalischen Verhalten wenig abweichend von der Ackerkrume, weshalb sich solcher Boden auch zur Tiefkultur vorzüglich eignet. Auf demselben gedeihen alle Kulturpflanzen, die einen großen Sand- oder Kalkgehalt nicht beanspruchen, z. B. Handelsgewächse aller Art, Raps, Rübsen, Weizen, Gerste, Hülsenfrüchte, Klee, Rüben.

Im Gegensatze hierzu sind die strengen, zähen, naßkalten Thonböden und die armen Sand- und Kiesböden die geringwertigsten, weil sie in den Erträgen große Unsicherheit zeigen. Erstere erhärten steinartig, sind kalt, unthätig, schwierig zu bearbeiten und kostspielig zu bewirtschaften, welchen Übelständen bis zu einem gewissen Grade durch Entwässerung abzuhelfen ist. Angebaut werden Weizen, Hafer, Bohnen, Wicken, Rotklee rc. — Die armen Sand- und Kiesböden sind ohne genügende wasserhaltende Kraft, so daß infolge der dürren flachen Krume und des trockenen Untergrundes die Pflanzen leicht ausbrennen. Angebaut werden Roggen, Sommerroggen und Hafer im Gemenge, Buchweizen, Lupinen, Weißklee im Gemisch mit Gräsern, Wundklee, Spörgel, Kartoffeln; jedoch wird in den überwiegenden Fällen der Waldbau sich lohnender erweisen als der Ackerbau.

Zwischen diesen besten und geringwertigsten Bodenarten liegen alle andern Bodenvorkommnisse in zahllosen Abstufungen; die **Bonitierung** oder **Bodenklassifikation** hat die Aufgabe zu lösen, die einzelnen Vorkommnisse genau genug zu zeichnen, um danach ihren Gebrauchs- und Verkehrswert beurteilen zu können. Jeder Boden zeigt nach der Aberntung einer Pflanze in mehrfacher Beziehung gestörte Wachstumsbedingungen; er ist um die Summe der in der Ernte enthaltenen Bodenbestandteile ärmer geworden und während des Wachstums mehr oder weniger verwildert oder doch physikalisch ungünstiger hinterblieben.

Die **Bearbeitung des Bodens** bezweckt die Wiederherstellung der gestörten Wachstumsbedingungen, wenn es sich nur darum handelt, den Boden in seiner Beschaffenheit zu erhalten, die Herstellung verbesserter Bedingungen zur Erhöhung der Tragfähigkeit; gleiches ist dann der Fall, wenn der Boden noch nicht genügend zur Pflanzenkultur vorbereitet ist.

In diesem Falle hat man seine **Urbarmachung**, im andern die **Melioration**, und auf schon kultiviertem Boden bei gewöhnlicher Bewirtschaftung nur noch die **Instandhaltung** im Auge.

Soll **Waldboden „urbar"**, d. h. für andre Pflanzen geeignet gemacht werden, so ist zunächst der Holzbestand zu entfernen. Am raschesten, aber ohne Verwertung des Holzes, geschieht dies durch **Niederbrennen**, wobei man die Asche nach dem Erkalten gleichmäßig ausstreut, dann unterackert und sofort nach guter Durcharbeitung die Saat gibt. Jeder Wurzelausschlag wird immer wieder entfernt, bis die Stöcke im Boden verfault sind; dann erst kann der Boden als Kulturboden gelten. Indessen wird die Holznutzung in der Regel andre Methoden notwendig machen. Mit den Wurzelstöcken verfährt man nur noch selten in der angegebenen Weise.

Die richtige **Baumrodung** sichert sofort schon volle Kultivierung. Dem Entfernen des Holzes folgt die **Ebnung des Bodens** mittels Wurfs, Schiebkarrens und Muldbrettes u. s. w., dann die tüchtige Durcharbeitung mit Pflug, Walze und Egge oder durch vollständiges Durchwühlen bis auf Metertiefe, Rajolen, mit gründlicher Säuberung von Steinen, Wurzelresten u. dergl. Wenn nötig, legt man zugleich Entwässerungsanlagen an und gibt Erdmischungen mit Kalk, Mergel u. dergl.

Der so zubereitete Boden wird dann mehrere Jahre lang mit Hackfrüchten, wodurch die noch keimenden Unkräuter vertilgt werden können, oder mit beschattenden, auch in roherem Boden fortkommenden Pflanzen, z. B. Buchweizen, Hirse und selbst Hafer bebaut. Soll das Land Wiese werden, so legt man die etwa erforderlichen Bewässerungsanlagen an und verfährt ebenso, nur mit dem Unterschiede, daß in die erste Halmfrucht der Grassame gesäet wird, wenn nicht natürliche Berasung guten Erfolg verspricht.

Vom Felsboden müssen die größeren Steine zuerst beseitigt werden. Durch Sprengungen mit Dynamit (Sprengkulturen) hat man versucht, Felsblöcke aus dem Ackerlande zu entfernen, nahe der Oberfläche liegende Steinpartien, Ortstein, undurchlassende Schichten oder Findlingssteine zu zertrümmern. Es hat dies den Zweck, einmal die Steinmassen zu entfernen oder weniger dichtes Gestein so zu zertrümmern und in Gerölle zu verwandeln, daß weiterhin die Atmosphärilien verwitternd einwirken und den so entstehenden Boden in Ackerland umwandeln können.

Das Rajolen oder Durchwühlen lohnt besonders sehr gut, wo der Untergrund zu fest lag, und da, wo verbessernde Erdschichten unter der Krume liegen. Loser Sandboden wird am besten durch Erdmischung zum Bebauen geeignet gemacht; man verwendet dazu Thon, Bauschutt, Lehm, Mergel, Kalk, Torf u. dergl.

Wo eine derartige Verbesserung nicht möglich ist, kann eine Bewässerungsanlage und Niederlegen zur Wiese, andernfalls die Besamung und Bepflanzung mit Holzgewächsen oder die reihenweise Anlage von Hecken, letztere insofern dienlich sein, als dadurch der Wind aufgehalten, die Feuchtigkeit erhalten und durch Blattabfall Humus gewonnen wird. Zur Anpflanzung dienen Kiefern, Tannen, Akazien, Birken, Schwarzpappel, Weiden u. dgl. Neuerdings bebaut man mit Lupinen, welche auf fast jedem Sandboden fortkommen, und ackert diese so lange unter, bis der Boden genugsam verbessert ist.

Flugsand muß durch besondere Vorkehrungen vor dem Verwehen geschützt werden, oft mehr nur zum Schutze der umliegenden Felder und Wiesen gegen Versandung, als zum Zwecke seiner in der Regel kaum lohnenden Urbarmachung selbst.

Wiesenboden wird durch einfachen Umbruch, gute Durcharbeitung und etwa noch Entwässerung urbar gemacht.

Alte trockene Torflager werden durch Brennen, Kalken oder Mergeln verbessert, feuchte Torfgründe dadurch, daß sie entwässert, dann geackert und geeggt und schließlich bis auf den Wasserspiegel durchgebrannt werden; nach dem Brennen folgt mehrjährige Saat von Buchweizen oder Hafer und Roggen so lange, bis erneutes Brennen nötig wird.

Bruch- und Moorboden kann nur durch vollständige Entwässerung urbar gemacht werden; Sumpfboden endlich wird im Gebirge oft schon dadurch allein trocken gelegt, daß man an der tiefsten Stelle dem Wasser einen Abzug verschafft, was mittels Durchbohrung der undurchlassenden, den Abfluß hindernden Bodenschicht geschieht. Anderwärts werden Wall- und Grabenanlagen, Schöpfvorrichtungen u. dergl. notwendig.

Schon kultivierter Boden bedarf zu seiner Verbesserung hauptsächlich das Rajolen oder doch tiefe Bearbeitung, die Tiefkultur, oder die Erdmischung, oder Ent- und Bewässerung.

Die Tiefkultur wird in der Weise ausgeführt, daß man den Boden mit dem Dampfpflug oder sehr tief gehenden Pflügen bearbeitet, oder das sogenannte Spatpflügen anwendet. In der von dem ersten Pfluge ausgeworfenen Furche geht ein zweiter, nur lockernder Pflug oder es wird eine Anzahl von Arbeitern eingestellt, welche die Sohle der Furche lockern oder auch umgraben, so daß eine Krume von doppelter Tiefe gewonnen wird. In Gärten kann man über Winter die Erde in Haufen oder breitgewölbte Beete schichten, welche dann im Frühjahr ausgebreitet werden.

Die Entwässerung gehört mit zu den wichtigsten Meliorationsarbeiten und ist die Grundbedingung für das Wachstum der Kulturpflanzen, weil durch dieselbe der Überschuß an Wasser entfernt, der Boden entsäuert, erwärmt und durchlüftet wird. Infolgedessen werden der Verwitterungsprozeß und die chemischen Umsetzungen im Boden beschleunigt und der Verlauf derselben günstig gestaltet, der Boden kann zur rechten Zeit bearbeitet und bestellt werden, Tiefkultur und Urbarmachung finden Eingang.

Die Entwässerung erfolgt durch Schutzdämme (Deiche) an flachen Meeresufern, welche nur während der Flut unter Wasser gesetzt werden (die Küsten der Nordsee), durch Ausschöpfen mittels Pumpen, Schöpfräder, Wasserschnecken u. s. w., durch Versickerungsgruben, durch offene Gräben, gedeckte Abzüge und durch Röhrenlegung.

Offene Gräben werden nötig bei quelligem Terrain, unzureichendem Gefälle, Torf- und Moorland, bei Ableitungsgräben aus Drainsystemen. Bei Wiesen ist keine so tiefe Senkung des Wasserspiegels erforderlich als beim Ackerland; man rechnet auf 100 m 0,7 m

Gefälle. Die Anwendung offener Gräben beschränkt sich nur auf das notwendigste Maß, weil dieselben zu viel Bodenfläche in Anspruch nehmen, die Kommunikation hindern und zu viel Kosten für Instandhaltung von Brücken und Gräben verursachen. Von offenen Gräben wird bei der **Entwässerung und Kultur der Moore** nach zwei Methoden Gebrauch gemacht.

Bei der **holländischen** wird das Moor durch ein System schiffbarer Kanäle entwässert, die oberste jüngste Moorschicht (Bunkerde) zunächst entfernt, der darunter liegende Torf etwa 2 m tief abgegraben und als Brennmaterial nach den Städten verfrachtet. Die Fläche wird dann planiert und mit der vorher zur Seite geschafften Bunkerde überdeckt. Auf diese erfolgt das Aufbringen einer 10 cm starken Schicht von Sand, welche aus den Kanälen und Gräben gewonnen wird und unter der Torfschicht liegt; reicht derselbe nicht hin, so wird das Fehlende mit Kähnen herbeigeschafft. Bunkerde und Sand werden nun mit dem darunter liegenden Torf sorgfältig mittels Pflug und Egge gemischt, indem mehrere Male zu immer größerer Tiefe gepflügt wird. Zur weiteren Befruchtung dieser so hergestellten Bodenkrume erfolgt die Zufuhr von Stadtdünger und Seeschlick, namentlich aus dem Dollard entnommen, und von Stalldung. Als wirkungsvollste Nährstoffzufuhr gilt der Stadtdünger.

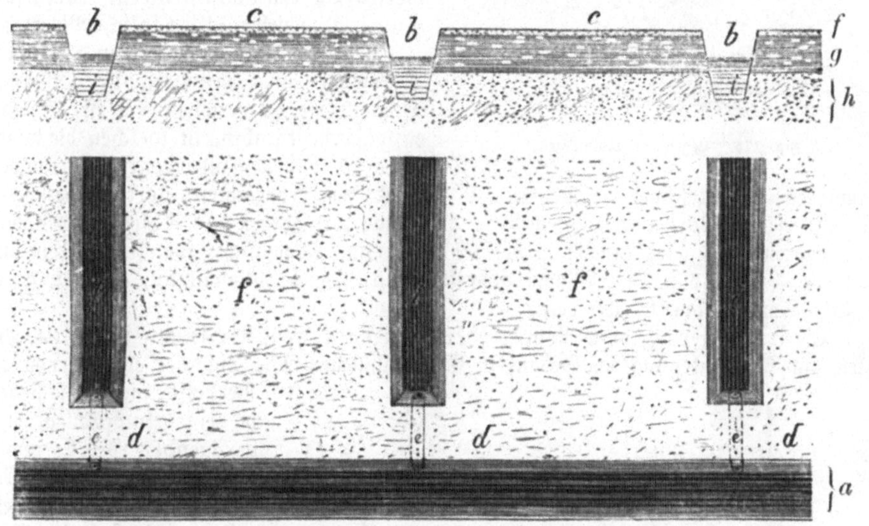

Fig. 173 und 174. Rimpaus Dammkultur. Querschnitt und Grundriß.

Der Seeschlick wird mehr als Bindemittel zwischen Sand und Moor geschätzt. Der praktische Holländer verschafft durch den Stadtdünger, welcher aus Kloakeninhalt, vermischt mit Asche, Straßenkehricht u. s. w. sorgfältig hergestellt wird, den Städtern nicht nur eine bedeutende Einnahmequelle, sondern steigert die Erträge dieser sogenannten Veenkultur in solcher Höhe, daß dieselben denjenigen der fruchtbarsten Marschen fast gleichstehen. Die vorher durch die Brennkultur verödeten Moorgegenden Hollands wurden seitdem in reiche blühende Landschaften umgewandelt, in denen auch das geistige Leben neue Nahrung, neuen Aufschwung erhalten hat.

Auch in Deutschland gewinnt die Kultur der Moore in der neuesten Zeit mehr Beachtung. Während jedoch die holländische Veenkultur ihren Schwerpunkt auf die Schifffahrtskanäle und das Abtorfen legt, dem eine Vermischung des Moores mit Erde und Düngung, insbesondere Stalldünger folgt, besitzt die in Deutschland Eingang gefundene **Moordammkultur**, welche zuerst von **Rimpau** in Cunrau (Provinz Sachsen) zur Ausführung gebracht wurde, nur Entwässerungsgräben, welche durch den Abfluß des Wassers eine energische Durchlüftung und Entsäuerung des Bodens bewirken. Die Gräben vertieft man durch die Moorschicht hindurch bis in den darunter liegenden Sand. Die ausgehobene Moorerde trägt man zwischen den parallel verlaufenden Gräben zu einem Damm auf und breitet darüber eine 10 cm hohe Sandschicht, welche aber niemals mit der Moorerde vermischt werden soll. Durch die Sandschicht wird letztere so belastet, daß sie die ihr fehlende Bindigkeit und Unbeweglichkeit erhält. Allerdings geht durch die Gräben ein Fünftel des Geländes verloren; dieser Verlust wird aber reichlich durch den erhöhten Ernteertrag ersetzt, der sich sogar noch günstiger gestalten soll als bei der holländischen Methode. Nach den Angaben Rimpaus sind bei einzelnen Kulturen die Kosten der neuen Anlage schon nach einer einzigen Ernte gedeckt worden. Neben künstlichem Dünger erhalten gewisse Kulturpflanzen, wie Erbsen, Wickfutter, Kartoffeln, Futterrüben, Raps, Stallmistdüngung. Da jedoch der Moorboden genügend Ammoniak und Salpetersäure enthält, so wird insbesondere die Zufuhr von Kali und Phosphorsäure durch künstlichen Dünger bewirkt, die Zufuhr von Stickstoff dagegen ganz ausgeschlossen, da er wie auch der Stalldünger namentlich bei Getreide leicht Lagerung und in fruchtbaren Jahren Befallen herbeiführt.

Fig. 175. Legen der Drainröhren.

Die holländischen und deutschen Moorkulturen zeigen jedenfalls, was durch Nachdenken, Ausdauer, durch staatliche und genossenschaftliche Hilfe erreicht werden kann, dadurch, daß sie einen hohen und dauernden Reingewinn abwerfen und einen Ersatz bieten können für das lästige und in vielen Fällen falsche Moorbrennen.

In den Figuren 173 und 174 ist der Querschnitt und Grundriß der Rimpauschen Dammkultur zu ersehen: a ist der Hauptentwässerungsgraben, in welchen die Gräben b 20—25 m voneinander entfernt rechtwinkelig einmünden, c bezeichnet die Dämme, d ist das dem bequemeren Verkehr zwischen denselben dienende Vorgewende, in welchen am Ende der Gräben zur Ableitung des Wassers Drainröhren e eingelegt sind, f ist die 10 cm dünne Sandschicht, welche aus dem unteren Teile des Grabens auf die Dämme gebreitet wurde, g die Moorschicht, h der unter dieser liegende Sand, i das Grabenwasser.

Die Entwässerung durch Röhren oder die **Drainage** ist für feuchte Lagen und Bodenarten, zur Trockenlegung von Gebäuden, Eisenbahndämmen ɾc. eine der empfehlenswertesten Verbesserungen; sie findet nur da keine Anwendung, wo nicht genügendes Gefälle gewonnen werden kann, wo das Bodenmaterial den Frost zu tief eindringen läßt, so daß die Drains, d. h. die unter der Erde angebrachten verdeckten Wasserabzüge, durch Einfrieren Schaden leiden würden, und wo wegen zu großer Wassermassen Gräben angelegt werden müssen. — Das Wasser sucht überall nach der tiefsten Stelle zu dringen und bleibt nur dann stehen, wenn sich ihm auf diesem Wege Hindernisse entgegenstellen. Die Herstellung eines Abflusses ohne Hindernis in der Richtung des stärksten Gefälles heißt also entwässern. Unter Umständen genügt ein einziger Abfluß, in der Regel aber wird man deren mehrere in regelmäßigen Entfernungen anbringen, also ein volles System anwenden. Die in der Richtung des stärksten Gefälles angelegten Abzüge heißen **Saugdrains**, welche in die an der tiefsten Stelle liegenden **Sammeldrains** münden; wird an der höchsten Stelle quer ein Abfluß angebracht, um das von oberhalb kommende Tagwasser aufzunehmen, so heißt dieser **Kopfdrain**; sind mehrere Sammeldrains notwendig, so läßt man dieselben in offene Gräben (**Rezipienten**) einmünden.

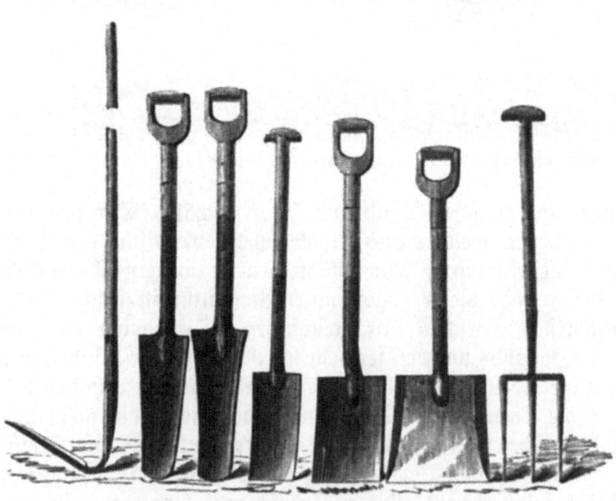

Fig. 176. Drainwerkzeuge, Spaten, Grabgabel.

Eine volle Röhrenentwässerung umfaßt demnach eine Anzahl von in regelmäßigen Abständen angebrachten Saugdrains, welche alle in einen oder mehrere Sammeldrains einmünden; diese ergießen ihr Wasser direkt oder indirekt in einen Teich oder See oder Fluß oder Bach oder künstlich angelegten Abzugskanal, so daß schließlich eine regelmäßige, stetig fortgehende Abwässerung möglich ist. Man beginnt die Arbeit mit dem Nivellement, d. h. mit der Ermittelung von Horizontallinien und dem Abstecken der Grabenlinien, welche senkrecht auf die Horizontalen, also in die Richtung des stärksten Gefälles angelegt werden; dann hebt man die erforderlichen Erdmassen auf den abgesteckten Linien aus, von dem niedrigsten Punkte beginnend und bis zu dem höchsten aufsteigend, damit hinter den Arbeitern das Wasser ungehindert abfließen kann; dann füllt man, vom höchsten Punkte beginnend und bis zum tiefsten heruntergehend, mit der ausgehobenen Erde zu, doch so, daß wieder die Ackerkrume oben zu liegen kommt.

Abzugskanäle kann man dadurch herstellen, daß man — im bündigen Boden — Sand, Kies, Gerölle, kleine Steine, zwischen deren Hohlräumen das Wasser abfließt, einfüllt, oder man verwendet in holzreichen Gegenden Reisigbündel, Pfähle im Kreuzverband mit darüber gedeckten Bündeln, anderwärts auch Rasenstücke, Steinplatten, Hohl- und Flachziegel oder schräg gegeneinander gestellte Platten. — Solche Anlagen sind uralt. Von England aus verbreitete sich, nachdem schon im Jahre 1727 in der Grafschaft Suffolk eine gute Drainierung ausgeführt worden war, vom Jahre 1825 an durch Smith in Deanstone die Entwässerung mit gebrannten Thonröhren, jetzt allgemein unter Drainage verstanden. Mit dieser Art von Abzugskanälen gewinnt man den Vorzug fast unverwüstlicher Haltbarkeit und den, die Grabenarbeit hierbei auf das Minimum beschränken zu können, da die Gräben nur schräg zulaufend gemacht werden und an der Sohle nicht breiter als zur Aufnahme der Röhren erforderlich sein dürfen, damit diese fest zwischen den Wandungen liegen (s. Fig. 175). Man hat zum Ausheben der Gräben besondere Werkzeuge, Spaten von verschiedener Breite, Schlammschaufeln und dergleichen mehr, so daß jede unnötige Erdbewegung vermieden wird. Die Röhren werden auf besonderen Maschinen, Drainröhrenpressen, gefertigt und gut gebrannt. Man legt sie sorgfältig aneinander und deckt zuerst mit feiner Erde; bei Obstanlagen, um das Eindringen der Wurzeln zu verhindern, umkleidet man die Fugen mit Hammerschlag.

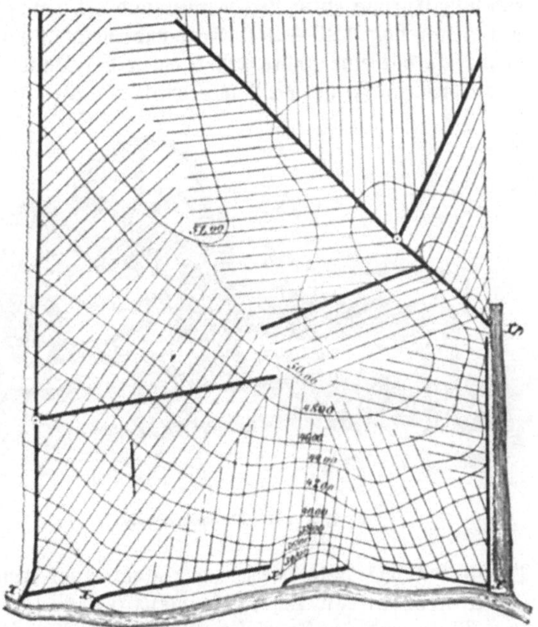

Fig. 177. Plan eines drainierten Feldes.
Die den krummen Horizontallinien beigesetzten Ziffern sind Niveauzahlen, welche sich auf die Meereshöhe beziehen. Die geraden feinen Linien sind Saug-, die dicken Sammeldrains. Die Ausmündung der letzteren ist bei x in einen Graben.

Eine gut ausgeführte Röhrenentwässerung gewährt den großen Vorteil stets gesicherter Abwässerung und den der Herstellung einer Luftzirkulation bis zur Röhrenlage hinunter. Dem fallenden Wassertropfen folgt die eindringende Luft, da nirgends leere Räume bestehen können. Die Drainage ist demnach fast so wirksam wie die Bodenvertiefung, da sie die von der Luft durchdringbaren Schichten vermehrt. Die weitere Folge hiervon ist die Entsäuerung und erhöhte Erwärmung des Bodens; denn nach J. Parkes erhöht sich die Bodenwärme um $5{,}5^{0}$ C. gegenüber dem nicht entwässerten Boden. Entwässerte Felder zeigten in trockenen Jahrgängen besseren Stand der Früchte als nicht entwässerte, indem auf ihnen der Verbrauch von Wasserdampf aus der Luft wesentlich begünstigt wird.

England erließ im Jahre 1846 die sogenannte Drainageakte, welche der Regierung das Recht gab, Grundbesitzern auf Verbesserungen und Drainageanlagen Vorschüsse bis zur Höhe von 63 Millionen Mark gegen 22jährige $6^1/_2$prozentige Verzinsung zu gewähren. Dieser Kredit zu gunsten der Bodenkultur wurde später bedeutend erhöht, und bis Ende des Jahres 1852 waren bereits über 64000 Acres, annähernd 675 qkm, mit einem Kostenaufwande von 111 Millionen Mark entwässert. Als auch diese Summen noch nicht ausreichten, bildeten sich unter dem Schutze der Gesetze Drainage-Aktienkompanien, welchen das Recht der Staatsanlehen zugesichert wurde. Belgien beschloß das Durchleitungsrecht des künstlich abgeleiteten Wassers durch fremde Grundstücke, stellte geprüfte Techniker an und gewährte ebenfalls namhaften Kredit.

Im Königreich Sachsen besteht zu gleichem Zwecke die Landeskultur-Rentenbank; die Pläne werden vom Gutsbesitzer gezeichnet oder durch eigne Techniker entworfen und die Kapitalien zu mäßigem Zins und Amortisation ausgeliehen. Hunderttausende von Hektaren sind seitdem in Europa entwässert worden, und oft genug haben sich die nicht unbeträchtlichen Kosten (pro Hektar von 120—240 Mark und mehr) schon in den ersten Jahren reichlich gelohnt. Nicht leicht hat eine andre Erfindung in der Landwirtschaft so hohen Gewinn gebracht und so wie diese im Fluge die Runde durch die Welt gemacht. Aber auch außerhalb der Landwirtschaft hat sie schon mannigfache Anwendung gefunden.

Fig. 178. Drainröhrenpresse.

Die **Bewässerung** wird im nördlichen Europa fast nur für Wiesen angewendet, im Süden, Asien, Afrika, auch zur Bebauung der Reisfelder. Sie wird ihre Besprechung unter Wiesenbau finden.

Die Instandhaltung der Felder umfaßt die regelmäßigen Arbeiten: Bodenbearbeitung und Düngung, beide müssen sich ergänzen und unterstützen.

Nach der Ernte einer Pflanze soll das Feld wieder zur Ansaat einer neuen vorbereitet werden. Dieses geschieht für Wintersaaten im Laufe weniger Wochen; für Sommersaaten im Spätherbst, über Winter und im Frühjahr. Volle Jahresbearbeitung wird gegenwärtig nur noch selten gegeben, da sie auf die Kreszenz verzichten läßt (Brache).

Zur Bearbeitung dienen der Spaten, die Grabgabel, die Hacke, der Pflug und der Haken, der Skarifikator, die Exstirpatoren und dergleichen Geräte mehr, die Egge und die Walze, der Dampfpflug.

Die Handarbeit mittels Spatens, Grabgabel oder selbst Hacke ist vollkommener als die mit gewöhnlichen Pflügen und deshalb auch in der Gärtnerei am meisten gebräuchlich; Zweck derselben ist die Unterbringung von Unkräutern und Ernterückständen (Stoppeln), die Vermischung des Düngers mit dem Boden, die Durchmengung und Lockerung der Bodenbestandteile. Je flotter der Anbau betrieben wird, um so sorgsamer muß die Bearbeitung erfolgen.

Das Pflügen soll die Spatenarbeit ersetzen; es geschieht einmal oder mehrmals, verschieden nach Bodenart und Wahl der zu bauenden Früchte. Das „Schälen" oder „Stürzen" der Stoppeln im Herbste geschieht durch die „Sturzfurche" in ziemlich groben, breit abzuschneidenden Erdstreifen; soll der Boden über Winter unbesäet liegen bleiben, so wird er in „rauhe Furche" gelegt, um den Frost besser einwirken zu lassen. „Vor Winter gepflügt, ist halb gedüngt" und „der Frost ist der beste Ackersmann" sind bezeichnende Sprichwörter. Den Boden bearbeiten heißt: dessen Verwitterungsprozeß beschleunigen und unterstützen, ihn der Eindringung des Frostes richtig aussetzen. Im Frühjahr gibt man die „Wendefurche", zum vollkommenen Umwenden des Bodens, im Sommer die „Rühr-

oder Ruhrfurche", ein- oder auch zweimal, wobei man gern in entgegengesetzter Richtung, quer gegen die vorhergegangenen Furchen, ackert und den Dünger mit unterpflügt. Vor jeder Saat folgt die Schlußarbeit, die „Saatfurche", durch welche der Boden am feinsten präpariert werden muß. Die mehrmalige Bearbeitung hat alle Bodenteilchen nach und nach der Luft ausgesetzt, besonders beim Kreuz- und Querpflügen.

Man spricht von Eben- und Glattpflügen, wenn das ganze Feld Streifen an Streifen zu liegen kommt, ohne dazwischen liegende Furchen, von Beetpflügen, wenn solche das Land in Abteilungen trennen. Man hat Beete von nur $1^{1}/_{2}$—2 m Breite, sogenannte Bifänge, hoch gewölbt, welche nur da noch, wo schwache, nicht vertiefbare Krume auf Felsen liegt, oder auf nicht drainierbarem Grunde am Platze sind.

Das Eggen folgt dem Pflügen und dient zur Einebnung und Mischung der Krume, zum Reinigen von Unkraut (Quecken, Moos), zum Unterbringen des Samens, zur Auflockerung des Bodens, besonders im Frühjahr, zur Steigerung der Verbrauchsfähigkeit und Erhaltung der Feuchtigkeit in den unteren Bodenschichten.

Das Walzen bewirkt die Zermalmung der Schollen, die Bindung und Ebnung des Bodens, die Befestigung gehobener Saaten (durch Aufziehen nach Frostwetter) und die Vertilgung von Ungeziefer (Schnecken, Mäusen u. dgl.). Es folgt in der Regel nach dem Abeggen, oft aber folgt auch der Walze wieder die Egge.

Exstirpatoren haben eine die Arbeit der Egge mit der des Pfluges verbindende Wirkung. Skarifikatoren finden Anwendung auf mehrjährigen Kleeschlägen, auf Grasland, welches umgebrochen werden soll, indem die Grasnarbe zerschnitten und hierdurch das nachfolgende Pflügen, quer zur Richtung des Skarifikators, erleichtert wird, desgleichen bei der Wiesenkultur. Der Haken kann nur lockern und rühren, nicht vollständig wenden, wie der Pflug; er ist verbreitet in Ländern, welche auf niedriger Kulturstufe stehen, wird aber auch noch allgemein zur Ernte von Knollen- und Wurzelfrüchten angewendet. Häufelpflüge häufen bei den Hackfrüchten die Erde an die in Reihen gestellten Pflanzen von beiden Seiten an.

Die Anwendung aller dieser Arbeiten erfordert Vorsicht, zum mindesten auf allen bündigen Bodenarten der Thonbodengruppe. Ist die Witterung nicht normal und der Boden entweder zu trocken oder zu feucht und zäh, dann kann mehr geschadet als genutzt werden, weil der Thon eine ihm gegebene Form (Scholle) längere Zeit behält und dann nicht mehr richtig gepulvert und gelockert werden kann. Die Krume muß stets frisch, mürbe, locker und durchdringbar für Gase sein, auf leichtem Boden aber nicht ohne Zusammenhalt. Hier muß die leichte Walze die Hauptsache thun und möglichst wenig bearbeitet werden; in der Thonbodengruppe müssen Egge, schwere Walze und viele Furchen gegeben werden.

Vom Erwachen des Frühjahrs an bis in den Spätherbst und selbst im Winter noch an frostfreien Tagen müssen die Felder unausgesetzt bearbeitet werden, für jede Pflanze in der dieser zusagendsten Weise. Am schwierigsten ist die Bearbeitung für alle Arten von Handelspflanzen und für die Gruppe der sogenannten Hackfrüchte: Runkeln, Kartoffeln u. s. w. Hierzu muß nicht nur vor der Saat oder vor dem Pflanzen der Boden auf das sorgfältigste zubereitet sein, was oft nur durch wiederholtes Pflügen, Eggen und Walzen geschehen kann, sondern es muß auch während der Vegetationszeit durch wiederholtes Behacken und Behäufeln die Krume gelockert, gereinigt und gemürbt werden. Deshalb sind auch alle diese Pflanzen so vortreffliche Vorfrüchte für die Getreidearten, zu welchen wohl auch gute Bearbeitung vor der Saat gegeben wird, während der Vegetationszeit aber, selbst bei der Drillkultur, nur in sehr geringem Maße eine Krumenbearbeitung stattfindet, so daß nach Getreide der Boden immer weit sorgsamerer Bearbeitung unterliegen muß. Futterpflanzen, wie z. B. Klee, werden gar nicht bearbeitet, da sie den Boden beschatten und genugsam vor Erhärtung und Verunkrautung schützen.

Ackergar ist der Boden nur dann, wenn er in erwünschtem Grade feucht und locker ist; diesen Zustand können nur Düngung und mechanische Bearbeitung herbeiführen.

Bodenbearbeitung. Groß ist die Zahl der in der Neuzeit hergestellten Gerätschaften und Maschinen zur Verrichtung der in der Landwirtschaft vorkommenden Arbeiten. Die Schwierigkeiten, welche Technik und Wissenschaft überwinden mußten, um die Maschinenarbeit an Stelle der Handarbeit mit Erfolg setzen zu können, waren um so größer, als es hier noch galt, solche Konstruktionen zu wählen, welche auch dem minder geübten Dorfhandwerker verständlich waren, da sonst jede Ausbesserung den Transport zur Fabrik notwendig oder die Maschine für viele wertlos machte.

Tausende von Versuchen mußten gemacht werden, ehe es gelang, solche Geräte und Maschinen herzustellen, welche auf schwerem wie auf leichtem Boden, auf ebenen wie auf geneigten Flächen, bei Nässe und bei Trockenheit, mit Pferden und mit Zugochsen, mit Dampf- und mit Wasserkraft, mit anstelligen und mit ungeschickten Arbeitern sich als brauchbar erwiesen.

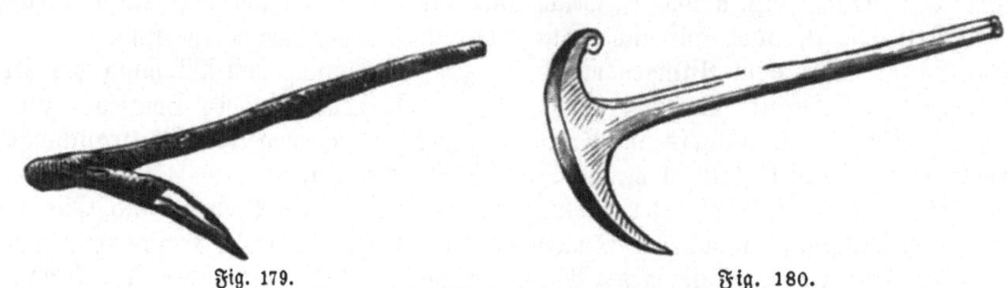

Fig. 179. Fig. 180.
Älteste Formen der Werkzeuge für Bodenbearbeitung.

Und doch drängte die Richtung der Zeit auch bei uns dahin, wie in England schon seit langem, den Grundsatz zu befolgen: niemals eine Menschenkraft da zu verwenden, wo ein Tier, und nie ein Tier, wo eine natürliche Kraft, Wasser, Wind oder Dampf, dasselbe leisten kann. Hat man doch berechnet, daß unter unsern heutigen Verhältnissen im Durchschnitt, mit Annahme des Satzes, daß der durch $2^1/_2$ kg Steinkohlen erzeugte Dampf ein Äquivalent ist für die zehnstündige Arbeitsleistung eines Mannes, dessen Leistung sechs- bis siebenmal teurer als die eines Zugtieres, und vierzig- bis sechzigmal teurer als die der Dampfmaschine zu stehen kommt.

Geräte und Maschinen. Spaten, Hacke und Karst sind auch heute noch die gebräuchlichsten Handgeräte und die Mehrzahl der durch Spanntiere oder Dampf zu ziehenden pflugartigen Maschinen repräsentiert wiederum jene drei Grundformen.

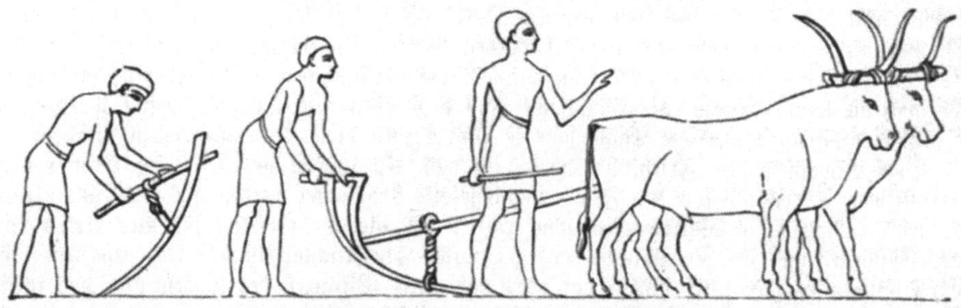

Fig. 181. Pflügen und Hacken nach Darstellungen auf altägyptischen Bauwerken.

Ohne Zweifel bestand die älteste Art der Bodenbearbeitung, die noch heute mit nicht viel besseren Werkzeugen bei wenig entwickelten Völkern üblich ist, nur in einer Art Auflockern des Bodens; es genügte nach der Ernte ein bloßes Aufkratzen, um den Samen vor Vogelfraß und Vertrocknung zu schützen. Ein Baumast mit gekrümmtem Ende, welches man bald zuspitzen und dann mit Eisen beschlagen lernte, bildete den Anfang; in allmählichen Übergängen vervollkommnete er sich zum Spaten, fast nur noch mit starkem eisernen Blatte, herzförmig, zungenförmig oder keilartig nach unten zugespitzt, oder fast viereckig; zur Hacke oder Haue, gegenwärtig in mannigfachen Formen für die verschiedensten Gebrauchszwecke vorhanden; zum Karst, Zweispitz und der Grabgabel, wenn an die Stelle des vollen Blattes bloße Zinken treten, und zum Pflug und Haken, wenn Zugtiere zur Anwendung kommen. — Kombinationen bilden die Schlammschaufel, der Schaufelspaten, die Plaggen- oder Rasenschaufel, die Grabenhacke, das Rasenmesser und das Wiesenbeil, letzteres hellebardenartig mit an der Schneide halbrund gebogener Scheibe zum Schneiden des Rasens auf der einen Seite und schräg dagegen gestellter länglicher Hacke auf der andern Seite des zur Anbringung des Stieles bestimmten Öhrs.

Der jüngsten Zeit gehören die Drainwerkzeuge an, gewissermaßen die vollendetsten Formen darstellend. Zu einem vollständigen Satze gehören: der Breitspaten, in gewöhnlicher Größe, bestimmt zum Abstechen der obersten Bodenschicht, der Stichspaten, schmäler und länger, und der Drainspaten, abermals schmäler und länger (bis 60 cm); drei diesen entsprechende Schaufeln, ein rinnenförmiger Hohlspaten, eine Schaufelhaue mit so gekrümmtem Halse, daß sie wagerecht auf der Grabensohle angewendet werden kann, der Schwanenhals, eine noch längere Art von Schaufelhaue, zur Säuberung der zum Aufnehmen der Röhren bestimmten Grabensohle dienend, endlich der Legehaken zum Legen und sorgfältigen Aneinanderstoßen der Röhren (Fig. 176).

Fig. 182. Altrömischer Pflug.

Rechnet man zu diesen Geräten auch die heutzutage sehr in Gebrauch kommenden, dem Bergbau entlehnten Erdbohrer und Bohrzeuge zur Prüfung des Untergrundes, die Schollenbrecher, die Patsche, die Stampfe und den Kloßhammer zum Zerkleinern der harten Erdschollen, und die verschiedenen Arten von Rechen und Harken, welche wohl allen unsern Lesern aus eigner Anschauung hinlänglich bekannt sind, bis zu der von Zugtieren gezogenen Getreideharke zum Zusammenrechen der bei der Ernte liegen bleibenden Halme, so ist das Bild der gegenwärtig gebräuchlichen Handgeräte so ziemlich vervollständigt.

Mit der Anwendung des Pfluges beginnt erst die eigentliche Bodenbearbeitung im großen, mit dieser die Zivilisation selbst; bei allen ackerbauenden Völkern ward daher stets der Pflug hoch in Ehren gehalten, in Dichtungen gepriesen und als Sinnbild der Herrschaft über das Erdreich anerkannt. Auf altägyptischen Denkmälern tritt er uns zum erstenmal vor Augen, wenig mehr als den gekrümmten Baumast darstellend, aber noch heute in ähnlicher Form am Nil gebräuchlich; in einen länglichen, spitz auslaufenden Keil ist an dessen hinterem Ende ein schräg gestellter Stab mit Handhabe gesteckt und eine Zugvorrichtung angebracht.

Fig. 183. Späterer römischer Pflug.

Die Griechen und Römer verstanden das ägyptische Vorbild schon wesentlich zu verbessern. Jene schrieben die Erfindung des Pfluges der Demeter (Ceres), der allernährenden Mutter, auch ihrem Lieblinge, dem Triptolemos von Eleusis, dessen Name „dreimal gepflügter Acker“ bedeutet, zu; Buzyges (Ochsenspanner) in Athen soll das Vorspannen der Ochsen an den Pflug gelehrt haben. Hesiod erwähnt zuerst dessen Anwendung und beschreibt den Pflug als aus dem Pflugbaum, von Eichenholz gefertigt, der Sohle und den Sterzen, von Rüstern oder Lorbeer hergestellt, bestehend; später gab es schon Vordergestelle mit Rädern; der wirkende Teil war das Schar.

Die Römer sollen die Kunst des Pflügens von dem Aufwühlen der Erde durch die Schweine gelernt und ihren Pflug dem Schweinskopfe nachgebildet haben; das von ihnen erfundene Streichbrett (aures) war dem Ohre entsprechend, folglich auf beiden Seiten angebracht; noch heute findet sich im südlichen Frankreich ein ihrem gewöhnlichen Pfluge sehr ähnliches Geräte unter dem Namen bineur (binae aures, zwei Ohren). Ihre Schriftsteller melden uns, daß bereits mehrere Arten von Pflügen im Gebrauch waren, der sogenannte römische für schweren und der campanische für leichten Boden (Cato), eine Art Häufelpflug

(Varro), ein Pflug zum Unterbringen der Saat (Plinius) und einer, welcher das Land in Kämme spalten ließ, zwischen welchen die Furchen zum Ablaufen des Wassers dienten (Palladius). Sie unterschieden an dem Pfluge noch den Pflugbaum, emo; die Sterze, stiva, mit dem Griff, manicula; die Sohle, dentale; die Griessäule, buris oder bura, eigentlich „Ochsenschwanz“, als Ausdruck für den gekrümmten Hinterteil des Pfluges; das Pflugeisen, culter, und das Schar, vomer, als keilförmiges und vectis rostratus als langgestrecktes, gewölbtes (Plinius). Bei der Gründung von Städten bildeten sie mit einem Pfluge, welchen ein Ochse und eine Kuh zogen, die Mauerfurche, und bei Zerstörung von Wohnorten wurde die Stätte gepflügt, um damit anzudeuten, daß sie nicht wieder mit Bauten bedeckt werden solle. In China führt der Kaiser an einem von den Sterndeutern hierzu bestimmten Tage den Pflug zu Ehren des Ackerbaues. — Kaiser Joseph II. erwies dem Pfluge gleiche Ehre in einer Zeit, in welcher es bei vielen noch als Schande galt, sich um die Bewirtschaftung des eignen Gutes selbst zu bekümmern, fast zu derselben Zeit, als die Madrider Akademie der Wissenschaften die Preisfrage stellte, ob gewerbliche Arbeit den Adel schände oder nicht? Mit Recht hatte daher der Kaiser-Josephspflug auf der Wiener Ausstellung 1873 seinen Ehrenplatz erhalten.

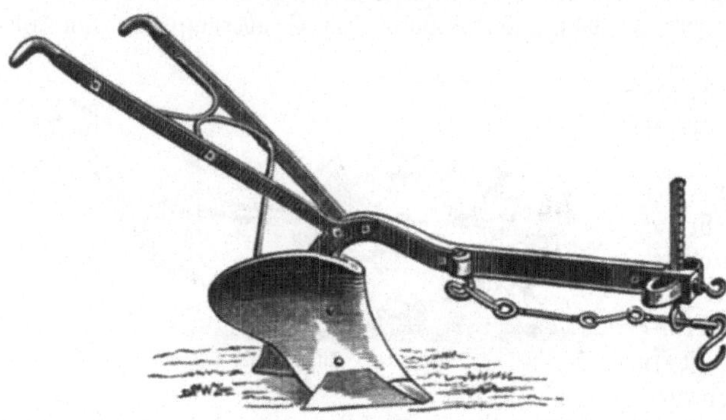

Fig. 184. Schwingpflug.

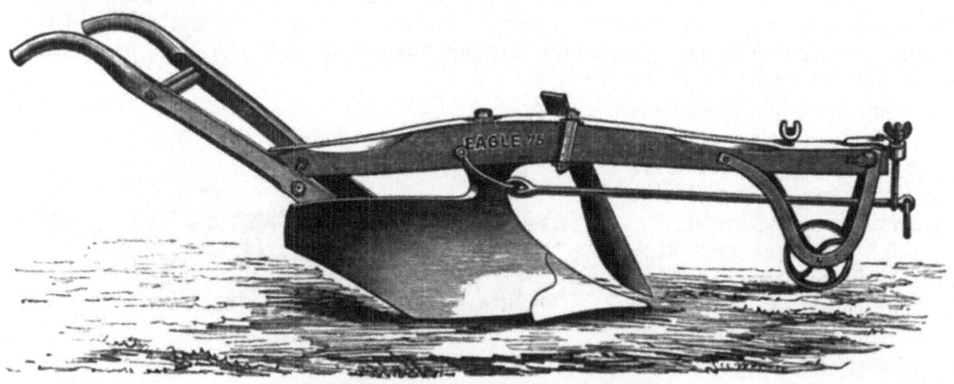

Fig. 185. Amerikanischer Pflug mit Stelzrad.

Der Pflug soll für die Kultur im großen mittels Anwendung einer einzigen Kraft, der Zugkraft, die Arbeit des Rechens, des Spatens, der Schaufel und der Hacke zu gleicher Zeit verrichten, in seiner Gangart sicher, leicht zu lenken sein und Dauerhaftigkeit mit Leichtigkeit, Solidität des Materials mit Wohlfeilheit verbinden lassen. Es soll ein senkrecht und wagerecht scharf abgeschnittener Erdstreifen völlig umgewendet und die Furche rein ausgeputzt werden. Der eigentliche Pflug stellt in seinen wirkenden Teilen einen halben, der Haken einen ganzen Keil dar. Die Bestandteile des Pfluges sind:

Die Sohle (Pflughaupt, Heft oder Höft), welche bei der Arbeit auf dem Grund der Furche gleitet und mit der inneren Seite — Land- oder Molderseite — an die stehengebliebene Erde sich anlehnt. Je länger, um so sicherer und langsamer — staater (Staatenpflug) — geht das Ganze, um so größer wird aber auch die Reibung, besonders wenn die Sohle aus Holz gefertigt ist. Deren Spitze heißt Haupt, das hintere Ende Ferse.

Die Griessäule dient zur Verbindung der einzelnen Teile des Pflugkörpers (Schar, Streichbrett, Sohle) untereinander und mit dem Pflugbaume.

Die Sterze, d. i. die Handhabe, mittels welcher der Pflüger zu lenken hat; in der Regel hat man zwei Sterzen und fügt diese für sich in den Grindel oder Pflugbaum, welcher meist der Sohle parallel angebracht wird, auf der Griessäule (dem verlängerten Streichbrett) ruht und in seinem Vorderteil zur Anbringung der Zugkraft dient.

Fig. 186. Karrenpflug von H. F. Eckert in Berlin.

Unterhalb des Pflugbaumes an die Griessäule seitlich befestigt liegt das Streichbrett mit dem Schar; letzteres soll den Erdstreifen wagerecht abschneiden und auf schiefer Fläche emporheben lassen; man fertigt es gewölbt, zungenförmig und rechtwinkelig; die Breite entspricht der des abzuschneidenden Erdstreifens. Vor demselben, vom Grindel nach der Scharspitze zu gestellt, wird das Sech (Kolter, Messer, Vor- oder Vordereisen) angebracht; es muß den Erdstreifen (Unkraut und andre Hindernisse) senkrecht durchschneiden.

Das Streichbrett (Rüster, Rüsterbrett) bildet die Verlängerung des Schars, dazu dienend, die Erde noch höher zu heben und schließlich umzuwenden, weshalb man die gewundenen Formen vorzieht. Regulatoren sind Vorrichtungen zum Stellen des Pfluges durch Verrückung der Grindelspitze nach rechts oder links, in höhere oder tiefere Lage.

Fig. 187. Englischer Räderpflug, zum Pflügen von Neuland auf dem Kontinent verwendet.

Die Zugkette wird mit ihrem Endring durch den Nagel in zu diesem Zwecke im Grindel angebrachten Löchern gehalten, oder sonstwie an demselben befestigt. Der Grindel hat an seinem vorderen Teil entweder gar keine Unterlage, Schwingpflüge (s. Fig. 184), oder er ruht auf einem Stelz, Stelzpflüge (s. Fig. 185), oder auf einem Vordergestell mit Rädern — Räderpflüge und Karrenpflüge (s. Fig. 186 u. s. f.). Die Pflugschleife und der Pflugschlitten dienen zum Transport auf der Straße, der Reutel (Spatel) ist ein scharförmiges Eisen, an einem Stiele befestigt, mittels dessen man Schar, Sech und Streichbrett reinigt.

Haken oder Aadl und die Zogge sind die den nordöstlichen, besonders slawischen Völkern von alters her schon eigentümlich gewesenen Pflugwerkzeuge; aus dem eisenbeschlagenen Baumast wurde ein eiserner Keil, oder ein Schar, oder ein ähnliches Schneidewerkzeug, mit und ohne Streichbrett. In verbesserter Form kommt die Sohle, der Grindel, die Griessäule und Sterze dazu und geht das Werkzeug in den **Hakenpflug** über. Sind Schar und Streichbrett aus einem Guß, mäßig gewölbt, mit schneidender Spitze, so tritt uns im **Ruchadlo** (Böhmen) das Vollkommenste dieser Art entgegen. Alle hakenartigen Werkzeuge **lockern** nur, **wenden** aber nicht, wenigstens nicht so, wie die eigentlichen Pflüge; sie sind zu manchen Arbeiten vorzüglicher und werden in ihrer Heimat diesen oft vorgezogen (Schlesien, Böhmen, Mecklenburg, Litauen, Ost- und Westpreußen u. s. w.; Rußland, Polen, China, Sibirien).

Fig. 188. Wanzlebener Pflug von G. Pieper in Altenweddingen bei Magdeburg.

Beetpflüge nennt man diejenigen, mittels welcher man nur nach einer Seite die Erde abschneidet, so daß man, am Ende eines Feldes angekommen, nicht in derselben Furche zurück pflügen kann, sondern nur am andern Ende des Beetes. Fast sämtliche Pflüge Norddeutschlands sind von der Form des Ruchadlopfluges ausgegangen (Fig. 184), insbesondere hat der **Wanzlebener Pflug** (Fig. 188) mit steilgestelltem Steilbrett eine große Verbreitung in intensiv betriebenen Wirtschaften gefunden. Die **Kehrpflüge**, auch **Wechsel-**, fälschlich **Wendepflüge** (wenden muß überhaupt jeder Pflug) genannt, sind so eingerichtet, daß Schar, Streichbrett und Sech auf die andre Seite gestellt werden können; sie ermöglichen es, in derselben Furche zurückzufahren (Fig. 189).

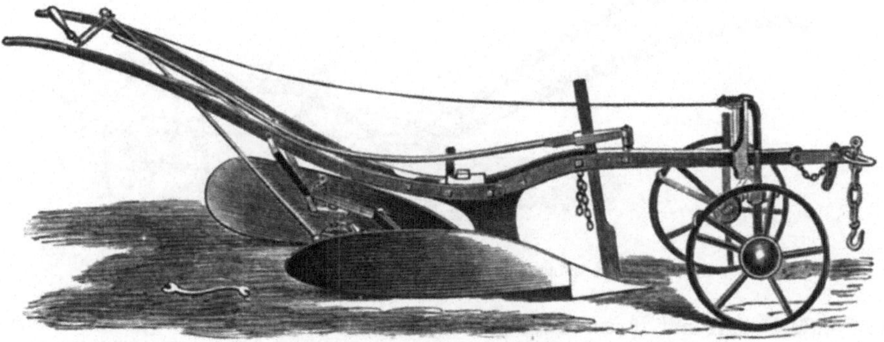

Fig. 189. Englischer Wendepflug.

Doppelpflüge sind solche mit doppelten, hintereinander gestellten Pflugkörpern, mit welchen also zugleich zwei Furchen gezogen werden können. Zu den mehrscharigen Pflügen gehören die in den letzten Jahren erst allgemeiner benutzten **Dreifurchen-** und **Vierfurchen-** oder **Schälpflüge**, welche auf stellbaren hohen Rädern laufen und dadurch eine geringere Zugkraft mit bezug auf ihre Gesamtleistung gegenüber den einfachen Pflügen beanspruchen; dazu kommt noch eine Ersparnis an Arbeitern. Vorzugsweise ist heute der **vierscharige Eckertsche Schälpflug** zum seichten Umbruch des Ackers, zum Stoppelpflügen gleich nach der Ernte, um die Feuchtigkeit im Boden zu erhalten und den Verwesungsprozeß der Pflanzenreste zu befördern, sowie zur Unterbringung der Saat in Gebrauch.

Die Untergrundpflüge (=Haken, =Wühler, Fig. 192 und 193) sollen nur zur Aufschließung des Untergrundes dienen, in der Regel die tieferen Schichten nur lockern; dadurch unterscheidet sich diese Pflugart von den Tief= oder Rajolpflügen (Fig. 189), mit welchen man den Boden bis zu 50 cm tief vollständig umwenden und bearbeiten will.

Fig. 190. Doppelpflug.

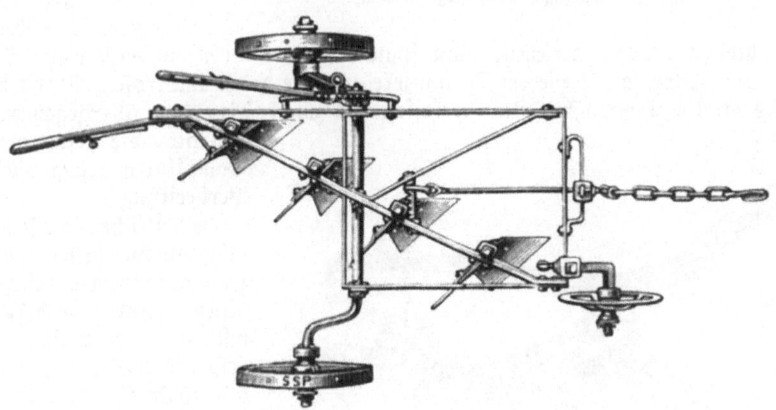

Fig. 191. Vierschariger Schäl= und Saatpflug von oben gesehen.

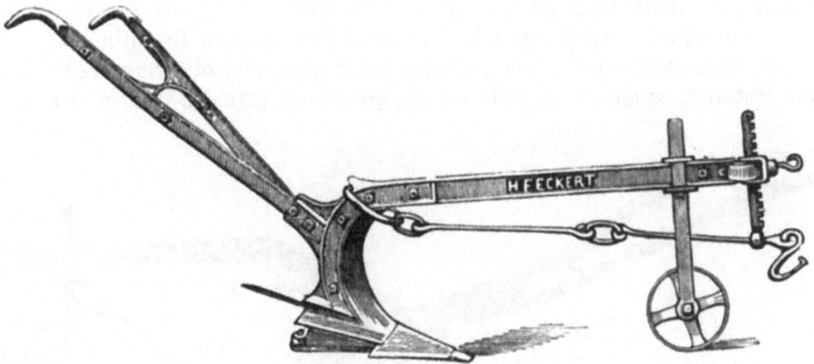

Fig. 192. Mineur= oder Untergrundpflug.

Jene und diese werden stärker als gewöhnliche Pflüge gefertigt, meistens ganz aus Eisen; jene ohne, diese mit Streichbrettern.

Zur Ziehung von Hohlrinnen in der Tiefe an Stelle von Drains dient der Drainierpflug, bestehend aus einem stark gewölbten eisernen Keil, welcher die Hohlrinnen hinterläßt, und starkem Pflugkörper, welcher durch eine Winde mit Ketten und Dampfkraft gezogen wird. Mineurpflüge gehören eben dahin und dienen zur Bearbeitung tieferer Schichten.

Universalpflüge nennt man solche, bei welchen an einem und demselben Pflugkörper (von Eisen) verschiedenartige Pflugwerkzeuge angeschraubt werden können, zum Flach- und Tiefpflügen u. s. w.

Durch Häufelpflüge wird die Erde zwischen den Reihen der Hackfrüchte gelockert und an die Pflanzen gebracht (Fig. 194).

Fig. 193. Amerikanischer Untergrundpflug.

In neuerer Zeit findet die Anwendung der Dampfkraft zur Bearbeitung des Bodens immer mehr Verbreitung. Die ersten Versuche, mit Dampf zu pflügen, stammen in England aus der Zeit her, als man zuerst selbstfahrende Maschinen, Lokomotiven, verfertigt hatte. Dieselben wurden mit sehr breiten Rädern versehen, man spannte sie vor einen mehrscharigen Pflug und fuhr über den Acker, an Stelle der Spanntiere arbeitete das Dampfroß. Aber erst seitdem man dieses direkte Dampfpflugsystem verlassen und zum indirekten übergegangen (1855), erlangte die Anwendung der Dampfkultivierung allgemeinere Verbreitung.

Fig. 194. Häufelpflug.

Sämtliche indirekten Dampfpflugsysteme lassen sich in drei Unterabteilungen bringen; beim ersten System wird das Ackerinstrument durch ein um das Feld gespanntes Seil zwischen zwei an den Feldseiten aufgestellten beweglichen Ankern durch eine feststehende Dampfmaschine über das Feld gezogen, Umkreisungssystem; beim zweiten ziehen zwei sich gegenüberstehende Lokomotiven mit Windevorrichtung das Ackerinstrument zwischen sich hin und her, Zweimaschinensystem, und beim dritten wird das Ackerinstrument zwischen einer sich selbst weiter bewegenden Lokomotive und einem Ankerwagen hin und her gezogen, Einmaschinensystem.

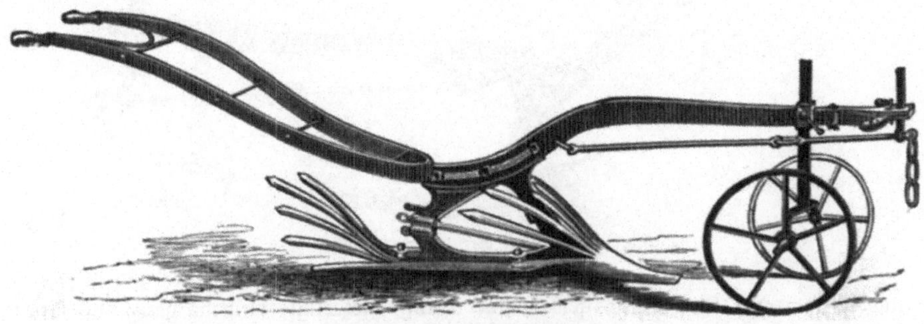

Fig. 195. Kartoffelausgrabepflug.

Das Umkreisungssystem, besonders von Howard ausgebildet, bietet die Vorteile, daß nur ein Dampfmotor zum Betriebe nötig ist, und es gestattet, da die Dampfmaschine während der ganzen Arbeit stationär bleibt, sehr leichtes Ackerland oder übermäßig hügeliges

Gelände, welches für schwere Dampfmaschinen unpassierbar wäre, bearbeiten zu können. Das Zweimaschinensystem ist das leistungsfähigste, aber auch teuerste, es besitzt die Vorteile einer leichten Versetzbarkeit, einer bequemen Handhabung und der Ermöglichung einer kräftigen Bodenbearbeitung sowohl nach Leistung als nach Güte; das Einmaschinensystem steht zwischen den beiden ersteren Systemen. Da bei dem ersten System, dem Umkreisungssystem, der Motor seine Stellung während des Pflügens unverändert beibehält, so läßt sich infolgedessen jede gewöhnliche Lokomobile verwenden, indem man nur notwendig hat, eine Windevorrichtung von der Lokomobile zu betreiben, welche das Ackerinstrument über das Feld hin und her zieht. Nur der Umstand, daß die gewöhnlichen, in der Landwirtschaft zum Dreschen u. s. w. verwandten Lokomobilen zu schwach sind und nur eine sehr geringe Pflugleistung ergeben, spricht gegen diese Anordnung, und man ist daher gezwungen, besonders starke Lokomobilen, die zugleich als Straßenlokomotiven gebaut werden, zu benutzen, welche dann den Windeapparat unmittelbar bei sich führen.

Fig. 196. Howards Dampfpflug.

Fig. 196 veranschaulicht deutlich dieses System; wir sehen im Vordergrunde links die Lokomobile mit Winde, rechts die Ankerwagen und die Art und Weise, wie der Pflug bewegt wird. Die Ankerwagen tragen die Leitrollen für das Drahtseil. Ist das Ackergerät am Ende des Feldes angekommen, so werden dieselben entsprechend vorgerückt, so daß beim Zurückgang des Ackergerätes sich ein unbearbeiteter Teil des Feldes demselben darbietet. Eine dritte Leitrolle erblicken wir oben links; auch sie ist auf einem verankerbaren Gestell gelagert, ändert aber ihre Lage während des Pflügens nicht.

Howard richtet seine Dampfpfluglokomotiven gleichzeitig so ein, daß sie auch zu jeder andern Arbeit in der Landwirtschaft, zu welcher Dampfkraft benutzt werden kann, tauglich sind. Die Windetrommeln für das Seil befinden sich ganz am hinteren Ende der Maschine, während zwischen ihnen und dem Kessel, oberhalb der großen Fahrräder, die Dampfmaschine gelagert ist. Mittels einer Kuppelungsvorrichtung ist man im stande, entweder die Windetrommel zum Zwecke des Pflügens zu treiben oder nach Entfernung der Windetrommel die Maschine als Straßenlokomotive zum Ziehen von Lasten, oder endlich aber als Lokomobile zum Dreschen ꝛc. zu verwenden.

Der Ankerwagen wird bei den neueren Dampfpflügen stets so eingerichtet, daß er nach Beendigung eines Hingangs des Pfluges automatisch, lediglich durch den Seilzug, der Lokomotive sich nähert.

Savages automatischer Ankerwagen ist zu diesem Zwecke mit drehbaren, aus Fig. 197 links ersichtlichen Ankern versehen, welche in den Boden fassen und so den Ankerwagen festhalten; erreicht der Pflug den Ankerwagen, so trifft eine am Zugseil angebrachte Kugel einen Hebel, der die Anker hoch und aus dem Boden hebt, so daß nunmehr der Ankerwagen, dem Zuge des Seiles folgend, vorfährt, bis der Maschinist die Dampfmaschine anhält und umsteuert, worauf der Pflug wieder zurückkehrt und die Anker wieder in den Boden fassen. Eine Verschiebung des Ankerwagens in der Bewegungsrichtung des Pfluges verhindern die tief in den Boden einschneidenden scheibenförmigen Räder. Es genügen somit zur Bedienung dieses Systems zwei Leute, der Maschinist und der Pflugmann.

Fig. 197. Savages Ankerwagen.

Während das Umkreisungssystem sich auch für ungünstige Terrainverhältnisse, kleinere Flächen eignet, ist das Zweimaschinensystem das leistungsfähigste. Es wurde dieses System besonders von Fowler ausgebildet und im großartigsten Maßstabe zur Bearbeitung von größeren Flächen, zur Heide- und Forstkultur u. s. w. angewendet. An den beiden Kopfenden des zu bearbeitenden Ackers wird je eine Lokomotive aufgestellt, welche mit einer Windetrommel versehen ist. Von beiden Windetrommeln ist das Seil nach dem Ackergerät geleitet, so daß der abwechselnde Zug der Maschinen dasselbe hin und her bewegt. Sobald

Fig. 198. The Farmers Engine als Straßenlokomotive mit Fowlers Dampfpflug.

der Kultivator bei der arbeitenden Maschine angelangt ist, rückt dieselbe um die doppelte Breite des zu bearbeitenden Furchenstreifens vor, während das Gerät für die Arbeit in entgegengesetzter Richtung eingestellt und für die neue Fahrt eingesteuert wird. Alsdann beginnt die gegenüberstehende Maschine ihre Arbeit. Bei den Fowlerschen Lokomotiven befindet sich die Windetrommel unter dem Kessel, während Howard sie hinter der Maschine anordnet.

Bei dem Einmaschinensystem ist eine der beiden Lokomotiven des Zweimaschinensystems durch einen automatischen Ankerwagen ersetzt. Die durch den Dampfpflug betriebenen Ackergeräte sind der Pflug, in der Regel für mehrere Furchen eingerichtet, und der Grubber; bei den Rübenhebern, Eggen, Walzen und Säemaschinen, desgleichen auch bei der flachen Bearbeitung des Bodens wird die Dampfkraft zu ungenügend ausgenutzt und deshalb nur selten benutzt; denn erst mit der Tiefe der Furche, mit der Widerstandsfähigkeit des Bodens wächst der Wert der Dampfarbeit.

Unter den zahlreichen Pflügen hat sich ausschließlich der Fowlersche Balancierpflug als vorteilhaft bewährt. Um hin und her zu pflügen, ohne das Gerät wenden zu brauchen, sind zwei Sätze von Pflugträgern, in entgegengesetzter Richtung eingestellt, in einem Gestell angeordnet, dergestalt, daß der eine Satz im Boden arbeitet, während der zweite schwebend gehalten wird (Fig. 199). Zu diesem Zwecke befinden sich in einem in der Mitte drehbaren Gestell auf jeder Seite schräg hintereinander stehend zwei bis sechs vollständige Pflugsätze, so daß gleichzeitig eine Reihe von Furchen gepflügt wird. Das Gerät ist derartig abbalanciert, daß bereits durch das Übergewicht des Arbeiters, welcher auf jeder Hälfte Platz nehmen kann, ein Senken des betreffenden Teiles erfolgt, wodurch die andre Seite, welche die Furchen in entgegengesetzter Richtung ziehen würde, unter einem Winkel von 36 Grad in schwebender Lage außer Kontakt mit dem Boden gehalten wird. Gesteuert wird der Pflug mittels eines Kurbelrades, das eine Drehung der in vertikalen Spindeln drehbaren Radachsen bewirkt.

Fig. 199. Der Dampfpflug mit Lokomobile, Fowlers System.

Zu den interessantesten Dampfpflugapparaten gehören diejenigen, welche seit mehreren Jahren zur Urbarmachung von steinigem Heideboden in Sutherlandshire in folgender Weise benutzt werden. Das erste Werkzeug hat die Aufgabe, Steine bis zu 1 m Durchmesser mittels eines gewaltigen ankerartigen Zinkens aus dem Boden zu reißen und frei auf der Oberfläche liegen zu lassen, während zu gleicher Zeit ein Pflug eine breite seichte Furche umwendet. Die zweite Operation besteht in dem Entfernen der Steine aus dem Felde mittels eines Schlittens, der dieselben systematisch in zwei parallelen Linien aufschichtet, worauf sie zur Herstellung von Straßen und Trennungsmauern benutzt werden. Der dritte Apparat dient dann zum Nivellieren der tief aufgewühlten und zerrissenen Oberfläche und erreicht dies mit geneigt zur Zuglinie gestellten Scheiben, die den Boden seitlich verschieben und dadurch die Löcher ausfüllen und Erhöhungen abheben. Erst dann beginnt der gewöhnliche Balancierpflug seine Arbeit, die den zuvor vollständig unbrauchbaren und durch gewöhnliche Mittel nicht zu bebauenden Boden in ein vollständiges Saatbeet verwandelt. Der Herzog von Sutherland, welcher diese Arbeit auf vielen Tausenden von Hektaren der schottischen Hochlande vornimmt, hat zur Zeit sechzehn Dampfpflugmaschinen in der angedeuteten Weise beschäftigt.

In jüngster Zeit hat man auch nicht ohne Erfolg die Elektrizität zum Betriebe von Ackergeräten angewandt und hierbei das Prinzip des Zweimaschinensystems benutzt. Die Lokomotiven werden durch Haspel ersetzt, welche von Dynamomaschinen getrieben werden, die ihren Strom durch ähnliche fest aufgestellte Maschinen erhalten.

Die vierräderigen Wagen, welche die Haspel tragen, können überdies in gleicher Weise mittels der Dynamomaschinen bewegt werden; es ist hierzu nur erforderlich, zwei Räder einzurücken, um die Bewegung der Dynamomaschine nicht mehr auf die Haspel, sondern auf die Radachsen der Wagen zu übertragen, die Räder zu drehen und die Wagen von der Stelle zu bringen. In dieser Weise werden die Wagen nicht bloß nach jedem Gange des Pfluges verstellt, um neue Furchen neben den vorhergehenden zu ziehen, sondern auch überhaupt nach dem Felde hin zu transportieren. Derartige Einrichtungen sind mit bestem Erfolg von Chretien & Felix zuerst in der Zuckerfabrik Sermaize hergestellt worden.

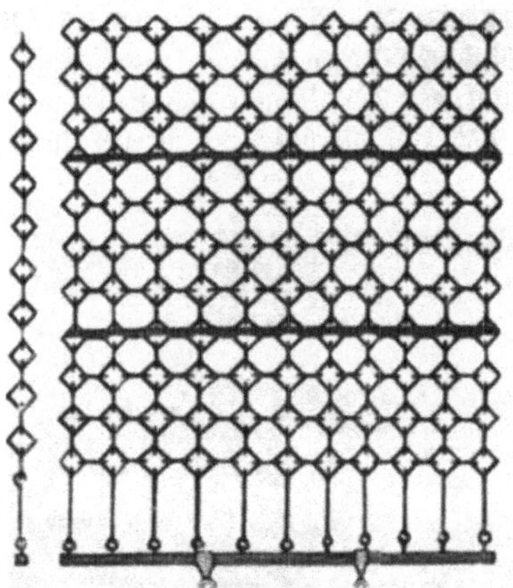

Fig. 200. Kettenegge.

Die Anschaffungskosten der Dampfpflüge betragen 20000—42000 Mark; die Tagesleistung beträgt $2,_{80}$—$7,_{80}$ ha bei einer Furchentiefe von 35—37 cm.

Die Kosten des Pflügens berechnen sich pro Hektar bei den Dampfpflügen von J. Fowler & Co. in Leeds auf 25—50 Mark.

Die Vorteile der Dampfbodenkultur sind folgende: Gegenüber den Gespannpflügen wird der Boden bei der größeren Geschwindigkeit des Dampfpfluges viel kräftiger und tiefer gelockert, wodurch höhere Ernteerträge auch bei den nachfolgenden Früchten erzielt werden. — Die Bearbeitung kann frühzeitig vorgenommen werden, der Landwirt ist hierbei von der ungünstigen Witterung, früh eintretendem Winter, spät eintretendem Frühjahr oder trockener Frühjahrswitterung unabhängig. Die Entfernung der zu Tiefkultur geeigneten Äcker vom Wirtschaftshofe verteuert oft die Spannkraft so erheblich, daß hier die Dampfbodenkultur angezeigt sein kann. Das Zusammentreten des Bodens durch die Hufe der Zugtiere wird vermieden. Der Zugviehbestand läßt sich unter Umständen bis zu einem Drittel bei Einführung der Dampfkultur verringern. Derselben stehen nur die hohen Anschaffungskosten der Maschinen entgegen, weshalb sie nur dort wirtschaftlich gerechtfertigt sein wird, wo genügendes Kapital zur Verfügung steht oder wo sie durch Mietpflügen ausgeführt werden kann. Die Bodenfläche darf nicht zu uneben und das Besitztum muß abgerundet sein. Heute sind es besonders die Zuckerrüben bauenden Bezirke, welche den Dampfpflug anwenden, da es sich gezeigt hat, daß der Ertrag der Zuckerrüben, welche einen Teil ihrer Nahrung den unteren Bodenschichten entnehmen, ganz wesentlich durch die Tiefkultur erhöht wird.

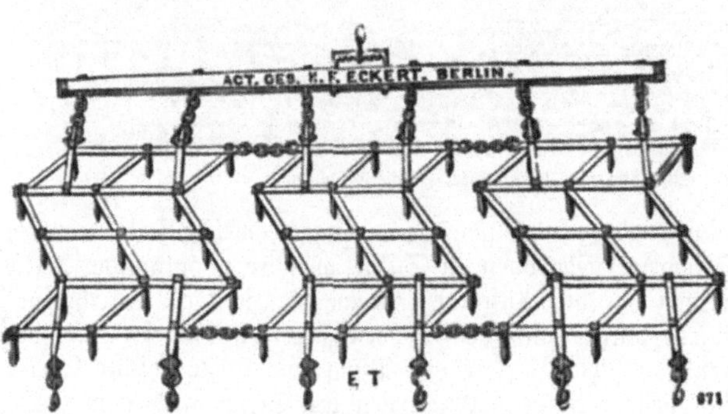

Fig. 201. Eiserne Zickzackegge.

Die gewöhnliche Bearbeitung wird vollendet mit Eggen und Walzen. Die Egge vertritt den Rechen und die Harke; schon die Bibel enthält Andeutungen von ihrem Gebrauch, und wir wissen, daß die Alten zusammengebundene Dornen verwendeten. Noch heute werden in Rußland und Norwegen stark bewachsene, buschreiche Weißdornzweige als Eggen verwendet. Die Römer verehrten den Feldgott Occator als den Gott des Eggens und ließen seinen Namen bei den Ceresopfern vom Priester (Flamen) ausrufen. — Die Eggen sind Gestelle von eisernen oder hölzernen Balken, in welche eiserne oder hölzerne Zähne oder Zinken, in der Regel schräg gestellt, eingefügt sind; mehr als 24 Zähne wendet man nicht gern für ein Gestell an; soll die Zugkraft besser ausgenutzt werden, so hängt man lieber mehrere Eggen aneinander. Die Zähne werden 20—30 cm lang gefertigt; in verschiebbaren Gestellen, wie bei den Furcheneggen, kann man sie näher und entfernter stellen. In der Ecke oder in der Mitte bringt man die Zugvorrichtung an. Man unterscheidet zunächst schwere (Botheggen) für zwei und mehr Zugtiere, mit bis zu mehreren Kilogramm schweren Zinken, und leichte, mit hölzernen oder kleinen eisernen Zinken für höchstens zwei Zugtiere.

Fig. 202. Greys verbesserter Grubber.

Die Egge soll den Boden vollständig lockern, pulvern und einebnen, das Unkraut zusammenraffen und völlig aus dem Boden reißen, den Samen gleichmäßig verteilen und unterbringen, auf krustierenden Bodenarten die junge Saat zum Zwecke der Durchlüftung überziehen und vermooste Wiesen und Kleefelder reinigen. Ihr eignes Gewicht muß sie in den Boden, aber nicht zu tief, nur bis etwa 10 cm, drücken (eiserne Gestelle haben nicht immer den Vorzug vor den hölzernen, weil sie oft zu schwer werden); die Zugtiere sollen das Ganze durch den Boden ziehen; schnelle Gangart erhöht die Wirksamkeit; Pferde, oft im Trabe laufend, verwendet man am liebsten dazu.

Fig. 203. Sacks Skarifikator mit sieben Messern.

Zickzackeggen, von England kommend, bestehen aus 2—4 zickzackförmig gearbeiteten Sätzen von Eggen mit bis 18 Zähnen und sind ganz von Eisen gefertigt. Rechteckige, Rhomboidal- und dreieckige Eggen sind die gebräuchlichsten, vielfach mit Lokalnamen bedacht, z. B. Hohenheimer, Brabanter u. s. w., oder auch nach dem Erfinder oder Fabrikanten benannt. Die sogenannte Altenburger Krümeregge, auch Kratzigel, Igelegge genannt, ist viel im Gebrauch und nachgebildet worden; die von Norwegen eingeführte Stachelegge (Stachelwalze) hat bei uns nur wenig Eingang gefunden. In England sind diese, auch Rolleneggen genannt, bedeutend verbessert, mehr im Gebrauch.

Gliedereggen und Ketteneggen unterscheiden sich dadurch von andern Arten, daß sie keinen festen Rahmen besitzen; die wirkenden Teile sind miteinander durch Kettenglieder verbunden und können sich einzeln, jedes für sich, den Unebenheiten des Bodens anpassen. Die in Böhmen gebrauchte Althannsche Wiesen-Moosegge ist wahrscheinlich die älteste Form dieser Art. Scheibeneggen bestehen aus netzartigem Gewebe von starkem Eisendraht, in dessen Kreuzungspunkten sich gußeiserne Zackenscheiben befinden, gebräuchlich in England zur Unterbringung von Gras- und andern feinen Sämereien. Dorneggen sind gewöhnliche Eggen, in welche Dornen eingeflochten werden; die Ackerschleifen, bestehend aus parallel liegenden hölzernen Balken, durch Längsverband zusammengefügt, oft mit scharfer Kante, mit Blech beschlagen, bilden den Übergang zur Walze.

Die Egge soll den Pflug stets unterstützen. Der Boden soll durch sie an der Oberfläche geklärt, geebnet und gelockert werden, um bald den tieferen Schichten die Feuchtigkeit zu erhalten, bald der Luft Zutritt zu den Wurzeln und zur Verwitterung des Bodens zu verschaffen und ihn vom Unkraute zu reinigen. Von guten Eggen verlangt man, daß jeder Eggezinken seine eigne Furche ziehe, daß alle Furchen gleichmäßig tief gehen. Je leichter die Egge, um so dichter müssen die Zinken gestellt sein. Eiserne Eggen sind den hölzernen vorzuziehen.

Fig. 204. Die Stachelwalze.

Die Krümmer (Schaufeleggen) bestehen aus einem Satz mit Scharen an den Zinkenspitzen. Die übrigen eggenartigen Instrumente Exstirpator und Grubber (Fig. 202) bestehen gleichfalls aus einem Satz mit verschieden geformten Zinken, Messern u. s. w., deren Tiefgang, da sie nicht nur oberflächlich wirken sollen, durch Räder, wie bei Colemans Grubber, geregelt werden kann.

Fig. 205. Dreiteilige Walze.

Der Grubber ist bedeutend stärker gebaut als der Exstirpator, die Zinken ragen bis in den Untergrund und leistet dieses Instrument vortreffliche Dienste bei der Einleitung wie bei der Fortsetzung der Tiefkultur, wenn es sich darum handelt, sehr tief gelegene unverwitterte Bodenschichten zwar an ihrem Platze zu belassen, sie aber doch energisch zu lockern und für die Luft zugänglich zu machen. Da der Grubber viel Zugkraft erfordert, so wird er mit Vorliebe bei der Dampfkultur benutzt.

Der Skarifikator (Fig. 203) führt messerförmige Zinken, um den festen Boden und pflanzliche Reste zu zerschneiden, er eignet sich vorzüglich zur Wiesenkultur auf Grasland und mehrjährige Kleeschläge.

Die Walze soll die Krümelung des Bodens vollenden und selbst die härtesten Schollen zertrümmern; daneben gebraucht man sie noch zur Festdrückung des Bodens; besonders im Frühjahr zur Zuführung der den keimenden Saaten nötigen Feuchtigkeit, zur Verteilung und Unterbringung feiner Sämereien, zum Andrücken der durch den Frost gehobenen Saaten und zur Ebnung des Bodens, besonders da, wo Säe- und Erntemaschinen im Gebrauch sind, wobei jedoch stets die Egge folgen soll. — Durch neuere Untersuchungen ist festgestellt, daß durch das Walzen dem Acker sehr bedeutend Feuchtigkeit entzogen wird, was durch nachfolgende Egge und Pflug wieder verhindert werden kann; denn der an der Oberfläche gelockerte Boden verhindert das Aufsteigen der Feuchtigkeit aus den tieferen Schichten durch die geschaffenen größeren Lücken, welche eine geringere Anziehungskraft besitzen. Da die Feuchtigkeit aus den tieferen Schichten durch Hebung mittels des aussaugenden Walzens leicht nach den oberen Schichten gebracht werden kann, so werden infolge dieser Arbeit die Saaten rascher keimen und auflaufen, wobei aber stets ein bedeutender Verlust an Feuchtigkeit durch Verdunstung entsteht, was der späteren Entwickelung der Saaten sehr nachteilig werden kann. Vorsicht daher bei Anwendung von Walze und Egge und Festhalten des Grundsatzes, daß die Egge die Feuchtigkeit im Boden erhält, die Luftzirkulation unterstützt, die Walze das Gegenteil bewirkt!

Man braucht leichte und schwere Walzen, solche von Holz, Stein und Eisen, hohle und geschlossene Cylinder. Eine sehr einfache Walze fertigt man sich aus zwei bis vier Rädern, welche durch aufgenagelte, dicht aneinander liegende Latten oder vierkantige Eisenstäbe verbunden werden.

Fig. 206. Der Schollenbrecher.

Oft bringt man auch über den Walzen Kasten für Steine an und Sitzvorrichtungen für den Fuhrmann. Walzen von über 3 m Länge liebt man nicht; der Durchmesser derselben schwankt von 20 cm bis circa 1 m. Cylindrische Walzen erfordern am wenigsten Zugkraft, sechs- und achteckige, kantige oder geriefte haben erhöhte Wirksamkeit. Lange Walzen lassen sich schwieriger handhaben; man zieht daher die geteilten, gegliederten oder Doppelwalzen vor, deren Teile sich selbständiger bewegen können, da sie meist keine gemeinsame Achse besitzen. Glatte Walzen haben bis zu 7 und 8 Zentner Gewicht; Ringelwalzen bestehen aus runder oder kantiger Achse, auf welcher scheibenförmige Ringe angebracht sind; in der Regel verbindet man zwei Sätze hintereinander mit starken viereckigen Rahmen und kann die Zugvorrichtung vorn und hinten an denselben anbringen; sie haben bis 18 Zentner Gewicht, Prismawalzen bis zu 30 Zentner. Am schwersten sind die sogenannten Schollenbrecher mit gezahnten eisernen Ringen, welche fast nur in England benutzt werden.

Da Eisen die glattesten Flächen gegenüber Holz darstellt, welches stets Unebenheiten zeigt und hygroskopisch wirkt, d. h. also die Feuchtigkeit anziehend, so daß feuchter Boden stark anhaftet und haften bleibt, so verdient im allgemeinen das Eisen für alle Bodenbearbeitungszwecke den Vorzug; besonders bei den eigentlich wirkenden Teilen sollte es immer zur Anwendung kommen; das höhere Gewicht macht aber dem Arbeiter und dem

Zugvieh den Gebrauch von Eisen unter Umständen mühevoller; im leichten Boden sinkt Eisen zu tief ein. Mit nur einer Art von Pflug, Egge, Walze, selbst den am vollkommensten verfertigten, lassen sich niemals alle erforderlichen Arbeiten verrichten; jeder gut ausgestattete Wirtschaftshof muß eine Mehrheit davon aufweisen.

Saat- und Erntemaschinen. Dem sorgfältig vorbereiteten Boden muß die Saat anvertraut werden. Schon ziemlich frühzeitig suchte man auch hierzu Maschinen anzuwenden; in China, Japan und Ostindien sollen Säemaschinen für Reihensaat schon sehr alt und viel gebräuchlich sein; das Londoner Technologische Museum enthält ein hindostanisches Modell, den heutigen Drills entsprechend und diese als Verbesserungen desselben erscheinen lassend. Im Jahre 1650 beschrieb Gabriel Platte eine Maschine, welche Löcher in den Boden machte, in welche der Same gefüllt wurde; Giovanni Cavallina wird als Erfinder einer solchen Maschine schon im 16. Jahrhundert genannt. Wenig später werden in England Saatmaschinen bekannt und beschrieben. Joseph von Locatelli aus Kärnten erfand gegen Ende des Jahrhunderts einen Saatpflug, „Sembrador" genannt, d. h. einen Pflug, an welchem ein Kasten zur Aufnahme von Samen angebracht war. In diesem bewegte sich eine Walze, durch welche das Ausschütten des Samens aus einer angebrachten Öffnung mit der Vorwärtsbewegung des Pfluges selbst bewirkt wurde. Noch in unsern Tagen haben einzelne sich viele Mühe gegeben, Säepflüge für kleinere Landwirte in verbesserten Konstruktionen zu verbreiten (v. Babo). Der eigentliche Erfinder der Reihensaat und der dazu gehörigen Maschinen — Drills (Drillkultur) — und Pferdehacken, zur Bearbeitung des Bodens zwischen den Reihen auch während der Vegetationszeit, war der Engländer Jethro Tull, dessen Saatmaschine mehrere Samen zugleich, jeden in der ihm entsprechenden Tiefe, unterbringen ließ, z. B. Weizen, Bohnen und Möhren (1710—30). Von da an versuchte man unausgesetzt, die Drills zu vervollkommnen, dabei aber auch, besonders in Deutschland, Breitsäemaschinen anzuwenden. Die großen Vorteile der Reihensaat: Samenersparnis, gleichmäßiges Aufgehen, Bearbeitbarkeit während der Vegetation, bessere Durchlüftung und Verteilung von Licht und Samen u. s. w., führten schließlich zur sogenannten Dibbelkultur, worunter man das Legen einzelner Körner in bestimmten Entfernungen innerhalb der Reihe versteht. Jede Pflanze braucht einen ihr entsprechenden Raum, z. B. Weizen 68 qcm, Roggen 54, Gerste 47, Hafer 60, Mais 1970, Kleepflanzen 27—54, Lein 6—7 qcm u. s. w.

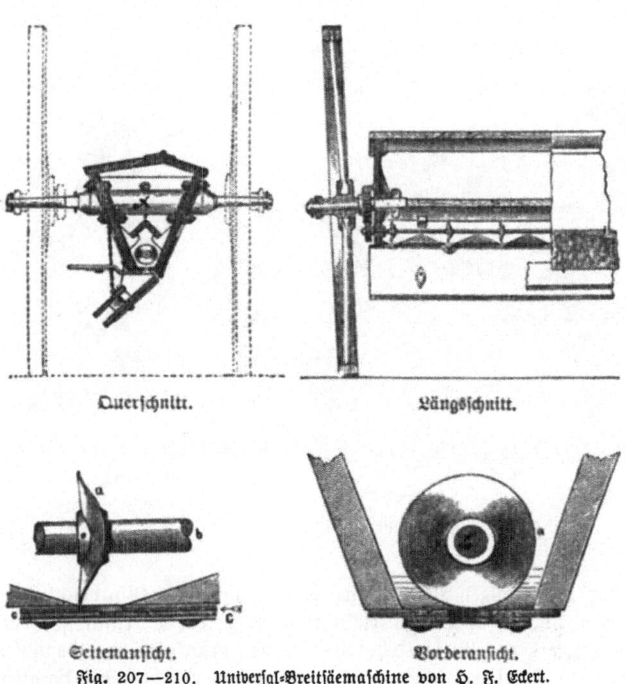

Fig. 207—210. Universal-Breitsäemaschine von H. F. Eckert.

Bei der Gartenkultur zieht man Längs- und Querreihen über das Feld, stößt mit dem Pflanzstock an den Berührungspunkten in gleichmäßiger Tiefe Löcher ein und legt in diese die Körner mit der Hand. Zum häufelweise Legen der Samen (Mais, Futterrüben) wird an die Dibbelmaschine eine Dibbelvorrichtung angefügt, welche das Saatgut in bestimmte Entfernung nach der Längsrichtung und Reihenweite legt. Die Entfernung der Häufchen (Horste) wird durch Wechselräder geregelt.

Die **Breitsäemaschinen** bestehen gewöhnlich aus einem 3—4 m breiten Saatkasten mit Ausstreuvorrichtung. In derselben liegt die vom Fahrrad in Betrieb gesetzte Säewelle, auf welcher Säewalzen, Säescheiben, Säeräder, Räder mit Bürsten u. s. w. angebracht sind, die den Zweck haben, den Samen gleichmäßig aus den Ausstreuöffnungen ausfließen zu lassen. Der Same fällt entweder unmittelbar aus denselben zu Boden oder vorher auf ein Verteilungs- oder Streubrett. Die Breitsäemaschinen liefern jedenfalls eine bessere Arbeit als die Aussaat mit der Hand, welche außerordentliche Übung und Zuverlässigkeit erfordert, namentlich eignen sich diese Maschinen zum Ausstreuen feiner Sämereien, Klee u. s. w., zur Bestellung leichten Bodens und für ausgedehnten Betrieb, sie zeigen bei großer Mengenleistung hinlängliche Genauigkeit der Bemessung und Ausstreuung, sie erfordern nur geringe Zugkraft, sind dauerhaft und im allgemeinen weniger kostspielig als die Drillmaschinen, welche ihrerseits einen wohlvorbereiteten, von Steinen und harten Erdschollen freien Acker und nicht erhebliche Steigungen des Terrains voraussetzen. Die Feldbestellung mittels der Drills wird daher stets kostspieliger als durch die Breitsäemaschinen, und nur die anderweiten Vorteile der Drillkultur, welche einen intensiven Betrieb zur Voraussetzung haben, sind die Veranlassung zu der allgemeinen Verbreitung der Drills bei uns geworden.

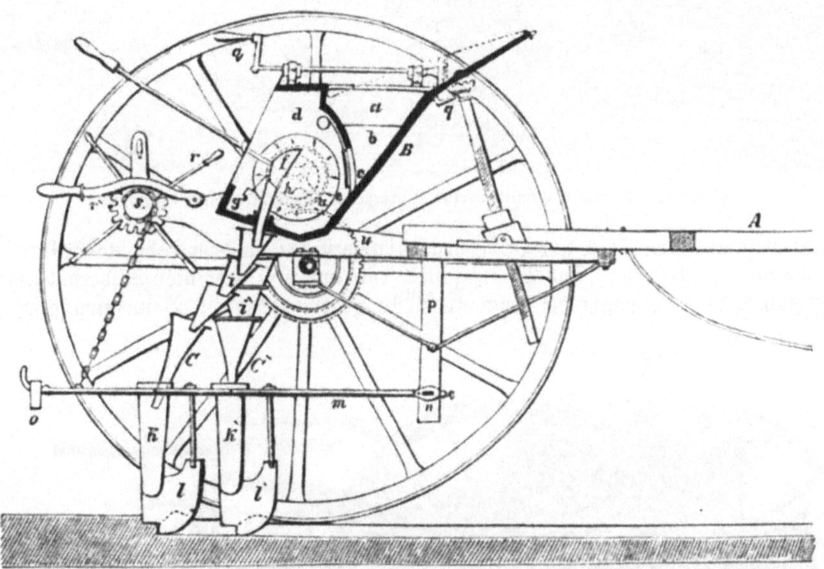

Fig. 211. Querschnitt durch die Garrettsche Reihensäemaschine.

A Wagengestell; B Saatkasten: a Samenvorratskammer, b Gleitsteg, c durch einen Schieber verschließbare Samen-Ausflußöffnung, d Samenverteilungsraum, e Löffelscheibe, f Säetrichter, g Verschlußklappe, welche beim Säen die Öffnung h in der Trichterwand verschließt; u u Zahnradübersetzung; CC' Saatleitung; ii' Schütteltrichter, kk' Saatstiefel, ll' Saatschare, m um den Punkt n drehbarer Saatscharhebel, o Gewicht, p Strebe zur Befestigung der Hebel; qq' Vorrichtung zum Neigen des Saatkastens, r Kreuzhebel, r' Sperrhebel, s Winde, t Hebel zum Ausrücken der beiden Zahnräder, um das Ausstreuen des Samens zu unterbrechen.

Bei der Universal-Breitsäemaschine von H. F. Eckert in Berlin (Fig. 207—210) dient die in der Mitte des Kastens angebrachte Achse x, nachdem die beiden Laufräder darauf befestigt sind, zum Transport der Maschine von und nach dem Felde. Der Ausstreuapparat besteht aus einer Säewelle b mit 22 Säescheiben a, welche sich dicht über einem am Boden des Kastens befindlichen stellbaren Schieber c drehen. Die Säescheiben a bewirken durch ihre wellenartige Form ein stetes Rechts- und Linksschieben der Körner und dadurch den gleichmäßigen Ausfluß des Samens. Bedingung hierfür ist noch ein gleichmäßiger Schritt des Pferdes, der auf Hügelland nicht immer zu erzielen ist.

Gegenüber der Breitsaat bietet die **Drillsaat** wesentliche Vorteile: der Same wird in beliebige, d. h. in die für eine Kulturpflanze geeignete, gleichmäßige Tiefe untergebracht. Die Bedeckung des Samens erfolgt gleichzeitig mit der Aussaat, was bei unsicherem

Wetter nicht zu unterschätzen ist. Indem alle Samen gleichmäßig bedeckt werden und alles Keimfähige keimt, wird viel Same erspart, und zwar etwa 25—40 Prozent. Eine nachfolgende Bearbeitung des Bodens zwischen den Reihen wird ermöglicht, der Boden in bessere Kultur genommen.

Fig. 212. Clayton & Schuttleworths Universal-Drillmaschine (Schöpfrädersystem).

Die wesentlichsten Teile der Drillmaschine bestehen aus dem Wagengestell, dem Saatkasten und der Saatleitung. Das Wagengestell ruht auf zwei oder vier Rädern, durch welche mittels Zahnradübersetzungen die Samenverteilungsvorrichtung in Bewegung gesetzt wird.

Fig. 213. F. Zimmermanns Drillmaschine (Löffelsystem).

Die Breite des Gestelles beträgt gewöhnlich 180 und 200 cm, doch werden auch Rübendrills mit einer Breite von 376 cm gebaut, welche bis 12 ha besäet haben. Ist die Maschine 2 m breit und beträgt der Umfang der Räder 5 m, so werden bei 10 Radumdrehungen

1 a, bei 1000 Umdrehungen 1 ha besäet; danach und aus der Umdrehungsgeschwindigkeit der Säewelle kann das Maß der auszustreuenden Saat vorher bemessen werden. — Der Saatkasten besteht aus dem oberen Vorratskasten, welcher bis 1 hl Samen aufnehmen kann, und aus der Samenverteilungsvorrichtung. Zu letzterer gehört die von den Fahrrädern in Umdrehung gesetzte Säewelle, auf welcher in bestimmten Abständen verschieden hergestellte Samenschöpfvorrichtungen aufgereiht sind. Dieselben bestehen entweder aus Schöpfrädern (Fig. 212) oder Löffelscheiben (Fig. 213) oder seltener Schöpfwalzen. — Die Saatleitung hat den Zweck, den Samen aus dem Saatkasten zum Boden zu führen und in demselben reihenweise unterzubringen. Die Beweglichkeit und Verschiebbarkeit der Röhrenleitung erreicht man am besten durch die Teleskop- (Smythschen) Röhren, welche vollkommen verschlossen sind und sich in weiten Grenzen verlängern lassen; desgleichen sind auch die Kugelgelenkröhren von F. Zimmermann empfehlenswert. Die am unteren Ende der Leitungsröhren an einem Hebel angebrachten Saatschare ziehen Rillen in den Boden, in welchen der Samen zur erwünschten Tiefe untergebracht wird. Die Regelung des Tiefganges bewirken die Gewichte, welche am hinteren Ende der Hebel in beliebiger Zahl und Schwere angebracht oder bei feineren Sämereien weggelassen werden. — Der Betrieb der Drillmaschine erfordert gewöhnlich drei Leute, von denen der eine die Pferde lenkt; es sind zwei Pferde erforderlich und die Leistungsfähigkeit beträgt bei zehnstündiger Arbeitsdauer 6 ha. Der Preis stellt sich auf etwa 500 bis 600 Mark.

Fig. 214. Sacks einreihige Drill- und Dibbelmaschine.

Die Handdrillmaschinen sind ein- bis vierreihig nach den beschriebenen Systemen für Spannkraft konstruiert, sie dienen dazu, gemachte Fehlstellen auszubessern, für Gärtnereien u. s. w.

In Reihen gesäete Pflanzen, namentlich solche, welche bis zu ihrer vollen Entwickelung einen großen Wachsraum beanspruchen, in ihrer Jugend daher das Feld nicht vollständig decken, wie Rüben, Kartoffeln, Mais, Tabak, werden während ihrer ersten Vegetation behackt. Dies bezweckt nicht nur die Vertilgung des Unkrautes, sondern erleichtert insbesondere das Eindringen von Luft und Wasser in den Boden und vermindert die Wasserverdunstung aus demselben. Dadurch wird den Wurzeln der zu ihrem Wachstum nötige Sauerstoff zugeführt, die Verwitterung der Bodenteilchen befördert und so die Nahrungszufuhr zu den Wurzeln kräftig unterstützt. Durch die nach dem Hacken so sichtlich erfolgende rasche Entfaltung der Pflanzen können dieselben auch leichter den in ihrer Jugend so zahlreich auftretenden tierischen und pflanzlichen Parasiten widerstehen. Auf hoher landwirtschaftlicher Kulturstufe spielt daher das Behacken der Pflanzen, jede Verhinderung der Verkrustung und Erhärtung des Bodens, eine hervorragende Arbeit, welche sogar auf den Getreidebau in solchen Gegenden ausgedehnt wird, in welchen durch feuchte Niederschläge der Boden leicht zur Verunkrautung neigt (England, Küstenländer). — Am sorgfältigsten läßt sich das Behacken mit der Handhacke (Fig. 215) ausführen, doch wird diese Arbeit in Wirtschaften, welche Hackfrüchte in größter Ausdehnung anbauen, sehr wirksam durch Hackmaschinen (Fig. 216) unterstützt, zumal diese schneller und billiger arbeiten. Mit letzteren können im Tage 2—4 ha fertig gestellt werden. Preis circa 350 Mark.

Zur Aberntung von Getreide und Futterpflanzen dienen die Mähmaschinen. Schon in Gallien fanden die Römer eine Maschine vor, mittels welcher die

Ähren abgeschnitten und in besondere Kasten geworfen wurden; Denffers Schnittkasten (1755) und Boyces Schneidemaschinen (1800) machten den Anfang mit den verbesserten Maschinen der Neuzeit, welche jetzt in Tausenden von Exemplaren gebraucht werden und meistens nach ihrem Erfinder oder dem Fabrikanten benannt sind. Die an dem Messerbalken befestigten Messer sind die eigentlich schneidenden Teile, welche die Sichel und Sense ersetzen sollen. Die Sichel ist ein halbmondförmig gekrümmtes, in der inneren Krümmung scharf gezahntes oder scharfschneidiges, an kurzem Stiele befestigtes Eisen und ist als das älteste Gerät dieser Art schon bei den Ägyptern im Gebrauch gewesen; die Sense ist an langem Stiele befestigt, rechtwinkelig von diesem abstehend, minder scharf gekrümmt im Blatt, aber länger und breiter, nach vorn spitz zulaufend; die Getreidesensen haben noch ein besonderes Gestell von Holzteilen, mittels dessen der Mäher die Halme ergreifen und hinter sich ablegen kann. Das Sichet, besonders in Belgien gebräuchlich, steht zwischen Sichel und Sense. Außer im Material hat an diesen Geräten die Neuzeit nichts zu verbessern vermocht.

Fig. 215. Handhackpflug.

An den Mähmaschinen dient der Fingerbalken mit den daran angebrachten Fingern zur Unterstützung des Schneideapparates; dieser selbst wirkt demzufolge scherenartig; die Finger teilen das Getreide, drücken es gegen die sich hin und her bewegenden Messer etwas an, und diese schneiden an den Fingern ab, da hier genügender Widerstand sich findet.

Fig. 216. Hackmaschine nach Priest, Woolnough & Mitschel.

Gezahnte Messer sind nicht mehr so gebräuchlich wie die glatten, die Messer selbst sind sehr lang; sie werden jeder Maschine in Vorrat mitgegeben. Der zweite Teil ist die Ablegevorrichtung, dazu bestimmt, das abgeschnittene Getreide rückwärts in ordentlichen Gelegen abzulegen; sie bestehen entweder aus fester Platte oder beweglichen Flächen, d. h. Walzen mit endlosem Tuche. Die Bewegung der wirkenden Teile wird mittels des in Verbindung mit den Fahrrädern gebrachten Getriebes bewirkt; vielfach hat man noch oberhalb Windflügel angebracht, welche das Getreide an die Maschine besser heranbringen sollen. Man unterscheidet: die automatische Getreidemähmaschine von Samuelson & Co. (Fig. 222), mit Eisengestell und Windflügeln zum Andrücken und zum Ablegen; die von Mac Cormick in Chicago, schon zu Tausenden verbreitet, mit drei Haspelflügeln, einer Harke, sägenförmigem Messer und Holzgestell; die Grasmähmaschine von Wood und Pintus nach Wood, vorzüglich geeignet auch zu allen Kleearten, von Peltier, von Picksley, Sims & Co., von Samuelson & Co., und von Burgeß und Key, endlich zusammengesetzte Maschinen für Futter und Getreide von Samuelson & Co., Kemp, Murrey und Nicholson, Bamlett u. s. w. Die Maschinen kosten 600—800 Mark und fördern mit zwei Pferden pro Tag bis 6 ha.

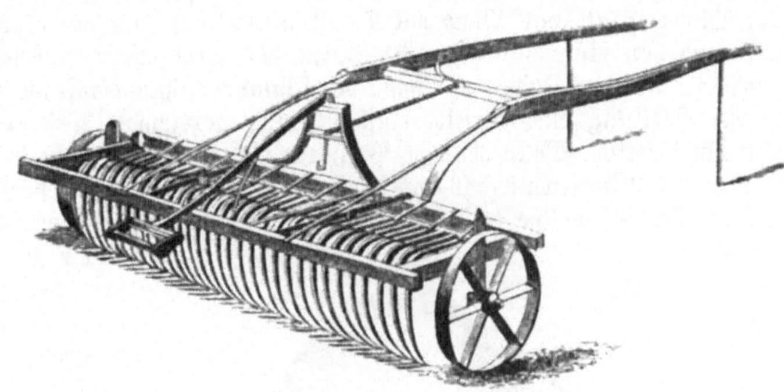

Fig. 217. Grants Heu- und Kornharke.

Die neuen Getreidemähmaschinen mit Garbenbindeapparaten sind mit automatisch arbeitender Bindevorrichtung versehen und binden bisher fast nur mit Eisendraht, obschon man in neuester Zeit auch Bindfaden angewandt hat.

Fig. 218. Heuwendemaschine.

Die vorzüglichsten Garbenbinder werden von Walter A. Wood in Hoosiek Falls bei New York gebaut, welcher auch eine der verbreitetsten Mähmaschinen herstellt. Fig. 219 und 220 veranschaulichen eine mit automatischem Garbenbinder versehene Mähmaschine. Das von dem horizontalen Haspel gegen das Messer gedrückte Getreide fällt auf eine bewegliche

Plattform, die in Form eines endlosen Bandes das geschnittene Getreide von links nach rechts an eine Hebevorrichtung überträgt, die es über einen über dem Fahrrad sich wölbenden Sattel auf die geneigte, rechts sichtbare Plattform A des Bindeapparats bringt, wo es von zwei halbmondförmig gekrümmten Federn B gesammelt wird. Der Bindeapparat besteht aus zwei Preßarmen C und F und einem Bindearm E. Erstere drücken das Getreide in Garbenform fest zusammen, während letzterer, dessen Spitze r die eigentliche Bindevorrichtung trägt, das Bund mit Draht umschlingt, der von Spiralfedern d straff gezogen wird und von einer unter der Plattform des Bindeapparats befindlichen Drahtrolle D sich abwickelt. Auf der Zeichnung nimmt der schnabelartig auslaufende, gebogene Bindearm E seine höchste Stellung ein; derselbe läuft um eine horizontale Welle b, und ihm etwas voraus läut um dieselbe Welle der eine Preßarm C. Das freie Ende des Bindedrahts d ist in den Kopf r des Bindearms fest eingeklemmt, und der erwähnte Preßarm legt den Bindedraht um die Garbe, welche er in Verbindung mit dem ihm entgegenschwingenden zweiten Preßarm F zusammenpreßt. Hierbei passiert der Bindekopf des Bindearms einen in der Plattform des Bindeapparats befindlichen Schlitz, in welchem sich geeignete Vorsprünge und Zähne befinden, die eine in dem Bindekopf angebrachte Knagge nebst einem kleinen Zahnrädchen so bewegen, daß der Draht abgeschnitten wird, die beiden Drahtenden durch das Zahnrädchen mehrmals zusammengedreht werden und das freie Drahtende von neuem in dem Bindekopf festgeklemmt wird. Die Garbe ist nun fertig gebunden und wird durch den Bindearm von der Plattform des Bindeapparates geworfen. Die sämtlichen Vorgänge folgen mit Genauigkeit und derartig schnell hintereinander, daß man nicht imstande ist, sie beim Gange der Maschine zu verfolgen. Der die Maschine bedienende Arbeiter kann den Bindeapparat leicht ausrücken, um die zu einer Garbe notwendigen Ähren auf der Plattform ansammeln zu lassen, worauf die Bindevorrichtung eingerückt wird und das Binden der Garbe erfolgt. Demnach hat man es ganz in der Hand, die Garben groß oder klein zu machen.

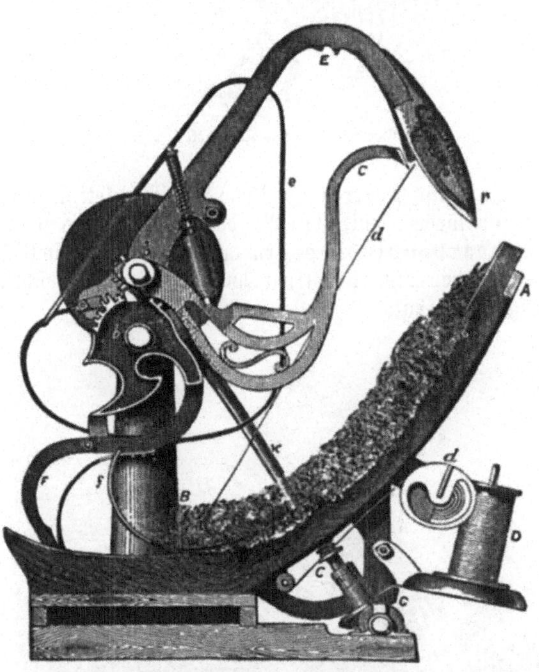

Fig. 219. Garbenbindeapparat.

Trotzdem man diesen Bindern den Vorwurf gemacht hat, daß beim Dreschen des mit der Maschine gebundenen Getreides leicht Drahtenden in die Dreschmaschine kommen, oder daß in ähnlicher Weise beim Mahlen vom Bindedraht herrührende Eisenteile Störungen hervorrufen können, haben diese Garbenbinder doch eine ausgedehnte Anwendung besonders dort gefunden, wo während der Erntezeit Arbeitskräfte nicht in angemessenem Umfange zur Verfügung stehen. Dies ist besonders in den großen Farmen des Westens von Nordamerika der Fall, wo eine Bewältigung der Erntearbeiten erst durch die Bindung der Garben mittels Maschinen ermöglicht wurde. Von welcher Bedeutung der Lockesche Drahtgarbenbinder für diese Gegenden ist, erhellt am besten aus dem Umstande, daß ein einziger Farmbesitzer in Minnesota 41 derartige Vorrichtungen in Benutzung hat.

Dieselbe Firma stellt auch seit einem Jahre einen Garbenbinder für Bindfaden her, der den beschriebenen Drahtbinder in bezug auf Leistungsfähigkeit und gute Arbeit noch bei weitem übertrifft und denselben sogar anscheinend verdrängen wird.

Die Schürzung des Knotens erfolgt hier in einer von der beim Drahtbinder angewandten gänzlich verschiedenen Weise mittels einer äußerst sinnreichen Vorrichtung, die automatisch in Thätigkeit tritt, wenn sich auf der Plattform des Bindeapparats die für eine Garbe erforderliche Menge Getreide angesammelt hat, so daß auf diese Weise alle Garben, gleichviel, ob das Getreide dünn oder dick steht, automatisch und ohne irgend welches Zuthun des Kutschers oder Führers der Maschine gleichgroß gebunden werden.

Die allgemeine Anordnung dieses von W. M. Intyre Cranston erfundenen Bindeapparats ergibt sich aus der Fig. 221. Der eigentliche Bindeapparat ist in analoger Weise an der Mähmaschine angebracht, wie dies vorher beim Drahtbinder beschrieben wurde.

Fig. 220. Mähmaschine mit automatischem Garbenbinder.

Das Getreide, welches von der Erntemaschine auf die links sichtbare Plattform des Binders gelangt, wird von Sammelrädern gefaßt und gegen die quer vorgespannte Bindeschnur nach vorwärts gedrängt. Die Spannung der Schnur wird von der Spannvorrichtung so bemessen, daß die Schnur sich nur in dem Maße von der Spule abzieht, in welchem ein Zug durch den Fortschritt des Packens einer Garbe ausgeübt wird, so daß nach dem Binden ein festes Bündel entsteht. Mit dem Fortschreiten des Packens gibt die Schnur allmählich nach, bis das Bündel eine solche Größe erreicht hat, daß es gegen den Preßarm anstößt, welcher infolgedessen nach hinten gegen einen Hebel gedrückt wird, der nun den Sammel- und Packmechanismus anhält und alsbald den Bindemechanismus in Bewegung setzt. Um nun das Binden der Garbe zu vollbringen, wird die Schnur, deren freies Ende durch die im oberen Teile des Bindeapparats befindliche Greifer- und Abschneidevorrichtung gehalten wird, durch den Bindearm von untenher um das Bündel herumgeführt und neben das andre Schnurende gelegt. Die Schnurenden nehmen alsdann diejenige Lage ein, in welcher die Knüpfvorrichtung arbeiten kann. Der Bindfaden wird nun abgeschnitten, und gleichzeitig werden die freien Enden durch greiferartige Haken zu einer Schleife geschürzt. Ist die Garbe auf diese Weise fertig gebunden, so geht der Bindearm zurück, und es tritt von unten her ein Auswerfearm vor, der die Garbe aus dem Bindeapparat wirft, worauf der letztere wieder zur Ruhe kommt und die Sammelvorrichtung wieder in Thätigkeit tritt.

Das Zuführen, Sammeln und Binden geht so genau und schnell vor sich, daß in der Minute circa 30 Garben gebunden werden können.

Von diesen automatischen Bindfadenbindern wurden 1880, d. h. im ersten Jahre der Einführung, über 4000 Exemplare in Thätigkeit gesetzt, und hiervon gegen 50 in Europa.

Gute Pferdeharken zum Nachrechen kosten bis zu 390 Mark. Für Wiesen hat man noch Heuwender vorzüglicher Konstruktion, in England sogar auch Maschinen zum Auf- und Abladen von Heu und Getreide. Zum Ernten der Kartoffeln gibt es besondere Maschinen, sogenannte Kartoffelgraber. Aufbewahrt werden die Früchte, wenn Scheunen fehlen, in besonderen Haufen mit und ohne Bedachung, sogenannte Feimen; passende Gestelle dazu fertigt man jetzt aus Eisen zum Preise von 180—240 Mark.

Fig. 221. Bindfaden-Garbenbinder.

Zum Dreschen dienen außer den von alters her bekannten Dreschflegeln ebenfalls Maschinen in verschiedener Konstruktion für Hand-, Zugtier- und Dampfkraft. Der Dreschflegel besteht aus dem eigentlichen Flegel, verfertigt aus Holz, 1—2 kg schwer und bis 60 cm lang, und aus dem Stiel, an welchem er befestigt wird, resp. um welchen er geschwungen wird. Dieser soll dem Mann bis an das Kinn reichen. Vielfach und auch heute noch in Ungarn und anderwärts bediente man sich der Pferde zum Ausdreschen; in Tirol soll sehr frühzeitig eine Dreschmaschine in der Art verfertigt worden sein, daß an einer durch Wasserkraft bewegten Welle, wie in Mühlen, Zapfen angebracht wurden, welche beim Drehen der Welle Flegel aufhoben, die dann, von selbst wieder niederfallend, auf das Getreide schlugen, welches man darunter schob. Ältere Herstellungen sind solche mit geriffelten Walzen und Trommeln (in Schottland schon seit 1785 von Meikle); auch gewöhnliche schwere Walzen dienten zum Dreschen. Eine eigentliche Dreschmühle erfand zuerst v. Ambotten in Kurland, 1670; verbessert fand sie sich 1700 in Braunschweig. Anfangs unsres Jahrhunderts hatte man schon viele Arten für allerlei Feldfrüchte. Gegenwärtig unterscheidet man Dampfdreschmaschinen (Fig. 223), getrieben durch Lokomobilen, solche mit Göpelwerk (Fig. 224) für tierische Zugkraft, und Handdreschmaschinen; einfache als Langdreschmaschinen, bei welchen das Getreide der Länge nach, mit den Ähren voran, in die Maschine geschoben wird, Breitdreschmaschinen, bei welchen man das Getreide quer einschiebt, und kombinierte Maschinen, mit welchen auch Reinigung und Sortierung des Getreides verbunden ist. Das eigentlich Wirkende ist eine Welle mit gerieften oder kantigen Wellenflügeln, welche in einer mit Leisten versehenen Trommel sich bewegt, und zwar so, daß das Getreide zwischen dem inneren Mantel der Trommel und den Wellenflügeln hindurch gelangen muß. Bei den Stiftendreschmaschinen (amerikanisches System) ist die Trommel und der Mantel mit $4{,}5$ — 6 cm langen Stiften besetzt, welche derart angeordnet sind, daß sie aneinander vorbei passieren und dadurch die Körner aus den dazwischen befindlichen Ähren ausstreifen. Sie eignen sich insbesondere für den Handbetrieb. Dampfdreschmaschinen können bis 9000 Mark mit allem Zubehör kosten und erfordern ein zahlreiches Personal zur Bedienung und zum Ab- und Zutragen der Frucht. Sie fördern aber auch bis zu 130 Schock und mehr pro Tag.

Fig. 222. Getreidemähmaschine „Omnium Royal" von Samuelson & Co.

Für die innere Wirtschaft bedarf man noch Maschinen verschiedenster Art: Häckselund Rübenschneider, Ölkuchenbrecher und Schrotmühlen aller Art, Kartoffelquetscher, Entgranner, Wurzelwaschmaschinen, Viehfutterdämpfer und dergleichen mehr, ohne der vielfachen Maschinen zu gedenken, welche die Neuzeit zur Ersparung von Arbeit oder zur Vervollkommnung der Leistung für den inneren Haushalt konstruiert hat.

Ernährung der Pflanzen; Dungmittel und Düngung. Die Pflanze ist ein Zellenbau. Sie muß ihre Nahrung am Orte ihres Wachstums vorfinden; die Ernährungsorgane der höheren Pflanzen sind die Blätter und die Wurzeln, welche nur Luftarten (Gase) und Flüssigkeiten aufzunehmen vermögen. Dies geschieht bei den flachwurzelnden Pflanzen (Getreidearten, Gräser, Kartoffeln, Lein u. s. w.) aus den oberen, bei den tiefwurzelnden Hülsenfrüchten (Raps, Rüben u. s. w.) auch aus den tieferen Bodenschichten, indem die Ausscheidungen der Wurzeln (Kohlensäure) zugleich lösend auf die Bodenteilchen wirken. Um das Wasser und die in ihm gelösten Nährstoffe aufnehmen zu können, treten die mit feinen Härchen versehenen Wurzelspitzen in innige Berührung mit dem Boden, welcher daher beim vorsichtigen Ausheben der Pflanzen, soweit die Wurzelhaare die Wurzeln bedecken, an diesen festhaftet.

Der Stengel dient zur Fortleitung der aufgenommenen Nahrung zu den Blättern und Blüten. Das Blatt entwickelt eine doppelte Thätigkeit; es nimmt am Tage Kohlensäure aus der Luft auf, um daraus in erster Linie organische Substanz (Stärke, Zucker, Fett, Zellstoff) zu bilden. Diesen Übergang, bei dem Sauerstoff ausgeschieden wird, nennt man Assimilation, eine hochwichtige Thätigkeit aller grünen Pflanzenteile, weil von ihnen die Lebensfähigkeit des Tierreichs abhängt. — Unter Atmung der Pflanzen dagegen versteht man, wie bei den Tieren, die zu jeder Zeit, am Tage und in der Nacht, stattfindende Aufnahme von Sauerstoff aus der Atmosphäre und die Ausscheidung von Kohlensäure, welche durch Verbrennung eines Teils der organischen Substanz mit dem aufgenommenen Sauerstoff entstanden ist. Die Atmung erfolgt sowohl durch die Blätter wie durch die zarten Wurzelspitzen, weshalb die Zuführung von Luft zu den Wurzeln durch Lockerung des Bodens eine so wichtige Arbeit des Landwirts ist.

Fig. 223. Dampfdreschmaschine.

Das Wasser, welches im Boden als Lösungs- und Transportmittel der Nahrungsstoffe dient und nur durch die Wurzeln aufgenommen wird, bildet auch in der Pflanze das Lösungs- und Transportmittel aller Säfte und wird auch in den Organen in seine Bestandteile Wasserstoff und Sauerstoff zersetzt. Desgleichen wird der Stickstoff der Luft nicht durch die Blätter, sondern in Verbindung mit Wasserstoff oder Sauerstoff als Ammoniak oder fast ausschließlich als Salpetersäure von den Wurzeln aufgenommen.

Die bisher genannten Nahrungsstoffe der Pflanzen entstammen der Luft, man nennt sie, da sie beim Verbrennungs- und Verwesungsprozeß auch wieder als Gasarten in die Luft zurückkehren, atmosphärische oder verbrennliche Bestandteile der Pflanzen; sie werden wieder unterschieden in stickstofffreie (Stärke, Zucker, Holzfaser, Öle, Fette) und stickstoffhaltige, die sogenannten Proteinstoffe oder Eiweißkörper, welche aus Kohlenstoff, Sauerstoff, Wasserstoff und Stickstoff mit etwas Schwefel und Phosphor bestehen.

Der bei der Verbrennung oder Verwesung zurückbleibende Rückstand, die Asche oder erdige Substanz, besteht aus der Gesamtheit der dem Boden entzogenen, in letzter Linie den Gesteinsarten entstammenden Nährstoffe; man nennt sie mineralische, unverbrennliche, anorganische, Aschen- oder Bodenbestandteile. Sie bilden von $0{,}_5$ bis zu 10 Prozent der Pflanzenteile, in frischen, ganzen Pflanzen selten über 5 Prozent. Dahin gehören: der Phosphor in der Form von Phosphorsäure, durch die Wurzeln aufgenommen in Verbindung mit Kali und Natron, Kalk, Talkerde und Eisenoxyd, mit den

Säften zu den Blättern und von da mit zunehmender Reifezeit vorzugsweise nach den Samen und Früchten wandernd; der Schwefel, in Form der Schwefelsäure, gebunden an Ammoniak, Kali, Kalk und Talkerde, auch Natron, ebenfalls von den Wurzeln zu den Blättern und Samen wandernd; die Kieselsäure, von den Wurzeln bis zu den Blättern wandernd und hier im Gewebe zurückbleibend; besonders reich in den Blättern aller Gräser und grasartigen Pflanzen sich findend, in der Regel als kieselsaures Hydrat aufgenommen, aus der Zersetzung der feldspathaltigen Gesteine herstammend; das Kali, gebunden an Salpetersäure, Phosphorsäure, Schwefelsäure und Kohlensäure, in fast allen Pflanzenteilen, hauptsächlich aber in den Stengeln und Blättern vorkommend. Die Talkerde und der Kalk, gebunden an dieselben Säuren, überall, reicher in den Blättern als in den Stengeln vorkommend; das Eisen, in der Form von Eisenoxyd und seinen Salzen, im ganzen in nur geringen Mengen vorhanden; ähnlich das Mangan. Das Natron verhält sich ähnlich wie das Kali, ist aber wie die Kieselsäure von geringer Bedeutung. Das Chlor findet sich mit Jod vorzugsweise in den Seestrand-, See- und Salinenpflanzen, ist aber auch in den Landpflanzen, und zwar in allen Teilen derselben, vertreten; Fluor und Lithion finden sich in sehr kleinen Mengen in fast allen Pflanzen, Thonerde, Kupfer u. s. w. in nur einzelnen Pflanzen oder Pflanzenteilen.

Die wichtigsten Mineralstoffe sind Salpetersäure, Phosphorsäure, Schwefelsäure, Kali (Natron), Kalk, Talkerde, Eisen (Mangan).

Dungmittel sind alle diejenigen Substanzen, welche entweder alle oder nur einzelne Nahrungsmittel der Pflanzen enthalten und von der Pflanze, sei es direkt oder indirekt, aufgenommen werden können, also löslich oder gasförmig zu werden vermögen, oder auch solche Stoffe, welche die Wirksamkeit der im Boden schon vorhandenen oder demselben zugeführten Nährstoffe zu erhöhen geeignet sind. Schon die Römer kannten eine Fülle dazu verwendbarer Stoffe, erst die Neuzeit aber hat den vom Pfarrer Mayer von Kupferzell, dem thätigen Verbreiter der Düngung der Kleefelder mit Gips, gegen das Ende des vorigen Jahrhunderts aufgestellten Satz: alles düngt alles, fast zur Wahrheit gemacht und Millionen zu gewinnen gewußt aus Materialien, welche vordem beiseite geworfen oder den Flüssen überliefert oder gar nicht als Wertgüter beachtet wurden. Sie hat aber insofern noch mehr gethan, als sie durch sorgsamstes Studium der Natur der Pflanzen nicht nur die zur Düngung geeigneten Stoffe kennen lehrte, sondern auch die zweckmäßigste Art und Weise ihrer Anwendung und deren Verschiedenartigkeit, je nach Bodenvorkommnis, unausgesetzt zu erforschen bestrebt ist. Besondere wissenschaftliche Institute, die agrikulturchemischen Versuchsstationen, haben sich die Lösung

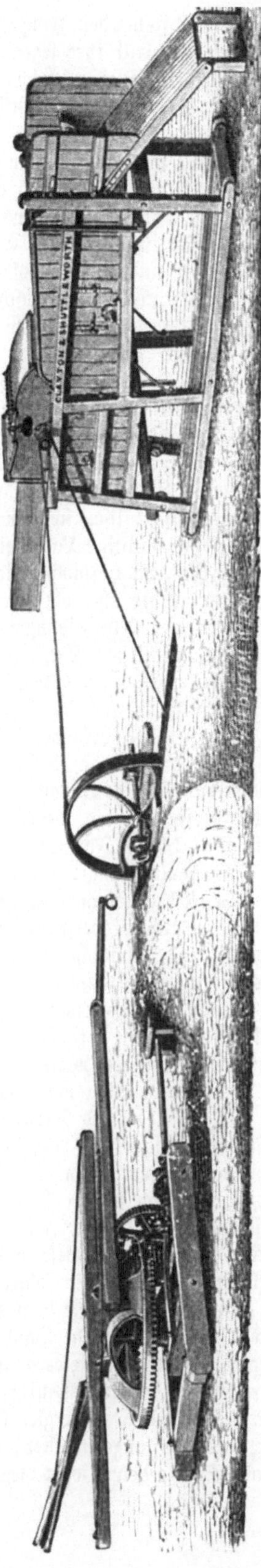

Fig. 224. Göpeldreschmaschine.

der hier obstehenden Fragen zur Aufgabe gestellt und allmählich, von Deutschland ausgegangen, überall ihre segensreiche Wirksamkeit entfaltet, doppelt segensreich, wenn mit den erforderlichen Mitteln ausgestattet und von tüchtiger, umsichtiger und gewissenhafter Hand geleitet. Sie dienen der Wissenschaft durch immer eingehenderes Erforschen des Lebens der Pflanzen, der Praxis durch unausgesetzte Versuche und mittelbar dadurch, daß sie für die Fabrikanten von Handelsdünger aller Art die zweckmäßigsten Formen zu ermitteln suchen, welche die zuverlässigste und lohnendste Wirksamkeit sichern. Lohnend kann diese aber nur dann sein, wenn, der Transportkosten wegen, die möglichst größte Menge wirklich nützlicher Stoffe im gegebenen Gewicht vereinigt wird und wenn der düngende Stoff möglichst rasch löslich und übergangsfähig in die Pflanze werden kann.

Die Knochen der Menschen und Tiere enthalten die der Nahrung entzogene phosphorsaure Kalk- und Talkerde, in der Phosphorsäure denjenigen Mineralbestandteil, an welchem ein Ackerland am leichtesten verarmen kann; sie sind daher vortreffliche und hochbegehrte Dungmittel. Als frische Knochen an sich wenig wirksam, sind sie für den Landwirt auch um deswillen weniger empfehlenswert, weil sie von den Leimsiedern, Zuckerfabrikanten und andern Industriellen begehrt und so im Preise verteuert werden; ausgekocht haben sie das Fett und den Leim verloren, die Phosphorsäure aber behalten und eine erhöhte Wirksamkeit gewonnen. Gedämpft, fein gemahlen, mit Schwefelsäure als sogenanntes Superphosphat aufgeschlossen, bilden sie Formen, welche rasch und sicher zur Wirksamkeit kommen. Westfalen besitzt mächtige Lager eines an phosphorsaurer Erde reichen Eisensteins; bis noch vor wenigen Jahren vermochte die Montanindustrie diese nicht auszubeuten; jetzt lohnt sich der Abbau, weil die ehemals wertlose Beimengung als Dungmittel verarbeitet werden kann und die Kosten der Abscheidung von Eisen lohnt.

Die mächtigen Salzlager bei Staßfurt sind mit fast nicht minder mächtigen Schichten von unreinen Salzen bedeckt, welche ehemals als sogenannte Abraumsalze weggeworfen werden mußten und die Gewinnung des Kochsalzes außerordentlich erschwerten. Später als reich an Kali erkannt, bilden diese jetzt eine weit lohnendere Ausbeute als das Steinsalz selbst, da sie für die Industrie an Stelle von Pottasche (kohlensaures Kali) und für die Landwirtschaft als Dungmittel verarbeitet werden. Die starke Beimengung von Chlorsalzen machte diese anfangs wenig geeignet für die Pflanzen; die Fabrikation hat es verstanden, sie in brauchbare Formen umzuwandeln, und Wissenschaft und Praxis haben gelernt, auch die Chlorverbindungen entsprechend zu verwerten.

Der Mangel an Knochen hat dazu geführt, anderweitige Phosphate aufzusuchen. In den Koprolithen (versteinerten Kotmassen urweltlicher Tiere), Osteolithen (versteinerten Knochen) und Phosphoriten hat man hier und da in mächtigen Lagern Mineralien gefunden, welche jetzt zu Phosphatdünger massenhaft verbraucht werden.

Diese Beispiele mögen genügen, um darzuthun, wie heutzutage Technik und Wissenschaft unausgesetzt im Dienste auch der Landwirtschaft thätig sind und alljährlich Millionen Zentner von neuen Wertgütern darzustellen lehren. Eine Übersicht über das Gesamtgebiet der Dungmaterialien möge diese Betrachtung schließen.

Pflanzen und Pflanzenteile sind selbstverständlich als Dungmittel brauchbar; sie enthalten ja sämtlich Nährstoffe, und zwar in Formen, welche sich bei der Verwesung leicht vermischen. In der Form der Gründüngung säet man rasch wachsende, tief wurzelnde, sehr blattreiche Pflanzen zu dem Zwecke an, um sie als Dünger unterzuackern; sie sammeln in diesem Falle die in Boden, Luft und Wasser zerstreute Nahrung; untergeackert, verteilt sich diese in der Krume, und die Pflanze selbst nutzt durch ihre Verwesung direkt und indirekt der folgenden Saat. Je dichter der Stand, um so besser der Erfolg, am größten, wenn die Gründüngungspflanze selbst tüchtig gedüngt oder in kräftiges Feld bestellt wurde. Große Sandflächen, ehemals unfruchtbar, werden mittels Lupinen-Gründüngung zu Roggenfeldern nutzbar gemacht. Pflanzen, welche für andre Zwecke wenig Wert haben, z. B. Schilf, Waldgräser, Farnkraut, Ginster, Seetang, abgeschälter Rasen u. dergl., können zu Dünger gemacht werden. Gleiches gilt von allen Arten von Pflanzenabfällen, unter welchen das Stroh insofern die Hauptrolle spielt, weil es als Streu den Tieren dient, in entsprechender Menge gewonnen wird und wenig Wert zu andern Zwecken hat; Futterstroh darf freilich nicht als Dünger direkt verwendet werden. Hartstengelige Stoffe dieser Art müssen durch Jauche, Kalk, Exkremente u. dergl. in Dünger verwandelt, d. h. kompostiert werden.

Pflanzliche Abfälle aller Art werden oft in großen Mengen zu Dünger verarbeitet, z. B. bei Stärke-, Zuckerfabriken und dergleichen Anlagen. Ölkuchen und Malzkeime werden zweckmäßiger verfüttert.

Der Tierkörper enthält keine andern Bestandteile als die Pflanze; Tierleiber und Teile von Tieren sind daher nicht minder schätzbare Dungmittel, wenn schon zum Teil nicht sofort verwendbar und nur in geringeren Mengen zu haben, da sie größtenteils anderweitig höher verwertet werden können.

Kadaver aller Art schichtet man in Gruben mit Kalk, um zu Dünger zu werden (gefallenes Vieh, Mäuse, Ratten, Maikäfer, Seetiere u. dergl.). Fleisch von gefallenen Tieren wird in besonderen Fabriken verarbeitet; Fischguano wird aus den großartigen, besonders präparierten Abfällen bei der Walfisch-, Kabeljau- und Heringsfischerei dargestellt. Tierische Eingeweide und alle Art von Abfällen aus Schlachthäusern werden in großartigen Etablissements zu Dünger verwandelt; das Blut findet, mit viel Wasser verdünnt, in direkter Form für viele Pflanzen, besonders Obst, Weinreben, Wiesen, ausgezeichnete Verwendung und kommt in der Form von Pulver als sogenannter Patentblutdünger viel in den Handel.

Der Knochen wurde bereits gedacht; man mahlt sie auf besonderen Mühlwerken roh in gröberen und feineren Stücken bis zur Pulverform, rohes Knochenmehl, dämpft sie, gedämpftes Knochenmehl, glüht sie, Knochenasche, schichtet sie auf Haufen mit Asche, Kalk, Jauche u. dergl., fermentierte Knochen, oder auch in bloßem Pferdemist, in welchem sie sehr rasch sich zersetzen, und schließt sie endlich mit Salzsäure oder Schwefelsäure vollständig auf, Superphosphat, in welcher Form sie am raschesten wirken und deshalb die ausgedehnteste Anwendung finden. Beinschwarz und Knochenkohle werden direkt als Dünger verwendet. Klauen und Horn finden als Hornspäne vielfach Anwendung, auch in der Blumenzucht. Haare, Federn, Borsten und Wollabfälle bedürfen besonderer Präparation; die letzteren sowie Abfälle aus Hutfabriken sind, weil sie die Feuchtigkeit anziehen, sehr geeignet für trockenen Sandboden und für leicht erhärtenden Boden, den sie lockern. Leder und Hautstücke (altes Schuhwerk) werden gedämpft und in Pulverform in den Handel gebracht. Austern- und Muschelschalen, fast nur Kalksalze, insbesondere kohlensauren Kalk enthaltend, werden gemahlen, Abfälle von Leim- und Talgsiedereien am besten mit andern Bestandteilen zu Dünger gemischt.

Die Exkremente der Tiere — Harn und Fäces — sind schon von alters her hoch geschätzt gewesen, besonders in der Form des Mistes durch Vermischung mit der Streu (Stroh, Schilf, Binsen, Laub aller Art, Waldstreu, Torf, Rasen, Heidekraut, Plaggen, Ginster, Sägespäne, Gerberlohe, Seetang, Erde, Sand u. s. w.). Sie repräsentieren denjenigen Teil der tierischen Nahrung, welcher bei dem Prozesse der Ernährung nicht verbraucht werden konnte, vermischt mit Ausscheidungen aus dem Tierkörper selbst, welche wiederum nichts andres sind als vordem assimilierter Nahrungsstoff. Der Kohlenstoff aus gewissen Nahrungsmitteln wird mit dem eingeatmeten Sauerstoff aus der Luft im Körper zu Kohlensäure verbrannt, welche ausgeatmet oder, im Tierkörper als Fett und fettige Gebilde in Verbindung mit Wasserstoff und Sauerstoff abgelagert, zum Teil auch mit den Exkrementen ausgeschieden wird; der Stickstoff bildet Fleisch und Fleischsubstanz, Leim u. dergl., oder wird zur Unterhaltung der Leistungen verbraucht und mit Harn und Fäces wieder ausgeschieden. Die Mineralstoffe werden im Körper abgelagert oder ausgeschieden. Das Knochengerüst besteht aus der phosphorsauren und kohlensauren Kalk- und Talkerde; Phosphate finden sich noch in den Eiweißsubstanzen, in der Milch, im Gehirn, in der Galle u. s. w.; Kieselsäure ist in den Haaren, Federn und der Wolle, Kochsalz in vielen Säften, Eisen im (roten) Blute, schwefelsaures Kali und Natron in verschiedenen Flüssigkeiten. Ein Teil der Nahrung geht im Tierkörper in Blut über, welches zur Bildung und Ernährung der Organe sowie zur Erwärmung des Körpers dient, ein andrer Teil wird durch die Hautthätigkeit und als Exkremente ausgeschieden.

Die durch die Exkremente ausgeschiedenen Stoffe sind im Harn und in den Fäces verteilt; der Harn enthält hauptsächlich Stickstoff und die leicht löslichen Alkalien (Kali u. s. w.): die Fäces enthalten die unverdauten Nahrungsreste, Phosphorsäure, Kalk u. s. w. Der wertvollste Dünger wird daher dann gewonnen, wenn der Harn und die Fäces, welche sich in ihrem Gehalte an Pflanzennährstoffen gegenseitig ergänzen, gemeinschaftlich gesammelt und verwendet werden.

Der frische Harn (Urin) ist nur in Verdünnung mit viel Wasser als Dungmittel brauchbar, besonders in der Gärtnerei, für Wiesen, Blattpflanzen und Obstbäume; verbessert wird er durch Mischung mit Schwefelsäure, Gips, Vitriol und dergleichen Substanzen, welche dem Entweichen des (riechenden) Ammoniaks vorbeugen, oder mit pulverförmigem Dünger, wodurch seine Wirkung erhöht wird, Knochenmehl, Kalisalze, Ölkuchen u. dergl., oder durch Mischung mit Torfgrus, Gerberlohe und ähnlichen Materialien, endlich durch Übergießen auf poröse Erde und Komposthaufen, von welchen das überschüssige Wasser leicht verdunsten kann. Bei Schafen und Schweinen, hier und da auch bei Rindvieh, ist in Weidewirtschaften das sogenannte Pferchen üblich: die Tiere werden über Nacht in Einzäunungen getrieben, je nach beabsichtigter Stärke dieser Düngung mehr oder weniger enge, und düngen so das Feld direkt.

Gewöhnlich gelangt der Dünger des Rindviehs und der Pferde auf eine gemeinsame Düngerstätte, welche an der tiefsten Stelle, meist seitlich gelegen, eine Senkgrube besitzt, wohin alle flüssigen Bestandteile des Düngers abfließen und mit denen zeitweise der Dünger feucht erhalten werden muß. Hierzu dienen besonders konstruierte Ketten- oder auch Kugelventilpumpen.

Die Unterschiede des Düngers sind je nach der Tierart vorzugsweise durch die verschiedene Fütterungs-, Tränkungs- und Ernährungsweise derselben bedingt.

Der Pferdemist ist am reichsten an Stickstoff und Phosphaten; die Ballen mischen sich schwer mit der Streu, welche das Pferd in größerer Menge verlangt; er zersetzt sich unter bedeutender Wärmeentwickelung und wird daher zweckmäßig mit Rindvieh- und Schweinemist gemischt, für sich allein vorzugsweise in der Gärtnerei zu Treibbeeten verwendet; er eignet sich am besten für schwerbündigen, feuchten Boden und würde auf den entgegengesetzten Bodenarten nur schaden.

Schafmist, gewonnen bei der Winterhaltung der Schafe im Stalle, ist reich an Stickstoff und Aschenbestandteilen, aber ziemlich trocken und mit den geringsten Mengen von Streu vermischt. Da die flüssigen Ausscheidungen des Schafes gering sind und um der raschen Zersetzung des Düngers vorzubeugen, sucht man ihn durch Übergießen mit Jauche oder Wasser feucht zu erhalten. Er eignet sich mehr für Thon- und humusreiche Böden, dagegen wegen seines hohen Stickstoffgehaltes weniger gut für Getreide, Kartoffeln, Zuckerrüben, Lein, Wein u. s. w., zweckmäßiger ist die Verwendung für Raps, Hanf, Tabak.

Der Schweinemist, vielfach noch unrichtig behandelt, zersetzt sich nur langsam, ist immer sehr feucht und daher gut für trockenes Gelände, am besten in Mischung mit Pferdemist.

Der Rindviehmist macht gewöhnlich die Hauptmasse des Stalldüngers aus, doch ist seine Beschaffenheit bei der mannigfaltigen Ernährungsweise des Rindes naturgemäß sehr verschieden. Er enthält 70—80 Prozent Wasser, weshalb die Fäulnis und Verwesung des Düngers nur langsam vor sich geht, so daß seine Wirkung auf das Pflanzenwachstum 3—4 Jahre anhält. Da er für jede Frucht anwendbar ist, gilt er als Normaldünger.

Der Mist muß fest geschichtet werden, feucht erhalten bleiben und gegen Verluste durch Entweichen von Gasen durch Aufstreuen von Gips, Kalisalzen (Kainit, Krugit), Erde oder andre absorbierende Substanzen geschützt werden. Der Mist wirkt im Boden ähnlich dem Humus und ist in der Summe seiner Wirkungen unersetzlich.

Die Exkremente der Menschen (Kloakenstoffe) zeichnen sich durch hohen Gehalt an Stickstoff und Phosphorsäure aus, sind aber in der Regel mit zu viel Wasser vermischt (oft bis über 95 Prozent). Der scharfe Geruch und das dem Menschen widerliche Aussehen erschweren ihre Verwendbarkeit, der hohe Wassergehalt erhöht die Transportkosten. Die Lösung der für die Wohlfahrt der Städte so wichtigen Kloakenfrage ist bedingt durch die Verringerung des Wassergehaltes und die Formveränderung schon innerhalb der

Städte oder durch die Verringerung der Transportkosten mittels Wasserkraft oder Druckwerk mit Dampfkraft. Da, wo Vermischung mit andern Materialien stattfinden soll, gilt es, das Minimum des Mischmaterials mit dem Maximum des Fäces zu verbinden und die für die Bodenarten der Umgebung geeigneten Stoffe zu verwenden: Torfgrus, Gerberlohe, Sägespäne, Humuserde für festen, bündigen und lockeren Sandboden; Lehm, Ziegelpulver für Kies und Sand; Kalk, Gips u. dergl. für krustierende, kalkarme Felder u. s. w.

Direkte Verwendung in flüssiger Form setzt lockeren, porösen Boden (Sandbodengruppe), Geruchslosigkeit und gutes Abfuhrsystem nebst passender Entfernung der zu berieselnden Flächen voraus, wozu Wiesen sich vorzüglich eignen. Der wirkliche Dungwert der Ausscheidungen der Menschen berechnet sich nach heutigen Marktpreisen für Dungstoffe auf mindestens 6 Mark pro Kopf. Fabrikate daraus bilden die pulverförmige Poudrette, Kunstguano u. dergl.

Die Exkremente der Vögel sind außerordentlich reich an Stickstoff und Phosphaten, sehr energisch wirkend, weil konzentriert, trocken, nicht pulverförmig, aber darum auch nicht direkt, sondern nur in Mischung mit Erde oder in Lösung mit viel Wasser verwendbar. Am höchsten steht der Taubenmist, der der Gänse muß erst gehörig zersetzt werden.

Guano werden die in mächtigen Lagern sich findenden Exkremente von Seevögeln, vermischt mit Resten der Vögel selber, genannt, welche zuerst durch A. v. Humboldt in Europa bekannt und seitdem, besonders von der peruanischen Küste, in großen Mengen bezogen wurden. Das regenlose Klima schützte dort gegen Verluste an Nährstoffen, daher der Peruguano als der wertvollste gilt, während Bakerguano und verwandte Sorten, weil sie längere Zeit dem Wasser ausgesetzt waren, relativ reicher an Phosphaten, aber ärmer an Stickstoff sind und daher da, wo man nur Phosphate zu geben beabsichtigt, sehr geschätzt, da, wo aber auch die Stickstoffzufuhr Wert hat, minder begehrt sind. Die großen Guanolager in Peru und Chile sind fast erschöpft, nachdem Millionen von Zentnern ausgeführt wurden; an andern Orten hat man wohl noch Guano gefunden, aber in unbedeutenderen Quantitäten, teilweise auch nur von geringerer Güte (Baker-, Jarvis-, Howland-, Bolivia-, Saldanha-, Ichaboe-, Sea-Island-, Schwaneninseln-Guano, patagonischer, afrikanischer, indischer, Kap der Guten Hoffnung-, Fledermaus-Guano u. s. w.).

Der Guano gehört zu den am raschesten wirkenden Dungmitteln, welche aber deshalb auch nur in geringeren Gaben angewendet werden dürfen und in den Gärtnereien sehr beliebt sind. Er wirkt vermöge seines reichen Stickstoffgehaltes zersetzend auf die im Boden enthaltenen Nährstoffe, den augenblicklich wirksamen Teil derselben auf Kosten der Nachhaltigkeit vermehrend. Wirtschafter, welche bloß noch mit Guano düngten und das Vieh größtenteils abschafften, mußten bald zum vermehrten Ersatz wieder zurückkehren. — Neuerdings verkauft man aufgeschlossenen Guano, gut gepulvert und mit Säure behandelt, als noch rascher wirksam.

Auf den Chinchainseln, von wo der Guano, welchen schon die alten Mexikaner als Dungmittel viel gebraucht haben sollen, zuerst kam, unterscheidet man die oberste, jüngste Schicht mit weißer Farbe, als Guano blanco, in der Wirkung analog unserm Taubenmist, und die darunter liegende, hellbraune Schicht als Angamosguano; dann kommen die folgenden, immer dunkler werdenden Schichten, bis zu der letzten, rostbraun von Farbe, in welcher, weil vor Jahrhunderten schon abgelagert, keine Spur von Federn, Eierschalen, Vogelknochen u. dergl. mehr zu erkennen ist. Der scharfe Geruch bedingt große Vorsicht beim Ausgraben, besonders der tieferen unter der Oberfläche liegenden Schichten. Millionen von Seevögeln liefern auch heute noch Guano, aber in kaum nennenswerten Mengen gegenüber den gewaltigen Vorräten aus vergangenen Jahrhunderten. An Alkalien ist der Guano arm.

Unter den rein mineralischen Dungmitteln steht in Vollständigkeit die Asche obenan; besonders die Holzasche, welche freilich nur selten noch preiswürdig für den Landwirt zu haben ist. Sie wirkt ebenfalls sehr rasch und darum unvermischt schädlich, besonders bei keimenden Pflanzen; am besten wird sie im Herbste auf Wiesen und im Frühjahr auf Kleefeldern ausgestreut. Torf- und Braunkohlenasche wirken minder energisch und sind ärmer an wertvollen Mineralstoffen, die Steinkohlenasche ist zur Düngung untauglich. Ausgelaugte Asche, sogenannter Äscherich, ist weniger ätzend, aber auch weniger wert, weil er des kohlensauren Kalis, der Pottasche, schon beraubt ist. Kalk, als gebrannter Kalk, ist im Altertum als wesentliches Korrektiv für bündige und kalkarme Bodenarten verwendet worden. Man gibt ihn im Herbste in Mengen von nur wenigen bis zu 150 Zentner pro Hektar. Er liefert der Pflanze direkt zwar nur Kalkerde, indirekt aber dadurch, daß er die gesamten Verbrauchsthätigkeiten wesentlich befördert und zersetzend auf die verwesenden Reste, Unkräuter, Ungeziefer u. s. w. wirkt, auch noch andre Nahrungsmittel. Er stumpft die Säuren im Boden ab, hält die Salpetersäure der Luft fest und befördert das Eindringen nützlicher Gasarten. Ähnlich wirken alle Mergelarten und in besonderer Richtung der Gips, welcher Schwefelsäure und Kalk liefert.

Ammoniaksalze und Salpeter gehören zwar zu den teuren Dungmitteln, sind aber nichtsdestoweniger sehr geschätzt, weil sie, noch besser als Guano, bei außerordentlich rascher Wirksamkeit, zersetzend auf den Bodenbestand wirken und so den zu rascher Verbindung geeigneten Vorrat von Nährstoffen, freilich auf Kosten der Nachhaltigkeit, vermehren. Man verwendet sie hauptsächlich zu Getreide, Hackfrüchten und auf Wiesen. Gaswasser wirkt ähnlich, weil dasselbe viel kohlensaures Ammoniak enthält. Von den Salpetersalzen kommt der Chilisalpeter (Natronsalpeter) in Betracht, welcher in großen Lagern in Chile gegraben wird; andre Arten sind seltener oder zu teuer (Kalisalpeter). Alle stark stickstoffhaltigen Dünger empfehlen sich namentlich da, wo besonders starke Ernten erzwungen werden sollen.

Die neuerdings in Staßfurt dargestellten Kalipräparate liefern den Pflanzen einen sehr wesentlichen Bestandteil und gerade den, an welchem leicht Mangel im Boden entstehen kann. Am sichersten und unschädlichsten wirken das salpetersaure, das kohlensaure und das schwefelsaure Kali; besser noch die schwefelsaure Kalimagnesia, minder gut und zum Teil sogar schädlich, weil die Chlorverbindungen den keimenden Saaten und zarten Wurzeln tödlich sind, die rohen Kalisalze (Chlorkalium). Man gibt diese Dünger für Tabak, Lein, Klee- und andre Futterpflanzen, für Kartoffeln, Rebstöcke, Gemüse, vor allem Spargel, und zur Düngung der Wiesen. Die chlorhaltigen werden zweckmäßiger kompostiert, oder über den Mist gestreut, oder nur im Herbst gegeben; auch auf Wiesen haben sie sich bewährt.

Phosphate finden sich in den Koprolithen (Exkrementen vorsintflutlicher Tiere), welche im jurassischen Gesteine und in denen der Kreideformation gefunden werden, im Apatit und Phosphorit, von welchen Spanien und Nassau große Lager besitzen, im sogenannten Sombreroguano und in verwandten Gesteinen. Alle diese werden zu Superphosphaten verarbeitet. Kali und andre Nährstoffe liefern auch feldspathaltige Gesteine, also auch der Chausseestaub aus solchem Gestein, der Fluß-, Bach- und Teichschlamm u. s. w.

Da Phosphorsäure, Stickstoff und Kali in relativ geringster Menge im Boden vorhanden sind, so finden diese Nährstoffe für den Praktiker fast nur allein Beachtung und deshalb werden von den Fabrikanten auch nur Stickstoff-, Phosphorsäure- und Kalidünger bezw. Phosphorsäure-Stickstoffdünger fabriziert, sowie auch der Minimalgehalt an diesen Stoffen garantiert, welcher bei der Preisbestimmung lediglich in Betracht kommt. Der Stalldünger enthält die drei wichtigsten Pflanzennährstoffe sowie organische Substanz, welche durch Bildung von Humus den Boden lockert, feucht erhält, ihn erwärmt und chemisch thätig macht. Die künstlichen Dünger bewirken nur eine Ernährung der Pflanzen. Je humusreicher ein Boden, desto wirksamer der Kunstdünger, weshalb auch eine Torfdüngung vorteilhaft sein kann.

Was die zweckmäßige Verwendung der künstlichen Dünger anbelangt, so eignen sich zur Frühjahrsdüngung die im Wasser am leichtesten löslichen, mineralischen Düngemittel, welche deshalb am schnellsten zur Wirkung kommen, wie Chilisalpeter, Ammoniaksalz, die chlorfreien Kalisalze, das Superphosphat und der Peruguano. Zur Herbstdüngung eignen sich die Düngemittel organischen Ursprungs: Knochenmehl, Blutmehl, Fleischdüngemehl, Hornmehl, Wollstaub, welche erst durch Fäulnis und Verwesung in lösliche Dünger übergehen. Superphosphat wirkt auf leichtem Boden nicht, für diesen eignet sich besser Knochenmehl und roher Peruguano. Im allgemeinen gilt, daß auf trockenem, leichtem Boden die Stickstoffdüngung, auf schwerem, feuchtem Boden dagegen die Phosphorsäurezufuhr den Schwerpunkt der Düngung bildet. — 50prozentiges Chlorkalium verwendet man auf jedem Boden; der Kainit und Karnallit sowie ähnliche kaliarme und kochsalzreiche Abfallsalze eignen sich nicht auf schwere Böden, weil der Kochsalzgehalt eine erhebliche Erhärtung derselben herbeiführt. — Gewöhnlich wird der künstliche Dünger breitwürfig ausgestreut und tief untergebracht etwas seichter Chilisalpeter, weil er sonst vom Boden nicht genügend verbraucht wird. Dieser Dünger zeigt auch auf zurückgebliebene Saaten oben aufgestreut besten Erfolg. — Bei Halmfrüchten wird in den meisten Fällen Phosphor und Stickstoff, etwa 4—6 kg Stickstoff und 12—15 kg Phosphorsäure pro $^1/_4$ ha, zugleich angewendet; nur in humusreichem Boden wird eine Superphosphatdüngung, d. h. Phosphorsäuredüngung allein, anzuraten sein. — Bei Futterkräutern und Hülsenfrüchten ist eine Düngung mit Phosphorsäure und Kali von durchgreifender Wirkung; diese Kulturgewächse scheinen wenig Ansprüche an den Stickstoffgehalt des Bodens zu machen. Man rechnet pro $^1/_4$ ha $12^1/_2$ kg lösliche Phosphorsäure und 20 kg Kali in Form von Chlorkalium, bei leichteren Böden in Form von Kainit. — Wiesen und mehrjährige Futterfelder sind mit Superphosphat und Kalisalz während der größten Vegetationsruhe zu düngen. Ganz besonders empfiehlt sich auf moosige Wiesen die Verwendung von 2—3 Zentner Kainit pro $^1/_4$ ha. — Bei der Düngung der Knollen- und Wurzelfrüchte kommt in erster Reihe eine starke Stickstoffzufuhr, dann erst kommen Phosphorsäure und Kali in Betracht. Kalisalze haben den Ertrag der Kartoffeln und Zuckerrüben nicht gesteigert, sie werden zweckmäßig zu den Vorfrüchten gegeben, so daß die nachfolgenden Wurzel- und Knollengewächse das Kali in vollkommener Verteilung und geeignetster Verbindungsform im Boden vorfinden.

Fig 225. Kunstdüngerstreumaschine von Schnoor & Rubins in Hildesheim.

Von hoher Bedeutung ist die Bereitung von Kompostdünger insbesondere für Wiesen. Man schichtet dazu alle Arten von Abfällen mit zersetzenden Materialien übereinander und befeuchtet die Haufen fleißig mit Jauche. Mehrmaliges Umarbeiten ist erforderlich, um das Ganze brauchbar und zur homogenen Masse zu machen. In der Gärtnerei spielt die Kompostbereitung die größte Rolle; man macht Kompost mit der Grundlage von Torf, Humuserde, Gerberlohe, Laub, Kalk, Sand u. s. w., je für verschiedene Gebrauchszwecke geeignet und sorgt insbesondere dafür, daß der Haufen feucht bleibt, wodurch die sich bildenden Gase nicht verflüchten.

Mit den Ernten entzieht man den Feldern eine gewisse Menge von Nährstoffen, deren Ersatz die Düngung geben soll. Auf überreichem Boden entbehrlich, selbst schädlich, wird sie um so notwendiger, je schärfer der Anbau betrieben wird und je ungünstiger der Boden gemischt ist. Im großen und ganzen bildet der Mist die Hauptgrundlage des Ersatzes, gibt aber nicht alles wieder, was entzogen wurde, wenn die Ernte zum Teil verkauft und zum Teil verfüttert wird. Da, wo Wiesen in genügender Menge vorhanden sind und diese alljährlich durch befruchtenden Schlamm bereichert werden, kann die Stallmistwirtschaft für sich allein zur Erhaltung der Fruchtbarkeit genügen; in großartigen technischen Anlagen, wo Zucker, Spiritus, Bier, Öl u. dergl. die wesentlichsten Verkaufsgegenstände bilden und mit den Abfällen Mastwirtschaft unterhalten, also nur erwachsenes Vieh ge- und verkauft wird, kann ebenfalls weiterer Ersatz oft unterbleiben, zumal dann, wenn noch Zukauf von Rohmaterialien stattfindet; in diesem Falle liefert der Zukauf des Rohstoffs den vollsten Ersatz, in beiden wird fast nur organische Masse ausgeführt und für diese ist die Atmosphäre eine unversiegbare Ersatzquelle. Überall sonst muß der Stallmist um die Summe dessen, was ihm fehlt, ergänzt werden; in weitaus den meisten Fällen wird die Beidüngung mit Stickstoff, Kali und Phosphaten genügen und sehr oft noch auf Kalk Bedacht genommen werden müssen. Ohne Ersatz verarmt das Feld und verlieren, wenn selbst nur ein Nährstoff fehlt, die übrigen noch vorhandenen ihre Wirksamkeit, da nur dann die Pflanze gut zu gedeihen vermag, wenn ihr alle notwendigen Nahrungsmittel zu Gebote stehen. Schwache Saaten, mangelnde Körnererträge, Mißraten einzelner Früchte und dergleichen unliebsame Erscheinungen lassen stets darauf schließen, daß der Boden ganz verarmt oder doch ungünstig gemischt ist, also der Verbesserung bedarf. Düngung und Bearbeitung müssen sich ergänzen, jene den Ersatz direkt, diese indirekt liefern, d. h. den Dünger, den Bodenvorrat und die düngenden Luftarten wirksam werden lassen. Chemische und mechanische Kräfte zersetzen das Gestein und wandeln es in Boden um, sie müssen dem Menschen dienstbar sein, um die Bodenstoffe in Pflanzennahrung umzuwandeln und die höchsten Erträge zu gewinnen.

Die geernteten Pflanzen werden zum Teil auf geradem Wege, zum Teil auf dem Umwege durch die Stallungen dem Boden wieder einverleibt, um neuen Pflanzenwuchs zu ermöglichen; zum Teil dienen sie Menschen und Tieren zur Nahrung. Diese geben in hren Ausscheidungen die einzelnen Stoffe zum Neubau wieder zurück und nach ihrem Tode auch das, was sie während ihres Lebens in ihren Organismen an Bestandteilen der Luft, des Wassers und des Bodens festgehalten haben. Das Wasser verdunstet an seiner Oberfläche in die Luft als Wasserdampf, welcher, von der porösen Ackerkrume verdichtet, das Wachstum der Pflanzen in der regenlosen Zeit ermöglicht; der Wasserdampf verdichtet sich zeitweise zum tropfbar flüssigen Regen, welcher auf den Boden hernieder fällt, lösend und Nährstoff verbreitend durch Boden und Gestein dringt, zuerst zu Bächen und Flüssen und schließlich im Weltmeere sich wieder ansammelt. Die Pflanze entzieht mit der Bodenlösung die Bodenbestandteile und verdunstet das Wasser zum Teil, so ihren Tribut der Atmosphäre wieder darbringend.

„Sieh', hier schließt die Natur den Ring der ewigen Kräfte;
Doch ein neuer sogleich fasset den vorigen an,
Daß die Kette sich fort durch alle Zeiten verläng're,
Und das Ganze belebt, sowie das Einzelne sei.
Jede Pflanze verkündet dir nun die ew'gen Gesetze,
Jede Blume sie spricht lauter und lauter mit dir."

Goethe.

Im ewigen Kreislauf bewegen sich die Stoffe zu immer neuen Bildungen; Leben und Sterben ist Bilden und Umbilden, Formveränderung der Grundstoffe, welche immer und immer wieder zu neuen Gebilden sich zusammenfinden. Der Mensch muß diese Vorgänge zu beherrschen, in seinem Nutzen zu verwerten suchen; er bearbeitet und düngt den Boden, bestellt ihn mit neuer Saat, züchtet Pflanzen und Tiere und sammelt die Reste und Abfälle, um wieder neue Gebilde zu schaffen und wachsen zu lassen. Er nimmt und gibt wieder nach Willkür und Bedarf; Raubbau oder Raubwirtschaft ist Nehmen, ohne wieder zu geben, oder Nehmen in größerem Grade; vordem, ehe man die Naturgesetze des Feldbaues kannte, war der Raubbau fast allgemein üblich, jetzt ist er nur noch selten zu finden, nachdem J. v. Liebig seine Folgen scharf gezeichnet hat. Da, wo der Raubbau herrschend wird, folgt ihm die Unkultur, die Verarmung der Nationen und wird der Boden wieder zu Unland und Einöde; da, wo verständiger Anbau mit reichlichem Ersatze sich findet, wird das Land immer tragfähiger und vermag einer immer größeren Zahl von Menschen die Bedingungen des Daseins zu sichern. Die Grundstoffe zum Aufbau der Pflanzen sind in unerschöpflichen Mengen uns gegeben und werden mit der Zunahme der Tiere und Menschen in vermehrter Weise wiedergegeben. Mit Recht nennen wir daher die heutige Wirtschaftsmethode die Stoffersatzwirtschaft (Settegast).

Dem Bergwerk ist zu trauen,
Das mit dem Pflug wir bauen.

Friedrich v. Logau.

Der Feld- und Wiesenbau.

Abhängigkeit der Pflanzen von Boden und Klima. Gruppierung derselben: Halmfrüchte, Hackfrüchte, Blattpflanzen, Körnerfrüchte, Handelspflanzen, Knollengewächse. Fruchtwechsel. Getreidebau: Weizen, Roggen, Gerste, Hafer, Mais, Buchweizen, Hirse, Bohnen, Erbsen, Linsen, Reis. Hackfruchtbau: Kartoffeln, Runkeln, Zichorie, Möhren. Ölfruchtbau: Raps, Rübsen, Awehl, Dotter, Mohn. Lein und Hanf. Tabak und Hopfen. Futterpflanzen und Futterbau. Wiesenbau.

Daß überhaupt die Zahl der von dem Menschen gezüchteten Pflanzen gegenüber der Menge der auf der Erde vorhandenen Arten eine sehr geringe ist, wurde bereits erwähnt; die bei der Kultur im großen, dem eigentlichen Ackerbau, gebräuchlichen Pflanzen bilden wiederum die engere Auswahl unter diesen, hauptsächlich aus dem Grunde, weil der Landmann nur mit möglichst sicheren Faktoren rechnen soll, also nur diejenigen Früchte bauen darf, welche unter seinen gegebenen Verhältnissen den lohnendsten Ertrag mit Sicherheit erwarten lassen. Jede Kulturpflanze braucht zu ihrer vollkommenen Entwickelung einen gewissen Anteil von Wärme, Licht, Feuchtigkeit und Nährstoffen auf allen Stufen ihres Wachstums; da, wo solche Bedingungen sich nicht finden, kann nur der Gärtner mit seiner höheren Kunst und den ihm zu Gebote stehenden Schutzmaßregeln und direkten Einwirkungen das Züchten der Pflanzen unternehmen, nicht aber der Landmann, welcher der Witterung gegenüber ziemlich machtlos bleibt und nach jeder Saat das Beste von der Gunst des Himmels erwarten muß.

So begrenzt aber auch die Zahl der ihm zu Gebote stehenden Pflanzen ist, so ist sie doch da, wo überhaupt Ackerbau noch mit lohnendem Erfolge betrieben werden kann, immer noch groß genug, um eine Wahl noch als rätlich erscheinen zu lassen und die anbauwürdigen Pflanzen in für den Landwirt wichtige Gruppen trennen zu können.

Halmfrüchte nennt er die ihm für die Kultur im großen zu Gebote stehenden Pflanzen aus der Familie der Gräser, gemeiniglich auch mit dem Namen Getreide oder auch Cerealien (Ceres) bezeichnet; ihnen treten ergänzend die Hülsenfrüchte zur Seite: Erbsen, Bohnen, Linsen u. dgl.; Hackfrüchte sind solche, welche während des Wachstums mehrmals behackt werden müssen, und wenn schon bei der Drillkultur das Behacken auch für noch andre Pflanzen Anwendung findet, so versteht man doch unter obigem Namen hauptsächlich nur Kartoffeln, Rüben aller Art, Möhren u. s. w.

Blattpflanzen sind die, welche durch dichten Blattwuchs den Boden beschatten und bei welchen man hauptsächlich nur Blätter erzeugen will; dahin gehören fast alle zur Fütterung gebauten Gewächse; man unterscheidet dann von diesen die oben genannten Hackfrüchte auch als Knollengewächse und die Getreidearten als Körnerfrüchte.

Unter Handelspflanzen versteht man alle diejenigen, deren Produkt größtenteils verkauft werden soll, also in der Wirtschaft selbst nicht zur Verwendung kommt; man trennt sie wieder in Ölfrüchte, Farbepflanzen, Gespinstpflanzen, narkotische Pflanzen u. s. w.

Fruchtwechsel. Der Landmann wechselt auf seinen Feldern im Anbau gern mit den verschiedenen Pflanzen, weil er weiß, daß sie nicht alle in gleichem Grade den Boden und den Dünger in Anspruch nehmen, daß sie tiefe und flachgehende, seitlich stark und weniger stark verzweigte Wurzeln treiben, viel und wenig Rückstände im Boden hinterlassen, mehr und weniger das Wuchern des Unkrautes und das Erhärten des Bodens begünstigen, zu ungleicher Zeit gesäet und geerntet werden. Durch eine passende Fruchtfolge sichert er sich also die beste Ausnutzung des Bodens, die zweckmäßigste Verteilung der Arbeiten über das ganze Jahr, die Erleichterung in der Bestellung, die Ersparung an Arbeit und Kapital, die Sicherstellung seiner Ernten gegenüber der Witterung, welche jedes Jahr eine wechselnde ist und bald die, bald jene Pflanze begünstigt oder benachteiligt. Könnte auch Kunst und Wissenschaft die Fruchtfolge entbehrlich machen lassen, so würde der Landwirt doch nicht auf ihre Vorteile verzichten wollen, weil er nicht alle seine Hoffnung auf nur eine Karte setzen mag und nicht zeitweise mit Arbeit überhäuft und zu andrer Zeit beschäftigungslos sein will, und weil er oft nach der Ernte nicht die zur Bestellung des Feldes zu neuer Saat nötigen Arbeiten in der gegebenen Zeit bewältigen könnte. Da, wo der Winter ziemlich frühzeitig kommt, muß die Fruchtfolge sorgfältiger gewählt werden als da, wo ein milder Winter erst spät die Fröste bringt und auch in den Wintermonaten die Feldbearbeitung gestattet. Da, wo die Felder im Frühjahr rasch abtrocknen und sich erwärmen, kann viel sorgloser gewirtschaftet werden als da, wo erst spät die Bestellung ermöglicht wird und deshalb die Auswahl unter den anzubauenden Pflanzen eine sehr beschränkte ist.

Diejenigen Pflanzen, welche in frischer Düngung gut gedeihen, sind vor allem die Hackfrüchte, die Futterpflanzen und unter den Ölfrüchten die Rapsarten; sie werden deshalb in die erste Reihe, „erste Tracht“, gestellt, alle Getreidearten zweckmäßiger in zweite und dritte Tracht, weil allzustarke Düngung ihnen schaden würde. Das Getreide verliert bald seine Blätter und gestattet damit dem Winde und der Sonne das Eindringen; dadurch wird der Boden verhärtet und verunkrautet leichter. Man läßt daher dem Wintergetreide die Sommerfrucht, welche im Frühjahr gesäet wird, folgen, weil man bis dahin Zeit zur Bearbeitung gewinnt, und säet gern in die Sommerfrucht den Klee und ähnliche Pflanzen, welche den Boden schon während des Wachstums des Getreides beschatten und nach der Ernte desselben völlig bedecken, während wiederum das abgeerntete Futterfeld vorzügliche Vorfrucht für Getreide und Hackfrüchte bildet u. s. w.

Jede Pflanze so zu stellen, daß sie von der Vorfrucht die ihr günstigsten Bedingungen vorfindet und der Nachfrucht die besten Standortsverhältnisse darbietet, ist die bei der Wahl der Fruchtfolge zu beachtende Regel. Wenn irgend möglich, wechselt man zwischen Blatt-, Halm- und Hackfrüchten beständig ab, so daß nur dann zwei Pflanzen derselben Gruppe sich aufeinander folgen, wenn zwischen Ernte und Saat Zeit genug zur Wiederherstellung der durch die vorangegangene Kreszenz gestörten Wachstumsbedingungen gegeben ist.

Früher unterschied man noch zwischen bereichernden, schonenden und angreifenden oder beraubenden Pflanzen; jetzt weiß man, daß alle Kulturpflanzen dem Boden eine gewisse Summe von Nährstoffen entziehen und daß keine mehr gibt als sie nimmt, also auch keine bereichern kann. Wohl aber hinterläßt die eine Pflanze den Boden in besserem Zustande für eine folgende Saat als die andre, so daß obige Unterscheidungen mehr auf die physikalischen Bodenzustände als auf den Nahrungsbestand zurückzuführen sind. Man sprach auch von vornehmen und minder vornehmen Früchten und suchte jenen die besten Bedingungen zu sichern; dazu rechnete man vor allem das Getreide, dessen Körner überall da, wo noch wenig entwickelte Verhältnisse sich finden, die alleinige oder fast ausschließliche Marktware bilden. Gegenwärtig haben alle angebauten Gewächse einen Wert, und hat man längst einsehen lernen, daß es gleichgültig ist, ob die Ernte direkt verkauft werden kann oder nur indirekt, z. B. durch Verfütterung an das Vieh oder durch Verarbeitung in Spiritus- oder Zuckerfabriken, in Ölmühlen und dergleichen Anlagen mehr. Manche Handelspflanzen werden nur zum direkten Verkaufe des Hauptproduktes angebaut; sie geben in ihren unverkäuflichen Teilen minder wertvolle Materialien als das Getreide, welches außer den Körnern noch Stroh und Spreu als oft ebenso hochgeschätzte Produkte liefert.

Fig. 227—230. Weizen, Roggen, Gerste, Hafer.

Der Getreidebau. Das Getreide gehört zu den unentbehrlichsten Nahrungsmitteln und liefert außerdem noch das Rohmaterial zu mancherlei wichtigen Fabrikaten: Bier, Stärke und Spiritus in erster Linie. Unter Korn versteht man die landübliche Brotfrucht: Roggen im Osten und Norden von Europa, Weizen in West- und in Mitteleuropa, Hafer in den Gebirgsgegenden, Mais in Südeuropa, Amerika, Nordafrika und einem großen Teile von Asien, Reis im übrigen Asien und in Afrika; weitaus die Mehrzahl der Menschen lebt vom Reis, Weizen wird von weit mehr Menschen als Brotfrucht verwendet als Roggen und Hafer; Gerste, Buchweizen u. dergl. kommen nur in untergeordnetem Grade zur Verwendung; die Gerste dient hauptsächlich zur Fütterung und zur Bier- und Spiritusfabrikation.

Unter den Getreidearten werden der Weizen und der Roggen schon seit langem als Sommer- und als Winterfrüchte gebaut, also ein- und zweijährig; ursprünglich kannte man sie nur als Sommerfrucht; auch Gerste wird in manchen Gegenden, aber nur in bestimmter

Abart, als Winterfrucht gebaut, und neuerdings noch, aber nur selten, der Hafer. Alle Winterfrüchte werden im Herbste gesäet, müssen also die Winterkälte vertragen können; sie haben eine weit längere Vegetationszeit und bilden vollkommnere, schwerere Körner mit lohnenderem Ertrage. Die einjährigen Arten vertragen nur wenige Grade Kälte, Mais, Hirse und Buchweizen gar keine, und der Reis setzt wärmere Klimate voraus.

Der Weizen (Triticum, vom lateinischen tero, trivi, tritum = reiben, dreschen, weil bei den Römern die ausschließliche Dreschfrucht) geht bis zu 64° nördl. Breite und, je nach Lage, bis zu 4000 m Meereshöhe; er braucht als Sommerfrucht bis zu 140, als Winterfrucht bis 280 Tage Reifezeit. Schneelose Winter, Kälteextreme (über 30° C.) und Nässe verträgt er nicht (Auswintern, Ausfrieren). Er liebt die bündigeren Bodenarten der Thonbodengruppe, welche seinen eigentlichen Standort bilden, gedeiht aber auch noch auf den thonreichen Sand- und Kalkfeldern; gute Dungkraft ist ihm notwendig, Asche und Phosphate, besonders Superphosphate mit Stickstoffdünger, sind, wie für alle Körnerfrüchte, passende Hilfsmittel zur Steigerung der Erträge. Frische und Bündigkeit kann er nicht entbehren, daher der Boden nicht zu sehr gelockert sein darf. Die besten Vorfrüchte sind: Hackfrüchte, Futterpflanzen, auch Hülsenfrüchte und Rapsarten.

Man baut den Weizen in sehr vielen und verschiedenen Arten, als: 1) gemeiner Weizen (Triticum vulgare) in zwei Hauptarten: Bartweizen mit Grannen und Kolbenweizen ohne Grannen, ersterer sicherer gegen Vogelfraß, letzterer ertragreicher und besser im Mehle; 2) englischer Weizen (Tr. turgidum), darunter vorzügliche, aber auch viel empfindlichere Varietäten, in der Regel mit festeren Halmen und dickeren Spelzen, weniger leicht dem Lagern und dem Rost unterworfen; 3) Bart-, Glas- oder Gerstenweizen (Tr. durum), mit sehr langen Grannen, und 4) polnischer Weizen, beide von untergeordneter Bedeutung; 5) Spelz (Tr. spelta); 6) Emmer (Tr. amyleum) und 7) Einkorn (Tr. monococcum) bilden die uneigentlichen Weizenarten, welche mit den leichteren Bodenarten vorlieb nehmen und da gebaut werden, wo der eigentliche Weizen nicht mehr gedeihen will. Die Spelze sind hochgeschätzt, das Einkorn nimmt die unterste Stufe unter den Weizenarten ein. Man erntet pro Hektar von gutem Winterweizen 25—50 Zentner Körner und 40—100 Zentner Stroh, von Spelz etwa 20—45 Zentner Körner und 36—100 Zentner Stroh, von Emmer 15—25 Zentner Körner und 60—80 Zentner Stroh, von Einkorn 15—25 Zentner Körner und 48—80 Zentner Stroh; als Sommerfrucht geben alle Arten bis 20 Prozent weniger Ertrag; der gemeine weiße Bartweizen liefert, dicht gesäet, vortreffliches Flechtstroh.

Von Roggen, Secale (von dem lateinischen secare, schneiden, weil er bei den alten Völkern nur als Grün-, Schnittfutter gekannt war), wird nur eine Art, aber in mehreren Abarten, gebaut; unter diesen ist der Staudenroggen am höchsten geschätzt, weil er sich stärker bestaudet und besseren Ertrag gibt. Der Roggen wird auch bei uns bisweilen als Grünfutter gebaut; einzelne Abarten vertragen es, einen guten Schnitt davon zu nehmen und dann doch noch gute Körnerernte zu liefern. Er geht bis zu 67° nördl. Breite, in der Schweiz noch bis zu 1600 m Höhe, verträgt mehr Kälte und rauhere Lage als der Weizen, aber keine Nässe; er braucht als Winterfrucht 280—290 Tage Reifezeit, als Sommerfrucht 140—154 Tage. Sein gedeihlichster Standort sind die lockeren Bodenarten, mit genügender Reinheit und Frische in Krume und Untergrund, selbst steinige Berghänge. Im Körnerertrage steht der Roggen dem Weizen nach, denn man erhält von 20—48 Zentner Körner und 40—120 Zentner Stroh bei gewöhnlichem Roggen 5—20 Prozent mehr von Staudenroggen und bis 20 Prozent weniger beim Sommerroggen. Fast ein Viertel des gesamten Ackerlandes im Deutschen Reiche ist dem Anbau des Roggens eingeräumt.

Weizen und Roggen werden auch untereinander gesäet als sogenanntes Mengkorn; ebenso beobachtet man, daß die Saat verschiedener Abarten von Getreide untereinander höhere Erträge sichert, was sich dadurch erklärt, daß die Witterung eine Sorte stets mehr als die andern begünstigt, diese also üppiger wächst, die andern aber schützt, so daß dann diese später bei ihnen zusagender Witterung sich erholen können und gleichfalls noch gut gedeihen. Auf leichteren Bodenarten säet man deshalb mit Vorteil Sommerroggen im Gemisch mit Hafer.

Die Gerste (Hordeum) beansprucht in allen Beziehungen normale Verhältnisse — Mittelboden, bei welchem weder Thon noch Sand im Übermaße vorherrscht. Man baut sie in folgenden Arten: 1) sechszeilige Gerste (H. hexastichon), auch als Wintergerste schon den Alten bekannt, zur Bierbrauerei nicht geeignet, ertragreich auf gutem Boden; 2) vierzeilige oder gemeine Gerste (H. vulgare), gut für Fütterungszwecke und zum Brotbacken, am meisten verbreitet im Norden, und 3) zweizeilige Gerste (H. distichon), vorzüglich zur Brauerei, sehr ertragreich und am meisten verbreitet; die beiden letzten Arten werden in vielen Varietäten gebaut.

Wie in bezug auf den Boden, so stellt auch an die Bestellung die Gerste die höchsten Anforderungen, sie bedarf 119—154 Tage zur Reife; eine Varietät der vierzeiligen Gerste kann in 60—90 Tagen reifen und daher noch auf Island und im hohen Sibirien, wo keine andre Getreideart fortkommt, gebaut werden. Je weiter nach Süden, um so feiner und besser ist das Korn. Das Ergebnis ist sehr verschieden, von 20—70 Zentner Körner und 30—80 Zentner Stroh, je nach Sorte. Das Stroh ist gut zur Fütterung, die Spreu aber nicht wegen der langen Grannen.

Der Hafer (Avena) wächst wild an den Ostseeküsten und anderwärts in den geringen Arten: Wildhafer, Windhafer, kurzer Hafer, nackter Hafer, zum Teil als lästiges Unkraut; andre Arten bilden geschätzte Wiesengräser. Kultiviert werden in mehreren Varietäten 1) der gemeine Hafer oder Rispenhafer (Avena sativa) und 2) der orientalische Hafer (Avena orientalis), auch Fahnenhafer genannt; der letztere verlangt besseren Boden, gibt höheren Ertrag, aber geringwertigeres Futterstroh und dickspelzigere Frucht. Der Hafer lohnt vorzüglich in gutem Boden, ist aber auch noch auf sehr geringem anbauwürdig und gehört zu den sehr wenigen Pflanzen, welche sich fast allen Bodenarten anpassen können, nach den verschiedensten Vorfrüchten gedeihen und als eine der sichersten Früchte gelten, deshalb ist er auch im Deutschen Reiche, was die Ausdehnung seines Anbaues anbelangt, die zweitbedeutendste Frucht, dessen inländische Produktion trotzdem den Bedarf noch nicht zu decken vermag. Er ist das Kind des Nordens, geht bis zu 67° nördl. Breite, in Deutschland noch bis 1150 m Höhe, braucht 100—150 Tage zur Reife und nimmt noch Felder ein, wo andres Getreide nicht mehr gedeiht. Man erntet von 20—80 Zentner Körner und 45—90 Zentner Stroh.

Die Getreidearten leiden alle bei zu üppiger Düngung, und zumal solcher von humosen Stoffen mit zu wenig Mineralstoffnahrung, am Lagern, d. h. daran, daß die Halme sich niederlegen und, besonders nach Regen, nicht wieder sich erheben können. Der Weizen friert leicht aus und kann bei schneelosem Winter ganz zu Grunde gehen. Rost, Brand, Mehltau und Mutterkorn sind durch Pilze verursachte Krankheiten fast aller Getreidearten, welche nicht nur den Ertrag sehr gefährden, sondern auch das Mehl verschlechtern und selbst ungenießbar machen können; das hauptsächlich dem Roggen eigentümliche Mutterkorn ist sogar giftig. Eine Fülle von Insekten zernagen die Halme oder die Körner, Mäuse, Hamster, Vögel und Wild aller Art stellen den Saaten oder den reifenden Ernten nach; Schnecken können ganze Gewandungen zerstören.

Der Mais (Zea) gehört zu den Pflanzen der wärmeren Zone. Man baut den Mais in sehr vielen Varietäten, welche hauptsächlich nach der Farbe und Zahl der Körner oder nach deren Form unterschieden werden; die Arten werden vorzugsweise nach der Heimat benannt; Pferdezahnmais ist am beliebtesten zum Anbau von Grünfutter; der Hühnermais hat die kleinsten Körner. Man kennt die Pflanze auch unter den Namen welsches Korn, türkischer Weizen, Türkenkorn, Kukuruz; sie stammt aus Amerika. Alle ihre Teile sind verwertbar. Die zahlreichen Seitenschößlinge und Triebe bilden ein zartes Futter, die Kolben enthalten die Körner in Reihen, oft bis zu 600 Stück; die enthülsten Kolben sind vortreffliches Brennmaterial, die Deckblätter dienen zur Papierfabrikation und zur Darstellung von Matten, Strohdecken, Bienenkörben, Polstern u. dergl. Grün geschnitten ist der Mais ein vortreffliches Futter, in Gruben gebracht wird er auch als Sauerfutter vom Vieh gern gefressen. Er beschattet den Boden vollständig, so daß er die Vorteile der Blattpflanzen bietet, und da er in Reihen gesäet wird und öfters behackt werden muß, so vereinigt er damit auch noch die der Hackfrüchte; er verträgt die stärkste Düngung und wird somit vortreffliche Vorfrucht für andre Pflanzen, besonders für Getreide.

Körnermais gedeiht am besten bei 15—17 Grad mittlerer Temperatur und erfordert bis 180 Tage Reifezeit, in warmem Klima nur bis 100 Tage. Er liebt mehr trockene

Wärme, aber entsprechende Feuchtigkeit bis zur Entwickelung der ersten Blätter. An Kali, Kalk und Phosphorsäure darf es im Boden nicht fehlen; insbesondere aber lohnt er eine starke Stickstoffdüngung. Bei der Ernte bricht man zunächst nur die Kolben ab; diese müssen getrocknet und dann entkörnt werden, wozu besondere Maschinen dienen. Man erntet bei uns 40—150 Zentner Körner, 120—160 Zentner Stroh, 12—16 Zentner Deckblätter und 20—40 Zentner Kolben, als Grünfutter bis zu 1200 Zentner.

Die Hirse (Panicum) wird als gemeine Rispenhirse und als italienische oder Kolbenhirse gebaut; sie gedeiht am besten im Klima des Weines, aber auch noch weit darüber hinaus; sie erfordert bis 110 Tage zur Reife, sonnige Lage, warmen Boden, sorgfältigste Bestellung und gute Düngung, gibt dann aber auch bis zu 48 Zentner rohe und 28 Zentner enthülste Körner und bis 80 Zentner Stroh.

Sorghum (Sorgum saccharatum) ist eine neuerdings eingeführte Pflanze, welche da, wo sie gebaut werden kann, d h. in wärmeren Klimaten, außerordentlich wertvoll wegen der Mannigfaltigkeit ihrer Produkte: Körner, Zucker, Farbstoffe, Futter, ist. Sie stammt aus China und heißt auch chinesisches Zuckerrohr. In Frankreich wird sie auf den Feldern gebaut, jedoch nur verpflanzt, nachdem die Samen in Treibkästen gesäet wurden.

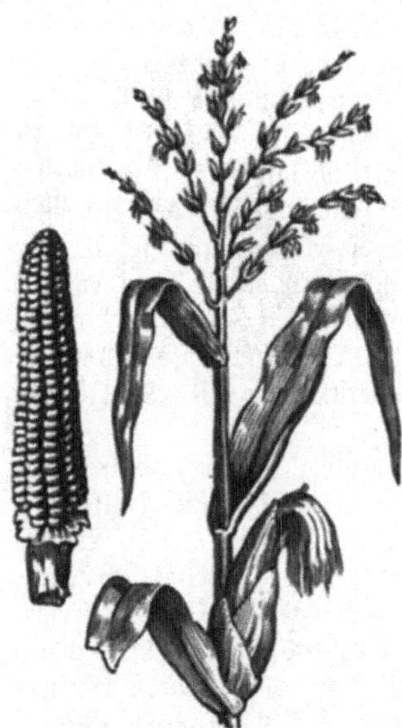
Fig. 231. Der Mais.

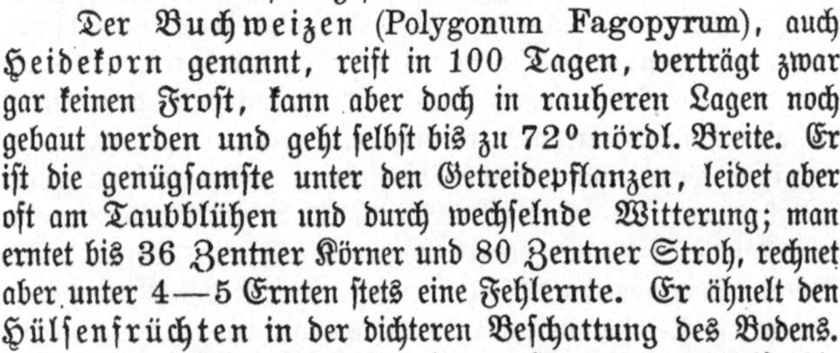
Der Buchweizen (Polygonum Fagopyrum), auch Heidekorn genannt, reift in 100 Tagen, verträgt zwar gar keinen Frost, kann aber doch in rauheren Lagen noch gebaut werden und geht selbst bis zu 72° nördl. Breite. Er ist die genügsamste unter den Getreidepflanzen, leidet aber oft am Taubblühen und durch wechselnde Witterung; man erntet bis 36 Zentner Körner und 80 Zentner Stroh, rechnet aber unter 4—5 Ernten stets eine Fehlernte. Er ähnelt den Hülsenfrüchten in der dichteren Beschattung des Bodens.

Unter diesen baut man im großen vorzugsweise die Erbse, die sogenannte Pferde- oder Sau- oder Ackerbohne, die Linse und die Wicke.

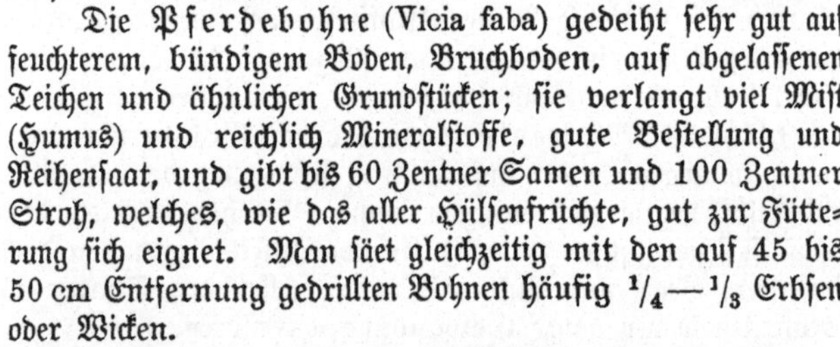
Die Pferdebohne (Vicia faba) gedeiht sehr gut auf feuchterem, bündigem Boden, Bruchboden, auf abgelassenen Teichen und ähnlichen Grundstücken; sie verlangt viel Mist (Humus) und reichlich Mineralstoffe, gute Bestellung und Reihensaat, und gibt bis 60 Zentner Samen und 100 Zentner Stroh, welches, wie das aller Hülsenfrüchte, gut zur Fütterung sich eignet. Man säet gleichzeitig mit den auf 45 bis 50 cm Entfernung gedrillten Bohnen häufig $^1/_4$—$^1/_3$ Erbsen oder Wicken.

Die Erbse (Pisum) liebt milden, kalkhaltigen Boden, Lockerheit, Reinheit, Wärme und mäßige Frische; sie verträgt die Mistdüngung und bildet deshalb gute Vorfrucht für andre Pflanzen, zumal sie auch dicht beschattet. Phosphatdüngung ist von gutem Nutzen, Stickstoffdünger hat sich dagegen nicht bewährt. Die Erbse erfordert 110—140 Tage Reifezeit und geht bis zu 58° nördl. Breite. Taubblühen, Mehltau und die Erbsenkäfer sind die hauptsächlichsten Kalamitäten beim Erbsenbau. Man erntet bis zu 40 Zentner Körner und 80 Zentner Stroh, aber auch oft genug nur bis zu 20 Zentner Körner. Nicht minder wertvoll als sehr nahrungsreiche Hülsenfrucht ist die Linse (Ervum); sie verträgt starke Frostkälte, geht bis zu 60° nördl Breite, reift in 150 Tagen, liebt leichte, sonnige Felder, vor allem Reinheit, Drillkultur und fleißiges Jäten. Der Ertrag ist sehr ungleich, von 12—36 Zentner Körner und 20—28 Zentner Stroh.

Der gemeine Reis stammt aus Indien und hat sich von da aus, wo er wie auch in China das Hauptnahrungsmittel ist, nach den Tropenländern und der gemäßigten Zone verbreitet. Dadurch sind eine Menge von Spielarten entstanden. Man kann mit Recht annehmen, daß die Hälfte der Erdbewohner den Reis zur täglichen Nahrung gemacht und seinen Saft wie sein Stroh zu mannigfachen Zwecken benutzen gelernt hat. Auch die Hülsen der Körner dienen als vortreffliches Viehfutter.

Von Ostindien wurde der Reisbau nach China sowohl als nach Persien und Arabien verbreitet, von wo ihn die Sarazenen in Spanien einführten. Nachdem die Spanier ihr Land zurückerobert hatten, lernten auch sie den Reis schätzen und die Kaufleute Südeuropas wurden auf diese nützliche Graspflanze aufmerksam. Im Jahre 1522 legte daher der General Trivulci, ein geborner Mailänder, auf seinem Gute bei Zeri und Palu am Tartaro eine Reispflanzung an, und schon 1530 war der Reisbau in der Lombardei weit verbreitet und die zeitherige Einfuhr von Damiette in Ägypten und von Majorca sehr beschränkt. Die Regierungen hielten indessen den Reisbau wegen des erforderlichen sumpfartigen Bodens für gemeinschädlich und verboten daher am Ende des 16. Jahrhunderts denselben. Allein man änderte bald dieses Verbot dahin ab, daß der Sumpfreis — denn nur dieser ist in Europa eingeführt — nicht in der Nähe bewohnter Orte gebaut werden darf, und seitdem hat sich im nördlichen Italien ein sehr bedeutender Reisbau entwickelt.

Der Anbau dieser Pflanze ist allerdings eine mühevolle und ungesunde Beschäftigung, die zum Teil mit Hilfe der Alpenbewohner ausgeführt wird, welche zu bestimmten Zeiten hinab in die Ebene wandern, obschon diese wegen der Ausdünstungen des über dem Reise stehenden Wassers von Fiebern heimgesucht wird. Im Winter und Frühjahr pflügt man den Boden zwei- bis dreimal um und setzt ihn dann mehrere Tage lang unter Wasser, ehe die Reissaat hineingestreut wird. Nachdem das Wasser abgelassen ist, ebnet man das Erdreich mit eisernen Schaufeln und tritt es mit den Füßen nieder, worauf man nach etlichen Tagen den Reis säet, welcher zuvor 8—14 Tage in Wasser eingeweicht war. Da die Saat viel Wasser zur Entwickelung bedarf, so setzt man wiederum den Acker 4—6 Tage unter Wasser, welches fließend erhalten werden muß, bis man es nach einiger Zeit wieder abläßt, damit der Acker 5—6 Tage trocken liege und die Wurzeln wie die ganze Pflanze sich kräftiger entwickeln. Aus faserigen Wurzeln schießt ein einfacher Halm $^1/_2$—1 m hoch empor, den lange, gerillte Blattscheiden fast ganz verdecken. Die dünnen, lang zugespitzten Blätter erreichen eine Länge von 30 cm und darüber und biegen sich in sanftem Bogenschwunge abwärts, wogegen die Rispe mit ihren traubenförmigen Ästen anfangs aufrecht steht und sich erst später überbiegt, wenn die Frucht in den kahnartigen Spelzen mit den spitzigen Grannen zu wachsen beginnt. Hierauf leitet man bis Ende Juni oder bis Anfang Juli von neuem Wasser auf das Feld und läßt dieses nur auf einige Zeit ab, um das Unkraut auszujäten, worauf der Acker zum drittenmal unter Wasser gesetzt wird, welches bis zum August über demselben stehen bleibt. Um diese Zeit setzt die Pflanze Ähren an, und da deren Entwickelung einen weniger nassen Boden verlangt, so läßt man das Wasser auf 4—5 Tage ab, um die letzte Wässerung Ende September oder Anfang Oktober eintreten zu lassen, wo die Ähre des Reises zu reifen beginnt. Dann läßt man den Boden abtrocknen, schneidet das Getreide und legt Handvoll neben Handvoll zum Trocknen nieder. Nach einigen Tagen bindet man diese kleinen Bündel zu Garben und stellt dieselben in Schobern zum völligen Austrocknen auf eine Tenne aus, welche möglichst eben gemacht und mit Ziegeln gepflastert ist. Sobald das Getreide ganz trocken ist, schafft man die Garben auf die Dreschtennen, damit die Pferde die Körner aus dem Stroh treten, welche auf Stampfmühlen von den Hülsen befreit, gesiebt und nun zum Verkauf gebracht werden.

Fig. 232. Der Reis.

Hackfruchtbau. Darunter begreift man gegenwärtig die Kultur derjenigen Knollengewächse, welche durchaus in Reihen gebaut, weil während des Wachstums öfters behackt und behäufelt werden müssen. Dahin gehört zunächst

Die Kartoffel (Solanum tuberosum), durch Franz Drake bekanntlich aus Mittelamerika, Peru, zu uns gebracht und erst seit Ende des vorigen Jahrhunderts als

Kulturpflanze eingebürgert, fast überall nur mit direkten oder indirekten Zwangsmitteln. In England verbreitete sich der Anbau schon zur Zeit der Religionskriege, und zwar aus dem Grunde, weil die Soldaten, welche damals in beiden Armeen alles zerstörten, was sie in Feindesland trafen, sich nicht die Mühe nahmen, ein Kartoffelfeld umzuwühlen; in Preußen wurde durch Friedrich den Großen der Anbau bis zu gewisser Ausdehnung jeder Gemeinde zur Pflicht gemacht und durch Einquartierungen erzwungen; in Paris bepflanzte man damit einige Hektaren im Jardin des Plantes und verbot bei Todesstrafe das Stehlen der Frucht, stellte jedoch absichtlich keine Wächter aus. Die Folge war massenhafter Diebstahl, wie erwartet, damit aber auch die Einbürgerung der Frucht.

Fig. 233. Pflügen der Reisfelder in China.

Gegenwärtig baut man über 1000 Sorten, große und kleine, runde und lange, dick- und dünnschalige, stärkemehlreiche und stärkemehlärmere, weiße, gelbe, rote und selbst schwarze Varietäten, Früh-, Mittel- und Spätkartoffeln, schwach und stark belaubte, blühende und nicht blühende, Samen tragende und nicht Samen tragende; man bemüht sich, alljährlich neue Sorten einzuführen, resp. zu erzeugen.

So sehr sich auch die Kartoffel als Nahrungspflanze verbreitet hat, so kann man ihr doch nicht eine Verbesserung der Ernährung des Volkes nachrühmen, da sie dazu zu stickstoffarm ist und den Hülsenfrüchten weit nachsteht. Ihre Beliebtheit dankt sie hauptsächlich ihrer mannigfachen Verwendbarkeit zu allerlei Speisen und ihrer Genießbarkeit ohne kostspielige Zuthaten. Sie bildet gegenwärtig das Hauptmaterial zur Stärke- und Spiritusfabrikation und hat insofern auf die Verbreitung einer rationelleren Kultur segensreich eingewirkt, als die technische Verarbeitung in der Schlämpe, dem Rückstande bei der Destillation, ein sehr brauchbares Futterverbesserungsmittel liefert, welches mehr Vieh zu halten gestattet, also auch mehr Dünger gewinnen läßt und höhere Körnererträge sichert. In dieser Beziehung übt sie den segensreichen Einfluß aller Hackfrüchte und Handelspflanzen, welche rationellere Kultur bedingen und durch erhöhte Produktion reichlich den Ausfall an Areal zur Produktion von Nahrungsstoffen für den Menschen ersetzen. In höherem Maße gilt dies noch von der Zuckerrübe, dem Tabak u. s. w. Da, wo diese Pflanzen vorzugsweise gebaut werden, findet man die beste Kultur, die höchsten Erträge, die intelligentesten Landwirte, den höchsten Wohlstand (Belgien, Pfalz, Magdeburger Niederung, Rheinlande). In Deutschland wird der zehnte Teil des gesamten Ackerlandes mit Kartoffeln bebaut, und zwar unter den verschiedensten Boden- und klimatischen Verhältnissen.

Die Kartoffel geht noch bis zu 70° nördl. Breite, in Deutschland bis 1500 m Höhe, in den Anden bis 5000 m; sie braucht als Frühkartoffel 70—90, als Spätsorte bis 180 Tage zur Reife; letztere wird am besten bei beginnender Belaubung der Buche gelegt; sie erfordert vor allem lockeren, warmen, trockenen Boden, gute alte Kraft (nicht frische Düngung) und folgt am zweckmäßigsten nach umgebrochenem Klee oder Gras, Körnermais und dergleichen Pflanzen; sie gedeiht sehr gut auf Neubruch aller Art, nicht aber auf nassen, bündigen Feldern der Thonbodengruppe. Auf leichterem Boden kann sie bei guter Düngung jahrelang sich selbst folgen. Stickstoffdüngung (pro $^1/_4$ ha 1 Zentner Chilisalpeter) sagt ihr besonders zu.

Fig. 234. Tretmühle für die Bewässerung der Reisfelder.

Man legt die Saatknollen aus und wählt dazu am besten mittelgroße, gut gereifte, ganze Knollen; das Schneiden derselben oder gar das Legen bloßer Augen ist nicht zu empfehlen; auf bündigerem, nicht gut trocknendem Boden legt man am besten auf Kämme, Dämme oder kleine Hügel (Gülichsche Methode) mit Düngerunterlage.

Ihre Ernte wird bei feuchter Witterung sehr leicht durch die sogenannte Kartoffelkrankheit gefährdet; diese verursacht ein Pilz, welcher in der Knolle überwintert, innerhalb der Pflanze emporwächst und am Blatt wieder an die Oberfläche kommt, um Früchte (Sporen) zu treiben, welche dann zur Erde fallen und wieder zu den Knollen gelangen. Pilzfreies Saatgut kann allein dagegen schützen; Abhaltung der Nässe und Abschneiden des Krautes sind Palliativmittel. Engerlinge, Mäuse, die Werre und besonders Wildschweine sind gefährliche Feinde der Kartoffel. Man erntet bis zu 800 Zentner Knollen; das Stroh oder abgestorbene Kraut hat selbst zur Streu wenig Wert.

Die Zuckerrübe ist eine erst seit diesem Jahrhundert im großen angebaute Abart der Futterrunkel (Beta vulgaris). Sie geht bis zu 71° nördl. Breite, in Deutschland bis 1500 m Höhe, reift in 150—180 Tagen und liebt im allgemeinen ein mäßig warmes, feuchtes Klima, ohne Extreme; Tiefgründigkeit, Frische, Mürbheit, gute Kultur, reiche Düngung, als Futterrunkel mehr mit Mist, als Zuckerrunkel mehr mit künstlichem Dung, Stickstoff und

Phosphat in erster Linie. Die Zuckerrübe wird in Reihen gesäet, die Viehrunkel bisweilen auch gepflanzt. Zahlreich sind deren Feinde, besonders schädlich die Engerlinge, Drahtwürmer, Nematoden, Schildkäfer u. dergl.; bei ausgedehntem Rübenbau können diese oft so zunehmen, daß die Pflanze zeitweise nicht mehr gebaut werden kann. In der Nähe der Zuckerfabriken hat man schon bis $^1/_4$ des gesamten Areals mit Rüben bestellt, jedoch nur bei höchst intensiver Düngung und sorgfältiger Bearbeitung und Tiefkultur. Man erntet vom Hektar bis 1000 Zentner Zuckerrüben, aber selbst bis 2000 Zentner Viehrunkeln. Die Blätter und Köpfe werden meist verfüttert. Kartoffeln und Runkeln werden am besten im Felde, in sogenannten Mieten, aufbewahrt, d. h. man schichtet die Rüben übereinander, bedeckt sie mit Erde und zieht rings um die Miete einen Abzugsgraben.

Der Rübenbau ist ein wichtiger Förderer der Landwirtschaft geworden, überall segenbringend, wo gesunde Fundierung der Zuckerfabriken herrscht; denn er erzwingt eine gute Bearbeitung des Bodens neben rationeller Fruchtfolge, die Reinigung der Felder von Unkraut und die Tiefkultur; er ermöglicht durch erzieltes reichliches und beliebtes Futter eine größere Viehhaltung und daher infolge stärkerer Mistproduktion eine energischere Düngung. Die von ihm bedingte Zuckerindustrie nimmt in der letzten Zeit einen frischen und gesunden Aufschwung und ihre Produkte versorgen nicht bloß zum größten Teil den einheimischen Bedarf, sondern haben auch den französischen Zucker teilweise von andern Märkten verdrängt. Es ist dieser Erfolg merkwürdigerweise im wesentlichen der deutschen Zuckersteuergesetzgebung zuzuschreiben, welche, indem sie das Rohmaterial — die Rübe — besteuert, den Zuckerfabrikanten zwingt, in vollendetster Weise möglichst hochgradiges Rohmaterial zu verarbeiten und darum den Landwirt nötigt, auf die möglichste Veredelung der Rübe Bedacht zu nehmen. Eine nächste Folge davon ist, daß einsichtsvolle und zugleich erfinderische Landwirte sich bemühen, durch geduldige Auswahl des für bestimmte Bodenarten Passenden und durch ausdauernd durchgeführte Artenkreuzung verschiedene Rübenvarietäten zu erzeugen, und diese Varietäten so zu schaffen, daß eine jede gewisse Eigentümlichkeiten des Bodens verlangt und auf demselben hochgradiges Material liefert.

Fig. 235. Die Zuckerrübe.

Gelang es aber auch, durch diese interessanten Verfahren und Erfindungen das Erträgnis der Rübenfelder zu steigern, so hat man es jedoch bis jetzt, trotz aller Versuche und Studien gelehrter Professoren und praktischer Landwirte, nicht vermocht, die gefährliche Feindin der Rübe — die Nematode — zu vertilgen. Es ist dies ein mikroskopisch kleiner Parasit, welcher vielen Schaden anrichtet. Fig. 236 zeigt das Männchen der nach Professor Dr. H. Schacht Heterodera Schachtii benannten Rüben-Nematode in 300maliger, Fig. 237 das Weibchen in 60maliger linearer Vergrößerung. Bei beiden Figuren ist A der Saugstachel, b der After, beim Weibchen c der Schleimklumpen mit Eiern. Zur Vertilgung des schädlichen Tieres hat man vorgeschlagen, daß man auf dem damit infizierten Boden gewisse Lieblingspflanzen des Parasiten als Fangpflanzen anbaut und diese dann nebst dem Schmarotzer durch Ätzkalk oder Feuer vernichtet. Die Nematode hindert namentlich die forcierte Rübenkultur, zeigt sich bei zu häufigem Anbau und läßt die Ernte in hohem Maße sinken.

Die Zichorie (Cichorium Intybus) wird als bekanntes Kaffeesurrogat, aber auch zur Fütterung gebaut; sie reift in 70—110 Tagen, wird in Reihen gesäet und ähnlich wie die Runkel behandelt, welcher sie auch zu gutem Gedeihen in bezug auf Klima und Boden entspricht. Fleißiges Jäten darf auch hier nicht fehlen. „Die Runkel wächst mit der Hacke". Die Ernte ergibt bis zu 250 und 600 Zentner Wurzeln und 80—100 Zentner Kraut, welches sehr geschätzt zur Fütterung ist. — Die Möhre (Daucus Carota) wird im großen ähnlich wie in der Gärtnerei angebaut; sie dient hauptsächlich zur Fütterung.

Der **Ölfruchtbau** ist auch heute noch, trotz Gas und Petroleum, lohnend genug, weil der zunehmende Verbrauch für Maschinen aller Art gute Preise sichert. Der Landwirt gibt den Rapsarten um deswillen den Vorzug, weil sie die erste Ernte liefern und in Stroh und Schoten ihm wertvoll sind. Man baut von der Gattung Kohl (Brassica) mehrere Arten, als: den Raps, Kohlraps, auch schlechtweg Kohl und Kohlsaat genannt, mit den besten Körnern und dem höchsten Ertrag (Br. napus oleifera), den Rübsen, Rübsamen, Rübenraps (Br. rapa oleifera) mit den kleinsten Körnern und minder ertragreich, und den Awehl oder Awöl, zwischen jenen stehend, aber ausdauernd in bezug auf den Frost und minder empfindlich gegen Witterungswechsel. Alle diese Arten werden als Winter- und als Sommerfrüchte gebaut. Der Biewitz ist eine neuere Varietät. Gemäßigtes, mehr warmes Klima, sonniger, luftiger Standort (Ebene), Tiefgründigkeit, Reichtum, mäßige Frische und Gebundenheit, sehr gute Dungkraft, frische, starke Düngung sind Bedingungen für den Raps; Rübsen und Awehl nehmen mit minder günstigem Standort vorlieb und sind auch in bezug auf die Düngung genügsamer. Guano, Knochenmehl, Jauche, Gips sind beliebte Beidünger; unter den Mistarten gibt man gern Schafmist und Pferch. Der Raps reift in 300—350 Tagen als Winterfrucht und in 140—182 Tagen als Sommerfrucht, die andern Arten bedürfen kürzerer Zeit. Als Vorfrüchte wählt man Futterpflanzen, Frühkartoffeln, Getreide; am liebsten jedoch bestellt man nach der Brache. Die Bearbeitung muß vorzüglich sein, man gibt Reihensaat und gute Bearbeitung während des Wachstums. Die Saat erfolgt von Anfang August bis September. Zahlreiche Feinde, besonders Erdflöhe, Schnecken, Glanzkäfer, der Pfeifer, Maden und Raupen, das Auswintern, die Wurzelfäule und das Befallen gefährden den Ertrag, so daß gute Ernten selten sind. Man erntet je nach Sorte von 20—70 Zentner Körner, 8—20 Zentner Schoten und 30—60 Zentner Stroh.

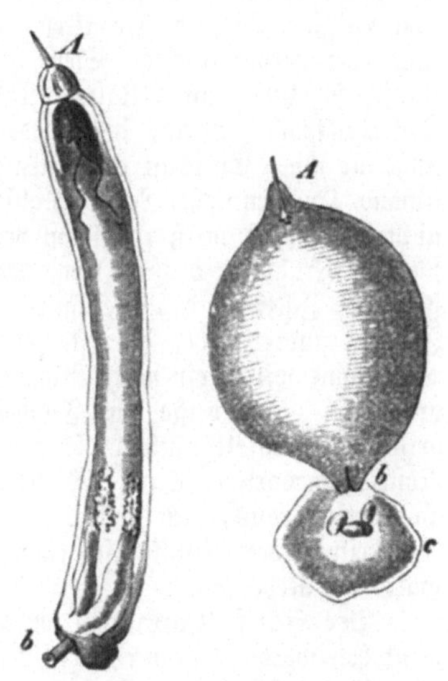

Fig. 236 und 237. Rübennematoden.

Der Mohn (Papaver somniferum) liefert ein vortreffliches Speiseöl, in seinem Stroh aber nur Brennmaterial, welches besonders die Bäcker lieben. Man baut ihn als Schließmohn, welcher ausgedroschen werden muß, und als offenen oder Schüttelmohn, dessen Kapseln bei der Reife von selbst unter dem Deckel aufspringen und in Kufen ausgeschüttelt werden, beide Arten in mehreren Varietäten. Er bedarf 154—180 Tage zur Reife und wird frühzeitig im Frühjahr gesäet. Trockene Wärme, Windstille und Trockenheit bei der Ernte sind Bedingungen für den Mohn, welcher jedoch selbst leichten Frost, Hitze und Dürre vertragen kann und nur bei Trockenheit zur Saatzeit und durch Nässe gefährdet wird. Guter Gerstenboden sagt ihm am besten zu, doch gedeiht er auch noch auf minder gutem Lande, wenn es nur kalkhaltig und warm ist. Die Bestellung kann nicht sorgsam genug gegeben werden und muß immer gartenmäßig sein. Er steht am besten nach gut gedüngten Früchten, auch auf Neubruch; Pfuhl, Knochenmehl, Pferch, auch Guano sagen ihm zu. Er leidet weniger von Ungeziefer, wohl aber durch naßkalte Witterung, Mäuse und Vogelfraß. Vom Hektar kann man bis zu 30 Zentner Körner und 50 Zentner Stroh ernten; der Aufwand an Handarbeit ist größer als bei Raps, die Ernte aber leichter und der Preis für die Körner in der Regel höher.

Andre Ölpflanzen sind noch der Dotter (Camelina), welcher mehr feuchtes Klima liebt, in 102—140 Tagen reift, rasch wächst, den Frost verträgt, bei guter Dungkraft fast auf jedem Boden gedeiht, unter allen Ölpflanzen am spätesten gesäet wird und bis 24 Zentner Körner gibt, und die Sonnenblume (Helianthus), welche besonders in Rußland auf fast jedem Boden, am besten aber auf kräftigem angebaut wird und neben dem Samen noch in den

Blättern gutes Futter und in den Stengeln Brennstoff liefert. Sie reift in 160—190 Tagen, bedarf also wärmerer Klimate, verträgt jeden Dünger, wird in Reihen gesäet und erfordert nur geringe Pflege. Das ungleiche Reifen erschwert das Ernten, welches wegen Vögelfraß schon vor vollendeter Reife vorgenommen werden muß. Man erntet bis zu 28 Zentner enthülste Körner, 13—20 Zentner Blätter und Seitentriebe und 80—100 Zentner Stengel.

Die als **Gespinstpflanzen** in Betracht kommenden Hanf- und Leinarten liefern ebenfalls in ihren Samen ein geschätztes Öl.

Der Lein (Linum usitatissimum) wird in zwei Arten, Schließ- oder Dreschlein mit geschlossenen Samenkapseln und geringerem Ertrag an Samen, aber größerem an Bast, und als Klang- oder Springlein, dessen Samenkapseln von selbst aufspringen und welcher feinen, weißen und weichen Bast liefert, gebaut; beide Arten in mehreren Varietäten. Er reift in 70—98 Tagen, verlangt feuchte Wärme mit häufigem Wechsel zwischen Wärme und Feuchtigkeit, gedeiht am besten an Seeküsten, Niederungen, doch auch im Gebirge, überhaupt in der Nähe von Wasser und bei vielen Niederschlägen und reichlichem Tau; der beste Lein kommt daher von den russischen Ostseeprovinzen (Rigaer Lein); er ist verbreitet bis zu 65° nördl. Breite und bis zur Höhe von 2000 m. Die Länder seiner Kultur sind noch Belgien, Irland, Frankreich und das nördliche Deutschland; neuerdings nimmt Neuseeland eine hervorragende Stelle für Lein- und Hanfkultur ein. Er verlangt im Boden Kraft, Reichtum an Alkalien (Kalidüngung) und Phosphaten, Mürbheit, mäßige Tiefe, Lockerheit und Frische, insbesondere feuchtes Klima; Thon-, Sand- und Kalkboden paßt nicht für ihn. Er folgt am besten gut bearbeiteten Früchten und steht gut in zweiter Tracht; Guano, Knochenmehl, Asche, Kalisalze sind bester Beidünger, auch verrotteter Mist schadet nicht. Das Feld muß sorgsamst vorbereitet werden, vor allem frei von Unkraut sein. Man säet im Frühjahr dünn, wenn Samen, dicht, wenn feiner Bast gewonnen werden soll. Fleißiges Jäten und Lockerhalten des Bodens dürfen nicht fehlen. Erdflöhe, Engerlinge, Insekten andrer Art, die Flachsseide, Unkräuter und das Lagern gefährden den Ertrag. Der Same wird erst nach Bräunung aller Kapseln geerntet; man rauft die Pflanzen aus, ordnet sie nach Länge und Feinheit der Stengel, stellt sie in Bündel zum Trocknen und drischt oder rüffelt nach 14 Tagen; der Same wird noch besonders getrocknet, der Bast der Röste unterworfen (Tau-, Wasserröste). Gute Leinkultur setzt besondere Flachsbereitungsanstalten voraus, an welche die grüne Ware verkauft werden kann. — Die mühsame Bearbeitung des Rohflachses eignet sich nicht für den Landwirt; von derselben wird anderwärts die Rede sein.

Der Hanf (Cannabis) kommt nur in einer Art mit mehreren Varietäten vor. Er dient besonders zu dauerhaften Geweben (Segeltuch, Tauwerk), ist haltbarer, aber minder fein als der Flachs, welcher in der Form der Brüsseler Spitzen die hochwertigste Stoffumwandlung unter allen Bodenprodukten repräsentiert. Man liebt den Hanf seines scharfen Geruchs wegen als Schutz gegen allerhand Ungeziefer, besonders den Kornwurm, auch als Zwischenfrucht auf Kohlfeldern. Er wird als männlicher Hanf, Femmel, Hanfhahn, und als weiblicher, Mastel, Hanfhenne, gebaut. Er verträgt keinen Frost, verlangt feuchte Wärme, gedeiht jedoch noch bis an die Ostsee und reift in 90—105 Tagen (der männliche 14 Tage früher). Im Boden liebt er vorzugsweise Phosphate, Kalk, Lockerheit, Tiefe, Reinheit, Feuchtigkeit und Humusreichtum; er kann sogar auf bruchigem Boden mit saurem Humus gedeihen und steht am besten in feuchten Niederungen, Moor-, Bruch-, altem Teichboden; er versagt nur bei Trockenheit. Die reichste Düngung sagt ihm zu. Gartenmäßige Kultur ist geboten; er folgt am besten dem Hafer, der Gerste, dem Klee, auch sich selbst (Hanfgärten). „Spare beim Leine das Eggen und beim Hanfe das Pflügen nicht, damit beiden ihre Notdurft geschicht", ist ein altes Sprichwort. Gefährliche Schmarotzerpflanzen sind der Hanftöter oder Hanfwürger und die Seide. Man erntet zuerst den Femmel, dann die weiblichen Stengel vor der Reife der Samen, wenn guter Bast gewünscht wird.

In Deutschland hat die Lein- und Hanfkultur bedeutend abgenommen, Schlesien, Westfalen, und für den Hanf Baden, sind die hauptsächlichsten Gegenden für den Anbau, welcher unter der Konkurrenz des Auslandes leidet. Der Zollverein deckt seinen Bedarf aus eigner Zucht nicht. Man rechnet den Ertrag von Lein 8—30 Zentner Samen, 8 bis

12 Zentner geschwungenen Flachs und 4—8 Zentner Werg, von Hanf 8—32 Zentner gehechelten Hanf, 8—30 Zentner Samen, 80—400 kg Werg und 60—240 kg Abgang. Der Lein gehört mit zu den einträglichsten Pflanzen; er erfordert freilich großen Aufwand an Handarbeit und wird daher mehr von kleineren als von großen Landwirten gebaut. Gleiches gilt auch von andern Handelspflanzen.

Narkotische Handelspflanzen sind der Tabak und der Hopfen.

Der **Tabak** (Nicotiana), von welchem an andrer Stelle ausführlicher die Rede sein wird, ist zu uns aus Amerika gekommen und hat sich rasch trotz päpstlichen und kaiserlichen Bannstrahles, entehrender und scharfer Strafen, selbst Todesstrafe, über alle Weltteile verbreitet. In Europa nahm Holland die erste Stelle unter den Tabak bauenden Ländern ein, in Deutschland (circa 22000 ha) ist die Pfalz und das Elsaß hervorragend. Österreich, besonders Ungarn, die Donauländer, die Türkei, Italien, Frankreich, Spanien und Rußland kommen noch in Betracht. In England ist der Anbau verboten und der Zoll am höchsten (bis über 300 Mark pro Zentner); in Deutschland ist die Steuer am niedrigsten — 35 Pfennige pro Kopf — und der Konsum am größten, bis zu $1,_{70}$ kg pro Kopf. Die Gesamtproduktion der Welt schätzt man auf über 500 Millionen kg; Deutschland repräsentiert davon kaum 6 Prozent. Hier ist der Anbau frei, in Österreich, Frankreich u. s. w. durch Monopol beschränkt. Amerika liefert die besten Sorten (Havana) und die größten Quantitäten; in Asien, vorzüglich in Java und Manilla, werden auch gute Tabake gebaut. Der Tabak ist in Deutschland akklimatisiert, er bedarf aber künstlicher Mittel, um gedeihen zu können; man säet den Samen in besondere Mist- oder Treibkasten, Tabakskutschen genannt, und verpflanzt ihn im Juni bis Juli auf das sorgsamst vorbereitete und gut gedüngte Feld. Der Tabak geht noch bis zu 58° nördl. Breite, gedeiht jedoch am besten bei 16—20° mittlerer feuchte Wärme, verträgt weder Frost noch Hitze, weder Nässe noch Dürre und gedeiht am besten auf sandigem, warmem Boden in feuchten Niederungen. Man stellt ihn in gut gereinigten, tiefgründigen, lockeren Boden, gibt nur verrotteten Dünger, Kali, Asche, Phosphate, Kalk u. dergl. als Beidünger und läßt ihn am liebsten dem Wickfutter, dem Klee oder den Hackfrüchten folgen. Nach dem Pflanzen wird er öfters sehr sorgsam behackt; die weitere Pflege besteht in dem Entfernen der Seitentriebe, dem Köpfen der Blüte und Nachtriebe (Geizen), dem Ausrotten des Unkrauts, in der Abhaltung der vielen Feinde u. dergl. mehr. Die Blätter sind der Erntezweck und der Ertrag ist in Deutschland durchschnittlich pro Hektar 35 Zentner.

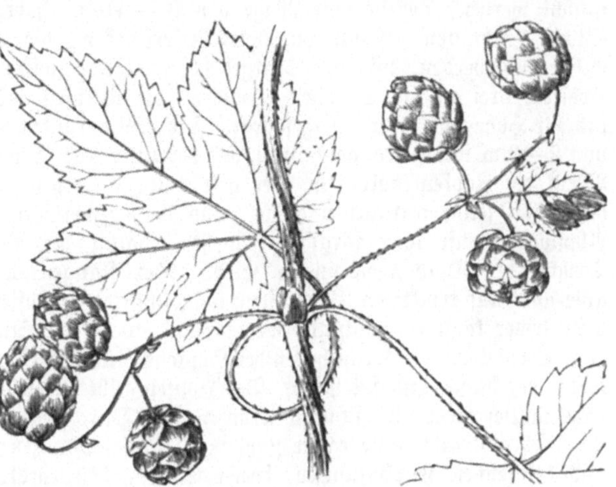

Fig. 238. Die Hopfenpflanze.

Der **Hopfen** (Humulus lupulus) ist erst seit der Völkerwanderung bekannt, aber schon unter den Karolingern wurde er benutzt, um das Bier wohlschmeckender, dauerhafter und gesünder zu machen. Böhmen hat von jeher den Ruhm gehabt, den besten Hopfen zu erzeugen, doch ist er auch in andern Ländern mit mehr oder weniger Glück angebaut worden. Und Glück gehört auch wirklich zum Hopfenbau, denn während er in manchen Jahren ungeheure Reinerträge liefert, bezahlt er in andern die Arbeitskosten nicht. Nächst Böhmen liefern Schwetzingen in Baden und Spalt in Bayern die berühmtesten Sorten.

In guten Jahren wird die Ernte nicht verbraucht; England und Amerika liefern bedeutende Quantitäten, aber weniger beliebte Qualitäten. In Deutschland werden 37910 ha mit einem Erträgnis von 477111 Zentner bebaut, in Österreich 7711 ha mit einem Gewinn von 92532 Zentner. Belgien produziert 97500 Zentner von 6500 ha. Der Hopfen wächst bei uns wild; er wird nach seiner Reifezeit in Früh- und Spät**hopfen** eingeteilt, von denen letzterer einen größeren Ertrag gibt, aber von geringerer Qualität als ersterer. Er verlangt eine geschützte Lage und liebt einen milden, warmen, tiefgründigen, nach Mittag geneigten Lehmboden; allein auch im Sandboden und in Neubrüchen liefert er zuweilen gute Ernten und gute Ware. Dagegen sagen ihm Thalgründe mit feuchten Niederschlägen, benachbarte Sümpfe und stehende Gewässer nicht zu, weil sich daselbst leicht Ruß- und Mehltau einstellt. Wunderbar ist die Triebkraft des Hopfens, denn er treibt aus kleinen, schwachen Wurzeln in der kürzesten Zeit unter allen Pflanzen die meisten und längsten Ranken. Der männliche Hopfen wird **Nesselhopfen** genannt und meist als unfähig zur Kultur vertilgt. Die Fortpflanzung geschieht durch die Wurzelsprossen der weiblichen Pflanze, welche **Fechser** genannt und nach dem Rajolen des Landes im März oder April in einer Länge von 6—10 cm und in der Stärke eines kleinen Fingers eingelegt werden. Neuerdings verwendet man lieber zweijährige Triebe, Setzlinge (englische Kultur).

Gut angelegte Hopfenanlagen können 15—20 Jahre stehen, ohne umgepflanzt zu werden. Im ersten Jahre werden die Pflanzen im Juni oder Juli gehackt, im Herbste abgeschnitten und dann gegen den Frost mit langem Miste geschützt. Liefert er schon im ersten Jahre einen Ertrag, so führt derselbe den Namen „**Jungfernhopfen**". Im zweiten Jahre müssen die etwa 3 m langen Stangen, an denen er ranken soll, mit andern vertauscht werden, welche eine Länge von 8—10 m haben. Im dritten Jahre werden die Stöcke beschnitten, damit die Wurzeln erstarken; die abgeschnittenen jungen Keime sind eßbar und werden, wie der Spargel zugerichtet, genossen. Von den Rankentrieben werden zwei bis drei an die Stangen gebunden, die übrigen ausgerissen; mit dem Anbinden wird bis zur Höhe von 4 m fortgefahren. Die Seitenranken und alle Blätter bis zu einer Höhe von 2—3 m werden abgeschnitten, um der Luft und Sonne mehr Einwirkung zu verschaffen. Wenn die Zapfen gelbgrün oder gelbbraun aussehen und stark riechen, wenn das Mehl darin sich fettig anfühlt und die Hand beim Zerreiben färbt, ist der Hopfen reif. Das Abpflücken muß sehr sorgsam geschehen, damit der Blütenstaub nicht ausfällt und das Drücken der Dolden vermieden wird. Der stangenrote Hopfen wird ausgeschieden, der gute aber auf trockenen Böden flach aufgeschüttet und öfters gewendet. Je trockener er wird, desto höher kann er geschüttet werden, und wenn die Stiele beim Biegen brechen, ist er reif zum Verpacken. — Krankheiten des Hopfens sind der Wurm, der Sonnenbrand, der Wurzelkrebs, der Ruß- und Mehltau. Der Hopfen gibt in zwölf Jahren durchschnittlich zwei gute, sechs mittlere und vier schlechte Ernten. Der Durchschnittsertrag pro Hektar ist 12—15 Ztr.

Es gibt noch eine große Zahl von Handelspflanzen: **Krapp**, **Waid**, **Wau**, **Saflor** und dergleichen Farbpflanzen, ferner **Senf**, **Kümmel**, **Fenchel**, **Anis**, **Koriander**, **Safran**, **Süßholz**, **Weberkarde**, diverse **Arzneipflanzen** und verschiedene der Gärtnerei eigentümliche Gewächse, welche auch im großen auf den Feldern an einigen Orten angebaut werden (Feldgärtnerei); indessen ist ihr Anbau doch nicht ein so allgemeiner, daß wir ein näheres Eingehen auf dieselben uns für die Fälle aufbewahren, wo wir ihre spezielle Verwendung betrachten. Wir wenden uns dafür sofort zum

Futterbau. Der **Futterbau** wird gegenwärtig mit einer großen Zahl von Pflanzen betrieben, nur künstlich auf den Feldern, künstlich und natürlich auf Wiesen und Weiden. Soweit nicht schon im Obigen erwähnt, sind hierher zu rechnen in erster Linie:

Die **Kleearten**, als: **Rot- oder gewöhnlicher Klee** (Trifolium pratense), **Inkarnatklee** (Tr. incarnatum), **Weißklee** (Tr. repens); seltener der **Bastard- oder schwedische Klee** (Tr. hybridum). Sämtliche Kleearten lieben mildes, feuchtes Klima, frei von Nässe und Dürre, gute Winter, kalkhaltigen, tief bearbeiteten, frischen, reinen, mürben Boden der leichteren Thon-, also Lehmbodengruppe, der besseren Sandbodenarten, des Mergel- und Kalkbodens. Man säet sie in Winter- oder Sommergetreide und gibt als Bei- oder Nachdünger Gips, Kalisalze, Asche, Jauche, verrotteten Mist u. s. w. Die Kleearten können das Feld mehrere Jahre lang einnehmen, Inkarnatklee, blattarm und hartstengeliger, wird nur einjährig, am liebsten als Vorfrucht vor Raps in die Brache gesäet; die Pflege beschränkt sich auf Steinelesen, Abeggen, Ausrotten der Flachsseide u. dergl. Man erntet als Grünfutter und als Dürrfutter (Kleeheu); letzteres erheischt sehr sorgsames Trocknen; dazu dienen auch Gestelle von Holz, sogenannte **Kleereuter**. Man erntet mehrere Schnitte, zur Samengewinnung liebt man den zweiten; nach dem letzten Schnitt können die Felder noch behütet werden. Die Ernte gibt bis 150 Zentner Dürrfutter und darüber von Rotklee, bis 50 Zentner von Steinklee und entsprechend an Grünfutter; Inkarnatklee gibt bis 160 Zentner Grünfutter.

Die Luzernearten (Medicago) liefern ein noch besseres Futter, lieben das Klima der Wein- und Maisregion, geben 4—6 Schnitte (Monatsklee) und mit das früheste Futter. Alle Arten sind ausdauernd, die gewöhnliche Luzerne (Med. sativa) kann 12—15 Jahre das Feld einnehmen, wird jedoch meist nur fünf Jahre genutzt. In der Pflege und Düngung dem Klee gleich, ist sie diesem an Ertrag überlegen, aber weit empfindlicher gegen Witterungsextreme, sowohl Nässe wie Dürre, die allen Futterpflanzen schaden, und gegen Frost. Luzerneheu gehört zu den gehaltvollsten Futtermitteln; alle derartigen Futterarten sind sehr stickstoffreich, daher gefährlich, besonders im Frühjahr, weil sie leicht blähen. Mit Stroh gemengt sind sie unschädlich.

Die Esparsette (Onobrychis sativa) übertrifft wiederum die Luzerne an Güte, gedeiht aber nur auf stark kalkhaltigem Boden; ist minder ertragreich, widersteht der Trockenheit und ist ebenfalls ausdauernd, hält aber meist nur 3—6 Jahre aus.

Der Steinklee (Melilotus) wird nur selten im großen angebaut; er wird zu hartstengelig und widersteht dem Vieh wegen seines starken, dem Waldmeister ähnlichen Geruchs.

Die Wicke (Vicia) wird als Körnerfrucht, am liebsten aber als sogenanntes Wickfutter im Gemenge mit Hafer, Gerste, Mais und dergleichen gebaut und sowohl grün gefüttert als zu Heu getrocknet. Erbsen und Platterbsen (Lathyrus) werden ebenfalls als Grünfutter gebaut.

Der Spörgel (Spergula arvensis) gedeiht am besten in feuchtem, nebeligem Klima auf reinem oder lehmigem Sand; er reift in 6—8 Wochen, wird breitwürfig gesäet und liefert ein gutes Futter, bis 60 Zentner an Heu.

Die Lupine hat neuerdings im Gebiete der Sandregion sich allerwärts hin verbreitet; ursprünglich nur als Gründüngungspflanze bekannt, eingeführt von Wulffen (1820), wird sie jetzt sowohl grün gefüttert (von Schafen abgehütet) als auch um der Körner willen gebaut. Sie gedeiht nur in lockerem Boden, wie auch die Seradella und andre neuere Futterpflanzen. Man baut zwei Arten von Lupine, die blaue auf sterilerem, die gelbe auf besserem Boden.

Die Topinambur (Helianthus tuberosus) ist eine ausdauernde Pflanze, welche auf sterilem Boden noch gedeiht. In der Regel verfüttert man die Knollen sofort nach der Ernte; sie bleiben über Winter im Boden und werden im Frühjahr verwendet. Die Knollen sind schwer aus dem Boden zu vertilgen.

Wichtig als Futterpflanzen sind noch einige Rübenarten, wie die der Runkel ähnliche Kohlrübe (Brassica napus rapifera), als menschliches Nahrungsmittel und als Futter für Mastvieh, Kühe und Schafe geeignet; die weiße Rübe (Brassica Rapa communis), in mehreren Varietäten und unter vielen Namen gebaut, als: Teller-, Wasser-, Brach-, Stoppelrübe, Turnips; sie geht bis zu 71° nördl. Breite, in der Schweiz bis 2500 m hoch, liebt feuchtes, nebeliges Klima, leichten, trockenen Boden, gute Düngung und tiefe Bearbeitung. Man säet die Stoppelrübe nach der Ernte des Roggens in die umgestürzte Stoppel und kann solchergestalt zwei Ernten sich sichern. Der weiße Senf (Sinapis alba), die Pastinake (Pastinaca sativa), der Kuhkohl, der Kopfkohl (Kraut), die Möhre u. dergl. mehr vollenden das Bild der gebräuchlichen Futterpflanzen.

Der **Wiesenbau** bezweckt die Instandhaltung und Verbesserung der natürlichen Wiesen oder die Anlage und Unterhaltung künstlich angelegter Grasländereien; er wird in letzterem Falle zum Kunstwiesenbau, in der Regel mit Bewässerung. Jede Wiese trägt eine Mehrheit von Gräsern und Kräutern; auf der guten Wiese sollen nur wenige und nur gute Arten von Gräsern, diese aber massenhaft, mit viel Kleepflanzen und guten Kräutern vertreten sein; blumige Wiesen in bunter Farbenpracht liefern geringwertigeres Heu; gut bewässerte und gedüngte Wiesen tragen meist nur einzelne Gräser. Man unterscheidet Ober- und Bodengras, je nach Jahrgang überwuchert dieses oder jenes; in den besten Jahrgängen sind beide gleichgut entwickelt. Als Unkräuter sind bemerkenswert Moose, Binsen, Schachtelhalm, Sauerampfer, Klappertopf, Hahnenfußgewächse, Pferdekümmel und Herbstzeitlose.

Der normale Wiesenboden muß porös, frisch, warm, reich an Nährstoffen und rein sein (Lehm, Lehmmergel, Kalkmergel, Gersteboden), der Untergrund mäßig gebunden, leicht zu bearbeiten, reich an Mineralbestand; bündiger, zu flacher, steiniger, loser Geröll- oder Sand- und Kiesboden eignen sich nicht zur Wiese. Die Lage muß eben oder mäßig geneigt, die Fläche selbst gut ausgeglichen, planiert sein und jedenfalls so liegen, daß die Bewässerung leicht ausführbar ist. Dazu dient jedes nährstoffreiche, nicht kalte Wasser, am besten das aus feldspatreichen Gebirgen und das aus Ortschaften kommende, kurz solches, welches die Instandhaltung der Wiese ohne kostspielige Düngung ermöglicht. Da, wo von Natur aus die Lage nicht völlig eben und so ist, daß das Wasser leicht überall hin und ebenso leicht wieder abfließen kann, muß teilweiser oder völliger Umbau stattfinden. Zu diesem Zwecke wird entweder der Rasen abgeschält, um wieder aufgelegt zu werden, oder umgebrochen, wenn man Aussaat vorzieht. Letzteres Verfahren gestattet die vollständige Bearbeitung und Durchdüngung des Bodens.

In bezug auf die Bewässerung befolgt man verschiedene Methoden und unterscheidet danach mehrere Systeme des Wiesenbaues. Am einfachsten ist die Be- und Entwässerung mit offenen Gräben (System St. Paul), in welchen man das Wasser stauen kann; der Boden wird dadurch von unten herauf befeuchtet, allerdings frisch erhalten, aber nicht wesentlich durch das Wasser gedüngt, so daß Kompost als Dünger extra gegeben wird. Die Überrieselung oder Schlammrieselung ist dann möglich, wenn die ganze Fläche mit Dämmen und Gräben umgeben werden kann; man läßt das Wasser mit seinen Schlammteilen einlaufen und so lange als möglich ruhig stehen; der Schlamm setzt sich ab, der Boden durchsättigt sich mit Wasser und bleibt vor Erkältung geschützt; man kann aber dadurch nicht mehr bei vorgeschrittenem Wachstum wässern und verzärtelt leicht die Pflanzen. Die wilde Rieselung besteht darin, daß man das zu Gebote stehende, dann immer an der höchsten Stelle einmündende Wasser über die Fläche rieseln und von selbst wieder abfließen läßt. Der Kunstwiesenbau setzt an deren Stelle die geregelte Rieselung mit vorhergehendem Umbau der Wiesen: Beetbau, Terrassen-, Hangbau u. s. w. Man entwirft Zu- und Ableitungsgräben, Verteilungsrinnen und dergleichen mehr und sorgt dafür, daß jede Fläche gleichmäßig berieselt werden kann, aber auch ebenso rasch wieder, nach Bedarf, entwässert wird, wozu gute Ableitung gehört. Das Rieselwasser kann durch Einwerfen düngender Substanzen verbessert werden. Die Drainbewässerung nach Petersen aus Wittkiel, einem holsteinischen Landwirte, besteht darin, daß, unabhängiger von der Oberflächengestaltung, die Wiese ein Entwässerungssystem mit Thonröhren erhält und oberhalb, entsprechend diesen, Bewässerungsanlagen. Von den Drains gehen aufsteigende Röhren nach oben, welche durch Ventile verschlossen und geöffnet werden können und an ihrem oberen Ende Holzaufsätze erhalten, welche über den Boden herausragen und in die Bewässerungsrinne mit Öffnungen münden. Öffnet man die Wasserzuleitung, so sättigt sich der Boden von Stufe zu Stufe mit Wasser; läuft dasselbe aus den Drainröhren ab, so weiß man, daß der Boden gesättigt ist und verschließt die Ventile; das Wasser bleibt dann erhalten, und zwar in genügender Menge und steigt bei weiterem Zufluß sogar wieder an die Oberfläche, diese durchnässend. Soweit hat man die Be- und Entwässerung, die Trockenlegung und Durchfeuchtung vollständig in der Hand, erspart den kostspieligen Umbau, braucht weniger Wasser und bringt die Nährstoffe im Boden und Dünger zu höchster Wirksamkeit. Voraussetzung ist jedoch durchlassender Boden. Gedüngt werden die Wiesen während der größten Vegetationsruhe außer durch das Wasser am besten mit Jauche, Superphosphat, Kalidünger, Asche, Kompost; je reicher, um so höher ist der Ertrag, am höchsten bei starker Überrieselung mit Kloakenstoffen.

Die Pflege der Wiesen beschränkt sich auf die Unterhaltung der Wässerungsanlagen, das Ebenen der Maulwurfshügel, das Entfernen von Gestrüpp, das Eggen und Walzen, wenn die Einsaat von Grassamen und dergleichen nötig, das Ausrotten von Unkraut und die Vertilgung von Engerlingen, Maulwurfsgrillen, Mäusen u. s. w.

Man erntet auf natürlichen Wiesen selten mehr als 160 Zentner Heu, auf Kunstwiesen leicht bis 240 Zentner.

Unter lustigen Gewinden,
In geschmückter Lauben Bucht,
Alles ist zugleich zu finden,
Knospe, Blätter, Blume, Frucht.

Goethe.

Gartenbau, Obstbau und Weinbau.

Bedeutung. Anlage von Gärten. Boden. Düngung. Kohlarten. Rüben. Möhren. Meerrettich. Spargel. Rentabilität. — Der Obstbau. Bedeutung. Obsthandel. Verwendung des Obstes. Obstarten. Boden. Pflanzung. Düngung. Obstschnitt. Veredelung. Pflege. — Der Weinbau. Bedeutung. Rebsorten. Klima. Boden. Düngung. Behandlung. Ertrag. Akklimatisation.

Alles ist zugleich zu finden, Blätter, Blüte, Knospe, Frucht, diese schönen Worte unsres Goethe bezeichnen besser als alles andre das Wohlgefallen, den Genuß, den unsre Gärten uns verschaffen. Wie die Welt zum Hause, so verhält sich das Feld zum Garten: das Feld sorgt für die Bedürfnisse der Menschheit, der Garten für die Familie. Der Garten ist der schöne Freund des Hauses, er nützt, indem er erfreut. Er vereint das Nützliche mit dem Angenehmen; er ist der Schauplatz der Erholung von der Last des Tages und die freundliche Werkstatt der Hausfrau, wenn sie Sorge trägt für den Tisch des Hauses. An den Garten knüpft sich die Poesie des Familienlebens; er spendet seine Blumen für die Feste der Familie und schmückt mit ihnen die Gräber der Heimgegangenen. Unverdrossen aber arbeitet er auch für den Bedarf des Hauses, mit frischem Gemüse füllt er die Küche und mit duftendem Obst die Kammern. Und noch einen andern hohen Wert hat der Garten. Er ist die Übergangsstation, wo die Pflanzen, welche ferne Länder uns bieten, oder die wir durch die Kunst der Befruchtung gezogen haben, verweilen und ihre nützlichen Eigentümlichkeiten befestigen und den jeweiligen Verhältnissen des Landes anbequemen, ehe sie als selbständige Glieder in dem großen Organismus der Landwirtschaft einer Gegend Platz zu nehmen vermögen.

Schon die alten Kulturvölker hatten den Wert und die Bedeutung des Gartenbaues wohl erkannt. Bei Homer lesen wir, daß der König Alkinoos und der König Laertes in ihren Gärten arbeiteten. Allgemein bekannt ist die Sage über die märchenhafte Pracht der schwebenden Gärten der assyrischen Königin Semiramis. Die heiligen Haine um die Tempel der griechischen Götter glichen unsern Parkanlagen, und zu Athen wie in Korinth hielten die Weltweisen in öffentlichen Gärten ihre Vorträge. Im alten Rom machte der Garten alle Wandlungen durch, vom Hausgärtchen bis zu den Luxusgärten der Villen. Der innere Raum des römischen Hauses, der säulenumgebene Hof, war in einen immergrünen Garten umgeschaffen; er bildete den Lieblingsaufenthalt der Familie. Die Villengärten waren in großartiger Pracht ausgestattet und die Pracht ihrer Ausstattung hielt mit der Verfeinerung des Geschmacks der alten Römer gleichen Schritt. Man fand darin Renn- und Reitbahnen angelegt, Tiergärten, in Marmor gefaßte Fischteiche, von Säulenhallen und Sitzplätzen umgebene Brunnenbecken mit Wasserkünsten und Vogelgehegen, große Ball- und Spielplätze, Kaskaden und springende Brunnen, deren Abfluß durch steinerne Rinnen die Rosenpflanzungen, die Rasen- und Wiesenflächen bewässerte.

Fig. 240. Der Park des Schlosses von St. Cloud vor der Zerstörung (13. Oktober 1870).

Nach dem Untergange der römischen Weltherrschaft baute auf solchem Grunde der befreite Sklave seinen Kohl und seine Rüben, und aus der Prachtanlage des römischen Senators, aus den Stätten des Luxus und des Übermutes hatte die launische und unerbittliche Zeit einen nüchternen Nutz- und Küchengarten geschaffen. Zwischen jener Zeit und dem Ende des Mittelalters liegt auch in bezug auf die Gartenpflege gleichsam eine Wüste.

Die aus dem Studium der Klassiker zu jener Zeit hervorgegangene, jedoch dem wahren Charakter wenig entsprechende Nachahmung der römischen Villengärten, die Gartenkunst der Renaissance oder, wie man häufiger sagt, des altitalienischen Stils, ging um das 16. Jahrhundert allmählich in die sogenannte französische Gartenkunst über; sie erhielt sich bis zum Ende des 18. Jahrhunderts und gefiel sich in ausschließlicher Anwendung geometrischer Grundformen bei der Beet- und Gangeinteilung sowie in der Einzwängung der Bäume in architektonische Formen, als Säulen, Vasen, Pyramiden u. s. w. Bei weiser Beschränkung dieser Spielerei, bei großartiger Disponierung und großen Dimensionen ist auch in diesem Stile Schönes geleistet worden, namentlich wenn sich mit den Gartenanlagen vielartige Wasserkünste verbinden ließen, z. B. in dem Schloßparke von St. Cloud bei Paris (Fig. 240) und namentlich in Versailles (Fig. 241), eine Gartenanlage, die an Größe und Vornehmheit alles Dagewesene übertraf. Die steifen Formen der Gärten entsprachen insofern dem Charakter dieses Zeitalters, als sie zu seiner steifen Geziertheit paßten. — Eine eigentümliche Wandlung hatte schon früher der altitalienische, später der französische Stil in Holland durchgemacht. Dort gaben die unvermeidlichen Kanäle die Form an, die Gärten wurden netzförmig durchschnitten; sie fanden in Deutschland im 17. Jahrhundert in reichen Städten viel Anklang. Unsre Fig. 242 zeigt einen solchen Garten eines reichen Nürnberger Kaufmanns. — Unterdessen hatte in England schon im Jahre 1624 Lord Bacon und 1685 Sir William Temple sich in besonderen Schriften gegen den herrschenden Gartengeschmack ausgesprochen, und 1716 legte der Dichter Pope, welcher die Ideen der Vorgenannten begeistert aufnahm, seinen Garten in Twickenham bei London parkähnlich an.

Fig. 241. Die Wasserkünste in Versailles.

Infolge dieses Beispiels räumte man der Natur in den Gärten mehr Rechte ein und betrachtete schließlich die Herstellung einer idealisierten Landschaft oder eines Landschaftsstückes auf beschränktem Raume als Hauptaufgabe der Gartenkunst. Diese Idee fand auch bald in Deutschland Aufnahme. Den ersten Park legte hier der Baron Otto von Münchhausen in Schwöbber im Jahre 1750 an. Vielfach mißverstanden, artete die englische Gartenanlage in Deutschland in Einförmigkeit und Langweiligkeit aus, bis Fürst Pückler-Muskau seinen berühmt gewordenen großen Park in Muskau anlegte und dabei auf die Natur und die Gesetze der Landschaftsmalerei zurückging.

Der Gartenbau ist aber nicht nur in ästhetischer, sondern auch in wirtschaftlicher (Nutzgärten) und wissenschaftlicher Beziehung (botanische Gärten) für die Bewohner kultivierter Länder von nicht zu unterschätzender Wichtigkeit.

Die Menge der von dem Menschen zu seinen Zwecken benutzten Pflanzen ist eine an sich sehr große, wenn schon klein gegenüber der vorhandenen Flora des Erdbodens. Man kann allein die Zahl derer, welche in europäischen Gärten akklimatisiert werden, auf 2400 bis 2500 Arten schätzen. Von diesen dienen gegen 600 Arten zur Nahrung, und zwar geben 290 Arten eßbare Früchte und Samen, 120 Gemüse, 100 eßbare Wurzeln, Knollen und Zwiebeln, 40 sind Getreidearten, gegen 20 liefern Sago und Stärkemehl und ebensoviel etwa mögen Zucker und Honig geben. Von 30 Arten gewinnt man fette Öle, von sechs Wein. Giftige Pflanzen werden gegen 250 kultiviert, unter diesen befinden sich nur 66 narkotische, alle übrigen gehören zu den scharfen Giften. Die Zahl der zu medizinischen Verwendungen benutzten Pflanzen beläuft sich auf 1400, die Zahl derer, welche in den verschiedenen Zweigen der Technik zur Verwendung kommen, beträgt über 350.

Diese Übersicht, welche lange nicht erschöpfend genannt werden kann, zeigt ebenfalls die hohe Bedeutung des Gartenbaues. Sind auch unter der großen Zahl von Pflanzen sehr viele, denen nur eine geringe Bodenfläche gegönnt ist, weil ihre Erträgnisse auch nur eine entsprechend geringe Verwendung haben, so sind andre darunter wieder von einer Bedeutung, welche sie geradezu unentbehrlich für die Menschen macht.

Fig. 242. Gärten zu Nürnberg aus dem 16. Jahrhundert.

Wir erwähnen nur des Obstes, des Weines, der zahlreichen Gemüsearten — alles dies sind Pflanzen, welche nur in der unmittelbaren Nähe der Menschen ihre schönste Entwickelung finden. Ihre Abwartung ist von der ersten Pflanzung, ja schon von der Behandlung des Samens an, eine bei weitem subtilere als die der gesellschaftlichen Getreidearten. Boden und Umgebung, Luft und Bewässerung müssen mehr beaufsichtigt werden, weil jede Pflanze für sich gewöhnlich bei weitem mehr des Nutzbaren produziert als die Gewächse des Feldes, und deswegen auch mehr Nahrung und Begünstigung durch die Umstände verlangt.

In der Anlage von Gärten werden in der Regel viele Fehler gemacht; die Wahl des Bodens ist freilich nicht immer frei, der Gärtner muß denselben nehmen, wie er ihn findet, er hat aber der Mittel und Wege genug, ihn zu verbessern und zum Gartenbau geeignet zu machen.

Der guten Bodenvorbereitung muß die zweckentsprechende Anlage folgen, gleichgültig, ob der Garten zur Quelle des Verdienstes oder mehr nur zum Vergnügen und zur bloßen Befriedigung des Hausbedarfs dienen soll. Jeder Gartenboden muß möglichst wagerecht liegen, terrassiert oder doch planiert werden. Die besten Lagen sind bei uns die nach Ost, Süd und selbst noch nach West geneigten; gegen Nord, Nordost und Nordwest muß Schutz gegeben sein oder künstlich hergestellt werden, was durch Schutzwände und Bepflanzen mit hohen Bäumen geschehen kann. Einfriedigungen müssen ohnedies angebracht werden; am besten sind solche mit lebenden Hecken oder Mauerwerk. Wasser muß in der Nähe sein oder leicht zugeleitet werden, am besten ist Bach- und Flußwasser; Quellwasser muß, wenn zu kalt, vorher erwärmt, also in Weiher geleitet oder durch Grabenleitung längere Zeit der Sonne ausgesetzt werden können. Es ist ferner darauf Bedacht zu nehmen, daß die höheren Gewächse keinen Schatten auf minder hohe werfen; nach Norden pflanzt man Walnuß-, Kastanien- und hohe Kirsch-, Birn- und Apfelbäume, vor denselben deren niedrige Varietäten, Zwetschen, Reineclauden u. dergl., vor diesen die Himbeeren, dann Johannisbeeren und Stachelbeeren, wenn Obst in den Gärten stehen soll, und so immer niedriger wachsende Gewächse, bis zu den Erdbeeren herunter.

Am besten werden alle Obstarten für sich auf besonderen Feldern, nicht zwischen dem Gemüse gebaut. Feine Sorten verlangen noch besonderen Schutz durch Mauern mit Nischen oder Holzwände u. dergl.

Jeder Garten muß einen besonderen Platz zur Anlage von Komposthaufen erhalten; Mist- und Treibbeete sind an der sonnigsten Stelle zu errichten und nach Norden durch Umwallung zu schützen; man muß um jedes derselben frei gehen können und darf sie nicht zu groß anlegen, damit man bequem darin arbeiten, pflanzen, jäten und begießen kann. — Der Boden muß tiefgründig (rajolt), möglichst rein, locker, frisch, im höchsten Grade absorptionsfähig, normalmäßig gemischt, dungkräftig, warm und leicht zu bearbeiten sein.

Fig. 243. Mohrrübe.

Es ist für uns nicht ausführbar, die große Zahl der Gartenkulturpflanzen im einzelnen hier in Betracht zu ziehen, ebensowenig wie wir die landwirtschaftlichen Kulturpflanzen für sich behandeln konnten. Nur von den wichtigsten soll geredet werden.

Dahin gehören zunächst die Kohlarten.

Der Blumenkohl (Brassica oler. Botrytis), empfindlicher als die andern Arten, verlangt wärmere Lage, kräftigeren Boden und häufiges Begießen. Zur Frühzucht wird er ins Mistbeet ausgesäet und im März verpflanzt. Mit der Bildung der Käse, wie der Gärtner die Blumenkronen nennt, wird die Pflanze kräftig gedüngt, der Käse selbst durch Zusammenbinden der Blätter gegen das Schießen gedeckt und im Oktober die ganze Pflanze in den Keller versetzt. Zur Überwinterung ist Verpflanzen in ein geschütztes Beet und abermaliges Verpflanzen im April notwendig, worauf im Mai schon geerntet werden kann. Eine andre geschätzte Pflanze ist der Brokkoli- oder Spargelkohl (Br. oler. asparagoides), er steht aber dem Blumenkohl nach.

Der gewöhnliche Kopfkohl oder Kopfkraut (Br. oler. capitata) wird auch auf Feldern im großen gebaut; er verträgt kräftigste, wiederholte und besonders Kloakendüngung. Man unterscheidet Weißkraut und Rotkraut, letzteres verlangt geschütztere Lage und kann dichter gepflanzt werden (30 cm weit). Der Kopfkohl wird im Februar ins Mistbeet gesäet und Anfangs April verpflanzt oder gleich auf das sorgsamst vorbereitete Feld gesäet und dort verpflanzt; er kann bei guter Kultur (Düngung) bis 5 kg und darüber schwer werden. Zur Bildung der Samenstengel wird ein Kreuzschnitt in den Kopf gemacht. Die Kohlrabi — Oberkohlrabi (Br. oler. gongyloides) wird am besten im Mistbeet vorgezogen. Sie liebt leichten, warmen, kräftig frischgedüngten Boden und viel Feuchtigkeit. Zweckmäßig wird sie zweimal, erst dicht, dann 30 cm weit verpflanzt und im übrigen wie die andern Arten kultiviert. Nur der sogenannte Winterkohl, oder Kohl kurzweg genannt (Br. oleracea), bleibt über Winter im Lande und wird deshalb spät gesäet. Andre Arten dieser zahlreichen Familie, die bei uns viel gebaut werden, sind der Sprossen- oder Rosenkohl (Br. oler. gemmifera), welcher, früh im März oder April gesäet, sonnige, freie Lage mit lockerem, gut gedüngtem Boden verlangt; er treibt dann aus den Blattwinkeln die als Speise genossenen Blattröschen, welche bei der Aufbewahrung im Keller an Zartheit gewinnen: der Wirsing (Br. oler. sabauda) verlangt sehr kräftiges, tiefgründiges Land, wird über Winter in Erde im Freien eingeschlagen und erhält die den andern Kohlarten gleiche Behandlung. Endivien, Schnittsalat, Rapunzel, die verschiedenen

Kressen, Löwenzahn u. s. w. gehören mit unter das große Kapitel, dessen harte, gelbgrüne Blätter die ersehnte gastronomische Frühlingslektüre bieten.

Das unterirdische Reich des Gartens wird von verschiedenen Wurzelkräutern und Zwiebeln beherrscht. Die Rüben und Rettiche gedeihen fast überall und vergelten die geringe auf sie gewandte Mühe reichlich. Die Runkelrübe nimmt aber ihren Weg auf das Feld aus dem Garten, denn jedes Pflänzchen wird besonders gesetzt und aus dem Mutterkasten verpflanzt. Einige feinere Sorten werden in den Gärten großgezogen, teils als Zierpflanzen ihrer schön gefärbten Blätter, teils als Gemüse ihrer Benutzung zu Salat wegen. In Fig. 243 sehen wir eine andre hochgeschätzte Rübe, die wohlbekannte Möhre, Mohrrübe oder Karotte (Daucus Carota), deren zuckerreiche Wurzel von den Kindern viel begehrt wird. Sie muß zeitig im Frühjahr gesäet werden; da der Samen lange Zeit zum Aufgehen braucht, so bringt man ihn wohl auch mittels feucht gehaltenen Sandes auf warmer Ofenplatte zeitiger zur Keimung und säet ihn mit dem Sande aus. Da das Unkraut rascher wuchert, so empfiehlt sich die Reihensaat und auf bündigerem Erdreich das Bedecken der Reihen mit leicht kenntlicher Substanz, z. B. weißem Sand, dunkler Poudrette oder Komposterde u. dergl. Man kann dadurch zwischen den Reihen jäten, ohne die Pflanzen zu gefährden; das Jäten muß öfters wiederholt werden. Im Herbste werden die Wurzeln herausgenommen und pyramidenförmig im trockenen Keller aufgeschichtet oder in Sand gebettet; sie halten sich solchergestalt bis zum Frühjahr frisch. Die Samenmöhren werden besonders behandelt und im folgenden Frühjahr wieder in das Land verpflanzt.

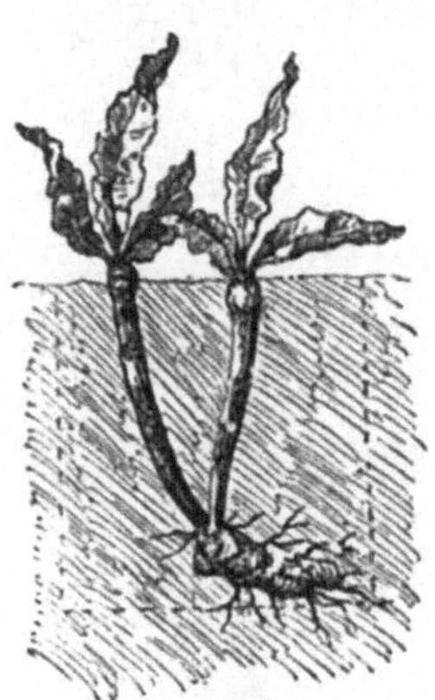

Fig. 244. Meerrettich.

Rettich und Radieschen, aus Asien in unsre Gärten eingebürgert, aber seit undenklichen Zeiten schon darin gezogen, gehören zu einer und derselben Familie, welche an Farbe und Geschmack zahlreiche verschiedene Glieder aufzuweisen hat. Erwähnen wir noch des Meerrettichs (s. Fig. 244), der Sellerie und der Petersilie, so haben wir die hauptsächlichsten Wurzelgewächse an uns vorübergehen lassen.

Der Meerrettich (Cochlearia Armoracia) wird auch im großen auf Feldern kultiviert, verlangt sandigen, fetten, tiefgründigen Boden und ist nur schwer auszurotten. Er wird deshalb gern auf durch Gräben gesonderten Beeten gezogen oder durch eingelegte Bretter am Ausschreiten gehindert. Die Vermehrung geschieht durch Fechser, welche in den $^3/_4$ m tief bearbeiteten Boden schräg gegeneinander gelegt werden.

Der Spargel (s. Fig. 245) nimmt seinem ganzen Wesen nach eine gesonderte Stellung ein. Er ist der Aristokrat unter den Gemüsen. Die Gelehrten zählen den Spargel (Asparagus officinalis) in der Regel unter die Verwandten der bekannten Sassaparille. Man bereitet ihm mit ganz besonderer Sorgfalt seinen Standort an geschützten Lagen in dem besten Boden und sorgt für reichliche Düngung. Mit günstigem Erfolge wird auch dazu Chilisalpeter verwendet, welcher den Spargel nicht nur sehr groß macht, sondern auch sehr weich und die Entwickelung der Holzfasern hemmt. Er wird wie eine Treibhauspflanze gepflegt, und die Spargelzucht ist, wie sie eine der lohnendsten sein kann, eine der mühsamsten der Gartenkultur (bis zu 4800 Mark Erlös pro Hektar). Man sucht die jungen Triebe der Pflanze zu gewinnen, und zwar solange dieselben zart und weiß sind. Außer dem weißen Spargel werden auch Spargel mit grünen Wurzelschossen im großen auf dem Felde — in Hopfen- und Weinbergen — gezogen. Berühmt sind die Ulmer, Darmstädter und Braunschweiger. Er liebt leichten, gut gedüngten Boden und warme, sonnige Lage. Die Krone oder der Wurzelstock treibt im Frühjahr die jungen Triebe, die Pfeifen, welche genossen, und dann die Samenstengel, welche reichlichst Samen tragen; die Vermehrung geschieht außerdem durch die Wurzeln — Spargelklauen.

Das Land wird im Herbst tief ausgegraben, die Sohle $^1/_4$ — $^3/_8$ m hoch mit Laub bedeckt und dieses festgetreten; darauf bezeichnet man durch Pfähle Länge und Breite der Beete; zwischen je zwei Beeten von $^3/_8$ m Breite wird ein $^1/_4$ m breiter Weg gelassen, alsdann das Laub mit feiner Erde oder Sand bedeckt, wieder Laub und auf dieses guter

Rindviehmist gelegt und mit Erde zugedeckt. Im kommenden März werden in Entfernungen von $^1/_2$—$^5/_8$ m Pfähle derart gesteckt, daß dieselben in je zwei Beeten kreuzweise stehen; an diesen gräbt man Gruben von $^1/_4$—$^3/_8$ m Tiefe aus und legt in dieselben die zwei- bis dreijährigen Spargelklauen sorgsamst ein, umgibt sie gut mit Erde, drückt sie an und schlämmt mit Wasser zu, worauf die Löcher ausgefüllt und mit Dünger bedeckt werden. Mit dem Aufschichten von Laub und Mist über den Spargel wird fortgefahren bis zur Höhe von $^1/_4$ m; alle zwei Jahre wird wieder gedüngt.

Sorgsamstes Reinhalten der Beete von Unkraut und Abschneiden der gelben Stengel im Herbst sind die in den nächsten Jahren zu gebende Pflege.

Bei Setzlingen kann man im dritten, bei gesäeten Pflanzen erst im sechsten oder siebenten Jahre die Pfeifen stechen, was mit Vorsicht früh morgens geschieht und bis Johanni fortgesetzt wird. Im Herbst wird der Stengel geschnitten. Die Samen werden durch Abstreifen gewonnen, gequetscht, mit Wasser ausgewaschen und sorgsamst getrocknet; sie stehen hoch im Preise. Nach 20 Jahren ist die Anlage zu erneuern und durch junge Triebe zu ergänzen.

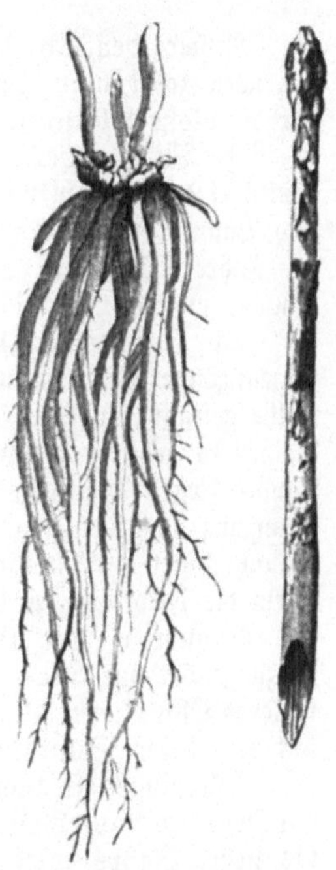
Fig. 245. Der Spargel.

Unter dem Gemüse, welches der Früchte wegen gezogen wird, nehmen **Melonen** (Cucumis Melo), **Gurken** (Cucumis sativus) und der durch Jonas aus der Bibel uns bekannte **Kürbis** (Cucurbita Pepo) eine hervorragende Stelle ein. Die Melonen, in den südlichen Ländern eins der hauptsächlichsten Nahrungsmittel des Volkes, bedürfen bei uns schon ganz besonderen Schutzes gegen die Unbilden der Witterung, während ihre beiden artenreichen Verwandten sich mit unsern Verhältnissen vollständig einverstanden erklärt haben.

Es kann nicht unsre Absicht sein, hier von den übrigen zahlreichen nährenden und würzenden Erzeugnissen der Gartenkultur ausführlich reden zu wollen; wir verlassen daher das Lieblingsgebiet der wirtlichen Hausfrau, aus dem uns noch weit die hellen Blüten der dankbaren Feuerbohne grüßend zunicken.

Gut gepflegter Gartenbau gibt unter allen Kulturen die höchsten Erträge; Hauptorte für intensivsten Gartenbau im großen sind Bamberg, Erfurt, Wolfenbüttel, Quedlinburg, die Mainz-Darmstädter Ebene u. s. w. In Wolfenbüttel leben 137 Gärtnerfamilien auf etwas über 300 ha Areal und erlösen im Durchschnitt pro Familie 3570 Mark, wovon allerdings die Kosten der Anlage, Löhne, Zins, Verkaufskosten und Unterhalt zu bestreiten sind. Zur Düngung dient der Mist von 260 Kühen, 350 Schweinen, 50 Pferden, städtischer Dünger und 250 Zentner Guano, also per Hektar 40 kg davon; anderweitiger Handelsdünger wird nicht gegeben. **Mette** verwendet in seiner großartigen Gärtnerei zu Quedlinburg, über 800 ha groß, ebenfalls nur Guanolösung außer dem Stallmist und Kompost. Er hat großartige Dampfmaschinen zur Leitung des Wassers eingerichtet, bestellt das Feld mit dem Tiefpflug und hat ein Kontorpersonal von 10—14 Personen. Über 600 Arbeiter finden hier lohnende Beschäftigung. In den oben genannten Emporien des Gemüsebaues im großen wird der Hektar oft mit über 12000 Mark bezahlt, bei Mainz sogar bis zu 24000 Mark und darüber. Man sucht womöglich in zwei Jahren fünf und mindestens vier Ernten zu nehmen, z. B. Frühkartoffel, dann Kraut, dann Winterkohl, im folgenden Frühjahr wieder in ähnlicher Weise. Zwiebeln, Spargel, Erdbeeren bringen die höchsten Renten; in Schwetzingen allein gibt es über 100 Spargelbauer, welche auf 8—9 ha über 60000 Stöcke bauen und im Durchschnitt 450 Zentner Spargel erzielen, welche an 21000 Mark eintragen. Ulm in Württemberg, Koblenz, Köln und Büderich am Rhein, Aschersleben und Eisleben und andre Orte sind nicht minder berühmt durch ihren Gemüsebau. Er erreicht seine höchste Stufe im Kunstgarten mit Blumenzucht, in Treibhäusern und Mistbeeten.

Obstbau. Leider wird die wirtschaftliche Bedeutung des Obstbaues bei uns noch fast überall viel zu wenig beachtet; nur etwa Württemberg kann als durchweg reichlich mit

Obstpflanzungen versehen betrachtet werden; Deutschland im allgemeinen bedarf noch bedeutender Mehreinfuhr an Obstprodukten, während es aus der Mehrausfuhr große Summen gewinnen könnte. Allerdings ist der Obstbau vielen Zufälligkeiten unterworfen, die seine Rentabilität nicht immer und überall außer Zweifel stellen, indessen können bei der Pflege der Obstbäume nicht die in Mark und Pfennigen ausdrückbaren Erträge allein das Bestimmende sein. Im Durchschnitt kann man rechnen, daß von einem tragbaren Baume im großen pro Jahr erlöst werden:

In Maximo 9 Mark, in Minimo $0,_9$ Mark bei Birnen und Äpfeln,
" " 10 " " " $1,_2$ " " Kirschen

und entsprechend bei anderm Obst:

Für Kernobst berechnen sich 2 Mark, für Steinobst $1^1/_2$ Mark Anlagekosten,
" " " " 5 " " " 3 " Kosten bis zur Tragfähigkeit,
" " " " $0,_2$ " " " $0,_1$ " jährlicher Unterhalt vom Eintritt der Tragfähigkeit an.

Außerordentlich hohe Erträge sind durchaus nichts Seltenes, und in guten Obstgegenden zahlt man gern pro Hektar Obstpflanzung bis zu 540 Mark Pacht und mehr für die bloße Obstnutzung.

In Württemberg zählte man im Jahre 1852 bis zu 4724102 Kernobstbäume und 3223572 Steinobstbäume, welche in mittlerer Ernte zusammen 8077749 Mark oder pro Baum, durcheinander gerechnet, bis zu 1 Mark einbrachten. Reutlingen allein besaß im Jahre 1860 auf etwa 465 ha Baumfeld 60000 Kernobst- und 18000 Steinobstbäume, welche 136240 Zentner Obst und pro Baum im Durchschnitt 3 Mark eintrugen.

Die Hauptfehler beim Obstbau sind: schlechte Pflanzung, Wahl unpassender Sorten, ungenügende Pflege, mangelnde Düngung. Viel wird besonders über den Obstbau im Felde geklagt; er kann hohe Renten bringen, wenn nur hochstämmige Sorten gewählt, die Reihen in gehöriger Entfernung angelegt werden und für jede Reihe entsprechende Streifen Landes liegen bleiben, welche gut gedüngt und bearbeitet werden müssen. Zu dichte Bepflanzung schädigt den Ertrag, auch im Obstgarten. Es bleibt immer vorzuziehen, die Baumanlagen auf besonderen Grundstücken zu machen und im Felde nur die Ränder, vor allem die Feldwege und die Straßen, mit Bäumen einzufassen. Sehr empfehlenswert ist das Bepflanzen der Eisenbahnböschungen, der Lokalität angemessen, mit Obstbäumen. Dazu gehört vor allem die Wahl der dem Klima und der Örtlichkeit entsprechenden Sorten; feineres Obst ist im allgemeinen an die Linie des Weinbaues gebunden, darüber hinaus nur mit besonderen Schutzvorkehrungen rätlich.

Allerdings ist vom Standpunkte des materiellen Gewinnes aus der Obstbau nicht durchweg zu empfehlen, da die Erfahrung lehrt, daß die guten Obsternten erst alle fünf bis sieben Jahre wiederkehren, wo dann die Menge des vorhandenen Obstes zu Spottpreisen weggegeben werden muß, während in dazwischen liegenden Jahren oft kaum für gutes Geld ein ordentlicher Apfel zu haben ist. Das Obst ist auch kein Nahrungsmittel im vollsten Sinne — obgleich erwiesen ist, daß das Mißraten des Obstes etwas mit auf die Steigerung der Getreidepreise einwirkt — denn alle Obstsorten enthalten viel zu wenig eiweißartige (Fleisch und Blut bildende) Bestandteile. Der bekannte Chemiker Dr. Fresenius in Wiesbaden sagt mit Beziehung hierauf, daß, um einen Teil wasserfreien Eiweißes in betreff seiner Wirkung als blutbildendes Nahrungsmittel zu ersetzen, erforderlich sind:

117 Teile	Kirschen,	192 Teile	engl. Reinetten,	222 Teile	Johannisbeeren,
120 "	Trauben,	196 "	Brombeeren,	227 "	Stachelbeeren,
120 "	Aprikosen,	209 "	Reineclauden,	254 "	weiße Tafeläpfel,
161 "	Erdbeeren,	210 "	Pflaumen,	307 "	Mirabellen,
183 "	Himbeeren,	210 "	Pfirsichen,	385 "	Rotbirnen.

Anstatt eines Eies von circa 50 g Gewicht würde man demnach 2 kg Rotbirnen verzehren müssen, um ebensoviel Eiweiß (Proteinsubstanz) zu sich zu nehmen. In dem gedörrten Obste, mit dem stellenweise ein großer Handel getrieben wird, ist das Verhältnis der Bestandteile freilich ein andres, und wenn Backobst auch nicht als alleinige Speise betrachtet werden kann, so kommt es doch in solchen Mengen in den Verkehr und ist so allgemein als Nebenspeise beliebt, daß es schon der Beachtung wert und dadurch von höchster Bedeutung für den Welthandel geworden ist. Wir erinnern dann an die Weinbereitung, der wir später einen besonderen Teil widmen werden, ferner an das Auspressen des Kirschsaftes, des Himbeersaftes, an das Einmachen und Kandieren der Früchte, an den großartigen Handel mit Südfrüchten aller Art, bei welchem wir in Deutschland nicht bloß als Konsumenten und Zahler, sondern auch als Produzenten und Verkäufer auftreten, denn wir senden Obst nach dem Norden, z. B. die schönen würzigen Äpfel aus Sachsen in Menge nach Petersburg, wo sie unstreitig Südfrüchte sind, und zwar nicht die schlechtesten. Dem Obste im allgemeinen kommt seine große Bedeutung bei der Ernährung des Menschen in bezug auf seine Verdauungsbeförderung zu.

Der Orangenhandel hat eine Ausdehnung erlangt, von welcher sich wohl wenige träumen lassen. Es scheint, daß vor der Zeit der Dampfboote Orangen und Zitronen beinahe ausschließlich aus Portugal und Spanien nach England kamen; jetzt können sie von den Azoren, von Madeira, von Malta und von Kreta gebracht werden. Auch die Verminderung des Einfuhrzolls, welcher früher anderthalb Schilling vom Scheffel betrug, jetzt aber auf weniger als die Hälfte herabgesetzt ist, hat die Zufuhr sehr vermehrt. St. Michael, eine der Azoren, führt jährlich 200 Schiffsladungen Orangen aus, zusammen 200000 Kisten zu je 1000 Stück; ebenso verschiffen Terceira, Fayal und die andern Azoren große Mengen. Ein schlagendes Beispiel von dem Nachteil allzuhoher Zölle gibt die Thatsache, daß früher in Spanien und Portugal alle großen Orangen lieber geradezu weggeworfen als nach England verschifft wurden, weil nur die kleinen den Zoll ertragen konnten. Die Zitronen kommen alle aus Sizilien in viereckigen Kisten, während die Orangen in lange Verschläge verpackt sind. Es wird berechnet, daß jährlich etwa 300 Millionen Orangen in England verzehrt werden, hiervon 100 Millionen in London. Diese große Menge erfordert zum Transport 200 schöne Klipper, welche in den Winter- und Frühlingsmonaten unterhalb der Londoner Brücke anlegen. Kräftige Träger bringen die Kisten in die Magazine von Botolth Lane und von Pudding Lane, und wer in dieser Zeit durch die untere Themsestraße geht, thut wohl daran, sich mit seinem Hute oder Kopfe gut vorzusehen.

Von all den bunten Bildern aber, die sich an die Vorstellung von Südfrüchten reihen, kehren wir zurück zu unsern einheimischen Obstsorten.

Der Apfelbaum ist in vielen Zonen verbreitet und kam in mehreren Arten, deren die Römer 29 kannten, auch aus Ägypten, Indien und Griechenland nach Europa, wo man gegenwärtig gegen 400 Varietäten zählt. An Schönheit der Blüte übertrifft er alle andern Obstbäume; sein Holz wird zu Tischler-, Drechsler- und Schnitzarbeiten benutzt, die Frucht sowohl gegessen als auch zu Apfelwein (Cider) gekeltert.

Der Birnbaum soll aus Kleinasien kommen und hat eine Familie von 1300 Arten. Wild erreicht er eine Höhe von über 30 m und ein Alter von 100 Jahren. Das Holz wird wegen seiner Dauer und Politurfähigkeit geschätzt, aber den Hauptnutzen gewähren seine Früchte, welche sehr viel Zuckerstoff haben und in mancherlei Gestalten genossen werden. Man bereitet aus ihnen Sirup, Essig, Senf, Branntwein, Öl und Backobst.

Der Pflaumenbaum ist ein Kind der gemäßigten Zone, verdrängt aber auch im Norden noch die übrigen Obstbäume. An Höhe steht er den Apfel- und Birnbäumen nach; das Holz davon ist sehr spröde, nimmt aber eine gute Politur an und hat einen vorzüglichen Brennwert. Seine Frucht ist sehr nutz-, aber weniger haltbar und dient frisch, gekocht, gebacken, gesotten und eingemacht zur Nahrung; durch Gärung bereitet man daraus den in Böhmen und Ungarn beliebten Branntwein „Sliwowitzer".

Der Kirschbaum stammt ebenfalls aus Kleinasien und erreicht ein Alter von 50 Jahren. Sein Holz ist zu feinen Arbeiten verwendbar. Die Frucht ist teils süß, teils säuerlich, zählt mehrere Hundert Sorten und wird zu Kompott, Gelee, Eis, Torte, Likör, Branntwein und Essig benutzt.

Der Quittenbaum ist heimisch in Kreta, von da kam er nach Griechenland, dann nach Rom und in verschiedene Länder Europas. Dem Namen Cydonia erhielt er von der Stadt Cydon in Kreta. Sein Holz hat wenig Wert, aber die Früchte werden vorzüglich ihres aromatischen Geruchs wegen zu Kompott, Mus, Gelee, Brot, Likör u. s. w. benutzt.

Eine der edelsten Obstsorten ist die Pfirsich. Der Pfirsichbaum stammt aus Persien und wurde von da zuerst nach Griechenland und Rom verpflanzt, wo zur Zeit des

Plinius (23—79 n. Chr.) eine einzelne Frucht mit 300 Sestertien (ungefähr 45 Mark) bezahlt wurde. Die Blüte wetteifert an Schönheit mit der Frucht, deren saftige Beschaffenheit und würziger Geschmack nur von wenig Früchten übertroffen wird. Die Kerne enthalten viel Blausäure und werden zu dem bekannten Likör Persiko verwendet. Würdig steht ihr die Aprikose zur Seite, deren Heimat Armenien ist; sie ist zwar weniger saftig, aber dafür aromatischer als ihre Vorgängerin. Der Aprikosenbaum ist empfindlich gegen Winterkälte; man zählt über 20 Arten von ihm, und die Früchte nehmen mit dem Alter an Größe und Güte zu; sie müssen abgebrochen werden, ehe sie von der Sonne erwärmt worden sind.

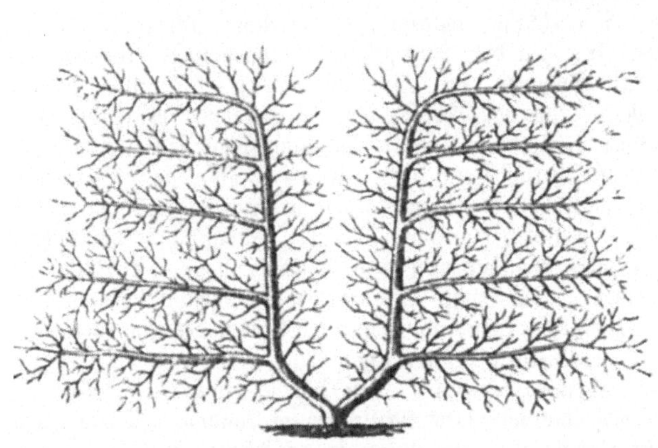

Fig. 246. Spalierschnitt.

Fig. 247. Pyramiden- u. Säulenschnitt.

Auch der Maulbeerbaum, durch seine Blätter der Ernährer der Seidenraupen und uns wegen seiner Früchte lieb, stammt aus Asien und wurde früh schon in verschiedene Länder Europas, später erst nach den wärmeren Gegenden Deutschlands eingeführt. Seine der Brombeere ähnlichen schwarzroten Früchte sind saftig und wohlschmeckend und werden roh und eingemacht genossen. Aber dort breitet ein Nußbaum seine Arme mit duftenden Blättern aus, zwischen denen die Früchte in grüner Schale sich runden. Unwillkürlich fällt uns dabei das Weihnachtsfest ein, der Knecht Ruprecht im Winter und das Wandern in die Haselnüsse im Spätsommer. Weithin senden Frankreich, Böhmen und die Rheinprovinzen die Früchte des stolzen Baumes, der kein Verschneiden duldet, aber in freier Entfaltung ein treffliches Nutzholz mit geflammter Maser liefert. Und neben ihm träumt der Mandelbaum von Griechenland, seiner Heimat, und schüttet seinen Pflegern bittere und süße Kerne in den Schoß. Kastanien und Feigen — doch unmerklich überschreiten wir wieder die Grenzen, welche uns Land und Klima ziehen; zurück ruft uns der kältere Himmel, der uns aber für die leuchtenden Früchte des Südens durch hunderterlei andre kleine würzige Gaben erfreut — Erdbeeren und Himbeeren, Johannis- und Stachelbeeren mit ihren zahlreichen Verwandten halten uns schadlos, wenn die verheißende Blüte des Mandelbaumes ihr schönes Versprechen nicht hält.

Fig. 248. Kordonobst.

Der Obstbau gedeiht auf der Mittagsseite und an Osthängen am besten; intensive Erwärmung erhöht den Wohlgeschmack der Früchte, und das Brechen des Obstes im Sonnenschein sichert ihm auch im Winter besseres Aroma. Auf Berghängen wächst das Obst am besten; im allgemeinen sollen die Kirschen in der Höhe, die Äpfel in der Mitte, die Nüsse am Fuße der Berge und die Birnen und Pflaumen in der Ebene im Übergewicht vertreten sein.

Wichtig ist die Pflanzung; man gräbt entsprechend große Löcher aus und füllt diese mit Stroh, Kartoffelkraut, Schilf u. dergl. Dann wird Kloakenmasse bis zum Rande darüber gegossen und nach Senkung der Masse mit solcher nochmals aufgefüllt. In der Mitte häufelt man dann gute Erde und pflanzt den jungen Baum hinein. Für Walnüsse wählt man Abstände von 10—12 m im Geviert, für Hochstämme bis 10 m, für Mittelstämme bis 7 m, für Pyramidenbäume bis $3\frac{1}{2}$ m, für Spalierobst bis 3 m und für Zwergobst bis $1\frac{1}{2}$ m als Abstand; die ausgegrabenen Löcher, welche man auch im leichten, fruchtbaren Boden macht, sind für Kernobst $1\frac{1}{2}$—2 m im Geviert und $1\frac{1}{2}$—2 m in die Tiefe auszugraben; für Steinobst nimmt man die Proportionen von höchstens 1 m. Eine Hauptsache ist, gute Stämmchen zu ziehen.

Der **Boden** für Obst muß frisch, locker, sehr tief, warm und trocken im Untergrund und reich an Mineralstoffen, besonders an Phosphaten sein; Grasbedeckung schützt gegen Austrocknen.

Als **Dünger** gibt man verrotteten Rindviehmist, vergorene Jauche, Pfuhl und Phosphat; am besten macht man in Entfernungen von $\frac{1}{2}$ m vom Stamme Löcher in den Boden und füllt diese mit dem Dünger aus; ebenso soll nur in solche Löcher der Baum begossen werden, nicht direkt um den Stamm, weil hier der Boden zu leicht verhärtet und dadurch die feinen Tauwurzeln zu Grunde gehen.

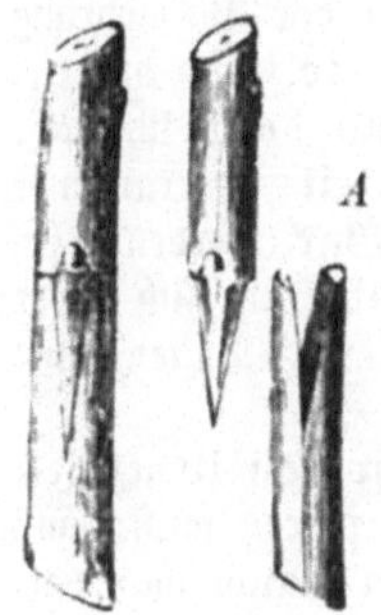

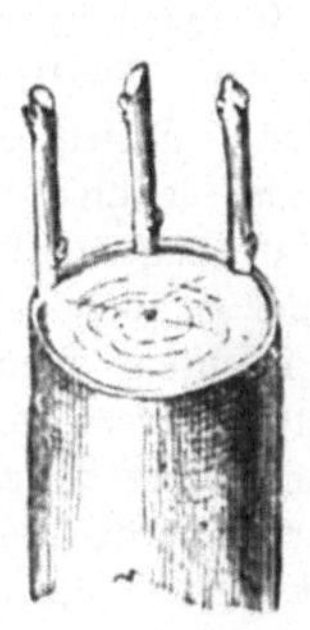

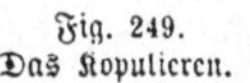

Fig. 249. Das Kopulieren. Fig. 250. Pfropfen mit einem Reise. Fig. 251. Pfropfen mit mehreren Reisern. Fig. 252. Pfropfen in die Rinde.

Der Obstbau zeigt zur Zeit eine große Neigung für Pflege feinerer Sorten, und bei rationellem Betriebe wiegt das Formobst gegenüber dem andern vor. Namentlich sind die vier Hauptschnittarten (Fig. 246—248): das Spalier-, das Säulen-, Pyramiden- und Kordonobst, vorwiegend. Die französische Kultur ist beim Kernobst noch immer weit den andern voran. Dagegen gibt es ganz bedeutende Kulturen von Beerenobst in Deutschland und Österreich. Auch das ist ein sehr lohnendes Gebiet; die Johannis- und die Stachelbeere, die Erdbeere und die Himbeere erfreuen sich einer sehr sorgfältigen Veredelung durch die Gärtner und in jeder Saison entstehen neue Arten.

Der **Baumschnitt** bildet eine der wesentlichsten Bedingungen zum guten Gedeihen der Bäume; er ist fast nur praktisch zu erlernen; im allgemeinen soll alles überflüssige Holz damit entfernt werden, ebenso jeder Zweig, welcher einen andern berührt oder im Wachstum stört. Der Baum soll eine schön gewölbte Krone darstellen und im Innern Raum und Luft genug bieten. Viele Sorten verlangen jedoch besondere Schnittart, welche dem natürlichen Wachstum entlehnt sein muß.

Das Obst verlangt im ganzen nur eine geringe Pflege. Die Hauptfürsorge erstreckt sich auf das Erzielen guter Sorten, auf das Veredeln; denn wie wir die fruchttragenden Bäume in unsern Gärten sehen, sind sie sämtlich Produkte der Gärtnerkunst, welche durch mancherlei Verfahren die ursprünglichen Eigenschaften gehoben und zum Bessern gewandt hat. Nur die wilden Obstbäume, **Holzäpfel** und **Holzbirnen**, etwa noch **Sauerkirschen** oder **Ostheimer Kirschen**, verändern sich nicht in der Vermehrung durch Samen, alle andern Sorten arten aus und werden durchgängig schlechter.

Zur Erhaltung guter Obstsorten richtet man **Baumschulen** ein. Man säet die Samenkerne der schönsten, ganz reifen Früchte im Herbste in ein Beet, dessen Erde von Steinen befreit, gut gedüngt und sorgsam bearbeitet worden ist. Die Kerne legt man $2\frac{1}{2}$ cm tief in den Boden und sorgt dafür, daß die Erde zwischen den jungen Pflanzen immer hübsch locker bleibe. Das nächste Jahr im Herbste werden die stärksten von ihnen verpflanzt, man verschneidet sie dabei vorher oben und unten, so daß nur die untersten zwei Knospen und von der Pfahlwurzel ein etwa 10 cm langes Stück stehen bleiben. Im folgenden Jahre werden sie beschnitten, und das zweite Frühjahr kann die Veredelung vorgenommen werden. Dieselbe geschieht durch Kopulieren, Pfropfen oder Okulieren. Bei allen diesen Verfahren wird von einem edlen Obstbaume ein Trieb auf das junge Stämmchen übergetragen, damit er mit diesem verwachse.

Beim Kopulieren wird ein ganzes edles Reis genommen, die Spitze desselben entweder nach einer, oder keilförmig, wie in Fig. 249, nach zwei Seiten schräg abgeschnitten und der gleich schrägen Schnittfläche des zu veredelnden Stammes, der gleiche Stärke haben muß, angepaßt, die Anfügungsstelle mit Baumwachs verstrichen und fest umwickelt. Beim Pfropfen wird in den abgesägten und oben gespaltenen Stamm des Wildlings, wenn derselbe schwach ist, an der Seite ein unten keilförmig zugespitztes edles Reis eingefügt (s. Fig. 250); ist derselbe stark, so setzt man zwei, sogar vier Reiser (s. Fig. 251). Man pfropft auch zwischen die Rinde (Fig. 252), wo B das zugeschnittene Reis zeigt. Bei dem Okulieren wird nur ein Auge der edlen Pflanze mit einem Stück Rinde eingesetzt.

Diese sogenannte geschlechtslose Vermehrung edler Pflanzen hat in der Vermehrung durch Senker, Stecklinge, Ausläufer, Wurzeln, Knollen, Zwiebeln u. s. w. noch vielerlei Hilfsmittel. Durch Einwirkung auf den Samen während der Blüte und durch künstliche Befruchtung geschieht die geschlechtliche Veredelung, welche in der Neuzeit überraschende Erfolge zu Tage gefördert hat, die vorzüglich in der Blumenzucht sichtbar werden. Es würde uns zu weit führen, hierauf näher einzugehen; jeder Gartenfreund kann sich besser darüber belehren, wenn er im Sommer die blühenden Rosen-, Georginen-, Nelken- und Stiefmütterchenbeete durchwandelt.

Die weitere Pflege des Obstbaumes bezieht sich noch auf die Abwehr von Ungeziefer, zu welchem Zwecke man sorgsamst die Nester aller Arten von Raupen zerstören muß; man schabt im Herbste die Rinde glatt, bestreicht sie mit Kalkmilch, umzieht den Baum im Spätherbst mit Teerringen, auf Papier geklebt, schwefelt die höher liegenden Nester, reinigt den Boden von Moos u. dergl. und lockert ihn vor Winter auf, um die Brut solcher Insekten und Käfer zu zerstören, welche Frostkälte nicht vertragen können.

In jüngster Zeit zeigt sich eine wesentliche Entwickelung im Obstbau. Durch die zahlreichen Baumschulen wurden veredelte Obstsorten in großen Mengen in den Handel gebracht und viele Straßenanlagen mit Obstbaumalleen, viele Felder mit Obstbäumen eingesäumt. Auch nach dieser Richtung hin ist das Erträgnis gewachsen und eine Menge neuer Verwendungen haben eine Verbreiterung gefunden. Eingemachte Früchte, verzuckerte Früchte, eingelegte wie getrocknete Apfelschnitten bilden einen bedeutenden Handelsartikel, reifes Obst wird in größeren Mengen verzehrt und Apfelwein wie Apfelweinchampagner werden nunmehr in verschiedenen Gegenden erzeugt und genossen, wo man selbst die erstgenannte Flüssigkeit vor zwanzig Jahren kaum kannte. Ist auch das Erträgnis sehr ungleich und die Ernte sehr wechselnd, so bildet der Obstbau heute schon einen wichtigen Beitrag zum landwirtschaftlichen Einkommen. Die nachfolgenden statistischen Daten über den Obstbau und Obstertrag in Preußen mögen diese Bedeutung klarlegen. Die Obstbaumzählung im Jahre 1878 ergab:

in der Provinz	deren Gemeinden u. dergl.	davon mit Baumzählung	Obstbäume
Ostpreußen	8060	3089	804713
Westpreußen	3699	1653	822893
Brandenburg	5316	2435	2358010
Pommern	4737	1717	761155
Posen	5572	2966	1361048
Schlesien	9288	4538	3293688
Sachsen	4252	2136	4344712
Schleswig-Holstein	2075	379	253634
Hannover	4314	1463	1924665
Westfalen	1632	630	1115010
Hessen-Nassau	2529	1923	3236458
Rheinland	3307	1801	4000256
Hohenzollern	126	122	207663
somit in ganz Preußen	54907	24852	24483905

Diese 24483905 in Preußen gezählten Obstbäume verteilen sich nach der Fruchtart in folgender Weise:

Provinzen	Apfelbäume	Birnbäume	Pflaumenbäume	Kirschbäume	Edelkastanien	Walnußbäume
Ostpreußen	163351	121967	123924	394245	696	530
Westpreußen	133205	103516	347342	236006	451	2373
Brandenburg	327765	303134	1102221	598044	2183	24663
Pommern	155659	101908	325348	171668	691	5881
Posen	224278	235624	503765	378894	4517	13970
Schlesien	728801	580567	1416690	536461	832	30337
Sachsen	523717	399612	2397189	994160	3264	26770
Schleswig-Holstein . .	94037	36807	76229	43454	204	2903
Hannover	568061	241385	906321	195398	595	12905
Westfalen	427884	131502	455446	73222	6417	20539
Hessen-Nassau	1159842	366562	1424776	228300	16753	40225
Rheinland	1580700	647670	1282610	334796	11156	143324
Hohenzollern	74084	44166	75217	12751	87	1358
In ganz Preußen	6161384	3314420	10437078	4197399	47846	325778
Prozent	25,17	13,93	42,63	17,14	0,20	1,33

Ein Vergleich dieser Tabelle mit dem Flächenmaß zeigt, daß der Apfelbaum im Rheinlande, der Birnbaum in Hohenzollern, der Pflaumenbaum in Sachsen, der Kirschbaum in Ostpreußen, die Edelkastanie in Hessen-Nassau und der Walnußbaum wieder im Rheinlande am häufigsten ist.

Der **Ernteausfall** in den drei letzten Jahren zeigt uns die großen, hauptsächlich in den Witterungsverhältnissen beruhenden Schwankungen. Es wurden geerntet in Preußen:

	1878 Doppelzentner	1879 Doppelzentner	1880 Doppelzentner
Äpfel	976331	765694	247224
Birnen	221635	332183	58395
Pflaumen	1053619	363310	145462
Kirschen	269305	171297	82525
Edelkastanien	3928	590	653
Walnüsse	25368	14572	5051
Tafeltrauben zum Verkauf . .	2900	2016	217
Zusammen	2553086	1649662	539527

Von den Beträgen für das Jahr 1880 kamen auf das Rheinland allein über 144000 Doppelzentner Äpfel, über 51000 Doppelzentner Birnen, also fast 90 Prozent des Gesamtertrages, welche $^1/_6$ der gesamten Birnbäume des Staates geliefert haben. Den starken Ausfall verursachte der zur Zeit der Obstblüte oder im ersten Stadium der Fruchtentwickelung eingetretene Frost, in einzelnen Provinzen, so namentlich in Hessen-Nassau, ist eine solche Menge von Obstbäumen vollständig erfroren, daß das notwendig gewordene Fällen derselben einen sehr fühlbaren Einfluß auf die Holzpreise ausübte. Rechnet man alle Obstsorten zusammen, so lieferten von dem Gesamtertrage des preußischen Staates:

die Provinzen	1878 Prozent	1879 Prozent	1880 Prozent	durchschnittlich Prozent
Ostpreußen	1,36	2,87	1,95	2,06
Westpreußen	2,29	3,37	1,93	2,56
Brandenburg	11,13	10,78	11,62	11,18
Pommern	2,64	5,17	2,35	3,37
Posen	4,09	3,17	2,56	3,27
Schlesien	9,44	8,71	3,07	7,07
Sachsen	14,94	17,23	6,17	12,78
Schleswig-Holstein . . .	0,64	1,06	1,31	1,00
Hannover	10,39	8,84	6,45	8,56
Westfalen	7,33	3,63	4,87	5,28
Hessen-Nassau	14,58	19,69	12,82	15,70
Rheinland	20,70	14,97	44,47	26,73
Hohenzollern	0,47	0,51	0,43	0,44
Im gesamten Staate	100,00	100,00	100,00	100,00

Der Obsthandel und die Umbildung des Obstes zu andern Fabrikaten haben nur an wenigen Stellen Mitteleuropas die richtige Entwickelung gefunden. So wertvoll man in einzelnen Stellen Österreichs den Ertrag an Äpfeln und Birnen durch das Pressen zu Obstwein, den Ertrag an Äpfeln in Frankfurt a/M. (wie auch in Frankreich) selbst zu moussierendem Apfelwein steigert, so ist in vielen andern Gegenden heute noch trotz des leichten Austausches der Gedanken das Verfahren geradezu unbekannt.

Weinbau. Wenige Gewächse haben eine größere Geschichte in der Vergangenheit als die Rebe mit ihren erquickenden Früchten. Die Weinrebe wächst wild in vielen Gegenden Asiens; sie wurde schon von den ältesten Völkern kultiviert, von den Phönikern nach Griechenland, von den Römern nach Italien, Gallien und später an den Rhein und die Donau verpflanzt. In Frankreich wurde der Wein schon vor Julius Cäsar und in Deutschland bereits im dritten Jahrhundert nach Christi Geburt gebaut. Daß die Bereitung des Weines sehr alt ist, wissen wir durch Noah, der das Wasser nicht sonderlich liebte:

„Dieweil darin ersäufet sind
Viel sündhaft Vieh und Menschenkind."

Die Griechen und Römer verehrten den Bacchus als Gott des Weines und zu seiner Ehre feierten erstere die Anthisterien in der Weinblüte und die Orgien in der Weinlese; letztere die Liberalien und die Bacchanalien.

Uns interessiert vor allen Dingen der deutsche Wein, der Rheinwein, weil einzig in seiner Art. Kaiser Probus (276 n. Chr.) soll die ersten Reben an den Rhein und die Mosel gebracht haben; gewiß ist, daß Karl der Große (800) solche aus Burgund und Orleans zu Ingelheim pflanzte, und noch heute nennt man die besten Trauben in Rüdesheim „Orleaner". Die Mönche erwarben sich um den Bau des Weins am Rhein großes Verdienst.

In Europa gestaltet sich nach von Babo und Mach (Handbuch des Weinbaues 1884) die Weinproduktion im Jahre 1880 nach amtlichen Erhebungen und Schätzungen ungefähr wie folgt:

Staaten	Weingärten ha	Produktion hl	Import	Export
Frankreich (1881)	2099923	34189000	6513000 hl	2094000 hl
Italien	1870109	27136534	50000 „	2198000 „
Spanien	1408704	19800000	—	6079530 „
Österreich	181920	3795000	—	—
Ungarn	425314	10327350	—	—
Portugal	—	5000000	—	—
			Meterzentner:	
Deutsches Reich	127000	3600000	486370	151290
Rußland	133383	2000000	—	—
Griechenland	123739	1500000	—	58000 hl
Schweiz	30500	1280000	1041611 hl	16177 „
Europäische Türkei	—	1000000	—	—
			Meterzentner:	
Rumänien	—	661874	4942	nach Ungarn: 4136 Wein, 5248 Trauben
Serbien	—	500000	—	—
Belgien	146	—	—	—

Man kann danach den durchschnittlichen Weinertrag in ganz Europa auf 135 Mill. hl im Jahre annehmen. — Nach Europa ist Amerika der weinreichste Erdteil, namentlich werden in nicht langer Zeit die Vereinigten Staaten dem alten Kontinent eine bedeutende Konkurrenz machen. Sie besitzen (1880) 73541 ha Weingärten mit einer Gesamtproduktion von 1 Mill. hl, wovon der vierte Teil auf Kalifornien entfällt, welcher Staat die großartigsten Fortschritte in der Kultur der Rebe macht.

Außer dem gekelterten Wein liefern Jonien, Griechenland, Spanien, Italien, Portugal, Frankreich und die Türkei noch bedeutende Massen von getrockneten Trauben, welche als Rosinen einen wichtigen Handelsartikel bilden. Griechenland exportierte 1877 allein

87 Mill. kg Korinthen; jedoch hat die Traubenkrankheit in den letzten Jahren einen ansehnlichen Minderertrag verursacht.

Die Traube erlangt ihre gewünschte Güte nur unter dem Zusammentreffen vielerlei, teilweise noch nicht genugsam gekannten Wachstumsbedingungen; vor allem liebt die Rebe eine geschützte Lage, Ost- und Südseiten, starke Sonnenbestrahlung und gegen den Herbst hin viel Nebel, daher Berghänge an Flußufern immer die besten Standortsverhältnisse bieten. Sie kann gegenüber allen andern Kulturpflanzen noch sehr steile Berghänge einnehmen; da, wo die Neigung zu groß ist, hilft man durch Terrassenbau mit Mauerwerk nach. Oft genug muß der Winzer Hunderte von Treppenstufen bei jeder der vielen Arbeiten, welche die Rebe verlangt, auf- und niedersteigen und selbst das Transportmittel darstellen, um abgeschwemmte Erde oder Dünger auf dem Rücken hinauf zu tragen. Gleichmäßige warme Temperatur, entsprechende Trockenheit und doch nicht Mangel an Feuchtigkeit in der Tiefe, heller Sonnenschein, die zusagende Witterung in jeder Periode des Wachstums und eine nicht über 19° C. gehende Winterkälte sind Bedingungen für die Kultur der Reben im Freien, sei es in Weinbergen oder Weingärten. Da, wo die Sonne zu brennend wirkt, wird die Rebe im Schatten der Bäume gezogen (Italien). Gute Weinjahre sind selten, weil bald in dem, bald in jenem Monate die Normalwitterung fehlt, schlechte häufig genug, bei uns wenigstens, weil die Sommer oft zu kalt und zu naß sind, oder der Winter und das Frühjahr die besten Triebe schon zerstörten.

Fig. 253. Die Weinrebe.

Im rauheren Klima gedeiht die Rebe nur noch an Schutzwänden und dadurch, daß sie im Winter eingebunden wird; in Holland und England steckt man nicht selten jede einzelne Traube in Flaschen, um sie sicher zur Reife zu bringen, oder man zieht die vorzüglicheren Tafeltrauben in vollendet schönen Exemplaren im Treibhaus oder wenigstens dadurch, daß man die Ranken in das Treibhaus leitet.

Vorzügliche weiße Sorten sind: Gutedel, Beeren groß, rund, grünlich beduftet, durchsichtig (Markgräfler, Schweizer Weine); Sylvaner, mit grünlichgelben Beeren, Hauptbestand am Rhein, der Nahe, der Mosel, am Main, Neckar und in Österreich; der Riesling, kleinbeerig, gilt in der Pfalz, dem Rheingau und an der Mosel als Königin der Trauben, welche den vornehmsten Rebsatz bildet und mehr und mehr andre verdrängt; der Rotgipfler, in Österreich verbreitet; der frühe Malvasier, großbeerig, paßt am besten für Spaliere, und der Burgunder, mit mittelgroßer Frucht, für der Champagne ähnliche Bodenarten. Rote Sorten sind: Gutedel, Sylvaner, Clevner oder schwarzer Burgunder, kleinbeerig, gut zum Keltern, am besten für die Lehmbodengruppe, Trollinger (Schwarzwelscher), kleinbeerig, mit Muskatgeschmack, verlangt guten Boden, spät reifend; der frühe blaue Portugieser, für mageren Boden, der blaue Limberger, großfruchtig, in Österreich, Kalk- und Thonboden verlangend, der schwarzblaue Affenthaler, mittelgroß, im Lehm- und kühlen Boden, der frühe Malvasier, mit großen, dicken

Beeren, Spalierfrucht, und der rote Traminer, mit kleiner länglicher Frucht, auf gutem Thonboden. Diese bilden die edelsten Weine.

Guter Weinbergsboden muß sich rasch erwärmen, langsam erkalten, die Sonnenstrahlen gut zurückwerfen, tiefgründig sein oder auf gelockertem Felsgrund ruhen, frisch und reich im Untergrund, und trocken, locker, warm und reich an Mineralstoffen in der Krume sich darstellen. Vordem ging der Weinbau viel weiter nördlich, damals war er ein Regal der Bischöfe, welche den Wein verkauften; gute Transportgelegenheiten gab es nicht und die Geschmacksempfindungen waren noch nicht so wie heute ausgebildet; man trank Weine, welche in unsern Tagen kaum zur Essigfabrikation verwendet werden könnten.

Verwitterter Basalt und dunkler Thonschiefer bilden die Normalbodenarten für die Rebe, welche jedoch auch mit minder reichem Boden fürlieb nimmt; die edelsten Sorten am Rhein wachsen auf Grauwacke und Thonschiefer; Stein- und Leistenwein und die Weine der Champagne auf Boden aus der Jura- bis zur Kreideformation, viele geringere deutsche Landweine auf solchem aus der Muschelkalkformation; in Johannisberg am Rhein bildet blätteriger Taunusthonschiefer in weißer und in roter Varietät die Weinberge; jene soll auf hohen Zuckergehalt (also Kraft), diese auf Boukett von Einfluß sein. Hohen Kalkgehalt will man von Einfluß auf größeres Feuer erkannt haben. Die allgemeine Klage der Weinbauern am Rhein ist, daß die Rebe nicht mehr so ergiebig ist wie vordem, weit weniger tragendes Holz bringt und in weit kürzerer Zeit wieder umgerodet werden muß. Vordem konnte man eine tragfähige Zeit von mindestens 40—50 Jahren annehmen, bis zu dieser nach der Anpflanzung höchstens vier bis fünf Jahre, und nach der Umrodung höchstens fünf Jahre Zwischennutzung. Jetzt verliert die Rebe in der Regel schon nach höchstens 30 Jahren die Tragkraft, und man muß nach dem Umroden bis zu zehn Jahren den Boden landwirtschaftlich benutzen und dabei tüchtig bearbeiten und düngen, ehe man ihn wieder bepflanzen kann. Bekannt sind Rebstöcke von mehr als hundertjährigem Alter, welche volltragfähig bleiben (z. B. an Spalieren).

Bester Dünger für die Rebe ist und bleibt gut verrotteter Rindviehmist, welcher daher auch in Weingegenden außerordentlich begehrt ist und hohe Preise erzielt; nächstdem tritt Kompost aus passenden Materialien an die Stelle und von Beidüngungen sind Kalisalze und Phosphate die unentbehrlichsten. Eine normale Düngung für Weinberge ergibt sich aus folgendem Düngungsumlauf nach Wagner:

1. Jahr	Stallmist	60000	kg pro Hektar
	Lösliche Phosphorsäure . . .	40	„ „ „
2. Jahr	Lösliche Phosphorsäure . . .	60	„ „ „
	Kali	40	„ „ „
3. Jahr	Lösliche Phosphorsäure . . .	60	„ „ „
	Kali	80	„ „ „
	Stickstoff	15	„ „ „
4. Jahr Schluß des Umlaufs	Lösliche Phosphorsäure . . .	80	„ „ „
	Kali	10	„ „ „
	Stickstoff	25	„ „ „

Man wendet hierbei nur Superphosphat, Chlorkalium, à 50 Prozent Kali und Chilisalpeter an und gibt in tieferen und feuchten Lagen mehr Stickstoff, in höheren, trockeneren mehr Phosphorsäure und Kali, als in der obigen Normaldüngung angegeben.

Die Vermehrung der Reben geschieht durch Stecklinge oder sogenannte Knothölzer, das sind ein- oder zweijährige, bis fast 1 m lang geschnittene Reben, welche im Herbste geschnitten, im Winter eingeschlagen und im Frühjahre verpflanzt werden; sie gedeihen bei einiger Feuchtigkeit vortrefflich; Fechser, d. h. Knothölzer, welche zuvor in die Reb- oder Pflanzschule und erst nach vollendeter Wurzelbildung an Ort und Stelle verpflanzt werden, sind die gebräuchlichste Art der Vermehrung, am seltensten geschieht sie durch Kerne und durch Pfropfen; da jeder Rebzweig an jeder mit Erde bedeckt bleibenden Stelle leicht Wurzeln schlägt, so bildet man auf diese Art auch gern neue Stöcke, welche vom Mutterstock später getrennt werden. Zu Neuanlagen wird der Boden gehörig rajolt, stark gedüngt, eine Zeitlang mit viel Dung liebenden Früchten bebaut und dann bei trockener Lage im Herbste, bei schwerem Boden und genügender Feuchtigkeit auch im Frühjahre bepflanzt, immer in Reihen. Die Art und Weise, wie dann der freistehende Stock gezogen, und hauptsächlich die, wie er geschnitten wird, ist maßgebend für den Erfolg. Abgesehen von kunstvolleren Schnittarten bei Reben am Spalier oder in Gärten, unterscheidet man den Schenkelschnitt, bei welchem von Jugend an ein Schenkel oder Stamm (altes Holz) gelassen wird; den Kopfschnitt, das ist das fortgesetzte Einschneiden bis auf den Wurzelhals unter alljährlicher Entfernung aller (kahler, österreichischer Kopfschnitt) oder der Belassung von einzelnen langen Bogreben (Bogenkopfschnitt); der Bockschnitt ist die Erziehung ohne Stützen. Man erzieht an Pfählen oder an Spalieren; an Stelle der Pfähle tritt neuerdings mit Erfolg die Drahtzucht; in Gärten hat man noch die Lauben- oder Arkadenerziehung und die strauch- oder heckenartige, welche letztere, ähnlich wie die baumartige, in der Lombardei gebräuchliche, nur für warme Klimate sich eignet.

Fig. 254. Weinlese im Medoc, Chateau Lafitte.

Die Pflege des Weinstocks ist eine sehr mühsame, viel Arbeit erfordernde, als: Aufräumen der Winterbedeckung, Lockern des Bodens, Beschneiden, Düngen, Anbinden der Reben, Heften, Ausblatten, Abgipfeln (im Juli), Schutz gegen Krankheiten und Feinde, beständiges Bearbeiten des Bodens, besonders Jäten, Unterhaltung der Mauern und Spaliere u. dergl. Die durch einen Pilz verursachte, so gefährliche Traubenkrankheit wird durch Schwefeldämpfe, wozu besondere Apparate zu haben sind, bekämpft; eine andre und noch viel größere Gefahr für die weinproduzierenden Gegenden liegt in dem Auftreten der sogenannten Reblaus (Phylloxera vastatrix), welche dort, wo sie überhand nimmt, den verheerendsten Einfluß auf die Rebstöcke ausübt.

Dieser gefährliche Parasit ist erst in verhältnismäßig junger Zeit, und zwar zuerst in Frankreich aufgetaucht; man glaubt, daß er aus Amerika eingeschleppt worden sei, weil daselbst die Reblaus nicht selten ist. Zuerst beobachtet wurde sie 1865, oder wenigstens erkannte man damals als die Ursache des Absterbens vieler Weinstöcke eine Wurzelfäule, welche, wie sich später herausstellte, der Phylloxera zuzuschreiben war. Im folgenden Jahre verbreitete sich das Übel schon über größere Bezirke und 1868 endlich konstatierte man mit Sicherheit jenes Insekt als die wirkliche und eigentümliche Ursache davon.

Der untere Teil des Saonethals, die Gegend bei Orange, war der Herd der neuen Epidemie, und obwohl man Ende der sechziger Jahre annahm, daß der Kulminationspunkt der Krankheit, welche sich von dort rasch weiter verbreitet hatte, überschritten sei, so glaubte man doch nicht, sich damit begnügen zu dürfen, sondern man suchte nach gründlichem Heilmittel, um das Übel auszurotten. Leider schien und scheint dies noch nicht anders möglich zu sein, als daß man es, im vollen Sinne des Wortes, mit der Wurzel ausrottet; man hat ein gründliches Gegenmittel, welches dem Weinstocke selbst nicht schädlich wird, noch nicht gefunden, und so ist es gekommen, daß französische Berichte im Jahre 1884 noch von einer fortwährenden Erweiterung der infizierten Bezirke sprechen konnten. Auch in andern Ländern trat der schlimme Gast, wenn auch vereinzelt, auf, und wenn er größere Verheerungen bei uns noch nicht angerichtet hat, so ist dies wohl nicht zum geringsten Teile der großen Ängstlichkeit zuzuschreiben, mit der man nach den ersten Spuren überall geforscht und die Ausbreitung soviel wie möglich gehindert hat. Am Rhein, 1873 in der großen Rebschule zu Klosterneuburg, bei Stuttgart und in Erfurt hat man seine Anwesenheit konstatiert, und der Bezug von Weinreben aus Frankreich sollte lieber gar nicht oder aber nur mit Anwendung der höchsten Vorsicht stattfinden. Die Gefahr der Einschleppung ist nicht zu unterschätzen, und wenn wir erfahren, daß in Frankreich durch die Rebläuse die Weinberge von über 30 Departements verheert worden sind, so werden wir die Größe jener Gefahr und ihren Einfluß auf die Wohlfahrt eines Landes wohl begreifen. Frankreich mit seinen 2450000 ha Weinberge, welche jährlich im Durchschnitt 71 Millionen Hektoliter Wein produzierten, an Wert alles in allem gegen 2 Milliarden Frank, ist als Land von allem, was die Weinproduktion angeht, viel mehr berührt als Deutschland. Der Einzelne aber ist dort wie hier in ganz gleicher Weise mit seinen Interessen engagiert; wenn die Phylloxera überhand nimmt, so kann sie ihn total ruinieren — und das ist gerade genug.

In Frankreich hat man die Phylloxera auch zuerst auf das sorgfältigste studiert, um womöglich Mittel zu ihrer Ausrottung aus der genauen Kenntnis ihrer Natur und Lebensweise abzuleiten. Was nun dieses merkwürdige Tier selbst anlangt, so gehört dasselbe zu den Schnabelkerfen und steht den Blatt- und Schildläusen nahe. Wie diese vermag es sich paragenetisch, d. h. ohne jedesmal befruchtet zu werden, fortzupflanzen. Eine Reblaus legt 30—40 gelbe Eier, aus denen nach 6—8 Tagen die gelblichen Jungen auskriechen. In 20 Tagen sind diese, nachdem sie mehrere Häutungen durchgemacht haben, ihrerseits ohne Begattung fortpflanzungsfähig geworden, und da dies Vermögen durch mehrere Generationen fortbesteht, so kann man berechnen, bis zu welch enormen Ziffern die Nachkommenschaft in kurzer Zeit sich zu steigern vermag. In dieser fabelhaften Fruchtbarkeit liegt auch die unheimliche Waffe des an sich sehr unscheinbaren Tierchens, dessen genauere Entwickelungsgeschichte auch heute noch nicht vollständig bekannt ist.

Man kennt zwei Formen des Phylloxeraweibchens, eine geflügelte und eine ungeflügelte, von denen die erstere im Sommer und Herbst auf den Blättern des Weinstocks vorkommt; obwohl sie nicht besonders flugkräftig ist, wird sie doch vom Winde leicht über große Entfernungen hinweggetragen. Ihre Flügel sind sehr durchsichtig, von wenigen Adern durchzogen; im übrigen ist das Insekt von gelber Farbe. Dieses geflügelte Tier legt nun seine Eier an den Weinstock, und zwar solche von verschiedener Größe; die größeren von $0,_{40}$ mm Durchmesser sollen weibliche, die kleineren von $0,_{26}$ mm Durchmesser dagegen männliche Individuen hervorbringen. Die begatteten Weibchen legen nur je ein großes Ei, aus welchem Stammmütter ganzer nächstjähriger Generationen hervorgehen. Die flügellose Form dagegen lebt unterirdisch an den Wurzeln des Weinstocks und überwintert auch daran. Anfangs von halber Millimeterlänge, wachsen sie bis auf 1 mm; sind von eiförmiger Gestalt und von braungelber Farbe mit runzeligem Rücken. Sie erwachen im Frühjahr, sobald das Leben sich im Stocke regt, und fallen zeitig die jungen Würzelchen an, deren Saft sie aussaugen. Sie sind es, welche auf ungeschlechtlichem Wege sich fortpflanzen. Daneben treten zu Anfang des Herbstes unter dem Nachwuchse auch noch andre Formen auf mit verkümmerten Flügeln, welche an den unteren Stammenden sich festsetzen und aus denen nach einigen Häutungsprozessen geflügelte Phylloxeren werden.

Die gefährlichsten von allen durch den direkten Schaden, den sie anrichten, sind die unterirdischen Rebläuse. Sie gehen bis 2 m und noch tiefer den feinsten Wurzeln nach und dringen in die Poren und Ritzen ihrer Rinde ein, um sich von ihrem Safte zu nähren. Der Saugapparat ist mit drei Stechborsten bewehrt, durch welche sie die zarten Gefäße verwunden. Die Folge davon ist eine knotige Anschwellung der Wurzel, die dadurch krankt und an den betreffenden Stellen fault, der Stock aber verdorrt aus Mangel an Nahrungszufuhr.

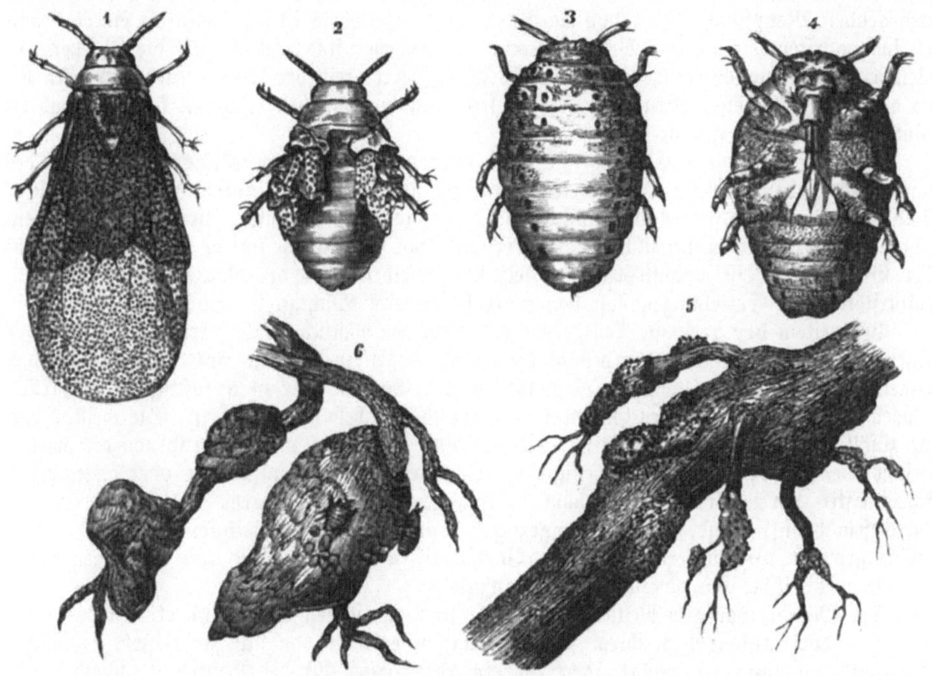

Fig. 255—260. Die Reblaus (Phylloxera vastatrix).
1 Geflügeltes erwachsenes Weibchen. 2 Geflügeltes junges Weibchen. 3 Ungeflügeltes erwachsenes Weibchen von oben. 4 Das ausgewachsene ungeflügelte Insekt von unten. 5 Mit Rebläusen besetzte Wurzel. 6 Angeschwollene Würzelchen mit eierlegenden Rebläusen.

Es ist kaum nötig, daran zu erinnern, daß ein günstiges Weinjahr für die Bewohner der sogenannten Weinländer eines der freudigsten und wichtigsten Ereignisse ist; wer wird aber auch nicht gern einen Augenblick im Geiste dort verweilen, wo ein tausendstimmiger Jubel die Herbstluft erfüllt, wo unter heiterem Scherzen die kostbaren Trauben gesammelt und gekeltert werden, wo die Nacht durch viele Freudenfeuer, die auf den Gipfeln der mit Reben bepflanzten Hügel lodern, erhellt wird, wo Raketen hoch in die Luft emporsteigen und schließlich eine ländlich-gemütliche Musik die Winzer und Winzerinnen zum Tanze vereinigt? In Frankreich, am Rhein, in der Schweiz, in Ungarn, kurz überall, wo Weinbau getrieben wird, feiert man den Schluß der Weinlese durch ein solches Fest, welches den glänzendsten Lichtblick in dem mühevollen Leben der Winzer bildet.

In Ungarn ist die Weinlese ein Nationalfest, denn nur in sechs Gespanschaften ist kein Weinberg zu finden, in den übrigen hat dagegen jeder Bauer und Bürger seinen Weinberg oder wenigstens sein Weingärtchen. Ist die ländliche Arbeit vollendet, so ziehen Bauer und Städter mit Weib und Kind hinaus auf den Weinberg, um etliche Wochen im Häuschen dort zu wohnen, bis alle Trauben abgelesen sind. Da jauchzt es vor Lust und Freude, da knallen die Böller, Flinten und Pistolen, da ziehen heitere Gesellschaften unter Zigeunermusik mit dem Erntekranze heim und selbst der Bettler erhält seinen Anteil an der Segensgabe der Weinhügel. Den weltberühmten Tokayer dankt Ungarn dem Könige Belan IV., der ihn auf den Hügeln der Hegyallya anpflanzen ließ, wo ihn jetzt 21 Ortschaften auf 37 qkm Fläche pflegen; er bringt nahezu 1 Million Eimer von dem herrlichen, durch seine balsamische Heilkraft und sein würziges Feuer ausgezeichneten, klaren, gelbgrünen Weine hervor. Das Pester Komitat mit seinem roten Ofener und dem weißen Steinbrucher liefert circa 1$^1/_2$ Million Eimer, das Erlauer Weingebirge 200000 Eimer Visconta, eine dunkelrote Burgunderart, das Baranyaer Komitat dunkelroten Villanyer und weißen Vetzender, das Preßburger und Arader feine Tischweine, das benachbarte Syrmien den süßen Karlowitzer und weißen Rakowitzer und die Walachei den feurigen, dunkelroten, etwas nach Zimt schmeckenden Menescher. Aber auch am Rhein und anderwärts ist die Weinlese ein Nationalfest im wahrsten Sinne des Wortes; wochenlang vorher sind, selbst für die Besitzer, die Weinberge und die dazwischen gehenden Wege gesperrt, mit der Lese öffnet sich allen der bis dahin verschlossene, streng bewachte Besitz, um in demselben lesen zu können, was die Glut des Sommers gereift hat.

Akklimatisation. Es erübrigte noch eine große Anzahl nützlicher Erzeugnisse des Landbaues in den Bereich unsrer Betrachtung zu ziehen; indessen müssen wir uns an dieser Stelle des Raumes wegen beschränken, da es zunächst nur unser Zweck sein kann, ein gedrängtes Bild der einheimischen Landwirtschaft vor den Augen unsrer Leser zu entrollen. Der Garten ist ein unauflösbares Glied in derselben. In der Neuzeit ist er noch als Kulturstätte, als Erziehungsanstalt von ganz besonderer Wichtigkeit geworden.

Bei weitem der geringste Teil derjenigen Pflanzen nämlich, welche irgend eines Nutzens wegen von uns angebaut oder des Vergnügens wegen in Töpfen vor den Fenstern des Armen oder in den weitläufigen Glashäusern der Großen oder in anmutigen Parkpartien gezogen werden, ist in unsern Gegenden von Haus aus heimisch gewesen. Die meisten sind auf zufällige oder absichtliche Weise erst bei uns eingeführt worden und würden wieder verschwinden, oder sie würden wenigstens ausarten und ihre nützlichen oder angenehmen Eigenschaften verlieren, wenn sie nicht fortwährend in unmittelbarer Nähe des Menschen von diesem beaufsichtigt, gepflegt und gezogen würden. Viele von ihnen haben sich selbständig gemacht und unsern klimatischen Verhältnissen angepaßt, und wir vermögen diesen oft nicht mehr ihre ursprüngliche Heimat anzusehen.

Der Mensch hat alle Weltteile durchsucht und alle Zonen durchwandert, um das, was die Natur dort unbeirrt in ihrem stillen Schaffen erzeugte, an sich zu reißen. Holland vorzüglich, wo vom 17. Jahrhundert an ein reger Eifer für die Naturwissenschaften und vorzüglich für die Botanik sich entfaltete, hat ungemein viel für die Einführung und Akklimatisierung fremder Pflanzen gethan. Dort entstanden zuerst die großartigen Gewächshäuser, die botanischen Gärten, denen der große Linné seine Pflanzenkenntnis zum größten Teile zu verdanken hatte. Jetzt hat die Überzeugung von der großen Nützlichkeit derartiger Bestrebungen überall Platz gegriffen. Es haben sich unter Begünstigung der Regierungen Gesellschaften gebildet, die es sich zur Aufgabe gemacht haben, fremde Gewächse und fremde Tiere einzubürgern, teils um sie unverändert fortzuzüchten, teils aber auch, um durch Kreuzung mit heimischen Pflanzen und Tieren neue Arten mit nützlicheren Eigenschaften zu erzielen. Das sind die sogenannten Akklimatisationsgesellschaften. Zu ihren Versuchen haben sie große Gärten angelegt; Fig. 261 zeigt uns einen Teil des Pariser Akklimatisationsgartens, der durch seine Erfolge bereits Berühmtheit erlangt hat und großartig und eigentümlich in seiner Art ist.

In früheren Zeiten war die Einbürgerung fremder Naturerzeugnisse mehr die Sache einzelner, zufälliger Unternehmungen, als das Ergebnis planmäßiger, wissenschaftlicher Arbeiten; dennoch haben die Jahrtausende allmählich durch ausländische Einwanderer den großen Reichtum unsrer Gärten und Felder hervorzubringen gewußt. Aus Persien brachten sie den Pfirsichbaum und die Haselnußstaude, dasselbe Land gab den Maulbeerbaum und den Hanf für die Kleidung. Aus Ägypten kam die Zwiebel, von den Hochebenen Zentraltibets vielleicht der Weizen und die Gerste, welche noch am Himalaya wild wächst.

Fig. 261. Im Pariser Akklimatisationsgarten.

Der Reis wanderte aus dem südlichen Afrika nach Indien, von da nach Europa und von da machte er sich endlich auch in Amerika heimisch. Während unser Deutschland das Heimatland der gewöhnlichen Rübe, des Selleries, des Hopfens, Senfs und Kümmels ist, außer diesen aber auch noch die Nessel und in südlichen Gegenden wohl auch den Apfelbaum und den Birnbaum hervorbrachte, haben uns die Ufer des Mittelmeeres die Steck- und Runkelrübe gegeben, Sardinien die Petersilie, Arabien den Spinat. Der Kürbis ist eine Pflanze der östlichen Länder, wie die Gurke in Ostindien heimisch ist. Die Quitten kamen aus Kreta zu uns, die Radieschen aus China oder Japan.

Bekannt ist es, daß wir die Kirschen aus Kleinasien erhalten haben, in ihrer Gesellschaft den Pflaumenbaum und den von den Dichtern besungenen Ölbaum. Die Mandel findet sich heutzutage noch dort wild und gibt sich, wie die Zitrone, die unter dem milden Himmel Griechenlands zuerst gedieh, als ein Geschenk sonnenheiterer, von den Göttern geliebter Länder zu erkennen. Der Norden sorgte für die Werktage, indem er uns den Roggen aus Sibirien, den Buchweizen und das Schwarzkorn aus der Tatarei und den Lein aus den russischen Steppen schickte. Die edle Kastanie ist in Italien zu Hause, die Erbse in Ägypten. Früchte dieser Art fand man bei den Mumien. Von Ägypten aus haben sich auch die Kresse und der Anis über die Erde verbreitet. Raps und Kohl wachsen in Sizilien und in der Umgegend von Neapel wild. Die Möhre ist eine asiatische Pflanze, obwohl sie einige von den Ufern des Mittelmeeres herstammen lassen, wo auch der Koriander gedeiht. Die Kreuzfahrer brachten den Krapp aus dem Morgenlande mit, und im 17. Jahrhundert kam aus Virginien der erste Tabak zu uns, welcher sich mit dem wahrscheinlich vom Himalaya stammenden Thee zu den am meisten begünstigten Lieblingen der Menschheit zählen kann. Die Pastinake soll aus Arabien bei uns eingewandert sein. Die Moosbeere findet sich wild sowohl in Europa als in Amerika. Vorzügliche Rettiche liefert noch jetzt Südeuropa. Von dort kamen auch die Johannisbeere und Stachelbeere, die sich jetzt in den kleinsten Gärtchen eingebürgert haben. Der prachtvolle Helianthus oder die Sonnenblume hat ihr Heimatland auf den Hochebenen Perus und die Topinambur oder die Jerusalemer Artischocke, wie sie die Engländer nennen, in dem fruchtbaren Brasilien.

Von einigen Pflanzen, welche jetzt völlig eingebürgert erscheinen, wissen wir noch das Jahr ihrer Übersiedelung anzugeben, so von der Tulpe, welche Auger de Busbeck 1562 aus dem Orient nach Europa brachte, wie von dem persischen Flieder, welcher 1640 zu uns kam. Die Trauerweiden verdanken wir dem englischen Dichter Pope. Derselbe hatte einen Zweig aus Smyrna erhalten, und von diesem sollen sämtliche europäische Exemplare abstammen. Im Dorfe Montelimart fand sich 1802 noch der über 300 Jahre alte Maulbeerbaum, von welchem alle französischen Bäume dieser Art abstammen. Von Blumen, die wir jetzt zu unsrer Freude in den Gärten ziehen, waren in dem alten Europa nur die wenigsten einheimisch. Vom Mittelmeere kamen Sommerlevkoje, Nachtviole, Rosmarin, Oleander, Goldregen, Päonie, Lavendel, Krokus, Hyacinthe, Narzisse, Meerzwiebel u. s. w.; aus Ägypten kam die Reseda, aus Japan die Hortensie (1788), die Kamelie (durch den Jesuitenpater Camelles oder Kamel um die Mitte des vorigen Jahrhunderts eingeführt), die japanische Rose; aus China die Aster (1728), die Monatsrose u. s. w. Mexiko verdanken wir vorzüglich die Kaktusgewächse, besonders aber auch den Triumph der neueren Gärtnerei, die prachtvolle Georgine, welche zwar schon 1789 in den Botanischen Garten zu Madrid kam, aber eine weitere Verbreitung erst durch die von A. v. Humboldt mitgebrachten Samen und die in Paris daraus gezogenen Exemplare erhielt.

Das Buch der Erfindungen. 8. Aufl. III. Bd. Leipzig: Verlag von Otto Spamer.

Nordeuropäische Rindviehrassen.

1 hornloser Suffolkstier. 2 und 5 schottische Hochlandskuh. 3 und 4 Shorthornstier und Kuh. 6 Lancashirestier.

Blökend ziehen heim die Schafe,
Und der Rinder breitgestirnte, glatte Scharen
Kommen brüllend,
Die gewohnten Ställe füllend.

Schiller.

Viehzucht und Viehhaltung.

Rentabilität. Konsumtion und Produktion. Statistik. Zuchtrichtungen. Krankheiten. Akklimatisation. Tiergärten. Leistungen. Die hauptsächlichsten Haustiere. Das Pferd. Geschichtliches. Rassen. Züchtung. Gestüte. Das Rind, eines der ältesten Haustiere. Verschiedene Rassen derselben. Züchtung. Leistungen. Schafe. Woll- und Fleischproduktion. Die Schweinezucht. — Federvieh, Bienen und Seidenraupen.

Noch vor wenigen Jahrzehnten galt, in Deutschland wenigstens, allgemein unter den Landwirten die Ansicht, daß die Viehzucht nur ein notwendiges Übel sei und unter keinen Umständen Ertrag zu geben vermöchte. Man entschloß sich zur Viehhaltung nur um des Düngers willen, hielt also auch nicht mehr Vieh, als zur guten Instandhaltung der Felder erforderlich schien, und bezeichnete denjenigen als den tüchtigsten Landwirt, welcher sein Gut so einzurichten verstanden hatte, daß er vom Felde Futter und Streu genug für das Vieh und von diesem Dünger genug für die gewünschten Ernten erhielt. Futter- und Düngerzukauf kannte man nicht und die Verwertung tierischer Produkte spielte eine nur untergeordnete Rolle. Block, derjenige Schriftsteller auf dem Gebiete der Landwirtschaft, welcher in damaliger Zeit wohl am besten zu rechnen verstand, gab in seinen Werken für die Jahre 1830—40 an, daß bei keiner der Viehhaltungen ein Gewinn sich ergebe. Er rechnete, wie das damals vielfach üblich war, nicht mit Geld, sondern, des schwankenden Geldwertes wegen, mit „Roggenwert“ (d. h. in Pfunden Roggen), von welchem man annahm, daß er einen zuverlässigeren Maßstab zur Vergleichung verschiedener Werte bilde. Unter anderm gab er folgende Beispiele:

Eine Kuh von 400 kg Gewicht koste pro Jahr 31 Scheffel 14_5 Metzen Roggen und liefere an Gesamtertrag 31 Scheffel 14 Metzen Roggen, was also einen Schaden von

$^1/_2$ Metze oder 1 kg bedeute. Ein Schaf von 40 kg Gewicht koste 99 kg und bringe 93 kg; Schaden also 6 kg. Eine Zuchtsau koste 19 Scheffel $22^3/_4$ Metzen und bringe in Summa 19 Scheffel 8 Metzen, verursache also einen Schaden von 37 kg.

Überall ergab sich demnach ein Rechnungsnachteil aus der Viehhaltung, am meisten bei der Zuchtsau, am wenigsten bei der Kuh. Unter solchen Verhältnissen erklärte es sich denn auch, daß niemand mit der Zucht von Vieh sich sonderliche Mühe geben wollte, während schon zu Ende des vorigen Jahrhunderts in England die Veredelung der Zuchten die lohnendste Aufgabe des Landwirts war und die berühmtesten Züchter Preise erzielten, welche auch heute noch unser Erstaunen zu erwecken geeignet sind. Abgesehen von den Rennpferden, bei welchen die Preise durch die Aussicht auf die großartigen Gewinne bei den Wettrennen erklärlicher werden, verwilligte man für Rindvieh pro Stück Tausende von Thalern und bezahlte selbst das bloße Vermieten hervorragender Zuchttiere für kurze Zeit mit Hunderten von Guineen. Hier waren auch die Preise für die Produkte der Viehzucht schon damals ganz andre wie bei uns, weil schon damals der Konsum weit über das Verhältnis der Produktion hinaus ging und beschränkende Polizeitaxen nicht existierten, die Güte also auch bezahlt werden konnte. Außerdem lockte die Gewinnung sehr hoher Prämien bei den Ausstellungen.

In Deutschland war bis zu der Mitte des Jahrhunderts Analoges nur im Gebiete der Schafzucht auf feine Wolle (Merinos) möglich, und diese war es auch, welcher viele Landwirte blühenden Wohlstand verdankten, sowie sie es auch war, welche in den zwanziger Jahren die durch anhaltend niedrige Preise des Getreides hervorgerufene Krisis, resp. die Entwertung der Güter zum Teil wenigstens verschmerzen ließ. Seitdem haben bei uns umgekehrt die Konsumenten klagen gelernt; die Preise für Fleisch, Milch, Butter u. s. w. sind stetig gestiegen und haben zeitweise selbst eine solche Höhe erreicht, daß es vielen schwer halten mußte, diese Nahrungsmittel sich zu verschaffen. Die Preise für Brotfrüchte aber sind umgekehrt relativ billiger geworden, was durch die massenhaften Einfuhren von Osten her und durch den jetzt so wesentlich erleichterten Kornhandel sich erklärt.

Aus amtlichen Zusammenstellungen über Veränderungen in den Marktpreisen innerhalb der zwei Jahrzehnte seit Mitte dieses Jahrhunderts ergibt sich z. B., daß gegen die Zeit 1850 in dem Jahre 1870 notierten: Getreide bis 33 Prozent, Holz bis 56 Prozent, Geflügel bis 65 Prozent, Fleisch aller Art bis 75 Prozent und Eier sogar bis 100 Prozent höher. Vergleicht man die in dem erwähnten Werke von Block für Schlesien erwähnten Preise verschiedener Gegenstände mit den heute für diese Provinz maßgebenden, so erfährt man ebenso, daß z. B. jetzt das Getreide bis $1,_5$fach, der Tagelohn bis $1,_5$fach, der Knechtlohn bis $1,_0$fach, die Milch bis $2,_2$fach die Butter bis $2,_3$fach und das Fleisch bis fast dreifach höher im Preise stehen. Ähnlich anderwärts. Aus alledem geht hervor, daß der Getreidebau gegen damals weniger lohnend, die Viehhaltung aber weit lohnender geworden ist.

Konsumtion und Produktion. Trotzdem aber steht mindestens in Deutschland die Vermehrung des Viehstandes nicht in gleichem Verhältnis mit der Vermehrung der Bevölkerung und zeigt sich bei uns, was die Hauptsache ist, noch eine sehr beträchtliche Einfuhr von Vieh und tierischen Produkten neben einer freilich auch sehr starken Ausfuhr. In Summa produziert Deutschland noch nicht genug für seine Bevölkerung und lange nicht das, was es produzieren könnte. Allerdings hat sich in Deutschland vom Jahre 1873 bis zum Jahre 1883 nach Angaben des statistischen Amtes die Zahl der Pferde von etwa $3^1/_2$ Millionen bis auf $5^1/_5$ Millionen, die der Schweine von 7 bis auf 9 Millionen gesteigert. Der Bestand des Rindviehs, 15 Millionen, ist fast derselbe geblieben und bei den Schafen zeigt sich ein Rückgang von 28 bis auf 19 Millionen.

In Österreich ist in den letzten Jahrzehnten ebenfalls eine nur sehr geringe Zunahme, für England eine nicht unbedeutende Abnahme zu konstatieren.

Für Großbritannien ergibt sich pro Kopf im Durchschnitt ein Konsum von 26 kg Fleisch, für England allein ein Konsum von 68 kg, für Deutschland von 25 kg, für Frankreich von 20 kg. Der Deutsche Bund hatte bei seiner Konstituierung im Jahre 1815 eine Bevölkerung von 30157638 Einwohnern, bei seiner Auflösung im Jahre 1866 aber eine solche von 45 Millionen; sie stieg also in dieser Zeit im Verhältnis von $1:1,_5$. Nach einer Mitteilung des „Preußischen Staatsanzeigers“ (Nr. 96, 1868) haben sich innerhalb dieser Zeit in nur wenigen Staaten die Viehbestände in gleicher Weise oder darüber vermehrt, für die meisten ergibt sich nur das Verhältnis der Steigerung von 1 : 1,1 bis 1,3, und auch diese Angaben werden von einigen noch für zu hoch gehalten.

Nach einer im Mai 1876 gebrachten Zusammenstellung soll der Konsum in Deutschland per Kopf sich auf 29 kg Fleisch für das Jahr 1875 berechnen, und zwar auf 2,5 kg Schaffleisch, 5,5 kg Kalbfleisch, 10 kg Rindfleisch und 11 kg Schweinefleisch. Das würde für Deutschland mit damals 43,7 Millionen Einwohnern einen Konsum von

109,3	Mill.	kg	Schaffleisch	oder	etwa	3,1	Mill.	Stück	à	35 kg	Schlachtgewicht
240,4	„	„	Kalbfleisch	„	„	8,1	„	„	„	30 „	„
437	„	„	Rindfleisch	„	„	1,25	„	„	„	350 „	„
480,7	„	„	Schweinefleisch	„	„	4,8	„	„	„	125 „	„

im Durchschnitt ergeben haben, oder zusammen 1267 Mill. kg, welche mindestens zu 1267 Mill. Mark berechnet werden müssen. Gelegentlich der Volkszählung im Jahre 1875 fand man in Hamburg für den Konsum der dortigen Bevölkerung (240 000 Einwohner) per Kopf die folgenden Zahlen: 105 l frische Milch und 0,44 l kondensierte Milch, zusammen gleich 110 l, 15 kg Butter, 7 kg Käse und 11 kg Schmalz. Danach brauchte Deutschland in runden Zahlen 4807 Mill. l Milch im Werte von durchschnittlich 500 Mill. Mark, welche wenigstens 3 Mill. Kühe voraussetzen; ferner 655,5 Mill. kg Butter zu ebensoviel Mark an Wert, zu welcher mindestens 17 000 Mill. l Milch zu rechnen sind, und dazu gehörten weitere 12 Mill. Kühe; dazu kommen noch 305 Mill. kg Käse und 460 Mill. kg Schmalz. In Summa kann immerhin angenommen werden, daß die gesamten Bedürfnisse an tierischen Produkten pro Jahr reichlich 4000 Mill. Mark an Wert repräsentieren, selbst wenn nur 29 kg Fleisch im Durchschnitt gerechnet werden. In den größeren Städten beträgt der Konsum von 30—50 kg und mehr. Aus Österreich liegt eine Schätzung vor, welche das gesamte Erträgnis der Viehzucht zu 2500 Mill. österreichische Gulden angibt.

Als hochwichtiger Faktor in bezug auf die Produktion tierischer Produkte kommt in unsern Tagen die Zufuhr aus überseeischen Ländern hinzu, und von diesen gilt im allgemeinen das Entgegengesetzte, wie für uns; soweit es sich um Länder handelt, welche sich friedlicher Entwickelung erfreuen, beobachtet man überall eine außerordentliche Rührigkeit im Gebiete der Viehzucht und in dem Bestreben, aus diesem Zweige der Bodenproduktion wesentliche Einnahmen zu gewinnen. Heutzutage sind es die Amerikaner und Australier, welche die höchsten Preise für wertvolles Zuchtvieh bezahlen; aus England haben sie die besten Shorthornkühe geholt und mit 24 000 Mark und einmal sogar mit 42 000 Mark pro Stück bezahlt, und daß sie dabei sich nicht verrechnet haben, beweist der folgende Vorgang. Es wurde nämlich ein Nachkomme aus den damit gewonnenen Zuchten nach England zurückgekauft, und zwar zu einem Preise, welcher alle bis dahin erzielten Erlöse weit übertrifft. H. Fox, in Henrefield, kaufte ein drei Monate altes Kalb für 78 000 Mark, nachdem es gleich nach der Geburt per Telegramm nach England für 42 000 Mark verkauft worden und kurze Zeit danach in andre Hände für 62 370 Mark gegangen war. Aus Australien aber wird berichtet, daß man dort im vorigen Jahre auf Auktionen für Zuchtböcke 14 280 Mark und für Zuchtschafe bis 3000 Mark bezahlt hat. Solche Preise beweisen, daß man sich bewußt ist, welche Bedeutung die Hebung der Viehzucht für die dortigen Länder hat.

In England und Amerika beschäftigt man sich seit langer Zeit mit Versuchen, frisches Fleisch aus jenen Gegenden nach Europa zu liefern. Der Transport lebenden Viehes hat sich trotz besonders eingerichteter Schiffe und Anwendung aller Vorsicht nicht bewährt; der Export von Präparaten (Fleischwaren in Büchsen u. s. w.) scheint keine große Zukunft zu haben, und zwar aus dem Grunde, weil der Preis doch immerhin ein so hoher ist, daß die Mehrzahl der Konsumenten den Genuß des frischen Fleisches vorzieht.

Getrocknetes, geräuchertes und gesalzenes Fleisch, welches in Mengen ausgeführt wird, hilft zwar wesentlich zur Deckung des Bedarfes, ist aber auch nicht jedermanns Sache und kann zum mindesten das frische Fleisch nicht ersetzen. James Whyte in Kanada ist es gelungen, mittels besonderer Verpackung in Eis (wobei das Fleisch nicht mit dem Eis in unmittelbare Berührung kommen darf) London mit frischer Ware aus Kanada zu versehen; dort kostet das halbe Kilogramm 2—4 Pence, die Unkosten betragen 2 Pence (17 Pfennig); es stellt sich also der Preis pro halbes Kilogramm zu 6 Pence franko

London oder 51 Pfennig. Für Deutschland dürfte nach allem das frische Fleisch aus jenen Ländern keine Aussicht bieten, da die Kostenvermehrung bis zu uns den Preis mit unsern Preisen ziemlich gleichstellen würde. Und doch haben schon manche Landwirte ihren Berufsgenossen um dieser Konkurrenz willen zur Verminderung der Viehhaltung raten zu müssen geglaubt, freilich unter vollständiger Verkennung aller einschlagenden Verhältnisse. Die Zahlen, welche der fremde Handel zeigt, haben in ihrer großartigen Steigerung für den Produzenten allerdings etwas Beängstigendes. Australien exportierte im Jahre 1864 für 105600 Mark konserviertes Fleisch, im Jahre 1874 schon für 400000 Mark, Queensland allein außerdem noch für 934400 Mark Fleischextrakt. Nordamerika exportierte im Jahre 1870 das Fleisch von 3677908 Schweinen, im Jahre 1874 aber schon von 5383810 Stück. Australien zählt jetzt schon 46 Millionen Schafe. Der Export aus Südamerika aber nimmt in nicht minder großartiger Weise zu, und besonders ist es von dort aus der Fleischextrakt, welcher sich allgemeiner Beliebtheit erfreut und in immer größerer Menge produziert und exportiert wird, zumal jetzt auch die Verwertung der Abfälle zu Dünger gesichert ist. Das unsinnige Abschlachten von Tausenden von Rindern um der bloßen Häute und Zungen willen wird mit der gesicherten Verwertung des Fleisches und der Abfälle von selbst aufhören oder doch sich auf die Gegenden beschränken müssen, welche noch keine Verbindungen nach der See haben.

Statistik. Die angeführten Bemerkungen geben der Statistik der Viehbestände ein erhöhtes Interesse. Die Frage, ob die Landwirtschaft dem steigenden Konsum genügen könne, hat für uns trotz der Einfuhr nach wie vor ein großes Interesse, und diese kann höchstens insofern in Betracht kommen, als sie ein weiteres Steigen der Fleischpreise verhindert. Obschon wir in der Lage sind, eine Statistik der Viehbestände geben zu können, so sind doch die Angaben nicht zuverlässig genug, da die Kopfzahl einen unzuverlässigen Maßstab zur Beurteilung abgibt. Viel wichtiger wäre die Angabe mit Kopfzahl und Lebendgewicht, und muß namentlich in Erwägung gezogen werden, daß für England, welches vorzugsweise großes schweres Vieh züchtet, im Vergleich mit andern Ländern wenigstens 20—30 Prozent mehr angenommen werden kann, wenn man das Gewicht mit in Betracht ziehen will, trotzdem auch bei uns eine beträchtliche Vermehrung des Gewichts nach und nach erzielt wurde. Jetzt rechnet man allgemein nur mit 500 kg Lebendgewicht, und für England wenigstens müßte man schon mit 500—700 kg rechnen, sowie auch das milchreiche Niederungsvieh und die besseren Schweizer Rassen zu mindestens 550—600 kg angenommen werden müssen. Ganz unzuverlässig zu Vergleichungen ist die Angabe der auf $7{,}_5$ qkm kommenden Stückzahl; die Angabe für je 100 Menschen entspricht schon mehr dem, was die Statistik bedeuten soll, die Angabe aber nach je 100 ha des landwirtschaftlich benutzten Areals ist die allein zulässige, wenn es gilt, die Bedeutung der Viehzucht für die landwirtschaftliche Produktion überhaupt feststellen zu wollen.

Von besonderem Interesse ist ein Vergleich der Viehstandsverhältnisse Deutschlands mit dem Viehstande andrer Länder. Bezüglich der Pferde stellt sich das Verhältnis im Anfange der achtziger Jahre folgendermaßen:

	Stück	Auf 100 Einwohner
Deutschland	3522316	$7{,}_7$
Österreich	1463282	$6{,}_6$
Ungarn	1819508	$13{,}_3$
Italien	657544	$2{,}_4$
Frankreich	2848800	$7{,}_6$
Großbritannien und Irland	1929680	$5{,}_5$
Vereinigte Staaten von Amerika	10357488	$20{,}_7$

Rindvieh:

	Stück	Auf 100 Einwohner
Deutschland	15785322	$34{,}_5$
Österreich	8584077	$38{,}_8$
Ungarn	4597543	$33{,}_5$
Italien	4783232	$16{,}_8$
Frankreich	11466253	$30{,}_4$
Großbritannien und Irland	9871153	$28{,}_2$
Vereinigte Staaten von Amerika	35925511	$71{,}_6$

Schweine:

	Stück	Auf 100 Einwohner
Deutschland	9205791	20,1
Österreich	2721541	12,3
Italien	1163916	4,1
Frankreich	5565620	14,8
Großbritannien und Irland	2565620	8,2
Vereinigte Staaten von Amerika	47681700	95,1

Ganz auffallend tritt der imposante Viehstand der Vereinigten Staaten gegenüber den Ländern Europas hervor, wohin sich insbesondere der Vieh- resp. Fleischexport richtet. Die stärkste Rindviehhaltung findet sich in Österreich, die schwächste in **Italien**, wo die Ziegenhaltung eine ausgedehnte ist. In Deutschland und Ungarn tritt die Schweinehaltung hervor, obschon hier eine neuere Zählung fehlt. Ebenso überwiegt in Ungarn die Pferdehaltung. In der Fleischschafhaltung nimmt England den ersten Platz ein, wie die folgende Tabelle nachweist.

Schafe:

	Stück	Auf 100 Einwohner
Deutschland	19185362	41,9
Österreich	3841340	17,3
Ungarn	9252123	67,4
Italien	8596108	30,2
Frankreich	22516084	59,8
Großbritannien und Irland	30239620	86,4
Vereinigte Staaten von Amerika	35192074	70,2

Von hervorragender Bedeutung für die Entwickelung der Viehzucht im Deutschen Reiche ist die Konkurrenz der deutschen Viehzucht mit dem Auslande. Dieselbe ergibt sich aus der Ein- und Ausfuhr von Vieh und Viehprodukten in folgender Übersicht:

Gegenstand	1874 Einfuhr	1874 Ausfuhr	1880 Einfuhr	1880 Ausfuhr
	Stück		Stück	
Pferde	67348	26432	59786	17983
Rindvieh	301487	281857	20080	220304
Schweine	995008	479560	1272816	467949
Schafe	257776	723753	173677	1256584
Ziegen	3643	1008	3579	1560
	Zentner		Zentner	
Wolle	1213661	530563	1375346	286506
Butter	228000	423876	129642	273130
Käse	347000	284258	88374	91330
Fleisch	451564	208523	528498	147988

Diese Zahlen zeigen eine Mehreinfuhr von Pferden, Schweinen, Ziegen, Wolle, Käse und Fleisch, dagegen eine Mehrausfuhr von Rindvieh, Schafen und Butter.

Bedeutung der Statistik für die Landwirtschaft. Im Betriebe der Landwirtschaft sind gewöhnlich Ackerbau und Viehzucht verbunden, ohne letztere ist der Betrieb in der Regel unvorteilhaft. Wo man erkannt hat, inwieweit der Ackerbau durch die Viehzucht gehoben wird, hat man für angemessenen Bestand an Vieh gesorgt; denn wo man Wert auf die Rente aus der Viehzucht legt, muß nur vorzügliches Vieh in bester Pflege und Fütterung gehalten und vor allem auch die höchste Verwertung der Produkte ins Auge gefaßt werden. Die Schweiz hat eine Zeitlang in dieser Beziehung bedeutende Rückschritte gemacht gehabt, und diese gaben den Anlaß zu großartigen Verbesserungen im Betriebe der Molkerei, welche jetzt, wo es nur irgend geht, genossenschaftlich betrieben wird. Nordamerika konkurriert mit Erfolg in Käsen auf den englischen Märkten. Am erfolgreichsten aber hat in den letzten Jahren Dänemark sich in dieser Richtung vervollkommnet und den Beweis geliefert, was gute Anleitung und Energie zu leisten vermögen. Seit der Lostrennung der Herzogtümer von Dänemark mußte man mit allem Eifer darauf Bedacht nehmen, die Finanzen des Landes zu heben, und es war ein durchaus glücklicher Griff, dazu die Milchwirtschaft hauptsächlich zu benutzen. Im Jahre 1865 wurden nur 40 Mill. kg Butter exportiert und außerdem 3354500 kg Ölkuchen; die Butter erfreute sich keines besondern Rufes und stand weit hinter der holsteinischen zurück. Im Jahre 1871 betrug der Export schon 95 Mill. kg und wurden 2406000 kg Ölkuchen zur Fütterung eingeführt; die Butter erfreute sich des besten Rufes und trug jährlich 7 Mill. Reichsthaler ein; im Jahre 1873 war der Export sogar schon auf 104 Mill. kg gestiegen. Auch Frankreich liefert vorzügliche Resultate in seiner Milchwirtschaft und behauptet nach wie vor die hervorragendste Stellung in der Geflügelzucht und Geflügelmästung, welche endlich auch in Deutschland anfängt, mehr als bisher beachtet zu werden, aber auch bessere Rente durch die höheren Preise zu bringen.

Die ganze Kette der Veränderung, welche die Landwirtschaft eines Landes mit Hebung der Viehzucht erleidet, kann nicht besser veranschaulicht werden als durch genaue statistische Zahlen. Die folgende Tabelle stellt die **Veränderungen des Viehstandes in Deutschland** in den letzten zwei Jahrzehnten dar:

a) Absolute Zahlen in 1000 Stück:

	Anfang der 60er Jahre	1873	1883
1. Pferde	3194	3352	3522
2. Rindvieh	14999	15777	15785
3. Schweine	6463	7124	9206
4. Schafe	28017	24999	19185
5. Ziegen	1818	2320	2640

b) Auf 100 Einwohner Stück:

1. Pferde	$8,_4$	$8,_2$	$7,_7$
2. Rindvieh	$39,_2$	$38,_4$	$34,_5$
3. Schweine	$16,_9$	$17,_4$	$20,_1$
4. Schafe	$73,_3$	$60,_9$	$41,_9$
5. Ziegen	$4,_8$	$5,_7$	$5,_8$

Danach ergibt sich eine sehr bedeutende Abnahme bei den Schafen, bei den andern vier Viehgattungen eine absolute Zunahme, insbesondere bei Schweinen und Ziegen, und zwar haben die Pferde in dem letzten Dezennium von 1873 ab um 5 Prozent, das Rindvieh um $0,_1$ Prozent, die Schweine um $29,_3$ Prozent, die Ziegen um $13,_8$ Prozent zugenommen, die Schafe haben sich dagegen um $23,_3$ Prozent vermindert.

Da innerhalb der Gebietsteile des Reiches die klimatischen und wirtschaftlichen Verhältnisse große Verschiedenheiten zeigen, so dürfen auch solche innerhalb der Viehhaltungen erklärlich sein. So kommen auf 100 Einwohner im Bezirk Gumbinnen $21,_2$ Pferde, in Oberfranken, wo die Ochsengespannhaltung sehr verbreitet ist, nur $1,_4$; in Schleswig-Holstein kommen auf 100 Einwohner $64,_9$ Stück Rindvieh, in Rheinhessen nur $21,_9$; in der Landdrostei Lüneburg berechnen sich 60, in der Kreishauptmannschaft Zwickau 6 Stück Schweine; im Bezirk Stralsund 220, in Rheinhessen nur $0,_6$ Stück Schafe auf 100 Einwohner.

Was die Bodenbenutzung im Deutschen Reiche anbelangt, so kamen 1878 von je 100 ha der Gesamtfläche auf

Äcker, Gärten, Weinberge	$48,_5$ ha
Wiesen und Weiden	$19,_5$ „
Forstland	$25,_7$ „
Hausräume, Ödland ꝛc.	$6,_3$ „

Diese Zahlen zeigen deutlich die Zukunftsrichtung unsrer Landwirtschaft an; mit dem zunehmenden Bedarf für tierische Produkte muß der Viehstand und für diesen der Futterbau vermehrt werden, mit der Vermehrung des Futterbaues vermindert sich die dem Getreide zu widmende Fläche, gewinnt aber das Feld in doppelter Beziehung, weil die Futterpflanzen und der reichlichere Dünger zur Verbesserung beitragen. Die kleinere Fläche trägt reichlichere Körner, der Getreidebau wird konkurrenzfähiger. Damit allein kann aber der Kampf um das Dasein dem Landwirt noch nicht genug erleichtert werden. Er muß auch darauf achten, den vermehrten Viehstand zu verbessern, die reichlichere Fütterung nur an vorzügliche Tiere zu wenden, und in dieser Beziehung hat man in den letzten Jahrzehnten Fortschritte gemacht, welche ganz außerordentlich genannt werden müssen, besonders in England. Die heutigen sogenannten „Kulturrassen" lassen sich gar nicht mehr mit den früheren Landrassen oder Naturrassen vergleichen. Die Tiere sind unter der Hand des Menschen leistungsfähiger geworden, vielleicht unter Umständen auf Kosten der Schönheit der Formen, vom

Gesichtspunkte der Ästhetik betrachtet, und allerdings häufig auf Kosten der Gesundheit und Lebensdauer. Bis zu gewissem Sinne kann man sagen, daß die Zwecke des Züchters die Ausbildung krankhafter Anlagen verfolgen; die bis in das fast Unglaubliche gesteigerte Milchergiebigkeit ist ohne Zweifel eine solche und die künstlich ausgebildete erstaunliche Schnellreife und Mastfähigkeit bei unsern Schlachttieren ist nichts andres als künstlich gesteigerte Fettsucht.

Es ist aber dem Landwirte nicht nur gelungen, beim einzelnen Individuum gewisse, für die Verwertung vorteilhafte Eigenschaften künstlich hervorzurufen, sondern auch in ganzen Viehherden diese allmählich zur Vererbung zu bringen und besonders geeigenschaftete Rassen zu schaffen.

Fig. 263. Profil eines Ochsen der Landrasse.

Die Viehzucht der Jetztzeit unterscheidet sich hauptsächlich dadurch von der früherer Zeiten, daß sie die Viehstämme nach verschiedenen Richtungen hin ausbildet, in jeder wünschenswerten Richtung das Vollkommenste zu erreichen sucht und solche Kulturrassen zu züchten versteht, welche untereinander weit größere Verschiedenheiten zeigen als die im Verlaufe der Jahrhunderte unter dem Einflusse lokaler Einwirkungen entstandenen natürlichen Rassen. Die Veränderbarkeit der tierischen Formen hat sich der Landwirt längst zu nutze gemacht und zu Darwins geistvoller Erklärung der Entstehung der Arten das wertvollste Material geliefert. England leuchtet hierin voran; dort hat man die Landrassen nach den verschiedensten Richtungen hin zu veredeln verstanden, einzelne individuelle Abweichungen zu gunsten der Zwecke des Tierzüchters festzuhalten und in den Nachkommen zu steigern gewußt, und so allmählich Formen geschaffen, welche dem Willen des Menschen und seinen Zwecken am vollkommensten entsprechen. An Stelle des hochbeinigen, starkknochigen, sich langsam entwickelnden Landviehes traten schnellwüchsige, mastfähige Rassen mit vollen, abgerundeten Formen, kurzen und feinen Gliedmaßen, feinem Kopf und breitem Rücken. Die wertlosen Teile traten zurück und wurden durch wertvolles Fleisch ersetzt.

Fig. 264. Profil eines Ochsen der Mastrasse.

Der Engländer legt aber auch Wert auf möglichst viel gutes Fleisch; er weiß, daß nicht jeder Teil eines Ochsen gleichwertiges Fleisch hat, sondern daß einzelne Partien vor andern durch Güte, Wohlgeschmack, durchwachsenes Fett u. s. w. sich auszeichnen. Er verkauft das Tier nicht zu gleichen Preisen nach Gewicht, sondern nach der Güte der einzelnen Teile, und der Züchter weiß deshalb, daß er mehr lösen kann, wenn die besten Partien relativ vollkommen ausgebildet sind. Er züchtet Tiere und Rassen, welche auch dem entsprechen.

Wir versuchen durch unsre Abbildung Fig. 265 dem Leser einen Begriff zu geben, in welcher Weise in England das Wertverhältnis der verschiedenen Fleischsorten aufgefaßt wird.

Die mit 1 bezeichnete Partie gilt für das beste Stück, dann kommt der Güte und auch dem Preise nach 2, hierauf 3 u. s. f. Diese Art, das Fleisch zu verkaufen, ermöglicht jedem den Genuß; dafür, daß der Reiche sehr viel mehr zahlt als bei uns, kauft der minder Bemittelte billiger als bei uns (bis herab zu 30 Pfennig pro Pfund).

Minder in die Augen fallend, aber kaum weniger hervorragend sind die Leistungen im Gebiete der Schafzucht, in welcher Deutschland lange Zeit hindurch die hervorragendste Rolle gespielt hat; je nach den Anforderungen des Marktes weiß man hochfeine und minder feine, kurze und lange Wolle zu produzieren, Wollschafe oder Fleischschafe zu züchten. Auch das Pferd hat sich dem Menschen dienstbar erweisen müssen und ist in seiner Hand zur bildsamen Form geworden, hier zum Renner mit ausschließlicher Lauffähigkeit für kurze Zeit, dort zum ausdauernden Jagdpferd oder zum Zugpferd u. s. f. herangezüchtet.

Vordem hatte man überall, wie auch heute noch für den kleineren Mann, Rassen, welche möglichst allen Gebrauchszwecken dienen konnten, beim Rindvieh z. B. für Zug, Milch und Mast, so gut es eben gehen wollte; heutzutage züchtet man auch Rassen mit der hervorragendsten Befähigung nach einer dieser Richtungen auf Kosten der übrigen.

Unter dem Rindvieh bezeichnet man mit dem Namen Allemanns- oder Armemannskuh ein Rind, welches das Beste in der Vereinigung der Leistungen, um derentwillen überhaupt Rindvieh gehalten wird, leistet, also zum Zuge zu gebrauchen ist, dabei leidlichen Milchertrag liefert und nach genügender Gebrauchszeit sich noch gut mästen muß. Solche Rassen sind und bleiben hoch schätzbar für den kleineren Landwirt; die Engländer selbst nennen das Vieh von Pembroke das nützlichste Vieh von England, weil es hervorragend in dieser Beziehung ist. Nicht minder hervorragend ist in Frankreich nach gleicher Richtung hin das Bretagner Vieh, von welchem gesagt wird, daß man es hätte erfinden müssen, wenn es nicht da wäre. In Deutschland haben wir in vielen Landschlägen nicht minder gutes, leider aber auch zu viele Versuche gemacht, es in unrichtiger Weise zu vervollkommnen durch Kreuzung mit Rassen, welche hervorragend in der Spezialleistung sind, also mit Tieren, wie sie sich für den größeren Landwirt eignen. Vorzüglich als Milchvieh bleiben hier die Holländer mit ihren verwandten Stämmen, in England das jetzige Vieh von Ayrshire, in Österreich die Mürzthaler. Als Mastvieh kommen in Betracht die Shorthorns, die schleswig-holsteinischen Marschrassen, die Charolais. Deutschland und Österreich besitzen in den Franken, den Egerländern und Vogtländern, den Pinzgauern gutes Zugvieh, ebenso Ungarn in seinen verbesserten Schlägen des ursprünglich podolischen Viehes. Für den größeren Landwirt ist das Pferd das eigentliche Zugtier. — Nicht mehr, wie vordem, findet man auf unsern Gütern alle Arten von Vieh und jede Art von Haltung und Zucht. Die Arbeitsteilung macht sich auch hier geltend. Im Bezirke der großen Städte ist außer dem Zugvieh nur noch die Milchkuh am Platze, und auch diese nur in der Haltung, nicht als selbstgezogenes Vieh (frischmelkende Kühe mit Zukauf). Im Umkreise von großen Zuckerfabriken und Brennereien kann nur Mastvieh am Platze sein. In die Gebirgsgegenden muß die Aufzucht verlegt werden; auf leichterem Boden herrscht die Schafzucht vor, auf den trockenen Höhen der Kreide-, Jura-, Muschelkalk- und Keuperformation die Zucht auf feine Wolle, in den fruchtbaren Niederungen das Mastschaf und der Mastochse und in den grasreichen Ebenen oder Gebirgen die Butter- und Käsewirtschaft u. s. w.

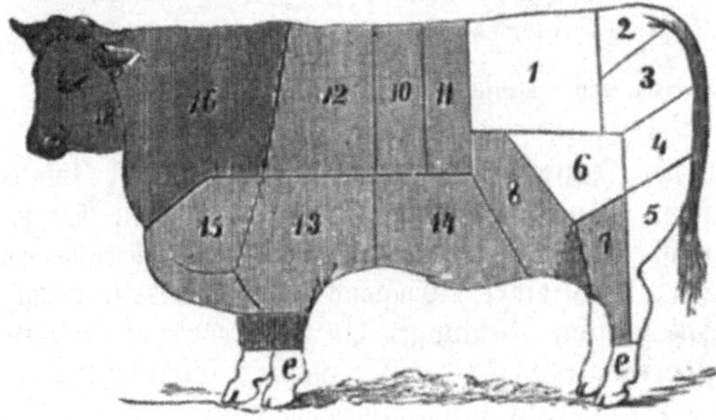

Fig. 265. Einteilung des Schlachtviehes in England.

Krankheiten. Rußlands Viehherden werden beständig bedroht durch die verheerende Rinderpest, eine Krankheit, welche auch andres Vieh ergreift und unter dem vorderasiatischen und südrussischen Steppenvieh heimisch ist; ein Mittel dagegen gibt es nicht; der Krankheitsstoff überträgt sich durch alles, was mit dem Vieh in Berührung kommt. Nur das sorgsame Absperren aller der Krankheit verdächtigen Tiere und das sofortige Tödten und Verscharren der wirklich erkrankten kann gegen die enormen Verluste schützen, welche diese schreckliche Krankheit mit sich führt. Zeitweise verschleppte sie sich von Rußland oder den Donaufürstentümern oder von Österreich nach dem Westen; aus dem vorigen Jahrhundert kennt man Jahrgänge, in welchen die Viehherden mehr als dezimiert wurden. Vor mehreren Jahren brachte eine Schiffsladung mit russischem Vieh aus Odessa die Krankheit nach England, von da nach den Niederlanden und an den Rhein. Infolge sehr sorgloser Behandlung erlitt England einen Verlust von über drei Millionen Stück seiner höchst wertvollen Rindviehherden; Holland verlor einige hunderttausend Stück; in Deutschland verhinderte die energische Handhabung der Absperrung und Tödtung größeren Schaden. Andre gefährliche Krankheiten sind beim Rindvieh noch besonders die Lungenseuche, die Maul- und Klauenseuche, der Milzbrand, Lähme, Räude, Pocken, bei Pferden Rotz, Koller, Druse, Koliken und überhaupt Krankheiten der Gedärme, dann solche der Hufe, Sprunggelenke u. s. w., Mauke und Augenkrankheiten, bei Schafen besonders Räude, Pocken, Drehkrankheit, Milzbrand, Koliken, Traberkrankheit, Ruhr, Lungen-, Maul- und Klauenfäule, bei Schweinen analoge Krankheiten und die ihnen eigentümlichen Finnen und Trichinen, welche letztere den Schweinen selbst weniger zu schaden scheinen als dem Menschen.

Die genannten Krankheiten sind teils den Tieren von Haus aus eigentümliche, teils infolge der Haltung, Fütterung und Benutzung entstandene. Im allgemeinen kann jedoch gesagt werden, daß alle unsre Haustiere unter der pflegenden Hand des Menschen weniger von Krankheiten zu leiden haben als in freiem Zustande, dagegen aber auch weichlicher geworden sind und zum Teil ihre Fruchtbarkeit einbüßten, trotzdem man bei einzelnen Rassen auch diese beträchtlich zu steigern verstanden hat.

Die Akklimatisation der Haustiere. Es ist so gut wie unbekannt, wann dieselbe begann, und was man immer auch darüber aufgestellt hat, ist nicht mehr als Hypothese.

Der Hund scheint der erste Gesellschafter der Menschen gewesen zu sein, wenigstens finden sich in der Schweiz und in Dänemark in den Überresten der Pfahlbauten Hundeknochen, untermischt mit Resten von Kochgeschirren und Küchenabfällen. Dann dürfte das Schaf, das wild fast über die ganze nördliche Erdhälfte verbreitet vorkam, sich dem Menschen zunächst angeschlossen haben; später das Rind, die Ziege, das Pferd, früher aber noch der Esel. Das Schwein, so wird allgemein angenommen, stammt von dem noch jetzt in Deutschland lebenden wilden Schweine ab. Die Hauskatze tritt erst in historischen Zeiten als Mäusefängerin auf; im nördlichen Europa waren die Katzen noch im 12. Jahrhundert sehr selten. Die Hauskatze stammt aus Ägypten, durchaus nicht von der in unsern Wäldern noch vorkommenden wilden Katze.

Unter dem Geflügel mag die Taube zuerst die Gesellschaft der Menschen gesucht haben; die Hühner wurden schon im frühsten Altertume gezüchtet. Die Gänse scheinen zuerst in Ägypten gezogen worden zu sein; bei den alten Griechen waren sie sehr gemein. Die in allen, aber vorzugsweise in den kälteren Himmelsstrichen verbreitete Graugans wird als die Stammmutter des Geschlechts angesehen. Später als die Gans ist die Ente zum Haustiere geworden; es ist ungewiß, wo sie herstammt. Der Schwan hat seinen Ursprung in den nördlicheren Gegenden Asiens und Europas. Bei Beschreibung der einzelnen Arten wird auf ihren Ursprung zurückzukommen sein.

Es ist schon in der Einleitung zum ersten Bande dieses Werkes bemerkt worden, wie durch die Züge Alexanders die Anschauungsweise der Griechen erweitert wurde. Namentlich zeigte sich dies in dem Aufschwunge, welchen die Zucht der Haustiere in der folgenden Zeit nahm. In Persien bestanden bereits großartige Tiergärten, sogenannte Paradiese, in denen die merkwürdigen oder schönen und nützlichen Tiere gehegt und gepflegt wurden. Von da kam die Liebhaberei nach Griechenland; bei den Römern überwucherte sie dermaßen alle Vernunft, daß sie Ursache der lächerlichsten Verschwendung wurde. Die Argonautenfahrer sollen den Fasan nach Griechenland von dem Flusse Phasis gebracht haben; er wurde bald berühmt und galt bei den Gastronomen Roms sehr viel. Karl der Große züchtete ihn in Deutschland, und bereits im 16. Jahrhundert war dieser Vogel hier so verwildert, daß auf ihn in den Jagdordnungen Bedacht genommen wird. Der Goldfasan lebt halbwild in China. Pfauen und Papageien wurden von Alexander dem Großen aus Asien nach Griechenland geschickt, bei den Römern wurden die ersteren gegessen, und sie scheinen daher ziemlich häufig gewesen zu sein; in Deutschland haben sie sich erst seit dem 14. Jahrhundert verbreitet. Das Perlhuhn stammt aus dem nördlichen Afrika.

Außer diesen Tieren, welche sich in den neuen Ländern bald das Bürgerrecht erwarben, wurden aus fernen Gegenden, besonders nach Rom, große Mengen andrer merkwürdiger Tiere gebracht, teils um durch ihre Erscheinung dem Volke ein Schauspiel zu geben, teils um in den barbarischen Kampfspielen mitzuwirken, wo sie gewöhnlich auf die allerroheste Weise hingeschlachtet wurden. Strauße, Löwen, Panther, Giraffen, Bären, Elefanten, Krokodile, Tiger, Hyänen, sogar Nilpferde, Nashorne, Hirsche, wilde Esel, wilde Pferde, wilde Schweine und Bergschafe wurden zu diesen greulichen Schlächtereien herbeigeschafft, und nicht etwa in einzelnen Exemplaren, nein zu vielen Hunderten. Der Kaiser Probus ließ bei seinem Triumphe im Zirkus einen Wald errichten, in welchem 1000 Strauße, 1000 Hirsche, 1000 wilde Schweine, 1000 Damhirsche, 100 männliche und ebensoviel weibliche Löwen, 100 Leoparden aus Lybien und ebensoviel aus Syrien, 300 Bären, Kamele, wilde Bergschafe und noch viele andre Tiere umherliefen, um miteinander zu kämpfen und schließlich von den Gladiatoren erschlagen zu werden.

Wenn auch im Grunde nicht viel achtenswerter als diese unsinnige Verschwendung, so ist der Luxus der römischen Küche insofern von segensreicheren Folgen begleitet gewesen, als durch die systematische Züchtung gewisser Tierklassen diese besondere Beförderung erhielt. Namentlich war es die Fischzucht, welche vervollkommnet wurde. Pipertius Optatus verpflanzte den Springfisch oder Papageifisch aus dem Griechischen in das Toscanische Meer, wo er jetzt noch sich aufhält und seines Fleisches wegen hochgeschätzt wird.

Im Mittelalter haben sich die Araber besonders um die Züchtung und Akklimatisation edler Tierrassen viele Verdienste erworben; sie hatten edle Pferde an den Hof Karls des Großen gebracht, sie führten die Merinos in Spanien ein und gaben dem Kamel eine weitere Verbreitung. Auch das Stachelschwein verdankt ihnen Südeuropa, namentlich aber die Pflege und Zucht der Seidenraupe.

Aus Amerika kam einige Jahrhunderte später der Truthahn, das Meerschweinchen und die Bisamente zu uns. Die Kochenille wurde aus Mexiko nach Kalkutta und Madras, nach Spanien und Corsica und 1827 nach den Kanarischen Inseln übergeführt, wo das Insekt ausgezeichnet gedeiht. Im Austausch dafür wurden in die neu entdeckten Länder die Produkte der Heimat verpflanzt. Hühner und Gänse nahm Kolumbus mit nach Hispaniola, Karpfen versetzte man in die süßen Gewässer Amerikas und die Seidenraupe bürgerte sich bald ein. Am treuesten aber blieb den Weißen bei ihrem Vordringen nach dem Innern die Biene, welche in gleichen Richtungen, aber selbständig, ihre Eroberungszüge ausführt und jetzt durchschnittlich an 280 km jährlich gegen Westen vorrückt. Im Jahre 1675 wurden die ersten Bienen nach Amerika gebracht, 1797 waren sie noch nicht bis zum Mississippi gelangt, aber 14 Jahre später kommen sie schon 840 km darüber hinaus, am Missouri, vor.

Durch die Spanier sind Pferde und Rinder in Amerika und anderwärts, durch Cook auf den Inseln der Südsee auch Schweine verbreitet worden, die zum Teil verwilderten, und jetzt sind die Akklimatisationsversuche nach jenen Gegenden wieder mit erneutem Eifer in Angriff genommen worden. Man will die Kamele dort einheimisch machen, wie man es mit den Schafen schon gethan hat. Sperlinge, Nachtigallen und Fasanen sind in großen Mengen dort und anderwärts eingeführt worden, aber während sich die letzteren sehr gut eingewöhnt haben, soll sich der Spatz noch nicht häuslich einrichten wollen, wenigstens nicht überall gleich gut.

Es hat sehr lange Zeit gedauert, ehe die Naturforscher die Wichtigkeit der Akklimatisierung fremder Pflanzen und Tiere in ihrem vollen Umfange erkannten; wir können Buffon als einen der ersten anführen, welcher immer und immer wieder darauf aufmerksam machte und dazu aufforderte. Indessen hatten seine höchst praktischen Ermahnungen keinen großen Erfolg; erst als die englischen Grundbesitzer im vorigen Jahrhundert zunächst aus Liebhaberei anfingen, ihre Hühnerhöfe mit chinesischen Fasanen zu bevölkern, wurde dieser Gegenstand in den Kreis der landwirtschaftlichen Fragen eingereiht. Die Geflügelzucht, welche den ersten Anstoß gegeben hatte, wurde am ersten ausgebildet, endlich aber wendete man auf die gesamte Viehzucht die gemachten segensreichen Erfahrungen an.

Es bildeten sich Akklimatisationsgesellschaften, und große Etablissements wurden angelegt, innerhalb deren den Tieren die gewohnten Lebensbedürfnisse gewährt werden konnten, wie die Farm zu Kingston an der Themse eine derartige Anstalt besaß. Die zoologischen Gärten, die sich jetzt einer immer noch wachsenden Begünstigung zu erfreuen haben, hängen in ihrem ersten Ursprunge mit den systematischen Akklimatisationsversuchen nur lose zusammen. Der Jardin des Plantes in Paris, das älteste Institut dieser Art, war von Haus aus nichts weiter als eine großartige Menagerie, und ebenso hatte der größte Tiergarten Europas, der in Regents-Park in London, anfänglich keinen andern Zweck als den, der Neugierde des Publikums eine anständige Nahrung zu bieten. In der letzten Zeit aber sind hier, wie in allen später entstandenen zoologischen Gärten von Berlin, Frankfurt, Dresden, Hamburg u. s. w., Akklimatisationsversuche als ein wesentlicher Paragraph in das Programm mit aufgenommen worden, und im Bois de Boulogne bei Paris ist seit mehreren Jahren ein großartiges Etablissement lediglich für Akklimatisation eingerichtet worden, dessen Leitung der frühere Direktor des Tiergartens in Regents-Park, Mitchell, übernommen hat.

Auch in Deutschland hat sich in der letzten Zeit ein reges Leben auf diesem Gebiete erkennen lassen, und vorzüglich sind die durch das Berliner Zentralinstitut für Akklimatisation angeregten Bestrebungen bemerkenswert, die bereits eine große Anzahl Zweigvereine hervorgerufen haben.

Hat sich auch im ganzen die Zahl der Haustiere im Verlaufe der Zeiten nur wenig vermehrt, denn sie zählt von den bis jetzt bekannten über 240000 Tierarten kaum mehr als einige 40—50, so liegt doch nicht in einer Vergrößerung dieser Zahl der Schwerpunkt der Akklimatisation. Zunächst ist es eine ihrer Hauptaufgaben, dem als gut Erkannten eine allgemeine Verbreitung zu geben, und sie betrachtet daher einzelne Spezialarten, Rassen, die sich in einer Gegend eigentümlich ausgebildet haben, ebenso als Gegenstände der Einbürgerung und vielleicht noch mit größerer Bevorzugung, als sie ihr Augenmerk auf die Herbeiziehung völlig fremder Tiergeschlechter richtet.

Hoffentlich wird es noch gelingen, nachdem inzwischen auch die Aquarien als höchst wichtige Belehrungsinstitute und Zentralpunkte zum Studium der Tierwelt der Gewässer hinzugekommen sind, mit der Zeit eigentliche Rassegärten zu errichten, welche hauptsächlich den Züchtungszwecken zu dienen hätten; von ihnen wird neben der Unterhaltung und Belehrung auch direkter Gewinn zu erwarten sein.

Von dem hohen Werte, welchen in dieser Beziehung auch die Viehausstellungen haben, brauchen wir wohl nicht besonders zu sprechen. Es liegt auf der Hand, daß die erweiterte Kenntnis, welche der direkten Anschauung entspringt, die Vergleichung, die hier ermöglicht ist, der Sporn und die Anreizung, welche der Ehrgeiz erhält, dem guten Neuen einen raschen Eingang sichern, wie sie auch zur Hervorbringung von immer Vollkommnerem veranlassen. — Hohe Prämien, welche dabei zur Verteilung kommen, sind geeignet, eine wesentliche Triebfeder zur Vervollkommnung der Tierzucht zu bilden, denn sie reizen an sich durch ihren Wert, indirekt aber durch die erhaltene Auszeichnung, welche den Herden des Prämiierten einen höheren Verkaufswert sichert.

Leistungsfähigkeit. Die höchste Leistung in Mastvieh beim Rinde war bis jetzt der sogenannte Ochse von Durham, welcher im zehnten Jahre 1739 kg schwer war und für 42000 Mark verkauft wurde, um ihn für Geld sehen zu lassen. Nach einer schweren Erkrankung erlangte er sein früheres Gewicht nicht wieder; ausgeschlachtet hatte er aber doch noch 1310 kg Schlachtgewicht: 1161 kg Fleisch, 78 kg Haut und 71 kg Talg; auf dem Rücken soll er eine Fettschicht von 23 mm, auf den Hüften eine solche von 30 mm gehabt haben. Das Schlachtgewicht repräsentiert $86{,}_6$ Prozent vom Lebendgewicht; in der Regel kommen Mastochsen nicht über 70 Prozent und erreichen in den größten Schlägen nur sehr selten über 25 Zentner Lebendgewicht.

In bezug auf Rindvieh nimmt man an, daß die Kälber im Durchschnitt mit $^1/_{10}$ bis $^1/_{12}$ Gewicht der Mutter zur Welt kommen; an Zunahme kann man bei Mastvieh mit 1 kg pro Tag schon zufrieden sein, hat aber schon bis $2^1/_2$ kg erreicht. Einzelnen Züchtern ist es gelungen, innerhalb Jahresfrist das Gewicht der Mutter erreicht und selbst übertroffen zu haben, während normalmäßig das Rind erst in vier bis fünf Jahren völlig ausgewachsen ist. Frühreife ist das Ziel, welches man bei denjenigen Herden zu erreichen sucht, welche zur Schlachtbank bestimmt sind; je früher die Auslagen durch den Verkauf wieder erlangt werden, um so größer die Rentabilität.

Milchvieh muß ganz anders gezüchtet werden; hier kann Schnellreife nicht nutzen; die höheren Aufzuchtskosten muß der spätere Erlös, der Nutzen aus der Haltung, bezahlen; gute Milchkühe hält man, solange es nur geht, und wer einen guten Stamm davon besitzt, ist sorgsamst bemüht, ihn sich zu bewahren. Der höchste bis jetzt bekannte Jahresertrag einer Kuh an Milch betrug auf der Domäne Heinrichsberg, Provinz Sachsen, 8476 l. Unsre besten Milchkühe — Holländer, Schweizer, englische Rassen und Allgäuer — geben im Durchschnitt nicht viel über 3000 l. Gewöhnliche Landkühe geben 1500—2500 l. Für den praktischen Landwirt handelt es sich jedoch nicht darum, welche Kuh die meiste Milch gibt, sondern welche Kuh das Futter am besten ausnutzt und den größten Reinertrag abwirft.

In der Schafzucht ist das Problem noch zu lösen, in einem Individuum hochwertige Wolle mit hohem Fleischgewicht zu vereinigen; man züchtet Fleischschafe als solche, die größten in England bis zu 125, selbst 150 kg Schlachtgewicht, und Wollschafe — grob- und feinwollige. Die edelsten Wollen liefern die Merinos, kleine Tiere mit kaum über 20—25 kg Schlachtgewicht, aber einer so feinen Wolle, daß ehedem bis 600 Mark und darüber pro Zentner erlöst wurden; jetzt erzielt man für die beste Ware kaum noch über 390 Mark, weil die Industrie gleich wertvolle Gewebe auch aus minder guten Wollen zu fertigen versteht. Feinste Schafe tragen im Durchschnitt der Herden bis etwas über $^1/_2$ kg pro Kopf, die englischen Fleischschafe über 3 kg, und einzelne Exemplare geben selbst bis 6 kg und mehr, freilich aber Wolle von minderer Güte. Für ausgezeichnete Woll- und Fleischtiere zahlt man gegenwärtig noch enorme Preise, bis an 3000 Mark und darüber; vordem lösten einzelne Böcke selbst 10000 Mark. Bei Auktionen guter Herden erzielt man je nach Rasse noch Durchschnittspreise von 200—1000 Mark.

Bei Schweinen kommt bloß die Gewinnung von Fleisch und Speck oder die Erzielung sehr fruchtbarer Tiere in Betracht. Das Schwein bringt sehr rasch seine Verwertung und erlangt das höchste Schlachtgewicht, bis zu 96 Prozent des Lebendgewichts. Die Ziege wird mehr und mehr auf Gebirgsgegenden beschränkt; da, wo Waldschutz notwendig ist, erweist sie sich als nachteilig; sie bleibt das Milchvieh des kleinen Mannes.

Landwirtschaftliche Nutztiere.

Das **Pferd** ist unstreitig das edelste der an die Gesellschaft des Menschen gewöhnten Haustiere. Es war nach der Mythologie von Poseidon, dem Gott des Meeres, geschaffen, als er mit Athene, der Göttin der Weisheit, um die Provinz Attika stritt, deren Besitz im Rathe der Götter von der nützlichsten Gabe abhängig gemacht worden war. Obwohl Athene mit dem Ölbaum siegte, wurde doch das edle Roß ein Gegenstand hoher Verehrung. Dem Dienste der Menschen wurde es verschiedenen Mythen nach von Kastor oder Bellerophon, von den Amazonen oder Centauren gewidmet. Mit dem Flügelrosse Pegasos, welches aus dem Blute der Medusa entstand, besiegte Perseus das Ungeheuer Ketos und Bellerophon die Chimära und die Amazonen. Die rosenfarbenen Rosse Lampos und Phaethon zogen den goldenen Wagen der Eos, die Seepferde Enkelados, Rhenoe, Eriolo und Glaukos den Wagen des Meergottes Poseidon und feurige Sonnenrosse den Wagen des Helios.

Aber nicht allein mit der Göttergeschichte ist das edle Roß verwachsen, auch in der Kulturgeschichte und in dem Leben der Menschen tritt sein Ansehen hervor. Die alten Ägypter verwendeten ein sehr edel gestaltetes mittelgroßes Pferd vor ihren Streit- und Jagdwagen sowie auch zum Reiten, wie die alten Skulpturen auf ihren Bauwerken zeigen. Als Gebrauchstier wird das Pferd 1860 v. Chr. bei Jakob erwähnt. Als berühmte Reitervölker galten die Skythen, von denen die Griechen zuerst die Benutzung des Pferdes zum Reitdienst kennen lernten. Alexander der Große bändigte den Bukephalos und baute ihm zu Ehren die Stadt Bukephala. — Die Bewohner Britanniens traten Cäsar, welcher selbst treffliche Reitergeschwader besaß, auf seinem Kriegszuge auf Streitwagen entgegen. Caligula hielt seinem Lieblingspferde einen Hofstaat und wollte es sogar zum Konsul ernennen, als es glücklicherweise starb. Der Brilliader des tapfern Roland, der Vogliantino Oliviers, die Gazelle Balduins, der Rosinante Don Quichottes und andre leben in den Liedern der Dichter und in dem Munde des Volkes. In der Bibel besingt Hiob das Pferd. Der König Salomo legte Stutereien an, bis auf welche noch heute die Stammbäume edler arabischer Rassen zurückgeführt werden. Er betrieb den Pferdehandel als ein Regal der Krone. Die Perser opferten der Sonne weiße Pferde; Karthago wählte das Roß zum Symbole; die Hunnen und Skythen aßen, tranken und schliefen auf den Pferden, und manche Völkerschaften verbrannten das Schlachtroß mit der Leiche des Herrn. Die alten Esthen hielten Pferdeorakel, welche bei Opfern den Ausschlag gaben. Es wurde ein heiliges Pferd herbeigeführt, dessen linker Fuß der Gnadenfuß, der rechte der Todesfuß war. Schritt es mit ersterem über die auf den Boden gelegte Lanze, so wurde das Opfer begnadigt.

Fig. 266. Arabisches Pferd.

Die alten Wenden verehrten auf der Insel Rügen zu Arkona das dem Gotte Swantewit geweihte weiße Roß, welches nur der Hohepriester füttern und reiten durfte. Auch sie hatten ihre Orakel und zu Sedinum (Stettin) wurde ein ungerittenes schwarzes Roß vor Raub- und Kriegszügen dreimal über neun Spieße hin- und zurückgeführt. Die alten Germanen fütterten weiße Pferde in heiligen Hainen und deuteten aus dem Wiehern derselben Glück oder Unglück im Streite, denn man schrieb ihnen die Mitwissenschaft der Priestergeheimnisse zu.

Das Mittelalter entkleidete die Verehrung des Rosses ihrer religiösen Beziehungen, schuf aber zwischen Ritter und Roß das intimste Verhältnis und entlehnte von letzterem für erstere das Wort Chevalier. Stuten zu reiten galt in Spanien für unadlig. Ein Erzbischof von Salzburg hatte 117 Pferde im geistlichen Stalle, während die Armen des Sprengels darbten. Die Marställe der Großen glichen Palästen, und wie es schon zur Zeit der Karolinger Stallgrafen gab, so ist noch heute der Oberstallmeister einer der Höchstangestellten im Staate.

Die beste Würdigung läßt der Araber seinem Pferde angedeihen; sie ist fern von jener oft lächerlichen Abgötterei, die früher und bis jetzt mit Luxuspferden getrieben wurde, aber ebenso fern von den Plagen, welche der Unverstand über dies edle Tier verhängt und unter denen Wettrennen, das Todtjagen an Wagen, übermäßiges Aufbürden von Lasten und Verunstalten des Körpers, wie das Englisieren, mit obenan stehen. „Wenn Leiden hienieden zur Fortdauer berechtigen, so dauern die Pferde fort, und herrscht dort Wiedervergeltung, so reiten sie auf ihren Reitern", sagt Swift; — wenn er nur recht hätte!

In der That vermag sich mit dem Rosse kein andres Tier an inneren und äußeren Schönheiten zu vergleichen. Feuer und Mut, Klugheit und Treue, Majestät und Schönheit sind seine Attribute, wenn sie der Mensch nicht durch Mißbrauch oder Tyrannei herabwürdigt. Seine Wildheit ist Stolz, sein Mut fürchtet weder Feuer noch Abgrund, seine Schnelligkeit beschämt den Wind, und den Adel des Blicks teilt es nur mit seinem Beherrscher, dem Menschen, von welchem es leider auch die schlechten Leidenschaften annehmen kann. Als eine Abteilung Spanier im Dreißigjährigen Kriege in Jütland sich einschiffen mußte, ließ sie ihre edlen Andalusier frei; von den Schiffen aus mußte man zusehen, wie die Tiere sich zerfleischten, in langem Kriege an Kampf und Schlacht gewöhnt. Von dem edlen Rosse Arabiens bis zum sibirischen Wildpferde stufen sich unzählige Rassen ab.

Ob die Heimat des Pferdes in den Steppen Hochasiens zu suchen ist, ob die wilden Pferde der mongolischen Wüste Gobi einer Urrasse angehören, ist nicht aufgeklärt; daß es aber in frühen Zeiten nur der Alten Welt angehörte, ist zweifellos. Klima, Zucht und Umstände erzeugten nach und nach eine Menge Gattungsunterschiede in Gestalt, Farbe und Leistungsfähigkeit. Man betrachte nur einzelne Teile des Tieres. Da gibt es lange, kurze, breite, Rams-, Schweins-, Hecht- und Keilköpfe; gerade, Karpfen- und Senkrücken; kleine, große, steife, bewegliche und schlappe Ohren; ferner runde, hohe, platte, Zwang- und Spalthufe und Kreuze, Beine, Hälse und Mähnen aller Art. Die Größe schwankt von 1—2,$_{20}$ m; das Alter hängt von der Rasse, dem Gebrauche und dem Zustande ab. Aristoteles erzählt von einem 69jährigen Pferde, aber auf 25 Jahre kann man durchschnittlich die Grenze der Brauchbarkeit und auf 40 Jahre die der Lebensdauer annehmen.

Fig. 267. Englisches Vollblutpferd.

Die Farbe des Pferdes ist sehr verschieden. Man unterscheidet eine Unmasse von Nüancen, welche die Übergänge der Hauptfarben Schimmel, Rappen, Füchse, Braune, Falben, Isabellen, Tiger und Schecken vermitteln. Zu den Grundfarben treten noch die Abzeichen an den Extremitäten, z. B. am Kopf: Stern, Blässe, Schnippe (Fleck an der Oberlippe), Krötenmaul; an den Füßen: Stiefel, weiße Köthe, weiße Fessel, weiße Krone.

Das Ideal des Pferdes an äußerer Schönheit, sagt Masius in seinen Naturstudien, ist heute noch, wie in den Blütetagen Assyriens und Persiens, das arabische Roß (s. Fig. 266). Dort, wo der silberne Achos und Arios die hyrkanischen Ebenen von Nicäa bewässerten, weideten jene aus Feuer und Wind geborenen Rosse, zu deren Stammmutter Allah sprach: „Ich habe dich erschaffen ohnegleichen; die Güter der Welt werden zwischen deinen Augen ruhen; ich will dich glücklich machen vor allen Tieren, denn stets wird Liebe zu dir im Herzen der Menschen wohnen. Du wirst fliegen ohne Flügel und deinen Rücken werden nur besteigen, die mich erkennen." — In bezug auf Leistungsfähigkeit dagegen steht das englische Vollblutpferd obenan, in dessen Adern zwar auch arabisches Blut mit rollt.

Dem Pferde verwandte Arten sind: das **Zebra**, das **Quagga**, der **wilde Esel**, das **Dschiggetai** oder der **Halbesel** und der **Dauw** oder das **Tigerpferd**; davon haben Esel, Halbesel, Tigerpferd und zum Teil auch die orientalischen Pferde fünf Lendenwirbel, die andern alle deren sechs.

Aus der Paarung von Pferd und Esel entsteht das **Maultier**, wenn ein weibliches Pferd mit dem männlichen Esel gepaart wird, und umgekehrt der **Maulesel**; erstere Tiere sind weit wertvoller als diese und werden in Südeuropa viel zum Fuhrwerk, selbst an eleganten Chaisen, gebraucht; bei uns sieht man sie öfters in Badeorten an Droschken. In Spanien und Italien bilden sie die Bespannung der Bergartillerie und den Trainpark; sie sind genügsamer als Pferde, gesünder, ausdauernder und im Gebirgsland zuverlässiger, weil sicherer in der Gangart; sie vermögen aber die Lasten, welche gute Pferde überwinden, nicht zu bewältigen und stehen ihnen in der Schnelligkeit weit nach. In der Landwirtschaft sind sie für Bearbeitung in den Reihen bei Drillkulturen sehr brauchbar, weil weit schmaler im Hufe gebaut. Der **Esel** ist hauptsächlich Lasttier, weit kleiner als das Pferd, genügsamer, gesünder, aber etwas langsam, störrig und tückisch.

Fig. 268. Das Maultier.

Von den Pferden unterscheidet man folgende Arten:

Das **nackte Pferd**, ganz haarlos, in Abessinien und in Asien zu Hause. Das **Zwergpferd**, die Stammart aller Ponies. Diese finden sich noch wild in Sardinien und Corsica; hochgezogene Arten hat England in seinen verschiedenen Rassen; die kleinste Sorte bilden die **Shetlands-Ponies**; ein englischer Offizier soll ein erwachsenes Exemplar der Königin Viktoria unter dem Arme in das Zimmer gebracht haben. Das **orientalische Pferd**, von welchem alle edlen Pferde abstammen; das **leichte Pferd** und das **schwere Pferd**, letzteres am vollkommensten in den schweren flandrischen Karrenpferden, wie man sie in großen Städten hauptsächlich bei den Bierbrauern findet, Tiere mit breiten, zottigen Füßen, außerordentlich starkem Kopf, Hals und Rücken, von einer Höhe, daß selbst ein großer Mann nicht über sie hinwegsehen kann. Ähnlich sind die schweren englischen Karrenpferde, benannt nach der Heimat: Suffolk, York, Cleveland. In Frankreich waren von jeher berühmt die Boulogner, Ardenner, Bretagner und Pikarden; neuerdings werden von dort aus am meisten die **Percherons** als gute Pferde für schweres Fuhrwerk verbreitet. Deutschland hat seine Oldenburger, Hannoveraner, Ostpreußen, und in Österreich sind besonders die Salzburger und Pinzgauer berühmt.

Unter den edlen Pferden nehmen die Araber die erste Stelle ein; man unterscheidet dort die **Kochleani** von den **Attachi** oder wilden Pferden und von den **Kadischi** oder Pferden von unbekannter Abkunft, und führt die edelsten Tiere bis auf die Lieblingsstuten des Propheten **Mohammed** zurück; die besten Familien führen die Namen derselben. Die Araber halten große Stücke auf ihre Pferde und schätzen die Stuten am höchsten; man verkauft dort fast nur Hengste. Preise bis zu 30000 Mark werden auch heute noch für gute Stuten verlangt. Nicht minder edel von Ansehen, aber minder geschätzt, sind die ägyptischen, die persischen Pferde, die Berber, die nubischen Pferde und die Turkmenen.

Alle diese bilden den Inbegriff der orientalischen Pferde; sie zeichnen sich vor allen andern durch ihre Ausdauer und Unverwüstlichkeit aus; gute Araber können 5—6 Tage lang 105—115 km pro Tag den Reiter tragen und nach zwei Tagen der Ruhe wieder ähnliche Anstrengungen aushalten; es ist bekannt, daß in Algier Ordonnanzen in 24 Stunden mit einem Araberpferde bis 250 km, und daß Araber auf der Flucht oder Verfolgung in 36 Stunden 340 km zurücklegten. Das Pferd ist des Arabers Hausgenosse, sein treuester Begleiter und Beschützer. Man erprobt ihre Echtheit durch einen scharfen Wüstenritt, nach welchem die Tiere, schweißgebadet, durch das Wasser müssen; fressen sie, aus dem Wasser kommend, die ihnen vorgehaltene Gerste, dann sind sie als echte Kochleani legitimiert.

Nach Europa kamen schon frühzeitig echte Araber; die besten Zuchten hatten die Mauren in Spanien, die vollendetsten Tiere zog man später in England. Dort geht man in sorgsam geführtem Stammbaume, verzeichnet im großen Gestütsbuch, auf König Karls II. zwölf berberische Stuten und die Hengste Godolphin (Berberpferd), Darley (Araber) und Byerley (Turkmene) zurück; Tiere aus diesen Zuchten nannte man Vollblut; diesen Namen überträgt man aber gegenwärtig überhaupt auf alle diejenigen Tiere, welche am vollkommensten den gewünschten Leistungen entsprechen, also ebenso gut auf Schweine, Schafe, Rinder, Hunde u. s. w. Ursprünglich nahm man an, daß die gewöhnlichen Landpferde oder Landtiere nur „gemeines Blut" haben und glaubte, daß bei Paarungen mit Tieren von edlerem Blute eine vollkommene Ausgleichung der Eigenschaften stattfände. Man bezeichnete das Blut der edlen Tiere mit der Zahl 100, das der gemeinen mit 0; eine Paarung von 100 + 0 gab nach damaliger Ansicht als Mittelausdruck $\frac{100+0}{2} = 50$ oder Halbblut, dieses wieder gepaart mit 100 gab $\frac{100+50}{2} = 75$ oder Dreiviertelblut u. s. w. Bei der Veredelung konnte man selbstverständlich niemals auf den vollen Wert 100 kommen; man erlangte aber schon in der achten Generation den Wert von annähernd 100. Da, wo man gewöhnliche Schläge mit edlerem Blute konsequent veredelt, kann mit der achten bis zehnten Generation die Veredelung als vollendet angesehen werden.

Vollblutpferde im eigentlichen Sinne sind dagegen Tiere, welche direkt von jenen edlen Pferden abstammen, in welchen sich also kein fremdes Blut finden darf; wohl aber hat man Vollblut in England und anderwärts zur Veredelung benutzt. Unter den Züchtern besteht ein noch nicht ausgefochtener Streit darüber, ob Araber oder englisches Vollblut zur Veredelung sich besser eignen. Das echt englische Vollblut repräsentiert ohne Zweifel das aktionsfähigste Pferd der Welt; es ist größer, stärker und muskulöser als der Araber, welchem es dagegen an äußerer Schönheit und Leistungsfähigkeit auf die Dauer nachsteht. Es ist Produkt der sorgsamsten Pflege, des Klimas, des Bodens und der Ernährung, so gut wie der Araber, und in England hervorgerufen worden durch die Nationalliebhaberei der großen Wettrennen. Der Verlauf derselben wird mit fieberhafter Aufmerksamkeit verfolgt und die Namen der siegenden Pferde sind wochenlang in aller Munde. Als vor einigen Jahren die französischen Zuchten (aus England importiert) den Sieg beim großen Derby-Rennen erhielten, trauerte halb England, und in Paris fand man im Siege der französischen Pferde Trost für die Niederlagen, welche im Jahre vorher die französische Armee den Deutschen gegenüber erlitten hatte. Eines der berühmtesten Pferde war Eclipse, welcher die englische Meile stets in zwei Minuten lief, nie besiegt wurde, nie Reugeld zu zahlen hatte und seinem Besitzer über 25000 Pfund Sterling an Prämien brachte. Er verlangte in dessen zehntem Lebensjahre 25000 Pfd. Sterling Kaufgeld, außerdem eine Leibrente von 500 Pfd. Sterling und andre Vorteile.

Flying Childers durchlief einmal 4 Meilen in 7 Minuten und 30 Sekunden, Hulls Quibbler 23 Meilen in 57 Minuten 10 Sekunden; das Pferd Hero sprang 24 Fuß weit, der Baronet 30 Fuß; der Foxhunter durchlief in 13 Minuten 7/8 Meile und nahm dabei 64 Hindernisse, darunter Mauern von 5 Fuß Höhe; Mytton übersprang mit seinem Pferde einen Moorgraben von 18 Fuß Breite in einem Sprunge von 27 Fuß 9 Zoll.

In England züchtet man neben dem Vollblut=Rennpferd noch ein besonderes Jagdpferd (den Hunter), Reit=, Damen=, Reise=, Kavallerie=, Bauern=, Acker=, Wagenpferde, Kutschpferde, Postgänger, Doppelponies u. s. w., kurz, für bestimmte Zwecke auch besondere Rassen, und darin liegt der unbestrittene Vorzug vor den Zuchten in andern Ländern. Die Rennbahnen haben die Anregung dazu gegeben und insofern haben sie ihr Verdienst; das Rennpferd ist aber zu einseitig fortgezüchtet worden und hat für andre Zwecke wenig Wert. Im französischen und österreichischen Kriege haben sich die preußischen Zuchten am besten bewährt, sowohl bei der Kavallerie wie beim Train und bei der Artillerie.

In Frankreich bilden die Pferde von Limousin (maurisch=berberisch=arabisches Blut), der Auvergnat (aus diesen und leichten Bretagner Pferden) und der edle Normanne (aus Berbern und Arabern) die edleren Pferderassen; Spanien glänzte vordem durch seine Andalusier, stolze, schwerere Pferde (aus Berbern und schweren französischen Pferden), welche jetzt so gut wie ganz ausgestorben sind; Italien durch die edlen Neapolitaner und römischen Pferde, mit andalusischem, arabischem und Blut von schweren französischen Pferden.

Fig. 269. Polkanischer Traber aus dem Gestüt des Grafen Orlow=Tschermenskoy.

Österreich besitzt sehr wertvolle Gestüte und viele edle Pferde, die durch Andalusier veredelten Siebenbürger mit obenan stehend; die Krone haben die Gestüte Lipizza, Araberzucht, und Kladrup mit besonderer Rasse, gezüchtet aus altspanischen und neapolitanischen Pferden; Militärgestüte sind: Mezöhegyes (Normanner, Kladruper, Neapolitaner, Araber, englisches Vollblut), Bobolna, reine Araber, Kis=Ber, Reinzucht von englischem Vollblut und Halbblutpferde; außerdem gibt es daselbst viele Privatgestüte von großem Rufe. Württemberg hat schöne Gestüte mit Arabern, Vollblut und andern edlen Pferden. In Hannover werden die einheimischen Schläge gekreuzt mit englischen Vollblut= und Halbbluthengsten. In Oldenburg sind die alten, einheimischen, friesischen Pferde mit englischen Clevelandhengsten gekreuzt worden und finden als stattliche Kutschpferde oder lebhafte Arbeitspferde Verwendung.

Zu den hervorragendsten Gestüten Deutschlands zählen die drei preußischen Staatsgestüte: Trakehnen (Ostpreußen) mit englischen und orientalischen Halbblutmutterstuten und Vollblutbeschälern, Graditz (Sachsen) mit englischen Vollblut= und Halbblutmutterstuten und Vollblutbeschälern, Beberbeck (Hessen=Kassel) mit Halbblutmutterstuten und Vollblutbeschälern. Mecklenburg verwendete ursprünglich in Redefin und andern Gestüten vorzugsweise Araber und geht mehr und mehr zum Vollblut über; Dänemark hat mit spanischem Blut veredelt. In Rußland blieben die Orientalen vorherrschend; berühmt sind die Orlowschen Traber (s. Fig. 269), die Kosakenpferde, die vom Kaukasus ꝛc.

Die Frage, ob am ehesten durch Gestüte in der Hand des Staates sich die Pferdezucht heben läßt oder durch Private, ist noch eine offene; das Interesse der Armee erheischt zum mindesten die staatliche Oberaufsicht. Billig können durch den Staat die Pferde nicht erzogen werden; man rechnet, daß im Durchschnitt für das brauchbare Pferd im Alter von drei bis vier Jahren wenigstens 25—40 Prozent mehr an Kosten erwachsen, als die Marktpreise für Remontepferde gleicher Qualität betragen, und daß die Kosten der Haltung der Hengste oft über das Doppelte dessen ausmachen, was Private anlegen, endlich daß die Zahl der lebenden Fohlen bei diesen größer als dort ist. Daß auch heute noch hohe Preise zu erzielen sind, beweist die ihrer Zeit abgehaltene Auktion des aufgehobenen, berühmt gewesenen Gestütes Middle-Park in England; 150000 und 270000 Mark wurden für die Sieger auf dem Derby-Rennen Blair-Athol und Gladiateur erlöst; Preußen erstand ein Pferd mit 135000 Mark, für Graditz ein andres mit 36000 Mark; ein Nachkomme der Sieger wurde mit 60000 Mark bezahlt u. s. f. Selbst gute Suffolkzuchthengste, also Karrenpferde, sind schon bis 42000 Mark bezahlt worden.

Fig. 270. Pferdeständer vom Eisenwerk Lauchhammer.

Neuerdings verwendet man das Pferd auch mehrfach zum Verspeisen; es kommt ein geschlachtetes Pferd in Kopenhagen auf 140, in Berlin auf 177, in Wien auf 481 und in Paris auf 750 Einwohner; in Berlin wurden im Jahre 1868 schon 4026 Pferde verzehrt, gegen 500 im Jahre 1847.

Das Rind. Vom Rinde hat man bis jetzt zehn lebende Arten und elf fossile kennen gelernt; in den Pfahlbauten findet man den echten Auerochsen, jetzt ganz ausgestorben, eine mit dem Schweizer Braunvieh verwandte Art, eine analog den fossilen Resten im italienischen Schwemmlande und eine dem scheckigen Vieh in Mitteleuropa verwandte Art. Von den jetzt noch lebenden Arten finden sich der europäische Wisent, fälschlich Ur oder Auerochse genannt, nur noch im Bialowiczer Wald und im Kaukasus künstlich gehegt. Der amerikanische Wisent, auch Büffel und Buffalo genannt, kommt in den Gebirgen von Nordamerika vor, ebendaselbst der Bisamochse, charakterisiert durch starken Moschusgeruch, schafähnliches Gesicht nnd Fettklumpen an den Schultern, der Yak oder Grunzochse, mit Pferdeschweif, langer Mähne und zottiger, bis zur Erde reichender Behaarung in Tibet und China, der Stachelochse in Mittelasien, der Gayall (Gyall oder Waldochse) in Bengalen und Arrakan, der Gaur ungezähmt in Vorderasien, der Zebu mit Fettbuckel, zierlicher gebaut, vorzüglich als Last- und selbst Reittier in Ostasien und Afrika. Der Büffel in Asien, Afrika, Italien und Ungarn gilt als geschätztes Zugtier. In Südafrika kommt er als ungezähmter Kafferochse oder kaffrischer Büffel, in Ostindien als Arni, wild und gezähmt vor. Die Büffel lieben die sumpfigen Niederungen und haben eine weit dickere, schwärzliche, für Insektenstiche unempfindlichere Haut als andre Arten; sie sind von unbändiger Kraft, haben aber als Milch- und Fleischvieh wenig Wert.

Fig. 271. Schweizer Rindvieh auf den Alpen.

Das gezähmte Rind, mit welchem wir uns hauptsächlich zu beschäftigen haben, kommt in sehr vielen Rassen und Abarten vor; sie lassen sich sämtlich mit größter Wahrscheinlichkeit auf den Wisent, den Zebu und Büffel zurückführen; früher kamen Wisente und Auerochsen noch gemeinschaftlich vor (Nibelungenlied); diese waren die gefährlichsten und größten unter der Gattung Rind, auch das größte europäische Säugetier; sie und der Yak haben 14 Rippenpaare und Rückenwirbel, die andern Arten nur 13.

Die Mythen, Gesänge und Urkunden der Völker zeugen von der Verehrung des Rindes zu allen Zeiten, und selbst am Himmel prangt sein leuchtendes Bild im Geleite der Plejaden und Hyaden, denen Orion seine 2000 Sternfackeln voranträgt. Hundert weiße Stiere mit goldenen Hörnern wurden dem Jupiter als Hekatombe geopfert, und er selbst entführte die schöne Europa, die Tochter Agenors, Königs von Phönikien, in Gestalt eines Stieres. Einer der thätigsten Rinderzüchter des Altertums scheint der König Augias gewesen zu sein, da es eine der herkulischen Arbeiten war, den Stall, worin 3000 Rinder dem Kreislauf der Stoffe jahrelang ihren Tribut gebracht hatten, in einem Tage von dem aufgehäuften Miste zu reinigen, was dem Heros dadurch gelang, daß er den Alpheios und Peneios durch den Viehhof leitete. Später erschlug er den Riesen Geryon, um ihm befohlenermaßen seine Herden zu entführen, und den Riesen Kakus, weil er ihm einen Teil derselben geraubt hatte. In Ägypten wurden der heilige Sonnenstier Osiris und die Mondkuh Isis verehrt; ebenso wurde in Memphis der Stier Apis zu einem Mittelpunkte religiöser Gebräuche.

Fig. 272. Yak und schottisches Rind.

Auch die Indier erwiesen den Rindern große Ehren. Nach der Lehre der Brahmanen mußten die gefallenen Götter nach einer Wanderung von 87 Stufen ihre Läuterung in dem Körper einer Kuh bestehen, ehe sie in den eines Menschen übergehen konnten, und das heilige Zeichen der Schiwaverehrer wurde mit Kuhmist an die Stirn gemacht. Der Büßer Wasischta besaß die Kuh des Überflusses, welche alle Wünsche zu gewähren vermochte. Der durch Heine auch bei uns unsterblich gewordene König Wiswamitra verlor, als er sie ihm stehlen wollte, in dem dadurch entbrannten Kampfe von seinen 100 Söhnen 99 und mußte 7000 Jahre für seinen Frevel büßen. Bezeichnend für die indische Verehrung des Rindes war das Verbot, welches den höheren Kasten den Genuß des Kalbfleisches versagte, nicht weil es für unrein, sondern weil es für heilig galt. Aus Gründen der Humanität war auch in Attika und Phrygien der Genuß des Fleisches von den zum Ackerbaue bestimmten Rindern gesetzlich verboten, weil sie Teilnehmer an den Beschäftigungen der Menschen waren. Bei den Griechen waren die Rinder Gegenstände des Tauschhandels, und manche schöne Sklavin ward für mehrere Rinder eingetauscht; Eurykleia, die Wärterin des Odysseus, hatte dem Laërtes 20 Rinder gekostet. Könige zählten ihren Reichtum nach Rinderherden. Für Münzen und Wappen entlehnte man das Bild des Stieres; der Kanton Uri führt einen Stierkopf im goldenen Felde, und der Anführer der Mannen von Uri und Unterwalden hieß der „Stier von Uri", weil er sie mit dem Horne eines Auerochsen zum Kampfe rief.

Das männliche Rind heißt Bulle, Stier, Farre, Fasel, das weibliche Kuh, das Junge Kalb, das verschnittene männliche Tier Ochse, weibliche Tiere nach dem ersten Jahre bis zur Geburt des ersten Kalbes heißen Ferse, Rind, Starke, Kalbe.

Die Farbe der Rinder ist sehr verschieden, einfarbig und bunt; ihre Gestalt ist schwerfällig, der Gang langsam, die Bewegung plump, der Verstand beschränkt, die Gelehrigkeit mäßig; die Kuh ist sanft, der Bulle trotzig. Das Rind ist ein Wiederkäuer und hat vier Magenabteilungen (Säcke); es kann 25—30 Jahre alt werden, wird aber selten über 10 bis 12 Jahre alt gehalten und als Masttier schon früh geschlachtet; mit vollendetem 14. Jahre versiegt bei den Kühen die Milch. — Das Rind nützt, außer durch die Milch, durch das Fleisch und die Zugkraft; die Häute bilden einen wichtigen Handelsartikel; die Hörner verarbeitet man zu mancherlei Geräten. Die Haare verfilzt der Russe zu einem Tuche (Woilok); mit dem Ochsenschwanz gerbt der Weißgerber seine Felle. Das Blut dient zum Reinigen des Zuckers, zum Schäumen des Salzes und als vortreffliches Dungmittel.

Fig. 273. Zebu und Büffel.

Die Klauen werden ausgeraspelt zum Härten des Eisens verwendet; der Talg dient zur Seife und Beleuchtung; der Magen der Kälber zum Gerinnen der Milch (Labmagen); die Blasen werden zu Ballons und Beuteln verwendet; die Därme werden zur Wurstbereitung und zu Goldschlägerhäutchen benutzt, ja selbst die Galle brauchen Maler, Apotheker und Fleckenreiniger zu ihren Zwecken.

Bei keinem Haustiere zeigt sich so wie beim Rinde die umwandelnde Hand des Menschen, welcher von sich sagen kann, daß er geradezu neue Rassen geschaffen hat — hochgezogene oder Kulturrassen im Gegensatze zu primitiven Rassen.

Man kann dieselben einteilen in Milch-, Mast-, Zugrassen und Rassen für mehrseitigen Gebrauch, von welchen allen es wertvolle und minder wertvolle gibt, oder in Gebirgs- und Niederungsrassen, oder sie nach den Heimatsbezirken benennen und unterscheiden. In England wählt man das Gehörn als Unterscheidungsmerkmal. Von mittelhörnigen Rassen sind berühmt die Herfords und Devons, vorzugsweise Mastvieh, die Zugrasse von Sussex, die sogenannte Allemannskuh von Pembrokeshire, „das nützlichste Vieh von England“, berühmt wegen der denkbar höchsten Vereinigung der am Rinde geschätzten Eigenschaften, mit vortrefflichem Fleische und sehr genügsam, ferner die von Ayrshire, die beste Milchkuh von England. Ungehörnte Rassen sind die von Galloway, Angus, Norfolk, York, alle vorzüglich als Mastvieh; die Langhorns waren ehemals die berühmtesten, gezüchtet durch Bakewell und seine Nachfolger, welchen man (Ende des vorigen Jahrhunderts) enorme Preise zahlte. Neuerdings liefern die kurzhornigen Rassen, Shorthorns, das Beste, was überhaupt in bezug auf Mastgewicht, Feinheit der Knochen, Güte des Fleisches, Schnellreife und ausgezeichnete Mastfähigkeit erreicht worden ist.

Frankreich ragt in Zugrassen hervor und hat in seinem Milchvieh in der Normandie und den angrenzenden Departements, in den Fleischtieren von Charolais, Berry, Durcet und in Kreuzungsrassen mit Shorthorns vorzügliche Stämme, in der Camargue im Rhonedelta eine kleine Rasse, welche mit der podolischen verwandt sein soll. Die Fleischrassen liefern ein sehr gesuchtes, auch in England beliebtes Fleisch. Hochberühmt in ihrer Rindviehzucht ist auch die Schweiz. Im Osten derselben findet sich das einfarbige Gebirgsvieh, welches sich durch proportionierte Formen, kurzen Kopf, breite Stirn, rote Hautfarbe und einfarbige Haarfarbe auszeichnet. Zu diesem gehören die Schwyzer, Montavoner, Algäuer und Oberinnthaler, deren Milch von vorzüglicher Beschaffenheit ist, wenn sie auch in der Menge nicht so viel produzieren wie die Niederungsrassen. Im Westen der Schweiz sind die buntscheckigen Rassen heimisch, welche sich durch längeren Kopf und schwerere Figuren auszeichnen. Hierher gehören die Berner, Simmenthaler, Saaner, Freiburger Rasse.

Fig. 274. Kuh der Niederungsrasse.

Österreich besitzt vorzügliche Rassen, meist für mehrseitigen Gebrauch, in dem Pinzgauer, Pongauer, Lungauer, Brixenthaler, Möllthaler und Mürzthaler Rind; desgleichen ist das Tiroler Vieh geschätzt. Das ungarische Steppenvieh, welches auch in den Donaufürstentümern verbreitet ist, eignet sich zum Zuge und auch wohl zur Mast vortrefflich, die Milchproduktion ist hingegen, wie bei der verwandten podolischen Rasse, gering.

In Deutschland findet sich rotes Landvieh, höchst wertvoll durch Vereinigung der gewünschten Eigenschaften bei ziemlicher Genügsamkeit, in dem Vogtländer und Egerländer Vieh, Harzvieh, dem Vogelsberger und Rhöner Stamm, schönes Mastvieh in Franken und Württemberg.

Von hervorragender Bedeutung für die Milchproduktion ist die Niederungsrasse in den grasreichen Gegenden der Ost- und Nordseeküste (Fig. 274 und 275). Hierher gehören die Schläge Hollands, Ostfrieslands, Oldenburgs, Jütlands, Schleswig-Holsteins. In letzterer Provinz unterscheidet man wieder Marschrassen, welche wie das Dithmarschen- und das Eiderstädter Vieh mit Shorthorns durchkreuzt sind und sich durch große Mastfähigkeit auszeichnen, sowie das milchergiebige Wilstermarsch- und das Breitenburger Vieh. Das kleine Anglervieh gehört zur Geestrasse und ist überaus milchreich. Verwandt mit dem

Niederungsvieh ist das Rind in den Küstengegenden der Ostsee bis zu den Weichselniederungen, in Belgien und dem Norden Frankreichs.

Die Verwertung der Milch. Diese kann geschehen durch direkten Verkauf der Milch oder durch die Verarbeitung derselben zu Butter und Käse. Eine normale Milch besteht aus $87,_{75}$ Prozent Wasser, $3,_{50}$ Prozent Butterfett, $3,_{50}$ Prozent Käsestoff, $0,_{40}$ Prozent Eiweiß, $4,_{60}$ Prozent Milchzucker, $0,_{75}$ Prozent Aschenbestandteile. Das spezifische Gewicht der Milch beträgt im Mittel $1,_{030}$ und schwankt zwischen $1,_{029}$—$1,_{033}$, und muß demnach 1 l oder 1000 ccm Milch 1029—1033 g wiegen. Hierauf beruht die Untersuchung der Milch mittels des Laktodensimeters, des Kremometers und Thermometers. Ist das spezifische Gewicht bei 15° C. ein niedrigeres und zeigt auch der Kremometer weniger als 10 Prozent Rahmgehalt, so ist die Milch mit Wasser gefälscht, deren Menge gleichfalls ermittelt wird.

Ein Hauptgrundsatz bei der Molkerei ist die Verhinderung zu rascher Säuerung der Milch, wodurch sie länger haltbar und süß erhalten wird. Am ungünstigsten wirken hierbei alle Unreinlichkeiten sowohl in den Gefäßen wie in der Luft ein, desgleichen auch zu hohe Temperatur bis zu 38° C.; deshalb erfolgt eine Abkühlung der Milch nach dem Melken mittels des Milchkühlers oder durch Einsetzen in ein Wasserbassin (Fig. 277).

Fig. 275. Stier der Niederungsrasse.

Der Buttergewinnung geht die Aufrahmung, d. h. das Aufsteigen der Fettbestandteile der Milch an die Oberfläche, voraus. Für die Herstellung feiner Produkte ist es wichtig, daß der durch die Aufrahmung gewonnene Rahm und die Magermilch süß erhalten werden, weil dann von ersterem eine wertvollere Butter und von letzterer Süßmilchkäse hergestellt werden kann. Die Rahmgewinnung erfolgt entweder nach der holsteinischen Aufrahmmethode in Blechsatten von 3—7 l Inhalt und bei 6—8 cm Höhe der Milchschicht, bei einer Temperatur von 10—15° C. — Beim Swartzschen Verfahren werden dagegen 40—50 cm hohe und 30—50 l fassende ovale metallene Gefäße benutzt, welche in ein Bassin mit Wasser gesetzt werden. Letzteres darf nur eine Temperatur von höchstens 10° C. erreichen, was erforderlichen Falls durch Eiszusatz geregelt werden kann (Fig. 278).

Diesen Rahmgewinnungsmethoden steht in der Neuzeit die Rahmgewinnung durch Zentrifugalkraft gegenüber. Die Magermilch als spezifisch schwerer wird an die äußere Peripherie der Zentrifuge geschleudert, während sich nach innen der spezifisch leichtere Rahm ausscheidet. Für den Großbetrieb eignet sich die Schälzentrifuge von Nielson und Petersen, für den Kleinbetrieb der de Lavalsche Separator (Fig. 279—281).

Diese Zentrifugen finden heute beim Großbetrieb und für Genossenschaftsmolkereien immer mehr Verbreitung, weil durch die frühere Gewinnung des Rahms eine haltbarere und wohlschmeckendere Butter und aus der Magermilch ein besserer Käse hergestellt werden kann, auch die Molken, in frischem Zustande verfüttert, wohlschmeckender und nahrhafter sind.

Die Herstellung von Butter aus Rahm erfolgt im Butterfaß, von dem man verlangt, daß es leicht gereinigt und gelüftet werden kann, von einfacher und solider Konstruktion ist, wenig Betriebskraft erfordert, eine hohe Ausbeute erzielen läßt und preismäßig ist. Sehr verbreitet und von vorzüglicher Konstruktion ist das von E. Ahlborn in Hildesheim gefertigte Holsteinische Butterfaß, dessen Rührwerk aus einer stehenden Welle mit Schlagleisten besteht (Fig. 282).

Fig. 276. Milchkanne auf Transportwagen.

Mit liegender Welle sind außerdem in Gebrauch das Lefeldtsche und das Dürkoopsche Butterfaß. Nach Innehaltung einer bestimmten Temperatur von 12 bis 18° C. und gleichmäßiger Bewegung des Materials ist das Buttern nach 30—45 Minuten beendet.

Dann folgt als äußerst wichtige Arbeit, weil davon die Haltbarkeit und Konsistenz der Butter abhängt, das Kneten mit der Hand oder Maschine, welches die Entfernung der Buttermilchteile bezweckt. Während desselben wird die Butter gesalzen (3—4 Prozent), um sie haltbarer und wohlschmeckender zu machen.

Fig. 277. Milchkühlapparat.

Die Bereitung des Käses erfolgt nach Ausscheidung des Käsestoffs und des Fettes aus der ganzen oder aus der des Fettes mehr oder weniger beraubten Milch. Je nach dem Fettgehalt unterscheidet man überfette Käse, wenn der Milch noch Rahm zugegeben wird; Fettkäse, aus Vollmilch hergestellt, halbfette Käse, aus teilweise entrahmter Milch, und Magerkäse, aus Magermilch gewonnen. Je nachdem der Käse mehr oder weniger konsistent ist, spricht man von hartem, weichem oder Schmierkäse. Sämtliche Käse werden dann noch, je nachdem die Herstellung aus der süßen oder schwach gesäuerten Milch durch Zusatz von Lab oder durch freiwillige Gerinnung der Milch erfolgt ist, eingeteilt in Labkäse und in Sauermilchkäse. Letztere sind weniger haltbar und eignen sich deshalb auch weniger für den größeren Markt als die wertvolleren Labkäse. Das Lab wird aus der Schleimhaut des Labmagens vom Saugkalbe gewonnen; durch direkte Einwirkung des Labes auf das Kasein scheidet sich dasselbe aus der Milch aus, wobei dieselbe eine feste Beschaffenheit im Käsekessel erhält. In demselben erfolgt dann das Zerteilen und Ausrühren der festen Masse, um die Molken abzuscheiden. Die Käsemasse wird dann geformt und zum Reifen in bestimmte Räume gebracht, welche eine bestimmte Temperatur (12—15° C.) und Feuchtigkeitsgrad haben müssen. Kleine Käse reifen in 3—6 Monaten, größere nach einem Jahre. Alle Verrichtungen, welche bei der Käsefabrikation in Betracht kommen, stehen in innigster Wechselbeziehung zu einander und gehören Erfahrung und Geschick zur Herstellung eines Käses von guter Qualität.

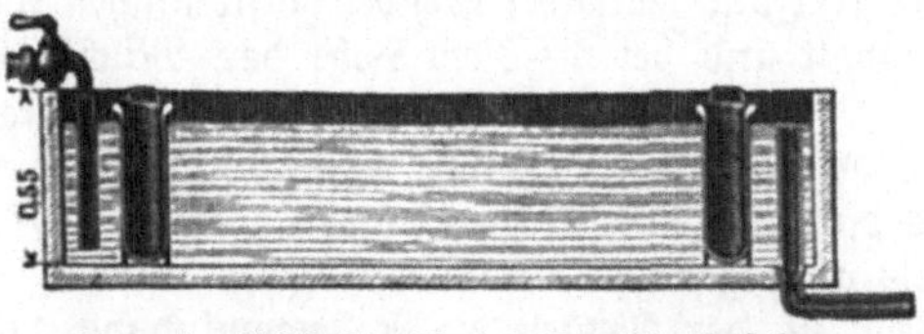

Fig. 278. Kühlbassin für das Swartzsche Verfahren.

Das Schaf. Himmel und Erde zeugen von seinem Reichtume; die heiligsten Urkunden nahmen das Schaf zu ihrem Symbole, und die Kulturgeschichte verknüpft sein Bild mit den Sitten, Gebräuchen und Festen der Völker und vereint es mit ihren höchsten Würden, Ehren und Attributen. Hoch oben am Firmamente glänzt das Sternbild des Widders mit seinen sechzehn leuchtenden Welten, und von dem Punkte in ihm, wo der Äquator die Sonnenbahn durchschneidet, gehen die Frühlinge der Welt aus. Jupiter zeigt sich dem nach dem Antlitz des Vaters dürstenden Herakles im Felle eines geschlachteten Schafbocks, und der ägyptische König Ammon, der Unsichtbare, schmückt sein Haupt mit Widderhörnern. Dionysos (Bakchos) wurde in der Libyschen Wüste von einem Widder zu einer Oase geleitet, wo er Ammoniaka mit dem Ammonstempel erbaute, in welchem die von geschmolzenen Edelsteinen und Smaragden gefertigte Statue des Gottes thronte. Pan hütete in Arkadien die Herden und flößte als Begleiter des Bakchos auf dem Zuge nach Indien durch das Blasen in ein mächtig tönendes Bockshorn den Feinden jenen Schrecken ein, den man noch in unsern Tagen einen „panischen" nennt. Beiden wurden weiße Lämmer geopfert und dem Pan als Lupercus zu Ehren die Lupercalia gefeiert.

Fig. 279. Dänische Milchzentrifuge.

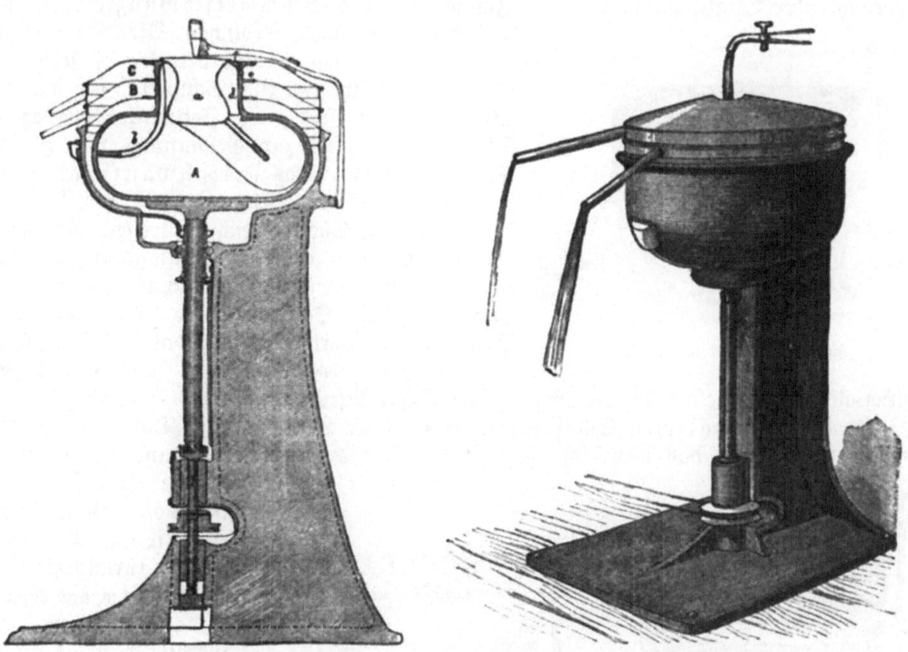
Durchschnitt. Geschlossen.
Fig. 280 und 281. De Lavals Milchzentrifuge.

Das Schaf aller Schafe war der Widder Chrysomallos mit dem goldenen Vlies. Er konnte fliegen und reden, trug die Kinder des Athamas, Phrixos und Helle, durch Thessalien, Epirus und Thrakien, durchschwamm mit ihnen die Meerenge, welche Europa und Asien scheidet, und wo Helle in die Fluten sank — daher der Name Hellespont — zog mit dem Bruder der Ertrunkenen weiter durch Mysien, Bithynien und Galatien bis Kolchis, wo er endlich auf sein Verlangen von dem Geretteten dem Zeus geopfert wurde.

Das goldene Vlies hing Phrixos in einem dem Mars geheiligten Haine auf; hier wurde es von wilden Stieren und Drachen bewacht, von Jason aber, dem Führer der Argonauten, erobert.

Fig. 282. Holsteinisches Butterfaß.

Hohe symbolisch-poetische Bedeutung hat das Schaf auch in den Religionsgebräuchen der Juden, und von diesen entnahm es die Verehrung des Heilandes als Bild der Sanftmut und Geduld.

In der kirchlichen Kunst spielt die Darstellung des Schafes eine große Rolle, indessen müssen wir uns an dieser Stelle von der ästhetischen Auffassung weg und der naturhistorisch-praktischen zuwenden.

Von Schafen gibt es viele lebende Arten: die größte ist der Argali, kleinen Rindern fast an Größe gleich, bis drei Zentner schwer, in den Gebirgen vom inneren Asien zu Hause; wild kommen ferner vor die Mufflons in Asien, Sardinien, Afrika und Amerika, mit und ohne Mähne, und das amerikanische Bergschaf in Mexiko, den Kordilleren und in Kalifornien. Das Hausschaf kommt vor als: Fettsteißschaf im mittleren Asien bis China; es zeichnet sich durch eine 15—20 kg schwere Fettablagerung um den sehr kurzen Schwanz aus, welcher nur 3—4 Wirbel besitzt. Die Wolle ist grob und filzig. Das hierher gehörige chinesische oder Ongtischaf wirft 2—5 Junge. — Das Stummelschwanzschaf ist im südlichen Asien und nördlichen Afrika verbreitet. Der Körper ist mit Haaren bedeckt, es fehlt das markfreie Wollhaar. Am Schwanz, der nur 13 Wirbel enthält, sind große Fettmassen abgelagert. Dieses Schaf dient zur Gewinnung von Fleisch, Fett und Milch. Das Fettschwanzschaf ist in Nord- und Südafrika, Kleinasien, Türkei, Persien, Süditalien und Südfrankreich verbreitet. Der lange bewollte Schwanz enthält Fettablagerungen. Der in den Handel kommende Astrachan und Krimmer rührt von dieser Schafrasse her. Das Schaf von Guinea ist behaart, desgleichen das bärtige Schaf von Guinea; das Schaf von Tibet wird zugleich als Lasttier gebraucht, die lange weiche Wolle liefert die indischen Shawls.

Fig. 283. Butterknetmaschine.

Zu den europäischen Schafrassen gehören die Landschafe. Davon haben am meisten Bedeutung: das bayrische Zaupelschaf, das pommersche und das hannöversche Schaf, welche Mischwolle besitzen, deren Frühreife und Mastfähigkeit aber zurücksteht. Sie sind genügsam und eignen sich daher für extensiven Landwirtschafts-Betrieb. Die Wolle eignet sich zu groben Decken, als Strickwolle zum Hausgebrauche u. s. w. Außerdem gibt es noch schlichtwollige Landschafe in ganz Mitteldeutschland, welche genügsam, gegen bessere Ernährung aber dankbar sind und sich dann auch ziemlich leicht mästen, wie das Rhönschaf mit dunklem Kopf, das rheinische Schaf, das Leineschaf, das Frankenschaf und das Württemberger Bastardschaf; die letzteren Landschläge sind durch Merinoschafe veredelt.

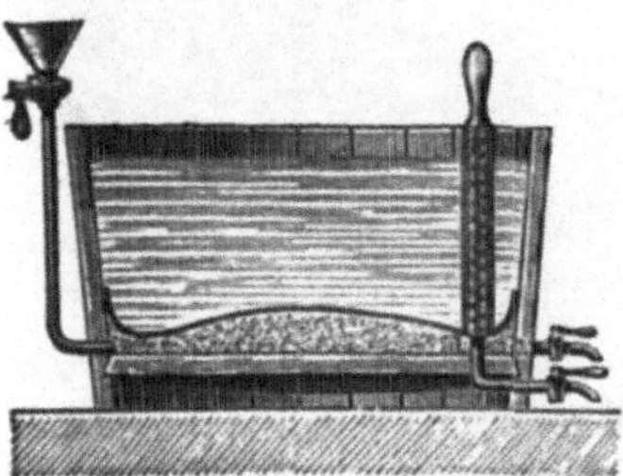
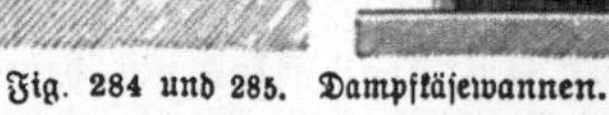

Fig. 284 und 285. Dampfkäsewannen.

Das mischwollige, zu den größten Schafrassen gehörige Marschschaf ist ungehörnt, kommt selten in größeren Herden vor und ist an der Nordseeküste von der Normandie bis Jütland verbreitet. Es wird neuerdings mit den englischen schweren Fleischschafrassen veredelt. Bemerkenswert ist ihre Fruchtbarkeit, sie werfen in der Regel Zwillinge. Als besonderes Kennzeichen der Rasse dient der kurze, unbewollte Schwanz.

Das Heideschaf, im nordwestlichen Deutschland auch Heidschnucke genannt, ist gehörnt, besitzt gleichfalls einen kurzen Schwanz und trägt grobe zottige Mischwolle, d. h. unter dem langen Grannenhaar wächst das kürzere feine Flaumhaar. Während die Marschschafe bis 85 kg schwer werden, erreichen die Heideschafe höchstens ein Gewicht von 24 kg. Die Wolle findet wie bei jenen zu Decken und in der Hausindustrie Verwendung. Der Hauptwert der Heidschnucken besteht in ihrer großen Genügsamkeit, sie vermögen sich fast ausschließlich von Heidekraut zu ernähren, welches sie auch im Winter aus dem Schnee hervorscharren. Bei geringer Mastfähigkeit ist das Fleisch sehr wohlschmeckend. In den Heidedistrikten Hannovers werden circa $^1/_2$ Million dieser Schafe gehalten.

Fig. 286. Schafhürde einer Merinoherde.

Wollschafe sind: die Merinos, ursprünglich nur in Spanien als Wanderschaf gezüchtet, seit 1770 nach Sachsen, Österreich und anderwärts hin verbreitet; das eigentliche Edelschaf, unterschieden in Elektoralrasse mit der feinsten Wolle, bis 15 kg Schlachtgewicht, und Negrettirasse, schwerer, mit 20 kg Schlachtgewicht und mit kräftigerer Wolle, jenes vorzüglich in Sachsen und Schlesien, dieses mehr in Preußen und Mecklenburg gezüchtet.

Der größte Schlag unter den Merinos ist das Rambouilletschaf; es besitzt eine über 6 cm lange, aber weniger feine Kammwolle, das Schurgewicht beträgt beim Mutterschafe 2 kg und darüber, das Lebendgewicht 40—56 kg. Durch sorgfältige Zucht ist es gelungen, in dem deutschen Kammwollmerino ein ähnliches Schaf heranzubilden, welches sich zur Produktion von Fleisch bestens eignet.

Die englischen Fleischschafe werden mit Vorteil dort gehalten, wo ein reichliches kräftiges Futter, Abfälle technischer Gewerbe vorhanden sind, weil diese Futtermittel durch die bedeutende Frühreife und Mastfähigkeit dieser Schafe sehr gut verwertet werden. Sie besitzen bei einem großen schweren Körper verhältnismäßig leichte feine Knochen, ergeben daher ein relativ hohes Schlachtgewicht, wogegen die Wolle meistens grob oder höchstens mittelfein ist. Von diesen Fleischschafen sind bei uns beliebt die Downschafe, welche eine kürzere Wolle tragen und zu den Schwarzgesichtern gehören. Das größte und schwerste unter ihnen ist das sehr beliebte Oxfordshiredownschaf, welches vielfach zur Kreuzung mit Merinos und Landschafen verwendet wird. Mutterschafe wiegen 55 bis 60 kg, Böcke werden bis 140 kg schwer. Das Schurgewicht beträgt 3—4 kg, die sanft gewellte Wolle wird bis 22 cm lang. Desgleichen finden heute auch bei uns Beachtung die Hampshiredowns und die Shropshiredowns. Die Southdowns haben dagegen an Beliebtheit verloren.

Fig. 287. Fettsteißschaf.

Die schwereren, langwolligen englischen Fleischschafe, die sogenannten Weißgesichter, verlangen bei ihrem großen Körper sehr reiche Weiden. Hierher gehört das Lincolnschaf mit unbewolltem Ramskopf und das auch in Deutschland eingeführte Cotswoldschaf mit auf die Stirn herabfallendem Haarschopf.

Das männliche Schaf heißt Bock, Stär, Widder, verschnitten Hammel und Schöps, das weibliche Schaf Zibbe, Mutterschaf, das Junge bis zum Ende des ersten Jahres Lamm, dann Jährling, dann Zeithammel oder Zeitschaf; vier Wochen nach der Geburt besitzt es acht spitze Vorderzähne; im zweiten Jahre werden die beiden mittleren durch neue ersetzt, „Zweischaufler", im dritten Jahre die jederseits nächsten beiden, „Vierschaufler"; im vierten Jahre wird es „sechs-", im fünften Jahre „achtschaufelig", womit das Wechseln vollendet ist.

Fig. 288. Schaf von Larzac.

Das Schaf wird mit der höchsten Sorgsamkeit gezogen; wichtig wird hier die Auswahl der paarenden Tiere, da jeder Fehler in den Nachkommen sich geltend macht. Weidegang auf trockenen Höhen bleibt für das Wollschaf das Beste, Stallfütterung ist nur im Winter üblich.

Interessant für jeden ist in großen Landwirtschaften die Schafschur. Die frischgewaschenen Tiere werden, sobald die Wolle abgetrocknet ist, auf den Boden gelegt und mit eigentümlichen Scheren ihres wärmenden Überzugs entkleidet. Es gehört zur Verrichtung dieses Geschäfts eine ziemliche Geschicklichkeit, um die Wolle möglichst in ihrer ganzen Länge zu erhalten und bei diesem Bestreben dem Tiere nicht in das Fleisch zu schneiden.

Neuerdings legt man viel Wert auf reine Wäsche und errichtet besondere Bassins dafür, verwendet auch künstliche Mittel. Anderseits ist man bestrebt, den Verkauf der ungewaschenen Wolle einzuführen und besonderen Anstalten das Waschen zu übertragen oder in solchen die Wäsche besorgen zu lassen. Die Wäsche soll allen Schmutz und zum Teil auch den Fettschweiß entfernen; die Größe des Gewichtsverlustes beim Waschen ist sehr verschieden, da kurze Wollen mehr Fettschweiß besitzen als lange; er kann bis zu 50 Prozent und mehr betragen. In der Fabrikwäsche zur Darstellung ganz reiner Wollen findet ein weiterer Verlust bis zu 26 Prozent statt.

Fig. 289. Englisches langwolliges Fleischschaf (Leicesterrasse).

Die Wollkunde ist ein besonderer Zweig des landwirtschaftlichen Wissens geworden; sie hat eine spezielle Terminologie hervorgerufen, welche zur Zeit auf dem Wollkongreß in Leipzig (1834) festgestellt wurde.

Das Schwein stammt vom Wildschwein ab; dieses kommt noch heute in vielen Waldungen ganz wild oder in Parks halb verwildert vor; das Männchen heißt Eber oder Keiler, das Weibchen Sau oder Bache, das Junge Frischling. Es wird bis 150 kg schwer. Beim Hausschwein unterscheidet man das gewöhnliche und das indische; von letzterem stammen alle veredelten Rassen der Neuzeit; es findet sich als kurzohriges oder chinesisches Schwein und als langohriges, mit Gesichtsfalten, Masken-, Larvenschwein, äußerst fruchtbar, weniger zur Zucht verwendet. Die andern Kulturrassen in England und anderwärts unterscheidet man als kurz- und langohrige, große und kleine, weiße, schwarzrote und bunte Rassen und nach der Heimat als Schweine von Yorkshire, Berkshire, Essex, Suffolk u. s. w., alle höchst mastfähig, frühreif, fettreich.

Fig. 290. Englisches kurzwolliges Fleischschaf.

Das gemeine Schwein findet sich weit verbreitet in vielen Landrassen; in Ungarn ist das krause Schwein grobknochig, mit dünnen, gekräuselten Haaren bekannt in den Szalonthaer und Mangaliczaer Schlägen.

Fig. 291. Schwein mit hängenden Ohren aus Brescia.

Schweine finden sich in allen Gegenden und allen Zonen; am ausgedehntesten wird die Schweinezucht in Ungarn in jenen Gegenden betrieben, wo Eichen- und Buchenwaldungen und zugleich auch starker Maisbau die Mast billig machen, also im Arader und Biharer Komitat, besonders im Bakonyer Walde. Zu Tausenden wird das unruhige, grunzende Borstenvieh auf den großen Märkten zu Debreczin, Gyula, Großwardein und Zarand verkauft und bis nach Hamburg ausgeführt.

Fig. 292. Preisschweine der kleinen weißen Rasse.

Ungleich großartiger aber noch als in Ungarn ist die Schweinezucht in einzelnen Staaten Amerikas. Die Schweine, von denen in Cincinnati alljährlich Hunderttausende geschlachtet und von da in alle Welt versandt werden, stammen aus den Provinzen, von den Farmen und Staaten des Ohiothales, wo sie in den Wäldern von den Bucheckern und Hickorynüssen sich mästen, die dort in Menge wachsen. Viele werden jedoch auch in Ställen gezogen und mit Mais gefüttert; vorzüglich aber sind die großen Brennereien und

Brauereien von Kentucky, Indiana und Illinois wichtige Bezugsquellen für die Cincinnati-Fleisch- und Wurstfabriken.

Unter allen Haustieren vermehrt sich das Schwein am rascheſten; 12 bis selbst 18 Junge auf einen Wurf sind nicht selten. Das Schwein kann bis 20 Jahre alt werden, wird aber selten über 4—5 Jahre gehalten und in den meisten Fällen schon im ersten Jahre schlachtbar gemacht. Es gehört zu den Allesfressern: Abfälle aller Art, Waldhut, Körnerfutter, Kartoffeln, Topinambur, auch Fleisch und Fleischreste sagen ihm besonders zu.

Man hat als Formen der Schweinezucht und Haltung den Mastbetrieb mit eigner Zucht oder zugekauftem Material und den Zuchtbetrieb zum Verkauf der Ferkel, welche besonders von kleineren Leuten in Mengen gekauft werden. Die allzu fetten englischen Schweine finden allerdings hierzu in Deutschland keinen rechten Absatz mehr, weit beliebter sind Kreuzungen und unter diesen auch solche mit Berkshireebern.

Die Federviehzucht ist unter allen Zweigen der Tierzucht in der Regel die am wenigsten einträgliche gewesen, es wurde mehr für den eignen Bedarf als für den Markt produziert. Erst in der Neuzeit hat man dem hohen Wert der Erzeugnisse der Geflügelzucht, namentlich von Eiern und Fleisch, der Veredelung des Wirtschaftsgeflügels mehr Aufmerksamkeit geschenkt. Die Nachfrage nach diesen Produkten ist ebenso gestiegen wie nach reinem Rassegeflügel; jene wie dieses sind Gegenstand des Welthandels geworden. wie aus folgender Tabelle ersichtlich ist, welche den auswärtigen Eierhandel vom Jahre 1878 übersichtlich darstellt:

Länder	Ausfuhr		Einfuhr	
	Millionen Stück	Millionen Mark	Millionen Stück	Millionen Mark
Deutschland	348,410	13,900	771,040	30,800
Großbritannien	—	—	783,714	50,220
Frankreich	660,000	37,200	127,710	6,811
Belgien	63,519	4,574	124,832	8,952
Italien	456,644	21,920	0,704	0,039
Schweiz	—	—	68,748	3,656
Dänemark	24,019	1,601	1,187	0,070
Nordamerika	1,131	0,629	72,743	3,085
Rußland	65,440	2,224	?	?
Österreich	685,920	23,308	?	?

Die Kataloge der Geflügelausstellungen werden immer reichhaltiger; besonders bei den Tauben liebt man neue Varietäten, oft nur unterschieden durch eine besondere Feder, Schnabelform, Fuß oder Fußbekleidung u. dergl. Fast alles Geflügel gehört ursprünglich den wärmeren Zonen an und muß daher warm gehalten werden; Grasplätze sind unbedingt zu seinem Gedeihen erforderlich, für den Fasan auch noch Wald, für Gans und Ente Wasser, und zwar am besten fließendes Wasser. Gut gepflegt, lohnt freilich das Geflügel die Mastung so gut wie andres Vieh; man rechnet bis 50 g Körner für ein Huhn und 80 g für Ente und Gans als Beifutter. Fleisch wird vielfach gegeben, erteilt aber dem Geflügel, wenn nicht mit Körnerfutter untermischt, leicht einen thranigen Geschmack. In großen Mastanstalten schlachtet man Pferde ꝛc. für das Geflügel.

Die Henne hat von Haus aus im Eierstock an 600 Eier, welche sie nach und nach legen könnte; sie gibt am meisten, bis 180 Stück, im zweiten Jahre, und von da an wieder abnehmend; Hennen sollte man also, wenn nicht als Bruthennen, nicht länger leben lassen, da sie im Anfang des dritten Jahres auch noch gutes Fleisch liefern. Zum reichlichen Eierlegen gehören auch kalkige Materialien (Phosphate).

Am höchsten steht die Geflügelzucht in Frankreich, besonders die Mastung von Kapaunen und Poularden. Wo nicht genügende Pflege und reichliche Fütterung gegeben wird, kann die Zucht nicht rentieren; am lohnendsten ist die der Enten, welche bei gutem Wasser nur wenig Beifutter brauchen und nicht wählerisch im Futter sind, dann aber auch in Gärten zur Reinhaltung von Ungeziefer gebraucht werden.

Mühsam ist bei allem Geflügel die Aufzucht der Jungen, trotzdem diese, sowie sie aus dem Ei schlüpfen, selbständig zu fressen vermögen, besonders mühsam die der Truthühner, welche keine Nässe und Kälte vertragen und doch fleißig auf die Weide getrieben sein wollen.

Die Gans, der altberühmte Retter des Kapitols, wird aus Mähren und Böhmen in großen Herden über die Grenze nach Sachsen und weiterhin nach Preußen verhandelt, welches letztere Land in einzelnen Gegenden selbst bedeutende Gänsezucht hat, ebenso aus Westfalen nach Holland, wo die Gänse zu thranig werden, die Entenzucht aber großartig betrieben wird. Einzelne Bauern versenden hier bis 4000 Stück nach England. Man braucht von der Gans Eier, Fleisch, Federn und schlägt, um Brust und Leber besonders groß und wohlschmeckend zu machen, ganz eigentümliche Ernährungsweisen ein. Entweder setzt man die Mastgänse, um ihnen jede Bewegung, welche auf Stoffverbrauch hinarbeiten könnte, unmöglich zu machen, in besondere Körbe, welche von der Decke herabhängen, und sie werden in dieser peinlichen Lage dann reichlich mit gedörrten Nudeln gefüttert — oder sie hängen gar in der Nähe des Backofens, dessen Hitze ihren Durst reizt, welcher dann, nur selten gestillt, zur unnatürlichen Vergrößerung der Leber führen soll, oder sie werden zu gleichem Zwecke mit Spießglanz traktiert — kurz, die mannigfachsten Reizmittel werden angewandt, um das freudenlose Dasein der Gans zu einer möglichst günstigen Spekulation auszunutzen. Gänse verwendet man bis zum fünften, sechsten Jahre zur Zucht; man gibt dem Gänserich bis zu fünf Stück Gänse, welche bis 20 Stück Eier legen und bis sechs Junge ausbrüten.

Bei weitem glücklicher lebt die Ente, weil sich niemand um sie kümmert. Der Enterich kann bis zu zehn haben; diese legen bis 60 Stück Eier. Truthühnern wird sogar durch alle möglichen Delikatessen die Existenz so angenehm als möglich gemacht. Die Heimat des Truthahns ist Amerika; hier wurde er schon von den alten Mexikanern gezähmt, lebt aber dort auch heute noch in wildem Zustande. In Europa hat sich sein ursprünglich prächtiges Federkleid mehr und mehr verfärbt. Die alten Krieger Mexikos schmückten ihren Kopfputz und die Mädchen ihren Schurz mit den Federn des Truthahns, aber Benjamin Franklins Vorschlag, ihn in das Wappenschild Amerikas zu setzen, wurde im Rate verworfen, weil er ein „aufgeblasener Vogel“ sei. Die Truthühner, auch welscher Hahn, Puter, Kurre und Kalekut genannt, gehören den Hühnerarten und der Familie der Fasanen an. Gattungskennzeichen sind: kurzer, starker, oben gekrümmter Schnabel, von einem Fleischzapfen gekrönt, nackte, warzige Haut am Kopfe und Halse, eine bläuliche Haut an letzterem und kräftige Beine mit langer Fußwurzel und stumpfem Sporn. Der Hahn hat an der Brust einen Haarbüschel, das Huhn eine Warze. Rote Farbe reizt den Zorn des Hahnes, und unter den Vögeln repräsentiert er den Poltron und seine Henne die Zimperliche; die Henne legt jährlich zweimal 15—20 Eier; die Lust zum Brüten liegt ihr dergestalt im Blute, daß sie darüber oft das Fressen vergißt.

Man legt guten Hennen zuerst Gänse-, Schwanen- und Enteneier unter, dann Hühnereier, zuletzt noch, wenn sie gehörig heruntergekommen sind, Fasaneneier, von welchen allen jede bis zu 30 Stück ausbrüten kann. Die Jungen sind gegen Sonnenschein, Regen, Tau und Kälte sehr empfindlich. Selbst beim Fressen müssen sie zärtlich behandelt werden und bekommen daher in der Jugend zur Schonung der weichen Schnäbel ihre Eier- und Erbsenspeise mit grüner Zuthat auf Tüchern serviert.

Der weiße Truthahn gibt sehr geschätzte Federn, welche pro Stück bis zu 24 Mark eintragen können; die Henne ist bis zum zehnten Jahre brauchbar, der Hahn höchstens bis zum fünften Jahre; man erhält pro Henne bis 15 Junge.

Die Taubenzucht ist in den letzten Zeiten bei uns etwas zurückgegangen, einmal weil sich die Liebhaberei auf andre Gegenstände geworfen hat, und dann, weil durch den Telegraph die Brieftauben, deren Züchtung vorzüglich in den Niederlanden blühte, überflüssig geworden waren.

Seit dem letzten Kriege hat aber auch die Brieftaube wieder viele Freunde gewonnen. Die Taube lebt paarig, jedes Paar liefert bis zehn Junge pro Jahr.

Die Hühnerzucht oder die Hühnerologie ist zu einer solchen Bedeutung emporgestiegen, daß sich ihr in der Meinung ihrer Anhänger gewiß nichts Ähnliches an die Seite stellen läßt. Es gibt Hühnerologen, hühnerologische Vereine, hühnerologische Bücher, ja selbst hühnerologische Zeitungen, und wie zur Zeit des holländischen Tulpenschwindels einzelne Zwiebeln mit Tausenden von Gulden bezahlt wurden, war es vor einigen Jahren nichts Seltenes, ein einziges Ei wenigstens mit vielen Louisdors aufgewogen zu sehen.

Das Buch der Erfindungen. 8. Aufl. III. Bd. Leipzig: Verlag von Otto Spamer.

Hühnerrassen.

1 Italiener. 2 Hamburger. 3 Bantam. 4 Brabanter. 5 Strupphuhn. 6 Holländer. 7 La Flèche. 8 Kampfhuhn. 9 Yokohama. 10 Paduaner. 11 Japanisches Seidenhuhn. 12 Dorking. 13 Crève-Coeur. 14 Spanier. 15 Brahmaputra. 16 Kochinchina. 17 Malaie.

Das Huhn ist nach allen Überlieferungen eines der ältesten Haustiere, und wahrscheinlich lebte es schon in vorgeschichtlicher Zeit in Gesellschaft des Menschen. Ob es durch die Römer nach Deutschland gekommen ist oder durch ältere, arische Völkerstämme, ist vielleicht am ehesten durch die Sprachforschung zu entscheiden. Die keltische Sprache scheint bereits einen Namen für das Tier gekannt zu haben. Man hält das Bankivahuhn, welches in Hindostan und auf Java in den Wäldern lebt, für den Ahnen unsres Haushuhns, welches durch Zucht in unzählige Formen verwandelt worden ist.

Wir brauchen uns nicht bei der Beschreibung der verschiedenen Arten aufzuhalten, dieselben sind so verbreitet und bilden jetzt noch eine Liebhaberei so vieler, daß jeder unsrer Leser leicht Gelegenheit haben wird, eingehende Studien an der Natur selbst zu machen.

Fig. 293. Brütapparat ohne künstliche Mutter.

Je nach den wirtschaftlichen Verhältnissen und Zwecken, welche man mit der Hühnerzucht verbinden will (Eierproduktion, Fleischproduktion, Zuchthühnerverkauf) wird man unter den Hühnerrassen zu wählen haben. Das Landhuhn ist in einigen Gegenden bei guter Haltung und Vermeidung von zu enger verwandtschaftlicher Paarung als gute Eierlegerin beliebt, zur Zucht im großen ist es wegen geringer Fruchtbarkeit weniger zu empfehlen. Dagegen sind ausgezeichnete Legerinnen das italienische, das spanische Huhn und die Hamburgsrasse. Die Brabanter Hühner werden wegen ihres fleißigen Eierlegens und leichter Mastfähigkeit sehr geschätzt. Sehr gute Brüterinnen sind die Dorkinghühner, gute Fleischproduzenten die französischen und belgischen Rassen, insbesondere die Crevecoeur- und die Houdanrasse. Seines Fleisches wegen sehr geschätzt ist auch das aschgraue, mit vielen rundlichen weißen Flecken versehene Perlhuhn, welches in Afrika wild lebt.

Das künstliche Ausbrüten der Eier wurde schon bei den alten Ägyptern ausgeübt. Da nämlich das befruchtende Prinzip bei den Eiern der Vögel von Haus aus schon im Eie liegt und nur der Wärme von außen bedarf, um sich zum Leben zu gestalten, so setzte man mit dem glücklichsten Erfolge an die Stelle der brütenden Henne die künstliche Wärme und ließ durch deren Wirkung die jungen Küchlein in das Leben rufen. Eine gleichmäßige, 21 Tage hindurch erhaltene Wärme verrichtet diesen Dienst, und man hat verschiedene Vorrichtungen zum künstlichen Ausbrüten der Eier benutzt und die Wärme ebensowohl durch eine Lampenflamme als auch durch erwärmtes Wasser, durch gärenden Dünger u. s. w. unter Anwendung der notwendigen Modifikationen des Apparates erzeugt. Es kommt eben nur darauf an, die feuchte Lebenswärme der Bruthenne nachzuahmen und möglichst auf gleichmäßiger Höhe zu erhalten. Wasser ist daher ein ebenso nötiges Erfordernis zum Gelingen als Wärme, und die Luft der Kästen oder sonstigen Räume, worin die Eier unter einer Glas- oder andern Bedeckung liegen, muß stets mit Wasserdunst gesättigt erhalten werden.

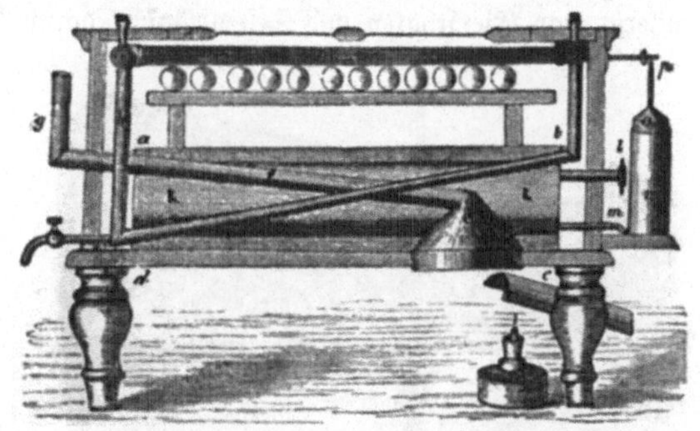

Fig. 294. Innere Einrichtung des Brütapparates.

Unser Bild (s. Fig. 293) stellt einen für 72 Eier berechneten Brütapparat von der rühmlichst bekannten Firma O. Grünhaldt in Ober-Lößnitz bei Dresden dar. Die innere Einrichtung veranschaulicht Fig. 294. Verschlossen ist der Apparat mit einem Glasdeckel; in dem unteren Teile des Kastens befindet sich ein Zinkbassin a, b, c, d, welches, mit Wasser gefüllt, durch eine unter der Brutmaschine stehende geruchlos brennende Petroleumlampe erhitzt wird. Die Lampenwärme verbreitet sich in dem Trichter e, von hier durch das an diesem befindliche Rohr f, welches schließlich durch die Esse ausmündet. Die durch die Länge des Bassins gelegten Röhren h sind senkrecht von den Seiten des Bassins in die Höhe geführt und tragen je ein Knierohr. Je zwei sich gegenüberstehende Rohröffnungen verbindet man nunmehr mittels des Gummischlauches i, damit eine fortwährende Wasserzirkulation stattfinden kann. Das Wasser wird jetzt in den schrägliegenden Röhren durch das Bassinwasser erwärmt. Die Anzahl der Schläuche beträgt sechs und unter jedem derselben finden auf einer hölzernen Mulde zwölf Eier Platz, die dadurch eine sichere Lage erhalten, daß zwischen je zwei Schläuchen eine hölzerne Scheidewand eingezogen wird. Die Eier werden demnach in naturgemäßer Weise bebrütet, indem sie von oben durch einen sie bedeckenden Körper von circa 32° R. erwärmt werden. Die Wärme konstant zu erhalten, dient der selbstthätige Wärmeregulator (Fig. 295). Dieser Apparat hat den Zweck, das Schwimmwasser von der Berührung mit der äußeren Luft möglichst abzuschließen, dadurch die Verdunstung auf das erreichbare Minimum zu beschränken und die Reibung zu vermeiden, daß nicht der Aufdruck des Schwimmbassins, sondern dessen eignes Gewicht als bewegende Kraft benutzt wird. Der Vorgang ist folgender. Das bei a aus dem Windkessel hinausgedrückte Wasser steigt durch den Schlauch b in die Büchse c, welche an dem bei d drehbaren Balancier frei hängt; durch den Eintritt des Wassers wird das Gewicht der Büchse c vermehrt, dieselbe senkt sich, und die Zugstange e hebt den Lampendämpfer f so, daß er die Lampenwärme nach außen strömen läßt. Sind die Kücken ausgeschlüpft, so entfernt man Eierschalen und Seitenwände, damit den Tierchen ein warmer Raum für die Nacht geschaffen wird.

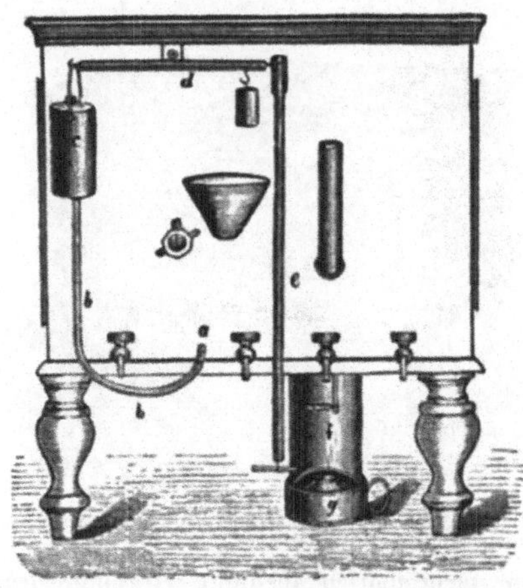

Fig. 295. Selbstthätiger Wärmeregulator.

Die so konstruierten Brütmaschinen haben durch Grünhaldt selbst noch eine anderweitige Verbesserung erfahren, indem, wie Fig. 296 zeigt, ersterem Apparate noch eine sogenannte „künstliche Mutter“ beigegeben ist. Dieser Apparat hat genau die Einrichtung der Fig. 293, nur ist durch Schräglegung des Bassinbodens im unteren Teile desselben ein erwärmter Raum gewonnen, dessen Decke eben der schräg ansteigende, stets gleichmäßig warme Bassinboden bildet, der mit einer Flanelldecke verkleidet ist. Da die Kücken sich ab und zu durch Unterschlüpfen unter die Henne zu erwärmen suchen, so bietet ihnen der erwähnte Raum, in welchem sie unter die erwärmte Flanelldecke zu schlüpfen vermögen, eine durchaus naturgemäße Zufluchtsstätte und im wahren Sinne des Wortes eine künstliche Mutter.

Fig. 296. Brütapparat mit künstlicher Mutter.

Der angesetzte Käfig aber dient ihnen als Tummel-, Freß- und Saufplatz, von dem aus sie beliebig die wärmende Mutter aufsuchen können. Dieser Apparat ist um so mehr zu empfehlen, weil die erste Brut im unteren Teile sich selbst erzieht und man den oberen Teil behufs Weiterbrütung benutzen kann.

Die Zucht der Seidenraupen gehört hauptsächlich Italien, dem südlichen Frankreich, Österreich und südlicheren Ländern an; China und Japan sind bekanntlich darin hervorragend.

Auch in Deutschland ist es in den letzten Jahren gelungen, die Seidenraupenzucht einzubürgern. Für den größeren Landwirt empfiehlt sich nur die Zucht der Maulbeerbäume, um das erforderliche Futter zu erzeugen und als solches zu verkaufen. Die Zucht erfordert große Aufmerksamkeit bei Tag und Nacht während etwa 30—36 Tagen im späten Frühjahr. Deutschland züchtet in großem Maße Eier für andre Länder, in welchen die Seidenraupenkrankheit große Verheerungen anrichtet. Die Raupen, welche sich eingesponnen haben und in ihrem Gespinste das wertvolle Material, die Seide, liefern (Kokons), werden mit Wasserdampf nach dem Einspinnen getödtet, dann wird die Seide in besonderen Anstalten abgehaspelt.

Ein Lot Eier wird mit $1{,}_{60}$—$1{,}_{80}$ Mark bezahlt, es gibt bis zu 18000 Räupchen, welche im ganzen 450 kg Laub fressen und 20 kg Kokons, aus diesen aber 2—$2^1/_2$ kg roher und 380—500 g gehaspelter Seide geben. Europa produziert etwa 277000 Zentner Seide im Werte von 580 Millionen Frank.

Fig. 297. Dzierzonscher Zwillingsstock.

Die Bienenzucht liefert Honig und Wachs. Man rechnet, daß auf jeder Quadratmeile bis 400 Stöcke möglich sind, ohne künstliches Futter geben zu müssen; Deutschland könnte danach bis 5 Millionen Stöcke haben, besitzt aber kaum die Hälfte davon. Da im Durchschnitt pro Stock 10 kg Honig und $5{,}_5$ kg Wachs zu gewinnen sind, so müßte die Gesamtproduktion 45 Mill. kg Honig und 25 Mill. kg Wachs repräsentieren. Gegenwärtig werden aber im Zollvereine noch für 24 Mill. Mark an Honig und Wachs jährlich eingeführt.

Die Biene erfordert eine sehr sorgsame Pflege, weniger direktes Abwarten durch den Menschen als unausgesetztes Überwachen, und eignet sich daher nur für solche, welche Lust und Freude mit Geschick und der nötigen Kenntnis verbinden. Für diese kann die Zucht sehr einträglich werden, da man durchschnittlich pro Stock an 18 Mark Reinertrag erhält und leicht Stände bis zu 200 Stöcken angelegt werden können.

Wichtig für die Biene ist die Überwinterung, d. h. die Anlegung eines passenden Raumes zur Abhaltung des Winterschlafs, in welchem die Tiere nicht zu früh im Frühjahr erweckt werden; ferner die Sorge für gute Nahrung, besonders in der ersten Zeit nach dem Erwachen. Viel kann in dieser Beziehung noch geschehen durch Anpflanzung von geeigneten Bäumen und seitens der Landwirte durch passende Ansaaten, besonders an wüstem Gelände. Die Weiden- und Rapsarten, weißer Klee, Esparsette, Buchweizen, Linden u. dergl. sind hier in erster Linie in Betracht zu ziehen. Heidekraut gibt vortreffliche Weide; in Gebirgsgegenden bringt man zum Herbste die Stöcke aus der Ebene hinauf. Gefährlich ist die Biene den Zuckerfabriken, wo sie sich nur zu gern einschleicht und massenhafte Quantitäten vertilgt.

In guten Jahrgängen ist der Ertrag der Bienenzucht außerordentlich groß und der Honig ausgezeichnet durch Aroma und Süße, in schlechten, kalten und nassen Jahren muß dagegen oft mehr gefüttert werden als der Stock einträgt, und wird oft genug die Überwinterung nur dadurch möglich, daß man mehrere Stöcke zusammenbringt. Je kälter, um so mehr Futter wird nötig; je dichter ein Stock bevölkert ist, um so mehr erspart die tierische Wärme an Heizungsmaterial im Futter. — Die besten Bienen sind die italienischen, neuerdings auch in Deutschland sehr verbreitet zur Kreuzung mit den einheimischen Stämmen.

Die Biene hat außerordentlich viele Feinde, Vögel, Mäuse, Raubinsekten u. dergl. mehr, vor welchen man möglichst die Stöcke bewahren muß.

Ein normales Bienenvolk besteht in den Sommermonaten aus drei Arten: der Königin, den Arbeitsbienen und den Drohnen. Die Königin ist das einzige vollkommene Weibchen im Volke und die Bienen dulden in jedem Stocke nur eine einzige als Herrscherin. Sind mehrere vorhanden, so müssen sie ausziehen oder werden getödtet. Die Königin vermag an einem Tage bis 3000 Bieneneier und in einem Jahre bis 70000 zu legen. Aus jedem Ei der Arbeitsbienen kann unter gewissen Bedingungen eine Königin gezogen werden, wenn die Zelle und der Futterbrei dazu hergerichtet werden. Wie die Speise der Götter, so besteht die der Königin nur in reinem, von den Arbeitsbienen besonders reichlich zugetragenem Honig. Stirbt die Königin, so bauen die Arbeitsbienen eine neue Zelle, legen ein frischgelegtes Ei hinein und erziehen eine andre Herrscherin. Die Arbeitsbienen sind zur Fortpflanzung unfähig, und wenn ja einzelne die Fähigkeit zum Eierlegen besitzen, so können sich aus diesen Eiern nicht wie bei der Königin alle drei Bienenarten, sondern nur Drohnen entwickeln. Den Arbeitsbienen liegt das ganze Departement des Innern und Äußern ob. Sie sammeln und bereiten den Honig, sie bauen das Haus und richten es ein, sie pflegen die Brut, halten den Stock rein und bewachen ihn. Sie sind zu ihrem Schutze mit einem Stachel versehen, dessen Verlust ihren Tod zur Folge hat. Die Drohnen dagegen sind die Faulenzer im Bienenstaate und dienen nur zur Befruchtung der Königin, wonach sie sterben. Man zählt in einem guten Stocke eine Königin, 20000—30000 Arbeitsbienen und 80—2000 Drohnen. — Die Wohnungen, welche der Mensch den Bienen bereitet, die Bienenstöcke, sind von sehr verschiedener Konstruktion.

Es kommt sehr viel auf die Art der Bienenhäuser an, denn dem betriebsamen Tierchen gefällt es nicht in jeder Behausung gleichgut, wie dies am besten die Resultate beweisen, welche der Pastor Dzierzon zu Karlsmarkt in Preußisch-Schlesien angestellt hat. Lange Jahre hindurch hat dieser Forscher seine Züchtungsversuche fortgesetzt, und sein System ist jetzt allgemein als das beste anerkannt und eingeführt. Je nach den klimatischen Kulturverhältnissen gibt Dzierzon verschiedene Stöcke an, und nicht nur dies, er hat eine neue, für die deutschen Verhältnisse besonders angepaßte Bienenart gezüchtet, indem er die oberitalienische Biene als Veredelungselement einführte. Dieselbe übertrifft unsre einheimische Biene bedeutend an Fleiß und sticht fast nie.

Um das Leben und die Thätigkeit innerhalb der Bienenstöcke beobachten zu können, hat man Gehäuse konstruiert, aus denen die eine Wand herausgenommen werden kann; dahinter befindet sich dann eine zweite abschließende Glaswand, welche den Einblick in das Innere erlaubt. Indessen darf man nicht zu oft das Licht in den Stock hineindringen lassen, wenn man nicht eines schönen Tages sein Beobachtungsfenster von innen mit Wachs verklebt sehen will. In Fig. 297 geben wir die Abbildung eines derjenigen Dzierzonschen Stöcke, welche sich der allgemeinsten Annahme von seiten der Bienenzüchter zu erfreuen gehabt haben. Es ist der sogenannte Zwillingsstock, so bezeichnet, weil immer ihrer zwei mit der Rückwand aneinander gestellt werden. Er ist sehr einfach, demzufolge auch wohlfeil, und eignet sich, weil die Überwinterung in ihm sehr leicht ist, besonders für größere Bienenzüchtereien. Wir können hier nicht weitläufig erörtern, welche Methoden die besten sind, wir wollen nur die Wichtigkeit der Bienenzucht in Verbindung mit der Landwirtschaft hervorheben, namentlich auch ihre hohe Bedeutung in bezug auf die Befruchtung der Blüten vieler Kulturpflanzen, und dazu aufmuntern, auch diesen schönen, interessanten und lohnenden Zweig der Volksindustrie nach Kräften zu betreiben und zu fördern.

Inwieweit das Interesse hierfür rege ist, ergibt sich daraus, daß im Deutschen Reiche 4 Zentralvereine und 173 Zweigvereine für Bienenzucht vorhanden sind. Leider hat sich jedoch die Zahl der ermittelten Bienenstöcke erheblich vermindert; in Preußen allein waren 1873 vorhanden 1459055 Stück, 1883 nur 1232231 Stück.

Es erübrigte noch, einen Blick auf die landwirtschaftliche Fischzucht zu werfen; da wir aber der Fischerei späterhin in einem besonderen Kapitel eine ausführliche Betrachtung schenken, verweisen wir unsre Leser auf den letzten Abschnitt dieses Bandes, der sich mit der Gewinnung der Schätze befaßt, die das Wasser uns bietet.

Waldesrauschen, wunderbar
Hast du mir das Herz getroffen!
Treulich bringt ein jedes Jahr
Neues Laub wie neues Hoffen.

Eichendorff.

Der Wald und seine Pflege.

Bedeutung des Waldes. Klimatologischer Einfluß. Verbreitung der Wälder in horizontaler und vertikaler Richtung. Der deutsche Wald und seine Bäume. Forstkultur. Bewirtschaftung. Pfänterwald. Urwald, Hochwald, Niederwald, Mittelwald. Feinde des Waldes. Ausbeute des Waldes. Holzfällen. Roden. Rücken des Holzes. Holzriesen. Triften und Flößen.

Die Geschichte des Altertums läßt bei allen Völkern eine ausgesprochene Liebe und Verehrung für den Wald erkennen. Er war der naturgemäße Aufenthalt für die Jägervölker, denn er gewährte ihnen nicht bloß Schutz gegen die Unbilden der Witterung, das Material zu ihren Gerätschaften und zur Feuerung, sondern in den vormals so reichen Wildbeständen auch die Nahrung. Wenn auch die nächst höhere Kulturstufe der Hirtenvölker dem Walde schon feindlicher gegenübersteht, da sie in den holzfreien Weidegründen und deren Erweiterung (gewöhnlich durch Feuer) ihre Existenz suchen mußten, so ist doch erst der Ackerbau der geschworene Feind des Waldes geworden, denn je mehr die Bevölkerung und mit ihr die Bedürfnisse der Menschen wuchsen, um so mehr mußte sich der Wald auf die entlegenen und für die Landwirtschaft nicht mehr benutzbaren Flächen zurückziehen. Heute sind wir an dieser äußersten, von dem Ackerbau naturgemäß nicht mehr überschreitbaren Grenze fast überall nicht nur angelangt, sondern sie ist in den meisten europäischen Staaten, ja selbst zum Teil in unserm deutschen Vaterlande, in der That mehr oder weniger überschritten. Dieses Zurückweichen des Waldes und die durch die Bevölkerungsmehrung stets wachsenden Anforderungen an die Erzeugnisse desselben erfolgten lange ohne Rücksicht auf die Forderungen der Zukunft, bis der frühere Überfluß sich in Mangel zu verwandeln drohte und in der Mitte des vorigen Jahrhunderts die Holznot beängstigend an die Thür pochte. Nun erst begann man, der Natur die Gesetze abzulauschen, welche den Wald schufen, und diesen als notwendiges Objekt des Volksvermögens unter den Schutz des Staates zu stellen. Allmählich entwickelte sich eine Forstwissenschaft und eine Forstgesetzgebung.

Ist auch die heutige Welt gegen den Wald nicht mehr feindlich gesinnt, da sie wohl die absolute Notwendigkeit der Wälder zur Befriedigung der Bedürfnisse an Holz jeglicher Art erkennt, so steht sie ihm doch vielfach mit Gleichgültigkeit gegenüber. Der Menge liegt der Wald fern, sie tröstet sich mit dem Gedanken, „Holz wächst über Nacht", und leider gewahrt sie nicht, daß der Sinn dieser Worte auf die Wälder der Jetztzeit nicht mehr paßt; sie erkennt den Rückgang nicht, den viele deutsche Wälder nehmen, und geht vielfach teilnahmlos an der fortgesetzten Beeinträchtigung ihrer Produktionsmittel — einer langsamen Devastation — vorüber.

Der Mangel an Holz und Nebenprodukten ist es aber nicht allein, durch welchen sich die Ausrottung der Waldungen rächt; letztere haben größere, weitreichende Bedeutung fürs ganze Land in vielfach andrer Weise.

Einfluß des Waldes auf die physikalische Beschaffenheit der Länder. Die Existenz und das Wohlbefinden der Menschen ist an gewisse Zustände des Klimas und des Bodens gebunden — an eine bestimmte physikalische Beschaffenheit der Länder. Auf letztere aber übt der Wald einen mächtigen Einfluß. Die Wärme- und Feuchtigkeitsverhältnisse, die Wirkung der Winde, die größere oder geringere Veränderlichkeit der Bodenoberfläche u. s. w. sind wesentlich durch die Wälder bedingt. Das lehrt die Geschichte und die tägliche Erfahrung.

Auf die mittlere Jahrestemperatur der Luft hat zwar der Wald in unsern Breiten keinen wesentlichen Einfluß, wohl aber auf die Verteilung der Wärme nach den Tages- und Jahreszeiten. Während der Vegetationszeit kommt im Walde durch den Lebensprozeß der Bäume fortwährend eine enorm große Wassermasse zur Verdunstung; dadurch sowohl wie durch Abhaltung der Sonnenstrahlen ist die Waldluft am Tage stets kühler als das waldfreie Terrain, bei Nacht dagegen ist die Waldluft wärmer, denn die Ausstrahlung (d. h. das Entweichen der Wärme bei klarem Himmel) im freien Lande ist dann stets beträchtlich größer als im Walde, der durch seinen dichten Sonnenschirm die empfangene Wärme besser zurückzuhalten vermag. Was für den Tag gilt, gilt ähnlich auch für den Sommer, im Gegensatz zu den andern Jahreszeiten. Während die im Walde länger festgehaltene Sommerwärme das Hereinbrechen des Winters hinausschiebt, verzögert sich hier anderseits der Eintritt des Frühjahrs. Da nun die Luftschichten stets ineinander streichen, so ergibt sich leicht, daß der Wald durch Abstumpfung der Extreme in den Wärmeverhältnissen einer Gegend höchst wohlthätig wirken müsse, daß in einem mit Wäldern hinreichend versehenen Lande Frühling und Herbst noch von bemerkbarer Dauer möglich sein müsse und die Luft im Sommer nicht zu jenen hohen Wärmestufen dauernd ansteigen kann, welche die Existenz der Pflanzenwelt oft in Frage stellen.

Die Temperaturunterschiede zwischen Wald und Feld haben aber mehr oder weniger ständige Luftströmungen zur Folge, ähnlich wie an den Seeküsten. Diese Strömungen haben aber nur lokale Bedeutung; weiter greifend ist der Schutz, den der Wald gegen Stürme gewährt, indem er ihre Gewalt bricht, ihre Geschwindigkeit mäßigt und damit ihre nachteiligen Wirkungen moderiert. An den Meeresküsten vermag nur der Wald dem Vordringen der alles zerstörenden Sandwehen ein Ziel zu setzen; viele exponierte Freilagen sind nur durch den Waldschutz kulturfähig, und überall in den höheren Gebirgen gehen die vorher oft so trefflichen Weidegründe verloren, wo der Schutz gegen die kalten, trockenen Winde durch Zerstörung der Wälder verschwunden ist.

Man ist sehr häufig geneigt, den Waldungen auch einen Einfluß auf die Regenmenge eines Landes zuzumessen, nachdem dieser Einfluß allerdings für die Länder der heißen Zone konstatiert ist; für unsre mittel- und nordeuropäischen Länder aber ist dieses nicht statthaft, denn hier wird die Regenmenge (d. h. der Gesamtbetrag der durch atmosphärische Niederschläge einer gewissen Fläche jährlich zukommenden Wassermenge) durch ganz andre Ursachen bedingt, vorzüglich durch die geographische Lage und Terrainform, die absolute Höhe und die herrschende Windrichtung eines Ortes. Auch ist es bis jetzt wohl noch gewagt, die Wasserabnahme unsrer Flüsse unmittelbar mit etwaigen

Entwaldungen in direkte Beziehung zu bringen; denn sehr gewöhnlich wirken hier Flußkorrektionen, Meliorationen der Landwirtschaft, Entsumpfung, Trockenlegung der Weiher u. s. w. in erster Linie. Ja, man hat Abnahme der Flüsse für Bezirke beobachtet, in welchen thatsächlich die Bewaldung eine wenigstens intensiv bessere geworden ist. Dagegen aber ist es die Verteilung des einem Lande zukommenden Wassers, bei welcher der Wald die Hauptrolle spielt. Die Luft der Waldungen ist stets feuchter als jene außerhalb derselben, und da sie im Sommer auch kühler ist, so findet viel häufiger auch eine Verdichtung des Wasserdampfes statt. Im Walde taut es öfter und reichlicher und regnet auch öfter, wenn auch die Gesamtmenge des Regens nicht größer ist als jene im waldfreien Gelände. Vor allem aber wichtig ist, daß die dem Walde zukommende Feuchtigkeit länger und besser festgehalten wird. Der Waldboden ist lockerer und wird bis zu größerer Tiefe von den Wasserinfiltrationen durchdrungen, er ist mit Laub- und Nadelschichten und von Moospolstern überlagert, welche eine überaus große Wassermasse aufzunehmen und festzuhalten vermögen. Allmählich sickert das Wasser von hier aus in den Untergrund und speist die Quellen nachhaltig und unausgesetzt das ganze Jahr. Quellen aber bilden Bäche, und Bäche vereinigen sich zu Flüssen. — Im freien Lande entführen Sonne und Wind rasch die Feuchtigkeit, über waldentblößte Gehänge fließt der Regen unaufgehalten herab, sammelt sich rasch zum verheerenden Bergwasser, das Sand, Kies und Gerölle hinab und weit hinaus in die angebauten Gelände trägt, um Wiesen und Äcker mit unfruchtbarem Schutte zu überdecken. Die Wasser, welche zur wohlthätigen Befruchtung der umgebenden Gelände auf Wochen hinaus hätten dienen sollen, sind rasch verronnen, und bald liegen die kahlen, von mächtigen Erosionen durchfurchten Gehänge wieder dürr und öde wie zuvor. Alljährlich ertönt aus jenen Ländern, welche so unklug waren, ihre Bergwälder zu zerstören, die Klage über fortschreitende Verwüstung der Wasser und der Überschwemmungen. In diesen Gegenden regnet es zwar seltener, aber die Regen sind stets wolkenbruchartig. Denn die über den kahlen Bergen sich stark erwärmende Luft faßt eine überaus große Menge Wasserdampf, es bedarf dann nur einer anfänglich geringen Abkühlung, um allen Dampf in kurzer Zeit zu Wasser zu verdichten. Regen und Schnee schmelzen immer rasch auf den kahlen Gehängen und sammeln sich zu Wogen, welche dann, wie in den Landschaften der Seealpen, mancher Tiroler Alpen, aber auch der rheinischen, pfälzer Gebirge u. s. w., gleich Wasserfällen über die bebauten Fluren sich ergießen.

Der Wald ist der natürliche Regulator für gleichförmige Verteilung des Wassers, und hiermit die Bedingung einer geordneten nachhaltigen Kultur aller zu einem Quellbezirke gehörigen Landschaften.

Welche Veränderungen in der Oberflächengestaltung der Gebirgsländer in kurzer Zeit sich ergeben müßten, wenn man die Waldungen überall niederschlagen und die Gebirge zur sterilen Oberfläche umwandeln würde (Zustände, wie sie leider in unserm Deutschland da und dort nicht mehr zu den Seltenheiten gehören), läßt sich aus dem Gesagten leicht ermessen. Die schließliche Folge wäre die Unbewohnbarkeit der Gebirgsländer, wie sie bereits für mehrere Thäler der Alpen thatsächlich eingetreten ist. Der Mensch wandert aus und überläßt seine heimatliche Stätte der wilden Gewalt der Wasser, die nun allmählich die Berge ins Thal hinabführen und die lachenden Fluren zur Steinwüste umgestalten. Abschreckende Belege für die Wahrheit dieser Behauptung bieten die entwaldeten und quellenlosen oder quellenarmen Kalkgebirge der ältesten Kulturländer Europas, Griechenlands, Unteritaliens und Spaniens.

Wenn übrigens der Wald die betrachteten Wohlthaten für Kulturfähigkeit und Bewohnbarkeit der Länder spenden soll, so muß er in unverdorbener Frische und Kraft erhalten bleiben, er muß namentlich seine natürliche Bodendecke, die Streu-, Humus- und Moosdecke unverkürzt besitzen, denn diese sind es ja vorzüglich, welche das Wasser im Walde festhalten.

In neuester Zeit sind von angesehenen Fachleuten Ansichten ausgesprochen, welche zwar dem Wald einen gewissen Einfluß auf Klima und Wasserkreislauf einräumen, die Bedeutung dieses Einflusses aber teils ganz in Abrede stellen, teils nur sehr gering anschlagen. Der Oberforstmeister Dr. Borggreve ist ein Verfechter solcher Anschauungen. Er geht von dem Grundgedanken aus, daß trotz aller herrschenden Meinungen in der Litteratur und im Leben über den Einfluß des Waldes, trotz aller staatsgesetzlichen Vorschriften zu gunsten der Waldpflege doch alle Kulturländer bald langsamere, bald schnellere Abnahme der Waldflächen zeigen. Es sei dieser Vorgang geradezu als ein Naturgesetz zu bezeichnen. Es erscheine als eine überaus wichtige volkswirtschaftliche Frage, ob man nicht lieber einen Teil der Gesamtwaldfläche, vielleicht 2 Prozent, zum Feldbau in Deutschland verwende und hierdurch den Auswanderern aus der Landbevölkerung, also jährlich ca. 50—100000 Köpfen, eine lohnende Beschäftigung biete. Zwar sei für die Gesundheit der Menschen und die gedeihliche Aufzucht der Tiere immerhin ein größeres Maß von Waldfläche erforderlich, doch genüge hierzu ein Maß von 95 Prozent des jetzt vorhandenen Waldreichtums, ohne daß es weiterhin einer Vermehrung des letzteren bedürfe. Hiernach handle es sich um die Verwertung von etwa 5 Prozent der gegenwärtig in Deutschland bestehenden Waldfläche in nutzbares Acker- und Wiesenland.

Gegenüber den vielfach betonten heilsamen Einflüssen des Waldes auf des Landes Klima sei nur einzuräumen, daß solche Wirkung nur für das Innere des Waldes selbst gelte, während für die nächste Umgebung der Waldeseinfluß gar keinen Vorteil bringe, wohl aber für die Waldenklaven Nachteile, z. B. Spätfröste. Betreffs der Menge und Verteilung der Niederschläge seien die Ergebnisse nicht minder unbedeutend, sie bezögen sich ebenfalls nur auf die Waldfläche selbst, nicht aber auf die umliegende Landschaft.

Es ist schwer zu entscheiden, inwieweit die eben entwickelten Ansichten richtig sind; jedenfalls steht aber fest, daß die Luft im Walde oder in dessen Nähe bei fast gleichen Verhältnissen sich für das Wohlgedeihen aller lebenden Wesen heilsamer erweist als in einer Gegend, welche jeden Waldschmuckes bar ist.

Einfluß der Waldvegetation auf die Gesundheitsverhältnisse. Wenn auch der Sauerstoffgehalt überall der gleiche ist, so mischen sich der Stadtluft doch eine Menge von Bestandteilen bei, wie Rauch und Ruß der Fabriken und Öfen, die Ausdünstungen der Gerbereien, Seifensiedereien, der Schlachthäuser, der Leimfabriken u. s. w., die faulenden Stoffe der Kloaken und Kanäle u. s. w., welche für das Atmen nicht nur unnütz, sondern als schädliche Miasmen oft sogar gefährlich sind. Der Pflanzenwelt, und vorzugsweise den Bäumen, ist die Aufgabe zugewiesen, die meisten dieser Stoffe aufzunehmen und die Luft davon zu reinigen. Anderseits schreibt man die größere Gesundheit der Landluft, und der Waldluft insbesondere, dem größeren Ozongehalte zu, doch wie es scheint mit Unrecht. Wie dem auch sei, die statistischen Forschungen bestätigen überall diese Wahrnehmungen aufs treffendste, und mit Recht ist man in allen großen Städten bemüht, durch Anlegung und Erhaltung von Parken, Alleen, Promenaden und eine frische Baumvegetation innerhalb derselben den fehlenden Wald wenigstens teilweise zu ersetzen, und wer nur kann, flüchtet im Sommer aus den Städten zur Sammlung neuer Lebenskräfte in die Waldungen zur Sommerfrische.

Der wichtigste hygienische Wert der Waldungen liegt aber in der betrachteten Regulierung der Wärme und Feuchtigkeit der Luft. In einem passend mit Waldungen besetzten Lande stumpfen sich die Extreme der Wärme und Feuchtigkeit erheblich ab. Welchen Einfluß aber unvermittelte Übergänge auf die Gesundheitszustände haben, ist allbekannt; es steht in der ärztlichen Praxis längst fest, daß Jahrgänge mit grellem Witterungswechsel immer jene sind, in welchen heimische und fremde Krankheiten am energischsten auftreten. Der Wald bietet endlich Schutz gegen den trockenen, scharfen Nordostwind, der so vielfach Entzündung der Atmungsorgane im Gefolge hat. Trifft dieser Wind vorerst auf einen benachbarten, in dieser Richtung belegenen Wald, so nimmt er hier ein beträchtliches Maß von Feuchtigkeit und Wärme auf, und seine schlimme Wirkung wird gemildert. Überdies bricht der Wald überhaupt die Kraft des Windes, und eine Menge fein zerteilter Stoffe, die der Wind mit sich führt, wie Sand, Staub, Ruß u. s. w., bleiben im Walde zurück, der hier wie ein Sieb wirkt.

Die Beziehungen der Waldvegetation zum Geist und Gemüte des Menschen sind nicht minder beachtenswert. „Das deutsche Volk“, sagt Riehl, „bedarf des Waldes, wie der Mensch des Weines bedarf, obwohl es zur Notdurft hinreichen mag, wenn sich lediglich der Apotheker ein Viertelohm in den Keller legte. Brauchen wir das dürre Holz nicht mehr, um unsern äußeren Menschen zu erwärmen, dann wird dem Geschlechte das grüne, in Saft und Trieb stehende um so notwendiger." Und wahrlich! würden wir mit Hilfe der Technik im stande sein, den unmittelbaren Nutz- und Brennwert des Holzes zu ersetzen und jene Einflüsse zu surrogieren, welche die Waldvegetation auf die klimatischen, Fruchtbarkeits- und Gesundheitsverhältnisse unsrer Länder hat, wir müßten verarmen an Geist und Kraft, an Gemüt und Poesie — der Kampf um das materielle Dasein würde dem Menschen alles rauben; was ihn zum Menschen macht, würde ihn um so rascher zur sittlichen Verwilderung führen, je weiter er sich von den Gesetzen der natürlichen Weltordnung entfernt. Eine Welt ohne Waldesgrün, ohne Waldluft und Schatten, ohne Waldeinsamkeit bedingt ein andres Geschlecht, und namentlich in unserm Deutschland, denn die Liebe des deutschen Volkes zum Walde spielt in allen seinen Ideen, Vorstellungen und Schöpfungen mit, welchen das sittlich-ästhetische Element zur Grundlage dient; sie bedingt zum großen Teile die an den meisten Völkern der Jetztzeit so sehr vermißte und am Deutschen so sehr gerühmte Gemütstiefe. Ja, die Wälder sind die ewigen Urtempel der Menschheit, hier fühlt sich die Brust zu jener ungemachten Andacht gestimmt, welche die Nähe des Schöpfers ahnt; hier wohnt ein Freund, der für alle Lagen des Lebens paßt, der mit dem Traurigen weint, mit dem Fröhlichen lacht, den Müden einwiegt in stille Träume und besänftigend und beruhigend auf jeden wirkt, der sich dem Zauber seiner Natur übergibt.

In einem paradiesischen Walde beginnt die Geschichte des Menschen, aus den wälderreichen Ländern Zentralasiens kamen die kräftigen Stämme bis zum Mittelmeer hervor; wie der Refrain eines Heldenliedes rauschen die Zedern des Libanon durch das Alte Testament, heilig waren die Bäume und Wälder den Griechen und Mauren, und von hohem Geiste blieben die Heldenvölker durchweht, solange die Haine von Kolonos, von Argos und Thessalien, des Athos und Olymp rauschten, der Skamander seine schiffbaren Fluten dahin rollte und das Hochplateau von Spanien noch den Wald auf seinen Bergrücken trug. Es ist anders geworden, die Länder sind verdorrt und die Völker mit ihnen — mehr und mehr verschwindet die Kraft aus den romanischen Stämmen, vorher aber hatte man die Waldungen zerstört, jene letzte Stätte der frei wirkenden Naturkraft! Wir in Deutschland sehen es noch ziemlich grün um uns her, die Vögel singen noch in den Wipfeln, noch zählen wir die Jahrhunderte an unsern Tannen und Eichen, eine große Zahl für den Wald begeisterter Männer opfern ihm ihre ganze Lebenskraft, und Hunderttausende werden zu seiner Erhaltung und Pflege alljährlich aufgewendet. Möge es noch lange so bleiben, dem Vaterland zu Schutz und Ehre!

Zusammensetzung und Verbreitung der Wälder. Die Hauptarbeiter in des Waldes Werkstatt sind die Bäume, ihnen untergeordnet die Sträucher; beides sind Holzgewächse. Das Holz entsteht aus weichen, saftigen Teilen; es bedarf durchschnittlich mindestens drei Monate Frist, um den nötigen Grad von Festigkeit zu erhalten, um reif zu werden. Da, wo die Temperatur in kürzerer Zeit wieder unter den Gefrierpunkt sinkt, in den Polargebieten und in den höheren Teilen der Gebirge, vermag kein Holzgewächs mehr zu gedeihen. Die noch safterfüllten und nicht völlig zu Holz erhärteten Triebe erfrieren. Ein ähnliches Hindernis bildet die Dürre in Steppen und Wüsten. Fehlt dort das Wasser gänzlich, oder ist es nur so kurze Zeit vorhanden, daß das Holz sich nicht völlig bilden kann und die Knospen zur nächsten Wachstumsperiode nicht ihre gehörige Ausbildung erlangen, so können Wälder nicht gedeihen.

Außer den angedeuteten natürlichen Grenzen, welche das Vorkommen hochstämmiger Holzgewächse im allgemeinen einschränken, gilt für jede Baumart noch insbesondere ein niedrigster und meist auch noch ein höchster Wärmegrad, deren Überschreitung tödlich für sie wirkt. Der Mineralgehalt des Bodens, Neigung und Bewässerungsverhältnisse desselben, Lage des Standortes in bezug auf rauhe oder austrocknende Winde und absolute Höhe führen außerdem bei jeder Baumart zahlreiche Beschränkungen ihres Vorkommens herbei, die nur in untergeordnetem Grade durch die pflegende Hand des Menschen, durch Akklimatisierung, überwunden werden können.

Beide Polarkreise entbehren eigentlicher Waldungen. Was man z. B. in Grönland unter diesem Namen begreift, ist nur die poetische Auffassung von Weidengebüsch in geschützten südlichen Fjorden. Eine Linie von 68° nördl. Breite in Westeuropa, von 66° in Sibirien, von 61 und 62° in Kamtschatka, von 61° in Nordwestamerika bis zu 57° in Labrador bezeichnet ungefähr die Grenze des Baumwuchses nach Norden zu. Nur da, wo größere Flüsse durch ihre Gewässer die Temperatur der Luft etwas erhöhen und gleichzeitig einfassende Berge Schutz vor dem Winde gewähren, rücken die Waldungen noch einige Meilen weiter hinaus. Auf der südlichen Hälfte der Erde entbehren bereits die meisten Inseln außerhalb 50° südl. Breite des Waldwuchses.

Die gemäßigten Zonen sind ausgezeichnet durch das Vorherrschen von Nadelhölzern und von Laubwäldern; die ersteren gehören in Europa vorzugsweise der Familie der tannenartigen (Abietineae) an. Kiefer (Pinus sylvestris), Fichte (Picea excelsa) und Weißtanne (Tanne, Abies pectinata) sind die vorzüglichsten. Auf der Südhälfte der Erde sind die verwandten Gattungen der Araukarien und Podocarpus vorherrschend. Unsre Laubhölzer gehören der Hauptsache nach zur Familie der Näpfchenfrüchtler (Cupuliferae), nämlich die Eiche, Rot- und Weißbuche. Hierzu kommen noch einige Kätzchenblütler (Amentaceae): Birke, Pappel, Espe, Erle und Weide.

Die wärmeren Teile der gemäßigten Zone, in Europa z. B. die Umgebung des Mittelmeeres, besitzen eine reiche Menge Holzgewächse mit lederartig hartem, glänzendem und immergrünem Laube, die verschiedenen Pflanzengruppen angehören. Außer mehreren Pinusarten finden sich hier immergrüne Eichen, Lorbeeren, Buchsbaum und andre; indessen gruppieren sich die letzteren selten oder nie zu eigentlichen Wäldern.

Die Waldungen unsrer kühleren gemäßigten Zone tragen bei aller Schönheit, die wir an ihnen rühmen, doch den Charakter der Einförmigkeit. Die meisten bestehen nur aus einer oder zwei Arten von Bäumen, selbst die des Mischwaldes aus höchstens zehn bis fünfzehn. Das Blattwerk derselben ist meist einfach gestaltet, die Blüten sind fast durchgängig unansehnlich, die Früchte ebenfalls sowohl in bezug auf ihr Aussehen als in bezug auf ihre Verwendung. Die Waldungen der Tropenzone dagegen sind überreich an Arten und Formen: Palmen, Lorbeergewächse, Myrtaceen, Hülsenfrüchtler, Ebenaceen, Terebinthen, Feigen, Cedrelen, Bombaceen und viele andre Familien sind mitunter in mehreren hundert Arten auf verhältnismäßig beschränktem Areal vertreten. Ihre Blätter sind meist schön geformt, gefiedert, tiefzerteilt, oft ausdauernd. Die Blüten treten mitunter so üppig und in so prächtigen Färbungen auf, daß das Grün des Laubwerks zeitweise unter ihnen verschwindet. Die Früchte sind nach ihren Größen, Formen und Färbungen höchst verschieden, von der nahrungsreichen Brotfrucht und der Kokosnuß bis zum köstlichen Gewürz der Muskate und dem Giftkorn des Strychnos.

In ähnlicher Weise, wie die Hauptbestandteile des Tropenwaldes, die Bäume, von denen kühlerer Zonen abweichen, ist dies auch bei seinen untergeordneten Elementen der Fall. In unsern Wäldern erinnern nur Hopfen, Waldrebe, Winde und der Epheu in höchst bescheidener Weise an Lianen und Kletterpflanzen, und die Mistel ist der einzige Schmarotzer; in den Tropen zählen Kletter- und Schlinggewächse zu Hunderten: Pfefferreben, Mondsamengewächse, Kletterpalmen, selbst Gräser und Farne, Winden, Gurkengewächse, Passifloren, Schmetterlingsblütler u. s. w. Schmarotzende Feigen, Aroideen, Pothos, Orchideen, Farne und viele andre verwandeln nicht selten einen einzigen Baum in einen Garten und machen seine Äste zu Blumenbeeten über der Erde. Eine Spezialisierung sämtlicher Waldungen der Erde würde uns hier zu weit führen; mit einigen Andeutungen werden wir darauf zurückkommen, wenn wir einen Blick auf die fremden Hölzer werfen.

Ähnlich wie die Wälder in bezug auf ihre Zusammensetzung ihren Charakter ändern, je nachdem sie sich vom Äquator nach den Polen hin entfernen, in ähnlicher Weise werden sie auch andre, je nachdem sich ihr Standort über den Spiegel des Meeres erhebt. Selbst in der Tropenzone finden sich höher am Gebirge hinauf Formen kühlerer Klimate wieder, zwar nicht dieselben Arten, aber doch verwandte. Diese Bergwälder zeigen oft analoge Verhältnisse wie unsre Alpen.

An den europäischen Alpen scheiden sich drei Höhengürtel ziemlich scharf voneinander. Am unteren, wärmeren Saume geht die Walnuß bis 900 m, Eiche, Ulme, Linde steigen bis 1060 m, die Buche bis 1250 m. Dann folgt auf diese Region der Laubhölzer der Gürtel der Nadelwaldungen, aus Fichten, Tannen, Kiefern, Lärchen und Arven zusammengesetzt. Bei 2000 m verschwinden durchschnittlich die letzteren, und höher hinauf steigen nur noch krüppelhafte Gebüsche von Knieholz, Zwergwacholder, Seven, Gletscherweiden, niederen Birken und ähnlichem Gesträuch.

Wir verweilen zunächst etwas eingehender bei den Wäldern unsrer Heimat und vorerst bei ihrer Flächenausdehnung. Nach den Erhebungen des kaiserlichen statistischen Reichsamtes im Jahre 1878 hatte damals das Deutsche Reich bei einem Gesamtareal von 53876892 ha einen Gesamtwälderbestand von 13838856 ha, und folglich mit Wald bestockt $25,_7$ Prozent der Gesamtfläche. Davon entfielen auf

	Gesamtareal Hektaren	Waldfläche Hektaren	Mit Wald bestockte Fläche in Prozenten
Preußen	34828421	8124521	$23,_3$
Bayern	7586349	2501948	$33,_0$
Württemberg	1948445	599515	$30,_8$
Baden	1473823	553269	$37,_5$
Hessen	767959	239989	$31,_3$
Mecklenburg-Schwerin	1330377	223735	$16,_8$
Mecklenburg-Strelitz	292950	57830	$19,_7$
Sachsen	1496644	472419	$31,_5$
Sachsen-Weimar	359264	90909	$25,_3$
Sachsen-Meiningen	246840	102965	$41,_6$
Sachsen-Koburg-Gotha	196774	59923	$30,_5$
Sachsen-Altenburg	132535	37129	$28,_1$
Oldenburg	641399	55843	$8,_7$
Braunschweig	363658	110250	$30,_3$
Anhalt	229427	55806	$24,_3$
Schwarzburg-Rudolstadt	94213	42729	$45,_4$
Schwarzburg-Sondershausen	86211	25646	$29,_8$
Waldeck	112095	42500	$37,_9$
Reuß ältere Linie	31640	11532	$36,_5$
Reuß jüngere Linie	81817	30846	$37,_7$
Schaumburg-Lippe	34032	7747	$22,_8$
Lippe-Detmold	118875	33872	$28,_5$
Lübeck	29872	3820	$12,_8$
Bremen	25549	415	$1,_6$
Hamburg	40978	931	$2,_3$
Elsaß-Lothringen	1450810	443864	$30,_6$

Die stärkste Bewaldung hatten folglich Schwarzburg-Rudolstadt und Sachsen-Meiningen, überhaupt aber Mittel- und Süddeutschland, wo ungefähr im Durchschnitt der dritte Teil oder noch mehr des Areals mit Wald bestockt ist. Das ist bedingt durch den Gebirgscharakter der betreffenden Länder. Das Gesamtbewaldungsprozent Deutschlands beträgt immer noch $25,_7$, und ist auch dasselbe geringer als in Österreich-Ungarn ($29,_5$ Prozent), Rußland (31 Prozent) und Norwegen und Schweden (63 Prozent), so steht Deutschland doch allen übrigen europäischen Staaten in der Bewaldung voran, denn in Frankreich sind nur $15,_4$ Prozent, in der Schweiz $17,_5$ Prozent, in Italien nur $19,_6$ Prozent, in Belgien und den Niederlanden nur 7 Prozent, in Spanien und Portugal kaum 6 Prozent des Gesamtareals mit Wald bedeckt.

Was das Eigentumsverhältnis an den Waldungen Deutschlands betrifft, so gehören von sämtlichen Waldungen 32 Prozent dem Staat, 17 Prozent den Gemeinden, 2 Prozent den Instituten und Stiftungen und 49 Prozent den Privaten. Von dem ganzen, nicht mehr übermäßigen deutschen Waldbestande befindet sich also nahezu die Hälfte in der Hand der Privaten, und wenn auch unter den letzteren viele Großgrundbesitzer sind, welche der Walderhaltung und nachhaltigen Bewirtschaftung alle Rücksicht zuwenden, oft in gleichem Maße wie der Staat selbst, so ist doch immer noch ein großer Teil der Privatwaldungen im Besitze der kleinen Hand und dadurch mehr oder weniger der fortschreitenden Devastation preisgegeben, wenn nicht Mittel getroffen werden und jeder an seinem Platze dazu beiträgt, diesen Verlust zu verhindern. Die Erfahrung zeigt nämlich täglich und überall, daß die Zukunft der Waldungen nur im Großbesitze gesichert ist, und daß die kleinen Privat- und Gemeindewaldungen dem Unverstand und der Habsucht ihrer Besitzer mehr und mehr zum Opfer fallen. Ist dieser Umstand für die reich mit Kohlen und Torf ausgestatteten Länder der nördlichen Hälfte Deutschlands vielleicht auch weniger schwerwiegend als für die gebirgigen Landschaften der südlichen Hälfte, so muß eine fortschreitende Reduktion unsers an vielen Orten schon auf das äußerste Maß zurückgegangen Waldbestandes in seinen Folgen für die ganze Nation dennoch sehr fühlbar werden, denn die Wirkungen des waldgekrönten Berglandes reichen weit hinaus in die Länder.

Ein Objekt, an dessen Existenz sich die Interessen aller knüpfen, muß auch Gegenstand der Staatsfürsorge sein, und mehr als bisher sollten die sämtlichen deutschen Wälder derselben unterstellt und gegen die allmählich sich vollziehenden Wirkungen der Unvernunft geschützt werden.

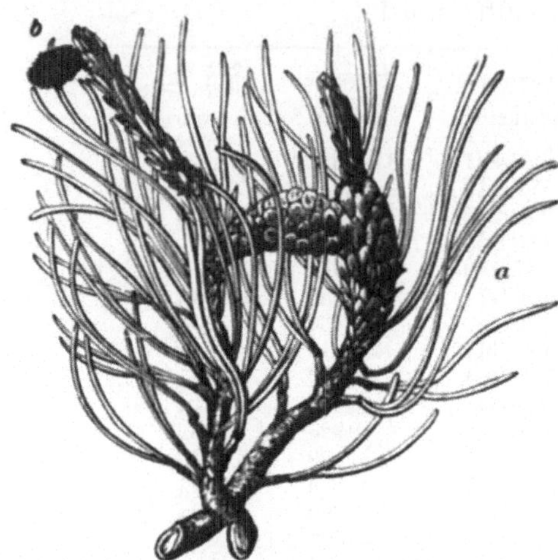

Fig. 301. Ast der Kiefer mit Nadeln, Staubblüten (a) und Samenblüten (b).

Unsre Nadelwälder werden vorzugsweise durch die Kiefer (Pinus sylvestris, Fig. 301) und die Fichte (Picea excelsa, Fig. 302) gebildet. Erstere bedeckt in ausgedehnten Beständen hauptsächlich die sogenannten Heiden, die sandigen Gegenden des nördlichen und nordöstlichen flachen Tieflandes, kommt aber auch in den Gebirgen Mittel- und Süddeutschlands, und hier durch mehr und mehr um sich greifendes Ausgehen der Laubhölzer in fortschreitender Mehrung vor. Die Fichte bevorzugt das höhere Gebirge und bildet dort meistens den herrschenden Waldbaum. In mehreren Berggegenden gesellt sich zu diesen die Edeltanne (Abies pectinata, Fig. 303), teils reine Bestände bildend, teils der Fichte oder Buche sich beimischend. Der Taxus (Taxus baccata), vor alters häufiger, ist nur noch in wenigen kleinen Beständen um die Odermündungen, im Thüringer Wald, sonst nur in vereinzelten Exemplaren in den Gebirgen Mitteldeutschlands, noch seltener in den Alpen vorhanden. Ebenso kommen in den höheren Teilen der letzteren ziemlich vereinzelt Arvenwälder (Pinus Cembra) vor. Die Lärche (Larix europaea, Fig. 304) ist ein Baum des Nordens und der Alpen, doch wird er wegen seiner hohen Nutzbarkeit jetzt überall in Deutschland, teils durch Beimischung zu Buchen- und Fichtenbeständen, teils in reinem Bestande, angebaut und gepflegt. Die Krummholzkiefer (Pinus montana) ist fast ausschließlich den höheren Gebirgen sowie den moorigen Plateaus Mittel- und Süddeutschlands und Österreich-Ungarns eigen, tritt dort meist erst über 1250 m absoluter Höhe auf und bildet am Riesengebirge, an den Karpathen und den Alpen einen verhältnismäßig schmalen Gürtel. Die aus Nordamerika eingeführte Weimutskiefer (Pinus Strobus), die in Österreich einheimische Schwarzkiefer (Pinus nigricans) und die vorzugsweise die Küstengegenden des Mittelmeeres bewohnende Seekiefer (Pinus halepensis) treten nur vereinzelt auf und sind daher von untergeordneter Bedeutung.

Fig. 302. Fichtenzweig mit Zapfen.

Unter den Laubhölzern spielt die Rotbuche (Fagus sylvatica, Fig. 306) die Hauptrolle, und zwar von den Küsten der Nord- und Ostsee an bis in die Alpen. Nächst ihr würden die beiden Arten Eichen (Quercus Robur und Q. pedunculata) und die Weißbuche (Carpinus Betulus, Fig. 307) zu nennen sein, dann die Birke. Ferner kommen vor drei Ahorne, Espe, Pappel, Linde, Edelesche, Eberesche, Rüster (Ulme), Erle, die Weiden, Vogel- und Traubenkirsche sowie andres Waldobst. Die letztgenannten Baumarten bilden keine ausschließlichen Waldungen, sondern finden sich nur mit andern gemischt, wenn auch häufig, so doch nur in untergeordneten Zahlen vor. Leider reduzieren sich die Laubholzwaldungen Deutschlands durch die fortschreitende, hauptsächlich der Streulaubnutzung zuzumessende Bodenvertrocknung immer mehr; namentlich sind es die Ahorne, Ulmen, Linden, Eschen u. s. w., welche in den meisten Waldarten schon fast zu Raritäten geworden sind.

Fig. 303. Edeltanne (Abies pectinata).
a Zweig mit männlichen, b Zweig mit weiblichen Blütenkätzchen.

Forstkultur. Nachdem man den hohen Nutzwert der Waldungen und ihren Einfluß auf Fruchtbarkeit und Bewohnbarkeit der Länder erkannt hatte, anderseits aber auch zur Überzeugung gekommen war, daß dieselben rasch von der Erde verschwunden sein würden, wenn man ihnen nicht gleiche Pflege zuwendet wie den landwirtschaftlichen Geländen, mußten die Waldungen den Charakter eines förmlichen Kulturobjektes gewinnen. Es werden deshalb heutzutage die Forsten von besonderen Beamten, den Förstern, beaufsichtigt und kultiviert und von Staats wegen sowohl in bezug auf Schutz der Waldungen durch entsprechende Gesetze als auch durch Verwilligung ansehnlicher Geldmittel bedeutende Anstrengungen gemacht, die Forstkultur in das richtige Verhältnis zu den übrigen Bodenkulturen des Gebietes zu bringen. Frankreich, das schwer an den Wunden zu leiden hat, welche seit Ende des vorigen Jahrhunderts seinen Waldungen geschlagen wurden, hat neuerdings jährlich eine Million Frank ausgesetzt, um entblößte Gebirge allmählich wieder zu bewalden.

Fig. 304. Ein Lärchenzweig. Links die Nadeln in Büscheln; rechts einzeln am Sprossen. Am Grunde des letzteren ein Samenzapfen.

Aus dem Gesagten ergibt sich die Wichtigkeit der Forstpflege; sie fällt aber noch dadurch besonders schwer ins Gewicht, daß Fehler, welche hierbei gemacht werden, auf lange Zeiträume hinaus fühlbar und gewöhnlich sehr schwer, mitunter gar nicht wieder gut zu machen sind. Der Staat hat deshalb an Universitäten und isolierten Akademien Anstalten getroffen, durch welche die theoretische Bildung der Forstleute in derselben Weise vermittelt wird, wie die einer jeden andern Berufsart; ihre praktische Bildung beginnt erst im Walde selbst.

Ein tüchtiger Forstmann ist Naturforscher, Waldgärtner und spekulativer Handelsmann in einer Person, und namentlich in naturwissenschaftlicher Beziehung muß man heutzutage die Forderung umfassender Kenntnisse an ihn stellen. Außerdem ist er bewandert in der Staatswissenschaft und in der auf die Forstwirtschaft bezüglichen Gesetzgebung, wie er auch im Wegebau und Wasserbau Bescheid wissen muß. Er kennt die Lebensgeschichte und die besonderen Eigentümlichkeiten jedes Baumes, ebenso die genaue Beschaffenheit jedes Thales und Berges in seinem Revier. Er beobachtet zunächst, in welcher Weise Wind und Wetter, Regen und Schnee hinderlich und förderlich auftreten; er kennt den Einfluß der trockenen und feuchten Winde und Luftströmungen auf seinen Waldwuchs, wie er sich gegen die Nachteile aller atmosphärischen Prozesse zu schützen und wie er dieselben zum Vorteile des Waldes zu nutzen hat.

Nächst den klimatologischen Eigentümlichkeiten widmet der Förster seine Aufmerksamkeit der Beschaffenheit des Bodens. Er muß die pflanzenerzeugende Kraft seiner verschiedenen Böden vollständig kennen zu lernen suchen, um ihnen die entsprechende Holzproduktion abzugewinnen. Am meisten schätzt er, wie der Landwirt, den Humus; derselbe entsteht aus der Zersetzung der die Streudecke bildenden abgefallenen Blätter, Nadeln und selbständigen Bodengewächse; diesen, zur Holzproduktion absolut unentbehrlichen Humus kann man aber dem Waldboden nicht wie in der Landwirtschaft durch Düngung zuführen, sondern der Wald muß sich selbst ernähren — und wo man demselben die naturgemäß gebotenen Mittel, wo man ihm diese Streudecke und damit den Humus räuberisch entzieht, da begeht man denselben Vandalismus, wie wenn man dem Landwirt seinen Dünger nehmen wollte. Ganz besonders anspruchsvoll an den Humusgehalt des Bodens und an ein gleichbleibendes Maß von Bodenfruchtbarkeit (denn diese ist fast immer durch die Streu- und Humusdecke bedingt) sind die Laubhölzer, vorzüglich die Buche, die Eiche, die Esche, der Ahorn und die Linde — und eben im Entzuge der Streudecke, dem sogenannten „Streurechen“ (woraus man an sehr vielen Orten zum Unglück der Waldungen eine förmliche Waldnutzung gemacht hat, indem man sich der Waldstreu als Streu in Ställen und als Düngemittel bedient) liegt der Grund, daß diese Holzarten mehr und mehr aus den Waldungen zu verschwinden drohen.

Fig. 305. Edeltanne (Abies pectinata).

Die Streufrage ist noch immer eine der brennendsten in der Forstwirtschaft; denn wenn auch in allen Staatswaldungen, wenigstens Deutschlands und Österreichs, wie auch in den Wäldern vieler Großgrundbesitzer dieser Länder, das Streurechen schon seit geraumer Zeit verboten worden ist und Dawiderhandelnde bestraft werden, so wird es doch noch in den meisten Gemeinden- und Bauernwäldern betrieben, und da diese in vielen Ländern Deutschlands und Österreichs (z. B. in Kärnten) den größten oder wenigstens einen großen Teil der Gesamtmasse des Waldes bilden, so macht im allgemeinen die Bodenverarmung und das dadurch bedingte Zurückgehen der Wälder bedauernswerte Fortschritte. Solange sich nicht die Überzeugung, daß die Streuentnahme dem Walde seine Lebensquelle entzieht, in allen Schichten der Bevölkerung Bahn bricht, wenn für die Erhaltung des natürlichen Walddüngers nicht die gesamte Nation in die Schranken tritt, wenn die Wälder nicht unter den Schutz energischerer Gesetze gestellt werden, so fließen die Millionen, welche alljährlich für die Forstwirtschaft verwendet werden, in ein Danaidenfaß, und alle Waldkultur ist umsonst. Der Laie gewahrt den langsam, aber naturnotwendig sich vollziehenden Prozeß der Bodenverarmung vieler Waldungen freilich selten und ist häufig geneigt, die Klagen des jammernden Forstmannes zu verkennen. Aber das Prognostikon, das dieser vielen Waldungen der Zukunft stellt, ist kein Trugbild.

Waldverjüngung. Wenn es sich darum handelt, den Wald zu *erziehen*, für den Nachwuchs in entsprechender Weise zu sorgen, so muß der Förster die Eigentümlichkeiten jedes Baumes während seiner Entwickelung vom Samenkorn bis zum eignen Fruchttragen, zur Mannbarkeit, kennen.

Ehedem kümmerte sich niemand um Anpflanzung neuer Bäume. Hatte man die alten zu Nutz- und Brennholz weggeschlagen, so überließ man es dem Zufall, d. h. den noch übrigen Bäumen, durch die ausfliegenden Samen Nachwuchs zu erzeugen. Das Einzige, was man that, war, daß man einzelne Samenbäume stehen ließ und ihre Verletzung durch schwere Strafen zu verhindern suchte; letztere waren dann gewöhnlich so grausam und roh wie die Jahrhunderte, in denen sie entstanden.

Fig. 306. Rotbuche. a Staubblüten, b Samenblüten, nebenstehend vergrößert.

Fig. 307. Weißbuche. a Staubblüten, b Samenblüten.

Man macht heutzutage von der *natürlichen Besamung* auch noch in den dazu geeigneten Lagen Gebrauch, vorzugsweise bei der Rotbuche und Weißtanne, die während ihrer ersten Lebensjahre die Überschirmung durch Mutterstämme zum Schutze gegen den Frost und gemäßigt feuchte Waldluft nicht entbehren können. Die älteren Stämme werden in solchen Waldungen nur allmählich weggenommen, so daß zwischen ihnen währenddem junger Nachwuchs entstehen kann. Mitunter schlägt man auch die reife Waldung in der Weise weg, daß man Reihen (Kulissen) älterer Bäume in bestimmten Zwischenräumen stehen läßt, von denen man nachher die Besamung der Blößen erwartet. Aber auch bei diesen Verfahrungsarten greift der gewissenhafte Förster da helfend ein, wo es nötig ist. Er läßt den Boden der Blößen durch seine Arbeiter mit Hauen aufreißen, *verwunden*, damit der abfliegende Same möglichst sicher in die Erde und in keimfähige Lage kommt. Tritt nicht sofort ein gutes Samenjahr ein, worauf selten mit Sicherheit zu rechnen ist, so säet oder *pflanzt* er, denn jedes Jahr Zuwarten verzögert nachmals die Holzernte und verschlechtert durch fortschreitende Verangerung den Boden. Die jungen Pflanzen werden bei der Pflanzkultur teilweise von solchen Stellen entnommen, an denen sie von selbst dichter aufgeschossen sind, als zu ihrem weiteren Gedeihen von Vorteil ist; die Hauptmenge derselben wird aber durch künstliche Aussaat in sogenannten Saatschulen erzeugt und hier durch Verpflanzung und sorgfältige Pflege das nötige Pflanzenmaterial förmlich erzogen. Die Gründung neuer oder die Verjüngung bestehender Waldungen durch *künstliches Ansäen* des Bodens wird am häufigsten bei der Kiefer, unter Umständen aber auch bei Eiche und Fichte angewendet.

Begleiten wir einen erfahrenen und wohlunterrichteten Förster zu einer Rundschau in seinem Reviere, so werden wir, wenn wir anders Freunde der Natur und eines rationellen Beherrschens derselben sind, uns einen großen Genuß bereiten. Der Forstmann wird uns zuerst seine Vorräte an Waldsamen zeigen. Er hat besondere Kustelnsteiger, verwegene Kletterer, welche selbst aus den Kronen der Edeltannen die Zapfen (Kusteln) mit reifen Samen für ihn sammeln, ein gefährlich Handwerk, dem der Wildheuer gleichend. Bei seiner Wohnung hat der Förster seine Klenganstalt, ein heizbares Zimmer, in welchem durch entsprechende Wärme die gesammelten Zapfen der Lärchen, Kiefern und Fichten zum völligen Aufspringen und zum Auslassen der Samen veranlaßt werden. Zu demselben Zwecke dienen auch die sogenannten Samendarren, besondere zweckmäßig eingerichtete, heizbare Maschinen. Die Zapfen der Edeltannen und Erlen bedürfen einer solchen Beihilfe nicht. Ebenso lassen sich die Birkenkätzchen leicht schon mit den Händen zerreiben und die Schuppen dann durch Sieben von den geflügelten Samen trennen. Durch Reiben und Sieben oder durch Worfeln und Fegemühlen entfernt man auch leicht die Flügel von den Samen der Nadelhölzer, die für die Saat keine Bedeutung weiter haben. Die Samen der Eichen, Rotbuchen, Birken und Ulmen behalten nicht länger als ein halbes Jahr ihre Keimkraft. Bis zu einem vollen Jahre lassen sich die Samen des Ahorn, der Esche, der Weißbuche und Weißtanne aufbewahren. Diejenigen der Kiefer und Fichte halten sich bis zu drei Jahren, ohne die Fähigkeit zum Keimen zu verlieren. Manche Samen liegen lange Zeit in der Erde, ehe sie zum Aufgehen Anstalt treffen, z. B. die der Esche, Weißbuche und Zirbelkiefer. Der Forstmann mengt sie deshalb oft gleich mit feuchter Erde an, um sie so zur Aussaat vorzubereiten. Auch die andern trockenen Sorten der Samen weicht er einen Tag vor der Aussaat gewöhnlich wohl in Wasser ein.

Fig. 308. Bergahorn (Acer pseudoplatanus).

Jetzt führt uns unser Freund in seinen Pflanzgarten, einen hübschen Platz, rings durch ein hohes, dichtes Gehege gegen das Wild und durch hohe Waldungen gegen rauhe Winde und die unmittelbaren Sonnenstrahlen gleich gut geschützt. Gerade Wege durchschneiden ihn wie einen gewöhnlichen Garten, und zu beiden Seiten derselben breiten sich gut bearbeitete Beete aus. Jede dieser Abteilungen ist für eine besondere Baumart bestimmt, der Boden von Steinen gesäubert, umgegraben, zerkleinert, auch wohl mit verwestem Laube oder mit Pflanzenasche gedüngt. Die meisten Samen gehen im Frühlinge nach vier bis sechs Wochen auf; manche, wie die Weißbuche und Esche, liegen freilich auch ein ganzes Jahr, ehe sie sich regen. Fast alle unsre Waldbäume wachsen in ihren ersten

Lebensjahren verhältnismäßig nur um ein Geringes; dann erst fangen sie an, kräftig in die Höhe zu treiben und wachsen in einem einzigen Sommer mitunter mehr als 30 cm in die Länge. Rotbuchen und Weißtannen sind als junge Pflänzchen sehr empfindlich gegen zu jähe Hitze und anhaltenden Frost sowie gegen Dürre. Die Saatbeete derselben schützt der Förster deshalb durch eine Moosdecke oder übergelegte Reiser; mitunter bringt es ihm auch Vorteil, Bewässerungsvorrichtungen für dieselben zu treffen. Pflanzgärten liegen immer in der Nähe der Forsthäuser, weil sie einer beständigen Aufsicht bedürfen und sind bleibende Anstalten, im Gegensatz zu den Saatkämpen, d. h. mitten im Walde auf Blößen mit geeignetem Boden angelegten, weil nur für Erziehung von Nadelholzpflanzen bestimmten Pflanzschulen, welche, durch einen Zaun gegen das Wild geschützt, nur eine Reihe von Jahren erhalten und dann wieder aufgegeben werden. Sie sind nur in größeren Waldungen nötig, um den Transport der Pflanzen abzukürzen, indem man die Saatkämpe in der unmittelbaren Nähe der anzubauenden (zu verjüngenden) Flächen anlegt.

Die meisten Förster ziehen es vor, die Waldblößen durch Setzen von Baumpflanzen (durch „Pflanzung") wieder zu füllen („in Bestand zu bringen"), da die Besamung derselben mehr Gefahren ausgesetzt und in ihrem Erfolge deshalb unsicherer ist. Die Methoden der Pflanzung sind ebenso verschieden wie das Alter der Pflänzlinge. Beides hängt nicht etwa vom bloßen Belieben der Förster ab, sondern wird vorzugsweise durch die Bodenverhältnisse, durch Lage und Klima und durch die Natur der anzubauenden Holzart bedingt. Die gewöhnlichste Pflanzmethode ist gegenwärtig die Verbandpflanzung, bei welcher die Pflänzlinge in Reihen gesetzt werden, welche nicht weiter voneinander entfernt sind, als der Abstand der einzelnen Pflänzlinge in einer Reihe beträgt. Seltener wird die früher sehr beliebte Reihenpflanzung angewendet, wo man mehrjährige Nadelholzpflänzlinge oder — bei Laubhölzern — zehn- bis zwölfjährige Bäumchen (Heister) in parallele, 2—3 m voneinander entfernte Reihen stellte. Die Pflanzung ist entweder eine Löcher- oder Hügel-, bei Nadelholzpflänzlingen entweder eine Einzel- oder Büschelpflanzung. Bei der Löcherpflanzung, deren Ausführung wieder in sehr verschiedener Weise geschieht, setzt man den oder die Pflänzlinge in ein in den Boden gemachtes Loch, bei der Hügelpflanzung dagegen, welche nur auf sumpfigem oder feuchtem oder sehr trockenem Boden Platz greifen sollte und vorzugsweise bei der Fichte in Anwendung kommt, auf einen kleinen zuvor aufgeschütteten Hügel guter Erde (Kulturerde), den man dann mit umgekehrten Rasenplaggen bedeckt. Von der früher allgemein verbreiteten Büschelpflanzung, die nur bei Nadelhölzern Anwendung finden kann und bei welcher oft bis dreißig Pflänzlinge in ein Pflanzloch zusammengesteckt wurden, ist man mehr und mehr zurückgekommen und bedient sich derselben nur bei gewissen Bodenverhältnissen und in gewissen Lagen, wobei man aber nur drei, höchstens fünf Pflänzlinge in ein Loch oder auf einen Hügel zu setzen pflegt. Je nach Bodenbeschaffenheit und Lage pflanzt man Nadelhölzer als ein-, zwei-, drei- bis fünfjährige Pflänzlinge, Laubhölzer entweder als „Loden", d. h. drei- bis fünfjährige Pflänzlinge (Lodenpflanzung) oder als „Heister" (s. oben, Heisterpflanzung). Nach Maßgabe des Alters der Pflänzlinge muß auch der Abstand derselben verschieden sein. Beim Verpflanzen muß natürlich darauf geachtet werden, daß die Wurzeln nicht vertrocknen und möglichst wenig verletzt werden. Je älter die Pflänzlinge sind, desto vorsichtiger muß bei ihrer Verpflanzung zu Werke gegangen und deshalb oft der Erdballen um die Wurzeln gelassen werden. Heister, wie auch mehr als fünfjährige Nadelholzpflänzlinge dürfen nur mit Ballen verpflanzt werden. Ist der Boden zu nahrungsarm, so wird mitunter in jedes Loch etwas gute Erde beigegeben. Wie bei der Pflanzung, so gibt es auch bei der künstlichen Besamung verschiedene Methoden. Am meisten angewendet werden die Reihen- oder Riesensaat, wo man parallele Furchen in gleichweiten Abständen zieht und in diese den Samen streut, und die Plätzesaat, wo man die Samen auf kleinere über die anzubauende Fläche in möglichst gleichen Abständen zerstreute, aufgehackte Flecke bringt, während bei der früher beliebten Vollsaat die ganze in Bestand zu bringende Fläche aufgehackt und dann über und über mit Samen bestreut werden muß.

Formen und Bewirtschaftung des Waldes. Die Hauptaufgabe des Försters liegt darin, den größtmöglichen Gewinn aus dem Forste zu ziehen. Er wird deshalb diejenige Baumsorte am meisten ziehen, welche sich am höchsten verwerten läßt. Je nach der Gegend und je nach den Bedürfnissen des kaufenden Publikums ändert sich dies. Mitunter wird er genötigt sein, auf einer Fläche erst eine geringere Baumsorte anzupflanzen, um durch den Laubfall derselben den Boden so weit zu verbessern, daß er zur Aufnahme für eine geschätztere, aber anspruchsvollere Sorte vorbereitet wird. Gewöhnlich enthält daher ein größeres Revier auch verschiedene Arten von Kulturen, um den abweichenden Bedürfnissen des Publikums entsprechen zu können und nicht durch einseitige Pflege einer bestimmten Baumart den Markt zum eignen Nachteil zu überfüllen.

Lassen wir uns von unserm Freunde, dem Förster, durch sein Revier im Hochgebirge führen. Auf schmalem Fußsteig bringt er uns zuerst an einen steilen Abhang. Von einer Klippe aus übersehen wir den Wald, welcher die Bergwand deckt. Fast möchte es unserm Auge scheinen, als zeigte uns unser Freund dasjenige Stück Arbeit zuerst, was ihm am schlechtesten geraten ist, denn wir sehen kleine und große Tannen anscheinend regellos durcheinander stehen, während wir erwartet hatten, Stamm an Stamm von gleicher Höhe und Stärke wie die Säulen eines Domes anzutreffen. Der Förster dagegen bedeutet uns, daß wir vor einem Bannwald stehen, der das Thal gegen den Lawinensturz und gegen Erdfälle zu schützen habe. „Hier darf ich nicht die ganze Fläche auf einmal abschlagen lassen, ohne Berg und Thal für immer zu verderben!“ Der Forstmann muß darauf achten, daß stets eine gewisse Anzahl kräftiger Stämme von etwa 100—120 Jahren als Hauptstützen des Waldes vorhanden sind. Diese müssen möglichst in entsprechenden Entfernungen stehen. Zwischen ihnen verteilt muß eine größere Anzahl jüngerer Bäume sich befinden, und zwar von jeder Altersstufe um so mehr, je jünger dieselbe ist.

Die Pflege eines solchen Waldes ist für den Förster eines der schwierigsten Stücke Arbeit, und zwar um so mehr, als dergleichen Wälder gewöhnlich an steil abschüssigen Gehängen zu erhalten sind. Gewöhnlich wird ein solcher Bannwald von zehn zu zehn Jahren durchhauen, so daß eine Nutzung und Entwickelung der jüngeren Bestandteile stattfinden kann, ohne den Waldschluß aufzuheben. Der Förster nennt eine solche Art der Waldbehandlung Plänter- oder Fehmelwirtschaft. In früherer Zeit war die Fehmelform die allgemeine Wirtschaftsform, und nachdem man sie fast vollständig zum Vorteil des Kahlschlagsbetriebes (s. unten) verlassen hatte, kehrt man heute, besonders in den Weißtannen- und in den Stürmen ausgesetzten Gebirgswaldungen, mit Recht zu ihr zurück, jedoch in geregelter und modifizierter Art.

In gleicher Weise wie die Bannwälder der Hochgebirge müssen auch jene Kiefernwaldungen behandelt werden, welche dem Vordringen des Flugsandes an Meeresküsten und auf Sandheiden wehren sollen. Hier ist es nicht selten sogar nötig, bei Bepflanzung entstandener Blößen kleine Flechtzäune aufzuführen, durch welche das Verwehen der Pflanzung verhindert wird. Der Bannwald ist seiner Entstehung nach wohl immer ein Urwald, während der Strandwald künstlich geschaffen worden sein kann. Unter einem Urwald versteht man einen von der Natur geschaffenen Wald, der sich ohne Zuthun des Menschen (ohne jegliche Pflege) jahrtausendelang da, wo er entstanden, erhalten hat und forterhält. Da die Bäume nicht ewig leben, sondern endlich von selbst absterben und umfallen, wenn sie nicht vom Sturm gebrochen werden, so muß ein Urwald einen lückenhaften Bestand besitzen, denn jeder fallende Baumriese macht eine große Lücke. Da sich die so entstandenen Lücken durch Selbstbesamung allmählich mit neuem Holz füllen, so muß ein Urwald ein wirres Durcheinander von Bäumen des verschiedensten Alters, von der einjährigen Keimpflanze bis zum vielhundertjährigen Baumriesen sein. Der Boden ist bedeckt mit kreuz und quer übereinander liegenden modernden Stämmen, deren Moosdecke dem herabfallenden Samen das beste Keimbett bietet, weshalb sie oft mit Reihen junger und älterer Bäume besetzt erscheinen, während die Lücken von üppig aufgeschossenem Unterholz von allerhand Sträuchern (z. B. Himbeeren) und Stauden ausgefüllt sind, deren Wuchs durch die dicke im Laufe von Jahrtausenden angesammelte Humusschicht begünstigt wird. Dergleichen Urwälder finden sich innerhalb Mitteleuropas noch im Böhmerwalde, in den Alpen, Karpathen, Pyrenäen, in Kur- und Livland, in Polen und Rußland.

Wir folgen unserm Freunde jetzt in jene Hauptgebiete des Forstes, welche seinen Stolz und seine vornehmste Einnahmequelle bilden: in den Hochwald. Unter diesem Namen versteht aber der Forstmann nicht, wie der Laie, jeden von hohen Bäumen gebildeten Waldbestand, sondern bloß einen solchen, der aus lauter aus Samen entstandenen Pflanzen zusammengesetzt ist, möge derselbe nun aus haubaren Bäumen bestehen oder noch eine „Schonung“ (d. h. ein junger, kaum meterhoher Bestand) sein. Zum Hochwaldbetrieb eignen sich am meisten die Nadelhölzer, von den Laubhölzern vorzugsweise die Rotbuche, die Eichen, Erlen und Birken. Ist der Hochwald durch natürliche Besamung oder aus einem Urwald durch fortgesetzte Plänterwirtschaft (wie z. B. die alten aus Fichten, Tannen und Buchen gemischten Waldbestände des Böhmerwaldes) entstanden, so werden die ihn bildenden Bäume von verschiedenem Alter sein; wenn er dagegen künstlicher Besamung oder der Pflanzung seine Entstehung verdankt, so werden alle Bäume gleiches Alter besitzen. Nicht aber gleiche Höhe und Stärke! Denn auch bei Verjüngung durch Saat oder Pflanzung gibt es stets kräftige und minder kräftige Pflanzen und bleiben letztere im Höhen- und Stärkewuchs zurück, während erstere (die herrschenden oder dominierenden) die Herren des eigentlichen Bestandes bilden und die andern überschirmen (beherrschte Bäume) oder ganz unterdrücken und oft zum Absterben (Dürrwerden) bringen. Der Hochwaldbetrieb ist in der Regel mit Kahlschlagwirtschaft verbunden, d. h. es wird alljährlich ein bestimmter Teil der mit haubar gewordenem Holz bestandenen Fläche „kahl abgetrieben“, indem man alle darauf befindlichen Bäume fällt und hierauf, nach der Abfuhr des geschlagenen Holzes, wohl auch Rodung der stehen gebliebenen „Stöcke“ (Baumstümpfe) die abgetriebene Fläche wieder verjüngt. Zu diesem Behufe ist ein solcher Hochwald in Schläge geteilt, d. h. in Abteilungen, von denen jede mit Bäumen von demselben Alter bestanden, also auch auf einmal und gleichzeitig verjüngt worden ist. In der Jugend steht das Holz sehr dicht, und können dann 20000, ja 100000 Pflanzen auf dem Morgen stehen. Bald aber scheiden viele aus, sie werden überwachsen und dörren ein. Dieser Ausscheidungsprozeß setzt sich bis zum Gertenholzalter mit gesteigerter Energie fort, und sobald das Holz einmal nutzbare Stärke erreicht hat, unterstützt man diesen Prozeß durch Herausnahme alles unterdrückten und beherrschten Gehölzes und bezeichnet diese Operation mit dem Namen Durchforstung, die alle 6—12 Jahre wiederholt wird. Dem zurückbleibenden Bestande wird dadurch Raum zu lebhafterer Steigerung des Wachstums gegeben.

Eine andre Waldform oder Betriebsart ist der Niederwald. Während beim Hochwald alles Holz aus Samen erwächst und die Bestände bis zu dem oben angegebenen hohen Alter geführt werden, erneuert sich der Niederwald durch Stock- und Wurzelausschlag, der sich infolge des Abhauens der Stämme (welches stets im Frühjahr vor dem Aufbrechen der Knospen geschehen muß) bildet, und läßt man die derart erzeugten Stämme (Loden) nur 10—30 Jahre alt werden. Es eignen sich zu dieser Betriebsart nur Holzarten, welche dieses Reproduktionsvermögen in höherem Grade besitzen, wie die Weichhölzer, dann Eiche, Hainbuche, Erle, Buche u. s. w.; den Nadelhölzern dagegen fehlt das Vermögen, vom Stocke auszuschlagen, vollständig. Auch die Eichenschälwaldungen bewirtschaftet man im Niederwaldbetriebe und läßt dabei die Eichenstockloden 15—20 Jahre alt werden, da bei diesem Alter die Rinde, um deren Gewinnung es sich hauptsächlich handelt, am reichsten an Gerbstoff ist. Diese auf Gerbstoff gerichtete Waldproduktion bildet in jenen Gegenden, welche sich besonders dazu eignen, gegenwärtig die lukrativste Wirtschaft, da gute, richtig behandelte Schälwaldungen einen jährlichen Ertrag von 48—72 Mark per Hektare abwerfen können, ja in günstigen Fällen noch mehr. Hierzu gehört aber durchaus ein mildes, die Entwickelung des Gerbstoffs begünstigendes Klima, deshalb ist die in den rheinischen Ländern produzierte Lohrinde die beste in Deutschland. — An den Niederwaldbetrieb reiht sich der Buschholz- und der Kopfholzbetrieb; ersterer ist ein Niederwald mit 5—6jährigem Umtrieb, bei letzterem läßt man statt der niederen, kurz über dem Boden gehauenen Stöcke den Stamm bis über Mannshöhe stehen, um in dieser Höhe den Lodenausschlag zu veranlassen. Für beide bilden die verschiedenen Weidenarten die Hauptholzart. Mit dem Kopfholzbetrieb ist der Schneidelholzbetrieb verwandt. Während man aber bei jenem den Baum köpft, läßt man ihm bei diesem die Krone oder deren Gipfel und schneidet die darunter befindlichen Äste ab, die man als Reisig verwendet. Geschneidelt werden in manchen Gegenden (z. B. in den Bauernwäldern Kärntens) auch die Fichten und Tannen, sehr zum Nachteil sowohl des Baumes als noch mehr des Waldbodens, welcher in solchen geschneidelten Beständen nur wenig beschattet ist und deshalb unter der Einwirkung der Sonnenwärme und des Windes verangert.

Je älter also ein Schlag wird, desto weniger Bäume zählt er auf demselben Areal, um so höher und stärker sind diese aber auch. Der letzte Zweck dieser Behandlungsweise ist, die Bäume bis zu jenem Alter zu erziehen, in welchem sie den Höhepunkt ihrer Ausbildung erlangt haben und von welchem an die Zunahme an Holzmasse weniger bedeutend, dagegen die Gefahr des Eingehens um so größer wird. Es ist dieser Zeitpunkt nach Art der Bäume verschieden und wird z. B. bei Kiefer, Fichte und Lärche (im Gebirge) nach 70—120, bei der Buche und Weißtanne nach 80—130 Jahren und bei der Eiche erst nach 150—300 Jahren erreicht.

Will der Besitzer einer Waldfläche auch dafür Sorge tragen, daß er außer dem Reisholz, das ihm sein Niederwald liefert, eine gewisse Menge stärkerer Stämme in Vorrat hat, so läßt er beim Abschlagen des Niederwaldes in entsprechenden Entfernungen von geeigneten Baumarten einzelne schöne, aus Samenloden hervorgegangene Stämme stehen (Laßreiser, Laßreitel oder Oberständer), etwa 120—240 Stück auf die Hektare. Es kommt hierbei darauf an, daß letztere nicht so dicht beisammen sind, daß sie dem üppigen Aufschießen des Unterholzes Eintrag thun. Sie dürfen nicht viel über ein Dritteil des Flächenraumes beschatten. Einen solchen Wald bezeichnet der Förster als Mittelwald (Kompositionsbetrieb). Diese übergehaltenen Oberhölzer wachsen nach und nach zu starken Bäumen heran, in welchen dann bei jedem Niederholzabtriebe in der Weise gehauen wird, daß möglichst viele Starkhölzer ohne allzugroße Überschirmung des Unterholzes fortgesetzt auf der Fläche erzeugt werden. Der Mittelwald ist an und für sich die produktivste Form des Kulturwaldes, sein Betrieb aber zugleich der schwierigste, die größte Umsicht erheischende, da bei demselben viel leichter unheilbare Fehler begangen werden können als beim Hochwaldbetrieb. Früher in Deutschland sehr beliebt, ist er deshalb mehr und mehr aufgegeben und auf die Flußauen, wohin er naturgemäß gehört, beschränkt worden. Herrliche Eichenmittelwälder sind die bekannten längs der Elster und Pleiße hinziehenden Auenwälder bei Leipzig.

Feinde des Waldes. Ein Teil der Forstpflege besteht darin, daß der Wald vor seinen Feinden geschützt wird. Deren sind gar mancherlei, deshalb auch der Mittel, ihnen zu begegnen, gar viele. Um dem Sturm hinreichenden Widerstand entgegenzusetzen, hält der Forstmann diejenigen Seiten seines Waldes besonders kräftig und dicht, welche dem Winde am ehesten ausgesetzt sind. Bei uns sind dies vorzugsweise die West- und Nordwestlagen, in Gebirgen ändert sich solches aber sehr nach den örtlichen Verhältnissen. Daß der Frost von manchen Baumarten in der Jugend abgehalten werden muß, wurde bereits erwähnt, und besteht hierin eine der wichtigsten, aber auch schwierigsten Aufgaben des Forstmannes. Ist ferner ein Wald so stark versumpft, daß dies den Bäumen nachteilig wird, so sucht man das Wasser durch Gräben abzuleiten. Schlimmer als das Wasser benimmt sich dagegen das Feuer. Der Ruf: „Der Wald brennt!“ hat für den Förster denselben Schrecken, wie der Feuerruf in Stadt und Dorf für den Hauswirt. Am häufigsten entstehen Waldbrände im Sommer nach vorhergegangener Dürre. Sie können verursacht werden durch leichtfertiges Feueranzünden von Hirten und Aschenbrennern, durch die Lokomotive, durch Verwahrlosen von brennendem Schwamm, Zigarren, durch Verladen noch glimmender Kohlen, ja selbst durch die glimmenden Pfropfen und Pflaster nach dem Büchsenschuß. Starker Wind facht dann den Funken zur Flamme an, dürres Laub und Reisig, trockene Grashalme und Krautstengel nähren diese. Sind die Bäume reich an dürren niederen Ästen, so kann die Gewalt des Elementes in kurzer Zeit zur verheerenden Furie anwachsen. So schnell als möglich sucht der Forstmann möglichst viele Leute herbeizuschaffen; im Notfalle läßt er die Feuerglocke läuten. Mit Äxten, Schaufeln, Hacken und Spaten eilt die Schar zur Brandstelle. Begnügt sich die leichte Flamme noch mit dem dürren Laube am Boden und dem kleinen Unterwuchs, hat der Brand noch keine zu große Breite, so stellt der Förster sofort seine Leute an der Seite des Feuers, nach welcher der Wind hinweht, in zwei Reihen auf. Die vorderste Reihe sucht mit dichten grünen Laubzweigen die heranleckenden Feuerstreifen auszuschlagen, die andern, weiter Zurückstehenden scharren möglichst rasch einen Streifen des Bodens von allen brennbaren Stoffen rein. Ist dieser auch zunächst nur etwa einen Schritt breit, so nützt er doch schon viel; wenn nötig, wird er erweitert. Ist der Boden torfhaltig und deshalb mit in Brand geraten, so wird nachträglich der kahle Streifen zu einem Graben vertieft. Schwieriger wird es dagegen, den Brand zu bewältigen, wenn die Bäume selbst in vollen Flammen stehen, wie solches in harzreichen Nadelwäldern mitunter vorkommt. Dann verwehren Hitze und Rauch das Nahen, und die Gegenmittel müssen in größerem Maßstabe angewandt werden. Um gegen eine solche Gefahr nicht ganz unvorbereitet zu sein, läßt der Förster im Walde in bestimmten Entfernungen Schneisen (d. h. schmale Gassen) hauen; diese sucht er rasch zu erweitern und zu verlängern, indem er alle gefällten Bäume mit den Kronen nach der Feuerseite werfen läßt.

Fig. 309. Rindenstücke mit Gängen der Borkenkäfer.

Fehlt es zum Durchhauen einer solchen kahlen Stelle an Zeit und den nötigen Arbeitskräften, so bleibt nur noch das eine Mittel übrig: in der Richtung eines solchen Streifens eine Anzahl kleiner Gegenfeuer anzuzünden, deren Umsichgreifen man verhüten und überwachen kann. Durch dieselben läßt man alles Brennbare verzehren, räumt die Reste soviel als möglich auf und raubt dadurch dem heranrückenden Brande die Nahrung.

Fig. 310. Der Steindrucker (Bostrichus chalcographus).

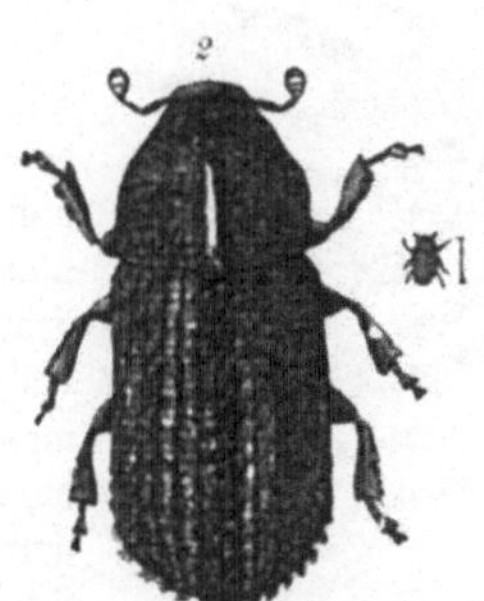

Fig. 311. Gelbbrauner Bastkäfer (Hylesinus palliatus).

Fig. 312. Harzer Rüsselkäfer (Curculio Hercyniae).

Die Figur links ist stets vergrößert, rechts zeigt die natürliche Größe.

Mancher Waldbrand, den vielleicht ein Blitz entzündete, gewinnt freilich vor dem Winde eine solche Ausdehnung, daß Menschenhände wenig gegen ihn vermögen und nur erst des Himmels geöffnete Schleusen ihn bezwingen.

In den meisten Fällen verzehrt ein Waldbrand zwar nicht gerade bedeutend große Mengen von Holz, er sengt aber fast stets die jüngeren Bäume so, daß sie infolgedessen eingehen. Ist der Brand gelöscht, so hat der Förster die Stämme zu untersuchen. Findet er ihren Bast von der Hitze gelbgesengt, so muß er sie fällen lassen. Würde er das absterbende Holz lange stehen lassen, so würde er dadurch die Vermehrung der Borkenkäfer befördern. Ist der Bast dagegen noch saftig und weiß, so bleiben die Bäume auch am Leben und tragen das Ihre treulich bei, die entstandenen Blößen durch Besamung zu füllen.

Unter den Feinden aus dem Tierreich sind die kleinsten für den Forstmann gerade die schlimmsten, vorzugsweise in bezug auf den Nadelwald. Winzige Borkenkäfer (Bostrichus), die so klein sind, daß der Unkundige sie leicht gänzlich übersieht, richten in mehreren Arten, welche alle ziemlich häufig vorkommen, mitunter die großartigsten Verheerungen an, indem sie ihre Eier in die Rinde legen und die ausschlüpfenden Maden dann im Baste so zahlreiche Gänge graben (s. Fig. 309), daß die Bäume davon absterben. Nach der eigentümlichen Form jener Larvengänge sind sie Buchdrucker (B. typographus, Fig. 313), Steindrucker (B. chalcographus, Fig. 310) und ähnlich benannt worden. Nächst den genannten sind der Kiefern-Borkenkäfer (B. pinastri), Lärchen-Borkenkäfer (B. laricis), Tannen-Borkenkäfer (B. curvidens) und der zottige Borkenkäfer (B. villosus) als schädlich berüchtigt. Außerdem sind zu nennen der sogenannte Waldgärtner (Hylesinus piniperda), mehrere Rüsselkäfer (Curculio) und für die Laubhölzer der allbekannte Maikäfer. Unter den Schmetterlingen sind der Kiefernspinner (Bombyx Pini), die Nonne (B. monacha), die Kiefern- oder Forleule (Noctua piniperda), der Kiefernspanner (Geometra piniaria), der Kieferntriebwickler (Tortrix Buoliana) und die Lärchenmotte (Tinea laricinella) die schlimmsten, unter den Blattwespen die Kiefernblattwespe (Tenthredo pini).

Fig. 313—315. Der Buchdrucker (Bostrichus typographus). Fig. 313. Käfer. Fig. 314. Puppe. Fig. 315. Larve. Die Figur links ist stets vergrößert, rechts zeigt die natürliche Größe.

Die Borkenkäfer, als die verderblichsten Waldinsekten, greifen zunächst nur kranke Bäume an und ziehen solche, wenn sie die Wahl haben, den gesunden vor. In letzteren droht ihnen der zu reichliche Saftzufluß Verderben. Sie vermehren sich deshalb reichlich an solchen Stellen, wo Bäume durch den Wind oder zu starken Schnee locker geworden sind, wo sie durch zu dichten Schluß, durch Frostschäden und andre Einflüsse kränkeln. Haben sich hier nun die Käfer einige Jahre hindurch im Übermaß vermehrt, so fallen sie auch die gesunden Bäume an, und man kennt Fälle, daß ausgedehnte Forste durch sie zum Absterben gebracht worden sind.

Fig. 316. Der Kiefernspinner.

Merkt man, daß Käfer in einem Reviere sich eingefunden haben, so sucht man dieselben durch Fangbäume zu locken. Es wird, je nach der vermuteten Menge der Insekten, eine größere oder geringere Anzahl Bäume gefällt, denen man die Zweige läßt. Das untere Ende des Stammes legt man auf den Stock, die Zweige halten den übrigen Teil des Stammes über dem Boden. Im Notfall hilft man durch Unterlagen nach, daß der Stamm nicht auf dem Grunde aufliegt. Die Käfer verlassen selbst die gesunden Bäume wieder, an denen sie etwa ihr Brutgeschäft bereits begonnen, und suchen die gefällten Bäume auf.

Nach ein paar Wochen wird die Rinde von den Fangbäumen abgeschält. Sind in ihr die Käfer nur noch als Larven (Würmer) oder Puppen vorhanden, so genügt es, um sie zu tödten, wenn man sie dem unmittelbaren Sonnenstrahl aussetzt. Zeigen sich dagegen schon junge, ausgebildete Käfer, so muß die Borke so rasch als möglich verbrannt werden. In den mit Rinde versehenen Scheitklaftern, die noch im Walde stehen, legen die Borkenkäfer ebenfalls gern ihre Bruten an.

Die **Raupen** der obengenannten Schmetterlinge greifen zwar nur die Blätter an, bringen aber dadurch die Bäume außerordentlich in ihrem Wachstum zurück, ja sie können auch das Absterben derselben herbeiführen, besonders wenn sie mehrere Jahre nacheinander auftreten. Die Raupen des Kiefernspinners schüttelt und klopft man zwar von den Zweigen herab, soweit sie erreichbar sind und nicht fest sitzen, den Hauptkrieg gegen sie führt aber der Förster im Winter. Die Raupen haben sich im Spätherbst zur Erde herabgelassen, ins Moos verkrochen und daselbst zum Winterschlafe zusammengerollt.

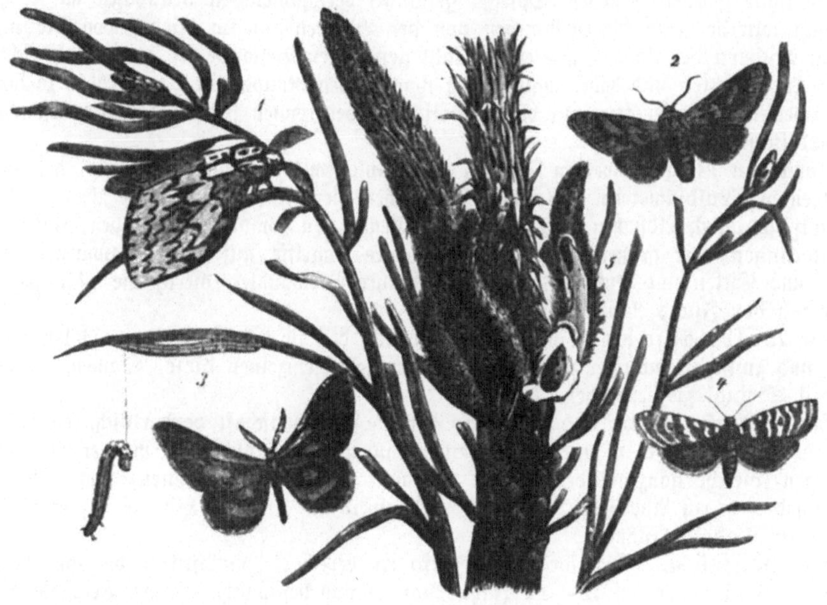

Fig. 317. 1 Nonne, 2 Forleule, 3 Kiefernspanner, 4 und 5 Kieferntriebwickler (etwas verkleinert).

Solange der Boden noch schneefrei ist, scharren die Waldarbeiter das Moos einige Schritte rings um jeden Stamm weg und lesen die Raupen zusammen. Das Moos breiten sie nachher wieder aus, um die Wurzeln zu schonen. Es werden auch die Schmetterlingseier von der Rinde der Bäume gesammelt.

Raupen und Eier vernichtet man aber nicht sofort, sondern bringt sie in einen Zwinger. Für die Eier besteht ein solcher Zwinger in einem engmaschigen Gazenetz. Viele Eier sind von Schlupfwespen angestochen, den ausgezeichnetsten Helfern des Forstbeschützers. Die Maschen des Netzes müssen weit genug sein, um die kleinen ausschlüpfenden Fliegen durchzulassen, damit sie im Walde ihren Vernichtungskampf fortsetzen können. Die jungen Raupen dagegen werden durch die Gaze zurückgehalten. Beim Abklopfen der Raupen erhält man ebenfalls zahlreiche kranke mit, da gerade diese weniger fest sitzen. Da dieselben meistens ebenfalls die Brut von andern Schlupfwespenarten in sich tragen, so würde man sich durch ihre sofortige Vernichtung mehr schaden als nützen. Als Zwinger für diese wählt man ein Stück Waldblöße, das man mit einem Graben umgibt. Die äußere Seite des Grabens wird senkrecht abgestochen, um den Raupen das Entkommen zu verwehren, die innere Seite dagegen ist schräg abgeböscht und gestattet den Flüchtlingen bequemen Rückzug.

Die eingezwingerten Raupen erhalten zu Zeiten frisch aufgesteckte Reiser als Futter und dienen ebenfalls nur zur Schlupfwespenerzeugung. Wie der Kiefernspinner für die Kiefer, so ist die Nonne für die Fichte das schädlichste Insekt aus der Klasse der Schmetterlinge. Die Nonnenschmetterlinge lassen sich zu ihrer Schwärmzeit (im Sommer) gern vom Winde forttreiben. So kann es geschehen, daß ein Fichtenwald, wo keine Nonnen existierten, plötzlich von ungeheuren Schwärmen anderwärts erzeugter Nonnenschmetterlinge überfallen (angeflogen) wird, welche hier ihre Eier ablegen, aus denen im nächsten Frühlinge Milliarden von Raupen hervorgehen, welche die Nadeln verzehren und bei ihrer großen Gefräßigkeit binnen wenigen Tagen ganze Bestände kahl zu machen vermögen. Da die Fichte die gänzliche Entnadelung nicht verträgt, so können durch Nonnenfraß oft binnen kurzer Zeit ausgedehnte Waldbestände aller Altersklassen zum Absterben gebracht werden. Die Bekämpfung dieses furchtbaren Insekts besteht im Sammeln der in Rindenrissen abgelegten Eier während des Winters, im „Spiegeln“, d. h. Zerreiben der jungen, sich an den Stämmen und Ästen zu thalergroßen Gruppen (Spiegel genannt) versammelnden Räupchen im Frühling, im Abschütteln der erwachsenen Raupen von den Bäumen und im Ziehen von Gräben, um das Auswandern der Raupen aus einem kahl gefressenen Bestande in einen noch nicht befallenen zu verhüten und dabei zugleich die wandernden Raupen in den Gräben zu fangen. In verzweifelten Fällen kann nur das sofortige Niederbrennen stark befallener Bestände die Nachbarbestände retten.

Unter den Vögeln werden Tauben und Finken mitunter dadurch lästig, daß sie die ausgestreuten Waldsämereien auflesen. Abgesehen hiervon sind aber die kleineren Vögel höchst nützlich durch Absuchen einer zahllosen Menge von schädlichen Raupen, Käfern und Schmetterlingen, die größeren Spechte durch ihre Angriffe auf die Holzwürmer (Käferlarven), und Eulen und Bussarde, Raben und ihre Verwandten durch die Mäusejagd, an welcher sich der Fuchs ebenfalls stark beteiligt.

Die Waldmäuse schaden vorzüglich dadurch, daß sie die Bucheckern und Eicheln verzehren, und zwingen mitunter sogar den Förster, jeden einzelnen dieser Samen, ehe er ihn steckt, mit Steinöl zu bestreichen.

Ein zu starker Wildstand ist ebenso für die Forstwirtschaft verderblich, wie das Eintreiben des Herdenviehes in die Schonungen mit jungen Baumpflanzen. Rinder und namentlich Ziegen (welche ganz aus dem Walde verbannt zu werden verdienen) sowie Rehe und Hasen schaden durch Abbeißen (Abäsen) der Knospen und Zweige, Hirsche besonders durch Schälen der Nadelholzstämme.

Das Holzfällen. Der sorgsame Forstwirt berechnet gewöhnlich die ihm bevorstehenden Arbeiten auf 10—15 Jahre voraus und bestimmt, welche Verrichtungen in jedem Jahrgange vorgenommen werden sollen. In größeren Waldungen ist das ein Geschäft, das umfassende taxatorische Vorarbeiten erheischt und mit dem Namen Forstbetriebsregulierung belegt wird. Oft genug wird der Wirtschaftsplan durch unvorhergesehene Zwischenfälle mehr oder weniger verändert, z. B. durch Windbrüche, Schnee- und Eisschäden, Insektenfraß, Waldbrände einerseits, dann auch durch besondere Nachfrage nach einer bestimmten Holzsorte (z. B. Eisenbahnschwellen) und die daraus entspringenden Ertragsrücksichten anderseits.

Im allgemeinen hält der Forstwirt bei der Gewinnung des jährlichen Holzertrages als Grundsatz fest, daß zuerst die Bäume beseitigt werden müssen, welche durch Windbrüche und Schnee oder durch andre Umstände abgestorben und verletzt sind. Als höchst wichtig erscheint ihm das Wegschlagen solcher älteren Stämme, die er absichtlich in Verjüngungen als Samen- oder Schutzbäume ehedem stehen gelassen, die nun aber denselben nachteilig werden. Dann schlägt er die lückenhaften älteren Bestände weg, um neue, gleichmäßige Schläge heranziehen zu können; ebenso fällt er solche jüngere Bestände, die verkümmert sind und deren längeres Verbleiben keinen Vorteil verspricht. Nach diesem werden die Durchforstungen der kräftig wachsenden Stangenhölzer vorgenommen und die zu dicht stehenden Stämme entfernt, schließlich die älteren, zum Hiebe reifen Bestände in Angriff genommen sowie deren Ersatz berücksichtigt. Anhaltendes Frostwetter kann wiederum Ursache werden, einen Sumpfwald zu fällen, dem man ohne diesen Umstand nicht beikommen kann.

An Gebirgen, in denen Windschäden zu befürchten sind, gilt es als Gesetz, diejenigen Teile des Waldes am längsten stehen zu lassen, die dem Winde als Vorhut und erster Wall entgegenstehen, also mit dem Hiebe der Windrichtung entgegen zu gehen.

Bei älteren Beständen, in welchen nicht alle Bäume weggenommen werden, ist es nötig, daß der Förster jeden einzelnen Baum anhauen läßt und mit dem Waldzeichen markiert. Letzteres bringt er auch wohl an den Hauptwurzeln des zurückbleibenden Stockes an, um kontrollieren zu können, daß nur die ausgezeichneten Bäume gefällt worden sind.

Ist das Forstrevier nicht besonders ausgedehnt, so nimmt der Forstwirt die Holzhauer selbst in Kontrakt und Lohn. Sind deren zahlreiche nötig, so gruppieren sich dieselben in Rotten unter verantwortlichen Rottmeistern, welche auch wohl die Zahlmeister spielen. In sehr ausgedehnten Forsten überläßt der Förster mitunter auch wohl den Holzschlag Privatunternehmern, sogenannten Holzmeistern, die ihrerseits für ihre Leute verantwortlich sind, freilich den Wald selten so schonend behandeln wie der eigentliche Forstmann.

Fig. 318. Schwarzwälder Holzfäller.

In manchen einsamen Gebirgsgegenden muß der Staat für seine Forsten sogar eigne Holzhauerkolonien anlegen, die je nach den Schlägen weiter rücken. Ausgedehnte Walddistrikte in Gebirgen bieten für eine bestimmte Anzahl Leute fortwährend Beschäftigung im Revier, erzeugen besondere Vorliebe für diese und rufen förmliche Genossenschaften und Innungen ins Leben, wie dies z. B. auf dem Harze der Fall ist. Wer in eine solche Gemeinschaft aufgenommen werden will, muß außer seiner Unbescholtenheit auch seine Geschicklichkeit nachweisen und hat dann Mitgenuß an der Krankenkasse, den Altersgnadengeldern und sonstigen Vorteilen.

Die Jahreszeit, in welcher das Holzfällen vorgenommen wird, kann je nach den zu nehmenden Rücksichten eine höchst verschiedene sein. Hinsichtlich der Ausbildung des Holzes würden das Frühjahr, d. h. die Zeit, bevor die Bildung von Holz ihren Anfang nimmt, oder der Herbst, d. h. die Zeit, nachdem die Holzbildung beendet ist, die geeignetste Jahreszeit zum Fällen sein. Der Förster muß aber oft den Winter wählen, weil es ihm im Sommer vielleicht nicht möglich ist, die erforderlichen Leute zu beschaffen. In manchen Gegenden aber, wie in den höheren Gebirgen, ist der Winter die einzige Zeit, welche einen einigermaßen bequemen Holztransport erlaubt. Holz, das zum Flößen und Triften bestimmt ist, schlägt man am liebsten im Sommer. Es trocknet vollständiger aus und ist dann leichter.

Der zu schlagende Waldfleck wird vom Förster oder von den Arbeitern selbst in gleiche Teile geteilt, die aber auch in bezug auf das Wegschaffen der Stämme womöglich gleiche Vorteile oder Schwierigkeiten gewähren. Dann erhält jede Holzhauerpartie ihr Stück durchs Los.

Beim Fällen der Stämme geht die Sorge der Arbeiter dahin, die Bäume nach bestimmter Richtung zu werfen, möglichst wenig Holz dabei zu verschwenden und rasch von statten zu kommen. Benutzt der Holzhauer hierbei ausschließlich die Axt und schrotet den Baum in der Weise ab, daß er auf zwei einander gegenüberstehenden Seiten Kerben haut, nach der Seite, nach welcher er fallen soll, tiefer, so geht besonders bei starken Stämmen ein nicht unerhebliches Prozent Nutzholz als Späne verloren. Die ausschließliche Verwendung der Baumsäge zwingt auf steinigem und steilem Terrain den Holzfäller, ziemlich hohe Stöcke zurückzulassen, die noch größere Verluste herbeiführen. Man gibt deshalb der gleichzeitigen Anwendung von Axt und Säge den Vorzug. Wenn die letztere tief genug eingedrungen ist, werden dann ein paar Keile in die Schnittfläche getrieben. Dabei muß aber der Holzhauer mit der gehörigen Vorsicht verfahren, damit nicht vor dem Lostrennen der Stamm weit hinauf in zwei Teile spaltet und dadurch als Nutzholz unbrauchbar wird.

Bei diesen Fällungsweisen bleiben die Stöcke im Boden zurück. Man betrachtet diese dann als einen Vorteil, wenn der Boden sonst leicht an seinem Halt verlieren würde, wie an steilen Gehängen der Sandsteingebirge; wenn ferner derselbe durch Streunutzung so verschlechtert ist, daß ihm der vermodernde Wurzelstock neuen Humus zuführen muß Zugleich muß man aber möglichst darüber beruhigt sein, daß die Stöcke nicht zu Brutplätzen für Rüsselkäfer werden, die dann in den jungen Schlägen Verwüstungen anrichten.

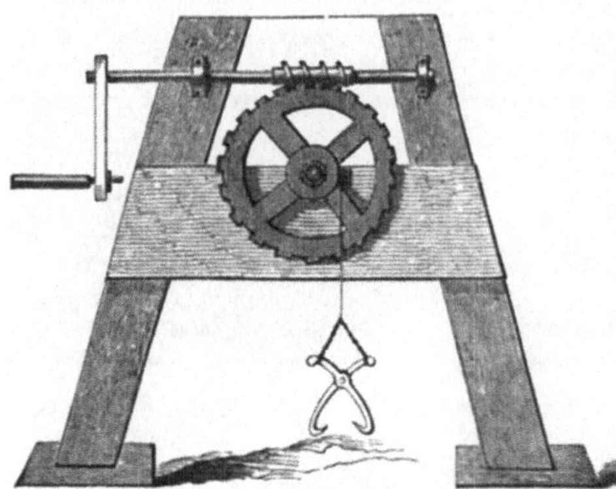

Fig. 319. Schustersche Stockrodemaschine.

Die Äxte, deren sich der Holzhauer zum Fällen der Bäume bedient, sind in den verschiedenen Gegenden im Bau voneinander abweichend. Die Axt der bayrischen und steierischen Alpen ist ein vollendeter Keil von schlankem Bau und ebenen Blättern und gehört zu den empfehlenswertesten. Die amerikanische Axt hat auf den Blättern eine der Länge nach verlaufende Kante oder eine Beule, auf welche sich beim Hiebe allein die Klemmung beschränkt. Die Sägen sind ebenfalls in verschiedenen Formen üblich, am meisten im Gebrauche stehen die Bogen- oder Mondsägen von Gußstahl, mit geradem oder konkavem Rücken. Die Sägen der Holzarbeiter weichen übrigens in bezug auf Zahnkonstruktion und Bau sehr voneinander ab.

Ist es vorteilhaft, auf die Gewinnung der Stöcke mit zu sehen, so schreitet man zum Ausroden. Dabei wird stets ringsum zunächst die Erde von den Hauptwurzeln weggeschafft, letztere werden durchgehauen und dann der Stock mit der Rodehacke, mit Brechstange und Hebel, auch wohl mit besonderen Rodemaschinen, vollends herausgezogen. Eine der ältesten und einfachsten ist der Waldteufel, Reutelzeug (s. Fig. 320). Er besteht aus einem kräftigen Hebel C, der seinen Stütz- und Drehpunkt am Ende einer starken Kette A findet. Letztere wird an einem Baumstamme festgeschlungen, der bedeutend stärker sein muß als der auszurodende. Über und unter diesem Unterstützungspunkte o sind zwei kurze Ketten mit Endhaken m. Eine zweite Kette wird mittels eines Taues an den zu rodenden Stock geschlungen, die eine Hebelkette in dieselbe straff eingehangen, der Hebel angezogen und dadurch die zweite kurze Kette B so weit nach dem Rodstock genähert, daß ein Kettenglied vorn eingehakt werden kann. In dieser Weise schreiten beide Hebelketten Glied um Glied vor und ziehen den Stock aus. Die Schustersche Stockrodemaschine (s. Fig. 319) ist ein durch eine Kurbel in Bewegung gesetzter Haspel; der sogenannte Zahnbrecher ein einfacher

Hebel, an welchem ein kräftiger Haken angehangen ist. Da, wo man überhaupt den Stock der Bäume aus dem Boden herausschaffen will, ist es unbedingt vorteilhafter, denselben gleich durch den fallenden Baum herausziehen zu lassen, d. h. den Baum zu roden. Es werden bei demselben daher zunächst die erreichbaren Wurzeln mit durchgehauen oder abgesägt und dann der Baum zum Fallen gebracht. Entweder setzt man an eine Hauptwurzel einen Hebel an und hebt diesen durch eine angestellte Wagenwinde, oder man hängt an einem oberen Aste mittels einer lose eingesteckten Stange einen Eisenhaken ein, an welchem ein Tau befestigt ist. Mit letzterem bringt man den Baum zum Schwanken und schließlich zum Fallen. Sehr große und sehr stark verwachsene Stämme werden auch wohl durch Pulver gesprengt. Bei wertvollen Nutzhölzern wendet der Arbeiter mitunter eine Fällungsart an, welche die Mitte hält zwischen dem Ausroden und Abschneiden. Er haut und sägt nämlich den Stamm so tief als möglich aus dem Boden heraus, daß ein großer Teil des Stockes an demselben verbleibt, und nennt dies den Baum „aus der Pfanne hauen“ oder „auskesseln“.

Aufstellen und Sortieren des Holzes. Wenn nicht anderweitige, durch die örtlichen Verhältnisse bedingte Umstände es dem Förster anders vorschreiben, so hält er als Hauptgrundsatz beim Aussortieren seiner Holzernte fest, zunächst soviel Nutzholz aus derselben herauszuziehen als möglich, und zwar von diesem wiederum am sorgsamsten diejenigen Sorten, die am höchsten im Preise stehen. Erst dann wird das Übrigbleibende zu Brennholz aufgearbeitet. Der Forstmann muß sich deshalb soviel wie möglich eine eingehende Kenntnis darüber verschaffen, welche Holzsorten von den verschiedenen Gewerken seines Gebietes gesucht werden; zugleich vermeidet er es aber dabei, mit einer und derselben Sorte den Markt zu überfüllen und sich selbst die Preise herabzudrücken. Da heutigestags die Preise des Nutzholzes bedeutend gestiegen sind und zum weiteren Transport desselben deshalb Eisenbahnen verwendet werden können, so kommen oft genug auch die Bedürfnisse entfernterer Gegenden mit in Frage.

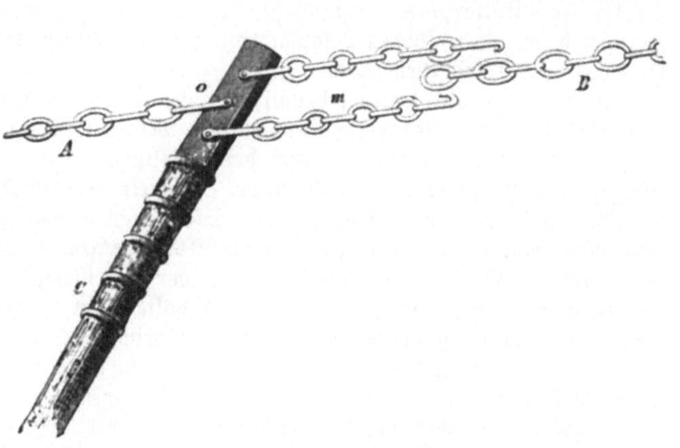

Fig. 320. Der Waldteufel.

Beim Aussortieren des Nutzholzes und dem Ausformen desselben aus dem Rohen, was sofort beim Aufarbeiten der gefällten Stämme auf dem Schlage geschieht, wird zunächst die Art des Baumes und dann die Stärke und Form der Nutzstücke berücksichtigt. Das geschätzteste Nutzholz ist dasjenige der Eiche. Das Stammholz (Langholz) derselben wird je nach der Stärke des Stammes, der Geradwüchsigkeit desselben, dem Verlaufe seiner Fasern (nicht gedrehtfaserig) und der Gesundheit oder Fehlerhaftigkeit in verschiedene Klassen geteilt und diese zu Schiffsbauhölzern, Schiffsplanken und Bohlen, Mühlwellen, Faßholzware, Werkbohlen und besseren Landbauhölzern bestimmt. Bei den stärkeren Nadelholzstämmen entscheidet außer der Geradwüchsigkeit und den bereits angedeuteten Eigenschaften auch der obere Stammdurchmesser (Zopfdurchmesser) über den höheren Wert des Langholzes. Die besten Sorten haben bei einer Länge über 20—25 m einen Zopfdurchmesser über 40 cm. Sie liefern Mastbäume, Segelstangen und die vorzüglicheren Bauhölzer aller Art. Die geringsten Sorten geben noch Dachsparren. Von den übrigen Holzsorten sind die Großnutzhölzer von Eschen und Rüstern noch die gesuchtesten. Kleinere Abschnitte von Eichennutzholz (Blöcke, Klötze, Walzen) sind mehr oder weniger noch zu Schnittwaren, zu gewöhnlichem Faßholz, Schreinerholz und Glaserholz geeignet; diejenigen von Nadelholz werden auf Sägemühlen zu Borden, Brettern und Latten verschnitten. Die schwächeren Stämme geben Brunnenröhren, und solche Sortimente, die sich durch vorzügliche Spaltbarkeit auszeichnen, können zu allerlei Spaltwaren und musikalischen Instrumenten, Geigen, Resonanzböden u. s. w., bestimmt werden.

Als Kleinnutzholz bezeichnet der Forstmann alle jene Hölzer, die zu Gerüststangen, Wagner- und Hopfenstangen, Baumpfählen, Faschinenpfählen, Korbweiden, Gradierwellen rc. dienen können. Außerdem unterscheidet er noch Müsselholz und dann die sehr verschiedenen Sorten von Brennholz.

In Gegenden, wo das Ausformen der verschiedenen Nutzholzsortimente auch von verschiedenen eingeübten Arbeitern ausgeführt wird, stellt der Förster zuerst die Nutzholzhauer (Schindeln, Böttcherwaren u. s. w.), dann die Blockhauer, die Bauholzhauer und zuletzt die Brennholzhauer in die Arbeit ein und erreicht dadurch finanziell das höchste Ergebnis seiner Ernte.

Transport. In den meisten Fällen ist es nötig, das gefällte Holz so rasch wie möglich vom Schlage hinweg nach solchen Plätzen zu schaffen, von denen aus es seinem endlichen Bestimmungsorte bequem zugeführt werden kann. Der Forstmann nennt dies das Rücken des Holzes; er läßt gewöhnlich nur so viel auf einmal fällen, als binnen einem bis zwei Tagen aufgearbeitet und gerückt werden kann. Man rückt das Holz auf den sogenannten Stellplatz (Pollerplatz, Ganterplatz), der in der Nähe einer fahrbaren Straße gelegen ist, und gibt dabei einer solchen Lokalität den Vorzug, welche trocken und luftig liegt und das Holz vor dem Verderben schützt.

Je nachdem die Bodenverhältnisse es zulassen, wird das Holz vom Schlagorte nach dem Stellplatze mit den verschiedenartigsten Mitteln geschafft. In sehr felsigem Terrain müssen es die Arbeiter mitunter nach dem Stellplatze tragen, entweder auf der Rückentrage (Kraxe) oder zu zwei auf der Schulter. Ist ein Saumpfad vorhanden, so werden auch Maultiere und Pferde dazu verwendet. Stämme und Stangenhölzer werden geschleift, mit möglichster Schonung des jungen Nachwuchses. Die Arbeiter bedienen sich dabei der Krempe (einer Art Spitzhacke), des Floßhakens und der Hebelstangen. Bei schweren Stücken werden Walzen untergelegt, oder die Bahn mit geschälten oder naßgemachten halbrunden Spältern belegt. Verwendet man Rinder oder Pferde beim Schleifen, so befestigt man den Stamm mittels des Lottnagels an den Lottbaum, d. h. an eine Deichselstange, welche in ein schaufelartiges Brett ausläuft, auf dem das Stammende ruht. Geringe Lasten werden auf dem Schubkarren oder auf dem Schlitten nach dem Stellplatze gebracht. Die Schlitten finden in holzreichen Gebirgsgegenden nicht bloß im Winter bei Schneebahn, sondern auch im Sommer auf abschüssigem grasigen Boden eine ausgedehnte Verwendung, und jede Gegend hat gewöhnlich ihre besondere Form der üblichen Fahrgeräte. Die Winterschlitten, wie solche im Böhmerwalde gebräuchlich sind, werden meistens mit Stahlstreifen beschlagen. Der Arbeiter hemmt ihren zu raschen Lauf dadurch, daß er die mit Steigeisen bewehrten Schuhe gehörig gebraucht, dann aber auch durch Winden oder Ketten, die er um die Schlittenkufen schlingt, durch Sperrhaken (Sperrtatzen) an den Kufen und durch angehängte „Hunde". Letzteres sind Reisergebunde mit Steinen beschwert, Spaltklötze oder Scheite, die, an kurzen Ketten befestigt, hinter dem Schlitten herschleifen. Die Schlittenbahn muß häufig erst aus Holzstücken hergestellt und mit Schnee überworfen werden. Wird eine derartige Bahn nicht mehr benutzt, so wird sie von obenher selbst abgebrochen und verschüttet. Ist der Boden trocken und fest, namentlich im Winter mit harter, gefrorener Schneekruste bedeckt, so wirft der Holzhauer Scheite, Prügel und schwache Drehlinge aus der Hand in der Art bergab, daß sie sich kopfüber überschlagen. Er nennt diese Methode Bocken. Längere Stämme läßt er der Länge nach bergab schießen. Er stellt auch aus mehreren derselben eine Gleitbahn (Leite) her, über welche die nachfolgenden desto bequemer hinabrutschen. In neuerer Zeit hat man jedoch in den Alpen zu diesem Zweck an sehr steilen Stellen mit Vorteil Seile (besonders aus Draht) angewendet, an denen das Holz zum Abgleiten aufgehängt wird.

Auf dem Stellplatze wird das Brennholz durch den Holzmärker genau sortiert, d. h. nach seiner Güte in Stöße zusammengelegt und jeder Stoß (Raummeter) numeriert und gebucht, das Reiserholz wird in Bunde oder auf Haufen zusammengebracht. Das Setzen der Brennholzstöße geschieht durch vereidete Setzer. Auf dem Stellplatze erfolgt auch der Verkauf oder die Versteigerung des Holzes, wenn letztere überhaupt vorkommt.

Die ausgedehntesten Waldungen sind nicht selten in Hochgebirgen vorhanden, in denen die Hölzer einen sehr geringen Wert haben. Es ergibt sich für den Forstmann hieraus die Notwendigkeit, das Holz nach entfernteren Gegenden schaffen zu lassen, in denen es höher im Preise steht, und er hat deshalb auf Mittel und Wege zu denken, wie dies mit den geringsten Kosten bewerkstelligt werden kann. Der Bau und die Instandhaltung dieser Transportmittel bilden einen wichtigen Teil der Forstpflege. In großen Staatswaldungen geschieht die Anlage derselben nach einem bestimmten Plane, der sich über den ganzen Forst erstreckt. Die Hauptwaldstraßen werden entweder makadamisiert oder chaussiert.

Fig. 321. **Klause.**

Von ihnen zweigen sich die Nebenwege ab, die gleich Adern in das Innere der Waldungen führen und die ihrerseits durch die sogenannten Stellwege mit den jedesmaligen Schlägen in Verbindung stehen. An nassen Stellen müssen auch wohl in Ermangelung von Besserem Faschinen eingelegt und so Knüppeldämme gebildet werden, die wenigstens so lange aushalten, als die Holzabfuhr dauert.

In ausgedehntem Grade findet in Hochgebirgen der Holztransport mittels Riesen (Rutschen) Anwendung. Die gewöhnlichen Holzriesen sind Holzleitungen oder Rutschbahnen, aus mindestens vier, oft aber aus acht nebeneinander liegenden Stämmen gebildet, in denen Scheitholz oder Langholz entlang gleitet. Beim Bau solcher Riesen entwickeln die Holzhauer oft einen Scharfsinn im Auffinden der passendsten Richtung, in der Verteilung des Gefälles und in der Benutzung der Unterlagen, welcher dem erfahrensten Ingenieur alle Ehre machen würde. Sie leiten dieselben mitunter stundenweit durch Wälder, über Abgründe und an Felsenwänden hin; hier muß ein hervorragender Baum, dort ein überhängender Steinblock, dort sogar das Dach einer Sennhütte als Stützpunkt dienen. Im Anfange geben sie den Riesen meist ein starkes Gefälle, weiterhin wird dasselbe, besonders bei Wendungen der Bahn, gemäßigt, um das Ausschießen des Holzes zu vermeiden, und am unteren Ende verläuft sie entweder horizontal oder steigt sogar etwas aufwärts. Scharfe Biegungen müssen stets vermieden werden, natürlich um so mehr, je länger die zu transportierenden Hölzer sind. In sehr steilen Riesen können die Hölzer trocken transportiert werden. Bei solchen von geringem Gefälle wartet man Regenwetter ab oder benetzt dieselben durch aufgeschüttetes Wasser. Ist Schnee gefallen, so läßt sich mit dessen Hilfe auch eine glatte Bahn herstellen; noch besser wird diese aber durch eingetretenen Frost. Eine Eisriese, durch eingegossenes und dann aufgefrorenes Wasser erzeugt, bedarf das geringste Gefälle. Will man fließendes Wasser mit zum Transportieren der Hölzer in den Riesen verwenden (Wasserriesen), so werden bei geringeren Wasservorräten die Riesenstämme behauen, so daß sie möglichst dicht schließen.

Die für den Riesentransport bestimmten Hölzer müssen möglichst glatt und abgerundet sein. Langhölzer werden vorher entrindet. Die Holzknechte schaffen ihre Holzvorräte nach dem oberen Teil der Riese und werfen sie dort ein. Ist der vorrätige Haufen abgeschossen, so steigt der Riesenhüter, mit Steigeisen versehen, in die Riese ein und säubert dieselbe von den Erdteilen, Rindenstücken, Holzspänen u. dgl., welche in dieselbe mit hineingelangt sind, während oben die Arbeiter neue Hölzer zum Einwerfen herbeiholen. Sind sie zu letzterem bereit, so geben sie dem Riesenhüter durch ein Horn oder durch einen lauten Zuruf: „Fluig ab!“ das Zeichen, die Riese zu verlassen. Nachdem er diesem Folge geleistet, antwortet er: „Reit' ab!“; die Hölzer werden eingeworfen, und sobald das letzte abgeschossen ist, ertönt von droben der Ruf: „Zu hio!“; der Riesenhüter antwortet: „Hör' dich wohl!“ und setzt seine Arbeit in der Riese wieder fort. Beim Riesen des Langholzes ist die Arbeit nicht ohne Gefahr, besonders beim Auffangen der wuchtigen Stämme am unteren Ende der Bahn.

Außer diesen gewöhnlicheren Mitteln für den Holztransport gibt es in einigen Gebirgsgegenden noch ganz besondere, durch die Lokalschwierigkeiten erzeugte, die so mannigfach sind wie letztere selbst. Die interessantesten davon sind die sogenannten Aufzüge (Fig. 322), durch welche die mit Hölzern beladenen Wagen über ein steiles Gebirgsjoch hinweg nach dem jenseitigen Thale geschafft werden. Auch die Schienenwege von Holz und Eisen fangen an, zum Holztransport in den Waldungen Anwendung zu finden; solche Holzbahnen bestehen bereits in Österreich-Schlesien, Oberösterreich, im Frankenwalde, am Pilatus in der Schweiz, Lothringen u. s. w.

Da in den Gebirgswaldungen die Quellen zahlreicher Bäche und Flüsse liegen, so ist dadurch ein Mittel gegeben, mit Hilfe des Wassers die Nutz- und Brennhölzer auf verhältnismäßig wohlfeile Weise thalwärts zu transportieren, sei es, daß man dieselben durch die sogenannte Trift oder Holzschwemme sich selbst überläßt, oder daß man sie in Flößen durch Beihilfe von Leuten weiter führt. Ist die Wassermenge zu gering, so wird nur zeitweise getriftet. Um die Wässer zu sammeln, legt man dann sogenannte Klausen an (Fig. 321). Dies sind Dämme, quer durch das Thal des Wasserlaufes gezogen und mit Wasserthoren versehen, hinter welchen man die Wasser zu wahren Seen aufstauen und die Triftstraße weiter hinab vollauf bewässern kann. Oder man benutzt zu letzterem Zwecke die etwa in der Nähe vorfindlichen Seen (z. B. im Böhmerwalde), deren Wasser man durch Kanäle in die Triftstraße einführt, oder man legt Schwemmteiche an; das sind künstliche Weiher, die durch die Bergwasser gefüllt und deren Wasservorrat in die seitlich vorüberfließende Triftstraße geleitet werden kann.

Während des Winters und der ersten Frühjahrszeit schafft man das zum Triften bestimmte Holz von den Bergen herab und wirft es in recht lockeren Haufen dicht unterhalb der Klausen oder Schwemmteiche in das trockene Bett des Wasserlaufes, oder pollert es am Ufer auf, um es, wenn die Abwässerung beginnt, in das Wasser einzuwerfen. Mit dem Abtriften der schwächeren Seitenwasser beginnt man zuerst, um die dort lagernden Hölzer so zeitig als möglich der Haupttrift zuzuführen. Man läßt zunächst ein sogenanntes Vorwasser aus der Klause austreten und etwa eine halbe Stunde lang fließen, um die Holzmassen etwas in Gang zu bringen; dann erst folgt die Hauptflut, welche den Transport bis zur nächsten Klause besorgt. Gefährlich wird das Triften bei stärkeren Holzsorten, da sich hier in Schluchten und zwischen Felsblöcken nicht selten Stopfungen bilden, deren Lösung die schlimmste Aufgabe der Triftknechte ist. Es bleibt dann kein andres Mittel übrig, als über das Holz hinabzusteigen und die störrigen Stämme mit dem Floßhaken (Griesbeil) zu beseitigen. Kaum wankt aber der Schlußstein des Baues, so beginnt der ganze Haufen sich zu blähen und zu krachen, und mit ungeheurer Wucht rollt er donnernd in die Flut.

Fig. 322. Holzaufzug.

Nicht selten wird der kühne Trifter bei solcher Gelegenheit mit fortgerissen und findet seinen Tod in den Wassern. Unterwegs müssen die Hölzer durch Rechen von Seitenkanälen abgehalten und endlich in Fangrechen aufgefangen werden. Diese Rechen sind wohl vielfach aus Holz hergestellt, nicht selten aber sind es großartige Steinbauten in der mannigfaltigsten Entwickelung. Bei starken Triften staut sich an den Fangrechen das Holz zu 10 bis 12 m hohen Haufen auf, setzt also einen entsprechend kräftigen Bau der letzteren voraus, wenn nicht ein Rechenbruch erfolgen soll. Liegen Befürchtungen zu einem solchen vor, so werden auch mehrere Sicherheitsrechen hintereinander aufgeführt. Mündet ein Triftwasser in einen See, an dessen entgegengesetzter Seite das Holz weitergeführt oder gelandet werden soll, so wird an der Einflußstelle eine schwimmende Kette aus Balken gebildet, die durch Eisenringe miteinander verbunden sind. Eine solche Schere umspannt in manchen Fällen bis 500 Klafter. Sie wird geschlossen, sobald sie gefüllt ist, dann entweder durch den Wind oder durch begleitende Boote oder auch, wie auf einigen Seen Norwegens, durch kleine Dampfer nach ihrem Bestimmungsorte bugsiert.

Beim Triften sind die Hölzer einzeln und sich selber überlassen. Bindet man dagegen die Hölzer in Partien für den Wassertransport zusammen, so nennt man diesen Transport das **Flößen**, die zusammengebundene Holzmasse ein **Floß** (in Böhmen auf der Moldau und Elbe „**Prahm**"). Jedes Floß besteht in der Regel aus mehreren, oft vielen aneinander gehängten Abteilungen, Tafeln genannt, jede Tafel aus einer oder mehreren (übereinander liegenden) Schichten von Stämmen. Die Stämme der untersten Schicht, welche auf dem Wasser schwimmt, sind am oberen und unteren Ende durchlöchert, damit sie hier sowohl untereinander als mit den Stammenden der anstoßenden Tafeln zusammengebunden werden können. Zum Zusammenbinden (Koppeln) der Stämme und Tafeln bedient man sich ausschließlich zäher Fichten- oder Kiefernwurzeln. Am Vorderrande der ersten und am Hinterrande der letzten Tafeln sind zwei oder mehr Ruder (roh behauene Stangen) angebracht, welche je nach ihrer Länge und Stärke von einem oder mehreren (selbst 5—6) Männern in Bewegung gesetzt werden. Auf die Tafeln werden nach Befinden weitere Schichten von Stämmen oder von Brettern und andere verarbeitete Holzsortimente oder Brennholzscheite ꝛc. verladen. Das Flößen verlangt ein ruhigeres, gleichmäßig fließendes Wasser mit weniger starkem Gefälle. Sollen schwere Eichenhölzer geflößt werden, die zu tief im Wasser gehen, so bringt man dieselben zwischen Nadelholzstämmen an. Auf der Mosel verwendet man auch alte Weinfässer als Schwimmblasen dazu (Tragflöße).

In seichten Wassern, die erst durch Klausen fahrbar gemacht werden, erfordert die Flößerei ebensoviel Umsicht und Geschick wie der Triftbetrieb. So werden z. B. die Flößer der Kinzig und Wolf im Schwarzwald an den dort Schwallungen genannten Klausen als wahre Meister ihrer Kunst bezeichnet. Die Flöße, welche durch die kleineren Wasser dem Rheine zugeführt werden, baut man hier, wenn sie zum Transport nach den Niederlanden bestimmt sind, zu den bekannten großen Holländerflößen zusammen. Ein solches Floß hat mitunter einen Wert von 750000 Mark, besteht aus 4—5 Stammlagen und trägt außerdem eine Menge Schiffshölzer, Faßdauben, Bretter, Pfosten, Latten u. dgl. Seine Spitze wird durch zwei kleinere bewegliche Flöße gebildet, welche zum Leiten des Hauptflosses dienen. Das Hauptstück des letzteren hat 150—250 m Länge. Am vorderen und hinteren Ende sind 20 und einige Ruder, deren jedes 6—7 Mann zum Bewegen bedarf. Daraus ergibt sich, daß ein solches Floß, mit Einschluß der sonstigen Mannschaft, eine Armee von 500 und mehr Personen führt. Auf dem Floß ist ein förmliches Lager von Hütten errichtet; Fleischer, Köche, Bäcker, Proviantmeister und Aufwärter sorgen für den Lebensunterhalt der Leute und führen gegen 1500 Zentner an Proviant, Gepäck u. dgl. Eine Stunde vorweg fährt ein Boot mit schwarz und rot geschachter Fahne, um die Ankunft des Flosses anzukündigen; außerdem sind 20—40 kleinere Kähne angehängt, und ehedem ward sogar noch ein besonderes Rheinschiff zur Rückfahrt der Mannschaft mitgenommen.

Fig. 323. Holzriese (zu S. 368).

Die Axt erklingt, da blinkt schon jedes Beil —
Die Eiche fällt und jeder holzt sein Teil.

Goethe.

Die Nutzung des Waldes.

Das Holz. Entstehung, Eigenschaften. Konservierung. Die Aufarbeitung des Holzes. Sägemühlen u. s. w. Brennholz und Holzkohle. Meilerbau. Nebennutzungen des Waldes. Pechsiederei. Teerschwelerei. Waldstreu. Beeren u. s. w. Der Kork und seine Gewinnung. Fremde Hölzer und Holzhandel.

Das Holz bildet die Hauptnutzung des Waldes. Seine verschiedenen Eigenschaften machen es zu ebenso vielerlei Verwendungsweisen geeignet. Ehe wir einen Blick auf die letzteren werfen, führen wir uns in Kürze die ersteren so weit vor, als es für vorliegenden Zweck erforderlich ist.

Das Holz ist nicht nur je nach der Baumart, von welcher es stammt, höchst verschieden, sondern es ist auch bei derselben Gewächssorte anders beschaffen, je nachdem es in der Krone und den Ästen, in oberen und unteren Stammteilen, im Wurzelstock oder in den Wurzeln erzeugt ist; je nachdem es jung oder alt, auf trockenem oder nassem, auf einem wärmeren oder kälteren Standorte, in dichtem Schlusse oder in freier Lage gewachsen ist.

Alles Holz ist aus dem Bildungsgewebe (Cambium) entstanden, das sich bei unsern Bäumen zwischen Rinde und Holz befindet. Die sulzige Masse, welche wir im Frühjahre beim Eintritt des Saftes unter der Rinde lebenskräftiger Zweige finden, ist jene Cambialschicht, welche das Wachstum des Baumes vorzugsweise vermittelt. Sie besteht aus mikroskopisch kleinen, dünnwandigen Zellen, die sich durch Längsteilung und Querteilung vermehren, durch erstere einen Zuwachs in der Dicke, durch letztere einen solchen in der Längsrichtung herbeiführen. Im Frühjahr geht jene Vermehrung rasch vor sich, die Zellen werden dann großmaschig, das aus ihnen gebildete Holz lockerer, weniger fest und heller gefärbt. Nachdem sich die neu erzeugten Knospen geschlossen, wird zwar die Holzbildung noch eine Zeitlang fortgesetzt, ist aber gewöhnlich schwächer, die Zellen sind kleiner, dickwandiger, engmaschiger, ihre Wände gelblich oder bräunlich gefärbt. Das Herbstholz hat deshalb ein dunkleres Ansehen und ist fester als das Frühjahrsholz. Durch die abweichende Beschaffenheit von Frühjahrs- und Herbstholz grenzt sich das jährliche Holzerzeugnis eines Baumes nach innen und außen ab; es bildet den sogenannten Jahresring — in Rücksicht auf den ganzen Stamm gedacht eigentlich eine kegelförmige Mantelschicht. Bei Birken, Espen und Pappeln sind die Jahresringe wenig deutlich hervortretend, da diese Bäume spärlich Herbstholz erzeugen; bei manchen Gewächsen der Tropen, die keinen Knospenschluß, keine Zeit der Saftruhe besitzen, verschwinden sie gänzlich. Die Breite der Jahresringe ist bei unsern Hölzern verschieden, manche wachsen über 3 cm in der Dicke, andre nur um den achtzigsten Teil eines solchen. Auch innerhalb desselben Stammes ist die Stärke der Jahresringe häufig verschieden, je nachdem der Baum in einem Jahre durch günstige Verhältnisse in den Stand gesetzt war, eine größere Menge Holz zu erzeugen, oder je nachdem ihn ein trockener Sommer, Raupenfraß u. dgl. hieran hinderten. Nach der Südseite zu werden die Ringe gewöhnlich breiter ausgebildet als nach der Nordseite, bei an Bestandesrändern stehenden Stämmen nach der freien Seite hin stärker als an der entgegengesetzten. Infolge davon erscheint auf dem Querschnitt solcher Stämme das Mark nicht im Mittelpunkt, sondern exzentrisch gelegen. Für manche technische Zwecke, z. B. für die Fabrikation von Resonanzböden zu musikalischen Instrumenten, ist es von Wichtigkeit, Holz zu verwenden, dessen Jahresringe möglichst schmal sind, gleiche Stärke und gleichen Verlauf haben. Es zeichnen sich hierin besonders Fichten vorteilhaft aus, welche in einer Höhe von 1000 bis 1150 m über dem Meere auf sumpfigem, mineralisch nicht sehr kräftigem Boden gewachsen sind, z. B. in einigen Gegenden des Böhmerwaldes. Die Jahresringe jener geschätzten Fichten haben viel Frühjahrsholz und nur einen schwachen, aber festen Ring Herbstholz.

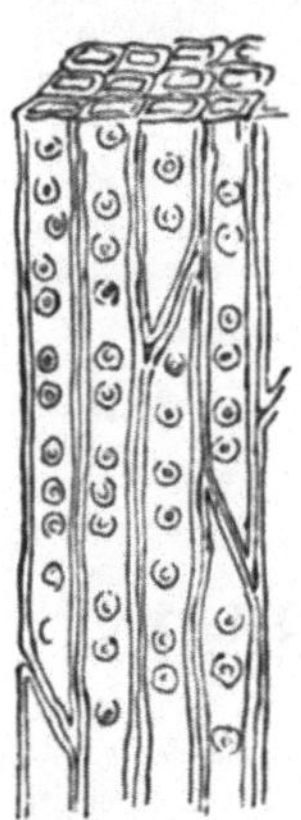

Fig. 325. Holzzellen beim Nadelholz.

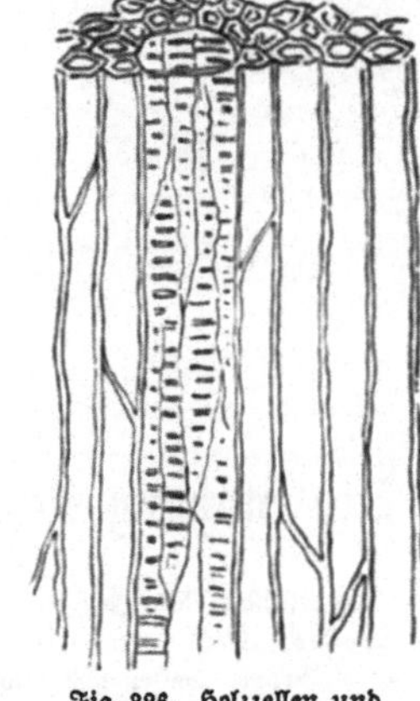

Fig. 326. Holzzellen und Gefäße beim Laubholz.

Das Holz entsteht aus dem Bildungsgewebe dadurch, daß die dünnen, zarten Wände des letzteren sich verdicken und verhärten. Die ihre Wände bildende Substanz (Cellulose) verwandelt sich allmählich in Holzstoff (Lignin): sie verholzen. Die Zellenwände verdicken sich und gewinnen dadurch an Festigkeit und Zähigkeit. Das Holz der Nadelhölzer besteht fast nur aus langgestreckten engen, prismatisch-röhrigen Zellen, die sich mit ihren keilförmig ausgehenden Enden gegenseitig ineinander schieben, dasjenige der Laubhölzer immer aus einer Vereinung von ähnlichen engen Holzzellen (Holzfasern) und weiten, oft gegliederten Röhren (Gefäßen), welche aus übereinander stehenden weiten Zellen, deren Wandungen Tüpfel oder spaltenförmige Flecken oder eine spiralige Streifung zeigen, durch Resorption der Querscheidewände entstanden sind. Das Holz der Nadelhölzer ist ferner (selbst im versteinerten Zustande) auf dem Radiallängsschnitt unter dem Mikroskop an den Behöften runden Tüpfeln der Zellenwände zu erkennen. Auf dem Querschnitt erscheinen die Gefäße schon dem unbewaffneten Auge als Poren und zeigen sich am häufigsten im Frühjahrsholze. Je nach der Größe ihres Querdurchmessers unterscheidet man weitporige und kleinporige Hölzer voneinander. Jede Baumart hat in bezug auf Verteilung, Zahl und Größe der Poren (Gefäße) ihre Eigentümlichkeiten. Den Nadelhölzern fehlen die Poren, dagegen besitzen sie Harzgefäße, besonders in den Herbstschichten des Holzes. Vom Mittelpunkte des Stammes aus setzen in strahlenförmiger Richtung nach dem Umfange hin Zellenpartien durch, die man Markstrahlen nennt. Jeder neue Jahresring erzeugt auch neue Markstrahlen und setzt sie nachmals durch die künftigen Jahresringe gleichfalls fort. Sehr lange und breite Markstrahlen besitzen z. B. Eiche, Buche, Erle, Platane; sehr feine, aber ungemein zahlreiche Markstrahlen besitzen die Nadelhölzer.

Kommt es für gewisse Zwecke, z. B. zu Mastbäumen aus Kiefernstämmen, vorzugsweise darauf an, einen gleichmäßigen und dichten Bau der Jahresringe zu erzeugen, so kann der Forstmann hierzu das Seine dadurch beitragen, daß er den Bäumen den für sie geeigneten Standort anweist, auf eine möglichst gleichförmige Schlußstellung durch alle Lebensperioden hält und sie in entsprechender Weise aussätet.

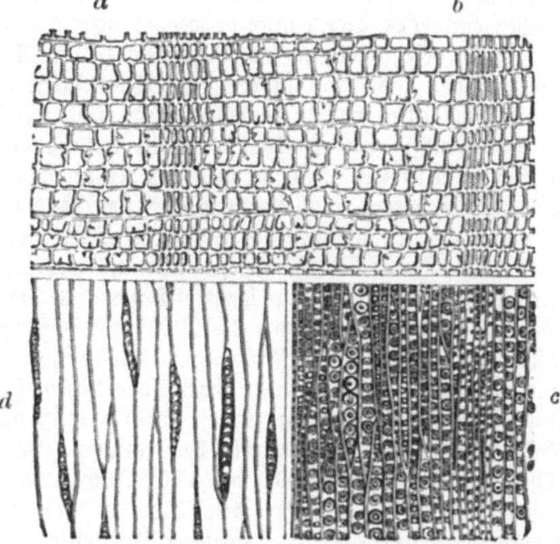

Nr. 327. Der anatomische Bau des Nadelholzes (Abies pectinata). a b Querschnitt, c radialer Schnitt, d tangentialer Schnitt.

Selbst innerhalb der bereits fertig gebildeten Holzmassen gehen beim weiteren Wachstum des Baumes mancherlei chemische Veränderungen vor sich, die sich durch Erzeugung von Harz, Gerbsäure, Farbstoffen u. dgl., noch mehr aber durch Härteverschiedenheiten zu erkennen geben. Hierauf beruht die Unterscheidung des Holzes in junges Splintholz und altes Kernholz. Manche Physiologen unterscheiden noch zwischen beiden das Reifholz. Fast nur aus Splintholz bestehen die Stämme der Birke und der Ahornarten, aus Splint und Reifholz diejenigen der Fichte und des Weißdorn, aus Splint und Kern jene der Eiche und des Apfelbaumes, endlich aus Splint, Reifholz und Kern der Stamm der Rüster. Das Kernholz zeichnet sich gewöhnlich durch dunklere Farbe und größere Trockenheit vor dem helleren, saftreicheren Splint aus.

Das spezifische Gewicht hat für die technische Bedeutung der Hölzer insofern Bedeutung, als die Härte, Dauer, Brennkraft u. s. w. durch dasselbe bedingt wird. Es ist bei allen geraspelten Hölzern größer als dasjenige des Wassers, durch den Reichtum an Poren und lufterfüllten Zellen werden aber die meisten Hölzer schwimmend erhalten.

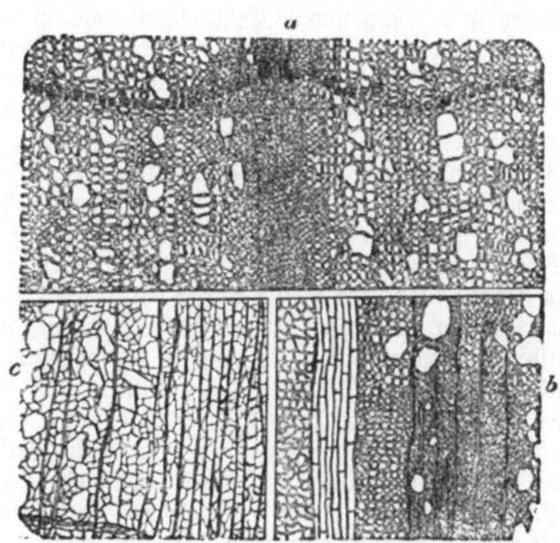

Nr 328. Der anatomische Bau des Laubholzes. a Querschnitt aus dem Holze der Weißbuche, b aus dem Holze der Eiche, c aus dem Holze der Erle.

Das frischgefällte Holz enthält ungefähr 50 Prozent seines Gewichts Wasser; bleibt es im Walde an luftiger Stelle längere Zeit stehen, so verliert es einen Teil der Nässe und enthält als sogenanntes waldtrockenes Holz etwa noch 25 Prozent. Selbst wenn das geschnittene oder gespaltene Holz, wie es Tischler, Böttcher, Drechsler u. s. w. bedürfen, in geschütztem Raume zwei bis drei Jahre lang ausgetrocknet worden ist, enthält es immer noch 15—20 Prozent Wasser. Beim Trocknen zieht sich das Holz zusammen, es verliert an Gesamtumfang, es schwindet. Findet ein solches Zusammenziehen rasch statt, so entstehen Risse. Bei feuchter Luft oder bei Zutritt von Wasser saugt das bereits getrocknete Holz von neuem Feuchtigkeit ein und nimmt wieder an Umfang zu, es quillt auf. Je mehr die Hölzer zum Schwinden und Quellen geneigt sind, und das sind die spezifisch schweren mehr als die leichten, desto weniger eignen sie sich zu bestimmten Verwendungsweisen, z. B. zu Möbeln, Musikinstrumenten, Drechslerwaren ꝛc. Als vorzügliches Mittel gegen das Reißen schlägt man das Ausdämpfen und nachheriges langsames Trocknen des Holzes vor. Brunnenröhren, die durchaus keine Risse haben dürfen, werden entweder gleich grün verwendet oder bis zu ihrer Benutzung ins Wasser gelegt.

Von besonders großer Wichtigkeit ist die Widerstandsfähigkeit der verschiedenen Hölzer gegen die Einflüsse der Luft, Feuchtigkeit und Wärme, die Dauerhaftigkeit derselben. Im allgemeinen vermodern und faulen Hölzer um so leichter und schneller, je mehr sie dem Wechsel von feucht und trocken bei höherer Temperatur ausgesetzt sind, während sie sich in trockener Luft, bei größerer Kälte oder auch gänzlich unter Wasser länger halten. Sie weichen jedoch auch hierin je nach der Baumart stark voneinander ab, und je nach den Örtlichkeiten, an welchen das Holz verwendet werden soll, hat der Handwerker seine Auswahl zu treffen. Die harzreichen Nadelhölzer, besonders solche aus Gebirgen, welche fester gewachsen sind, haben eine längere Dauer als die meisten Laubhölzer. Holzbauten sind im Gebirge mitunter noch nach 2—300 Jahren ziemlich unversehrt. Unter Wasser halten sich Eichenholz, harzreiches Lärchen- und Kiefernholz, sowie Erlen- und Rüsternholz vorzüglich gut; selbst das sonst so leicht zerstörbare Rotbuchenholz hält sich, gänzlich vom Wasser bedeckt, bis 100 Jahre lang. Es ist bekannt, daß die aus Eichen- und Lärchenholz bestehenden Brückenpfeiler der Römerbrücke bei Zurzach (Aargau) und der Trajansbrücke am eisernen Thore der Donau, die älter als 1700 Jahre waren, sich noch in gutem Zustande befanden, daß dieselben wegen ihrer Härte kaum zu Drechslerwaren sich verarbeiten ließen. Ebenso fanden die neuerdings beim Mainzer Brückenbau entdeckten Pfähle der dortigen Römerbrücke, welche aus teils schwarz gewordenen, teils intakt gebliebenen Varietäten bestanden, vielfache Verwendung zu Möbeln, Klaviergehäusen u. s. w. Die über 500 Jahre alten Rostwerke aus Eibenholz hatten bei mehreren Palästen Venedigs sich so gut erhalten, daß man sie herausnehmen und zu feineren Sachen benutzen konnte.

In dumpfigen Räumen dagegen modert das Holz rasch; es siedeln sich dann verschiedene Pilze auf ihm an, die das Zersetzen in hohem Grade befördern. In den Bergwerken ist der sogenannte Grubenschwamm, in Gebäuden und Schiffen der Hausschwamm sehr gefürchtet. Auch eine Anzahl Holzkäfer stellt sich ein, und tragen diese in ihrer Weise mit zur Zerstörung selbst des verarbeiteten Holzes bei.

Man sucht die Dauerhaftigkeit des Holzes dadurch zu vermehren, daß man das Austrocknen möglichst befördert. Zu diesem Zwecke ringelt man die noch im Laube stehenden Bäume bereits vor dem Fällen und läßt den in ihnen befindlichen Saft durch die Blätter verdunsten, oder man läßt nach dem Fällen die Bäume einige Wochen mit belaubter Krone liegen, legt sie an trockene Stellen und verarbeitet sie erst nach längerem Liegen. Geringere Balken brauchen mindestens 5—8 Jahre, stärkere oft 12—15 Jahre, um vollständig trocken zu werden. Um die Hölzer rascher verarbeiten zu können und doch dem Verderben derselben möglichst vorzubeugen, hat man vielerlei vorgeschlagen und versucht, so z. B. Auslaugen derselben in heißem Wasser, Ausdämpfen bei mehrfachem Atmosphärendruck, Behandeln mit Kochsalz, stellenweises Ankohlen (dessen Nutzen viele sehr bezweifeln), Imprägnieren des Holzes mit holzessigsaurem Eisen, Gasteer, Kreosot, Quecksilberchlorid, Eisenvitriol, Kupfervitriol ꝛc.

Es gibt eine ganze Reihe verschiedener Verfahrungsarten, die beim Imprägnieren der Stämme und Pfosten in Anwendung gebracht werden können. So hat man versucht, die Präparierflüssigkeit durch hydraulischen Druck sowohl in den noch auf dem Stocke stehenden, als auch in den gefällten Baum einzubringen, hat die zugehauenen Hölzer in kalte oder warme Flüssigkeiten längere Zeit eingetaucht, dieselben darin gekocht und endlich die letzteren durch mechanischen Druck hineinzubringen gesucht. Am meisten sind die Methoden von Boucherie, Burnett und Bethell in Anwendung gekommen.

Boucherie läßt die noch mit der Rinde versehenen Stämme horizontal legen und eine Lösung von Kupfervitriol von einem 1 m hohen Gerüste herab in Guttaperchaschläuchen nach dem Hirnende der Stämme leiten, an denen Metallgefäße zur Aufnahme der Flüssigkeiten angesetzt sind. Burnett bringt die zugerichteten Hölzer, namentlich Eisenbahnschwellen, nachdem dieselben vorher gedämpft worden, in verschlossene Kessel und hitzt sie in der Flüssigkeit (bis 100° C.) bei erhöhtem Atmosphärendruck. Bethell verlangt, daß das Holz völlig gedörrt sei, und wendet dann gewöhnlichen Gasteer als Konservationsmittel an.

Obwohl alle diese Imprägniermethoden noch vieles zu wünschen übrig lassen, so haben doch die auf solche Art zubereiteten Hölzer (Bahnschwellen) die doppelte, gewöhnlich sogar eine dreifache oder noch längere Dauer bewahrt als nicht präparierte; namentlich hat man mit ihrer Hilfe geringere Weichhölzer (mageres Kiefernholz) zu Verwendungen bringen können, zu denen man außerdem nur Eichenholz wählen durfte.

Die Verarbeitung des Holzes. Wir haben bereits oben angedeutet, daß schon beim Aufarbeiten des Holzes auf dem Schlage Rücksicht auf die Verwendungsweise desselben zu den verschiedenen technischen Zwecken genommen wird. Die Ausformung der Hölzer, und bis auf einen gewissen Grad auch die Verarbeitung derselben, bildet einen stehenden Erwerbsbetrieb mancher Waldgegenden, besonders in Gebirgen, die weniger zu andern Beschäftigungsweisen Gelegenheit bieten. Ohne damit der Beschreibung der Verarbeitung des Holzes durch die Gewerbe vorgreifen zu wollen, führen wir hier dem Leser die hauptsächlichsten jener Arbeiten vor, die sich innig an die holzerzeugenden Distrikte selbst anknüpfen und deren Betrieb mit der Waldpflege häufig selbst in engem Zusammenhange steht.

Nach der Art der Verarbeitung unterscheidet man alles Nutzholz zunächst in Rundholz, Schnittholz und Spaltholz. Die größte Menge aller Nutzhölzer wird rund aus dem Walde gebracht und dient den verschiedenen Baugewerken. Alles Bauholz wird durch vierkantigen Beschlag zu Balkenholz hergerichtet, das dann beim Hoch-, Brücken-, Wasser-, Ufer-, Erdbau u. s. w. seine Verwendung findet. Die besten Holzsorten dienen aber zu Schnittholz. Breite Schnitthölzer sind die Bohlen, Planken, Bretter, Dielen, Borde und Furniere — kantige dagegen die Halb- und Kreuzhölzer, Säulen- und Stollenhölzer, Rahmenschenkel und Latten. Nur in geringen Mengen werden dieselben mit der Säge aus freier Hand hergestellt, die Mehrzahl der genannten Schnittwaren fällt den Schneidemühlen anheim. In den holzreichen und zugleich mit fließenden Wassern versehenen Gebirgsthälern reiht sich oft eine Schneidemühle so dicht an eine andre, als es nur das Gefälle erlaubt. Sie sind gewöhnlich rings von wahren Holzbergen umgeben, die teils auf Verarbeitung warten, teils schon bestimmte Ausformung durch die Säge erhalten haben. In flacheren Gegenden, in denen die Wasserkräfte etwa fehlen und die Kraft des Windes nicht ausreicht, sind auch Dampfmühlen zu demselben Zwecke thätig.

Bei den einfachen Sägemühlen älterer Bauart wird der zu zerlegende Block horizontal auf einem sogenannten Wagen befestigt und durch eine senkrecht oder etwas schräg stehende breitklingige Säge mit großen Zähnen geschnitten. Die Säge ist in den sogenannten Gatter, einen starken Rahmen, eingespannt, geht in den Nuten zweier Säulen und wird durch ein Hebelwerk bewegt, das die Radkurbel auf und ab schiebt. Beim Abwärtsgehen reißen die Zähne in das Holz ein, beim Aufwärtsbewegen gehen sie leer und währenddessen wird durch das Getriebe selbst der Wagen mit dem Schneideblock um eine schwache Schnittstärke näher herangeschoben. Die älteren Sägen hatten geschmiedete Klingen von bedeutender Dicke und ansehnlicher Hubhöhe. Sie arbeiteten verhältnismäßig langsam und verwüsteten bedeutend viel Holz (10—12 Prozent), so daß von 9—10 Blöcken je einer in die Späne fiel. Bei den gesteigerten Holzpreisen und der stärkeren Nachfrage nach Schnitthölzern hat man sich bemüht, diesen Übelständen möglichst abzuhelfen. Man hat die Sägeblätter aus Gußstahl hergestellt und sie nach dem Rücken sowie nach unten zu dünner gemacht. Sie bedürfen dann einer geringeren Schränkung (seitlichen Aussperrung der Zähne) und erzeugen weniger Späne, dagegen eine reinere Schnittfläche. Zugleich hat man ihnen eine geringere Länge, aber eine größere Schnelligkeit gegeben, und wo es an wohlfeilen Betriebskräften nicht fehlt, arbeiten mehrere Sägeblätter (5—20) sogenannte Bundsägen, gleichzeitig an demselben Blocke. Außerdem sind auch zur Herstellung dünnerer Hölzer, z. B. der Latten, Kreissägen in Anwendung gekommen; dies sind Stahlscheiben mit gezahntem Rande, die äußerst schnell umlaufen.

Welche großartige Holzmengen allein zu den Eisenbahnbauten der Neuzeit nötig waren, ergibt sich leicht aus einem Überblick über die letzteren. Am 1. Januar 1871 hatte das jetzige Deutsche Reich 2633 geographische Meilen Eisenbahnen, hierzu die Doppelstränge und die Rangier- und Weichenstränge der Bahnhöfe mit 897 Meilen, zusammen 3550 Meilen; per Meile liegen durchschnittlich 11000 Schwellen, jede Schwelle im Runden zu $0_{,199}$ cbm gerechnet, gibt eine Schwellenholzmasse von 7727000 cbm. Die Eichenholzschwellen, welche man anfänglich ausschließlich hierzu verwendete, haben durchschnittlich eine Dauer von sieben Jahren; harzreiches engringiges Lärchenholz hielt sich sechs Jahre; seit man die erwähnten Imprägnierungsmethoden angewendet hat, können auch andre Holzsorten mit benutzt werden, so Kiefernholz, Buchenholz, Pappelholz u. s. w.

Auch der Bergbau bedarf einer großen Menge Schnitthölzer zum Auszimmern der Stollen und Schachte, zur Unterstützung der Stockwerke, zu Förder- und Pumpwerken u. s. w., und die hier nötigen Mengen sind um so mehr ins Gewicht fallend, da sie meist schon nach vier, spätestens nach sechs Jahren ersetzt werden müssen. Ebenso große, wenn nicht noch bedeutendere Holzmengen bedurfte der Schiffsbau. Die bloße Schale eines Kriegsschiffes von 116 Kanonen erforderte 3100 cbm Holz, und zwar gewöhnlich $^9/_{10}$ davon Eichenholz und $^1/_{10}$ Nadelholz. Das dienstfähige Alter eines Kriegsschiffes ward auf 15 bis höchstens 20 Jahre, dasjenige eines Kauffahrers auf 20—25 Jahre gerechnet. Zum Glück für den Wald hat sich wenigstens dies geändert. Jetzt herrscht auf der See das Eisenschiff und aus Holz werden nur noch kleinere Fahrzeuge gebaut.

Das bereits oben erwähnte Herstellen von Resonanzböden zu musikalischen Instrumenten ist bei dem gesteigerten Bedarf an letzteren Gegenstand zu einer besonderen Fabrikthätigkeit geworden, die vorzüglich im Böhmerwalde für die ganze musikliebende Welt eine große Bedeutung gewonnen hat. Wie gesagt, es kommt hier alles auf die Auswahl des geeigneten Holzes an. Man bevorzugt Fichten, die auf den Zentimeter bis 20 Jahresringe von ganz gleichmäßigem Bau, lockeres Frühjahrsholz und sehr schmales, aber sehr hartes Herbstholz haben, wie solches sich nur in höheren Gebirgslagen mit jährlich gleichmäßigem Verlauf der Witterungsverhältnisse erzeugt. Eine der berühmtesten Fabriken von Resonanzböden ist die zu Tussek im Böhmerwalde, welche 1828 gleichzeitig mit derjenigen, die bis vor wenigen Jahren zu Mader bestanden hat, von Herrn Bienert errichtet worden und gegenwärtig Besitztum des Fürsten Schwarzenberg ist. Merkwürdig ist es, daß man das beste Holz in den gefallenen Bäumen („Ronnen“ genannt) der dortigen Urwälder findet, welche oft schon Jahrhunderte auf dem Boden liegen und mit Moos überwachsen sind. Ähnliche aber kleinere Fabriken bestehen in dortiger Gegend zu Außergefild und zu Insterau.

Aber selbst der einzelne Stamm ist nur teilweise brauchbar. Starke Stämme werden zuerst gevierteilt und dann die Stücke in der Richtung von der Rinde nach dem Kern (Radialrichtung) in Tafeln von $1_{,5}$ cm Dicke zerschnitten, die durch das Glatthobeln noch weiter abgeschwächt werden. Die dabei abfallenden Stücke dienen noch zu Siebstreifen und Zündholzspänen. Die Resonanzholzstücke haben gewöhnlich eine Länge von $1_{,25}$—$2_{,50}$ m, eine Breite von 5—35 cm, werden mit der Kreissäge gesäumt und nach Tonhöhen sortiert, auch die zusammenpassenden Stücke (womöglich desselben Stammes) genau bezeichnet und verpackt. Von Deutschland aus gehen viele nach London, Amerika und Australien.

Zu manchen technischen Zwecken ist es vorteilhafter, die Hölzer zu spalten, statt durch die Säge zu trennen. Es gilt dies besonders für Gegenstände von geringerem Durchmesser. Beim Spalten werden die Holzfasern nicht verletzt, sie behalten deshalb ihre volle Festigkeit und Elastizität; auch sind die Spaltstücke dem Quellen und Verwerfen viel weniger ausgesetzt als die gesägten. Das Spalten geschieht von der Mitte aus. Der Block wird zunächst in zwei oder drei gleiche Teile durch Keile zerlegt, die Teilstücke dann halbiert oder gevierteilt. Dergleichen Spalthölzer benutzt der Wagner zur Herstellung der Radfelgen, der Böttcher zu Faßdauben. Sollen die Fässer zur Aufbewahrung trockener Gegenstände dienen, so wird das Holz mittels eines gebogenen Eisens in der Richtung der Jahresringe gespaltet.

Eine große Menge Gebirgsbewohner beschäftigen sich mit Holzschnitzereien der verschiedensten Art: vorzugsweise aus Buchenholz, mitunter aber auch aus Birken-, Espen- und Pappelholz, werden Mulden, Schüsseln, Teller, Hackbrette, Schaufeln, Holzschuhe, Stiefel- und Kumthölzer u. dergl. dargestellt; aus Eichen- und Eschenholz macht man

Ruder, aus Birken, Erlen, Rüstern dagegen Sattelbäume, aus Ahorn, Birke und Wacholder Eßlöffel u. s. w. Zur Ausarbeitung der größeren Höhlungen (Schüsseln, Mulden) dient ein eigentümliches Beil mit runder, gebogener Schneide, der sogenannte Täxel; die Holzschuhe werden mit Hilfe eines stark gebogenen Beiles, mit Hohlmeißeln, Löffelbohrern und knieförmig gebogenen Messern bearbeitet. Bei der Anfertigung der hunderterlei Kleinigkeiten, welche als Spielzeug zu Weihnachten unsern Kindern so viele Freude machen, sind in Waldgebirgen zahllose Hände thätig, und wir werden später darauf zurückkommen.

Eine besondere Abteilung der Holzschnitzer wird durch die Schindelmacher gebildet. Die Schindeln, d. h. Holzspäne zur Bedachung der Häuser, sind von verschiedenen Längen und Breiten üblich, die gewöhnlichen haben 36—48 cm Länge und 7—20 cm Breite. An der einen Längsseite sind sie zugeschärft und an der andern haben sie eine Nute zur Aufnahme der benachbarten Seitenkante. Der Schindelmacher gibt zunächst den Klötzen die erforderliche Länge, dann spaltet er sie durch fortgesetzte Halbierung bis zur gewünschten Stärke und gibt ihnen auf der Schnitzbank die nötige Glätte und Zuschärfung. Um die Nute einzuschneiden, spannt er mehrere Schindeln nebeneinander ein und stößt mit einem besonderen Schindelhobel oder Schindeleisen die Nute aus. Die meisten Schindeln werden gegenwärtig aber durch Maschinen hergestellt.

Die Herstellung der Holzspäne beansprucht jährlich eine bedeutende Menge gut spaltendes astfreies Holz, vorzüglich solches von den unteren Stammstücken. Die Spaltscheite erhalten zunächst die Länge, welche die Späne haben sollen.

Zu den Leuchtspänen, welche in manchen Gebirgsgegenden noch gegenwärtig die Stelle der Lampen versehen müssen, nimmt man am liebsten Buchenholz, das wenig raucht und riecht. Vor dem Anzünden werden sie gewärmt. Aus demselben Holz macht man auch die Späne zu Degenscheiden. Die fichtenen Sieb- und Schachtelspäne, die aus grünem Holz gehobelt werden, weicht man in heißem Wasser ein und gibt ihnen die erforderliche Rundbiegung, indem man sie zwischen einer mit Drahtstiften dicht besetzten Walze und einer vertieft eingebogenen Tischplatte hindurchgehen läßt. Die Schienenstreifen zu den Siebböden lassen sich am schönsten aus Eschen-, Salweiden- und Eichenholz herstellen. Die Schachtelmacher biegen die zugerichteten Späne über hölzerne Formstöcke, leimen sie mit Matzleim (Kalk und Weichkäse) zusammen und halten sie bis zum Trocknen durch Zwingen fest. Zwei geübte Kinder machen täglich aus den zugerichteten Spänen und Böden 1000 Stück Schachteln fertig. Von letzteren wird eine große Menge zum Verpacken der Spielsachen, eine noch größere Zahl für die Aufbewahrung der Streichzündhölzer gebraucht.

Die Holzstäbchen zu den Zündhölzchen stellt man ähnlich wie die Späne mittels Maschinenhobel dar. Die Hobeleisen haben hierzu statt der Schneide mehrere (bis 20) scharfrandige, trichterförmige Röhrchen, welche aus dem aufgespannten Holzstück gleichmäßig dünne Stäbchen von der Länge des Scheites herausreißen. Bei der Handarbeit haben letztere 60—90 cm Länge, bei der Maschinenarbeit $1{,}_5$—2 m. Bei der Herstellung der vierkantigen Hölzchen wirken zwei Hobeleisen dicht hintereinander, das erste reißt mit 20—25 scharfen Zähnen Längsritzen, das zweite mit glatter Schneide trennt die Spanstreifen ab. Hierauf werden die dünnen Schleißen in Stücke von $2{,}_5$—6 cm Länge zerschnitten. Ein Arbeiter macht deren täglich 200000 Stück. Es gibt Fabriken, welche einschließlich der Schachteln jährlich 3000—5000 Raummeter Spaltholz bedürfen und aus dem Raummeter $1\,^1/_2$ Millionen zweizöllige Zündhölzer machen.

Die schönsten Späne, die zu feineren Arbeiten verwendet werden, gewinnt man aus den bei der Resonanzbodenfabrikation übrig bleibenden Spaltstücken. Noch sorgsamer als zu diesen letzteren muß die Auswahl des Holzes getroffen werden, wenn es sich um Späne zu musikalischen Instrumenten: Violinen, Cellos, Baßgeigen u. s. w., handelt. Das hierzu brauchbare Fichtenholz zählt auf den Zentimeter 20—24 Jahresringe und wird genau nach der Spaltrichtung getrennt. Nachdem die Späne in heißem Wasser eingeweicht worden sind, preßt man sie in Formen, um ihnen die nötigen Ausbauchungen zu geben. Einer der bekanntesten Ausfuhrorte dieser Hölzer ist Mittenwald in Oberbayern.

Der seit einer Reihe von Jahren sich fortwährend steigernde Mangel von Hadern oder Lumpen zur Papierfabrikation lenkte die Aufmerksamkeit auf mancherlei Surrogate, hierunter vorzüglich auf das Holz. Man hat Maschinen konstruiert, womit man das Holz unter reichlichem Zuflusse von Wasser in einen feinen, verfilzungsfähigen Brei verwandelt, der raffiniert, sortiert, gepreßt und in trockenen Tafeln in den Handel gebracht wird. Vorzüglich eignen sich hierzu die Weichhölzer mit möglichst weißer Farbe, z. B. Espen- und Lindenholz; doch verwendet man auch Tannen- und im Notfall noch andre Hölzer. Das meiste Schreibpapier hat heutzutage einen Zusatz von Holzstoff, der bis zu 70 Prozent steigt; geringe Packpapiere bestehen ganz aus Holz, und viele Druckpapiere haben einen Holzmassezusatz von 50—80 Prozent. — In Deutschland bestehen jetzt gegen 100 Fabriken, welche diesen Holzstoff fertigen und einen erheblichen Rohverbrauch haben.

Brennholz und Holzkohle. Trotz der außerordentlichen Mengen von Holz, welche durch die angedeuteten sowie durch andre Gewerbe: Zimmermann, Mühlen- und Maschinenbauer, Drechsler, Tischler, Stellmacher u. s. w., verbraucht werden, hat doch das bei weitem größere Quantum der jährlichen Forsternte die Bestimmung, als Brennholz zu dienen. Man unterscheidet hierbei die harten Hölzer von den weichen. Die ersteren geben eine nachhaltigere Glut und werden bei Kesselfeuerung, Dampferzeugung, sowie vom Seifensieder, von Waschanstalten u. dgl. bevorzugt. Die letzteren dagegen erzeugen eine raschere, kräftiger strahlende Hitze. Ihrer bedarf der Bäcker, Töpfer, Ziegel-, Kalk- und Steingutbrenner und ähnliche Arbeiter. Soll der höchste Hitzegrad erreicht werden, der zugleich am meisten anhaltend wirkt, so ist Holzkohle dazu erforderlich, wie solche der Schlosser, Schmied, die Glashütte und andre Gewerbe bei ihren Arbeiten verwenden.

Ein Haupterfordernis für die Brennhölzer ist möglichste Trockenheit. Sind sie feucht, so bedürfen sie eine ansehnliche Menge Wärme, ehe sie das vorhandene Wasser verdunsten und sich bis zu dem Grade erhitzen, daß sie Brenngase entwickeln und Flammen fangen. Beim Brennen selbst verhalten sie sich je nach der Holzart verschieden. Lärche, Fichte und Eiche knistern und prasseln stark, da sie Luft eingeschlossen enthalten; Kiefer, Tanne und Espe thun dies schon weniger; sehr ruhig brennen Weißbuche, Birke, Erle u. s. w. Die harzreichen Nadelhölzer, ebenso die Rotbuche, geben viel Rauch; die weichen Laubhölzer, besonders Erle und Birke, dagegen sehr wenig. Bei den Laubhölzern ist das Holz von mittelalten Bäumen brennkräftiger als solches von sehr alten, bei den Nadelhölzern dagegen ist dies des größeren Harzgehalts wegen umgekehrt. Die Brennkraft des geflößten Holzes ist nur um ein Geringeres kleiner als die des auf der Achse geförderten. Dabei ist freilich vorausgesetzt, daß es nach dem Flößen gehörig getrocknet worden. Besondere Umstände, z. B. Raupenfraß, Windbrüche, Waldbrände u. dergl., können den Forstmann auch in außergewöhnlicher Weise zwingen, größere Holzmengen zu verkohlen, da sie in diesem Zustande weniger dem Verderben ausgesetzt sind. Auch der leichtere Transport der weniger schweren und weniger umfangreichen Kohlen kann örtlich mitbestimmend hierzu wirken.

Das Geschäft des Kohlenbrennens ist keineswegs so einfach und leicht, als man oft geneigt ist anzunehmen. Es erfordert reiche Erfahrung und Berücksichtigung zahlreicher Umstände, die sehr nach den örtlichen Verhältnissen wechseln. Man kann sich den Vorgang beim Verkohlen auf bequeme Weise mittels jedes Holzspans verdeutlichen, den man am unteren Ende anzündet. Durch die Hitze werden zunächst aus dem Holze verschiedene brennbare Gase entwickelt, die bei der Entzündung auflodern. Ist dieser erste Akt der Verbrennung aber vorüber, so bemerkt man ein ruhiges Glimmen der noch rückständigen, überschüssigen Kohle. Steckt man den Holzspan, sobald das Auflodern seiner Flamme nachläßt, in eine enge, an einem Ende geschlossene Röhre, etwa in einen Glascylinder, so wird die Kohle nicht fortglimmen, da es ihr an der nötigen Luft fehlt, und man kann auf diese Weise fast den ganzen Span in Kohle verwandeln. — Je nach der Art des Holzes behält man beim Verkohlen desselben einige Prozent Kohle mehr oder weniger übrig, im ganzen stimmen die meisten Hölzer jedoch auffallend miteinander überein und zeigen mitunter sogar innerhalb derselben Art stärkere Abweichungen als verschiedene Arten voneinander. So geben Eichenholz 22—26 Prozent, Rotbuche 17—24 Prozent, Weißbuche 24 Prozent, Birke 17—24 Prozent, Pappel 17—23 Prozent, Fichte und Tanne 20—23 Prozent, Kiefer 23 Prozent, Linde 16—23 Prozent, Esche 19—21 Prozent, Weide 15—22 Prozent ihres Gewichts Kohle. Auch für lufttrockene amerikanische Hölzer hat man 21—25 Prozent Kohle gefunden.

Der Zweck des Verkohlens geht darauf hinaus, zunächst das in jedem Holze noch vorhandene Wasser zu entfernen, dann aber auch die Prozente Wasserstoff und Sauerstoff zu verflüchtigen, welche den Holzkörper und die Harzbestandteile in Gemeinschaft mit dem Kohlenstoff zusammensetzen, so daß nur der letztere möglichst rein übrig bleibt. Jene Veränderungen sind durch hinreichende Hitze zu ermöglichen, und um diese zu erzeugen, muß ein Teil des Holzes geopfert werden. Würde die sauerstoffreiche Luft ungehinderten Zutritt zum Holze erhalten, so würde letzteres in gewöhnlicher Weise verbrennen. Die Hauptsorge des Köhlers geht nun darauf, daß er dem zu erhitzenden Holze nur so viel Luft zuströmen läßt als nötig ist, die Temperatur bis zum Verkohlen desselben zu steigern, ohne unnützes Verbrennen herbeizuführen. Der Hauptzutritt der Luft geschieht durch den Boden, auf welchem die Verkohlung in sogenannten stehenden Meilern ausgeführt wird. Es erfordert derselbe deshalb eine besondere Sorgfalt in der Zubereitung, und es erklärt sich schon hieraus, daß der Köhler, wenn irgend thunlich, Plätze zu verwenden sucht, die bereits einmal benutzt waren. Der Boden wird von Unkraut, Gestrüpp und Steinen gereinigt, geebnet und nach der Mitte hin allmählich etwa um $^1/_2$ m erhöht. Zu thonreicher Boden würde sich festbrennen, reiner Sandgrund dagegen als zu locker zu viel Luft durchlassen. Wo der Grund nicht bereits von Natur die geeignete Mischung hat, muß solche vom Köhler bewerkstelligt werden. Ist derselbe gezwungen, auf einem Sumpffleck den Meiler zu errichten, so legt er einen Unterbau von Stämmen.

Fig. 329. Zusammensetzung des Meilers.

Bei den gewöhnlichen Meilern soll der Brand des Holzhaufens von innen und oben beginnen und langsam nach unten und außen gleichmäßig fortschreiten. Beim Bau des Meilers muß darauf Rücksicht genommen werden. Bei Errichtung des letzteren schlägt der Köhler zunächst einen starken Pfahl, den Quandelpfahl, der ziemlich die Höhe des beabsichtigten Meilers hat, in die Mitte des Platzes. Um denselben bindet er dürres Reisholz als Material zum Anzünden. Statt des einen Pfahles wird auch wohl eine schmale Pyramide von drei Pfählen errichtet, die das Reisholz in der Mitte haben und etwa $^1/_2$ m am Grunde voneinander entfernt sind. Dies Reisholz soll von unten angezündet werden, deshalb trägt man Sorge, daß am Boden des Meilers unter dem Winde ein Gang offen bleibt (s. Fig. 329); der Köhler legt einen Pfahl an die betreffende Stelle, stellt die zu verkohlenden Scheite und Stammstücke von Mannslänge dicht rings um das Zündholz und zieht später den Pfahl heraus. Zu innerst stellt er die stärksten Holzstücke. Am liebsten läßt er das zu verkohlende Holz einen Sommer hindurch austrocknen. Lassen aber die vorhandenen ungünstigen Verhältnisse etwa ein Verderben des Spaltholzes befürchten, oder handelt es sich um Verkohlen starker Stöcke, die mehrere Jahre Zeit zum völligen Trocknen brauchen würden, so setzt er diese sofort ein, und zwar mit dem dicken Ende nach unten, mit der Spaltfläche nach innen, zu jedem Ringe womöglich Stücke von gleicher Stärke und verwandter Beschaffenheit, nicht etwa leicht- und schwerbrennende Hölzer zusammen. Es ist eine Hauptbedingung für das Gelingen des Brandes, daß der Meiler möglichst dicht gesetzt ist; deshalb werden alle vorstehenden Aststücke beseitigt und die noch vorhandenen Lücken mit dünneren Hölzern gefüllt. So schreitet der Bau des Meilers in ringförmigen Scheitlagen fort und hat gewöhnlich zwei Etagen. Er verjüngt sich durch die Beschaffenheit der Scheite und die etwas geneigte Stellung derselben nach oben und erhält eine regelmäßige halbkugelige Gestalt. Die äußerste Scheitlage erhält eine Decke von Fichten- und Tannenreisig oder von Moos und Rasenstücken. Hierauf kommt eine Lage festgeschlagener Erde, unten bis über 60 cm dick, nach oben bis zu etwa 10 cm abnehmend. Der Fuß des Umfangs erhält gewöhnlich ein Gestell aus Scheitstücken oder Steinen. Ist der Bau vollendet, so wird mittels des erwähnten Lochs am Grunde das Quandelholz angezündet, indem man mit Hilfe einer Stange brennende Birkenrinde oder Kienspäne hineingesteckt. Manche Köhler lassen auch zunächst die Seiten des Haufens ohne Erddecke und werfen dieselbe erst auf, nachdem der obere Teil gehörig in Brand gesetzt ist. Das Quandelholz brennt rasch aus und entzündet die nächstliegenden Scheite. Nun hat der Köhler die Glut aufmerksam zu regeln. Er sticht Löcher zunächst in die oberen Teile der Decke, beurteilt nach der Farbe des Rauches das Fortschreiten des Brandes, stopft jene Löcher, die als Abzugskanäle der Gase dienen, später wieder zu und sticht tiefer neue ein, bis nach Verlauf von 2—3 Wochen der Meiler bis zum Grunde verkohlt ist. Der Brand muß von allen Seiten gleichmäßig von oben nach unten fortschreiten. Fehlt es an Luftzug, so wird am Grunde durch Öffnen nachgeholfen; entstehen Senkungen, durch welche die Decke Risse erhält, so müssen jene durch nachgeworfene Hölzer gefüllt und die Decke erneuert werden. Vor dem Winde ist der Haufen sorgsam zu schützen. Konnte nicht ein Platz aufgefunden werden, der durch seine Lage hinreichend gedeckt ist, so werden geflochtene Schirme aufgestellt. Hat die Glut endlich den Grund erreicht, so wird sie durch aufgeworfene Erde möglichst erstickt; nach dem Abkühlen werden die Kohlen herausgenommen, die unvollkommen verkohlten Endstücke (Brander) zurückgestellt, die brauchbaren aber meist in zweiräderigen Korbwagen verfahren, deren jeder gewöhnlich 3 cbm faßt. Das Holz verliert durch den Verkohlungsprozeß beträchtlich an seinem Umfange und mehr noch am Gewicht.

Fig. 330. Kohlenmeiler, sogenanntes liegendes Werk.

Von diesen beschriebenen deutschen Meilern weichen die italienischen etwas in ihrer Bauart ab. Sie erhalten eine Grundlage von Stämmen in strahlenförmiger Richtung, mit den dünnen Stammenden nach dem Mittelpunkte des Meilers gerichtet. Hierauf kommt eine Schicht Knüppel oder Schwarten, und auf dieser wird der Meiler aufgebaut. Während ein deutscher Meiler gewöhnlich 50—75 Raummeter Holz enthält, faßt ein italienischer mehr als dreimal soviel. Reisig und Rasen bleiben bei der Decke der letzteren weg, dagegen wird die Erde angefeuchtet, um Schluß zu halten. Es werden in den italienischen Meilern die Hölzer ungespalten in $2,_{20}$ m langen Stücken eingesetzt. Die liegenden Werke, welche vorzüglich in Schweden und Österreich gebräuchlich sind, besonders wenn es sich um Bewältigung großer Holzmassen bei geringer Zahl von wenig kundigen Köhlern handelt, sind bis 12 m lang und gegen 6 m breit, an den Seiten und oben erhalten sie eine förmliche Erdwand, außen durch eine Holzwand gehalten. Außerdem werden Hölzer in Gruben, in Ofenmeilern oder in Kohlenöfen verkohlt. Die Ersparnis, die letztere an dem eingesetzten Holze gewähren, wird aber reichlich wieder aufgewogen durch das zu ihrer Heizung erforderliche Material und durch die Kosten ihres Unterhalts, so daß man sie mit Vorteil nur beim Verkohlen von Torf in Anwendung bringt.

Nebenbenutzungen. Außer dem Holze liefert der Wald noch einige Nebennutzungen, die an manchen Örtlichkeiten von Wichtigkeit werden können. Hierzu gehört die Gewinnung von Harz und Terpentin. Das erstere sammelt man in Fichten- und Kiefernwaldungen, die ihren Holzwuchs ziemlich beendigt haben. Es wird dabei von den betreffenden Bäumen je ein Streifen Rinde losgeschält und nachmals das Harz, das hier ausquillt und sich in Klumpen ansetzt, abgeschabt und gesammelt. Um den Terpentin zu erhalten, bohrt man in die Stämme der Lärchen (Loriet oder venezianischer Terpentin) oder in die der Weißtanne (Straßburger Terpentin) starke Löcher, verschließt diese durch einen Holzpfropfen und schöpft später den Terpentin aus. Zu starke Verletzungen der Bäume, besonders bei jüngerem Alter der letzteren, haben nachteiligen Einfluß auf den Holzwuchs und das Gedeihen der Bäume, müssen deshalb sorgsam vermieden werden. Das rohe Harz kommt sodann in die

Pechsiedereien, wo es in Töpfen geschmolzen, filtriert und unmittelbar in die vorgestellten Tonnen abgelassen wird, in welchen es erhärtet und in Handel gebracht wird. Werden die Stöcke alter Kiefern im Boden gelassen, so sammelt sich im Laufe mehrerer Jahre in ihnen der ganze Harzreichtum der Wurzeln an, während der Splint in Fäulnis übergeht. Da gleichzeitig die Wurzeln mürbe werden, so lassen sich diese Stöcke dann ohne zu große Schwierigkeit ausroden und der starke Kern als Kienholz ausschälen. Solange das Holz selbst keine hohen Preise erreicht hatte, verwendete man jene Kienstöcke zur Teerschwelerei, wobei jedoch nicht an das Produkt gedacht werden darf, welches von den Gasanstalten in großen Massen geliefert wird.

Fig. 331. Brennender Kohlenmeiler.

Zu diesem Behufe baute man einen Teerofen in Gestalt eines abgestumpften und oben abgewölbten Kegels, dessen innerer Raum möglichst dicht mit Kienholz vollgestopft ward. Außen erhielt der Ofen noch einen zweiten Mantel, und in den Zwischenräumen beider Mauern kam das Feuer, so daß die Kienstücke im Innern nur die Glut erhielten. Zuglöcher im oberen Teile, besonders beim Beginn des Schwelens geöffnet, ließen die Dämpfe teilweise entweichen. Die ausfließenden Teermassen sammelten sich am Boden des Ofens und flossen nach außen in Fässer ab. In Rußland bereitet man aus der weißen Birkenrinde den Daggut oder Birkenteer, welcher zur Fabrikation des Juchtenleders notwendig ist. Das Leder wird nämlich mit diesem Teer getränkt und dadurch wasserdicht gemacht.

In Gegenden, die so abgelegen oder holzreich sind, daß sich die schwächeren Holzreiser nicht gut anders verwerten lassen, brennt man dieselben zu Asche. Es werden zu diesem Zweck mannstiefe Gruben gegraben und in denselben die Reiser angezündet. Fortwährend aufgeworfene Reisholzmassen verhindern das zu lebhafte Brennen und man erhält schließlich eine Menge von dünneren Kohlen und Asche. Beide Produkte werden gesondert und die Asche an die Seifensieder und Pottaschensieder verkauft.

Eine nicht unerhebliche Wichtigkeit hat die Verwertung solcher Rinden, welche reich an Gerbstoff sind, auf Lohe; namentlich gehört hierher die Eichenrinde. Die forstliche Produktion derselben wurde oben kurz erwähnt. Am geschätztesten ist die feine Spiegelrinde oder Glanzlohe von jungen, glatten Stangen, etwas geringer ist die rauhe Stangenrinde und am wenigsten wertvoll die Borke alter Stämme. Die im Frühjahr beim ersten Saftflusse gewonnene Rinde wird auf Böcken getrocknet und soviel als möglich vor Regen behütet, weil dieser den Gerbstoff bald auslaugt, und auf den Lohmühlen zu Lohe vermahlen. Außer den Eichen enthalten auch Birke, Fichte, Lärche, Weide, Esche, Erle, Kiefer und Rüster geringere Quantitäten Gerbstoff. In Waldungen, in denen Linden häufig sind, z. B. in Rußland, gewinnt man Bast zu Matten und andern Flechtarbeiten. Die forstlich bedeutungsvollste Nebenbenutzung des Waldes ist die Waldstreu, d. h. das abgefallene dürre Laub und die Nadeln der Bäume, dann die in den Waldungen wachsenden Unkräuter. Eicheln und Bucheln werden als sogenannte Waldmast für die Schweine entweder gesammelt oder das Vieh in die Waldungen eingetrieben. So nebensächlich die Waldbeeren für den Forstmann und die Waldkultur sind, so bedeutungsreich können sie für die Bewohnerschaft armer Gebirgsländer werden. Am geschätztesten ist bei uns die duftende Himbeere, nächst ihr die Preißel- und Heidelbeere. Erstere wird zu Himbeersaft, die zweite vorzugsweise zu Kompott, die letztgenannte zur Fabrikation des den Rotwein färbenden Heidelbeersaftes verwendet. Beispielsweise führen wir an, daß im Jahre 1859 in Linz für 48 000 Mark Heidelbeeren aufgekauft wurden (das Pfund zu 7—8 Pfennig) und daß man den Beerenertrag der hannöverschen Forsten jährlich auf 435 000 Mark schätzt. Ähnliches gilt von den Haselnüssen.

An dieser Stelle dürfte es wohl auch am passendsten sein, mit einigen Worten noch einer der interessantesten Nutzungen des Pflanzenreichs zu gedenken.

Die Korkgewinnung. Wie die Rinden zahlreicher Holzgewächse Ablagerungsstätten eigentümlicher Stoffe sind, die sie dem Droguisten und Pharmazeuten wertvoll machen (Zimt, Cassia, Chinarinde, Gerbstoff der Eichen, Birken u. s. w.), so gibt es andre, die durch physikalische Eigentümlichkeiten sich zu mancher technischen Verwendung geschickt zeigen. Die zähe Rinde der Birke dient dem Indianer Nordamerikas zur Anfertigung seiner leichten Kanoes, sie dient dem Tungusen und Jakuten Sibiriens als Stoff zur Bekleidung der Sommerwohnungen sowie zur Verfertigung zahlreicher kleiner Artikel, die er bei seiner einfachen Lebensweise bedarf. In Europa ist sie hier und da zu fabrikmäßiger Herstellung gepreßter kleiner Kunstsachen: Kästchen, Tabaksdosen u. dergl., verwendet worden. Letztgenannte Rinde ist nach der Bezeichnung der Pflanzenphysiologen eigentlich eine Korkbildung, und zwar jene Art derselben, die wegen ihrer Zähigkeit als Lederkork besonders unterschieden wird. Korkbildung tritt bei zahlreichen Holzgewächsen in der ursprünglichen Oberhaut (epidermis) auf, zerstört diese und bildet an deren Stelle eine Schicht. Verdickt sich diese durch fortwährende oder periodisch eintretende neue Korkbildung von innen her, so kann endlich eine dicke, den Stamm äußerlich umhüllende Korklage entstehen, wie das bei der Korkeiche der Fall ist. Kork erzeugt sich häufig auch da, wo das Gewächs eine Verwundung erfahren hat, und scheint für letzteres überhaupt die Rolle eines Schutzmittels zu spielen. Das Korkgewebe besteht meist aus tafelförmigen, mitunter zart verzweigten Zellen, deren Saftinhalt bald verschwindet und deren anfänglich aus Zellstoff bestehende Zellenwände eine Umwandlung in Korkstoff erfahren. Es zeichnet sich durch Elastizität und durch das Vermögen aus, Wasser und Luft nicht durchzulassen. Für die Technik ist außer der erwähnten Birkenrinde nur der Kork der Korkeichen von Wichtigkeit.

Die Korkeiche (Quercus Suber) gehört dem Gebiete des Mittelmeerbeckens an und wird in Portugal, Spanien, Italien und Algerien eigens zum Zweck der Korkgewinnung kultiviert. Sie ist eine immergrüne Eichenart mit steifem Laube. Der Baum erreicht bis 25 m, ist aber meist nur mittelgroß. Einer besonderen forstgemäßen Kultur haben sich in neueren Zeiten die Korkwaldungen Algeriens zu erfreuen. Als Frankreich jenes Land überkam, wurden die Korkeichendistrikte fast ausschließlich von Kabylenstämmen als Viehweiden benutzt und deshalb jährlich das alte Gras zur Erzeugung einer frischen Narbe abgebrannt. Durch jenes Verfahren litten aber auch die jungen Eichbäume außerordentlich. Die französische Regierung schaffte durch Zwangsmittel das Grasbrennen ab, teilte die Waldungen in regelmäßige Reviere ein und sorgte für gehörige Nachzucht. Die Hauptmasse des im Handel befindlichen Korks und der Korkstöpsel kommt aber noch immer aus

Spanien. Im Jahre 1874 betrug die Ausfuhr von Korktafeln aus Spanien 1686223 kg im Werte von 738684 Frank, diejenige von Korkstöpseln 659 Millionen Stück im Werte von 8239462 Frank.

Je nach dem Standort der Bäume wird die Korkschicht, welche in handdicken Lagen den Stamm und die stärkeren Äste umgibt, binnen acht bis zehn Jahren zum Abschälen reif. Bei letzterer Arbeit verwendet man in Algerien vorzugsweise Kabylen, deren je zehn unter einem einzelnen Aufseher und je 100 unter der Kontrolle eines Franzosen stehen. Mit Musik und möglichst großem Lärm zieht beim Anfange der Schälzeit die Schar in den Forst, in welchem Gebäude zu Schlafstellen, Speisemagazinen und solche zur Aufnahme des Korkes errichtet sind. Man verteilt sie nach den Revieren. Der Aufseher bezeichnet je nach der Stärke der Bäume die Höhe, bis zu welcher der Kork abgenommen werden soll. Die Arbeiter hauen in dieselben zunächst oben und unten eine Furche rings um den Stamm, verbinden beide Endschnitte durch zwei gegenüberliegende Längsfurchen und trennen dann den Kork in Form zweier muldenförmiger Stücke mit dem Stiele der Axt los. Ganz in derselben Weise verfährt man in Katalonien, wo sich die großartigsten Korkeichenwälder Spaniens befinden.

Das Leben des Baumes scheint durch das Abnehmen des Korkes nur wenig beeinflußt zu werden. Bei Bäumen, an denen man versuchsweise oben und unten den Kork abgeschält, in der Mitte dagegen gelassen hatte, wurden die neuen Holzringe an den geschälten Stellen sogar dicker. Nur auf den Fruchtansatz scheint eine nachteilige Einwirkung stattzufinden. Die frischgeschälte Korkrinde wird zunächst in offenen Schuppen getrocknet, dann wieder angefeuchtet und die äußere holzige Schicht durch zweigriffige Schabemesser weggenommen. Hierauf wird der Kork in Pakete von je zwei Zentnern Gewicht zusammengepreßt, geschnürt und an die Fabrikanten versendet.

Holzhandel und fremde Hölzer. Es kann unsre Absicht nicht sein, dem Leser eine vollständige Liste aller Holzarten zu liefern, welche in sämtlichen außerdeutschen Waldungen gedeihen; noch weniger würde es auf so beschränktem Raume möglich sein, die zahllosen Nebenerzeugnisse zu spezialisieren, die vorzüglich in den Wäldern heißer Zonen erhalten werden. Wir werden in Nachstehendem nur die wichtigsten derselben hervorheben, besonders die Holzarten, die durch den Handel zu uns gelangen. Es sind dies zunächst solche, die wegen ihrer Haltbarkeit und Elastizität als Schiffsbauhölzer von hohem Werte sind, dann solche, die wegen ihrer Masern oder sonstigen interessanten Färbung dem Kunsttischler zu Furnieren und wegen ihrer Härte dem Drechsler dienen; endlich auch einige, die sich durch ihren Wohlgeruch auszeichnen. Ehedem wurden auch Hölzer zu medizinischem Gebrauche bei uns eingeführt. Wichtiger als letztere sind dagegen die Farbehölzer.

Wir erwähnten bereits, daß ansehnliche Holzmengen aus unserm Vaterlande nach Holland verflößt werden, um dort teils zum Schiffsbau, teils zu andern Zwecken zu dienen. In noch bedeutenderem Grade findet die Holzzufuhr in England statt, dessen Waldungen bei dem außerordentlich hohen Bedarf sehr gelichtet sind. Die skandinavische Halbinsel ist sehr waldreich und unterhält eine lebhafte Holzausfuhr. Frankreichs Forsten dagegen sind in so schlechten Verhältnissen, daß sie den Bedarf des Landes nicht decken; Spanien und überhaupt die Länder ums Mittelmeer besitzen zwar eine ganze Reihe schätzbarer Nutzhölzer, allein so geringe Forsten, daß hier die Ausfuhr von Hölzern keine Rolle spielt. Eine Ausnahme dürfte hierbei Algerien machen, das aus den Waldungen des Atlas ansehnliche Mengen Eichen, Pinien, wilde Ölbäume und Sandarakbäume (Callitris quadrivatris, eine dem Lebensbaume, Thuja, ähnliche Konifere) nach Frankreich verschifft. Das für uns interessanteste Holz jenes Gebietes ist dasjenige des Buchsbaums, bis jetzt fast ausschließlich das Material für den Holzschnitt liefernd und deshalb sehr hoch im Preise. Das italienische und nordspanische Nußbaumholz, durch angenehme braune Färbung und hübsche Masern ausgezeichnet, wird mitunter auch nach Norden verführt; selten findet dies statt mit dem hellgelben, sehr festen Zitronenholz und dem Ölbaumholz, das einen weißlichgelben Splint und braunstreifiges Kernholz besitzt. Ungarn erzeugt mäßige Mengen des ungarischen Gelb- oder Fisetholzes vom Perückensumach, auch schön gemasertes Eschenholz.

Asien ist in seinen südwestlichen Teilen meist holzarm, so daß hier Viehdünger als Brennmaterial dient, wie in vielen Gegenden Spaniens Thymian, Rosmarin und andres niedriges Holzgestrüpp. Von den vor alters so berühmten Zedern des Libanon sind nur wenige Reste noch übrig, und es wird selten echtes Zedernholz in den Handel gelangen, so viele Hölzer auch unter diesem Namen gehen. Öfter kommt noch das weißliche Cypressenholz vor. Die mittleren und nördlichen Teile des asiatischen Rußlands sind zwar reich an Waldungen, vorzugsweise an Nadelhölzern, in der Nähe der Berg- und Hüttenwerke hat man aber lange Jahre hindurch so übel gewirtschaftet, daß manche der letzteren durch Holzmangel ins Stocken geraten sind und eine vernünftige Forstkultur zum unabweisbaren Bedürfnis geworden ist. Die entlegenen Waldungen sind leider außer dem Verkehr; die in ihnen fließenden flöß- und schiffbaren Ströme ergießen sich vorherrschend ins nördliche Eismeer und die durch die Hochwasser fortgerissenen Hölzer kommen höchstens den Samojeden und durch die Polarströmung etwa noch den Grönländern zu gute.

Am wichtigsten für den Holzhandel sind unter den asiatischen Ländern Indien und die indischen Inseln. Als kostbarstes Schiffsbauholz gilt hier das Teakholz (von Tectonia grandis) wegen seiner Festigkeit, Elastizität und Dauer. Schiffe aus Teakholz sollen eichene Schiffe um das Dreifache an Haltbarkeit übertreffen. Es ist ein Beispiel bekannt, daß ein aus Teakholz im Jahre 1706 gezimmertes Schiff bis 1805 seetüchtig geblieben war. Auf Malabar, in Pegu, Tenasserim und Assam ist der geschätzte Baum noch am häufigsten vorhanden, in den zugänglicheren Teilen dagegen schon ziemlich selten. Java sichert sich durch forstliche Kultur eine dauernde Ausfuhr. Die Teakbäume Pegus schätzt man auf höchstens 250000 Stück, welche einen Jahresertrag von nur 2500 ergeben würden. Weiter landeinwärts, am Fuße des Himalaya, ist das Salholz (von Shorea robusta), das Sissuholz (eine Dalbergia) und dasjenige von Lagerstroemia reginae am geschätztesten und noch ziemlich häufig. Als kostbares Holz für die Kunsttischlerei gilt das Ebenholz, d. h. das schwarze, schwere Kernholz des Ebenholzbaumes (Diospyros Melanoxylon und Maba Ebenus). Unter dem Namen Ebenholz kommen im Handel eine große Menge Hölzer vor, so z. B. auch eine Sorte von den Antillen (von Byra Ebenus), eine zweite von Madagaskar (von einer Milletia), eine dritte aus Westafrika (botanisch noch unbestimmt). Der Franzose Ladry ließ sogar aus gefärbten Sägespänen und Tierblut ein künstliches Ebenholz fabrizieren, das wenigstens dem äußeren Ansehen nach dem echten sehr ähnlich sein soll. Eine ostindische Sorte Ebenholz, welche schwarz und weiß gefleckt ist, soll von Diospyros leucomelas abstammen. Wie man fast jedes schwarze Holz Ebenholz nennt, so bezeichnet man im Handel ziemlich jede besonders harte Holzart als Eisenholz. Die meisten Tropenländer haben ihre eignen Arten davon aufzuweisen. Das echte asiatische Eisenholz ist das Kernholz des auf den Molukken einheimischen Nanibaumes (Metrosideros vera); es läßt sich nur frisch oder nach Behandlung mit heißem Wasser bearbeiten und auch dann nur mit den besten Stahlwerkzeugen. Das indische Eisenholz stammt von Chrysophyllum glabrum und einigen Arten Sideroxylon. Das Eisenholz, welches in Indien als Intsi in den Handel gebracht wird, kommt von einer Akazienart (Acacia Intsia). Das Eisenholz von Kochinchina hat Baryxylum rufum zur Mutterpflanze, jenes von Ceylon Mesua ferrea, das von Java Cryptocarya ferrea.

Der ostindische Heuschreckenbaum (Hymenaea courbaril) besitzt ein schönes Holz, das unter dem Namen Lokustholz in den Handel kommt. Hierzu kommen noch kleine Quantitäten rotes Sandelholz oder Caliaturholz (von Pterocarpus santalinus), von ostindischem, ebenfalls wohlriechendem Rosenholz (von Dalbergia latifolia). Von Farbehölzern ist noch das Java- oder Bimas-Rotholz, fälschlich auch wohl Japanholz genannt (von Caesalpinia Sappan) im Handel gebräuchlich, sonst haben die wohlfeiler zu erlangenden amerikanischen Hölzer die asiatischen vom Markte verdrängt. China hat in manchen Gegenden selbst solche Holznot, daß z. B. im Norden des inneren Reichs das Nutzholz nach dem Pfunde verkauft wird. Japan besitzt hübsche Hölzer, besonders von Koniferen.

Die Inselwelt des Großen Ozeans einschließlich Australiens hat zwar mancherlei schätzbare Hölzer, wegen der bedeutenden Entfernung sind sie aber nur selten in den europäischen Handel gelangt. Australien hatte zur Pariser Ausstellung 262 Holzarten eingesendet, unter denen besonders jene von Eucalyptus, Podocarpus, Melaleuca und Daryphora durch ihre Schönheit auffielen. Sie zeigten neben einem feinen Korn die lebhaftesten Farben und ein natürliches Parfüm. Das australische Eisenholz stammt von Acacia Melanoxylon, Stadtmannia australis und mehreren Eukalyptusarten. Das australische Mahagoni, braunrot und veilchenduftend, ist das Holz des Eucalyptus robustus und Eucalyptus Globulus, zweier Bäume, welche 100—125 m Höhe und 20—25 m Umfang erreichen. Es ist auch als Eisenveilchenholz (blue gum-tree und red gum-tree) bekannt. **Neuseeland** hat an dem Pinn (Dacrydium cupressinum) ein geschätztes Nutzholz, ebenso sind daselbst Metrosideros robusta, Metrosideros tomentosa und Vitex litoralis hoch geschätzt. Zur Ausfuhr kommt fast nur das Harz der Damarafichte (Damara australis). Als Eisenholz gilt hier das Holz der Kasuarinen und des Metrosideros.

Fig. 332. Die Mahagonifäller.

Auf den **Sandwichinseln** erfreuen sich Waldungen mit dem köstlich duftenden **Sandelholz** (Santalum paniculatum und Santalum Freycinetianum) einer besonderen Pflege. Eugenia malaccensis und Acacia heterophylla wurden wegen ihrer Schönheit als Möbelholz bei der Londoner Ausstellung allgemein bewundert.

Das **Kap der guten Hoffnung** hat nur an seiner Ostseite einige Wälder mit stärkeren Stämmen, kann aber kaum den eignen Bedarf damit decken. Seine Hölzer zeichnen sich vorzugsweise durch Festigkeit und Elastizität aus, so das **Büffelhornholz** von Burchellia capensis, das Eisenholz (Yserhout) von einer Art **Ölbaum** (Olea undulata) und von Gardenia Rothmanni. Das Holz von Cassine Maurocenia wird zu musikalischen Instrumenten geschätzt, desgleichen jenes von Cithaeroxylon quadrangulare, das auch **Geigenholz** heißt. Gelbholz (Geelhout) kommt von Podocarpus Thunbergii und

Crocoxylon excelsum. Zu Stellmacherarbeiten nimmt man hier gern das feste Holz von Trichocladus crinitus. Isle de France führt kleine Quantitäten sogenanntes weißes Eisenholz aus, welches von Cossignia borbonica und Sideroxylon cinereum stammt.

Etwas bedeutender ist der Holzhandel an der Westküste Afrikas, besonders im Meerbusen von Guinea und am Senegal. Es wird von hier aus jährlich viel afrikanisches Rotholz (rundes Sandelholz, Camwood, von Baphia nitida) zur Farbefabrikation wie Kunsttischlerei ausgeführt; nächst diesem afrikanisches Teak- oder Eichenholz von einer Euphorbiacee (Oldfieldia africana) und afrikanisches Mahagoni (von Khaja senegalensis). Woher das westafrikanische Ebenholz und Nymphenholz stammen, ist noch nicht bekannt.

Den stärksten Anteil am Holzhandel hat unter allen Erdteilen Amerika, und zwar in den nördlichen und mittleren Teilen seiner Ostküste. Ein wahres Holzland ist Kanada, das jährlich gegen 51 Millionen Mark an Wert ausführt, meistens nach England. Das Holz der weißen und gelben Tanne (Pinus mitis), der roten Lärche (Larix americana) und mehrerer Eichen wird in ähnlicher Weise gewonnen und verflößt wie in unsern Gebirgswaldungen. Es gibt dort Sägemühlen (z. B. bei Peterborough), welche 136 Sägen im Gange haben und innerhalb neun Monaten 70000 Stämme zerschneiden. Die Firma Egen & Komp. beschäftigte im Winter 1856 allein 2800 Mann mit Holzfällen, 1700 Pferde und 200 Zugochsen beim Rücken des Holzes und bedurfte 400 doppelter Züge, um Nahrung für Menschen und Vieh zuzuschaffen. Allein aus Quebeck wurden binnen Jahresfrist 562500 cbm Tannenholz ausgeführt.

In den Vereinigten Staaten liefert der Zuckerahorn schönes Maserholz, das als Vogelaugenholz in den Handel kommt, ähnlich auch die Walnußbäume (Juglans cinerea). Unter den 120 verschiedenen Eichenarten Amerikas genießt die Lebenseiche (Quercus virens) wegen ihres Holzes den größten Ruf, doch werden auch kleinere Mengen von der Scharlacheiche und andern ausgeführt. Von den zahlreichen Nadelhölzern nennen wir nur die Weimutskiefer und die sogenannten Lebensbäume (Thuja occidentalis). Die Eibencypressen (Taxodium) bilden von Virginien bis Carolina ausgedehnte Sumpfwaldungen, und in Kalifornien sind die Mammutskiefern (Wellingtonia oder Sequoia gigantea) als die größten aller bekannten Koniferen überhaupt bekannt, wenn auch weniger für Technik und Handel wichtig geworden. Eine Aufzählung aller Nutzhölzer Nordamerikas würde eine lange Liste ergeben. Am bekanntesten sind bei uns jene Hölzer der südlichen Staaten und der Westindischen Inseln geworden, die unter dem gemeinschaftlichen Namen Zedernholz zu Zigarrenkästen, Zuckerkisten und Bleistifthölzern Verwendung finden und zu diesem Zwecke viel nach Europa eingeführt werden. Es sind dies Hölzer von Bäumen zweier sehr verschiedener Pflanzenfamilien. Das gewöhnliche Zedernholz zu Bleistiften stammt von Wacholderarten (Juniperus virginiana und Juniperus bermudiana), die weißes Splintholz und einen rötlichen, wohlriechenden Kern haben. Das sogenannte westindische und das Cuba-Zedernholz dagegen kommt von Cedrelaarten (Cedrela odorata), es dient zur Fertigung der Zigarrenkistchen und kommt zu diesem Zwecke in starken Blöcken zu uns. Im Norden gehen auch Hölzer eines Lebensbaumes (Thuja sphaeroïdea) als weißes Zedernholz. Die erwähnte Gattung Cedrela ist dem Mahagonibaum (Swietenia Mahagoni) nahe verwandt, der im Holzhandel eine Hauptrolle spielt. Das in der Möbeltischlerei so hoch geschätzte Holz kommt gegenwärtig meistens von Cuba, Hayti, Yukatan und Honduras. Westindien hat auch noch eine schlechte Sorte weißes Mahagoniholz von dem Elefantenlausbaume (Anacardium occidentale).

Eisenhölzer werden in Mittelamerika eine ganze Reihe unterschieden. Das Eisenholz von Jamaika stammt von Fagara Pterota, jenes von St. Croix von Rhamnus ferreus, das von Martinique soll von Siderodendron triflorum und Ceanothus reclinatus kommen; das auf Guadeloupe von Ceanothus ferreus u. s. w. Das nahe verwandte Kieselholz der Antillen wird von mehreren Akazienarten (Acacia Sideroxylon, Acacia guadeloupensis u. s. w.) bezogen. Die Sumpfwaldungen der Meeresküste, aus dem Mangrovebaume (Rhizophora Mangle) gebildet, liefern das wegen seiner Farbe sogenannte Pferdefleischholz (Horse-fleshwood) und Brya Ebenum das schwarze Granadilholz oder amerikanische Ebenholz. Von den übrigen westindischen Hölzern, die in den Handel gelangen, nennen wir noch das

Korallenholz (Kondoriholz von Erythrina oder Adenanthera Pavonia), das blaue Sandelholz (Griesholz, Lignum nephriticum von Guilandina Moringa), das westindische Zitronenholz (Hisparilla von Amyris balsamifera oder Erythalis odorifera), das Rosenholz von Martinique (von Cordia scabra) und jenes der Antillen (angeblich von Amyris balsamifera), das Brasiletholz (von Caesalpinia vesicaria), das Kokosholz (Granadilholz von Cuba und Jamaika ist nicht von einer Palme, sondern wahrscheinlich von einer Leguminose), das Guajakholz (Lignum sanctum, Franzosenholz, Pockenholz von Guajacum officinale).

Das holländische Guayana, ebenso Cayenne und die Nachbarländer, sind gleicherweise reich an Holzschätzen, hierunter sowohl sehr feste als auch hübsch gefärbte, gemaserte und gefleckte Sorten enthaltend, von denen nicht wenige für Kunsttischler, einige auch zum Schiffsbau nach Holland, Frankreich und England gebracht werden. So macht man in Frankreich die Bleistifthölzer häufig aus Zedernholz von Caracas (Cedrela montana). Cayenne liefert ferner ein Eisenholz (Panacoco- oder Cocoholz von Swartzia tomentosa), ein Ebenholz (grünes, von braungrüner Farbe, von Tecoma leucoxylon), ein sogenanntes blaues Ebenholz oder Luftholz (Amaranth-Cayenneholz, von Nissolia), welches anfänglich rötlichgrau aussieht, dann aber dunkelrot und endlich veilchenblau und dunkelviolett wird; Atlasholz (Bois satiné von Ferolia guianensis oder Chloroxylon Swieteni), schön geflecktes Rebhuhnholz (Bocoholz von Boca prouacensis), Bagottholz, das dem Jakaranda ähnlich aussieht, gestreiftes Zebraholz (von Omphalobium Lambertii), Lettern- oder Buchstabenholz, Schlangenholz u. s. w. Daß Brasilien seinen Namen dem Reichtum an Farbehölzern verdankt, ist bekannt. Man bezog letztere ehedem aus Südasien, gegenwärtig bilden sie einen wichtigen Gegenstand der Ausfuhr Südamerikas. Die vorzüglichsten darunter sind das Pernambukholz (von Caesalpinia echinata), das rote Brasilienholz (von Caesalpinia brasiliensis und Caesalpinia crista), das Blauholz (von Haematoxylon campechianum, Kampescheholz, Blutholz) und das gelbe Brasilienholz (von verschiedenen Broussonetia-Arten). Hierzu kommen aber noch viele schöne, von den Kunsttischlern gesuchte Hölzer, z. B. das rote Ebenholz (Eisenviolettholz, unbekannten Ursprungs), das schwarze Granadilholz, das rotbraune brasilianische Eisenholz von Genipa americana oder Xanthoxylon hiemale). Sehr weite Verbreitung hat das schwarzbraune, mit roten Adern durchzogene Jakarandaholz (Palisander, Polixandre, Black-rose-wood) gefunden, dessen Abstammung man noch nicht einmal sicher ermittelt hat (vielleicht von Jacaranda brasiliensis oder Machaerium). Wunderschöne arabeskenartige Figuren zeigt das Padawaholz. Es ist der Wurzelstock einer Palmenart (wahrscheinlich Iriartea); sehr schön ist auch das Königsholz (Royal-wood), Ficatinholz (angeblich von Dalbergia), das Kornährenholz (Palmyraholz, von Sebipira Bowdichii), das Tulpenholz der Engländer (brasilianisches Rosenholz, von einer Leguminose) u. s. w. Hierbei haben wir noch gar keine Rücksicht genommen auf diejenigen Hölzer, die als starke Stämme den Hauptbestand der Waldungen Brasiliens bilden und im Lande selbst als Nutz- und Brennhölzer Verwendung finden. Unstreitig bleibt dem Holzhandel noch ein sehr weites Feld offen und die Forstkultur wird mutmaßlich dann in ein neues Stadium ihrer Entwickelung treten, wenn sie die sogenannten Urwälder der Tropen in Angriff nimmt, die man jetzt nur an den Wasserstraßen entlang willkürlich plündert, aber nicht rationell bewirtschaftet. Wenn das Netz von Eisenbahnen und Dampfschiffahrtslinien die ganze Erde gleichmäßig umstrickt, wird es der Pflanzer nicht mehr nötig haben, den Wald als seinen Feind zu betrachten, den er niederbrennt, um Kulturland zu gewinnen, sondern es wird dann auch in den Tropenländern ein harmonisches Ineinandergreifen von Wald und Feld angebahnt werden, wie es zum Wohle des Ganzen notwendig ist.

Nachdem wir solchergestalt eine Umschau gehalten in der Kultur der Erdoberfläche, nachdem wir uns namentlich des großen Fortschrittes bewußt geworden sind, der sich in der rationellen Auffassung des Bodens, als des Ernährers der für das Tier- und Menschengeschlecht grünenden und fruchttragenden Pflanzendecke, zu erkennen gibt, bleibt uns noch eine Pflicht der Dankbarkeit gegen zwei Männer zu erfüllen, deren beider Denk- und

Handlungsweise, Gesinnung und Erfolg, ja selbst deren äußere Lebensverhältnisse so viel Übereinstimmendes und oft überraschend Gleichartiges zeigen, daß, wie ihre Gesichtszüge die diesem Bande vorgesetzte Porträtgruppe vereinigt zeigt, wir auch hier ihrer gemeinschaftlich gedenken dürfen: Thaer und Cotta.

Der Vater der deutschen Landwirtschaft, Albrecht Thaer, wurde am 14. Mai 1752 zu Celle in Hannover geboren. Er studierte von seinem achtzehnten Jahre an in Göttingen Medizin und wurde später praktischer Arzt. Schon frühzeitig wandte er sich zur Erholung von seinen Berufsgeschäften der Zucht und Pflege der Blumen zu, und was anfänglich Spielerei war, das entwickelte sich für den ernst denkenden Mann zu einer bedeutsamen Neigung. Sein Blick fiel auf die Bewirtschaftung seines Grundeigentums und kehrte beschämt zurück, weil er die Kultur der Äcker und Wiesen so weit hinter der seines Gartens zurückstehend fand. Zu den bereits ihm gehörigen Grundstücken kaufte Thaer noch andre hinzu und bewirtschaftete diesen Komplex auf seine völlig eigentümliche Weise, obgleich er, ein vielbeschäftigter Arzt, nur die Frühstunden und den späten Abend seinen landwirtschaftlichen Studien und Geschäften widmen konnte. Auf manche an ihn ergangene Aufforderung errichtete er 1802 zu Celle eine landwirtschaftliche Lehranstalt, welche infolge des Rufes, den die preußische Regierung an Thaer ergehen ließ, im Herbste 1804 nach Möglin in der Mittelmark verlegt und 1810 mit der Berliner Universität verbunden wurde. Um sich aber ganz der Bildung eigentlicher praktischer Landwirte widmen zu können, legte Thaer 1819 seine Professur nieder und ging nach seinem inzwischen zur „königlichen akademischen Lehranstalt des Landbaues" erhobenen Möglin, wo er praktisch und litterarisch bis an seinen am 26. Oktober 1828 erfolgten Tod thätig blieb.

Heinrich Cotta, geboren am 30. Oktober 1763 in einem einsamen Waldhause unweit Meiningen, die kleine Zillbach genannt, gewann wie Thaer seine reformatorische Überzeugung aus der lebendigen Quelle praktischer Thätigkeit. Er hatte sich in Jena mathematischen und kameralistischen Studien gewidmet. Eine während dieser Zeit ihm übertragene Forstvermessung, an der er mehrere wißbegierige junge Männer mit Interesse zu beteiligen wußte, erweckte in diesen wie in ihrem jungen Lehrer die Aussicht auf das große Arbeitsfeld, welches das gesamte damalige Forstwesen einem rationellen Geiste darbot. Mit 36 Mark jährlichem Gehalt als Forstläufer angestellt, unterrichtete er schon eine kleine Schar von zehn Schülern und hatte so die älteste deutsche Forstakademie gegründet, denn dies war sein Lehrunternehmen in der That. Im Jahre 1795 wurde dasselbe in das großherzogliche Jagdschloß Zillbach verlegt, 1810 aber Cotta, der mittlerweile zum Forstmeister in Eisenach ernannt worden war, nach Sachsen berufen, wo man ihm die Direktion der neuen Forsteinrichtung und der mit ihm herübergewanderten Anstalt in dem schönen Tharandt ein freundliches Asyl überwies. Sechs Jahre später wurde die Akademie zur Landesanstalt erhoben und 1830 mit ihr eine Abteilung für Landwirtschaft verbunden, welche 1869 wieder von ihr abgetrennt und mit der Universität Leipzig vereinigt worden ist.

In dem der Akademie benachbarten Walde des Tharandter Reviers ruht Cotta inmitten der 80 Eichen, die ihm an seinem achtzigsten Geburtstage, ein Jahr vor seinem Tode (25. Oktober 1844), Liebe und Verehrung seiner Schüler gepflanzt hatte.

Das Buch der Erfindungen. 8. Aufl. III Bd. Leipzig: Verlag von Otto Spamer.

Jagd auf Hochwild. Zeichnung von Albert Richter.

Kein' bess're Lust in dieser Zeit,
Als durch den Wald zu dringen,
Wo Drossel singt und Habicht schreit,
Wo Hirsch' und Rehe springen.

Uhland.

Die Jagd und ihr Wert für den Menschen.

Einleitung. Geschichtliches. Blütezeit der Jägerei im 17. und 18. Jahrhundert. Strenge Jagdgesetze. — Jagdbetrieb im allgemeinen. Schonung des Wildes. Tiergärten. Hohe und niedere Jagd. — Jagd auf Rotwild. Eingestellte Jagen. Dam-, Reh- und Elchwild. Gemsen- und Steinbockjagd. Das Schwarzwild und die Sauhatz. Niederes Haar- und Federwild. Auerhahn- und Birkhahnbalz. Uhuhütte. — Jagden in fernen Ländern. Tiger-, Löwen- und Elefantenjagden. Falkenbeize in der asiatischen Steppe. — Pelzjägerei in Sibirien und den Hudsonsbailändern. Pelzhandelsgesellschaften. Zobel, Hermelin, Eichhörnchen, Biber, Seeotter.

Wir lesen in den ältesten Schriften über das Leben und Treiben unsrer Voreltern auf dem Erdball, daß die Jagd zu den ersten Beschäftigungen gehörte, denen sich die Menschen hingeben mußten, um dem ihnen innewohnenden Triebe der Selbsterhaltung zu genügen. Die Tierwelt mußte von ihnen bekämpft werden, einmal zum Schutze des eignen Lebens, dann zur Beschaffung von Nahrungs- und Bekleidungsstoffen. An den heutigen, in Europa fast überwiegend gewordenen Jagdzweck, Vergnügen und Freude an Übung des Körpers, mit einem Wort, an Sport, dachte in jenen Zeiten wohl niemand. Erst nachdem die Menschen seßhafter geworden und ihre nächsten Lebensbedürfnisse gesichert sahen, entwickelte sich die Jagd mehr und mehr, zunächst zu einer Schule der Jünglinge für den Krieg und zu einer Beschäftigung der Männer, um in dem Waffenhandwerk geübt zu bleiben, endlich auch zum Vergnügen. Wie sich dieser Entwickelungsgang des Jagdbetriebes in Europa zeitlich gestaltet hat, so sehen wir die einzelnen Stufen desselben noch heutzutage örtlich vertreten, je nachdem die einzelnen Länder der Erde in ihrer Kultur noch auf den verschiedenen Entwickelungsstufen stehen, welche Europa bereits hinter sich hat oder auf der es sich gegenwärtig befindet. So ist die Jagd in den bevölkertsten Teilen, den Kultursitzen der Erde, fast ganz verschwunden: man findet in der Umgegend von New York, von Kalkutta, von Peking heutzutage ebensowenig Hirsche und Sauen, als dicht bei vielen großen Städten Europas, während anderseits der Ansiedler im Westen Amerikas, im Süden und Osten Afrikas die Büchse noch ebenso zur Hand nehmen muß, um sich Nahrung und Kleidung zu schaffen oder sich gegen ein zudringliches Raubtier zu schützen, als Nimrod Keule und Speer nötig hatte, um seine Stammesgenossen vor den Räubern der Tierwelt zu sichern und für Nahrung und Bekleidung zu sorgen. Ein weiterer Zweck der Jagd ist die Förderung der Wissenschaft. Der gelehrte Forscher, welcher unbekannte Gegenden der Erde für Handelswege und zu Wohnsitzen für das an Ausbreitung immer zunehmende Menschengeschlecht erschließen will, hat sein Augenmerk auch auf die Tierwelt dieser Gegenden zu richten. Er will die Kenntnis des Menschen von dem Erdball erweitern, er will Natur und Wert der in diesen Gegenden ihm aufstoßenden Tiere ergründen, um, auf Analogien gestützt, seine Schlüsse dahin zu ziehen, ob die von ihm entdeckten Gegenden sich als Wohnsitze für Menschen eignen, ob die dort hausenden Tiere Nahrungsmittel bieten und Handelsartikel abgeben oder den zukünftigen Ansiedlern gefährlich werden können. So erzählen uns noch in unserm Jahrhundert Reisende durch die Vereinigten Staaten von Nordamerika, daß in den Prärien sich Wild in Menge befinde. Virginische Hirsche sind in großer Zahl im Innern der nördlichen Staaten, namentlich in Illinois, vorhanden. Sie bilden für den armen Einwanderer eine wertvolle Zugabe zu dem um billigen Preis erhaltenen Lande, da das Wildbret ihn nährt und die Felle ihn bekleiden. Wölfe, Panther und wilde Katzen, auch braune Bären sind zum Teil in großer Menge dort noch vorhanden; letztere weichen von selbst immer mehr zurück, während die übrigen Raubtiere dadurch vermindert werden, daß man ihnen unausgesetzt nachstellt. Der schwarze Fuchs in Kanada ist schon selten geworden, noch seltener der Silberfuchs, weil die Indianerstämme diesen Tieren stark zusetzen, da sie ihre Bedürfnisse mit den Pelzen derselben bezahlen müssen. So sehen wir überall die Raubtiere schwinden, wo der Mensch seinen Fuß hinsetzt, da ihnen nun die weiten ruhigen Tummelplätze und die versteckten Schlupfwinkel, deren sie für ihren Nahrungserwerb und die Erziehung ihrer Nachkommenschaft bedürfen, mehr und mehr eingeengt oder ganz geraubt werden.

Auch in Afrika und Asien, der eigentlichen Heimat der katzenartigen, gefährlichsten Raubtiere ist eine stete Abnahme derselben nachzuweisen, weil man im Interesse der Sicherheit von Menschen und Haustieren Prämien auf ihre Erlegung gesetzt hat. So sind ferner die ursprünglich in ganz Europa einheimischen größeren Raubtiere, Bären, Wölfe, Luchse und wilde Katzen, nur noch im Osten und Norden, besonders in Rußland, Ungarn und Siebenbürgen sowie die drei ersteren in Skandinavien häufiger zu finden; im westlichen Europa haben sie sich nur noch in den Alpen, Pyrenäen und den südeuropäischen Gebirgszügen erhalten, die Wölfe auch in Frankreich und Lothringen und die wilden Katzen in den mitteldeutschen Wäldern, besonders in denen der Rheinebene und der Gebirge. Aber auch diese Reste schwinden mehr und mehr.

Es ist solches indessen nicht nur bei den Raubtieren der Fall; auch diejenigen Tiere in Wald und Feld, welche dem Menschen nur nützlich sind, oder doch mehr Nutzen als Schaden stiften, mußten mit der Zeit vor der immer größeren Ausbreitung des Herrn der Schöpfung zurückweichen. Es entstand demnach sehr bald, doch selbstverständlich in verschiedenen Ländern zu verschiedenen Zeiten, die Notwendigkeit, diejenigen Tiere, welche man erhalten wollte, zu schützen. Somit wurden der seither nur nach Bedarf oder jeweiliger Lust betriebenen Jagd Grenzen gesteckt, aus welchen unsre heutigen **Jagdgesetze** erwuchsen. Diese Jagdgesetze sprechen sich über Vertilgung schädlicher, Erhaltung nützlicher Tiere aus. Sie regeln das Recht zu jagen, bestimmen die Jahreszeiten, in welchen die verschiedenen Wildarten gejagt oder geschont, gehegt werden sollen, grenzen die verschiedenen Eigentumsrechte ab. Die Ausübung der Jagd mußte naturgemäß nach und nach zu einem Gewerbe, zu einer Kunst, einer Wissenschaft sich ausbilden, die unter dem Namen der **Jägerei** erlernt wurde und selbstverständlich die übrigen Erfindungen des Menschengeistes sich für ihre Zwecke ebenso dienstbar machte, wie dies von andern Zweigen des menschlichen Wissens und Könnens geschah, geschieht und geschehen wird. Da dieser Entwickelungsgang sich nur in Europa in seiner ununterbrochenen Reihenfolge, vollzogen hat, so wird es den Zwecken des Buches der Erfindungen am meisten entsprechen, wenn wir zuerst der europäischen Jagd etwas näher treten, und zwar um so mehr, als dieselbe in den übrigen Erdteilen je nach Lage der Verhältnisse und Gleichheit des Kulturfortschrittes ebenso betrieben wird. Man schlägt eben die Raubtiere in Europa ebenso todt, sucht sie in Gruben und Fallen und Schlingen auf alle Art zu fangen und sie bei Anstand und Treiben mit der Büchse zu erlegen, wie dies in Indien mit dem Tiger, in Afrika mit dem Löwen, überhaupt und überall mit allen Bestien geschieht, deren Vernichtung bezweckt wird. Wiederum wird der Farmer, dessen Besitzstand geordnet ist, in Amerika den Wildstand in seinen Wäldern ebenso hegen und zu geeigneter Zeit beschießen müssen, will er sich nicht die Bezugsquelle eines angenehmen Nahrungsmittels, nützlicher Kleidungsstücke, die Veranlassung zu frischer, gesunder Leibesübung, zuweilen sogar eine ganz annehmbare Einnahmequelle in kurzer Zeit gänzlich zu Grunde richten, wie es der weidgerechte Jägersmann, der Oberjägermeister eines deutschen Fürsten, oder der englische und deutsche Großgrundbesitzer zu thun gewohnt ist. Nichtsdestoweniger dürfen wir mit Stolz hervorheben, daß das eigentliche **Weidwerk**, derjenige Jagdbetrieb, bei welchem Schonung und Hegung auch in freier Wildbahn die Vorbedingung für die nachfolgende Jagd bildet, eigentlich nur Europa und zwar speziell den Völkern germanischen Stammes zukommt. Wer der Jagd wegen in fremde Länder hinausfährt, wird vielerlei Aufregungen und Gefahren begegnen, in manchen Gegenden auch noch reichliche Beute an allerlei seltenen Tieren zur Strecke bringen können; aber nur in den **germanischen oder unter germanischem Einfluß stehenden Teilen Europas finden sich gut besetzte Wildbahnen, welche dauernd** eine namhafte Jagdausbeute liefern, und wir konstatieren mit Freuden, daß das letzte germanische Land, welches lange Zeit ein freier Tummelplatz für schießwütige Sportsmen war, nämlich Norwegen, gleichfalls seit einigen Jahren begonnen hat, diesem wilden Treiben durch passende Jagdgesetze Einhalt zu thun.

Geschichtliches. Die ältesten geschichtlich bekannt gewordenen Jagdverhältnisse in Europa, bei welchen jeder Freigeborne allerorten das Recht zur Ausübung der Jagd hatte, änderten sich sehr bald dahin, daß Fürsten und Herren die Jagd ausschließlich für sich wenigstens in den Gebieten in Anspruch nahmen, welche nicht spezielles Eigentum eines Mannes waren. Wir finden heutzutage noch in verschiedenen Gegenden Deutschlands den Namen **Bannwald**. Er rührt daher, daß in demselben die Jagd **gebannt**, verboten war, weil hier der Kaiser das ausschließliche Recht der Jagdausübung hatte. Mit der fortschreitenden Ausbildung der sozialen Unterschiede bis zu ihrem Gipfelpunkt, der Bevormundung der niederen Stände durch die höheren im 16., 17. und 18. Jahrhundert, kam man auch auf den Gedanken, es sei für die Unterthanen schädlich, wenn sie sich aus Begierde zur Jagd von ihren Berufsgeschäften abziehen ließen, und es schicke sich deshalb die freie Jagd nicht für ein Volk, dessen Glückseligkeit durch die Industrie befördert werden solle. So geschah es, daß die Jagd ein Regal wurde und als Jagdhoheit in die Landeshoheit einbegriffen wurde. Unser Gewährsmann, der alte Dr. Krünitz, gibt an, daß seit den Zeiten des großen Interregnums, also der Mitte des 13. Jahrhunderts, die Stände des Deutschen Reiches die Jagdhoheit an sich gebracht hätten, welche ihnen nachher durch kaiserliche Kapitulationen und Friedensschlüsse ausdrücklich bestätigt worden sei. Landsassen und Vasallen konnten, wenn sie Jagdgerechtigkeit nicht durch eine unvordenkliche Verjährung besaßen, solche nur im Wege der Verleihung als Ausfluß der Jagdhoheit ihres Lehnsherrn erhalten. Das Jagdregal schließt nun zwei Rechte in sich, nämlich die

Jagdgerechtigkeit selbst und den Wildbann; erstere ist die Befugnis zur Ausübung der Jagd, letztere die hohe Gerichtsbarkeit über alles Jagdwesen im Lande. Beide Rechte können auch in verschiedenen Händen sein. Unter Koppeljagd (Kuppeljagd) oder Mitjagd verstand man das Recht, in den Jagdgehegen andrer Jagdberechtigten entweder immer oder zu bestimmten Zeiten mitjagen zu dürfen. Dieses Recht war oft einseitig, d. h. der Fürst hatte das Recht, in den Gebieten seiner Vasallen zu jagen, oder auch wechselseitig. Das Vorjagen, die Vorjagd, Vorhatz, der Durchzug, gleichfalls ein Ausfluß der Jagdgerechtigkeit, war das Recht des Landesherrn, in seiner Vasallen oder Landsassen Gehegen acht oder vierzehn Tage vor dem Tage der allgemeinen Jagderöffnung einen Jagddurchzug zu halten; der Vasall oder Landsasse durfte die Jagd auf seinem Revier nicht eher ausüben, als bis der Landesherr dasselbe durchgejagt hatte. Die Lustjagd bestand in der Befugnis des Landesherrn, in eigner Person in den Gebieten seiner Untergebenen zu jagen. Verlieh der Landesherr die Lustjagd in seinen Revieren an einen Vasallen, so durfte dieser gleichfalls nur in eigner Person davon Gebrauch machen. Klapperjagd hieß das Recht, mit Klappern, Geräusch, Geschrei vieler Menschen, mit Hörnerblasen und Hundegebell ein Revier abzujagen. Sie war in der Regel nur da erlaubt, wo kein Hochwild stand, das verjagt werden konnte. Die Gnadenjagd, das Gnadenjagen verlieh ein Fürst aus besonderer Gnade und gutem Willen an andre. Person und Revier ward dabei genau bestimmt, ebenso die Zeit. Die Jagdfolge war das Recht, angeschossenes Wild auch über die Grenzen des Reviers zu verfolgen. Sie erstreckte sich auch in der Blütezeit der Jägerei nur auf Hirsche, Rehe und Sauen.

Zahlreiche mehr oder minder im einzelnen abweichende Verordnungen regelten die Ausübung der Jagd und den Wildbann. Zu letzterem gehörte die Bestimmung der Zeiten, wenn gejagt und wenn geschont werden mußte, ebenso auch, welche Wildgattungen der Landesherr sich vorbehielt und welche von den Unterthanen erlegt werden durften. Hierbei unterschied man in einzelnen Ländern: hohe und niedere Jagd, oder hohe, mittlere und niedere Jagd; in Österreich: Wildbahn und Reisgejägd. Zu ersterer gehörten: Hirsche, Bären und Sauen; zu letzterem alles andre, wie es auch Namen haben mochte, z. B. Rehe, Wölfe, Hühner u. s. w. Das Reisgejägd kam in Österreich denjenigen Landleuten zu, welche adlige Güter besaßen. Außerdem unterschied man noch zwischen edlem und unedlem Wild. Das edle Wild war solches, welches mit Vorliebe von Fürsten und Herren weidmännisch gejagt und nicht der Vertilgung wegen allezeit und auf alle Art getödtet wurde.

Nachstehende, namentlich aus a. d. Winkells „Handbuch für Jäger“ entnommene Zusammenstellung gibt die Wildarten, welche zu den verschiedenen Jagdgattungen gezählt wurden:

Hohe Jagd.

I. Haarwild.

		Raubtiere:	
Edel- oder Rotwild Elen- oder Elchwild Damwild Rehwild Gemswild	edel.	Bär Luchs Wolf	unedel.

Schwarzwild, Mittelgattung zwischen edel und unedel.

Außerdem werden, wo sie vorkommen, auch Wisent (Auerochs), Steinbock und Muflon zur hohen Jagd gerechnet.

II. Federwild.

		Raubvögel:	
Schwäne Trappen Kraniche Auerhähne und -Hennen Fasanenhähne und -Hennen Haselhähne und -Hühner Birkhähne und -Hühner Große Brachvögel	edel.	Die Reiher und alles Federspiel Steinadler Gemeine Adler Uhu Falken Blaufuß Lerchenfalk Habicht Sperber	Wurden sämtlich der Beize (Falkenjagd) wegen edel genannt.

Niedere Jagd.

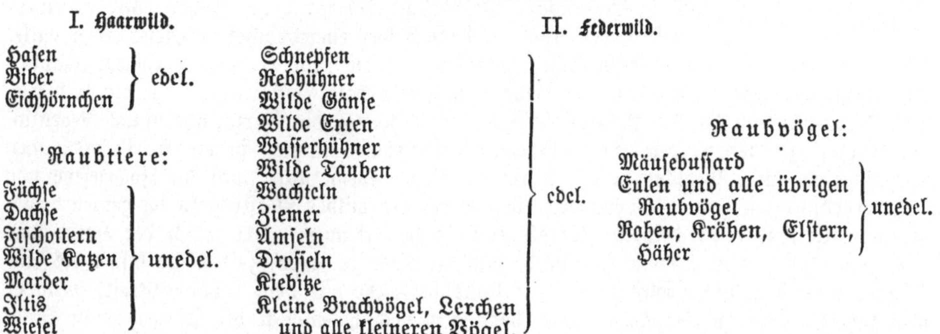

I. Haarwild.

Hasen, Biber, Eichhörnchen } edel.

Raubtiere:

Füchse, Dachse, Fischottern, Wilde Katzen, Marder, Iltis, Wiesel } unedel.

II. Federwild.

Schnepfen, Rebhühner, Wilde Gänse, Wilde Enten, Wasserhühner, Wilde Tauben, Wachteln, Ziemer, Amseln, Drosseln, Kiebitze, Kleine Brachvögel, Lerchen und alle kleineren Vögel. } edel.

Raubvögel:

Mäusebussard, Eulen und alle übrigen Raubvögel, Raben, Krähen, Elstern, Häher } unedel.

In manchen Ländern zählten nur die Hirsche zur hohen Jagd, alles übrige Wild zur niederen. Wieder in andern schied man noch eine Mitteljagd ab und rechnete dazu die Rehe, Schweine, Wölfe, Birkhühner, Haselhühner und deren Hennen sowie die großen Brachvögel. Auch in rare (seltene) und gemeine (gewöhnliche) Jagd wurde mancherorten eingeteilt und zählten z. B. dann Gemse, Steinbock, Elen, ferner Auerhahn, Fasan und Reiher zur raren Jagd; in der schweizerischen Jagdgesetzgebung rechnet man wunderbarerweise heute alle Jagd im Hochgebirge zur „hohen Jagd“, gibt diesem Worte also einen ganz andern Sinn.

Während man nun das unedle Wild allerorten nicht bloß jagte, sondern auch in Fallen, Gruben, Netzen, Schlingen, mit Selbstschüssen u. s. w. fing und tödtete, wurde das edle Wild jederzeit nach bestimmten Regeln entweder mit der Schußwaffe erlegt, oder zu Pferde und zu Fuß mit Hunden gehetzt, gestellt und abgefangen, oder aber zu Pferde mit abgerichteten Raubvögeln, namentlich Falken, gefangen, weidmännisch gebeizt.

Die sogenannte Blütezeit der Jägerei in Europa fällt in das 16.—18. Jahrhundert. Dazu wirkten damals alle Begriffe von Standesunterschied, Rechten der verschiedenen Stände einerseits und Kultur- und Verkehrsverhältnisse anderseits zusammen. Fürsten und Herren kannten in ihrer großen Mehrzahl wenig andre Beschäftigungen als das Waffenhandwerk, welches im Frieden in der Jagd und im Kriege im Kampfe gegen den von der Kabinettspolitik gerade beliebten Feind zur Ausübung gebracht wurde. Neben dem eigentlichen Hofstaat und eine besondere Abteilung desselben bildend, stand die fürstliche Jägerei mit obersten, oberen und niederen Ämtern aller Art, von des Oberjägermeisters Exzellenz herab bis zum Hundejungen. Wilddieberei galt in manchen Gegenden als ein todeswürdiges Verbrechen. Fälle, daß Wilddiebe mit dem Tode bestraft wurden, sind nachgewiesenermaßen vorgekommen. Ausführliches ist darüber nachzulesen in der „Ökonomischen Encyklopädie“ des Dr. Johann Georg Krünitz (Berlin 1783). Der würdige alte Herr sagt: „Ob aber die Wilddiebe auch sogar am Leben gestrafet werden können, darin sind die Rechtslehrer nicht einig.“ Der Schwabenspiegel stimmt gegen die Todesstrafe, indem es daselbst heißt: „Kein Richter soll Einem seinen Leib gar nehmen, weder um Gewild, noch um Vögel, noch um Fisch.“ Andre Rechtslehrer sprachen sich dagegen für die Todesstrafe aus, einmal wegen des Ungehorsams, der mit der Wilddieberei gegen obrigkeitliche Gesetze ausgedrückt ist, dann auch wegen der wirklich damit verbundenen Schädigung fremden Eigentums. Kaiser Karls V. peinliche Halsgerichtsordnung läßt ebenfalls in schweren Fällen der Art Todesstrafe zu. Unser Gewährsmann Krünitz ist trotz seiner Ansicht von der Verwerflichkeit der Wilddieberei, „indem dadurch die einem Fürsten oder Herrn zustehende Jagdgerechtigkeit gehemmet, mithin der Gebrauch derselben insoweit geschmälert werde, inmaßen auch ein Diebstahl geschehe“, doch der Meinung, daß es immer hart bliebe, das Wildschießen zu einem Grunde der Todesstrafe zu machen. An vorgekommenen harten Strafen aus früherer Zeit führt er an: das Tragen von Hirschgeweihen, welche um den Hals gehängt wurden, auf ein bis zwei Jahre; das Einbrennen des Zeichens eines Hirschgeweihes auf den Daumen, auf den Rücken, auf die Wange oder die Stirn; das Ausstechen der Augen, Abhauen der Hand, Hinrichten mit Strang oder Schwert, Einnähen in

Tierhäute und Hetzen durch Hunde, Anschmieden auf einen Hirsch, den man dann laufen ließ. Diese letztere Strafe soll ein Erzbischof, Michael zu Salzburg, im Jahre 1537 an einem Bauer haben vollziehen lassen, der einen in seine Felder eingebrochenen Hirsch erlegt hatte. Indessen wirkte bei solchen barbarischen Strafen auch die größere oder geringere Jagdlust des betreffenden Herrn mit, und wir sehen schon sehr bald Besserung. In der hessischen Landesordnung von 1665 z. B. bemühte sich Sophie Hedwig, die Vormünderin und Regentin, den Nachteil zu heben, den das Wild den Unterthanen brachte, indem sie Verordnungen über Abtrieb und Wegschießen des Wildes erließ. Wenn nun auch die Jagdgesetze und Jagdverordnungen jener Zeit von den eben erwähnten milden Maßregeln im ganzen wenig verspüren ließen, so ist doch ein Fortschritt nicht zu verkennen. Friedrich der Große war z. B. kein Jäger und erkannte sehr bald, daß die Jagd zu jener Zeit mehr kostete als einbrachte, und heutzutage wird weder ein Wilddieb mehr mit dem Tode gestraft, wenn er nicht zugleich einen vorbedachten Mord begangen, noch haben sich die Einwohner in Stadt und Land über Wildschaden zu beklagen, der ihnen nicht so reichlich vergütet würde, daß in manchen Gegenden die Äcker in der Nähe wildreicher Waldungen teurer bezahlt werden, weil die Vergütung für Wildschäden eine gute Einnahmequelle für den Besitzer des Ackers wird. Zur Blütezeit der Jägerei kostete das Pfund Wildbret einem großen Herrn wohl 3 Mark und mehr, wenn man alle Kosten für Besoldungen, Pferde, Hunde, Gebäude u. s. w. rechnet. Die kursächsische Jägerei weist nach dem Kammerreglement von 1700 allein einen Besoldungsetat von 28000 Thaler jährlich nach, ohne die sonstigen zufälligen Einkünfte der Jäger und Jagdbedienten zu rechnen, eine für damalige Zeit enorme Summe.

Außerdem fanden hohe Herren damals Gefallen an „Kampfjagden“, d. h. an Tierhatzen in Zwingern, wo man Bären, Löwen, Stiere mit großen Hunden zusammenbrachte und kämpfen ließ. Sie gehören zu den grausamen Vergnügungen, wie die Stiergefechte in Spanien, welchen man gottlob in unsrer Zeit, in Deutschland wenigstens, keinen Geschmack mehr abgewinnen kann. Nicht weniger grausam war das sogenannte Fuchsprellen. Es bestand darin, daß eine Anzahl Kavaliere und Damen paarweise mit Hilfe plötzlich angezogener sogenannter Prellnetze auf den Lauf gelassene Füchse oder Hasen in derselben Weise in die Höhe zu schleudern suchten, wie dies heutzutage mitunter mit Hilfe von Plaids von Schülern gegen einen mißliebigen Kameraden geübt wird. Musik und feierliche Aufzüge verherrlichten ein solches von der Langeweile kleiner Herren des vorigen Jahrhunderts ausgesonnenes Fest der Tierquälerei, bei welchem mitunter sogar die ganze Jägerei in Galla mit blanken Waffen ausrückte.

Der junge Mann, welcher sich damals (wir sprechen hier immer von der Blütezeit der Jägerei im 17. und 18. Jahrhundert) der Jägerei widmen wollte, mußte zumeist die erforderlichen körperlichen Eigenschaften, als gesunden, kräftigen Gliederbau, scharfe Augen, besitzen. Er suchte dann einen tüchtigen Lehrherrn, der ihn im Gebrauche des Gewehrs unterrichtete. Dazu gehörte in früheren Zeiten nicht nur die Kenntnis der normalen Anforderungen an eine gute Schußwaffe, wie wir sie im sechsten Bande dieses Werkes beschreiben werden, nein, ein guter Jäger mußte es auch verstehen, ein „verdorbenes“ Gewehr, d. h. ein solches, welches nichts todt schoß, wieder in richtigen Stand zu setzen, ohne gerade dazu gelernter Büchsenmacher zu sein. Daß hierbei der Aberglaube eine hervorragende Rolle spielte, ist leicht erklärlich. Döbels „Jäger-Praktika“ aus dem Jahre 1786 enthält darüber mancherlei Rezepte, von denen wir der Kuriosität halber einige hier anführen: Man schieße einen Sperling, befestige dessen Kopf an den Krätzer des Ladestocks und wische damit das Flintenrohr aus, hernach fahre man mit einer weißen Zwiebel durch das Rohr, bestreiche dann mit dieser Zwiebel einen Leinwandlappen und wische damit das Rohr wiederum aus. Hierauf hänge man Sperlingskopf, Zwiebel und Leinwand einige Tage in den Rauchfang, endlich schieße man wiederum einen kleinen Vogel und lade Stücke von demselben in das Gewehr, schieße dieses in die Luft, so wird es mit dem Gewehr besser werden. Ein andres Mittel besteht darin, eine Blindschleiche oder sonstige kleine Schlange in das Gewehr zu laden und solche gegen einen Eichbaum zu schießen. „Man wird nachgehends gewahr werden“, sagt Döbel, „daß das Wild aus diesem Gewehr besser stirbt.“ Oder aber: Man schraube die Schwanzschraube aus dem Rohre, lege dasselbe 24 Stunden in fließendes Wasser, so daß das Wasser durchfließe, lege das Rohr dann wieder in den

Schaft, schieße irgend ein Geschöpf und wische mit dem Schweiße (Blute) desselben das Rohr gründlich aus. „Probatum est", sagt Döbel. Wir sehen aus diesen und andern Mitteln, daß sie mit wenig Ausnahmen auf ein gründliches Reinigen des Rohrs hinauskommen, und das ist auch eine Hauptsache für jede Schußwaffe und für jede Waffe überhaupt. Der sogenannte *Brand*, den der Jäger von seiner Flinte verlangt, ist nichts andres als die Perkussionskraft der aus dem Gewehr abgeschossenen Kugel oder der Schrote, und diese wird allerdings durch Rost und Unreinigkeit des Laufes oder Gruben in demselben vermindert, kann demnach nur durch eine gute glatte Konstruktion der Seele und Reinhalten derselben sowie durch passende Ladung, besonders durch ein richtiges Verhältnis zwischen Pulver- und Bleimenge sowie durch geeignete Pfropfen und Vorschläge erreicht werden. Geheimmittel dafür oder besondere geheime Konstruktionen, wie dies noch heutzutage manche Jäger glauben, gibt es nicht.

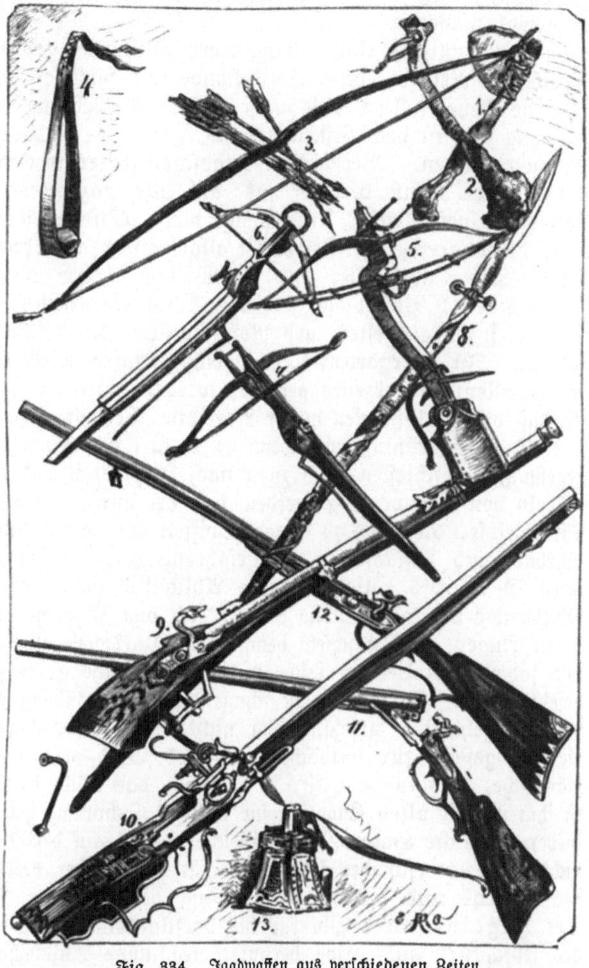

Wenn der angehende Jäger mit der Waffe umzugehen wußte, mußte er *hirsch- und fährtengerecht* gemacht werden, d. h. er mußte lernen, aus den Fährten (Fußspuren) des Wildes im Boden, nach der Stellung dieser Fährten in jeder Bewegungsart, Art und Stärke des Tieres genau anzugeben. Ferner mußte er *jagdgerecht* werden, d. h. er mußte lernen, eine *Wildbahn*, den Wildstand eines Reviers, zweckmäßig zu behandeln und jede Jagdart gehörig zu betreiben. Dazu gehörte Kenntnis im Gebrauch des Jagdzeuges, d. h. aller zur Jagd nötigen Geräte, ferner Fertigkeit in Abrichtung und Behandlung aller Arten von Jagdhunden. Endlich hatte sich der Lehrling bei jeder Gelegenheit in der eingeführten *Weidmannssprache* kunstmäßig auszudrücken, und schließlich mußte er alles erlegte Wild nach Weidmannsgebrauch *aufbrechen*, *auswerfen* oder *ausziehen*, aus der Haut *schlagen*, *abschwarten* oder *streifen* und *zerwirken* und die eßbaren Wildarten *zerlegen* können.

Fig. 334. Jagdwaffen aus verschiedenen Zeiten.
1. und 2. Keulen. 3. Bogen und Pfeile. 4. Schleuder. 5. Kugelarmbrust (16. Jahrh.). 6. Zahnradarmbrust (15. Jahrh.). 7. Geißfußarmbrust (15. Jahrhundert). 8. Saufeder. 9. Luntengewehr. 10. Radschloßgewehr. 11. Lefaucheuxgewehr. 12. Perkussionsgewehr. 13. Pulverhorn (16. Jahrh.).

Der Jagdbetrieb im allgemeinen. Nachdem in neuerer Zeit die Jagdgerechtigkeit, Berechtigung zum Jagen, gesetzlich nach dem Besitzstande an Ländereien, also nach dem Grundbesitz geregelt ist, bildet der Jagdpacht für manche Gemeinden einen schönen Einnahmeposten, und auch die Jagdpächter gewinnen durch eine regelmäßige Beschießung ihrer Jagd und Einhaltung der Schonzeiten vielfach die gezahlte Pachtsumme aus den Einnahmen für das Wild. Sind doch die Preise in Mitteldeutschland für das Wildbret keineswegs gering, und sie erhalten sich auf ihrer Höhe durch die Möglichkeit des Vertriebs in weitere Absatzgebiete. Der Hase, der heute in der Rheinebene geschossen wird, prangt vielleicht schon zwei Tage nachher als Festbraten auf dem Tische eines Pariser épicier. Heutzutage ist die Erziehung und Nutzung des Waldes, das Forstfach, der Theorie nach, ganz getrennt von der Erziehung und Nutzung des Wildes, der Jägerei. Glücklicherweise bilden aber noch heute die Forstleute den Kern der weidgerechten Jägerei, wenngleich nicht zu leugnen, daß sich manche stärker von ihr abgewendet haben, als im Interesse beider zu wünschen wäre.

Zur richtigen Unterhaltung einer Wildbahn gehört, daß dieselbe mit dem Flächeninhalte des Reviers, dessen Holzbestande und sonstiger Bodenweide in einem gewissen Verhältnisse stehe. Das Wild muß in der Ausdehnung des Reviers Ruhe vor unzeitiger Störung und in den Beständen Schutz gegen die Unbilden der Witterung und hinreichende Nahrung finden. Verschiedene Jagdschriftsteller machen hierüber sehr verschiedene Angaben. Der Raum verbietet uns, auf alle einzugehen. Wir erwähnen nur, daß Laubholzreviere bei gleicher Ausdehnung mehr Wild ernähren als Nadelholzreviere. Letztere setzen die angrenzenden Felder im allgemeinen mehr dem Wildschaden aus. Es empfiehlt sich deshalb, auch hier und da Wiesen in den Wäldern anzulegen und Futterstellen (Wildscheuern, Poschplätze) für das Wild einzurichten, wo im Winter Heu für Hirsche, Rehe u. s. w. aufgesteckt und Roßkastanien, Kartoffeln, Eicheln für Sauen aufgeschüttet werden. In Tiergärten, d. h. in eingezäunten Wäldern, muß selbstverständlich das Wild fast zu allen Jahreszeiten gefüttert werden, weil die Einzäunung an und für sich so teuer ist, daß die Waldstrecken in der Regel im Verhältnis zu dem Wildstande zu klein sind.

Der Jäger muß nun, wenn er Nutzen von seiner Wildbahn haben will, dieselbe auch regelmäßig beschießen, und zwar nach Jahreszeit und nach der Art der Tiere. Es muß deshalb von ihm verlangt werden, daß er, durch fleißige Beobachtung der Fährten und der Tiere selbst, diese bis zu einem gewissen Grade persönlich kenne. Es ist dies wohl ausführbar, und danach muß der erfahrene Jäger bestimmen, wieviel Wild jeder Art und jeden Geschlechts alljährlich zum Abschusse zu gelangen hat. Daß die Schonung der Muttertiere vor allem nötig ist, um sich den Zuwachs künftiger Jahre zu erhalten, springt in die Augen. Man schießt demnach vorzugsweise alljährlich eine Anzahl männliche Stücke und sodann am liebsten solche weibliche, welche gelte geblieben sind, d. h. keine Jungen gesetzt haben. Da eine solche schonende Jagdausübung zwar vom weidgerechten Jäger sehr wohl festgehalten, gesetzlich aber nicht ohne weiteres geregelt werden kann, so bestimmen die Jagdgesetze für weibliches größeres Wild meist eine längere Schonzeit als für das männliche, und in der Zeit, in welchem das Wild hochbeschlagen (trächtig) geht und setzt, ist ihm in fast allen Staaten eine völlige Schonung gewährt. Letzteres gilt auch für alles niedere nützliche Haarwild, bei welchem man auf der Jagd selbst Männchen und Weibchen nicht wohl unterscheiden kann, z. B. für den Hasen, desgleichen für das Federwild zur Zeit des Brütens und der ersten Erziehung der Jungen. Raubzeug wird jederzeit geschossen. Der Jagdkalender gibt für die verschiedenen Wildarten die Zeiten der Schonung und des Abschusses an. Eine heruntergekommene Wildbahn läßt sich heben durch das oben angegebene regelmäßige Verfahren in Verbindung mit entsprechender Behandlung des Wildes und namentlich durch Schonung der Muttertiere, auch durch Einsetzung solcher Wildgattungen, welche ganz ausgegangen sind, in das neu zu belebende Revier. Soll letzteres geschehen, so muß in andern, reichlich mit ihr besetzten Revieren die betreffende Wildart lebendig gefangen werden. Das Einfangen von Hirschen geschieht, nach Eintreiben derselben in immer engere Räume, mit Netzen. In den Transportkasten selbst müssen sie getragen werden. Die Konstruktion eines solchen muß namentlich für Hirsche, welche aufgesetzt haben, sorgfältig gemacht sein, damit das gefangene Tier nicht mit dem Geweih heftig anstößt und dadurch Not leidet. Sauen werden in besonderen Saufängen, zu welchen sie vorher sorgfältig angekörnt, d. h. durch ausgestreute Äsung gelockt sind, gefangen. Ein Beweis, daß es indessen in Mitteleuropa im ganzen noch nicht an Wild fehlt, und daß demnach die durch vernünftige Jagdgesetze angestrebte Hebung der namentlich im Jahre 1848 so sehr mitgenommenen Wildbahnen Deutschlands und Österreichs von Erfolg begleitet war, möge in nachstehenden Angaben gefunden werden.

Nach Winckells „Handbuch für Jäger“, bearbeitet von v. Tschudi, wurden ausweislich der Bücher des k. k. Oberst-Hofjägermeisteramtes bereits wieder im Jagdjahre 1854 in nur drei Forstmeisterämtern 54591 Stück Wild erlegt, darunter 371 Stück Rotwild, 710 Stück Schwarzwild, 19637 Hasen, 6258 Fasanen u. s. w. Im Jahre 1856 lieferten die fürstlich Rohanschen Jagden in Böhmen 20165, die fürstlich Liechtensteinschen Güter gar in der Zeit vom 29. August bis Ende Dezember 1856 die sehr anständige Zahl von 24700 Stück Wild. Es betrug ferner die Zahl des im Jahre 1882 auf sämtlichen fürstlich Schwarzenbergschen Herrschaften erlegten Wildes 75401 Stück. Darunter Rotwild 201, Damwild 151, Rehe 1338, Schwarzwild 199, Hasen 22759, Rebhühner 26705, Fasanen 2245 Stück. Im Königreich Böhmen wurden im Jahre 1879 erlegt: Rotwild 533, Damwild 861, Rehe 4056, Schwarzwild 577, Hasen 185949, Rebhühner 232429 Stück u. s. f. und unter dem im Jahre 1881 daselbst zum Abschuß gebrachten Wilde befinden sich

1243 Stück	Rotwild,	765 Stück	Schwarzwild,	35619 Stück	Fasanen,
1500 „	Damwild,	405130 „	Hasen,	2053 „	Waldschnepfen,
7991 „	Rehwild,	425030 „	Rebhühner,	10282 „	Wildenten &c.

Im Bezirke des königlich preußischen Hofjagdamtes wurden während der Jagdsaison 1882 bis 1883 erlegt: 15925 Stück. Davon Rotwild 687, Damwild 1768, Schwarzwild 530 Stück. Oberlandforstmeister v. Hagen veranschlagt im Jahre 1883 den Wert des jährlich im Königreich Preußen erlegten Wildes auf ungefähr 5800000 Mark.

Das Rotwild und seine Jagd. Als das edelste jagdbare Tier ist seit alter Zeit der Rothirsch oder Edelhirsch angesehen worden, und deshalb wurde auch die Jagd auf denselben stets mit größtem Gepränge ins Werk gesetzt, und man kann wohl sagen, daß die ganze Einrichtung der Jägerei in früheren Jahrhunderten auf der Hirschjagd und ihren verschiedenen Arten fußte. Da nun auch der Hirsch selbst je nach Stärke, Geschlecht u. s. w. verschieden gejagt wird, so mußte der hirschgerechte Jäger den Hirsch sowohl nach der Anschauung des Wildes selbst, als auch nur nach der Fährte richtig „ansprechen“, d. h. angeben können, ob der Hirsch jagdbar, schlecht jagdbar, alt oder jung sei, wieviel Enden er wohl habe, ob die Stangen stark seien u. s. w.

Die Hirschkuh oder das Tier, auch Rottier, Stück Wild genannt, „setzt“ ein Hirsch- oder Wildkalb. Letzteres heißt im zweiten Jahre und so lange, bis es selbst Junge hat, Schmaltier, von da ab altes Tier oder Alttier; ist ein solches nach der Brunftzeit nicht beschlagen (trächtig), so heißt es Gelttier. Das Hirschkalb, das Junge männlichen Geschlechts, setzt nach Vollendung des ersten Jahres zwei Spieße auf und heißt dann Spießer. Die dauernd mit behaarter Haut bedeckt bleibenden, vom Stirnbein entspringenden Knochenzapfen, von denen sich sowohl die Spieße als alle späteren Geweihe erheben, heißen Rosenstöcke. Jedes Geweih ist anfänglich weich und mit kurzbehaarter Haut bedeckt und wird so lange Kolben genannt, bis es vereckt (sich ausgereckt, d. h. sich völlig ausgebildet hat) und bis zu den Spitzen verhärtet ist. Die rauhe, wollige Bedeckung der Stangen, welche das Geweih bei seinem Entstehen bedeckt, den Bast, reibt der Hirsch, sobald das Geweih ganz verhärtet ist, an Baumstämmen ab, er „fegt“. Der etwas hervorstehende Teil, mit welchem jede der beiden Stangen des Geweihes auf dem Kopfe aufsteht, heißt die Rose. Die perlförmigen Erhöhungen an ihnen heißen Perlen oder Steine, dieselben Erhöhungen an den Stangen Perlen. Je mehr Perlen, desto wertvoller und schöner das Geweih. Das Erstlingsgeweih des Spießers zeichnet sich stets durch den Mangel der Rose aus. Alle Jahre wirft der Hirsch sein Geweih ab und ersetzt es durch ein neues. Es geschieht dies beim Spießer im April, beim jungen Hirsch im März, beim starken Hirsch im Februar. Der Spießer wirft, ehe er volle zwei Jahre wird, ab und setzt zwei neue Stangen auf, welche nicht weit über den Rosen ein über den Augen weglaufendes Ende, die Augensprosse, die Hauptwaffe des Hirsches, ausrecken. Wir erhalten so den Gabelhirsch oder Gabler. Bekommt der Hirsch außer der Augensprosse und über derselben noch eine Sprosse, die sogenannte Mittelsprosse, so heißt er ein Hirsch an sechs Enden oder Sechser. Die Gabler sind im allgemeinen selten. Meist ist auch schon das zweite Geweih des Hirsches ein schwaches Sechsergeweih. Das nächstfolgende Geweih zeigt außerdem eine Gabelung der Spitze; der Hirsch, der ein solches trägt, heißt dann Achter (Fig. 335, 4). Der Zehner kann auf zwei verschiedene Weisen entstehen, gewöhnlich dadurch, daß zwischen Aug- und Mittelsprosse ein fünftes Ende an jeder Stange sich einschiebt, welches Eissprosse heißt (Fig. 335, 5), oder es fällt die Eissprosse aus und der oberste Teil jeder Stange teilt sich in drei Teile; wir haben dann einen Kronzehner (Fig. 336, 6). Der oberste Teil der Stange heißt Gabel, wenn er in zwei Enden, Krone, wenn er in mehr als zwei Enden ausgeht. Normalerweise tritt die Krone erst beim Hirsch von zwölf Enden (Fig. 335, 6) auf. Als Ende wird jagdlich jeder Auswuchs gezählt, an dem ein Handschuh hängen bleibt. Die Zahl der Enden wird stets nach derjenigen Stange angesprochen, welche die meisten hat. Der Jäger spricht also von einem Hirsch an acht, zehn, zwölf, vierzehn u. s. w. Enden, wenn der Hirsch an einer oder jeder Stange vier, fünf, sechs, sieben u. s. w. Enden hat. Er sagt im ersten Falle „ein Hirsch an ungerade“, im zweiten „an gerade acht, zehn u. s. w. Enden“. Hirsche von fünf, sieben, neun, elf Enden gibt es also in der Weidmannssprache nicht. Die Zahl der Enden wächst, ohne daß dies ganz regelmäßig geschieht, im allgemeinen, wie gesagt, mit den Jahren, hängt aber auch von guter Äsung (Futter) und von dem Gesundheitszustande des Stückes ab, so daß ein Hirsch, welcher in einem Jahre achtzehn Enden hatte, im nächsten, vielleicht nach einer Verwundung oder nach einem harten Winter, deren nur sechzehn, vierzehn oder noch weniger haben kann.

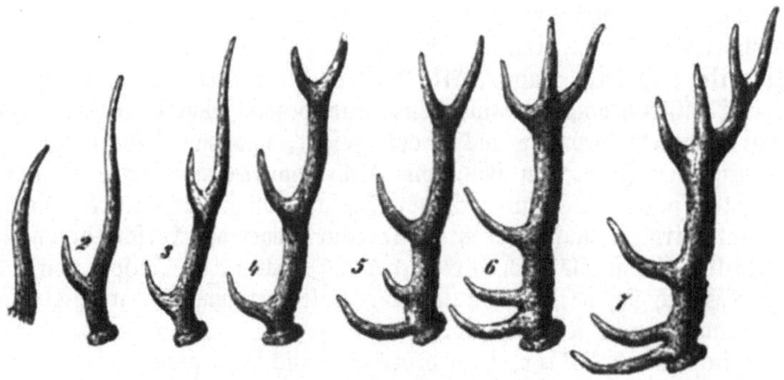

Fig. 335. Geweih des Hirsches in den ersten acht Jahren seines Lebens bei ganz normaler Ausbildung. 1 Stange des Spießers. 2 Stange des Gabelhirsches. 3—7 Geweih des Sechs-, Acht-, Zehn-, Zwölf- und Vierzehnenders.

Man sagt dann, der Hirsch hat „zurückgesetzt“. Kümmerer, Hirsche, welche eine Verletzung an wichtigen Teilen erlitten oder auch eine Verwundung überstanden haben, setzen oft ganz merkwürdig gebildete „widersinnige“ Geweihe auf, wie es denn selbstverständlich auch hier mancherlei Abnormitäten gibt, z. B. ganz gesunde Hirsche ohne Geweih u. s. w.

Die Franzosen sprechen den Hirsch nicht nach den Enden, sondern nach dem ganzen Geweih an. Bei ihnen ist also der Gabler ein Hirsch vom zweiten Kopfe. Ein jagdbarer und guter Hirsch bei der deutschen Jagd mußte früher wenigstens zwölf Enden haben und etwa 150 kg wiegen. Mit zehn Enden war der Hirsch nur schlecht jagdbar. Ein sehr alter, starker und guter Hirsch heißt Kapitalhirsch; er hat ein gutes, prächtiges, braves, niemals ein schönes Geweih. Sowohl Hirsch als Tier haben im Oberkiefer ein paar Eckzähne, welche sich mit zunehmendem Alter glatt abschleifen und bräunen. Sie heißen „Haken“ oder „Grandln“ und werden von glücklichen Schützen gern in Silber gefaßt, als Trophäe an der Uhrkette getragen. Zur Feistzeit, im Hochsommer, hält sich der stärkere Hirsch vom Mutterwilde fern. Im September beginnt er ihm aber nachzuziehen und Ende dieses Monats und Anfang Oktober tritt er auf die Brunst. Dann schallt, besonders in kalten, klaren Nächten, der Brunftschrei des edlen Hirsches majestätisch durch die stille Waldung, und häufig entscheidet es sich erst nach langen, mitunter für den einen Teil tödlich endenden Kämpfen, welcher Hirsch die Stelle als sogenannter Platzhirsch, d. h. als unumschränkter Gebieter über das Mutterwild, auf einem bestimmten Brunftplan behaupten soll. Ja es kommt sogar vor, daß zwei Hirsche sich verkämpfen, d. h. ihre Geweihe derartig ineinander zwängen, daß sie dieselben nicht mehr trennen können und nun eingehen müssen. In der weltberühmten Geweihsammlung zu Moritzburg bei

Dresden, welche auch das Geweih des im Jahre 1696 von Kurfürst Friedrich III. von Brandenburg bei Fürstenwalde erlegten Sechsundsechzigenders enthält, werden ein paar so verkämpfter Geweihe aufbewahrt. Im weißen Saale des Moritzburger Schlosses befinden sich 72 Geweihe, von denen keines weniger als 24 Enden hat.

Wir übergehen die übrigen Weidmannsausdrücke über alle Teile des Hirsches hier sowohl als auch später bei den übrigen Wildarten und verweisen bezüglich derselben auf die von uns angezogenen Jagdbücher, woselbst auch die 72 Kennzeichen nachgelesen werden mögen, welche der alte Jäger für den Hirsch hatte, um ihn nämlich und zwar besonders der Fährte nach vom Tier zu unterscheiden. Liebhaber machen wir auch auf die in vielen Beziehungen höchst interessanten Jagdkalender des Forstmeisters von Wildungen, welche Ende des vorigen und Anfang dieses Jahrhunderts erschienen, sowie auf die verschiedenen neueren Jagdzeitungen aufmerksam.

Fig. 336. Kopf und Geweihe des Kapitalhirsches sowie zurückgesetzte und abnorme Geweihe.
1 Kopf des Sechzehnenders. 2 Geweih des Achtzehnenders; 3 des Zwanzigenders. 4—7 Verkümmerung des Geweihes. 4 Fehlende Augen- und Mittelsprosse. 5 Fehlende Eis- und Mittelsprosse. 6 Fehlende Eissprosse beim Zwölfender („Kronzehner"). 7 Fehlende Eissprosse und Lücke in der Krone.

Der Hirsch wird auf verschiedene Arten nutzbar gemacht. Sein Wildbret (Fleisch) ist in der Feistzeit (Monat August, im weiteren Sinne auch Mitte Juni bis Mitte September) vortrefflich. Das Geweih wird zu mancherlei Arbeiten der Industrie verwertet, auch zu Gallerte verarbeitet und pulverisiert wurde es früher in Apotheken verwendet. Das Unschlitt heilt leichte Hautverletzungen, und die Haut macht einen nicht unbedeutenden Handelsartikel aus. Sie ist in der Zeit von Mitte Juni bis Mitte September am besten, weil sie im Winter von Engerlingen zu sehr verletzt ist und auch im Leder zu dünn wird. Ein Kapitalhirsch wog früher in der Feistzeit bei guter Äsung gegen 300 kg. So starke Hirsche kommen heutzutage außer in Ungarn kaum mehr vor.

Bei der Hirschjagd und der Jagd auf Rotwild überhaupt sind zwei Arten zu unterscheiden, die deutsche und die französische Jagd. Die erstere besteht zunächst in dem Aufsuchen, Bestätigen und persönlichen Erlegen des Hirsches durch den einzelnen Jäger auf dem sogenannten Birschgang oder auf dem Anstande. Sollen größere Mengen Wild erlegt werden, so bedient man sich der Treibjagd oder der eingestellten und bestätigten Jagen. Die französische Jagd ist die Parforcejagd zu Pferde, bei welcher das Wild mit Hundeu so lange gejagt wird, bis es zusammenbricht. Beide Jagdarten, die deutsche, zu welcher auch noch das Fangen des Schwarzwildes mit Hetzhunden, die sogenannte Hatz, gehört, und die französische Parforcejagd, wurden in Deutschland getrieben, und noch heutzutage hält der Kaiser im Grunewald Parforcejagden, während er in andern Revieren der deutschen Jagd obliegt.

Kennt der Jäger den Aufenthaltsort des Hirsches, so kann er ihn entweder zu Fuß, zu Pferde oder zu Wagen beschleichen, und sobald er ihn schußgerecht hat, erlegen. Man nennt diese Art der Jagd den Birschgang oder das Birschen, Pürschen, auch Pirsch oder Bürsch. Birscht man zu Pferde oder zu Wagen, was deshalb geschieht, weil das Wild dann den Jäger weniger bemerkt, so kommt es ganz auf die Sicherheit der Pferde an, ob man zum Schießen ab- oder aussteigt oder sitzen bleibt. Meist wählt der Jäger ersteres und läßt dann das Pferd zwischen sich und dem Wilde, um so nahe als möglich an dieses heranzukommen. Das erlegte Wild wird mit einem Zweige (Bruch) bedeckt (verbrochen), welcher das bereits in Anspruch genommene Eigentum einem jeden später ankommenden Jäger andeutet, und sodann abgeholt. Ist das Wild nur angeschossen, so wird es mit dem Schweißhunde verfolgt. Um auf dem Anstande Hirsche zu schießen, begibt sich der Jäger an solche Orte, welche das Wild erfahrungsgemäß passiert (Wechsel), und wartet da das Erscheinen der Tiere ab. Zur Brunstzeit kann man durch ein Instrument, auf welchem das Schreien der Hirsche nachgeahmt wird, den Hirschruf, die Hirsche auch herbeilocken und alsdann schießen. Alle diese Jagdarten erfordern Erfahrung, Ausdauer, Überlegung, Gewandtheit, und werden deshalb heutzutage vom weidgerechten Jäger am höchsten geschätzt.

Bei Treibjagden auf Hochwild, zu deren erfolgreicher Einrichtung eine sehr große Wild- und Terrainkenntnis seitens des Jagdpersonales gehört, wird von den Schützen nur Stillstehen auf dem Stande und Fertigkeit in der Handhabung der Büchse verlangt.

Zur Ausführung der alten deutschen Jagd gehörten vorzugsweise vier Hunderassen: der Leithund, der Schweißhund, der dänische Blendling und der deutsche Jagdhund. Der Leithund dient zum Bestätigen des Hirsches. Der hirschgerechte Jäger kann mit einem guten Leithunde den Aufenthaltsort und die Zahl des Hochwildes daselbst feststellen. Er zeichnete sich durch vorzüglich gute Nase (feinen Geruch) aus und zeigte dem Jäger die Fährte des Hochwildes. Er mußte so gut gearbeitet (dressiert) sein, daß er die Fährte eines Hirsches von der des Mutterwildes unterscheiden konnte. Da hierzu große Übung gehört, so ist es selbstverständlich, daß diese Art Hunde mit der Abnahme des Hochwildes auch abgenommen hat und heute wohl ausgestorben ist. Der Schweißhund, wie der vorige von mittlerer Größe, aber etwas schlanker, dient noch heute zur Verfolgung des angeschossenen Wildes nach der Schweiß-(Blut-)fährte und zum Stellen des Wildes, bis es der herankommende Jäger durch einen zweiten Schuß, den „Fangschuß", tödtet oder mit der blanken Waffe, dem Hirschfänger u. s. w., „abfängt". Auf den Schweiß lassen sich auch Hühnerhunde, Dachshunde u. s. w. dressieren. Der Blendling war ein Bastard der alten schweren Hatzhunde, welche im stande waren, auch unverwundetes größeres Wild zu fassen und festzuhalten, und der großen Windhunde. Sie dienten zum Jagen des Wildes, zum Einholen und Necken (Zwacken) desselben, bis die schweren Hatzhunde herankamen. Auch bei den eingestellten Jagen wurde der Blendling verwendet. Der Jagdhund oder die Bracke dient zum Jagen und Zutreiben des Wildes auf den angestellten Schützen. In Deutschland macht man von der Bracke jetzt weniger Gebrauch, wohl aber noch in Frankreich. Der Blendling ist aus der deutschen Hirschjagd völlig verschwunden.

Die eingestellten Jagen, deren Beschreibung wir uns jetzt zuwenden, sind eine nur noch selten vorkommende Jagdlustbarkeit großer Herren. Zu einem eingestellten Jagen mußte der ganze Apparat der alten deutschen Jägerei aufgeboten werden, als da war:

Oberjägermeister, Jäger, Zeugmeister, Wildmeister, Besuchsknechte u. s. w. Die eingestellten Jagen unterschieden sich in Hauptjagen und bestätigte Jagen. Zweck der ersteren war in Zeiten des Wildüberflusses neben dem Vergnügen für den Jagdherrn namentlich der, der Überhandnahme des Wildes zu steuern. Der Landmann richtete Bittgesuche an seinen Fürsten und Herrn, ein Hauptjagen zu veranstalten. Die Jägerei zog dann mit dem ganzen Jagdzeug aus und arbeitete wochenlang, um das Wild aus großen Revieren in immer engere Räume zusammenzutreiben. Diese Räume wurden zunächst „eingelappt", d. h. mit Leinen, an welchen Lappen, Federn u. s. w. eingebunden waren, dem Blendezeug, umzogen, welche entweder vom Winde oder von besonders zu diesem Zweck aufgestellten Fronbauern, um das Wild am Zurückweichen aus dem eingelappten Revier zu verhindern, bewegt wurden. Mit der Verengerung des Raumes begann man nun das Wild mit hohen Tüchern von Segelleinwand (dem dunklen Zeug) oder auch mit nach der Stärke der Wildart verschieden starken Netzen (dem lichten Zeug) einzustellen.

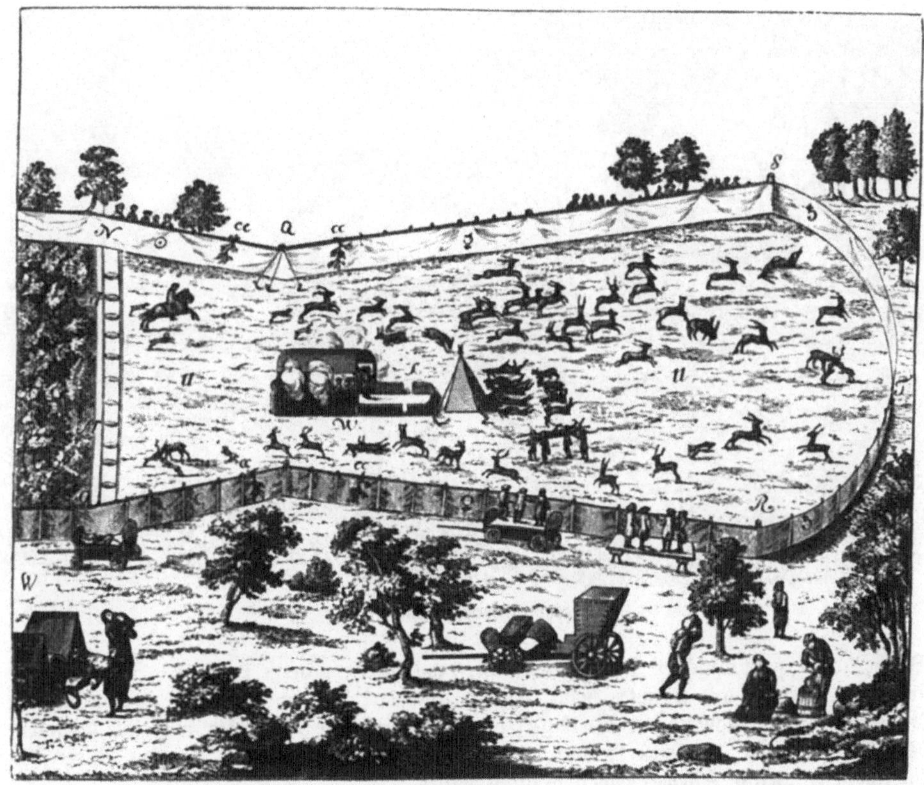

Fig. 337. Prospekt eines eingerichteten Hauptjagens nach einem alten Kupferstich.

Dazu gehörte eine starke Jägerei und Hunderte von Bauern. An den eingestellten Raum, der womöglich ein Dickicht sein mußte, anschließend, wurde nun ebenfalls mit Tüchern ein bis 400 Schritt langer und etwa 120—160 Schritt breiter Raum eingestellt, der Lauf (Fig. 337 UU), der, möglichst eben und baumfrei, in der Mitte einen Schirm (W) hatte für die schießenden Fürsten, Grafen und sonstigen Kavaliers, wie Döbel sagt. Das eingestellte Dickicht selbst scheidet sich in ein Zwangtreiben und eine Kammer. Aus dem ersteren wird das Wild abends vorher oder morgens vor der Jagd in die Kammer getrieben. Sobald nun die Schützen in dem Schirm sind, zieht die militärisch aufgestellte Jägerei, nachdem sie durch Hutschwenken Honneurs gemacht, unter Hörnerklang und Jagdgeschrei „zu Holze", die Hunde (deutsche Jagdhunde) werden gelöst, die Rolltücher (M), welche die Kammer vom Laufe trennen, geöffnet und das Wild nun auf den Lauf getrieben. Jäger zu Pferde und zu Fuß mit „Blendlingen" und sonstigen Hatzhunden sind zur Stelle, um das angeschossene Wild zu fassen und, wenn es ein jagdbarer Hirsch ist, mit dem Hirschfänger, sonst mit dem Genickfänger abzufangen. Das erlegte Wild wird zur Seite des Schirmes „gestreckt" (Σ), d. h. niedergelegt. Bei der Strecke kommen zuerst die jagdbaren Hirsche, dann die geringeren, dann das Mutterwild u. s. f. Damit die im Laufe befindlichen Jäger und die außerhalb stehenden Zuschauer bei dem Schießen nicht verletzt werden, hängt man rechts und links vom Schirme auf die Tücher je zwei stark belaubte Büsche (Brüche) cc. Nur was zwischen diesen Brüchen passiert, darf geschossen werden. Nachdem alles geschossen ist, erstattet der Oberjägermeister seine Meldung und steckt dem Höchsten im Rang einen grünen Zweig, einen „Bruch", auf den Hut. Das Gleiche geschieht seitens der Jägerei je nach Rang und Würde auch den übrigen Schützen. Die Jagd wird schließlich abgeblasen. Hat sich ein Schütze gegen die Weidmannssprache vergangen, so wird er über einen jagdbaren Hirsch gelegt und erhält drei Streiche, Pfunde, mit dem Weidmesser, Blatt. Beim ersten Streich spricht der Oberjägermeister:

Fig. 338. Schreiender Brunfthirsch.

„Jo ho! das ist für meinen gnädigsten Fürsten und Herrn", beim zweiten: „Jo ho! das ist für Ritter, Reuter und Knecht", beim dritten: „Jo ho! das ist für das edle Jägerrecht". Die Jäger stoßen alsdann ein Waldgeschrei aus und der Bestrafte muß sich bedanken. Der Fürst schenkte zu jenen Zeiten meistens den größten Teil des erlegten Wildes den Unterthanen, welche Schaden davon gelitten hatten.

Das bestätigte Jagen unterscheidet sich nur dadurch von dem Hauptjagen, daß das Wild nicht aus großen Revieren zusammengetrieben, sondern an seinem Standort durch die Besuchsjäger mit dem Leithunde bestätigt wird; d. h. mehrere hirschgerechte Jäger suchen das Revier mit dem Leithunde ab und bestätigen nach den vorgefundenen Fährten und deren Stellung, wieviel starke, jagdbare und geringe Hirsche oder Sauen sich in dem Distrikte befinden. Nur dieser Distrikt wird alsdann eingestellt und ein Lauf in derselben Art eingerichtet, wie bei dem Hauptjagen. Das Zeremoniell beim Abjagen ist ebenso, wie bei dem Hauptjagen beschrieben wurde, nur jagen vorzugsweise Jagdhunde das Wild auf den Lauf. Hauptsache bleibt, daß so viele jagdbare Hirsche wirklich erscheinen, als die Jägerei auf Grund der Rapporte der bestätigenden Jäger angegeben hat. „Denn es ist und bleibt dabei", sagt der alte Döbel, „daß die Leithundsarbeit das Hauptfundament der ganzen Jägerei ist". Die bestätigten Jagen haben den Vorzug der größeren Wildschonung, weil meist nur gut jagdbares Wildbret dabei erlegt wird, geringere Hirsche läßt man durch besondere Einrichtung der Jagdtücher, welche an einzelnen Stellen auf- und zugezogen werden können, entkommen. Man macht derartige Jagen auch auf Sauen und verfährt dabei ebenso mit der Bestätigung u. s. w. Waren Rotwildbret und Sauen zusammen, so wurden mitunter beide Gattungen durch Tücher geschieden und nacheinander auf den Lauf gelassen, resp. gejagt. Man nannte das Jagen dann ein Jagen auf Sauen, wenn diese zuerst auf den Lauf müssen, andernfalls ein solches auf Hirsche. Ist der Lauf zwischen zwei Dickichten angelegt, so nennt man das Jagen ein Kontrajagen, indem das Wild aus der einen Kammer über den Lauf flieht und in der gegenüberliegenden Kammer Schutz sucht, dort aber wieder heraus und zurück über den Lauf gehetzt wird. Das stete Blasen der Jagdhörner, welche mit besonderen Signalen die starken Hirsche anzeigen, die Jagdrufe und das laute Jagen der Hunde soll eine Musik sein, welche nach Döbel „viele Liebhaber sogar dem Klange der Instrumentalmusik vorziehen". Die Zeit zur Einrichtung eines bestätigten Jagens beträgt nur vier bis fünf Tage, also etwa so viel Tage, als die Einrichtung des Hauptjagens Wochen kostete.

Fig. 339. Parforcejagd.

Die Parforcejagd auf den Hirsch stammt aus Frankreich und ist ein Vergnügen großer Herren, das einen großen Apparat an Jägern, Pferden und Hunden erfordert. Alle Ausdrücke bei der Parforcejagd sind französisch. Es existiert eine ganze Notensammlung der bei der Jagd zu gebenden Signale, nach welchen die Jäger sich richten. Man signalisiert den Hirsch, wenn er sich in Bewegung setzt und wenn er durch ein Wasser geht, wenn er aus dem Wasser herauskommt; man signalisiert, wenn die Hunde auf falscher Fährte jagen u. s. w. Schließlich, wenn der Hirsch von den Hunden gestellt und vom vornehmsten Jäger erlegt wird, was durch Schießen oder Abfangen mit dem Hirschfänger geschieht, wird das Halali geblasen. Der rechte Vorderlauf wird dem erlegten Hirsch abgelöst und dem Höchsten im Range präsentiert. Hierauf wird die Curée gemacht, d. h. der Hirsch wird aufgebrochen, das Jagdpersonal erhält sein Jägerrecht, d. h. diejenigen Teile des Wildbrets, welche ihm zustehen, die Hunde bekommen einen Teil der Eingeweide u. s. w. Bei dieser Curée werden dann noch verschiedene Gebräuche aufgeführt, indem man die Hunde durch die Haut des Hirsches mit dem daran befindlichen Kopf und Geweih reizt, die Haut schließlich von dem Reste des zerwirkten Hirsches wegzieht, welcher dann im Nu von der Meute verschlungen ist. Dabei werden Fanfaren geblasen, die Jäger stecken grüne Büsche auf und die Jagd zieht nach Hause. Das Jagdpersonal besteht auch hier aus Oberjägermeister, Jägermeistern, Wildmeistern, Jagdpagen, Oberpikeuren und Pikeuren zur

Erziehung und Dressur der Pferde und Hunde, Besuchsknechten u. s. w. Die Meute, aus den Parforcehunden, Hunden von mittlerer Größe, gutem Bau und langem Behang bestehend, gewährt durch ihre vielfach bunte Färbung und den verschiedenen Laut des Bellens bei ihrer großen Zahl, von über 100 Stück, eine wahre Augen= und Ohrenweide für die Parforcejäger, die selbst auf gutem Pferde über Stock und Stein in großer Zahl dem edlen Hirsch nachjagen. Auch Sauen werden parforce gejagt.

Eigentliche große Parforcejagden auf Hirsche oder Sauen werden, wie bereits oben erwähnt, in Deutschland nur noch bei Potsdam im Grunewald geritten. Außerdem halten sich eine Anzahl Parforcevereine kleine oder größere Meuten. Vor 120 Jahren aber gab es nach des alten Döbels „Jäger=Praktika" folgende Parforcejagden in Deutschland: 1) die Königlich Englische in Hannover, zu Celle; 2) in Schwerin; 3) in Potsdam; 4) in Hubertusburg in Sachsen; 5) in Dessau; 6) in Ballenstedt am Harz; 7) eine Herzoglich Weimarische;

Fig. 340. Auf dem Anstand auf Rehwild.

8) eine Fürstlich Öttingische; 9) eine Kurfürstlich Bayrische in Nymphenburg; 10) eine Herzoglich Württembergische in Ludwigsburg und Schlothwiese; 11) eine Landgräflich Hessische in Darmstadt; 12) eine Fürstlich Waldeckische in Arolsen. Zur Unterbringung des Jagdpersonals und der Pferde und Hunde waren große Jagdschlösser mit Jägerhöfen, Pferde= und Hundeställen angelegt. Viele solcher Jagdschlösser bestehen noch, z. B. das durch den Friedensschluß von 1763 berühmte Jagdschloß Hubertusburg, dessen Name dem heiligen Hubertus entnommen ist. Die Sage, daß ein Hirsch mit dem Bilde des Gekreuzigten zwischen den Stangen die Bekehrung des gewaltigen Jägers Hubert zum Christentume bewirkt habe, ist bekannt. Sie machte den Bekehrten zum Schutzheiligen der Jäger, und am 3. November, dem St. Hubertustage, werden ihm zu Ehren häufig große Jagden abgehalten.

Die übrigen deutschen Hirscharten und ihre Jagd. Dem Rotwild steht am nächsten das gefleckte, an der Spitze schaufelförmig verbreiterte Geweihe tragende Damwild, welches auch in schwarzen und weißen Spielarten vorkommt. Ursprünglich ein Bewohner der Mittelmeerländer, ist es seit mehreren Jahrhunderten bei uns eingeführt und außer in den Tiergärten, zu deren Besetzung es sich ausgezeichnet eignet, auch an vielen Stellen in freier Wildbahn vorhanden. Seine Jagd ist nicht wesentlich von der des Rotwildes verschieden.

Die in Deutschland verbreitetste Hirschart ist das Rehwild, dessen zierlich schlanke Gestalt jedermann bekannt ist. Seine besonderen Kennzeichen sind der Mangel des Schwanzes (Wedel) und das nur selten mehr als sechs Enden tragende Gehörn. Die Ricke oder Geiß setzt im Mai ein bis zwei Kälber. Das Bockkalb erhält bereits im Herbst des ersten Kalenderjahres seines Lebens Rosenstöcke, auf denen sich bald ein ganz kurzes, rosenloses Erstlingsgeweih erhebt, um bereits dann, wenn der Jungbock zehn Monate alt ist, abgeworfen und durch ein zweites, gewöhnlich aus stärkeren, rosentragenden Spießen gebildetes Gehörn ersetzt zu werden. Dieses wird im nächsten Dezember, also wenn der Bock 20 Monate alt ist, abgeworfen, und von nun an wird das jetzt gewöhnlich Gabeln oder sechs Enden zeigende Geweih regelmäßig im Spätherbst gewechselt. Die Paarungszeit, Brunftzeit, des Rehes fällt Ende Juli, Anfang August. Diese Zeit heißt auch Blattzeit, weil der Bock dann auf das „Blatt springt". Der Schütz bringt nämlich auf einem glatten, etwas steifen Blatte oder auf einem Stückchen Birkenrinde, in neuerer Zeit auf einem besonderen Instrumente den Ton, den die Ricke während der Brunst hören läßt, mehrere Male kurz nacheinander hervor. Er lockt dadurch die in der Nähe befindlichen Böcke, mitunter auch andre Ricken herbei. Letztere läßt er natürlich unbehelligt, während er den Bock erlegt. Anstand, Birsch, Treibjagd sind die am häufigsten zur Erlegung des Rehwildes geübten Jagdarten.

Fig. 341. Elch und Wölfe.

Das seltenste deutsche Jagdtier ist das Elen- oder Elchwild, welches in Rußland und Skandinavien sowie in Nordamerika ziemlich verbreitet ist, dagegen in Deutschland nur noch in einigen ostpreußischen Oberförstereien, besonders in Ibenhorst, gehegt wird. In Nordamerika heißt es „Moosedeer" in englischer, „Orignal" in französischer Sprache. Dieses noch in historischer Zeit über einen großen Teil von Deutschland verbreitete, an Größe dem Pferde gleichkommende, durch sein schaufelförmiges, auf wagerecht nach außen stehenden Rosenstöcken angebrachtes Geweih ausgezeichnete Tier ist die stärkste lebende Hirschart, und wurde an Statur nur noch von dem Riesenhirsch übertroffen, welcher zur Diluvialzeit in Europa lebte, dessen Reste man besonders in den irischen Mooren häufiger findet und den man vermutungsweise mit dem im Nibelungenliede neben dem Elch erwähnten „grimmen Schelch“ identifiziert hat. Das hauptsächlich von den jüngeren Trieben der Holzpflanzen lebende Elch wird wie der Hirsch auf dem Anstand, beim Birschen und Treiben erlegt, in Skandinavien und Rußland aber meist mit kleinen Hunden gejagt, vor denen der gewaltige Koloß sich nach kürzerer oder längerer Zeit stellt und so dem Jäger die Gelegenheit gewährt, sich zur Anbringung des Fangschusses anzubirschen. Die Erlaubnis zur Erlegung eines jeden einzelnen Elches in Ibenhorst wird mittels kaiserlicher Kabinettsordre erteilt.

Das Gems- und Steinwild und seine Jagd. Nach den durch ihr jährlich gewechseltes Geweih ausgezeichneten Hirscharten sind einige Mitglieder der Familie der hörnertragenden, d. h. mit einer Hornscheide bedeckte Stirnzapfen besitzenden Wiederkäuer, die edelsten europäischen Jagdtiere, besonders Gemse und Steinbock.

Hoch oben in den ruhigen, entlegenen Revieren unsrer deutschen Alpen lebt die Gemse, in ihrer Heimat „Gams“ genannt, jenes flüchtige, genügsame und nur für den abgehärteten, echten Weidmann erreichbare Wild, das für jeden Alpenbesucher so lebhaftes Interesse besitzt und doch nur von den wenigsten wirklich gesehen wird. In der Schweiz sind durch die lange fortgetriebene schonungslose Verfolgung die Gemsstände sehr herabgekommen, um so reicher sind sie dagegen in den Bayrischen, Steirischen und Salzburger Alpen, wo es nichts Außergewöhnliches ist, Rudel von 40 und 60 Stück zu treffen und wo alljährlich Hunderte erlegt werden. Die hintere Rieß, Berchtesgaden, Eisenerz und Ischl sind klassische Reviere für den Gemsjäger. Auch die Karpathen, die griechischen Gebirge und die Pyrenäen haben noch einen Gemsstand. In letzteren wird die Gemse von den Franzosen „Isard“ genannt. Die Jagd wird zwar den ganzen Sommer über getrieben, in den geschonten Ständen beschränkt sie sich aber vorzüglich auf den Herbst und Vorwinter, in welche Zeit zugleich die Brunst fällt. Man bedient sich zum Erlegen der Gemsen auf gut bestellten Jagdrevieren hoher Herren auch der Treibjagd, bei welcher durch auserlesene, verwegene Gebirgssöhne das Wild aus weitem Umkreise und aus den unzugänglichsten Wänden gegen sogenannte gezwungene Wechsel oft in großer Zahl beigetrieben wird; die Hauptjagd für den echten Gebirgsschützen ist aber stets die Birsch. Freilich fordert diese Jagd einen ganzen Mann; tags vorher schon steigt der Jäger bis zur höchsten Sennhütte, die er lange vor dem ersten Dämmer schon wieder verläßt, um sich nun mit gutem Winde und einer für den Sonntagsjäger unfaßbaren Vorsicht den Gemsständen möglichst zu nähern; er schleicht gebückt, jeden Fels oder Latschenbusch zur Deckung benutzend, jedes raschelnde Laub und jeden knackenden Ast mit dem Tritt vermeidend, über die kahlen Hochflächen oder auf steinigem Gehänge dahin, Augen und Ohren überall und wohl wissend, daß das Kollern eines sich lösenden Steinchens in dieser lautlosen Welt dort oben hinreicht, um im weiten Umkreise die vorsichtigen Tiere zur Flucht zu veranlassen und dadurch für heute die Jagd in diesem Gebirgsteile erfolglos zu machen. Doch kein Unfall ist dazwischen getreten, auf Schußweite sieht er einen braven Bock hinter einem Felsen, er schöpft Atem und sendet ihm das tödliche Blei, das sein Ziel nicht verfehlt. Doch der Bock ist nur angeschossen, er zieht mit weiten Sätzen auf schweißiger Fährte weiter, und nun beginnt der zweite und gefährlichere Teil der Jagd — das Verfolgen des Wildes über die entlegensten, schlimmsten Wege, die es in der Welt gibt. Wahrlich, zu solcher Jagd gehören nicht bloß Schützen, sie fordert Männer, und zwar die besten. Die geschätzte Trophäe des glücklichen Jägers ist der Gemsbart, d. h. ein Büschel der langen Haare, welche zur Brunftzeit Bock wie Geiß längs des Rückgrates tragen. Er dient als Hutschmuck. Der schon mehrfach erwähnte Tschudi gibt eine ausführliche Beschreibung der Gemse und ihrer Jagd, am schönsten hat sie aber der als Mineralog, Dichter und Jäger gleich hochstehende F. v. Kobell in seinem „Wildanger“ geschildert.

Während die Gemse zu den Antilopen gehört, von denen in Europa außer ihr nur noch die Saiga-Antilope in den russischen Steppen vorkommt, sind die Steinböcke Ziegenarten. Es gibt verschiedene Arten europäischer Steinböcke, z. B. den Pyrenäensteinbock und den Alpensteinbock; letzterer ist der berühmteste. Ursprünglich in der gesamten Alpenkette verbreitet, lebt er heute unter dem Schutze strenger Jagdgesetze nur noch in den Grajischen Alpen, in jenen wilden Fels- und Eiswüsten, welche nach Süden das Thal der Dora Baltea in Piemont begrenzen. Die Erhaltung dieses edlen Jagdtieres verdanken wir dem verstorbenen König Viktor Emanuel, der zugleich der bedeutendste Steinbocksjäger der Neuzeit war. In der Schweiz ist, bis auf gelegentlich verirrte Stücke, der Steinbock völlig ausgestorben. Im Kanton Glarus wurde der letzte 1550 geschossen. An den Südabhängen des Monterosa haben sie sich bis in den Anfang dieses Jahrhunderts gehalten.

Fig. 342. Gemsen.

Die besonders von Kronprinz Rudolf von Österreich versuchte Wiederbesetzung einiger deutscher Alpenreviere mit Steinwild hat leider noch keinen namhaften Erfolg gehabt. Für den einzelnen Jäger ist die Birsch die einzig anwendbare, mit unsäglichen Mühen und Gefahren verbundene Erlegungsart. König Viktor Emanuel hielt auch Treibjagden auf Steinwild ab.

Das Schwarzwild und seine Jagd. Das Schwarzwild, die einzige Wildart, deren Jagd dem deutschen Jäger noch mitunter die Aufregung einer wirklichen Gefahr bringen kann, ist die wilde Stammart unsres zahmen Hausschweines. Noch im vorigen Jahrhundert über ganz Europa mit Ausnahme von Großbritannien, wo es schon damals ausgerottet war, verbreitet, hat es in vielen Teilen Deutschlands nunmehr der fortschreitenden Kultur, mit der es sich wegen seiner ausgedehnten Verwüstungen in Feld und Forst kaum mehr verträgt, völlig weichen müssen. Dagegen wird es in Tiergärten vielfach gehegt. Der Weidmann bezeichnet im allgemeinen die Stücke Schwarzwild als Sauen. Männliche Stücke mittleren Alters heißen Keiler, späterhin hauende oder grobe Schweine. Die weiblichen Stücke, die Bachen, setzen 20 Wochen nach der in den November und Dezember fallenden Brunst- oder Rauschzeit gestreifte Frischlinge, die im nächsten Jahre Überläufer heißen. Gereizte, besonders angeschossene Bachen und Keiler greifen den Jäger an, sie nehmen ihn an, und besonders letztere können ihn dann durch Schläge mit ihren gewaltigen Eckzähnen, den Gewehren, gefährlich verwunden.

Die älteste deutsche Jagd auf Schwarzwild ist die Sauhatz, bei welcher die aufgestöberte Sau durch starke Hatzhunde verfolgt, gestellt und so lange festgehalten oder gedeckt wird, bis der zu Fuß oder zu Pferde herbeieilende Jäger ihr mit dem Hirschfänger oder mit einem besonderen Jagdspieße, der Saufeder (s. Fig. 344), den Fang gibt.

Fig. 343. Bache mit Frischlingen.

Sauen werden sowohl in eingestellten Jagen als auch in freier Wildbahn gehatzt; letztere Jagdart heißt Streifhatz. Die Jäger sind dabei zu Pferde, die Hunde werden in Hatzen von acht bis zehn Stück eingeteilt, die Saufinder, kleine Hunde zum Aufsuchen der Sauen werden zu zweien geführt, und so zieht die Jagd in Ordnung zu Holze. Eine Hatz besteht aus etwa vier bis sechs schweren deutschen oder englischen Hatzhunden, den Saurüden, resp. englischen Doggen, zum Packen und Festhalten der Sau, und etwa zwei Windhunden oder Blendlingen, welche die Sau verfolgen und „zwacken", bis die schweren Hunde herankommen. Die Saufinder werden in den Bestand losgelassen, in welchem sich nach Meldung des Besuchsjägers Sauen befinden. Die Hatzen sind mit ihren berittenen Führern und solchen zu Fuß um das Revier verteilt. Nachdem die Finder laut geworden, löst man die Hatzen, die Sau wird von ihnen gestellt und von den herbeigeeilten Jägern, meist von dem Höchsten im Range, abgefangen. Der Jäger hat sich wohl in acht zu nehmen, daß die Hunde nicht eher los lassen, bis er der Sau hinter dem Blatt den Fang gegeben hat, damit er nicht zu Schaden komme. Gewöhnlich läßt man die Hatzhunde nicht eher los, als bis man die Sau wirklich sieht. Hetzt man schon los, sobald die Saufinder Laut geben und dadurch anzeigen, daß sie eine Sau aufgetrieben haben, also ehe man die Sau sieht, so heißt das „auf den Boll hetzen". Diese echte alte deutsche Hatzjagd kostete viel körperliche Anstrengung, Gewandtheit und Mut, weil das gehetzte Wild hier keineswegs matt gejagt, vielmehr nur von den Hunden, welche zum Teil durch ihre Schnelligkeit, zum Teil durch die Art ihrer Aufstellung in der Lage waren, das Wild bei voller Kraft einzuschließen, gestellt ist und nun vom Jäger vor den Hunden erlegt wird. Um die Hunde vor gefährlichen Verwundungen zu schützen, bekleidete man sie zuweilen mit Jacken und Panzern von doppelter Leinwand und Fischbein. Gereizte und den Jäger annehmende Sauen ließ man auf den vorgehaltenen Hirschfänger oder die Saufeder auflaufen.

Die Sauen wurden früher auch häufig parforce gejagt. Noch heute geschieht dies im Grunewald bei Potsdam. Eingestellte Jagen auf Schwarzwild sind noch heute ein fürstliches Jagdvergnügen, z. B. hält unser Kaiser alljährlich solche im Sauparke bei Springe ab. Die am 17. November 1883 daselbst abgehaltene Hofjagd ergab eine Strecke von 225 geringen und groben Sauen. Hierbei werden sie aber mit der Büchse geschossen.

Fig. 344. Sauhatz. Nach einem alten Holzschnitt von Feyerabend.

In freier Wildbahn erlegt man die Sauen entweder auf dem Anstande, oder die Schützen stellen sich an und die Sauen werden durch Treiber oder Saufinder rege gemacht und den Schützen zugetrieben. In Elsaß-Lothringen ist die deutsche Verwaltung neuerdings mit allen Mitteln darauf bedacht, das daselbst noch sehr schädliche Schwarzwild passend zu dezimieren.

Die Hasen- und Kaninchenjagd. In den ausgedehnteren Kulturebenen unsres Vaterlandes sind Hasen fast das einzige noch vorhandene Haarwild. Bei seiner Schnelligkeit und Vorsichtigkeit, besonders aber infolge seiner großen Fruchtbarkeit ist es dem Hasen nicht nur gelungen, sich unter solchen Verhältnissen zu erhalten, sondern auch gegen frühere Jahrhunderte bedeutend zu vermehren, und wenn der Jagdpächter seinem Gehege nur einige Pflege angedeihen läßt, so gelingt es in der Regel leicht, eine gute Hasenjagd zu schaffen. In den fruchtbaren Rheinebenen z. B. schießt man oft in einem Tage auf der Treibjagd bis 700 Hasen, und in Sachsen und Böhmen sind Treiben und Streifen, bei denen an einem Tage bis 1000 Hasen erlegt werden, keine allzugroße Seltenheit. Handelt es sich um Erlegung einzelner Hasen, so geht der Jäger auf den Anstand. Er wählt hierzu die Abend- und Morgenstunden während der Monate Oktober, November und Dezember, und wenn sein Revier einen Wechsel von Feld und Wald darbietet, so stellt er sich etwa 30 oder 40 Schritt vom Waldrande in einer Erdgrube oder sonstwie gedeckt an. Abends wechseln die Hasen aus dem Walde heraus nach dem Felde, früh kehren sie nach dem Walde zurück. Beteiligen sich mehrere Schützen an dem Morgenanstande, so verlappen sie auch wohl das Feld. Sie ziehen vor Anbruch der Morgendämmerung Leinen mit Federn oder weißen Lappen am Felde entlang und schneiden dem Wild dadurch den Rückzug ab. Da, wo die Schützen sich anstellen, läßt man Lücken in der Leine. Die Hasen scheuen sich, über oder unter der Leine wegzupassieren, und folgen der letzteren bis zu der Lücke.

Die Hasen legen sich gern in die gepflügten Äcker, ins Wintersaatfeld, hinter Knicke und Feldhecken. Hier sucht sie der Schütze mit einem Vorsteh- oder Hühnerhunde auf, am liebsten nach einem frisch gefallenen Schnee. Er beachtet dabei, daß der Hase gern im Überwind liegt und lieber bergan läuft. Selbstverständlich verfolgt er die Spur gegen den Wind und achtet vorzugsweise darauf, wo sie einen Wiedergang oder Absprung zeigt.

Fig. 345. Kesseltreiben auf Hasen.

Er kann dann das Lager sicher in der Nähe vermuten. Treibjagden werden in ähnlicher Weise angestellt wie bei dem Edelwild. Die Treiber haben dabei gewöhnlich Hasenklappern (Holzhämmer, welche auf ein Brettstück schlagen). Sehr gebräuchlich sind die Kesseltreiben auf offenen Fluren. Treiber und Schützen wechseln dann miteinander ab und umzingeln das Revier in möglichst großem Kreise. Alle rücken langsam nach dem Mittelpunkt hin vor; wenn der Kreis aber zu eng wird, werden die Hasen nur noch geschossen, wenn sie die Linie durchbrochen haben. In den großen, schwach mit Hasen besetzten Ebenen Ostpreußens und Mecklenburgs werden dieselben von berittenen Jägern mit Windhunden gehetzt.

Die wilden Kaninchen sind das bevorzugte niedere Haarwild für den französischen, spanischen und italienischen Jäger. Sind sie doch die einzige Wildart, welche infolge ihrer fast an das Ungeziefer erinnernden Fruchtbarkeit den traurigen Jagdverhältnissen in diesen Ländern, wo Aasjägerei die Regel, Weidwerk die Ausnahme ist, zu trotzen vermochten. Neuerdings bürgern sie sich auch in Deutschland und Österreich immer mehr ein, ein

Vorgang, der, so interessant eine Kaninchenjagd ist, im Interesse der Land- und Forstwirtschaft, welche sie nicht allein durch Verbeißen der kultivierten Pflanzen und durch Schälen der Bäume, sondern auch durch die Anlage ihrer unterirdischen Baue schwer schädigen, zu beklagen ist. Dagegen gewährt ihre Jagd eine prächtige Schießübung, da das flüchtige Kaninchen viel schwerer zu treffen ist als der weit bedächtigere und regelmäßiger laufende Hase. Sie werden auf dem Anstande und beim Treiben geschossen. Meistens zieht man es aber vor, sie mit Hilfe des Frettchens zu jagen. Das Frett oder Frettchen ist der Albino einer Iltisart, welche aus Afrika stammen soll. Es ist weiß mit roten Augen, wie die weißen Kaninchen. Vor jedem Ausgangsloch des Baues wird ein Sacknetz oder ein Deckgarn aufgestellt. Durch eine Röhre läßt der Jäger das Frettchen, das er bis dahin in einem Lederbeutel oder Kasten verwahrte, in den Bau, und die Kaninchen stürzen bei Annäherung ihres Todfeindes in wilder Flucht zu allen Röhren hinaus und in die Netze. Sie verwickeln sich in den Garnen und können nun herausgenommen und getödtet werden. Weidgerechter ist es, wenn man an die Fluchtröhren gute Schützen stellt, welche die herausfahrenden Kaninchen mit feinem Schrot erlegen. Unangenehm ist es freilich nicht selten bei der Jagd mit dem Frett, wenn letzteres sich am Blute eines Kaninchens gesättigt hat und dann eingeschlafen ist. Findet es mehrere junge Kaninchen im Bau, die nicht entwischen können, so vergehen mitunter sogar Tage, ehe es wieder zum Vorschein kommt. Will man es alsdann nicht einbüßen, so muß entweder ein Wächter an das Fluchtloch gestellt oder das Tier ausgegraben werden.

Die Jagd auf Raubtiere. Die Jagd auf Bären war in früheren Zeiten der Saujagd ähnlich, indem man die Bären mit Hunden, und zwar mit den schwersten, den englischen Doggen und den sogenannten Bärenbeißern oder Bullenbeißern, hetzte und stellte, nachdem sie zuvor durch deutsche oder polnische Jagdhunde aufgesucht und eingekreist waren. Der deutsche Jagdhund ist bereits beschrieben. Der polnische ist ihm ähnlich, nur stärker. Die englische Dogge ist die stärkste Hunderasse. Sie hat längeren Kopf als der dickköpfige Bullenbeißer und wurde lieber verwendet als dieser, weil sie nicht so boshaft ist. Der von den Hunden gestellte Bär wurde von den zu Pferde und zu Fuß heraneilenden Jägern mit der Büchse erlegt oder mit Hirschfänger und Fangeisen abgefangen. In Deutschland wurde diese Jagdart aber meist nur insoweit geübt, als die in Bärenfängen und Fallgruben gefangenen Bären nachträglich in geschlossenen Räumen bei sogenannten Kampfjagden, welche mehr ein Schauspiel als eine Jagd darstellten, in dieser Weise erlegt wurden. Vielfach wurden auch zahme, in den Bärengraben jung gewordene Bären so verwendet. Die heutzutage der in Siebenbürgen, Galizien und Ungarn üblichen Arten Bärenjagden sind einmal die Treibjagd nach vorhergehender Einkreisung des Bären, besonders bei frisch gefallenem Spurschnee, oder im Sommer der Anstand an den jungen Haferfeldern, welche der nicht nur auf tierische Nahrung angewiesene, sondern auch Pflanzen bevorzugende Bär in der Nacht gern besucht. In Rußland suchen die waldbesitzenden Bauern das Winterlager des Bären auf, lassen ihn in demselben durch einen Kameraden sorglich bewachen und verhandeln ihn dann in Petersburg oder andern großen Städten an einen Jagdliebhaber. Am bestimmten Jagdtage wird dann der Bär durch Hunde aus dem Lager aufgescheucht und erlegt. Viel gefährlicher ist die Erlegung durch den einzelnen Jäger, welcher der Fährte folgt und schließlich allein den Bären angreift. Aber auch bei den oben erwähnten Jagdarten kann ein angeschossener Bär noch Unheil genug anrichten. Die Feistzeit des Bären fällt in den Spätherbst. Zu dieser Zeit ist auch die Haut mit den längsten und dichtesten Haaren besetzt. Das Fett soll bei äußerlichen Verletzungen äußerst heilsam sein. Das Wildbret der jungen Bären gilt als schmackhaft. In Kanada mästet man sogar junge Bären in Ställen, um sie zu schlachten. Die Tatzen gelten als Leckerei, und der Kopf wird, aufgeputzt wie der Wildschweinskopf, auf der Tafel aufgesetzt. Die Haut dient zu Decken, Pelzen, Muffen u. s. w., und aus den gereinigten, ausgespannten und getrockneten Eingeweiden machten früher die Kosaken Fensterscheiben.

Wölfe werden jetzt gewöhnlich auf Treibjagden oder auf dem Anstand in der Nähe eines an passender Stelle hingeworfenen gefallenen Stückes Vieh „beim Luder“ erlegt.

Der schlauste unter dem einheimischen Raubzeuge ist Reineke, der Fuchs; seine Jagd gehört deshalb zu den interessantesten. Der Jäger muß hier nämlich List der List entgegensetzen und ebenso vorsichtig als schnell entschlossen sein. Er muß genau die in seinem Revier vorhandenen Fuchsbaue kennen. Will er dem alten Fuchs auf dem Ansitz am Baue auflauern, so muß er sich sorgsam verbergen und jedes Geräusch vermeiden. Fährt der gut getroffene Fuchs doch noch in die Röhre ein, so geht er dem Jäger deshalb nicht verloren. Ehe das Tier eingeht, arbeitet es sich noch bis zum Ausgange hervor, um frische Luft zu holen, und nach ein paar Tagen findet es hier der Jäger. Wählt der Jäger einen warmen Mainachmittag zum Ansitz, so kann er möglichenfalls das ganze Gehecke der jungen Füchse zu Schuß bekommen. Um diese Zeit werden die Kleinen von den Alten hinausgeführt, um im Sonnenschein zu spielen. Der Fuchs hält im Walde ebenso regelmäßig seine Wechsel wie das Rotwild, nur vermeidet er dabei möglichst die Blößen und hält sich immer im Dickicht. An einem solchen Paß kann sich der Jäger bei gutem Winde anstellen, auch noch durch Geschleppe den lüsternen Reineke reizen. Er wählt am besten eine mondhelle Nacht dazu, schleift dann ein frisches Hasengescheide mit einem Stricke am Waldsaume entlang bis auf den Fuchspaß, und wenn der Fuchs dann sich etwa noch scheut, in die Nähe zu kommen, so reizt er ihn dadurch, daß er die Stimme der Maus, eines jungen Hasen oder eines Vogels nachahmt. Hierbei muß er aber rasch schußfertig sein und den Kopf oder die Brust als Ziel nehmen. Ein zerschossener Lauf hindert den Fuchs nicht an der Flucht; sind ja doch Fälle bekannt, daß der Jäger dem scheintodten Fuchs die Hinterläufe an den Heesen durcheinandergesteckt hatte und Reineke nachmals doch noch davonlief. Stürzt der Fuchs auf den Schuß, so muß ihn, falls er nicht sofort verendet, der Jäger rasch bei der Lunte (beim Schweife) fassen und einigemal mit dem Kopfe gegen einen Baum schlagen oder ihm einen zweiten Schuß geben. Will man den Fuchs in seinem Bau selbst angreifen (Fuchsgraben), so besetzen Jäger mit schußfertigem Gewehr die Fluchtröhren und schicken einen Dachshund hinein. Fährt der Fuchs heraus, so wird er geschossen, bleibt Reineke aber im Bau und zeigt der Dächsel die Stelle an, wo er liegt, so gräbt man von oben herab ein Loch in solcher Richtung, daß man womöglich zwischen Hund und Fuchs unten eintrifft. Den letzteren zieht man mit dem Fuchshaken oder der Dachszange hervor, sticht ihn mit der zweizinkigen Dachsgabel todt oder erschlägt ihn. Ganz besondere Vorsicht ist nötig, wenn der Fuchs im Eisen gefangen werden soll. Als kräftigstes Eisen ist der sogenannte Schwanenhals bekannt. Eine Hauptregel ist hierbei, im Fuchs so wenig als möglich Verdacht zu erregen und deshalb ihn nicht durch Witterung die Beteiligung des Menschen merken zu lassen. Das Eisen wird in einer passenden Vertiefung des Bodens verborgen, erhält eine Unterlage von trockenem Häcksel, um es vor dem Rosten zu schützen, dann auch eine Decke von demselben Material; darauf streut der Jäger etwas frischen Pferdemist, dem er das Ansehen gibt, als sei derselbe etwa durch Raben auseinander gescharrt, und dann bringt er die Lockspeise an der Zunge des Eisens an.

Während bei uns die glückliche Erlegung eines Fuchses mit dem Gewehr oder dem Fuchseisen eine weidgerechte, rühmenswerte That ist, gilt dies in England als durchaus nicht „gentlemanlike“. Dort wird der Fuchs nur parforce gejagt, und dieser Sport ist die eigentliche national-englische Jagdart. Eine Nachahmung der Fuchsjagden in England sind die in der deutschen Armee eingeführten sogenannten Schnitzeljagden. Ein Offizier, der Fuchs genannt, mit einer Tasche voll Papierschnitzel, reitet voraus und bezeichnet seinen Weg durch Papierschnitzel, welche er von Zeit zu Zeit ausstreut. Ihm folgen einige Kameraden, die Hunde, welche ihn im Auge zu behalten suchen. Darauf setzen sich die übrigen Teilnehmer, die eigentliche Jagd, in Bewegung. Zweck ist ein frisches fröhliches Reiten durch Feld und Wald und das Nehmen der sich darbietenden Hindernisse zur Erzielung von Dreistigkeit im Reiten bei Mann und Pferd. Die Jagd endigt gewöhnlich auf einem freien Platze, woselbst dann derjenige Sieger ist, dem es gelingt, den Fuchs zuerst anzurühren.

Zur Jagd auf den Baummarder und seine Verwandten lockt ebenso der Wert des Balges, wie anderseits der Schaden, den das kleine Raubzeug am Wildstand und in den Gehöften anrichtet. Der Baummarder hält sich nur im Walde auf, jagt nur während der Nacht und verschläft den Tag in dem Neste eines Vogels, Eichhörnchens oder in einem hohlen Baume. Seine Spur und mit Hilfe derselben sein Lager können nur dann aufgefunden werden, wenn kurz vor Tagesanbruch neuer Schnee gefallen ist. Der Weidmann folgt der Spur bis dorthin, wo sie auf einen Baum führt. Er achtet genau darauf, ob herabgefallener Schnee etwa verrät, welchen Weg das Tier auf den Baumästen weiter genommen hat. Hat er ein Nest auf dem betreffenden Baume ausfindig gemacht, so schießt er in dasselbe, während der Hund gelöst ist, um den etwa verwundet herabstürzenden Marder zu würgen. Schwieriger ist das Wild zu erlangen, wenn der Baum hohl ist.

Fig. 346. Bärenjagd in Rußland.

Das beste ist freilich, den Baum zu fällen, Loch für Loch zu untersuchen und dann zu verstopfen, während ein Jäger mit Büchse und Hund bereit ist, den Flüchtling abzufangen. Ist der Marder in einem Loche endlich gefunden, so wird er entweder mit dem Flintenkrätzer herausgezogen oder in Ermangelung von etwas Besserem in einen vorgehaltenen, unten zugebundenen Rockärmel gejagt und dann todtgeschlagen. Kann der Baum nicht gefällt werden, so sucht man den Versteckten durch Holzrauch oder Schwefeldampf herauszujagen und zu schießen. Auf kleinen Waldblößen stellt der Jäger wohl auch die kleinere Berliner Schwanenhalsfalle oder Tellereisen auf und ködert sie mit einem frisch getödteten Vogel, mit Hasenwildbret oder einem Stück gebratenen Hering. An den Dohnensteigen, die der Marder gern plündert, bringt der Jäger zu ebener Erde Mord- oder Prügelfallen an, die er mit einem frisch getödteten kleinen Vogel ködert und zu denen er von mehreren Seiten her Geschleppe von Hasengescheide macht. Letztgenannte Fallen sind in ähnlicher Weise aufgestellt wie die sogenannte Studentenmäusefalle und quetschen das Tier, sobald es den Köder nimmt.

Steinmarder und Iltis logieren sich bekanntlich gern in Gebäuden, Scheunen, Schuppen u. dgl. ein. Hat man erspäht, welchen Weg sie bei ihren Nachtausflügen zu nehmen pflegen, so lauert man ihnen dort mit der Flinte auf oder legt Tellereisen und Klappfallen, in welche man ein Ei oder getrocknete Pflaumen als Köder bringt. Weiß man bestimmt, daß ein solcher unangenehmer Gast in einem Gebäude sich eingenistet hat, und erlauben es die Verhältnisse, so umstellt man dasselbe mit Schützen und läßt im Innern mit Trommeln, Sensenwetzen, Klappern mit Eisendeckeln u. dgl. den größtmöglichsten Lärm machen, durch den der Versteckte zur Flucht ins Freie veranlaßt wird.

Fig. 347. Vorstehhund.

Jagd auf Federwild. Unter dem einheimischen Federwild genießen Auer- und Birkhühner bei dem Weidmann das höchste Ansehen, weniger wegen der Kostbarkeit der Ausbeute, als wegen der interessanten Jagdweise. Diese Wildsorten sind in der neueren Zeit etwas seltener geworden; man schießt deshalb fast nur die Hähne, und zwar meistens auf der Balz, wo diese sonst höchst scheuen, vorsichtigen Vögel weder sehen noch hören. Zur Balzzeit der Auerhähne, die zur Zeit des Knospenschwellens eintritt, sucht der Jäger den Baum, auf dem der Vogel zur Nachtruhe einfällt, schon am Abend ausfindig zu machen. Früh vor 2 Uhr, vor dem ersten Grauen des Morgens, muß er sich bis auf 150 oder 100 Schritt dem Baume nähern und in dieser Entfernung warten, bis der Vogel schleift oder wetzt, d. h. bis er sein aus knappenden oder schnalzenden Tönen bestehendes Balzlied durch solche unterbricht, die dem Wetzen einer Sense ähneln. Hört der Jäger diesen eigentümlichen Klang, so springt er mit ein paar weiten Sätzen näher und verharrt dann unbeweglich still, bis der Hahn von neuem schleift. Er wiederholt sein Manöver so oft, bis er zu Schuß kommt. An den Balzplätzen der Birkhähne errichtet man verdeckte Schießhütten, um verborgen und bequem den Vögeln auflauern zu können.

Fasanen sind ursprünglich nicht bei uns einheimisch, sondern von den Ufern des Schwarzen Meeres zu uns importiert. Es ist aber bemerkenswert, daß der Fasan in Deutschland sich mehr und mehr akklimatisiert, so daß seine künstliche Züchtung in Fasanerien, welche früher oft höchst kostspielig war, nun fast ganz überflüssig wird. Das Gebiet, auf welchem der Fasan heimisch ist, erweitert sich an den Ufern des Oberrheins, der Donau, und Isar, in Schlesien und Sachsen von Jahr zu Jahr, wenn für Fütterung in strengen Wintern und Raubzeugvertilgung nur etwas gethan wird. Die Fasanen werden wie die Hühner im Herbst vor dem Hunde geschossen oder auf Treibjagden erlegt. Ein vor dem Hunde aufstehender Fasan bietet einen der leichtesten Schüsse auf Flugwild. Schwerer schon ist es in zahmen oder wilden Fasanerien, die aus den Remisen (dichten, niedrigen, zum Schutz des Wildes angepflanzten Gehölzen) vor den Treibern massenhaft aufstehenden Fasanen zu erlegen und hierbei sicher Hahn und Henne — letztere werden meist geschont — zu unterscheiden. Ein im hohen Holze auf der Treibjagd heranstreichender Fasan gehört dagegen zu den schwersten Schüssen. In großen Fasanerien werden zum Verkauf die Fasanen häufig nicht geschossen, sondern in Netzen gefangen und dann getödtet.

Fig. 348. Auerhahnbalz.

Das delikate Haselwild ist leider in vielen Revieren selten geworden oder ganz ausgerottet; am zahlreichsten ist es noch in Rußland. Man sucht es entweder mit dem Hühnerhund auf oder stellt, und zwar in Rußland, mit großem Erfolge Laufdohnen auf schmalen Wegen, die man zwischen den Gebüschen anlegt.

Die Jagd auf Trappen ist mehr ein Ehrenpunkt als pekuniär vorteilhaft. Das Fleisch des großen, stattlichen Vogels, welcher außer in den russischen und polnischen Steppen auch in den meisten flachen, getreidebauenden Ebenen Sachsens, Thüringens und der Mark noch häufiger vorkommt, ist nicht viel nütze, das Wild dagegen höchst scheu und vorsichtig, so daß der Schütze zu allerlei Listen seine Zuflucht nehmen muß, um sich ihm auf den offenen Ebenen, die jener Vogel bevorzugt, zu nähern. Er beschleicht ihn gelegentlich mit Hilfe des oben erwähnten Schießpferdes oder eines Bauernwagens und verkleidet sich auch gelegentlich einmal sogar als Bauernfrau mit obligatem Tragkorb.

Solange die jungen Trappen noch nicht völlig ausgewachsen sind, gelingt es mitunter, sie mittels des Hühnerhundes aufzustöbern oder sie vom Windhund fangen zu lassen. Bei Glatteis und Rauhreif, wenn die Federn der Vögel so mit Eis bedeckt sind, daß sie sich nicht aufschwingen können, ist es schon vorgekommen, daß man sie lebendig mit den Händen greifen konnte.

Weit bemerkenswerter ist die Jagd auf **Feldhühner**, die alljährlich im Herbst, wenn die Halmfrüchte geerntet sind, in allen Gauen Deutschlands eine Menge Jäger in Bewegung setzt. Man schießt die Feldhühner auf der Suche mit dem Vorstehhunde, und hier ist es, wo unsre Vorstehhunde hauptsächlich ihre Kunstprobe zu bestehen haben. Der tüchtige Hund sucht im Gesichtskreise des Jägers alle Äcker und Gelände ab, bis er an Hühner kommt; er wird plötzlich vorsichtig, schleicht behutsam noch einige Schritte vorwärts und bleibt dann wie versteinert mit lang vorgestrecktem Hals stehen, er **steht**. Der Jäger erkennt daran, daß kurz vor dem Hunde Hühner liegen, jagt sie heraus und schießt in gutem Falle zwei davon weg, indem er den fortstreichenden Hühnern nachsieht, um die Richtung und den Platz zu erkunden, wo sie eingefallen sind und wo er sie daher wieder aufzusuchen hat. Der Fang in Netzen wurde früher eifrig betrieben, ist aber jetzt ganz verlassen.

In Waldrevieren gewinnt gelegentlich die Jagd auf **Drosseln** Wichtigkeit, da sie mitunter mehr abwirft als die auf das ganze übrige Federwild. Das Schießpulver macht sich zwar selten bezahlt, desto lohnender aber ist der Fang mit **Dohnen**, die in Schneisen zu Hunderten aufgestellt werden. Die **Hängedohnen** (s. Fig. 349) bestehen aus Baumzweigen, die entweder als Dreiecke oder in Bügelform an den unteren Baumästen aufgehängt werden. An diese bringt man Schleifen aus Pferdehaar, die man mit Vogelbeeren ködert, in der Weise an, daß die lüsternen Vögel darin sich fangen. Größere Mengen auf einmal fing man früher auf dem nunmehr in Deutschland gesetzlich verbotenen **Vogelherd**. Zur Anlage eines solchen wählte der Vogelsteller zur Zugzeit im Herbst einen etwas hochgelegenen Punkt, etwa einen bebuschten Hügel, der in einem Paß zwischen höheren Bergen liegt und der von den Zugvögeln regelmäßig besucht wird. Hier richtete er sich ein großes Schlagnetz ein, das aufgestellt wurde. Ein Wasserbehälter, ausgestreutes Futter und besonders Lockvögel luden die vorbeiziehenden Schwärme zum Niederlassen ein. Der in einer Rasen- oder Laubhütte versteckte Papageno that mit der Lockpfeife auch sein möglichstes und brachte dann, wenn genug Tiere sich niedergelassen hatten, durch einen Ruck an der Schnur das Netz zum Losschlagen.

Fig. 349. Dohnen zum Drosselfang.

Eine Lieblingsjagd der meisten Jäger ist der **Schnepfenstrich**, der vorzüglich im Frühjahr, wenn die Waldschnepfen aus ihren im südlichen Europa gelegenen Winterquartieren zu ihren nordischen, meist in Skandinavien gelegenen Brutstätten zurückkehren und alsdann bei uns Station machen, mit großem Eifer betrieben wird. Es ist das Wiedererwachen der Natur, was dieser Jagd ihren besonderen Reiz verleiht; denn es schwellen die Knospen, die Luft ist milder geworden, es sind schon die Wildtauben, das Rotkehlchen, die Amsel, die Heidelerche, die Bachstelze wieder eingetroffen — und wenn man sich bei ruhiger Luft am Abend auf einen passenden Stand im Walde begibt und still das Anbrechen der Nacht erwartet, so hört man den pfeifenden und quarrenden Balzton der Schnepfe, die mit gesträubtem Gefieder und lang herabhängendem Schnabel in geringer Höhe über dem Gehölze gestrichen kommt und sich dem Jäger zum Schusse darbietet. Außer dem Striche betreibt man auch die Suche am Tage, und in höheren Waldorten veranstaltet man auch Treibjagden auf die Schnepfe.

Ein der Waldschnepfe verwandtes Federwild ist die **Bekassine**, die sich vorzüglich auf feuchten Wiesen aufhält und im Frühjahr bei uns brütet. Man sucht sie vor dem Hühnerhunde zum Schuß zu bekommen. Der Schuß auf die Bekassine gilt als der schwierigste.

Mancherlei abweichende Jagdmethoden bietet die Jagd auf **wilde Gänse und Enten**. Besonders sind die ersteren so außerordentlich scheu, daß der Jäger durch Beschleichen selten zum Schuß kommen wird. Er legt deshalb an Feldern und Teichen, auf welche sie gern einfallen, Schießhütten an, die einem Heuschober, einem Schilfbüschel oder Reisighaufen ähnlich aussehen, bringt möglichenfalls eine junge gezähmte Wildgans oder zahme graue Gans als Lockvogel an und streut gelbe Rüben, Krautblätter u. dergl. als Futter umher. Auf Teichen, auf denen Gänse und Enten brüten, veranstaltet man, wenn die Jungen flügge sind und die Alten wegen der Mauser der Schwungfedern nicht fliegen können, Jagden in Kähnen, läßt durch die Schilfdickichte gerade Straßen frei aushauen und an einem Ende derselben die Schützen postieren. Andre Kähne mit Treibern und Schützen dringen langsam vor, und die Hunde stöbern das Wild aus den Rohrdickichten auf. Den Enten kommt man mitunter mit Hilfe einer tragbaren Wand aus Schilf (Wisch) schußnahe; auf dem Wasser gelingt dies in einem kleine Kahne, der am Vorderteil einen großen Schilfbüschel trägt und mit kurzem Schaufelruder langsam stets so regiert werden muß, daß die Vögel nur das Schilf sehen. Um Wildenten einzufangen, richtet man auf Schilfteichen auch große Garne ein, die schließlich in einem bedeckten Kanal endigen, und sucht dann die Vögel langsam nach der eingerichteten Stelle hinzuscheuchen oder zu locken. An den Seeküsten bedient man sich zum Fange der Enten auch des Entenherdes, eines auf einer Sandbank u. s. w. fängisch gestellten Schlaggarnes.

Zum Erlegen der **Raubvögel**, Raben und Elstern, dient häufig die Krähen- oder Uhuhütte. Letztere ist auf einem freiliegenden, weithin sichtbaren Hügel angebracht und außen mit Rasen bedeckt. Ein Pfahl mit Querholz trägt den lebenden, angefesselten Uhu. Durch eine Stange oder Leine kann man den Lockvogel zum Flattern bringen, wenn ihn seine Feinde nicht bemerken sollten. Ringsum stehen eingegrabene Bäume mit dürren Ästen, auf denen sich die auf den Uhu stoßenden Vögel niederlassen können und von denen sie herabgeschossen werden. Raubvögel fängt man auch sehr gut im **Habichtskorbe**. Dies ist ein Käfig aus Drahtgitter, unten mit Doppelböden, zwischen denen eine Locktaube (im Sommer eine weiße, im Winter eine blaue) befindlich ist. Oben ist der Käfig offen, in der Mitte hat er ein Trittholz, das mit einem Schlagnetz in Verbindung steht. Stößt der Räuber auf die Taube herab und berührt das Trittholz, so löst sich das Schlagnetz aus und bedeckt die obere Abteilung des Korbes. Raubvögel werden gelegentlich auch in Tellereisen gefangen.

Fig. 350 Waldschnepfen, nach Nahrung im Boden stechend.

Jagdsport in fernen Ländern. Aufregungsbedürftige Jäger, denen die mannigfaltigen Freuden der heimischen Jagd nicht genügen und welche das Tierleben in der Wildnis kennen lernen wollen, machen heutzutage, begünstigt von den so vervollkommneten Kommunikationsmitteln, Jagdausflüge in die tropischen Gegenden, meist nach Indien oder Afrika. Früher waren solche Sportsmen meist Engländer, heute stellt auch der deutsche und österreichische Adel ein größeres Kontingent. Die großartigsten Jagdschauspiele, welche man in der Fremde genießen kann, sind die **Tigerjagden der indischen Fürsten**. Die Jagden und Tierkämpfe, welche dem Prinzen von Wales zu Ehren in Indien veranstaltet wurden, geben einen Begriff von der Art, wie Tiger, Elefanten u. s. w. dort gejagt und in welcher Großartigkeit Tierhatzen dort veranstaltet werden. Wir können bei der Seltenheit authentischer, nicht von Übertreibungen strotzender Nachrichten über derartige Jagden und Schauspiele es uns nicht versagen, einiges darüber hier mitzuteilen. Der Prinz hatte sich Anfang Februar 1876 von Agra aus nach dem Terai, einem großen prärieartigen Wiesengürtel längs des großen Waldes am Fuße des Himalaya, begeben. Das mächtige, den größten Elefanten bis an die Brust reichende Gras dieser Wiesen ist der sicherste Aufenthalt für Tiger und sonstige katzenartige Raubtiere. Der Jagdzug des Prinzen bestand aus 200 Elefanten, 550 Kamelen, 120 Pferden, 60 Ochsenwagen, 1000 Eingebornen und 75 Mann Truppen verschiedener Art. Die Jagd wurde als Treibjagd betrieben. Alle Morgen nach dem Frühstück wurde das Lager abgebrochen und der ganze Troß zog mit den Kamelen u. s. w. nach dem neuen, für den Abend ausersehenen Lagerplatz, während der Prinz mit seinem Jagdgefolge und 150 Elefanten zur Jagd ritt. Alle Jäger befanden sich auf Elefanten, und zwar immer zu zwei und zwei in einem koupeeartigen Korbsitze, während der Führer auf dem Halse des Elefanten saß. Diese ganze Elefantenreiterei teilte sich nun in zwei bis drei Gruppen, umstellte einen Distrikt und rückte entweder im Halbkreis oder in geradliniger Front auf den Prinzen los. Das Ganze war also etwa so angeordnet, wie unsre Kesseltreiben, in denen auch Jäger und Treiber untereinander abwechseln. Das erste Tier, welches der Prinz schoß, war ein Leopard. Später, in der zweiten Hälfte des Februar, erlegte der Prinz in dem Gebiete von Nepaul an einem Tage sechs Tiger, die größte Zahl, welche jemals von einem Jäger an einem Tage geschossen worden war. Allerdings hatte man, um diesen Jagderfolg zu erreichen, auch 700 Elefanten als Treiber durch die Dschangeln gehen lassen.

Die Eingebornen der Sundainseln und die Javanesen sowie die Indianer des heißen Amerika und die Buschmänner des Kaplandes erlegen die Raubtiere mit vergifteten Pfeilen und Bolzen. Es hat passionierte europäische Jäger genug gegeben, welche zur Jagd auf jenes große Raubwild sich jahrelang nach den Tropenländern begeben und dadurch weltberühmte Namen gemacht haben. Die Franzosen fanden bei der Besetzung Algeriens hinreichend Gelegenheit, die nähere Bekanntschaft des Löwen, des „Wüstenkönigs", zu machen und demselben beim nächtlichen Anstand am Paß aufzulauern. Der Name Gerards ist in dieser Beziehung sowohl den Kabylen- und Araberstämmen als auch der europäischen Leserwelt bekannt geworden. Dieser renommierte Löwentödter machte einmal dem Gouvernement allen Ernstes den Vorschlag, Jagden auf afrikanisches Raubzeug in großartigem Maßstabe einzurichten und dabei zwei Fliegen mit einer Klappe zu schlagen. Einerseits würde man dadurch die Provinz von einer großen Plage befreien, anderseits nicht unerhebliche Geschäfte machen, indem man die gefangenen Exemplare an die zoologischen Gärten verkaufte.

Die afrikanischen Jäger verbinden mit ihren Partien auf Raubwild oft auch Jagdzüge auf Vielhufer: Elefanten, Nashorne und Flußpferde. Einzelschilderungen solcher an aufregenden Episoden überreichen Jagden sind dem Leser gewiß bereits aus anderweitiger Unterhaltungslektüre hinreichend bekannt, so daß wir sie hier übergehen können. Wir erinnern nur an die Namen eines Andersson, Cumming, Wahlberg sowie an die Elfenbeinjäger am Weißen Nil. In Afrika erlegt man den Elefanten fast nur des Elfenbeins wegen und beschleicht ihn deshalb am Tränkplatz oder auf der Weide. Der Schütze muß hier sicher im Treffen sein und die geeignetsten Stellen des Tieres als Zielpunkt wählen, wenn er nicht von dem gereizten Koloß zu Brei zermalmt werden will. Die südafrikanischen Neger, Kaffern, Buschmänner, Hottentotten u. s. w., umzingeln zu vielen wohl den einzelnen Elefanten und überdecken ihn mit einer Unzahl von Speeren, an denen er verblutet. Die Fanneger Guineas umziehen die Lieblingsweideplätze des Wildes mit Lianenranken, welche dem Elefanten unangenehm sind, und erlegen von den Verstecken aus die Tiere mit Speeren. Sehr interessant sind die großen Treibjagden, welche man in Ostindien und auf Ceylon anstellt, um größere Mengen von Elefanten mit einem Mal zur Zähmung zu fangen. Sie ähneln im allgemeinen den Zeugjagden, die wir bereits oben beschrieben, nur umhegt man den Fangplatz statt der Netze und Tücher mit einem Zaune aus starken Stämmen. Sind die Elefanten durch Lärmen, Schießen, Trommeln u. s. w. in den Korral (Fangraum) eingetrieben, so hält man sie während der Nacht durch helllodernde Feuer zurück und scheucht sie bei Tage, wenn sie einen Angriff auf die immerhin schwache Umhegung unternehmen, durch vorgehaltene weiße Holzstäbe, vor denen die großen Tiere sich fürchten. Zahme

Elefanten (Seelenverkäufer) tragen die Elefantenfänger zu den wilden Gesellen hinein. Letztere werden an den Beinen mit Seilen gefesselt, an Bäume festgebunden, ihre Wildheit zunächst durch Hunger gebrochen und dann ihre Zähmung durch freundliche Pflege leicht beendet. Außer dem südasiatischen Elfenbein spielt das afrikanische im Handel eine Hauptrolle. Es kommt teils auf dem Nil herab, der an seinem Oberlauf noch größere Mengen jenes Hochwildes hat, teils vom Kapland, teils endlich aus Guinea. Sibirien liefert jährlich ansehnliche Quantitäten Elfenbein von den Zähnen des Mammuttieres, einer ausgestorbenen großen Elefantenart, die nach der Meinung der sibirischen Urvölker noch jetzt unter der Erde lebt, aber sofort stirbt, sobald sie das Licht des Tages erblickt. In einzelnen Fällen hat man Kadaver jenes Tieres noch mit Fleisch und Haaren gefunden; gewöhnlich gräbt man die Skelette an den Ufern der Flüsse aus dem Boden.

Die *Nashorn- und Flußpferdjagd* ist im Verhältnis zu jener auf Elefanten nur unbedeutend. Die Tiere haben einen guten Schutz in ihrer dicken Haut und sind gefährlich bei Verwundungen, die sie nicht sofort tödten.

Fig. 351. Jagdfalke mit der Haube.

Bei den Jagden auf *Zweihufer* bildet das Fleisch die Hauptnutzung. Die Felle sind nur ausnahmsweise geschätzt, da trotz der mitunter schönen Färbungen (bunte Antilope) die Haare gewöhnlich rauh und brüchig sind. Wertvoll ist dagegen die Haut und wird fast bei allen Völkern zu Leder verarbeitet. Häufiger kommen Steinböcke und wilde Schaf- und Ziegenarten auf den Gebirgen Mittelasiens vor. Hier wird auch dem Moschustier des Moschus wegen eifrig nachgestellt. Die wild zerrissenen Felskämme machen in jenen rauhen Gebirgen die Jagd auf das scheue Tier fast so gefährlich wie die Gemsjagd. Von den starken Hirschen Mittelasiens sind die Geweihe die geschätztesten Stücke; besonders die noch nicht vereckten Kolben werden in China als Arzneimittel um hohe Summen verwertet.

Bei den Hirtenvölkern der asiatischen Steppen wird noch heutzutage die Jagd mit *Falken* und *Adlern* hoch in Ehren gehalten. Man beizt sowohl Hirsche und Antilopen als auch Wölfe und Füchse, und die Jäger erscheinen dabei noch in Prunkaufzügen auf prächtigen Pferden, die ganz an die Jagdzüge des deutschen Mittelalters erinnern. Die Abrichtung der Falken war früher auch in Europa ein eigner Zweig der Jägerei. Von allen Falken- und Habichtsarten war der *isländische Falke*, ein schöner, fast $^1/_2$ m langer, in der Jugend brauner, im Alter fast weißer Raubvogel, der beliebteste für diese Jagd, die *Beize*. Den Falken zur Jagd abrichten, hieß ihn *abtragen*. Der Jäger, der das besorgte und den Falken durch Hunger und Entziehen des Schlafes zähmte, hieß der *Falkenier*. Der Vogel trug stets eine lederne Kappe, saß auf dem starken Handschuh des Falkenjägers, der ihm die Kappe erst abnahm, um ihm das zu fangende Wild zu zeigen. Hatte er es gefangen, so mußte er es gegen irgend ein andres Stückchen Fleisch dem nacheilenden Jäger überlassen. An der Falkenjagd beteiligten sich auch gern die Damen. Die englischen Offiziere in Indien treiben noch die Falkenjagd heutzutage. Auch in Rußland kommt sie noch vor. Bei den Kirgisen dienen die *Steinadler* als Beizvögel.

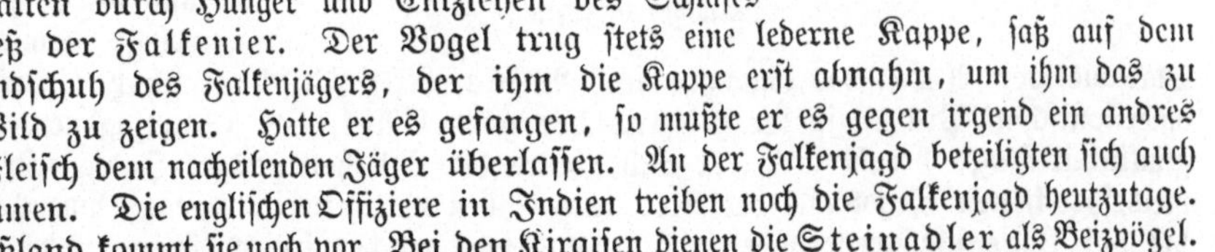

Interessant ist eine Art, die Antilopen mit besonders dazu abgerichteten *indischen Leoparden* zu jagen. Die Jäger befinden sich auf Karren, welche von Ochsen gezogen werden, weil vor diesen die Antilopenherden weniger scheuen. Der Jagdleopard ist mit seinem Führer auf einem Karren untergebracht und wie der Falke mit einer Kappe versehen, damit er sich nicht von selbst auf das Wild stürzt. Ist man in die Nähe einer Herde gelangt, so nimmt der Jäger seinem Leoparden die Kappe ab und zeigt ihm das Wild, gerade wie es bei der Falkenjagd geschieht. Der Leopard stürzt sich sofort in die Herde, faßt eins der Tiere, welches er erhaschen kann, und beißt sich an ihm fest. Langes

Verfolgen ist nicht Sache dieser Leopardenart, von den Indiern „dicke Katze“ genannt. Hat der Leopard nach einem Rennen von etwa 600 Schritt seine Beute nicht erhascht, so läßt er davon ab und gestattet seinem Führer, ihn wieder anzulegen und auf den Wagen zu nehmen und die Jagd muß mit einem andern Leoparden, deren man immer mehrere mitführt, auf eine neue Herde Antilopen versucht werden. Faßt der Leopard aber sein Wild, so eilen die Jäger schnell herbei, schneiden der Antilope die Kehle durch, belohnen den Leoparden mit einem Löffel voll frischen Blutes und nehmen ihm dafür seine Beute ab, worauf er sich willig fesseln und auf den Wagen setzen läßt. Die Jagd hat, wie man sieht, manche Ähnlichkeit mit der Falkenjagd, und der Leopard, welcher dazu verwendet wird, ist ein der Unze ähnliches, durch seine nicht zurückziehbaren Krallen von den übrigen Katzenarten unterschiedenes Tier.

Sehr gefeiert werden in Hochasien die Jäger, die sich beim Fang wilder Pferdearten: Dschiggetais und dergleichen, hervorthun. Jene Tiere sind so außerordentlich scheu und vorsichtig, dabei so schnell und gewandt, daß eine ungewöhnliche Umsicht und Ausdauer dazu gehört, sie zu beschleichen und durch Umzingeln in die Enge zu treiben. In Amerika werden auf den weiten Prärien und Pampas die Hirten sogar ihren Pfleglingen gegenüber zu halben Jägern und in bezug auf die Herden der verwilderten Pferde und Rinder sogar zu ganzen. Bei ihnen sind der Lasso, die lange Wurfleine mit Schleife, und die Bolas, die Wurfkugeln an langer Leine, das Hauptjagdgerät. Mit denselben Instrumenten greift aber der Gaucho und Pampaindianer auch den Puma und den Jaguar an und erlegt damit auf den Plateaus der Anden das Guanaco und Alpaca, deren Fleisch er schätzt. Auf den nordamerikanischen Prärien ist der Bison, der wilde Büffel, das Hauptjagdtier. Auf seiner glücklichen Jagd beruht noch jetzt nicht selten der Unterhalt ganzer Indianerstämme. Die vielbesprochenen Jagdkünste der Rothäute laufen vorzugsweise darauf hinaus, dem Wild bis auf Bogenschußweite nahe zu kommen, was auf den freien Ebenen keine leichte Aufgabe ist. Die Jäger bedienen sich dabei vielfacher Verkleidungen und üben sich bei ihren Tänzen und Spielen hierauf mit ein. Sie vermummen sich vorzüglich in Büffelhäute, Wolfsfelle oder Hirschhäute, wie auch die Jagdvölker Südafrikas ähnliche Masken bei der Einzeljagd auf Antilopen und Strauße anwenden. In Nordafrika und in Arabien werden die letztgenannten Riesenvögel am liebsten von berittenen Jägern gehetzt, die sich gegenseitig unterstützen und ablösen. Die Fig. 352 zeigt einen Europäer, der sich von der Karawane getrennt hat, um einer am Wege aufspringenden Antilope, wahrscheinlich erfolglos, nachzujagen. In Westafrika, Brasilien und andern tierreichen Tropengegenden ist

Fig. 352. Gazellenjagd in Afrika.

die Erlegung oder Einfangung seltener und schöner Säugetiere und ebensolcher Vögel neuerdings Gegenstand besonderer Spekulation und eines in hohem Grade ausgedehnten Handels geworden, da naturhistorische Museen für gute Bälge oft hohe Preise zahlen und auch nach lebenden Tieren große Nachfrage herrscht.

Pelzjägerei. Bei denjenigen deutschen und außerdeutschen Jagden, bei welchen nicht bloß die Jagdlust Hauptveranlassung ist, sondern der Erlös aus der Beute zum vorwiegenden Beweggrunde wird, spielt die Erwerbung des Pelzwerks eine hervorragende Rolle. Die Rauchhändler teilen die Pelze zunächst in edlere und gemeine, ohne daß sie zur weiteren Klassifizierung derselben sich wissenschaftlicher Prinzipien und Methoden bedienten. Letztere sind unsres Wissens bloß bei der Beurteilung der Schafvliese in Anwendung. Man hat hierbei sogenannte Cirrometer, Haarstärkemesser, bei denen ein Grad einem fünftausendstel Millimeter entspricht. Ein menschliches Kopfhaar hat beispielsweise 30—40 solcher Grade, grobe Schafwolle 20 Grad, Primawolle 12 Grad, Elektoralwolle 4—6 Grad u. s. w.

Fig. 353. Gazellenjagd mit Leoparden in Indien. (Zu Seite 419 und 420.)

Bekanntlich unterscheidet man an den Pelzen die kürzeren Grundhaare von den längeren, meist auch härteren Konturhaaren und verlangt von dem edleren Pelzwerk, daß die Haare lang, fein und weich sind, einen lebhaften Glanz haben und sich beim Streichen gleichmäßig legen.

Es sind besonders zwei Ländergebiete der Erde, in denen Pelzgewinnung durch Jäger in ausgedehntem Maße stattfindet: das nördliche asiatische Rußland, also Sibirien, und die nördlichen Gebiete Nordamerikas, die Hudsonsbailänder.

Unter dem russischen Pelzwerk nimmt der Zobel die erste Stelle ein. Das Tier gehört bekanntlich zum Mardergeschlecht und variiert je nach den Landschaften, dem Alter, der Jahreszeit und den Individuen mehrfach in der Färbung. Die vorherrschende Färbung ist Braunschwarz und Schwarz, bei den Silberzobeln erscheinen die Grannenhaare glänzend weiß, beim Goldzobel haben sie Goldglanz. Am geschätztesten sind diejenigen Zobel, welche ins Bläuliche spielen, und wird von ihnen das Stück mit mehr als 100 Rubel (360 Mark) bezahlt. Zobelpelze sind ein Monopol der russischen Krone. Viele der halbwilden Völkerschaften Sibiriens haben Zobelpelze als Steuern zu entrichten, und nicht wenige der dorthin Verbannten müssen ebenfalls jährlich eine Anzahl jener Tiere erlegen und deren Bälge abliefern. Durch die fortwährende Verfolgung sind die ohnedies sparsam vorhandenen und scheuen Zobel in den besuchteren Landschaften sehr selten geworden, und es muß ihnen in immer entlegenere Distrikte nachgegangen werden. Wie bei allen Tieren, die des Pelzes wegen erlegt werden, sucht der Jäger solche Verwundungen zu vermeiden, durch die der Balg ernstlich beschädigt werden könnte. Zählebige Burschen, wie die Arten des Mardergeschlechts sind, sucht er in Prügel- und Mordfallen zu fangen, die unsern Marderfallen ähneln, andre fängt er in Schlingen.

Die Pelzjäger und Pelzhändler unterscheiden, wie gesagt, von derselben Tierart mitunter eine ganze Anzahl Sorten, die der Naturforscher unter demselben Namen zusammenfaßt. Anderseits werfen sie wiederum mancherlei Pelze unter derselben Bezeichnung zusammen, die von verschiedenen Tiergattungen stammen.

Von den Verwandten des Zobels war ehedem mehr als jetzt das Hermelin sehr gesucht, besonders der weiße, mit schwarzer Schwanzspitze versehene Winterpelz. Als unechter Hermelin gehen noch die russischen Schneewiesel, die auch Laschitz oder Laski genannt werden, und in Deutschland werden weiße Kaninchen zu unechter Ware verarbeitet. Die letzteren spielen überhaupt im Pelzhandel eine große Rolle. Die silberfarbenen und braunen sind sehr gesucht, und in Deutschland allein kommen jährlich gegen 250000 Dutzend in den Handel.

Von sibirischem Rauchwerk werden Eichhörnchen jährlich in großen Mengen verführt. Der Winterpelz, der eine angenehme silbergraue Färbung hat, geht unter dem Namen Feh oder Grauwerk. Von Jeniseisk, Irkutsk, Jakutsk und Saccamenoy aus kommt jährlich eine Unzahl nach Europa, und allein in der Umgegend von Leipzig (Weißenfels, Naumburg) werden gegen anderthalb Millionen Stück zubereitet, um dann nach Frankreich, Italien, Polen und Amerika verführt zu werden. Es kommen auch Sorten von schwarzer und weißer Farbe vor. Der Schweif der ersteren wird als Zobelschwanz verkauft. Die Grannenhaare der Eichhörnchen sowie jene der Dachse, Marder u. s. w. finden auch zu feinen Malerpinseln Verwendung. Das bunte Eichhörnchen ist wenig geschätzt, mehr jenes aus der Berberei, das wegen seiner hübschen Zeichnung Livree-Eichhörnchen genannt wird. Der Balg des sibirischen Iltis, auch als Kolonok-, Kalinka- oder Kulonkifell im Handel, ist weniger hochgehalten, geschätzt dagegen um so mehr jener vom russischen Edelmarder. Das Fell des nordischen Vielfraß ist schön gefärbt und glänzend, gilt aber, da es grobhaarig ist, nur als ordinäres Pelzwerk. In dieselbe Kategorie fallen auch die Pelze der Wölfe und Bären.

Die weiten Länderstrecken Nordamerikas, von Labrador und der Hudsonsbai an bis zum Stillen Ozean, von Kanada bis zum nördlichen Eismeere, sind fast noch ausschließlich Jagdgrund. Hier nährten sich von alters her die Indianerhorden vom Ertrag ihres Bogens und lauschten den verschiedenen Wildsorten Sitten und Gewohnheiten ab, um dieselben bei der Jagd zu berücksichtigen. Schon im Jahre 1670 hatte eine Anzahl Engländer eine Handelsgesellschaft gebildet, um Pelze in den Hudsonsbailändern aufzukaufen. Sie erwirkten von Karl II. ein Privilegium über jenes Gebiet, das England als das seine betrachtet. Es ist dies ein Länderkomplex von 7000000 qkm, also zwanzigmal größer als Großbritannien. Das Interesse dafür stieg, als Cooks Expedition an der Westseite Amerikas die kostbaren Seeotterfelle antraf und auch andre Pelze spottbillig erwarb, die sich in dem nahen China mit ungeheurem Gewinn verwerten ließen. Eine geraume Zeit hindurch zogen sich abenteuerlustige und verwegene Gesellen aller Nationen nach diesen Jagdgebieten und stellten Fallen für Biber, Füchse und Bisamratten, schossen Rotwild und Bären, Luchse und Wölfe und lieferten mit ihren abenteuerreichen Zügen den Pelzhändlern jährlich ebenso bedeutende Quantitäten frischer Ware, wie den Novellisten Stoff zu Romanen. Gelegentlich gerieten sie mit den eingebornen roten Jägern in blutige Konflikte, andre wiederum verwilderten völlig und ließen sich unter den Indianern häuslich nieder. Im Jahre 1783 entstand die Nordwest-Pelzkompanie, durch Kaufleute von Kanada gebildet, und zwischen den Gliedern der beiden konkurrierenden Gesellschaften entspann sich in den abgelegenen Jagdgebieten ein erbitterter Einzelkampf, bis endlich 1821 eine gegenseitige Verständigung und allgemeiner Landfrieden hergestellt wurde. Das Biberfell bildete die Münzeinheit beim Tauschhandel zwischen Jägern und Händlern. Zwei Marder galten einen Biber, zehn Moschusratten desgleichen, vier Biber machten einen Silberfuchs u. s. w. Über die Werte, welche die Pelze im europäischen Handel besaßen, ließ man natürlich die Jäger soviel wie möglich im Dunkel. Man zahlte in Artikeln europäischer Manufaktur und verkaufte ihnen eine Flinte für 20 Biber, einen Tuchrock für vier, ein Messer für zwei u. s. w. Bei dem wüsten Leben, dem sich viele Pelzjäger ergaben, gerieten dieselben gewöhnlich auch bald Schulden halber in Abhängigkeit von den Händlern, die durch das ganze Gebiet ihre Reisenden sendeten und Forts mit Warenniederlagen errichten ließen. Um den Markt womöglich auf ziemlich gleicher Höhe zu erhalten, zahlte man für die kostbarsten Pelze verhältnismäßig etwas weniger als für die geringeren Sorten. Man suchte dadurch zu verhüten, daß die wertvollsten Pelztiere ausgerottet, die geringeren vernachlässigt würden. Seit der Goldreichtum Kaliforniens die Aufmerksamkeit der Welt auf sich zog, legten die meisten Trapper die Fallen beiseite und ergriffen Schaufel und Waschmulde, so daß jetzt die Jagd in den Hudsonsbailändern fast ausschließlich wieder durch Indianer betrieben wird.

Fig. 354. Seeotterjagd.

Das Hauptpelztier ist hier der **Biber**. Man bemächtigt sich seiner durch Fallen in der Nähe seiner Wasserbauten. Von den Bibern werden zwar in manchen Jahren noch 30000 Stück abgeliefert, im Verhältnis zu früher sind sie aber doch seltener geworden. Man schor sie ehedem fast sämtlich und verarbeitete die Grundhaare zu feinen Filzen (Kastor), gegenwärtig entfernt man die längeren Konturhaare und macht sie dadurch der kostbaren **Seeotter** ähnlich. Letztere bewohnt die Küsten der Nordwestseite und ihre Jagd wird fast nur durch die Eingebornen betrieben. Sie suchen das Tier mit ihren Kähnen im Meere zu umzingeln und beim Auftauchen oder Landen zu schießen, was bei seiner geringen Größe ein mühseliges Geschäft ist. Schon 1790 verkaufte man in Kanton die Bälge mit 300 bis 450 Mark das Stück, die Schwänze mit 18—60 Mark; seit jener Zeit sind sie aber bei gesteigerter Seltenheit höher hinaufgegangen. Ein gutes Seeotterfell wird in Deutschland mit 1000—1500 Mark berechnet.

Hohe Preise haben auch gewisse Spielarten des **Fuchses**, die einzeln noch in Sibirien und Kamtschatka vorkommen. Weiße Füchse gelten etwa 9 Mark, sogenannte blaue dagegen sechsmal soviel, **Silberfüchse** mit weißem Grannenhaar kosten 390 Mark das Stück, und **schwarze Füchse** sogar 750 Mark. Der Pelzjäger unterscheidet außerdem noch gelbe, rote, Griesfüchse u. s. w. Die amerikanischen Zobel sind weniger geschätzt als die asiatischen, ihr **Haar** soll rauher und gröber sein (unter dem Namen „amerikanische Zobel" gehen oft auch die schwarzbraunen Pelze des kanadischen Edelmarders), dagegen werden die virginischen Iltisse hoch geschätzt. Als edles Pelzwerk gilt ferner der amerikanische Nörz oder Norka, eine Marderart, die fast dem Zobel im Preise gleichkommt; ebenfalls geachtet ist der Minx oder Vison, ein naher Verwandter desselben; in Deutschland ist der Nörz oder Sumpfotter fast ausgerottet. Sogar die Felle der sonst so mißliebigen Stinktiere werden wegen ihres feinen Haares hochgehalten; sie werden entstänkert und ähneln dem Marderpelz. Der Winterpelz der amerikanischen grauen Eichhörnchen geht unter dem Namen Petitgris, ist aber weniger geschätzt als der der russischen; das letztere gilt auch vom Luchs, der in ansehnlichen Mengen vorkommt. Sehr große Quantitäten Pelze erhält man von Waschbären (Schuppenpelze). Man zieht dieses Tier des Felles wegen jetzt sogar als Haustier; je nach der Schönheit wechselt der Preis des Balges von $1\frac{1}{2}$—45 Mark das Stück. In bezug auf den Handel mit Pelzwaren, Rauchwaren, stehen London und Leipzig obenan. Neuerdings sind auch in letztgenannter Stadt wie in London alljährlich mehrmals zur Zeit der Messen große Auktionen veranstaltet worden, auf denen einzelne Pelzsorten oft in Hunderttausenden von Stücken unter den Hammer kommen.

Die südliche Hälfte der Erde liefert auffallend wenige Pelztiere; am beliebtesten ist das große und kleine Chinchilla wegen Weichheit und Feinheit seines Pelzes geworden. Es bewohnt die regenlosen Gebiete Chiles und Perus sowie der Laplata-Staaten. Außerdem sind noch die Seehunde der antarktischen Meere sowie der nördlichen Teile des Stillen Ozeans von Wichtigkeit. Die Jagd dieser und der sonstigen Seetiere übergehen wir, da sie in einem andern Abschnitt dieses Werkes behandelt ist. Da wir es hier nur mit den Jagdtieren zu thun haben, so lassen wir auch diejenigen unerwähnt, die man des Pelzes wegen als Haustiere pflegt.

Die großen Raubtiere des Katzengeschlechts werden mehr ihrer Schädlichkeit wegen verfolgt, als wegen des Nutzens, den die Beute gewährt. Verhältnismäßig am meisten ist noch das Fell der asiatischen Steppenkatze und der kanadischen und sibirischen Wildkatze (Genotten, Janotten, fälschlich Genetten) geschätzt, Löwen-, Tiger-, Panther- und Leopardenfelle dagegen finden vorzüglich zu Decken Verwendung und steigen im Preise, wenn sie — was freilich selten der Fall ist — ohne Beschädigungen sind, oder sich durch schöne, lebhafte Zeichnungen hervorheben. Die Eingebornen vermeiden häufig lieber jene Raubtiere wegen ihrer Gefährlichkeit, als daß sie dieselben aufsuchen, oder greifen bei ihrer Vernichtung zu absonderlichen Mitteln, die, mit europäischen Jagdbegriffen gemessen, unweidmännisch erscheinen.

Wir haben in vorstehenden Zeilen uns bemüht, die gebräuchlichsten Jagdarten aus alter und neuer Zeit darzulegen. Erschöpfend kann unsre Darstellung für den Jagdliebhaber nicht sein, und wir führen deshalb noch diejenigen Quellen an, aus denen wir hauptsächlich schöpften und die jedem Jäger als zuverlässig und wirklich belehrend empfohlen werden können: Döbels „Jägerpraktika“ (Wien 1786); Dietrich aus dem Winckell, „Handbuch für Jäger“, bearbeitet von v. Tschudi (5. Aufl., Leipzig 1878); v. Tschudi, „Das Tierleben der Alpenwelt“ (Leipzig 1853); F. v. Kobell, „Wildanger, Skizzen aus dem Gebiete der Jagd und ihrer Geschichte“ (Stuttgart 1859); „Neuw Jag und Weydwerck Buch“ (gedruckt von Johann Feyerabendt, verlegt von Sigmundt Feyerabendt in Frankfurt a. M. 1628); „Allgemeine ökonomische Encyklopädie“ von Dr. Johann Georg Krünitz (Berlin 1783).

Das Wasser und seine Schätze.

In dieser holden Feuchte,
Was ich auch hier beleuchte,
Ist alles reizend schön.

Goethe.

Vom Quell zum Meere.

Das Wasser und seine Bedeutung. Quellen. Flüsse. Seen. Das Meer und seine Küsten. Größe der Meere. Küstenlinien und ihre Veränderung. Hebung und Senkung der Küstenländer. Wissenschaftliche Erforschung des Meeres. Maury. Tiefe des Meeres. Bodenbeschaffenheit der Ozeane. Chemische Beschaffenheit und Farbe des Meerwassers. Temperatur des Meeres. Cyklonen. Anticyklonen. Passate. Periodische Winde. Monsune. Geschwindigkeit der Winde. Meeresströmungen.

Unter den vier Elementen, welche nach den Anschauungen der alten Philosophie die Welt zusammensetzten, vermag keines eine solche Fülle der mannigfachsten Eindrücke auf unser Gemüt zu machen wie das Wasser. Es ruht eine gewaltige erdgestaltende Macht in diesem Elemente, das uns bald freundlich lächelnd als Leben= und Blütenspender, bald zürnend als Vernichter und Zerstörer entgegentritt. Das Wasser, als die eigentliche Zugkraft in der Weltgeschichte, sammelt als Quell die unstäten Bewohner der Wüste und Steppe um sich; es bedingte die ersten Staatenbildungen in den Stromgebieten des Orients (Ägypten eingeschlossen), es ließ ferner als Thalassa (Mittelmeer) mit seiner reich gegliederten Küste die Blüte des griechischen Lebens sich entwickeln und ermöglichte die gewaltige Konzentrierung des römischen Weltreichs rings um seine Gestade; es greift endlich universell als erdumflutender, alle Gewässer in sich zurücksammelnder Ozean in jene Aufgabe des germanischen Geistes bedeutsam ein, die Ausbreitung der Kultur über das Weltmeer hinweg zu vermitteln. Außer dieser weltgeschichtlichen Bedeutung äußert es aber auch auf das gesamte Tier- und Pflanzenleben in den verschiedensten Beziehungen seinen gewichtigen Einfluß, indem es auf rätselhafte Weise Eigenschaften, welche einander zu widersprechen scheinen, in sich vereinigt. Es ist ein uns befreundetes Element und doch flößt es uns Scheu ein; wir können auf seiner Oberfläche schwimmen, es trägt unsre Schiffe, aber doch kann unser Fuß es nicht betreten, wir müssen in ihm unsre Normalstellung aufgeben; flüssig wie die Luft, hat es doch seine bestimmten Grenzen und fügt in die unendlich vielgestaltigen Formationen der Erde seinen glatten Spiegel ein; wir können es greifen, und doch ist es durchsichtig und locker. Thales ließ aus ihm die gesamte Erde sich entwickeln, die Neptunisten verteidigten eine ähnliche Behauptung gegen die Vulkanisten in einem lebhaften Streit, sowie einst vor Troja der Skamandros mit Hephästos kämpfte. Die neuere Lehre von der Entstehung der Welt stellt uns die Erde in der Urzeit als eine Feuerkugel dar, in welcher alles Feste, welches nach und nach durch die allmähliche Abkühlung stetig begrenzte Form annahm und zur Hervorbringung organischen Lebens befähigt wurde, als Gas vorhanden war. Dem sich kondensierenden Wasser aber wird bei diesem Bildungsprozesse stets eine wichtige Rolle zugeschrieben; es heißt in der Bibel: „Der Geist Gottes schwebte auf den Gewässern.“ Als es sich dann über die Höhen und Tiefen eines großen Teils der zerklüfteten Erdoberfläche wie eine gewaltige Brücke ausgespannt hatte, da erst wurde die zerstückelte Erde zu einem großen Ganzen vereint. Bald wagte es der kühne Erfindungsgeist des Menschen, wenigstens an den Küsten der Meere hinzufahren, und jetzt verbindet die Schiffahrt durch ihre Kurslinien die entferntesten Punkte der Erde, während ein einziger hoher Gebirgskamm die nächsten Nachbarn zu trennen vermag. Das Wasser ist aber nicht bloß ein verbindendes Element, es kleidet und schmückt auch unsern Erdball. Alle Vegetation ist ja nur durch das Wasser hervorgerufen. Selbst in klarer Schönheit prangend, verleiht es auf mannigfache Weise der Natur ihre höchsten Reize; selbst ein Bild der Lauterkeit und Gesundheit, bringt es Tausenden in seinen Heilquellen Linderung ihrer Leiden. Wenn es aber in so reichem Maße Heil spendet, können wir uns da wundern, daß schon die Völker des Altertums das Wasser als heilig verehrten?

Wenn wir einen frisch hervorsprudelnden Quell betrachten — welch eine Fülle von Gedanken quillt mit ihm in uns empor. Die Austrittspunkte der Quelle lassen uns Schlüsse auf die Schichtenlagerung in ihrer Nähe machen; die Stoffe und Gase, die sie mit sich führt, geben uns Andeutungen über die Mineralien, durch welche sie hinfließt. Je nachdem das Wasser länger oder kürzer mit seiner steinigen Unterlage in Berührung gewesen ist, wird es mehr oder weniger von deren löslichen Bestandteilen aufgenommen haben. Die Natur der Gesteine muß dies natürlich erlauben, d. h. es muß die Gesteinsmasse Stoffe in ihrer Verbindung enthalten, welche von dem Wasser gelöst werden können. Ist dies der Fall, so erfolgt allmählich eine Scheidung, welche die unlöslichen Bestandteile als feinen Schlamm, Sand oder Grus zurückläßt. Druck und hohe Temperatur, die Gegenwart andrer Stoffe, Kohlensäure u. dergl. können diese zersetzende Fähigkeit des Wassers erhöhen, und wir finden daher in vulkanischen Gegenden, wo die von der Oberfläche in die Erde eindringenden Wasser infolge der häufigen Zerklüftung der Gesteine weit hinab in die Tiefe gelangen können, wo höhere Erdtemperaturen und höhere Druckverhältnisse herrschen, die zu Tage tretenden Quellen als Mineralquellen mit mannigfachen Stoffen geschwängert. Selbst in der eisigen Kälte des Winters erstarrt die Quelle, die aus tieferen Erdschichten emporsteigt, wenigstens in der Nähe ihres Austrittspunktes, niemals, weil sie immer eine gewisse Quantität der Erdwärme aus dem Innern mit herausbringt. Die Heimat des Baches ist im Gebirge; je nach der Jahreszeit oder dem Zustande der Witterung führt er sehr verschiedene Wassermassen in seinem noch beweglichen Bette. Seine ungestüme, jugendliche Kraft muß sich aber bald in das Arbeitsjoch fügen, Mühlrad und Hämmer treiben.

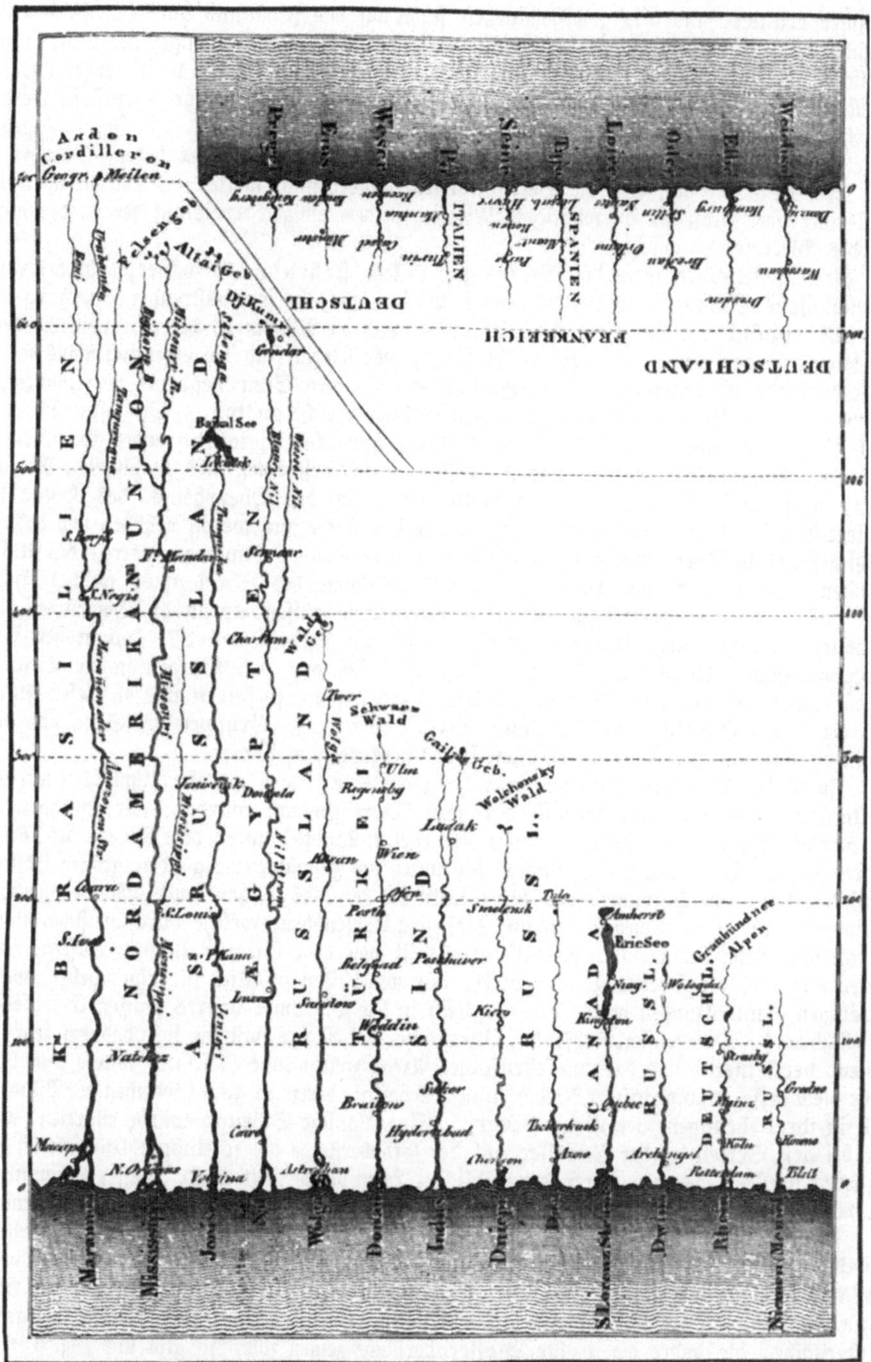

Fig. 357. Vergleichende Zusammenstellung der Lauflängen der wichtigsten Ströme der Erde und deren Hauptuferplätze.

Nur wenige Bäche ergießen sich unmittelbar in das Meer, vielmehr gehen bei weitem die meisten in Flüssen auf und verzichten dabei gewöhnlich auch auf ihren ursprünglichen Namen. Das ruhige, stetige Dahinfließen in einem bestimmt geregelten Bette scheint fast in allen Sprachen dem „Fluß“ seinen Namen gegeben zu haben; nur im griechischen Potamos ist die Trinkbarkeit des Flußwassers angedeutet, während das französische rivière an die

Flußufer erinnert und also gewissermaßen schon auf das Flachland hindeutet, in dem sich die meisten Flüsse erst ihr Bett selbständig zu bilden pflegen. Je länger der Lauf, je allmählicher der Fall auf der schiefen Ebene bis zum Meere ist, um so wasserreicher wird in der Regel der Fluß, der dann zum Strome wird. Denn um so mehr Nebenflüsse werden ihm ihr Wasser zuführen, je größer das Gebiet ist, das er beherrscht. In Fig. 357 geben wir eine übersichtliche Zusammenstellung von den Stromlauflängen der bedeutendsten Flüsse aller Erdteile; wir verfolgen die Betrachtungen darüber nicht weiter, indem wir an dieser Stelle nur den Fluß als ein wichtiges Mitglied in dem ewigen Kreislauf der Landgewässer und des Weltmeeres ansehen.

Im eigentlichsten Sinne des Wortes gibt es keine stehenden Gewässer; selbst der rings eingeschlossene Sumpf ist wenigstens durch Verdampfung in fortwährender Bewegung und gibt sehr empfindliche Beweise dieser Thätigkeit durch die Miasmen, die er entwickelt. Viele Landseen haben einen oder mehrere Abflüsse, sehr häufig sind sie eigentlich nichts weiter als bedeutende Erweiterungen eines Flußbettes. Solchen Seen begegnet man namentlich da, wo ein Bergstrom aus dem eigentlichen Gebirgsbereiche austritt. Sie lassen sich meist durch Auswaschungen, welche die vom Gebirge gewaltsam herabstürzenden Gewässer im Laufe der Jahrtausende bewirkt haben, erklären, und erscheinen als wohlthätige Regulatoren, insofern selbst gewaltige Anschwellungen, z. B. des Oberrheins, das Niveau des vorliegenden Sees mit seiner weit ausgedehnten Oberfläche nur wenig erhöhen und dadurch höchst gefährliche Überschwemmungen auf dem weiteren Laufe des wieder austretenden Flusses verhüten. Jene Seen sind recht eigentlich Regulatoren des Flußlaufes; welches Unheil hätte z. B. über die lombardische Ebene hereinbrechen müssen, wenn die Gesamtmasse der Gewässer, die vor nicht langen Jahren einmal den Spiegel des 37 qkm großen Lago Maggiore gegen 10 m erhöhte, ohne Aufenthalt sich von den Bergen in die Tiefe ergossen hätte! Sowie beim Austritt aus der Gebirgsregion, so finden wir an vielen Flüssen auch bei ihrem Eintritt in das Tiefland einzelne oder ganze Gruppen von Seen, und diese bilden endlich als Haffe gewissermaßen den Übergang zum Meere.

In vielen Beziehungen haben manche große Seen schon gewisse Ähnlichkeit mit dem Weltmeere, und einige sind deshalb geradezu Meere genannt worden; wir erwähnen nur des merkwürdigen Todten Meeres, dessen Spiegel 392 m tief unter dem Niveau des Mittelmeeres liegt. Denken wir uns einmal die unter sich zusammenhängenden großen irdischen Wassermassen, welche infolge des hydrostatischen Druckes daher auch überall gleichhoch stehen oder mit ihren Spiegeln bis auf diejenige Ungleichheit, welche durch die sphäroidische Gestalt der Erde bedingt ist, überall gleichweit von dem Erdmittelpunkte entfernt sind; denken wir uns die Oberfläche aller dieser nur um 100 m plötzlich niedriger gelegt, welche gewaltigen Umwälzungen würde dies sogleich in der Ökonomie unsres ganzen Erdenlebens herbeiführen! Die wasserdampfende Oberfläche der Meere würde sich dadurch sehr bedeutend verkleinern, und das um ebensoviel Areal zunehmende Festland würde nun kaum mehr die Masse atmosphärischer Niederschläge erhalten, deren es zum Gedeihen der Pflanzenwelt in ihrer heutigen Verfassung bedarf. Eine ähnliche Störung würde eintreten, wenn wir bei der Verteilung der Gewässer auf der Erdoberfläche die scheinbare Unregelmäßigkeit aufheben wollten, vermöge deren der südlichen Hemisphäre weit mehr Wasser zukommt als der nördlichen, der östlichen mit den alten Kontinenten weit weniger als der westlichen.

Das Meer und seine Küsten. Von den 9270000 Quadratmeilen, welche die Erde an Oberfläche besitzt, beträgt die Flächenausdehnung des Landes nur etwa 27 Prozent, nämlich 2475000 Quadratmeilen. Die südliche Hemisphäre besitzt nur $^1/_3$ der Landmasse der nördlichen. Wollen wir die Erde in zwei Hälften teilen, von denen die eine Halbkugel die größte Länderfläche, die andre die größte Wasseroberfläche zeigen soll, so gibt uns Fig. 358 die Art an, in welcher dies zu geschehen hat. Was ferner die Ausdehnung der Ozeane selbst betrifft, so bedeckt der Große oder Stille Ozean in runder Summe 2870000, der Atlantische etwas weniger als die Hälfte (1397000), der Indische 1340000, das nördliche Eismeer 247000, das südliche vielleicht 357000 Quadratmeilen. Das für die Geschichte Europas so überaus wichtige Mittelmeer füllt, wenn man die Oberfläche aller Meere auf 6656000 Quadratmeilen berechnet, nur etwa den 127. Teil derselben aus. Es hat eine Größe von ungefähr 52404 geographischen Quadratmeilen. Die Länge der sämtlichen Meeresküsten kann, da ein großer Teil arktischen und antarktischen Meeres noch nicht vermessen ist, nur annähernd bestimmt werden. Man hat die Küstenentwickelung Europas (das Festland mit den Halbinseln) auf 9700 Meilen berechnet, während das weit größere, aber in dieser Beziehung am wenigsten gegliederte und entwickelte Afrika nur eine Küstenlinie von etwa 3600 Meilen besitzt, welche also um mehr als 3000 Meilen kürzer ist als die von Europa. Die Küstenentwickelung von Amerika steht relativ nur der von Europa nach, sie beträgt rund 10900 Meilen. Davon kommen auf die Nordküste von Nordamerika etwa 1100, auf die ganze Westküste am Stillen Ozean 4200, auf die Ostküste Nordamerikas bis zum Golf von Darien etwa 3100 und auf die Nord- und Ostküste von Südamerika 2500 Meilen. Asien entwickelt seine Gestade auf wenigstens 11 000 Meilen, während die Küste des australischen Kontinents nur etwa 2900 Meilen lang ist. Auf mindestens 2000 Meilen endlich können wir die Küsten der vielen in allen Meeren zerstreuten Inselgruppen schätzen, so daß die Gesamtlänge der Linien, in welchen Land und Meer zusammenstoßen, gewiß mehr als 40 000 Meilen beträgt. Selbst ein rüstiger Fußgänger würde eine solche Strecke erst in 35 Jahren zurücklegen.

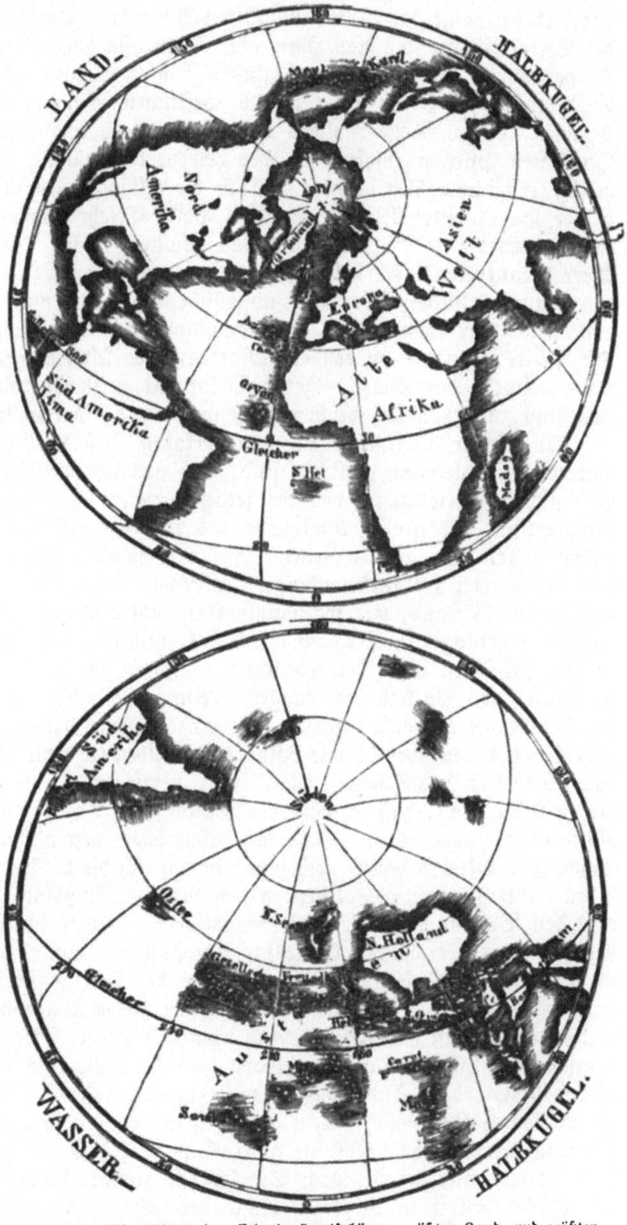

Fig. 358. Einteilung der Erde in Hemisphären größter Land- und größter Wasseroberfläche.

Da ferner das Land selbst in seiner Oberflächengestaltung eine unendliche Mannigfaltigkeit entwickelt, so ist es ganz natürlich, daß, je nachdem die eine oder andre Form des Festlandes unmittelbar an die Wogen des Ozeans herantritt, die Küsten sich ebenfalls sehr mannigfaltig gestalten und zugleich dem von ihnen eingeschlossenen Meeresbecken sein charakteristisches Gepräge geben. Hier fallen hohe Gebirgsmassen steil zum Wasser ab, dort laufen weite Ebenen flach in das noch meilenweit seichte Meer aus, hier türmen sich Eismassen an der Küste auf und verdecken die Konturen des Landes, dort wälzt unter tropischer Glut ein Riesenstrom seine Wassermassen in den Ozean und baut sein Delta auf. Diese Verschiedenheit in der Gestaltung der Meeresgestade erregt aber nicht nur unser

Interesse, indem sie uns immer wieder neue Naturgemälde vorführt, sie übt auch ihren Einfluß auf die animalische und vegetabilische Welt des Ozeans und vor allem auf den Seeverkehr selbst. In der letzteren Beziehung steht eine Geschichte der Schiffahrt mit einer genauen Durchforschung und Beschreibung der Meeresküsten im engsten Zusammenhang, ja sie ist ohne dieselbe gar nicht denkbar. Einen merkwürdigen Gegensatz in der Küstenformation zeigt der Westen und Osten Amerikas. Dort zieht sich fast ununterbrochen von der Beringsstraße bis Kap Horn eine Steilküste hin. Auch die West- oder Malabarküste Vorderindiens ist steil, dagegen finden sich in Europa solche Steilküsten nur in kleinerer Ausdehnung, z. B. im südlichen und westlichen England, in Norwegen, in der Bretagne, Spanien, einem Teile Italiens und Dalmatiens und besonders in Griechenland. Diese Steilküsten pflegen insofern für den Seeverkehr günstig zu sein, als sich zwischen ihnen häufig treffliche Häfen befinden. Auch die Klippenküsten sind an letzteren nicht arm, aber in der Regel nur kleineren Schiffen ohne Gefahr zugänglich und auch diesen nur bei ruhigem Wetter. An den Flachküsten schützen häufig Dämme und Deiche das dicht ans Meer herantretende Flachland gegen die Angriffe des Ozeans, der hier nicht selten Sümpfe und Lagunen bildet. Den sehr ungenügenden Häfen muß fast allen die Kunst nachhelfen und dann zwar fortwährend, da Versandungen und Verschlammungen sehr häufig eintreten. Die Dünen, welche oft von den Meereswogen selbst aufgebaut werden, sind aber zugleich ein Spielwerk der Winde. Jeder Orkan ist im stande, die Konturen einer solchen Küste wesentlich zu verändern, besonders wenn er gerade darauf losstürmt.

An vielen Merkmalen hat man erkannt, daß die Grenzen des Meeres nicht immer unwandelbar dieselben geblieben sind, daß vielmehr die Strandlinien desselben in früheren geologischen Perioden sich von den jetzigen wesentlich unterschieden haben. Wenn auch die Hauptmassen der großen Kontinente als mächtige Schollen auf der allmählich erkaltenden Erdrinde seit den ältesten Zeiten bestanden haben mögen, so sind sie doch an ihren Rändern mancherlei Höhenschwankungen unterworfen gewesen. Wo jetzt ein Küstenmeer wogt, war einstmals Land, und sogenannte Festlandsinseln, wie Großbritannien, waren zu verschiedenen geologischen Perioden mit dem Kontinent durch Landbrücken verbunden. Umgekehrt dehnten sich einst weite Meeresflächen dort, wo jetzt fruchtbare Länder sich ausbreiten, wie im Gebiet des Po und des Ganges. Am auffälligsten tritt der Wechsel in den Konturen der Festländer an solchen Stellen der Erdoberfläche hervor, wo gegenwärtig enge Straßen Meere verbinden oder schmale Isthmen dieselben trennen. Schon die alten Geographen behaupteten, daß das Schwarze Meer in früheren Zeiten eine weit größere Ausdehnung besaß als zu ihrer Zeit, daß es mit dem Kaspi- und Aralsee in Verbindung stand, aber vom Mittelmeer, dem es an Fläche fast gleichkam, getrennt war. Diese Verkleinerung des Schwarzen Meeres dauert noch jetzt, indem sich die Küsten desselben fortwährend langsam heben, und die weiten Salzsteppen des südlichen Rußlands beweisen deutlich, daß letzteres einst den Boden eines Binnenmeeres bildete. Ferner dürfte es kaum zu bezweifeln sein, daß statt der Straße von Gibraltar sich einst eine Landenge von Europa nach Afrika hinüberzog, und wahrscheinlich war dasselbe der Fall zwischen Tunis und Sizilien, so daß an Stelle des jetzigen Mittelmeers mehrere kleine Binnenmeere sich befanden. Man hat nachgewiesen, daß in Afrika nördlich vom Atlas viele Arten von Landschnecken und andern langsam beweglichen Landtieren leben, welche völlig identisch sind mit spanischen und sizilischen Arten; diese Entdeckung beweist zugleich, daß die Trennung von Europa und Afrika in einer verhältnismäßig jungen geologischen Periode stattgefunden haben muß. Lange Zeit hat man auch geglaubt, daß die ganze Sahara früher ein Teil des Mittelländischen Meeres gewesen sei, und gehofft, nach Durchbruch gewisser Kanäle die unfruchtbare Wüste durch menschliche Kunst in ein segenbringendes Meer verwandeln zu können; neuere genaue Niveaubestimmungen in der Sahara haben indessen jene Theorie als irrtümlich und die daran geknüpften Hoffnungen großenteils als illusorisch erwiesen.

Da das Meer überall, wo es felsige Küsten bespült, durch Zernagen des Gesteins und Anhäufung von Muscheltrümmern u. a. Spuren seiner Wirksamkeit hinterläßt, so kann man die stattgefundene Hebung des Landes an Steilküsten meistens leicht nachweisen. An der peruanischen Küste bei Callao fand Darwin eine alte Strandlinie 26 m hoch über dem Meeresspiegel, und aus den festgebackenen Muscheln derselben brach er einen

Maiskolben und einen Baumwollenfaden heraus, ein Beweis, daß das Land schon vor seiner Hebung von Menschen bewohnt wurde. Gesunkene Küsten erkennt man vielfach daran, daß alte Bauten oder Kunststraßen jetzt tief unter dem Meeresspiegel liegen, z. B. an der dalmatinischen Küste, oder daran, daß Pfähle, an denen die Fischer früher ihre Kähne befestigten, jetzt schon bei Ebbe vom Wasser bedeckt werden, wie an der Westküste von Grönland, die sich langsam in die Davisstraße senkt. Umgekehrt heben sich die nördlichen Küstenländer der Ostsee; die von Linné und Celsius im vorigen Jahrhundert dort in den Stein gehauenen Wassermarken liegen jetzt so weit unter dem mittleren Wasserstande, daß man den Betrag der Küstenerhebung in 100 Jahren auf 16—140 cm an den verschiedenen Punkten berechnet hat. Torfmoore am Meeresboden, von Sand überlagert, oder ganze versunkene Wälder, z. B. an der Südküste der Ostsee, sind weitere Zeugnisse für das Sinken des Landes.

Die Ursachen von dem Auf- und Untertauchen der Küsten sind sehr verschiedener Art. Unterägypten, Bengalen, fast ganz Louisiana, ein großer Teil der Poebene und viele andre Strecken des fruchtbarsten Flachlandes sind bekanntlich durch Anschwemmungen von seiten großer Ströme entstanden. Auf der andern Seite reißt das Meer hinweg, was es selbst oder was die Flüsse vorher angeschwemmt haben, so an der Südküste der Nordsee, wo der Zuidersee, der Dollart und das Wattenmeer jetzt Gegenden überfluten, wo einst der Pflug ging und blühende Ortschaften lagen. Ganz Holland würde demselben Schicksal anheimfallen ohne seine von Menschenhand mühsam aufgeworfenen Deiche. Die Mehrzahl aller Küstenschwankungen jedoch, namentlich die langsamen, sogenannten säkularen, z. B. von Schweden und Grönland, müssen wir auf dieselben Kräfte zurückführen, welche im Innern der Festländer die Gebirge emporheben und welche nach Ansicht der neueren Geologen infolge der unaufhörlich fortschreitenden Zusammenziehung der erkaltenden Erdrinde wirksam werden. Die auf dem feurigflüssigen Erdkern schwimmenden, bereits erstarrten Schollen der Erdrinde schieben und drängen einander und verändern dabei ihre Lage, meist langsam und unmerklich, zuweilen aber auch plötzlich und stärker, so daß furchtbare Erdbeben entstehen oder ein Teil der unten liegenden, noch glutflüssigen Masse in Form gewaltiger Lavaströme durch die Spalten zwischen den festen Schollen verderbenbringend hervorquillt. In solchen besonderen Momenten in dem Werdeprozeß unsres Erdballs kann dann ein ruckweises, schnelles Heben und Sinken der Küsten vorkommen, wie z. B. an der Küste Chiles nach den Erdbeben von 1822 und 1835. Oder ganze Landstrecken versinken plötzlich und werden von dem hervorbrechenden Grundwasser überflutet, wie z. B. 1819 bei dem Einbruch des Runn von Cutch, östlich vom Indusdelta, wo beinahe 100 Quadratmeilen Land verschlungen wurden.

Der berühmte Wiener Geologe Sueß hat in sehr geistvoller Weise, gestützt auf die ältesten assyrischen Keilschrifturkunden, versucht, die Sintflut auf ein ähnliches Naturereignis im Gebiete des Euphrat und Tigris, verbunden mit starken Wirbelwinden und Sturmfluten, zurückzuführen. So verknüpfen sich die Schicksale des Menschen eng mit den geheimnisvollen Äußerungen unterirdischer Kräfte.

Wissenschaftliche Erforschung des Meeres. Tiefe des Meeres. Doch verlassen wir jetzt die Küste und fahren hinaus auf das „blaue Wasser“. Erst seit wenigen Jahrzehnten hat man angefangen, die physischen Verhältnisse des Meeres, seine Tiefe, seine Strömungen und die über ihm hinbrausenden Winde, endlich sein organisches Leben wissenschaftlich zu erforschen und wie auf allen Gebieten der modernen Naturwissenschaft, so auch hier großartige Entdeckungen gemacht und außerordentlich wichtige, praktische Erfolge für die Schiffahrt zu verzeichnen.

Der erste Bahnbrecher und Begründer der wissenschaftlichen Meereskunde oder Ozeanographie war der amerikanische Seeoffizier Mathew Fountain Maury, dessen Bild wir in unsrer Porträtgruppe finden. Geboren am 14. Januar 1806 zu Frederiksburg in Virginien, war er das siebente von neun Kindern und verlebte seine Jugend an den Grenzen der Zivilisation, denn als er noch kaum vier Jahre alt war, zogen seine Eltern in den Staat Tennessee, wo der Knabe zwar die Eindrücke einer jungfräulichen, gewaltigen Natur empfing, aber keine andern Bildungsmittel fand als die, welche ihm seine Eltern selbst geben konnten. Seiner großen Vorliebe für das Seewesen that er in seinem 19. Jahre

(1825) Genüge, wo er als Midshipman auf der Vereinigten Staaten-Fregatte „Brandywine“ Dienst nahm, welche in das Mittelländische Meer beordert ward. Die Einförmigkeit der Lebensweise weckte seinen Trieb zu Studien, und hier wie auf den späteren Kreuzungen des Kriegsschiffes im Stillen Ozean beschäftigte sich sein Genie bereits mit der Erforschung jener Frage, deren Beantwortung seinen Ruhm so weit verbreitet hat. Nach zwei und einem halben Jahre wurde Maury dem „Vincennes“ zubeordert, welcher nach Ostindien bestimmt war. Die Beobachtungen, welche er auf diesen seinen drei ersten Reisen, die ihn den interessantesten Punkten der Erde zugeführt hatten, in den verschiedensten Richtungen der Seewissenschaft gemacht hatte, riefen sein erstes schriftstellerisches Werk hervor, das er nach der Rückkehr des „Vincennes“ 1830 herausgab. Eine vierte Reise, die er nun als Leutnant der Vereinigten Staaten-Marine auf dem „Falmouth“ und später auf dem „Potomak“ nach dem Stillen Ozean unternahm und welche drei und ein halbes Jahr dauerte, gab ihm weitere Gelegenheit, seine Kenntnisse zu bereichern. Mit großer Sorgfalt verglich er die Loggbücher der Schiffe. Er hatte sehr bald gefunden, daß die gebräuchlichen Seewege nur auf Tradition beruhten, wie sie aus den Erzählungen der Schiffer und den mangelhaften nautischen Kenntnissen der Offiziere sich allmählich gebildet hatte. Maury fand auch sehr bald, daß unter rationeller Benutzung der regelmäßigen Wind- und Meeresströmungen ganz andre Routen sich ergeben müßten, welche wesentliche Abkürzungen der Fahrzeiten gestatten würden. Diese Reform der Seewege wurde seine Lebensaufgabe; in ihrem Dienste erforschte er die physische Geographie des Meeres und gab als die schönste Frucht seiner Untersuchungen „The Physical Geography of Sea“ (deutsch von Böttger) heraus; er stellte unzählige Beobachtungen andrer zusammen, die er zu dem klassischen Werke „Wind and Current Charts“ verarbeitete. Beordert, an der Küstenstrecke der Südstaaten Sondierungen vorzunehmen, erlitt er, da die heiße Jahreszeit die Arbeiten unterbrach, auf einer Reise in das Innere einen Unfall, der ihn seeuntüchtig machte (1840). Von dieser Zeit an beschäftigte er sich mit Ausarbeitung und Publizierung seiner Ideen, bis er 1842 in dem Departement der Vereinigten Staaten-Marine für Hydrographie angestellt wurde. Im Jahre 1844 wurde er Direktor des Nationalobservatoriums zu Washington. Hier hat er in ununterbrochener Folge seine Karten und Instruktionen für Seeleute erscheinen lassen. Die spätere Zeit jedoch hatte ihn seines Amtes, das ihm so segensreich zu wirken erlaubte, entsetzt, da er in dem damals wütenden Kriege offen Partei für den Süden nahm, dessen Interesse zu verfechten er sich immer zur Aufgabe gemacht hatte. Er lebte dann in England, bis ihn der unglückliche Kaiser Maximilian nach Mexiko berief, um unter dem Titel eines kaiserlichen Staatsraths der Kommission für Kolonisation vorzustehen. Sein Aufenthalt währte jedoch hier nicht lange; ziemlich enttäuscht verließ Maury Mexiko und kehrte wieder nach England zurück, wo er wissenschaftlichen Arbeiten sich widmete und am 1. Februar 1873 starb.

Eine bedeutende Anregung wurde der Meeresforschung gegeben durch die jetzt so glänzend ausgeführten, 1850 begonnenen Versuche der transozeanischen Kabellegung. Seitdem haben die meisten seefahrenden Nationen in edlem Wettstreit sich bemüht, teils durch Errichtung mariner Beobachtungsstationen und durch Gründung von Seewarten (z. B. zu Hamburg), teils durch Aussendung vortrefflich ausgerüsteter wissenschaftlicher Expeditionen die Meereskunde zu fördern. Wir erwähnen nur die Fahrten der österreichischen Fregatte „Novara“ (1857—60) unter der Führung des Admirals Wüllersdorf-Urbair, des amekanischen Schiffs „Tuscarora“ (1873—78), der „Vega“ unter Nordenskjöld (1878—79), wobei Asien zum erstenmal umsegelt wurde, und die neuesten Expeditionen der französischen Schiffe „Travailleur“ (1880—82) und „Talisman“ (1883) im Mittelmeer und den benachbarten Teilen des Atlantischen Ozeans. Alle diese Expeditionen aber überragt an Vollkommenheit der wissenschaftlichen Ausrüstung und Großartigkeit der Erfolge die Weltumschiffung des englischen „Challenger“ in den Jahren 1872—76 unter Führung des Kapitäns G. Nares und unter der wissenschaftlichen Leitung des berühmten, leider im vorigen Jahre zu früh verstorbenen Wyville Thomson. Auch unser deutsches Vaterland ist hinter andern Nationen nicht zurückgeblieben. In den Jahren 1874—76 machte die „Gazelle“ unter dem Kontreadmiral Freiherrn v. Schleinitz eine höchst erfolgreiche Fahrt um die Erde, und schon vorher (1871—72) waren auf der „Pomerania“ unter Leitung der Kommission zur wissenschaftlichen Untersuchung der deutschen Meere in Kiel genaue physische, chemische und biologische Untersuchungen der Ost- und Nordsee angestellt worden.

Die ersten Versuche, größere Tiefen im Ozean mit Sicherheit zu messen, scheiterten stets an der Mangelhaftigkeit der angewandten Tiefenlote. Das gewöhnliche Lot, wie es die Schiffer auf flachem Wasser in der Nähe der Küste mit Erfolg gebrauchen, genügt für die großen Tiefen des Ozeans nicht mehr, weil das Aufstoßen desselben auf den Boden nicht mit Sicherheit von dem Lotenden an der Leine gefühlt werden kann. Deshalb sind alle Tiefseelotungen unzuverlässig, welche vor dem Jahre 1854 ausgeführt worden sind. Um diese Zeit erfand ein Schüler Maurys, der Leutnant Brooke, seinen verbesserten, in Fig. 359 abgebildeten Tiefseesondierungsapparat. Derselbe besteht aus einem unten ausgehöhlten Metallstab, welcher frei beweglich durch die Mitte eines sehr schweren Gewichts, meistens einer Kugel, geht. Letzteres ist mittels eines Ringes und zweier Leinen an zwei beweglichen Scherenarmen befestigt, welche oben an dem Lotstabe sitzen und ihrerseits wieder von der Lotleine gehalten werden. Solange das Lot frei durch das Wasser hinabsinkt, kann das Gewicht nicht abfallen, stößt dasselbe dagegen auf den Boden, so dringt zunächst das untere hohle Ende des Stabes in den meist weichen Grund ein und füllt sich mit der Masse desselben, die Scherenarme aber klappen herunter und lassen das Gewicht fallen, was oben von dem Lotenden sogleich bemerkt wird. Es wird nun der Lotstab allein wieder heraufgezogen, wobei die in denselben eingedrungenen Bodenproben durch zweckentsprechend angebrachte Ventile am Herausfallen verhindert werden. Neuerdings hat man nach dem Prinzip des Brookeschen Tiefenlotes noch wesentlich verbesserte Lote konstruiert, so das sogenannte Hydralot und das Baileysche Lot; an Stelle der Lotleine benutzt man oft starken Klaviersaitendraht, um die Reibung im Wasser, welche die Ablenkung des Lotes durch Strömungen ermöglicht, thunlichst zu verringern.

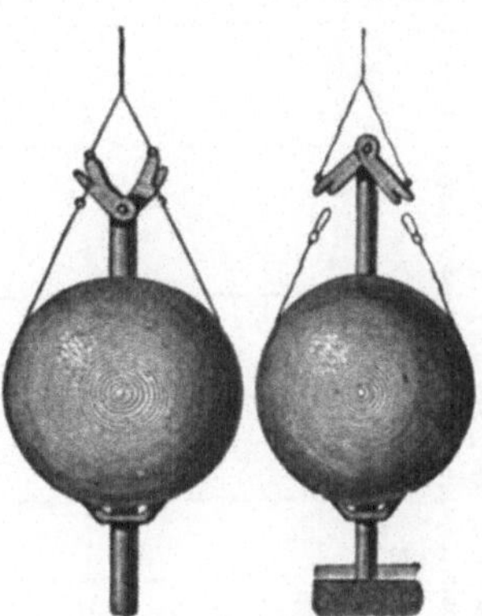
Fig. 359. Brookes Apparat zur Sondierung großer Meerestiefen.

Die vielen tausend Lotungen, welche mit solchen Instrumenten in den letzten Jahrzehnten ausgeführt sind, gestatten uns jetzt recht genaue Tiefenkarten der Meere zu entwerfen und man findet dieselben fast in jedem neueren Atlas oder Handbuch der physischen Geographie. In der Nähe der Küsten ist das Meer fast immer flach, weniger als 200 m tief, um dann in mehr oder weniger weiter Entfernung vom Festlande meist ganz plötzlich in den eigentlichen tiefen Ozean überzugehen. Ganz Großbritannien und Irland liegt z. B. dergestalt auf einem unterseeischen Plateau, welches bis auf wenige Hundert Meter sich der Meeresoberfläche nähert, und eine geringe Hebung desselben würde genügen, um die britischen Inseln unter sich und mit dem Kontinent zu verbinden. Die mittlere Tiefe der eigentlichen Ozeane berechnet man jetzt auf etwa 2000 Faden oder 3600 m (1 Faden = $1{,}_{82}$ m); diejenige des Großen Ozeans auf 3900 m, des Atlantischen auf 3700 m, des Indischen auf 3300. Die tiefsten bis jetzt geloteten Stellen befinden sich im Atlantischen Ozean nordöstlich von den Westindischen Inseln unter 19° 39′ nördl. Breite und 66° 26′ westl. Länge von Greenwich (8341 m) und im Nordpacifischen Ozean östlich von Japan unter 44° 55′ nördl. Breite und 152° 26′ östl. Länge von Greenwich (8513 m), letztere Tiefe erreicht nicht ganz die größte bekannte Erhebung des Festlandes, des Gaurisankar im Himalaya, welcher 8840 m hoch ist.

Der Boden der Ozeane ist keineswegs vollkommen eben, sondern es wiederholen sich dort im allgemeinen die Hauptbodengestaltungen des Festlandes, mit dem wesentlichen Unterschiede jedoch, daß die Übergänge zwischen Erhebungen und Einsenkungen viel allmählicher sind, die Böschungen also sanfter, eine Erscheinung, welche leicht begreiflich ist, da bei der Stille und gleichmäßigen Temperatur des Wassers in den großen Tiefen der Boden nicht so stürmischen Einwirkungen ausgesetzt ist, wie in der ewig bewegten und in der Temperatur stets wechselnden Atmosphäre, und anstatt Zertrümmerung und Fortschaffung des Gesteins vielmehr eine unausgesetzte, wenn auch langsame Ablagerung von feinen Stoffen aus dem Wasser stattfindet, welche viele Unebenheiten ausgleicht. Zudem ist das Meer an horizontaler

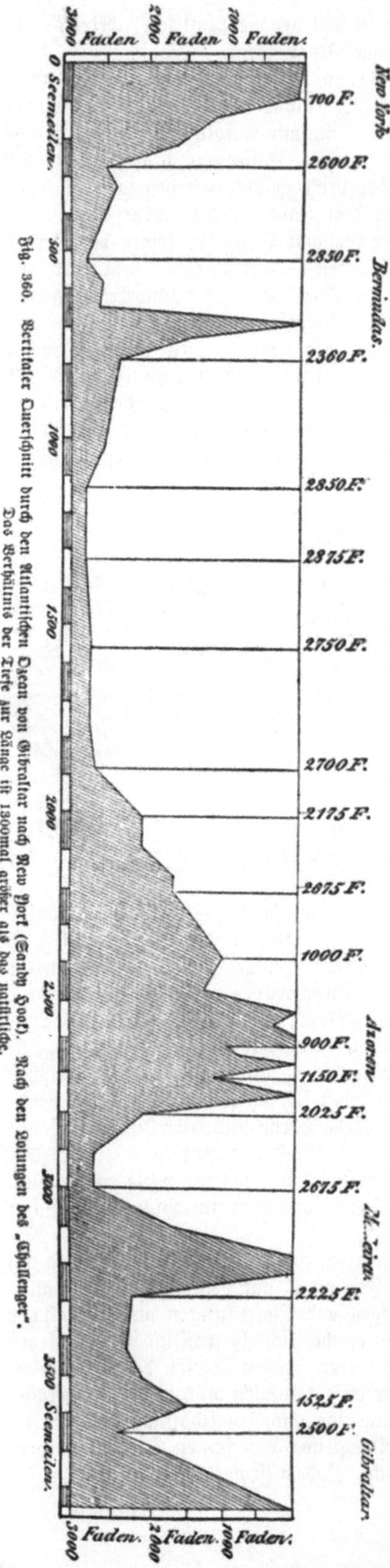

Fig. 360. Vertikaler Querschnitt durch den Atlantischen Ozean von Gibraltar nach New York (Sandy Hook). Nach den Lotungen des „Challenger". Das Verhältnis der Tiefe zur Länge ist 1300mal größer als das natürliche.

Ausdehnung ja sehr viel größer als das Land, und die Unebenheiten seines Bodens verschwinden deshalb gegenüber der ungeheuren Ausdehnung derselben noch mehr als die des Festlandes. Am genauesten ist das **Bodenrelief des Atlantischen Ozeans** bekannt. Ein breiter, Sförmig gekrümmter unterseeischer Rücken, der meist nicht tiefer als 2500 m liegt, erstreckt sich etwa in der Mitte zwischen der Alten und Neuen Welt von Süd nach Nord und scheidet mit seinen Ausläufern die tieferen Teile des Ozeans in drei Becken, ein östliches bei Afrika und zwei westliche, das eine nördlich, das andre südlich vom Äquator. Das nordwestliche und zugleich tiefste Becken steigt zwischen 50 und 60° nördl. Breite zu einem weiten Plateau an, welches sich, von kleineren Einsenkungen abgesehen, in der ganzen Breite von Irland bis Neufundland erstreckt und unter dem Namen **Telegraphenplateau** bekannt ist, weil auf ihm das erste und wichtigste transatlantische Kabel ruht. Dies Plateau hat ungefähr dieselbe Tiefe wie der Sförmige Rücken, der noch Norden zu in dasselbe übergeht. Gegen das Eismeer zu steigt das Plateau noch mehr an und nähert sich dem Wasserspiegel im Mittel bis auf etwa 800 m zwischen Europa und Island; die letztere Insel sowie die Faröer sind nur besonders hohe, den Wasserspiegel überragende Erhebungen desselben. Auf dem Sförmig gekrümmten Rücken zwischen der Alten und Neuen Welt liegen anderseits eine Reihe von Inseln vulkanischen Ursprungs, wie Tristan d'Acunha, Aszension und die Azoren.

Das **nördliche Eismeer**, ebenfalls ziemlich genau bekannt, ist, abgesehen von einem mächtigen tiefen Becken zwischen Grönland und Spitzbergen, meistens flach, bis etwa 1000 m tief, namentlich nördlich von Asien und Amerika und zwischen beiden Weltteilen. Hier finden sich auch zahlreiche flache Bänke, entstanden durch Anhäufung gewaltiger, von den Gletschern und Eisbergen ins Meer geschleppter Gesteinstrümmer. Tiefer scheint das antarktische Meer, doch fehlen dort noch zuverlässige Lotungen. Der **Große oder Stille Ozean** zerfällt durch eine Reihe von unterseeischen Rücken, welche sich, stets weniger als 4000 m unter dem Meeresspiegel liegend, in einer queren Zone von einem Wendekreise zum andern durch die ganze Breite des Ozeans hinziehen und die meisten Südseeinseln tragen, in zwei große und tiefe Becken, ein nördliches und ein südliches, in denen das Lot an zahlreichen Stellen erst in 5—7000 m Tiefe auf den Grund stößt.

Ungemein interessant ist die **Zusammensetzung der den Meeresboden bildenden Ablagerungen.** Unmittelbar an den Küsten breiten sich die Trümmer des Festlandes als Gerölle oder Sand auf dem flachen Grunde aus, weiter hinaus und in größerer Tiefe werden die Bodenbestandteile infolge des natürlichen Schlemmprozesses, dem sie unterworfen wurden, immer feiner; nur noch die allerfeinsten anorganischen Mineralteilchen kommen vor und treten immer mehr zurück hinter den fein zerriebenen Teilen abgestorbener Pflanzen und Tiere, dem sogenannten organischen Detritus.

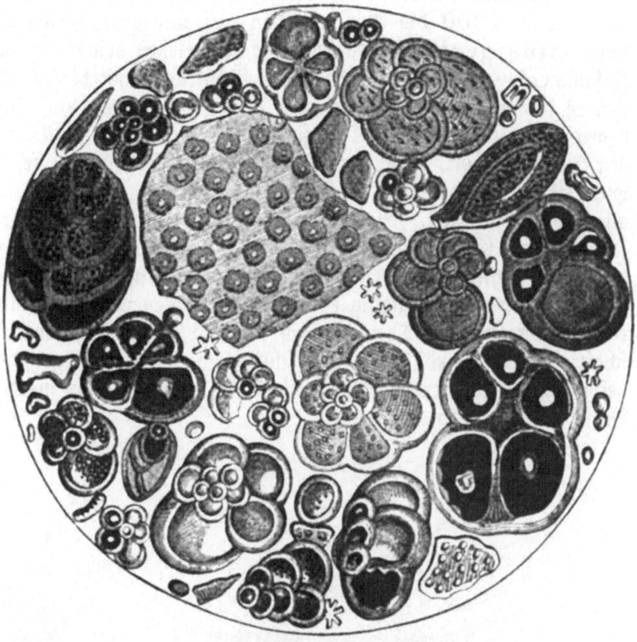

So entsteht schon in geringer Entfernung von den Küsten ein grauer, brauner oder schwarzer Schlamm (Schlick oder Mud), in dem zahlreiche Tierarten reichliche Nahrung finden. Am Boden der eigentlichen hohen See endlich sind anorganische Trümmer vom Festlande gar nicht mehr vorhanden, höchstens finden sich dort feine Partikelchen von vulkanischer Asche und Bimsstein, meist von unterseeischen oder Inselvulkanen herrührend. Die überwiegende Masse des Tiefseeschlammes besteht einzig und allein aus den Resten abgestorbener, meist mikroskopischer Tiere und Pflanzen. Ungezählte Milliarden kleiner Wurzelfüßer (Rhizopoden), welche zu den am einfachsten organisierten Tieren gehören, beleben teils die oberflächlichen Wasserschichten der hohen See, teils den mit organischen Resten durchsetzten Tiefseeschlamm selbst. Sie haben fast alle Schalen von der zierlichsten Gestalt, teils, wie bei der Gruppe der Foraminiferen, aus kohlensaurem Kalk bestehend, teils aus Kieselsäure, wie bei den Strahltieren oder Radiolarien; oder mikroskopische Pflanzen einfachster Art, so die mit zierlichen Kieselschalen versehenen Stäbchenalgen oder Diatomeen erfüllen in ungeheurer Menge die oberen Wassermassen und verleihen ihnen eine rötliche, braune oder grüne Färbung. Alle diese kleinen Wesen, welche lebend

Fig. 361. Stark vergrößerte Foraminiferen aus einer Meeresablagerung.

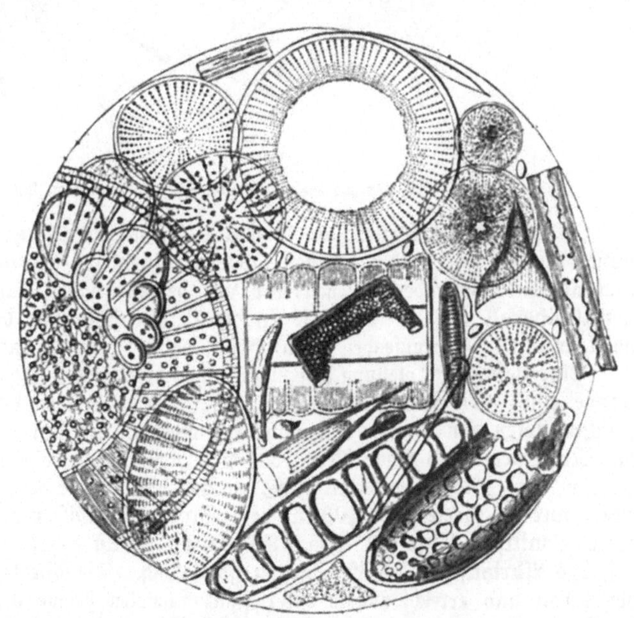

Fig. 362. Organismen vom Meeresgrunde, größtenteils Diatomeen, stark vergrößert.

zahlreichen größeren Meeresgeschöpfen als Nahrung dienen, sinken absterbend langsam in die Tiefe des Ozeans, wo namentlich ihre schwerer zerstörbaren Schalen die Hauptmasse des Bodenschlammes bilden. So bilden gewisse kalkschalige Foraminiferen in den atlantischen Tiefen von 1000 bis etwa 4000 m auf ungeheure Erstreckungen den grauen oder weißlichen Globigerinenschlamm, der, abgesehen von seiner mangelnden Festigkeit, in seiner Zusammensetzung eine so auffallende Ähnlichkeit mit der gewöhnlichen Schreibkreide hat, daß es keinem Zweifel unterliegen kann, daß letztere einst auf ähnliche Weise am Meeresboden entstanden ist. Auf große Strecken wird der kalkhaltige Globigerinenschlamm durch den kieselhaltigen, aus den Skeletten der Strahltiere bestehenden Radiolarien- oder durch kieselhaltigen Diatomeenschlamm ersetzt, so namentlich im Großen Ozean. In den allergrößten Tiefen, von 4500 m an, findet sich in den meisten Ozeanen ein eigentümlicher feiner, durch Eisenoxyd rötlich gefärbter Thon ohne alle organische Beimengungen und deshalb auch ohne Tierleben, welch letzteres sonst, z. B. auf dem Globigerinenschlamm, noch sehr stark und mannigfaltig entwickelt ist. Neuere Untersuchungen haben gezeigt, daß dieser rötliche kieselhaltige Thon dadurch entsteht, daß die herabsinkenden kalkigen Foraminiferenschalen in den größten Tiefen schließlich durch den großen Kohlensäuregehalt des dort befindlichen Wassers gänzlich entkalkt und so verändert werden, daß eben nur jene rötliche Masse übrig bleibt.

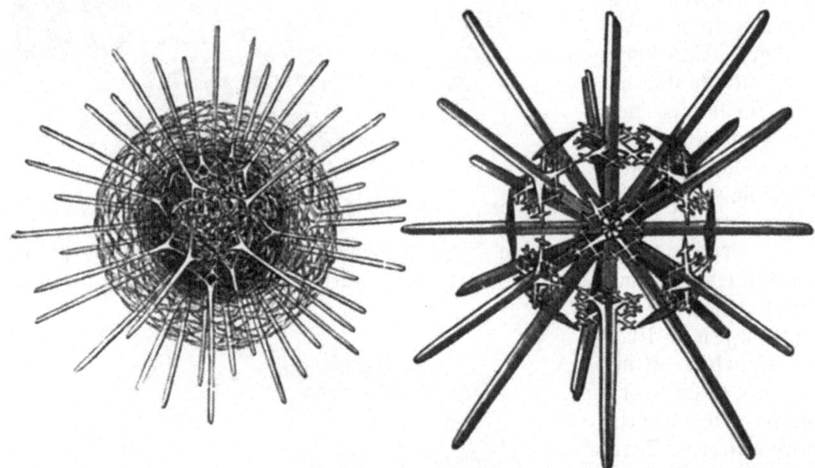

Fig. 363 und 364. Kieselskelette von Radiolarien, stark vergrößert.

In welcher Mächtigkeit jene Produkte organischer Thätigkeit, die Schlammschichten der großen Tiefen, den Boden bedecken mögen, entzieht sich gänzlich unsrer Erkenntnis. Aber staunend und bewundernd stehen wir vor der Thatsache, daß das Lebendige seine Wirksamkeit überall auf der Erde bis in die tiefsten Abgründe des Ozeans hinunter geltend macht und seit Jahrtausenden unaufhörlich geltend gemacht hat.

Eine besondere Stellung den eigentlichen Weltmeeren gegenüber nehmen die Binnenmeere ein. Sie sind stets weniger tief; man muß aber doch einen scharfen Unterschied zwischen tiefen und flachen Binnenmeeren machen. Zu den ersteren gehören unter anderm das Mittelmeer, das Rote Meer, das amerikanische Mittelmeer zwischen Nord- und Südamerika, das Malaiische Meer u. a., zu den letzteren die Nord- und Ostsee. Das Mittelmeer, nur durch die kaum 400 m tiefe Straße von Gibraltar mit dem Ozean verbunden, hat eine mittlere Tiefe von etwa 1300 m und ist an einzelnen Stellen bis gegen 4000 m tief, das Adriatische Meer ist dagegen ganz flach. Die Nordsee hat nur eine mittlere Tiefe von 90 m und erreicht nur in einer ganz schmalen Rinne an der norwegischen Küste bis ins Kattegatt Tiefen von 200—700 m, die Ostsee endlich ist gar im Mittel nur 70 m tief; die tiefste Stelle, nördlich von Gotland, beträgt nur etwas über 300 m.

Chemische Beschaffenheit des Meerwassers. Das Wasser des Meeres enthält eine viel größere Menge mineralischer Stoffe aufgelöst als das Wasser der Seen und Flüsse;

der wichtigste derselben, das Kochsalz oder Chlornatrium, macht allein mehr als $^3/_4$ des gesamten Salzgehaltes aus, ihm zunächst an Menge steht das Chlormagnesium, und beide zusammen geben dem Meerwasser seinen salzig-bitteren Geschmack. Wichtige mineralische Bestandteile sind außerdem der schwefelsaure und der kohlensaure Kalk, letzterer allerdings nur in sehr geringer Menge, beide aber von der höchsten Bedeutung für das organische Leben im Meere, indem alle schalentragenden Tiere aus ihnen ihre Stoffe zum Ausbau ihrer festen Teile entnehmen. Der gesamte Salzgehalt ist in den offenen Ozeanen ein fast konstanter, eine Folge der fortwährenden inneren Zirkulation des Wassers, und beträgt etwa $3,_6$ Prozent. Binnenmeere in wärmeren Gegenden haben meist etwas höheren Salzgehalt; so das Mittelmeer $3,_7$—$3,_8$ Prozent, das Rote Meer 4 Prozent; Binnenmeere in nördlichen Gegenden einen geringeren, namentlich wenn sie nur durch schmale Straßen mit dem Weltmeer in Verbindung stehen und viel Süßwasserzufluß erhalten, wie die Ostsee, welche im Großen Belt nur $1,_3$ Prozent, im südlichen Teile etwa $0,_7$ Prozent und im Bottnischen Meerbusen fast gar kein Salz mehr enthält. Auch ist in Binnenmeeren der Salzgehalt in den einzelnen Jahreszeiten und je nach der Tiefe sehr wechselnd. Das nördliche Eismeer ist infolge der vielen großen Ströme, die hineinmünden, und der schmelzenden Eisberge etwas weniger salzig als die Ozeane (etwa $3,_3$ Prozent). Da der größere Salzgehalt des Meerwassers demselben auch eine größere Dichtigkeit gibt, so ist es spezifisch schwerer als das süße Wasser. Außerdem übt auf das spezifische Gewicht des Meerwassers auch noch die Temperatur desselben in der Art Einfluß, daß mit dem Abnehmen derselben das spezifische Gewicht zunimmt und umgekehrt. Setzt man das spezifische Gewicht des destillierten Wassers bei 4° C. = 1, so hat das Wasser des Ozeans mit einem Salzgehalt von $3,_6$ Prozent und bei 15° C. ein Gewicht von $1,_{027}$.

Der Salzgehalt und das größere spezifische Gewicht des Meerwassers ist in mehr als einer Beziehung von ungeheurer Bedeutung für das organische Leben im Meere und auch für den Menschen. So gestattet z. B. die größere Dichte des Wassers zahlreichen Meeresbewohnern und namentlich zahlreichen Pflanzen ein leichteres freies Schwimmen in ihrem Element; ferner finden die schwimmenden Pflanzen zugleich alle Mineralien, deren sie bedürfen, im Wasser gelöst; sie können also den Boden, welchen die Luftpflanzen nötig haben, ganz entbehren. Endlich gefriert Wasser mit dem Salzgehalt des Ozeans in ruhigem Zustande erst bei — $3,_{17}$° C., in bewegtem bei — $2,_{55}$° C. Solche Temperaturen kommen aber häufiger nur an der Oberfläche der Polarmeere vor, in den tiefen Ozeanen gar nicht und in unsern Gegenden nur sporadisch. So bleibt das Meer auch im kältesten Winter frei und offen für den völkerverbindenden Verkehr und das Leben in ihm ist keinen störenden Unterbrechungen ausgesetzt, wie auf dem Lande und in den süßen Gewässern.

Das Meerwasser enthält auch Luft, und zwar Stickstoff, Sauerstoff und Kohlensäure; den Sauerstoff in weit geringerer Menge, als derselbe in der Atmosphäre enthalten ist (in 1 l Meerwasser befinden sich bei 10° C. etwa $0,_{017}$ g Sauerstoff), die Kohlensäure jedoch auffallenderweise in weit größerer Menge als dort, namentlich in den kälteren Meeren, wo 1 l Seewasser nach Jacobsen und Tornoe etwa $0,_1$ g Kohlensäure enthält, d. i. über 150mal mehr als in der Atmosphäre. Diese große Menge Kohlensäure, die mit der Tiefe noch zunimmt, und welche in der Atmosphäre ausreichen würde, alles Tierleben zu vernichten, schadet doch demselben im Meere merkwürdigerweise nichts und muß sich dort in einem besonderen gebundenen Zustande befinden, welcher nach Jacobsen wahrscheinlich mit der Anwesenheit von Chlormagnesium zusammenhängt.

Der eigentümliche Geruch des frischen Seewassers rührt wahrscheinlich von den aufgelösten oder fein verteilten, in Zersetzung begriffenen organischen Stoffen her, von denen es nach den Untersuchungen der Engländer eine beträchtliche Menge enthält. Was die Farbe des Meerwassers betrifft, so ist durch vielfache Versuche jetzt erwiesen, daß tiefe und klare Meere im allgemeinen eine blaue Färbung zeigen, die besonders in ihrem Kontrast zu Eis- und Schneemassen tief dunkelblau wird und bekanntermaßen die Grotte zu Capri mit herrlichen azurnen Tinten färbt. Diese schöne Bläue des Ozeans, welche überhaupt dem reinen Wasser, sowohl dem destillierten wie dem salzigen, zukommt, verliert sich bei abnehmender Tiefe in der Nähe der Küsten, teils weil das Wasser nicht mehr ganz rein ist, teils weil Licht vom Grunde reflektiert wird. Aus dem durch Reflexe hinzutretenden gelben Lichte hat man die schöne smaragdgrüne Farbe erklären wollen, die das Meer — ebenso wie gewisse Alpenseen — bisweilen zeigt, und neben der dann als Komplementärfarbe ein schönes Purpurrot erscheint. Daß die verschiedenen Farben des vom Grunde reflektierten Lichtes Einfluß auf die Meeresfarbe haben, läßt sich an vielen Beispielen zeigen; so verursachen Klippen einen bräunlichen oder schwärzlichen, Schlammgrund einen grauen, weißer Sandgrund einen grünlichgrauen, Korallen einen rötlichen Ton. Man hat auch häufig im reinen bläulichen Meere weithin, oft auf viele Meilen sich erstreckende schmutzige, olivengrün, weißlich, rot u. s. w. gefärbte Streifen bemerkt und bei näherer Untersuchung stets die schon oben erwähnten mikroskopischen Tiere oder Pflanzen als Ursache der Farbe aufgefunden, so namentlich in den arktischen Meeren, wo Diatomeen, und im Roten Meere, wo eine andre kleine Alge die Ursache ist.

Das klare Meerwasser ist ferner sehr durchsichtig. Im Eismeer ist diese Durchsichtigkeit außerordentlich groß. In der Nähe von Nowaja Semlja hat man in einer Tiefe von 150 m nicht bloß den Grund, sondern auch Muscheln auf demselben deutlich erkennen wollen, doch ist dies wohl übertrieben. Interessant ist, daß nach Bogulawskis Angabe A. Moret bei einer Luftballonfahrt zu Cherbourg am 21. August 1876 aus einer Höhe von 1700 m den 60—80 m tiefen Meeresgrund mit seinen kleinsten Details erblicken konnte. Neue, sehr sorgfältige Versuche mit dem Versenken von weißen Scheiben haben ergeben, daß solche bis auf mehr als 40 m Tiefe sichtbar bleiben. Vielleicht dringt das Licht noch etwas tiefer ein, jedenfalls nicht viel tiefer als 200 m, weil dann nachweislich jede Spur von Pflanzenleben aufhört. Das bekannte, wundervolle Leuchten des Meeres bei Nacht rührt stets von der Lebensthätigkeit zahlreicher Tiere her, namentlich von Seewalzen oder Pyrosomen, Medusen, Fischen und mikroskopischen Wesen und ist am stärksten in den Tropen auf hoher See.

Temperatur des Meeres. Die Wärmeverhältnisse des Meerwassers sind nicht bloß direkt für seine pflanzlichen und tierischen Bewohner von Bedeutung, sondern indirekt auch für das Klima der Küstenländer und die Bewohnbarkeit derselben durch Menschen. Im allgemeinen besteht hinsichtlich der Erwärmung der Luft und des Meerwassers, welche in beiden Fällen von der Sonne ausgeht, ein fundamentaler Unterschied; die Luft erwärmt sich von dem zunächst erhitzten Erdboden aus, also von unten, das Meer jedoch ausschließlich von oben. Die Luft wird also überall, wo sie in der Nähe des Erdbodens erwärmt wird, bestrebt sein, in die Höhe zu steigen und ihre Wärme sehr schnell den oberen Luftschichten mitteilen, während das an der Oberfläche erwärmte und dadurch leichter gewordene Meerwasser keine Ursache hat zu sinken, um auch die unteren Wasserschichten zu erwärmen. Letztere können vielmehr nur durch Wärmeleitung erwärmt werden, und da das Leitungsvermögen beim Wasser sehr schlecht ist, kann dies nur sehr langsam geschehen. Hieraus ergeben sich zwei sehr wichtige Erscheinungen. Zunächst treten die Maxima und Minima der Oberflächentemperatur des Meeres stets später im Jahre auf als die der Lufttemperatur. So ist in unsern Gegenden der kälteste Monat auf dem Lande der Januar, der heißeste der Juli, im Oberflächenwasser des Meeres dagegen der März, resp. September. Im Sommer ist also das Meer kühler, im Winter wärmer als das Land, und daraus folgt, daß dasselbe in bezug auf die Lufttemperatur an den Küsten als ein großer Wärmeregulator wirkt, woraus sich die größere Gleichmäßigkeit des Küstenklimas gegenüber dem Kontinentalklima erklärt. Zweitens sind die Schwankungen und die Extreme der Temperatur im Meere sehr viel geringer als auf dem Festlande. Die höchste auf der Erde in den Tropen vorkommende Lufttemperatur beträgt etwa 45° C., die niedrigste, am sibirischen Kältepol, — 60° C., die Differenz auf der ganzen Erde also mehr als 100° C. Die höchste beobachtete Wassertemperatur (im Roten Meere) beträgt 34° C., die niedrigste in den Polarmeeren etwa — 3° C., die Differenz also nur 37° C. Die jährliche lokale Schwankung der Lufttemperatur, d. i. die Differenz zwischen der mittleren Wärme des wärmsten und kältesten Monats, ist am geringsten in den Tropen (1—7° C.), nach Norden wird sie immer größer und kann in den Polarländern sogar 30—60° C. betragen, in Berlin bereits $19,_4$° C. Ganz anders im Meere. In den äquatorialen Teilen des Atlantischen Ozeans beträgt an der Oberfläche die jährliche Schwankung nur 2—3°, bei 35° nördl. Länge erst $7,_3$° C. und selbst in den Polarmeeren ist sie nicht viel größer. Die mittlere tägliche Temperaturschwankung der Luft endlich ist in Berlin noch etwa 7° C., in den tropischen Meeren dagegen gleich Null und selbst in den Polarmeeren nur wenig über Null.

In den tiefsten Abgründen des Ozeans endlich ist nach den neueren Untersuchungen sowohl die jährliche wie die tägliche Temperaturschwankung gleich Null und vom Pol bis zum Äquator herrscht hier nahezu die gleiche niedrige Temperatur von 0—2° C. Noch vor einem Jahrzehnt war man über die Temperatur in den größten Meerestiefen völlig im Unklaren, teils wegen der mangelhaften Instrumente zur Messung derselben, teils weil man von der falschen Annahme ausging, daß auch das Meerwasser ebenso wie das süße Wasser seine größte spezifische Schwere bei 4° C. erlange, woraus man dann folgerte, daß in allen Abgründen des Meeres, wohin ja das schwerste Wasser notwendig sinken muß, eben jene Temperatur von 4° C. herrschen müsse. Neuere Forschungen haben indes gezeigt, daß das spezifische Gewicht beim gewöhnlichen Meerwasser bis zum Gefrierpunkte desselben, also bis unter — 3° C., beständig zunimmt. Da solche niedrige Temperaturen nur in den Polarmeeren vorkommen, so folgt daraus die Notwendigkeit, daß das kalte Polarwasser unaufhörlich nach den tiefsten Stellen der Ozeane hinströmen muß, während natürlich umgekehrt das warme Oberflächenwasser der äquatorialen Meere ebenso unaufhörlich nach den Polen zu sich ausbreitet. Diese durch die ungleiche Erwärmung des Meeres in den verschiedenen Zonen bedingte Ausgleichsströmung ist übrigens eine außerordentlich langsame, durch Instrumente kaum nachweisbare; daß sie aber besteht, folgt eben daraus, daß auch in Meeren mit sehr warmem Oberflächenwasser die Temperatur mit der Tiefe sehr schnell abnimmt und schon von 2000 m die oben erwähnte, fast konstante Höhe von 0—2° C. besitzt. Denn woher sollte dieses kalte Tiefenwasser anders kommen als aus den Polargegenden? Müßte doch sonst die hohe Wärme des Oberflächenwassers in den Tropen sich nach und nach durch Leitung bis in die großen Tiefen verbreitet haben. Den besten Beweis für die Richtigkeit dieser Anschauung liefern abgeschlossene Binnenmeere, wie das Mittelmeer. Da die Verbindung desselben mit dem Atlantischen Ozean höchstens 400 m tief ist, so kann das nur an den tiefsten Stellen der Ozeane sich fortbewegende Polarwasser gar nicht ins Mittelmeer hineinkommen, und eine Folge davon ist, daß in der Tiefe desselben von etwa 400 m an überall eine gleichmäßige Temperatur von etwa 13° C. herrscht, d. i. gleich der mittleren Wintertemperatur der Luft in den Mittelmeerländern.

Fig. 365. Selbstregistrierendes Tiefenthermometer von Miller-Casella. Umgeben von einer Glashülle, welche Alkohol und oben in dem weiten Ende eine Blase von Alkoholdampf enthält, um den Wasserdruck unschädlich zu machen.

Die Messung der Temperatur in den größten Tiefen ist eine sehr schwierige, Zeit und Mühe kostende Sache, welche ganz besonders konstruierte Thermometer verlangt. Da der Druck des Wassers in den großen Tiefen ein so ungeheurer ist, daß er mehrere hundert Mal soviel beträgt als der Luftdruck an der Oberfläche, so würden gewöhnliche Thermometer regelmäßig durch diesen Druck zertrümmert werden. Alle neueren Tiefenthermometer, wie das Miller-Casellasche und das Negretti-Zambrasche, sind deshalb noch von einer besonders dicken, hohlen und teilweise mit Alkohol oder Quecksilber gefüllten Glasumhüllung umgeben, um den Druck aushalten zu können, und werden vor dem Gebrauche in einem hydraulischen Apparat auf ihre Haltbarkeit geprüft. Alle Tiefenthermometer sind entweder nach dem Prinzip der Minimum- und Maximumthermometer konstruiert, oder haben andre Einrichtungen, um den Temperaturgrad jeder beliebigen Wasserschicht fixieren zu können.

Strömungen des Wassers und der Luft. Die geringen Temperaturschwankungen des Meeres hängen übrigens nicht allein von dem schlechteren Wärmeleitungsvermögen des Meerwassers, seiner größeren Dichte und der Eigentümlichkeit in seinem Erwärmungsvorgang ab, sondern auch wesentlich davon, daß zahlreiche und mächtige ozeanische Strömungen, welche seit Jahrtausenden wahrscheinlich mit gleicher Stärke und in gleicher Richtung sich bewegen, die Wassermasse des Ozeans in einer beständigen inneren Durchmischung erhalten. Diese ewig innere Bewegung des gewaltigen Meeres ist zugleich eine der wichtigsten Ursachen von dem ungeheuren Lebensreichtum, den das Meer, diese Mutter alles Lebendigen, beherbergt, denn sie führt die für das Leben der Pflanzen und Tiere so notwendigen Gase, wie Sauerstoff und Kohlensäure, überallhin, und ebenso jenen feinen organischen Staub, die Überreste abgestorbener Pflanzen und Tiere, welcher im Wasser schwebend namentlich zahllosen festsitzenden Tieren, wie Muscheln und Korallen, zur Nahrung dient, ohne daß diese nötig haben, sich zur Erlangung desselben vom Platze zu bewegen. Dieser organische Staub wird endlich auch, teils durch seine eigne Schwere, vorzugsweise aber durch die Tiefenströmung des kalten Polarwassers in die tiefsten Abgründe des Ozeans geführt und ermöglicht dort die Existenz zahlreicher Tiere.

Die Ursache der meisten Meeresströmungen, mit Ausnahme der oben beschriebenen langsamen Ausgleichsströmung zwischen Polar- und Äquatorialmeeren und mit Ausnahme von Ebbe und Flut, sind ausschließlich die Bewegungen in der Atmosphäre, die Winde. Beide, Winde und Meeresströmungen, sind für die Schiffahrt natürlich von enormer Wichtigkeit, und wir wollen sie deshalb in kurzem etwas genauer betrachten.

Winde. Die Winde entstehen aus Störungen im Gleichgewicht der Atmosphäre, die vor allem durch Verschiedenheit der Temperatur benachbarter Gegenden hervorgerufen werden. Denken wir uns beispielsweise zwei große Luftsäulen nebeneinander, die eine etwa auf dem Atlantischen Ozean, die andre über Frankreich. Wird nun die letztere stärker erwärmt, so dehnt sie sich nach oben aus, wird also höher als das benachbarte Niveau und fließt auf dieses über. Das feinfühlende Barometer zeigt dies in Frankreich durch das Sinken seiner Quecksilbersäule an, es markiert ein sogenanntes barometrisches Minimum, kurzweg auch Depression genannt, weil rings um das Gebiet der aufsteigenden Luftsäule höherer Luftdruck vorhanden ist. Die Folge eines solchen barometrischen Minimums ist nun, daß nach seinem Orte von allen Seiten, wo stärkerer Druck herrscht, die Luft sich hinbewegt. Dadurch entsteht ein Wirbel, indem die genau radial nach dem Orte des Minimums hinstrebenden Luftmassen durch die Umdrehung der Erde so abgelenkt werden, daß sie den Ort des niedrigsten Druckes etwas zur Seite liegen lassen. Auf der nördlichen Halbkugel umkreisen infolgedessen die Winde das Minimum entgegengesetzt wie der Zeiger einer Uhr, auf der südlichen Halbkugel aber in umgekehrter Richtung. Sieht also jemand in unsern Gegenden dem Wind entgegen, so liegt das Minimum des Luftdrucks zu seiner Rechten. Wirbelwinde um ein barometrisches Minimum nennt man auch wohl Cyklonen. Umgekehrt werden von einem Orte, wo sich z. B. infolge starker Abkühlung ein barometrisches Maximum befindet, die Luftteile allseitig nach den Gegenden geringeren Luftdrucks abfließen, und zwar durch Ablenkung infolge der Erdrotation ebenfalls wirbelartig, auf der nördlichen Halbkugel in der Richtung des Uhrzeigers. Solche Winde nennt man Anticyklonen. Sie sind meistens von klarem und kaltem Wetter begleitet, bewegen sich selten von einem Ort zum andern und sind im ganzen ruhiger Natur. Ganz anders die Cyklonen, welche durch ihre nach innen gerichtete wirbelnde Bewegung das barometrische Minimum fortdrängen und so selbst in eine fortschreitende Bewegung geraten, bis endlich das Minimum sich ausgeglichen hat. In Mitteleuropa schreiten die Minima in der Regel von West nach Ost oder von Südwest nach Nordost fort mit einer durchschnittlichen Schnelligkeit von 600 km täglich, d. i. 7 m in der Sekunde. Die Cyklonen sind meist von trübem Wetter begleitet und steigen oft zu einer außerordentlich heftigen Bewegung an, wie denn alle Stürme auf solche Winde sich zurückführen lassen; sie finden sich vorzugsweise in den mittleren und höheren Breiten beider Halbkugeln.

Wenn zwei nebeneinander liegende Luftmassen verschiedene Wärme haben, so entsteht, wie wir eben sahen, in der Höhe eine Luftströmung von der wärmeren zur kälteren Masse, in der Tiefe aber eine Strömung in entgegengesetzter Richtung. Dauert die Erwärmung der einen fort, so wird die eingedrungene kältere Luft sich mit erwärmen, dünner und leichter werden, in die Höhe steigen und sich dann wiederum über die kältere Luftmasse ergießen. Dadurch entsteht eine kreisende Bewegung, welche um so regelmäßiger auftritt, je gleichförmiger der Temperaturunterschied zweier solcher Luftmassen bleibt. Die Richtigkeit dieser Sätze kann man durch einen einfachen Versuch darlegen, indem man die Verbindungsthür eines geheizten und kalten Zimmers öffnet und mittels der Flamme eines Lichts die in der Thür entstehenden Luftströmungen untersucht. Aus dem oben gegebenen Beispiel lassen sich zugleich die Land- und Seewinde, welche man häufig an den Meeresküsten, namentlich aber auf den Inseln wahrnimmt, erklären. Einige Stunden nach

Sonnenaufgang erhebt sich ein vom Meere nach der Küste zu gerichteter Wind, der Seewind, weil das feste Land unter dem Einflusse der Sonnenstrahlen stärker erwärmt wird als das Meer; über dem Lande steigt die Luft in die Höhe und fließt oben nach dem Meere hin ab, während unten die Luft vom Meere nach den Küsten strömt. Dieser Seewind ist anfangs schwach und nur an den Küsten selbst fühlbar; später nimmt er zu und zeigt sich dann auf dem Meere schon in größerer Entfernung von der Küste; zwischen 2 und 3 Uhr nachmittags wird er am stärksten und nimmt dann wieder ab; gegen Untergang der Sonne tritt eine Windstille ein. Dann erkalten Land und Meer durch die Wärmestrahlung nach dem Himmelsraume, ersteres aber rascher als das zweite, und deswegen strömt nun die Luft in den unteren Regionen vom Lande nach dem Meere, während in den oberen Luftregionen eine entgegengesetzte Strömung stattfindet.

Erst seit etwa 50 Jahren hat man die Gesetze der Windbewegung, zunächst im Interesse der Schiffahrt, genauer studiert, und seit etwa zehn Jahren ist durch Errichtung zahlreicher meteorologischer Beobachtungsstationen, nicht bloß in zivilisierten Ländern, sondern auch im hohen, eisbedeckten Norden, sowie durch die Einführung der telegraphischen Wetterberichte die Wissenschaft vom Wind und Wetter in ein neues vielverheißendes Stadium getreten. Indem den meteorologischen Zentralstationen die Barometerstände, schneller als sie sich ändern können, telegraphisch mitgeteilt werden, ist es möglich geworden, für jeden Tag, jeden Monat oder das ganze Jahr die sogenannten **Isobaren** über die Erdkugel zu ziehen, d. h. die Linien, welche alle Punkte mit gleichem mittleren Luftdruck verbinden (s. Fig. 370). So lassen sich die Orte der barometrischen Maxima und Minima stets genau bestimmen und daraus kann man wieder die wahrscheinliche Fortbewegung der Minima nach Richtung und Stärke bestimmen und wenigstens auf 24 Stunden den zu erwartenden Wind mit ziemlicher Sicherheit vorhersagen. So wird z. B. ein Wind offenbar um so stärker nach dem Orte eines Minimums wehen, je schneller auf kurze Entfernungen die Barometerstände zunehmen, was sich auf der Isobarenkarte daran erkennen läßt, daß der Abstand zwischen den einzelnen Isobaren geringer ist. Die Größe dieses Abstandes, bezogen auf eine bestimmte Meilenlänge als Einheit, nennt man den **barometrischen Gradienten**. Durch alle solche Hilfsmittel ist es möglich geworden, die Gesetze der Windbewegung auf einem großen Teile der Erdoberfläche zu ergründen. Dabei ist das erste und wichtigste Ergebnis dieser Forschungen, daß man genau unterscheiden muß zwischen rein lokalen Winden, wie es z. B. die eben erwähnten Land- und Seewinde oder die Winde in engen Gebirgsthälern sind, und jenen allgemeinen, regelmäßigen Luftströmungen, welche jahraus jahrein in gleicher Intensität und Richtung zu bestimmten Zeiten wiederkehren und welche in unserm Luftkreise eine stetige, streng geregelte Zirkulation unterhalten. Wir wollen hier nur die letzteren genauer betrachten, wie sie sich in den einzelnen Zonen der Erde verhalten.

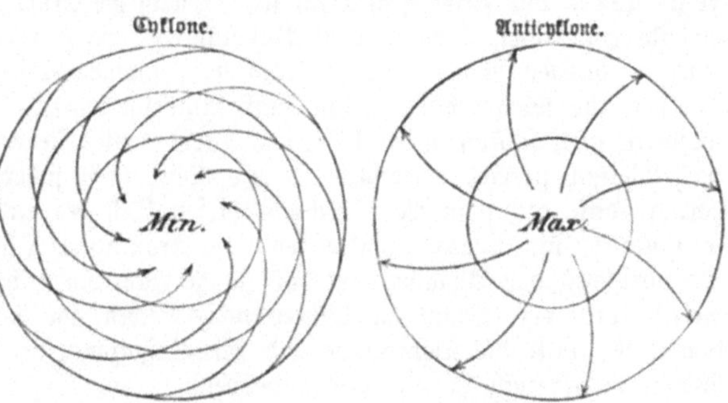

Fig. 366 und 367. Nördliche Halbkugel.

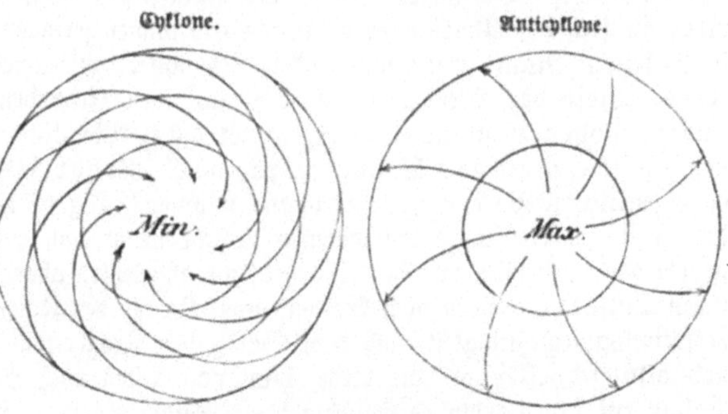

Fig. 368 und 369. Südliche Halbkugel.

Auf keinem Teile der Erdoberfläche ist die Lufttemperatur so hoch und zugleich die Meeresfläche so sehr über die Landmasse vorwiegend als nördlich und südlich vom Äquator. Die Folge davon ist, daß die gesamte Luftmasse über diesem Gebiete sowohl wegen ihrer hohen Erwärmung als auch wegen der großen Menge von Wasserdampf in ihr im allgemeinen ein starkes Bestreben hat, aufzusteigen, daß also eine Zone niedrigen Luftdrucks entsteht. Sie ist bekannt unter dem Namen der äquatorialen Kalmen oder Windstillen, obwohl man sie besser als eine Zone veränderlicher und stark von lokalen Einflüssen abhängiger Winde bezeichnen könnte (s. Fig. 371). Nach Norden wie nach Süden sucht die Luft von dieser Zone polwärts in den oberen Regionen zu entweichen, während unten von den polwärts gelegenen Gegenden die weniger warme Luft nach dem Äquator hinströmt. Da das Meer in diesen Zonen so sehr überwiegt, so wehen diese unteren Winde, durch lokale Einwirkungen der Festländer wenig gestört, das ganze Jahr hindurch sehr stetig und regelmäßig und sind schon lange unter dem Namen der Passate (trade winds der Engländer, vents alizés der Franzosen) bekannt. Durch die Erdrotation erfahren die Passate jedoch von ihrer geraden Richtung eine Abweichung, und zwar nach Osten, so daß man demnach einen nördlichen Nordostpassat und einen südlichen Südostpassat bekommt. Heutzutage benutzen die Segelschiffe, welche nach Amerika fahren, den Nordostpassat, indem sie von Madeira aus südlich in die Nähe des Wendekreises steuern, wo sie dann durch den Passat nach Westen getrieben werden. Diese Reise ist so sicher und die Arbeit der Matrosen so gering, daß die spanischen Seeleute diesen Teil des Atlantischen Ozeans den Frauengolf (el golfo de las damas) nannten, weil ein Frauenzimmer hier das Steuerruder führen könne. Da übrigens der Äquator nicht das ganze Jahr hindurch die wärmste Gegend ist, sondern dieselbe mit der Sonne im Winter nach Süden, im Sommer nach Norden wandert, so kommt es, daß die Kalmenzone und die Passatzonen im Sommer mehr nach Norden, im Winter mehr nach Süden verlegt werden.

Die Polgrenzen der Passate liegen im Mittel schon bei etwa 30° nördlich und südlich vom Äquator. Die ungeheuren in der Kalmenzone aufsteigenden Luftmassen nämlich finden, indem sie sich den Polen nähern, wegen des immer geringer werdenden Umfangs der Breitenkreise keinen Raum mehr und senken sich daher, zusammengedrängt und abgekühlt, bereits etwas jenseit der Wendekreise wieder auf den Erdboden; sie erzeugen hier zwei Zonen dauernd hohen Luftdrucks, ausgezeichnet durch Windstillen oder schwache Winde, die sogenannten Kalmen der Wendekreise, auch „Roßbreiten“ genannt, aus denen nun eben die eigentlichen Passate ihren Ursprung nehmen (s. Fig. 371). Jene oberen vom Äquator nach den „Roßbreiten“ wehenden warmen Winde nennt man auch wohl „obere Passate“; auch sie werden natürlich von der Erdrotation abgelenkt, aber nicht nach Osten, wie die eigentlichen Passate, sondern nach Westen, weil sie die den Äquatorgegenden zukommende größere Rotationsgeschwindigkeit nach dem Gesetz der Trägheit in den höheren Breiten beibehalten und also schneller als die Erde hier von Osten nach Westen laufen. So ist der obere Passat auf der nördlichen Halbkugel ein Südwestwind, auf der südlichen ein Nordwestwind. Beobachtungen aus den hohen Regionen der Atmosphäre, welche das Vorhandensein der zu den unteren Passaten gerade entgegengesetzt gerichteten oberen Passate beweisen, sind nicht so selten. Auch die Luft führt in den Staubmeteoren feste Stoffe mit sich, welche den Wind signalisieren und die Existenz dieser oberen Passate beweisen. Die Wolken ziehen in den Tropengegenden nicht selten so hoch, daß sie in der oberen Passatregion liegen, und bewegen sich oft entgegengesetzt der Richtung des am Meere herrschenden Passats. Auf hohen Bergen, wie am Pic von Teneriffa und am Mauna-Loa auf Hawai, herrscht häufig oben heftiger Südwest, wenn unten Nordwest weht; auch hat man es bei vulkanischen Ausbrüchen mehrmals erlebt, daß die Asche durch den unteren Passat hindurch in die Region des oberen geschleudert und von diesem in entgegengesetzter Richtung fortgetragen wurde. Die Bewohner der Insel Barbados waren nicht wenig erstaunt, am 1. Mai 1812 einen Aschenregen niederfallen zu sehen, unter dessen Last die Bäume zusammenbrachen. Bei dem dort herrschenden Nordostwinde war dieser Vorfall völlig unerklärlich. Die endlich eintreffende Kunde von dem Ausbruch des Vulkans Garou auf der gen Westen liegenden Insel St. Vincent löste das Rätsel auf die angedeutete Art. Den schlagendsten Beweis aber lieferte der Ausbruch des Vulkans von Coseguina an der Südseite des Busens von Fonseca in Guatemala am 20. Januar 1835. Nach beiden Seiten hin wurde die Asche verstreut. Nach Nordosten hin wurde sie bis in den Mexikanischen Meerbusen getragen; sie fiel auf Jamaika in den Straßen von Kingston nieder, während der Wind gerade in entgegengesetzter Richtung wehte. Zu gleicher Zeit gelangte sie auch nach Südwesten bis in den Stillen Ozean; hier wurde auf offenem Meere, 1800 km von dem Ausbruchsorte entfernt, das Schiff „Convay" mit Asche überschüttet. Rückt der Nordostpassat unten mit der Sonne nach Süden, so kann man beobachten, daß der Südwestwind am Pic von Teneriffa immer tiefer herabkommt, bis er das Meer erreicht, wo er den ganzen Winter über herrschend bleibt.

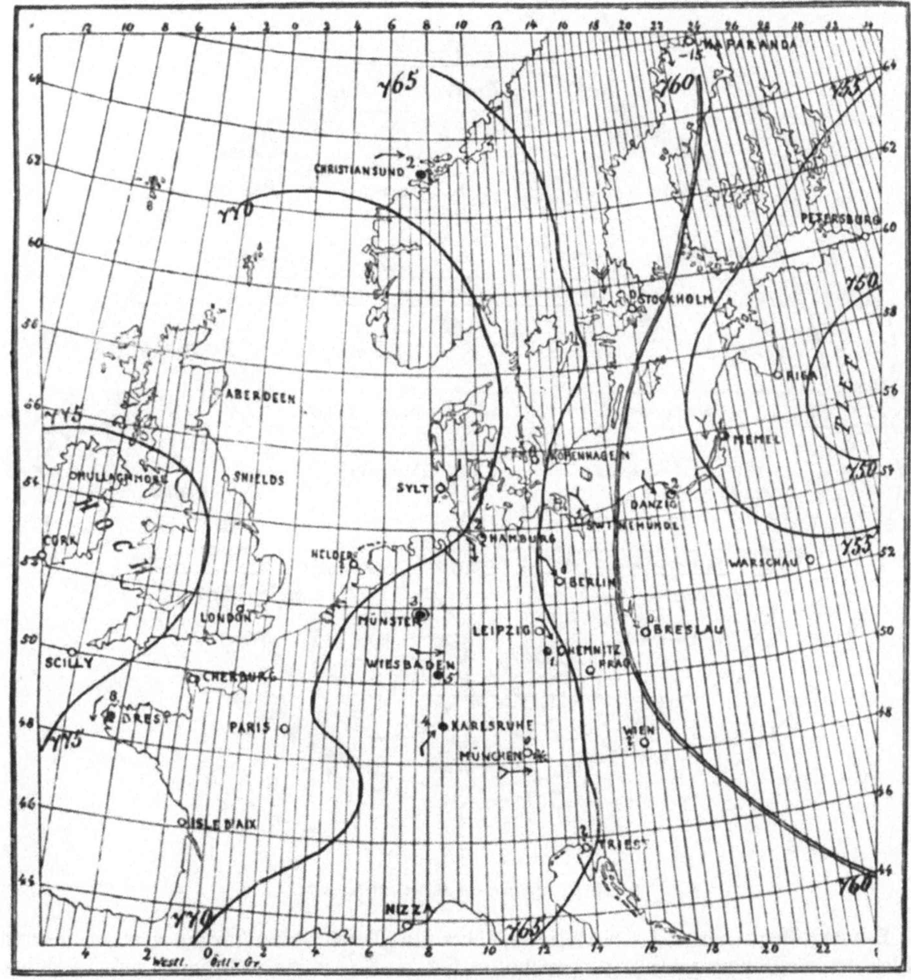

Fig. 370. Probe einer Wetterkarte nach den Veröffentlichungen der deutschen Seewarte.

Erklärung. Die eingeschriebenen Linien (Isobaren) verbinden die Orte mit gleichem **Barometerstande**, dessen Höhe in Millimetern an den Endpunkten angegeben ist. Die Zahlen neben den Stationen bedeuten die Temperatur in Celsiusgraden (5° C. = 4° R.), 0 = Gefrierpunkt. — Die **Pfeile** fliegen mit dem Winde. Die **Windstärke** ist durch die Zahl der Fiedern bezeichnet, indem jede ganze Fieder = 2, die Halbe = 1 gezählt wird. Die Windstärken sind: ◎ = still, 1 = leiser Zug, 2 = leicht, 3 = schwach, 4 = mäßig, 5 = frisch, 6 = stark, 7 = steif, 8 = stürmisch, 9 = Sturm, 10 = starker Sturm, 11 = heftiger Sturm, 12 = Orkan. Ferner bedeuten: ○ = wolkenlos, ◔ = heiter, ◑ = halbbedeckt, ◕ = wolkig, ● = bedeckt, ✦ = Regen, ✱ = Schnee, ☰ = Nebel, ∞ = Dunst, ⚡ = Gewitter. Der Abstand zwischen je zwei Meridianen beträgt $1/2$°, beziehungsweise 2 Minuten Zeit.

Ein Teil der oberen Passate scheint auch über den 30. Breitengrad hinaus seinen Weg bis zu den Polen fortzusetzen, aber deutlich tritt dies nur auf der landarmen südlichen Halbkugel hervor. In der gemäßigten Zone der nördlichen Halbkugel dagegen läßt sich eine stetige Strömung vom Äquator bis zum Pol nur in den obersten Regionen der Atmosphäre nachweisen; unten in der Nähe des Bodens üben die großen Ländermassen den maßgebenden Einfluß auf die Winde. Schon im Indischen Ozean tritt eine störende Einwirkung des Festlandes auf die Regelmäßigkeit der Passate deutlich hervor, um schließlich die allein herrschende zu werden. Im allgemeinen kann man die nördliche gemäßigte und auch die kalte Zone als die Region der periodischen Winde und der Cyklonen bezeichnen (s. Fig. 371). Im Sommer bilden sich im Innern der Kontinente, so z. B. in den Hochebenen Asiens, infolge der starken Erwärmung sehr große barometrische Minima, welche nun über weite Strecken ausgedehnte, um jene Minima rotierende Cyklonen veranlassen.

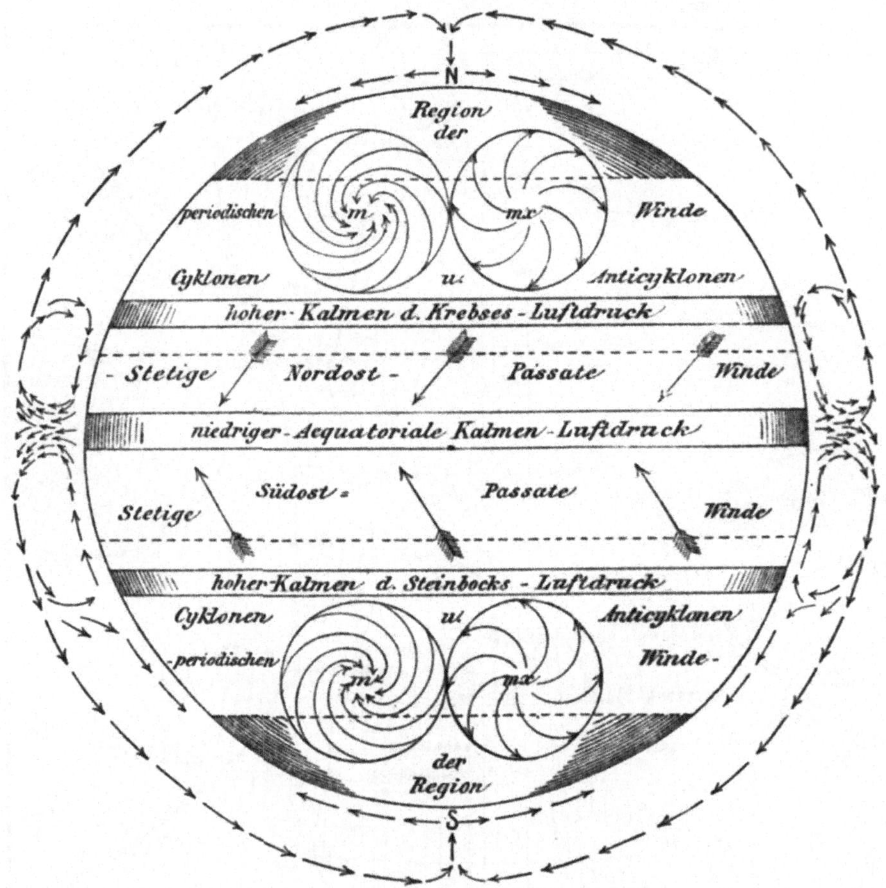

Fig. 371. Schema der Winde auf der Erde.

Im Winter pflegen umgekehrt die Minima über den Meeren, die Maxima über den inneren Teilen der Festländer zu lagern; gewöhnlich sind die Gegensätze und damit auch die Winde um die letztere Jahreszeit stärker. Die Richtung der Winde an einem bestimmten Orte hängt natürlich jedesmal von der Lage desselben zu dem Orte des Minimums oder Maximums ab und ist daher in den einzelnen Ländern eine sehr verschiedene; an einem und demselben Orte aber werden, da die Lage der Maxima und Minima von der Jahreszeit abhängt, in bestimmten Monaten jährlich wieder dieselben Winde vorherrschend sein. In Indien sind diese periodischen Winde allgemein unter dem Namen „Monsun" bekannt. Der Sommerwind an der chinesischen Küste ist z. B. ein sogenannter Südostmonsun und weht nach dem großen Minimum, welches dann über den Hochebenen Asiens liegt; in Europa dagegen herrschen um dieselbe Zeit, demselben Ziele zustrebend, Westwinde vor. Im Winter herrscht umgekehrt an der chinesischen Küste, als Abfluß von dem über Hochasien lagernden Maximum, ein Nordwestmonsun, und derselben Anticyklone gehören diejenigen Winde an, welche um dieselbe Zeit im Mittelmeer von Osten und Südosten wehen. So beherrscht die Aufeinanderfolge von Cyklonen und Anticyklonen die Witterung in der nördlichen gemäßigten Zone. Da die ersteren, die Cyklonen, die weitaus wichtigsten sind, namentlich alle Stürme zu ihnen zählen, so ist ihre Erkenntnis und die Erforschung ihrer Fortbewegung von einem Ort zum andern besonders wichtig. Auf diesem Gebiete der Meteorologie hat sich besonders Dove Verdienste erworben durch die Aufstellung seines Drehungsgesetzes der Winde. Danach dreht sich der Wind auf der nördlichen Halbkugel in der Folge von Süd, West, Nord, Ost und Süd durch die Windrose und springt zwischen Süd und West, zwischen Nord und Ost häufiger zurück als bei andern Richtungen. In der südlichen Erdhälfte dreht sich nach Dove der Wind im Mittel nach der Folge Süd, Ost, Nord, West und Süd durch die Windrose und springt zwischen Nord und West, zwischen Süd und Ost häufiger zurück. Dieses Dovesche Gesetz, wonach sich, wie leicht ersichtlich ist, der Wind stets mit der Sonne dreht, ist genau genommen nur ein Teil des allgemeinen, schon oben von uns besprochenen Gesetzes der Cyklonendrehung, wonach die Winde auf der nördlichen Halbkugel in einer der Bewegung des Uhrzeigers entgegengesetzten Richtung das Minimum umkreisen, auf der südlichen Halbkugel umgekehrt. Nun kommen in Europa die barometrischen Minima fast stets von Westen über den Atlantischen Ozean heran und ziehen zwischen England und Island hindurch in die Polargegenden hinein. Wir befinden uns also im größten Teil von Europa stets südlich von dem vorschreitenden Minimum (s. Fig. 372), und kommt dasselbe heran, so werden wir beim Eintritt in den Wirbel zuerst Südostwind, dann Südwind, dann Südwest, West und beim Vorübergehen des Wirbels zum Schluß Nordwest und Nordwind haben, wie es durch Doves Gesetz ausgedrückt wird und welchen Verlauf in der That die meisten Stürme bei uns nehmen, indem sie mit leichtem Südostwind beginnen, im Maximum ihrer Stärke aus Südwest und am Schlusse aus Nordwest wehen. Es ist aber ersichtlich, daß das Dovesche Gesetz nicht gilt, wenn wir uns nördlich vom Minimum, etwa in Island oder Grönland befänden, dort muß die Drehung gerade umgekehrt sein und Nordost- und Nordstürme sind vorwiegend.

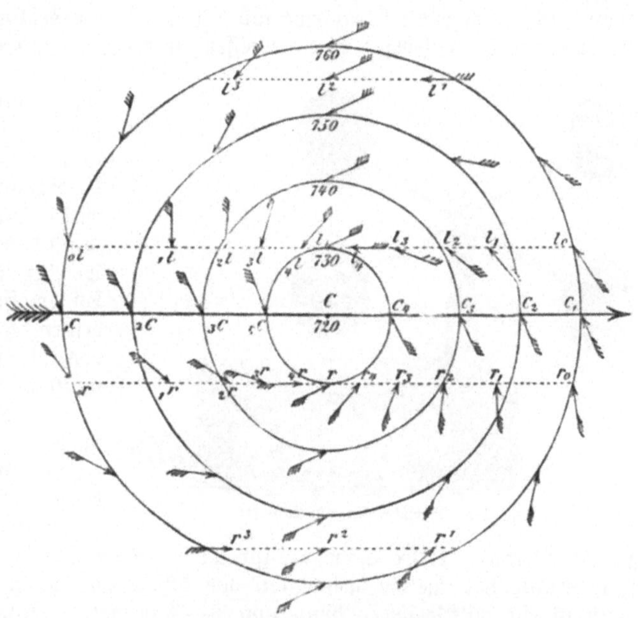

Fig. 372. Eine von West nach Ost fortschreitende Cyklone.
C Zentrum des Wirbels. Die konzentrischen Kreise stellen die Isobaren vor, die kleinen Pfeile die Richtung der Winde in den einzelnen Teilen der Cyklone (l links, r rechts vom Minimum). In unsern Gegenden befinden wir uns meistens rechts vom Minimum, in der Bahn r_0, r_1 2c.

Die Thatsache übrigens, daß sämtliche Stürme, auch die heftigsten Orkane, nichts sind als gewaltige Wirbelwinde, die oft einen Durchmesser von mehr als 1500 km haben, sowie das Drehungsgesetz innerhalb dieser Cyklonen, entdeckte bereits der um die Meteorologie hochverdiente Oberst Read, welcher zuerst im Jahre 1833 sich dem Studium der großen tropischen Orkane zuwandte und der eigentliche Begründer der Sturmlehre wurde. Das Ziel dieses Mannes, dem Seemann mit der Kenntnis der Stürme und ihrer Gesetze zugleich die Mittel an die Hand zu geben, dieselben zu entwaffnen, ist zwar heute erst zum kleinsten Teile erreicht, aber man ist doch schon im stande, mit Hilfe der telegraphischen Wettermeldungen auf den Seewarten und meteorologischen Stationen die wahrscheinliche

Richtung eines drohenden Sturmes vorher anzugeben und schon oft haben sich darauf gegründete Sturmwarnungen als segensreich erwiesen.

Die Geschwindigkeit der Winde wird neuerdings durch ein besonderes Instrument, den Robinsonschen Anemometer oder Windmesser, bestimmt (s. Fig. 373). An einer senkrechten drehbaren Achse ist ein rechtwinkeliges, horizontales Kreuz befestigt, an dessen vier Enden sich ebensoviele halbe Kugelschalen befinden, welche ihre Wölbungen alle nach der Seite wenden, nach welcher das Kreuz sich dreht. Der Wind mag nun von einer Seite kommen, woher er will, so wird er immer auf der einen Seite der Drehungsachse eine Kugelschale treffen, welche ihm die hohle, auf der andern eine, die ihm die gewölbte Seite zukehrt. Und da er natürlich dann auf die hohle stärker wirkt als auf die gewölbte, so wird er das Kreuz stets in derselben Weise in Drehung versetzen. Die Zahl der Umdrehungen, welche das Kreuz mit den Halbkugeln in einer Zeiteinheit macht, gibt dann die Geschwindigkeit des Windes an, aber natürlich nicht die volle, da ja ein Teil der Geschwindigkeit durch die Wirkung des Windes auf die gewölbten Seiten der Kugelschalen aufgehoben wird. Durch Berechnung hat man gefunden, daß der Mittelpunkt einer Kugelschale bei der gewöhnlich gebräuchlichen Länge der Kreuzarme sich mit $1/3$—$1/2$ der Geschwindigkeit des Windes bewegt. Die Zahl der Umdrehungen wird gemessen durch ein Räderwerk, indem das Ende der Achse in Form einer endlosen Schraube in ein Zahnrad eingreift, so daß dieses sich bei einer bestimmten Umdrehungszahl der Achse einmal umdreht. Die Umdrehungen des ersten Rades werden wieder auf ähnliche Weise durch ein zweites Rad gemessen und so fort. So bezeichnet bei den gebräuchlichen Windmessern eine Umdrehung des dritten Rades bereits einen Windweg von 24 km. Für gewöhnlich und namentlich auf der See pflegt man die Stärke des Windes annähernd zu schätzen. Dieselbe schwankt in sehr weiten Grenzen von etwa 50 cm in der Sekunde (schwacher Wind) bis über 28 m in der Sekunde, ja bis 50 m (stärkster Orkan). Unsre Seemannssprache nennt die Stärke des Windes Kühlte. Eine flaue Kühlte hat eine Geschwindigkeit von 50 cm bis 2 m in der Sekunde; eine labbere Kühlte ist ein mittelmäßiger Wind von 3—4 m in der Sekunde; frische Kühlte (Marssegelkühlte) heißt der Wind mit 4—6 m Geschwindigkeit in einer Sekunde. Nimmt seine Stärke zu, so wird er zur steifen Kühlte, zwischen 6 und 10 m; zwischen 10 und 12 m bläst der schwere Wind. Sobald die Geschwindigkeit 12 m in einer Sekunde überschreitet, beginnt der Sturm, der bei 15 m heftiger, bei 30 und mehr Meter fliegender Sturm oder Orkan heißt. Welche Schrecken sich an dieses letztere Wort heften, wird jeder wissen, der die Beschreibung irgend eines westindischen Orkans gelesen hat. Die Orkansaison, sagt Jansen, tritt im Nordatlantischen Ozean gleichzeitig mit den afrikanischen Monsuns ein, und in derselben Jahreszeit, in welcher die Monsuns auf dem nördlichen Indischen Ozean, auf dem Chinesischen Meere und auf der Westküste Zentralamerikas vorherrschen, haben alle Meere der nördlichen Hemisphäre ihre Orkanperiode. Im Gegenteil tritt diese im südlichen Indischen Ozean sechs Monate später ein, wenn der Nordwestmonsun im Ostindischen Archipel die Oberhand gewinnt.

Fig. 373. Robinsonscher Anemometer.

Die Teifuns oder Typhone des Chinesischen und die Stürme des Indischen Meeres bieten oft gräßliche Bilder der Zerstörung dar. Die Störung des atmosphärischen Gleichgewichts ist hier über den dürren Hochebenen Asiens zu suchen. Ein kleiner Wirbelwind, der am 8. April 1833 in einer Breite von nur $1/2$—$1/4$ engl. Meile zwischen Kalkutta und dem großen Salzwasser hindurchging, brachte auf einer Strecke von 120 km in Zeit von vier Stunden 215 Menschen den Untergang. Außerdem wurden 223 Personen mehr oder minder schwer verwundet und 1239 Häuser umgeworfen. Einem solchen Sturm gegenüber ist natürlich das Fahrzeug des Schiffers machtlos.

Meeresströmungen. Die Gesetze der Meeresströmungen sind wesentlich andre als die der Luftströmungen. Während letztere fast ausschließlich durch Temperaturdifferenzen veranlaßt werden, ist dies im Meere nur für gewisse ganz langsame Strömungen der Fall, wie der schon oben beschriebene Abfluß des Polarwassers in die Tiefen der tropischen Ozeane. Weil eben das Wasser ein so schlechtes Wärmeleitungsvermögen hat und so viel schwerer beweglich ist als die Luft, können durch Temperaturunterschiede bedingte Ausgleichsströmungen nur langsam sein. Ganz dasselbe gilt von solchen Meeresströmungen, welche zwischen dem Ozean und den Binnenmeeren dadurch entstehen, daß beide einen verschiedenen Salzgehalt besitzen. So bewegt sich z. B. beständig ein Strom schwachsalzigen und deshalb leichteren Wassers als Oberflächenstrom aus der Ostsee durch den Sund ins Kattegatt und Skagerrak, während umgekehrt ein salzreicher Unterstrom aus der Nordsee in die Ostsee geht, der sich den tieferen großen Belt als Bett wählt. Die eigentlichen großen ozeanischen Strömungen, wie der Golfstrom u. a., welche für die Schiffahrt am wichtigsten sind, entstehen weder durch Temperaturausgleichung noch durch die Umdrehung der Erde, wie Maury meint, sondern entschieden durch die Wirkung jener regelmäßigen, seit Jahrtausenden stetigen Winde, von denen die Passate die wichtigsten sind. Das Verdienst, diese wahre Ursache der Meeresströmungen dargelegt zu haben, gebührt Zöppritz. Derselbe wies nach, daß die regelmäßig wehenden Winde nicht nur die oberflächliche Wassermasse der Ozeane in Bewegung setzen, sondern daß sich im Laufe der Jahrtausende das Bewegungsmoment der oberen Schichten nach und nach, allerdings mit abnehmender Stärke, auch auf die unteren Schichten des Meeres fortsetzen mußte, so daß ein großer Teil des ganzen Ozeanwassers sich seit undenklicher Zeit in regelmäßiger Bewegung befindet. Da der Ozean seine größte Ausdehnung in der Region der Passate hat, so sind es hauptsächlich diese Winde, welche, von Nordost und Südost wehend, der ganzen Wassermasse der äquatorialen Zone eine Bewegung von Ost nach West gegeben haben, welche unter dem Namen der Äquatorialströmungen bekannt ist. Die Rotation der Erde kann deshalb nicht die Ursache dieser Strömungen sein, weil das Wasser ein viel zu schwerer Körper ist, um erheblich hinter der Umdrehung der festen Erdmasse zurückbleiben zu können. Indem nun die von den Passaten seit Jahrtausenden in Bewegung gesetzten Wassermassen gegen die Festländer stoßen, teilen sie sich vielfach, werden abgelenkt oder in ihrer Richtung ganz umgekehrt. So fließen verschiedene Arme der Äquatorialströme, wie ein Blick auf eine Stromkarte lehrt, nach den Polen zu, bringen dort warmes Wasser hin und verursachen notwendig Gegenströme kalten Wassers von den Polargegenden nach dem Äquator hin. Die Unregelmäßigkeiten, welche auch bei den stetigsten Strömungen der Atmosphäre vorkommen, übertragen sich nicht in derselben Stärke auf die Meeresströmungen wegen des größeren Trägheitsmomentes, welches dem Wasser innewohnt, vielmehr kommen für die Richtung der Meeresströmungen nur die mittleren Windrichtungen der Luft in Betracht.

Am genauesten sind die Strömungen des Atlantischen Ozeans bekannt. Der große warme Äquatorialstrom, welcher zu beiden Seiten des Äquators in der Richtung von Ost nach West fließt, teilt sich am Kap Roque in zwei Arme, von denen der eine nach Süden an der Küste Brasiliens hin, der andre dagegen nordwestlich zum Karibischen Meere abgelenkt wird. Hier, in letzterem, sowie in dem Meerbusen von Mexiko ist die Wärmschale, welcher die Wasser ihre hohe Temperatur verdanken; hier erhalten sie zugleich jene ausgezeichnete Geschwindigkeit, die sie bei ihrem weiteren Verlauf nach Nordosten besitzen. Sie verdanken letztere dem Umstande, daß sie gezwungen sind, sich zwischen der Halbinsel Florida und der Insel Cuba durchzuzwängen. Diese wichtigste Strömung des Atlantischen Ozeans ist unter dem Namen des Golfstromes bekannt. Bei seinem Austritt aus der Straße von Florida nur etwa 38 km breit, hat er eine Geschwindigkeit von etwa 7 km in der Stunde. Bei Kap Hatteras (35° nördl. Breite) hat die Breite auf 525 km zugenommen, die Geschwindigkeit aber beträgt nur noch etwa 4 km die Stunde. Zwischen 37° und 40° beträgt die Breite bereits 645 km und nimmt weiterhin noch mehr zu. In der Straße von Florida ist die mittlere Tiefe des warmen Stromes über 300 m und die mittlere Temperatur beträgt 21° C. Unter dem 50. Breitengrade teilt sich der Golfstrom und geht in einem Arme zwischen Island und den britischen Inseln und Norwegen hindurch; sein zweiter Arm biegt nach Südosten um, trifft die Westküste Europas und die Straße von Gibraltar und vereinigt sich, Afrikas Westküste entlang ziehend, schließlich wieder mit der Äquatorialströmung. So ist der große Zirkel geschlossen, der in seiner Mitte eine weite Fläche ruhigeren Wassers, das sogenannte Sargassomeer, umschließt, auf welchem unzählige Mengen einer Tangart in zusammengeballten Büscheln vegetieren und durch ihre Menge selbst dem durchsegelnden Schiffe hemmend werden. Es ergibt sich schon aus der Kenntnis des Golfstromes, daß ein Schiff von Europa nach den Vereinigten Staaten einen ganz andern Weg einzuschlagen hat als für die Rückreise. Während ihm bei letzterer der Golfstrom außerordentlich förderlich ist, muß es bei der Hinfahrt sich stark südlich halten, um in die Äquatorialströmung zu gelangen. Übrigens liegt nur der Anfangspunkt des Golfstromes, dieses großen „Wetterbrüters" des nordatlantischen Ozeans, unabänderlich fest; weiter nach Norden schiebt sich aber das Rinnsal, in welchem er fließt, je nach der Jahreszeit hin und her und erreicht im September seine nördliche Grenze. — Unmittelbar an der Küste der nördlichsten Länder Amerikas findet eine mächtige, kalte, polare Gegenströmung von Nord nach Süd statt, der sogenannte Labradorstrom, sowie an der Südspitze dieses Erdteils von Süd nach Nord.

Im Großen Ozean wird die mächtige Äquatorialströmung durch die australische und südasiatische Inselwelt in zwei Hauptarme gespalten. Der südliche davon zieht zwischen Neukaledonien und Neuseeland hindurch nach Süden und geht die Südküste Australiens, sowie ein rückkehrender Zweig die Westküste Neuseelands entlang. Der nördliche Arm berührt die Ostseite der Philippinen und der japanesischen Inseln und wendet sich, dem Golfstrom ähnlich, als Kuro-Siwo bekannt, dann nordöstlich bis zur Beringsstraße und im Bogen an der Westküste Amerikas südlich bis wieder zur Äquatorialströmung zurück. Der durch die Beringsstraße eintretende kalte Strom des Polarmeeres folgt östlich der Küste Amerikas, westlich der asiatischen Küste, und die Gewässer des südlichen Eismeeres verursachen bis zum 30. Grad eine Strömung von West nach Ost, die sich an der Küste von Chile und Peru nach Norden lenkt, teilweise auch um das Kap Horn herum in den Atlantischen Ozean mündet.

Im Indischen Ozean lenkt die an die Ostküste Afrikas antreffende Äquatorialströmung zur Hälfte nördlich nach dem Kap Guardafui, zur andern Hälfte südlich zur Nadelbank des Kaps der guten Hoffnung, an welcher sie sich rückwärts biegt und zwischen 30 und 40° südl. Breite ihren Kreislauf vollendet.

Es ist besonders Maurys Verdienst, mit Hilfe genauer Rücksichtnahme auf die zu bestimmten Jahreszeiten regelmäßig eintreffenden Winde und die Strömungen des Ozeans den Schiffsführern klare Regeln an die Hand gegeben zu haben, durch deren Befolgung die bisherigen Wege bedeutend abgekürzt, auch viel Zeit und Geld erspart werden können.

So ist z. B. der Weg von New York nach San Francisco einer der schwierigsten und längsten, den der Welthandel kennt, und bereits eine durch Maurys Arbeiten in allen ihren Chancen, ihren Vorteilen und Hindernissen bekannte Route geworden, so daß man sich nicht scheut, ein „Wettrennen" darauf einzugehen. Durch Berücksichtigung von Maurys Regeln wird auf der Europa-Amerika-Route ein Gewinn von 10, nach Australien von 15, nach Kalifornien von 40 Tagen erzielt.

Daß auf der See der geradeste Weg nicht immer der kürzeste ist, davon gibt die Fahrstraße nach und von Australien die besten Belege. Der Hinweg führt um das Kap der guten Hoffnung, der Heimweg um das Kap Horn. Beide Wege sind beinahe gleichgroß. Die englische Admiralität rechnete auf die von ihr vorgeschriebenen Wege eine Durchschnittszeit von 120 Tagen. Maury bewies, daß auf seinem Wege von guten Klippern der Weg hin in 60, heimwärts in 65—70 Tagen zurückgelegt werden kann. Die „Gem of the Sea" lief 1853, Maurys Rath folgend (im September), in 37 Tagen von Port Philipp nach Callao! Auf diesen Straßen können bloße Segelschiffe bloße Dampfer schlagen, da letztere wegen Kohleneinnahme andre Kurse einhalten müssen.

Das Buch der Erfindungen. 8. Aufl. III. Bd. Leipzig: Verlag von Otto Spamer.

Schwammfischerei.

Alles ist aus dem Wasser entsprungen!!
Alles wird durch das Wasser erhalten:
Ozean, gönn' uns dein ewiges Walten.

Goethe.

Die Ernten aus dem Wasser.

Die Schätze des Meeres und deren Hebung. Muscheln. Austern. Austernwirtschaft und Austernzucht. Perlenmuschel und Perlenfischerei in Ostindien. Bayrische und sächsische Perlen. Korallen und Korallenfischerei im Mittelmeer. Der Badeschwamm, seine Gewinnung und Zubereitung. Seetang und Seegras.

Seit einigen Jahrzehnten eilen zahlreiche Gelehrte alljährlich vom Binnenlande an die Gestade des blauen Meeres, um die Tierwelt desselben an Ort und Stelle in ihrem Leben und Treiben, ihrem Wachsen und Werden zu belauschen. An verschiedenen günstig gelegenen Küstenpunkten, so namentlich in Neapel, sind mit großen Kosten sogenannte zoologische Stationen errichtet, Laboratorien mit allen Hilfsmitteln der modernen Wissenschaft ausgerüstet, um die Zergliederung und Beobachtung der Seetiere zu ermöglichen. Dies geschieht nicht allein, um die Wissenschaft der Zoologie zu fördern und auszubauen, es hat auch eine enorm praktische Bedeutung für die ganze Menschheit. Denn je mehr das Studium der organischen Welt des allgewaltigen Meeres vorschreitet, desto deutlicher wird es, daß im Schoße desselben ein geradezu unerschöpflicher Reichtum an nutzbaren Pflanzen und Tieren ruht, eine Fülle von Nahrungsstoff für den Menschen, welcher ohne Zweifel sehr viel größer ist, als das ganze Festland zu gewähren vermag. Leider ist der Mensch bis jetzt noch ein Fremdling im Meere, es fehlen ihm noch die Mittel, jene ungeheure Nahrungsmenge des Meeres für sich hinreichend auszunutzen und zur Hebung seiner eignen Existenz, zur Kräftigung seines Geistes zu verwenden. Denn was der Mensch bis jetzt dem Meere zu entreißen vermag, ist, so viel es auch zu sein scheint, doch nur ein winzig kleiner Bruchteil des Vorhandenen. Auf, oder sagen wir geradezu in dem

Meere liegt ein Teil der Zukunft des Menschengeschlechts. Um aber das große Ziel zu erreichen und das Meer mit seinen Schätzen dem Menschen zu unterwerfen, dazu gehört vor allem eine genauere Kenntnis seiner organischen Welt, eine immer mehr fortschreitende Vervollkommnung der Fang- und Fischereimethoden und endlich die Erfindung einer unterseeischen Schiffahrt. Von letzterer sind wir freilich noch etwas entfernt, aber in der Kenntnis der Meertiere und in den Methoden ihres Fanges sind namentlich in den letzten zehn Jahren so enorme Fortschritte gemacht, daß sich der Ertrag der Fischereien gegen früher vervielfacht hat. Wissenschaft und Praxis arbeiten hier in erfreulichster Weise miteinander und noch größere Erfolge sind ihnen sicher.

Kaum eine Tierklasse gibt es im Meere, welche nicht eßbare Arten in größerer Zahl enthielte. Schon auf den italienischen Fischmärkten lernt der Reisende die frutti di mare (Meerfrüchte) kennen, ein buntes Gemisch aller möglichen niederen Seetiere, welche als Eßwaren feilgeboten werden, und näher dem Äquator würde er staunend beobachten können, wie ganze Strandbevölkerungen fast nur von Schnecken, Muscheln, Krebsen und Stachelhäutern leben, gar nicht zu reden von den Fischen oder von jenen unter dem Namen Trepang bekannten Holothurien, welche im Malaiischen Archipel und in China als große Delikatesse gelten und einen bedeutenden Handelsartikel bilden.

Wir wollen hier zunächst jene nutzbaren Meeresgeschöpfe betrachten, welche am Boden des Meeres oder an Felsen festsitzen und welche der Mensch daher nicht zu jagen, sondern nur zu ernten braucht, in der Regel ohne gesäet zu haben. Unter ihnen steht in erster Linie die formenreiche Klasse der Weichtiere oder Mollusken, von denen dem Laien die Schnecken und Muscheln die bekanntesten sind. In warmen Ländern und schon im Mittelmeere werden Hunderte von Arten gegessen oder finden sonst als Schmuck und Luxusgegenstände Verwendung. Die Purpurschnecke war im Altertum ihrer färbenden Kraft wegen hochgeschätzt, und bekanntlich werden die Kauri (Cypraea moneta), welche von den Malediven kommen und im Handel mit der Küste von Malabar und dem Innern Afrikas eine so wichtige Rolle spielen, als Geld gebraucht. Diese Muscheln gehen von Ceylon nach London und von dort wieder nach der Ostküste Afrikas und unterstützen insofern indirekt den Sklavenhandel. Sie werden entweder in bestimmter Menge an Schnüren aufgereiht oder bei größeren Zahlungen in Säcke verpackt.

In Europa werden als Nahrungsmittel zahlreiche Schnecken und Muschelarten verwendet, in Italien überhaupt 60 Arten, am häufigsten die Kammmuscheln, die Herzmuscheln und die Miesmuschel (Mytilus edulis). Letztere, auch Pfahlmuschel oder blaue Muschel genannt, sitzt mittels zäher Fäden festgesponnen an Steinen oder Pfählen und ist namentlich in Italien, Frankreich, Holland und Deutschland wegen ihrer Billigkeit ein echtes Volksnahrungsmittel. Allein von Tarent kommen jährlich über 30000 Zentner, verschieden konserviert, in den Handel, meistens ißt man sie frisch gekocht. An manchen Küstenpunkten Frankreichs, z. B. bei Aiguillon, wird schon seit dem 13. Jahrhundert eine Art Zucht dieser Muschel betrieben, indem man im Gebiet der Ebbe und Flut sogenannte Bouchots aufstellt, d. h. durchbrochene, am Meeresboden senkrecht stehende Hürden von etwa 60 m Länge, an denen die Muscheln sich festsetzen und noch einer besonderen Pflege unterliegen. Man schätzt den Wert des Ertrags auf über 1 Million Frank jährlich. In der Kieler und einigen andern Buchten Schleswig-Holsteins rammt man sogenannte Muschelbäume, Erlen, denen die dünnsten Zweige genommen sind, in den Meeresboden und zieht sie jeden Winter auf, um die marktfähigen Muscheln abzulesen. Alle andern Weichtiere an Güte des Fleisches und nationalökonomischer Wichtigkeit übertreffen aber die

Austern, die fast in allen Meeren der gemäßigten und heißen Zone nahe an der Küste leben und an passenden Stellen leicht angesiedelt werden können. Sie sitzen in unbeträchtlicher Tiefe oft millionenweise mit der größeren Schale an Felsen oder aneinander gewachsen — Bergaustern — oder lagern auf lehmigem oder sandigem Boden, in beiden Fällen sogenannte Austernbänke bildend.

Wie die massenhafte Anhäufung geöffneter Schalen in den dänischen vorgeschichtlichen Küchenabfällen beweist, dienten Austern schon den Ureinwohnern Europas als wichtiges Nahrungsmittel. Auch die alten Griechen und Römer liebten sie sehr; sie sind in eigentlichem Sinne des Worts ein lukullisches Mahl, da schon Lucullus auf seiner Villa an der kampanischen Küste großartige Austernparke besaß. Wenn freilich berichtet wird, daß Kaiser Vitellius tausend Stück während einer Mahlzeit verzehren konnte, so übersteigen solche Tafelfreuden unsre gastronomischen Begriffe. In Deutschland wird überhaupt nur eine mäßige Menge genossen, da die aus Holland, England, Holstein und Jütland eingeführten Austern so teuer sind, daß nur der Wohlhabendere sich den Genuß derselben verschaffen kann. Die Londoner Austernsaison beginnt um die Mitte des August, und man kann dann täglich in Billingsgate, dem eigentlichen Fischmarkt Londons, gewaltige Massen — man behauptet 800 Millionen jährlich — kaufen sehen. Man hat dort auch Gelegenheit, die große Verschiedenheit der auf den Markt kommenden Austern kennen zu lernen. Ebenso verschieden ist ihr Geschmack, welcher vorzüglich der Leber anhaftet und natürlich von der Nahrung, welche die Auster selbst genossen, von ihrem Alter, sowie nicht minder von der Örtlichkeit abhängt, wo sie gewachsen ist. Neben den von Colchester und Whitstable rühmt man besonders die Ostender Austern, wie überhaupt das Tier im Kanal vortrefflich gedeiht. An Nährkraft steht das Fleisch der Auster dem Kalb- und Schweinefleisch gleich, enthält aber mehr Phosphorsäure. Am besten sind die Austern im Winter und Frühjahr, unmittelbar nach dem Fange, am schlechtesten zur Fortpflanzungszeit im Hochsommer und Herbst. Abgestorbene Austern faulen schnell und sind schon wenige Stunden nach dem Tode schädlich.

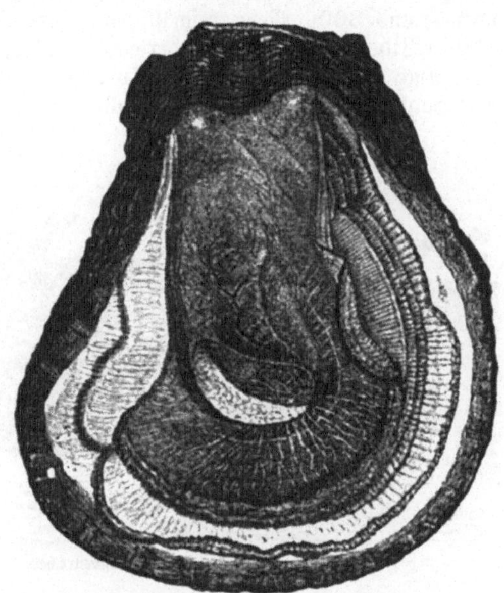

Fig. 875. Eine vollwüchsige schleswig-holsteinische Auster, ungefähr zehn Jahre alt, stark eierträchtig (3/4 der natürl. Größe).
Die flache Klappe der Schale, die rechte, ist abgelöst. Das Weichtier liegt in der hohlen linken Klappe an seiner natürlichen Stelle. Oben treten die Verdickungsschichten der Schale hervor. Oben, dicht an dem Rücken des Weichtieres, liegt eine sichelförmige braune Masse: das Schalenband. Die rechte Seite des Weichtieres liegt frei vor dem Beschauer, die linke liegt auf der inneren Fläche der hohlen Klappe. Es ist von den Mantelplatten bedeckt, zwischen welchen (rechter Hand) die Kiemen (gestreifte Blätter) sichtbar sind. Oberhalb der Kiemen sieht man die Mundplatten. Das bohnenförmig umgrenzte Organ (etwas unter der Mitte) ist der Schließmuskel („Stuhl").
(Nach K. Möbius.)

Der Konsum von Austern ist wegen der zunehmenden Bevölkerung in Europa in den letzten Dezennien so enorm gestiegen, daß durch Überfischung die Ertragsfähigkeit vieler Austernbänke sehr heruntergegangen ist, weshalb man genötigt wurde, die Naturgeschichte und die Lebensbedingungen der Austern genauer zu studieren, um durch künstliche Veranstaltungen den Ertrag wieder zu heben. Wir folgen hier hauptsächlich der vorzüglichen Schrift von Möbius („Die Auster und die Austernwirtschaft", Berlin 1877), der ersten Autorität auf diesem Gebiete, sowie der Darstellung desselben Gegenstandes von Heincke („Illustrirte Naturgeschichte", Leipzig 1883).

Die Bedingungen für das Gedeihen von Austernbänken sind nur an verhältnismäßig wenig Küstenpunkten vorhanden. Der Grund der Bänke, welche nicht tiefer als 20 und nicht flacher als 5 m liegen sollen, um bei Ebbe immer bedeckt zu bleiben, muß fest sein und darf vor allem nicht der Gefahr ausgesetzt sein, zu versanden oder zu verschlammen. Auch zu heftige, den Grund aufwühlende Stürme, zu starke Hitze und zu starker Frost bei flacher Lage der Bänke sind schädlich. Besonders günstige Bedingungen für Austern finden sich an der Westküste Frankreichs (berühmt aus alter Zeit sind Arcachon, Ile de Ré, Cancale, Vaast de la Hougue, Auray und Marennes), im Kanal und an der Südostküste Englands um die Themsemündung. Hier auf den sogenannten „glücklichen Fischgründen" liegt der klassische Austernplatz Whitstable, ein kleiner Hafen, der bei Ebbe trocken läuft. Seine Bewohner betreiben schon seit Jahrhunderten den Austernfang. Die meisten Austernfischer sind Mitglieder einer Kompanie, einer Art Gilde, die schon seit 600—700 Jahren bestehen soll. Gegenwärtig zählt dieselbe mehr als 400 Teilhaber, welche mit 120 Fahrzeugen von durchschnittlich 14 Tons arbeiten. Zum Eintritt in die Kompanie sind nur Söhne früherer Mitglieder berechtigt. Seit 1793 besitzt die Gesellschaft laut Parlamentsbeschluß das ausschließliche Recht auf ihrem bis dahin nur gewohnheitsmäßig in Anspruch genommenen Grund. Er liegt dicht vor dem Orte und hat ungefähr zwei englische Meilen Länge und ebensoviel Breite. Von dieser ganzen Ausdehnung sind jedoch gegenwärtig nur ungefähr zwei englische Quadratmeilen in Betrieb genommen. Ein Sandriff, das von der Küste ausläuft und $1\frac{1}{2}$ Meile lang ist, schützt die Austerngründe gegen den Ostwind.

Auch für den Austernhandel ist Whitstable ein Ort ersten Ranges. In den Monaten, in welchen keine Austern für den Markt gefischt werden, beschäftigt man eigens Leute mit dem Einfangen von Seesternen, welche letztere bekanntlich Austernfresser sind. Ein andrer berühmter Austerngrund, ebenfalls von einer Kompanie betrieben und bewirtschaftet, ist der der Hernebai. Im ganzen soll die Austernzucht an der Südseite der Themsemündung fortwährend 3000 Mann beschäftigen. Der Wert der Whitstabler Fischerflottille wird zu 25000 Pfd. Sterl. angegeben, derjenige der Austernparks soll 200000 Pfd. Sterl. betragen.

Auch die Insel Hayling bei Portsmouth ist als Austernplatz berühmt. Von Whitstable und Hayling kommen die feinsten aller europäischen Austern, die sogenannten Natives, d. i. Eingeborne, mit kleiner Schale, deren linke Klappe sehr tief ist, und mit sehr dickem Tier. Nach Deutschland kommen nur selten echte Natives; die zu uns über Ostende gelangenden sind geringere Sorten aus dem Kanal. Nach Brown Goode belief sich der Ertrag der Austernfischerei Frankreichs im Jahre 1881 auf 680 Millionen Stück im Werte von 17 Millionen Frank, sie beschäftigte 29451 Personen. Großbritannien produzierte in demselben Jahre 1600 Millionen im Werte von 80 Millionen Mark.

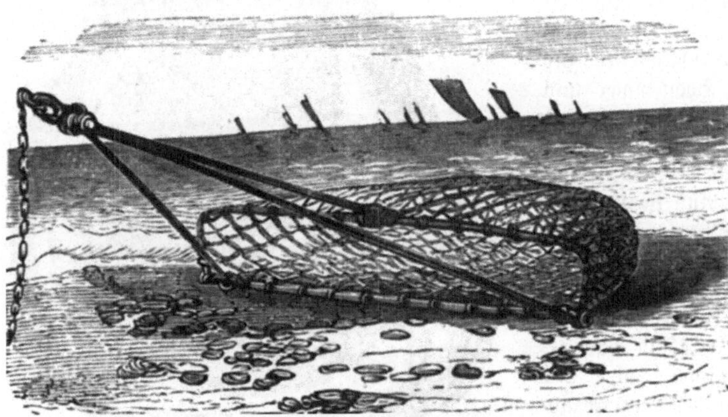

Fig. 376. Austernrechen.

In Deutschland gibt es nur an der Westküste Schleswigs im Wattenmeer Austernbänke, welche einen nennenswerten Ertrag liefern. Die meisten liegen an der Ostseite von Sylt, bei Föhr und Amrum, werden jährlich mit 14 Fahrzeugen befischt und liefern etwa 3 Millionen Stück, von denen manche an Güte den Natives nicht nachstehen. Viele Austern liefert auch der Ljmfjord. Im Mittelmeere sind es namentlich die spanischen Küsten und der Golf von Tarent, welche gute Austern liefern; sie gehören aber oft andern Arten an und kommen den französischen und englischen Austern nicht gleich.

Die **Fortpflanzungszeit** der gemeinen europäischen Auster (Ostrea edulis) fällt je nach der Örtlichkeit von April bis Ende August, weshalb auf den meisten Bänken in den Monaten ohne r nicht gefischt werden darf. Die Austern sind Zwitter; die befruchteten, weißen, in Masse rahmartigen Eier bleiben zwischen den Kiemen und Mantellappen (dem sogenannten Bart) etwa vier Wochen bis zum Ausschwärmen der jungen, frei umherschwimmenden Brut, welche sich dann nach einiger Zeit dauernd festsetzt. **Eine einzige Auster kann nach Möbius gegen eine Million Schwärmlinge hervorbringen.** Das Wachstum der Auster auf den natürlichen Bänken ist ein langsames, namentlich vom zweiten Jahre an; eine vollwüchsige holsteinische Auster von 9 cm Höhe ist nach Möbius 7—10 Jahre alt; größere können 20 und mehr Jahre zählen.

Der Reichtum Frankreichs und Englands an Austern rührt nicht von dem natürlichen Reichtum seiner Austernbänke allein her — derselbe ist vielmehr größtenteils erschöpft —

sondern vor allem von der rationellen Austernwirtschaft. Heincke sagt hierüber, gestützt auf die Schrift von K. Möbius: „Dieselbe wird in Frankreich schon seit dem 16. Jahrhundert und besonders in den letzten Jahrzehnten mit großem Erfolg betrieben.

Fig. 377. Austernfischerei an der französischen Küste.

Sie besteht außer in einer vom Staate geleiteten strengen Schonung der natürlichen Austernbänke, auf denen an vielen Orten nur einmal im Jahre gefischt werden darf, darin, daß man einjährige, auf den Bänken gefangene Austern in große, mit Schlicknahrung versehene Teiche, sogenannte Claires, setzt, deren Wände und Boden durch Holz u. a. gefestigt und welche durch Kanäle und Schleusen mit dem Meere verbunden sind. Zweimal im Monat, manchmal auch öfter, wird das Wasser gewechselt und die Austern werden, um sie zu reinigen, in andre Teiche versetzt, außerdem werden sorglich alle Feinde fern gehalten, von denen die Seesterne und die Stachelschnecken die schlimmsten sind; in drei bis vier Jahren sind die Austern auf diese Weise zu fetten, marktfähigen Tieren herangewachsen. Die bedeutendsten dieser Austernparke befinden sich in Marennes, dessen „grüne“ Austern (diese Färbung scheint eine Folge besonderer Nahrung zu sein) berühmt sind. Eine Gewinnung von Brut findet in den Claires nicht statt, da hier die Bedingungen zur Fortpflanzung ungünstig sind. Eine richtige Austernzucht, von der man sich vor etwa 30 Jahren einen enormen Erfolg versprach und dabei viel Geld und Mühe nutzlos verschwendete, findet gegenwärtig in Frankreich nur in Arcachon statt; hier versenkt man Ziegel, mit einer Zementkruste überzogen, an geeigneten Plätzen und streut im Mai Mutteraustern dazwischen. Im Oktober werden die Ziegel aufgenommen, die jungen Austern abgelöst und in große, mit Drahtboden, hölzernen Wänden und Deckeln versehene Kästen gelegt, welche etwas über dem Boden besonders ausgegrabener und mit festen Wänden versehener, kleiner Teiche befestigt werden; diese Teiche liegen im Gebiet der Ebbe und Flut und sind mit Vorrichtungen für einen stets gleichbleibenden Wasserstand versehen. Von Zeit zu Zeit reinigt man die jungen Austern, nimmt sie nach zwei Monaten aus den Kästen und breitet sie auf dem Boden der kleinen Teiche aus; durch engmaschige, darüber gespannte Netze werden Feinde abgehalten.

Fig. 378. Künstliche Austernbank im Fusarosee.

Nach zwei Jahren sind die Austern marktfähig. Diese Zucht ist äußerst mühsam und kostspielig und nur an ganz besonders dazu geeigneten Küsten möglich; an den englischen und deutschen Küsten ist allein schon die Stärke der Sturmfluten und Stürme, welche alle Teiche zerstören würde, ein absolutes Hindernis. Auch in England wird schon seit alters rationelle Austernwirtschaft betrieben, jedoch weniger in Teichen als vielmehr in der Weise, daß man Austern, welche auf andern, weiter außen liegenden Bänken gefischt werden, auf besonders geeigneten Stellen, namentlich in der Themsemündung bei Whitstable, ausgesetzt und unter sorgfältiger Pflege (Reinigen und Vernichten der Feinde) sich mästen läßt.“

In Italien betreibt man mit gutem Erfolg im See von Fusaro bei Neapel eine Art Austernzucht, indem man auf den Meeresboden Schalen von Austern und andern Muscheln ausstreut, Reisbündel durch Steine auf den Grund senkt, rings um dieselben Pfähle einschlägt und reife Austern im Frühjahr über die Fläche ausstreut (s. Fig. 378). Die junge Brut setzt sich an die Reisbündel, welche dann später aufgenommen und an andre geeignete Stellen verpflanzt werden können.

Ostende ist berühmt wegen seiner Austernparke (Huitrières), in denen Austern gemästet werden. Fast das ganze Jahr hindurch, und selbst in der heißen Jahreszeit, d. h. außer der eigentlichen Austernsaison, findet man in denselben große Mengen von Austern, welche, von Colchester, Harwich und andern englischen Küstenorten hierher gebracht, sorgfältig von Algen und Schmarotzern rein geputzt und täglich mit frischem geklärten Seewasser versehen werden.

Großartig ist die Austernfischerei in den Vereinigten Staaten. Der Austernhandel in Baltimore hat in den letzten Jahren bedeutenden Aufschwung genommen. Über 600 Schoner (von 10—100 Tons) und außerdem noch 1600 Boote betreiben jährlich die Austernfischerei in der Chesapeakebucht, wo die bisher noch unerschöpflichen Bänke allein 3000 englische Quadratmeilen bedecken. Hundert Handlungshäuser in Baltimore sind beschäftigt, diese Austern in hermetisch verschlossenen Blechdosen zu versenden. Ein bekanntes Haus beschäftigt 400—600 Personen, Weiße und Farbige, männlichen und weiblichen Geschlechts. Ein gewandtes Mädchen kann täglich 2—3 Dollars mit Austernöffnen verdienen. Nach Brown Goode beschäftigt gegenwärtig die Austernindustrie der Vereinigten Staaten 52 805 Personen und liefert jährlich 5500 Millionen Austern im Werte von über 30 Millionen Dollars. An der kalifornischen Küste in der Shoalwaterbai befinden sich ebenfalls Austernbänke. Außerdem werden jährlich über 10 Millionen Austern von New York eingeführt und zur Mästung in der Bai ausgesetzt. Die amerikanische Auster ist übrigens eine andre Art als unsre gemeine europäische, kleiner und weniger wohlschmeckend, aber freilich auch im Preise viel billiger, so daß jetzt schon ein starker Export nach Europa stattfindet. Neuerdings hat Möbius versucht, die amerikanische Auster, welche mit geringerem Salzgehalt vorlieb nimmt, auch in der Ostsee anzusiedeln, nachdem mehrfache Versuche mit den europäischen Austern mißglückt waren.

Neben der Auster setzt keine Muschel so viele Menschen in Bewegung als die

Fig. 379. Austern von verschiedenem Alter: A 10 Monate und darüber; B 6—10 Monate; C 3—4 Monate; D 2 Monate; E 1 Monat.

Perlenmuschel. Die sogenannten „echten“ Perlen sind schon seit uralten Zeiten ein Lieblingsschmuck der Frauen gewesen und noch bis auf den heutigen Tag teuer und hochgeschätzt. Ja, im Altertume war die Sucht, mit Perlen zu glänzen, zu einer kaum glaublichen Höhe gestiegen; reiche Leute verschwendeten Millionen in diesem teuern Artikel; man trug sie nicht einzeln, sondern haufenweise als Gehänge und Besatz an Kleidern, Sandalen, Schuhen, Pferdegeschirr, Wagen und Waffen. Auch Arzneikräfte und andre geheime Wirkungen wurden ihnen zugeschrieben, und orientalische Völker thun dies noch jetzt, obwohl die Perle aus demselben Stoff besteht wie die Schale und dem Stoffe nach nichts andres ist als unsre Muschelschalen und Schneckenhäuser: unschuldiger kohlensaurer Kalk. Die Bezugsquellen der Perlen waren damals schon die Gewässer des Persischen Meerbusens und der Ostindischen Inseln.

Die reichsten Perlenbänke liegen an der Westküste Ceylons, zwischen 8 und 9° nördl. Breite, an den flachen, traurigen, höchst ungesunden Gestaden von Condatchy, Aripo und

Manaar. Die Perlenfischereien stehen unter der Aufsicht der Regierung, und die Ausbeute derselben ist ihr Monopol. Die Regierung beansprucht drei Viertel der ganzen Ernte für sich, und der arme Taucher erhält für seine lebensgefährliche Arbeit durchschnittlich nur 186 Mark. Der Perlenausternfang zu Aripo ist zugleich eine Art Volksfest, welches jährlich zu Anfang Februar beginnt und ungefähr 20 Tage dauert. Nachdem die Kähne, deren jeder gewöhnlich zehn Taucher faßt, sich auf die ihnen angewiesenen Stellen begeben haben, lassen sich die Taucher an Seilen, die mit Steinen beschwert sind, hinab in die Tiefe. Sie sind hierbei vollständig entkleidet, haben einen Korb an einem Gürtel hängen, in den sie die Muscheln sammeln, und ein starkes, scharfes Messer zum Ablösen der Muscheln vom Felsen wie zur Verteidigung gegen Haifische u. dergl.

Der Taucher stopft sich, bevor er ins Wasser steigt, Ohren und Nasenlöcher mit Baumwolle oder Wachs zu, zieht die Lungen voll Luft, nimmt einen in Öl getränkten Schwamm in den Mund und sinkt nunmehr schnell unter. Er muß gewöhnlich 20—24 m hinabtauchen, bevor er den Boden der Perlenbänke trifft. Hier angekommen, sammelt er Muscheln so schnell als möglich und so viel als er erreichen kann, in seinen Korb; fühlt er, daß er es in der Tiefe nicht mehr aushalten kann, so schüttelt er zum Zeichen für die im Schiffe Wartenden sein Tau und wird dann rasch nach oben gezogen.

Das Tauchen wechselt in dieser Weise 5—6 Stunden ohne Unterlaß, so daß jeder der zehn Taucher, die selten länger als 60 Sekunden unten bleiben, im Laufe des Tages 1000—4000 Muscheln heraufschafft. In sehr günstigen Fällen steigt eine Korbladung bis auf 150 Stück.

Der fatalste Umstand bei der Perlenfischerei ist der, daß bei weitem nicht alle Muscheln Perlen führen und daß man ihnen den Inhalt auch nicht sicher von außen ansehen kann, obwohl die Fischer sehr viel auf die äußeren Zeichen halten; nur dann, wenn viele Perlen in einem Stück sind, sieht dasselbe auch äußerlich höckerig und schief aus. Die Muschel aber in ihrem Gehäuse von oft mehr als 20 cm Länge besitzt sehr tüchtige Schließmuskeln und läßt sich nicht gutwillig ins Innere sehen. Man weiß daher erst nach dem Tode des Tieres mit Bestimmtheit, was man gefangen hat. Gegenwärtig läßt die Regierung den ihr zufallenden, weitaus größten Teil aller Muscheln nach dem Fange in Haufen ordnen und öffentlich versteigern, eine belustigende Art von Lotterie, wobei vielleicht der reiche Händler, der Hunderte von Muscheln um teures Geld erstanden hat, später nicht eine wertvolle Perle darin findet, während der arme Fischer, der sich ein Dutzend gekauft hat, in einem Augenblick ein reicher Mann wird. Um die Perlen zu erlangen, legt man die Muscheln auf den Sand des Ufers oder auf den Dächern besonderer Magazine hin, wo die glühende Sonne sie nicht nur bald tödtet, so daß sie von selbst aufklaffen, sondern auch eine äußerst rasche Fäulnis herbeiführt. Dieser abscheulich riechende Schlamm wird nun von den Perlensuchern emsig durchrührt, freilich oft ohne Erfolg. Finden sich Perlen, so kommt es auf Größe, Form und Farbe an, wieviel der Fund wert ist. Die Größe wechselt im allgemeinen von der einer Kirsche bis zu der eines Mohnkörnchens. Erstere Größe kommt natürlich nur den Prachtstücken zu, die äußerst selten sind. Zuweilen kommen taubeneigroße Perlen vor. Auf je 1000 Muscheln rechnet man gewöhnlich eine wertvolle Perle. Die größeren heißen Zahlperlen, die kleinen, die zusammen gewogen werden, Lotperlen. Die ganz kleinen, unbrauchbaren Perlen, auch Saatperlen genannt, werden zum Brennen des Perlenkalkes für die reichen Malaien verwendet, die diesen kostbaren Kalk mit Betel und Arekanuß kauen. Was die Form betrifft, so sind die ganz runden die geschätztesten; nach ihnen kommen die abweichenden, aber in der Form regelmäßigen, wie birn-, ei-, zwiebelförmige, halbkugelige u. dgl. Schiefe, höckerige und sonst unförmliche Stücke heißen Barockperlen. Auch die Farbe ist nicht immer dieselbe. Die Haupt- und Staatsfarbe ist das eigentümliche matte Weiß, das Perlweiß, mit einem silberähnlichen Schimmer, doch kommen auch blaue, gelbliche, rosafarbene, braune, ja tiefschwarze vor; letztere, als die seltensten, werden oft teurer bezahlt als die weißen.

Wenn man berechnet, daß bei dem äußerst lebhaft betriebenen Fange an den Küsten von Ceylon während einer 20jährigen Fischerei von jedem Boote mindestens 400000 Muscheln aus der Tiefe geholt und auf der ganzen Erde jährlich über 20 Millionen gefischt werden, so ist es kein Wunder, wenn selbst der Reichtum des Ozeans stellenweise so erschöpft wird, wie viele Perlenbänke es jetzt sind und die von Ceylon es wenigstens eine Zeitlang gewesen sind. Gegenwärtig haben sich letztere infolge rationellerer Bewirtschaftung laut den Nachrichten neuerer Reisender wieder erholt. In neuester Zeit hat man, besonders durch Dr. Delaorts Untersuchungen angeregt, den Gedanken gefaßt, der Perlenauster, gleich der eßbaren Auster im südlichen Frankreich, oder der künstlichen Fischzucht überhaupt eine beliebige Verbreitung zu geben. Welch ein großartiger Gedanke, die Meeresküsten Ceylons mit Perlen zu besäen! Welch eine Quelle für die großartigste Spekulation, zumal da auch die reichen Schätze bei Margarita und Cubagua sowie im Golf von Panama durch die Spanier längst erschöpft worden sind! Leider werden sich wohl der Ausführung solcher Projekte einstweilen unüberwindliche Hindernisse entgegenstellen.

Fig. 380. Perlenfischerei auf Ceylon.

Ehedem brachte Spanien jährlich für fast 3 Millionen Mark Perlen von der Ostküste Amerikas nach der Alten Welt, und in Cartagena nahmen vor 300 Jahren die Perlenläden mehrere Straßen ein. Im Persischen und Roten Meere haben die Perlenfischereien ihren alten Ruf noch bis heute bewahrt, trotzdem daß in ersterem Meere es jedem gegen eine kleine Abgabe gestattet ist, Perlen zu fischen und so gegen 30000 Menschen sich während der geeigneten Zeit dabei beteiligen. Die Perlenbänke erstrecken sich dort von Sharja bis zur Biddulphsgruppe über eine Länge von 70 Meilen. Die Bänke von Bahrein liegen weiter im Nordwesten und sind von geringerem Umfange. Sehr ergiebig hat sich schon von alters her die Ausbeute im Stillen Meere gezeigt, und zwar im sogenannten Purpurmeere an der Westküste Mexikos. Dort ist zwischen dem Kap Pichilingue und der Insel Cerralbo der Meeresboden mit Perlmuscheln buchstäblich bedeckt. Mehrere Meilen weit überzieht den Grund ein Korallenwald, und in der Nähe mehrerer benachbarter Inseln sind ebenso reiche Massen von Badeschwämmen. Infolge dieses Reichtums an Meeresschätzen finden sich hier jährlich mitunter mehr als 200 Schiffe zusammen, von denen manches Perlen im Werte von 200000 Dollars gewonnen haben soll; neuerdings schätzt man den Gesamtertrag auf jährlich gegen 2 Millionen Mark. Auch hier geschieht das Aufbringen der Muscheln aus einer Tiefe von 12—15 m durch Taucher, meistens Indianer, die den Unternehmern meist durch Vorschüsse verpflichtet und dadurch zu Dienstleistungen gezwungen sind. Von je 100 Tauchern werden jährlich durchschnittlich drei durch die Haifische getödtet, 15 verstümmelt. In den letzten Jahren hat man vielfach Taucherapparate angewandt.

Der Haupthandelsplatz für Perlen war bis vor kurzem Amsterdam; jetzt werden aber auch in Paris, London, Hamburg und auf den Leipziger Messen bedeutende Geschäfte in Perlen gemacht. Ihr Preis bestimmt sich zunächst, wie bei Edelsteinen überhaupt, nach dem Gewicht; aber dennoch herrscht zwischen den kleinen und großen Perlen im Preise ein himmelweiter Unterschied; es sind schon mehr als 300 000 Mark für eine einzige bezahlt worden. Sobald die größeren Perlen an Form und Farbe tadelfrei sind, haben sie einen ungleich höheren Wert, der sich noch bedeutend steigert, wenn sich mehrere möglichst gleiche Perlen zu einem Schmuck oder einer Schnur zusammenstellen lassen. Die einzige, ihresgleichen nicht findende Perle nannte man daher unio, la pellegrina, l'incomparable, altdeutsch margarîte nach dem griechischen Namen; Perle selbst oder Berle ist wahrscheinlich soviel als Beerlein.

Die Perlen liegen teils frei im Fleische des Muscheltieres, besonders im sogenannten Mantel desselben, teils sind sie mit einer Seite mehr oder weniger an der Innenseite der Schale angewachsen. Man kann es jetzt als ausgemacht ansehen, daß die Muschel die Perlen auf diese Weise erzeugt, daß sie kleine fremde Körper, die in ihr Inneres gelangen, mit Schalenmasse umkleidet, um sie abzuglätten und dadurch den Reiz zu vermindern. Solcher fremden Körper können natürlich vielerlei sein, Sandkörner, Pflanzenreste, Eier von Schmarotzertieren oder vielleicht auch einzelne verdorbene, verhärtete Exemplare der eignen Eier. Bei vielen Exemplaren läßt sich eine solche Entstehung nachweisen, indessen braucht die Ursache nicht immer dieselbe zu sein.

Muscheln ohne Perlen verlohnen immer noch die Mühe des Aufsuchens und werden keineswegs weggeworfen; sie geben die **Perlmutter**, die ein so beliebtes Material zur Herstellung oder Ausschmückung von vielerlei Gebrauchs- und Luxusartikeln bildet, daß sie immer hoch im Preise steht. In ihrem Aussehen erinnert sie wohl an die Perlen, aber sie hat dabei ein eigentümliches Farbenspiel, weil ihr Bau etwas abweichend ist. Die feinen Schichten, woraus Perle wie Muschel bestehen, liegen bei ersterer konzentrisch, etwa wie die Schalen der Zwiebel, übereinander; bei der Schale dagegen liegen sie in einer ebenen Fläche übereinander. Dabei besteht jede Schicht nicht aus einer zusammenhängenden Lage, sondern aus einzelnen kleinen, getrennten Stückchen, welche bald über den Rand eines darunter liegenden Stückchens einer andern Schicht etwas wegragen, bald denselben unbedeckt lassen. So erhält die Innenfläche der Perlmutter zahlreiche, wellenförmig gebogene und gezackte, oft konzentrisch verlaufende, meist nur mit dem Mikroskop erkennbare Furchen und Erhöhungen, welche das auffallende Licht farbig, und zwar je nach seinem Einfallwinkel bald rot, bald blau, bald grün reflektieren (sogenannte Interferenzfarbe). Daß die schillernde Farbe nicht in der Perlmuttermasse selbst liegt, sondern in der Struktur der Oberfläche ihren Ursprung hat, läßt sich leicht darthun. Man kann nämlich den Schiller der Perlmutter geradezu **überdrucken**, wie ein Petschaft, wenn man z. B. Kupfer auf galvanischem Wege auf einer glatt polierten Perlmuttertafel niederschlägt, so daß es sich in den feinsten Unebenheiten und Ritzchen einlagern und ein ganz genaues Abbild seiner Unterlage geben kann. Übrigens liefern die Muscheln, welche die besten Perlen enthalten, keineswegs auch die schönste Perlmutter. Die Muscheln von Ceylon, welche gegenwärtig die wertvollsten Perlen beherbergen, sind nur klein, dünn und durchscheinend und ihr Perlmutter ist wenig wert, während die großen und dicken Perlmuscheln von Kalifornien, Mexiko und den Philippinen zwar weniger gute Perlen, aber die beste Perlmutter geben.

Wenn von der Schale vieler andrer Weichtiere, namentlich von Muscheln, die äußere Rinde weggebeizt oder weggeschnitten wird, so kommt eine prachtvolle Perlmutterlage zum Vorschein. Auf diese Weise haben zuerst die industriellen Chinesen namentlich aus der Schale des Schiffs- oder Perlbootes (Nautilus Pompilius) allerliebste Schmuckgegenstände erzeugt, und diese Kunst ist später nach Europa übertragen worden. Man hat auch aus verschieden gefärbten und zierlich gestalteten kleineren Muscheln vielfache Verzierungen an Schmuckkästchen u. dergl. zusammensetzen gelernt und besonders von Paris aus höchst geschmackvolle derartige Sachen in den Handel gebracht. Vorzüglich sind es die Italiener, die sich in der Darstellung reizender Gegenstände dieser Art auszeichnen. Schon die gemeine Teichmuschel kann gelegentlich von Bedeutung werden, wie z. B. ein Fabrikgeschäft in Nürnberg in einem einzigen Jahre 120000 Stück dieser Muscheln zu Farbenkästen für Kinder bedurfte.

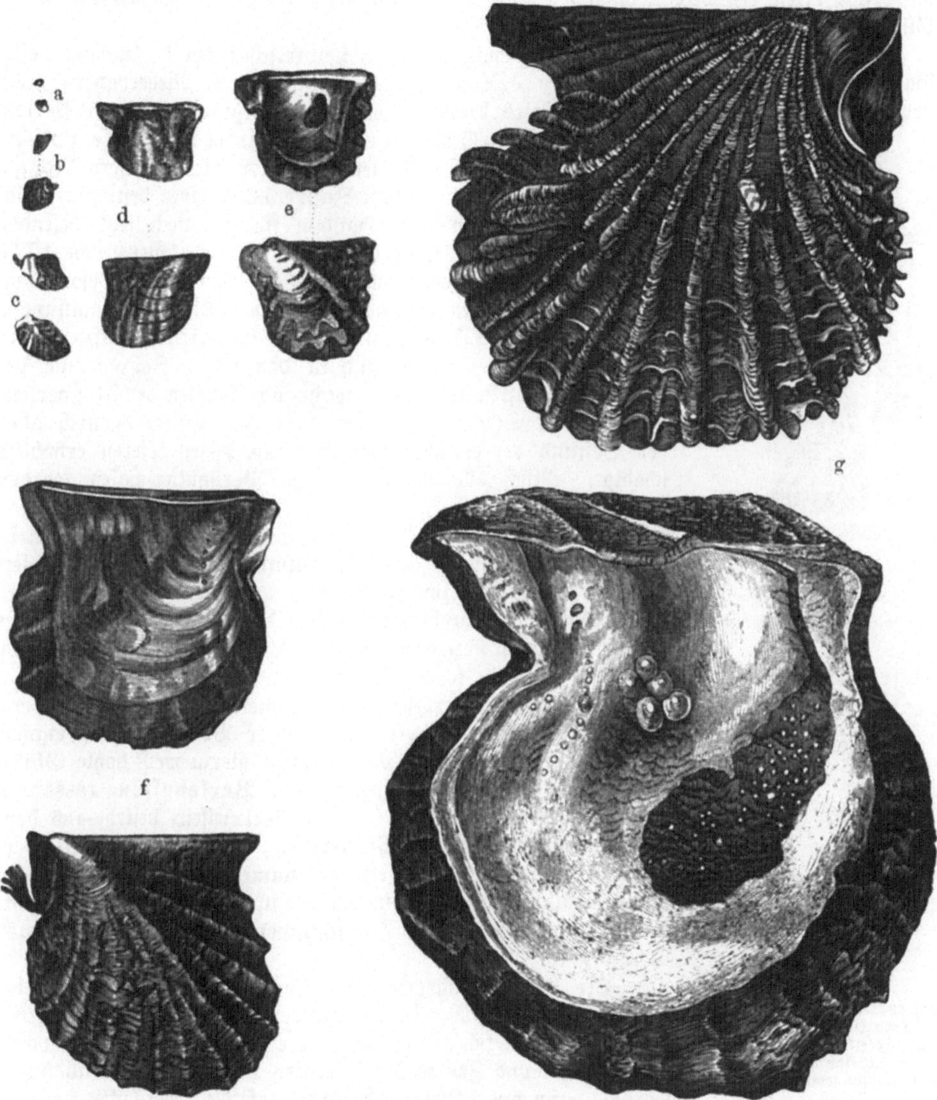

Fig. 381. Die Perlenmuschel.
a Im frühsten Zustande, b im ersten Jahre, c im zweiten Jahre, d im dritten Jahre, e im vierten Jahre, f im fünften Jahre, g im sechsten Jahre.

Nicht fremde Länder allein empfingen das Geschenk der köstlichen Perlen; auch Europa erhielt sein bescheidenes Teil davon. Hier aber ist es eine ganz andre Muschelart, welche die Perlen liefert; sie ist unsrer gewöhnlichen Malermuschel nahe verwandt und hat fast ganz das Äußere derselben, nur daß sie drei- bis viermal größer werden kann. Diese echte Flußperlmuschel (Margaritana oder Unio margaritifera) liebt gerade die kälteren Gegenden Europas, wo sie sich in reinen, frischen Quellen und Flüßchen in Gesellschaft von Krebsen und Forellen ansiedelt, freilich mehr vereinzelt und keine so ausgedehnten Bänke bildend, wie die Mutter der orientalischen Perlen. Sie lebt in einzelnen Wässern und Wasserstrecken von Schottland, England, Island, Schweden, Norwegen, Finnland, Livland, auch an einigen Stellen in Bayern, Sachsen und Böhmen. In den schottischen Flüssen Tay und Teith findet man noch häufig Perlen von $2^1/_2$ cm Durchmesser im Werte von 2—3 Pfund Sterling. Übrigens können sich die europäischen Perlen weder an Größe noch Schönheit mit den Perlen des Meeres messen; reine Perlen sind sehr selten und namentlich ist der Glanz nie so schön wie bei jenen.

Die zahlreichsten und in jeder Beziehung am besten bewirtschafteten Perlenbäche besitzt Bayern in den Kreisen Oberfranken, Oberpfalz und besonders in Niederbayern. Die bayrischen Perlen waren schon vor alters berühmt. Sachsen besitzt einen kleinen Perlendistrikt im oberen Gebiet der Elster und ihrer Nebenbäche, zwischen Adorf und Plauen. Die Perlen sind hier wie in Bayern Krongut und ist ihre Fischerei seit dem Jahre 1621 einer bestimmten Familie übertragen, in deren Händen sie sich noch jetzt befindet. Übrigens deckt der Ertrag kaum die Betriebskosten; von 1719 bis 1836 sind in Sachsen nur 15393 Perlen im Gesamtwert von 13049 Thalern gewonnen worden. Die Kunstsammlungen Dresdens haben hübsche Proben dieser Elsterfrüchte aufzuweisen. In Adorf an der Elster hat sich in den letzten Jahren eine bedeutende Industrie entwickelt, welche die Schalen der Flußperlenmuscheln zu Schmucksachen aller Art verarbeitet, dadurch aber den Bestand der deutschen Gewässer an diesen Tieren erheblich schädigt. Auch alle Arten exotische Perlmutterschalen werden hier verarbeitet.

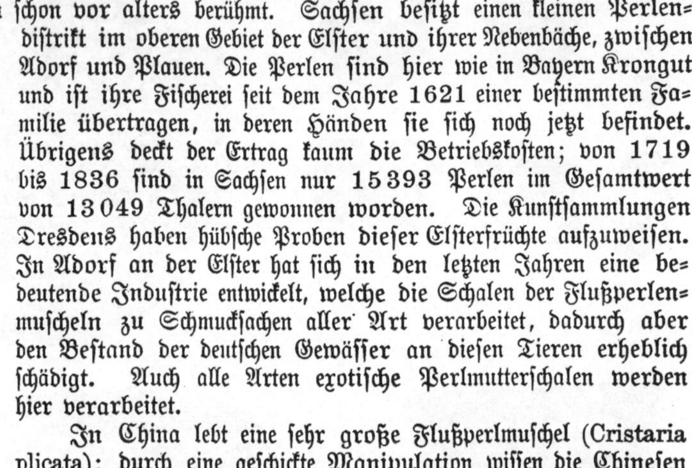

Fig. 382. Netz für den Korallenfang (ingegno genannt). (Die beutelförmigen Netze, welche auf der Abbildung zugeschnürt sind, muß man sich weit geöffnet denken.)

In China lebt eine sehr große Flußperlmuschel (Cristaria plicata); durch eine geschickte Manipulation wissen die Chinesen in das lebende Tier zwischen Mantel und Schale kleine metallene Buddhabilder hineinzubringen, welche dann bald von einer dünnen Perlmutterschicht überzogen werden. Muscheln mit solchen Bildern auf der Innenseite kommen nicht selten nach Europa.

Schon seit langer Zeit wird, namentlich in Paris, die Herstellung **künstlicher Perlen** von hoher Vollendung als eigner Industriezweig betrieben. Man benutzt hierzu meist hohle Glaskügelchen, welche innen mit sogenannter **Perlenessenz** (essence d'orient) überzogen werden. Diese Perlenessenz besteht aus den mikroskopisch-kleinen Kristallflitterchen, welche den Glanz der Schuppen gewisser Süßwasserfische, namentlich des Ukelei (Alburnus lucidus), hervorrufen, suspendiert in Ammoniak. Man bezieht in Paris die dazu nötigen Fischschuppen in großer Menge aus Deutschland.

Die Korallenfischerei. In ähnlicher Weise wie die Perlmuscheln wurden früher im Mittelmeer die **Korallen** gewonnen. Taucher senkten sich nieder, wenn die Tiefe nicht zu groß war, brachen Äste und Zweige der Korallen von den Felsen ab und kehrten dann mit denselben beladen auf die Oberfläche zurück. Heute, wo man in bezug auf die technischen Hilfsmittel weiter vorgeschritten ist, sucht man die Korallen auf minder gefährliche und anstrengende Weise zu gewinnen.

Die zu diesem Zweck auslaufenden leichten Schiffe haben eigentümliche Netze, über denen kreuzförmig verbundene Balken angebracht sind. Mit denselben sucht man durch geschicktes Manövrieren unter die Felsen und Riffe zu kommen, wo man Korallen vermutet oder bemerkt hat; die Balken stoßen die Zweige ab und in den darunterhängenden Netzen werden letztere aufgefangen. Andre Schiffe fahren auch bloß mit ausgespannten Netzen an den mit Korallen bedeckten Riffen vorbei; die starken Stricke der Netze verwickeln sich in die Äste, reißen sie los, brechen sie ab und nehmen sie mit. Hat man genug gesammelt, so geht das Sortieren an; die schönsten und größten Exemplare, die Kabinettsstücke, werden in ihrer natürlichen Gestalt an Naturalienkabinette und einzelne Liebhaber verkauft, die übrigen verarbeitet man, und zwar am kunstvollsten in Italien, zu Kameen, Dosen und ähnlichen Fabrikaten, die kleineren zu Perlen für Hals- und Armbänder, die nach dem Orient großen Absatz finden und in Afrika ebenfalls sehr geschätzt werden.

Der rote Korallenschmuck, welcher in der Neuzeit wieder sehr in die Mode gekommen ist, verdankt seinen Ursprung der Edelkoralle oder Blutkoralle (Corallium rubrum, s. Fig. 383). In lebendem Zustande kommt dieselbe in unregelmäßig gabelig verzweigten, bis 50 cm hohen, an Felsen festsitzenden Stöcken vor, welche durch eine innere kalkige und mit Längsrillen versehene Achse von schön roter Farbe gestützt werden. Um diese Achse liegt eine weiche, orangerote, von Kanälen durchsetzte Masse und in ihr sitzen die aus- und einziehbaren, durchsichtig weißen Polypen mit je acht zierlich gefransten Armen um die Mundöffnung (s. Fig. 383). Jene innere, kalkige Achse, welche an Härte dem Marmor gleicht, ist das, was unter dem Namen „Koralle“ Verwendung findet. Die Heimat der Edelkoralle ist das Mittelmeer, vorzüglich die den afrikanischen Küsten nahegelegenen Strecken desselben. Schon seit 1450 hatten die Franzosen hier in Calle (Afrika) ein großes Etablissement lediglich für die Korallenfischerei eingerichtet; provençalische Fischer hatten bis 1791 das Privilegium, von da an wurde die Korallenfischerei für alle Franzosen frei, welche mit der Levante und den Barbareskenstaaten Handel trieben. In der That setzten sich aber bald die Italiener gegen Entrichtung einer Abgabe in Besitz des alten Etablissements; neben diesen betrieb dann später (seit 1794) eine neue französische Gesellschaft die Fischerei, und von 1802—16 beuteten die Engländer, welche sich im erstgenannten Jahre in den Besitz von Calle gesetzt hatten, die Korallenbänke in der großartigsten Weise aus. Im Jahre 1816 gaben sie Calle wieder zurück, und jetzt ist die Korallenfischerei hier wieder Regal der französischen Verwaltung. Die französischen Schiffe sind von Abgaben frei, am meisten aber werden die Korallenbänke von Italienern besucht, und vorzüglich liefert Torre del Greco seit langen Zeiten ein großes Kontingent von Korallenfischern. In neuester Zeit wird auch im Ozean bei der Kapverdischen Insel St. Thiago Korallenfang betrieben. Auch von Japan kommt eine Korallenart in den Handel.

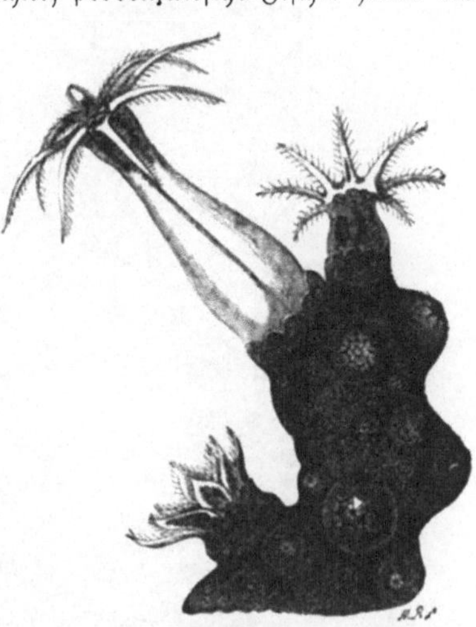

Fig. 383. Die Edelkoralle (Corallium rubrum).

Die Zeit für die Korallenfischerei dauert vom März bis Oktober, und das Unternehmen ist trotz der großen Konkurrenz, der Schwierigkeit des Fanges und der Unsicherheit des Erfolges immer noch recht lohnend. Ein Kahn kann, wenn er Glück hat, täglich bis zu 100 kg sammeln, und es klingt nicht unwahrscheinlich, wenn Milne Edwards für 1852 das Ergebnis der französischen Korallenfischerei an der Küste von Algier zu 35880 kg angibt. In Italien beschäftigten sich nach Lindeman 1869 gegen 500 Boote mit 4000 Mann mit der Korallenfischerei und der Ertrag belief sich auf 160000 kg im Werte von etwa 10 Millionen Lire. Je nach der Größe und Farbe haben die Korallen einen sehr verschiedenen Wert; die herrschende Mode ist außerdem bei der Schätzung von wesentlichem Einfluß. Jetzt z. B. sind die blaßroten Nüancen beliebt, für die man vor 40 Jahren, wo die dunkelroten en vogue waren, kaum den zehnten Teil des heutigen Preises zahlte. Die Verarbeitung der Korallen zu Schmucksachen geschieht hauptsächlich in Neapel und Paris.

Die Familie der Korallen, namentlich die der sogenannten Riffkorallen, welche meist ein weißes Skelett mit vielen zierlichen Kelchen besitzen, ist eine so zahlreiche und in den warmen Meeren so weit verbreitete, daß man schon viele hundert Arten kennt. Steinerne Bäume sind es, wenn man will, aber solche, welche da, wo der wahre Baum Blätter und Blüten hat, lebendige, empfindende Tiere tragen, Polypengattungen, denen die Fähigkeit innewohnt, den Kalk aus dem Wasser abzuscheiden und um sich anzuhäufen, sich solchergestalt ihre eigne Wohnung und zugleich ihr Grab zu bauen; denn während die zarten, weichen, kleinen Organismen sich nach oben fortwährend vermehren und immer neue Äste ansetzen, sterben die unteren Partien ab und nur die ausgeschiedenen steinernen Korallenstöcke bleiben übrig. In dieser Art bauen manche Korallen ganze Felsenriffe, die bis nahe an die Oberfläche des Wassers reichen und der Schrecken des Schiffers sind, die aber auch, namentlich im Großen Ozean, die Grundlage ganzer Inseln abgeben und im stillen, aber unaufhaltsamen Schaffen neues Land entstehen lassen.

Fig. 384. Korallen auf dem Meeresboden.

Die Schwammfischerei wird vorzugsweise von Dalmatinern, Italienern, Griechen und Arabern betrieben; in neuerer Zeit hat dieser Industriezweig sehr an Umfang gewonnen. Fast in allen Meeren trifft man auf Schwämme, wobei man freilich nicht an die Pilze zu denken hat, welche der Sprachgebrauch häufig auch mit diesem Namen bezeichnet. Hier handelt es sich um sehr eigentümlich gebaute, niedere Tiere, welche in ihrem Bau am meisten den Korallenpolypen gleichen, wie diese pflanzenartig festsitzen, aber der hervorstreckbaren und einziehbaren Arme um die Mundöffnungen entbehren, überhaupt viel einfacher gebaut sind. Was der Mensch von diesen Tieren, den sogenannten Spongien, unter dem Namen „Schwamm oder Badeschwamm" verwendet, ist nichts als das aller Weichteile beraubte Skelett, welches bei den echten Badeschwämmen, welche alle der Gattung Euspongia angehören, ausschließlich aus einem sehr elastischen, netzartigen Gerüst von Hornfaserstoff besteht, welcher eben wegen seiner Widerstandsfähigkeit gegen Säuren und Alkalien aller Art den Schwamm für seinen Zweck geeignet macht. Ein frischer lebender Badeschwamm mit allen organischen Teilen ist außen braunviolett oder schwarz, innen blaßgelblich oder rötlich und hat ungefähr die Konsistenz von frischem Rindfleisch.

Die besten Badeschwämme gibt es im Mittelmeere, die außereuropäischen, meist aus Westindien kommenden, sind weit weniger geschätzt. Im Handel unterscheidet man viele Sorten; die großen, flachen, lockeren, innen mit sehr weiten Kanälen versehenen, heißen „Pferdeschwämme“, die kleineren, schüssel= oder becherförmigen mit sehr harten Fasern und meist dunkelrotbrauner Farbe Zimoccaschwämme, die feinsten endlich, welche besonders an der dalmatinischen Küste und an der Südküste des Mittelmeers von Ägypten bis Tripolis vorkommen und bei geringer Größe und massiger, abgerundeter Gestalt sehr feine Hohlräume und sehr weiche Fasern haben, sind als „feine Badeschwämme“ bekannt.

Fig. 385. Seetangernte im Hafen von Jersey.

Die Schwammfischerei, welche sehr viel Kühnheit, Ausdauer und Körperkraft erfordert, beginnt im Juni und endet im August oder, wenn es das Wetter erlaubt, auch erst im September. Um diese Zeit sieht man eine große Anzahl von Barken mit griechischen Fischern sich nach Beirut, Tripolis und Latakia begeben, wo die Fischer entweder auf eigne Rechnung oder für Rechnung ihrer Kaufleute die Fischerei betreiben. Je fünf bis sechs Fischer operieren immer unter Führung eines „Reïs“ gemeinsam. Das Fahrzeug, dessen sie sich bedienen, ist klein, leicht und ohne Deck. Sie fahren mit demselben früh morgens aus und begeben sich eine ziemlich große Strecke vom Strande aufs Meer. Dieses muß vollständig klar sein, so daß man im stande ist, bis auf den Grund hinab zu sehen, bei etwas bewegter Oberfläche gießt man Öl aufs Wasser. Sobald ein Felsenriff entdeckt ist, an welchem man Schwämme vermuten kann, wird das Segel eingezogen und der Anker herabgelassen. Der Taucher läßt sich sodann mit Hilfe eines großen Steines, der an ein Seil gebunden ist, ins Meer hinab, reißt den Schwamm los, wozu sich die Bewohner der griechischen Insel Crapano, welche fast ausschließlich der Schwammfischerei nachgehen, eigentümlicher eiserner Gabeln bedienen. Die losgelösten Schwämme werden in ein Netz gesteckt, welches der Taucher vor seiner Brust angebracht hat. Das Verfahren ist insofern dem des Perlenfischens ganz gleich. Die feinsten Schwämme befinden sich in der größten Tiefe und werden deshalb mit bedeutend mehr Mühe heraufgeholt als die groben, die oft schon ein paar Meter tief zu erreichen sind. Sie wachsen ziemlich schnell, so daß nach einem Zeitraum von zwei Jahren die von den Fischern geplünderten Stellen wieder abgeerntet werden können. An der dalmatinischen Küste, namentlich an flacheren Stellen, wird die Fischerei vom Boote aus mit langen Harpunen betrieben.

Sobald die Schwämme ans Land gebracht sind, wirft man dieselben in eine im Sande gemachte und mit Wasser gefüllte große Grube und tritt sie dann mit den Füßen aus; dann — oder auch wohl gleich — hängt man sie auf Bänder gereiht einige Zeit ins Wasser, wo die organische Masse unter großem Gestank in schnelle Fäulnis übergeht; endlich werden sie nochmals geknetet, bis alle Weichteile entfernt sind, und schließlich an der Luft getrocknet. Viele in den Handel kommende Schwämme enthalten Sand, der jedoch künstlich hineingebracht ist, um das Gewicht und damit den Preis zu erhöhen. Der Hauptmarkt für Schwämme ist Triest; 1871 wurden hier für 1200000 Gulden ausgeführt.

Seetang. Der Boden des Meeres ist durchaus nicht als eine öde Wüstenei zu denken, er hat, soweit das Licht hindringt, seine Pflanzen wie das feste Land, ja an vielen Stellen wuchert darauf eine üppige Vegetation, deren Gebilde oft größere Länge erreichen als die Höhe unsrer größten Bäume beträgt. Vorzüglich sind es die Familien der Algen und Seetange, welche darin eine große Rolle spielen. Das Meer wird manchmal meilenweit damit überzogen, so daß seine Oberfläche grünen Wiesen gleicht. Den in seichtem Wasser am Boden oder an Steinen wachsenden Seetang aber ziehen die Strandbewohner heraus und benutzen ihn mannigfach. Hauptsächlich dient er seines Gehaltes an Salzen wegen, die er dem Meerwasser entzogen hat, zur Darstellung von Tangsoda (Varec und Kelp), aus welcher man auch das Jod gewinnt, und er wird zu diesem Behufe gedörrt und in Erdgruben eingeäschert.

Auf der Insel Jersey ist die Ernte des Seetangs (Sea Weed, s. Fig. 385) ein Fest, auf das sich alt und jung freut. An einem bestimmten Tage, Anfangs März, begibt sich alles, was Beine zu laufen und Hände zu greifen hat, nach dem Strande, die Flut beim Zurückweichen verfolgend, damit keine Minute der Ebbe, während welcher die Ernte allein geschehen kann, ungenutzt vorübergehe. Was in dieser Zeit abgeschnitten, ausgerissen, gerafft und gelöst werden kann, wird in Haufen zusammengeschichtet, welche die rückkehrende Flut an den Strand trägt. Ein großer Teil des Erntesegens wird gleich auf die Felder gefahren, wo er als Dünger ausgezeichnete Dienste leistet; ein andrer wird zu gleichem Zwecke für später aufbewahrt, und den Rest verbrennt man, um die Asche zur Sodabereitung zu benutzen.

An vielen Orten, namentlich an der Ostseeküste Holsteins, wird das ebenfalls an flachen Stellen nahe dem Strande wachsende Seegras (Zostera marina), eine Blütenpflanze, in großer Menge geerntet und meistens getrocknet zum Stopfen von Matratzen verwendet, aber auch als Dünger oder zur Sodabereitung.

In Spanien baut man eine natronhaltige Strandpflanze, die Salsola sativa, durch jährliches Aussäen an den Küsten förmlich an, um daraus die Barilla, von 25—30 Prozent reinen kohlensauren Natrons, zu gewinnen. In ähnlicher Weise wird bei Narbonne aus der Salicornia annua der sogenannte Salicor, ferner die Blanquette und in der Normandie das Varec erzeugt. Wir werden später, wenn wir im vierten Bande von den Alkalien reden, auch die technische Weiterverwendung dieser Seepflanzen in Betracht ziehen.

Wir haben früher schon von dem Bernstein gesprochen und wir müssen seiner auch hier wieder erwähnen. Denn obwohl ein Produkt urweltlicher Harzbäume, die sicher auf dem trockenen Lande gegrünt haben, wird seine Gewinnung doch durch das Meer großenteils vermittelt, so daß wir ihn, wenn auch nicht zu den Produkten, so doch zu den Geschenken rechnen dürfen, welche der nimmer versagende Okeanos den Menschen gewährt. Wir wenden uns aber von denjenigen Naturprodukten, welche, auf einem festen Standpunkte gleichsam festgewachsen, eine förmliche Ernte gestatten, zu denjenigen, die in freier Bewegung das leichtbewegliche Element durchschwimmen und denen der Mensch nachjagen muß, um sie zu gewinnen.

Ernste Fischer! frisch vom Lager!
Euer Werkzeug nehmt zur Hand!
Schnell entwickelt eure Netze,
Die bekannte Flut umzingelnd.
— — — — — — — —
Schwimmet, Schwimmer! taucht, ihr Taucher!
Spähet, Späher, auf dem Felsen!
Ufer wie die Fluten
Wimmle schnell von Thätigkeit!

Goethe.

Seefischerei und Seejagden.

Bedeutung der Fische im Leben des Meeres. Rationeller Betrieb der Seefischerei. Verbesserte Fangmethoden. Fortschritte in der Verwertung der Seefische. Wissenschaftliche Untersuchungen. Fischereigesetze. Nationalökonomische Bedeutung der Seefischereien. Deutschlands Anteil an der Seefischerei. Heringsfang. Maifisch, Sprott, Pilchard, Anschovis, Menhaden. Kabeljaufang. Frischfischfang. Steinbutt, Zunge. Makrele. Deutsche Fischerei in der Nordsee. Thunfischfang. Wale und Walfang. Robben- und Walroßfang. Krebse. Hummern. Schildkröten. Jagd auf Seevögel. Eiderdaunen. Eßbare Schwalbennester.

Unendlich viel wichtiger für den Menschen als alle im vorigen Kapitel betrachteten Schätze des Wassers sind die im flüssigen Elemente lebenden Wirbeltiere, vor allem die Fische. In ihnen sehen wir die letzte und höchste Form, welche der lebendige Stoff im Wasser selbst anzunehmen vermag; sie harren gleichsam auf die Verwertung durch die Bewohner des Luftkreises, vor allem durch den Menschen. In einer außerordentlich großen Menge von Arten (man hat bis jetzt schon weit über 10000 beschrieben und abgebildet) und in noch größerer Individuenzahl — man denke nur an die gewaltigen Heringsscharen — in allen Meeren, den kalten ebensowohl wie den warmen verbreitet, sind die Fische in ihrer Organisation mit allen nur denkbaren Mitteln ausgestattet, die übrigen lebenden Bewohner des Meeres zu erjagen und zu verzehren. Jene brechen von den härtesten Korallenstöcken die lebendigen Spitzen los, um sie als Nahrung zu verwerten oder zerquetschen mit gewaltigen Mahlzähnen die dicksten Muschelschalen, andre fressen Tange und sonstige Meerpflanzen, noch andre endlich sind mit den zierlichsten Sieben ausgestattet, um winzig kleine, aber in ungeheuren Massen das Wasser erfüllende Krebschen, Schnecken oder die Larven größerer Tiere mit einem einzigen Öffnen und Schließen des Maules zu Tausenden sich anzueignen. Zu den Fischen letzterer Art gehört vor allem der Hering, welcher sich fast ausschließlich von winzigen Spaltfußkrebsen oder Kopepoden ernährt, von denen die kleinsten Arten kaum $^1/_2$ mm, die größten nicht über 6 mm lang sind. Im Magen des Herings trifft man diese Tiere, welche den norwegischen Fischern seit lange unter dem Namen aat bekannt sind, als einen rötlichen Brei. Möbius hat berechnet, daß ein einziger Kubikzentimeter Kopepodenbrei aus einem Heringsmagen, der oft 4—5 ccm davon enthält, aus nicht weniger als 14000 Krebschen besteht. Diese kleinen Tierchen ernähren sich ihrerseits wiederum von noch kleineren, erst unter dem Mikroskope erkennbaren Organismen, vor allen von jenen schon im vorigen Kapitel erwähnten und abgebildeten (Fig. 362) Stäbchenalgen oder Diatomeen, welche in solchen Mengen in den nordischen Meeren vorkommen, daß sie auf weite Strecken dem Wasser eine braungrüne Färbung verleihen. Heringe bilden anderseits wieder die Hauptnahrung des Kabeljaus, dieses wichtigsten aller nutzbaren Seefische, und letzterer selbst dient zusammen mit dem Hering zum Unterhalt jener ungezählten Mengen von Meersäugetieren, wie Walen und Robben. Indem der Mensch alle eben genannten Tiere zu seinem Vorteil erbeutet und verwendet, nutzt er in letzter Instanz jene ungeheuren Schätze des Meeres an mikroskopisch kleinen Lebewesen aus, Schätze, die unerschöpflich sind, aber ohne Vermittelung der Fische für uns unerreichbar wären.

Rationeller Betrieb der Fischerei. Der Fischfang ist, wie das Studium der Urgeschichte zeigt, eine der ältesten Erwerbsthätigkeiten des Menschen. Sein Betrieb war jedoch bei den meisten Völkern bis in die neueste Zeit hinein ein planloser und ging nur darauf aus, eine möglichst große Menge von Fischen, je nach Bedarf, den Gewässern zu entnehmen, ohne daß man sich um die Produktionskraft derselben viel kümmerte, ein richtiges Raubsystem, wie es jetzt noch viele unzivilisierte fischessende Völker, z. B. die Eskimos, die Indianer des tropischen Südamerikas und die Anwohner der großen sibirischen Ströme, befolgen. Erst als die enorme Zunahme der Bevölkerung in Europa und Nordamerika gebieterisch die Aufschließung neuer Nahrungsquellen forderte, als wenigstens in den süßen Gewässern allgemein eine Abnahme des Fischbestandes sich bemerkbar machte, erst da erkannte man, daß auch das Wasser, wenn seine organische Produktionskraft dem Menschen wahrhaft zu Nutzen kommen soll, ebenso gut rationell bewirtschaftet werden muß, wie das Ackerland oder der Wald. Jetzt erwachte für alles, was Fische und Fischfang betraf, bei Volk und Regierung ein lebhaftes, sich immer mehr steigerndes Interesse, und Wissenschaft, Handel und Industrie vereinigten sich zu so segensreicher Wirksamkeit, daß sich in manchen Ländern, namentlich Großbritannien und Nordamerika, die Erträge der Seefischereien in den letzten Jahrzehnten gegen früher vervielfacht haben, ohne daß darum für die Zukunft eine Abnahme derselben zu befürchten wäre. Den Höhepunkt erreichten die neueren Bestrebungen zur Hebung der Fischerei, als 1880 in Berlin die erste internationale Fischereiausstellung mit glänzendem Erfolge abgehalten wurde, welcher im Jahre 1883 die zweite in London folgte. Letztere währte ein halbes Jahr und wurde von nicht weniger als 2500000 Menschen besucht, ein Beweis für das Interesse, welches sie in den weitesten Kreisen hervorrief.

Der Betrieb der Fischerei ist ein wesentlich verschiedener, je nachdem es sich um süße Gewässer oder um das Meer handelt. Bei den ersteren sind wir wegen ihrer geringen Ausdehnung genötigt, nicht bloß zu ernten, sondern auch zu säen, d. h. mit Hilfe der künstlichen Fischzucht in ausgedehntem Maße für geeigneten Nachwuchs zu sorgen, wenn die Gewässer nicht dauernd erschöpft werden sollen. Im Meere ist dieses Aussäen bis jetzt kaum möglich und, soweit sich absehen läßt, auch nicht notwendig. Einstweilen ist das gewaltige Meer noch eine unerschöpfliche Quelle von Fischnahrung für den Menschen, und wenn man hier und da von Fischern Klagen über die Abnahme des Ertrages hört, so liegt der Grund meistens darin, daß wegen der Zunahme der Bevölkerung und der Zahl der Fischer mehr Ansprüche an einen bestimmten Fischereibezirk gemacht werden, gleichzeitig aber versäumt worden ist, auch die Fangmethoden und andres hinreichend zu verbessern. Haben doch hervorragende Forscher die wohlbegründete Ansicht ausgesprochen, daß von der gewaltigen Menge nutzbarer Fische, welche das Meer beherbergt, dem Menschen kaum 1—2 Prozent zur Beute werden, während der bei weitem größte Teil andern, weniger nutzbaren Geschöpfen des Meeres oder den Seevögeln zum Opfer fällt. Sehen wir hier einstweilen ganz von den süßen Gewässern ab, welche weiter unten besprochen werden sollen, und versuchen uns klar zu machen, welche Mittel der Mensch anwenden muß und zum Teil schon mit Erfolg anwendet, den Ertrag des Meeres fortdauernd zu steigern.

Verbesserte Fangmethoden, Netze, Fahrzeuge ꝛc. In erster Linie ist ein großer Fortschritt im Betriebe der Seefischerei dadurch gemacht worden, daß die früher aus Hanf gefertigten Netze jetzt mehr und mehr durch baumwollene ersetzt und letztere größtenteils leichter und schneller in Fabriken (in Deutschland z. B. in Itzehoe) hergestellt werden. Dadurch werden nicht bloß die oft sehr bedeutenden Kosten der Ausrüstung eines Fischerfahrzeuges erheblich verringert, sondern jedes Boot kann bei dem geringeren Gewicht der baumwollenen Netze mehr davon bei sich führen als früher. Ferner erfährt die Form der Netze jetzt täglich Verbesserungen der verschiedensten Art, welche sich den eigentümlichen Lebensgewohnheiten jeder einzelnen Fischart immer mehr anpassen; die lebhafte Konkurrenz der Erfinder und Fabriken untereinander bringt es immer mehr dahin, daß die sonst so konservativen Fischer sich doch endlich bewegen lassen, von ihrer jahrhundertelang eingehaltenen Fischereimethode, die oft eine sehr unvollkommene ist und auf veralteten Vorurteilen beruht, zu gunsten einer besseren abzugehen. Bedeutend vervollkommnet sind auch die zur Seefischerei verwandten Fahrzeuge; sie werden jetzt vor allem seetüchtiger gemacht, um dem Fischer zu gestatten, seine Fanggründe in weiterer Entfernung von der Küste zu suchen, mit andern Worten, mehr Hochseefischerei zu betreiben. Immer mehr wird auch die Dampfkraft für die Fischerei verwertet, teils für höchst zweckmäßig konstruierte Maschinen zum Aufwinden der Netze, teils für die Fortbewegung der Fahrzeuge selbst. So sind die großen britischen Fischerflotten in der Nordsee stets von Dampfern begleitet, welche den Fang sofort aufkaufen und ihn mit möglichster Schnelligkeit nach der Küste befördern.

Die Fortschritte in der Verwertung der Seefische sind fast ebenso bedeutungsvoll wie jene in der Herstellung der Netze und Fahrzeuge. Wie oft mußten in früherer Zeit Tausende von wertvollen Fischen nutzlos weggeworfen werden, weil sie am Fangorte nicht verwertet werden und wegen mangelnder Transportmittel nicht versandt werden konnten! Wie oft finden noch heutzutage aus denselben Ursachen große Fischmengen keine andre Verwendung als zum Düngen der Felder! Mit Recht hat man das Einpökeln der Heringe, welches der Holländer Willem Böckel ums Jahr 1397 erfunden haben soll, das jedoch sicher schon vor dem Jahre 1300 geübt wurde, als eine für die Volksernährung enorm wichtige Sache bezeichnet; noch vielmehr aber gilt dies von vielen neueren Konservierungsmethoden, welche in den letzten Dezennien zu hoher Vollendung gelangt sind und an deren Vervollkommnung fortwährend gearbeitet wird. Hierhin gehört das Räuchern, Trocknen, Marinieren der Fische, die Herstellung von Fleischpulver aus denselben, das Einschließen in Büchsen u. a. mehr, worin besonders die Amerikaner Großes leisten. Letztere sind auch allen andern Völkern darin vorangegangen, daß sie, um frische Fische auf weite Entfernungen hin zu versenden, sogenannte Eiswagen auf ihren Bahnen einführten, deren doppelte, mit Eis gefüllte Wände die Fische kühl und frisch erhalten, während die bisher übliche und in Deutschland auch jetzt noch ausschließlich angewandte Methode, die Fische schichtenweise zwischen Eis zu legen, wegen der Auslaugung derselben durch das Eiswasser, Wohlgeschmack und Nährkraft der Ware erheblich schädigt und die Transportkosten außerordentlich erhöht. Im eignen wohlverstandenen Interesse haben auch in Nordamerika und England die Bahnverwaltungen nicht nur die Tarife für frische Fische bedeutend herabgesetzt, sondern auch für eine schnelle Beförderung derselben Sorge getragen, Dinge, von denen man leider in Deutschland bis jetzt noch nicht das Geringste wahrnimmt. Und doch kann nur durch sie der Reichtum der Küstenmeere durch ein volkreiches Hinterland in richtiger Weise ausgenutzt werden und in den geringwertigeren Fischsorten ein billiges Volksnahrungsmittel geschaffen werden. Endlich beginnt man neuerdings viele Fischarten, welche früher von den Fischern aus Vorurteil und Aberglauben für ungenießbar gehalten wurden, in der verschiedensten Weise zu verwerten. Für alle Zweige der Seefischerei von ganz besonderer Bedeutung sind wissenschaftliche Untersuchungen, welche überhaupt erst die unentbehrlichen Grundlagen für den Betrieb und die Erweiterung der Fischerei schaffen. Schon seit einer Reihe von Jahren bestehen in fast allen größeren Staaten, welche Hochseefischerei betreiben, von der Regierung eingesetzte wissenschaftliche Kommissionen, deren einzige Aufgabe die Erforschung des Meeres und seiner Bewohner ist. Die wichtigste von allen ist die United States Commission in Nordamerika unter der Leitung von Spencer Baird und Brown Goode, welche alljährlich umfangreiche und wertvolle Berichte veröffentlicht. In Deutschland besteht seit 1871 eine Kommission zur Untersuchung der Nord- und Ostsee in Kiel, welche in ihren Jahresberichten viele wertvolle Untersuchungen über die Tierwelt der genannten Meere und namentlich über die Naturgeschichte des Herings geliefert hat. Hervorragendes auf diesen Gebieten leisten schon seit einem Jahrhundert die Schweden und namentlich die Norweger. Berühmte Forscher wie Nilsson, Axel Boeck, G. O. Sars, Ljungman u. a. haben sich um die Forschung nach den Ursachen und Bedingungen der großen Fischzüge, welche an den Küsten Skandinaviens alljährlich auftreten und von denen das Wohl und Wehe der ganzen Bevölkerung abhängt, unsterbliche Verdienste erworben. Zu den wichtigsten praktischen Resultaten, welche wissenschaftliche Forschungen für die Fischerei gebracht haben, gehören vor allem die modernen Fischereigesetze. In Preußen besteht ein solches seit 1874 und hat, obwohl noch vielfach verbesserungsbedürftig und zunächst hauptsächlich in bezug auf Süßwasserfischerei gegeben, doch auch für die Seefischereien großen Nutzen gehabt. Denn wenn auch der Mensch, wie wir oben schon gesagt haben, in das Leben des Meeres nicht so eingreifen kann, wie in dasjenige der süßen Gewässer, so kann er doch manchen Schaden, der durch Nachlässigkeit und Unwissenheit angerichtet wird, verhüten. Viele wertvolle Fischarten, wie der Hering, laichen beispielsweise in brackigen Buchten und Flußmündungen, wo durch Absperrung der Buchten zu industriellen oder Verkehrszwecken, durch Vertilgung des Pflanzenwuchses und andre Veranstaltungen viel Unheil angerichtet werden kann. Hier greift das Fischereigesetz ein, indem es durch wissenschaftliche Untersuchungen festgestellte Schonreviere abgrenzt. Anderseits wird durch die Vorschrift, nur Netze mit bestimmter Maschenweite zu gebrauchen, oder durch Verbot gewisser Fangmethoden verhindert, daß zahlreiche halbwüchsige, als Marktware wertlose Fische der sonst unvermeidlichen Vernichtung anheimfallen. Durch Anstellung besonderer Fischmeister, welche den Fischereibetrieb beaufsichtigen, wird für die Befolgung der Gesetze in energischer Weise gesorgt.

Nationalökonomische Bedeutung der Seefischereien. Obwohl sich das Kapital, welches der Mensch gegenwärtig bei dem oben beschriebenen rationellen Betriebe alljährlich dem Meere entnimmt, selbst in zivilisierten Staaten sehr schwer und höchstens annähernd schätzen läßt, wollen wir doch einige Zahlen anführen, um dem Leser wenigstens einen ungefähren Begriff von der enormen Bedeutung dieses Zweiges menschlicher Erwerbsthätigkeit zu geben. In dem vereinigten britischen Königreiche waren im Jahre 1883 109200 Fischer mit 32678 Fahrzeugen von 615035 Tonnen Tragfähigkeit und einem Werte der Fahrzeuge und Geräte von 146 Millionen Mark bei der Seefischerei beschäftigt und der Ertrag derselben belief sich auf rund 240 Millionen Mark. Norwegens Seefischerei bringt jährlich 25—30 Millionen Mark ein, wovon etwa 28 Prozent auf den Hering, 60 Prozent auf den Kabeljau und der Rest auf andre Fische, z. B. die Makrele, kommt. Frankreich verdankt dem Meere einen Ertrag im Werte von mindestens 100 Millionen Mark jährlich und die Vereinigten Staaten von Nordamerika sogar nicht weniger als 450 Millionen Mark. Eine wahre, lebendige Vorstellung von den Schätzen des Meeres und ihrer Bedeutung für den Menschen kann aber nur der bekommen, welcher einmal miterlebt hat, wie die ankommenden Fischzüge, z. B. die des Herings, eine ganze Küstenbevölkerung tage- und wochenlang in fieberhafte Aufregung und Thätigkeit versetzen, wie das Sinnen und Trachten von alt und jung, Männern und Weibern einzig auf die Fische gerichtet ist. Wer ein solches farbenreiches Bild voll Leben und Bewegung schauen will, der muß nach Norwegen reisen, einem Lande, wo mehr als 10 Prozent der Bevölkerung von der Fischerei und ihren Nebenbeschäftigungen leben und der Ertrag derselben den ausschlaggebenden Einfluß auf die Finanzen des Staates ausübt.

Wie groß der Konsum von Fischen in vielen Ländern ist, möge man daraus erkennen, daß London allein in jedem Jahre 3 Millionen Zentner Fische verbraucht, was auf den Kopf der Bevölkerung nicht weniger als 33½ kg ausmacht. Auf dem großen Fischmarkt dieser Stadt zu Billingsgate werden allein jährlich für 40 Millionen Mark Fische verkauft. Der Fulton-Fischmarkt am Strande der New Yorker Bucht setzt täglich mehr als 2000 Zentner frischer Fische um.

Wie wir schon wiederholt hervorgehoben, steht Deutschland hinsichtlich der Ausnutzung des Meeres hinter den andern Großstaaten noch immer erheblich zurück; es deckt nicht einmal seinen eignen verhältnismäßig geringfügigen Bedarf, sondern muß nach Hensens Berechnung noch jährlich für 30 Millionen Mark Fische vom Auslande beziehen. Die Ursache von diesem Zurückbleiben unsres Vaterlandes liegt zum großen Teil in der früheren politischen Zersplitterung desselben. Die Vertretung der maritimen Interessen lag nicht in einer Hand, verschiedene Staaten des Deutschen Bundes teilten sich in die Küsten der Nord- und Ostsee und die größten Seehandelsstädte waren lediglich auf sich selbst angewiesen. Diesen fehlte für ihre mit großer Energie bis auf die neueste Zeit fortgesetzte Walfischerei jede staatliche Förderung. An andern Fischereien, wie an den ergiebigen Kabeljaufängen bei Neufundland und bei Island, konnten sie sich nicht beteiligen, weil ihnen früher der Schutz durch eine Flotte, später die Sicherung thatsächlich geübter Rechte durch Verträge fehlte. Seit 1866 wurde es auch in bezug auf die Seefischerei, wenigstens bezüglich der Nordsee, anders. Nach dem Vorbilde der in England bestehenden Fischereigesellschaften wurden in Hamburg und Bremen „Deutsche Nordseefischerei-Gesellschaften" gegründet. Man führte bessere Fahrzeuge und Geräte, namentlich das Schleppnetz, die Kurre, an Stelle der Angel, ein, allein es mangelte einesteils auch noch die Fischerbevölkerung der englischen und schottischen Küsten, anderenteils kamen die Eisenbahnen in Beziehung auf den schnellen Transport der in Eis gepackten Fische zum Konsumplatz den Gesellschaften nicht genug entgegen. Dazu gesellten sich die bei neuen Unternehmungen in der ersten Zeit meist eintretenden, oft mit dem Mangel an Erfahrung verbundenen Unfälle; man hatte versäumt, von Anfang an die Betriebsmittel groß genug zu bemessen, um das zu erwartende Mißgeschick der Lehrjahre zu überdauern. Endlich trat der Krieg ein, welcher die mit Mühe und Not herangebildete Mannschaft hinwegnahm und die Kutter in den Hafen bannte. Das alles zusammen bewirkte, daß die Gesellschaften in Bremen und Hamburg sich auflösten und mit Verlust liquidierten. Zum Teil blieben aber doch die Kutter, als Eigentum einzelner, denen nun Erfahrung zur Seite stand, in Betrieb. Die Anregung zur Hebung der Fischerei war gegeben und in Berlin bildete sich im Jahre 1870 der „Deutsche Fischereiverein". Mit Energie und Geschick strebt dieser Verein durch sein äußerst thätiges Büreau seinem Ziele, der Hebung der deutschen Binnen- und Seefischerei, zu. Auf Betrieb des Fischereivereins geschah es vornehmlich, daß die Ostsee durch Fachmänner, namentlich Meyer und Möbius in Kiel, auf einem deutschen Kriegsschiff, der „Pomerania", hinsichtlich ihres Tierlebens untersucht wurde. Eine gleiche Forschungsfahrt wurde in der Nordsee ausgeführt. Damit nicht genug, hat der Verein nach allen Richtungen hin, namentlich in allen Teilen Deutschlands, Verbindungen angeknüpft und Korrespondenten ernannt, welche ihm fortlaufend berichten. Von Zeit zu Zeit veröffentlicht er durch sein Korrespondenzblatt Nachrichten und Mitteilungen. Energisch nahm sich der Verein besonders auch der Hebung der deutschen Hochseefischerei an. Er ernannte eine Untersuchungskommission, welche u. a. auf Grund eingehender, in Holland gemachter Untersuchungen eine Verbindung der Frischfischerei mit der Heringsfischerei nach dem Vorbilde der mit gutem finanziellen Erfolg operierenden holländischen Fischereigesellschaften erwirkte. Es gelang, in Emden eine „Emder Heringsfischerei-Aktiengesellschaft" ins Leben zu rufen, und diese begann ihren Betrieb im Juni 1872 mit sechs Loggschiffen. Leider haben sich trotz der staatlichen Subvention, welche die Gesellschaft genießt, die auf sie gesetzten Erwartungen nicht erfüllt, indem bis jetzt der Ertrag der Hochseefischerei auf Heringe kaum die Kosten deckt und auch die

Versuche, im Winter mit Grundnetzen auf Kabeljau, Schellfisch und Plattfisch zu fischen, nur wenig Erfolg hatten. Die Ursache liegt ohne Zweifel darin, daß die Emdener Fischerei mit zu geringem Kapital, nicht großartig und ausgedehnt genug, betrieben wird. Wichtiger ist die Hochseefischerei, welche von der Elbe aus, nämlich den Orten Blankenese und Finkenwärder, mit sogenannten Ewern (im ganzen 250 Stück) hauptsächlich auf Grundfische mit der Kurre betrieben wird und für jedes Fahrzeug im Durchschnitt jährlich einen Ertrag von 3500—5000 Mark abwirft.

Man unterscheidet bei der Seefischerei den großen und kleinen Fischfang. Ersterer umfaßt den Walfischfang, den Robbenschlag nebst der Walroßjagd und den Stockfischfang, letzterer den Herings-, Sprotten-, Sardellen-, Makrelenfang u. a. Bei den Holländern hieß allerdings von jeher die Heringsfischerei die große Fischerei, und zwar wegen ihres die andern Fischereien und selbst die Walerei bedeutend übertreffenden Umfangs und Ertrags. Wir beginnen unsre Darstellung der wichtigsten Arten des Fischfangs mit dem Fische der Armen, dem Hering.

Heringsfischerei. Bis vor noch nicht langer Zeit war man in dem Wahne befangen, daß alle Seefische ein Wanderleben führten; wenn der Fang ungünstig ausfiel, dann sagte man, der Fisch sei ausgeblieben und nach andern Gegenden gezogen. Aber dieser vermeintliche Wandertrieb ist nicht vorhanden, sondern jede Art hat ihren heimatlichen Platz. Dasselbe gilt von dem Hering (Clupea harengus), der lange Zeit für einen Wanderfisch galt, von dem man sehr poetisch darzustellen wußte, wie er in ungeheuren Scharen aus dem nördlichen Eismeer komme, um an den Küsten Europas zu laichen. Allein in Schottland, dem Hauptheringslande, angestellte Untersuchungen, welche durch deutsche und norwegische Forscher bestätigt wurden, haben die Grundlosigkeit dieser Behauptung dargethan; man weiß jetzt, daß der Hering ein beständiger Bewohner seiner Heimat ist. In Schottland fischt man jetzt meist mit baumwollenen Treibnetzen von etwa 60 m Länge und 10 m Tiefe, von denen jedes Boot je nach seiner Größe 80—130 Stück mitführt. Von Juli bis September, in der Hauptheringssaison, gehen die Fischer gegen Sonnenuntergang in ihren Booten auf die Fischereigründe, knüpfen ihre Netze aneinander, lassen sie als eine senkrecht im Wasser stehende, oben durch Schwimmer gehaltene Wand über Bord und treiben nun mit Ebbe und Flut ruhig dahin, falls nicht Sturm und hohe See eintreten. Der Fang gelingt, wenn ein Heringszug dem Netz begegnet und in den Maschen desselben hängen bleibt. Gegen Sonnenaufgang werden die Netze langsam aufgezogen und mit den Fischen ins Boot geworfen. Dann segelt man rasch der Küste zu, wo die Arbeit des Ausweidens durch Frauen mit großer Emsigkeit verrichtet wird. Peterhead z. B., ein berühmter Heringshafen, zählt zur Zeit der Heringsfischerei bis 3000 Einwohner mehr als gewöhnlich, welche vom Lande hierher ziehen, um die durch Zurichtung und Versendung der Fische bedingten Beschäftigungen mit ausführen zu helfen. Galle und Eingeweide werden, nachdem mit einem kurzen Messer ein Schnitt in den Hals des Fisches gemacht worden ist, herausgerissen. Die Arbeit ist natürlich keine saubere und die Frauen und Mädchen stehen binnen wenigen Minuten über und über mit Blut und Fischresten bespritzt. Hierauf werden die Fische zu 700—800 Stück in Fäßchen wohl übereinander gepackt und, mit Salz bedeckt, sogleich an die wartenden Händler verkauft. Ein Beamter der Fischereibehörde führt die Oberaufsicht und seine den Heringstonnen aufgebrannte Marke bezeugt, daß alles ordnungsmäßig zugegangen. Der Hauptheringshafen ist Wick in Nordschottland, wo mehr als 8000 Menschen einzig und allein vom Heringsfange leben. Während der Monate Juli und August herrscht dort ein ungemein reges Leben, alles duftet nach Hering, er liegt buchstäblich als

Fig. 387. Der Hering (Clupea harengus).

Hundefutter auf den Straßen umher; unablässig laufen Boote ein und aus, an manchen Tagen über 1000 Stück, die dann das Meer wie mit Ameisen bedeckt erscheinen lassen. In Südschottland ist Dunbar der größte Heringshafen, in England Yarmouth, von wo aus der Fang hauptsächlich im Herbst und Frühjahr betrieben wird. Man glaube jedoch nicht, daß aller Hering eingesalzen oder geräuchert wird. Von den Endpunkten der Eisenbahn an der Küste werden die durch Dampfer von den Fangplätzen herbeigeschafften frischen Heringe in ungeheurer Menge weit und breit versandt. Der Verbrauch allein in London ist kolossal, denn er beträgt etwa 400000 Fässer zu 700 Stück; also über 250 Millionen jährlich an frischen Heringen in der einen Stadt! Die Zahl der schottischen Heringsboote kann man zu reichlich 7000 annehmen, deren sämtliche Treibnetze aneinander geknüpft eine Länge von 12000 englischen Meilen haben würden; jährlich werden über eine Milliarde Heringe damit gefangen. Den Wert dieses Fanges berechnete man 1881 auf nicht weniger als 44 Millionen Mark. Direkt und indirekt waren bei der Fischerei gegen 100000 Personen beschäftigt.

Fig. 388. Heringsfang in der Nordsee.

Die Hauptverschiffungshäfen von Heringen sind in Schottland: Wick, Peterhead, Fraserburgh, Dunbar. Die größten Quantitäten werden nach Königsberg, Stettin, Hamburg, Harburg und Helsingör verschifft. Die Gesamtausfuhr Schottlands betrug im Jahre 1875: 661000 Barrels (ein Barrel mit 7—800 Heringen) gesalzene Heringe, von denen nach Deutschland allein 400000 Barrels gingen. In diesem Jahre zeigten sich die Heringe an der schottischen Küste in so zahllosen Scharen, daß der Transport gar nicht bewältigt werden konnte. Überhaupt war dieses Jahr ein besonders günstiges.

In Norwegen wird der Heringsfang, obwohl er nicht so bedeutend ist wie in Schottland, noch weit rationeller als dort betrieben. An der Südwestküste, namentlich bei Stavanger, beginnt der Fang Ende Januar. Heincke sagt hierüber: „In dem bewunderungswürdigen Telegraphennetz der Küste, welches die kleinsten Schereneilande miteinander verbindet, beginnt der elektrische Strom sich zu regen. Die Späher, ihr Antlitz dem Meere zugewendet, haben die eigentümliche Veränderung seiner Oberfläche bemerkt. Überallhin verbreitet sich schneller als der Gedanke ihr Ruf: Sie kommen! Sie sind da, die unermeßlichen Scharen des schönen glänzenden Vaarsild, des Frühjahrsherings. Ein wunderbares

Schauspiel bietet sich bei ruhigem Wetter dem Beschauer. So weit das Auge reicht, dehnt sich an der Oberfläche des Meeres eine glitzernde Heringsmasse, oft in so ungestümem Drängen begriffen, daß die obersten Fische von den unteren aus dem Wasser gedrängt werden und ein merkliches Anschwellen der Scharen in der Mitte beobachtet wird. Einen „Fischberg" nennt es der Norweger. Zahllose Feinde, die eleganten, lustig springenden Delphine, Herings- und Dornhaie, vor allem aber Kabeljaue folgen den Milliarden Heringen. Tausende von Möwen schweben gierig über ihnen und alle vereint vernichten eine ungeheure Zahl der wehrlosen Geschöpfe. Was den Menschen schließlich anheimfällt, ist sicher nicht mehr als 1 oder 2 Prozent der Gesamtmasse, die ungerechnet, welche ihr Ziel erreichen und im Innern der Fjorde ihren Laich absetzen, um dann ebenso schnell zu verschwinden wie sie gekommen. Aber dieser geringe Prozentsatz genügt, um Tausenden von Menschen ihren Lebensunterhalt zu spenden." Noch bedeutender als der Fang des ebengenannten Frühjahrsherings ist gegenwärtig in Norwegen der Fang des sogenannten Sommer- oder Fettherings, eines Fisches, der wenig Rogen und Milch, aber sehr viel Fett hat.

Fig. 389. Verschiffen der Heringe im Hafen von Wick.

Derselbe findet in den Sommer- und Herbstmonaten statt und wird außer mit Treibnetzen auch noch so betrieben, daß man mit großen Sperrnetzen ganze Buchten gegen das Meer hin abschließt, wo dann die eingepferchten Scharen mit großen Hamen ausgeschöpft und dabei oft in ganz enormer Menge gefangen werden. Im Sommer erbeutet man auch die feinste aller Heringssorten, den sogenannten Matjes oder Jungfernhering, eine kleine Sorte, welche noch niemals gelaicht hat. Hoch oben im Norden, bei Finnmark und Norrland, fängt man endlich im Winter noch eine vierte, sehr große Sorte, den sogenannten Groß- oder Nordhering (storsild). Den Wert des gesamten Heringsfangs in Norwegen kann man auf jährlich 6 Millionen Mark veranschlagen, die Ausfuhr an gesalzenen oder sonstwie konservierten Heringen auf einen Wert von etwa 15 Millionen Mark. Der Hauptpandelshafen ist Bergen, welcher allein fast die Hälfte des ganzen Exports besorgt.

In Schweden war gegen Ende des vorigen und zu Anfang dieses Jahrhunderts ein sehr bedeutender Heringsfang im Kattegatt. Im Jahre 1808 hörte jedoch der Zuzug der

Heringsschwärme plötzlich fast ganz auf und erst im Jahre 1877 wurde wieder eine nennenswerte Menge gefangen, da aber gleich so viel, daß die Masse kaum zu bewältigen war. Dieses eigentümliche Verschwinden der Heringe von den Küsten und darauf folgendes plötzliches Wiederkehren hat man nach Ljungmans Untersuchungen an fast allen Küstenpunkten Skandinaviens zuzeiten beobachtet; im Kattegatt selbst regelmäßig seit dem Jahre 900 n. Chr. in etwa 60jährigen Perioden, wie sich aus den schwedischen Reichsarchiven, in denen über die Fänge der einzelnen Jahre stets ein kurzer Bericht sich findet, deutlich hervorgeht. Die Ursache dieser „Fischperioden“, wie der Norweger die sonderbare Erscheinung nennt, hängt nach dem eben genannten Forscher wahrscheinlich mit der Zahl der Sonnenflecken und den durch sie bedingten Temperaturschwankungen der Erdoberfläche zusammen, welche sich auch im Meere äußern müssen. — In der Ostsee wird an Schwedens Küsten eine kleinere Rasse des Herings, der sogenannte Strömming oder Strömling, gefangen, welcher eine Hauptnahrung des armen Mannes bildet. Über 4000 Fahrzeuge sind jährlich bei dem Fange des Strömlings beschäftigt, der Ertrag an gesalzenen Fischen beträgt etwa 150000 Tonnen, wovon etwa 30000 Tonnen nach Deutschland gehen; anderseits werden aber noch bedeutende Heringsmengen von Norwegen eingeführt. Auch Finnländer, Russen und Deutsche betreiben von ihren Küsten aus im östlichen Teile der Ostsee den Strömlingsfang und große Mengen dieses Fisches werden zu sogenannten „russischen Sardinen“ verarbeitet. Der im Weißen Meere vorkommende Hering gleicht dem Strömling und wird in großer Menge von November bis Februar unter dem Eise gefangen, teils mit Stellnetzen, teils mit Zugnetzen, eine schwierige Arbeit, weil die Einbringung der Netze und ihre Fortbewegung durch ins Eis gehauene Löcher bewerkstelligt werden muß.

Fig. 390. Heringsfang im Weißen Meere.

Der deutsche Heringsfang ist von Bedeutung nur im westlichen Teile der Ostsee an der holsteinischen Küste; hier, in Eckernförde, Ellerbeck bei Kiel und Travemünde fischt man mit riesigen Zugnetzen, sogenannten Heringswaden, mit denen jährlich etwa $1^1/_2$ bis $2^1/_2$ Millionen Heringe gefangen werden. Der größte Teil kommt unter dem Namen „Bücking“ geräuchert in den Handel oder wird zu sogenannten deutschen Sardinen verarbeitet oder frisch konsumiert. Ähnlich wird der Fang in Dänemark betrieben; im Großen Belt im Spätsommer und Herbst mit Treibnetzen, welche ziemlich großen Ertrag liefern

„Holländische Heringe“ hatten in alten Zeiten in Holland eine viel größere Verbreitung als jetzt. Schon damals bildete aber, wie auch noch jetzt, die Heringsfischerei den eigentlichen Kern derselben. Um die Mitte des 17. Jahrhunderts pflegten jährlich 1—2000 holländische Heringsschiffe von Texel aus in See zu laufen, und man schätzte den jährlichen Gewinn für das Nationalvermögen auf 30 Tonnen Goldes oder 15 Millionen Gulden.

Die häufigen Seekriege der Niederlande und die Beschränkungen, welche England und Frankreich der holländischen Fischerei zum Schutze ihrer eignen Konkurrenz auferlegten, riefen jedoch einen allmählichen Verfall hervor. Auch die kräftige Staatsunterstützung, deren sich dieser Industriezweig in Holland zu erfreuen hatte, konnte nicht verhindern, daß die Zahl der Fischerschiffe im Laufe der Zeit ganz bedeutend herabsank.

Im Jahre 1814 sandte Holland nur noch 98 größere Heringsschiffe aus und im Jahre 1855 sogar nur 79 Schiffe. Seitdem hat sich die Zahl wieder etwas gehoben, so daß im Jahre 1870 = 120, und 1871 = 123 größere Schiffe ausliefen, ohne die zahlreichen kleineren Fahrzeuge, sogenannte Bomschuiten oder Pinken, von denen allein Scheveningen im Jahre 1870 = 143 Stück auf die Küsten-Heringsfischerei aussandte.

Der Geldertrag der sogenannten großen Heringsfischerei Hollands war im Jahre 1878 etwa $1^1/_2$ Millionen holländische Gulden; ebensoviel brachte die Küstenfischerei ein.

Auch in Holland gibt es, wie in England und Schottland, Ortschaften, deren einzige Erwerbsbasis die Fischerei bildet, wie u. a. Vlaardingen mit 8—9000 Einwohnern und Maassluis mit über 4000 Einwohnern. Auf die speziellen Bedürfnisse der Fischerei ist in ihnen alles eingerichtet, alles hängt aufs engste mit ihr zusammen. Das ganze wirtschaftliche und gesellige Leben jener Plätze trägt einen gewissen Stempel. Bildliche Darstellungen der Fischerei machen sogar den Schmuck der Gotteshäuser aus.

Der gemeine Hering kommt endlich noch bei Island, an der Ostküste von Nordamerika und bei Japan vor und wird auch hier in ziemlicher Menge gefangen; obwohl er an Bedeutung hinter andern Fischarten zurücktritt.

Andre heringsartige Fische. Maifisch. Sprott. Pilchard oder Sardine. Anschovis oder Sardelle. Die Familie der Heringe ist so reich an nutzbaren Seefischen, daß neben dem echten Hering noch eine ganze Anzahl andrer Arten existiert, deren Fang in diesem oder jenem Lande von ganz hervorragender Bedeutung ist. Der Maifisch, auch Alse oder Finte genannt (Clupea alosa), größer als der Hering, kommt vom Norden Europas bis ins Mittelmeer vor, findet aber hier seines geringwertigen Fleisches wegen nicht solche große Beachtung wie in den Vereinigten Staaten Nordamerikas, wo er sich an der Ostküste in einer feineren, wohlschmeckenderen Abart, „shad" genannt, vorfindet und den Gegenstand eines bedeutenden Fanges und ein echtes Volksnahrungsmittel bildet. Der amerikanische Maifisch oder Shad liefert uns zugleich den bis jetzt einzig dastehenden Fall, daß ein heringsartiger Fisch künstlich gezüchtet wird. Er laicht in Flußmündungen und legt schwimmende Eier, und hierauf gründen sich die Zuchtversuche. Als bei der steigenden Nachfrage und infolge der Anlage zahlreicher die Flüsse absperrender Wehre der Maifisch vor etwa 20 Jahren immer seltener wurde, kam der Fischzüchter Seth Green im Jahre 1867 auf den Gedanken, die Eier des Shad künstlich zu befruchten und in schwimmenden Brutkästen in den Flußmündungen auszubrüten. Nachdem auf diese, sofort von Erfolg gekrönte Art seit 1871 allein im Connecticutflusse jährlich 69—90 Millionen Eier ausgebrütet waren, hat sich der Maifisch wieder in ungeheurer Menge eingestellt. Auch gelang es, denselben durch Aussetzen von Brut im Mississippi, in Kalifornien und in den großen Seen einzubürgern, und man beabsichtigt, dasselbe auch in europäischen Gewässern zu thun.

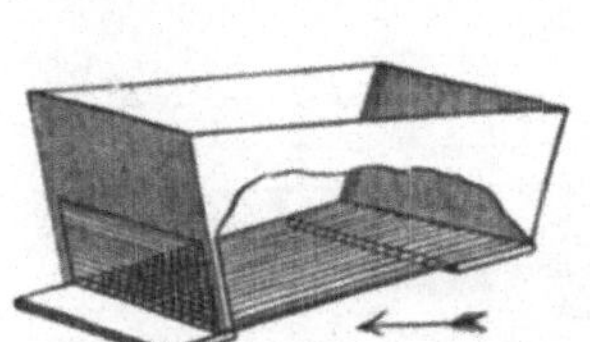
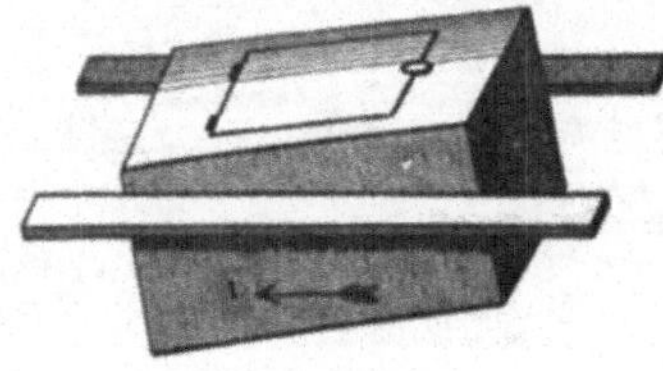

Fig. 391 und 392. Schwimmender Brutkasten.

Dem echten Hering sehr nahe verwandt, aber kleiner und wohlschmeckender, ist der Breitling oder Sprott (Clupea sprattus), der in der Nord- und Ostsee, namentlich an der englischen Küste, im Skagerrak und im westlichen Teile der Ostsee an der holsteinischen Küste, in großer Menge teils mit Treibnetzen, teils mit Zugnetzen gefangen wird. Er findet eine sehr ausgedehnte Verwendung zur Herstellung der allbekannten „Anschovis" (die besten kommen aus Christiania), ferner in geräuchertem Zustande als „Kieler Sprott", welche äußerst feinschmeckende Ware gegenwärtig in allen größeren Städten des Kontinents auf den Frühstückstisch gelangt. In den südlicheren Küstenmeeren von Europa, wo Hering und Sprott nicht mehr vorkommen, werden sie ebenbürtig durch zwei andre Arten vertreten, nämlich den Pilchard oder die Sardine (Clupea pilchardus) und den echten Anschovis oder die Sardelle (Engraulis encrasicholus). Die Hauptfangplätze für ersteren, welcher die größere Art ist, liegen im englischen Kanal und an den nordfranzösischen Küsten. An der cornischen Küste fischt man namentlich von St. Ives aus von Juli bis Dezember mit Treib- und Zugnetzen, salzt die Fische ein und führt sie meistens nach italienischen Häfen aus; im Jahre 1871 beispielsweise fast 46000 Tonnen, jede zu 2500 Fischen. Noch weit großartiger ist der Sardinenfang an der Küste der Bretagne, wo nach Lindeman sogar noch im Sommer 1879 so zahlreiche Fische gefangen wurden, daß zuweilen bedeutende Mengen wieder fortgeworfen werden mußten, weil sie nicht rechtzeitig auf den Markt gebracht werden konnten. Der Wert der Erträge dieser Fischerei ist um so bedeutender, als die Sardine in konserviertem Zustande von allen heringsartigen Fischen als der feinste und wohlschmeckendste geschätzt wird. Schwach gesalzen und dann in Öl gesotten und in Blechdosen verschlossen geht dieser Fisch unter dem Namen „sardines à l'huile“ als wertvolles Ausfuhrobjekt in alle Länder.

Spanien und namentlich Italien, aber auch Holland sind die Hauptländer für den Fang des echten Anschovis oder der Sardelle. Diesen kleinen, durch die spitz vorspringende Schnauze von allen andern Arten seiner Familie unterschiedenen Fisch fängt man in Südeuropa fast das ganze Jahr hindurch in der sogenannten Menaida, einer großen viereckigen Netzwand, welche durch Schwimmer und Bojen in verschiedener Tiefe senkrecht im Wasser schwebend erhalten wird. Die in ungeheurer Menge erbeuteten Fische werden am Strande von den harrenden Weibern und Kindern in Empfang genommen und mittels des Daumens auf eine äußerst geschickte und schnelle Manier gleichzeitig des bitter schmeckenden Kopfes und der Eingeweide beraubt und dann in verschiedener Weise zubereitet. Die feinsten Sorten kommen gesalzen unter dem Namen „Sardellen“ als allgemein bekannte Ware in den Handel. Bei der Sardinen- und Sardellenfischerei werden sowohl in Frankreich wie in Italien die Netze vielfach mit einer Art Köder zum Anlocken der Fische bestrichen, die Franzosen benutzen dazu gesalzenen Kabeljaurogen, den sie in großer Menge aus Norwegen beziehen, die Italiener einen Brei aus zerstoßenen Taschenkrebsen.

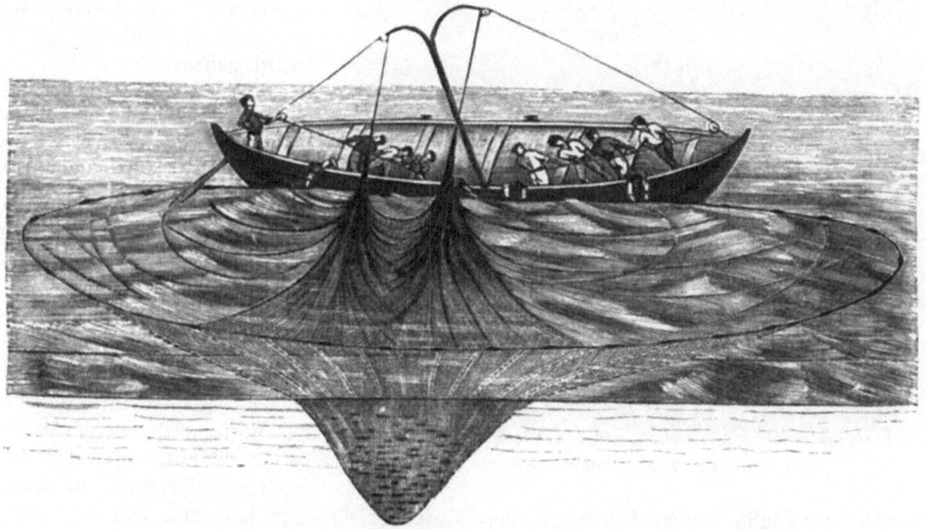

Fig. 393. Fischfang mit dem Beutelnetze. Zuschnüren und Aufziehen des Netzes.

Eine großartige Rolle in der Fischerei spielt seit einigen Jahren ein großer heringsartiger Fisch an der Ostküste von Nordamerika, der sogenannte Menhaden oder Bunker (Clupea menhaden), der den ganzen Sommer hindurch hauptsächlich zur Thran- und Guanofabrikation gefangen wird, und zwar mit dem erst neuerdings mehr in Aufnahme gekommenen Beutelnetze. Dasselbe, aus Baumwollgarn bestehend, besitzt an der oberen Einfassung Korke und an der unteren aneinander gereihte Senkstücke. Zwischen zwei Booten aufgehängt, erscheint es wie eine Riesenhängematte. Zum Gebrauch dieses Netzes werden ein Schoner, ein Netzboot und verschiedene kleine Dielenschiffe benutzt. Sobald man an der Menge der verfolgten kleineren Fische erkennt, daß Beute in Aussicht ist, wirft das Netzboot aus, indem es sich hierbei immer in voller Geschwindigkeit vorwärts bewegt. In der Nähe des Fischzugs angekommen, erhält ein Dielenschiff die obere Leine und die Grundleine mit der Schnürleine des einen Netzflügels, mit denen es am Orte verweilt, während das Netzboot mit den gleichen Teilen des andern Flügels in einem Kreise von etwa 130 m Durchmesser (stets Steuerbordruder gebend) sich dem ausgesetzten Schiffe wieder zu nähern sucht. Sobald der in möglichst kurzer Zeit (fünf Minuten) zurückzulegende Kreisweg geschlossen und die untere beschwerte Einfassung ein vertikales Aufstellen des Netzes bewirkt hat, übergibt das Dielenschiff seine Leinen dem Netzboot, und nun beginnt die Zuschnürung, indem das ganze Netz durch die Schnürleine am unteren Rande beutelartig zusammengezogen wird, wie Fig. 393 zeigt. Die ganze Fangmanipulation darf nicht mehr als 20 Minuten in Anspruch nehmen, wenn sie nicht das Entweichen der Fische zur Folge haben soll. Im Jahre 1878 wurden von dem Menhaden auf diese Weise allein 118 309 200 Stück gefangen, woraus unter anderm 234 168 Galeonen Thran gewonnen wurden; 1876 bezifferte sich der Ertragswert der Menhadenfischerei auf 1 657 790 Dollars.

Kabeljaufang. Der Fang der sogenannten Stock- oder Schellfische (Familie Gadidae, Hauptgattung Gadus), zu denen als wichtigste Art der Kabeljau oder Dorsch (G. morrhua), der Schellfisch, der Köhler oder Sei und der Leng gehören und die in den verschiedenen Arten der Zubereitung als Stockfisch, Klippfisch, Laberdan u. a. bekannt sind, übertrifft an nationalökonomischer Wichtigkeit den Fang jeder andern Fischart, auch den des Herings. Freilich ist auch dieser Fang in den letzten Dezennien zurückgegangen, verspricht jedoch nach Einführung verbesserter Methoden und nach Auffindung neuer Fischgründe zu noch größerer Bedeutung als früher anzuwachsen. Gering geschätzt verdanken 200 000 Menschen jährlich ihren Unterhalt dieser Fischerei, ungerechnet jene, welche aus dem damit verbundenen Handel Vorteil ziehen.

Fig. 394. Der Kabeljau (Gadus morrhua).

Der wichtigste Fundort des Kabeljaus ist die große Bank bei Neufundland, an die sich zugleich ein politisches Interesse knüpft. Unter der Regierung König Heinrichs VIII. (Anfang des 16. Jahrhunderts) ward der Stockfisch von Neufundland zuerst ein Handelsgegenstand, und von dieser Zeit an besuchten auch neben den Engländern die Spanier, Franzosen, Italiener und Portugiesen die höchst ergiebigen Bänke. Zwischen den einzelnen Nationen entstanden Fehden und häufig wurde das Meer vom Blute der Menschen statt von dem der Fische gerötet. Schon im Jahre 1615 waren bereits 250 englische Schiffe an den Küsten der Insel beschäftigt, die als Hauptstation den Hafen St. John ansahen, wohin Fahrzeuge aus ihrem Vaterlande kamen, um sie im Austausche gegen die Produkte ihrer Fischerei mit allen Bedürfnissen zu versehen. Auch die Franzosen gründeten Kolonien an der Nord- und Südseite der Insel und erbauten die Stadt Placentia. Außer Engländern und Franzosen haben jetzt nur noch die Amerikaner das Recht, auf den Bänken von Neufundland zu fischen; denn als England die Unabhängigkeit der Union anerkennen mußte, sicherte sich letztere im Frieden ausdrücklich den Mitgenuß der neufundländischen Fischereien. Welche Wichtigkeit müssen diese aber in der That haben, wenn sie fortwährend zwischen den mächtigsten Staaten ein Zankapfel und ein Gegenstand besonderer Traktate waren!

Die „große Bank" im Osten Neufundlands, welche durch ihren Fischreichtum alle übrigen Fischerstationen verdunkelt, dehnt sich in einer Länge von ungefähr 600 und einer Breite von 200 englischen Meilen aus. Im Winter zieht der Kabeljau sich in tieferes Wasser zurück, im Frühjahr erscheint er dagegen wieder und dann beginnen auch die Flotten mit seinen Verfolgern sich einzustellen. Nach Hind betrieben hier allein von den britischen Kolonien aus im Jahre 1874 mehr als 18 600 Fahrzeuge mit je 7—8 Mann Besatzung den Fang, während von Frankreich aus jährlich etwa 180 Fahrzeuge mit 7700 Mann kommen und ziemlich die gleiche Zahl von den Vereinigten Staaten. Nicht alle Jahre ist die Ernte eine gleich günstige. Während die Franzosen im Jahre 1875 im ganzen 40 Millionen kg Fisch im Werte von 16—18 Millionen Frank erbeuteten — für acht Schiffe betrug schon die Ladung im ganzen 362000 Stockfische — war das Vorjahr nur ein leidliches Mitteljahr und der Fang von 1876 an derselben Neufundlandsbank ein ganz geringer.

An den isländischen und norwegischen Küsten dauert der Hauptfang vom Februar bis Ende März, bei Neufundland von Anfang Juni bis Mitte September. Die Grundschnur der Angeln besteht aus einem Seil von etwa 200 Klaftern Länge, woran über 2000 Angelhaken an kurzen Fäden hängen, die mit kleinen Fischen, Stücken Fischfleisch, Krebsen, Tintenfischen, Sandwürmern und dergleichen beködert werden, namentlich aber mit dem Kapelin oder Lodde, einer nordischen Stintart, von dessen ergiebigem Fange die Kabeljauernte ganz wesentlich abhängt. Das Grundseil wird durch Gewichte in die Tiefe versenkt; einige an langen Leinen daran befestigte Tonnen zeigen den Ort an, wo das Seil liegt.

Fig. 395. Kabeljautrocknen auf Neufundland.

Von Zeit zu Zeit wird dasselbe in die Höhe gewunden und die Beute abgenommen. Man hängt auch das Grundseil oder einzelne Angelschnüre an Kähne; die Kabeljaue beißen an, während man herumrudert. Sind die auf den Fang ausgehenden Schiffe an einer ergiebigen Stelle angekommen, so werden sie vor Anker gelegt, die Fischer hängen ihre Angeln vor sich ins Meer, ziehen jeden gefangenen Fisch schnell herauf, stemmen ihm ein Hölzchen ins Maul, werfen ihn hinter sich und hängen frisch beköderte Angeln in die Tiefe. Bei Gewandtheit und Ausdauer kann jeder Fischer täglich 150—200 Stück fangen, die, nachdem Kopf, Leber, Eingeweide und Rückgrat entfernt sind, gewöhnlich nur eingesalzen werden und dann als Laberdan in den Handel kommen. Oder man trocknet sie auf hohen Balkenstellagen zu Stockfisch. An der Küste von Neufundland befinden sich allein 8900 Plätze für die Bereitung und Ausfuhr der Fische.

Bei Island fischen außer den Isländern selbst, für welche der Kabeljau ein tägliches unentbehrliches Nahrungsmittel ist, auch die Franzosen mit jährlich 250 Fahrzeugen und 4300 Mann, welche einen Ertrag im Werte von etwa 7 Millionen Frank heimbringen.

In Norwegen unterscheidet man die beiden wichtigsten dort vorkommenden Kabeljauarten, den wertvollen großen Bankdorsch und den geringwertigeren Köhler, als Skrei und Sei. Die große Skreifischerei, westlich von den Lofoten, beginnt im Januar und währt bis April. Sie beschäftigt mehr als 70000 Menschen, welche von allen Teilen der norwegischen Küste auf circa 16000 Booten, den sogenannten Nordlandsbooten (Fig. 396), herbeieilen und den Fang großenteils mit Angeln betreiben, welche mit Heringen, Lodden oder Dorschstücken geködert werden. Oft stehen hier die Fische in solchen dichten Massen zusammen, daß die Angeln nicht sinken wollen, sondern auf den Rücken der Fische liegen bleiben. Am Strande der sonst öden, nackten Felseneilande entwickelt sich ein wunderbares Leben, Männer und Weiber harren auf die ankommenden Fische, um sie der Köpfe und Eingeweide zu berauben, man watet buchstäblich in den blutigen Abfällen. Hier werden die Fische gesalzen, gepreßt und dann getrocknet, um zu Klippfisch zu werden; hier trocknet man sie ungesalzen auf Balkengestellen oder auf den Felsen, wodurch der sogenannte Stockfisch entsteht, dort wirft man die frisch herausgeschnittene Leber in unten durchlöcherte Fässer, um den allmählich heraussickernden Leberthran aufzufangen. Der ganze Fang wird von der Regierung beaufsichtigt, ebenso das Trocknen der Fische, welches etwa von April bis Juni dauert, in welcher Zeit die Fischer in ihrer Heimat thätig sind, um dann zurückzukehren und den Fang abzuholen. Die Seifischerei wird im Sommer an der ganzen Küste bis jenseit des Nordkaps betrieben und ist ebenfalls sehr einträglich, liefert aber nur geringere Sorten von Stockfisch. In den Jahren 1876 bis 1878 wurden jährlich in Norwegen durchschnittlich 49 Millionen Stück Bankdorsche gefangen. Die jährliche Gesamtausfuhr an Kabeljau und Produkten desselben hatte in den Jahren 1869—78 im Durchschnitt einen Wert von 28 Millionen Mark. Der Stockfisch wird hauptsächlich nach Schweden, den Niederlanden und Deutschland exportiert, der Klippfisch nach Spanien, Westindien und Brasilien, wo er die Hauptfastenspeise des ärmeren Volkes bildet. An Leberthran, dessen bekannte Heilwirkung auf seinem Gehalt an Jod beruht, wurden in den Jahren 1876—78 im Durchschnitt jährlich 146000 hl gewonnen, an gesalzenem Dorschrogen 52000 hl, an Fischköpfen zur Guanofabrikation mehr als 21 Millionen Stück.

Fig. 396. Nordlandsboot zum Kabeljaufang.

In der Nordsee betreiben die Engländer, Holländer und Belgier eine nicht unbedeutende Angelfischerei auf der Doggerbank (Dogge im Altholländischen gleich Kabeljau); die Angeln werden namentlich mit Neunaugen geködert; die Engländer verwenden sogenannte whelks, d. i. das Tier der Wellhornschnecke (Buccinum undatum). Viel wichtiger als dieser Dorschfang ist jedoch in der Nordsee der Fang des Schellfisches, der außer von den ebengenannten Nationen auch von Deutschen und zwar besonders von Norderney aus betrieben wird. Von letzterer Insel waren im Jahre 1879 60 Fahrzeuge, sogenannte Slupen, mit diesem Fange beschäftigt und erbeuteten 1331900 Stück Schellfische. Erwähnenswert ist noch, daß als besondere Delikatessen gesalzene Kabeljauzungen mit den anhängenden Teilen des Unterkiefers in kleinen Fässern in den Handel kommen, ferner die eingesalzenen Schwimmblasen, welche in Norwegen unter dem Namen „Sunde Maven", d. h. gesunde Magen, hochgeschätzt sind.

In neuester Zeit hat man außer den amerikanischen und norwegischen Kabeljau-Fangplätzen noch andre Plätze aufgefunden und auszubeuten begonnen. So seit dem Jahre 1860 die ungemein ergiebige „Fischmine“ bei **Rockall**, einem nur 6 m über den Meeresspiegel emporragenden kahlen Felsen zwischen Island und den Hebriden, um den sich eine große Sandbank zieht. Hier fand man die Stockfische in ungeheurer Masse und von solcher Größe, wie sie bisher nirgends gefunden wurden. Einzelne Exemplare waren bis zu einem Zentner schwer, und die bisher ungestörten Tiere bissen so eifrig an, daß jeder Haken einen Fang that. Das Meer um jenen einsamen Felsen ist Millionen wert, es ist ein Kalifornien in der See, das alljährlich Tausende, meist englische Fahrzeuge anzieht, die reiche Ernten halten. Auch im Norden von Finnmark und bei Spitzbergen wurden mehrere Fischgründe aufgefunden, ebenso hat neuerdings ein Amerikaner (Kapitän Turner) bei den Alëuten an der nordöstlichen Küste Asiens sehr bedeutende Stockfischgründe entdeckt, und südlich von der Halbinsel Alaska bei den Schumagininseln wurden Kabeljaubänke gefunden, von denen man glaubt, daß sie den Neufundländern ebenbürtig sein werden. Es ist also vorläufig noch kein Grund zur Besorgnis vorhanden, daß an dem überaus wertvollen Fische ein Mangel eintreten werde.

Fig. 397. Der Hafen von Bardö während des Seifanges.

Frischfischfang. Mit diesem Namen bezeichnet man den Fang solcher Fische, welche nicht wie der Kabeljau und die heringsartigen Fische vorwiegend zu Konserven verarbeitet, sondern frisch genossen werden. Da sich nach Einführung besserer Versandmethoden der Bedarf an frischen Fischen im Binnenlande sehr gesteigert hat, so wird auch der Frischfischfang von Jahr zu Jahr umfangreicher und tritt in seiner nationalökonomischen Bedeutung namentlich in England dem übrigen Fischfang ebenbürtig an die Seite. Das größte Kontingent zum Frischfischfange stellen die **Plattfische** oder Seitenschwimmer, jene merkwürdigen Fische, welche beide Augen des hohen, stark abgeplatteten Leibes auf einer Seite, zugleich der gefärbten, tragen, während die andre, gewöhnlich dem Boden aufliegende, augenlos und ungefärbt ist. Hierhin gehören die **Scholle**, die **Flunder**, der **Glattbutt**, der **Steinbutt**, die **Seezunge** u. a.; die beiden letzteren sind, was den Geschmack des frisch genossenen Fleisches betrifft, ohne Zweifel die feinsten aller europäischen Seefische. Da die Plattfische ausnahmslos grundbewohnende Tiere sind, welche sich meist von Würmern und Muscheln ernähren und sich mit Vorliebe in den Schlamm oder Sand des Meeresbodens einwühlen, so sind zu ihrem Fange die sonst gebräuchlichen Treib- und Zugnetze nicht verwendbar; auch beißen nur wenige, z. B. der Steinbutt (englisch turbot), an die Angel. Man erbeutet sie daher mit sogenannten Schleppnetzen, d. h. sackförmigen Netzen, deren untere, vordere Kante derart beschwert ist, daß sie in den weichen Meeresgrund eingreift, während gleichzeitig die Netzöffnung durch geeignete Vorrichtungen stets aufgesperrt gehalten wird. Das größte aller derartigen Netze, welches von den Engländern in der Nordsee angewandt wird und dessen kolossale Fänge vorzugsweise dem Londoner Markt seinen großen Bedarf an frischen Fischen liefern, ist das sogenannte Baumschleppnetz (englisch trawl oder beam-trawl). Es stellt einen hinten verschmälerten und mit Einkehlungen versehenen, trichterförmigen, 15—30 m langen und vorn 8—16 m weiten Sack vor, dessen vordere Öffnung durch einen auf eisernen Bügeln, von etwa 1 m Höhe, den Klauen oder trawl heads, ruhenden Baum ausgespannt erhalten wird, während der vordere Rand des unteren, sehr viel kürzeren Netzteiles von einem, beim Gebrauch einen Halbkreis bildenden schweren Tau, dem Grundtau, befestigt ist, welches beiderseits an die Klauen geknüpft ist. An letzteren sind auch die Taue zum Schleppen des Netzes befestigt.

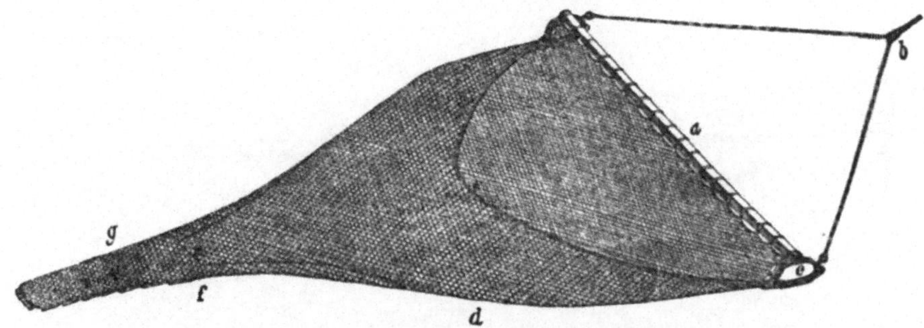

Fig. 398. Das Baumschleppnetz.
a Baum, b Schlepptrosse und Sprenkel, c Klauen, d Fußtau, f Klappe, g Steert.

Während vor 30 Jahren in England kaum 30 Fahrzeuge die Trawlnetzfischerei in der Nordsee betrieben, sind jetzt 3000 Segelfahrzeuge, sogenannte Smaks, und Dampfer damit beschäftigt, mit einer Bemannung von 15—20 000 Mann. Die Haupthäfen für dieselben sind Grimsby und Hull, die Hauptzeit der Winter. Große Dampfer bringen den Fang sogleich von der See ans Land, wo gegen 20 000 Menschen mit der Zubereitung, Verpackung und Versendung der Fische beschäftigt sind. Im Jahre 1882 wurden 70 Millionen Fische gefangen, hauptsächlich Steinbutt, Zungen und Schellfisch. Leider richtet das Trawlnetz an pflanzenbewachsenen Gründen dadurch großen Schaden an, daß der Grund zu sehr aufgewühlt und die Eier vieler Fische vernichtet werden. Auch fangen sich im Netze ungeheure Mengen halbwüchsiger, wertloser Fische, welche durch den starken Zug des Netzes todt gedrückt und dadurch vernichtet werden. Alljährlich werden so über 100 000 Zentner todter Fische als Dünger verwendet.

An den deutschen Küsten der Nordsee fischt man auch hier und da mit in den Grund eingreifenden Netzen, z. B. der sogenannten Kurre; verhältnismäßig bedeutend aber ist eine derartige Grundnetzfischerei nur in der Ostsee. Bei Eckernförde an der holsteinischen Küste verwendet man zum Fange der Plattfische, welcher hauptsächlich im Sommer stattfindet, große, schräg am Grunde mittels Steinen und Schwimmern festgestellte Netzwände, in deren Maschen sich die Fische verwickeln. Hier werden jährlich etwa 150 000 kg Plattfische erbeutet, meist Schollen oder Goldbutt. An den pommerschen und preußischen Küsten fängt man mit einem Grundnetz, der Zeese, vorwiegend die Flunder.

Die größeren Plattfische, den Steinbutt und den großen Heilbutt oder Hellefunder (Hippoglossus maximus), der oft über 100 kg schwer wird, fängt man auch mit Angeln, letzteren namentlich in den nördlicheren Meeren, bei Norwegen, Island und Grönland, wo ihm in neuerer Zeit die Amerikaner sehr eifrig mit solchem Erfolge nachstellen, daß dieser Fang allein im Jahre 1876 einen Ertrag von $1\frac{1}{2}$ Millionen Dollars lieferte.

Von sonstigen wertvollen Fischen erwähnen wir endlich noch die Makrele (Scomber scomber), welche teils mit Angeln, teils mit Netzen in der Nordsee, namentlich aber an den nordamerikanischen Küsten mit dem Beutelnetz in sehr großer Menge gefangen wird, ferner die Meeräsche im Mittelmeer, den Stöcker und den amerikanischen Blaufisch oder Springer.

Um uns schließlich noch ein lebendiges Bild von der Thätigkeit unsrer eignen Nation auf dem Gebiete der Fischerei zu verschaffen, wollen wir uns etwas genauer die

Deutsche Fischerei in der Nordsee ansehen. Folgen wir der Schilderung einer Fahrt zur Fischerei in der Nordsee, wie sie uns Professor Franz Buchenau in Bremen sachkundig und anschaulich gibt.

Er unternahm eine solche Fahrt mit einem der Kutter der Gesellschaft und erzählt nun: „Am 19. Juli 1868 morgens passierten wir die große, fast 200 Kutter starke englische Fischerflotte, welche uns dort, fast angesichts der deutschen Küste, die Fische wegfängt und sie durch vier kleine, sehr rasche Dampfschiffe auf den englischen Markt liefert.

Fig. 399. Die gemeine Scholle oder Goldbutt.

Einige Meilen im Nordwest von Helgoland vereinigten wir uns aber mit der etwa 12 Kutter starken „Bremer Fleet“. Bald unterschieden wir das Admiralschiff an seiner blauen Flagge, deren Streichung „Netz über Bord“ bedeutet, während sie aufgezogen wird, wenn die Netze aufgewunden werden sollen. Der Fischapparat selbst besteht aus einem etwa 40 m langen Beutelnetze aus starkem Hanf- und Manilagarn. Er verengert sich von einem sehr großen Eingange bis zu einem Loche von etwa $1^1/_4$ m Durchmesser; hat der Fisch dieses passiert, so kann er wieder nach vorn schwimmen, befindet sich dann aber in einer Sackgasse (der sogenannten Tasche) und vermag seinem Schicksal nicht mehr zu entgehen. Hinter dem Loche verengen sich die Wände der Taschen immer mehr, bis sie in eine Öffnung auslaufen, welche mit einer Leine zugeschnürt wird, und also die äußerste Spitze des Netzes bildet. Ist das gefüllte Netz auf Deck gezogen, so wird diese Leine aufgebunden und die Fische fallen wie die Kartoffeln aus einem geöffneten Sacke heraus. Der Eingang des Netzes — das Wichtigste bei der ganzen Konstruktion — hat eine rechteckige Gestalt, etwa wie ein sehr in die Länge gezogenes Briefkouvert, dessen horizontale Seiten 12 m lang sind, während die senkrechten nur 1 m messen. Die obere horizontale Seite wird von einem 12 m langen Balken, die beiden senkrechten Seiten von starken schmiedeeisernen Bügeln, sogenannten „Schuhen“, gebildet; beide Bügel haben den Zweck, den Balken in der Höhe von 1 m über dem Meeresboden zu erhalten; die vierte Seite des Netzeingangs wird von einem armdicken Taue, einer sogenannten Trosse, gebildet, welches über den Meeresgrund hinschleift und den Fisch aufjagt; sie darf aber nicht etwa nur 12 m lang sein, wie der Baum, sondern muß eine Länge von 22 m haben, damit sie nicht mit dem Baume zugleich ankommt, sondern in einem großen „Busen“ hinterher schleppt, und der

Fisch, wenn er durch sie aufgeschreckt wird, bereits das Netz über sich hat und also nicht entweichen kann. An diese vier Teile: Baum, beide Bügel und Trosse, wird nun der Rand des Netzes sorgfältig angeknüpft. Das Netz wird mit dem spitzen Ende voran in das Wasser geworfen und muß möglichst horizontal von dem Schiffe wegfluten, dann folgt der Baum mit den Bügeln. An diesen sind zwei starke Taue befestigt, welche sich weiterhin in ein noch stärkeres vereinigen, von dem 30, 40, ja selbst 50—60 Faden über Deck gelassen werden und an welchem das Netz von dem langsam voransegelnden Schiffe nachgeschleppt wird.

Gewöhnlich wird das Netz zweimal am Tage (den beiden Gezeiten entsprechend) ausgeworfen, bleibt sechs Stunden über Bord und muß dann beim Wechsel des Stromes aufgehißt werden. Es geht aus der Einrichtung des Fischereigerätes hervor, daß dasselbe nur auf kiesigem, sandigem oder schlammigem Grunde benutzt werden kann. Auf Felsengrund hakt die dicke Trosse öfters hinter einen Felsblock, reißt, wenn ihr nicht sogleich Tau nachgelassen wird, leicht durch und das ganze Netz kann durch eine einzige Felszacke zerrissen werden.

Fig. 400. Die gemeine Seezunge.

Geht alles gut, so segelt das Schiff mit geringer Geschwindigkeit (während 5—6 Stunden vielleicht 2—4 Seemeilen) vor dem Netze her; das Netz gleitet ruhig über den Grund, und das auf den Schiffsrand aufgelegte Ohr hört deutlich die kratzende Fortbewegung der beiden Bügel auf dem Meeresgrunde. — Ist nun die „Tide" vorüber und wird das Netz mit Anstrengung heraufgewunden, so tritt ein Augenblick großer Spannung ein; denn auch das Glück spielt selbst bei der sorgfältigsten Behandlung des Fischzuges und genauer Kenntnis des Fischgrundes seine Rolle. Ist der lange Balken mit den Bügeln auf Deck gewunden, so wird das Netz oft unter Aufbietung aller Kraft mit den Händen heraufgezogen. Bald sieht man die weißen Bäuche der zappelnden und um sich schlagenden Fische aus dem Wasser heraufglänzen, immer dichter und dichter drängen sie sich in der Spitze des Netzes zusammen, zuletzt einen geballten Klumpen bildend, in welchem gar bald durch das gewaltsame Zusammendrängen alles Leben erstickt und der Tod seine Beute hält. Solange die Fische noch im Wasser schwimmen, vermögen die Fischer sie mit den Händen heranzuziehen; treten sie aber über das Wasser empor, so ist bei einem einigermaßen ergiebigen Fischzuge ihr Gewicht so groß, daß ein Tau um die Spitze des Netzes geschlungen und dasselbe mit einem Flaschenzuge heraufgewunden werden muß. Nun werden die Fische auf Deck geschüttet, und es beginnt die Arbeit des Aussuchens. Plattfische aus der Familie der Seitenschwimmer oder Butte bilden bei weitem die Hauptmenge: der kräftige, höchst schmackhafte Steinbutt, der ihm wenig nachgebende Tarbutt, die wunderlich gestaltete Seezunge und die auf hellbraunem Grunde schön gelb gefleckte Scholle; dazwischen liegen in Menge die prachtvoll gefärbten und äußerst schmackhaften Knurrhähne, welche im Tode ihr großes Maul weit aufreißen und einen mit ihren Glotzaugen, die in einem gewaltigen, eckigen Kopfe sitzen, sonderbar anstarren, stachelige Rochen, zahlreiche Haie, die aber hier nicht als des Meeres Hyänen erscheinen, sondern sehr harmlos aussehen, einzelne Petermännchen, auch wohl Sandspierlinge, wie sie am sandigen Strande der Küste als Köder ausgegraben werden; im Herbst und Winter gesellen sich zahlreiche Vertreter der schmackhaften Sippschaft Schellfische dazu, der im Leben unruhige, aber sehr leicht verendende Schellfisch, welcher durch die Reibung im Netz gewöhnlich seine Schuppen verliert, der derbere Dorsch und der Kabeljau. Dazwischen liegen, als große, unförmliche Gallertklumpen, die im Wasser so anmutig fortschwimmenden Quallen; zahlreiche Bernhardskrebse, den Leib in Schneckenhäuser verbergend, laufen auf dem Deck umher, ein Loch suchend, in welchem sie sich verstecken können, und selbst jetzt in der Angst ihre zänkische Gemütsart nicht vergessend; einzeln finden sich Krabben und Meerspinnen, selten ein Hummer in seiner harten, stahlblauen Rüstung; ferner eine Menge von Seesternen, Schlangensternen, Blätterkorallen, Federbuschpolypen und jene sonderbaren Gebilde aus der Familie der Seeschwämme, welche sich die Zoologen und Botaniker längere Zeit hindurch gegenseitig zugeschoben haben, weil keiner mit ihnen etwas anzufangen wußte, bis sie jetzt endlich definitiv dem Tierreiche einverleibt wurden. Zuweilen bringt das Netz auch ganze Massen von Schnecken, z. B. Kinkhörner, Nabelschnecken, Fischreusen, mit herauf, selten dagegen zweischalige Muscheln.

Fig. 401. Der große Steinbutt.

Beim Aussuchen gelten nur die Steinbutte, Tarbutte, Zungen und Schellfische; alles andre, Haie, Rochen, die wohlschmeckenden Knurrhähne und die Schollen, wird wieder über Deck geschaufelt und ins Meer geworfen! Das Herz blutete mir bei dem Anblick und selbst die Fischer beklagten es. Bei jedem Fischzuge geht so die weitaus größte Menge verloren, und doch ist fast alles Fisch, also ganz unnütz ruiniert. Bei einem Zuge schätzte ich die Zahl der 30—40 cm langen Schollen (Weserbutte), welche so über Bord geschaufelt wurden, auf 500; die Fischer erklärten diese Zahl für viel zu niedrig. Wohl behalten sich die Fischer ein paar Mahlzeiten davon zurück (denn die Scholle ist sehr delikat); an mehreren Kuttern sahen wir auch die Strickleitern mit sonderbaren Quasten, nämlich mit Hunderten von Schollen verziert, welche dort zum Trocknen aufgehängt waren, und deren weiße Bäuche hell in der Sonne glänzten (sie werden dann von den verheirateten Leuten als Vorrat mit nach Hause genommen und nach dem Aufweichen als schmackhafte Speise verzehrt), aber das ist auch alles. Die ungeheure Mehrzahl geht verloren und wird unnütz vernichtet! Und warum diese Barbarei und diese Verschwendung? Das deutsche Volk ist bis jetzt noch kein fischessendes; es kauft nur die wenigen Fische, welche es kennt. Die Knurrhähne, welche dickes Fleisch haben und sowohl gekocht als gebraten sehr gut schmecken, finden am Markte keinen Absatz; die Schollen, welche in den Straßen Bremens als

„lebendige Butte“ fast täglich ausgeboten werden, will niemand haben, da sie eben nicht lebend, sondern geschlachtet, ausgenommen und in Eis verpackt auf den Markt gebracht werden. Selbst die kleinen Schellfische, welche viel in die Netze gehen und darin bleiben (obwohl die deutschen Netze weitere Maschen haben als die englischen), werden entweder gar nicht gekauft oder so gering bezahlt, daß sie den Transport nicht aufbringen, während in England jedes Stück doch etwa 1 Penny einbringt. Die erwähnten Fischsorten könnten allein den größten Teil der Kosten des Fanges decken; erst durch ihren Vertrieb werden die Fischereigesellschaften das werden, was sie zu sein wünschen, eine Wohlthat für das Volk, nicht Versorgungsanstalten für den Tisch einiger Leckermäuler.“

Thunfischfang. Weder der gemeine Hering, noch der Kabeljau, noch der Lachs werden im Mittelmeere angetroffen; dagegen bietet aber der Fang des Thunfisches (Thynnus vulgaris) den Bewohnern von Italien und der Provence Ersatz. Man fängt den Thunfisch, der häufig 3—6, manchmal sogar 18 Zentner schwer ist, bisweilen an Angelschnüren, vorzugsweise aber in großartigen und kostbaren Netzen, den sogenannten Tonnaren, an denen gegenwärtig an den italienischen Küsten 48 Stück in Gebrauch sind.

Fig. 402. Thunfischfang an der italienischen Küste.

Gegenwärtig ist der Thunfischfang bei Sardinien am ergiebigsten (jährlich ca. 52000 Stück). Der Ertrag der sizilischen Tonnaren berechnet sich jährlich im Durchschnitt auf 15000 Tonnen zu 130—140 kg im Werte von 2 Mill. Lire. Vom Anfang April jedes Jahres an erscheinen an den Stellen der Küsten, wo sich die Fischereien befinden, von allen Seiten her Schiffe, teils um dem Fischfange beizuwohnen, teils auch, um den eingesalzenen Thunfisch zu kaufen. Der April wird mit Vorbereitungen hingebracht. Am 3. Mai wird die Linie zur Einsenkung des Netzes vom Anführer der Fischer bestimmt. Am folgenden Tage wird das Netz mit Hilfe mehrerer Schiffe und unter großen Feierlichkeiten eingesenkt. Das Meer muß an dieser Stelle wenigstens 30 m Tiefe, das Netz aber 55 m haben. Es gleicht einem großen, kühnen Gebäude und besteht aus sieben Kammern, deren Boden mit schweren Steinen am Grunde des Meeres befestigt ist. Die Außenwände haben Taue, welche von Ankern gehalten werden; alle senkrechten Wände werden durch Massen von Kork aufrecht erhalten. Von dem Gebäude aus läuft noch eine Netzwand schief bis ans Ufer, eine andre schief ins Meer, wodurch ein Trichter gebildet wird, der die Fische ins Garn führt. Zuerst gelangen sie in die größte Kammer und von da weiter in die übrigen. Ist die vorletzte gefüllt, so wird sie hinter den Fischen geschlossen und man sucht nun die Tiere in die letzte — die Todeskammer — zu drängen. Zu diesem Ende wirft der Anführer einen mit schwarzer Hammelshaut umwundenen Stein unter die Fische, worauf sie voll Schrecken in die Todeskammer flüchten. Gelingt diese List nicht, so wird die vorletzte Kammer mit großer Mühe so verengt, daß die Fische heraus müssen. Sind alle in der Todeskammer und ist diese hinter ihnen geschlossen, so steckt der Anführer eine weiße Fahne auf seinem Schiffe aus. Im Augenblick sind alle vom Ufer herbeieilenden Boote voll Arbeiter und Neugieriger zur Hand und die Luft ertönt von Freudengeschrei. Die Todeskammer umgibt sich mit Schiffen; sie wird langsam aus der Tiefe heraufgewunden und ihre Wände auf die Schiffe gezogen. Endlich ist sie so hoch emporgekommen, daß alle Fische an die Oberfläche des Wassers gedrängt sind; der Anführer ruft „Ammazza!“ (tödte), und man beginnt nun mit Stangen, welche vorn einen eisernen Widerhaken haben, die Fische zu packen und auf die Schiffe zu ziehen. Das Wallen des Meeres, welches die Thunfische hervorbringen, die sich in einem so engen Raume von allen Seiten eingeschlossen, angegriffen und tödlich verwundet fühlen, der Kampf der Arbeiter, um die großen Fische zu überwinden, die Oberfläche des Meeres voll Schaum und Blut, das Jauchzen und Freudengeschrei der Zuschauer geben ein eigentümliches Bild. Ist die Kammer leer gefischt, so wird die Beute unter Jubel und Gesang ans Ufer geschafft. Dort wird jeder Fisch des Kopfes beraubt und dann im Magazin, wo sich eine Linie von Seilen befindet, beim Schwanze aufgehängt, zerlegt und gesalzen. Oft wird die Ausbeute an Ausländer abgelassen, die sich als Käufer eingefunden haben, und von diesen an Ort und Stelle in ihrer Art und Weise eingesalzen und eingepökelt. In jeder Zubereitung ist das Fleisch vortrefflich, in Spanien wird es nach Art der Sardinen auch in Öl eingelegt. Die Eier ähneln dem Kaviar.

Den bei weitem großartigsten Charakter nicht bloß in wirtschaftlicher, sondern auch in rein seemännischer Beziehung hat die Großfischerei, welche sich mit der Erlegung von Walen, Robben u. dergl., und mit der Gewinnung von Thran, Fischbein, Seehundsfellen u. s. w. befaßt.

Wale und Walfang. Wohl an vierzig Arten von Walen beleben die Meere unsrer Erde. Nur wenige derselben entsprechen in ihren Größenverhältnissen der landläufigen Vorstellung, auch bewohnt die Mehrzahl nicht etwa die Eismeere, sondern die Gewässer der gemäßigten und heißen Zonen. Manche treiben sich mit Vorliebe in der Nähe der Küsten, sogar in Baien, Häfen und Flußmündungen umher, andre halten sich auf hoher See und werden selten in der Nähe des Landes gesehen; mit nur wenigen Ausnahmen aber überschreiten sie niemals gewisse klimatische Grenzen. Wir haben Walarten, welche nur in warmen, andre, welche nur in kalten Gewässern leben; wenige Arten nur halten sich bald in den einen, bald in den andern auf. Überdies leben zwei Arten von Delphinen nur in Flüssen, und zwar im Ganges und im Amazonenstrom.

Mit den Fischen haben die Wale nichts gemein als das Leben im Wasser und eine allgemeine Ähnlichkeit der Gestalt; während überdies bei jenen der Schwanz vertikal zum Körper gestellt ist, liegt er bei den Walen horizontal. Die Wale sind Säugetiere, atmen mittels Lungen und haben rotes, warmes Blut. An Herz- und Lungenschlagader befinden sich große, sackförmige Behälter, in welchen sich sowohl gereinigtes als der Reinigung bedürftiges Blut ansammeln kann. Hierdurch erlangen sie die Fähigkeit, lange Zeit unter Wasser verweilen zu können: große Wale durchschnittlich 10—20 Minuten, eine Art aber [der Pottwal] bleibt in seltenen Fällen auch eine Stunde und länger in der Tiefe. Ihre Knochen sind massiv, ohne Markhöhlen, aber vollständig mit Thran durchdrungen. Ihr ganzer Körper, selbst Schwanz und Finnen, ist mit einer elastischen Fettschicht (Blubber) bekleidet, welche ihn schwimmfähiger macht und zu schnellen Wärmeverlust verhindert. Dieser Blubber wird, je nach Art und Größe des Wales, bis zu 47 cm dick und aus ihm gewinnt man durch Kochen den wertvollen Thran. Die Vorderglieder der Wale sind zu ruderähnlichen Stummeln, den Finnen, zusammengeschrumpft, die Hinterglieder fehlen gänzlich; der knochenlose, nur aus Sehnen und Blubber bestehende, aber verhältnismäßig sehr große Schwanz dient hauptsächlich zur Bewegung, er mißt in der Breite ein Fünftel bis ein Drittel der ganzen Körperlänge. Ein großer Wal legt, gemächlich schwimmend, bis sechs Seemeilen in der Stunde zurück, in voller Flucht aber vielleicht 14 Seemeilen, erreicht also die Schnelligkeit eines Seedampfers in bester Fahrt. Einzelne Arten, namentlich die kleinen Delphine, sind noch schneller. Die Sinneswerkzeuge der Wale sind nicht besonders entwickelt, das Gesicht ist schlecht, das Gehör ziemlich gut, der Geruch scheint gänzlich zu mangeln. Die Nase ist nur noch Luftkanal und mündet auf dem höchsten Teile des Kopfes; ein umgebender Wulst oder auch eine Klappe wird beim Tauchen durch den Wasserdruck zusammengepreßt und verschließt die Öffnung. Kein Wal wirft Wasserstrahlen durch das Blasloch aus. Diese und andre wertvolle Berichtigungen früher gehegter irrtümlicher Ansichten über die Wale verdanken wir hauptsächlich den Mitteilungen des jetzigen Afrikareisenden Pechuel-Lösche, der mehrere Jahre auf amerikanischen, dem Walfang obliegenden Fahrzeugen die Weltmeere befuhr und im „Ausland" seine Erfahrungen mitgeteilt hat. Der Wal atmet Luft ein und aus; die Feuchtigkeit, welche aus den ungeheuren Lungen mitgeführt wird, steigt als leichter Dunst, je nach der Temperatur bald dichter, bald dünner, empor und macht den Atemstrahl, den Spaut, meilenweit sichtbar. Selten, und zwar nur einmal unmittelbar nach dem Auftauchen, sprudelt mancher Wal etwas Wasser mit dem Spaut empor; er hatte sich dann, vielleicht wie ein ungeschickter Schwimmer, verschluckt und hustet die eingedrungene Flüssigkeit einfach wieder aus. Was er aber regelmäßig atmend ausbläst (und zwar nach jedem Auftauchen 8- bis 30- und 40mal), ist bloßer Dunst. Das Blasen großer Wale ist bei stiller Luft weithin hörbar; es gleicht dem Geräusch, unter welchem aus einer schwer und sehr langsam arbeitenden Maschine der Dampf entweicht; kleine Wale blasen kurz und scharf, ihre Lungen sind zu klein, der Spaut ist selten zu erkennen.

Die Wale sind meist dunkel, schwarz, grau oder auch braun gefärbt; einige Arten haben hellere, oft milchweiße Unterseiten, andre charakteristische helle Zeichnungen in Gestalt von Flecken oder Längsstreifen, wenige Arten nur sind vollständig weißgelb oder milchweiß von Farbe. Ihre Größenverhältnisse sind noch viel mannigfaltiger; die kleinen echten Delphine werden nur $1^1/_4$ und $1^1/_2$ m lang; andre, größere Delphinarten messen 7—8 m, mehrere Arten von Bartenwalen werden 12, 15 und 22 m lang; noch andre, namentlich einzelne Arten von Finnwalen, erreichen eine Länge von 32 m. Auch die Gestalt ist sehr verschieden: einige Arten sind schlank und zierlich, andre dick und plump gebaut; diese haben eine niedrige, jene eine hohe Finne auf dem Rücken, oder einen buckelförmigen Wulst, oder einen fast ganz glatten Rücken (letztere sind die ergiebigsten und darum am meisten verfolgten Wale); einzelne Arten haben kurze und dicke, oder lange und spitze, oder wahrhaft ungeheure, abgerundete oder auch viereckige Köpfe. Viele Arten haben keine Zähne, sondern Barten: Fischbeinsiebe, welche ganz wie die Leisten im Schnabel der Enten, vom Oberkiefer nach beiden Seiten dachförmig herabhängen und oft nur wenige Dezimeter, bei vielen aber auch 4 und 5 m lang und ebenso viele Dezimeter breit werden. Ihre Substanz ist Horn. Das Fischbein von Walen der besten Art wiegt zuweilen 1500 kg und ist für die Industrie außerordentlich wertvoll, von andern Arten aber ist es so kurz, schlecht und brüchig, daß es nur einen niedrigen Preis erzielt.

Die mit den längsten und besten Barten ausgerüsteten Wale benutzen dieselben als Sieb, indem sie das in das Maul aufgenommene Wasser mittels der ungeheuren Zunge seitwärts hindurchtreiben und die an den Barten hängenbleibenden, oft winzig kleinen Meeresbewohner als Nahrung verschlucken. So nährt sich der große Grönlandswal (Balaena mysticetus) fast ausschließlich von zwei kleinen, nur $^1/_4$—4 cm messenden Schnecken, welche in unbeschreiblich großen Massen die oberflächlichen Wasserschichten erfüllen und unter dem norwegischen Namen flueaat (Flügelaas) und whalaat (Walfischaas) bekannt sind. Für die mit kürzeren Barten ausgestatteten Wale bilden diese gleichsam ein Netz, mit welchem sie kleinere Fische, wie Heringe u. s. w., in größerer Menge aufschaufeln, um sie zu verzehren; die mit Zähnen bewaffneten Wale nähren sich von Fischen, der Pottwal von größeren Tintenfischen und ähnlichen Meeresbewohnern; einige Arten aber, die sogenannten Mörder, fälschlich auch wohl Schwertfische genannt (Delphinus orca), Wale bis zu 7—8 m Länge, sind die Feinde der großen Bartenwale, verfolgen sie herdenweise, tödten sie durch Bisse und fressen die besten Teile von ihnen.

Alle Wale werden in zwei Hauptgruppen eingeteilt: in Zahnwale und in Bartenwale. Erstere erreichen, mit Ausnahme der Pottwale, welche an 22 m lang werden, nur selten eine Länge von 10 m, während letztere alle dieses Maß überschreiten und oft mehr als das Doppelte und Dreifache messen.

Die Zahnwale halten sich herdenweise zusammen und bilden sogenannte Schulen. Die kleinsten Delphinarten sieht man oft zu Hunderten, wohl auch zu Tausenden beisammen, die größeren Zahnwale bilden kleinere Schulen, doch sieht man die riesigen Pottwale, namentlich die kleineren Weibchen (Kühe), zuweilen auch in einer Anzahl von mehreren Hunderten beisammen. Die Bartenwale halten sich nicht so streng in Schulen beisammen, obgleich auch sie die Geselligkeit lieben; große männliche Wale aller Arten sondern sich gern von den übrigen ab und ziehen allein ihres Weges.

Die Amerikaner sind jetzt die Hauptdelden der Großfischerei, sowohl was die Anzahl der beschäftigten Fahrzeuge und Mannschaften, als auch was die Kühnheit ihrer Unternehmungen anbetrifft. Im Jahre 1859 beschäftigten sie 661 große Fahrzeuge und 16000 Mann, die in jenem Jahre einen Ertrag von 12 Millionen Dollars gaben. Sie befahren alle Meere und senden auf weite Kreuzfahrten, welche 30—40 Monate und länger dauern, Schiffe von 300—400 Tonnen mit einigen dreißig Mann Besatzung, auf kürzere Reisen von 20, 10 und auch nur 3—5 Monaten verhältnismäßig kleinere Fahrzeuge. Der hauptsächliche Ausgangshafen für Walfänger ist New Bedford; die im Stillen Ozean fischenden löschen ihre Ladung gewöhnlich in San Francisco und bleiben hier auch den Winter. Früher hielt man alte, schlechte Fahrzeuge noch immer gut genug für den Walfang, in neuerer Zeit aber werden viele Schiffe eigens zu diesem Zweck gebaut und vortrefflich ausgerüstet. Dampfkraft wird nur dann für Schiffe verwendet, wenn sie zugleich oder hauptsächlich dem Robbenfang obliegen und nur gelegentlich einen Wal fangen, die eigentlichen Walfänger dagegen sind immer Segelschiffe. Übrigens ist der Walfang und sein Ertrag in den letzten Dezennien sehr heruntergegangen, teils weil die Wale infolge der schonungslosen Nachstellung an Zahl abgenommen oder wenigstens ihre alten Weidegründe mit weiter nördlich gelegenen und schwer zugänglichen vertauscht haben, teils weil nach Einführung des Petroleums und dem Aufblühen der Industrie sowohl der Thran als auch das Fischbein an Marktwert bedeutend verloren haben. Im Jahre 1880 bestand die amerikanische Walerflotte nur noch aus 178 Fahrzeugen und auch der Durchschnittsertrag jedes Schiffes ist gegen früher bedeutend gesunken. Letzterer beträgt gegenwärtig etwa 5 Wale mit je 90—125 Barrels Thran und 750 kg Barten.

Die Mannschaften erhalten keine bestimmte Löhnung, sondern einen Anteil am Gewinn. Der Kapitän erhält, außer besonders stipulierter Prämie, vielleicht ein Zwanzigstel, der letzte Matrose ein Zweihundertstel des Gesamtertrags; die Offiziere und Harpuniere (gewöhnlich vier an der Zahl, je einer für jedes Boot), die Handwerker und tüchtigeren Matrosen erhalten, je nach Rang und Leistungen, einen entsprechenden, zwischen den angeführten Extremen liegenden Anteil am Gewinn. „Die Bemannung eines Walers“, sagt Pechuel-Lösche, „besteht aus einer äußerst gemischten Gesellschaft; man findet unter ihr Vertreter fast aller Rassen und Nationen, vom blonden Germanen bis zum schwärzesten Neger und schiefäugigen Mongolen, und die Sprachenverwirrung ist wahrhaft babylonisch. Viele der Leute sind „Grüne“. Junge Bürschchen in ihrer Sturm- und Drangperiode, die sich die Welt besehen wollen, Männer, welche ihren Beruf verfehlt haben, manche wahrhaft Unglückliche, aber auch viele Leichtsinnige, ruhelose und schlechte Subjekte, welche am Lande mit den Gesetzen in Konflikt gerieten — sie alle finden sich auf einem solchen Weltumkreiser zusammen. Vom Schicksal bunt zusammengewürfelt, in der weiten Welt bald hierhin, bald dorthin verschlagen, sind sie ein rauhes, abgehärtetes Geschlecht, voll abenteuerlicher, ruheloser Gesinnungen und stets bereit, das Leben auf einen Wurf zu wagen, wie es ja die stete Gefahr, die Wildheit des Gewerbes, das piratengleiche Leben mit sich bringt. Vertraut mit der See, voll Mut und Entschlossenheit, an Entbehrungen aller Art und harten Dienst gewöhnt, sind sie aber auch ein vortreffliches und bewährtes Rohmaterial für die Kriegsflotte in Zeiten der Not und des Kampfes.“

Nicht alle Walarten werden gewerbsmäßig verfolgt und gefangen, sondern nur diejenigen, bei denen der Wert der Ausbeute die Gefahr und Mühe des Fangens und die Kosten der Ausrüstung aufwiegt. Beim Küstenfang aber, welcher nur gelegentlich betrieben wird, und zwar wenn eben Wale an der Küste erscheinen, ist man nicht besonders wählerisch, dann muß die Masse es bringen, wie man zu sagen pflegt. Dabei werden auch kleinere Walarten oft zu Hunderten mittels Booten in seichte Baien und Buchten getrieben und dort jämmerlich abgeschlachtet. Den Menschen kommt hierbei zu statten, daß die Wale sehr furchtsam sind, sich leicht aufscheuchen lassen und kopflos wie eine Schafherde vor den mit lautem Gelärm anrückenden Booten entfliehen und sich auf den Strand treiben lassen. Brechen aber erst einige durch die Linie der Boote, so folgt ihnen unaufhaltsam in geschlossener Masse die ganze Schule, und die Jäger haben das Nachsehen. Große Wale kommen selten der Küste so nahe und lassen sich auch nicht leicht auf den Strand treiben: sie müssen von der Küste aus, ebenso wie vom Schiffe, kunstgerecht verfolgt und erlegt werden. Doch wird auch dieser Fang an vielen Inseln und Küstenstrichen im Atlantischen und Stillen Ozean erfolgreich betrieben und wirft, da die teure Ausrüstung von Schiff und Mannschaft wegfällt, einen erklecklichen Gewinn ab. Für die Bewohner der Faröer ist der Fang des Grindwals ein wahres Volksfest und die Quelle eines regelmäßigen und sehr bedeutenden Ertrags. Eine dem Grindwal nahe verwandte Art, der Weißwal oder die Beluga, wird in den Buchten des Eismeeres und den Mündungen der großen nordrussischen Ströme, namentlich der Petschora, welche sie im Sommer in großen Scharen zu besuchen pflegt, ebenfalls von Booten aus massenhaft getödtet.

Die auf Kreuzfahrten ausgesandten Schiffe der Amerikaner beschäftigen sich hauptsächlich nur mit dem Fang von drei Walarten: sie jagen den Nordwal, den Rechtwal und den Pottwal. Bei günstiger Gelegenheit fangen sie auch den Buckelwal, den Graurücken oder kalifornischen Wal und den Grindwal.

Der Nordwal, Grönlandswal, Bogenkopf, Bowhead-whale (Balaena mysticetus), lebt nur im hohen Norden in der Nähe des Eises. Er wird 12—18 m lang, sein Blubber 30—47 cm dick, sein Fischbein bis 5 m lang, sein Schwanz bis 8 m breit. Er ist der beste Bartenwal, wiegt vielleicht bis zu 1500 Zentner, der Blubber allein 400—600 Zentner, das Fischbein (330—350 Platten auf jeder Seite am Oberkiefer) zuweilen an 30 Zentner. Er ist furchtsam und gutmütig.

Der Rechtwal, Right-whale, findet sich, wahrscheinlich in verschiedenen Arten, in den mäßig kalten Gewässern beider Hemisphären, geht nie in die Eismeere und nie in die Tropenmeere, kann also den Äquator nicht passieren. Der Rechtwal ist dem Nordwal sehr ähnlich in Gestalt, gibt auch annähernd gute Thranausbeute; sein Fischbein ist etwas kürzer und dicker. Er ist ziemlich bösartig und schlägt mit dem Schwanze nach den Booten.

Der Pottwal, Cachelot, Sperm-whale (Physeter macrocephalus), ist ein Zahnwal und findet sich nur in den Tropengewässern und warmen Strömungen, die von diesen ausgehen. Er wird bis 22 m lang, hat einen ungeheuren dicken Oberkopf und eine lange, schmale Unterkinnlade, in welcher allein 48—52 pfundschwere mächtige Zähne stehen. Er gibt den besten Thran; der aus Höhlungen in dem ungeheuren Kopfe genommene Walrat gerinnt leicht zu einer festen Masse, wird namentlich zu Kerzen, Salben, cold cream u. s. w. verarbeitet und sehr gut bezahlt. Große Pottwale geben 2500 (nach Scoresby sogar 5000) kg Walrat. Eine krankhafte Absonderung seiner Eingeweide, eine Art Gallenstein, die Ambra, ist sehr kostbar, aber auch selten und außerordentlich teuer. Die Zähne werden wie Elfenbein verarbeitet. Der Pottwal ist das Edelwild des Meeres, kampflustig, mutvoll und klug und darum sehr gefährlich. Er zerschlägt ihn angreifende Boote mit dem Schwanz, zermalmt sie in seinem ungeheuren Rachen, oder zerstößt sie mit seinem dicken Kopfe; mit letzterem vermag er sogar durch die Wucht des Anpralls großen Seeschiffen die Seiten einzurennen; von manchem guten Fahrzeug ist konstatiert, daß es auf diese Weise zu Grunde gegangen.

Dies sind die drei brauchbarsten Walarten. Der Pottwal gibt durchschnittlich 80 bis 90 Faß (zu 124 l) Thran, der Nordwal und Rechtwal 100—120 Faß und das wertvolle Fischbein. Früher sollen alle diese Wale viel größer und ergiebiger gewesen sein und noch im Jahre 1867 wurde im Beringsmeer ein Nordwal gefangen, der allein 310 Faß Thran lieferte. Der Wert eines der genannten Wale schwankt, je nach seiner Art und Größe und den Preisen, welche Thran und Fischbein gerade auf dem Markte haben, zwischen 15000 und 24000 Mark, kann aber bei den Bartenwalen auch bis über 30000, ja bis 36000 Mark steigen. Und diesen Wert hat der Wal hauptsächlich nur durch

Fischbein und Thran; im Mittelalter, als die Wale noch häufig um Europa gejagt wurden, wurde das Fleisch allgemein gegessen, die Zunge galt als Leckerbissen und mußte dem Grundherrn oder den Klöstern abgeliefert werden.

Die Amerikaner allein gewannen in den Jahren 1855—75 an Thran und Fischbein eine durchschnittliche jährliche Ausbeute von 5—7 Millionen Dollars, in den letzten Jahren jedoch bedeutend weniger. Die Fahrzeuge, welche sie zum Fang ausschicken, erwählen sich gewöhnlich bestimmte Gebiete. Viele Walfänger jagen zur Sommerzeit im hohen Norden den Nordwal; wenn dort Winter eintritt, gehen sie südlicher, um dem Recht- und Pottwal nachzustellen. Im Sommer 1871 traf die amerikanische Flotte nördlich der Beringsstraße ein harter Schlag: 33 Fahrzeuge mit 16000 Faß Thran und 20000 kg Fischbein an Bord wurden vom Eise eingeschlossen und mußten im Stich gelassen werden. Den (wie seit Menschengedenken bekannt) reichsten Fang brachte der am 16. Oktober 1847 nach den Shetlands zurückkehrende Walfänger Camperdown heim, er hatte 32 Wale erlegt und 175 Tonnen Öl an Bord. Der Wert dieser Ausbeute belief sich auf etwa 2 Millionen Mark. Der Segen des „Arctic“ dagegen vom Jahre 1872 bestand bloß in 28 Walen im Werte von etwa 375000 Mark.

Verschiedene Arten sehr großer Bartenwale, namentlich die zahlreichen Finnwale, jagte man bisher nicht, da sie verhältnismäßig arm an Blubber, dagegen sehr schnell und bösartig und schwierig zu erlegen waren. Seit aber die Fangapparate verbessert worden sind, beginnt man auch diese an einzelnen Stellen zu verfolgen. Schon vor einer Reihe von Jahren haben zuerst ein Leipziger Kaufmann E. Meinert und später auch die Norweger vom Nordkap bis zu den Lofoten und Westerålen Fabriken eingerichtet, in welchen aus den zum Strande geschleppten Walen zunächst der Thran ausgekocht, die übrigen Fleisch- und Knochenmassen aber zu Guano verarbeitet werden, was auch mit den unbrauchbaren Abfällen von Kabeljau und andern Fischen geschieht. Die jährliche Ausfuhr dieses Guanos beträgt ziemlich 1 Million kg. Auf diese Weise wird das ganze Tier nutzbar gemacht und für unsre Felder ein billiges und wertvolles Düngemittel geliefert; die auf hoher See beschäftigten Kreuzer können dagegen vom Wal nur den Blubber und das Fischbein benutzen und müssen den Rest des ungeheuren Leichnams den Wellen und Meeresbewohnern überlassen. In allerneuester Zeit hat man in Norwegen sogar ein Kraftmehl zum Füttern von Vieh aus Walfleisch hergestellt.

Ausrüstung. Die größeren Fahrzeuge der Amerikaner halten gewöhnlich vier Boote zum Gebrauch bereit und haben ebensoviele als Reserve bei sich. Diese Boote sind sehr leicht, aber außerordentlich fest gebaut und vorzüglich geformt, und selbst in sehr schwerer See ganz zuverlässig. Sie sind bis 10 m lang und 2 m breit und an beiden Enden scharf zugeschnitten, um gleichgut vor- und rückwärts fahren zu können. Sie haben Mast und Segel, an den Seiten 2—5 m lange Ruder (Riemen) und ein noch längeres, gerade über das Hinterteil hinausragendes, als Steuerruder. Mit diesem kann während der Jagd und des Kampfes das Boot sofort in jede beliebige Richtung gebracht und sogar schnell um sich selbst gedreht werden; um dies zu ermöglichen, hat das Boot keinen Kiel, und man gebraucht statt dessen beim Segeln ein verschiebbares Brett, ein sogenanntes Schwert. Zu jedem Boote gehören sechs Mann, der Offizier hat seinen Platz im Hinterteil, der Harpunier im Vorderteil; jener kommandiert und steuert das Boot, dieser handhabt wie die übrigen vier Ruderer seinen Riemen, wenn er nicht gerade mit dem Fangzeug beschäftigt ist.

Die Ausrüstung des Bootes besteht aus 4—6 Harpunen, mehreren Lanzen, einem schweren Gewehr, Speckspaten, Beil und Messer, welche im Vorderteil untergebracht sind. Im Hinterteil befindet sich der Kompaß, ein Fäßchen mit Schiffszwieback, Laterne, Lichter und Zündhölzchen, außerdem ein Fäßchen mit Wasser. Die Provisionen sind notwendig, da die Boote oft über Nacht, fern vom Schiffe, bei einem erlegten Wal liegen bleiben, oder sich oft so weit entfernen, daß sie tagelang umherirren; zuweilen können auch einzelne Boote ihr Schiff nicht wieder erreichen, und wenn sie nicht zufällig bei einem andern Fahrzeuge Rettung finden, hört man nie wieder von ihnen.

„Der wichtigste Teil des Fanggerätes“, sagt Pechuel-Lösche, „ist die Leine. Vom besten Manilahanf gefertigt, hat sie die Dicke eines kräftigen Mannsdaumens und eine Länge von

350 Faden. Sie ist mit der gewissenhaftesten Sorgfalt und Nettigkeit — weil jede Verwirrung beim Ablauf Unglück bringen würde — in spiralförmigen Lagen in zwei flache, hinten zwischen den Ruderbänken stehende Zuber eingerollt. Die beiden in den zwei Gefäßen getrennt liegenden Leinenstücke werden vor dem Gebrauche schnell und leicht gespleißt. Das freie Ende der Leine ist nach hinten, zur rechten Seite des Steuermanns, um einen Kopf von hartem Holze geführt und läuft von dort mitten zwischen der Bemannung hindurch über die ganze Länge des Bootes nach vorn und über eine kleine Messingrolle im Bug hinaus in die Tiefe. Von links außen nimmt man nun 5—8 Faden Leine, den sogenannten Vorgänger, wieder an Bord und befestigt an ihm die beiden Harpunen, welche ein geübter Harpunier, der Sicherheit wegen, dem Wal beim ersten Angriff schnell hintereinander in den Leib wirft. Um ein rasches und sicheres Erfassen zu ermöglichen, legt er sie vorn rechts auf ein niedriges Gabelgestell."

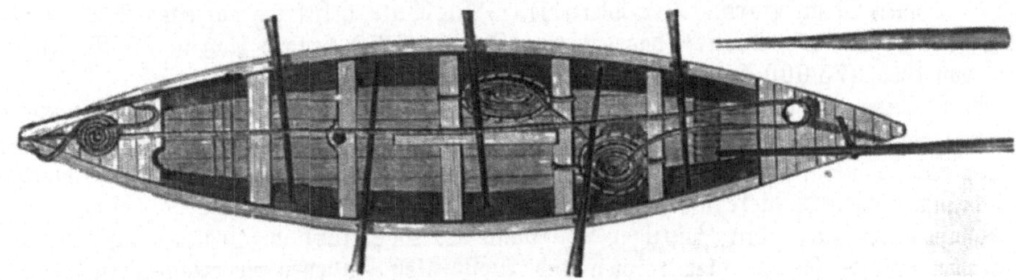

Fig. 403. Das Boot des Walfängers.

Die Form der Waffen ist aus Fig. 404 leicht ersichtlich. Die alte Harpune mit den seitwärts stehenden Widerhaken und die verbesserte, bei welcher diese Widerhaken beweglich gemacht wurden, sind längst außer Gebrauch; statt ihrer wird die Harpune neuester Konstruktion verwendet, welche leicht und tief eindringt, das Ausreißen aber fast unmöglich macht, indem ihr vorderer beweglicher Teil sich nach dem Wurfe quer stellt. Der Schaft ist ungefähr 60 cm lang, aus äußerst zähem Eisen geschmiedet und sitzt auf einem über armstarken, ungefähr 2 m langen Pfahl. Die Schwere und Länge der Harpune richtet sich nach der Kraft und Körpergröße des sie führenden Mannes. Auf 7—8 m Entfernung soll sie tief und sicher eindringen, ihre Handhabung erfordert außer Mut auch Kraft und Geschicklichkeit, und ein tüchtiger Harpunier ist darum ein gesuchter Mann.

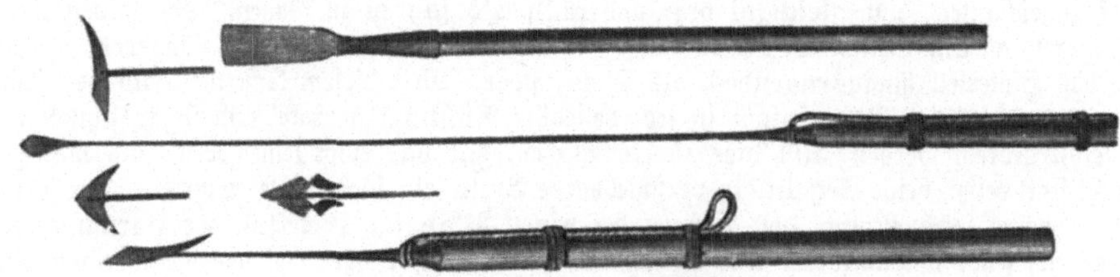

Fig. 404. Waffen des Walfängers.

Die Handlanze ist im Eisen bis 2 m lang, sehr dünn und hat ein sehr kleines, scharf geschliffenes Blatt an der Spitze; sie sitzt ebenfalls auf einem Pfahl, der aber leichter, dünner und besser gearbeitet ist, und wird in den Leib des Wales geworfen oder direkt hineingestoßen. Mittels kurzer, dünner Leine ist sie am Boote befestigt. Die Lanze dient nur zum Tödten, die Harpune zum Festmachen des Wals.

Statt der Handlanze benutzt man aber oft auch die Bombenlanze zum Tödten des Wals. Sie ist ein bolzenförmiges Explosionsgeschoß, welches aus einem sehr schweren Gewehr auf den Wal abgefeuert wird und ihn im glücklichen Falle fast augenblicklich tödtet. Man hat weiter versucht, beim Walfang Elektrizität zu verwenden, oder vergiftete Harpunen, auch sind verschiedene Schießapparate mit Harpunen, Granaten und Raketen in

Anwendung gebracht worden; von diesen hat jedoch nur das Geschütz von Cordes, Büchsenmacher in Bremen, einigen Anklang gefunden, doch kann auch dieses nur bedingungsweise verwendet werden. Die amerikanischen Walfänger bedienen sich für gewöhnlich nur der Waffen, die hier abgebildet sind.

Ist ein Kreuzer in See gegangen, so befinden sich auf seinen Masten stets Ausluger, welche nach Walen ausschauen. Sobald solche in Sicht kommen, segelt das Schiff entweder in ihre Nähe oder die Boote werden sofort zu Wasser gebracht und machen sich zur Verfolgung auf. Ist ein Wal harpuniert, so sucht ihn nach seinem Auftauchen ein zweites Boot festzumachen, und dann erst wird er möglichst schnell getödtet. Der Kampf dauert oft kaum eine Stunde, oft auch einen ganzen Tag. Manchmal taucht ein Wal so schnell und tief unter, daß er einem Boot die ganze Leine nimmt, ehe ein zweites die seinige anspleißen kann — dann hat man das Nachsehen.

Fig. 405. Harpunieren des Wals.

Oft werden die Boote meilenweit in rasender Fahrt von dem fliehenden Wal mit fortgerissen, oft muß man die Leinen abschneiden, um nur das eigne Leben zu retten; zuweilen zertrümmert ein einziger Schlag mit dem Schwanze das Boot, oder es wird von dem wütenden Tiere überworfen, sogar mit sämtlicher Mannschaft emporgehoben (wenn es auch nicht gerade, wie man oft abgebildet sieht, gleich einem Federball hoch in die Luft geschleudert wird), oder mit Mann und Maus im Nu unter das Wasser gezogen, wenn die Leine sich im Boote verfing. Mit Aufzählung der tiefernsten und wieder höchst komischen Zwischenfälle, mit der Beschreibung bestandener Gefahren und Abenteuer beim Kampfe mit den Meeresungeheuern ließen sich ganze Bände füllen.

Ist ein Wal erlegt, so segelt das Schiff in seine Nähe, und nur wenn dies unmöglich ist, schleppen die Boote die Riesenleiche mühsam bis zu dem ihrer harrenden Fahrzeuge. Mit starker Kette um die Schwanzwurzel befestigt, liegt die Beute nun an der Seite des Schiffs. Ein Gerüst wird darüber hinabgelassen, auf welchem die Offiziere sich umherbewegen, wenn sie mit den scharfen Speckspaten dem Lostrennen des Blubbers vorarbeiten und nachhelfen. Mit mächtigen, am Mast befestigten Flaschenzügen, deren laufende Taue um die vom größten Teil der Mannschaft bewegte Ankerwinde gelegt sind, wird nun der Blubber durch den gewaltigen Zug in einem einzigen, bis 1 m breiten, mit dem Speckspaten schon vorgeschnittenen Bande losgerissen, wie man das Deckblatt einer Zigarre abwickelt, während der Wal sich um seine Längsachse dreht. Ist der Blubberstreifen mit dem einen Flaschenzuge genügend hoch aufgewunden, so wird der zweite dicht über Deck in ihm befestigt, das darüber befindliche Stück abgeschnitten und durch die Luke in den Blubberraum (das Zwischendeck) hinabgelassen. So geht es stetig fort, bis aller Blubber an Bord ist; diese Arbeit nimmt unter günstigen Umständen ungefähr sechs Stunden in Anspruch.

Beim Bartenwal trennt man mittels der Axt den Oberkiefer vom Schädel los, windet ihn an Bord und löst das Fischbein ab, dessen dicht aneinander in einer Art Zahnfleisch steckende Platten später von diesem befreit, geschabt, gewaschen und für den Versand in Bündel gepackt werden.

Fig. 406. Verunglückendes Boot.

Vom Pottwal trennt man den langen Unterkiefer los, um aus ihm die schönen Zähne auszubrechen, welche wie Elfenbein verarbeitet werden; den ungeheuren Oberkopf nimmt man in zwei Stücken an Bord, um den daran sitzenden Blubber zu gewinnen und das Walrat auszuschöpfen.

Der Blubber wird zunächst im Zwischendeck in handliche Stücke zerschnitten, dann an Deck geworfen, läuft dort durch eine Maschine, in welcher die Stücke mit scharfem Messer tief eingekerbt werden, und wird dann in den Kesseln ausgekocht. Diese stehen vor dem Großmast in einem gemauerten Feuerplatz, unter welchem zum Schutz für das Deck fortwährend Wasser zirkuliert. Gewöhnlich sind zwei Kessel in Gang; sie sind von Gußeisen und gleichen genau großen Waschkesseln. Der gewonnene Thran wird in kupferne Kühler gebracht, dann in Fässer gefüllt, im Raume weggestaut und bei günstiger Gelegenheit im nächsten Hafen verschifft. Die braun gebratenen Überreste des Blubbers (Schraps) wandern aus den Kesseln in das Feuer, da sie ein ausgezeichnetes Brennmaterial liefern. Aus der Asche derselben gewinnt man eine vorzügliche Lauge, mit der das während dieser Arbeit von Fett triefende Schiff so gut als möglich gereinigt wird.

Die Schiffe mancher Nationen kochen übrigens den Blubber nicht gleich aus, sondern werfen ihn in große Behälter und bringen ihn so ans Land; auch wickeln nicht alle den Blubber in vorgehend beschriebener Weise los, sondern hacken ihn direkt vom Wal in Stücken ab, oder reißen ihn in einzelnen Streifen los. Diese Arbeit ist jedoch sehr mühselig und das sofortige Auskochen des Thrans empfiehlt sich als die beste Methode.

Übrigens werden nicht nur einzelne Fischgründe von den Walen, die einst dort zahlreich waren, verlassen, sondern ganze ungeheure Gebiete, die einst reiche Ausbeute lieferten, veröden im Laufe der Jahre und in ihnen finden sich Wale nur noch selten. Dies ist namentlich der Fall mit dem nordatlantischen Ozean und dem mit diesem zusammenhängenden Eismeere. Rechtwale und Nordwale, die sich dort einst zahllos vorfanden, sind jetzt daselbst äußerst selten geworden; dagegen finden sie sich noch in erfreulicher Anzahl im nördlichen Stillen Ozean, im Meere von Ochotsk und im nördlich von der Beringsstraße liegenden Eismeere.

Fig. 407. Aufwinden der Walfischbarten.

Dort jagen hauptsächlich die Amerikaner. Auch andre Walarten verschwinden gänzlich aus einzelnen Meeresteilen und tummeln sich wieder in andern, wo sie früher gar nicht bemerkt wurden. So findet ein, wenn auch nur nach Jahrzehnten zu berechnender Wechsel, ein immerwährendes langsames Wandern statt.

Die hochnordischen Völkerschaften, welche bezüglich ihrer Nahrung hauptsächlich auf das Meer angewiesen sind, haben den Walfang schon in der ältesten Vorzeit betrieben. Später übten dies Gewerbe auch die Basken und Normannen. Letztere wurden in dieser harten Schule kühne Seefahrer, gingen im 9. Jahrhundert schon bis Island, bald darauf nach Grönland, und entdeckten im Jahre 1000 schon Teile von Nordamerika. Auch andre Nationen warfen sich bald auf die Großfischerei; im Anfange des 17. Jahrhunderts betrieben die Holländer, Engländer, die Hansestädte, Franzosen und Dänen den Walfang in großartigem Maßstabe im nordatlantischen Ozean und in den angrenzenden Teilen des Polarmeeres. Neid und Haß, Kampf und Streit entbrannten, und man lieferte sich förmliche Seeschlachten um die ergiebigsten Fischgründe und gute Ankerplätze. Die Ausbeute war fabelhaft. Die Holländer standen allen andern voran, wurden aber bald von den amerikanischen Kolonien, der jetzigen Union, überflügelt, welche dem Gewerbe einen ungeahnten Aufschwung gaben und noch bis heute den ersten Rang darin einnehmen. Man jagte bald auch im südatlantischen Ozean, drang Ende des 18. Jahrhunderts in den Stillen Ozean (Südsee) vor, befuhr im Laufe der Jahre den Indischen Ozean, die chinesischen Meere, den ganzen nördlichen Stillen Ozean, und endlich entdeckte ein amerikanischer Kapitän im Jahre 1848 die Fischgründe der Beringsstraße und des asiatischen Eismeeres. So wurde die Harpune von Meer zu Meer geführt, der Wohlstand und die Seetüchtigkeit vieler Nationen in jeder Hinsicht gebessert und eine große Anzahl kühner und erfahrener Seeleute herangebildet, deren Dienste nicht nur für die Handelsflotte von großer Wichtigkeit waren, sondern auch vielfach in Seekriegen sich in entschiedener Weise geltend machten. Diesem Umstande legen einige Nationen eine solche Bedeutung bei, daß die Regierungen für jedes auf die Großfischerei ausgesendete Schiff hohe Prämien zahlen, um den Unternehmungsgeist in dieser Hinsicht aufzumuntern. Neuerdings beginnt auch in Deutschland das Interesse für diesen Gegenstand der Großfischerei, welche einst so eifrig und erfolgreich betrieben wurde, wieder zu erwachen, wie die im vorigen Jahre in Hamburg und Bremen abgehaltenen Ausstellungen von Walen, Fahrzeugen und Geräten zum Fange derselben und Produkten der Walfischerei gezeigt haben. — Über die Geschichte des von deutschen Häfen aus im Grönländischen Meere betriebenen Walfangs hat Dr. Moritz Lindeman ein eignes Werk („Die arktische Fischerei der deutschen Seestädte, 1620—1868“ [Gotha, Justus Perthes], Ergänzungsheft Nr. 26 der Petermannschen „Mittheilungen“) veröffentlicht.

Wer die am Weserufer unterhalb Bremens gelegenen Dörfer einmal durchwandert hat, dem sind ohne Zweifel jene seltsamen, mächtigen Knochenreste in das Auge gefallen, welche vor den Gehöften oder am Wege aufgepflanzt sind. Von unkundigen und oberflächlichen Beobachtern zuweilen für Holz, sonst aber in der Regel für „Walfischrippen“ gehalten, sind es in der That die Kiefer und Kinnbackenknochen des riesigen Tieres. Bald stehen sie paarweise zu einem originellen Thorweg zusammengefaßt vor dem Eingang der Höfe; bald ragt ein einzelnes Kieferbein wie ein Wappenpfahl einsam aus dem üppigen Graswuchs einer Wiese hervor; bald bilden sie, in Stücke gesägt, die Prellsteine an den Dorfwegen und Straßen, Zeugnisse für die Bedeutung, welche vor unsrer Zeit der Walfang für diese Gegenden hatte. Wie jeder Jäger es liebt, sich mit bleibenden und sichtbaren Angedenken seiner Abenteuer zu umgeben, wie er Raubvögel über die Thür nagelt und die Wände seiner Wohnung mit Geweihen, Fellen und Federn schmückt, so brachten die alten Kommandeure der Walfänger jene Kieferbeine heim und stellten sie, da sie in den Zimmern nicht anzubringen waren, zur Erinnerung an ihre Fahrten vor dem Hause oder auf ihren Feldern auf.

Nimmt man sich die Mühe des Nachforschens, so wird man noch heutigestags fast in jedem Dorfe „Grönlandsfahrer“ treffen, Leute, welche im Februar oder März in See gehen und beinahe die Hälfte des Jahres im arktischen Eise dem Robbenschlag und dem Walfang obliegen, während sie den Herbst und Winter, mit friedlicheren Arbeiten beschäftigt, als Landbauer, Handwerker oder gar als Dorfmusikanten ruhig in ihrem Daheim zubringen. Aber das, was man heute vorfindet, ist doch nur ein schwacher Abglanz früherer Zeiten. Die zahlreichen Kinnbackentrophäen weisen auf Perioden zurück, in denen das Gewerbe in schwungvollerem Betriebe stand. Es gab eine Zeit, in welcher von Bremen alljährlich über 20 und von den Weser- und Elbhäfen zusammen zwischen 50 und 60 Schiffe auf die nördlichen Gründe segelten — eine Zeit, in welcher der von deutschen Schiffen erzielte „Segen“ jährlich auf 300—400 Wale stieg.

Auch in dem später aufgeschlossenen Fischereigebiet, in der Davisstraße, gibt es eine Hamburger Bai. Zuzeiten hatte das Hamburger Geschäft allein eine größere Ausdehnung als das englische und schottische zusammengenommen. Die Zahl der von den Mündungen der Weser und Elbe ausgesandten Schiffe betrug gewöhnlich mehr als ein Drittel, oft sogar die Hälfte der holländischen, welche Nation bis zum Ende des vorigen Jahrhunderts die unbedingte Führung behauptete. Der Rang, den die Hanseaten einnahmen, war somit keineswegs ein untergeordneter, und ihr Verdienst ist um so höher anzuschlagen, als sie im allgemeinen keine Ermunterung und Unterstützung von seiten ihrer Regierungen in der Gestalt von Prämien und Monopolen erhielten, sondern, ganz auf die eigne Kraft angewiesen, gegen die Konkurrenz der begünstigteren Nebenbuhler anzukämpfen hatten.

Robben- und Walroßfang. Wie dem Wal seines Thrans wegen und um der Barten willen nachgestellt wird, so jagt der Europäer nicht minder wie der Grönländer, Eskimo, der Bewohner von Labrador, den zahlreichen Scharen der Robben wegen der Felle und des Thrans nach. Fast in allen Meeren werden Robbenarten angetroffen, doch bewohnen sie vorzüglich die Küsten der kälteren Zone und nehmen im allgemeinen an Zahl und Größe ab, je mehr man sich tropischen Gestaden nähert. Die nördliche wie südliche Halbkugel sind gleichgut mit Robben bedacht; im Norden sind der gemeine Seehund, die graue und grönländische, die mächtige Pelzrobbe oder der Seebär, und das Walroß die vorzüglichsten. Im Süden finden wir dagegen den Seeelefanten oder die Rüsselrobbe, die Mützen-, Leoparden- und gemähnte Ohrenrobbe, denen sich noch manche andre minder zahlreiche Arten anschließen. Die Behauptung, daß ganze Völker in ihrer Existenz von den Gaben des Meeres abhängig sind, findet namentlich Anwendung auf Grönländer und Eskimos, denen die Robbe das ist, was uns das tägliche Brot. Die europäischen Robbenschläger: Deutsche, Skandinavier, Schotten und Russen, gehen meistens nach Neufundland, dem Meere zwischen Grönland und Spitzbergen in der Umgebung der Insel Jan Mayen und nach Nowaja-Semlja.

Fig. 408. Robbenschlag.

Die Amerikaner suchen vorzugsweise die südlichen Regionen in Patagonien und an der Magelhaensstraße auf. Auch die antarktische Inselwelt liefert Robben; namentlich ist die gewaltige Rüsselrobbe auf Südgeorgien, bei der Kergueleninsel, auf dem Crozet- und Falklandarchipel sehr häufig.

Wenn auch nicht ganz ohne Gefahren, so ist doch der Robbenschlag das müheloseste Geschäft im Bereiche der großen Fischerei, zu welcher er gerechnet wird. Selten schießt der Fischer die Tiere, meist erschlägt er sie mit der Keule, zieht das Fell ab und kocht den Speck aus. Diese Leichtigkeit des Robbenschlags und die maßlose, blinde Gier des Menschen nach mühelosem Gewinn haben es bereits dahin gebracht, daß die Erträge der Robbenexpeditionen fast von Jahr zu Jahr geringer werden. Während noch vor wenigen Dezennien an der Labradorküste und bei Neufundland in manchen Jahren bis 800000 Stück erschlagen wurden, bringt man es jetzt im günstigsten Falle jährlich auf 20—30000 Stück. Nach Peterhead und Dundee, den wichtigsten europäischen Ausgangshäfen für Robbenschlag, welcher von hier aus mit 10—15 Schiffen jährlich teils in europäischen Meeren, teils im Cumberlandgolfe betrieben wird, wurde im Jahre 1879 der Ertrag von 95935 Seehunden eingebracht. Die Norweger gehen hauptsächlich nach Jan Mayen; 1874 erbeuteten 1285 Mann auf 29 Schiffen (darunter 12 Dampfer) 65500 Seehunde im Werte von 864000 Kronen.

Daß bei der Schonungslosigkeit, mit welcher der Mensch vorgeht, ein Aussterben so wertvoller Tiere, wie der Wale und Robben, nicht nur zu befürchten, sondern in einzelnen Fällen bereits eingetreten ist, beweist das Schicksal des sogenannten **Borkentiers** oder der **Stellerschen Seekuh**. Dieses zur Gruppe der pflanzenfressenden Wale oder Seeкühe gehörende Tier wurde Mitte des vorigen Jahrhunderts von dem russischen Arzte **Steller** auf den Inseln des Beringsmeeres, an Flußmündungen, in großen Herden angetroffen und nährte sich von den dort in ungeheuren Massen wachsenden Seetangen. Den Namen „Borkentier" erhielt es von seiner äußerst dicken und zähen Haut, welche der zerrissenen Rinde eines Eichenstammes glich. Bald nach seiner Entdeckung wurde dieses Tier so schnell ausgerottet, daß schon nach 25 Jahren kein Exemplar mehr für wissenschaftliche Zwecke aufzutreiben war und man sich mit einzelnen Knochen und Schädeln begnügen mußte, welche von verschiedenen Naturforschern, u. a. auch neuerdings von Nordenskjöld, ausgegraben wurden.

Wir ersehen hieraus, wie dringend nötig gesetzliche Schutzmaßregeln gegen die völlige Vertilgung der Seehunde sind, mit denen auch einzelne Staaten bereits vorgegangen sind. Hören wir noch, um uns ein Bild davon zu machen, wie es bei der Robbenjagd hergeht, den von Dr. Lindeman mitgeteilten Bericht über den Robbenschag des Schiffes „Hudson" im Jahre 1868. Der „Hudson", ein Bremer Schiff, ging im Frühjahr 1868 nach dem Grönländischen Meere auf den Robbenschlag. Am 21. Februar verließ es die Weser und kam nach Anfang April auf die Robbenküste. Die Robben lagen in diesem Jahre westlich und nördlich von Jan Mayen auf 72° nördl. Breite und 2° östl. Länge. Verschiedene Fahrzeuge waren bereits zur Stelle. Am 11. begann der „Enterfall" (das Schlagen der jungen Robben) nachmittags 3 Uhr; abends 11 Uhr waren 901 junge Robben an Bord und am 12. abends 8 Uhr war die Zahl der von der Mannschaft des „Hudson" geschlagenen und an Bord gebrachten Robben 2171.

Das Gebiet der Robbenjagd, wenn man anders das Abschlachten der meist geduldig herhaltenden Tiere so nennen darf, ist ein ungeheuer großes, denn die Robbenküste, welche freilich keine Küste ist, sondern aus See und Eisfeldern besteht, umfaßt 6—8000 Quadratmeilen. In diesen Gegenden trifft man die Robben in ungeheuren Herden, welche nach dem Berichte von Yeaman oft 20—30 englische Meilen breit sein sollen. Die Engländer nennen solche Herden „Seehundshochzeiten" (seal-weddings) oder „Seehundswiesen" (seal-meadows). Der Kommandeur, mit dem Fernrohr oben aus dem Krähennest lugend, hat die Robbenherden zuerst entdeckt. Der Ruf „Over all!" ertönt. Die Mannschaft wirft sich in ihr Kostüm für den Robbenschlag. Dieses besteht aus grauem Linnenzeug; um den Leib wird ein Riemen gegürtet und in diesen das Buffmesser gesteckt. Vor allem aber versieht man sich mit Tauwerk und dem „Robbenknüppel" (einem starken Stock mit eiserner Spitze, Hammer und Haken). Bald liegen die Boote zu Wasser, die Mannschaften stürzen hinein, und mit lautem Ruf „Holulu!" aufs Eis. Das Schlagen der Robben auf dem Eis beginnt. Wenn die Robben getödtet sind, wird der Leib vom Halse an mit dem Buffmesser aufgeschlitzt und das Fell samt der Speckhaut abgezogen. Die Schiffsjungen, und später alle Mann, ziehen die Felle der „Hunde", wie die Robben in der grönländischen Sprache heißen, mittels der Taue nach dem Schiffe, wo der sogenannte Doktor (der Barbier) sie in Empfang zu nehmen und, bevor sie ins Flenßgat kommen, sogleich zu zählen hat. Der Rest des Tieres, die sogenannte Krenge, bleibt, eine Beute der Vögel und Eisbären, auf dem Eise liegen. Die Ergiebigkeit des Robbenschlags ist wesentlich dadurch bedingt, daß der günstige Moment benutzt wird. Die Mannschaft muß fortwährend flink bei der Hand sein. 500—600 Robben können in einem Tage von der Mannschaft eines Schiffes von 180 Lasten geschlagen werden. Die Schwierigkeit für die Mannschaft, von Scholle zu Scholle springend das Schiff wieder zu erreichen, ist nicht gering.

Die Boots- oder Schaluppenjagd ist bequemer, sie wird vorzugsweise angewendet, wenn sich zwischen den Schollen viel offenes Wasser findet. Man springt aus den Booten auf die Schollen, schlägt die Robben auf dieselbe Weise, nimmt sie vorläufig ins Boot und bufft sie auf der ersten besten größeren Scholle ab. Das Trennen des Felles vom Speck geschieht bei Gelegenheit an Bord durch die Offiziere. Bei dieser Arbeit wird nach altholländischem Brauch reihum ein „Lütjer" genommen, auch wohl gelegentlich zur Aufheiterung ein Gesang angestimmt. Das Fell wird auf einem Holzgestell festgehakt, der

Speck abgetrennt und vorläufig in eine Balje geworfen. Die Küper haben dann den Speck in die im Unter- und Mittelraum befindlichen Fässer (oder eisernen Tender) zu packen. Die Kunst des richtigen Loslösens des Specks unter vollständiger Schonung des Fells ist nicht schnell zu lernen; besonders hängt der Wert der Felle davon ab. Die Felle werden mit Seesalz eingesalzen. Gegen Ende April ist die Zeit des eigentlichen Robbenschlags vorüber. Der Wert einer jungen Robbe ist 8—10 Mark, während die alten den doppelten Wert haben.

Das Fell der gewöhnlichen Robben wurde bekanntlich früher vorzugsweise zu der Anfertigung von Tornistern und Koffern gebraucht, jetzt verwendet man es in England auch zur Schuhfabrikation, indem es zu diesem Zweck gespalten wird. Es sollen sogar Handschuhe, Tapeten und Unterkleider daraus verfertigt werden. Die Ausbeute des Robbenschlags an Thran wird für zehn junge Robben durchschnittlich auf eine Tonne angenommen.

Besondere Erwähnung verdienen noch die Pelzrobben (fur seals) oder Bärenrobben (Callirhinus ursinus), deren Fell nach Absengen der starren grauen Haare ein sehr geschätztes Pelzwerk liefert. Diese hochinteressanten Tiere leben nur im nördlichsten Teile des Stillen Ozeans und besuchen das Land nur auf den Pribiloff- und Commandersinseln sowie einigen Felsen des Ochotskischen Meeres, und zwar im Sommer, um die Jungen zu gebären. Im Mai oder Juni kommen zuerst die gewaltigen, 3—4 m langen Männchen, welche sehr heftig miteinander kämpfen, bis jedes sich einen besonderen Platz im Umkreise von mehreren Quadratruten erkämpft hat. Nun erscheinen auch die viel zahlreicheren, aber auch viel kleineren Weibchen, welche den Männchen gegenüber wie Zwerge erscheinen, und 10—15 von ihnen begeben sich unter den Schutz eines Männchens, um von ihm bewacht ihre Jungen zu werfen und zu säugen, welches Geschäft im Oktober beendet ist, worauf alle Tiere sich ins Meer zurückbegeben. Merkwürdigerweise fressen während der ganzen Zeit weder Männchen noch Weibchen das Geringste. Kapitän Bryant konnte bei seinem Besuch der St. Paulsinseln die Zahl aller dort lagernden Pelzrobben auf $1\frac{1}{2}$ Millionen schätzen, und Ähnliches berichtet Nordenskjöld auf seiner Reise mit der „Vega". Der Schlag der Pelzrobben ist gegenwärtig von der amerikanischen Regierung als Monopol einer Gesellschaft übertragen, welche nach Lindeman in guten Jahren dafür an Pacht und Steuern etwa 350000 Dollars zahlt. Es dürfen gesetzlich nur Männchen und von diesen auch nur jüngere getödtet werden, früher 100000 Stück jährlich; doch hat man aus Anlaß einer sichtbaren Abnahme der Zahl der Pelzrobben diese Zahl in letzter Zeit einschränken müssen. Nach Lomer kommen jetzt jährlich 55000 Felle der Pelzrobben in den Handel, von denen das Stück mit 18—60 Mark bezahlt wird.

Das kostbarste Fell, welches das Meer den Menschen liefert, rührt von der Seeotter (Enhydris marina) her, einem unsrer Fischotter sehr ähnlichen Tiere, welches auf einigen Inseln der Aléuten- und Schumagingruppe lebt. Die Pelze dieses Tieres, von denen jetzt jährlich etwa 1500 in Europa auf den Markt kommen, werden mit 300, ja, wenn sie schön weiß sind, sogar mit 1500 Mark das Stück bezahlt. Zu des oben erwähnten Stellers Zeit waren sie noch so häufig, daß der Preis eines Felles nur 5—6 Rubel betrug.

Der **Walroßfang** ist nicht minder bedeutend. Im Jahre 1788 brachte man 2800 Tonnen Walroßthran im Werte von 840000 Mark nach England, 1800 über 6000 Tonnen, die mehr als 3 Millionen Mark wert waren, und seit 1819 ist sich diese Summe alljährlich ziemlich gleich geblieben, obwohl doch manche Jagdgründe jetzt schon verödet sind. Einige Kapitäne tragen übrigens mit Recht Bedenken, diese Tiere in zu großer Menge zu tödten, da sie das Hauptexistenzmittel der Grönländer bilden. — Das Walroß hat schon eine bedeutende Größe, indem es eine Länge von 6—7 m und ein Gewicht von 700 bis 1000 kg erreichen kann. Von den übrigen Robben unterscheiden es hauptsächlich die zwei 25—50 cm langen, starken, walzenförmigen, etwas gekrümmten, dem Elfenbein gleich geschätzten Hauzähne, welche den oberen Teil der Schnauze ungewöhnlich auftreiben Die Jagd auf das Walroß ist nicht ohne Gefahr. Die Walrosse halten sich gewöhnlich in Herden zusammen, und der Angriff auf ein einziges derselben zieht alle andern zur Verteidigung herbei. In solchen Fällen versammeln sie sich oft rund um das Boot, von welchem der Angriff geschah, durchbohren seine Planken mit ihren Hauzähnen, heben sich bisweilen, trotz des nachdrücklichsten Widerstandes der Mannschaft, bis auf den Rand des Bootes und werden für die Jäger gefährliche Gegner.

Dr. Hayes sah am 3. Juli 1861 auf dem Eise bei Port Foulke, auf 78° nördl. Breite, eine nach Tausenden zählende Walroßherde. Im Boot von Walrossen überfallen, vermochte er sich und seine Gefährten nur nach dem verzweifeltsten Kampfe zu retten.

Von Norwegen aus wird der Walroßfang hauptsächlich bei Ostspitzbergen betrieben. Im Jahre 1869 lieferten 23 Fahrzeuge an Thran, Fellen, Walroßzähnen u. s. w. einen Bruttowert von 44778 Speziesthalern.

Von größeren Meeresgeschöpfen, welche dem Menschen zum Opfer fallen, erwähnen wir schließlich noch den Eisbären, der seines Felles und Thranes wegen gejagt wird, und den Eishai (Hakjerring, Scymnus borealis), der eine Länge von 3—5 m erreicht und in Finnmark und Tromsö alljährlich in großer Menge mit Angeln gefangen wird, und zwar nur seiner Leber wegen, welche ein vortreffliches Brennöl liefert. Der Wertertrag dieses Fanges allein läßt sich jährlich auf 150—200000 Mark anschlagen.

Fig. 409. Helgoländer Hummerfischer.

Krebse, Hummern. Anhangsweise dürfen wir hier noch einiger Meeresgeschöpfe gedenken, welche bei den Fischen nicht wohl unterzubringen sind: wir meinen vor allem die Seekrebse und Hummern. Der Fang der ersteren bildet einen Hauptnahrungszweig an vielen Punkten der englischen und schottischen Küsten. Namentlich die ärmere Bevölkerung, Männer, Weiber und Kinder, sind auf dem Strande und unter den Felsen beschäftigt, die beim Zurückgehen der Flut zurückgebliebenen Krustentiere zu sammeln. Fischer sind mit langen Haken versehen, mit deren Hilfe sie das Seegras aufrichten und die Steine umdrehen, um die darunter befindlichen Krabben hervorzuholen. Andre haben Stöcke von anderthalb Meter Länge, deren Ende mit einem Angelhaken versehen ist, um die Hummern aus den Felsenlöchern ans Licht zu ziehen. Die eigentlichen Hummerfänger aber bedienen sich hierbei großer Boote, die mit drei oder vier Fischern bemannt und mit 20—100 Körben versehen sind. Man setzt diese durch Steine beschwerten Körbe, nachdem man im Innern derselben einige Stücke von weißen Fischen als Köder angebracht hat, auf Felsen, welche 7—8 Klafter tief unter Wasser sind, oder befestigt sie an Stricke, damit sie schwimmen können. Die Hummern schlüpfen durch den engen Durchgang in die Körbe, die innen befindlichen Weiden verhindern die Rückkehr und so sind sie gefangen. Nach jeder Ebbe sehen die Fischer nach, nehmen die Gefangenen heraus und legen sie in eine große Hürde, die sie als ihr Behälter am Meere stehen lassen. In Schottland allein werden jährlich Hummern im Werte von 6 Millionen Mark gefangen.

Die größten Hummern fängt man an der norwegischen Küste, und jährlich gehen allein von London und Amsterdam 30—40 und mehr Schiffe zum Fang dorthin ab, deren jedes 1000—1200 Stück in dem unteren Raume, der nach Art der Fischkästen eingerichtet ist, fassen kann. Es werden in Norwegen jährlich etwa 1 Million Hummern im Werte von 3—400000 Mark gefangen. Bei Helgoland werden jährlich 20—30000 Hummern gefangen. — Die kurzschwänzigen Krebse heißen bekanntlich Krabben. Unter ihnen sind namentlich der fast fußbreite und oft über $2^1/_2$ kg schwere Taschenkrebs sowie die gemeine Krabbe, welche beide sich an den europäischen Küsten aufhalten, sehr geschätzte Handelsartikel, insbesondere nach Italien, weshalb ihr Fang mit Eifer betrieben wird.

Fig. 410. Granatfänger an der Nordsee.

Von ansehnlichem Umfange ist die belgische Krabbenfischerei. Sie wird ungefähr 1 km von der Tieflinie von etwa 60 Booten mit kleinen Netzen betrieben. Die Krabben werden unmittelbar nach dem Fange gekocht und dann ins Binnenland wie nach Frankreich und London versandt. In Italien sind Krabben ein allgemein beliebtes Volksnahrungsmittel und werden beispielsweise allein bei Chioggia jährlich für 2500000 Lire gefangen. Sehr bedeutend ist auch in vielen Küstenländern der Fang der Garnelen oder Granaten (engl. prawn oder shrimp), welche frisch gekocht und weit versandt werden. An der deutschen Nordseeküste, namentlich am Jahdebusen im Oldenburgischen, wird der gemeine Granat mit Körben in so ungeheuren Mengen gefangen, daß mehrere Fabriken beschäftigt sind, den sonst nicht verwertbaren Fang zu Granatguano zu verarbeiten.

An den Küsten des Mittelmeeres, im Stillen Ozean bei San Francisco, in Ostindien, Japan und China fängt man in großer Menge mehrere Arten achtfüßige Tintenfische, auch Polypen oder Kraken genannt, mit sehr sinnreich konstruierten Angeln und verkauft sie als beliebtes Volksnahrungsmittel. In China an der Südküste von Tscheu-schan sind nicht weniger als 80000 Menschen mit dem Fange von Tintenfischen beschäftigt und die Ausfuhr von solchen konservierten Tieren hat jährlich einen Wert von etwa 2 Millionen Mark.

Endlich erwähnen wir auch noch den **Trepang** (beche le moi), jene eßbaren Holothurien, welche in den malaiischen und australischen Gewässern zahlreich eingesammelt werden und, auf eine komplizierte Art zubereitet, einen äußerst wichtigen Handelsartikel bilden, namentlich nach China hin. Der Zentralpunkt dieses Handels ist Makassar auf Celebes.

Aber eines ganz besonderen Tieres dürfen wir hier nicht vergessen, das ein ganz eigenartiges Produkt für den Welthandel liefert — der **Schildkröte** als des Produzenten des Schildpatts, und zwar besonders der Meeresschildkröten, welche fast nur in der heißen Zone leben. Ihr Fang ist besonders im Sundameere wichtig und Singapur an der Südspitze der hinterindischen Halbinsel der Hauptstapelplatz des wertvollen hornartigen Belags der Schale, welcher zu Kämmen, Dosen und ähnlichen Dingen verarbeitet wird. Das beste Schildpatt, im Werte von 120 Mark das Kilo, liefert die Karettschildkröte. Es wird von dem noch lebenden Tiere dadurch abgetrennt, daß man dasselbe den Strahlen eines starken Feuers aussetzt. Nach dieser grausamen Operation pflegen die Schiffer die Schildkröten wieder ins Meer zu werfen, weil sie glauben, daß die Tiere sofort wieder eine neue Schale ansetzen. Andre Schildkröten werden ihres wohlschmeckenden Fleisches wegen geschätzt, wie die etwa 7—8 Zentner schwere Riesenschildkröte. Ihr eingesalzenes Fleisch bildet einen nicht unbedeutenden Handelsartikel.

Fig. 411. Die Karettschildkröte.

Jagd auf Seevögel. Die auf und an dem Meere lebenden **Vögel** liefern dem Fischer und Seefahrer gelegentlich eine nicht zu verachtende Beute, sowohl durch ihre Federn als durch ihr Fleisch und Fett, und wenn sie daher auch ihrer Natur nach wohl nicht zu den eigentlichen Meeresprodukten zu zählen sind, so zeigen sie sich doch im ganzen derartig vom Meere abhängig, daß wir ihren mit Fischerei und Seewesen so eng verknüpften Fang am passendsten hier besprechen.

Ihrer kostbaren Federbekleidung wegen hat von jeher die **Eiderente** den höchsten Ruf genossen, und die halsbrecherischen Jagden, welche mitunter angestellt werden müssen, um zu den Nestdaunen zu gelangen, waren oft Gegenstand lebhafter Schilderungen.

Die Eiderenten bewohnen die meisten der hochnordischen Länder und bedecken an geschützten Plätzen die Küstenfelsen des Eismeers in ansehnlichen Mengen mit ihren Nestern. Da, wo solche Brüteplätze an schwer zugänglichen Klippen liegen, verbindet sich der Jäger mit einigen Freunden, um die aus Moos gebauten und mit den zartesten Brustfedern ausgefütterten Nester zu berauben. In einem Kahne, mit Leitern und Stangen und starken, aus Seehundsleder geflochtenen Stricken versehen, begibt sich die Gesellschaft in das Felsenlabyrinth. Dort sucht zunächst einer davon die Höhen zu erklimmen; ist dies mit Hilfe von Steigeisen gelungen, so behält er das eine Ende eines langen Strickes in der Hand, während die andern Jäger zum nächsten Felsen fahren, wo ein zweiter den Gipfel zu erreichen sucht, das andre Ende des Seiles in der Hand, das nun, um eine zackige Klippe geschlungen, die beiden Felsen verbindet. An diesem Seile bringt man eine Rolle an, durch welche ein andres Seil doppelt gezogen ist, so daß in der Mitte ein Korb hängen kann. Dieser wird, nachdem alles gehörig befestigt ist, zur Meeresfläche niedergelassen; dort nimmt er einen dritten Mann aus dem Kahne auf und wird dann mit ihm dahin gezogen, wo ein Nest zu vermuten steht. Nachdem die Vögel einmal ihrer Eier und Federn beraubt worden sind, paaren sie sich wieder und füllen das Nest abermals mit Federn aus; der Jäger beraubt sie aber auch dieser wieder, und erst gegen die Mitte des Sommers, wenn sie zum drittenmal gebaut und gelegt und nur eben noch Zeit zum Brüten haben, läßt er sie in Ruhe, um die Brut nicht zu zerstören. Die Mutterente rauft sich eine solche Fülle der weichsten Federn aus der Brust, daß sie in einem dicken Polster das Nest umgeben. Will der Vogel das Nest zeitweilig verlassen, so hüllt er die Eier völlig in die warme Schutzdecke ein. Ein solches Nest gibt eine Ausbeute von etwa $1/8$ kg gereinigter Federn im Werte von $2 1/4$ Mark. Nach der ersten Plünderung verwendet die Alte schon weniger Federn in das Nest, und muß sie zum drittenmal bauen, so liefert das Männchen die Daunen, die von weißer Farbe sind.

Fig. 412. Die eßbaren Nester der Salanganschwalbe. (Zu S. 502.)

An Stellen, wo die Felsen ganz einzeln stehen und darum kein Seil über zwei derselben gespannt werden kann, wird das Geschäft für den Jäger noch gefahrvoller, indem er dann an einem Seile, das um seinen Gürtel geschlungen ist, von zwei Männern aus der Höhe hinabgelassen werden muß.

Übrigens sind die Eiderenten an manchen Orten so zutraulich, daß sie unter der Pflege des Menschen fast völlig zu Haustieren werden, in der Nähe menschlicher Wohnungen, ja in diesen selbst oder in von Menschen aufgestellten Kisten und Körben brüten und später, wenn sie nach Beendigung des Brutgeschäftes wieder aufs Meer hinausziehen, die Daunenausfütterung des Nestes als Lohn für genossene Gastfreundschaft zurücklassen.

Als Beispiel, wie wichtig stellenweise die Jagd auf Seevögel wird, führen wir an, daß in dem außerordentlich schwach bevölkerten Grönland während des Jahres 1858 30000 Eiderenten und 70000 Alken erlegt und gegen 200000 Stück Eier gesammelt wurden. Etwa 20—30 Vogelbälge geben einen vollständigen Anzug für einen erwachsenen Grönländer ab.

Die eben geschilderten halsbrecherischen Felsenfahrten sind wohl nirgends so gebräuchlich als auf St. Kilda, der nördlichsten der Hebriden. Dieses kleine, etwa $7 1/2$ km im Umfang messende Eiland steigt überall fast senkrecht aus dem Ozean empor und bildet am östlichen Ende eine Felswand von 460 m, bei welcher jeder Vorsprung mit brütenden Seevögeln bedeckt ist. Der wichtigste von allen diesen Vögeln ist für die Bewohner der Insel der Sturmtaucher (Puffinus anglorum), der in unglaublicher Anzahl daselbst brütet. Sowie dieser Vogel ergriffen wird, erbricht er ein klares, bernsteinfarbiges Öl, das man ebenso zum Brennen in den Lampen wie als Heilmittel gegen vielerlei körperliche Leiden verwendet. Von den ebenfalls hier nistenden Baßtölpeln (Sula bassana) werden jährlich über 20000 Stück erlegt, der Gewinnung zahlloser Eier gar nicht zu gedenken.

Kaum weniger wichtig und bedeutend ist die Jagd auf den wilden Schwan, der ebenfalls in den nordischen Gegenden, auf Island, Lappland, Spitzbergen u. s. w., brütet.

Das Fleisch der jungen Tiere ist äußerst wohlschmeckend, die mit den Federn gar gemachten Häute liefern ein kostbares Pelzwerk (Schwanenpelz), die Daunen einen bedeutenden Handelsartikel. Möwen, Segeltaucher und Pelikane liefern gleichfalls Federn und Eier und sind darum mehr oder weniger Gegenstand der Jagd. Unter den letztgenannten ist besonders die obengenannte Baßgans von Wichtigkeit, welche auf der unbewohnten schottischen Insel Baß im Golf von Edinburg zu Myriaden brütet, so daß die ganze Insel mit Nestern, Eiern und Jungen förmlich bedeckt ist, welche letztere frisch genossen oder auch für den Winter eingesalzen werden. Die Eier sind äußerst wohlschmeckend und werden eifrig gesammelt. Verschiedene Taucherarten fängt man ihres Federkleides wegen, besonders die Haubentaucher, welche die sogenannten Grebenhäute zu Muffen, Verbrämungen u. s. w. liefern.

Die Familie der Alken hat meistens wohlschmeckendes Fleisch, weshalb man auf sie Jagd macht. Unter ihnen verdienen die Seepapageien (Papageientaucher) namentliche Erwähnung, die an der französischen und englischen Küste, auf der Insel Wight und in großer Menge auf der Priestholminsel in der Nähe von Anglesea gesellig tief in verwitterten Schiefer oder in die Erde ihre Nester graben, aus denen dann zur Zeit die Jungen mittels langer Stangen herausgezogen werden.

Die genannten Vögel sind fast alle Bewohner der nördlichen Meere; wir müssen aber auch eines Südländers gedenken, dessen Jagd zwar äußerst einfach ist, der aber darum nicht weniger interessant sein dürfte. Wir meinen den Pinguin (Fettgans). Er lebt in vier verschiedenen Arten nur im südlichen Teile des Atlantischen und Indischen Ozeans zwischen Amerika und Neuseeland, und geht nur zum Eierlegen auf die Inseln und Landspitzen. Die Flügel dieses Vogels sind verkümmert, die Flügelfedern gefransten Hornschuppen ähnlich; das Fliegen ist ihm darum unmöglich, dafür schwimmt er um so besser, wobei er die Flügelstumpfe als Ruder gebraucht. Dadurch, daß die Füße sehr weit nach hinten stehen, wird ihm das Gehen nicht wenig erschwert; ruhend hält er daher den Körper gerade aufrecht und scheint dann zu sitzen. Von diesen Vögeln schätzt man besonders die dichten Federpelze, die zum Putz dienen (besonders das Halsstück); die Häute werden zu Beuteln verarbeitet.

Die Jagd auf diese Tiere ist ohne alle Schwierigkeit. Die am Lande überraschten Scharen lassen die Jäger ganz nahe an sich herankommen und werden dann mit Stöcken todtgeschlagen.

Einen von den Feinschmeckern vielbesprochenen Vogel gibt es noch, der wegen seines eigentümlichen Brüteplatzes zu den Seevögeln gerechnet werden könnte und dem der Mensch sein Nest raubt, um es zu verzehren. Jener Vogel ist die Salangane (Collocalia), eine den Schwalben verwandte Gattung, deren Nester in Japan, China und Indien als Leckerei zu hohen Preisen gesucht werden. Die Salanganschwalbe nistet in tiefen Höhlen und Spalten am Meeresufer (s. Fig. 412), und deshalb ist das Wegnehmen der Nester ebenfalls eine halsbrecherische Arbeit. Man sammelt dreimal im Jahre, sobald die Jungen flügge geworden; die Nester sind hellfarbig und durchscheinend, wie aus verhärteter Gallerte, zu der sie auch im heißen Wasser aufquellen. Sie bestehen aus dem zähen, verhärteten Speichel der Unterzungendrüse der Salangane. Eine Art benutzt nebenbei auch Pflanzenteile (Tange) beim Nestbau, ihre Nester sind minder geschätzt; die einer dritten Art bestehen großenteils aus Kokosfasern und werden deshalb nur gelegentlich von chinesischen Händlern gesammelt. Man benutzt die Nester zu Suppen, ja man könnte sie geradezu natürliche Suppentafeln nennen. Ihr Geschmack ist an und für sich fade und ihr Hauptwert liegt in der Einbildung.

— Was lockst du meine Brut
Mit Menschenwitz und Menschenlist
Hinauf in Todesglut?
Ach! wüßtest du, wie's Fischlein ist
So wohlig auf dem Grund,
Du stiegst herunter wie du bist,
Und würdest erst gesund.

Goethe.

Süßwasserfischerei. Künstliche Fischzucht.

Ertragsfähigkeit der süßen Gewässer. Karpfenzucht. Wilde Fischerei. Angeln. Netze. Brachsen. Aalfang. Lachsfang. Forelle. Hausen und Stör. Künstliche Fischzucht. Ursache der Abnahme der Fische. Geschichte der künstlichen Fischzucht. Jacobi. Remy. Coste. Künstliche Befruchtung. Brutapparate. Aufzucht der Jungen Versendung der Brut. Fischbrutanstalt zu Hüningen. Lachsleitern.

Bei der geringen Ausdehnung der süßen Gewässer im Vergleich mit dem Meere stellt sich immer mehr die Notwendigkeit heraus, bei der Befischung derselben weniger auf Verbesserung der Fangmethoden zu sehen, als vielmehr die Seen, Teiche, Flüsse und Bäche in ähnlicher Weise, wie das Ackerland, die Weiden und Forsten, regelrecht zu bewirtschaften, wenn man aus ihnen den vollen Ertrag an Fischfleisch ziehen will, den sie zu liefern im stande sind. Den Beweis für die Richtigkeit dieser Behauptung hat eigentlich die schon seit Jahrhunderten betriebene Zucht des Karpfens, die rationelle Teichwirtschaft, bereits geliefert, und es handelt sich im wesentlichen jetzt nur darum, die allgemeinen bei der Karpfenzucht befolgten Grundsätze auch auf die Zucht andrer wertvoller Fische zu übertragen. Die enorme Produktionskraft eines richtig bewirtschafteten Gewässers mag man daraus entnehmen, daß nach einer Berechnung von Hensen 1 ha Karpfenteich in Preußen jährlich 76,5 kg Fischfleisch liefert, 1 ha Feld dagegen, wenn man den Ertrag an Getreide und Früchten nach einem bestimmten Satze in Fleischertrag umrechnet, nur wenig mehr, nämlich 83,5 kg Fleisch jährlich produzieren kann.

Die Karpfenzucht. Der Karpfen ist in Mitteleuropa entschieden der wichtigste unter allen sogenannten Friedfischen; gegenwärtig wird seine Zucht vorzugsweise in Norddeutschland, am ausgedehntesten jedoch in Böhmen auf den fürstlich Schwarzenbergschen Gütern betrieben. Die Teiche sind viererlei. Erstens die Streichteiche, welche zum Laichen der Fische, also zum Erzielen junger Brut dienen. Sie müssen womöglich sogenannte Himmelteiche sein, d. h. keinen andern Wasserzufluß als durch den Regen haben, dürfen nur mittelgroß sein, mit flachen, mäßig bewachsenen Rändern und sonniger, gegen kalte Winde geschützter Lage, auch müssen alle Feinde der jungen Brut sorglich ferngehalten werden. Im Herbst wird letztere, auch „Strich" genannt, herausgefischt, den Winter über in sogenannten „Winterteichen" gehalten und im nächsten Frühjahr den „Streckteichen" übergeben, welche in bezug auf die Lage dieselben Bedingungen wie die Streichteiche erfüllen müssen, aber zugleich eines beständigen Wasserzuflusses bedürfen aus andern Teichen oder aus Gräben, welche durch Viehweiden oder Ortschaften fließen und den jungen Fischen Nahrung zuführen.

Fig. 414. 1 Hecht, 2 Karpfen, 3 Kaulkopf.

Ist die Brut in ein oder zwei Sommern in diesen Teichen bis zu mäßiger Größe herangewachsen, so kommt sie nun im Herbst in die „Abwachs-, Haupt- oder Karpfenteiche", um hier in der Regel drei Sommer und zwei Winter hindurch zu Marktfischen von $1^1/_2$—2 kg Gewicht heranzuwachsen. In diesen Teichen sind Hechte ganz unentbehrlich, sie dienen hauptsächlich dazu, die größeren Karpfen durch stete Beunruhigung am Laichen und damit an der Erzeugung junger Brut, welche den Alten die Nahrung wegnehmen würde, zu verhindern; außerdem fangen sie die nutzlosen Nebenfische weg. Auch füttert man die Karpfen in den „Abwachsteichen" mit Schafmist, Erbsen, Bohnen, Kartoffeln u. a. In vielen Gegenden, z. B. in Holstein, betreibt man sogenannte Fehmelwirtschaft, d. h. nur mit einem Teiche. Diesen läßt man gewöhnlich drei Jahre trocken liegen und bestellt ihn inzwischen mit Hafer und Klee. Dann füllt man ihn und setzt einjährige Karpfen hinein, welche nach drei Jahren marktfähige Fische liefern.

Die Zucht von Fischen in Teichen, ihre Wartung und Pflege nennt man auch zahme Fischerei. Ihr gegenüber steht die wilde oder natürliche Fischerei, bei welcher im allgemeinen keine Besetzung der Gewässer mit Brut stattfindet. Es würde die uns hier gesteckten Grenzen überschreiten, wollten wir alle die wichtigen Fischarten, welche der wilden Fischerei unterliegen, und die dabei gebräuchlichen Fangmethoden einzeln aufführen. Es mag genügen, einige der bekannteren Fischarten hier bildlich vorzuführen und die Fangarten im allgemeinen zu besprechen.

Angelfischerei. Ein wichtiges Gerät bei der wilden Fischerei ist die Angel. Die biegsame Angelrute hält am unteren Ende einer langen Schnur den Haken mit der Lockspeise, bei uns meist einem Regenwurm oder einer Fliege. Gewöhnlich zeigt ein sogenannter Schwimmer, ein Korkstück mit Federspule, das auf der Oberfläche des Wassers bleibt, dem Angler an, ob ein Fisch angebissen hat oder nicht. In England ist das Angeln zur nobeln Passion geworden, der sich sogar vornehme Damen ergeben.

Fig. 415. 1 Aal, 2 Plötze, 3 Äsche, 4 Rotfeder, 5 Weißfisch, 6 Barbe.

Die Angelkunst erreicht ihre höchste Vollendung in der sogenannten Fliegenfischerei, d. h. in dem Angeln mittels künstlicher, sehr sorgfältig hergestellter Köder in Gestalt von Fliegen, Libellen und andern Insekten, welche zum Fange von Forellen, Äschen und sonstigen lachsartigen Fischen verwandt werden. Eine umfangreiche Litteratur ergeht sich über die verschiedenen Angelweisen und Vorsichtsmaßregeln, die je nach der beabsichtigten Beute voneinander abweichen. Die Fabrikation der Angelhaken bildet in manchen Gegenden einen wichtigen Industriezweig, und in England liefert allein Sheffield jährlich über 200 Millionen Stück dieser kleinen Mordwerkzeuge. In Deutschland haben die steirischen den größten Ruf und ausgedehntesten Absatz.

In Nordamerika hat sich die Angelkunst ebenfalls sehr ausgebildet und man hat hier für den Fang größerer Fische eine eigne, ziemlich künstliche Art Angelhaken, die sogenannten „Sockdologer", welche aus einem Köderhaken und zwei seitlichen Fanghaken bestehen, die sich bei leiser Berührung des Köders in den Fisch einbohren. Sie wurde durch den

Engländer E. W. Newton wesentlich vervollkommnet (s. Fig. 416 p, q). Will der Fischer nicht bei dem einzelnen Angelhaken auf der Lauer bleiben, so bedient er sich der sogenannten Setzangeln und Angelleinen. Diese werden entweder einzeln mit ihren Haken ins Wasser geworfen oder in bestimmten Abständen an eine Hauptleine befestigt und letztere am Ufer angebunden. Bei schwimmenden Angeln befestigt man die Enden der Leine an ein Brett und an den Kahn und bewegt sie langsam rudernd durch das Gewässer. Die in unsern Flüssen gewöhnlich gebrauchten Netze oder Garne haben sehr verschiedene Formen. Engmaschig haben sie zunächst nur den Zweck, die Fische aufzuhalten und anzusammeln; weitmaschig dienen sie dazu, den mit den Kiemen darin hängenbleibenden Fisch wirklich zu fangen. Es gibt ferner Garnsäcke von kegelförmiger Gestalt, Wurfgarne, Senker oder Senkgarne, Hamen, welche mittels eines Bügels an einer weiten hölzernen Gabel befestigt sind und besonders an seichten Stellen gebraucht werden, sogenannte Siebe, Kessel, Bouraquen, Schauber und Streichwaten oder Scherenhamen. Eine sehr sinnreiche Vorrichtung ist ferner die Reuse, eine Art Korb, der aus Binsen, Weiden oder andern biegsamen Ruten geflochten wird. Sie müssen das Wasser ohne Widerstand durchlassen, doch je nach der Größe der Fische, deren Fang beabsichtigt wird, so eng zusammengeflochten sein, daß sie dieselben zurückhalten. Gewöhnlich haben die bloßen Reusen (Vollreusen) die Form eines Garnsackes, bestehen aus fünf Bügeln, und sind an jedem Ende mit trichterförmigen Einkehlen versehen, welche sich mittels der vier Schnüre, womit die in die Reuse hineinreichenden kleineren Öffnungen zusammengefügt werden, so stramm ziehen, daß die Öffnungen ein freies Viereck darstellen. Die Reusen werden öfter an Stellen, wohin man mit Garnsäcken nicht gelangen kann, eingesenkt, nachdem man

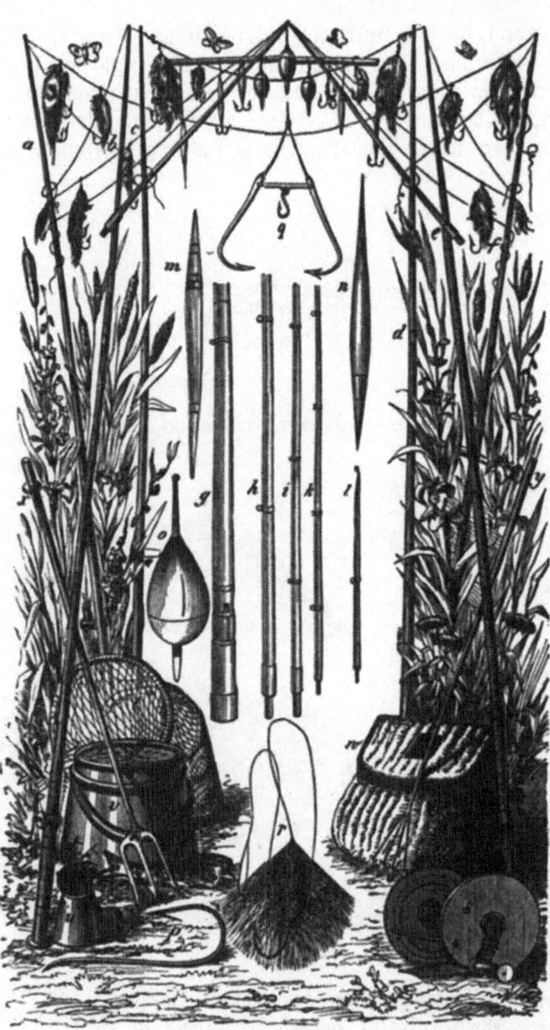

Fig. 416. Angelrequisiten.
a—f verschiedene Angelarten, Angelschnuren und Köder; g—l diverse Angelstöcke; m, n, o Schwimmer; p, q Newtons Angelhaken; r künstliche Fliege; s Rolle zum Aufwickeln der Leine; t Fischnetz; u Blechbüchse zum Aufbewahren kleiner Insekten; v, w Fischkästen; x, y Fischspeere.

sie mit einer Lockspeise versehen, und führen dann den Namen Senkreusen. In diesem Falle werden ganze Reihen von Reusen mit der Mündung dem Strome des Wassers entgegengelegt und so weit mit Steinen beschwert, daß sie festgehalten, aber nicht zusammengedrückt werden. Dies geschieht namentlich da, wo die Fische ihren Strich haben. Auch bringt man sie, namentlich wenn man Aale darin fangen will, gern in der Nähe eines Mühlgerinnes und überhaupt da an, wo das Wasser am schnellsten fließt. In letzterem Falle wird auch in flachen Flüssen von geflochtenen Hürden ein Fischzaun quer durch den Fluß, jedoch so, daß er einen Winkel bildet, gezogen, und nur die Reuseneingänge werden oben offen gelassen.

Brachsen. Aalfang. Die großartigsten Fänge liefern unter allen Süßwasserfischen der Blei oder Brachsen (Abramis brama) und der Aal. Ersterer, ein dem Karpfen nahe verwandter Fisch, lebt in großer Menge in den Seen Norddeutschlands und namentlich Schwedens. Man fischt ihn meist im Winter unter dem Eise mit sehr großen Zugnetzen oder Waten. Es werden dabei Löcher ins Eis geschlagen und unter das Eis eine Stange geschoben, an welcher das Netztau befestigt ist. Letzteres wird durch Winden gezogen. Auf diese Weise werden oft auf einen einzigen Zug 20—30000 Pfund Brachsen und mehr gefangen. Weltberühmt sind die großartigen, kompliziert gebauten Fischzäune, welche in den Lagunen zu Comacchio in Oberitalien zum Fange des Aals dienen. Jacobi hat diesen Fang in einer besonderen, kleinen, sehr interessanten Schrift: „Der Fischfang in der Lagune von Comacchio nebst einer Darstellung der Aalfrage" (Berlin 1880) sehr ausführlich beschrieben. Jene Lagunen, große Brackwasserseen, stehen durch ein kompliziertes System von Kanälen mit dem Po und dem Adriatischen Meere in Verbindung. Im Frühjahr öffnet man die Schleusen, so daß das Wasser nach dem Po zu abfließen kann, worauf dann die im Meere geborne Aalbrut gegen den Strom an in die Lagunen zieht. Im Herbst werden die Abzugsschleusen aufs neue geöffnet, aber so, daß alles abfließende Wasser durch ein System feststehender, aus Rohr geflochtener Zäune und Reusen geht, und in ihnen fangen sich nun die großen Aale, welche, vom Fortpflanzungstriebe gedrängt, das Meer aufsuchen wollen. Alljährlich erbeutet man hier zwischen $^3/_4$ und $1\,^1/_2$ Millionen kg Aale.

Fig. 417. Der Lachs im ersten Lebensjahre.

Lachsfang. Fanggitter bringt man in solchen Flüssen an, die vom Lachs, der bekanntlich zum Laichen vom Meere in die Flüsse aufsteigt, alljährlich besucht werden. Man läßt deren entweder zwei nacheinander folgen, das stromaufwärts befindliche ansehnlich höher, und bemächtigt sich dann der zwischen beiden befindlichen Fische, oder man legt Wehre mit besonderem Gitterwerk an, das den emporschnellenden Fisch aufnimmt. Der Lachs geht im Rhein hinauf bis in die Schweiz, in der Elbe bis Böhmen; häufig besucht er die Gewässer Schottlands und überhaupt Britanniens. Im Tweed, einem Flusse zwischen England und Schottland, wo die Lachsfischerei bei Tag und Nacht mit großer Passion betrieben wird, werden jährlich etwa 200000 Stück gefangen. Einzelne englische oder schottische Lords beziehen allein aus ihren Lachsgewässern eine jährliche Einnahme von 500000 Mark. Sämtliche britische Lachsfischereien bringen jährlich gegen 12 Millionen Mark ein. Auch die

Fig. 418. Ausgewachsener Lachs.

skandinavischen Lachsfischereien sind bedeutend. Die reichsten sind die bei Elfkarleby in der Dalelf und bei Mörruno in Blekinge; sie ergeben einen Jahresertrag von 45000 und 33750 Mark; 27 schwedische Lachsflüsse gewähren ein Jahreseinkommen von über 690000 Mark, die Fischereien bei Schonen und Blekinge 135000 Mark. Die meisten Lachse aber bergen die Ströme des nordwestlichen Amerika, der Columbiafluß mit seinen Nebenflüssen, von denen der Lachsfluß diesem Fische seinen Namen verdankt. Die Eingebornen jener Gegenden leben fast ausschließlich von ihm und wissen ihn auf sehr sinnreiche Weise zu fangen. Kommandant Wilkes, der Gelegenheit hatte, den Lachsfang am Fall des Willamette — eines der Columbiazuflüsse — zu beobachten, macht darüber einige Mitteilungen. Der Lachs sucht die sich ihm entgegenstellende Felsenwand, über die der Fluß rasend niederstürzt, zu überspringen, was freilich unter zehn nur einem gelingt. Die übrigen fallen ermüdet zurück, um dann von den Indianern weggefangen zu werden. Diese bedienen sich dazu zweier starker Ruten, welche groß genug sind, um mit ihrem einen Ende den Schaumstrudel beherrschen zu können, während das andre Ende in den Felsen gesteckt ist, um mit raschem Ruck den Fisch ans Ufer zu schleudern. Man benutzt auch Netze, die in die Mitte des Stromes ausgeworfen und dort so lange hin und her bewegt werden, bis sich einer der zurückfallenden Lachse gefangen hat. Da man darauf nie lange zu warten hat, so kann ein Einzelner binnen einer Stunde 20 große Fische fangen. Um diejenigen, denen es gelungen ist, die Felsenwand zu überspringen, und welche die größten und besten sind, zu gewinnen, rudern die Indianer mit ihren Kähnen oberhalb des Falles, sichern sich mittels Pfählen, die in Felsspalten gesteckt werden, vor dem Fortreißen und werfen dann die an langen Ruten befestigten Netze aus. Seit man auch in diesen Flüssen, um der Ausrottung der Lachse vorzubeugen, mit der Aussetzung von Brut begonnen hat, werden jährlich über 300000 Lachse von durchschnittlich 10 kg Gewicht gefangen und in an Ort und Stelle angelegten, großartigen Fabriken zu Konserven verarbeitet. Einer besonderen Lachsart, des Salmo fario oder der Forelle, müssen wir noch gedenken, die bekanntlich klares und kaltes

Fig. 419. Bachforelle (Salmo fario).

Fig. 420. Ritterforelle (Salmo umbla).

Wasser liebt und deren Fang, namentlich durch Angeln mit künstlichen Fliegen, in den Alpen- und Gebirgsbächen auch von manchem Sportsman mit Leidenschaft betrieben wird. Man fängt die Forellen bisweilen mittels des Forellensprunges. Dieser besteht aus einem liegenden Rechen, welcher da angebracht wird, wo die Forellen sich am häufigsten aufhalten. Die Forelle pflegt nämlich, wie der Lachs, an heißen Tagen hoch und weit aus dem Wasser emporzuspringen. Geschieht dies nun in der Nähe einer solchen Vorrichtung, so fängt sie sich selbst, indem sie auf den Rechen fällt.

Neben diesen wichtigeren Methoden des Fischfangs gibt es noch hier und da örtliche Abweichungen. So erzählt man, daß die Eingebornen von Guinea oft Gift anwenden, um die Fische zu betäuben. Die mit fließenden Wassern in Verbindung stehenden Uferlachen, in denen sich die Fische die Nacht über gern aufhalten, werden von ihnen mit dem anbrechenden Morgen aufgesucht und die Öffnung gegen den Fluß hin soviel wie möglich durch Steine versperrt. Den abgeschlossenen Raum bestreuen sie dann mit feingeriebenem „Hai-arry", einer stark narkotischen Pflanze. Nach wenigen Sekunden beginnt das Gift zu wirken, die Fische sterben und schwimmen auf der Oberfläche, wo sie mit der Hand ergriffen werden können. Dem Fleisch der Fische erwächst daraus kein Nachteil. Von den sogenannten Kockels- oder Fischkörnern, welche gewissenlose Brauer auch zur Fälschung der Biere brauchen, ist es ebenfalls bekannt, daß sie die Fische betäuben. Auch in Südamerika, im Gebiete des Amazonas und Orinoko, dessen Indianer reine Ichthyophagen, d. i. Fischesser, sind, vergiftet man die Gewässer mit dem Safte gewisser Euphorbiaceen und Sapindaceen, indem man deren zerquetschte Stengel ins Wasser wirft. Mit großem Geschick und fast unfehlbarer Sicherheit bedient sich der Indianer auch des Pfeiles, mit dem er selbst in wild brausenden Wasserfällen die Fische zu treffen weiß.

Die Chinesen richten Kormoranscharben zum Fischfang ab, verwehren es den Vögeln durch einen Ring, den sie ihnen um den Hals legen, die Fische zu verschlucken, und lassen sie dann tauchen. Hier und da soll auch mitunter selbst ein Fisch, der Schiffshalter, dazu benutzt worden sein, andre Fische sowie Schildkröten zu fangen. Man bindet ihn zu diesem Zweck an eine lange Schnur und läßt ihn ins Wasser, sobald man einen Fang merkt. Er saugt sich dann sofort mit Hilfe seines blätterigen, gezähnelten, beweglichen Kopfschildes an dem letzteren fest.

Der Hausen und der Stör. Der Stör kommt in allen europäischen Meeren vor und steigt periodisch aus dem Meere in die Flüsse hinauf, um dort seinen Laich abzusetzen. Früher waren auch die Ströme Österreichs mit verschiedenen Störarten bevölkert, die aus dem Schwarzen Meere, dem Adriatischen Meere und der Nordsee und Ostsee kamen. Vor hundert Jahren waren Donaustöre von 400 kg in Ungarn bis Komorn herauf nicht selten, und kamen selbst solche von 800 kg vor. Jetzt sind sie nur selten und nur klein anzutreffen. Auch der Hausenfang ist früher sehr stark in Österreich betrieben worden; jetzt kommt dieser Fisch nur selten bis über Preßburg herauf. In Norddeutschland ist der Störfang sehr zurückgegangen und liefert nur noch in der Weichsel, der Eider, der Unterelbe, Weser und Ems nennenswerte Erträge.

In England ist der Störfang eine Hauptbelustigung der dortigen Sportsmen, vorzüglich ist die Mündung des Tyne ihres Fischreichtums wegen berühmt, und zu gewissen Zeiten bedecken ihre Oberfläche zahlreiche Anglerboote Tag und Nacht.

Am interessantesten ist aber der Fang des Hausens und des Störs in Rußland, wo er, wie an den Ufern der Wolga und des Ural, in das gesamte Volksleben bedeutend eingreift. Dort ziehen im Februar, wenn das Eis aufgeht, zuerst die Hausen aus dem Kaspischen Meere 14 Tage lang aufwärts, denen später einen Monat lang in dichten Scharen die Sternhausen oder Sewrugen folgen. Gegen die Mitte Aprils stellen sich die Störe mit den Sterleten und Welsen ein, die den größten Teil des Sommers hier verweilen, zu Anfang Septembers verschwinden und den von neuem kommenden Hausen Platz machen. Man fängt diese Fische während des Sommers teils in Netzen, teils mit Angeln an eigens dazu hergerichteten Wehren in solcher Menge, daß die Astrachaner Fischereien in einem Jahre über 100000 Stück Hausen, über 300000 Stück Störe und $1^1/_2$ Million Stück Sewrugen liefern. Von 1000 Stück Hausen erhält man im Durchschnitt $7^1/_2$ Pud (1 Pud = $16^1/_2$ kg)

Hausenblase und 100 Pud Kaviar, von 1000 Stören $2^1/_2$ Pud Blase und 60 Pud Kaviar, von 1000 Sewrugen $1^1/_4$ Pud Kaviar. Im Kaspisee werden im Frühjahr 60—70000 Sternstöre gefangen, die wenigstens 2400 Zentner Kaviar und 40 Zentner Blase liefern. Störarten und Hausen faßt man in Rußland als „rote Fische" zusammen, zum Unterschied von den minder geschätzten „schwarzen Fischen", den Welsen, Karpfen u. s. w. Ihren Höhepunkt haben die Preise im Winter, wo die Fische frisch oder gefroren auf die Hauptmärkte nach Nishnij Nowgorod, Kasan, Moskau und Petersburg gebracht werden können.

Sobald im Spätherbst der Uralfluß anfängt, sich mit einer leichten Eisrinde zu bedecken, welches gewöhnlich Ende November oder im Dezember der Fall ist, so suchen die Fische vorzugsweise die tieferen Stellen des Flusses auf, um hier reihenweise den Winter in einer Art von Ruhe zu verleben. Da sich aber der Boden des Uralflusses durch die Strömungen alljährlich verändert, so daß die tieferen Lagerstellen der Fische nicht immer bekannt sein können, so merken sich die Kosaken, sobald der Fluß zufrieren will, diejenigen Stellen, wo die Fische an der Oberfläche erscheinen, um zu spielen, oder sie legen sich, sobald der Fluß nur eben zugefroren ist, auf das dünne und wie Glas durchsichtige Eis, bedecken den Kopf mit einem dunklen Tuche und können dann die großen Fische auf dem Grunde ruhig liegen sehen. Diese Andeutungen suchen sie dann bei der allgemeinen Winterfischerei zu benutzen. Als Fischergerät hat jeder Kosak eine $2^1/_2$—3 m lange Stange, an deren unterem Ende starke eiserne, halbrunde und sehr geschärfte Haken befestigt sind, mehrere kleine Haken an kurzen Stangen, um den Fisch herauszuziehen, eine eiserne Stange zum Aufbrechen des Eises und eine Schaufel.

Sobald der Tag erscheint, wo die Fischerei beginnen soll, und wenn der Fischereiataman gewählt worden, ist alles schon voller Erwartung und Leben. Tausende von Kosaken ziehen an den Ort der Bestimmung. Ihnen folgen eine Menge Russen und Kirgisen, welche wieder als gemietete Arbeiter den Fischern an die Hand gehen. Hinter den Kosaken kommen große Züge russischer Kaufleute mit ihren vielen Fuhren und Arbeitern, welche den Fischzug fortwährend begleiten, die Fische, sobald sie aus dem Wasser kommen, sofort von den Kosaken kaufen, den Kaviar herausnehmen, einsalzen und in Tonnen schlagen, die Fische selbst aber, nachdem auch die sogenannte Hausenblase herausgenommen ist, entweder steinhart frieren lassen oder ebenfalls einsalzen, um alles so rasch wie möglich ins Innere des Reichs zu versenden. Hat der große Zug dieser Masse von Menschen und Tieren die Ufer des Flusses erreicht, so wird in der Eile eine große Zahl, oft in die Tausende, von Filzhütten, leichten Zelten und andern kleinen Wohnlichkeiten errichtet, die aber, da sie den Fischzug immer stromabwärts begleiten, nur auf kurze Zeit berechnet sind. Endlich hat alles einen Platz gefunden, am Ufer ist die Signalkanone aufgestellt und neben ihr steht der Artillerist mit der brennenden Lunte. Nun erhalten die Kosaken den Befehl, sich in langen Reihen mit Fischhaken nnd Brechstangen an beiden Ufern des Flusses aufzustellen.

Nachdem sich alles geordnet und beide Ufer des Ural mit Kosaken besetzt sind, tritt endlich der Fischereiataman aus seinem Zelte und geht langsam mitten auf den Fluß, den vor dem Kanonenschusse kein Kosak betreten darf. Nun erfolgt eine wahre Todtenstille: alles ist voller Erwartung und mit vorgebeugtem Oberkörper ist schon jeder zum Sprunge bereit. Alle Gesichter strahlen von Freude und Lust, die Augen entweder auf einen vorher ausgesuchten Fleck im Flusse oder starr auf den Fischereiataman gerichtet, der das Zeichen zum Abfeuern der Kanone geben soll. Doch dieser übereilt sich nicht — er geht gemütlich von einem Ufer zum andern und macht allerlei Bewegungen, um die Kosaken zu täuschen. Dann gibt er endlich nach vielen Neckereien das geheime Zeichen, welches nur ihm und dem Artilleristen bekannt ist.

Die Kanone kracht und sofort entsteht ein wahrer Höllenlärm. Das ganze Kosakenheer stürzt sich mit Geschrei und Jubel bunt durcheinander aufs Eis. Jeder strebt mit rasender Hast nach seinem vorher ausgesuchten Platz zum Fischen, oder wählt eine Stelle, wie Eile, Zufall und Raum es gestatten. In einem Nu werden Tausende kleiner Löcher von ungefähr 1 m Durchmesser ins Eis gehauen; an vielen Stellen, wo man gerade viele Fische erwartet, kaum 4—5 Schritte voneinander entfernt, und nun erhebt sich ein ganzer Wald von langen Fischerhaken, welche in die Eislöcher bis auf etwa $^1/_2$ m vom Grunde hinabgesenkt und von den Kosaken in der Hand gehalten werden, damit der Fischer sogleich fühlen kann, wenn ein Fisch über den Haken geht oder die Stange berührt. Ist dies der Fall, so zieht der Kosak mit einem schnellen Ruck die Stange aufwärts, der scharfe Haken faßt den Fisch unter dem Bauche ins Fleisch und er ist gefangen. Das Loch im Eise wird nun vergrößert, der Fisch mit kleinen Haken noch besser gefaßt und endlich aufs Eis gezogen. Durch das Hin- und Herlaufen und das Geschrei der vielen Menschen, durch das Brechen der Eislöcher und durch die Tausende von langen Stangen, welche sich labyrinthisch in die Tiefe senken, werden die Fische von ihren Lagerstätten aufgeschreckt, streichen unruhig hin und her und geraten so in die Fischhaken. Es ist eine wahre Schlacht; am Ufer häufen sich Berge von Fischen, und sobald nur ein Fisch am Haken sitzt, erscheinen auch Kaufleute auf dem Eise, um zu handeln und dem Kosaken seinen Fang abzukaufen. Oft geschieht dies, wenn der Fisch noch unter dem Wasser ist und man seine Größe noch nicht kennt, in welchem Falle dann auf gut Glück gekauft oder verkauft wird. Der Fischverbrauch in Rußland ist ein ungeheurer infolge der von der dortigen Kirche gebotenen zahllosen Fasttage.

Je nach der Jahreszeit hat man verschiedene Methoden beim Fischen. Beim Taucherfischen taucht der Kosak nach dem Fische ins Wasser, bewaffnet mit der Abraschka, einem etwa 15 cm langen, spitzen Eisenhaken, dessen unteres Ende sich frei an einem Eisenringe bewegt, der vermittelst eines starken Riemens am rechten Handgelenk befestigt ist. Diese Taucher haben eine außerordentliche Geschicklichkeit, einen bestimmten Fisch zu erreichen, den sie gerade wünschen; doch kann der Kampf mit dem gewaltigen Tiere unter Umständen ihnen auch gefährlich werden. Ferner wird zur Sommerfischerei auch unter anderm ein gewaltig großes Netz (Newod) gebraucht, das oft eine Länge von 100 Saschen, also etwa 330 m hat. Derartige große Schleppnetze werden auch mit Pferden gezogen. — An der Uralmündung wird auch im Winter (Dezember) mit Netzen unter dem Eise gefischt. Auf dem Kaspisee ist diese Netzfischerei mit nicht geringen Beschwerden verbunden, und müssen die Kosaken bei starkem Froste wohl 30 Meilen weit mit ihren Schlitten aufs Meer hinausfahren, bis die Eisdecke hinreichend dünn ist, um sie zum Einlassen des 25 m langen und 10 m breiten Netzes (Achan) einschneiden zu lassen. Sie erbeuten da 12—16000 Zentner Hausen, 400 Zentner Schipe, 2000 Zentner Sternstöre und 800 Zentner Kaviar. Den Gesamtertrag Rußlands aus der Störfischerei berechnet man jährlich auf 2 Millionen Störe aller Art, von denen etwa 500000 kg Kaviar gewonnen werden; der Wert des Ertrags beziffert sich auf mehr als 5 Millionen Rubel. Übrigens hat man in den letzten Jahren eine merkliche Abnahme des Ertrags festgestellt, der sich darin zeigt, daß zwar die Zahl der gefangenen Fische dieselbe ist wie früher, ihr Gewicht aber abgenommen hat, ein deutlicher Beweis, daß wegen zu starker Befischung die einzelnen Fische gar nicht mehr zum Auswachsen gelangen.

Künstliche Fischzucht. Die Verminderung der Flußfische hat unter anderm ihren Grund in der steigenden Industrie. Die zahlreichen Dampfschiffe verscheuchen die Fische und hindern die Entwickelung der Eier dadurch, daß dieselben von den Wasserpflanzen oder zwischen dem Sande vom Grunde aus durch die heftige Bewegung des Wassers fortgerissen und der Gefräßigkeit der übrigen Wassertiere preisgegeben werden. Fabriken durchziehen die kleineren Nebenflüsse mit Wehren, so daß die Fische zum Eierlegen die kleineren Bäche mit immer gleichem Niveau nicht erreichen können, sondern in den künstlichen Kanälen der Fabriken laichen müssen, durch deren häufiges Ablassen Eier und Brut zerstört werden. Dazu enthält das von Fabriken abfließende Wasser nicht selten Chlor, Salzsäure, Kalk und andre Ätzstoffe, welche für Fische ebenso nachteilig sind wie die faulenden organischen Substanzen, welche durch die Abzugskanäle aus den Städten und besonders aus den Flachsrösten in die Ströme gelangen. Fischer selbst schaden nicht nur durch zu engmaschige, die Brut mitfangende Netze wie durch Nichtbeachten einer gewissen Schonzeit, sondern auch dadurch, daß sie zur Erleichterung des Fanges ungelöschten Kalk und verschiedene narkotische Stoffe, wie Kockelskörner, ja selbst Dynamitpatronen, ins Wasser werfen. Für Österreich ist es ferner nachweisbar, daß die ganz allgemein betriebene Abholzung der Höhen Ursache des verminderten Fischstandes wurde, nicht allein durch Verminderung der Wassermenge der

Flüsse, sondern zumeist durch zeitweiliges zu rasches Steigen der Bäche, da die niedergehenden Regenwässer an den abgeholzten Höhen nicht mehr wie früher aufgehalten werden, sondern unvermittelt zu Thale stürzen und dadurch die längs der Ufer gelegten Fischeier zur Seite spülen. Entwaldung der Flußufer wirkt auch dadurch schädlich, daß nicht mehr soviel Pflanzenstoffe wie früher ins Wasser fallen und den Fischen damit eine Hauptnahrungsquelle verstopft wird.

Durch diese und andre Ursachen ist eine auffallende Verminderung der Fische eingetreten. Das Bedenkliche dieser Thatsache hat bei Theoretikern und Praktikern den Wunsch nach möglichster Aufbesserung und Wiedergutmachung wachgerufen und zugleich über die hierzu tauglichen Mittel nachsinnen lassen, und zwar nicht ohne Erfolg. In erster Linie ist die schon oben von uns erwähnte und jetzt fast überall eingeführte Fischereigesetzgebung mit ihren Schonzeiten, Minimalmaßen und Beaufsichtigung des Betriebes von großem Nutzen gewesen, in vieler Beziehung jedoch noch zu neu und verbesserungsbedürftig, als daß sie allen Anforderungen genügen könnte. Bedeutende Erfolge verspricht nicht bloß, sondern erzielte bereits die künstliche Fischzucht. Etwas „Künstliches" hat dieselbe eigentlich nicht an sich, sie liefert vielmehr nur die natürlichen Bedingungen zur Erhaltung des Laichs und der Brut. Diese künstliche Befruchtung des Rogens, von verschiedenen Seiten her versucht und in Anwendung gebracht, scheint das naturgemäßeste Mittel zu sein, Flüsse und Seen von neuem zu bevölkern. Ehe wir aber hierüber berichten, müssen einige rein naturgeschichtliche Bemerkungen vorausgeschickt werden.

Die meisten Süßwasserfische, auf die wir hier zunächst allein Rücksicht nehmen, legen ihre Eier (den Laich oder Rogen) frei, nur wenig von Kieseln und Sand bedeckt, auf den Boden; nur wenige, wie z. B. der Karpfen, kleben sie an Wasserpflanzen oder Steine. Die Art und Weise, wie sich die Fische hierbei verhalten, ist verschieden; gewöhnlich reibt sich das Weibchen leicht am Boden, setzt die Eier ab und das begleitende Männchen überspritzt dieselben mit seiner Samenflüssigkeit, der sogenannten Milch. Eben in dem Umstande, daß die Befruchtung bei den Fischen eine äußere ist, liegt die Möglichkeit der künstlichen. Die Zeit des Laichens tritt beim Lachs vom September bis November, bei der Lachsforelle und der Bachforelle vom Oktober bis Dezember, bei der Schleie im Juli, beim Hecht vom Februar bis April, beim Karpfen im Mai und Juni, bei den gewöhnlichen Weißfischen ebenfalls in den letztgenannten Monaten ein. Die Zahl der gelegten Eier ist ungemein groß; beim Lachs 10—20 000, beim Hecht 100 000, beim Barsch 2—300 000 im Jahre. Dessenungeachtet aber entwickeln sich verhältnismäßig nur wenige; viele werden von Quappen, Kutten oder Trüschen, von Krebsen, verschiedenen Insektenlarven, Flohkrebsen und Karpfenläusen verzehrt; Wassermäuse, gründelnde Vögel (Gänse, Enten, Schwäne) suchen sie auf, ein schmarotzender Schimmel setzt sich ihnen an und richtet in kürzester Zeit Tausende zu Grunde.

Das sind lauter Gefahren, welche die künstliche Fischzucht neben den schon oben erwähnten abzuhalten suchen muß. Die Geschichte der künstlichen Fischzucht (Piscikultur) reicht bis ins Altertum hinauf. Zwar hat sich die Annahme, daß die alten Römer bereits eine künstliche Befruchtung bei Fischen auszuüben verstanden, als unbegründet erwiesen, wohl aber haben sie, besonders zur üppigen Kaiserzeit, sich eifrig mit Fischzucht abgegeben. In ihren, zum Teil mit dem größten Luxus eingerichteten, durch Kanäle mit dem Meere in Verbindung stehenden Fischbehältern (Piscinen) zogen sie selbst größere Seefische aus Laich, den sie sich zu diesem Zwecke weither, jedenfalls mit Hilfe künstlich angelegter Laichplätze, zu verschaffen gewußt. Dergleichen Laichplätze sind, wie man von Missionären weiß, bei den Chinesen schon seit alten Zeiten in Anwendung. Die Chinesen bringen zur Zeit, wo die Fische zum Laichen in den Flüssen hinaufsteigen bis in die zur Bewässerung der Reisfelder dienenden Gräben allerhand Flechtwerk im Wasser an, auf welches dann die Fische ihren Laich absetzen. Mit dem so gesammelten, selbstverständlich von den Milchnern an Ort und Stelle befruchteten Laich treiben die Chinesen weit ins Land hinein ein lohnendes Geschäft an Fischzüchter.

Als Erfinder der künstlichen Befruchtung ist nach einer Urkunde von 1420 Dom Pinchon zu bezeichnen, ein Mönch aus der Abtei von Réome bei Moutier St. Jean. Er brachte Forelleneier durch Drücken des Rogenfisches mit der Hand in ein Wassergefäß und befruchtete sie mit der in gleicher Weise entleerten Samenflüssigkeit des Milchners durch Umrühren mit dem Finger. Die so befruchteten Eier legte er auf Sand in einen durch ein Gitter geschlossenen Holzkasten, den er in fließendes Wasser setzte. Hier ließ er die Fischchen sich entwickeln. Wir haben da also bereits die Grundlage zur heutigen künstlichen Fischzucht. Dom Pinchons Verfahren blieb jedoch unbeachtet. Ebenso ging es mit den künstlichen Laichplätzen, die um die Mitte des 18. Jahrhunderts der Schwede C. F. Lund zu Linköping mit Erfolg im See von Koxen einrichtete, um sich Laich zu verschaffen, wie wir es von den Chinesen berichtet haben. Das eigentliche Verdienst, die ohne Wissen von einem Vorgänger von ihm gemachte Erfindung der künstlichen Fischzucht bekannt gemacht zu haben, gebührt einem Deutschen, dem Lippe-Detmolder Jacobi. Dieser hat sein Verfahren, nachdem er es bereits 1758 dem Grafen Buffon im Manuskripte mitgeteilt und nachdem es 1763 durch den Grafen Holstein veröffentlicht worden war, im Jahre 1765 im „Hannöverschen Magazin" beschrieben. Dies Jacobische Verfahren bestand darin, daß die in der bereits oben erwähnten Weise künstlich befruchteten Eier auf Sand in durchlöcherten Brutkästen (s. Fig. 421e) einem stetig langsam durchfließenden reinen Wasser ausgesetzt wurden. Die ausgeschlüpften Fischchen bleiben fünf Wochen lang in den Kästen und wurden dann in größere Behälter verteilt. Obgleich Jacobi Fischzuchtanstalten — zunächst eine in Hamburg — einrichtete und auch nicht unbedeutenden Handel trieb, so fand er doch zunächst keinen Nachahmer. Die in der ersten Hälfte des 19. Jahrhunderts entstandenen Fischzuchtanstalten in Waldeck und im Lippeschen blieben unbedeutend und vereinzelt. Obgleich in den dreißiger und vierziger Jahren Jacobis Verfahren in Großbritannien durch John Shaw, Drummond und Boccius eine praktische Verwertung fand — die Gewässer von Uxbridge z. B. wurden im Laufe weniger Jahre mit 120 000 Forellen bevölkert — so ging es doch Jacobis Erfindung wie so mancher andern. „Was der Deutsche längst ersann, bringt der Franke an den Mann".

Joseph Remy, ein armer Fischer in dem Vogesendorf La Bresse, wurde durch die Abnahme des Forellenreichtums veranlaßt, auf Mittel und Wege zu sinnen, wie der Laich vor den mancherlei Gefahren, denen er im Freien ausgesetzt ist, geschützt und so eine reichere Brut erzielt werden könne. Die Beobachtung, daß die Forelle sich beim Laichen am Boden reibt, führte ihn zu dem Versuche, durch Druck mit der Hand die Eier willkürlich zu entleeren, ebenso die Milch. Lediglich auf seine, am Bachesrande gemachten Beobachtungen hin erfand er (um 1840) ganz selbständig von Jacobi — die künstliche Befruchtung des Rogens. Er vertraute die Sache seinem Freunde Gehin an, der ihm bei der Verbesserung der Methode behilflich war. Auf ein Schreiben, das sie über ihr Verfahren 1843 beim Präfekten eingereicht, erhielten sie eine Bronzemedaille und eine Belohnung von 100 Frank. Hierbei würde es geblieben und ihr Verdienst vielleicht ganz vergessen worden sein, hätte nicht Quatrefages 1848 dem Institut eine gelehrte Abhandlung über Züchtung der Fische vorgelegt und in dieser den Jacobischen Brutkasten empfohlen, wodurch die Angelegenheit in der Akademie zur Sprache kam. Dr. Haxo, ein Arzt in Epinal, teilte infolgedessen der Akademie in einem Schreiben die Methode und die bereits erzielten Erfolge der beiden Vogesenfischer mit. Die Akademie übergab die Sache den Herren Duméril, Milne Edwards und Valenciennes als Fachleuten zur Prüfung; man reiste in die Vogesen, sah sich alles an, erstattete Bericht, und die Regierung bewilligte den beiden Erfindern ein Jahresgehalt von 2000 Frank. Hatten nun schon im vorigen Jahrhundert Spallanzani, in den dreißiger Jahren des 19. Jahrhunderts Rusconi und die Schweizer L. Agassiz und Karl Vogt eine künstliche Befruchtung von Fischeiern nur zu wissenschaftlichen Zwecken ausgeübt, so nahm sich jetzt die Wissenschaft der genannten Erfindung an, sie für die Praxis auszubeuten. Namentlich war es der Pariser Professor Coste, der 1849 einen großen Apparat für künstliche Fischzucht im Collége de France aufstellte und sich von nun ab bedeutende Verdienste um ihre Förderung und Verbreitung erwarb. Verödete Küsten und Wasserläufe wurden durch seine Bemühungen in fruchtbare Produktionsstätten des kostbarsten Nährstoffs umgewandelt. Besonders war es die unter seinen Auspizien 1851 zu Löchelbrunnen bei Hüningen am linken Rheinufer eingerichtete großartige Anstalt zur Fischproduktion, durch welche der neue Industriezweig wesentliche Verbreitung und Förderung gefunden hat. Wir kommen noch einmal auf diese Anstalt zurück. Zunächst mögen die Apparate, wie sie nach und nach vervollkommnet wurden, und ihre Anwendung eine kurze Besprechung finden.

Um sich von Fischen, die ihren Laich an Wasserpflanzen absetzen, diesen behufs der Züchtung in ergiebiger Menge zu verschaffen, bringt man in dem vorher sorgfältig von Wasserpflanzen gereinigten Wasser (Bach oder Teich) an bestimmten, der Sonne ausgesetzten, nur leicht vom Wasserspiegel bedeckten Stellen etwa $1\frac{1}{2}$—2 Monate vor der Laichzeit in Rahmen gefaßte Bündel von Wurzelwerk, Heidekraut u. dergl. an (s. Fig. 421f). Es ist dies eine vervollkommnete Form der bereits oben erwähnten **künstlichen Laichplätze** (frayères). Nachdem nun die Rogener dort ihren Laich abgesetzt haben, zieht man die Rahmen heraus und bringt sie in die Brutapparate, nachdem sie vorher in einem besonderen Gefäß der Einwirkung darauf gebrachter Samenflüssigkeit (Milch) ausgesetzt, d. h. befruchtet wurden.

Fig. 421. Apparate für die künstliche Fischzucht.

Für Fische wie Lachse und Forellen — und um diese handelt es sich hauptsächlich bei der künstlichen Fischzucht, nicht sowohl wegen ihres delikaten Fleisches, als besonders, weil ihre erbsengroßen Eier sich leichter transportieren lassen — könnte man zwar auch in Kieselbetten Laichplätze herrichten, es ist aber vorteilhafter, bei ihnen in der Weise, wie es oben bereits erwähnt wurde, die künstliche Entleerung der Zeugungsstoffe und die künstliche Befruchtung des Laiches in Anwendung zu bringen. Hierzu wählt man die schönsten Exemplare aus, faßt sie an den Kiemen und streicht nun mit der Hand gelinde und mit geringem Druck vom Kopf gegen den Schwanz hin, wie es Fig. 421d zeigt, worauf Eier und Milch in Strahlen hervorschießen. Am besten ist es, wenn zwei und mehr Personen hierbei thätig sind. Zuerst bringt man den Rogen in ein Gefäß mit flachem Boden ohne Wasser und fügt dann eine kleine Quantität Milch vom Männchen dazu, worauf man mit dem Finger oder einer Feder umrührt. Nun erst setzt man etwas Wasser hinzu, wodurch die Eier aufquellen und zugleich mit dem Wasser die befruchtenden Samenfäden der Milch aufsaugen. Diese sogenannte **trockene Befruchtung** liefert weit bessere Resultate als die früher übliche **feuchte Befruchtung**, bei der Eier und Milch gleichzeitig in Wasser abgestrichen werden. Ein Männchen reicht zur Befruchtung von 5 — 6 Weibchen hin. Da bei Lachsen und Forellen das Laichen im Freien mehrere Tage dauert, ist es naturgemäß und vorteilhaft, die Eier nicht auf einmal, sondern nur absatzweise auszudrücken, um womöglich sogleich jede Portion gesondert befruchten zu können.

Wie in der freien Natur Bastardfische vorkommen, kann man solche auch künstlich durch Befruchten der Eier der einen Art mit der Milch einer andern, Forelleneier mit Lachsmilch und umgekehrt, erzielen, und in der Salzburger Fischzuchtanstalt haben sich solche Bastardfische sogar als fortpflanzungsfähig erwiesen.

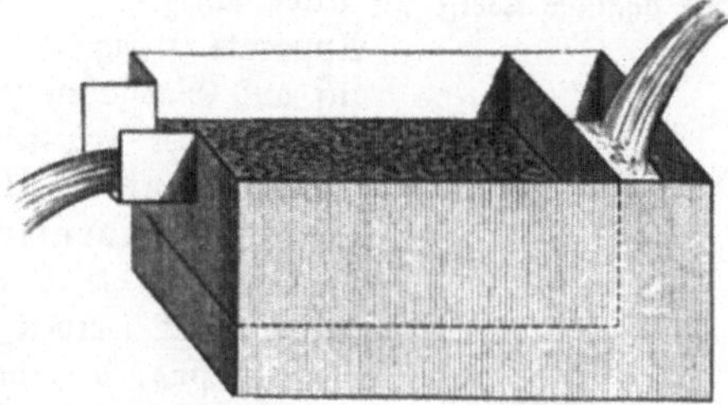

Fig. 422. Gewöhnlicher kalifornischer Bruttrog.

Nun folgt die Bebrütung, auf die der Fischzüchter seine besondere Aufmerksamkeit zu richten hat. Der zur Ausbildung der Eier nötige Temperaturgrad ist für jede einzelne Art verschieden und ergibt sich aus den äußeren Verhältnissen, unter denen die Fische laichen. Für Hechte z. B. sind 6—8° C. zum Ausbrüten nötig, für Barsche 10—12°, während Karpfeneier nur erst bei 16—20° auskommen, Schleien sich nur bei 18—25° entwickeln. Fische, die wie die Lachse und Forellen im Winter laichen, entwickeln sich schon bei 1° C. und dürfen nicht über 8° C. haben, auch der Sonne nicht ausgesetzt werden. Ebenso ist auf die nötige Reinheit, Lufthaltigkeit und Frische des Wassers die erforderliche Rücksicht zu nehmen. Darüber lassen sich freilich keine allgemeinen Regeln aufstellen, diese gibt nur Erfahrung und genaue Beobachtung. Zum Schutz vor Feinden, namentlich vor Schimmel, ist es nötig, die Eier häufig zu durchmustern und die angesteckten oder verdorbenen, welche durch weiße Trübung sich auszeichnen, alsbald mit einem Pinsel oder Zängelchen zu entfernen.

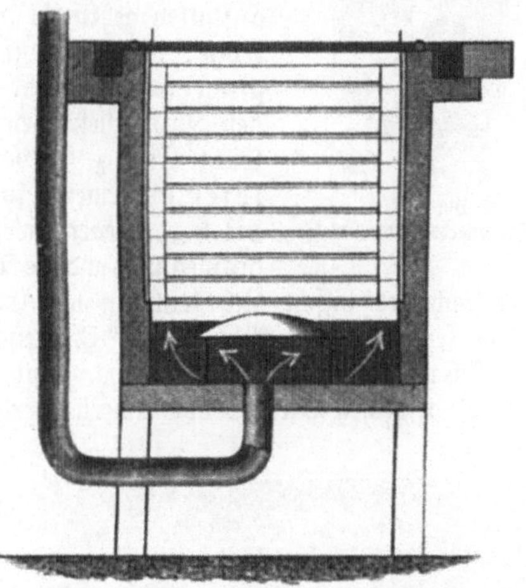

Fig. 423. Bruttrog von Holton.

Man hat, um die Ausbrütung soviel als möglich zu sichern, wie erwähnt, Apparate erfunden, in denen die Eier ihren Entwickelungsgang verfolgen. Fig. 421a stellt einen solchen dar. Ursprünglich waren die Brutapparate, in welche die befruchteten Eier gebracht wurden, sehr einfach konstruiert. Jacobis Brutkasten (s. Fig. 421e) war ein hölzerner Kasten, dessen Gitterwerk das Durchströmen des Wassers zuließ, der der Vogesenfischer war ein einer Wärmflasche ähnliches, durchlöchertes Zinkgefäß von etwa $0{,}_2$—2 m Durchmesser, $0{,}_1$ m Tiefe und $0{,}_{04}$ m Höhe, beide waren mit Deckel versehen.

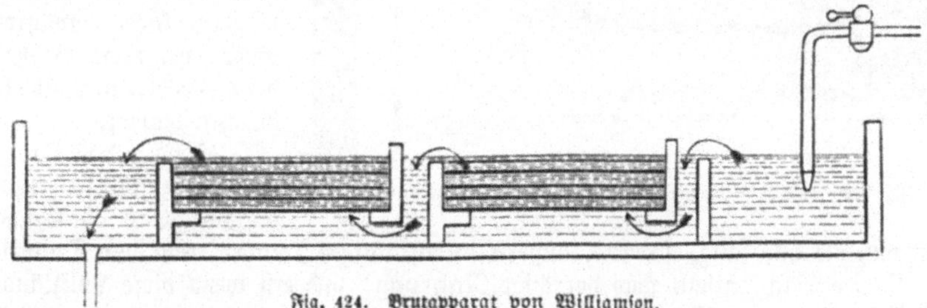

Fig. 424. Brutapparat von Williamson.

Sie wurden mit den auf ihren sandbedeckten Boden gelegten Eiern unter klarem fließenden Wasser aufgestellt. Später wurde namentlich durch Coste der Brutapparat wesentlich verbessert. Dieser Apparat ist zusammengesetzt aus einer Anzahl kleiner laufender Kanäle aus emailliertem Thon, die stufenweise sich zu beiden Seiten eines oberen Kanals befinden, von dem sie alle beherrscht und gespeist werden. Das Wasser fällt an einem der äußersten Enden dieses oberen Kanals ein; es bildet sich eine Strömung nach dem entgegengesetzten Ende. Die hier angebrachten Einschnitte leiten das Wasser zu dem folgenden Kanal und aus diesem auf ähnliche Weise zu allen übrigen. In diesen Brutkanälen oder Trögen des Costeschen Apparats (s. Fig. 421 g) liegen die Eier am reinlichsten und sichersten auf aus Glasstäben zusammengesetzten Horden.

Fig. 425. Macdonalds Selbstausleser.

In der neuesten Zeit erzielt man die besten Erfolge mit sogenannten unterspüligen Brutkästen, welche allgemein mit dem Namen „kalifornische Bruttröge“ bezeichnet werden, und darauf beruhen, daß die Eier in einfacher Schicht auf Drahtsiebe oder Glasgitter gelegt werden, welche wiederum in dem Brutkasten derart befestigt sind, daß das einströmende Wasser von untenher kommt, die Eier umströmt und oben abfließt. Solche Drahtsiebe oder Glasgitter lassen sich mehrfach, durch Zwischenräume getrennt, übereinander anbringen, so daß man in einem verhältnismäßig kleinen Kasten viele tausend Eier gleichzeitig ausbrüten kann. Die Fig. 422—426 (kalifornischer Bruttrog, Holtonscher Brutapparat und Williamsonscher Bruttrog) veranschaulichen derartige Vorrichtungen. In großen Brutanstalten gebraucht man jetzt immer mehr große, 1—2 m lange Holztröge, in denen auf zwei Leisten bewegliche Siebbleche oder Glasgitter so angebracht sind, daß die aufliegenden Eier stets vom durch den Trog fließenden Wasser umspült werden. Für sehr kleine und leichte Eier, z. B. von der Maräne, hat man sogenannte Selbstausleser konstruiert, in denen das von untenher durchströmende Wasser die verdorbenen Eier, welche spezifisch leichter sind als die guten, mit hinwegspült und die Mühe des Auslesens erspart. Angebrütete Forellen- und Lachseier lassen sich leicht in mit Eis gekühlten Schränken versenden, wenn sie nur etwas feucht und so kühl (0—1° C.) gehalten werden, daß die Entwickelung sehr langsam vor sich geht oder eine Zeitlang ganz sistiert wird. Auf diese Weise hat man angebrütete Eier des kalifornischen Lachses von Amerika nach Europa gebracht und hier mit Erfolg ausgebrütet.

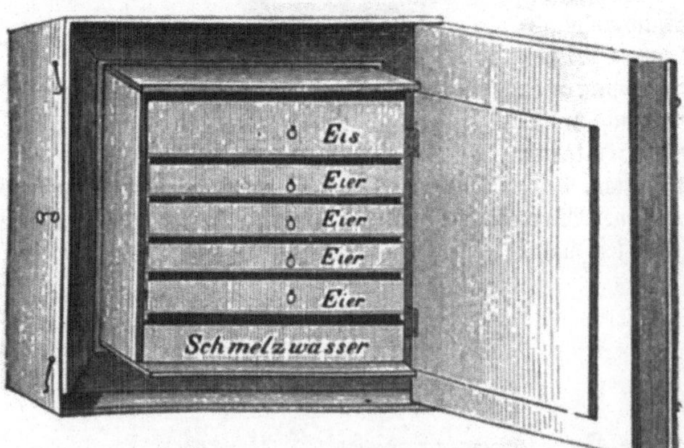

Fig. 426. Haacks Apparat zur Versendung von Fischeiern.

Die Brütezeit ist bei den einzelnen Fischarten sehr verschieden und hängt von der Größe des Eies und vor allem von der Temperatur ab; je niedriger letztere ist, desto langsamer die Entwickelung, so daß man durch Anwendung der Kälte die Brütezeit bei Lachseiern auf 6—7 Monate verlängern kann, während sie unter normalen Verhältnissen bei 4—8° C. nur acht bis fünf Wochen dauert.

Sobald das Junge seine vollständige Reife erlangt hat, durchbricht es die Eischale und erscheint nun als ein langgestrecktes, äußerst durchsichtiges Tierchen, dem der Dottersack anhängt. Dieser Sack enthält noch vorrätige Nahrung, und erst wenn diese vollständig aufgesogen ist, was in der Regel noch ebenso lange wie die Brutzeit dauert, verlangt das junge Tier anderweitige Nahrungsmittel. Von diesem Zeitpunkte an beginnt die schwierigste Arbeit für den Fischzüchter. Er bringt die junge Brut (die Satzfischchen, l'alevin) in besondere Behälter, wie ein solcher in Fig. 427 abgebildet ist. Die Hauptsache ist hierbei die möglichste Nachahmung der Natur in ihren günstigsten Verhältnissen, also, wie wir in dem Bilde sehen, ein reines Sand- oder Kiesbett, überrieselt von gutem, reinem Wasser; dazu einige Wasserpflanzen und Steine. Manche junge Fischbrut schwärmt gern in hellem Lichte, während andre Arten mehr das Dunkel aufsuchen; letzteren kann es nur erwünscht sein, wenn sie eine überdeckte Zufluchtsstätte, eine stürzenartige Vorrichtung, finden, wie sie in Fig. 421 unter b und c dargestellt ist.

Fig. 427. Behälter für Fischbrut.

Jetzt gilt es auch, entsprechendes Futter herbeizuschaffen und zugleich die jungen Tierchen vor nachstellenden Feinden zu sichern. Treibt man die Sache im großen und hat dabei über bedeutende Mittel zu verfügen, so setzt man die sechs Wochen alten Fischchen in einen vorher wohlgereinigten Teich, welcher Zufluß von Quellwasser hat, und überläßt sie hier ihrem eignen Instinkt. Ist auch nach einem Jahre vielleicht die Hälfte umgekommen, so hat man doch immer noch so viele Tausende, daß der Erfolg ein glänzender zu nennen ist.

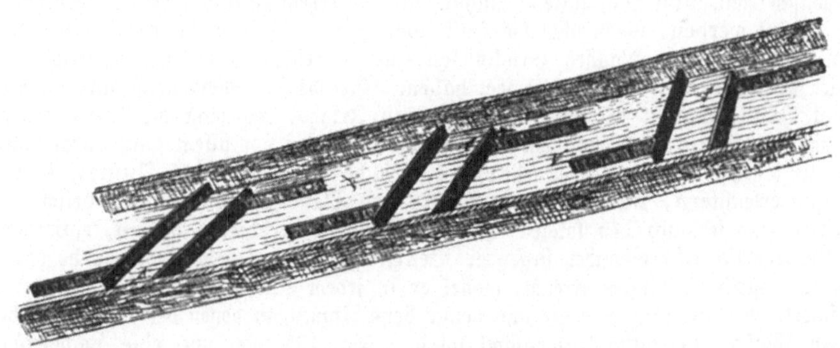

Fig. 428. Norwegischer Lachspaß.

Für Forellen wählt man bei den erwähnten günstigen Verhältnissen einen vielfach hin und her geschlungenen Bach, dessen Ufer mit Wasserpflanzen bewachsen sind. Bei beschränkten Mitteln ist freilich mehr Mühe und Sorge notwendig; man muß eben die nötige Nahrung — lebende Fliegen, Schnaken, Froschlaich u. dgl. — beschaffen und für die jungen Tiere so lange besorgt sein, bis man sie größeren Behältern und den in ihnen drohenden Gefahren mit weniger Bedenklichkeit übergeben kann. Für solche Arten, deren Nahrung zum Teil aus kleinen Fischen besteht, wie besonders Forellen, sorgt man in zweckmäßiger Weise dadurch, daß man kleine pflanzenfressende Fische mit ausbrütet und sie jenen überläßt. Auch wird gehacktes Fleisch, roh oder gekocht, im Anfange verfüttert; jährige Fische werden mit Kaulquappen und Wasserschnecken, ältere durch allerlei Küchenabfälle befriedigt.

Die größten Verdienste um die künstliche Fischzucht hat sich in Deutschland die 1871 in deutschen Besitz übergegangene kaiserliche Fischbrutanstalt zu Hüningen im Elsaß erworben, deren jetziger Direktor Haack einer unsrer ersten Fischzüchter ist. Sie wird aus Reichsmitteln unterstützt, leidet aber an dem Mangel eines geeigneten, genügend Sauerstoff haltenden Brutwassers. Ihre Hauptaufgabe ist gegenwärtig, den Rhein mit Lachsbrut zu besetzen. Im Jahre 1877—78 wurden gegen 6 Millionen Salmonideneier in Hüningen teils an-, teils ausgebrütet, davon 3 Millionen versandt. An jungen Fischen wurden 600000 Lachse, 20000 Forellen, 15000 Maränen ausgesetzt. Dem Beispiele Hüningens folgend, hat man jetzt in Deutschland eine sehr große Menge künstlicher Brutanstalten, darunter sind vor allen erwähnenswert die dem Oberbürgermeister Schuster zu Freiburg, einem unsrer ersten Züchter, gehörende Anstalt zu Selzenhof bei Freiburg i. B., die von ebendemselben errichtete Anstalt zu Radolfzell am Bodensee, diejenige des Herrn von dem Borne zu Berneuchen, die von Herrn Overbeck in Hamm nahe bei Düsseldorf betriebene, endlich zahlreiche, namentlich durch die Bemühungen des Professors Benecke in Königsberg errichtete kleinere Anstalten in Ost- und Westpreußen. Auch in der Schweiz und Österreich ist viel für die künstliche Fischzucht gethan, ebenso in England, am meisten aber in den Vereinigten Staaten von Nordamerika, wo man eine geradezu großartige Thätigkeit auf diesem Gebiete entfaltet. Man läßt es sich hier namentlich angelegen sein, nicht nur wertvolle ausländische Fische, z. B. den Karpfen, einzuführen, sondern auch die eignen Fischarten in andern Ländern einzubürgern, indem beständig neue Apparate ersonnen werden, Fischeier und Fischbrut lebend über den Ozean zu befördern. So ist der Lachs nach Neuseeland und die Forelle nach Australien, der kalifornische Lachs nach Europa gebracht.

Mit großem Erfolg versendet man gegenwärtig in feuchtem Kraut die junge Brut der Aale, die im Frühjahr aus dem Meere in die Flüsse steigt (daher in Frankreich montée genannt). Man besetzt sehr vorteilhaft Mergelgruben und Torfstiche damit und erzielt meist schon nach 3—4 Jahren eine bedeutende Menge ausgewachsener und wertvoller Aale.

Die segensreichen Wirkungen der künstlichen Fischzucht sind fast überall glänzend hervorgetreten. Viele verödete Forellenbäche unsres Vaterlandes haben sich wieder belebt mit den schönen, wertvollen Fischen; in der Weser, Oder und Weichsel hebt sich zusehends der Ertrag der Lachsfischereien, und auch unsre Bemühungen, den Rhein zu bevölkern, würden von mehr Erfolg gekrönt werden, wenn nicht die Holländer eigennützig jeden internationalen Vertrag über die Schonung des Lachses zurückwiesen, um ungestört in ihren großartigen Lachsfischereien das zu ernten, was wir gesäet haben. Gerade staunenerregend sind die Erfolge der künstlichen Fischzucht in Großbritannien und Irland, wo man die Vermehrung der Lachse nicht nur durch Aussetzen von Brut fördert, sondern vor allem auch durch Anlegung sogenannter Lachsleitern oder Lachspässe, welche den Lachsen das Aufsteigen zu ihren Laichplätzen erleichtern, indem sie ihnen Wehre und Wasserfälle überwinden helfen. Diese Lachsleitern sind je nach den lokalen Verhältnissen sehr verschieden gebaut, entweder eine Reihe treppenartig übereinander liegender Becken zur Seite des Wehrs, welche der Lachs nacheinander durch Springen erreicht, wobei er in jedem Becken Zeit und Platz zum Ausruhen findet, oder vielfach verengte und gewundene Rinnen, in denen der Strom des herabfließenden Wassers erheblich verlangsamt wird. Fig. 428 zeigt uns eine Lachsleiter der letzteren Art. Wie wirksam solche Vorrichtungen sind, geht z. B. daraus hervor, daß nach der Anlegung der berühmten Lachsleitern in Irland und nach Aussetzung von Brut im Ballisadarefluß durch Herrn Edward Cooper dieser Fluß, dessen drei große Wasserfälle vorher jedem Lachs das Aufsteigen unmöglich machten, nach wenigen Jahren bereits jährlich gegen 10 000 Lachse lieferte. Hierdurch wird auch zugleich bewiesen, was auch sonst wiederholt mit Sicherheit festgestellt ist, daß die jungen Lachse, wenn sie im Meere herangewachsen sind, in ebendenselben Fluß zum Laichen zurückkehren, in welchem sie geboren oder ausgesetzt waren.

Die natürlichen Mineralwässer.

Wunder wirkend strömt die Welle,
Strömt der heiße Dampf der Quelle,
Mut wird freier, Blut wird neuer,
Heil dem Wasser, Heil dem Feuer!

Goethe.

Zusammensetzung und Einteilung der Mineralwässer. — Gase. Mineralische Stoffe. — Gruppierung der Mineralwässer. Säuerlinge. Die Bitterwässer. Kochsalzwässer. Schwefelquellen. Erdige Mineralquellen. Eisen- oder Stahlwässer. Wildbäder. — Medizinische Bedeutung. — Bildungsstätten. Gewerbliche und Handelsbedeutung. Füllung der zu versendenden Mineralwässer.

Wenn wir in den vorhergehenden Kapiteln die im Schoße der Erde verborgenen Schätze und dann das reiche Leben, welches das Wasser in Flüssen und Meeren umschließt, dem Leser vorgeführt haben, so sei es zum Schluß unsre Aufgabe, in den nachfolgenden Blättern auf das Wasser, welches dem Innern der Erde entströmt, auf die Mineralquellen und deren heilkräftige Wirkungen einen Blick zu werfen. — Dieselben vulkanischen Kräfte, welche seit Millionen von Jahren an der Bildung der Erdrinde, an der Gestaltung der farbenprächtigen und formenreichen Kristalle sowohl wie an der Schichtung der mächtigen, wertvollen Erzlagerstätten gearbeitet haben, sind auch die Erzeuger der Mineralquellen. In unablässiger Thätigkeit nagen sie am unterirdischen Gestein. Wasser und Feuer vereinigen sich, zersprengend und zerbröckelnd, lösend und auslaugend den Widerstand des festesten Felsens zu brechen, und gewaltige Gasmassen, selbst ein Erzeugnis vulkanischer Kräfte, schleudern die unterirdischen Gewässer mit den in ihnen gelösten mineralischen Stoffen ans Licht des Tages empor. Infolge nun des Gehaltes an solchen Stoffen und infolge der hohen Temperatur, welche die der gewöhnlichen Quellen oft um ein Bedeutendes übertrifft, besitzen diese Mineralquellen eine eminente Wichtigkeit als Heilwässer. Schon im Altertume war die Bedeutung solcher Quellen bekannt. Wir erinnern an die heißen Quellen von Thermopylä und an die von Horaz gepriesenen Thermen von Bajä, wo im Anblick des blauen Tyrrhenischen Meeres der reiche Römer seine Villegiatur zu halten pflegte. Und überall, wo die Römer auf ihren Eroberungszügen heiße Mineralquellen antrafen, wußten sie dieselben nutzbar zu machen und hinterließen Anlagen (so in Baden-Baden, Wiesbaden, Ems, Aachen, Pyrmont, Gastein), von deren Großartigkeit noch heutzutage unverkennbare Spuren Zeugnis ablegen. Neben den heißen Quellen ersten Ranges, wie Aachen, dessen Ruhm Karl der Große begründete, wie Bad Pfäffers in der Schweiz, das gleichfalls seit 1000 Jahren bekannt ist, und Karlsbad, dessen Quellen Kaiser Karl IV. 1358 auf einer Hirschjagd in einer Waldschlucht entdeckte*), verbreitete sich im Mittelalter die Kenntnis einer großen Menge von deutschen Heilquellen in immer weitere Kreise, gefördert auch durch das Interesse der Mönche, welche Klöster und Krankenhäuser an den Ufern der Quellen erbauten, in der Überzeugung, daß vor allem in den Herzen der Heilung suchenden Kranken der Wunsch nach Befriedigung ihres religiösen Bedürfnisses lebendig sein müsse. Und heutzutage dürfte die Zahl der in der medizinischen Litteratur bekannten deutsch-österreichischen Quellen wohl auf 250 zu schätzen sein, zu denen sich alljährlich noch einige neue Kurorte, die sich mit mehr oder weniger Recht so nennen, hinzugesellen.

Zusammensetzung und Einteilung der Mineralwässer. Wie erwähnt, sind die Mineralquellen, wenn sie zu Tage treten, mehr oder weniger warm: aus dem Grade dieser Wärme ergibt sich eine Einteilung für dieselben. Es sei in dieser Beziehung daran erinnert, daß für jeden Ort der Erde eine sogenannte mittlere Jahrestemperatur existiert: die Durchschnittswärme, welche sich auf Grund vieler regelmäßig angestellten Beobachtungen feststellen läßt und welche, so sehr auch in den einzelnen Jahreszeiten die Luftwärme schwanken mag, eine konstante, in den verschiedenen Jahren höchstens um 1—2½ Grad variierende Größe besitzt. Ist nun die Wärme einer Quelle gleich der Ortswärme, so ist sie eine isothermale, bleibt sie unter der Ortswärme, so ist die Quelle eine kalte (hypothermale), und übertrifft sie die Ortswärme, so ist sie eine heiße (hyperthermale), Bezeichnungen, die also im allgemeinen nur eine relative Bedeutung haben.

Da nun die höchste mittlere Luftwärme am (Wärme-) Äquator etwa 28 Grad beträgt, so würde jede Quelle mit höheren Temperaturgraden als heiße zu bezeichnen sein.

Zu solchen Quellen gehören:

Warmbrunn . . .	mit	32°	Gastein	mit	47°
Ems	„	37°	Leuk (Schweiz) .	„	51°
Wildbad	„	37,5°	Aachen	„	(45—) 57,5°
Teplitz	„	39°	Wiesbaden . .	„	(56—) 70°
Vichy	„	45°	Karlsbad . . .	„	(57—) 75°

an welche sich die heißen Quellen in Venezuela, und vor allem die Geiser in Island, in Neuseeland und im Yellowstonebecken in Nordamerika anschließen — mit Temperaturen, welche die des siedenden Wassers nahezu oder völlig erreichen.

Diese Einteilung in kalte und warme Quellen (Thermen) wird aber gekreuzt von einer andern Gruppierung, die auf der chemischen Verschiedenheit der in den Mineralwässern gelösten Stoffe beruht; eine Einteilung, die um so sachgemäßer erscheinen muß, als durch die Verschiedenheit dieser Stoffe in erster Linie die Verschiedenheit in der therapeutischen Wirkung der Mineralwässer bedingt ist.

Diese in den Mineralwässern gelösten Stoffe sind:

1. Gase. — Unter ihnen steht obenan die Kohlensäure, jene im Champagner, Bier und Sodawasser perlend aufsteigende Luftart, die all diesen moussierenden Flüssigkeiten ihren angenehmen prickelnden Geschmack verleiht. An sie schließen sich an das Schwefelwasserstoffgas, ein übelriechendes, unter anderm bei der Fäulnis der Eier und andrer schwefelhaltiger Stoffe sich bildendes Gas, ferner Sauerstoff und Stickstoff, die beiden Bestandteile der atmosphärischen Luft, und das in Sümpfen und Bergwerken sich entwickelnde Sumpf- oder Grubengas.

---

*) Die ältesten Nachrichten über heiße Quellen in der dortigen Gegend reichen bis zum Jahre 660 zurück.

2. Feste mineralische Stoffe. — Es sind dies Stoffe, welche von den Chemikern Salze (im weiteren Sinne des Wortes) genannt werden und als Verbindungen anzusehen sind, gebildet beim Zusammentreten der sogenannten Säuren mit den Oxyden der Metalle. Unter ihnen stehen wiederum sowohl wegen ihrer ausgedehnten Verbreitung als auch wegen ihrer bedeutenden medizinischen Wirkungen die Verbindungen der Kohlensäure obenan. Diese Verbindungen, kohlensaure Salze oder Karbonate genannt, sind meistens an sich in Wasser unlöslich, werden aber dadurch, daß noch ein Teil von der im Wasser gelösten Kohlensäure an sie herantritt, in die lösliche Form der doppeltkohlensauren Salze oder Bikarbonate übergeführt. In den Mineralwässern kommen vor die Bikarbonate der Alkalien (Kali und Natron), der Bittererde (Magnesia), des Kalkes, Baryts, sowie des Eisen- und Manganoxyduls; ferner schwefelsaure Salze oder Sulfate: Natron-, Kali-, Magnesia-, Eisen-, Kalk-, Baryt-, Strontian- und Mangansulfat.

Fig. 430. Der Sprudel zu Karlsbad.

Hieran schließen sich die Verbindungen der Salzsäure oder Chlorüre: Chlornatrium, d. i. Kochsalz, Chlorkalium, Chlormagnesium, Chlorcalcium, Chlorammonium, Chlorlithium, Chloreisen und Chlormangan. Ferner die Phosphate des Natrons, Kalis, Eisenoxyduls ꝛc., die Nitrate oder salpetersauren Salze der genannten Metalle, Silikate oder kieselsaure Salze, und Salze der arsenigen Säure. Außerdem in hervorragender Weise die Schwefelverbindungen oder Sulfüre des Kaliums, Natriums, Calciums und Magnesiums; ferner spurenweise eine große Anzahl von Metallen, wie Kupfer, Blei, Titan ꝛc., und einige sehr seltene Stoffe, Rubidium, Cäsium ꝛc., deren Existenz erst durch die feinste Methode analytischer Untersuchungen, durch die sogenannte Spektralanalyse, konstatiert worden ist. Den Schluß dieser Reihe bilden verschiedene organische Stoffe von mehr oder minder scharf ausgeprägtem chemischen Charakter.

Nun aber sind die aufgeführten Stoffe keineswegs in jedem Mineralwasser vollzählig und in den verschiedenen Wässern in sehr verschiedenen Mengen enthalten. Je nachdem die einen oder andern Stoffe vorwiegen, erhalten die Wässer bestimmte Eigenschaften, die sich sowohl in ihrem Verhalten gegen chemische Mittel als auch in physikalischer Hinsicht (durch Unterschiede in Farbe, Geruch, Geschmack) und vor allem durch ihre verschiedenen medizinischen Wirkungen kundgeben.

Es ergibt sich demzufolge nachstehende Gruppierung der Mineralwässer.

1. Die Säuerlinge. Sie zeichnen sich aus durch ihren hohen Gehalt an freier Kohlensäure, der im Liter Wasser nicht unter 500 ccm beträgt und bei den meisten bis auf 1000 ccm, d. i. bis zur vollen Sättigung des Wassers, anwächst. Die einfachen Säuerlinge enthalten daneben noch verhältnismäßig geringe Mengen von Natron- und Kalkbikarbonat sowie von Chlornatrium und sind durch niedere Temperaturgrade charakterisiert. Es gehören dahin die zahlreichen Quellen der Eifel, des Ahr- und Moselthales, sowie die Hunderte von Säuerlingen in der Umgebung von Marienbad und Karlsbad. Alkalische Säuerlinge sind diejenigen kohlensäurereichen Quellen, welche als Hauptbestandteil Natronbikarbonat enthalten und infolgedessen jenen eigentümlich laugenhaften Geschmack besitzen, der alkalischen, d. i. kali- und natronhaltigen Flüssigkeiten zukommt. Kalte hierher gehörige Quellen sind Bilin und Salzbrunn, warme Vichy und Neuenahr (im Ahrthale).

Fig. 431. Kreuznach.

In den alkalisch-muriatischen Säuerlingen gesellt sich zu dem Natronbikarbonat noch eine nicht unerhebliche Menge Kochsalz. Zwei hochberühmte Säuerlinge, die warme Emser Quelle und die kalte im Seltersbrunnen beim Dorfe Niederselters in Nassau sind Vertreter dieser Gattung in Deutschland. Tritt zu dem Natronbikarbonat noch Natronsulfat (Glaubersalz) hinzu, so wird die Mineralquelle eine alkalisch-salinische. Diese beiden Stoffe (häufig noch mit Eisenoxydulbikarbonat vergesellschaftet) verleihen den betreffenden Wässern einen eminent heilkräftigen Wert. Es gehören dahin die kalten Glaubersalzquellen von Marienbad, Elster, Franzensbad und Tarasp, sowie vor allem die Karlsbader Quellen, die als alkalisch-salinische Thermen einzig in ihrer Art sind.

2. Die Bitterwässer. Sie enthalten neben Glaubersalz als hervorragend wirksamen Bestandteil das Sulfat der Magnesia, das Bittersalz, das diesen Gewässern ihren intensiv bitteren Geschmack verleiht. Eines ausgedehnten Versands erfreuen sich die Bitterwässer von Friedrichshall bei Koburg, Kissingen, Püllna, Seidschütz und Seidlitz in Böhmen, sowie die von Ofen und Hunyadi-Janos in Ungarn.

3. Kochsalzwässer sind diejenigen Mineralwässer, welche einen überwiegenden Gehalt an Kochsalz (Chlornatrium) besitzen (in den „Solen" bis zu 27 Prozent), sich aber überhaupt durch die Menge ihrer festen Bestandteile vor allen Mineralquellen auszeichnen. Sie besitzen einen mehr oder weniger salzigen, oft durch Kohlensäure gemilderten Geschmack. Es gehören dahin die zahlreichen Salzquellen und Solbäder am Main, in Westfalen, Thüringen, im Salzkammergut, das durch den Jod- und Bromgehalt seiner Quellen bekannte Kreuznach, sowie Battaglia bei Padua, berühmt durch seine Dampfgrotte, in der heilkräftige Dämpfe von 47° C. dem Erdinnern entströmen.

4. Die Schwefelquellen enthalten neben Chlornatrium, Kalksulfat und Kalkbikarbonat in hervorragendem Maße Schwefel, und zwar chemisch gebunden entweder an Wasserstoff als Schwefelwasserstoff oder als Schwefelnatrium, Schwefelkalium und Schwefelcalcium, Verbindungen, die mit ihren verschiedenen Abarten unter dem Namen Schwefelleber zusammengefaßt werden. Schwefelthermen finden sich in Aachen-Burtscheid, Mehadia in Ungarn, in den Pyrenäenbädern Barèges und St. Sauveur, sowie in dem „deutschen Pyrenäenbad" Landeck in Schlesien. Kalte Schwefelquellen sind Nenndorf in Hessen und Eilsen in Schaumburg-Lippe.

Fig. 432. Dampfgrotte zu Battaglia.

5. Für die erdigen Mineralquellen kommt von den sogenannten alkalischen Erden, der Kalk-, Strontian- und Baryterde, nur die erste in Betracht und ist in ihnen entweder als Kalkbikarbonat oder Kalksulfat (Gips) gelöst. Die Quellen sind teils warm, teils kalt. Es gehören dahin Lippspringe und Inselbad in Westfalen, Leuk in Wallis und Wildungen in Waldeck.

6. Die Eisen- oder Stahlwässer, meist reich an Kohlensäure, enthalten als wirksamen Bestandteil Eisen, entweder als Eisenoxydulbikarbonat oder Eisenoxydulsulfat, daneben auch Natronbikarbonat, Glaubersalz und Kochsalz in mehr oder weniger hervortretender Menge, welch letztere Stoffe den Stahlwässern einen alkalischen, salinischen oder muriatischen Charakter verleihen. Die bekanntesten Eisenquellen finden sich in Alexisbad im Harz, Berka und Liebenstein in Thüringen, Elster, Driburg im Teutoburger Walde, Schwalbach in Hessen, Franzensbad, Flinsberg, Muskau, Cudowa und Reinerz in Schlesien, sowie in St. Moritz im Engadin und Spaa in Belgien. Hierher sind auch die sogenannten Moorbäder zu rechnen, welche neben Eisen, Kohlensäure und Schwefelwasserstoff noch eine große Menge organischer Stoffe: stickstoffhaltige Körper, Essigsäure, Ameisensäure und andre Säuren enthalten.

7. In den **Wildbädern** schließlich oder indifferenten Wässern sind die bisher genannten Stoffe nur in sehr geringen Mengen vertreten, oft in so geringen, daß das Wasser nahezu destilliertem Wasser gleich ist. Ihre heilkräftige Wirkung ist in ihrer hohen Temperatur und in ihrem Gehalt an freiem Sauerstoff- und Stickstoffgas begründet. Zu den bedeutenderen Wildbädern gehören Teplitz und Johannisbad in Böhmen, Warmbrunn und Landeck in Schlesien, Schlangenbad am Taunus und Wildbad in Württemberg.

Medizinische Bedeutung. Fragen wir nun, wie die heilkräftige Wirkung der vorgenannten Mineralwässer zu erklären sei, so ist die Beantwortung dieser Frage keine leichte. Ist doch die Wirkung eines Mineralwassers, sei es, daß es in einer Bade- oder einer Trinkkur zur Anwendung kommt, ein Resultat verschiedener Faktoren. Man erwäge zunächst, daß der Patient bei seinem Aufenthalte im Badeorte den Anstrengungen des Berufs, den Aufregungen des täglichen Lebens entzogen ist, und vergegenwärtige sich ferner, daß nach dem Worte Pindars „das Beste ist das Wasser" das Wasser an sich, je nach den Verhältnissen kaltes oder warmes, in regelmäßiger und sachgemäßer Anwendung intensive physiologische Wirkungen auf den Organismus hervorzubringen vermag.

Fig. 433. St. Moritz im Engadin.

Da ja nach der „mechanischen Wärmetheorie" das Wesen der Wärme in Schwingungen der kleinsten Teile der Körper und anderseits auch die Lebensthätigkeiten des Organismus, die Zirkulation des Blutes, die Verdauungsprozesse, die Nerventhätigkeit rc. Bewegungsvorgänge sind, so ist es wohl erklärlich, daß im allgemeinen eine erhöhte Wärmezufuhr belebend, eine verminderte beruhigend, jede in ihrer Art aber kräftigend auf den Organismus einzuwirken im stande ist. Neben diesen allgemeinen Gesichtspunkten kommt nun für die Mineralwässer die ihnen eigentümliche Wirkung auf den leidenden Körper hinzu, die ebenso sehr durch jahrhundertelange Erfahrungen als durch die eingehendsten klinischen Beobachtungen konstatiert worden ist. Die Balneologie hat es sich zur Aufgabe gemacht, diesen Zusammenhang zwischen Ursache und Wirkung aufzuhellen; und wenn es ihr auch noch nicht gelungen ist, den Schleier, der über diesen geheimnisvollen, weil die innersten Vorgänge des menschlichen Organismus berührenden Erscheinungen liegt, vollständig zu heben, so ist doch infolge der Fortschritte der physiologischen Chemie und der inneren Medizin in neuerer Zeit die Erreichung des Ziels immer wahrscheinlicher geworden. Einzelne Fragen scheinen von besonderer Schwierigkeit zu sein, z. B. die, wie es kommt, daß geringe Verschiedenheiten in den Mischungsverhältnissen der Stoffe sehr verschiedenartige Wirkungen zur Folge haben, und welche Rolle die sogenannten „minimalen" Mengen, die oft an die „Nichtse" der Homöopathen erinnern, in der Gesamtheit der Heilwirkung spielen.

Soweit man die physiologische Wirkung der hauptsächlichsten oben genannten Stoffe mit Sicherheit oder Wahrscheinlichkeit zu erklären vermag, soll dieselbe im Folgenden skizziert werden. (Vergl. u. a. Valentiner, „Balneotherapie".)

Obenan steht der Hauptbestandteil der alkalischen Quellen, das Natronbikarbonat, das seine Wirkung an verschiedenen Stellen des Organismus äußert. Zunächst im Magen. Der Magensaft, eine von der Schleimhaut des Magens abgesonderte Flüssigkeit, besitzt vermöge des in ihm enthaltenen „Pepsins" die Fähigkeit, die stickstoffhaltigen Bestandteile der Speisen in die sogenannten Proteïn- oder Eiweißkörper überzuführen. Durch krankhafte Gärungsvorgänge nun, bei welchen die beiden Säuren des Magens, die Salzsäure und Milchsäure, in anormaler Weise vermehrt werden, wird diese Fähigkeit vermindert. Sie wird aber durch geeignete Mengen von Natronbikarbonat, wie sie in den alkalischen Heilwässern enthalten sind, wieder hergestellt, indem sich das Natron mit den beiden Säuren zu Chlornatrium und milchsaurem Natron vereinigt. In das Blut aufgenommen, entfaltet das Natronbikarbonat eine hochbedeutsame Thätigkeit. Es ist die wichtige Aufgabe des Blutes, die erwähnten eiweißartigen Stoffe in die zwei Gruppen des Fibrins oder Faserstoffs und in

Fig. 434. Wildbad Gastein.

die der Leim- und Hornsubstanzen umzuwandeln und beide Arten von Stoffen den betreffenden Organen des Körpers, und zwar das Fibrin den Muskeln, die Leim- und Hornsubstanzen den Knochen und Knorpeln, der Haut und den Sehnen zum Zweck ihrer Ernährung zuzuführen. Nun aber ist diese Umbildung nur möglich, wenn das Blut alkalische Reaktion besitzt, und wenn zweitens Sauerstoff, als der eigentliche Bildner der organisierten Stoffe des Körpers, in genügender Menge vorhanden ist. Für beides aber sorgt das Natronbikarbonat. Es vermehrt die „Alkalescenz" des Blutes und steigert die Thätigkeit der Lungen, des Organs, welches den Übertritt des Sauerstoffs der Luft ins Blut vermittelt. Hierzu kommt noch, daß das alkalische Substanzen enthaltende Wasser in weit höherem Grade als das reine Wasser Sauerstoff absorbiert und daß infolgedessen beim Gebrauch natronhaltiger Wässer dem Blute direkt, und zwar durch den Magen, mehr Sauerstoff zugeführt wird. Diese Vermehrung des Sauerstoffs des Blutes hat dann weiter eine Förderung der zweiten wichtigen Aufgabe des Blutes zur Folge, die darin besteht, die beim Stoffwechsel ausgeschiedenen Stoffe und vor allem die aus abnorm angehäuftem Ernährungsmaterial sich bildenden Fettsubstanzen und Kohlenhydrate anzugreifen und auf dem Wege der „rückschreitenden Umbildung" zu Kohlensäure und Harnstoff zu verbrennen.

In ähnlicher Weise wirkt in den Blutgefäßen das dem Natronbikarbonat chemisch verwandte Natronsulfat oder Glaubersalz. Für die Beurteilung seiner Wirkung in den

Verdauungsorganen ist aber noch auf die wasserentziehende Eigenschaft dieses Salzes aufmerksam zu machen, vermöge deren es den Übertritt des Wassers aus dem Blute in den Darmkanal befördert und somit unter Beschleunigung der Blutzirkulation einen schnelleren Ersatz des aus dem Blute ausgetretenen Wassers durch das Wasser der Gewebspartien veranlaßt. Ferner vermehrt das Glaubersalz durch den von ihm ausgeübten Reiz die (peristaltischen) Bewegungen des Darmes und damit die Ausscheidung der nicht aufgenommenen Stoffe des Ernährungsmaterials. Ähnlich, aber in noch gesteigertem Maße wirkt das Sulfat der Bittererde, das Bittersalz: in seiner Fähigkeit, die endosmotische Abscheidung des Wassers und damit den Umsatz des Fettes in den Geweben zu beschleunigen, wird es von keinem andern Mittel übertroffen. Hieraus erklärt sich die Beliebtheit, deren sich die oben genannten Bitterwässer zumal bei solchen Personen erfreuen, deren Verdauungsorgane infolge krankhafter Störungen, vorgerückten Alters oder sitzender Lebensweise nicht mehr in normaler Weise funktionieren. Das Kochsalz ferner ist, abgesehen von dem anregenden Einfluß, welchen es auf die Magennerven, auf die Ausscheidung des Magensaftes und damit auf die Eßlust ausübt, von hervorragender Bedeutung für die Bildung des Blutes. Es besteht das Blut aus dem farblosen sogenannten Blutwasser und den roten Blutkörperchen. Das Kochsalz nun wird (und darin unterscheidet es sich vom Bittersalz) direkt in das Blutwasser aufgenommen, in welchem es den Hauptbestandteil der gelösten festen Stoffe (an 58 Prozent) ausmacht, und ist hier eine Bedingung für das Bestehen der Blutkörperchen: in reiner Eiweißlösung würden dieselben rasch zerfallen. Es beteiligt sich ferner an der Umbildung der Eiweißstoffe und an der Aufnahme des Eisens in die Blutkörperchen. Vor allem aber besitzt das Kochsalz die Fähigkeit, die beiden vom menschlichen Organismus mit der Nahrung aufgenommenen Kalisalze (Kalikarbonat und Kaliphosphat) zu zerlegen und daraus Chlorkalium (und anderseits Natronkarbonat und Natronphosphat) zu bilden. Und wie das Chlornatrium ein Hauptbestandteil des Blutwassers, so ist das Chlorkalium ein wesentlicher Bestandteil der Blutkörperchen, und es vermehrt, wie man experimentell bewiesen hat, gesteigerte Kochsalzzufuhr die Zahl der Blutkörperchen: Salz und Brot macht die Wangen rot! Durch die Bewegung des Blutes werden nun beide Chlorverbindungen in alle Teile des Körpers getragen, das Chlornatrium vor allem in die Zellen der Knorpel, das Chlorkalium in die Muskelpartien. — Bei dieser hohen Bedeutung des Kochsalzes für die Bildung des Blutes und dessen Erzeugnisse ist deshalb die heilkräftige Wirkung wohl erklärlich, welche bei Störungen der Ernährung und der Knochenbildung, bei Blutarmut ꝛc. die oben genannten Kochsalzwässer ausüben, sei es nun, daß das Kochsalz als Salzbrunnen durch den Magen oder in den Solbädern durch die Haut der Blutbahn zugeführt wird. Zur Würdigung der letzteren diene noch die Bemerkung, daß das Kochsalz in hohem Grade die Empfindungsfähigkeit der in der Haut auslaufenden Nervenenden steigert: man hat die Tasteindrücke untersucht, welche die beiden Spitzen eines Zirkels auf der Haut hervorrufen, und hat gefunden, daß dieselben nach Kochsalzbädern auf einem kleineren Gebiete als gesonderte Empfindungen wahrgenommen werden als vorher. Das dem Kochsalz chemisch nahestehende Jodkalium besitzt eine spezifische Wirkung bei skrophulösen Drüsenanschwellungen ꝛc.

Was ferner die erdigen Mineralquellen anlangt, so kommt bei ihnen vor allem ihr Gehalt an Kalk in Betracht. Der Kalk, welcher in der Natur eine hervorragende Rolle spielt, der hier gewaltige Gebirgszüge bildet, dort das Wachstum von Pflanzen bedingt und wiederum zahlreichen Tiergattungen das Material zur Bildung ihrer Gehäuse und Schalen liefert, ist auch von höchster Bedeutung für den Aufbau des menschlichen Organismus. Besteht doch das Knochengerüst des Menschen fast zur Hälfte aus Kalk, der zum größten Teil an Phosphorsäure, zum andern an Kohlensäure gebunden ist. Und wie bei rhachitischen und skrophulösen Kindern der Genuß von geeigneten Kalkpräparaten, so ist der Gebrauch von kalkhaltigen Mineralwässern überhaupt bei Störungen in der Knochenbildung von hervorragender Wirkung, zumal wenn für eine gleichzeitige Hebung der allgemeinen Ernährungsverhältnisse Sorge getragen wird. Aber auch noch in einer Richtung äußert der Kalk eine Heilwirkung auf den Organismus. Wenn wir uns daran erinnern, daß der andauernde Genuß harten, d. i. stark kalkhaltigen Wassers Verstopfung hervorzurufen im stande ist, indem er die ausscheidende Thätigkeit der Darmschleimhaut herabstimmt, so wird es uns begreiflich erscheinen, daß der Gebrauch von Kalkwässern bei krankhaft gesteigerten

Absonderungen auch andrer Schleimhäute, so z. B. bei Ausschwitzungen der Lungen, bei Kehlkopfkatarrhen (Lippspringe) und bei Blasenkatarrhen (Wildungen), eine durch nichts andres zu ersetzende Wirkung zu äußern vermag.

Bekannter noch als die Bedeutung des Kalkes ist die des Eisens für den Organismus, und zwar für die Blutbildung. Es bestehen die oben erwähnten roten Blutkörperchen aus einer eiweißartigen Substanz und dem Blutfarbstoff (Hämatin), welcher selbst wieder eine Verbindung des Eisens mit den Elementen aller organischen Substanzen, mit Kohlenstoff, Wasserstoff, Sauerstoff und Stickstoff ist. Aus den Nahrungsstoffen bilden sich in den dem Magen und Darm benachbarten Milchgefäßen farblose Körperchen, die von da in die Blutgefäße gelangen und sich dort durch Zutritt von Eisen und des durch die Lunge aufgenommenen Sauerstoffs der Luft in die roten Blutkörper verwandeln. Da nun, wie schon erwähnt, diese Blutkörperchen recht eigentlich die Träger des Lebens sind und die Baustoffe des menschlichen Körpers in alle Teile desselben tragen, und da der rote Farbstoff ein integrierender Bestandteil derselben ist, so heißt diesen Farbstoff erzeugen und vermehren das Leben des Organismus kräftigen. Und das geschieht durch die Eisen- oder „Stahl"-quellen, die sich bei Bleichsucht, allgemeinen Schwächezuständen, chronischen Krankheiten des Nervensystems u. s. w. seit undenklichen Zeiten von der sichersten Wirkung gezeigt haben.

Fig. 435. Bad Landeck.

Es mag dabei unentschieden bleiben, ob das in vielen Eisenwässern enthaltene Eisensulfat (Eisenvitriol) durch die Haut aufgenommen wird und in seiner Wirkung dem innerlich angewandten Eisenbikarbonat und Eisensulfat gleichgestellt werden kann.

Was ferner die Wirkung des Schwefels in den Schwefelquellen anlangt, so ist dieselbe eine doppelte. Er wirkt entweder äußerlich und lokal auf die Haut, oder durch die Lunge (als Schwefelwasserstoffgas), Magen und Haut in den Organismus aufgenommen durch die chemischen Veränderungen, welche er im Blute hervorruft. So entschieden die seit Jahrhunderten bekannten heilkräftigen Wirkungen der Schwefelquellen, zumal der Thermen (Aachen), bei einer Reihe von Krankheiten auf ihren Gehalt an Schwefel zurückzuführen sind, ebenso sehr ermangeln diese Wirkungen bislang noch einer sicheren wissenschaftlichen Erklärung. Es ist aber die Annahme gestattet, daß das Wesen der meisten Hautkrankheiten in der Bildung und Wucherung mikroskopisch kleiner pflanzlich-tierischer Organismen (Bakterien, Bacillen) besteht und daß der Schwefel, indem er sich mit dem in diesen Gebilden enthaltenen oder dem zu ihrem Wachstum nötigen Sauerstoff vereinigt, deren zerstörende Wirkungen auf das Hautgewebe aufhebt und ihr weiteres Vordringen in das Blut verhindert. Es sei in dieser Beziehung an die bei der Behandlung der Diphtherie früher vielfach beliebte Methode erinnert, die in der Rachenhöhle auftretenden Mikroorganismen durch

Einblasen von Schwefelstaub zu zerstören. Oder aber man kann annehmen, daß in allen diesen Fällen nicht der Schwefel direkt, sondern die aus ihm durch Oxydation entstehende schweflige Säure wirke. Von dieser Säure (einem Gase, welches sich auch bei der Verbrennung des Schwefels bildet und durch seinen eigentümlichen Geruch wohl bekannt ist) ist durch chemische Versuche festgestellt, daß sie die Fähigkeit besitzt, sich mit dem Sauerstoff andrer Körper zu verbinden, diese zu reduzieren und zu vernichten, während sie sich selbst zu Schwefelsäure oxydiert.

Daß das Schwefelwasserstoffgas, durch die Lungen in den Körper eingeführt, energische Wirkungen auf den Organismus ausübt, unterliegt keinem Zweifel; sie äußern sich in Abnahme des Herzschlags, Schwindel und Muskelschwäche und können sich zu höchst gefährlichen Zufällen steigern. Beruht doch auch die giftige Wirkung der Kloakenluft und die Schädlichkeit des Wassers mancher Brunnen auf ihrem Gehalte an Schwefelwasserstoff. Aber wie so manches „Gift" in kleinen Mengen ein kräftiges Heilmittel ist, so auch hier. Nur fehlt uns noch eine klare Einsicht in die physiologisch-therapeutische Wirksamkeit dieses Schwefelwasserstoffs, die sich in beschleunigtem Stoffwechsel und vermehrter Gallenbildung zu äußern scheint. Möglich, daß das Gas (resp. die gelösten Schwefelalkalien), durch Lunge oder Magen ins Blut aufgenommen, in den Gefäßen der Leber die rückschreitende Umbildung der Blutkörperchen befördert, indem es sich mit dem Eisen derselben zu Schwefeleisen verbindet und so das Blut zur schnelleren Aufnahme von neuen Stoffen befähigt. Somit hätte man vielleicht Berechtigung, die ausgezeichnete Wirkung der Schwefelthermen bei chronischem Rheumatismus, Gelenkentzündungen und Metallvergiftungen auf energische Vorgänge in der Blutbahn zurückzuführen.

Zu den spezifischen Wirkungen der genannten Stoffe gesellt sich noch diejenige der Kohlensäure. Nicht bloß, daß sie den laugenhaften Geschmack der alkalischen Wässer, den zusammenziehenden der Eisen- und den widerlichen der Schwefelwässer angenehm macht, sie wirkt auch anregend und wiederum beruhigend auf die Magennerven. Sie durchdringt beim innerlichen wie äußerlichen Gebrauch den ganzen Körper, vermehrt die Thätigkeit des Herzens, belebt und erfrischt das ganze Nervensystem und äußert Wirkungen, die sich unter Umständen, infolge vermehrten Blutandranges nach dem Gehirn, zu einer hochgradigen Erregtheit, dem sogenannten Brunnenrausch, steigern können. —

Bildungsstätten. Nachdem wir im Vorstehenden die Zusammensetzung und Wirkungsweise der Mineralwässer betrachtet haben, wollen wir der Frage näher treten, in welcher Weise ihre Bildung chemisch-geologisch zu erklären ist, müssen uns aber, da unsre Kenntnisse vom Erdinnern, bezw. von den hier in Betracht kommenden Erdschichten auf Hypothesen beruhen, auf einige allgemeine Bemerkungen beschränken. — Es ist bekannt, daß das Wasser der Flüsse und Meere durch die Sonnenwärme in Dampf verwandelt, in die Atmosphäre gehoben wird und sich dort zu Wolken verdichtet, um dann als Regen niederzufallen, daß es dann in die Erde eindringt und beladen mit mineralischen Stoffen und Kohlensäure an andern Stellen in Brunnen und Quellen wieder zu Tage tritt, um schließlich wieder den Flüssen und Meeren zueilend seinen Kreislauf zu vollenden. Was so von den Quellen im allgemeinen, gilt auch von den Mineralquellen. Da sie aber aus großen Tiefen aufsteigen und viele von ihnen eine hohe Temperatur besitzen, so muß man die Annahme machen, daß das meteorische Wasser, nachdem es die durchlassenden Erdschichten passiert hat, auf undurchlässige Gesteinsschichten trifft und daß diese Schichten eine derartige Ausdehnung und geneigte Lage besitzen, daß sie das Wasser bis zu jenen unbekannten Tiefen führen, in denen es durch die dort herrschende Hitze erwärmt wird und aus denen es dann wieder zur Erdoberfläche emporsteigt. Die Kraft, welche dieses Aufsteigen veranlaßt, ist vornehmlich in dem Druck zu suchen, welchen nach hydraulischen Gesetzen die auf dem Wasser lastenden Wassersäulen ausüben, wobei es gleichgültig ist, ob dieselben in fast vertikaler Richtung darüber lagern, oder ob sie, in den undurchlässigen Schichten gleichsam wie in Röhren eingeschlossen, eine meilenlange seitliche Ausdehnung besitzen. Eine zweite Ursache für den Auftrieb dürfte in der Spannkraft des unterirdischen Wasserdampfes zu suchen sein. Man hat Grund zu der Annahme, daß die Temperatur nach dem Erdinnern zu für je 30 m etwa um 1° C. zunimmt, so daß bei etwa 3000 m Siedehitze des Wassers herrschen und bei 12000 m das Wasser eine Temperatur von 400° besitzen würde, eine Hitze, bei welcher seine „kritische Temperatur" erreicht ist, d. h. diejenige Temperatur, bei welcher es selbst unter dem größten Druck nicht mehr im flüssigen Zustande zu existieren vermag. Die dadurch hervorgerufene Spannkraft des Dampfes würde den hydraulischen Druck der Wassersäulen vermehren. Es ist ferner denkbar, daß die gewaltigen Mengen von Kohlensäuregas, die sich im Innern der Erde entwickeln und deren Spannkraft gleichfalls durch die Hitze bedeutend gesteigert wird, an dem Auftrieb der unterirdischen Gewässer Anteil haben.

Was nun diese Kohlensäure anlangt, so ist zunächst darauf hinzuweisen, daß diejenigen Mengen dieses Gases, die sich in unsern Brunnenwässern vorfinden, unzweifelhaft durch Fäulnis- und Verwesungsvorgänge in den die Erde bedeckenden Humusschichten erzeugt und dort von dem durchsickernden meteorischen Wasser aufgenommen werden. Es folgt aber daraus noch nicht die Berechtigung, die Existenz der Kohlensäure in den Mineralwässern durch die Zersetzung des in den Tiefen der Erde lagernden organischen Materials zu erklären. Fände eine derartige Bildung von Kohlensäure statt, so müßten sich im Gebiete der Steinkohlenformation die zahlreichsten Säuerlinge vorfinden. Das ist aber keineswegs der Fall, ja die Steinkohlenlager von Aachen und Saarbrücken entbehren der Säuerlinge gänzlich.

Fig. 436. Der Kursaalplatz zu Wiesbaden.

Annehmbarer erscheinen demnach diejenigen Hypothesen, welche die Bildung der Kohlensäure auf direkte Einwirkung der Hitze auf die Gesteinsmassen oder auf chemische Zersetzungen zurückführen. Genau wie in den Kalköfen beim Brennen des Kalkes der Kalkstein (d. i. kohlensaurer Kalk) durch die Hitze in Kohlensäure und Kalk zerlegt wird, so ist die Glühhitze des Erdinnern im stande, aus den dort vorhandenen Lagern von Kalkstein, Dolomit (d. i. kohlensaurer Kalk und kohlensaure Magnesia) und andern Karbonaten Kohlensäure zu entbinden, zumal unter Mitwirkung des hochgespannten Wasserdampfes. Oder aber — und diese Erklärung dürfte in erster Linie Berechtigung haben — die in dem unterirdischen Wasser gelöste Kieselsäure (bezw. die sauren kieselsauren Alkalien) wirken zersetzend auf die genannten kohlensauren Verbindungen ein, indem sie dieselben in kieselsaure Salze (Silikate) umwandeln und dabei freie Kohlensäure entwickeln. In einzelnen Fällen können auch andre nebenher gehende chemische Vorgänge eine Quelle von Kohlensäure werden, wenn z. B. das Doppelschwefeleisen der Schwefelkieslager sich durch Sauerstoffaufnahme in Eisenvitriol und freie Schwefelsäure umsetzt und letztere aus benachbarten kohlensäurehaltigen Gesteinsmassen die Kohlensäure freimacht.

Wenn nun die mit Kohlensäure reich beladenen Gewässer auf ihrem Wege zur Oberfläche der Erde die Gesteinsmassen durchdringen, finden eine Reihe der verschiedensten Einwirkungen und Zersetzungen statt, und zwar um so leichter und tiefgehender, je mehr die Gesteine durch die Hitze und andre Ursachen gelockert und zerklüftet sind. Wenn wir wissen, daß reines Wasser bei seiner kritischen Temperatur Glas (d. i. kieselsaures Alkali und kieselsauren Kalk) aufzulösen beginnt, um wieviel größer wird nicht die lösende und zersetzende Kraft des Wassers sein, wenn Kohlensäure, großer Druck und hohe Temperatur als kräftige Faktoren mitwirken? Sicherlich werden dann Vorgänge stattfinden, auf welche unsre gewöhnlichen Anschauungen von der chemischen Kraft des Wassers nicht mehr anwendbar sind. Vor allem unterliegen solchen Zersetzungen die kristallinischen Gesteine, welche Feldspat (d. i. kieselsaure Thonerde und kieselsaure Alkalien) enthalten, z. B. Granit, Gneis, Syenit, Basalt u. a., deren kieselsaures Natron und Kali durch die genannten Agentien unter Bildung von kohlensaurem Natron und Kali zerlegt werden; letztere vereinigen sich dann mit einem zweiten Teile Kohlensäure zu Natronbikarbonat, d. i. doppeltkohlensaurem Natron bezw. Kali und bilden als solche den Hauptbestandteil der alkalischen Mineralquellen. — Die Bitterwässer ferner finden ihre Bildung in den Gesteinen, welche Bitter- oder Talkerde (d. i. Magnesia) enthalten. Es gehören dahin vor allem Serpentin, Chlorit, Talkschiefer, Hornblende und Augit, welche bei der Einwirkung von solchen Gewässern, die Gips (d. i. schwefelsauren Kalk) und Eisenvitriol (d. i. schwefelsaures Eisen) gelöst enthalten, ihre Bittererde an die Schwefelsäure derselben abgeben. In ähnlicher Weise dürfte die Bildung des Glaubersalzes zu erklären sein.

Was ferner die Bildungsstätten der Kochsalzquellen anlangt, so ist es eine geologische Thatsache, daß das Kochsalz in allen Erdschichten vorkommt, zeigt doch auch jedes Brunnenwasser einen größeren oder geringeren Gehalt an diesem für den menschlichen Organismus so wichtigen Stoffe. Vor allem finden sich Salzlager von kolossaler Mächtigkeit in der Dias- und Triasformation: am Abhange der Alpen und im nördlichen Deutschland; ja es scheint das nördlich vom deutschen Mittelgebirge liegende Hügel- und Tiefland ein einziges großes ausgetrocknetes Salzbecken zu sein, dessen tiefste Stelle der gewaltige Salzstock in der Provinz Sachsen bildet. In diesen Salzlagern ist ohne weiteres das Material für die zahlreichen Kochsalz- und Solquellen gegeben. — Ähnlich verhält es sich mit den gewaltigen Kalklagern in der Grauwacke, in der Kohlenformation, im Zechstein, Muschelkalk und vor allem in der Jura- und Kreideformation, deren kohlensaurer Kalk sich in den kohlensäurereichen Gewässern zu doppeltkohlensaurem Kalk (Kalkbikarbonat) auflöst und mit ihnen zu Tage geführt wird. Auch die Bildung des doppeltkohlensauren Eisenoxyduls der Stahlquellen dürfte in der Hauptsache auf die Zersetzung von eisenhaltigen Mineralien durch Kohlensäure zurückzuführen sein, mit Berücksichtigung jedoch des Umstandes, daß auch etwa vorhandene organische Substanzen diese Zersetzungen zu fördern geeignet sind.

In hervorragender Weise aber beteiligen sich letztere an der Bildung des Schwefelwasserstoffs und der Schwefelverbindungen, welche den Hauptbestandteil der Schwefelquellen ausmachen. Die organischen Stoffe, welche z. B. in den bituminösen Schiefern in reichem Maße enthalten sind, wirken zersetzend auf die verschiedenen in den unterirdischen Gewässern gelösten schwefelsauren Salze ein: ihr Kohlenstoff vereinigt sich mit dem Sauerstoff der Schwefelsäure und der an diese gebundenen Basen zu Kohlensäure, während sich gleichzeitig der Schwefel mit dem Wasserstoff der organischen Materie zu Schwefelwasserstoff und mit dem Metall der Basis zu Schwefelleber vereinigt. Diese Bildung von Schwefelwasserstoff, die sich auch im kleinen im Laboratorium nachahmen läßt, unterliegt um so weniger einem Zweifel, als alle Schwefelquellen einen größeren oder geringeren Gehalt an organischer Substanz aufweisen, der man nach der Schwefeltherme Barèges den Namen Barègine gegeben hat. Daß auch durch Zersetzungen und Umsetzungen mineralischer Stoffe Schwefelwasserstoff gebildet werde, soll dabei nicht als ausgeschlossen hingestellt werden.

Es sei ferner noch ein Blick gestattet auf die nicht unbedeutende gewerbliche und Handelsbedeutung der Mineralwässer.

Zur Erschließung der Quellen, zur Herstellung der Bade- und Trinkeinrichtungen und zu deren dem Stande der Technik und der Wissenschaft sowie der Bequemlichkeit der Kurgäste entsprechenden Verbesserungen, desgleichen zur Herstellung von Vergnügungsanlagen ist die Aufwendung von erheblichen Kapitalien notwendig. Eine große Anzahl von Menschen ferner werden in den Bädern gewerblich beschäftigt, und die Orte selbst gewinnen durch den Zuzug der Fremden an Wohlhabenheit. Und wenngleich neuerdings die Seebäder, die Kiefer- und Fichtennadelbäder, die Trauben-, Molken- und klimatischen Kurorte eine mehr und mehr erkannte Wichtigkeit erlangt haben, so ist doch wohl mit infolge der erleichterten Verkehrsverhältnisse die Frequenz vieler Mineralbäder, zumal der Bäder ersten Ranges (Wiesbaden, Karlsbad, Ems ꝛc.), in stetem Wachsen begriffen; hat man einzelne von ihnen doch nicht mit Unrecht als „Spitale für die Kranken aller Nationen" bezeichnet. Und auch die aus den Mineralbädern versandten natürlichen Mineralwässer sowie die aus ihnen durch Verdampfen des Lösungswassers gewonnenen Quellsalze, Pastillen ꝛc. bilden einen bedeutenden Handelsartikel, unbeschadet der Konkurrenz der künstlichen Mineralwässer.

Nachfolgende Zahlen mögen ein kleines Bild von der wirtschaftlichen und Handelsbedeutung der Mineralwässer geben. Es betrug im Jahre 1884

in	die Zahl der Badegäste	Mineralwasserversand	
Wiesbaden	82254	?	
Karlsbad	28625	1200000	Flaschen*)
Ems	19399	2215000	„ **)
Marienbad	13379	938500	„
Kissingen	13343	260182	„
Teplitz	8370	4000	„
Franzensbad	7755	450000	„ ***)
Neuenahr	5267	48000	„
Rehme	4814	—	„
L. Schwalbach	4210	150000	„
Lippspringe	2700	45000	„
Salzbrunn	2578	299659	„
Warmbrunn	2278	—	„
Soden am Taunus	2400	85000	„
Selters	—	3567132	„
Friedrichshall	—	1000000	„
	Summa	10271473	Flaschen.

Rechnen wir hierzu noch 4385000 Flaschen als Durchschnittszahl aus früheren Jahren von 17 deutschen bzw. österreichischen Bädern, von denen der Umfang ihres Mineralwasserversands bekannt ist, so ergibt sich eine Gesamtzahl von rund 14 Millionen Flaschen jährlich, welche einen Handelswert von circa 10 Millionen Mark repräsentieren dürften.

Füllung der zu versendenden Mineralwässer. Bis in die entferntesten Gegenden werden die Mineralwässer zu Trinkkuren versandt. Nun aber erfahren einige der in diesen Wässern gelösten Verbindungen infolge der Einwirkung der Wärme und vor allem der Luft gewisse Veränderungen und bei längerer Dauer dieser Einwirkung mehr oder weniger tief gehende Zersetzungen. So bewirkt erstens die zu dem Wasser tretende Luft eine Deplacierung der in ihm gelösten Kohlensäure: Versuche von Liebig und andern haben dargethan, daß ein Raumteil Luft 20 Raumteile Kohlensäure auszutreiben vermag. Nun aber hält die Kohlensäure der Mineralwässer die Kalk-, Magnesia- und Eisenoxydulbikarbonate gelöst; tritt die Kohlensäure aus, so folgen diese Bikarbonate ihrer Neigung, sich in die einfachen Karbonate zu verwandeln, und es schlagen sich die Kalk-, Magnesia-, und Mangankarbonate in unlöslicher Form auf dem Boden oder an den Wänden der Gefäße nieder. Ein Teil des Eisenoxyduls wird dabei in die höhere Sauerstoffverbindung, in Eisenoxyd, übergeführt, das sich mit der etwa vorhandenen Phosphor- und Kieselsäure niederschlägt, während dann bei längerer Einwirkung der Luft der gesamte Rest des Eisenoxyduls sich als Eisenoxydhydrat oder Eisenocker in bräunlichen Flocken zu Boden senkt. Bei schwefelhaltigen Wässern findet unter ähnlichen ursächlichen Verhältnissen ein ähnlicher Vorgang statt: der Wasserstoff des Schwefelwasserstoffs wird vom Sauerstoff der Luft zu Wasserstoffoxyd (d. i. Wasser) oxydiert, während der frei werdende Schwefel die Flüssigkeit milchig trübt, um schließlich als Niederschlag zu Boden zu fallen. Soll deshalb ein Mineralwasser vor Zersetzung, resp. Verderbnis geschützt werden und ihm seine natürliche Beschaffenheit und

*) Dazu 33388 kg Sprudelsalz, 2125 kg Quellsalz, 1061 kg Sprudelseife ꝛc.
**) Dazu 174000 Schachteln Pastillen, 1900 Flakons Emser Salz ꝛc.
***) Dazu 600 Ztr. Moorerde und 27 Ztr. Moorsalz.

Wirksamkeit erhalten bleiben, so ist es vor allen Dingen, abgesehen davon, daß die Gefäße für Luft undurchdringlich sein müssen, notwendig, bei der Füllung jeden Verlust an Kohlensäure zu vermeiden und den Zutritt der atmosphärischen Luft aufs sorgfältigste abzuhalten. Früher geschah die Füllung der Mineralwässer einfach in der Weise, daß man die Krüge unter dem Wasserspiegel mit dem Wasser füllte und an der Luft verkorkte. Es wurde dabei aber nicht verhindert, daß beim Untertauchen Luft mechanisch mitgerissen wurde, und es kam auch die in den Krügen enthaltene Luft, wenn sie infolge des einströmenden Wassers in die Höhe stieg, in vielfache Berührung mit den mineralischen Stoffen. Auch wurde zwischen Kork und Wasser ein Teil Luft eingeschlossen erhalten, so daß oft nach einiger Zeit die chemische Analyse, z. B. bei Eisenwässern, nur noch geringe oder keine Spur von gelöstem Eisenoxydul zeigte. Es geschieht deshalb in neuerer Zeit die Füllung der Flaschen und Krüge entweder durch Füllröhren, die bis auf den Boden der Gefäße gehen und die Luft allmählich austreiben, oder bei kohlensäurereichen Quellen nach dem Vorschlage von Fresenius in folgender Weise. Man setzt einen etwa 30 cm weiten schweren Blechtrichter auf die Öffnung im Boden des Behälters, durch welche das Quellwasser einströmt, so daß dessen Spitze etwa 10 cm unter dem Wasserspiegel endet. Dann wird die Flasche mit Mineralwasser gefüllt, unter Wasser umgekehrt und so lange auf die Spitze des Trichters gesetzt, bis ihr Inhalt durch das einströmende Kohlensäuregas verdrängt ist. Dann kehrt man sie unter Wasser um und läßt sie sich mit dem Mineralwasser füllen. Alsdann wird zum Zweck des Verkorkens die nötige Menge Wasser mit einem geeigneten Stück Holz verdrängt und sofort die Mündung eines Kautschukschlauches in den Hals des Gefäßes gebracht, der von einem Kohlensäureapparat künstlich hergestellte Kohlensäure zuleitet. Nunmehr wird, während noch Kohlensäure aus dem Schlauche zuströmt, der Kork aufgesetzt, eingetrieben und schließlich durch Metallkapseln der letzte hermetische Verschluß hergestellt. Auf diese Weise ist die Möglichkeit des Zutritts der atmosphärischen Luft gänzlich ausgeschlossen. Bei der Fabrikation der künstlichen Mineralwässer hat man entsprechend dem Fingerzeig der Natur, daß die natürlichen Wässer selten von organischer Substanz absolut frei sind, mit Vorteil zum Zwecke größerer Haltbarkeit geringe Mengen von organischen Substanzen, Zitronensäure, weinsaures Kali 2c., zugesetzt. Der Vorschlag, auch bei der Füllung der natürlichen Mineralwässer in ähnlicher Weise zu verfahren, durch Zusatz von etwas Zucker 2c. die Haltbarkeit zu unterstützen, hat aber keinen nachhaltigen Anklang gefunden und dürfte auch nicht im stande sein, die oben beschriebene Methode überflüssig zu machen, die, wenn sie rationell und mit gehöriger Sorgfalt ausgeführt wird, genügend Gutes leistet. Bei solchen Quellen, die, wie manche Schwefelquellen, keine starke Entwickelung von Kohlensäuregas zeigen, wird die Flasche außerhalb des Behälters durch künstlich dargestelltes Kohlensäure- oder Stickstoffgas und dann in der angegebenen Weise mit dem Mineralwasser gefüllt. —

Wenn wir nun zum Schluß erwägen, wie Tausende von Menschen, von Kaisern und Königen herab bis zum verwundeten Krieger, wie Staatsmänner und Gelehrte, Leidende beiderlei Geschlechts aus allen Zonen alljährlich sich gesund baden in dem Born, der aus dem Innern der Erde sich zum Licht emporringt, und wie Abertausende Heilung oder Linderung in dem Tranke finden, den die Mutter Erde ihnen beut, so werden wir mit Dankbarkeit erfüllt gegen die Natur, die zwar die Staubgebornen einem Heere von Krankheiten unterthan sein läßt, ihnen aber auch Trost und Hilfe zu spenden bereit ist. Wer denkt dabei nicht an den Phöbus Apollo der Alten, der mit seinen weithin treffenden Pfeilen Verderben in die Reihen der Menschen sandte, aber auch seinen Sohn Äskulap ihnen gab, mitleidigen Sinnes die Wunden zu heilen, die er ihnen geschlagen? Apoll und den Musen weihten darum die alten Griechen ihre Quellen, in freundlichem Grün schufen sie ihnen Stätten poesievoller Verehrung. Und solange Menschen auf der Erde wandeln, die gleich ihnen zu sinniger Naturanschauung ihre Gedanken erheben, werden sie in dem Wasser den Urquell alles Seins und in den Kraft und Leben, Jugend und Gesundheit spendenden Heilquellen eine Äußerung des göttlichen Geistes erblicken, der liebend die Natur durchdringt!

Ende des dritten Bandes.